DK博物大百科

DK SMITHSONIAN

DK博物大百科

英国DK公司 编著

张劲硕 等 译

科学普及出版社

·北京·

Original Title: The Natural History Book
Copyright © 2010 Dorling Kindersley Limited
Foreword copyright © 2010 Smithsonian Institution

本书由英国DK公司授权 科学普及出版社出版

图书在版编目 (CIP) 数据

DK博物大百科 / 英国DK公司编著；张劲硕等译.
-- 北京：科学普及出版社，2018.9 (2024.9重印)
ISBN 978-7-110-09274-3

Ⅰ.①D… Ⅱ.①英… ②张… Ⅲ.①自然科学史-世界-
普及读物 Ⅳ.①N091-49

中国版本图书馆CIP数据核字(2015)第299027号
版权登记号：01-2012-1569
版权所有 侵权必究

译 者（按姓氏笔画排序）

王敏洁　北京景山学校
朱 坤　中国科学院微生物研究所
吴海峰　北京林业大学自然保护区学院
何长欢　北京师范大学生命科学学院
张兴春　中国科学院地球化学研究所
张劲硕　中国科学院动物研究所·国家动物博物馆
林 然　中国科学技术出版社
郑浩然　中国科协青少年科技中心
姜景一　中国科协青少年科技中心
顾 垒　首都师范大学生命科学学院

审 校（按姓氏笔画排序）

马志飞　北京市地质研究所
邢路达　中国科学院古脊椎动物与古人类研究所
刘 冰　中国科学院植物研究所
张劲硕　中国科学院动物研究所·国家动物博物馆
姚云志　首都师范大学生命科学学院
顾 垒　首都师范大学生命科学学院
郭 微　国家卫星气象中心

策划编辑　徐扬科
责任编辑　林 然
图书装帧　耕者设计工作室　中文天地
责任校对　凌红霞
责任印制　马宇晨

出版　科学普及出版社
发行　中国科学技术出版社有限公司
网址　http://www.cspbooks.com.cn
地址　北京市海淀区中关村南大街16号
邮政编码　100081
发行电话　010-63583170　传真　010-62173081
印刷　北京华联印刷有限公司承印
开本　787mm×1092mm　1/8
印张　78　字数　1700千字
ISBN 978-7-110-09274-3 / N·226
2018年9月第1版　2024年9月第62次印刷
定价　458.00元
审图号　GS (2020) 6162号　书中地图系原文插附地图

（凡购买本社图书，如有缺页、倒页、脱页者，本社销
售中心负责调换）

www.dk.com

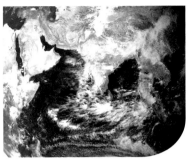 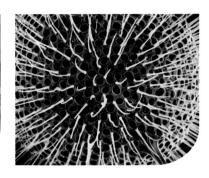

有生命的地球

矿物、岩石和化石

微生物

目录

史密森学会

美国史密森学会成立于1846年，是世界上最大的集博物馆和研究所于一体的综合机构，包含共计19座博物馆、美术馆和国家动物园。在史密森学会所属机构内，约有1.37亿件人工制品、艺术品和标本，其中约有1.26亿件标本和物品收藏于国家自然博物馆。史密森学会是世界著名的研究机构，一直致力于公共教育和公众服务，并为艺术、科学和历史研究提供资助。

特约编辑

大卫·伯尼 (David Burnie) 曾经获得过安万特科学图书奖，同时也是DK公司大获成功的《动物》一书的编辑。他是伦敦动物学会会员，曾经创作或参与出版超过100本图书。

参与编写人员

Richard Beatty, Dr Amy-Jane Beer, Dr Charles Deeming,
Dr Kim Dennis-Bryan, Dr Frances Dipper, Dr Chris Gibson,
Derek Harvey, Professor Tim Halliday, Geoffrey Kibby, Joel
Levy, Felicity Maxwell, Dr George C. McGavin, Dr Pat Morris,
Dr Douglas Palmer, Dr Katie Parsons, Chris Pellant, Helen
Pellant, Michael Scott, Carol Usher

本书鸣谢

刘华杰　张巍巍　张小蜂　郑 钰　金 宸

前 言

　　我们和数百万种植物、动物和微生物共享地球，休戚与共。花一点儿时间看看周围，你就会发现我们每天都在和它们打交道，从食物、衣服、体内的微生物，到空气和水。我们是巨大的、复杂的"生命之树"上一枝很小的细芽。经过岁月的洗礼，"生命之树"上绝大多数分支都已经消失。

　　本书为我们打开了一扇窗，让我们有机会审视周遭的世界，了解绚丽多彩的博物学。这是一段可以回溯到46亿年前地球形成之初的漫长旅程。过去10年，天文学家在其他恒星系统中发现了数百颗行星，但因在太阳系中的位置、自身的地质史和生命的演化，地球依然与众不同。倘若地球的历史稍有不同，我们今天可能也不会在这里。

　　地球上的物种、它们之间的关系、它们与周围环境的关系，加在一起便是博物学。截止到目前，我们已经描述了超过190万个物种，每年我们发现和描述的新物种也超过2万种。每一个物种都有自己的故事，讲述着数百万年间它们经历的自然选择和物种演化。物种的命运交织在一起，相互联系，持续变化。人类虽只是其中一个物种，但我们对这颗星球和更广阔的世界正在产生越来越大的影响。

　　化石可以让我们了解历史。在过去5.3亿年间生活过的绝大多数物种都已经灭绝，几次大灭绝更让地球上多达90%的物种消失了。有些深埋地下，大多数则无处寻踪。美国怀俄明州的树叶化石显示，伴随时间流逝，某地曾从温带草原快速变化为热带雨林。有些树叶化石甚至可以让我们清晰地看到5000万年前的昆虫咬痕。比较不同时间和地点的化石群落，我们便知，环境变化一直直接影响着这些物种的演化和它们的过往。研究化石可为我们对地球上生命的过去、现在和未来提供深刻的理解。

　　本书的出版适逢史密森国家自然博物馆的百年华诞（英文原版出版时间是2010年）。我们的收藏只是自然界庞大的生命百科全书中的几页，更多的故事请听科学家和教育工作者讲述。相信你会喜欢本书丰富的内容。当你合上本书，也请将它作为一份邀请，去探索世界各地的自然博物馆和博物学世界。

克里斯蒂安·萨普（Cristián Samper）

史密森国家自然博物馆馆长

关于本书

本书以对地球上的生命的简要介绍开始：生命的地质基础、生命形式的演化和有机物如何分类。接下来的5章为大量、易读的分类介绍——从矿物质到哺乳动物——包含着事实性的介绍和有深度的特点概述。

为了参考方便，本书列出了每个小节中的子组和每个子组的页码

小节介绍 >

每一章都分成代表主要分类学组合的几个小节。小节介绍强调了这个组合的特点和行为，并且讨论了这个组合的演化历史。

在每个小节中，该分类标签展示了目前的分类层次——当前的层级会被重标出。

门	脊索动物门
纲	爬行纲
目	4
科	60
种	约7700

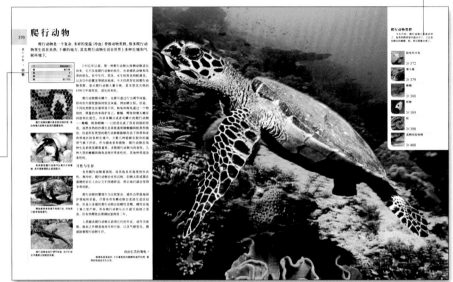

讨论区为新发现带来的科学争论和分类学讨论

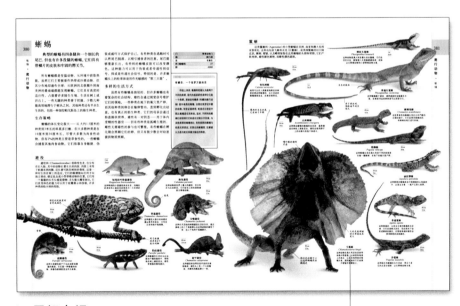

∧ 子组介绍

在每个小节中——例如，爬行动物——低一级的分类子组（例如蜥蜴）中会描述它们的特征，包括它们的分布、栖息地、形态特征、生命周期、行为和繁殖习惯。

每张图片旁都有物种的信息

物种雄性 ♂   物种雌性 ♀

物种目录 >

本书概述了约5000个物种，展示了每一个物种独特的外形特征。紧密相关的物种被放在一起，以便做比较，配图文字概述了每种生物独特而有趣的特点。

物种介绍

在特写的物种介绍中，能看到一些非常使人震撼的物种的近照和局部特写照片。

所给出的详细数据使我们一眼就能得知这一物种的信息，如大小、居住地、分布和饮食。

每个特写包括动物或者植物的侧面图

尺寸	1.4~2.8米
生境	森林、沼泽、灌木丛、热带稀树草原以及岩石地貌
分布	印度到中国、西伯利亚、马来半岛和苏门答腊岛
食物	主要为有蹄类动物，像鹿和猪；也可能捕捉小型哺乳动物和鸟

虎
Panthera tigris

物种的常用名用粗体标出，拉丁名用斜体标出。通常，科名也在下面给出。

尺寸框给出该生物体最恰当的尺寸（见右表）

测量

本书中生物的近似尺寸在数据集和尺寸框中给出，下面是用到的一些维度。

微生物
长度

植物
地面上的最大高度，或：
水面上的高度 灯芯草等依水而生的植物
蔓延宽度 水生植物

菌物
（最宽部分的）宽度，或：
高度 鬼笔菌，狗蛇头菌

无脊椎动物
成年个体长度，或：
高度 海绵动物等
直径
除去棘的直径 棘皮动物
水母的直径 水母
翼幅 蝴蝶和蛾类
群落长度 苔藓动物
壳的长度 软体动物和有壳腹足动物
触角展开长度 章鱼

鱼、两栖动物和爬行动物
成年个体从头到尾的长度

鸟类
成年个体从喙到尾的长度

哺乳动物
成年个体除去尾巴的长度，或：
到肩部的高度 象、猿、偶蹄类和奇蹄类

植物图标

乔木、灌木和其他木本植物均用下列图标表示。多年生草本植物地上部分冬天枯死，因此没有给出图标。

乔木		灌木	
	阔柱形		土墩状
	阔锥形		具很多根长出条的密丛灌木
	垂枝形（大）		密丛状
	垂枝形（小）		直立乔木状
	多分枝形		疏松开展状
	狭柱火焰形		展开蔓延形
	狭柱形		球状密丛形
	狭锥形		匍匐开展状
	球形阔柱形		直立形
	球形树冠开展形		直立拱形
	单茎棕榈状		粗壮的密丛直立形
	多分枝棕榈状、苏铁或类似形状		蔓生攀缘形

缩写

SP: 种（在种名未知的情况下使用）

MYA: 100万年前

H: 矿物的硬度，使用莫氏硬度标

SG: 比重——矿物的密度，矿物的重量与同等体积的水的重量的比值

有生命的地球

我们蓝色的星球，在无垠的太空中不停地旋转，是唯一得到证实存在生命的家园。生命从最简单的原始形态开始，已经演化了大约40亿年。虽然许多物种已经消失，但物种依然十分繁盛，并且还在不断地变化。科学家们在继续探索这个异常多样化的生命世界，以期认清地球上生命故事的真相。

一颗有生命的行星

地球是唯一能让陆地和海洋生物繁衍生息之处。如果没有太阳提供的热量和光照，没有充足的水源，没有大气层的保护，没有岩石和矿物，没有这些地球生态系统的基础，生命终将灭亡。

充满活力的地球

在我们的太阳系里，地球是唯一能让生命繁衍的星球。地球是从水星数起的第三颗行星，与太阳的距离既不太近，也不太远，因此地球能保留一个由氧和其他气体组成的外层大气圈以及一个富含地表水的水圈。这些条件使地球拥有一个绝热的保护层，能使生命繁衍生息。相反，太阳系中的其他行星不是太热就是太冷，以至于缺乏水和氧气，所以一直没有发现生命体。

地球的结构是层状的，中心是极度高热的固体金属的内核，其外被熔融的外核包围。外核又被厚而热的地幔包围，最外层是一个冷的、薄的、脆的外部地壳。地幔始终被来自地核的能量所扰动，同时给地壳施加压力，使地壳破裂成不同的"板块"。整个地质时期中，板块之间若即若离的漂移改变了地球的地理和生存环境。海洋、山脉等地貌不停地形成和毁坏，各种生命体必须适应这些变化。

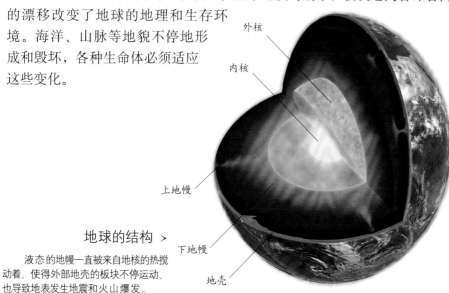

外核

内核

上地幔

下地幔

地壳

地球的结构 >

液态的地幔一直被来自地核的热搅动着，使得外部地壳的板块不停运动，也导致地表发生地震和火山爆发。

太阳和月球

太阳和月球两者都对地球上的生命有直接的影响。没有太阳的能量，即它的光和热，就没有生命。太阳能加热了大气、海洋和陆地，造成了各种各样的气候。因为地球以某种角度自转并且围绕太阳公转，所以太阳的辐射能会不均匀地传输到地球表面，进而产生了每日、每季、每年的光、热等动植物生存条件的变化。即使是在赤道，也因日夜交替有着气温的变化。月球围绕地球运动，月球引力影响海洋的潮汐。潮汐的循环对海岸生物有极大的影响，迫使它们不得不去适应变化的生存条件。

∧ 太阳耀斑

太阳的能量通过周期性的爆炸从表面强烈释放，能量加热太阳大气层，形成灼热的电离气体，即太阳耀斑。

水和生命

生命依赖水，所有生命体50%以上都是由水构成。海洋占地表水的97%，除了世界上最酷热、最严寒和最干旱的地方，几乎所有降雨都是由海水和生机勃勃的河网蒸发而来。

脆弱的大气圈

地球大气圈的厚度约有120千米。大气圈分为几层，每层都有各自的温度和气体成分，密度随高度递减，直到最外层变为稀薄的电离层。臭氧层在大气圈较低的位置，它能吸收紫外线等对生命体细胞有害的辐射，对保护地球上的生命体有着非常重要的作用。在臭氧层形成之前，只有海洋中存在生命，因为海水也可以抵御一些紫外线辐射。

大部分的水蒸气和天气活动只局限于大气圈最底部的16千米对流层内。地球的地表水和大气圈相互作用，产生了水的循环：水从地球表面进入大气圈，而后又通过云和雨雪重新回到陆地和海洋。水从陆地流回海洋，虽然也有大量水回归到湖泊、冰川或者渗入地下。

∧ 蓝色星球

地球2/3的表面被水覆盖，这保证了生物的多样性。

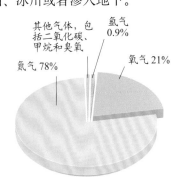

大气圈的气体 >

氮气和氧气占地球大气圈的99%以上，剩下的还有少量但重要的水蒸气、二氧化碳和几种其他气体。

其他气体，包括二氧化碳、甲烷和臭氧

氩气 0.9%

氮气 78%

氧气 21%

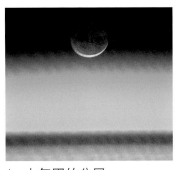

∧ 大气圈的分层

地球被厚厚的、分层的大气圈包围。大气圈由水蒸气及各种气体组成，捕获了太阳能并加热了地表。

多种多样的岩石

地球上大约有500种不同的岩石，它们由数千种天然矿物组合而成。所有的岩石都有特定的组成和性质，并可分为三种主要类型：火成岩、沉积岩和变质岩。火成岩原先是熔融的，沉积岩是沉积在地球表面的，而变质岩是地壳内原先存在的岩石的蚀变产物。这些不同种类的岩石，由于地壳运动驱动的隆升和诸如风化、剥蚀等地表过程的混合作用而暴露在地表。侵蚀作用也会改变岩石，从而形成不同种类的地貌、土壤和沉积物。这些是生命体赖以生存的无机要素。

火成岩

熔融态岩石的冷却和凝固产生结晶的火成岩。它们的组成和结构不同，快速冷却形成细粒的岩石，而缓慢冷却则形成粗粒的岩石。

玄武岩

变质岩

热量和压力施加于地表深处的岩石，可以改变它们的形态和矿物组成，形成变质岩，如板岩、片岩和大理石。

石榴石片岩

沉积岩

砂子和死亡动物骨骼成层不停地沉落在海底与河床。经过数亿年的埋藏，在后续沉积层及其上面水体的重力作用下，这些沉积物最终被压实并硬化成岩。

砂岩

活 动 的 地 球

地球的表面在不断变化，这归因于由地球内部能量所驱动的动力地质作用。地球脆性外壳的板块总是处在运动的状态，改变着海洋和大陆的形态。

∧ 圣安德烈斯大断层

这一巨大断层穿越美国加利福尼亚州，绵延1300千米，是太平洋板块和北美板块之间的转换边界。两个板块互相滑移。

板块构造

在整个地质时期，由于板块构造作用的驱动，地球表面（包括大陆和海洋的分布和大小）在不断改变。地球最外层地壳冷的、脆弱的岩石破裂，成为许多半刚性的岩石体，亦即构造板块。地球上有七个主要的大陆尺度的板块和大约十二个较小的板块。日复一日，下伏地幔的运动使这些地壳的板块彼此碰撞。当板块被拖开时，在下地幔熔融的岩浆形成新的地壳。这主要发生在洋底的离散边界上。但由于地球本身不能膨胀，新生的洋壳就推动地壳在某处等量地缩短。这种缩减出现在会聚边界，在那里一个板块叠置在另一个板块之上，这一过程被称为俯冲；或者板块边缘被压缩，并弯曲形成山脉。

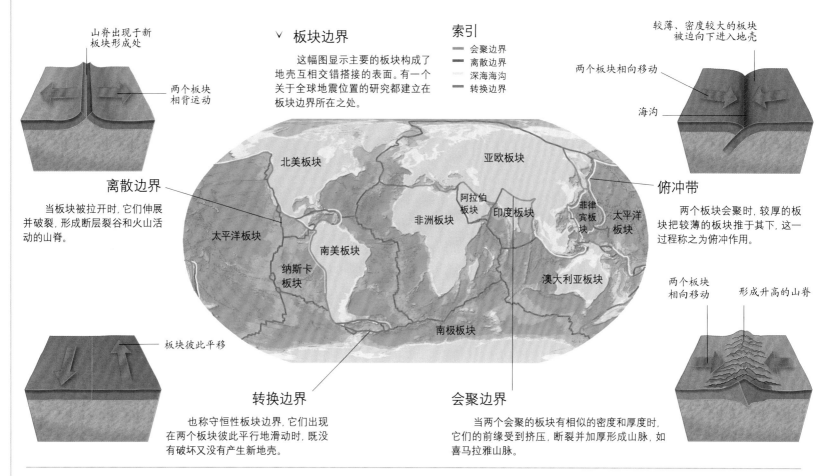

山脊出现于新板块形成处

两个板块相背运动

离散边界

当板块被拉开时，它们伸展并破裂，形成断层裂谷和火山活动的山脊。

∨ 板块边界

这幅图显示主要的板块构成了地壳互相交错搭接的表面。有一个关于全球地震位置的研究都建立在板块边界所在之处。

索引
— 会聚边界
— 离散边界
— 深海海沟
— 转换边界

北美板块
亚欧板块
阿拉伯板块
非洲板块
印度板块
菲律宾板块
太平洋板块
太平洋板块
南美板块
纳斯卡板块
澳大利亚板块
南极板块

较薄、密度较大的板块被迫向下进入地壳

两个板块相向移动

海沟

俯冲带

两个板块会聚时，较厚的板块把较薄的板块推于其下，这一过程称之为俯冲作用。

两个板块相向移动

形成升高的山脊

板块彼此平移

转换边界

也称守恒性板块边界，它们出现在两个板块彼此平行地滑动时，既没有破坏又没有产生新地壳。

会聚边界

当两个会聚的板块有相似的密度和厚度时，它们的前缘受到挤压，断裂并加厚形成山脉，如喜马拉雅山脉。

< 褶皱山脉

板块边缘会聚时所引发的强大压力，能使地壳产生惊人的褶皱和断裂，岩石被上推形成了山脉。

活火山 >

多数火山形成于板块边缘。下到深处的岩石熔融产生岩浆，它上升并可喷出地表。即便是休眠火山也会因其下板块的位移而喷发。

山脉和火山

控制生命迁徙与分布的主要因素之一是地球上多种多样的地形——地表特征，包括陆上和海下高耸的山脉和火山。在陆地上，山脉不仅阻碍了野生动物的迁徙，也影响着天气、气候和当地的植物，相应地也影响了动物。活火山喷发影响着它们周边的环境，起初是灭绝了生命，但从长远来看，喷发的熔岩和火山灰的风化和侵蚀也会给这一地区提供新的矿物质营养，起到施肥的作用。海底山脉影响着海洋生物的迁徙，而海底火山喷发也影响海水的"肥力"。

侵蚀作用

　　风和水的风化作用能导致岩石显著的剥蚀和地表的刻蚀。图为美国犹他州布赖斯峡谷的奇特地形。

风化和侵蚀

　　许多岩石形成于地下，因地壳运动和河海的变迁使它们暴露于地表。它们与大气、水和生物以不同的方式发生反应。岩石和矿物与大气的相互作用引起的物理和化学过程称作风化。而使岩石物质变松散、溶解和被搬运的过程叫作侵蚀。风化和侵蚀把地球岩石的表面一层一层地销蚀掉。例如，山顶和建筑物外部的岩石会遭受酸雨的化学风化，以及温度改变及冰的冻融效应致裂的物理风化。裸露的岩石表面也会被风所携带的沙粒侵蚀。风化和侵蚀的共同作用溶解了一些岩石，磨损了另一些岩石，使之成为碎片。解体的岩屑被风、水和冰搬运，由此产生的沉积物对生命形态非常有用，提供了重要的矿物营养，也给一些生命提供了新的居留和生长的场所。

< 　里约热内卢滑坡

　　即使地表有发育完好的植被，强降水对陡坡的作用也有可能会改变地表景观。

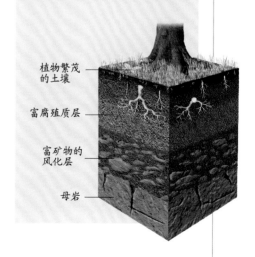

植物繁茂的土壤

富腐殖质层

富矿物的风化层

母岩

变化的气候

　　季节的特征和变化，构成了一个地区的气候。地球的气候总是随时间和地点的不同而变化，而且气候条件的变化对生物的演化具有重要且持续的影响。

夏季的北极狐

什么是气候？

　　气候是一个地区长时间段的平均天气状况，取决于所有的大气条件，如气温、降水、风力和气压。任何地区的气候也部分地受许多其他因素的控制，例如，它的海拔高度、局域的地形、与海洋的临近程度以及海洋的盛行风和洋流。而最重要的是这个地区在赤道和极地之间的纬度。纬

度控制了世界不同地区所获得的太阳辐射的数量。例如，在极地和赤道附近的热带气候之间有较多的不同，因为前者只接受了最少的光和热，而后者则得到的最多。

改变的条件

　　全球的气候大致按平均气温和每一地区所获得的降雨量，以及它们对植物生长的共同作用进行分类。例如，现在的赤道地区由于受大洋的支配又热又湿，然而沙漠是干旱的，极地是寒冷的。但是，情况并不总是这样。在整个地质时期中，受宇宙因素的影响，地球曾历经冰期和间冰期。

冬季的北极狐

ᐱ　季节适应性

　　每年气候的季节变换会带来极其不同的生存条件，动物和植物有不同的生存方式来适应这些变化。例如，北极狐在冬季长出厚厚的皮毛，在夏季皮毛便会自然脱落。

‹　变化的植被

　　由于温度随着海拔的升高而降低，植被也随之改变。阔叶林依次被针叶林和灌木所替代。

沙漠中的生命

　　仙人掌为了在干旱环境中生存，采取了缓慢生长、变叶为刺（阻止水分的蒸发损失）和进化出能留住水分的特殊的细胞组织的方式。

< 气候变化的证据

极地冰芯样品的研究揭示了过去气候变化的细节。冰芯中圈闭的气泡的化学分析，有助于提供冰形成时大气温度的大致情况。

< 冰芯样品

这是一个来自南极波尼湖冰芯样品的特写镜头。南极有一个永久的冰盖。照片显示了被圈闭的气泡以及来自湖床的沉积物颗粒。

气候循环

来自岩石和化石的清晰的证据，表明地球的气候一直在显著地变化，影响了生物的进化和分布，而且还导致许多物种的灭绝。有许多导致自然界气候变化的原因，包括火山活动——喷发出来的气体和灰尘污染了大气——和围绕地球运送热量的洋流的变化。气候的变化也受制于地球的公转和自转，后者对到达地球表面的太阳辐射量产生影响。这反过来又影响了地球的温度和气候，并触发了地球的冰期和间冰期的循环。

变化中的地形

由于板块构造运动，在大洋扩张和收缩之时，大陆也始终在移动。大陆从一个半球移动到另一个半球，穿过不同的气候带时，常形成超大陆。这些巨大陆块的大小影响着区域的气候。此外，洋盆形态的变化更改了水的环流，以致最终改变了其上大气的温度和湿度，并因此影响了气候。

冰期和间冰期

气候的长期变化分为：冷周期——冰期，其时在极地有长年的冰盖——和较温暖的间冰期，有大范围的无冰极地。间冰期是与温室气体的释放相关联的，如二氧化碳由植物放出进入大气。这些温室气体圈闭热量于地球的大气圈中，并由此产生了巨大的浅海、干旱地带和湿润的森林，后者在恐龙时代给它们提供了充足的食物。延续了数百万年的冰期，能够从冰川作用在景观上遗留的影响进行追溯。从化石可以看出与冰期相伴的气候变化有多迅速以及在全球范围内气候变化对生命曾经有过的巨大的影响。

科学小知识

研究气孔

植物的生长依赖于大气和植物组织之间的一种气体的交换，这是通过叶片细胞间的、称为气孔的特殊空隙进行的。气孔的开合可摄入光合作用所需的二氧化碳，并让废水和氧气逸出。通常植物借助进化出叶面上高密度的气孔，来适应与温暖的温室气候相伴的高的大气二氧化碳的水平。根据某些植物气孔密度变化的化石证据可以追踪出过去大气中二氧化碳的变化。

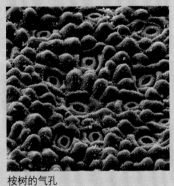

桉树的气孔

V 二氧化碳和气温

极地冰芯中圈闭的气泡显示了地球大气温度的波动。冰芯中检测出的二氧化碳的量越高，则当时大气的温度也越高。

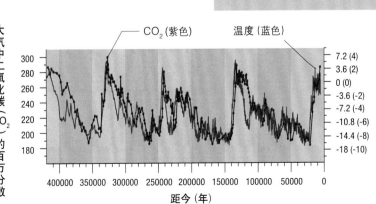

CO₂ (紫色)　　温度 (蓝色)

大气中二氧化碳 (CO₂) 的百万分数

300
280
260
240
220
200
180

温度变化 °F (℃)

7.2 (4)
3.6 (2)
0 (0)
-3.6 (-2)
-7.2 (-4)
-10.8 (-6)
-14.4 (-8)
-18 (-10)

400000　350000　300000　250000　200000　150000　100000　50000　0

距今 (年)

∧ 泥盆纪的珊瑚礁

在西澳金伯利的这个石灰岩的露头直观地说明了地球的气候变化。在泥盆纪 (4亿年前)，这一地区是在水下的，而这座峭壁原先是一个珊瑚堡礁。

生物的栖息地

从最深的海底到最高的山脉，从干旱的沙漠和草地到温暖潮湿的热带地区，地球独有的各种各样的栖息地使其能够支撑起极为丰富的动植物多样性。

极地　　　　针叶森林
沙漠　　　　山脉
草原　　　　珊瑚礁
热带雨林　　河流和湿地
温带森林　　海洋

每个物种都有其偏好的栖息地，并已经适应了几万年甚至几百万年。然而，地球丰富多样的环境使得许多物种都能在同样的栖息地存活，这种现象叫作生物多样性。在地质时期，生物不停进化和多样化，使得生物可以拓展到海洋以外，并移居到越来越多的不同的陆上栖息地。这些率先移居物种的出现，进而会对它们移居的环境产生影响，如形成土壤，并且这些变化会促进更多新的物种移居。

不同的栖息地由不同的要素构成，例如海拔、纬度、地形等。地球上的某些地方是生物多样化的"热门地"，有丰富的动物和植物，例如最著名的热带大堡礁和热带雨林。然而具有极端条件的其他地方，虽然只适宜少数物种生存，但往往它们的数量却很庞大。

生物等级

即使在地球最偏远的地区，生物也极少单独存在。野生生物之间的相互影响可分为不同等级，从单个物种到很多物种栖息和共享整个生态系统，彼此互相影响。

个体

单独的个体，是一个种群的栖息地内的成员。

种群

同一物种的一群个体占据同一地区并杂交。

群落

在同一地区自然生长的植物群体和生存的动物种群。

生态系统

一个生物的群落和它周围的自然环境构成的整体。

北 冰 洋

格 陵 兰 岛

北极圈

北 美 洲

太 平 洋

北回归线

赤道

南 美 洲

大
西
洋

南回归线

南 大 洋

南极圈

大生态区图

一个大生态区包括地球不同地区在相似的气候和土壤条件下发育的多个生态系统。大生态区由许多因素来界定，如植物种类、气候、地质和地貌。

草原

2000万年前，草本植物的进化和食草哺乳动物的群集改变了地球的景观。总的来说，温带草原没有什么树木，但土壤极其肥沃。如左图所示，热带稀树草原更像开阔的林地，散落的树和灌木是其特色。

美洲野牛

沙漠

极度缺雨和缺乏植物持续生长的被沙覆盖的地区。目前沙漠占地球陆地面积的1/3，且比例在不断增加。世界上最大的沙漠是非洲的撒哈拉沙漠。

响尾蛇

北 冰 洋

亚 洲

太 平 洋

印 度 洋

大 洋 洲

南 大 洋

南 极 洲

热带森林

世界上野生动物最丰富的栖息地便是热带的森林。地球上最热的区域位于赤道附近，那里丰富多样的生态系统是最宝贵的，也是越来越脆弱的生物多样性热点地区。

草莓箭毒蛙

温带森林

温带位于热带和极地之间，受极地和热带气团的共同影响，促进了大片森林的发育，具有显著的生物多样性。然而人类的砍伐已经使森林急剧减少。

马鹿

针叶林

针叶树木，如红杉、云杉、冷杉等，是世界上生命力最顽强的树木。针叶树种是常绿植物，叶片小，生长在寒冷的地区和山脉中，比其他树木长得更加苗壮。

棕熊

山区

世界上最高的山峰在海拔8000米以上。地球的山区存在许多不同的环境。山地气候随海拔而改变，可以从温带林地向上变为极地条件。

游隼

河流与湿地

大量的动植物依赖河流和湖泊生存。地表植被永久性或季节性地被水渗透，形成独特的湿地地貌，包括沼泽、滩涂等，拥有丰富的水生植物。

蜻蜓

珊瑚礁

在浅水的、有日照的热带水域，主要造礁珊瑚石灰质遗骸和石灰质藻类堆积而成的礁石，是许许多多水生生物赖以生存的栖息地，是海洋中的雨林。

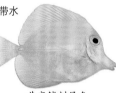

黄高鳍刺尾鱼

极地

北极和南极地区经历着极端的季节——夏天24小时极昼和冬天24小时极夜。南极地区常年被冰雪覆盖，但因为常年降水稀少，那里也存在大面积干旱的极地荒漠。

凤头黄眉企鹅

海洋

不同深度的海洋都有生命存在，从有日照的表层直至深深的洋底。海洋占地球表面面积的2/3，是地球上最大的生物栖息地，有多种多样的生命形态，从微小的浮游生物到世界上形体最大的哺乳动物——蓝鲸。

龙虾

19

有生命的地球·

生物的栖息地

人类的影响

人口的快速增长给地球的自然环境造成了巨大的影响，并作用于气候和无数的动植物物种。一些改变是不可逆的。

环境的变化

地球有一个漫长的气候变化的历史，从冰川期到伴随广泛分布的森林和极地无冰的间冰期。全球变暖与大气中日益增加的温室气体如二氧化碳和甲烷息息相关。温室气体吸收了太阳能，并升高了海洋、陆地和大气的温度。在过去，大气中自然增加的二氧化碳通常被陆地上森林的发育和海洋中的富石灰沉积物吸收，最终成为煤炭和石灰岩，这样就有效地封存了过剩的二氧化碳。不过，从19世纪工业革命开始，人类通过开矿和燃烧化石燃料、砍伐森林和发展畜牧业等又向大气圈释放了大量的二氧化碳及其他温室气体。

海洋

海洋环境对所有的生命都是至关重要的。海洋生物依赖于大洋的洋流，海水含有足够的氧和养料，以维持从浮游生物和贝类到其他以它们为食的动物的食物链。化石记录显示，在过去每当海洋环境恶化，就会导致生物的消亡。今天，人类活动，如过度捕捞和污染，正在影响着海洋环境。

∧ 地球的伤疤

工业的发展需要开发原材料。原材料的提取，如在这个铜矿，已经永久地改变了地球的景观。

∧ 大气污染

为了增加农业用地而乱砍和焚烧森林，不但释放了大气污染物，而且削弱了森林吸收二氧化碳的能力。

∧ 石油泄漏的受害者

石油泄漏后漂浮在水面上，当它们到达陆地就会引发一场浩劫。它们充满了海岸线并伤害岸边的野生动物。

大气

数千年来，人类活动影响了大气的结构与成分。起初，污染局限于家庭生火和森林大火。古罗马时期，人们从事冶金作业向大气排放了第一次工业污染，这可以在极地冰芯中找到踪迹。在过去的200年里，与全球变暖有关的温室气体污染急速增加，导致了酸雨和雾霾，以及屏蔽有害紫外线辐射的臭氧层的变薄。

陆地

自从8000年前人类的定居地和农业广泛分布以来，人类对地球的景观有着越来越大的影响。随着全球范围的人口增长，许多地区人口密集，其间已几乎没有未触动过的景观。现在，人们对人类活动影响环境有了更多的认知，促使人们为保护自然栖息地付出更多的努力。

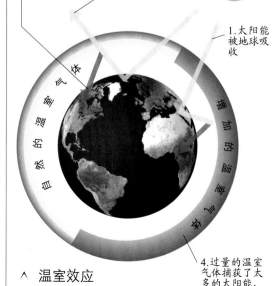

3.一些太阳能被温室气体吸收、储存

2.一些太阳能被反射回宇宙

1.太阳能被地球吸收

4.过量的温室气体捕获了太多的太阳能，导致地球温度快速上升

∧ 温室效应

大气中过量的温室气体产生了一种屏蔽，阻碍部分太阳能辐射返回宇宙空间。

∧ 极地冰架的崩塌

全球变暖导致极地冰架崩塌。如此巨量水的释放正在抬高海平面，威胁沿海地区。

农业

自然景观现在已被精耕细作的农业所改变，比如遍及全亚洲灌溉梯田的水稻种植。这种方法可支撑众多的人口，但需要消耗大量的水。

灭绝

在整个地质时期，很多生物由于不能适应环境的变化而灭绝。事实上，大量的生物现在都灭绝了，只有最适应自然环境的生物才有机会存活。有时候，有些生物也会因为竞争对手的突然淘汰而存活。例如6500万年前，巨大的小行星撞击地球，引发了一系列事件，许多物种包括陆地上的恐龙和海中的菊石因此灭绝。哺乳动物中的原始人类因不断进化而幸存下来。后来，人类不断涉足世界上的不同地域又导致了一些特殊物种的灭绝，如欧洲和亚洲的猛犸象。今天，随着人口数量的膨胀，人类的活动正在使包括老虎在内的更多物种处于灭绝的边缘。

∧ 朱鹮的减少

朱鹮曾经广泛分布于亚洲，捕猎和栖息地的丧失使朱鹮在中国仅剩下一个小的野生种群。近年来，人工繁殖技术使朱鹮种群渐渐扩大。

< 麋鹿

这种仅分布于中国的鹿曾在野外完全消失，1900年以来仅在英格兰有人工圈养的麋鹿。20世纪80年代，一些圈养麋鹿的后代又被重新引入中国的自然保护区。

猛犸象的灭亡

多毛的猛犸象适应寒冷，它们成群地迁徙，穿越冰河时代的欧洲和亚洲。考古学的证据例如石洞壁画显示在大约3万年前，人类大量捕杀猛犸象，这可能是造成1.1万年前猛犸象灭绝的原因之一。

石洞壁画（佩奇梅尔，法国）

生命的起源

化石记录显示，至少在38亿年前生命就出现在地球上了。所有的复杂生物都是从这些最初的简单生命形式进化而来的。今天，地球上存在着丰富多样的生物，从单细胞生物到具有复杂解剖结构的哺乳动物，例如巨大的鲸类。

什么是生命？

有几个特征用以定义区分有活动能力的有机生物与无生命的无机物质。其中包括吸收和消耗能量、生长和变化、繁殖和适应环境的能力等，当然更复杂的有生命的生物还具备交流的能力。

细胞是生物最基本的单位，可以复制自身和完成所有的生命过程。即使是最小的独立有机体也至少由一个细胞构成，而且几乎每一个生物的每一个细胞都有它自己的一套分子指令。每个细胞里线状的染色体都以基因的形式携带着遗传信息，遗

∧ 光合作用

植物通过叶绿素捕获光能，并把水和二氧化碳转化为糖和氧。这使以植物为食并呼吸氧气的其他生命形式从中受益。

传信息决定着生物特定的性状。一个基因里的指令组主要记录在染色体上的脱氧核糖核酸的分子里，也就是我们常说的DNA。生物的DNA把遗传信息传给下一代，让某些特征从亲代传给后代。

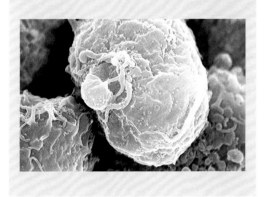

∧ 生存的能量

为了维持自身的存在，生物必须从自然环境中获得能量。能量通过食物链传递，从植物的光合作用到食草动物，再到食肉动物。

科学小知识

病毒

病毒是地球上最丰富的生物学实体，它处于生命和非生命之间的边界上。虽然病毒和生物具有一定的共性，例如它们都由遗传物质组成，并且由蛋白质外壳保护，但病毒是寄生的，只能在其他生物的活细胞内繁殖。病毒是一类化学物质的组合，能自我复制但不是真正有生命的。

生物的分支

地球上庞大的生命系统可以被分为三个域或三个超界——古生菌、细菌和真核生物，它们包含了从植物和菌物到动物的所有生命形态。前两个领域由原核生物组成。原始的原核生物是地球上最早的生命形式。真核生物比原核生物更加高级是因为它的细胞中有细胞核。细胞核含有细胞的遗传物质——DNA。真核生物千差万别，从单细胞生物到复杂得多细胞植物和动物。

< 生长

生命一个关键的特征是具备生长和修复的能力。所有的生物，从最简单的菌物到哺乳动物，都通过细胞增大和细胞分裂来生长。

早期生命

活着的原始生物和化石记录表明，生命最早的形态出现在海洋。现存最原始的生命形态是单细胞原核生物，它可以在极端温度和酸性环境中生存。这种微生物可能类似于出现在地球早期的极端环境里的生命。

地球早期生命的化石证据是大约38亿年前的生物遗迹。它们也许是由生活在初生海洋中的微小的原核生物进化而来。一些最古老的生命记录是层状的丘形叠层石（见右图）。

繁盛的生命

自从生命第一次出现在地球上，它就在海洋中兴盛，海洋逐渐演变成现代的生物多样性热点地区，如阳光下的珊瑚礁，其所支撑的生物种类和密度仅次于雨林。

叠层石

数十亿年来，这些层状构造的叠层石已经构筑起不少热带浅海。叠层石是沉积物和包括蓝细菌（蓝绿藻）在内的微生物日积月累形成的。

集群的初始海绵已经进化出来，它有10厘米高，并有用以支撑和保护身体的多刺构架。5.45亿年前的寒武纪初期，无数多细胞海洋生物出现，包括穴居蠕虫和各种各样的小壳类软体动物，它们的身体有肌肉组织和鳃类的呼吸器官。大约5.1亿年前，地球上出现了拥有内骨骼支撑的原始脊椎动物。大约在3.8亿年前的泥盆纪晚期，脊椎动物开始从海洋发展到陆地。

简单生命出现之后又过了25亿年才出现复杂的生命形式。名叫*Bangiomorpha*的微小的多细胞红藻的化石是人们发现的特化细胞的第一个证据。这些细胞进化为有性繁殖，也发育出一个夹，以便它附着在海底。大约7.5亿到5.5亿年前，带有细胞

∧ 布尔吉斯页岩

加拿大布尔吉斯页岩的化石表明，在寒武纪时期，从海绵和节肢动物到脊椎动物，海洋生物飞速地呈现多样化。

威瓦西虫 >

在布尔吉斯页岩中发现的威瓦西虫长约5厘米，是似软体动物的海底爬行动物，有壳刺和鳞片，以及一个软的底面。

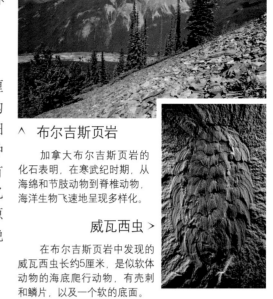

进化和多样性

19世纪出现了许多理论，推测如此异常多变的生命形态是如何在地球上产生的。今天，进化和多样性的理论以及大陆分布位置变化的地质证据，一起呈现出我们的星球上总是变化着的生命的璀璨图景。

物种进化

所有生物都具有改变和适应周围环境的能力。细微的改变代代相传也许很难分辨，但经过几万年或几百万年的时间，某个物种的外观和行为就会发生变化。这个过程叫作进化。

查尔斯·达尔文（Charles Darwin）时代的早期（见第25页），人们开始通过化石的研究了解生命的历史，从此获得了大量支持物种进化论的信息。我们现在知道，生命起源于38亿年前的海洋，地球上所有现今的物种，包括植物、菌物和动物都起源于这些早期简单的生物形态。

随着生物形态变得更加复杂，并从海洋迁移至陆地，初始的森林和陆生无脊椎动物进化出来。大约2.5亿年前的中生代，随着动植物的逐渐演化，出现了占统治地位的恐龙类爬行动物和它们的鸟类后代。从6500万年前至今的新生代，这些爬行动物，不分海陆，又大部分被哺乳动物所替代。在这个时期，开花植物和花粉媒虫也变得丰富多样。

< **大鲵（娃娃鱼）**

这个非常罕见的大鲵骨架化石曾经被错认是《圣经》上描绘的大洪水中受害的人类遗骸，直到1812年才被法国解剖学家乔治·居维叶（Georges Cuvier, 1796-1832）鉴定为两栖动物。

进化的证据

对不同种类的脊椎动物肢骨进行解剖对比后发现，它们虽然具有不同的外形和功能，但却源自相同的基因和相同的基本发育过程。

蛙

蛙的腿、上臂和指骨是适应游泳而特化了的，大块的肌肉使其能有力地跳跃，这对捕猎和躲避天敌非常重要。

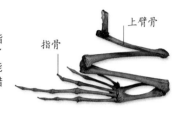

上臂骨 / 指骨

猫头鹰

鸟的翅膀由于有附着在上臂和腕骨上的飞行肌而非常有力，并有大大衍变和伸长的指骨。

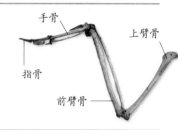

手骨 / 上臂骨 / 指骨 / 前臂骨

黑猩猩

从解剖学上来讲，黑猩猩的上臂和人类的非常相似，但是比例略有不同，大拇指较短而其他手指更长。

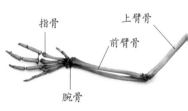

指骨 / 上臂骨 / 前臂骨 / 腕骨

海豚

鲸和海豚的臂骨变成了鳍状肢，进化后的臂骨缩短，扁平而有力，而第三根指骨大大加长。

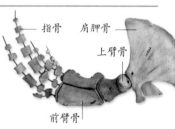

指骨 / 肩胛骨 / 上臂骨 / 前臂骨

拉马克理论引领方向

18世纪法国生物学家让·巴蒂斯特·拉马克（Jean-Baptiste Pierre Antoine de Monet, Chevalier de Lamark）建立了第一个系统的进化理论，认为高等生物是从较简单的生物进化而来。基于他对无脊椎动物广泛的调查，拉马克认为生物终其一生的食欲、栖息地和交配习惯会使其获得必要的性状，失去一些不需要的性状，而出现的变化可以遗传给后代。虽然现代遗传学驳斥了这一"软继承"理论，但拉马克的概念仍然是一个重要的起点，并被苏格兰解剖学家、达尔文在爱丁堡的老师——罗伯特·格兰特（Robert Grant）进一步地发展。达尔文并没有整个地否定拉马克的理论，而认为它可以是自然选择理论的补充。

<∧ 个体努力

拉马克认为，进化是通过生物个体的努力而逐渐形成的。为了够到高处的树叶，长颈鹿的脖子逐渐变长。为了涉水，苍鹭也要长成长腿。

加拉帕戈斯地雀

达尔文在航海途中收集了不同种的加拉帕戈斯地雀标本，他相信它们都是同一祖先的后裔。

蝴蝶翅膀

标本盒

采集盒

达尔文和华莱士都被昆虫的多样性所吸引，特别是在热带找到的昆虫。他们都是敏锐的收集者。

达尔文和华莱士

在19世纪中叶，英国博物学家查尔斯·达尔文和阿尔弗雷德·拉塞尔·华莱士（Alfred Russel Wallace）分别独立地建立了自然选择的进化理论。他们都有在热带野外工作的经历。在热带环境中，物种高度多样化，竞争激烈，在不同地区生长的同一物种有不同的体貌特征。他们都想知道这样的自然现象是为什么和如何产生的。在旅途中，华莱士为研究和出售而收集标本。在马来群岛，他系统地阐述了他对生物地理分布的解释——生物地理学，并认清了进化中自然选择的作用。同时，作为一位博物学家，达尔文在小猎犬号上对南半球的5年航行考察，为系统阐述他自己的进化理论提供了许多材料。1858年，华莱士和达尔文共同出版了自然选择的理论，第二年，达尔文拓展了这个理论，出版了他著名的《物种起源》一书。

< 生物地理学

在南部各个大陆，爬行动物和植物化石的分布显示，这些大陆曾经是连在一起的超级大陆——冈瓦纳古陆。

犬颌兽属
三叠纪的爬行动物化石

非洲

印度

水龙兽属
三叠纪的爬行动物化石

中龙属
二叠纪的爬行动物化石

南美洲

舌羊齿属
二叠纪的植物化石

澳大利亚

南极洲

第一只鸟

1861年始祖鸟化石的发现揭示了两大物种——爬行类和鸟类——之间进化关联的痕迹。

物 种 进 化

达尔文和华莱士提出自然选择理论，正是基因的发现给了科学家理论的基础，从此了解基因就成为理解物种进化的关键。

自然选择

自然选择是最重要的进化机制，即适者生存、优胜劣汰。换句话说，最适应现在环境的个体才有更多机会生存下来，繁衍后代并把那些有利特质传给下一代。种群中天然的基因变异会导致体型、身材和颜色的差异，其中的某些差异有助于提高存活机会。例如，特殊的体色可以伪装，使其比其他颜色的个体更好地躲过猎食者。如果这个动物存活下来并繁衍后代，就会把同一种衍变的遗传物质传给它的一些后代。假如环境随着时间改变了，不同的基因可能会更有利，于是自然选择将保护另一种基因的变

∧ 个体差异

一窝家猫通常包含不同毛色的个体。

化。地理环境上的隔离形成之后甚至会出现种群一分为二，而每一个新的种群各自适应于略有不同的条件，最终这可能会导致一个物种变成两个物种，这一过程被称为物种形成。

< ∨ 同种二型

同一物种的雌性和雄性之间经常有明显的不同特征。雄性军舰鸟有可充气的喉囊用来吸引雌性。

基因和遗传

物种的特性通过基因物质的传递从上一代遗传给下一代。基因通过DNA保存编码，复制和保持细胞结构所必需的所有信息。因此，基因是遗传的基本单位。个体的染色体——细胞里的线状部分，在DNA长链上携带着数千个基因。有性繁殖时，精子和卵子细胞的融合，形成了两套完整的携带基因的染色体，一套复制自父体，一套复制自母体。

森林大火烧死了很多蝴蝶

∨ 基因和机遇

有时个体的淘汰是随机的，因此它们的基因没有传给下一代。

凑巧的是，活下来的绝大多数是黄色蝴蝶

只有幸存者的基因能够得到传承

在下一代的蝴蝶中紫色蝴蝶的数量锐减

这种偶然性事件甚至会导致紫色蝴蝶彻底灭绝

适应极端环境

小红鹳通过进化可以占据非常特殊的生存环境，在极碱性的非洲湖泊中以藻类为食。在没有竞争者时，红鹳在那里茁壮成长，数量庞大。

岛屿进化

独立的岛屿为不寻常的快速进化提供了天然的实验室，对有限资源的激烈竞争导致了物种的快速形成。1835年，达尔文的加拉帕戈斯群岛之旅让他得以采集了许多鸟类，尤其是地雀的标本。他注意到不同岛屿标本的细微差别，他也听说了分隔的岛屿上的象龟之间存在差别。对太平洋的其他岛屿的考察，让他想到了新物种由同一个祖先进化而来的可能性。鸟类学家约翰·古尔德（John Gould）能够鉴定出达尔文所搜集的地雀实际是12个不同的种，而不仅仅是同一个种的变异而已。这使达尔文相信，物种在特定条件下会发生变化，例如孤立的岛屿。岛屿上的野生动物仍然是现代进化生物学家重要的研究对象。

< 不能飞的鸟

许多不能飞的鸟，例如几维鸟，生活在新西兰。在人类到达之前，它们缺少天敌。

人工选择

几千年来，人类操控了许多种不同的动物和植物，从狗和牲畜到果树和谷物。在基因发现之前，人类想要动植物拥有某种特质，例如想要动物跑得快或想要水果多汁，只需有选择地繁殖，代代相传，直到这种特质彻底确立。现在，利用生物技术直接操控基因可以更快地达到相同的结果，还可以加强有利品质和消除有问题的特质。

∧ 转基因

生物基因组成的改变能够去除人类不希望动植物拥有的特质，并增加有用的特质，如抗病能力。

∧ 克隆

基因同一的个体能通过一个细胞核的转移而产生——借助它的基因信息——从一个成熟细胞进入受体的卵细胞。

分类

全球生物的种类在200万到1亿种之间。目前，科学家已经描述了超过了190万个物种，但每年都增加很多新的物种。所有物种都是用一个250多年前确定的系统来命名和分类的。

> 犬蔷薇

犬蔷薇也叫野蔷薇、"女巫的荆棘"、山茱萸、多花蔷薇癀，它只有一个拉丁名 *Rosa canina*，这个名字可以统称所有的犬蔷薇。

< 美洲狮

美洲狮的英文名可以叫Puma，也可以叫Cougar，它只有一个拉丁名 *Puma concolor*，暗指它皮毛的颜色。

人们研究自然界已经有几百年了。起初，因为无法保存和寄送样本，他们仅限于找寻居所周围的物种和从旅行家那里听报告。后来旅行变得方便起来，探险家受雇收集植物和动物标本，而船上的艺术家可以描绘它们。16世纪早期，在欧洲，对标本的搜集是非常重要的，已经有很多物种被描述和记载，但一直没有正规的编目。

早期的分类学家或科学家描述和分类物种的目的十分简单，就是把生物编组，以便反映上帝创世的计划。在1660年到1713年之间，约翰·雷（John Ray）出版了植物、昆虫、鸟类、鱼类和哺乳动物方面的著作，以形态学的相似性为依据形成了他的分类。而现在形态学和其他准则如行为学和现代遗传学共同奠定了分类学的基础。1758年瑞典植物学家卡尔·林奈（Carolus Linnaeus）的第十版《自然系统》出版了。他和他的朋友彼得·阿泰迪（Peter Artedi）决定，将大自然中的所有物种进行分类，将7300种已被描述的物种归纳进有层次的阶元中。虽然阿泰迪在他的著作完成之前就去世了，但林奈完成了这项工作并和他自己的书一起出版。

拉丁名

现在，所有生物都有一个自己独有的拉丁文名字，例如狮子是 *Panthera leo*，由大写字母开头的"属名"和描述性的"种名"两部分构成。林奈首先构想这种双命名方法来鉴别不同的生物，取代以前存在的主观描述的方式。新方法结束了"同物异名"和"异物同名"引起的混乱。同一物种不同亚种有时会出现在不同区域，18世纪，艾略特·科兹（Elliot Coues）和沃尔特·罗斯柴尔德（Walter Rothschild）才用了三项式拉丁命名系统来解决这一问题。用亚种来表示动植物物种的地理分布，而物种本身的名称仍采用双名制。这种命名物种和亚种的方式一直沿用至今。

传统分类

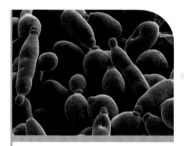

域
真核生物域

最新的分类单位是域。它是根据生物体的细胞是否有细胞核来划分的。有核的真核域包括原生生物、植物、菌物和动物；无核的原核生物域包括古生菌和细菌。

界
动物界

近年来，传统的植物界和动物界的划分被更加细化了。动物界的生物现在仅包括多细胞生物，为了生存它必须吃其他的物种。

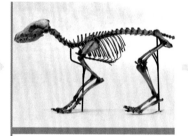

门
脊索动物门

一个门（诸如植物的分划）是一个界的主要次级分划，并由一个或更多个共有特征的种类所构成。脊索动物门的成员有作为脊柱前身的脊索。

纲
哺乳纲

由卡尔·林奈引入，一个纲包含一个目或多个目。哺乳纲动物是有毛、温血、绝大部分胎生的脊椎动物，因用乳汁喂养幼崽得名。

> 对分类学有卓越贡献的伟大科学家们

多年来，许多科学家尝试编组这个自然世界，把早期的思想和新的发现结合起来，最终形成了上面介绍的分类系统以及二项式和三项式拉丁命名法。一些科学家特别有影响，对分类学有重要的贡献。

动物界和植物界

亚里士多德（Aristotle）是对生物分类的第一人，他引入术语 *genos*，也就是生物的"属"。他把动物界分为有血动物和无血动物，但还不理解血并不一定是红色的。这一分类已经十分接近于现代脊椎动物和无脊椎动物的分类了。

亚里士多德（公元前384－公元前322）

混沌中的秩序

约翰·雷对生物进行分类是基于它们的整体形态而不只是它们的一部分。这样做更有利于建立物种之间的联系和更有效地归类。他把开花植物分为两类，即单子叶植物纲和双子叶植物纲。

约翰·雷（1627－1705）

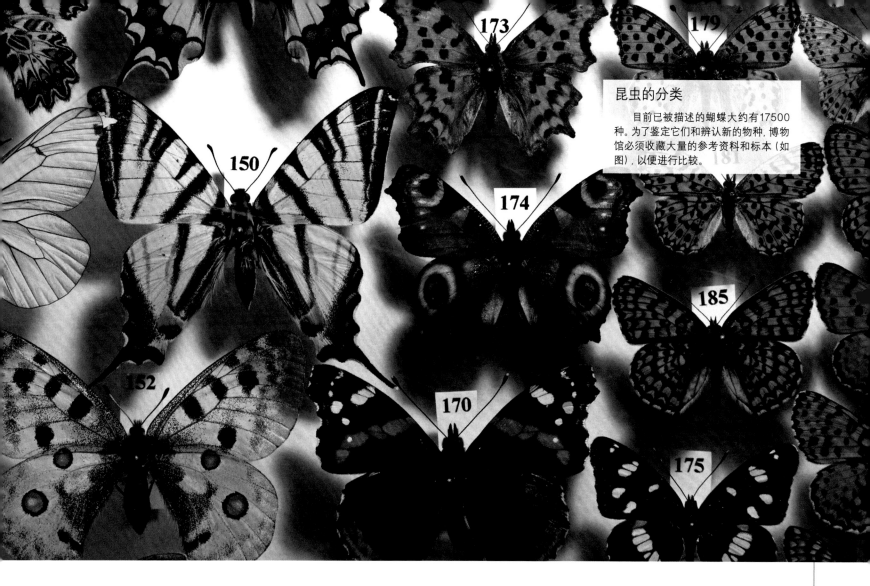

173
179
150
174
181
152
170
185
175

昆虫的分类

目前已被描述的蝴蝶大约有17500种。为了鉴定它们和辨认新的物种，博物馆必须收藏大量的参考资料和标本（如图），以便进行比较。

目
食肉目

目是林奈分类命名体系中纲的下一级，一个目包含一个或多个科。为了撕咬和切断食物，食肉目动物具有特化的裂齿和巨大的犬齿。

科
犬科

目的下一级分类。科是由属和种构成的。犬科有35个现存的种，爪钝不能伸缩，有两个相连的腕骨。除了一个种，它们都有长的、蓬松的尾巴。

属
狐

属是在古希腊时期被亚里士多德首先采用的。属是科的下一级分类，狐属是犬科的一个属，所有狐属都有大的三角耳和长长的尖嘴。

种
赤狐

种是生物分类学的基本单元。它是一群类似的动物，可以互相交配。赤狐因它独有的赤褐色毛色而得名，只和同种的欧洲赤狐交配。

动物、植物或矿物

卡尔·林奈把自然界分成三个界：动物、植物和矿物。然后他构想了基于纲、目、科、属和种的生物等级分类体系，并建立了物种拉丁文双名制命名法。

卡尔·林奈（1707—1778）

一个新的生物界

在历史上，生物被分为动物界和植物界，但1866年恩斯特·海克尔（Ernst Haeckel）认为，微生物是一类独立于动植物之外的生物。现在有三个生物的界：动物界、植物界和原生生物界。

恩斯特·海克尔（1834—1919）

古生菌域的创立

1977年卡尔·沃思（Carl Woese）和乔治·福克斯（George Fox）首先认定古生菌，它们是生活在非常极端环境里的微生物。最初被划分与古细菌同类，但它们的DNA结构极为独特，所以才用了新的三域分类体系：古生菌、细菌和真核生物。

卡尔·沃思（1928—2012）

动 物 谱 系

20世纪50年代，一种革命性的生物分类新方法 —— 种系发生学出现了。这一方法使分类学家可以把物种放入不同等级的种系分支之中，以便研究物种之间的进化关系。

种系发生学，也叫支序系统学，是基于昆虫学家威力·海宁（Willi Hennig, 1913–1976）的研究而提出的。他认为具有共同外形特征的生物一定比外形不相似的生物具有更近的血缘关系。所以，这些生物一定经历了相同的进化过程，有着共同的或者相近的祖先。与林奈传统的分类方法类似，支序系统学也采用等级制，不过由于所包含的资料数量巨大，需要用电脑来绘制进化树。

为了在支序系统学分析中利用形态特征，它必须作某种形式的变换，即从所谓的"原始的"祖先条件变为"衍生的"祖先条件。例如，多数食肉动物的腿和爪与对页进化分支图中的海豹、海狗和海狮、海象的蹼相比，还是比较原始的。这种衍生而来的特征叫衍征。衍征非常重要，因为至少有两个分类群具有这种特征，这说明具有蹼的物种比没有蹼的物种有更密切的关系。

如果一个种系具有唯一的特征，那么这一特征有助于辨认该种系，但是无助于说明两种系的联系。所以支序系统学是完全基于衍征的学科。

寻找祖先

具有越多衍征的生物，它们之间的关系越近。例如，因为具有相同的祖先、一样的父母，兄弟姐妹间的长相看上去总是更加相像，他们有同样的眼睛、同样的下巴等。

支序系统学现在很大程度上基于遗传学——除了化石的研究——但仍然出乎意料地发现了一些共享祖先的情况。例如，基因进化树惊人地显示鲸和河马有着密切的关系，这一点林奈一定没有预想到。

原始鸟类与鳄有亲缘关系

∨ 密切关系

长颈鹿和非洲羚羊都是偶蹄类动物，所以比起奇蹄类的斑马，它们之间的关系更加密切。这三类有毛皮的哺乳动物之间的关系，自然比身披羽毛的鸟类的关系更加密切。

进化分支图

在做亲缘分析时，对不同种系的生物，根据或原始或衍生的特征进行打分。如下面的图表所示，分数的分布有时并不那样显而易见。通常最终的分支进化图会构成多种不同的情况，分类学家必须从这些方案中进行选择，他们采用特征变换步骤最少的分支进化图去解释种系之间的关系。

< 母乳喂养

所有的哺乳动物都有乳腺，这是只有哺乳纲动物才有的特征，在分类学层面上这是共同衍生的特征。哺乳纲内更多家族关系的寻找，需要利用家族层面上共同衍生的特征。

特征	犬科动物	熊	海豹	海狗和海狮	海象
母乳喂养	1	1	1	1	1
短尾	0	1	1	1	1
前肢进化为蹼	0	0	1	1	1
灵活的脊椎	0	0	1	1	1
后肢在体下前曲	0	0	0	1	1
獠牙	0	0	0	0	1

< 特征表

多数现代进化分支图是基于遗传学中的DNA编码。编码曾被用于产生下面的进化分支图，但已经被这张特征表中更为熟悉的形态描述所代替。其中一个特征，母乳喂养，是所有所示类群的共性；另一些特征只有某些种群具备；而獠牙这一特征只有海象一个物种具备。

∨ 进化分支图

上面的进化分支图中，犬科动物是最原始的种群，即外类群，海象是衍生特征最多、最为进化的种群。在进化分支图中的所有特征都被每个数字右边的类群所共享，例如熊、海豹、海狗和海狮以及海象都具有短尾这一特征。

特征代码	
0	原始特征
1	衍生特征

犬科动物   熊   海豹   海狗和海狮   海象

① 外类群犬科动物不具备短尾的特征

② ③ 这两种特征是熊区分于海豹、海狗、海狮、海象的特征

④ 只有海狗、海狮、海象共有这一特征

⑤ 海象是这一进化分支图中最为进化的物种

短尾

熊、海豹、海狗和海狮以及海象的尾巴都很短。然而犬科动物保留了原始的特征——毛茸茸的长尾巴。因此，特征①是除了犬科动物，所有食肉动物享有的共同衍生特征。

蹼

在食肉目动物中，海豹、海狗、海狮和海象比较特殊，它们的前肢进化成了蹼。正是这一共源性，说明这三个类群之间的关系比它们和熊的关系更加密切。

灵活的脊椎

特征③（灵活的脊椎）和特征②在相同的层次起作用，灵活脊椎的特征进一步支持有蹼特征所指示的关系。在一个特定的层次出现的共同衍生特征越多，则所提出的相互关系越可信。

强有力的后腿

海狗、海狮和海象的骨盆带都可以旋转，从而帮助它们在陆地上运动，而海豹一旦登陆，活动自然不如它们自如。这说明它们比海豹有着更相近的共同祖先。

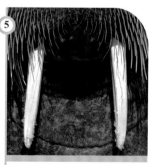

獠牙

这是海象独有的特征，并不能揭示出它和其他哺乳动物类群之间的关系。同理，母乳喂养这一特征出现在这里的所有类群中，并不能给出它们之间如何联系的线索，因此这个特征没有在进化分支图中标出。

生命之树

德国博物学家彼得·帕拉斯 (Peter Pallas) 在1766年首先提出，用一棵分枝的树来表现生物的多样性。这以后，许多类似的树都被构筑出来。一开始的树很完整，还有树皮和树叶，后来渐渐地变成示意性的，并且加入了进化理论。如今用电脑画出的生命之树呈现出生物之间是如何相关联的许多不同的观点。

达尔文的第一棵生命进化树

第一个用生命树展现进化概念的人是查尔斯·达尔文。1837年他用草图画出了第一张生命进化树。最初是一个简单分支的图表，之后他加以改进，并列入1859年出版的《物种起源》。注有文字的树杈表明了他理论的可行性，树杈越多表明一个祖先可能进化成越多物种，进化而成的不同生物也就越多。1879年恩斯特·海克尔进一步发展了这个想法，把进化树进一步发展，展示了从单细胞生物进化到动物的过程。今天，DNA和蛋白质分析以及形态学用来共同构筑生命进化树，并建立生物之间的基因关系图。伴随新的物种和信息被发现，大量的数据输入电脑，生成不断精细化的生命树。

在生命树中，重点自然是脊椎动物，因为它们之间的关系是显而易见的。许多微小原核生物（古生菌和细菌）和原生生物（没有被划分为植物、动物或菌物）经常没有被充分说明，这是因为它们之间的关系不能确定。随着对微小生命认识的深入，生命树还会发生变化。

大灭绝

把所有存在过的生物都在生命树上标注出来非常困难，随着时间的流逝，超过95%的物种都灭绝了。许多物种在同一时间消失，就是物种的大灭绝。这在过去发生过5次。最知名的一次就是白垩纪末期的恐龙灭绝，有人认为是陨石撞击地球和火山活动共同造成的。随着动物栖息地迅速地被人类活动破坏，很有可能未来还会再有一次物种大规模灭绝。

灭绝的时间曲线

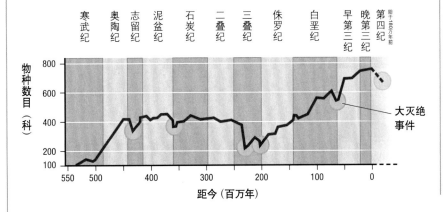

读懂生命树

此图表揭示了生命如何从简单生物，例如34亿年前出现的古生菌，进化成复杂生物的，例如5.4亿年前出现的动物。图表同样显示了脊椎动物的多样性（见第34～第35页），这一部分所占比例非常大。圆圈意味着两种或多种生物几乎同时由一个祖先进化而来。图中展现的只有现存的物种。

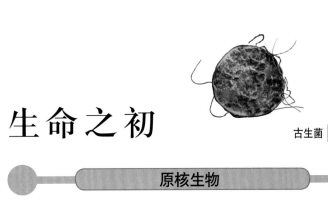

生命之初

古生菌

原核生物

细菌

生命的结构

所有的生命都可以被分为原核生物或真核生物。原核生物的细胞里没有细胞核，而且通常是单细胞生物。真核生物一般是多细胞生物，每个细胞都有细胞核，细胞核里记录着它们的DNA。下表介绍了6大界生物各属于哪类生物。多数生物都是原核生物。古生菌和细菌是最大的种群，虽然1000万个物种里只有1万个物种被描述过。真核生物中，原生生物和无脊椎动物的物种数量大大超过脊椎动物的物种数量。

原核生物	真核生物
古生菌	原生生物
细菌	植物
	苔藓 蕨类植物及其近亲 苏铁、银杏和买麻藤目 松柏类 有花植物
	菌物
	蘑菇 子囊菌 地衣
	动物
蓝细菌	无脊椎动物 脊索动物

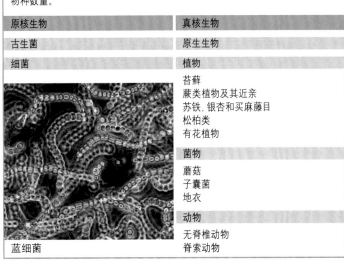

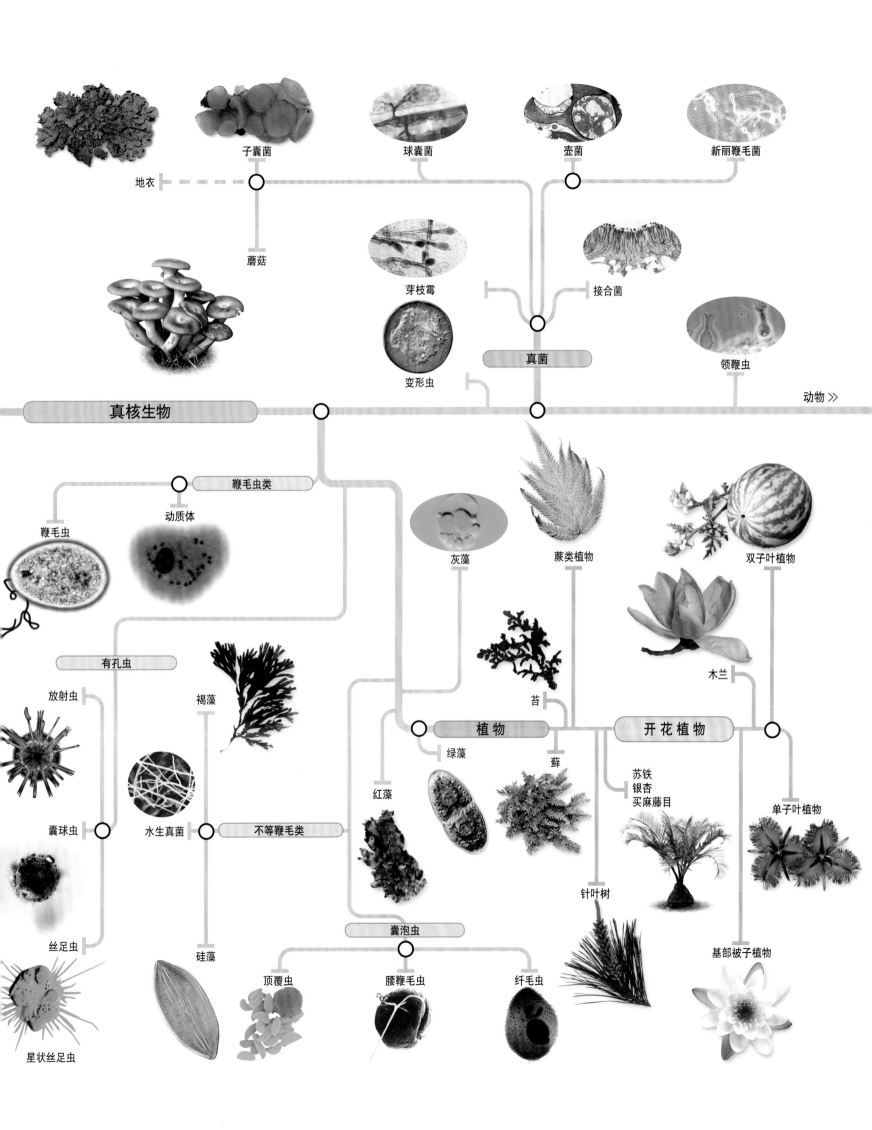

子囊菌

球囊菌

壶菌

新丽鞭毛菌

地衣

蘑菇

芽枝霉

接合菌

真菌

变形虫

领鞭虫

真核生物

动物 》

鞭毛虫类

动质体

鞭毛虫

灰藻

蕨类植物

双子叶植物

有孔虫

木兰

放射虫

褐藻

苔

植物

绿藻

藓

开花植物

红藻

苏铁
银杏
买麻藤目

囊球虫

水生真菌

不等鞭毛类

针叶树

单子叶植物

丝足虫

硅藻

囊泡虫

顶覆虫

腰鞭毛虫

纤毛虫

基部被子植物

星状丝足虫

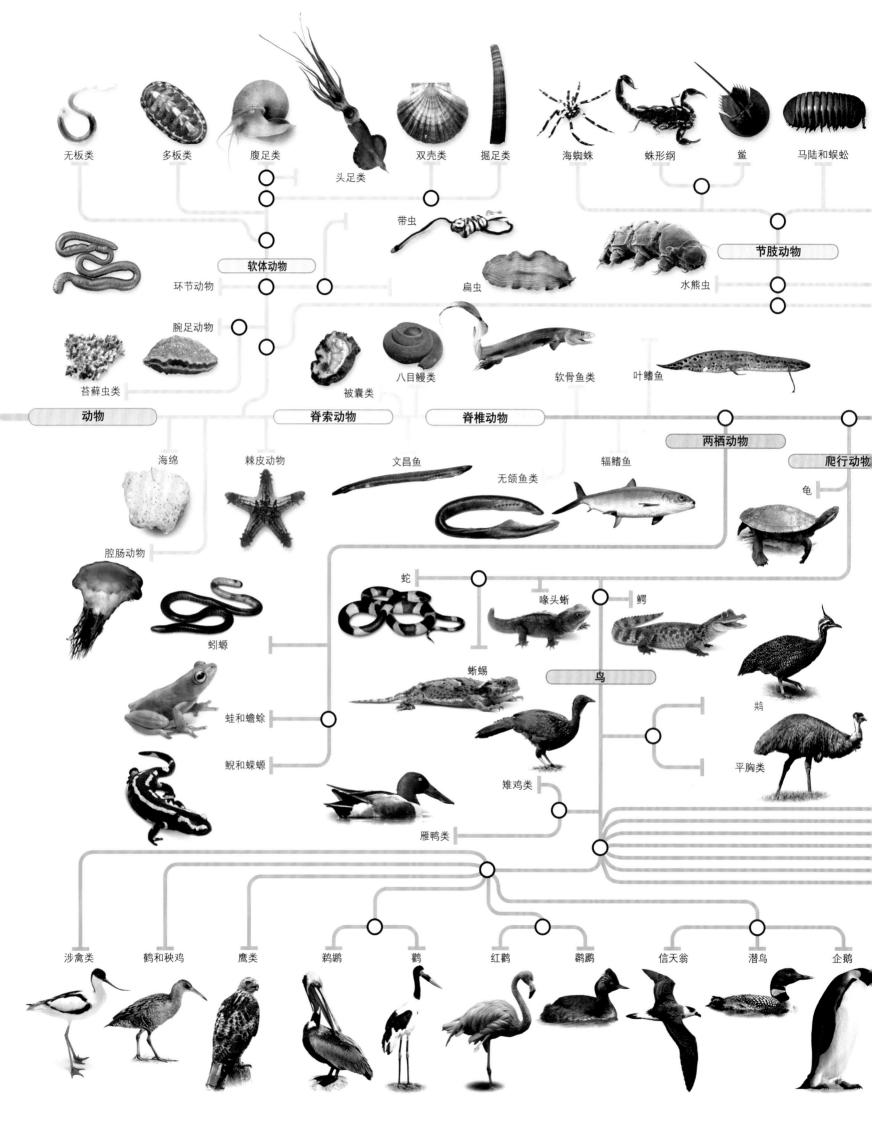

无板类　多板类　腹足类　头足类　双壳类　掘足类　海蜘蛛　蛛形纲　鲎　马陆和蜈蚣

带虫

扁虫

节肢动物

软体动物

水熊虫

环节动物

腕足动物

苔藓虫类　被囊类　八目鳗类　软骨鱼类　叶鳍鱼

动物　脊索动物　脊椎动物　两栖动物　爬行动物

海绵　棘皮动物　文昌鱼　无颌鱼类　辐鳍鱼　龟

腔肠动物

蛇　喙头蜥　鳄

蚓螈

蜥蜴　鸟

蛙和蟾蜍

鸸

鲵和蝾螈

雉鸡类　平胸类

雁鸭类

涉禽类　鹤和秧鸡　鹰类　鹈鹕　鹳　红鹳　鸊鷉　信天翁　潜鸟　企鹅

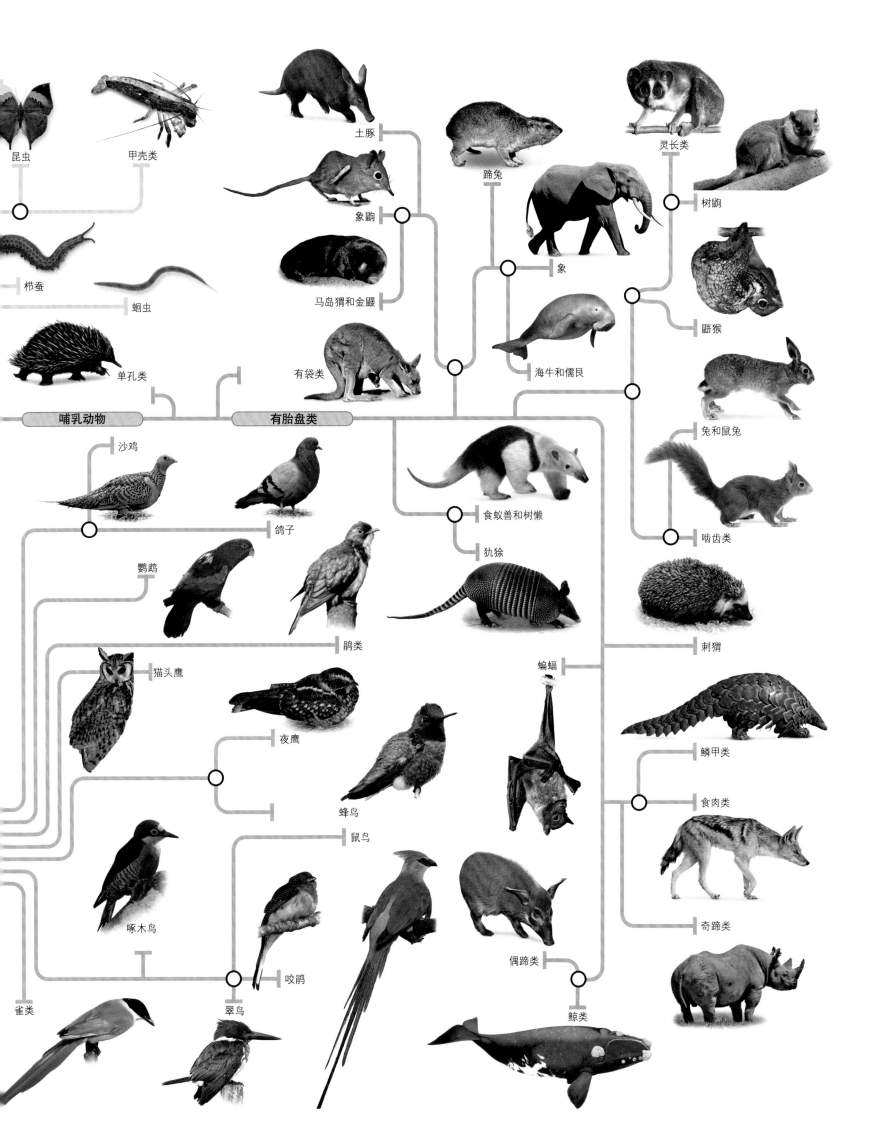

昆虫

甲壳类

栉蚕

蛔虫

单孔类

象鼩

马岛猬和金鼹

土豚

有袋类

哺乳动物

有胎盘类

蹄兔

象

海牛和儒艮

食蚁兽和树懒

犰狳

灵长类

树鼩

鼯猴

兔和鼠兔

啮齿类

刺猬

蝙蝠

鳞甲类

食肉类

奇蹄类

偶蹄类

鲸类

沙鸡

鸽子

鹦鹉

鹃类

猫头鹰

夜鹰

蜂鸟

鼠鸟

咬鹃

翠鸟

雀类

啄木鸟

矿物、岩石和化石

地球上的生命起源于我们脚下的岩石。这些岩石由一种或多种不同的矿物组合而成，它们对地理景观、植被和土壤产生了深远的影响。保存于这些岩石中的化石详细地记录了远古的生命，并展示出亿万年来生命演化的轨迹。

》38
矿物

作为构筑岩石的单元，矿物通常具有结晶结构。地球的地壳中存在着几千种矿物，但常见的和广泛分布的矿物仅有不到50种。

》62
岩石

38亿年前，地壳第一次固化时，最古老的岩石就已形成，之后不断地破碎和重组。根据不同的形成方式，可以把岩石进行分类。

》74
化石

大多数化石保存了坚硬的遗骸如牙齿和骨头；化石也可以记录脚印和岩石中的碳含量等踪迹，这些揭示了生命的存在。

矿物

　　矿物是构成岩石的基本物质。地球上天然存在的矿物有5000多种，每种矿物具有独特的化学组成。大部分矿物坚硬且呈晶体状态。一些种类的矿物极其丰富，另一些种类的矿物，如金刚石，则非常稀少且价值不菲。

铜矿通常以树枝状出现，像一棵树一样分枝。它是一种非常重要的经济矿物。

孔雀石可呈细小浑圆的葡萄状并组成巨大的无规则块状。

铬铅矿是一种铅的铬酸盐，经常以细长的棱柱状晶体存在。

　　矿物具有巨大的经济价值。它们为我们提供了数不清的、包括从金属到工业催化剂在内的有用材料，有一些还具有装饰性，如一些矿物可被切割和抛光成宝石。甚至，矿物对生命本身也是必不可少的。在土壤和水中，可溶性矿物可稳定地释放出植物和其他生物体生长所需的化学营养物质。没有它们，地球上的生态系统将无法运行。

　　矿物是根据它们的化学成分进行分类的。少数矿物如金、银和硫可以在自然环境中存在，意味着它们只含有一种化学元素，不含其他杂质。大部分矿物都是化合物。例如，石英含有两种元素——硅和氧，它们非常牢固地结合在一起，让石英有极高的硬度和强度。石英属于矿物的硅酸盐族。地球地壳的75%是由硅酸盐矿物组成的。其他常见的矿物族包括卤化物如石盐、食盐，以及磷酸盐和碳酸盐。后面两个族的矿物对动物特别重要。动物利用磷酸盐和碳酸盐矿物，如方解石，来构建坚硬的身体部分，如牙齿、骨头和外壳。

鉴定矿物

　　借助经验，许多矿物的种类就可以单凭它们的外貌和结构被鉴定出来。其中重要的线索包括它们的颜色、光泽、表面的反光方式，尤其是它们的特性，或者说是晶形。根据它们的对称性，晶体可归类到六个晶系（如下图）。另外，晶体本身可用不同的方式排列：许多晶体的表面体是平行的，但也可以是树枝状的（分枝状），甚至是葡萄状的（像一串葡萄）。

　　不同的矿物还在密度或比重（SG）及硬度（H）方面有不同，比重是通过将矿物的重量与等体积的水的重量比较而测定的。在分为10级的摩氏硬度计中，滑石被评级为硬度为1，而最硬的矿物金刚石硬度为10。指甲（硬度2）、铜质硬币（硬度3.5）以及钢刀（硬度6）都可用作为测试硬度的基准。出人意料的是，矿物的大小是较少利用的线索。例如，石膏晶体通常小于1厘米长，但已发现的最大的石膏标本则有两层楼那么大。

火山矿物 >

埃塞俄比亚达纳基勒沙漠中达洛尔的地面坑坑洼洼，布满火山口，并覆有一种天然矿物——硫。

讨论

是不是矿物？

　　传统上矿物被认为是无机物。虽然一些被用作宝石和其他装饰品的有机物具有与矿物相似的化学成分，但它们不是真正的矿物。琥珀是硬化的树脂，多数琥珀形成于白垩纪、早第三纪和晚第三纪，且可能包含昆虫化石。煤精是一种硬度较低的黑色岩石，它是一种类型的煤，它曾在维多利亚时代被当作非常时髦的珠宝。贝壳、珍珠和珊瑚富含方解石，常用作装饰。

晶系

立方晶系常见且易被识别。这种晶体具有三条互为直角的轴，它的晶形由立方体和八个面的八面体组成。

六方和三方晶系很相似，具有四个对称轴。它们的晶体通常为六个侧面的棱柱体加两个锥体顶端（如左图）。

四方晶系具有三个对称轴，相互之间为直角，其中两条对称轴长度相等。在一个高的棱柱体（如图）中，垂直轴较长。矮棱柱体也常见。

单斜晶系具有三个不等的对称轴，只有两个轴呈直角。板状（扁平的如左图）和棱柱状习性十分普遍。

斜方晶系与单斜晶系相似，但所有三条对称轴之间为直角，通常的结晶习性为板状和棱柱状（如左图）。

三斜晶系具有低程度对称性，因为三条轴的长度不等，相互之间非直角。棱柱状习性普遍。

自 然 元 素

在88种自然元素中只有约20种呈自然状态，不与其他元素组合。它们被分成3组。金属元素极少形成明显的晶体，比重大、硬度小。半金属元素如锑和砷通常形成浑圆的团块。非金属，包括硫和碳，通常形成晶体。

锑
六方晶系/三方晶系
硬度3~3.5，比重6.6~6.7
这种稀少的半金属产于热液脉中，通常伴生砷和银矿物。当它被氧化后，其银灰色团块表面就会略有泛白。

石墨
六方晶系
硬度1~2，比重2.1~2.3
石墨是自然碳的一种形式，通常产于变质岩中。它是一种黑色、柔软和油滑的矿物，是制作铅笔芯的理想材料。

自然铜

铜
立方晶系，硬度2.5~3，比重8.9
自然铜主要以不规则状块体或枝权状或金属丝状形式产出，明显地与玄武质熔岩有关。它是一种良导体，广泛应用于电气工业。

针铁矿基质上的铜

树枝状的习性

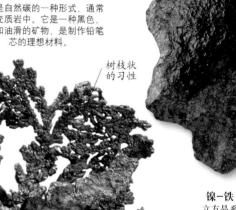

镍-铁
立方晶系
硬度4~5，比重7.3~8.2
铁与镍可形成多种形式合金。矿物铁纹石可含高达7.5%的镍，镍纹石则可含高达50%的镍。

独特的、孤立的金刚石晶体

金刚石
立方晶系，硬度10，比重3.52
金刚石是所有矿物中最硬的，是碳的一种贵重的形式，产于源自深部火山岩筒的称为金伯利岩的火成岩中。

岩石基质

油脂光泽

砷
三方晶系，硬度3.5，比重5.7
剧毒的砷通常在热液脉中形成淡灰色浑圆状块体，它若受热，会发出大蒜一样的气味。

硫
斜方晶系，硬度1.5~2.5，比重2.0~2.1
自然硫常围绕火山口形成亮黄色晶体和粉末状皮壳，它被开采用来生产硫酸、染料、杀虫剂和化肥。

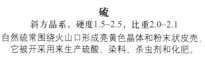

块铂

铂
立方晶系，硬度4~4.5，比重21.4
自然铂是一种稀有金属，它在火成岩和冲积砂中形成鳞片状、粒状和块状物，它的高熔点意味着它在工业中很有用，如用作飞行器的火花塞。

不平滑的表面

铂

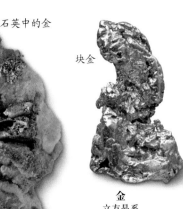

石英中的金

块金

硫化物

硫化物是矿物的一个大类，由硫与一种或多种金属结合而成。许多硫化物具有高的比重和金属光泽。它们通常形成极好的晶体。硫化物出现在多种地质环境下，但在热液脉中最常见。硫化物类矿物包括了大多数具有重要经济价值的金属矿石矿物。

辰砂
六方晶系/三方晶系
硬度2~2.5，比重8.0~8.2
辰砂是一种红色汞硫化物。几个世纪来，它曾是汞的主要来源。它产于热泉和火山口周围。

金
立方晶系
硬度2.5~3，比重19.3
金因其颜色和延展性而价值非凡。金形成于热液脉中且经常被风化出来，在河砂中呈块金被发现。

长条状、弯曲状晶体组合成叶片状晶簇

辉锑矿
斜方晶系，硬度2，比重4.63~4.66
辉锑矿是一种锑的硫化物。这种深灰色矿物是锑的主要矿石矿物。大的锑矿床分布于中国、日本和美国西部。

辉砷钴矿
斜方晶系，硬度5.5，比重6.3
辉砷钴矿是一种不常见的砷和钴硫化物。在瑞典和挪威，它是一种重要的钴矿石。

无法分辨的晶体构成大的块状斑铜矿

斑铜矿晶体

块状斑铜矿

斑铜矿
四方晶系
硬度3，比重5.0~5.1
这种铜铁硫化物呈铜红色。暗淡到闪闪发光的紫色和蓝色。这是一种重要的铜矿石。

铁
立方晶系，硬度4，比重7.3~7.9
自然铁主要被发现在地球的地核中。在地表，铁通常与其他元素结合。

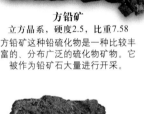

方铅矿
立方晶系，硬度2.5，比重7.58
方铅矿这种铅硫化物是一种比较丰富的、分布广泛的硫化物矿物。它被作为铅矿石大量进行开采。

常见的黄铜矿块状体

铋
三方晶系
硬度2~2.5
比重9.7~9.8
自然铋是比较稀少的，很少能见到这样特征的晶体，它通常具有粒状或分枝状形态。

岩石空洞中的汞珠

汞
六方晶系/三方晶系
液态，比重13.6~14.4
汞是唯一的在常温下呈液态的自然金属。在液态时，汞呈银色小珠。

硫镉矿
六方晶系
硬度3~3.5，比重4.7~4.8
硫镉矿是以格林诺克（Greenock）爵士的名字命名的，它是在格林诺克爵士的苏格兰领地上于1840年被发现的。这种稀有的硫化镉可呈黄、红或橙色。

常见的闪锌矿晶形

黄铜矿
四方晶系
硬度3.5~4，比重4.3~4.4
黄铜矿是一种铜和铁的硫化物，深铜黄色。它是一种具有重要价值的铜矿石。

黄铜矿晶体

银
立方晶系，硬度2.5~3，比重10.5
自然银分布广泛但很少被大量发现，它主要以扭曲丝状、鳞片状和枝杈状物质产出。

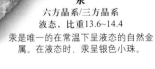

块状闪锌矿

闪锌矿
立方晶系
硬度3.5~4，比重3.9~4.1
闪锌矿是一种锌与不同铁含量结合的硫化物，它是一种开采量最大的含锌矿石矿物。

螺状硫银矿
单斜晶系
硬度2~2.5，比重7.22
螺状硫银矿是一种深灰色、金属状的、有时呈钉状晶体产出的硫化物，它是银的主要矿石。

>> 硫 化 物

雌黄
单斜晶系
硬度1.5~2，比重3.4~3.5
雌黄是根据拉丁语"金色的漆"命名的。这种砷的硫化物围绕热泉呈叶片状、柱状物质产出。

雄黄
单斜晶系，硬度1.5~2，比重3.56
雄黄是一种亮橘红色砷的硫化物，曾被用作颜料。

钴硫砷铁矿
斜方晶系，硬度5，比重5.9~6.1
钴硫砷铁矿是一种钴、铁和砷的硫化物，它呈银白色，易碎，不具有外观晶体形态。

辉钼矿
六方晶系/三方晶系
硬度1~1.5，比重4.62~5.06
辉钼矿是一种呈铅灰色的钼的硫化物，它具有油滑的感觉，这是由于层状晶体结构中的弱键造成的。

花岗岩 ——

层状薄六方晶体

白铁矿
斜方晶系
硬度6~6.5，比重4.92
白铁矿是一种颜色比黄铁矿浅且易碎的铁的硫化物，它通常以鸡冠状和矛状双晶产出。

靛青蓝铜蓝

铜蓝
六方晶系
硬度1.5~2，比重4.6~4.8
铜蓝是一种不太常见的铜的硫化物，它的闪亮的靛青蓝色吸引了许多矿物收藏者。

细长棱柱状晶体

褐硫锰矿
立方晶系，硬度4，比重3.46
褐硫锰矿是一种很稀少的锰的硫化物。当一定矿物在盐丘的顶盖中发生蚀变时，褐硫锰矿可形成棕色八面体晶体。

毒砂
单斜晶系
硬度5.5~6，比重5.9~6.2
银色的毒砂是一种砷和铁的硫化物。它含有差不多50%的砷，是一种砷的主要矿石，对人体有毒。

黄锡矿
四方晶系，硬度4，比重4.4
黄锡矿是一种锡、铜和铁的硫化物，开采它的目的是为了其所含的锡，它的名字来自拉丁文的锡（Stannum）。

镍黄铁矿
立方晶系
硬度3.5~4，比重4.6~5.0
这种镍和铁的硫化物发现于基性火成岩中，它是镍的重要来源。

方解石基质 ——

针镍矿
三方晶系
硬度3~3.5，比重5.3~5.6
这种镍的硫化物产出在石灰岩和超镁铁岩中。它是一种广受欢迎的镍矿矿物。

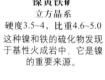

黄铁矿
立方晶系，硬度6~6.5，比重5
黄铁矿因其淡金黄色而得到了"愚人金"的绰号，这种铁的硫化物是所有硫化物矿物中最常见的。

磁黄铁矿
单斜晶系，硬度3.5~4.5，比重4.53~4.77
磁黄铁矿是一种具有可变铁含量的铁的硫化物。它具有磁性，磁性随铁含量的降低而增强。

辉铜矿
单斜晶系，硬度2.5~3，比重5.5~5.8
辉铜矿是一种深灰至黑色的铜的硫化物，它已被开采了几个世纪，是最赚钱的铜矿资源之一。

辉铋矿
斜方晶系，硬度2，比重6.8
这种铋的硫化物是一种重要的矿石，提炼出的铋大多用来制造药品和化妆品。

硫盐

　　硫盐一类包括200多种矿物，其中多数为稀有矿物。结构上与标准的硫化物相似，并且具有许多相同的性质。在这些化合物中，硫与一种金属元素（通常是银、铜、铅或铁）以及一种半金属元素（通常是锑或砷）相结合。硫盐经常出现在热液脉中，通常量少。

浓红银矿
三方晶系
硬度2.5，比重5.8~5.9
浓红银矿，也被称为红宝石银，是一种银和锑的硫化物，呈黑色，但其薄的裂片呈深宝石红色。

硫锑铜银矿
单斜晶系
硬度2~3，比重6.0~6.3
硫锑铜银矿较不常见，它是一种银、铜、锑和砷的硫化物。在局部地方，它能被提取出有价值的银。

硫锑铅矿
单斜晶系
硬度2.5~3，比重5.8~6.2
硫锑铅矿是一种蓝灰色铅和锑的硫化物，它是能形成细小发丝状晶体的少数硫化物之一。

脆银矿
斜方晶系
硬度2~2.5，比重6.25
脆银矿是一种不透明的黑色的银和锑的硫化物。在美国的内华达州，它是一种重要的银矿石。

带条纹的棱柱状晶体

脆硫锑铅矿（羽毛矿）
单斜晶系，硬度2.5，比重5.63
脆硫锑铅矿是一种铅、铁和锑的硫化物，它的深灰色晶体可以呈细小的发丝状，或较大的棱柱状。

淡红银矿
三方晶系
硬度2~2.5，比重5.55~5.64
淡红银矿是一种银和砷的硫化物，它也被称为亮红宝石银，透明的晶体呈亮鲜红色。

辉锑铅矿
六方晶系
硬度3~3.5，比重5.3
辉锑铅矿是一种铅和锑的硫化物，它呈钢灰色发丝状或针状晶体产出。

黝铜矿
立方晶系
硬度3~4.5，比重4.6~5.1
这是一种铜、铁和锑的硫化物，因其四面体状晶体（具有四个三角形面的晶体）而得名。

亮金属光泽

放射状、针状晶体

砷黝铜矿
立方晶系
硬度3~4.5，比重4.59~4.75
砷黝铜矿是一种铜、铁和砷的硫化物，呈深灰色或黑色。它看起来与黝铜矿十分相似。

硫砷铜矿
斜方晶系，硬度3，比重4.4~4.5
硫砷铜矿是一种钢灰色的铜和砷的硫化物，它具有金属光泽，其晶体通常细小，呈板状或棱柱状。

车轮矿
斜方晶系，硬度2.5~3，比重5.7~5.9
黑色或钢灰色的车轮矿是一种铅、铜和锑的硫化物，其晶体为板状-棱柱状。

氧化物

　　氧化物是氧和其他元素的化合物。一些氧化物很硬且比重很大。这类矿物包括了铁、锰、铝、锡和铬的矿石矿物。有一些氧化物矿物是人们探求的宝石。氧化物可产于热液脉中、火成岩和变质岩中，以及因其抗风化和搬运而产于沉积层中。

赤铜矿
立方晶系，硬度3.5~4，比重6.14
呈不同浓度的红色，这种铜氧化物由铜矿物的氧化作用形成于近地表。

钙钛矿
斜方晶系
硬度5.5，比重4.01
钙钛矿于1839年在俄罗斯被发现，这种深色的钙和钛的氧化物形成于火成岩和变质岩中。

八面体的锌铁尖晶石晶体

锌铁尖晶石
立方晶系
硬度5.5~6.5，比重5.07~5.22
这种黑色或棕色锌锰铁氧化物被发现于变质的灰岩中，美国新泽西州的富兰克林尤其多。

钛铁矿
三方晶系，硬度5~6，比重4.72
钛铁矿是一种铁和钛的氧化物，是钛的主要矿石。钛是一种具有高强度、低密度的金属，用于制造飞机和火箭。

晶质铀矿
立方晶系
硬度5~6，比重6.5~10.0
它是一种铀氧化物，具高放射性，呈黑色或棕色，是主要的铀矿的矿石矿物。铀可以用作核反应堆发电和制造核武器。

锡石
四方晶系，硬度6~7，比重7
锡石几乎是世界上锡的唯一来源。这种锡的氧化物呈细小的颗粒，主要发现于河流的砂砾中。

带条纹的晶面

玻璃光泽

铌钇矿
斜方晶系
硬度5~6，比重5.15~5.69
铌钇矿是一种由钇、铁、钛等不同金属组成的有放射性的氧化物，它产于火成岩和冲积砂中。

锌尖晶石
立方晶系
硬度7.5~8，比重4.6
锌尖晶石是一种少见的铝和锌的氧化物，主要产于变质岩中，可形成深绿色或蓝色至黑色的晶体。

刚玉
三方晶系
硬度9，比重4.0~4.1
刚玉是一种铝氧化物，其硬度仅次于金刚石，其宝石红和宝石蓝变种常用作宝石。

铬铁矿
立方晶系，硬度5.5，比重4.5~4.8
这种铁铬氧化物是铬的唯一重要来源。铬是一种用作制造铬钢和不锈钢的元素。

亮金属光泽

赤铁矿
三方晶系，硬度5~6，比重5.26
赤铁矿分布广泛，储量丰富。这种铁氧化物作为铁矿石的矿石矿物被大量开采。其多种形态的颜色可从金属灰色变到土红色不等。

氢氧化物

氢氧化物矿物是一种金属元素和氢氧根 (OH) 的化合物，它们是常见的矿物，通常是通过已有的氧化物和渗透于地壳的富水的流体之间的化学反应而形成的。许多氢氧化物矿物较软。氢氧化物通常产在热液脉的蚀变部分和变质岩中。

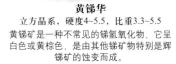

三水铝石
单斜晶系
硬度2.5~3.5，比重2.4
三水铝石是铝土矿中三种主要的铝氢氧化物之一，它也可产于热液脉中。

黄锑华
立方晶系，硬度4~5.5，比重3.3~5.5
黄锑矿是一种不常见的锑氢氧化物，它呈白色或黄棕色，是由其他锑矿物特别是辉锑矿的蚀变而成。

褐钇铌矿
四方晶系
硬度5.5~6.5，比重4.2~5.7
褐钇铌矿是许多金属包括钇、铀、铌和铈等的氧化物的族名。

棱柱状晶体

软锰矿
四方晶系
硬度2~6.5，比重5.06
软锰矿是一种常见的锰氧化物，它是锰的主要矿石矿物。锰是钢铁生产的重要元素。

纤铁矿
斜方晶系，硬度5，比重3.9
这种相对稀少的铁氢氧化物可与针铁矿共生，它呈红棕色并可形成不规则状和纤维状形态。

硬水铝石
斜方晶系，硬度6.5~7，比重3.3~3.5
硬水铝石和它的变体——水软铝石是铝土矿中主要的铝氢氧化物。它也可产于大理岩和蚀变的火成岩中。

块状杂硬锰矿

金红石
四方晶系，硬度6~6.5，比重4.23
金红石是钛的来源。这种钛的氧化物常常在石英晶体中形成令人印象深刻的细小半透明的针状物。

块状针铁矿

钦硬锰矿
斜方晶系，硬度5~6，比重4.7
色暗、不透明，这种含钡的锰氧化物通常被发现呈集合体或块状的形式。它的晶体很稀少。

葡萄状针铁矿

针铁矿
斜方晶系，硬度5~5.5，比重3.3~4.3
针铁矿是一种常见的铁氢氧化物，它使暴露于大气中的土壤和岩石呈现黄棕色。

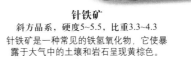

铝土矿
非晶混合物
硬度1~3，比重2.3~2.7
铝土矿是主要的铝矿石，它不是一种单一的矿物，而是一种铝氢氧化物和铁氧化物的集合体。

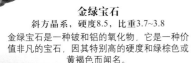

金绿宝石
斜方晶系，硬度8.5，比重3.7~3.8
金绿宝石是一种铍和铝的氧化物，它是一种价值非凡的宝石，因其特别高的硬度和绿色或黄褐色而闻名。

红锌矿
三方晶系，硬度4~4.5，比重5.68
红锌矿是一种稀少的锌和锰的氧化物，它的唯一重要矿床在美国，该矿床已被开采殆尽。

水镁石
三方晶系，硬度2.5，比重2.38~2.40
水镁石是一种镁的氢氧化物，它的颜色为白色、灰色、蓝色或绿色，产于变质岩中。

卤化物

当金属元素与卤素元素结合时就形成卤化物。卤素元素为碘、氟、氯和溴。卤化物矿物通常很软且比重低，归类于立方晶系的晶体。这些矿物中的许多矿物（如石盐和钾盐）形成于因盐水干燥而成的蒸发岩层中。其他卤化物，如萤石，产于热液脉中。

黄色萤石

紫色萤石

立方晶体

萤石
立方晶系
硬度4，比重3.18
萤石是氟化钙，通常形成多种颜色的透明至半透明的晶体。大量萤石被用来制造氢氟酸。

绿色萤石

钾盐
立方晶系，硬度2，比重1.99
钾盐是钾的氯化物，一种与石盐相似的盐类。它与石盐一起产于蒸发岩矿床中。钾盐被用作制造钾肥。

粒状光卤石

光卤石
斜方晶系，硬度2，比重1.6
光卤石是一种镁和钾的含水氯化物，由盐水蒸发而形成，它在化肥制造中是一种重要的矿物。

玻璃光泽

透明立方体状晶体

橙色石盐

羟氯铜铅矿
四方晶系，硬度2.5，比重5.42
羟氯铜铅矿是一种铅和铜的氢氧化物，呈淡蓝至深蓝色；它是由其他矿物蚀变而形成的。

氯铜银铅矿
立方晶系，硬度3~3.5，比重5.0~5.1
深蓝色氯铜银铅矿是一种稀有的铅、银和铜的氢氧氯化物。它产于铅和铜矿床被蚀变的部位。

石盐
立方晶系，硬度2，比重2.1~2.2
石盐是食盐或氯化钠，广泛存在于由海水蒸发作用而形成的地层中。它可以是有色的或无色的。

石盐晶体

氟铝钠锶石
单斜晶系
硬度4~4.5，比重3.87
氟铝钠锶石通常为白色，发现于火成岩中，是一种钠、锶、镁、铝的氢氧氟化物。

氯角银矿皮壳

氯角银矿
立方晶系，硬度2.5，比重5.55
这种氯化银为典型的鳞片状、似板块状，或块状，与蜡相似。它产于银矿床的被蚀变部位。

碳酸盐

碳酸盐矿物是金属元素或半金属元素与碳酸根（CO₃）结合的化合物。已知有超过70种碳酸盐矿物，方解石、白云石和菱铁矿占地壳中碳酸盐的绝大多数。碳酸盐通常形成良好的晶体，形状规则，内部无异物。许多碳酸盐为淡淡的颜色，但有些碳酸盐如菱锰矿、菱锌矿和孔雀石具有亮丽的颜色。

珍珠光泽

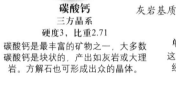

碳酸锌
三方晶系
硬度4~4.5，比重4.3~4.45
碳酸锌是一种锌碳酸盐，发现于锌矿床的上氧化带，可作为锌矿开采。

玻璃光泽

深绿色板状氯铜矿晶体

棱柱状晶体

钉头石

犬牙石

碳酸钙
三方晶系
硬度3，比重2.71
碳酸钙是最丰富的矿物之一，大多数碳酸钙是块状的，产出如灰岩或大理岩。方解石也可形成出众的晶体。

灰岩基质

钡和钙的碳酸盐
单斜晶系，硬度4，比重3.66~3.71
这种钡钙碳酸盐为白色至淡黄色，它经常被发现于灰岩中的热液脉中。

铜的氢氧氯化物
斜方晶系，硬度3~3.5，比重3.76
铜的氢氧氯化物产于铜矿床的氧化部位，是一种次要的铜的矿石矿物。

弯曲的晶面

钙和镁的碳酸盐
三方晶系
硬度3.5~4，比重2.85
钙和镁的碳酸盐是一种钙镁碳酸盐，广泛分布于蚀变的灰岩中。专门由块状白云石形成的白云岩被用作建筑石材。

碳酸钠
单斜晶系，硬度2.5~3，比重2.1
碳酸钠是一种含水的钠碳酸盐，呈灰色、淡黄色或棕色。它形成于地球表面，特别是在含盐的沙漠环境中。

针状晶体

氯化汞
四方晶系
硬度1~2，比重6.5
氯化汞是一种汞氯化物，很少见到，是一种白色至灰色或棕色矿物。当它暴露在光下，它的颜色会变深。

铝和钠的氟化物
单斜晶系，硬度2.5，比重2.97
铝和钠的氟化物是一种稀少的铝钠氟化物，通常具冰一样的外观。它被发现于花岗质伟晶岩和花岗岩中。

毒重石
斜方晶系，硬度3~3.5，比重4.29
毒重石是一种钡的碳酸盐，不太普遍，呈白色或灰色，产于热液脉中。

碳酸镁
三方晶系
硬度3~4，比重3.0~3.1
碳酸镁通常以白色至浅棕色致密块体产出。它被用作制造锅炉砖和氧化镁水泥。

碳酸锶
斜方晶系，硬度3.5，比重3.78
这种锶碳酸盐被发现于热液脉和灰岩中。锶用作糖的精炼和制作烟火。

铁华
（铁之花）
文石

文石
斜方晶系
硬度3.5~4，比重2.94~2.95
文石是钙碳酸钙，化学成分与方
解石相同，但具有不同的晶体结
构且不如方解石那样常见。

葡萄状菱铁矿

菱铁矿
三方晶系，硬度4，比重3.96
菱铁矿是一种棕色的铁碳酸盐，是根据
希腊文的铁（*sideros*）命名的。菱铁矿
以多种形式产出。

菱面体菱铁矿

文石之孪生晶体

短棱柱状
晶体

角铅矿
四方晶系，硬度2.5~3，比重6.1
这种稀少的铅的氯碳酸盐，是由富铅
矿物与水反应生成的，形成于地球表
面附近。

纤水碳镁石
单斜晶系，硬度2.5，比重2
纤水碳镁石是一种水合的镁碳酸
盐氢氧化物。它具有特殊的习
性，是具有白色喷雾状、针状形
态的晶体，产于蛇纹岩中。

似玻璃状
光泽

水锌矿
单斜晶系，硬度2~2.5，比重4
水锌矿，或锌的羟碳酸盐，呈
淡灰色、白色、粉红色或淡黄色。
它在紫外光下发蓝白色荧光。

围绕蓝铜矿
边缘的绿色
孔雀石斑点

褐铁矿基质

蓝铜矿
单斜晶系，硬度3.5~4，比重3.77~3.78
蓝铜矿是一种含水的碳酸铜。它的独有特
征包括其深蓝色和它在热液脉中常与绿孔
雀石共生。

葡萄状习性

硫碳酸铅矿
单斜晶系，硬度2.5~3，比重6.55
这种铅的羟硫碳酸盐通常以良好形态的
晶体产于铅矿床的氧化带中。

一簇孪生晶体

白铅矿晶体

白铅矿
斜方晶系，硬度3~3.5，比重6.55
白铅矿是一种铅的碳酸盐，产于被蚀变的含铅矿脉。白铅矿是继方铅矿之后最常见的铅的矿石矿物。

菱面体晶体

菱锰矿
三方晶系，硬度3.5~4，比重3.7
这种碳酸锰的宝石级晶体具有玫瑰粉色色调，可在南非、美国和秘鲁找到。

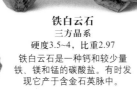

铁白云石
三方晶系
硬度3.5~4，比重2.97
铁白云石是一种钙和较少量铁、镁和锰的碳酸盐。有时发现它产于含金石英脉中。

绿铜锌矿晶体

特征的绿色

绿铜锌矿
单斜晶系
硬度1~2，比重3.96
绿铜锌矿是一种蓝色或绿色的锌和铜的羟碳酸盐，形成于锌和铜矿床的氧化带中。

长在硅孔雀石
（硅酸盐矿物）
之上的孔雀石

伴生的蓝铜矿

孔雀石
单斜晶系，硬度3.5~4，比重4
这种显著的绿色铜的碳酸盐通常以圆球状块体产出。它可作为装饰品，也可以是一种铜的来源。

葡萄状孔雀石

硼酸盐

当金属元素与硼酸根（BO_3）结合时就会产生硼酸盐。世界上有超过100种的硼酸盐矿物，最常见的是硼砂、贫水硼砂、钠硼解石和硬硼钙石。硼酸盐一般呈浅色，相对较软，比重低。许多硼酸盐产在蒸发岩石层中，因盐水干涸而沉淀在沉积岩层之中。

方硼石
斜方晶系
硬度7~7.5，比重3
方硼石是一种镁的氯硼酸盐，其晶体为淡绿色或白色，呈玻璃光泽。方硼石产于盐类矿床中，其著名的产地在德国和波兰。

半透明棱柱状晶体

硬硼钙石
单斜晶系，硬度4.5，比重2.42
这种含水的钙的羟硼酸盐形成于盐水被蒸发时。它曾是硼的主要来源，直至贫水硼砂被发现。

贫水硼砂
单斜晶系，硬度2.5~3，比重1.9
贫水硼砂是一种无色或白色含水的钠的硼酸盐，比硼砂含水少些。二者经常共生。

钠硼解石
三斜晶系，硬度2.5，比重1.96
钠硼解石是一种含水的钠和钙的羟硼酸盐。它的白色纤维状晶体可传送光线。它具有与硼砂相似的用途。

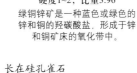

硼砂
单斜晶系，硬度2~2.5，比重1.7
硼砂是一种白垩质含水的钠的硼酸盐，有许多用途，如药物、洗衣粉、玻璃和纺织业。

羟硅硼钙石
单斜晶系，硬度3.5，比重2.6
羟硅硼钙石是一种含水的钙的硼硅酸盐。它通常形成白垩色、浑圆状物质。

硝酸盐

硝酸盐是一类由金属元素与硝酸根（NO_3）结合形成的化合物。这些矿物通常很软且比重低。许多硝酸盐很容易溶于水中，而且很少形成晶体。它们通常局限于干旱地区，在地表形成表壳，覆盖广阔的区域。硝酸盐在商业上可用于制造化肥和炸药。

钠硝石（智利硝石）
三方晶系，硬度1.5~2，比重2.27
钠硝石是一种硝酸钠，它以皮壳状典型地产出于干旱地区（特别是在智利）的地表，呈白色、灰色、棕色或黄色。

硫 酸 盐

硫酸盐是由金属与硫酸根 (SO_4^{2-}) 结合形成的,自然界有约200种硫酸盐,绝大多数罕见。许多硫酸盐矿物,如常见的石膏,形成于由盐水溶液干燥、沉淀形成的蒸发岩矿床中。其他硫酸盐矿物或作为风化产物,或作为原生矿物在热液脉中产生。多数硫酸盐矿物具有重要的经济价值,重晶石常用作石油钻机钻井的润滑剂。

石膏
单斜晶系,硬度2,比重2.32
石膏是一种广泛分布的矿物,它是一种含水的硫酸钙,将其加热并与水混合就可制成熟石灰。

纤维石

放射状石膏

无水芒硝
斜方晶系
硬度2.5~3,比重2.66
无水芒硝是一种浅灰色或浅棕色矿物。它是一种硫酸钠,发现于熔岩流上和盐湖周围。

棱柱状晶体

方铅矿

铅矾
斜方晶系
硬度2.5~3,比重6.3~6.4
这一硫酸铅矿物的颜色和形态多变。它是原生的铅的矿石矿物方铅矿的蚀变产物。

结晶胆矾

胆矾
三斜晶系,硬度2.5,比重2.28
深蓝色或绿色的胆矾是一种含水的硫酸铜,它由黄铜矿和其他铜的硫酸盐氧化而成。

青铅矿
单斜晶系
硬度2.5,比重5.3
亮蓝色青铅矿是一种含水的铜和铅的硫酸盐,产于铜和铅矿石的氧化带中。

放射状发丝状晶体

岩石基质

针状水胆矾晶体群

绒铜矾
斜方晶系,硬度3,比重2.74~2.95
这种含水的铜和铝的硫酸盐是根据希腊文"蓝色"和"发丝"而命名的,其晶体呈蓝色,如发丝般细小。

钙芒硝
单斜晶系
硬度2.5~3,比重2.8
钙芒硝是一种钠和钙的硫酸盐,呈无色、灰色或淡黄色,形成于盐水蒸发的地方。

明矾石
三方晶系
硬度3.5~4,比重2.6~2.9
明矾石是一种含水的钾和铝的硫酸盐,它通常产在火山喷口,也就是岩石被硫蒸气蚀变的地方。

铬 酸 盐

铬酸盐是由金属元素与铬酸根 (CrO_4) 结合形成的,它们是稀有矿物——铬铅矿是唯一的众所周知的铬酸盐。它们通常有明亮的颜色,是矿物收藏者热衷寻找的标本。铬酸盐通常形成于热液脉被流体蚀变时。

红色铬铅矿

细小的带条纹的晶体

橙色铬铅矿

金刚光泽

铬铅矿
单斜晶系,硬度2.5~3,比重6
铬铅矿是一种橙色或红色的铬酸铅,形成于铅矿床的氧化带,好标本多来自澳大利亚。

水绿矾
单斜晶系
硬度2，比重1.9
白色、绿色或蓝色的水绿矾是一种含水的铁硫酸盐。它一般用作供水的净化剂和肥料。

泻利盐
斜方晶系
硬度2~2.5，比重1.68
这种含水的镁硫酸盐产于干旱地区和灰岩洞的洞壁上。它是缓泻药爱普生盐的来源。

棱柱状晶体

黄钾铁矾
六方晶系/三方晶系
硬度2.5~3.5，比重2.90~3.26
黄钾铁矾是一种含水的铁和钾的硫酸盐，呈棕色的表壳产出于黄铁矿和其他铁矿物表面。

鳞片状的晶体集合体

天青石
斜方晶系，硬度3~3.5，比重3.96~3.98
天青石是一种锶硫酸盐，对它的寻求不仅因为它是锶的主要来源，而且也因它具有漂亮、透明和淡色的晶体。

铁氧化物基质

羟胆矾
单斜晶系
硬度3.5~4，比重3.97
羟胆矾是一种铜硫酸盐氢氧化物，它形成祖母绿色的晶体、皮壳或块体。

硬石膏
斜方晶系，硬度3~3.5，比重2.98
硬石膏是钙硫酸盐的一种形式。它沿石膏侧边产出，但不如石膏普遍，在潮湿的条件下会变成石膏。

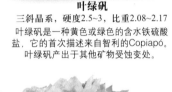

叶绿矾
三斜晶系，硬度2.5~3，比重2.08~2.17
叶绿矾是一种黄色或绿色的含水铁硫酸盐，它的首次描述来自智利的Copiapó。叶绿矾产出于其他矿物受蚀变处。

重晶石
斜方晶系
硬度3~3.5，比重4.5
重晶石是最普通的钡矿物。它是钡硫酸盐，一种异常重的淡色矿物。

杂卤石
三斜晶系，硬度3.5，比重2.78
杂卤石是一种含水的钾钙镁硫酸盐。它呈无色、白色、粉色或红色，广泛分布于许多海相盐类矿床中。

钼酸盐

钼酸盐是由金属与钼酸根（MoO₄）相结合形成的，这些矿物稀少，通常密度很大，色彩亮丽。钼酸盐矿物产于被循环水蚀变的矿脉中。钼铅矿是一种最知名的钼酸盐矿物，它因其完美的晶体和灿烂的橙色或黄色而价值非凡。

脂肪光泽

细小方形钼铅矿晶体

钼铅矿
四方晶系，硬度2.5~3，比重6.5~7.0
这种铅钼酸盐发现于铅和钼矿床的氧化带，是一种钼的次要来源。

钨酸盐

钨酸盐矿物是由金属元素与钨酸根（WO₄）相结合形成的化合物，这种矿物稀少且通常易碎和致密，有些钨酸盐颜色深并形成细小的晶体。钨酸盐产于热液脉和伟晶岩中，伟晶岩是很粗颗粒的花岗质岩石，其中的矿物由渗透到岩石中的流体形成。

双锥状白钨矿晶体

白钨矿
四方晶系
硬度4.5~5，比重5.9~6.1
白钨矿是钙钨酸盐，开采它是为获得钨。白钨矿常见于热液脉、变质岩和火成岩，以及冲积砂中。

钨锰矿
单斜晶系
硬度4~4.5，比重7.3
钨锰矿是一种锰铁钨酸盐，它是钨的主要来源。钨是一种用于制造钢铁合金、磨料和灯泡的金属。

石英基质

钨锰矿晶体

钨铁矿
单斜晶系
硬度4~4.5，比重7.5
不透明黑色的钨铁矿发现于热液脉和花岗质伟晶岩中。它是一种铁钨酸盐，开采它可以获得钨。

磷酸盐

　　当金属与磷酸根（PO₄）结合就形成磷酸盐矿物。这些矿物组成了一个超过200种矿物的大族，不过，许多种矿物很稀少。这族矿物在硬度和比重方面变化大，多数具有亮丽的色彩。它们通常由硫化物矿物蚀变而成，但其中一些则为原生矿物。一些磷酸盐富含铅，其他的则具放射性。

绿松石

三斜晶系，硬度5~6，比重2.6~2.8

绿松石是一种几千年来人们一直寻求的宝石，这种含水的铜和铝的磷酸盐产出于蚀变的火成岩中。

羟磷铍钙石

单斜晶系，硬度5~5.5，比重2.95~3.01

羟磷铍钙石是一种钙铍磷酸盐，它呈淡黄色或淡绿色晶体，具玻璃光泽，产出于花岗质伟晶岩中。

磷钇矿晶体的集合体

绿磷铁矿

单斜晶系，硬度3.5~4.5，比重3.1~3.34

这种含水的铁和钙的磷酸盐，主要呈绿色到黑色的块体或皮壳，产出于蚀变脉和铁矿石中。

磷氯铅矿

六方晶系，硬度3.5~4，比重6.5~7.1

磷氯铅矿是一种铅的磷酸盐氯化物，具有淡绿色、橙色、淡黄色或淡棕色等多变的颜色，形成于铅矿床的氧化带中。

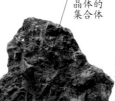

棱柱状磷灰石晶体

磷钇矿

四方晶系

硬度4~5，比重4.4~5.1

磷钇矿是一种广泛分布的钇磷酸盐，呈黄棕色、灰色或淡绿色，形成于火成岩和变质岩中。

磷灰石

六方晶系/单斜晶系

硬度5，比重3.1~3.2

磷灰石是三种结构相同的钙磷酸盐矿物即氟磷灰石、氯磷灰石和羟磷灰石的族名。

变钙铀云母

四方晶系

硬度2~2.5，比重3.05~3.2

放射性的变钙铀云母是一种柠檬黄或淡绿色的含水钙和铀的磷酸盐，它产出于铀矿物被蚀变处。

板状铜铀云母晶体

变铜铀云母

四方晶系，硬度2~2.5，比重3.22

这种铜铀磷酸盐水合物与变钙铀云母有关，且产出于相似的条件，由其绿色可以识别。

银星石

斜方晶系，硬度3.5~4，比重2.36

银星石是一种稀少的铝磷酸盐氢氧化物水化物，它呈无色、灰色或淡绿色，玻璃状、针状晶体在蚀变岩石上形成放射状集合体。

切成片的结核

蜡质光泽

半透明磷铝石锂块体

橙色银星石

磷铝石

斜方晶系

硬度3.5~4.5，比重2.6~2.9

磷铝石是一种半贵重宝石。这种含水的铝磷酸盐通常呈绿色、细粒状块体，产于结核、脉或皮壳中。

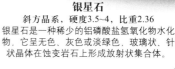

氟磷锰矿

单斜晶系，硬度5~5.5，比重3.5~3.9

氟磷锰矿是一种锰磷酸盐，有时含铁和镁。它形成于花岗质伟晶岩中。

磷铝锂石

三斜晶系，硬度5.5~6，比重3.08

这种稀少的锂钠铝氟磷酸盐主要形成块体，但它的晶体也产出于津巴布韦和巴西。

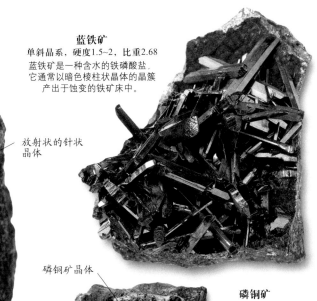

蓝铁矿

单斜晶系，硬度1.5~2，比重2.68

蓝铁矿是一种含水的铁磷酸盐。它通常以暗色棱柱状晶体的晶簇产出于蚀变的铁矿床中。

放射状的针状晶体

磷铜矿晶体

磷铜矿

斜方晶系

硬度4，比重4

磷铜矿是一种淡绿到深绿色的铜磷酸盐氢氧化物。它形成于铜矿床的上氧化带。

独居石

单斜晶系，硬度5~5.5，比重4.6~5.4

所有含铈、镧或钕的磷酸盐矿物都称为独居石，开采它可以获得多种元素。

磷铝钠石

单斜晶系，硬度5.5，比重3

磷铝钠石首次发现于巴西。这是一种钠铝磷酸盐氢氧化物，呈黄色或淡绿色，形成于花岗质伟晶岩的空洞中。

天蓝石

单斜晶系，硬度5.5~6，比重3.1

天蓝石是一种相对稀少、半贵重的蓝色宝石。这种铁镁铝磷酸盐氢氧化物产于变质岩和火成岩中。

双锥状晶体

钒铅矿

六方晶系，硬度3，比重6.88

钒铅矿是一种相对稀少的铅钒酸盐氯化物。它在蚀变的铅矿床中形成晶体，是一种重要的用于钢铁合金的钒的来源。

钒酸盐

钒酸盐是由金属元素和钒酸根（VO₄）结合而成的，这族矿物包含许多较致密和具亮丽色彩的稀少矿物。钒酸盐经常形成于被渗透流体蚀变的热液脉中。绝大多数钒酸盐不具有商业价值，不过，钒钾铀矿是一种重要的铀源。

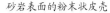

砂岩表面的粉末状皮壳

钒钾铀矿

单斜晶系，硬度2，比重4.75

钒钾铀矿一般以粉末状黄色皮壳产出于铀矿床中，是一种具放射性的钾和铀的含水钒酸盐。

钒钙铀矿

斜方晶系，硬度2，比重3.3~3.6

钒钙铀矿这种稀少的钙和铀的含水钒酸盐与钒钾铀矿看起来相似，也产出于蚀变的铀矿床中。

砷酸盐

砷酸盐大多数为稀少的矿物，它们由金属元素和砷酸根（AsO₃或AsO₄）组成，一般具有较高的比重和低的硬度。许多砷酸盐具有亮丽的颜色，羟砷锌矿为黄色或绿色，光线矿为绿色或蓝色。这族矿物可产于多种地质环境，但许多砷酸盐产于蚀变的金属矿床中。

羟砷锌矿

斜方晶系

硬度3.5，比重4.3~4.4

羟砷锌矿是一种锌砷酸盐氢氧化物。它产于蚀变的砷和锌矿床中，有时形成不寻常的晶体。

钴华

单斜晶系，硬度1.5~2.5，比重3.18

钴华是一种含水的钴砷酸盐，它形成紫粉色晶体或皮壳。优美的标本产在加拿大和摩洛哥。

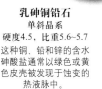

乳砷铜铅石

单斜晶系

硬度4.5，比重5.6~5.7

这种铜、铅和锌的含水砷酸盐通常以绿色或黄色皮壳被发现于蚀变的热液脉中。

光线矿晶体的放射状晶簇

橄榄铜矿晶体

橄榄铜矿

斜方晶系

硬度3，比重4.4

橄榄铜矿是一种铜砷酸盐氢氧化物。它可以是淡绿色，淡棕色、黄色或灰色，产出于蚀变的铜矿床中。

石英

砷铅石

六方晶系，硬度3.5~4，比重7.0~7.3

砷铅矿是铅砷酸盐氯化物，它以不常见的圆筒状晶体为特征，虽然也有其他形态存在。砷铅矿产出于蚀变的铅矿床中。

光线矿

单斜晶系，硬度2.5~3，比重4.33

光线矿是一种深蓝色-绿色铜砷酸盐氢氧化物，它呈多种形态，产于蚀变的铜硫化物矿床中。

叶硫砷铜石

六方晶系/三方晶系

硬度2，比重2.7

亮蓝色-绿色叶硫砷是一种铜铝砷酸盐硫酸盐水合物。它形成于氧化的铜矿床中。

硅酸盐

　　硅酸盐是最普遍的和最大的矿物族。硅和氧的四面体 (SiO_4) 和与其一起的其他元素是它们的基本结构单元。根据硅氧四面体的配置，它们可被细分为六个族。一些形成孤立的四面体 (岛状硅酸盐)，有些个族成对 (傅硅酸盐) 产出，另外一些硅酸盐具有四面体的三维网 (架状硅酸盐)。有些硅酸盐形成四面体链 (链状硅酸盐)，而其余的则形成片 (层状硅酸盐) 或环 (四面体的环状硅酸盐)。

岛状硅酸盐

硅镁石皮壳

硅镁石
斜方晶系，硬度6，比重3.24
硅镁石是一种镁铁硅酸盐氟氢氧化物，一般以黄色到橙色粒状块体产出于变质的灰岩和白云岩中。

块硅镁石
斜方晶系
硬度6~6.5，比重3.1~3.2
块硅镁石主要以棕黄色、白色或粉红粒状块体产出于变质岩中。它是一种镁硅酸盐氟氢氧化物。

硅硼钙石
单斜晶系
硬度5~5.5，比重2.8~3.0
硅硼钙石是一种含水的钙硼硅酸盐。不太普遍，主要发现于火成岩中的脉或空洞中。

钙铁榴石
立方晶系
硬度6.5~7，比重3.8
钙铁榴石呈黄绿色、棕色或黑色，是一种钙铁硅酸盐。切割好的宝石可以很好地将白光分解成彩光。

块状蓝线石

蓝线石
斜方晶系，硬度8.5，比重3.41
蓝线石是一种铝、铁和硼的硅酸盐。它通常形成放射状晶体的纤维状集合体，但它也可以是块状的。

蓝柱石
单斜晶系
硬度7.5，比重3.05~3.10
蓝柱石是一种铍铝硅酸盐氢氧化物。它可形成白色、无色、绿色或蓝色棱柱状带条纹的晶体。

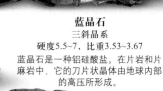

蓝晶石
三斜晶系
硬度5.5~7，比重3.53~3.67
蓝晶石是一种铝硅酸盐。在片岩和片麻岩中，它的刀片状晶体由地球内部的高压所形成。

镁铝榴石
立方晶系，硬度7~7.5，比重3.6
镁铝榴石是一种暗红色的镁铝硅酸盐。它形成于变质岩和某些火成岩的高压环境中。

铁铝榴石
立方晶系，硬度7~7.5，比重4.3
粉红色的铁铝榴石是最普通的石榴石，是一种铁铝硅酸盐，广泛地用作宝石。

菱形晶面

由钒引起的绿色

绿色钙铝榴石

钙铝榴石
立方晶系，硬度6.5~7，比重3.6
钙铝榴石是一种钙和铝的硅酸盐，有时形成于大理岩中，具有多种颜色。

玻璃光

由铁引起的红色

红色钙铝榴石

橄榄石
斜方晶系，硬度6.5~7，比重3.27~4.32
通常产于火成岩中，岛状硅酸盐矿物，其成分可从镁硅酸盐变到铁硅酸盐，但都称作橄榄石。

半透明

典型的绿色

楔形晶体

榍石的双晶状晶体

榍石
单斜晶系，硬度5~5.5，比重3.5~3.6
颜色多变的榍石是钙钛硅酸盐。它在光色散方面极佳，甚至优于金刚石。

基质中的晶体

浅粉红棕色黄玉

黄玉
斜方晶系，硬度8，比重3.49~3.57
黄玉是一种铝硅酸盐氟化物氢氧化物，它的晶体一般较小，但已知巴西曾产出一重达271千克的巨型晶体。

硬绿泥石
单斜晶系/三斜晶系，硬度6.5，比重3.6
硬绿泥石广泛分布于变质岩和火山岩中。它是一种深绿色或黑色含水的铁、镁和锰的铝硅酸盐。

绿帘石
单斜晶系
硬度6~7，比重3.35~3.50
绿帘石是一种丰富的矿物，这种含水的钙铝铁硅酸盐的晶体为棱柱状或板状，绿色并带条纹。

斧石
三斜晶系
硬度6~7，比重3.2~3.4
斧石是一种含水的钙铁锰铝硼硅酸盐，具斧头状的晶体。

红柱石
斜方晶系
硬度6.5~7.5，
比重3.13~3.16
红柱石是一种铝硅酸盐，它主要以具有方形断面的粗棱柱状晶体产于低级变质岩中。

棱柱状晶体

锆石
四方晶系，硬度7.5，比重4.6~4.7
锆石或锆硅酸盐是一种珠宝业中广泛应用的宝石，也是用于核反应堆的金属锆的主要来源。

短棱柱状硅锌矿晶体

硅锌矿
六方晶系/三方晶系
硬度5.5，比重3.89~4.19
硅锌矿是锌硅酸盐，呈白色、绿色、黄色或淡红色，通常为块状，产出于蚀变的锌矿床和变质的灰岩中。

平行的长纤维状晶体

夕线石
斜方晶系，硬度6.5~7.5，比重3.23~3.27
夕线石是一种铝硅酸盐，具有长而纤细的晶体。它的成分与红柱石相同，但形成于较高的温度和压力条件下。

浑圆的晶体集合体

异极矿
斜方晶系
硬度4.5~5，比重3.4~3.5
这种含水的锌硅酸盐产于蚀变的锌矿床，它在颜色和形态方面都具有多变性。

赛黄晶
斜方晶系
硬度7~7.5，比重3
赛黄晶是一种钙硼硅酸盐，它颜色多变的晶体与黄晶类似，也可呈粒状。

符山石
四方晶系/单斜晶系
硬度6~7，比重3.33~3.45
符山石是一种含水的钙镁铁铝硅酸盐，并含氟，呈绿色或黄色，产出于大理岩和火成岩中。

环状硅酸盐

蓝锥矿
六方晶系
硬度6~6.5，比重3.64~3.68
这种通常呈蓝色的钡钛硅酸盐，产于蛇纹岩中和片岩的脉中。美国加利福尼亚产出宝石级的蓝锥矿晶体。

六边的晶体

电气石
六方晶系/三方晶系
硬度7~7.5，比重3.0~3.2
电气石是对一组具有相同晶体结构但有不同化学成分的11种含水的硼硅酸盐矿物的统称。

棱柱状晶体

海蓝宝石

祖母绿

绿柱石
六方晶系
硬度6.5~8，比重2.6~3.0
绿柱石是一种铍铝硅酸盐，它既是铍的来源，又是一种宝石。宝石品种包括祖母绿（绿色）和海蓝宝石（绿蓝色）。

铯绿柱石
六方晶系
硬度7.5~8，比重2.6~2.8
铯绿柱石是一种绿柱石的粉色变种，颜色由加入的铯或锰引起。它在伟晶岩中形成板状晶体。

钠锂大隅石
六方晶系
硬度5.5~6.5，比重2.7~2.8
这种稀少的钾、钠、铁、铝、锂和锰含水硅酸盐产于变质岩中。

圆柱状、六边的棱柱状晶体

金绿柱石
六方晶系
硬度7.5~8，比重2.6~2.8
金绿柱石是根据希腊文"太阳"命名的，它是绿柱石的一种黄色变种。好的标本来自俄罗斯。

岩石基质

链状硅酸盐

阳起石
单斜晶系
硬度5~6，比重3.0~3.44
阳起石是一种富铁深色的透闪石，它是石棉矿物的一种。

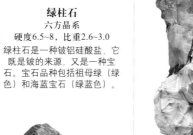

透闪石
单斜晶系
硬度5~6，比重2.9~3.2
透闪石是一种广泛分布的角闪石，这种含水的钙镁和铁硅酸盐形成于变质岩中。它曾被用作石棉。

放射状晶体

针钠钙石
三斜晶系，硬度4.5~5，比重2.74~2.88
这种钠钙硅酸盐氢氧化物形成于玄武岩中的空洞中。它在加拿大、美国和英格兰很常见。

普通角闪石
单斜晶系，硬度5~6，比重3.28~3.41
常见于火成岩和变质岩中，暗色角闪石或普通角闪石是一种暗色含氟的钙镁铁和铝的硅酸盐。

纤维状块体

硅灰石
三斜晶系，硬度4.5~5，比重2.87~3.09
这种钙硅酸盐发现于大理岩和其他变质岩中，用于陶瓷、油漆并作为石棉的替代品。

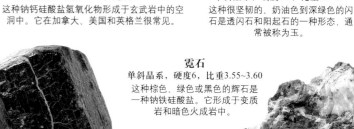

玻璃光泽

软玉
单斜晶系，硬度6.5，比重2.9~3.4
这种很坚韧的、奶油色到深绿色的闪石是透闪石和阳起石的一种形态，通常被称为玉。

霓石
单斜晶系，硬度6，比重3.55~3.60
这种棕色、绿色或黑色的辉石是一种钠铁硅酸盐。它形成于变质岩和暗色火成岩中。

长柱状晶体

带条纹的晶面

蔷薇辉石
三斜晶系
硬度5.5~6.5，比重3.57~3.76
玫瑰红色或粉色蔷薇辉石是一种锰钙硅酸盐，以晶体、块状和粒状产出。它广泛地用于珠宝制造。

细长的棱柱状晶体

棱柱状透辉石晶体

石英

锂辉石
单斜晶系，硬度6.5~7.5，比重3~3.2
这个辉石矿物是一种锂铝硅酸盐。科学家曾发现一些巨大的锂辉石晶体，最大重量近100吨。

透辉石
单斜晶系，硬度5.5~6.5，比重3.22~3.38
这种辉石通常是一种绿色的钙镁硅酸盐，它产于变质岩和火成岩中。

钠透闪石晶体

易变辉石
单斜晶系
硬度6，比重3.2~3.5
这种棕色到紫黑色的常见的辉石是镁铁钙硅酸盐，它产于火成岩和陨石中。

钠透闪石
单斜晶系
硬度5~6，比重2.97~3.13
钠透闪石是一种含水的钠钙镁和铁硅酸盐，它产于变质的灰岩和火成岩中。

普通辉石
单斜晶系
硬度5.5~6，比重3.23~3.52
普通辉石是最常见的辉石，这种钙、钠、镁、铁、钛和铝的硅酸盐产于火成岩和变质岩中。

星叶石
三斜晶系
硬度3，比重3.3~3.4
这种复杂的钾、钠、铁、锰和钛的含水硅酸盐产于片麻岩中和火成岩的空洞中。

长棱柱状晶体

抛光的硬玉

硬玉
单斜晶系
硬度6~7，比重3.24
硬玉是两种雕刻材料之一，通常称为玉。这种辉石矿物是一种钠铝铁硅酸盐。

岩石基质

长的带条纹的晶体

钠闪石
单斜晶系，硬度5，比重3.32~3.38
这种角闪石是一种含水的钠铁镁硅酸盐，产于火成岩中。它的变种"青石棉"（钠闪石）或"蓝石棉"产于变质的泥铁矿中。

层状硅酸盐

葡萄石
斜方晶系
硬度6~6.5，比重2.90~2.95
葡萄石是一种钙和铝的含水硅酸盐，有时被用作宝石。它产于玄武岩的空洞中。

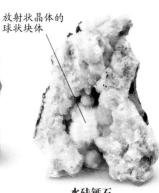

放射状晶体的球状块体

水硅钙石
三斜晶系，硬度4.5~5，比重2.3
这种含水的钙硅酸盐具有纤维状或刀片状晶体，通常为白色，或染有蓝或黄色，产于玄武岩中。

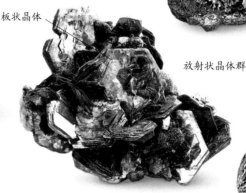

斜绿泥石
单斜晶系
硬度2~2.5，比重2.63~2.98
这种含水的铁镁和铝的硅酸盐形成绿色板状晶体，它产于多种岩石类型中。

板状晶体

放射状晶体群

透锂长石
单斜晶系
硬度6~6.5
比重2.3~2.5
透锂长石是一种锂铝硅酸盐，它的晶体通常为灰白色，并呈集合体。开采它可以获得锂。

棱柱状晶体

金云母
单斜晶系
硬度2~2.5，比重2.76~2.90
金云母是一种无色、黄色或棕色的云母，是一种钾镁的铝硅酸盐氢氧化物。

白云母
单斜晶系
硬度2.5~4，比重2.77~2.88
白云母或称普通云母是一种钾铝的铝硅酸盐氢氧化物，并含氟。它在变质岩和花岗岩中很常见。

球形的晶体集合体

典型的蓝色着色

水硅钒钙石
斜方晶系，硬度3~4，比重2.2~2.3
水硅钒钙石是一种含水的钙钒硅酸盐，它呈蓝色或绿蓝色，产于玄武岩的空洞中。

海泡石
斜方晶系，硬度2~2.5，比重2
这种淡色黏土矿物是含水的镁硅酸盐，通常以土状块体产于蚀变的岩石中，常被用于装饰的雕刻。

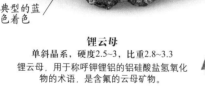

锂云母
单斜晶系，硬度2.5~3，比重2.8~3.3
锂云母，用于称呼钾锂铝的铝硅酸盐氢氧化物的术语，是含氟的云母矿物。

发亮的板状晶体

架状硅酸盐

棱柱状晶体

烟晶
六方晶系/三方晶系
硬度7，比重2.7
烟晶是一种石英或二氧化硅的棕色变种，产于火成岩和热液脉中。

棱柱状晶体

蔷薇石英
六方晶系/三方晶系，硬度7，比重2.7
蔷薇石英是一种珍贵的半透明粉色石英的变种。好的晶体稀少，通常是形成块状集合体。

乳石英
六方晶系/三方晶系
硬度7，比重2.7
这种很普通的乳白色石英变种产于所有类型的岩石中及热液脉中。

黄晶
六方晶系/三方晶系
硬度7，比重2.7
黄晶是石英的黄色至淡棕色变种，与黄玉相似，通常被用作宝石。

无色石英

紫晶
六方晶系/三方晶系
硬度7，比重2.7
紫晶是石英的紫色变种，从古代就价值非凡。它被发现于热液脉和熔岩空洞中。

——细长的晶体

铁锂云母
单斜晶系，硬度2.5~4，比重2.9~3.0
这种棕色、灰色或绿色的云母是含氟的钾锂铁铝的铝硅酸盐氢氧化物。

硅孔雀石
斜方晶系
硬度2~4，比重2.0~2.4
这种蓝色或绿蓝色含水的铜和铝的硅酸盐形成于蚀变的铜矿床中，其晶体稀少。

蛭石
单斜晶系，硬度1.5，比重2.3
这种绿色或黄色的黏土矿物经常产于云母被蚀变处。它是一种含水的镁铁和铝的硅酸盐。

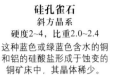

海绿石
单斜晶系，硬度2，比重2.4~2.95
海绿石是一种云母。它是钾钠镁铝铁的铝硅酸盐氢氧化物，产于海相沉积岩中。

——板状黑云母晶体

纤蛇纹石
单斜晶系，硬度2.5，比重2.53
纤蛇纹石是一种含水的镁的硅酸盐，在蛇纹岩中它呈纤维状、丝状白色晶体，是最丰富的石棉状矿物。

黑云母
单斜晶系，硬度2.5~3，比重2.7~3.4
黑云母或称黑色云母是含氟的钾铁镁的铝硅酸盐氢氧化物，在火成岩和变质岩中很丰富。

滑石
三斜晶系/单斜晶系
硬度1，比重2.58~2.83
滑石是最软的矿物，呈白色、灰色或浅绿色，是镁的硅酸盐氢氧化物。它的多种用途包括制造化妆品、颜料和陶瓷。

叶蜡石
三斜晶系/单斜晶系
硬度1~2，比重2.65~2.90
这种铝的硅酸盐氢氧化物呈多种形态和颜色，产于低级变质岩中，具有良好的绝缘性。

水铝英石
非晶质，硬度3，比重2.8
水铝英石是一种黏土矿物。这种铝硅酸盐水化物是一种长石和其他矿物的蚀变产物。形成皮壳状块体。

玻璃光泽

棱柱状晶体

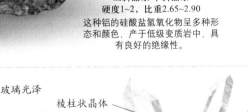

白色石英脉

水晶
六方晶系/三方晶系
硬度7，比重2.7
水晶是一种透明、无色的石英变种，从古代起就被作为雕刻材料。

碧玉
六方晶系/三方晶系，硬度7，比重2.7
碧玉是一种玉髓或微晶石英的变种，被用作珠宝。不透明，因其中含有杂质而呈多种颜色。

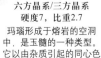

玛瑙
六方晶系/三方晶系
硬度7，比重2.7
玛瑙形成于熔岩的空洞中，是玉髓的一种类型。它以由杂质引起的同心色带为特征。

≫ 架状硅酸盐

半透明板片

黑色和白色
相间的条带

玉髓
六方晶系/三方晶系
硬度7，比重2.65
玉髓是一种微晶石英或二氧化硅，纯
净的玉髓是白色的。它形成于许多岩
石类型的脉中和空洞中。

缟玛瑙
六方晶系/三方晶系
硬度7，比重2.7
缟玛瑙是有条纹的半珍贵的玉
髓的变种。它并不特别常见，
著名的产地为印度和南美。

光玉髓
六方晶系/三方晶系，硬度7，比重2.7
光玉髓是一种因氧化铁着色而呈红色到橙
色的玉髓的变种。质量最佳的光玉髓产于
印度。

血滴石
六方晶系/三方晶系
硬度7，比重2.7
血滴石是一种由微量铁硅酸盐着色
的深绿色的玉髓变种。到处散布的
红色碧玉斑点与血滴相似。

绿玉髓
六方晶系/三方晶系
硬度7，比重2.7
绿玉髓是含镍的玉髓变种，淡绿色
由镍引起。绿玉髓是玉髓中最有价
值的。

蛋白石
非晶质
硬度5.5~6.5，比重1.9~2.3
贵重的蛋白石是含水的二氧
化硅，以结核、结壳或块状
产出于多数岩石类型中。杂
质导致了颜色的多变。

贵重的
蛋白石

黄色普通蛋
白石的斑纹

褐铁矿基质

钙霞石
六方晶系/三方晶系
硬度5~6，比重2.42~2.51
副长石类的钙霞石是一种
颜色多变的含水的钠钙的
铝硅酸盐碳酸盐。

黄色钙霞石

棱柱状晶体

方柱石
四方晶系
硬度5.5~6，比重2.50~2.78
该矿物名包含了一系列复杂
的钠钙硅酸盐，主要产于变
质岩中。方柱石具有作为宝
石的价值。

微斜长石
三斜晶系
硬度6~6.5，比重2.55~2.63
微斜长石是一种非常普通的
碱性长石，这种钾的铝硅酸
盐通常为白色或粉红色。它
的绿色变种称为天河石。

钙长石
三斜晶系
硬度6~6.5，比重2.74~2.76
这种不常见的斜长石是一种
钙的铝硅酸盐，形成淡颜色
的晶体、颗粒或块体。

片沸石
单斜晶系
硬度3.5~4，比重2.1~2.2
这种沸石是一种含水的钠
钙铝硅酸盐，作为分子筛
用于石油精炼。

钙沸石
单斜晶系
硬度5，比重2.27
这种沸石是一种含水的钙铝硅酸盐，通常是无色或白色，产于火成岩和变质岩中。

中长石
三斜晶系
硬度6~6.5，比重2.66~2.68
中长石是一种斜长石，它是一种灰色或白色的钠钙铝硅酸盐，广泛分布于火成岩中。

钠沸石
斜方晶系
硬度5~5.5，比重2.20~2.26
钠沸石是最广泛分布的沸石之一。这种含水的钠铝硅酸盐产于玄武岩的空洞中及热液脉中。

钡冰长石
单斜晶系
硬度6~6.5，比重2.6~2.8
钡冰长石是一种相对稀少的钡长石。这种钾钡铝硅酸盐为无色、白色、黄色或粉红色。

长、细长针状晶体

块状方钠石

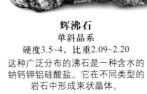

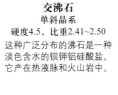

方钠石
立方晶系
硬度5.5~6，比重2.14~2.40
副长石类矿物方钠石，是一种钠铝硅酸盐氯化物。在加拿大曾发现稀少的方钠石晶体。

辉沸石
单斜晶系
硬度3.5~4，比重2.09~2.20
这种广泛分布的沸石是一种含水的钠钙钾铝硅酸盐。它在不同类型的岩石中形成束状晶体。

交沸石
单斜晶系
硬度4.5，比重2.41~2.50
这种广泛分布的沸石是一种淡色含水的钡钾铝硅酸盐。它产在热液脉和火山岩中。

方沸石
立方晶系
硬度5~5.5，比重2.22~2.29
这种淡色沸石是一种含水的钠铝硅酸盐，产于火成岩、变质岩和一些沉积岩中。

青金石晶体

方解石基质

钠长石
三斜晶系
硬度6~6.5，比重2.60~2.63
钠长石被认为是一种碱性的斜长石。它是一种淡色的钠铝硅酸盐，是一种十分多见的矿物。

歪长石
三斜晶系
硬度6~6.5，比重2.56~2.62
歪长石是一种碱性长石，为钠钾铝硅酸盐，以棱柱状或板状晶体产出。

青金石
立方晶系，硬度5~5.5，比重2.4~2.5
青金石是呈强烈的蓝色的副长石类矿物，是一种钠钙铝硅酸盐硫酸盐。它是青金石宝石中的主要矿物。

杆沸石
斜方晶系
硬度5~5.5，比重2.25~2.40
杆沸石是一种淡颜色的沸石，为含水的钠和钙的铝硅酸盐，广泛分布于玄武岩空洞中。

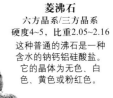

短棱柱状正长石晶体

浊沸石
单斜晶系
硬度3~4，比重2.2~2.4
浊沸石是一种广泛分布的普通沸石，是一种含水的钙铝硅酸盐。它产于火成岩、变质岩和沉积岩中。

铯沸石
立方晶系
硬度6.5~7，比重2.7~3.0
铯沸石是一种稀少的含水的铯和钠的铝硅酸盐，通常含有其他元素（如钙）。它是铯的一个来源。

正长石
单斜晶系，硬度6~6.5，比重2.55~2.63
正长石是一种碱性长石，是一种钾铝硅酸盐。它是许多火成岩和变质岩的主要成分。

菱沸石
六方晶系/三方晶系
硬度4~5，比重2.05~2.16
这种普通的沸石是一种含水的钠钙铝硅酸盐。它的晶体为无色、白色、黄色或粉红色。

发丝状簇的中沸石晶体

中沸石
单斜晶系
硬度5，比重2.2~2.3
这种白色或无色的沸石产于火成岩和变质岩中。它是一种含水的钠钙铝硅酸盐。

蓝方石
立方晶系，硬度5.5~6，比重2.5
蓝方石是一种副长石类矿物，是一种钠钙铝硅酸盐，并含硫酸盐和氯。它主要产于硅不饱和的火山岩中。

假立方的（几乎为立方体）菱面体晶体

岩石

岩石由不同的矿物混合构成，组成地球坚硬的地壳。从强度和坚固度来看，岩石实际上处于不断变化的状态，总是被不断地破坏和改造。根据岩石形成的方式，可分成三种主要类型。

火成岩 可由在地下深部的岩浆冷却形成，如花岗岩，或由火山喷发形成。

沉积岩 如红色白垩，是由先存岩石的剥蚀作用和它们的矿物重结晶作用形成的。

变质岩 当压力、温度或两者同时发生变化时，其矿物组成就会被改变，即可形成白云母片岩。

世界上已知最古老的岩石来自加拿大西北领地，它已存在了约40亿年，但绝大多数岩石要比它年轻得多。面对英吉利海峡的白垩悬崖可回溯到终止于6500万年前的白垩纪（见下面的地质时代表），而欧洲的阿尔卑斯山则更年轻。即使在大峡谷，最古老的岩石开始存在于20亿年前，但也小于整个地球生命的一半。其原因是地球在构造上是活动的，即地球内部的热量导致新岩石的不断形成。同时，已有的岩石则被不断地破坏。这是一个从地壳初生时开始的无穷尽的循环。

岩石类型

地质学家将岩石划分为能反映不同成岩方式的火成岩、沉积岩和变质岩三大类。火成岩由火山热量创造，源自地球内地幔的熔融岩浆。最普通的是一种被称为玄武岩的黑色结晶岩石，它是由火山喷发到地球表面而产生的。绝大部分海底由玄武岩构成。火山作用也能产生深成岩，它在地表之下冷却和固化，呈巨型块体被称为岩基。这就是世界上绝大多数花岗岩的形成方式。

沉积岩形成于地球的表面。它们的重要特征是它们的层，或称岩层，是在长时间段内形成的。一些沉积岩如砂岩和页岩的形成过程如下：原有岩石被侵蚀，释放颗粒，然后被冲走或吹走，在别的地方形成岩石。其他沉积岩如盐岩和石膏岩是由盐水蒸发而成，留下可溶矿物形成被大家熟知的蒸发岩矿床。沉积岩也可以有生物成因：白垩和石灰岩由海洋生物的微细骨架形成，而煤则由植物残骸经上百万年的压实而成。

变质作用发生于地下深部，岩石受热、受压或两者同时影响而产生变化。例如，大理岩是由石灰岩受熔岩或岩浆加热而成的。与石灰岩不同，大理岩不具层理，且它的细粒结构使它能被切割而不会裂开，是雕刻的珍贵材料。但如果变质作用足够强烈，岩石就变回熔融的岩浆。这就完成了一个循环的最后一个环节，因为固体岩石最终被毁坏了。

美国大峡谷 >
大峡谷的这一景色显示了几乎水平的沉积岩的层理和河流侵蚀的效果

岩石循环

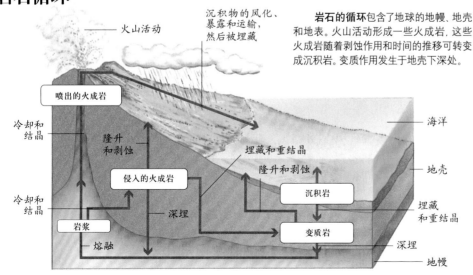

岩石的循环包含了地球的地幔、地壳和地表。火山活动形成一些火成岩，这些火成岩随着剥蚀作用和时间的推移可转变成沉积岩。变质作用发生于地壳下深处。

火山活动
沉积物的风化、暴露和运输，然后被埋藏
喷出的火成岩
冷却和结晶
隆升和剥蚀
侵入的火成岩
冷却和结晶
岩浆
深埋
熔融
海洋
埋藏和重结晶
隆升和剥蚀
沉积岩
地壳
埋藏和重结晶
变质岩
深埋
地幔

地质时代表

代	纪 从现代至前寒武地层	世	始于 （百万年前）
新生代	第四纪	全新世	0.01
		更新世	1.8
	新近纪	上新世	5.3
		中新世	23
	古近纪	渐新世	34
		始新世	55
		古新世	65
中生代	白垩纪		145
	侏罗纪		199
	三叠纪		251
古生代	二叠纪		299
	石炭纪（在美国分为早密西西比世和晚宾夕法尼亚世）		359
	泥盆纪		416
	志留纪		433
	奥陶纪		488
	寒武纪		542
前寒武纪	地球的形成		4554

火 成 岩

由熔融状态熔体固化而成的岩石被称为火成岩,大致分为喷出岩(火山岩)和侵入岩。喷出岩由地球表面的熔岩形成,而侵入岩则由岩浆在地下形成。熔岩和岩浆富含二氧化硅和金属元素。当它们冷却时,矿物如长石与石英一同形成。这些矿物的不同组合形成多种火成岩。

流纹岩
这种细粒状的淡色的熔岩含有许多石英、云母和长石。它经常呈条带状,含有可见的斑晶(较大的晶体)。

玄武岩
玄武岩是一种暗色细粒状火山岩,它是形成洋壳的最普遍的岩石。

多孔状玄武岩
多孔状玄武岩主要由斜长石、辉石和橄榄石组成,它是一种暗色的熔岩,具有不计其数的被称为气泡的气孔。

囊(气泡腔)

暗色细粒状岩石

条带状流纹岩
在化学成分上与花岗岩相似,流纹岩因由快速冷却的熔岩形成而具有细小的玻璃状晶体。条带显示岩浆流动的方向。

绳状熔岩
绳状熔岩在夏威夷很普遍,它是根据夏威夷单词hoe(意为"漩涡")而命名的,是指具有绳状结构、玻璃状表面的玄武质熔岩。

杏仁状玄武岩
杏仁状的意思是杏仁形态,指在玄武质熔岩中发现通常填充有次生矿物的气泡,这些矿物包括沸石、碳酸盐和玛瑙。

斑状玄武岩
这种暗色岩石具有固定于细粒基质中的大的斑晶,典型的斑晶为橄榄石和斜长石。

火山毛
火山毛是根据夏威夷的女神而命名的,它由数不清的细小的棕色玻璃质绞丝构成,火山毛由熔岩喷雾被风吹而形成。

浮岩
浮岩形成于多泡的熔岩,它的玻璃状基质含有细小的长石晶体。它为淡颜色,并因为有大量气孔而可以漂浮。

熔结凝灰岩
熔结凝灰岩是一种细粒状、玻璃质、淡色火山凝灰岩,通常显示熔岩流在其熔融状态时形成的条带。

岩屑凝灰岩
这种岩石的细小玻璃基质中含有以前形成的岩石碎片。岩屑凝灰岩一般为淡颜色,它是由强烈的火山喷发而形成的。

纺锤形火山弹
熔融的低黏度玄武质岩浆爆发进入大气呈这样的一种流线型。这样的块体在地表冷却形成"炸弹"。

面包皮火山弹
这种火山弹变种以破裂壳为特征。这是由于其外部已固结,但其内部继续膨胀导致的。

集块岩

集块岩由相对较大的岩石碎块固结于较细小的基质之中而成，它形成于火山爆发之后。

安山岩

安山岩是根据安第斯山脉而命名的，它在世界上许多由板块运动形成的与俯冲作用有关的火山弧、岛链或山脉上普遍存在。通常它的二氧化硅含量约为60%。

松脂岩

这种玻璃状致密火山岩具有多变的组成和颜色，以及沥青状、蜡状和树脂状光泽。

斑状安山岩

斑状安山岩通常由斜长石、辉石和角闪石组成，含有大的晶体于细粒状的基质中。

英安岩

英安岩为浅色至中色，并具细粒至粗粒结构的岩石。它主要由斜长石和石英组成，并含辉石、黑云母和普通角闪石。

斑状粗面岩

这种岩石具有复杂的矿物成分，包括碱性长石、石英、云母、辉石和普通角闪石。它的基质有大的晶体。

杏仁安山岩

这种称作杏仁石的火山岩含有充填期的细粒气泡，呈现出棕色、灰色、紫色或红色。

细碧岩

这种细粒淡棕色蚀变的火山岩含有普通辉石和斜长石。它由与海水接触的玄武岩熔岩蚀变而成。

粗面岩

粗面岩是一族细粒并含有碱性长石和暗色镁铁矿物如黑云母、角闪石和辉石的火山岩。触摸时这些岩石通常感觉粗糙。

菱晶斑岩

这种火成岩以大的、具菱形断面的长石晶体为特征，后者固结于岩石的暗色基质中。

弯曲的断裂

黑曜岩

典型的暗色黑曜岩是由高黏度的热的流纹质熔岩，在单个矿物形成晶体前快速冷却形成的。这导致其具有玻璃结构。黑曜岩从古代起就被用作珠宝。

脱玻化玻璃的淡色斑团

雪花状黑曜岩

这种玻璃状黑色火山岩中具有高二氧化硅含量的"雪花"，是矿物从玻璃中结晶的结果。

红色石榴石斑团

石榴石橄榄岩

橄榄岩是地球上地幔的主要成分。这种致密淡绿色的变种是由暗色矿物包括石榴石、橄榄石、单斜辉石和斜方辉石组成的。

浅色斜长石

辉长岩
这种暗色深成岩含有斜长石、辉石和橄榄石。粗粒状的辉长岩由玄武质岩浆在深部缓慢冷却而形成。

橄榄辉长岩
辉长岩是一种暗色粗粒、含许多辉石和斜长石的岩石。橄榄石在这个变种中有相当大的含量。

层状辉长岩
粗粒和暗色的这种类型的辉长岩显示了不同密度的矿物在岩浆中沉淀而引起的条带。

微花岗岩
这种花岗岩具有细至很细的颗粒，它通常具有斑状结构，产于侵入的火成岩的席状体岩床和岩脉中。

粉红色微花岗岩

白色微花岗岩

斑状花岗岩
斑状花岗岩主要由石英、云母和长石组成。大的斑晶固结于这种中粒岩石的基质中。

角闪辉长岩
角闪辉长岩是一种暗色火成岩，它是该种岩石的泛称。这种岩石呈粗粒状，形成自岩浆。

金伯利岩
暗色、粗粒的金伯利岩是一种二氧化硅含量很低的超镁铁岩。它具有多变的化学成分，是世界上金刚石的主要来源。

黑色电气石

粉红色正长石

花岗闪长岩
花岗闪长岩是大陆地壳中最普遍的侵入岩，它含有超过65%的斜长石。

煌斑岩
煌斑岩的基质是细粒状，其中散布了含水矿物云母和角闪石的明显晶体，它具有闪光的结构。

伟晶岩
伟晶岩是很粗大的粒状岩石，它形成于由绝大多数花岗岩侵入、冷却和结晶后形成的残余流体岩浆中。一些伟晶岩是宝石的重要来源。

霞石正长岩
霞石正长岩为粗粒淡色，由长石、云母和普通角闪石组成。它还含霞石，但不含石英。

正长岩
正长岩呈灰色或淡粉红色，是一种大侵入体产出的深成岩。它是粗粒状，含有长石、云母和普通角闪石，有时还会含有石英。

文象花岗岩
这种粗粒岩石含有石英和长石，它们的互生导致形成了与符文书写相似的文象结构。该岩石中也含云母。

黑色的黑云母

灰色石英

角闪花岗岩
典型的花岗岩含有石英、长石和云母。这个变种还含普通角闪石，为角闪石矿物族的一员。

斑状花岗岩
斑状花岗岩是一种淡色、由长石、石英和云母组成的岩石。它的具有大而良好晶形的斑晶被固结于基质中。

粒玄岩
粒玄岩通常产于岩床和岩脉中。它是一种暗色、中粒岩石，由斜长石、辉石和铁氧化物组成。

花岗岩
花岗岩为粗粒和颜色多变的岩石，它含有超过10%的石英。是一种典型的坚硬岩石，抗侵蚀，通常用作建筑材料。

霏细岩
细粒霏细岩形成于席状侵入的岩床和岩脉中，呈淡色，主要由长石和石英组成。

石英二长岩
这种中粒花岗岩形成于深部，含有石英、云母和长石晶体。1/3至2/3的长石为斜长石。

斜长岩
淡色的斜长岩主要由大的斜长石晶体组成。它也可含有橄榄石和普通辉石。

纯橄榄岩
纯橄榄岩仅由橄榄石组成。这种岩石为深绿色或棕色，具糖粒结构，通常含很少量的铬铁矿。

淡色斜长石

绿色橄榄石晶体

橄榄岩
橄榄岩是一种暗色致密的岩石，它主要由橄榄石和辉石组成，呈粗粒状，缓慢地形成于地球深部。

暗色辉石

歪碱正长岩
歪碱正长岩是正长岩的一种，其颜色为蓝黑色，由大量具有蓝色闪光效应的钠质长石组成。

闪长岩
闪长岩由斜长石、角闪石和辉石组成，含有很少的石英，在古埃及它被用作装饰。

变质岩

当已存在的岩石在地球内部处于热或压力，或二者兼具的影响下，它们将转变成不同的矿物组合。当一个火成岩体产生强烈的局部热辐射时，它周围的岩石会产生重结晶，这样就会发生接触变质。区域变质发生范围广，深度较深，是强烈的热量和压力作用的结果。地球的运动可导致岩石被动力变质作用粉碎。

麻粒岩

麻粒岩形成于很高的温压条件下，是一种暗色粗粒并富含辉石、石榴石、云母和长石的岩石。

石榴石片岩

红色的石榴石在这种片岩变种中表明，它形成于大陆地壳内部相对高温和高压的环境中。

细褶皱片岩

片岩以岩石中类似的定向矿物形成的平行面为特征。这种呈波纹状的样式被称为细褶皱。

条纹状型式

糜棱岩

当岩石在断层内被深度粉碎，产生的岩粉和碎片形成了一种细粒的岩石，称为糜棱岩。

板岩

板岩是一种暗色和极细粒的岩石，具有平行的劈理面。它是由低压变质作用形成的。

蓝晶石片岩

蓝晶石片岩主要由长石、云母和石英组成，还含蓝色矿物蓝晶石的晶体。

黑云母片岩

黑云母片岩形成于相对高温高压下，含有长石、石英和许多导致岩石呈暗色的黑云母。

长英角岩

长英角岩源于火山凝灰岩、流纹岩或石英斑岩，是一种细粒、淡色和富含石英的岩石。它是角岩的一个类型。

斑点板岩

这是一种暗色的细粒岩石，以矿物如董青石和红柱石的黑色斑点（斑状变晶）为特征。

白云母片岩

一种典型的片岩，含淡色、闪光白云母。这种岩石也含石英和长石。

板状构造

—— 粉红色方解石

混合岩

形成于最高的温度和压力下，粗粒、褶皱状混合岩，含有暗色玄武质矿物和淡色花岗质矿物构成的条带。

矽卡岩

矽卡岩形成于碳酸盐岩的高温接触变质作用，含有富钙、镁和铁的矿物。

闪电管石

当闪电击中沙漠或海滩，砂粒熔融形成细小、管状构造。这种构造称为砂闪电管石。

石英岩

石英岩具有高含量石英，比绝大多数变质岩坚硬。它由砂岩在高温下蚀变而成。

刀片状晶体

董青石角岩

暗色和多片状董青石角岩是由附近的火成侵入体的热变质形成的，是细至中粒岩石。

石榴石角岩

角岩为一种坚硬、暗色、燧石般的岩石，由紧邻的火成侵入岩的热变质形成。淡红色石榴石产于这种特殊的角岩变种。

眼状片麻岩

片麻岩含有石英、长石和云母，它们通常呈平行条带状。眼状片麻岩则含有与透镜状眼睛相似的晶体。

片麻岩

片麻岩是一种中粒到粗粒的岩石，形成于非常高的温压条件，根据其交互的暗色和浅色结晶层可以辨认。

空晶石角岩

空晶石角岩形成于非常高温的岩浆侵入体附近。这种特殊的角岩变种因含刀片状淡色空晶石晶体而得名。

辉石角岩

辉石角岩是一种细粒至中粒、坚硬并似燧石的岩石。这种角岩变种含有石英、云母和辉石，形成于火成侵入体附近。

榴辉岩

榴辉岩主要由绿色绿辉石和红色石榴石两种矿物组成。它呈粗粒状，形成于很高的温压条件下。

褶皱片麻岩

在地下很深的地方，片麻岩具有可塑性并产生褶皱。它的暗色条带富含普通角闪石，其淡色条带为石英和长石。

角闪岩

角闪岩在地壳深部的中温和多变的压力下形成。这种粗粒岩石含有丰富的普通角闪石和斜长石，以及其他矿物。

千枚岩

千枚岩形成于比片岩低但比板岩高的温压条件。它是一种细粒状岩石，可分裂成具有独特光泽的板片。

粒状片麻岩

这种片麻岩具有粒状结构，含有角闪石和黑云母的暗色条带以及石英和长石的淡色条带。

大理岩碎块

大理岩角砾岩

灰色大理岩

大理岩

大理岩形成于接触或区域变质作用，富含方解石，通常具有色彩多样的其他矿物的脉，是有价值的雕塑材料。

清晰可见的粗粒晶体

斑点状结构

蛇纹岩

蛇纹岩通常呈条带状、斑点状或条纹状，致密且柔软，是源自橄榄岩的变质岩。它发现于板块之间的会聚带。

绿色大理岩

沉 积 岩

这些岩石是地球表面的风、水和冰所携带的沉积物经沉积作用以及后续的埋藏形成的产物。沉积岩以成层现象或层理为特征，并可含有化石。它们大致可分为碎屑岩和化学沉积岩及生物化学沉积岩。碎屑岩是由岩石的碎片组成的，并根据颗粒大小进行次一级分类；而化学沉积岩及生物化学沉积岩则根据它们的化学成分进行分类。

小米粒砂岩

这种岩石为中粒、具淡红色铁氧化物表皮的岩石，它的浑圆状、等粒的石英颗粒是由风成形的。

海绿石砂

海绿石砂的淡绿色是由硅酸盐矿物海绿石引起的，它是一种富含石英、形成于海中的砂岩。

云母砂岩

这种砂岩富含石英，还含闪亮的云母鳞片，通常具中等大小的颗粒。

铁氧化物引起的红色

岩盐

岩盐是由结晶的石盐形成，为淡棕色，可含黏土。它可溶、柔软并具有独特的味道。

石膏

石膏是一种与钾岩共生的结晶岩石，产生于盐水蒸发时。石膏为淡色，通常呈纤维状、很软和易溶。

褐铁矿砂岩

这种岩石的红棕色或淡黄色是由铁氧化物矿物褐铁矿引起的，同时褐铁矿还是岩石的中至细粒石英颗粒的外壳。

石英颗粒被铁氧化物染色

砂岩

砂岩

这种岩石通常以砂粒大小颗粒的层产出，因各种矿物胶结在一起而显不同的颜色。绝大多数砂岩富含石英。

红色砂岩

漂砾土

漂砾土为灰到淡棕色，有细小的黏土基质，其中充填有尖角和圆化的岩石碎块。

黏土岩

黏土岩颜色多变，这种非常细粒的岩石主要由硅酸盐黏土矿物，如高岭石组成。高岭石绝大多数来自长石的风化作用。

层状构造

石灰华

石灰华是一种淡色且通常呈层状的岩石。它实际上是纯的方解石，形成于热泉和火山喷口附近。

赤铁矿和燧石条带

条带状铁矿

这种海相沉积岩有黑色赤铁矿和红色燧石交替的条带。它是最好的铁矿石之一。

鲕状赤铁矿

这种岩石由细小浑圆的铁矿石（如菱铁矿）的沉积颗粒（鲕粒）组成，并被其他铁矿石（方解石和石英）黏结在一起。

黄土

黄土由黏土和风从干旱地区表面吹起的很细小的尘状颗粒组成，易碎且缺少明显的层理。

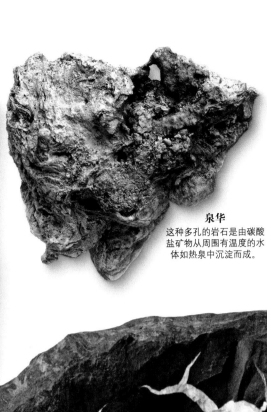

泉华
这种多孔的岩石是由碳酸盐矿物从周围有温度的水体如热泉中沉淀而成。

灰色沉积石英岩

沉积石英岩
沉积石英岩中很少含有化石,这种岩石几乎全由硅质胶结石英颗粒组成。沉积石英岩也被称为石英砂屑岩。

粉红色沉积石英岩

锰结核
锰结核中富含过渡族金属如铜,它是浑圆状、黑色凝结物,形成于深深的大洋底部。

浑圆状结核

褐煤　　煤精

褐煤
褐煤是一种棕色的煤,比烟煤的碳含量低。煤精是一种坚硬、黑色、有光泽的褐煤,可以被抛光得很亮。

无烟煤
无烟煤是煤最纯净的形态,为黑色且闪亮,具有玻璃状的表面。当它破碎时,具有弯曲的断面边缘。

烟煤
这种沉积岩比无烟煤碳含量低,易碎且颜色暗淡,是最丰富的一类煤。

内部放射状构造

淡色方解石充填裂隙(隔膜)

龟甲结核
这类结核作为单个浑圆状块体,由石英或方解石胶结产于沉积岩中。它们内部具有隔膜(来自拉丁文*Septum*,意思是"壁垒")。

黄铁矿结核
黄铁矿结核外表为灰色或黑色,内部为黄铜黄色。它们产于页岩和黏土中,整体由黄铁矿组成。

货币虫灰岩
货币虫是一种海洋苔藓动物，是货币虫灰岩中的主要化石。货币虫灰岩的胶结物是最初为石灰泥的方解石。

石化的海百合茎

海百合灰岩
海百合是棘皮动物，它由一根易弯的茎附着在海床上。海百合灰岩是一种由硬化的石灰泥胶结破碎的海百合茎形成的岩石。

淡水灰岩
这是一种淡色、富方解石并含一些石英和黏土的岩石。它含有居住于淡水的生物化石，表明其形成于淡水环境。

由方解石胶结的压扁的豆粒

豆状灰岩
这种岩石是由比鲕粒略大、通常为压扁的豆粒——豌豆大小的颗粒组成，这些颗粒由方解石松散地胶结在一起。

珊瑚灰岩
这是一种由细粒方解石胶结石化珊瑚而成的块状岩石。它呈灰色至白色或淡棕色。

鲕粒灰岩
这种灰岩由鲕粒即细小、浑圆、由海底水流翻卷而成的具同心环带的沉积颗粒以碳酸盐泥胶结而成。

苔藓虫灰岩
这是一种灰色或淡红色的有机质灰岩，在硬化的富方解石的胶泥基质中含有苔藓动物化石。

灰岩角砾岩
被方解石胶结的巨大的棱角状岩石和石英的碎块是这种岩石的特征。它形成于悬崖底部。

长石粗砂岩
粗粒状和淡色至暗色的这种粗砂岩，含有许多石英和高达25%的长石。

石英粗砂岩
这种粗砂岩是由石英夹带一些长石和云母组成，所有矿物都是粗粒的。

白云岩
这种岩石通常为奶油色或浅黄色，含有高百分比的白云石（钙镁碳酸盐）。它也被称为白云石，从而将它与矿物区别开来。

杂砂岩
这种暗色岩石含有石英、岩石碎块和长石，它们被较细的黏土和绿泥石的集合体所固结。杂砂岩形成于海洋盆地。

长石砂岩
颜色多变和中至粗粒状的长石砂岩，是一种长石含量高的砂岩。

含化石的页岩
细粒海洋沉积岩如页岩通常含有大量保存完好的化石。

页岩基质

页岩
这种细粒的层状岩石的成分多变，通常含有粉砂、黏土矿物、有机物、铁氧化物和少量矿物如黄铁矿和石膏的晶体。

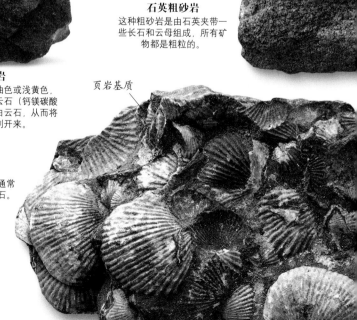

多成因砾岩
多成因砾岩是最粗粒的沉积岩，在细小的基质中有许多不同的、浑圆的岩石和矿物的碎块。

浑圆状
石英卵石

砂岩基质

石英砾岩
这种岩石颜色多变，它由脏白色、卵石大小的石英碎块被较细的较暗的基质固结而成。

细粒状基质

铁氧化物引起的红色

红色白垩

白垩
白垩是细粒状、粉状和易粉碎的纯方解石。它由微细的石化有机物（包括颗石藻和放射虫）组成。

白色白垩

角砾岩
这种岩石有大的棱角状岩石和矿物的碎块，它们固结于细小的砂和粉砂基质中。角砾岩很少形成层状。

粉砂岩
这种暗色岩石含有比细砂更小、但比黏土颗粒大、主要是石英的颗粒。它也含有有机物和方解石。

燧石
燧石是二氧化硅的一种非常细粒的形态，呈条带，结核产于岩石如石灰岩中。它具多种颜色。红色燧石称为碧玉。

泥灰岩
泥灰岩的硬度介于黏土和灰岩之间，是一种细粒状、富方解石的层状岩石。绿泥石和海绿石可以使它产生绿色色调。

泥岩
泥岩具有大量的黏土和很细小的石英和长石的碎屑。与页岩不同，泥岩呈块状，不具层理。

黑燧石
通常黑燧石呈结核发现于白垩中。它是很坚硬的、黑色致密的二氧化硅，破碎后会留下尖锐、弯曲的边缘。

化石

化石是埋藏、保存在地壳岩石中的远古生命的证据，它们为科学家提供了生命演化的重要线索，还可用来给岩石定年，并创造出塑造现代地球重大事件的时间表。

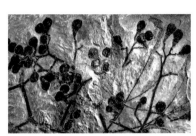

这个植物的组织因时间变迁已经炭化，只有植物的轮廓因被炭质薄膜覆盖还保留着。

一个昆虫被困在了树干渗出的树脂中，树脂变成了琥珀，完美地将这个生命保存下来。

该鱼类骨架化石保存在页岩中。所有鱼骨架的原子已通过化学反应被置换。

地球生命已经有大约38亿年的历史。最初的生命微小并且是软体，只留下了极少的遗迹。但在过去的几十亿年中，生命在逐渐发生变化。一些生物体演化出了坚硬的身体组织，在充裕的时间条件下可以保存为化石。这种变化的意义是难以估量的，它使世界各地的沉积岩变成全球资料库，充满了令人惊叹的化石的物种序列，按它们出现的顺序准确排列。这些化石显示了生命的演化之路。化石还记录了生物大灭绝事件，即在一个相对较短的时间内，无数物种消失了。

死亡和埋藏

生命形成化石的概率跟中彩票差不多，只有极少比例的生物最终被保存为化石。在陆地上，它通常由偶发事件引起，如山体滑坡、突发洪水；海洋生命形成化石的概率相对较高，因为在那里沉积物有规律地堆积在它们的遗骸上。尽管细小的沉积物也能保存软体，但最好的化石是生命体的坚硬部分形成的，比如贝壳或骨骼。被埋藏之后，生命体的遗骸逐渐被溶解的矿物渗透，最终彻底变为岩石。许多化石形成后便在地下深处被热力、压力或地质运动破坏掉了。如果化石幸免于此，地壳的抬升作用最终可将它带回到地表，经过地表的侵蚀作用从基岩中暴露出来，在再一次被破坏前被人发现。

发现这些生物的实体化石是一件激动人心的事，尤其当我们找到几米长的完整骨架时。然而，它们不是唯一的化石种类。岩石还会出产遗迹化石，即石化的脚印、潜穴或其他动物行为保留下来的痕迹。遗迹化石间接揭示了动物如何生活，例如，根据恐龙脚印化石可知恐龙移动有多快，它们在群居时如何相互影响，甚至它们成长过程中体重的增长情况。

在年代更加久远的岩层中，有时还会保存有化学化石——由生化过程产生的古老的碳基化合物。这些化学遗迹是探索地球最早生命的重要根据。

突然死亡 >

许多奥陶纪的三叶虫集群形成化石，表明这些动物被沉积物突然埋藏。

讨论

标准化石

地质年代主要是利用化石建立的。广泛存在但生存时间较短的物种被用作标准化石。它们可被用作鉴别特殊的地层或将不同地方的地层联系起来，即相同的标准化石在不同地方的存在表明，这些地方的地层是在相同时间形成的。因此标准化石可帮助地质学家确定岩石年龄和建立相对年代序列。中生代的菊石类（一种灭绝的海洋软体动物）是最好的标准化石之一。

化石如何形成？

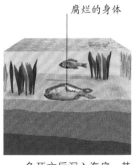

腐烂的身体

鱼死亡后沉入海底，其肌肉可能腐烂或被吃掉。如果要保存下来，必须要被迅速埋藏。当海底软泥形成页岩，其身体将被压扁压实。

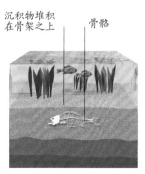

沉积物堆积在骨架之上　骨骼

鱼的骨架被沉积物覆盖。要使骨架变成化石，必须由热能和压力驱使骨头发生化学变化，即其他矿物替换骨骼成分。

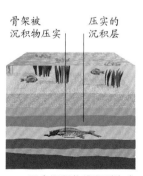

骨架被沉积物压实　压实的沉积层

更多沉积物堆积到海底并压缩下面的岩层。由于骨头被包裹在上下沉积层之间，骨头的成分会进一步改变。

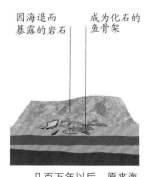

因海退而暴露的岩石　成为化石的鱼骨架

几百万年以后，原来海底的沉积物现在已变成岩石，这些岩石随着海退而暴露出来。风化作用进一步使已变成化石的鱼骨架从岩石中剥蚀出来。

植物化石

植物是最早出现在化石记录中的生物体之一。藻类化石最早出现于前寒武纪地层中。维管植物（具有水和营养物传导组织的植物）出现于志留纪。到了石炭纪，地球被巨大的成煤沼泽绿色森林所覆盖。开花植物出现于较晚的中生代。

早期陆生植物
Cooksonia hemisphaerica
半球库克逊蕨
发现于志留纪和泥盆纪岩层中，库克逊蕨是最早的维管植物之一，具有坚硬的茎和无叶的分枝。

古芦木茎
Calamophyton primaevum
原始古芦木
古芦木是一种原始、无叶的植物，可能与蕨类有关，产自泥盆纪和石炭纪早期岩层中。

分枝

枝木蕨茎
Cladoxylon scoparium
帚状枝木蕨
枝木蕨见于泥盆纪和石炭纪岩层中。它是一种低矮的植物，具有坚硬主茎和无叶、用于吸收光能的分枝。

坚硬的茎

种子蕨叶
Alethopteris serlii
座延羊齿是一种来自石炭纪和二叠系地层中的种子蕨，具有复合的羽状叶状体，由厚大、强壮的脉状小叶组成。

圆叶蕨小叶片
Cyclopteris orbicularis
轮状圆叶蕨
脉羊齿中一类小叶片为椭圆形的种子蕨，学名为圆叶蕨。该类化石见于石炭纪地层。

种子蕨的种子
Trigonocarpus adamsi
亚当三角果
三角果是一种发现于石炭纪地层的种子蕨的种子化石，每个种子有三条凸。

木贼叶子
Asterophyllites equisetiformis
木贼型星叶蕨
发现于石炭系和二叠系地层，它具有针状叶子，结构与现代木贼相似。

攀爬木贼
Sphenophyllum emarginatum
凹缘楔叶
这种化石发现于泥盆至石炭纪地层，其楔状叶子和长且柔软的茎很适合攀爬。

封印木茎
Sigillaria aiveolaris
槽状封印木
封印木见于石炭纪和二叠纪岩层中，是石松的巨大亲缘种类，高度可达30米以上。它具有窄的茎且叶子呈丛状生长。

垂直螺纹

鳞木根
Stigmaria ficoides
榕状脐根座
脐根座产于石炭纪至二叠纪地层，它是石松近亲根化石——鳞木的学名。

石炭纪蕨类
Oligocarpia gothanii
哥氏稀囊蕨
这种匍匐类发现于石炭系和二叠系地层中，当时遍布湿地。

槐叶苹根茎
Salvinia formosa
福尔摩萨槐叶苹
槐叶苹是来自热带的一种漂浮水生蕨类，见于白垩系至现代地层。

羽状复叶

白垩纪蕨类
Weichselia reticulata
网状蝶蕨
蝶蕨见于白垩纪地层中，与现代欧洲蕨相似，二次复叶。

种子蕨小叶片
Dicrodium sp.
二叉羊齿未定种
这种种子蕨来自三叠纪时期，它具羽状叶，复叶约7.5厘米长。

古生代松柏类
Lebachia piniformis
松针状莱巴赫杉
一种见于石炭纪和二叠纪
的含球果植物。莱巴赫杉
是现代松柏的祖先。

松柏种子球果
Taxodium dubium
见于侏罗纪地层，落叶柏与现
代柏树亲缘关系较近。生长于
潮湿环境，具有针状叶。

海岸红杉球果
Sequoia dakotensis
巨大而常绿的红杉树球果见于白
垩纪以及现代。一些现生红杉树
已有超过2000年的树龄。

白垩纪松柏类
Glyptostrobus sp.
在白垩纪至新生代，水松这种
松柏类生长于湿地，是一种重
要的成煤植物。

亚化石（树脂）
Kauri pine amber
琥珀是由松树树脂硬化形
成的，如贝壳杉松树。最
早的琥珀形成于白垩纪早
期，其中经常包含有因黏
在树脂块上而保留下来的
昆虫化石。

侏罗纪松柏类
Araucaria mirabilis
这种已灭绝的"猴谜
树"——南洋杉具有沿
中轴螺旋状排列的鳞片
形雌球果。

球果切面

种子

石炭纪裸子植物
Cordaites sp.
科达树是松柏的祖先之一，生长于
石炭纪和二叠纪时期。它是一种高
大的木本植物，通过种子繁殖。

大羽羊齿类树叶
Gigantopteris nicotianaefolia
烟叶大羽羊齿
这是来自二叠纪时代的一种无花的
植物，因它的叶子与烟草植物的叶
子相似而得名。

二叠纪银杏叶
Psygmophyllum multipartitum
银杏首次出现在二叠纪，该种
仅发现于中国。化石中可以将
扇形叶子鉴定为掌叶属，它是
现代银杏的祖先。

三叠纪银杏
Baiera munsteriana
长达15厘米的古银杏的扇形叶子
具叶子分裂为多个小裂片。现代
银杏的叶子是整片的。

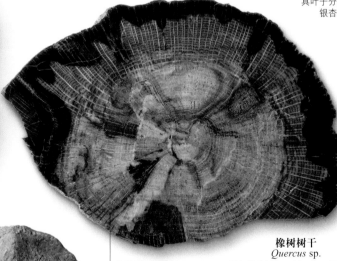

生长环

橡树树干
Quercus sp.
著名的橡树——栎，化石最早出现
在白垩纪地层中。现在世界上有超
过500种活着的橡树。

棕榈果实
Nipa burtinii
尼巴棕榈化石最早出现于始
新世前，这种棕榈将它的木
质种子保存在一个25厘米大
小的球状果实中。

木兰叶
Magnolia longipetiolata
木兰是最早的开花植物之一，首次
出现于白垩纪时期。早期昆虫以它
们的花蜜为食。

中轴

无脊椎动物化石

无脊椎动物是指没有内骨骼的动物,它们的化石最为常见。在化石记录史上,它们首次出现于前寒武纪,但直到寒武纪早期像三叶虫这样的复杂无脊椎动物才大量出现在化石记录中。节肢动物、软体动物、腕足动物、棘皮动物和珊瑚等无脊椎动物的化石尤其普遍,因为它们具有坚硬的外表构造,并且生活在海洋中,绝大多数含有化石的岩石都形成于那里。

珊瑚单体

古杯海绵
Metaldetes taylori
这种造礁生物只见于自寒武纪时期。蒙特虫具有杯状构造,外形不太像珊瑚。

管状隔室 ——— 薄板状构造

层空虫
Stromatopora concentrica
见于奥陶纪至二叠纪的岩层中,通常产自礁灰岩中,这类海绵化石是由多孔和富钙的管子组成的。

钙质海绵
Peronidella pistilliformis
纤维海绵以融合在一起的针状骨骼(质地为方解石)为特征,见于三叠纪和白垩纪的岩层中。

变口苔藓动物
Diplotrypa sp.
来自奥陶纪地层的苔藓虫,双孔苔藓虫是一种细小的无脊椎动物,与珊瑚没什么不同,呈圆顶状集群生活。

唇口苔藓动物
Biflustra sp.
见于新生代地层中。这种苔藓动物现在尚存。它细小的隔室生活着许多个虫——软体、集群而生的个体。

花边珊瑚
Schizoretepora notopachys
裂植珊瑚是一种花边珊瑚,发现于始新世至更新世地层,生活于岩石质海底。

分枝状苔藓虫
Constellaria sp.
这是一种在海底生活、长有分支聚落的苔藓虫,产于奥陶纪地层中。

龙介虫
Rotularia bognoriensis
见于侏罗纪至始新世岩层中。龙介是龙介虫的一个属,与其他龙介虫一样,它通过分泌碳酸钙质螺旋管保护其软体。

斯普里格水母
Spriggina floundersi
发现于前寒武纪岩层中的古老化石,它具有长长的虫状身体,分类尚不确定。

分枝网络

胞管中群居的软体动物个体

单个弯曲的分枝

螺旋笔石
Monograptus convolutus
单分支,一侧具胞管(杯状结构)是单支笔石的特点,见志留纪早期地层,这种具有特殊的卷曲方式。

"音叉"笔石
Didymograptus murchisoni
"音叉"笔石是一种具有两个枝(分叉)的笔石(灭绝群居性无脊椎动物),见于奥陶纪,长可至2~60厘米。

分枝状笔石
Rhabdinopora socialis
在不久前,该化石仍被称作网格笔石。它具有细小、放射状的条纹,产自奥陶纪地层。

板状珊瑚
Catenipora sp.
镰珊瑚是一种简单的板状珊瑚，具有链状构造，在奥陶纪和志留纪时代生活于温暖的浅海中。

链状群居结构

石珊瑚
Meandrina sp.
脑珊瑚形态似人类大脑，这种群居珊瑚表面沟壑纵横。它被首次发现于始新世岩层中。

厚的珊瑚石壁

皱壁珊瑚
Goniophyllum pyramidale
皱壁珊瑚是一种产于志留纪岩层中的单体珊瑚，因珊瑚虫在其中生活而产生了锥状凹陷。

寒武纪三叶虫
Paradoxides bohemicus
一些奇异虫长达1米。这种三叶虫的身体具有长长的棘刺，来自寒武纪地层。

志留纪三叶虫
Dalmanites caudatus
在志留纪时期较为常见，它具有分节的胸部及尖尖的尾刺。

泥盆纪卷曲三叶虫
Phacops sp.
以具有复眼为特征，发现于泥盆纪地层。像很多现代节肢动物一样，三叶虫可卷曲起来。

奥陶纪三叶虫
Eodalmanitina macrophtalma
这是一种奥陶纪三叶虫，巨眼始达尔曼虫具有大的新月状眼睛。它的胸部由11个分节组成。

钳子

优原穴鲎
Euproops rotundatus
优原穴鲎与鲎亲缘关系较近，具有新月形头甲和长长的尾刺。

艾瑞龙虾
Eryma leptodactylina
这是来自侏罗纪和白垩纪时代的龙虾化石，与现代龙虾相似，长约6厘米。

方形古栗蟹
Avitelmessus grapsoideus
这种蟹外表覆盖有很多棘刺，产自白垩纪地层，宽可达25厘米。

艾氏始节虫
Archimylacris eggintoni
始节虫是石炭纪时期的蟑螂近亲，后翅具有独特的翅脉模式。

石燕贝腕足类动物
Spiriferina walcotti
准石燕是一种三叠纪和侏罗纪地层中常见的腕足类，具有较圆的外壳，宽可达3厘米，生长纹清晰可见

生长纹

有铰腕足类动物
Leptaena rhomboidalis
这是一种产于奥陶纪、志留纪和泥盆纪地层的腕足，宽可达5厘米，外壳具有同心状和放射状螺纹。

喙头贝腕足类动物
Homeorhynchia acuta
见于侏罗纪早期地层，它是一种小型腕足类，宽可达1厘米。

沼泽蛤
Carbonicola pseudorobusta
产自石炭纪的非海相岩层中，石炭蚌具有锥形外壳。其化石可用于测定相对年代。

牡蛎
Gryphaea arcuata
这种卷嘴蛎化石产于三叠纪和侏罗纪，具有一个大的钩状壳瓣和一个较小的扁平状壳瓣。

扇贝
Pecten maximus
侏罗纪至现代地层中均有发现，这种扇贝是一种双壳软体动物，它通过摆动其具有螺纹的壳瓣游动。

蛤
Crassatella lamellosa
厚壳蛤是白垩纪至中新世的一种小型双壳类，在它的外壳上具有清晰的同心生长线纹。

蛤类近亲
Ambonychia sp.
发现于奥陶纪地层，双爪蛤是一种早期的双壳瓣蛤类，可达6厘米宽，两个壳瓣的表面都具有放射状螺纹。

鹦鹉螺
Vestinautilus cariniferous
这种早期鹦鹉螺近亲具有非常外展的旋环。有盖鹦鹉螺见于石炭纪的岩层中。

奥陶纪腹足类动物
Murchisonia bilineata
产自志留纪至二叠纪地层的一种腹足类软体动物，默奇森螺可长至5厘米高，螺环上有脊。

喙壳类动物
Conocardium sp.
产于泥盆纪和石炭纪地层，锥鸟蛤与蛤相似，但没有活动的铰合。

侏罗纪腹足类动物
Pleurotomaria anglica
发现于侏罗纪和白垩纪岩层中，这种腹足软体动物具有螺旋、放射状的宽大外壳。

简单螺纹

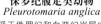

具脊突的螺环

外壳口径

石炭纪菊石
Goniatites crenistria
来自泥盆纪和石炭纪岩层中的一种菊石软体动物，它的室壁与外壳结合处具有棱角状缝合线。

三叠纪菊石
Ceratites nodosus
发现于三叠纪地层中，齿菊石是一种菊石类软体动物。其外壳极具装饰性，具有外旋型的粗壮横肋。

泥盆纪菊石
Soliclymenia paradoxa
针杆菊石是一种泥盆纪早期的菊石，它具有布满外壳的细小螺纹。一些种类具有不常见的三角形外壳。

菊石
Mortoniceras rostratum
这种白垩纪时代的菊石软体动物成熟后直径可达10厘米，外壳满覆螺纹。

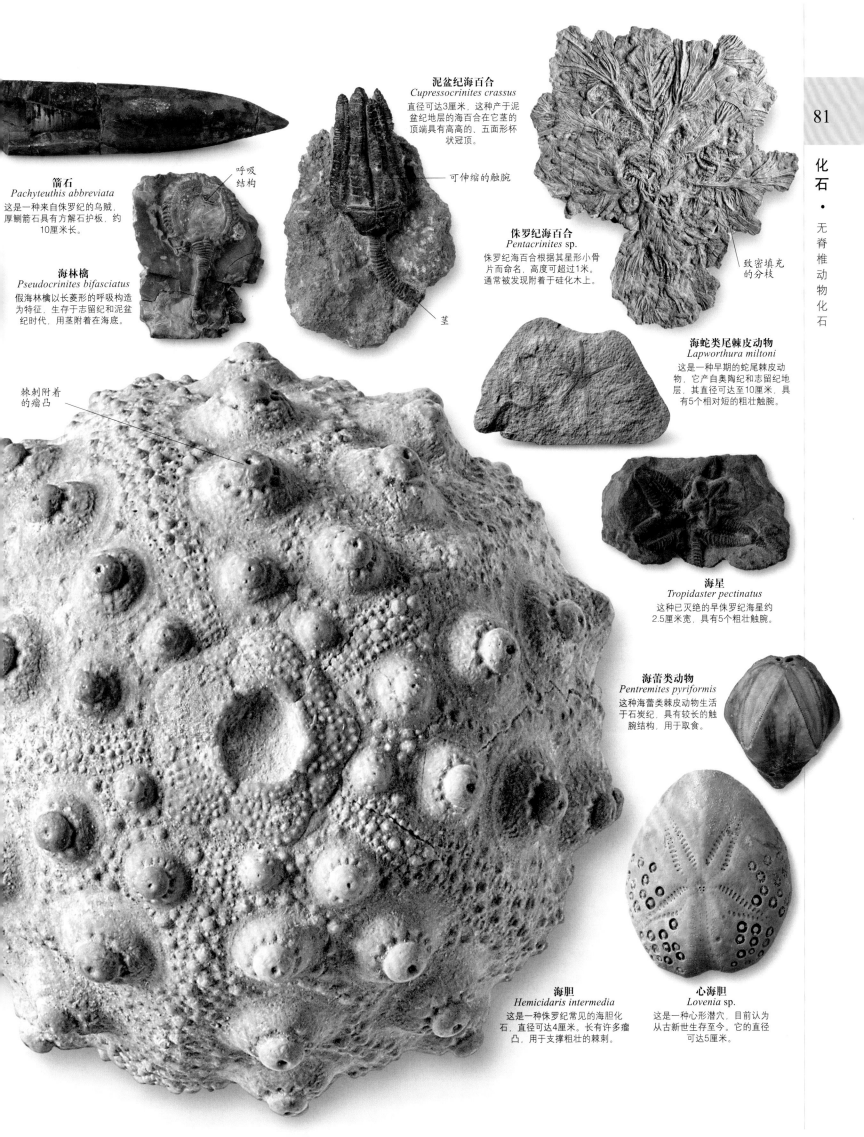

泥盆纪海百合
Cupressocrinites crassus
直径可达3厘米，这种产于泥盆纪地层的海百合在它茎的顶端具有高高的、五面形杯状冠顶。

可伸缩的触腕

箭石
Pachyteuthis abbreviata
这是一种来自侏罗纪的乌贼，厚鲷箭石具有方解石护板，约10厘米长。

呼吸结构

海林檎
Pseudocrinites bifasciatus
假海林檎以长菱形的呼吸构造为特征，生存于志留纪和泥盆纪时代，用茎附着在海底。

茎

侏罗纪海百合
Pentacrinites sp.
侏罗纪海百合根据其星形小骨片而命名，高度可超过1米。通常被发现附着于硅化木上。

致密填充的分枝

海蛇类尾棘皮动物
Lapworthura miltoni
这是一种早期的蛇尾棘皮动物，它产自奥陶纪和志留纪地层，其直径可达至10厘米，具有5个相对短的粗壮触腕。

棘刺附着的瘤凸

海星
Tropidaster pectinatus
这种已灭绝的早侏罗纪海星约2.5厘米宽，具有5个粗壮触腕。

海蕾类动物
Pentremites pyriformis
这种海蕾类棘皮动物生活于石炭纪，具有较长的触腕结构，用于取食。

海胆
Hemicidaris intermedia
这是一种侏罗纪常见的海胆化石，直径可达4厘米。长有许多瘤凸，用于支撑粗壮的棘刺。

心海胆
Lovenia sp.
这是一种心形潜穴，目前认为从古新世生存至今，它的直径可达5厘米。

脊椎动物化石

脊椎动物化石不像无脊椎动物化石那么常见，因为脊椎动物生活在陆地上，不易形成化石，而且它们的演化比无脊椎动物晚得多。鱼是最早出现的脊椎动物，有些可始于寒武纪。它们在志留纪和泥盆纪快速演化，逐渐演化为最早出现于泥盆纪时代的两栖动物，随后恐龙兴盛于中生代，最后哺乳动物繁盛起来。

欧美头甲鱼类动物
Zenaspis sp.
这种鱼发现于泥盆纪地层，具有粗大的头甲，身体长可达25厘米，被骨质鳞片覆盖。

早期鱼形脊椎动物
Loganellia sp.
这是一种原始的、无颌的、扁形鱼类，被齿状鳞片覆盖，长达12厘米，发现于泥盆纪岩层中。

帮助移动的鳍状结构

肉鳍鱼
Eusthenopteron foordi
这种晚泥盆纪鱼粗壮肉鳍具有骨骼，与那些陆生脊椎动物的四肢相似。

沙甲鱼
Drepanaspis sp.
这是一种无颌原始鱼，具有扁形头甲。仅见于泥盆纪地层。

盾皮鱼
Bothriolepis canadensis
这是一种已经灭绝的泥盆纪盾皮鱼，它具大的头盔和躯甲及棘刺状胸鳍。

鲨鱼牙
Carcharocles auriculatus
这种新生代鲨鱼锯齿状的牙齿，可以轻易切开皮肉。

眼窝

鲹鱼群
Leuciscus pachecoi
发现于中新世地层，是已灭绝的、与现代的硬骨鱼相似的雅罗鱼属或鲹鱼的一种，它可长至6厘米长。

细小脊柱

魟
Heliobatis radians
发现于始新世地层，日鳐是一种原始的魟，长可至约30厘米，具一副软骨骨架。

原始蛙
Rana pueyoi
见于中新世地层类的一种。它长可至15厘米，与现代蛙类有相似的特征，如都具长长的后肢。

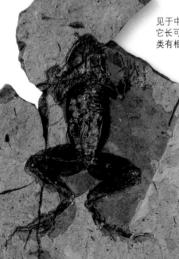

巨型食肉硬骨鱼的头骨
Xiphactinus sp.
这是一种来自晚白垩系地层的硬骨鱼，具发达肌肉和大大的门齿，是海洋食肉动物。

长而尖锐的牙齿

坚头螈两栖动物
Diplocaulus magnicornis
这是一种像蝾螈一样的二叠纪两栖动物，在它头颅的两侧具有突出的瘤，长可至1米。

异齿龙头骨
Dimetrodon loomisi
异齿龙背上具帆状结构，是一种生活在二叠纪的哺乳动物早期近亲。高高的头颅和短的吻部说明其咬力很强。

二齿兽头骨
Pelanomodon sp.
这种无齿的植食性动物属于二齿兽类，是二叠纪和三叠纪时代的哺乳动物近亲。

眼窝

海龟头骨
Puppigerus crassicostata
海龟见于中生代至近代的岩石中。巨眶海龟具有厚重外壳且被发现于始新世地层。

蛇颈龙鳍足
Cryptoclidus eurymerus
棱长颈龙可长至8米，是一种来自侏罗纪时代具有长颈的蛇颈龙类。

巨大的巨蜥
Varanus priscus
这是一种巨大的巨蜥，可长至7米，发现于更新世时代的地层中。

犬齿兽头骨
Cynognathus crateronotus
犬颌兽是一种具粗壮头骨和有力犬齿的食肉动物，属于早期哺乳动物犬齿兽类，发现于三叠纪地层。

最早的鸟类
Archaeopteryx lithographica
始祖鸟是已知的最早出现的鸟类，科学家只在德国的侏罗纪地层中发现极少始祖鸟化石。

巨型地雀头颅
Phorusrhacus inflatus
这是一种高达2.5米高的食肉动物，是一种无法飞行的鸟，具强有力的喙，见于中新世岩石中。

椎骨

早期马牙
Protorohippus sp.
现代马的祖先，像狗一样大小、具多个脚趾。见于始新世地层中，具有低冠臼齿。

剑齿虎头颅
Smilodon sp.
巨大弯曲的犬齿是洲剑齿虎的典型特征，它的大小与老虎相似，生活在更新世时期。

早期大象下颌
Phiomia serridens
该化石被发现于始新世至渐新世地层中，始乳齿象有2.5米高，在它的上颌具有长长的象牙，身躯较小。

扁平的前额

类人猿头颅
Proconsul africanus
非洲原康修尔猿，非洲大陆上最早发现的类人猿化石，原康修尔猿产自中新世地层。

南美有蹄类
Toxodon platensis
可长至约2.7米高，箭齿兽具有健壮的身体、与河马一样的头骨。它生活在上新世至渐新世时代。

83

化石 · 脊椎动物

≫

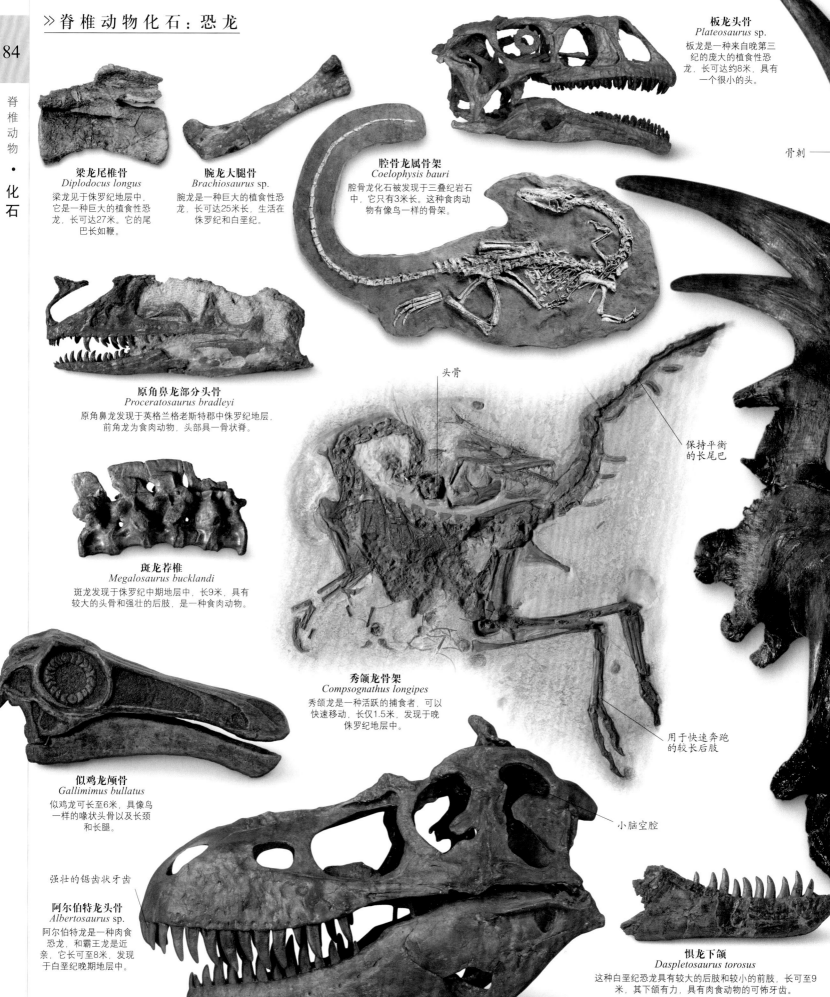

梁龙尾椎骨
Diplodocus longus
梁龙见于侏罗纪地层中，它是一种巨大的植食性恐龙，长可达27米。它的尾巴长如鞭。

腕龙大腿骨
Brachiosaurus sp.
腕龙是一种巨大的植食性恐龙，长可达25米长，生活在侏罗纪和白垩纪。

板龙头骨
Plateosaurus sp.
板龙是一种来自晚第三纪的庞大的植食性恐龙，长可达约8米，具有一个很小的头。

骨刺

腔骨龙属骨架
Coelophysis bauri
腔骨龙化石被发现于三叠纪岩石中，它只有3米长。这种食肉动物有像鸟一样的骨架。

原角鼻龙部分头骨
Proceratosaurus bradleyi
原角鼻龙发现于英格兰格老斯特郡中侏罗纪地层，前角龙为食肉动物，头部具一骨状脊。

头骨

保持平衡的长尾巴

斑龙荐椎
Megalosaurus bucklandi
斑龙发现于侏罗纪中期地层中，长9米，具有较大的头骨和强壮的后肢，是一种食肉动物。

秀颌龙骨架
Compsognathus longipes
秀颌龙是一种活跃的捕食者，可以快速移动，长仅1.5米，发现于晚侏罗纪地层中。

用于快速奔跑的较长后肢

似鸡龙颅骨
Gallimimus bullatus
似鸡龙可长至6米，具像鸟一样的喙状头骨以及长颈和长腿。

小脑空腔

强壮的锯齿状牙齿

阿尔伯特龙头骨
Albertosaurus sp.
阿尔伯特龙是一种肉食恐龙，和霸王龙是近亲，它长可至8米，发现于白垩纪晚期地层中。

惧龙下颌
Daspletosaurus torosus
这种白垩纪恐龙具有较大的后肢和较小的前肢，长可至9米，其下颌有力，具有肉食动物的可怖牙齿。

踝龙脚
Scelidosaurus harrisonii
踝龙化石发现于侏罗纪早期岩层中，它长可至4米，身上被尖锐骨质凸起覆盖，具长长的脚趾和钝爪。

剑龙骨板
Stegosaurus sp.
剑龙是一种侏罗纪晚期的植食性恐龙，可长至9米。两行巨大的骨板沿着它的背脊排列。

甲龙颅骨
Ankylosaurus magniventris
甲龙发现于白垩系岩层中，它是一种重装甲保护的植食恐龙，可生长至约6米长。

包头龙尾锤
Euoplocephalus tutus
包头龙可生长至7米长，生活在白垩纪晚期，其尾巴顶端的骨质尾锤可用作防卫。

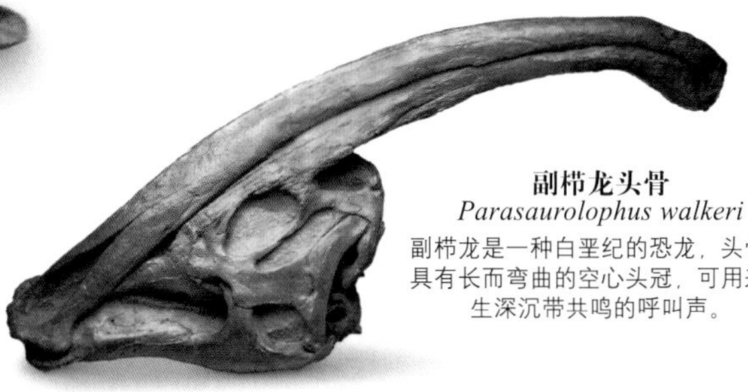

副栉龙头骨
Parasaurolophus walkeri
副栉龙是一种白垩纪的恐龙，头骨上具有长而弯曲的空心头冠，可用来产生深沉带共鸣的呼叫声。

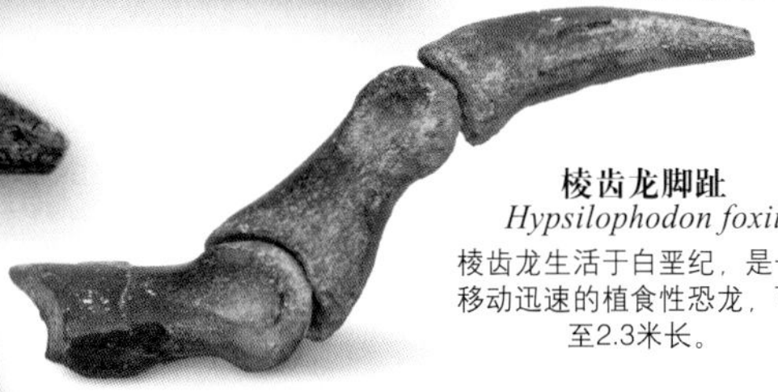

棱齿龙脚趾
Hypsilophodon foxii
棱齿龙生活于白垩纪，是一种移动迅速的植食性恐龙，可长至2.3米长。

肿头龙头骨
Pachycephalosaurus wyomingensis
肿头龙生活于白垩纪末期，具有一个厚实的拱顶形头骨，可生长至5米长。

剑角龙头骨
Stegoceras validum
剑角龙发现于白垩系地层中。它可生长至2米长，从它细小锯齿状的牙齿推断它可能是植食恐龙。

大的鼻孔

颧骨

三角龙颅骨
Triceratops prorsus
三角龙是一种以大的角状和板状头骨为特征的来自白垩纪的植食性恐龙。

戟龙头骨
Styracosaurus albertensis
与三角龙相似，戟龙细长的角分布在它的头骨上。戟龙化石被发现于晚白垩纪岩层中。

鹦鹉嘴龙骨架
Psittacosaurus sp.
鹦鹉嘴龙是最早的带角恐龙之一，发现于白垩系地层中，是一种植食性恐龙，可生长至2米长。

无牙的喙

包头龙

包头龙属于甲龙科恐龙，这类恐龙的特点是长有头甲和带有骨板的身体。这种恐龙体长可达7米，重约2吨。它的尾巴、身体和颈部被板状和条带状强韧的皮肤所覆盖，皮肤外长有骨钉。两行较大的骨刺分布于背上，甚至眼睛也被骨质眼睑保护起来了。在它的长尾巴顶端，融合的骨钉形成了尾锤，包头龙可通过摆动尾锤自卫。包头龙是植食性恐龙，它的喙状嘴非常有利于它在白垩纪晚期植被茂密的森林中进食。它甚至可以用其脚趾顶端的钝形趾甲挖取植物的根和球茎。包头龙幼时群居，成熟后独居。

大小	7米
时代	晚白垩纪
分布	北美洲
族	甲龙类

> **穿戴盔甲的头部**

包头龙具有较大的头骨，具有起保护作用的尖突及喙状嘴。它名字的意思是"戴盔甲的头"。

∨ **颈椎**

虽然包头龙的头相对较小且其颈较短，但它的颈椎必须要强壮到足够支撑头和骨钉装甲的重量。

较短的肩胛骨

步行坦克 >

包头龙具有由短而粗壮的四肢支撑的宽而低矮的身体其身体横截面几乎是圆形的。它的小脑袋有尖突保护，喙状嘴中细小、棱状的牙齿适于用力咀嚼植物。

< **长有骨钉的骨板**

包头龙的最重要的特征之一是它穿戴装甲。这种装甲由点缀有椭圆形皮肤骨钉的坚硬骨板形成。

宽而圆的胸腔

∧ **尾锤**

粗大的尾锤由两根大的和几根小的骨头融合而成。这种武器应是用于防卫。

∧ **尾椎**

在尾巴中间，装备有尖突的尾椎骨被一种融合的骨质构造替代。这种坚固的构造可支持其尾巴顶端的锤节。其尾巴的肌肉相当发达。

∧ **前足**

这种恐龙四肢短粗强壮，其前肢具短而强壮的脚趾，帮助其支撑相当大的体重。

活着的时候，其骨钉上覆有鳞角

肘关节

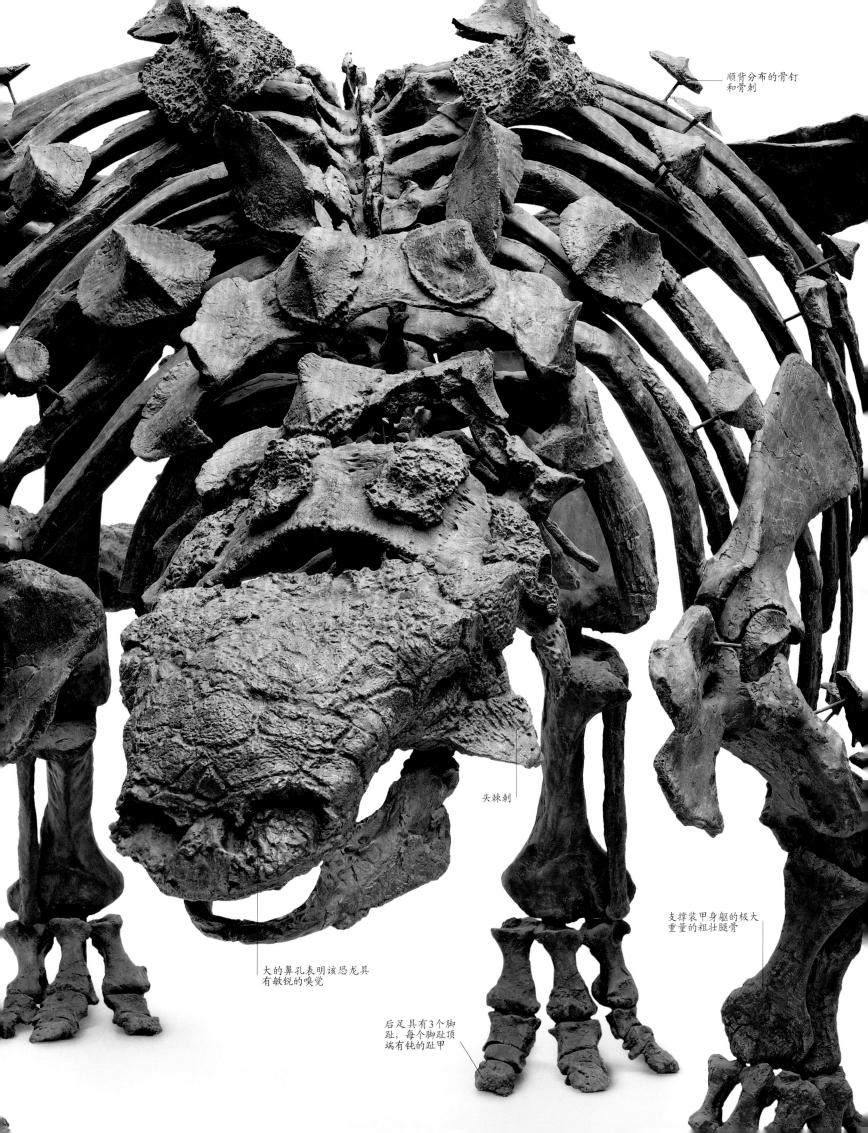

顺背分布的骨钉
和骨刺

头棘刺

支撑装甲身躯的极大
重量的粗壮腿骨

大的鼻孔表明该恐龙具
有敏锐的嗅觉

后足具有3个脚
趾，每个脚趾顶
端有钝的趾甲

微生物

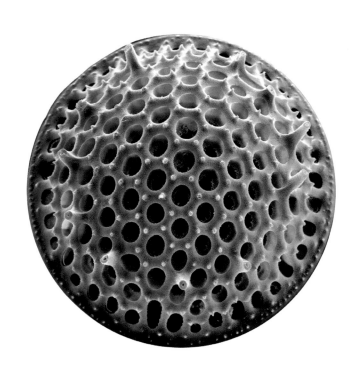

微生物尽管个体微小，但却在地球生物圈中占据统治地位。它们是物种进化的起源，是地球上一切生态系统的基础，为其他物种提供生存必需的营养物，并使这些营养物能够被循环利用。从简单的原核生物，到复杂的原生生物，这些微小的生物体数量庞大、形态各异。

》90

原核生物

　　原核生物是最原始的生命形式，细胞形态微小，不具有细胞核。尽管有些原核生物相互聚集在一起形成丝状或链状结构，但大多数原核生物单独存在。原核生物包括古细菌和细菌。

》94

原生生物

　　原生生物是数量最庞大的生物类群之一，也是种类最多的几类生物之一。某些原生生物不具有固定的细胞形状，但大多数具有精细的矿物质骨架或外壳。原生生物是典型的单细胞生物。

原核生物

外星人造访地球的时候也许会认为地球真正的主人是原核生物——即古细菌和细菌。它们的数量,超过了更高级的真核生物,种类也丰富多样,而且它们在地球上无处不在。

域	古细菌
界	5
纲	9
目	18
科	28
种	已知的超过2000种

域	细菌
界	28
纲	49
目	大约79
科	大约232
种	已知的超过8000种

海底的热液喷口是许多喜欢生活在高温条件下的嗜热古细菌的聚集地。

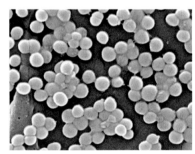

葡萄球菌是导致人类食物中毒的致病细菌之一。在被其感染的食物上,在显微镜下常可见其堆聚成的葡萄串状。

原核生物是单细胞生物,属于最早的生命形式。原核生物是生命两种基本形式中的一种,与真核生物相对应。所有的活细胞都含有DNA,真核生物的细胞还具有细胞核。大部分真核生物的细胞具有线粒体,线粒体是细胞内产生能量的细胞器。原核生物的细胞中既没有细胞核,也没有线粒体。古细菌和细菌的亲缘关系相距很远。它们分别由相互独立的、至今还不为人所知的物种进化而来。古细菌的细胞被化学成分独特的细胞膜所包被,细胞膜外具有一层坚韧的细胞壁,其细胞内的DNA通常是被蛋白质所包被的。不同细菌的细胞,物理结构和化学成分的差异很大,尤其是它们的细胞壁。典型古细菌独特的细胞壁结构使得它们能够适应极端环境,而细菌也是无处不在的。

最小的生物体

原核生物都很微小,其大小必须用微米(μm)来衡量(1微米等于千分之一毫米)。一根头发粗约80微米,大多数原核生物却只有1~10微米长,在电子显微镜下才可见。但原核生物几乎存在于生物圈的每个角落:从大气层到地壳深处,从海底至人体内都有它们的踪迹。例如,你肠道里细菌的数目可能比你自身的细胞还多10倍。某些原核生物,在沸水中或结冰温度下还能存活,有些耐辐射,甚至有些原核生物以毒气或者腐蚀性酸为食。大部分原核生物从死去的生物体中获得营养,原核生物通过寄生在其他活体生物中获取营养。一些原核生物,在黑暗的条件下,利用矿物质中的能量制造食物;另外一些则通过光合作用,利用光能将二氧化碳和水转变为食物和氧气。尽管原核生物由于其致病性而臭名昭著,但实际上它们与人类健康息息相关。因为人类依赖于肠道细菌来分解食物,甚至产生某些人体所必需的营养物质。在差不多40亿年里,原核生物对于地球的气候、岩石的形成以及其他生物的进化都产生了深远的影响。

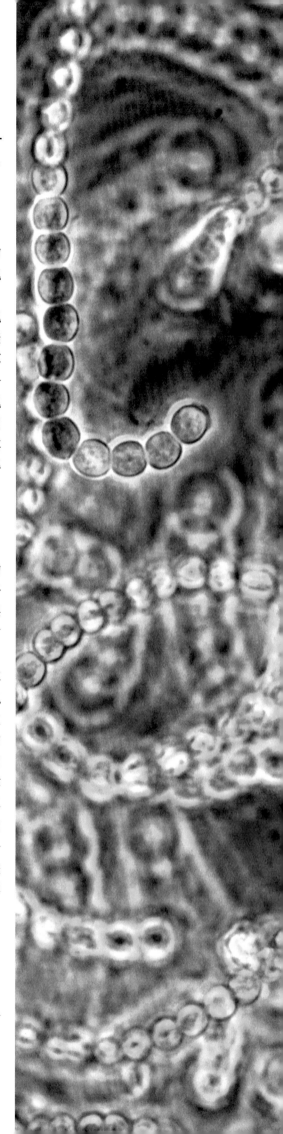

显微镜下的蓝细菌群 >

尽管细菌是单细胞生物,但有些细菌的细胞,比如蓝细菌,能够相互结合在一起形成壮观的长丝状结构。

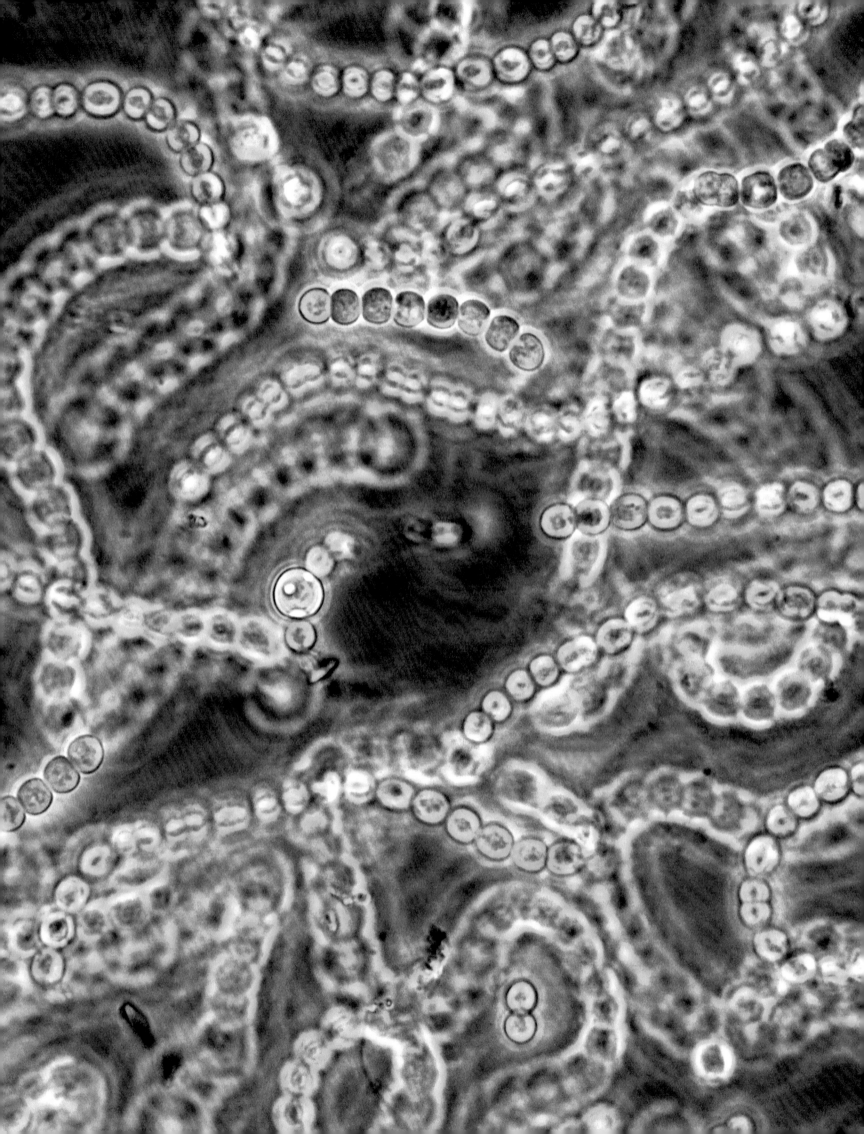

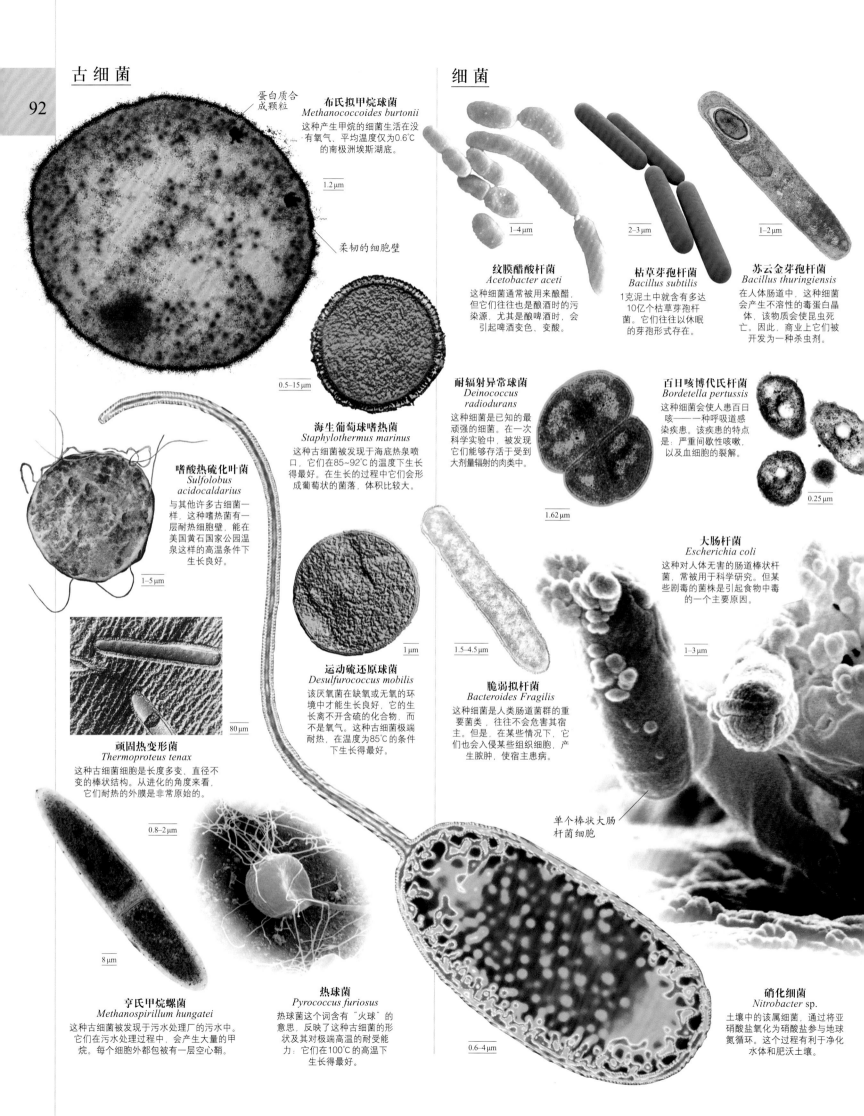

蛋白质合成颗粒

布氏拟甲烷球菌
Methanococcoides burtonii
这种产生甲烷的细菌生活在没有氧气、平均温度仅为0.6℃的南极洲埃斯湖底。

1.2 μm

柔韧的细胞壁

纹膜醋酸杆菌
Acetobacter aceti
这种细菌通常被用来酿醋，但它们往往也是酿酒时的污染源，尤其是酿啤酒时，会引起啤酒变色、变酸。

1–4 μm

枯草芽孢杆菌
Bacillus subtilis
1克泥土中就含有多达10亿个枯草芽孢杆菌。它们往往以休眠的芽孢形式存在。

2–3 μm

苏云金芽孢杆菌
Bacillus thuringiensis
在人体肠道中，这种细菌会产生不溶性的毒蛋白晶体，该物质会使昆虫死亡。因此，商业上它们被开发为一种杀虫剂。

1–2 μm

0.5–15 μm

海生葡萄球嗜热菌
Staphylothermus marinus
这种古细菌被发现于海底热泉喷口，它们在85~92℃的温度下生长得最好。在生长的过程中它们会形成葡萄状的菌落，体积比较大。

耐辐射异常球菌
Deinococcus radiodurans
这种细菌是已知的最顽强的细菌。在一次科学实验中，被发现它们能够存活于受到大剂量辐射的肉类中。

1.62 μm

百日咳博代氏杆菌
Bordetella pertussis
这种细菌会使人患百日咳——一种呼吸道感染疾患。该疾患的特点是：严重间歇性咳嗽，以及血细胞的裂解。

0.25 μm

嗜酸热硫化叶菌
Sulfolobus acidocaldarius
与其他许多古细菌一样，这种嗜热菌有一层耐热细胞壁，能在美国黄石国家公园温泉这样的高温条件下生长良好。

1–5 μm

大肠杆菌
Escherichia coli
这种对人体无害的肠道棒状杆菌，常被用于科学研究。但某些剧毒的菌株是引起食物中毒的一个主要原因。

1–3 μm

1 μm

运动硫还原球菌
Desulfurococcus mobilis
该厌氧菌在缺氧或无氧的环境中才能生长良好，它的生长离不开含硫的化合物，而不是氧气。这种古细菌极端耐热，在温度为85℃的条件下生长得最好。

1.5–4.5 μm

脆弱拟杆菌
Bacteroides Fragilis
这种细菌是人类肠道菌群的重要菌类，往往不会危害其宿主。但是，在某些情况下，它们也会入侵某些组织细胞，产生脓肿，使宿主患病。

80 μm

顽固热变形菌
Thermoproteus tenax
这种古细菌细胞是长度多变、直径不变的棒状结构。从进化的角度来看，它们耐热的外膜是非常原始的。

0.8–2 μm

单个棒状大肠杆菌细胞

8 μm

亨氏甲烷螺菌
Methanospirillum hungatei
这种古细菌被发现于污水处理厂的污水中。它们在污水处理过程中，会产生大量的甲烷。每个细胞外都包被有一层空心鞘。

热球菌
Pyrococcus furiosus
热球菌这个词含有"火球"的意思，反映了这种古细菌的形状及其对极端高温的耐受能力：它们在100℃的高温下生长得最好。

0.6–4 μm

硝化细菌
Nitrobacter sp.
土壤中的该属细菌，通过将亚硝酸盐氧化为硝酸盐参与地球氮循环。这个过程有利于净化水体和肥沃土壤。

念珠藻菌
Nostoc sp.
这种蓝细菌聚集在一起形成胶状纤丝。这种结构非常坚韧，使得蓝细菌能够在极地至热带的恶劣环境中生存。

细胞正在分裂

2–3 μm

DNA

3–7 μm

3–8 μm

4–8 μm

1–3 μm

肉毒梭菌
Clostridium botulinum
这种细菌在缺氧或者无氧的条件下生长良好。土壤中的肉毒梭菌会产生引起中毒的神经毒素，但是该毒素也有医学和美容上的用途。

破伤风梭菌
Clostridium tetani
这种土壤细菌能够在伤口的坏死组织中生长。在宿主体内，它们会产生使宿主患破伤风的神经毒素——破伤风毒素。

肠炎沙门氏菌
Salmonella enterica
肠炎沙门氏菌与大肠杆菌隶属于同一个科。某些沙门氏细菌的亚种会使其宿主得病毒性肠胃炎，其他的亚种使宿主患伤寒感冒。

痢疾志贺氏菌
Shigella dysenteriae
这种肠道细菌会产生导致流行性痢疾的志贺毒素。仅仅10个该种细菌产生的毒素就可以使其宿主患痢疾。

肺炎链球菌
Streptococcus pneumoniae
存在于人体内的这种细菌能使人患上肺炎。它们是使儿童和老年人感染肺炎、并使疾病逐渐蔓延到全身的罪魁祸首。

0.9 μm

1.5–6 μm

嗜酸乳杆菌
Lactobacillus acidophilus
这种杆菌存在于动物的肠道和阴道中，它们具有营养价值还能抵抗外来致病菌。这种益生菌常被添加于饮料和保健品中。

S表皮葡萄球菌
Staphylococcus epidermidis
这种球形细菌是皮肤上正常菌群的组成部分，但也会感染免疫功能受损的病人。

1 μm

能进行光合作用的色素膜

1.5–2 μm

推动菌体运动的鞭毛

0.4–0.5 μm

霍乱弧菌
Vibrio cholerae
这种细菌一端具鞭毛，具有很强的运动能力，形态为螺旋棒状结构。它们能分泌一种引起霍乱的强毒性肠毒素。

具核梭杆菌
Fusobacterium nucleatum
这种细菌专门寄生在人口腔中，是口腔牙菌斑的主要组成部分，也会导致怀孕妇女早产。

食尿酸嗜冷杆菌
Psychrobacter urativorans
这种细菌是一种嗜冷微生物，这意味着它们喜欢生活在温度非常低的环境中。它的这种能力归功于其细胞膜上的天然抗冻分子。

1–3 μm

无数的棒状细菌聚集在一起

亚硝化螺菌属
Nitrosospira sp.
土壤硝化细菌在氮循环中扮演着至关重要的角色，能将氨氧化为亚硝酸盐。

1 μm

细胞壁

细胞质

1–3 μm

粪肠球菌
Enterococcus faecalis
粪肠球菌通常寄居在人消化道和阴道中，是一种无害细菌，但也能感染伤口，并能够耐受许多种抗生素。

0.5–1 μm

鼠疫耶尔森菌
Yersinia pestis
这种细菌是引起黑死病的病原体。它们通过寄生在老鼠身上的跳蚤传播给人类，每年约在全世界引起3000例病例。

原 生 生 物

从小到显微镜下才可见的变形虫，到形态巨大的巨藻，都是原生生物。对真核生物的非正式划分的类群中，还包括了一些比原核生物结构更加复杂的生物。而地球上的绝大多数养分和氧气，都是由这些生物制造的。

域	真核生物
界	原生生物
进化分支	7
科	大约778
种	大约70500

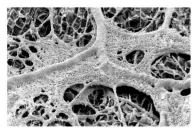

图片中的黏菌实际上是一群变形虫，一个巨细胞中包含上千个细胞核。

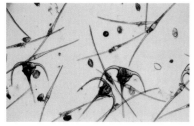

许多单细胞原生动物具有非常奇怪的形状，比如图片中这些鞭毛藻像是扭打在一起。

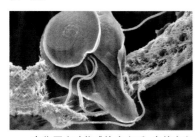

有些原生动物感染宿主后，会使宿主患致死性疾病，例如感染人和动物肠道的梨形鞭毛虫。

讨论

多界生物

原生生物界包括许多除真菌、植物和动物之外的生物。从单细胞的变形虫到多细胞的海藻。它还包括许多其他种群，这些生物的亲缘关系比较远。许多学者认为，原生生物界不能包含所有原生生物。

原生生物主要为单细胞生物，与原核生物不同的是，它们具有细胞核。原生生物最基本的细胞结构特征使其不同于其他更高级的真核生物——植物、真菌和动物，而这三者是由原生动物进化而来的。原生动物涵盖了营养和生态类型多样化的各种生物。大多数原生生物在显微镜下才可见，长度从10~100微米不等，有些甚至小到可以寄生在红细胞内；有些则是多细胞聚集在一起，比如巨藻，它们是一种能够长到数十米长的海藻；又有形态奇怪像真菌的黏菌，形态呈流动的黏液状，而实际上为一个巨型细胞；又有典型的原生动物变形虫，通过伪足（细胞上的延伸物）运动获取食物颗粒；还包括海上漂游的浮游生物——外形漂亮的硅藻，它们具有复杂的硅骨架。

一个隐藏起来的生命王国

原生生物界是地球上物种数量最多的生物界之一。原生生物大多数生活在海洋、河流或海底、湖泊的沉积物、又或是泥土中。然而，许多原生生物的整个或部分生命周期寄生在其他生物体内。它们在地球生态圈里至关重要，尤其是那些进行初级光合作用的原生生物，利用光能将二氧化碳和水转变为有机物，同时释放氧气到大气中。原生生物也可以充当捕食者和分解者。少数种类因为能引起一些重大疾患而为人所熟知：寄生性疟原虫会引起疟疾，该疾病是致死数最高的疾病之一；另一种寄生虫，布氏锥虫会使人患昏睡病；同样有名的是鞭毛藻类，它们是一群能引起赤潮的浮游生物，它们的爆发性增殖，会使鱼类大量死亡，毒害人类。

对原生生物进行分类比较复杂，因为它们没有形成一个独立而自然的界。然而，对它们进行的分子和遗传的分析，可以将大多数原生动物按共同的祖先分到几个大的进化枝上：变形虫及与其亲缘关系近的种群、鞭毛虫、有孔虫、蜂窝虫、异鞭毛藻、红藻和绿藻。

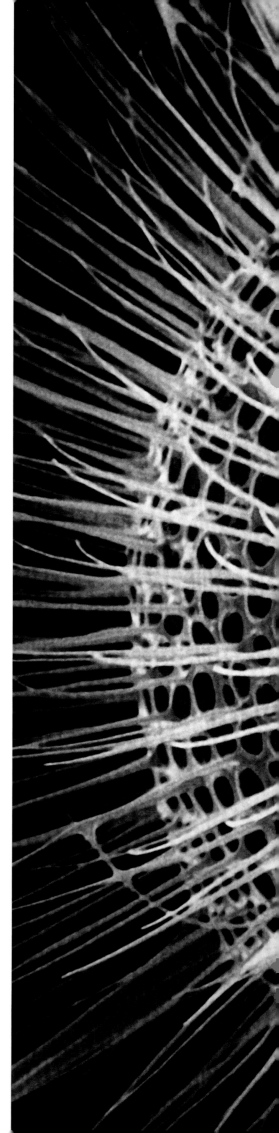

显微镜下的死亡之星 >

这种有孔虫的脊刺被黏液所覆盖，黏液从细胞中释放出来，用于捕获食物。

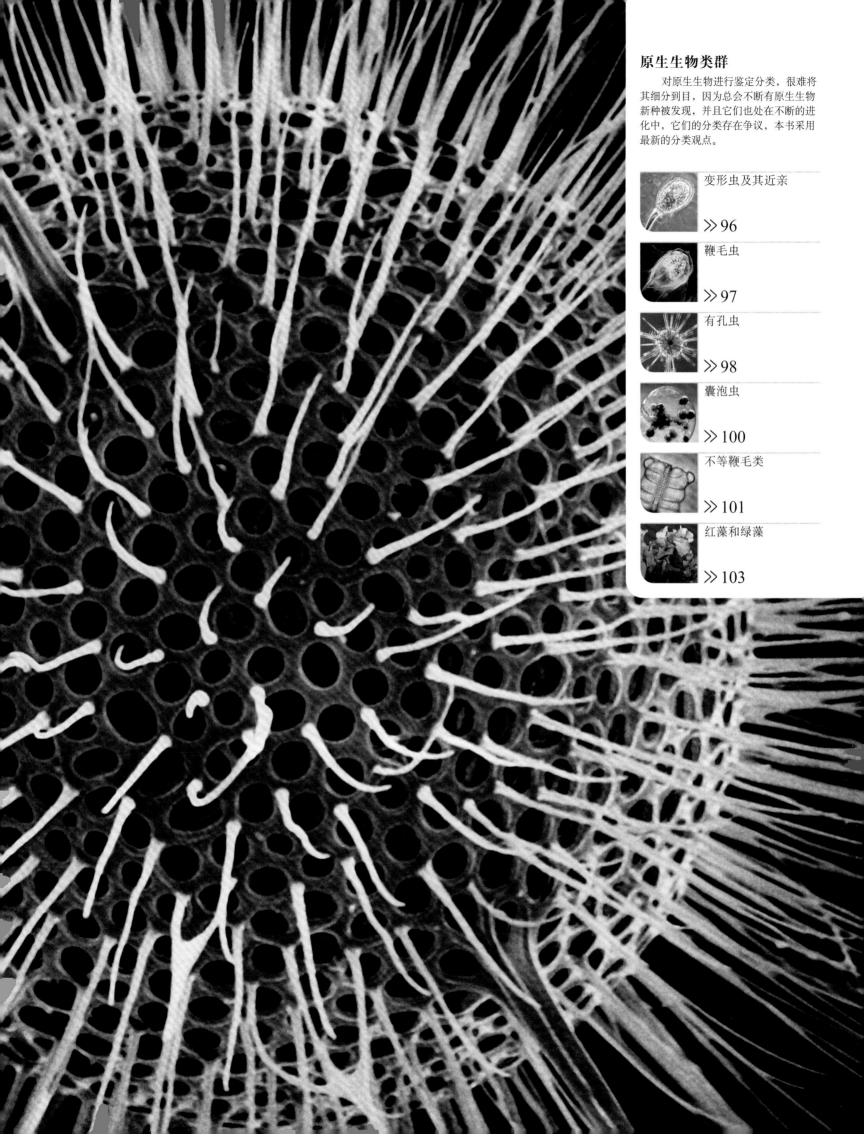

变形虫及其近亲

变形虫（Amoebozoa）和后鞭毛生物（Opisthokonta）是原生动物的两个进化枝，它们分别进化出了不同的运动及摄食方式。

变形虫通过单细胞伪足的伸缩运动来改变身体的形状，并借助这些伪足向前爬行，捕获小的生物体。变形虫以食物泡的形式吞噬这些受害者，在它们还活着的时候就将其消化掉。有一些变形虫比较大，仅用肉眼就可见。少数变形虫为肠道寄生虫，使人患阿米巴痢疾。黏菌这一类群的变形虫，抵抗饥饿的能力极强。当食物耗尽时，变形虫会被同类释放出来的化学求救信号吸引，聚集在一起，形成一个微小的流动状"鼻涕虫"。之后，其上萌发出许多杆状分枝，释放孢子。每个孢子又发育为一个准备好随时在别的地方捕食的子代变形虫。

动物和真菌的起源

后鞭毛生物这一进化枝的许多原生生物，逐渐进化出一根鞭子状的鞭毛，用于在开放水域中运动。生物进化史的早期阶段，某些后鞭毛生物也许进化为动物。至今，动物的精子尾部仍然具有这根鞭毛。其他的被称为核形虫，在进化的过程中，其鞭毛消失，实际上转变为类似变形虫的状态。由于真菌也不具有鞭毛，繁殖也不需要能够自由运动的精子细胞参与。因此核形虫与真菌的亲缘关系也许很近。

域	真核生物
界	原生生物
进化分支	2
科	大约50
种	大约4000

讨论

最早生命的分化？

进化论的一种理论认为真核生物可以分为两类：单鞭毛生物（具有一根鞭毛），如后鞭毛生物，以及双鞭毛生物（具有两根鞭毛）。单鞭毛生物进化为动物和真菌，双鞭毛生物进化为植物。但是关于这一理论的DNA证据是模棱两可的。

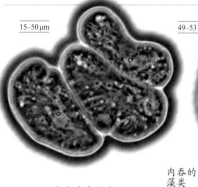

15—50 µm

痢疾内变形虫
Entamoeba histolytica
这种寄生性变形虫寄生在人体肠道中，使人患阿米巴痢疾。它最多可含8个细胞核。

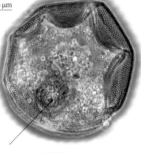

49—53 µm

内吞的藻类

深凹陷表壳虫
Arcella bathystoma
这种变形虫具有一层环形外壳，上面布满了小孔。其一面呈圆弧形，有时具有形成刺的脊。

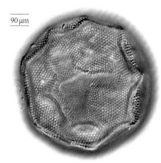

90 µm

弯凸表壳虫
Arcella gibbosa
这种变形虫具有一层黄色或棕色、圆顶状环形外壳。扁平的边缘上有一个孔，圆顶状的壳上面具有一系列整齐的凹陷。

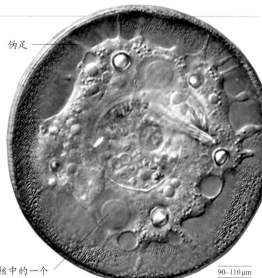

伪足

两个核中的一个

90—110 µm

盘状表壳虫
Arcella discoides
这种变形虫具有两个细胞核。棕黄色外壳一端具孔，并从此孔伸出伪足。

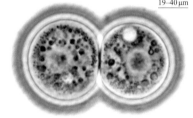

19—40 µm

苏格兰原变形虫
Protacanthamoeba caledonica
最初苏格兰原变形虫是在苏格兰的一个河口处被发现。与该变形虫亲缘关系比较接近的是在捷克共和国发现的鲤鱼肝脏中的变形虫。

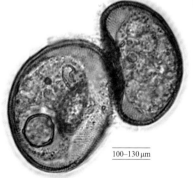

100—130 µm

普通表壳虫
Arcella vulgaris
这种变形虫主要存在于静水和泥土中，壳凸起，具孔，并从此孔伸出伪足。

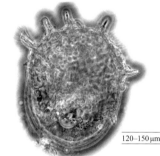

120—150 µm

针棘匣壳虫
Centropyxis aculeata
这种变形虫寄生在湖泊、沼泽的海藻上。它的外壳是由泥土以及某些藻类的细胞壁构成的，上面具有4~6个刺状突起。

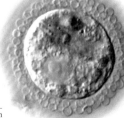

1.2—2.2 µm

具鳞核形虫
卵形泡套虫
Pompholyxophrys ovuligera
以前被归为太阳虫目这一进化枝，这种后鞭毛虫被中空的鳞片或者珠状的外壳所包裹。

2 cm
⅘ in

发网菌属
Stemonitis sp.
这种"巧克力管"或者"管道清理工"黏菌最初为具有许多细胞核的一团细胞，在其上会萌发出许多能产生孢子的茎。

伪足

180—230 µm

长圆砂壳虫
Difflugia proteiformis
这种池塘变形虫的外壳是由微小的沙子和某些藻类的细胞壁构成的。

鞭毛虫

以鞭毛运动的单细胞生物进化出了原生生物的几个类群，它们中的某些没有亲缘关系，但是在这一进化枝中占据重要地位。

鞭毛虫以一根或多根鞭状线体快速游动，多以更小的生物为食，如细菌。然而，与多变的变形虫不同，这些鞭毛虫的外形是固定不变的，其摄取的食物流入鞭毛基部的"胞口"中。值得注意的是，有些鞭毛虫，如眼虫，具有行为多样性，它们可以根据不同的环境进行植物性或动物性营养方式。当处于光亮的条件下，这些生物能进行光合作用；而在黑暗的条件下，它们吸收光的细胞组织——叶绿体会萎缩，就转而捕食其他生物。

生活在动物体内

该类群的大部分鞭毛虫缺乏一般的、可进行呼吸作用的细胞结构，只能生活在动物肠道缺氧的环境中。许多鞭毛虫专门寄生在昆虫的腹腔中，以腹腔中被部分消化的食物为食，但不会对它们的宿主造成危害。还有一些寄生性鞭毛虫，会使包括人在内的动物患上致命性的疾病。其中一种臭名昭著的鞭毛虫——锥体虫——通过昆虫叮咬传播，是导致热带地区昏睡病和黑热病的罪魁祸首。

域	真核生物
界	原生生物
进化分支	古虫
科	40
种	大约2500

讨论

细胞结构趋向简单的进化方式

大多数原生生物以线粒体进行有氧呼吸，白蚁肠道中的鞭毛虫缺乏线粒体结构。有些学者认为，这些缺乏线粒体的鞭毛虫是最初的原生生物。也有学者认为，它们是更高级的生物。在进化的过程中，由于长期生活在缺氧的环境中，导致其细胞内的线粒体逐渐消失。

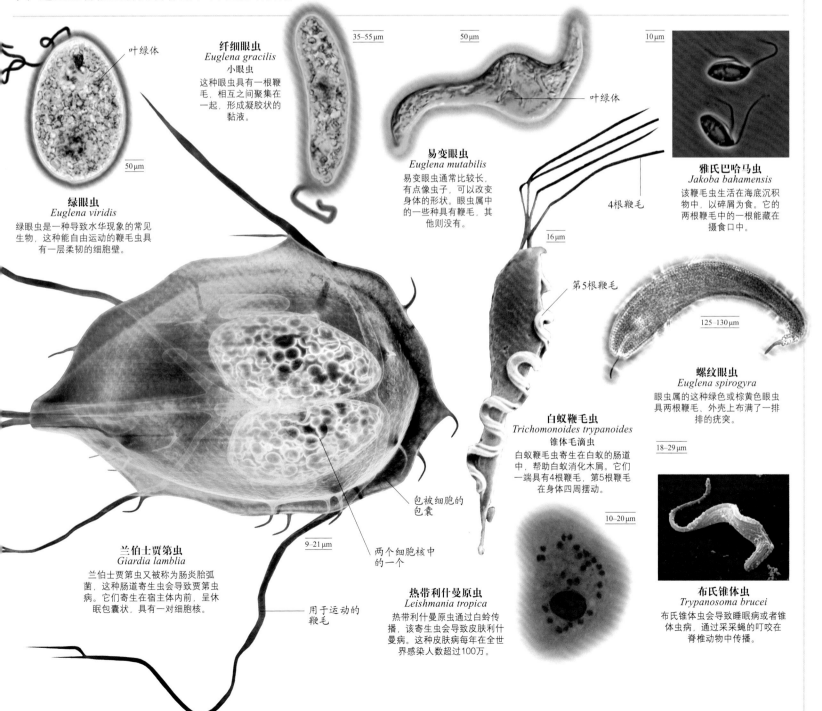

叶绿体

绿眼虫
Euglena viridis
绿眼虫是一种导致水华现象的常见生物，这种能自由运动的鞭毛虫具有一层柔韧的细胞壁。
50μm

纤细眼虫
Euglena gracilis
小眼虫
这种眼虫具有一根鞭毛，相互之间聚集在一起，形成凝胶状的黏液。
35～55μm

50μm

易变眼虫
Euglena mutabilis
易变眼虫通常比较长，有点像虫子，可以改变身体的形状。眼虫属中的一些种具有鞭毛，其他则没有。

叶绿体

10μm

雅氏巴哈马虫
Jakoba bahamensis
该鞭毛虫生活在海底沉积物中，以碎屑为食。它的两根鞭毛中的一根能藏在摄食口中。

4根鞭毛

16μm

第5根鞭毛

125～130μm

螺纹眼虫
Euglena spirogyra
眼虫属的这种绿色或棕黄色眼虫具两根鞭毛、外壳上布满了一排排的疣突。

18～29μm

包被细胞的包囊

白蚁鞭毛虫
Trichomonoides trypanoides
锥体毛滴虫
白蚁鞭毛虫寄生在白蚁的肠道中，帮助白蚁消化木屑。它们一端具有4根鞭毛，第5根鞭毛在身体四周摆动。

两个细胞核中的一个

兰伯士贾第虫
Giardia lamblia
兰伯士贾第虫又被称为肠炎胎弧菌，这种肠道寄生虫会导致贾第虫病。它们寄生在宿主体内前，呈休眠包囊状，具有一对细胞核。

9～21μm

用于运动的鞭毛

热带利什曼原虫
Leishmania tropica
热带利什曼原虫通过白蛉传播，该寄生虫会导致皮肤利什曼病。这种皮肤病每年在全世界感染人数超过100万。

10～20μm

布氏锥体虫
Trypanosoma brucei
布氏锥体虫会导致睡眠病或者锥体虫病，通过采采蝇的叮咬在脊椎动物中传播。

有孔虫

有孔虫 (Rhizaria) 进化枝包括所有微型原生生物中最漂亮的两个类群——放射虫和有孔虫。

这两个类群有由矿物质形成的既独特又复杂的外壳，这使它们成为微生物家族里非常独特的成员。一些有孔虫在进化过程中留下了丰富的化石记录。有孔虫摄取海洋表面含量非常丰富的矿物质——硅，形成玻璃状透明外壳。它们身体上辐射出穿过外壳的长伪足，像太阳发出的射线。伪足之间又布满了硅硬化的骨针。放射虫利用伪足捕食，有些寄生在热带海藻上的放射虫，还可利用伪足从进行光合作用的藻类体内获取糖类物质。对硅的依赖性使放射虫必须生活在海洋中。然而，它们的同类——丝足虫，包括一些变形虫，也可以利用泥土和淡水中的硅生存。丝足虫保留了放射虫典型的长伪足，有无壳或者具壳的形态，一些放射虫还具有鞭毛，鞭毛的有无与环境有关。

有孔虫或有孔虫目在海洋中已经繁盛了数亿年，其钙化的外壳沉积在海底，形成了地壳的白垩沉积层。由于外壳极具特征，即使变成了化石，地质学家也可以利用它们来探测矿藏和油田。有孔虫活着时，它外壳上会寄生一只小变形虫。与有孔虫一样，这只变形虫也利用伪足捕食，有些有孔虫大到可以捕食动物的幼虫。

域	真核生物
界	原生生物
进化分支	有孔虫
科	108
种	大约14000

讨论
缠绕在一起的巨型生物

放射虫和有孔虫的伪足能相互缠绕在一起，在细胞周围形成网状结构。这一事实表明它们也许是由相同的祖先进化而来。但是这种网状结构也可能是由独立的两个类群分别进化而来，或许是因为它们都是大的单细胞生物。

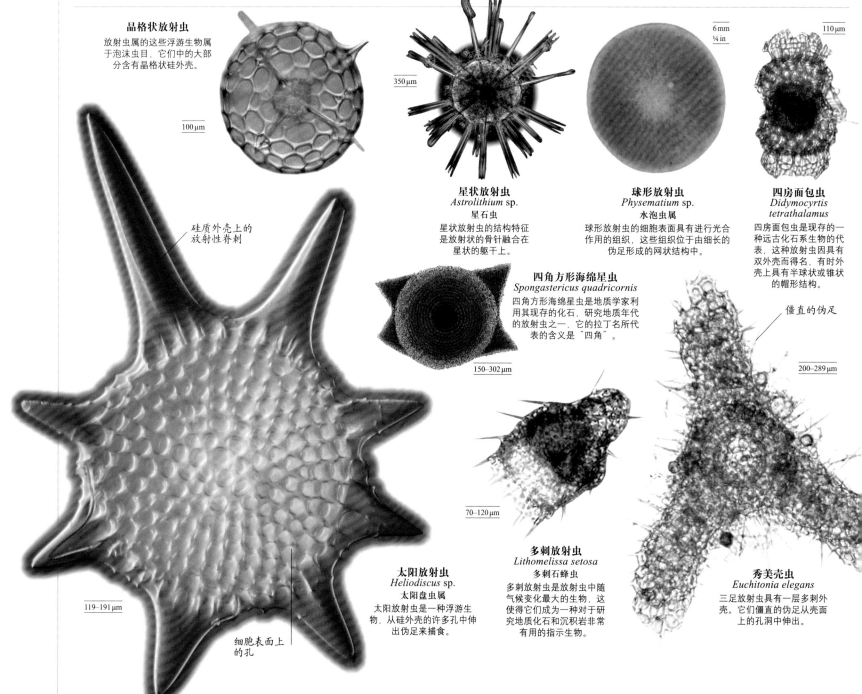

晶格状放射虫
放射虫属的这些浮游生物属于泡沫虫目，它们中的大部分含有晶格状硅外壳。

100 μm

硅质外壳上的
放射性脊刺

6 mm
¼ in

110 μm

350 μm

星状放射虫
Astrolithium sp.
星石虫
星状放射虫的结构特征
是放射状的骨针融合在
星状的躯干上。

球形放射虫
Physematium sp.
水泡虫属
球形放射虫的细胞表面具有进行光合作用的组织，这些组织位于由细长的伪足形成的网状结构中。

四房面包虫
Didymocyrtis tetrathalamus
四房面包虫是现存的一种远古化石系生物的代表，这种放射虫因具有双外壳而得名，有时外壳上具有半球状或锥状的帽形结构。

四角方形海绵星虫
Spongastericus quadricornis
四角方形海绵星虫是地质学家利用其现存的化石，研究地质年代的放射虫之一，它的拉丁名所代表的含义是"四角"。

150–302 μm

僵直的伪足

200–289 μm

119–191 μm

细胞表面上
的孔

太阳放射虫
Heliodiscus sp.
太阳盘虫属
太阳放射虫是一种浮游生物，从硅外壳的许多孔中伸出伪足来捕食。

70–120 μm

多刺放射虫
Lithomelissa setosa
多刺石蜂虫
多刺放射虫是放射虫中随气候变化最大的生物，这使得它们成为一种对于研究地质化石和沉积岩非常有用的指示生物。

秀美壳虫
Euchitonia elegans
三足放射虫具有一层多刺外壳。它们僵直的伪足从壳面上的孔洞中伸出。

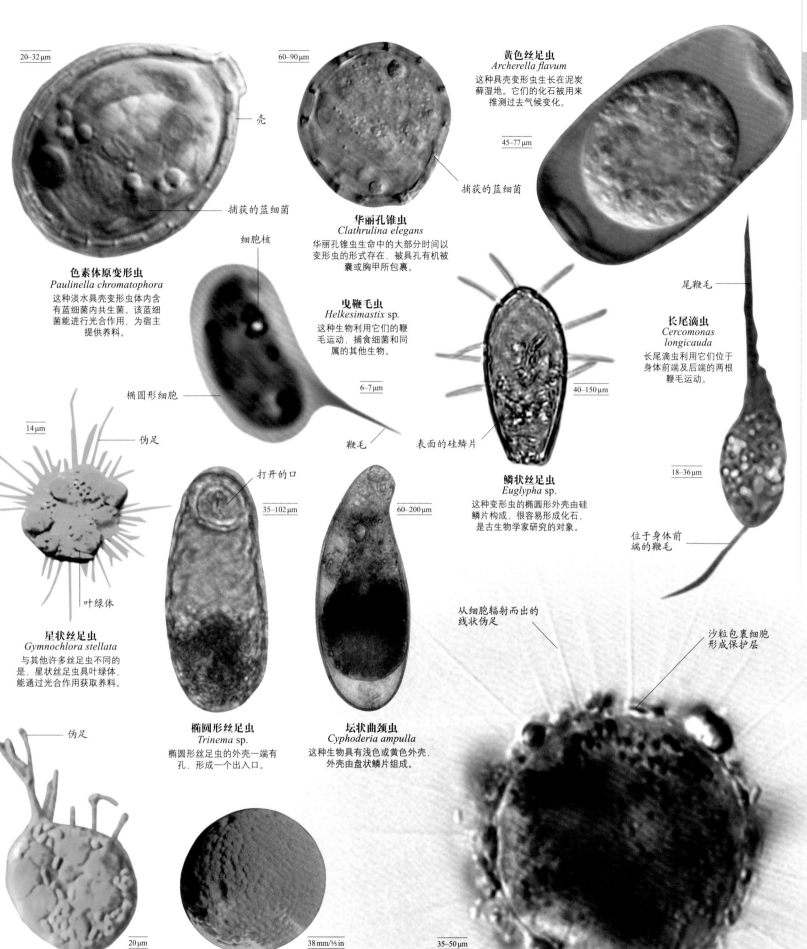

20–32 μm

60–90 μm

黄色丝足虫
Archerella flavum
这种具壳变形虫生长在泥炭
藓湿地。它们的化石被用来
推测过去气候变化。

45–77 μm

壳

捕获的蓝细菌

捕获的蓝细菌

细胞核

色素体原变形虫
Paulinella chromatophora
这种淡水具壳变形虫体内含
有蓝细菌内共生菌。该蓝细
菌能进行光合作用,为宿主
提供养料。

华丽孔锥虫
Clathrulina elegans
华丽孔锥虫生命中的大部分时间以
变形虫的形式存在,被具孔有机被
囊或胸甲所包裹。

尾鞭毛

曳鞭毛虫
Helkesimastix sp.
这种生物利用它们的鞭
毛运动,捕食细菌和同
属的其他生物。

长尾滴虫
*Cercomonas
longicauda*
长尾滴虫利用它们位于
身体前端及后端的两根
鞭毛运动。

椭圆形细胞

6–7 μm

40–150 μm

14 μm

伪足

鞭毛

表面的硅鳞片

18–36 μm

打开的口

35–102 μm

60–200 μm

鳞状丝足虫
Euglypha sp.
这种变形虫的椭圆形外壳由硅
鳞片构成,很容易形成化石,
是古生物学家研究的对象。

位于身体前
端的鞭毛

叶绿体

星状丝足虫
Gymnochlora stellata
与其他许多丝足虫不同的
是,星状丝足虫具叶绿体,
能通过光合作用获取养料。

从细胞辐射而出的
线状伪足

沙粒包裹细胞
形成保护层

伪足

椭圆形丝足虫
Trinema sp.
椭圆形丝足虫的外壳一端有
孔,形成一个出入口。

坛状曲颈虫
Cyphoderia ampulla
这种生物具有浅色或黄色外壳,
外壳由盘状鳞片组成。

20 μm

38 mm/1⅓ in

35–50 μm

绿蜘藻
Chlorarachnion reptans
这种生物具有独特的细胞器,
该细胞器由它们早期进化过程
中吞噬的绿藻演变而来。

球形网状丝足虫
Gromia sphaerica
巨型丝足虫生活在海水与海
底沉积物的分界面,以有机
碎屑为食。

棕色囊球虫
Lithocolla globosa
这种有孔虫的外表像发光的太
阳,细胞壁外形成了一层由砂粒
及其他颗粒形成的保护层。

囊泡虫

囊泡虫 (Alveolata) 的生物因为都有相同的解剖学特征——在细胞周围的一圈微小囊泡，因此而被归为一类，它们也由此而得名。

囊泡虫包括三类表面上看起来不同，但都为单细胞的原生生物：腰鞭毛虫，纤毛虫，顶覆虫。捕食性的腰鞭毛虫，借助其两根鞭子状的鞭毛在海洋中游动，这两根鞭毛从细胞外壳上的开口伸出，相互之间呈直角。某些腰鞭毛虫能释放芒刺，以捕获食物，其他的则可释放毒素。腰鞭毛虫的爆发性繁殖是世界上部分地区发生有毒赤潮的罪魁祸首。少数腰鞭毛虫是夜光虫，在夜晚受到干扰时能发光。

大多数纤毛虫猎取细菌为食。无数微小的毛发状纤毛的协调性跳动使纤毛虫看起来在平稳而又优美地运动，整个细胞上都分布有这些纤毛。纤毛也可以将食物送到功能相当于"嘴"的凹槽中。纤毛虫几乎无处不在，有些甚至生活在草食性哺乳动物的胃中，帮助消化胃中的植物纤维素。

相比之下，所有的顶覆虫都是寄生虫。它们因具有顶端复合器这一特征而得名。这种结构有助于顶覆虫进入活的动物细胞，夺取这些细胞的营养物质。疟原虫在顶覆虫门中臭名昭著，它们寄生在动物红细胞中获取营养，并同时杀死红细胞。

域	真核生物
界	原生生物
进化分支	囊泡虫类
科	222
种	大约20000

讨论

原生生物

早期分类学将摄食性微生物分为动物界原生动物门中的不同类群。而现代原生生物分类法则将某些微生物，比如纤毛虫与腰鞭毛虫分为一类，尽管这两者具体的亲缘关系存在争议。

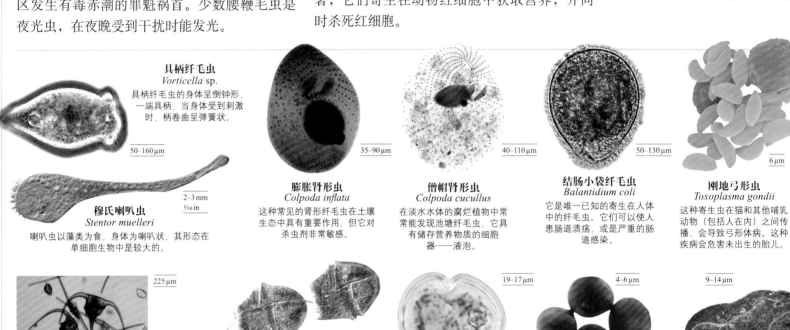

具柄纤毛虫
Vorticella sp.
具柄纤毛虫的身体呈倒钟形，一端具柄，当身体受到刺激时，柄卷曲呈弹簧状。
50—160μm

穆氏喇叭虫
Stentor muelleri
喇叭虫以藻类为食，身体呈喇叭状，其形态在单细胞生物中是较大的。
2—3 mm
1/10 in

膨胀肾形虫
Colpoda inflata
这种常见的肾形纤毛虫在土壤生态中具有重要作用，但它对杀虫剂非常敏感。
35—90μm

僧帽肾形虫
Colpoda cucullus
在淡水水体的腐烂植物中常常能发现池塘纤毛虫，它具有储存营养物质的细胞器——液泡。
40—110μm

结肠小袋纤毛虫
Balantidium coli
它是唯一已知的寄生在人体中的纤毛虫。它们可以使人患肠道溃疡，或是严重的肠道感染。
50—130μm

刚地弓形虫
Toxoplasma gondii
这种寄生虫在猫和其他哺乳动物（包括人在内）之间传播，会导致弓形体病。这种疾病会危害未出生的胎儿。
6μm

三角角藻
Ceratium tripos
这是最特别的鞭毛虫之一，它们的爆发性繁殖会引发危害性赤潮。
225μm

裸甲腰鞭虫
Gymnodinium catenatum
链状腰鞭毛虫可形成多达32个细胞的长链状可以游动的结构。
38—50μm

剧毒卡尔藻
Karlodinium veneficum
这种浮游生物——桃形腰鞭毛藻的爆发性繁殖会导致赤潮爆发，毒害水体中的鱼类。
19—17μm

小球隐孢子虫
Cryptosporidium parvum
这种顶覆虫使其宿主患隐孢子虫病，引发腹泻，它们往往通过被粪便污染的水源，以孢子的形式进入到宿主体内。
4—6μm

恶性疟原虫
Plasmodium falciparum
这是引起最致命疟疾的疟原虫，这种寄生性顶覆虫是导致全世界每年超过一百万人死亡的罪魁祸首。
9—14μm

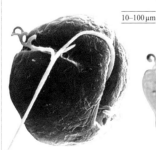

疟原虫
Gymnodinium sp.
这种腰鞭毛虫在淡水或海水中的爆发性繁殖，会引发赤潮，毒害贝类。
10—100μm

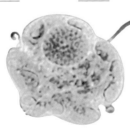

短凯伦藻
Karenia brevis
原名为短裸甲藻，这种浮游性腰鞭毛藻是引发墨西哥湾赤潮的主因。
20—40μm

细胞器

气囊

200—2,000μm

血红哈卡藻
Akashiwo sanguinea
这是一种大型的五角形生物，引发了历史上几次被记录的危害性水华。这种腰鞭毛虫既能进行光合作用又能捕食其他浮游生物。
40—74μm

夜光虫
Noctiluca scintillans
这种发光性浮游生物有一个气囊，使它们能够漂浮在靠近海平面的海水中。

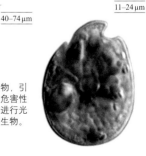

强壮前钩藻
Amphidinium carterae
如果人类吃了被这种浮游生物污染的鱼类，会因中毒而死亡。
11—24μm

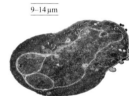

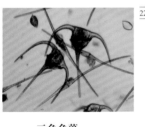

不等鞭毛类

不等鞭毛类 (Heterokontophyta) 的生物包括几种类型的藻类。它们是能进行光合作用的单细胞原生生物，生活在水中或靠近水的地方，但它们不具有真正的根或叶。

不等鞭毛类生物大部分被定义为在其用于繁殖的精子细胞上具有两种不同类型的鞭毛。一根鞭毛上长满了小的刚毛或鞭茸毛，另外一根则光滑得像鞭子。不等鞭毛类生物包括硅藻、褐藻和水霉。硅藻是单细胞藻类，其硅质细胞壁被分为两瓣，上面具有精细花纹。硅藻在浮游植物界占据统治地位，这些微小的浮游生物浮游在开阔水域，并能进行光合作用。在水的表层，硅藻细胞中的色素能吸收光能制造养料。硅藻细胞中含有与植物一样的绿色的叶绿素，还含有棕色的墨角藻黄素。这种色素使硅藻可以吸收的光谱范围更广，使光合作用效率更高。

褐藻广泛分布在全世界的近海地区，也具有墨角藻黄素，并可以进化为外形与植物相似的复杂多细胞海藻。褐藻不具有真正的根和叶，但具有附着器，能吸附于岩石以及匍匐状的、缺乏叶脉的叶状体上。然而，有些褐藻，比如巨藻，能长得极长，在某些远离海岸线的地方形成延伸的水下森林。

域	真核生物
界	原生生物
进化分支	不等鞭毛类
科	177
种	大约20000

讨论

从藻类到水霉

水霉形态和营养方式像霉，但不同于真正的真菌——霉菌。水霉具有与植物类似的细胞壁和长度不等的鞭毛。某些水霉会引起植物病害。对它们进行DNA分析，则发现它们与硅藻和褐藻有很近的亲缘关系。这样看来，也许水霉由藻类进化而来，在进化过程中细胞中的叶绿体逐渐消失，从而成为寄生生物。

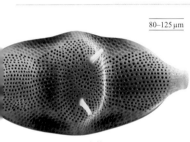

附生硅藻
Biddulphia sp.
附生硅藻常常使鱼缸上面有一层棕色的膜。在野外，它们生长在海藻和岩石上。

80–125 μm

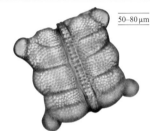

美丽盒形藻
Biddulphia pulchella
上面的图中很清楚地展示了美丽盒形藻的独特之处——身体分为两个壳面，通过中间一根狭窄的环带连接在一起。

50–80 μm

鞍硅藻
Campylodiscus sp.
鞍硅藻的管状口部有一个缝隙，被称为管壳隙，位于壳面的边缘。

25–200 μm

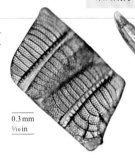

纹扁梯藻
Isthmia nervosa
纹扁梯藻寄生在其他藻类上，确切地说是海藻上，它们相互聚集在一起，形成枝状结构。

0.3 mm
1/100 in

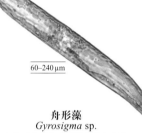

舟形藻
Gyrosigma sp.
这种硅藻的名字指的是其细胞为反曲形，这意味着它们的细胞形状有点像"S"形。

60–240 μm

琴状硅藻
Lyrella lyra
琴状硅藻从中间的开口处分泌一种黏液，有助于它们在宿主的表面滑动。

125 μm

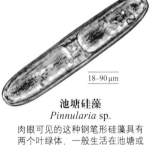

池塘硅藻
Pinnularia sp.
肉眼可见的这种钢笔形硅藻具有两个叶绿体，一般生活在池塘或湿地中。

18–90 μm

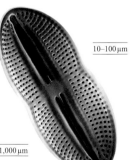

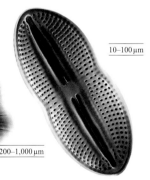

海胆太阳虫
Actinosphaerium sp.
海胆太阳虫形状像海胆。它们的运动方式是将细胞内含物转移到细小的伪足中。

200–1,000 μm

沟槽硅藻
Diploneis sp.
沟槽硅藻的两个壳面像两个开口大的嘴唇，被称为管道，两边各具有一个裂开的缝隙。

10–100 μm

冠盘藻
Stephanodiscus sp.
冠盘藻属外形为盘状，盘面上具有很多环形的孔洞，孔洞周围有一圈脊刺。这种硅藻既可以单独存在，也能以链状的形式聚集在一起。

12–20 μm

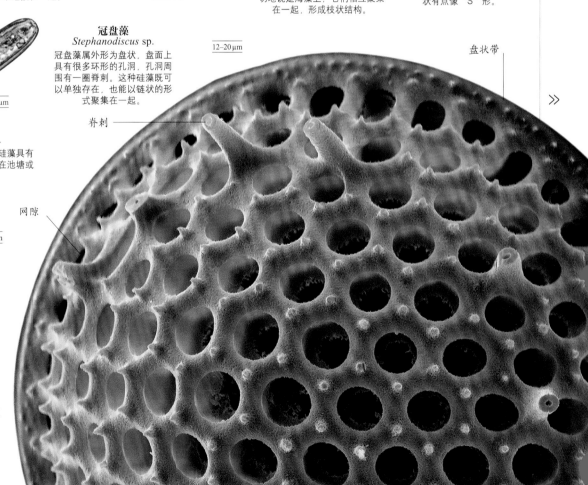

盘状带

脊刺

网隙

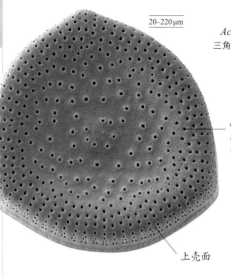

20–220μm

三角硅藻
Actinoptychus sp.
三角硅藻被发现于浅海大陆架。

吸收光合作用所需要的无机盐的小孔

0.9 mm
⅖ in

蛛网硅藻
Arachnoidiscus sp.
这种盘状硅藻的特点是具有坚硬的辐射骨以及网状图案的壳面。它们可以长得很大。

上壳面

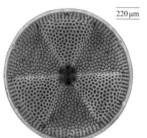

220μm

20–220μm

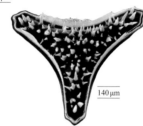

140μm

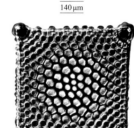

140μm

具有保护作用的细胞壁

140μm

蜂窝三角藻
Triceratium favus
蜂窝三角藻的细胞壁硅化严重。它们在水中运动时，会留下硅元素的痕迹。这有助于研究海水是如何渗入淡水环境的。

几何形细胞壁

太阳辐裥藻
Actinoptychus heliopelta
太阳辐裥藻的特点是在它们上下壳面具有交替的突起和凹陷的独特花纹。

五臂硅藻
Actinoptychus sp.
这种藻类的两个壳面的交替部分呈五臂状。

三角藻
已知的属于这种海洋硅藻属的生物有400种。这一属生物一般具有三面，但也有特例。

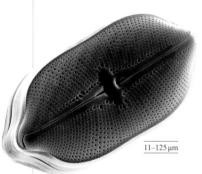

11–125μm

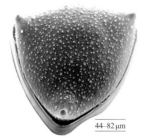

44–82μm

复叶是与植物的叶片类似的结构，能进行光合作用

复叶上的气囊，有助于藻类漂浮在海面上

船形硅藻
Navicula sp.
船形硅藻属于大型硅藻，包括已知的上千种藻类。

斑点硅藻
Stictodiscus sp.
在扫描电子显微镜下可见斑点硅藻的壳面上具有斑点状孔，壳面位于细胞周围的连接带上。

灌木丛状复叶

2 m
6½ ft

60 cm
23½ in

4 m
13 ft

2–3.5 m
6½–11 ft

1–3 m
3¼–9⅗ ft

30–100 cm
12–39 in

伸长海条藻
Himanthalia elongata
在繁殖期，这种分布于北半球的棕色海藻会形成长条状的"复叶"——一种分枝状叶状体。

齿缘墨角藻
Fucus serratus
这种顽强的棕黄色灌木丛状海藻生长在北大西洋的浅海区。

宽叶巨藻
Saccharina latifolia
宽叶巨藻生长在北半球海底8~30米的岩岸上，这种棕色海藻也常被称为糖海带。

北方海带
Laminaria hyperborea
这种藻类是提取商业碘的重要原料，能长在8~30米深的海底，主要分布在北半球。

海黍子马尾藻
Sargassum muticum
这种海藻原产于日本，现在已经蔓延入侵到欧洲。它们每天能长10厘米长。

褐藻
Halidrys siliquosa
褐藻是一种大型的棕色海藻，在欧洲的（海岸边岩石间的）潮水潭中非常常见。它们具有非常明显的"之"字形躯干和充满空气的囊果。

红藻和绿藻

红藻和绿藻是最大的单细胞原生生物。红藻多长在海水中，绿藻多长在淡水中。

人类最熟悉的红藻是多细胞海藻，它们进化出了非常多的种类，从贴附岩石上生长的看起来像地衣的硬壳藻到有许多"枝叶"看起来像植物的藻类。陆地上或者水体中的大多数藻类都利用绿色叶绿素吸收光能，进行光合作用，制造养分。然而，红藻还有能让它们在更深的海域中进行光合作用的色素。在这种环境中，色素复合体使它们能吸收射进深海的微弱蓝光。所以红藻可以比褐藻和绿藻生活在更深的海水中。

从海洋到陆地

绿藻生活在浅海、池塘和溪流中，这些水域中的浮游生物大部分是绿藻。它们也会在陆地上形成绿色的地衣，覆盖在树干上。许多绿藻有与陆生植物一样的叶绿素。然而，绿藻通常具两根相似的鞭毛状的精子，在它们的生命中，也具产生孢子的阶段。低等植物也有产生精子和孢子的阶段，由此可见，所有植物的祖先是某种绿藻。

域	真核生物
界	原生生物
进化分支	泛植物
科	181
种	大约10000

讨论
亲缘关系很近？

植物远比任何藻类更能适应陆地环境，但某一种绿藻——轮藻，也许与植物的亲缘关系很近。轮藻通过细胞丝状体——假根，在泥土中生长，它与低等植物的根类似。轮藻进行繁殖的器官也与这些低等植物类似。

红藻

地球上大约有6000种红藻。与褐藻和绿藻不同的是，它们不会产生具鞭毛的精子。相反，它们与真菌一样，繁殖时细胞会融合。有些红藻会钙化，形成群落。虽被称为"红藻"，但红藻细胞中的色素，会使它们的细胞呈现红色、橄榄色、灰色等多种颜色。

50 cm
20 in

掌状红皮藻
Palmaria palmata
在北大西洋沿岸地区，这种可以食用的海藻是当地居民传统的蛋白质与维生素的来源。

灰胞藻

灰胞藻是仅仅含有简单叶绿体颗粒——蓝色小体的藻类。它们生活在淡水中，数量不多，但在地球上分布广泛。

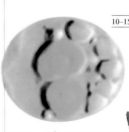

10–15 μm

蓝载藻
Cyanophora paradoxa
与其他灰胞藻类似，这种藻体内的蓝色小体也许是由它们早期进化过程中所吞噬的蓝细菌进化而来。

1–15 cm
⅖–6 in

珊瑚藻
Corallina officinalis
这种红藻在世界各地的潮水潭中随处可见，有羽状分枝"复叶"。

复叶

30 cm
12 in

纤毛红藻
Calliblepharis ciliata
这种北半球的海藻具有扁平的"复叶"，它的边缘具有很多小分枝。

40 cm
16 in

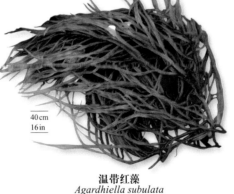

30 cm
12 in

温带红藻
Agardhiella subulata
原产于西大西洋、加勒比海、墨西哥湾，这种叶子肥厚的红藻已经侵入到了欧洲部分地区。

8 cm
3⅒ in

史密藻
Schmitzia hiscockiana
几乎有潮水的地方就有这种藻类。这种红藻叶子肥厚呈凝胶状，上面有扁平的分叉，以及类似手指的刺。

10–30 cm
4–12 in

扁江蓠
Gracilaria foliifera
这种海藻具有细长的、紫褐色的枝干，分枝上长有少量带状复叶。它们在各地的浅礁湖中生长茂盛。

脆江蓠
Gracilaria bursa-pastoris
脆江蓠是一种细长的、具有分叉或交替分枝的红藻，广泛分布于英国南部至太平洋和加勒比海的海域中。

17 cm
6¾ in

鹿角菜
Mastocarpus stellatus
这种红藻具有明显的乳头状突起，这是它们的繁殖体，位于"复叶"上。它们生活在北大西洋的海域中。

脆弱的分枝

7 cm
2⅖ in

膨十藻
Phymatolithon calcareum
这是英国威尔士地区的一种壳状珊瑚海藻。商业上，采集后，常把它们磨碎加工，作为一种含钙丰富的土壤添加剂。

细翼枝菜
Pterocladiella capillacea
这种红藻具有羽毛状分枝，从根部到顶端逐渐减少，分布于各地的池塘中，外形像圣诞树。

20 cm
8 in

珊瑚孢石藻
Sporolithon ptychoides
这种红藻细胞壁上的沉积物会在其表面形成一层钙质外壳。它们广泛分布于世界各地的岩石、河底和海底。

2.5 mm
1/10 in

扁平叶状结构

17 cm
6¾ in

复叶上的分叉

15 cm
6 in

灌丛海藻
Ahnfeltia sp.
灌丛海藻是培养基中凝胶状物质琼脂的来源之一。它们分布在北半球，具有稠密的丛状复叶。

薄层伞状旋花藻
Melanamansia fimbrifolia
这种海藻分布在北美和澳大利亚，长在最深55米的海下沉积岩覆盖的礁石上。

丛枝软骨藻
Chondria dasyphylla
丛枝软骨藻广泛分布于世界各地，具有羽状复叶，复叶上又分出棒状分枝，其上会萌发出产生孢子的分枝和壶形"子实体"。

10–21 cm
4–8¾ in

稷仙菜
Ceramium virgatum
这种小型红藻长在各地的岩石和其他海藻上。它们从一个小的固着器上长出细丝状的复叶，叶片顶端分叉。

30 cm
12 in

皮革羽柄藻
Ptilophora leliaertii
皮革羽柄藻发现于南非海岸的礁石上，2004年科学家才对它们进行了第一次描述。这种红藻有羽状复合分枝。

20 cm
8 in

35 cm
14 in

凝花菜
Gelidiella acerosa
这种红藻分布在印度，是琼脂的重要来源，具细长的圆柱形枝条——匍匐枝。

8.5 cm
3¹⁄₁₀ in

匍匐枝

匍匐石花菜
Gelidium pusillum
这种藻类广泛分布于各地，从其匍匐基部向上生长，以固着器吸附在岩石或小贝壳上。这种成膜状红藻具有扁平的叶片状"复叶"。

2–15 mm
1/10–3/5 in

大棘勒氏藻
Lenormandiopsis nozawae
这种宽叶海藻分布在温带地区，两边都具有孢子体团。其他小的寄生性海藻喜欢寄生在这些孢子体团里。

岩生石花菜
Gelidiella calcicola
分布在英国威尔士的这种小型海藻附着在岩石上生长。不规则的分枝发射出来呈簇状。它们也可以寄生在其他海藻上，特别是藻团粒上。

3 cm
1⅓ in

红叶藻
Delesseria sanguinea
这种红藻因其像山毛榉的叶片而得名，生长在欧洲巨藻下。

30 cm
12 in

钝形凹顶藻
Laurencia obtusa
从这种热带海藻中可以提取卤代萜类化合物。该化合物可以治疗蟹类和海胆的刺伤，也可以用作去污剂。

7–22 cm
2¾–8¾ in

扇状分枝

22 cm
8¾ in

爱尔兰海藻
Chondrus crispus
不列颠群岛的这种海藻又被称为角叉菜藓，是凝胶剂角叉菜胶的重要来源。

蠕虫叉红藻
Furcellaria lumbricalis
这种分布于北半球的海藻具有棕黑色的圆柱形复叶，复叶上又分化出许多肥厚的指状分枝。

30 cm
12 in

管状复叶

多管藻
Polysiphonia lanosa
多管藻分布在北半球，像机关炮一样以簇状形式寄生在其他海藻上。这种红藻具有由长管状细胞组成的鞭毛。

绿 藻

绿藻中的一种——鼓藻，有一个典型的单细胞，该细胞分为两个对称的半细胞。绿藻也包括多细胞绿藻，如海白菜、眼子菜以及与陆生植物亲缘关系较近的轮藻。有些绿藻甚至逐渐适应了陆地相对干旱的环境，并且生长良好。

100–460 μm

细胞分裂

半细胞

新月藻
Closterium sp.
这种新月形的鼓藻，广泛分布于世界各地。每个新月形细胞中都有一个叶绿体，通过中间的环形缝线连接，细胞核也位于此处。

32–70 μm

奔腾藻属
Penium sp.
这种绿鼓藻分布于北美，细胞分为两个对称的半细胞，两端为钝椭圆形，中间有缝线。

刺

350 μm

微星鼓藻属
Micrasterias sp.
这种鼓藻分布于温带地区，具有多刺的枝，顶端带有多耙状物，使其两个半细胞互相联结在一起。

12–60 cm
4¾–23⅜ in

石莼
Ulva lactuca
这种绿藻是一种各地常见的食物，具有宽的皱状复叶，通过身体上的固着器吸附在岩石上。它们相互之间也可以聚集在一起，形成漂浮的石莼群。

孢子囊

30–120 cm
12–47 in

与植物类似的长枝

透明丽藻
Nitella translucens
这种藻类属于轮藻目，是与陆地植物亲缘关系最近的海藻。它们在靠近泥炭沼泽的酸性潮湿条件下生长良好。

50 cm
20 in

细胞延长形成的茎

普生轮藻
Chara vulgaris
普生轮藻又被称为臭菰，分布于北半球，会散发出一种难闻的臭味。

2–8 cm
¾–3⅛ in

凸镜状蕨藻
Caulerpa lentillifera
这种可食用藻类被养殖在大型池塘中，在菲律宾是一种非常见的食物。含水分比较多，它们可以单独或做成沙拉生吃。

植物

苔类

作为最简单的植物，典型的苔类是小型的扁平带状体，或者是具有微小叶片、多分枝的披散茎叶体。它们不开花，不产生种子，靠散布孢子来繁殖。

植物能利用阳光的能量生长，因而在地球的生物圈中扮演着至关重要的角色。植物为动物和其他生物制造食物，同时也构成了它们的生存环境。植物中既有渺小简单的种类，也有参天巨木，而最为光彩夺目的，是有花植物演化出来的纷繁复杂的形态和生存策略。

藓类

藓类广泛分布于潮湿、凉爽而阴暗的环境中。它们不开花，具有纤细的茎和螺旋状排列的叶片。很多藓类附生在裸露的岩石或树干上。

蕨类及其近亲

蕨类是体格最大的孢子植物。多数蕨类都很低矮，有的种类能长成树状，但树干并非木质，而是由纤维状的根聚在一起形成。

苏铁、银杏和买麻藤类

这些植物不开花，但能产生种子。在有花植物出现之前，苏铁和银杏是地球植被的重要组成部分。

松柏类

虽然种类比有花植物少得多，松柏类植物却主宰了世界上很多地方的植被景观。它们都是木本植物，有乔木也有灌木，种子通常包裹在木质的球果里。

有花植物

开花植物是地球植物中最大的一类，构成了地球上的大部分植被。它们都开花，开花通常都悄无声息。靠种子传播和繁殖。

苔类

苔类是现存所有陆生植物里结构最简单的一个群体，主要生活在潮湿、阴暗的环境里。苔类包括两个形态差别明显的类型，一个具有扁平的带状植物体（地钱类），另一个有点像藓类，具有纤细的茎和覆盖其上的微小叶片（叶苔类）。

门	苔类植物门
纲	3
目	13
科	86
种	8000

讨论

"苔藓植物"的分类

在传统分类学中，苔类曾经和藓类、角苔类放在一起，被处理为一个原始的植物类群——苔藓植物门。这三类植物有很多相似之处，但苔类有一些独特的性状，使之可以同另外两者区分开来。苔类是仅有的、在孢子体阶段不具有可调节气孔器的陆生植物类群。另外，苔类毛发状的假根都是单细胞的。因此，苔类现在被分为单独的一门，地钱门。

带状的地钱类和其他所有植物类型都不一样，它们没有茎和叶，只有名为"叶状体"的扁平植物体，不断进行二叉分枝而生长。很多苔类的叶状体末端有深而明显的裂片，上表面因为透明表皮和气室的存在而闪闪发亮。中世纪欧洲的本草学家认为地钱类植物的形状像肝脏，因此给它们起了"肝草"（liverworts）这个俗名。

从外观上来看，叶苔类因为具有披散蔓延的茎而和地钱类很不一样。它们通常具有两列等大的叶片，排列在茎的两侧；还有一列小得多的叶片生长在植物体的腹面。很多叶苔附生在岩石和树上，有些会在潮湿的草地里形成疏松的垫状。叶苔的种类比地钱类要多得多，尤其是在热带地区。热带的叶苔往往附生在雨林下阴暗处的叶片上。

和很多有花植物不一样，苔类的生长没有什么株形之类的限制，可以长得很任性。大多数苔类的高度不超过2厘米，但能够连续生长很多年，以碎片化斑块的形式覆盖直径数米的地面，而且断裂下来的分支还能形成新的植物体。此外，有些地钱类的还能产生名为"孢芽"的细胞簇，集中生长在叶状体上表面的凹陷处（胞芽杯）。雨滴打在胞芽杯里，就能让孢芽飞溅到别处，形成新的植物体。

孢子的形成

苔类还能用单细胞的孢子进行有性生殖。孢子的形成有赖于非常潮湿的环境，因为苔类的精细胞要游到卵细胞身旁才能令后者受精。有些苔类雌雄同株，但大多数种类是雌雄异株的，此时精细胞往往要借助雨滴，从雄株溅射到雌株才能完成受精。

很多苔类产生卵细胞和最终形成孢子的器官都位于雌生殖托里，这是一个长得像小伞的结构。受精完成之后，受精卵发育成孢子囊，并最终把孢子释放到空气中。

∨ 地钱的雌雄异株

这是一个雄株，阳伞形状的结构产生雄性生殖细胞，而雌性生殖细胞由其他的植株产生。

芽孢杯

星状射线形的
雌性生殖结构

蛇苔
Conocephalum conicum
蛇苔科
在溪边的岩石和其他湿润的地方经常可以发现蛇苔。这种带状的地钱上表面光滑，点缀着微小而透明的气室。

半月苔
Lunularia cruciata
半月苔科
半月苔常见于花园和温室。这种带状地钱呈亮绿色，具有独特的繁殖结构——芽孢杯，看上去就像微小的指甲。

地钱
Marchantia polymorpha
地钱科
地钱广泛分布于潮湿的环境中。这种带状地钱在春夏之季产生像微小的阳伞一样的形成孢子的结构。

两片叶片之间的凹痕

光滑的叶状体

叉钱苔
Riccia fluitans
钱苔科
这种变化多样的地钱有两种，一种生长在湿泥地，另一种漂浮在池塘里。两种都有窄窄的带状茎，可以不断地分叉。

溪苔
Pellia epiphylla
溪苔科
溪苔生长在潮湿的泥炭和岩石上。这种带状地钱经常形成丛状草垫，在白色细杆上产出黑色的孢蒴。

叶子可以是绿色或者红色

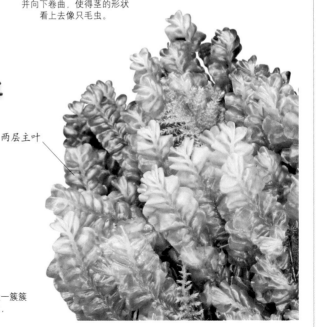

欧耳叶苔
Frullania tamarisci
耳叶苔科
这种叶状地钱呈现独特的紫褐色，在树干和岩石上形成草垫。它们主叶上微小的凹痕能够盛住水分。

鞭苔
Bazzania trilobata
指叶苔科
这种地钱生长在潮湿的林地，形状是爪形，主叶互叠并向下卷曲，使得茎的形状看上去像只毛虫。

温带光萼苔
Porella platyphylla
光萼苔科
这种多分枝的叶状地钱生长在从林地到墙根在内的多种环境中。它们的主叶重叠就像一片片鱼鳞。

叶子互相折叠环抱茎

两层主叶

被蒴苔
Nardia compressa
叶苔科
这种叶状地钱生长在山间溪流，可形成大面积草垫覆盖在树干上。它们有两层圆叶互相重叠覆盖。

异叶齿萼苔
Lophocolea heterophylla
齿萼苔科
这种叶状地钱可见于朽木和树桩上，通体透明，有两层主叶，圆形或齿形叶尖，可在白色柄上产生黑色的孢蒴。

扁萼苔
Radula complanata
扁萼苔科
这种鳞状叶片地钱颜色为从淡绿色到褐色，沿着平坦、光亮的表面蔓延爬行，从树干到海岸岩石都可见它们的踪迹。

羽苔
Plagiochila asplenioides
羽苔科
这类地钱很精巧，有透明的叶子，如藓类一般一簇簇生长。它们生长在背阴处的岩石和土壤上，特别是白垩石和石灰石上。

藓类

藓类是不开花的植物，通常长成团块状或垫状的株丛。别看它们长得矮，适应能力却相当强大。藓类植物能适应从森林到沙漠的各种各样的生境，足迹遍及每一块大陆，包括南极洲。

门	藓类植物门
纲	8
目	26
科	118
种	12000

在极北地区，泥炭藓形成了凸起于地面之上的沼泽，其中点缀的灰色斑块是名为"驯鹿藓"的地衣。

藓类的植物体是茎叶体，由纤薄的叶片螺旋状着生在细弱的茎上形成，繁殖方式是散播孢子。和苔类一样，大多数藓类也需要潮湿的环境。在条件合适的地方，藓类的数量可能非常丰富——尤其是泥炭藓，它们形成了面积广阔的苔藓垫，像毯子一样覆盖着全世界的寒冷湿润地区。不过，有一些苔藓能以休眠的方式忍耐干旱，它们平时看起来通体灰白，就像死了一样，但下雨后几分钟之内就能恢复绿色。

像其他的有胚植物一样，藓类的生活史有两个阶段：配子体阶段和孢子体阶段。藓类的配子体阶段，也就是产生雌雄生殖细胞的阶段占优势，这一点与苔类相同，而与其他植物相反。卵细胞受精之后，会发育成产生孢子的孢子体，藓类的孢子体寄生在配子体上。大多数藓类的孢子体是具有长柄的囊状结构，经过长达数月的成熟过程，孢子囊裂开，并向空气中释放出多达5千万粒的孢子。

藓类的孢子又小又轻，一阵轻风就能将它们出很远的距离。这样的特性令藓类非常善于长距传播，并作为先锋植物开拓各种各样的微小生比如树皮的裂缝以及湿润的屋顶和墙面。

似藓生物

有些生物不是藓类，但经常被误当成藓类文名字里也有moss出现。比如石松是比藓类复得多的植物，有着更为粗壮的茎和叶，在过去的类系统里被视为蕨类，现在已经单独分出来了生的石松通常不超过50厘米高，但它们的远古祖能长成40米高的参天大树。其他长得像藓类的生包括驯鹿藓——它实际上是一种地衣；还有松萝梨（英文直译西班牙藓），实际上是凤梨科的植物，成串附生在大树上。

∨ 地球的外衣

在新西兰的峡湾国家公园，凉爽湿润的气候为各种藓类提完美的生存环境。

3 cm/1¼ in

岩生黑藓
Andreaea rupestris
黑藓科

岩生黑藓广泛分布于高山的裸露的岩石上。与大多数苔藓不同，它们的孢蒴通过四条微小的裂缝释放孢子。

3 cm/1¼ in

角齿藓
Ceratodon purpureus
牛毛藓科

角齿藓在全球分布广泛，特别在人烧毁或开垦过的地方。这种低矮的苔藓也常见于屋顶和墙角。它们在春天生出浓密的毯状的孢蒴。

2 cm/¾ in

鳞叶凤尾藓
Fissidens taxifolius
凤尾藓科

这种分布广泛的苔藓有短而伸展的茎，可以长出两排尖叶。它们生长在阴暗的土地和岩石上。

绒叶青藓
Brachythecium velutinum
青藓科

这种全球范围随处可见的苔藓的茎有很多分支，爬满了朽木和淤水的草丛。

带有锥形帽的孢蒴

10 cm
4 in

5 cm/6 in

白发藓
Leucobryum glaucum
白发藓科

白发藓大片地生长，呈整齐的圆垫状。这种林地苔藓具有独特的灰绿颜色，在干燥的气候里变成近乎白色。

5 cm/2 in

山地曲尾藓
Dicranum montanum
曲尾藓科

这种藓长成紧密的羽丘状，干燥时窄窄的叶子就会卷起来，折断了会长成新的植株。

5 cm/2 in

羽藓
Thuidium tamariscinum
羽藓科

这种林地藓因其精细分离的复叶而更像小型的羊齿植物。它们生长在欧洲及亚洲北部的朽木和岩石上。

成熟时孢蒴与地面平行

3 cm/1¼ in

垫丛紫萼藓
Grimmia pulvinata
紫萼藓科

这种分布广泛的苔藓生长于岩石、屋顶和墙角，叶子末端带有长长的银灰色发丝。它们的孢蒴生长在弯柄上。

8 cm
3¼ in

提灯藓
Mnium hornum
提灯藓科

这种常见于欧洲和北美地区的林地藓春天时是亮绿色。它们的孢蒴带有弯柄，像是天鹅的脖颈。

3 cm
1¼ in

灰藓
Hypnum cupressiforme
灰藓科

这种形态各异的垫形苔藓有成群重叠的叶子。它们分布广泛，常见于岩石、墙角和树下。

10 cm
4 in

毛梳藓
Ptilium crista-castrensis
灰藓科

这种苔藓主要分布于北方森林地区，呈羽毛形状，两侧对称分叉，经常大片地生长于云杉和松树下。

80 cm
32 in

水藓
Fontinalis antipyretica
水藓科

这种柳状藓生长于水下，见于缓慢流动的江河溪流中的岩石上。它们有三排龙骨状的深绿色叶子。

1 cm/1¼ in

具边直齿藓
Orthodontium lineare
真藓科

这种见于南半球的苔藓早在20世纪初期被引进到欧洲，成为一种入侵物种。

25 cm
10 in

泥炭藓
Sphagnum palustre
泥炭藓科

跟它们的亲缘种一样，这种泥炭苔藓生长于湿地，含有大量的水分，每个茎秆末端都是莲座状平顶小分枝。

60 cm
23½ in

金发藓
Polytrichum commune
金发藓科

这种高大丛生的苔藓常见于北半球的荒地。它们的茎直挺无分支，有尖窄的叶子。

1.5 cm
½ in

葫芦藓
Funaria hygrometrica
葫芦藓科

葫芦藓是世界上分布最广的苔藓之一。这种垫形藓常见于开垦过的土地。成熟时，它们的孢蒴有显眼的橘红色柄。

蕨类及其近亲

大多数的蕨类都具有形状优雅的叶片,长大时由拳卷的幼叶逐渐舒展开来,非常容易识别。蕨类与近亲木贼类和松叶蕨类一起,组成了一个古老而高度分化的类群,它们都是用孢子繁殖的。各种各样的陆地生境中都有蕨类,不过绝大多数种类偏爱潮湿和荫蔽。

门	蕨类植物门
纲	4
目	11
科	37
种	12000

讨论

活化石

木贼类在过去3亿年里都没怎么变化,只不过现生种类的体格远远小于远古祖先。生活在石炭纪的芦木是最高大的木贼类植物之一,能长到20米高,茎的直径可达60厘米,表面有很多纵棱。关于木贼类的分类地位曾经有不同的观点。有的植物学家认为它们应该成为一个单独的门,不过现在越来越多的证据表明它们和真蕨类关系密切,应该放在同一个演化分支里。

有的蕨类长得很小,不低头就很容易忽视;但有些种类也能长成15米高的乔木状。很多蕨类植株紧凑,只有一丛叶片;另外的种类则具有匍匐的根状茎,能长出很多叶丛。欧洲蕨是最常见的具匍匐茎蕨类植物之一,生命力非常旺盛。经过多年的生长,一丛欧洲蕨通过匍匐茎的蔓延能覆盖直径800米的地面。蕨类中还有生活在淡水里的种类,以及大量附生在其他植物上的种类。

蕨类的成熟叶片通常分裂得很精致,在幼嫩时则是紧密拳卷的叶芽,欧洲人称之为"提琴头"。蕨类的孢子由分布在叶片背面、聚集成凸起的点状或线状的孢子囊产生。多数蕨类的所有叶子都有可能产生孢子,但有些种类具有两种类型的叶子:生殖叶专门产生孢子,营养叶则专门进行光合作用。蕨类的孢子萌发之后会先发育成配子体,这是一种细小、扁平、像纸一样薄的过渡形态。配子体上的生殖细胞完成受精以后,最终会发育成孢子体,也就是能产生孢子的成熟植物体。

蕨类的近亲

除了上述的"真蕨类"以外,通称的蕨类植物还包括一些亲缘关系很近的类群。其中与真蕨类形态差异最大的是木贼类——触感粗糙的直立植物,具有圆柱形而中空的茎。它们的茎是辐射对称的,每一个节上都放射状地着生着一圈细的分枝。木贼类植物体内富含二氧化硅颗粒,因此摸上去很粗糙,过去人们用它来打磨锅和壶类的金属容器。

松叶蕨和瓶尔小草是小而有趣的植物,前者具有细弱分叉的茎,没有叶,后者只有一片叶子。像真蕨类和石松类一样,这两类植物也是用孢子繁殖。

∨ **独特的拳卷叶**

蕨类幼叶纤弱的顶端被严密地保护在拳卷结构里,直到足够高、接触到阳光才展开。

木贼类

80 cm/32 in

问荆
Equisetum arvense
木贼科

这种木贼广泛分布于北半球，是一种令人讨厌的野草。它们黑色的地下茎生出空心芽，亮绿色枝呈环形对称。

松叶蕨

60 cm/24 in

松叶蕨
Psilotum nudum
松叶蕨科

作为真蕨类的古老亲属，这种大型的热带植物具有无叶的刷状茎，浆果状的孢子囊产生孢子。

20 cm/8 in

瓶尔小草
Ophioglossum vulgatum
瓶尔小草科

这是种罕见的蕨类植物，单卵圆形叶子紧抱住纤细的能产孢子的柄。它们生长于北半球的草地上。

扇羽阴地蕨
Botrychium lunaria
瓶尔小草科

这种蕨类遍布全球的温和地带，有单叶，孢子产生于分叉茎上的圆形囊中。

20 cm/8 in

连接在短小肉质根茎上的植物茎

真 蕨

10 cm/4 in

纤细的等距叶

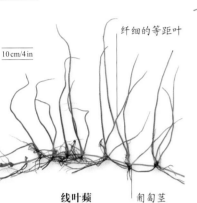

15 cm/6 in

线叶蘋
Pilularia globulifera
蘋科

这是一种来自于西欧的沼生蕨类，像草丛般一簇簇生长。它们的孢子在土地上像药丸一样的绿色囊中发育。

匍匐茎

蘋
Marsilea quadrifolia
蘋科

这种丛生的水生羊齿有四片叶，表面看上去好像是开花植物。它们广泛分布于北半球。

1.5 cm/½ in

细叶满江红
Azolla filiculoides
满江红科

这种漂浮植物有垫形叶，沿着湖泊和池塘快速生长蔓延，广泛分布于全球温暖地区。

康宁汉假芒萁
Sticherus cunninghamii
里白科

这种来自新西兰的独特蕨类具有铅笔一样细的茎，细条形的放射状复叶在顶部形成水平呈冠形状。它们通过匍匐根茎蔓延生长。

1 m/3¼ ft

1.5 m/5 ft

欧紫萁
Osmunda regalis
紫萁科

这种挺拔雄伟的蕨类植物常栽培于北半球，展开的叶子呈莲座圆形，顶部是更窄的叶子，可以产生孢子。

2 cm/¾ in

槐叶蘋
Salvinia natans
槐叶蘋科

这种水生蕨类常形成浓密的毯子，小卵圆形叶子上布满了排水毛。它们常见于热带地区。

粉背番桫椤
Cyathea dealbata
桫椤科

这种树蕨的名字（又名银树蕨）取自它的叶子，叶下部呈银色。它们特产于新西兰，生长于开放的森林和灌木丛中。

10 m
33 ft

6 m/20 ft

在温和的气候里叶子常绿

塔斯马尼亚蚌壳蕨
Dicksonia antarctica
蚌壳蕨科

这种粗矮的树蕨广泛分布于澳大利亚东南部的塔斯马尼亚。它们需要阴暗的环境，常生长于树林之中。

18 m
59 ft

髓质番桫椤
Cyathea medullaris
桫椤科

髓质番桫椤产自新西兰。这种高大纤细的树蕨具有烟黑色的树干和黑色的叶柄，与它们鲜绿色的叶子形成鲜明的对比。

8 m
26 ft

史密斯番桫椤
Cyathea smithii
桫椤科

这种最南端的树蕨特产于新西兰和亚南极群岛。它们的叶子呈衣领状，悬挂在顶部下面。

>>

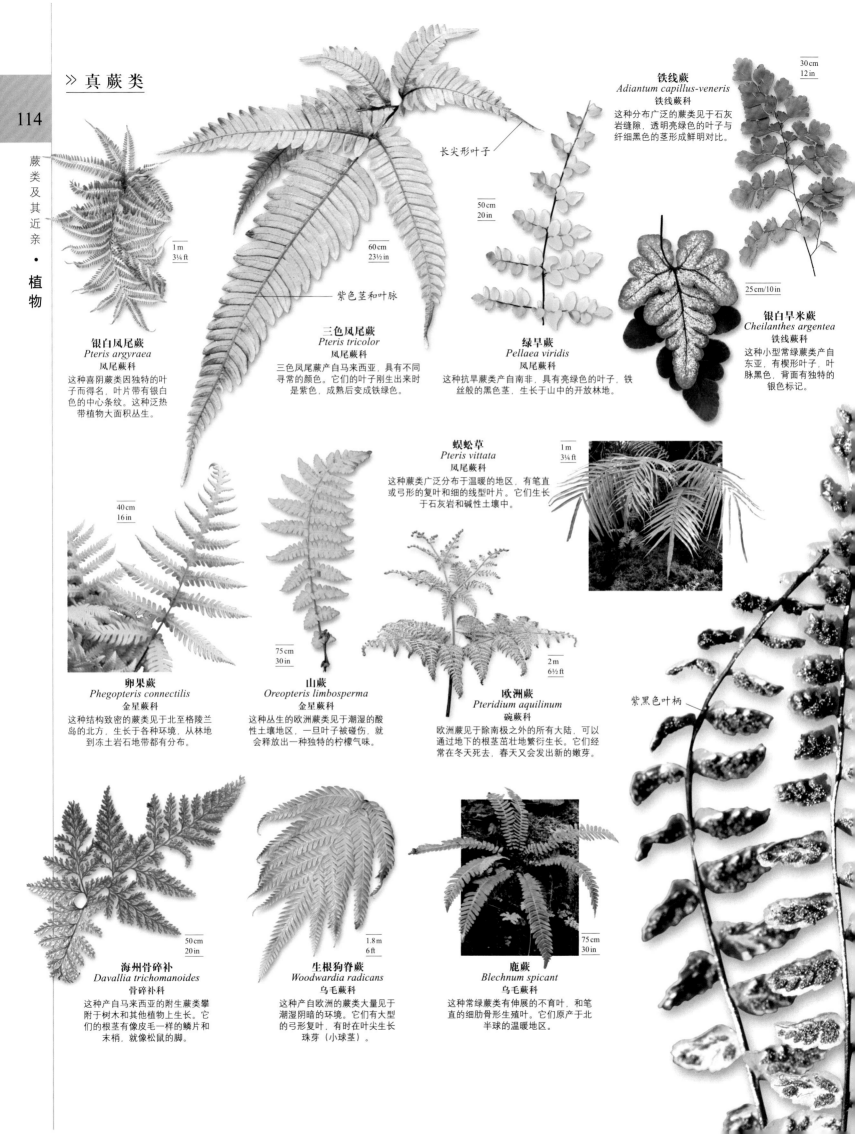

1 m
3¼ ft

60 cm
23½ in

紫色茎和叶脉

长尖形叶子

50 cm
20 in

30 cm
12 in

铁线蕨
Adiantum capillus-veneris
铁线蕨科
这种分布广泛的蕨类见于石灰
岩缝隙，透明亮绿色的叶子与
纤细黑色的茎形成鲜明对比。

25 cm/10 in

银白旱米蕨
Cheilanthes argentea
铁线蕨科
这种小型常绿蕨类产自
东亚，有楔形叶子，叶
脉黑色，背面有独特的
银色标记。

银白凤尾蕨
Pteris argyraea
凤尾蕨科
这种喜阴蕨类因独特的叶
子而得名，叶片带有银白
色的中心条纹。这种泛热
带植物大面积丛生。

三色凤尾蕨
Pteris tricolor
凤尾蕨科
三色凤尾蕨产自马来西亚，具有不同
寻常的颜色。它们的叶子刚生出来时
是紫色，成熟后变成铁绿色。

绿旱蕨
Pellaea viridis
凤尾蕨科
这种抗旱蕨类产自南非，具有亮绿色的叶子，铁
丝般的黑色茎，生长于山中的开放林地。

40 cm
16 in

75 cm
30 in

蜈蚣草
Pteris vittata
凤尾蕨科
这种蕨类广泛分布于温暖的地区，有笔直
或弓形的复叶和细的线型叶片。它们生长
于石灰岩和碱性土壤中。

1 m
3¼ ft

2 m
6½ ft

紫黑色叶柄

卵果蕨
Phegopteris connectilis
金星蕨科
这种结构致密的蕨类见于北至格陵兰
岛的北方，生长于各种环境，从林地
到冻土岩石地带都有分布。

山蕨
Oreopteris limbosperma
金星蕨科
这种丛生的欧洲蕨类见于潮湿的酸
性土壤地区，一旦叶子被碰伤，就
会释放出一种独特的柠檬气味。

欧洲蕨
Pteridium aquilinum
碗蕨科
欧洲蕨见于除南极之外的所有大陆，可以
通过地下的根茎茁壮地繁衍生长。它们经
常在冬天死去，春天又会发出新的嫩芽。

50 cm
20 in

1.8 m
6 ft

75 cm
30 in

海州骨碎补
Davallia trichomanoides
骨碎补科
这种产自马来西亚的附生蕨类攀
附在树木和其他植物上生长。它
们的根茎有像皮毛一样的鳞片和
末梢，就像松鼠的脚。

生根狗脊蕨
Woodwardia radicans
乌毛蕨科
这种产自欧洲的蕨类大量见于
潮湿阴暗的环境。它们有大型
的弓形复叶，有时在叶尖生长
珠芽（小球茎）。

鹿蕨
Blechnum spicant
乌毛蕨科
这种常绿蕨类有伸展的不育叶，和笔
直的细肋骨形生殖叶。它们原产于北
半球的温暖地区。

翼状主脉 —— —— 齿状淡绿色叶片

60 cm
23½ in

40 cm
16 in

欧洲羽节蕨
Gymnocarpium dryopteris
冷蕨科
纤弱的绿叶和分别发芽的叶片使
这种北方蕨类与众不同。它们生
长在阴暗的碎石堆和林地。

北美球子蕨
Onoclea sensibilis
球子蕨科
这种湿地蕨类原产自北美和
东亚，有不育复叶，第一次
初霜后就会凋落。

欧洲鳞毛蕨
Dryopteris filix-mas
鳞毛蕨科
这种蕨类是欧洲最常见的林
地蕨类之一，密集的叶冠形
状就像孔雀的尾巴。

1.2 m
4 ft

霜背面的孢子囊 ——

复叶形成
锥形冠

1.5 m
5 ft

1.2 m
4 ft

40 cm
16 in

多鳞耳蕨
Polystichum setiferum
鳞毛蕨科
产自潮湿的欧洲林地，这种蕨类
有羽毛状复叶，其中的小叶是弯
曲的而不是扁平的。

冷蕨
Cystopteris fragilis
冷蕨科
冷蕨生长于温带地区，叶片
背后会长出圆形的孢子囊。

荚果蕨
Matteuccia struthiopteris
球子蕨科
这种高大的水边蕨类产自北半球，夏
天长有对称的不育叶冠，而冬天则变
成褐色的生殖叶片。

15 cm
6 in

30 cm
12 in

卵叶铁角蕨
Asplenium ruta-muraria
铁角蕨科
这种小型的丛生蕨类广泛分布于
北半球，生长在石灰岩和富含石
灰泥浆的墙角。

对开蕨
Asplenium scolopendrium
铁角蕨科
这种蕨类有光滑的带状复叶，经常被
当作装饰植物栽培。它们生长于欧
洲、西亚和北美的野外地区。

60 cm
23½ in

20 cm
8 in

铁角蕨
Asplenium trichomanes
铁角蕨科
这种小型丛生蕨类生长在从热带到亚北
极的岩石地区。它们的复叶带有成对的
椭圆形小叶。

二叉鹿角蕨
Platycerium bifurcatum
水龙骨科
这种令人印象深刻的附生蕨类见
于印度尼西亚和澳大利亚，长在
树干上。它有肾形的不育叶，而
展开的生殖叶形状就像鹿角。

90 cm/35 in

欧亚多足蕨
Polypodium vulgare
水龙骨科
这种蕨类沿着匍匐根茎长出单
独的叶芽，而不是丛生。它们
常见于北方温带地区的岩石、
树林和落叶堆。

苏铁类、银杏类和买麻藤类

苏铁类、银杏类和买麻藤类分布在全世界的温暖地区，它们是不开花植物的三个古老的类群。这三类植物的形态分化非常大，有攀缘藤本，有乔木，也有经常被误认为棕榈的长寿灌木。

门		苏铁门
纲		1
目		1
科		3
种		304

门		银杏门
纲		1
目		1
科		1
种		1

门		买麻藤
纲		1
目		3
科		3
种		70

∨ 生来坚强

像棕榈一样，苏铁的茎端只有一个生长点，环绕以一丛螺旋状着生的复叶。这些坚硬的叶子能忍受强烈的阳光和干燥的风。

传统分类学把苏铁类、银杏和买麻藤类以及松柏类分在一起，称之为裸子植物，即"种子裸露"的意思。和有花植物不同，裸子植物的种子是在裸露的叶表面形成的，这些叶子通常特化成鳞片状。有花植物的种子在封闭的小室，即子房里形成。

科学家尚未弄清苏铁类、银杏类和买麻藤类彼此之间，以及它们与松柏类和有花植物之间的确切关系。在细胞水平上，买麻藤类的一些特征显得比苏铁类和银杏类更像松柏类，但也有一些特征和有花植物相似。最新的研究表明，苏铁类、银杏类、买麻藤类和松柏类构成一个单独的演化分支，传统意义上的"裸子植物"仍然是成立的。

除了种子的着生方式，这三类植物的相似性其实很少，甚至都不在相同的地方生长。苏铁类分布在热带和亚热带，银杏类现存的唯一一个物种来自

中国。买麻藤类的形态和生境都高度分化，包带地区的乔木和藤本、干旱地区的多分枝灌木及仅见于非洲南部纳米布沙漠的百岁兰。

多舛的命运

苏铁类的演化史很漫长，出现时间可以追接近3亿年前。尽管它们曾经是地球植被的重分，但最终还是在和开花植物的竞争中败下阵今天，四分之一的苏铁类物种都处于濒危状态到非法采集和生境变化的威胁。

买麻藤类面临的问题相对较少，而银杏的状态则经历了戏剧性的改善。千年以来，佛教在寺院里种植银杏，从而保护了这种在野外近失的植物。银杏在18世纪传入欧洲，人们发现常容易种植，并且对空气污染有很强的耐受力在银杏在全世界的公园和街道都有栽培。

苏铁类植物

坚硬而向上卷曲的叶子

成熟时树干分支

3 m/9¾ ft

苏铁
Cycas revoluta
苏铁科
这种棕榈苏铁与西米棕榈毫无关系，产自日本南部，拥有粗茎和光滑的叶片，作为装饰植物被广泛栽培。

叶尖反曲的针状叶

蓝非洲铁
Encephalartos horridus
泽米铁科
与大多数苏铁不同，这种生长缓慢的苏铁生长于南非半沙漠地带，浅蓝色叶子由带锋利尖刺的坚硬小叶片组成。

1.4 m/4½ ft

6 m/20 ft

面包非洲铁
Encephalartos altensteinii
泽米铁科
这种高大的亚热带苏铁见于南非的东海岸附近，因它们的针状叶而闻名。它们黄色的球果结鲜红色种子。

1.8 m/6 ft

双子铁
Dioon edule
泽米铁科
这种生长缓慢的植物是苏铁，而不是棕榈，见于墨西哥东部，其椭圆形种实有30厘米长。

2 m/6½ ft

角状铁
Ceratozamia mexicana
泽米铁科
这种粗壮的苏铁产自墨西哥东部，有大型的冠状展开叶和带有独特角鳞片的浅绿色球果。

1.2 m 4 ft

泽米铁
Zamia pumila
泽米铁科
曾经作为淀粉的来源，这种矮小的苏铁产自加勒比海地区，有半截埋在土里的短小的茎和笔直的红褐色球果。

7 m 23 ft

穆尔澳洲铁
Macrozamia moorei
泽米铁科
作为澳大利亚最高的苏铁之一，这种很像棕榈的植物有长达90厘米的巨大的种实。它们生长在干燥的林地。

3 m/9¾ ft

普通澳洲铁
Macrozamia communis
泽米铁科
这种苏铁原产自澳大利亚东南部海岸，大型的球果有红色的肉质种子。它们常生于密林之中。

买麻藤类植物

长枝麻黄
Ephedra trifurca
麻黄科
这种丘形植物因作摩门茶而出名。它们生有浓密的大团无叶茎，生长在墨西哥和美国南部的沙漠地区。

2 m/6½ ft

卷曲的叶片

显轴买麻藤
Gnetum gnemon
买麻藤科
这种产自东南亚和太平洋地区的无花植物有常绿的叶子和坚果形状的种子，叶和种子都可以食用。

15 m/49 ft

银杏

银杏
Ginkgo biloba
银杏科
很容易从扇形的叶子识别这种独特的植物，银杏的叶子在秋天变成明黄色。它们最早仅产于中国南方，现在在全世界范围被栽培种植。

30 m/98 ft

可食用的种仁

具有肉质外种皮的种子

1 m/3¼ ft

草麻黄
Ephedra sinica
麻黄科
这种来自于东亚地区的蔓生植物含有很强的生物碱，作为药用植物已有很长的历史。

依附于中央茎的雄性球果

百岁兰
Welwitschia mirabilis
百岁兰科
百岁兰是纳米布沙漠的地方物种。这种极其长寿的植物有一对带状叶，经过几个世纪的生长，它们开裂变成杂乱的树叶堆。

1 m/3¼ ft

松柏类

松柏类植物，也叫针叶树，已经演化了超过3亿年的时间，远远早于阔叶树。凭借坚硬而覆盖着蜡质的针叶，松柏类在严酷的环境里也能茁壮成长。针叶树的多样性远低于阔叶树，但它们主宰了寒冷山地和极北地区的森林。

门	裸子植物门
纲	1
目	1
科	7
种	630

松柏类的分布深入北极圈，与开阔的苔原相间，形成了世界上最大的森林。

尽管物种数量不多，松柏类里却有世界上最高的树、最重的树、最长寿的树、以及部分分布范围最广的树。传统分类学将松柏类与苏铁类、银杏类、买麻藤类一并称为裸子植物。与阔叶树不同，松柏类没有花，而是用球花和球果产生花粉和种子。

针叶与球果

大多数松柏类都是常绿的，因为针叶富含树脂，它们能忍耐寒风和强烈的阳光。松树的叶子是细长的针状，单生或结成小束，其他种类的叶子则是线形、条形或鳞片状。个别种类是落叶的，比如落叶松和红杉，它们的叶子质地柔软，每年都会脱落。

松柏类有两种性别的球花，通常长在同一株树上。雄球花产生花粉，它们小而柔软，数量极多，通常出现在春天，而且释放完花粉后很快就凋谢了。体型较大的雌球花在完成授粉后会发育成球果，里面含有一到多枚种子。球果可能经过好几年的时间才成熟，最终变得坚硬而木质化。

有些种类，比如冷杉和雪松的球果，会在枝头逐渐瓦解，构成球果的鳞片脱落，从而释放出种子。松树的球果会一直保持完整，成熟之后还能在树上挂很长时间。大多数松树会在旱季释放种子，此时球果的鳞片会因为干旱而张开。但也有些松树的球果一直闭合，直到山火把表面烧焦才能释放种子。这是一种特殊的适应机制，让松树可以在山火把竞争物种都烧掉之后，迅速地重新占领整个地区。

少数松柏类，比如红豆杉、刺柏和罗汉松，具有浆果状小型球果。它们的肉质鳞片能吸引鸟类取食，从而传播种子。

∨ 松柏类的统治地位
松柏类能形成广阔的、由单一物种构成的纯林。这些松树生长在美国加州的优胜美地国家公园里。

35 m
115 ft

松果

四边脊状叶

蓝粉云杉
Picea pungens
松科

明亮的蓝灰色树叶带有很多针刺尖，使这种针叶树成为常用装饰植物。它们原产于北美洲西部，一般生长在高山上。

大冷杉
Abies grandis
松科

这种巨大的冷杉是一种生长迅速的高大树种，原产于北美洲西部。碾压它们的叶子可以闻到一种橘子味道。

50 m/165 ft

红冷杉
Abies magnifica
松科

这种耐旱的杉树见于干燥的山坡。它们的叶子向上弯曲，笔直的松球有20厘米长。

40 m/130 ft   40 m/130 ft

欧洲冷杉
Abies alba
松科

这种冷杉有笔直的树脂松果，可以裂开释放种子。

50 m/165 ft

高加索冷杉
Abies nordmanniana
松科

这种冷杉是欧洲最高的针叶树，经常被用作圣诞树。它们原产自黑海地区的高山。

巨云杉
Picea sitchensis
松科

这种西特卡云杉生长于寒冷潮湿的环境，经常用作林业树种。它们来源于北美洲西部的海岸地带。

叶子背面有白带

50 m
165 ft

欧洲云杉
Picea abies
松科

这种生长很快的针叶树带有尖叶子和圆柱状松果，是一种重要的木材。它们的自然生存地包括北欧大部分地区。

35 m
115 ft

欧洲赤松
Pinus sylvestris
松科

从不列颠群岛到中国，这种松树是世界上分布最广泛的针叶树。当它们长成时，树皮剥落，常呈不对称形状。

长而厚的针叶

20 m/66 ft

可食性种子的松果

意大利松
Pinus pinea
松科

意大利松可食用的种子具有很高价值。这种地中海松树有大卵圆形的松果，成熟时整个外形呈优美的伞状。

带有齿状壳的圆柱形松球

15 m/49 ft

单叶果松
Pinus monophylla
松科

这种生长缓慢的树种是松树中独特的一种，叶子单个生长而不是成簇生长。它们产于墨西哥和美国西南部的岩石坡上。

10 m
33 ft

扭叶松
Pinus contorta
松科

这种北美松树生长于海岸沙丘和沼泽，有成对的叶子和多刺松果。它们的松果在被火烧焦后才释出种子。

30 m
98 ft

雄性产花粉的松果

硬针尖叶

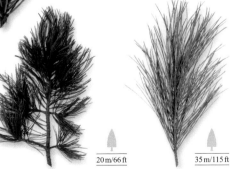

20 m/66 ft

瑞士五针松
Pinus cembra
松科

这种生长缓慢的松树见于欧洲山脉。它们结出的小松果，像其他松树的果实一样保持完整，种子通过鸟类进行传播。

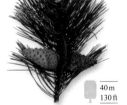

35 m/115 ft

海岸松
Pinus pinaster
松科

这种地中海的海岸松能在贫瘠的沙地里快速生长。它们有光滑的褐色松果，长20厘米。

40 m
130 ft

欧洲黑松
Pinus nigra
松科

欧洲黑松外形瘦高，有展开形树冠和长长的成对排列的叶子。它们遍布于整个欧洲，特别爱生长在石灰石里。

25 m/82 ft

油松
Pinus tabuliformis
松科

随着年龄增长，这种东方松树会长成特有的扁平展开形树冠。它们生长在高山上，结鸡蛋形小松果。

辐射松
Pinus radiata
松科

这种生长很快的松树曾仅原产于加利福尼亚范围很小的地区，现在已被广泛地用作木材，特别在南半球。

»

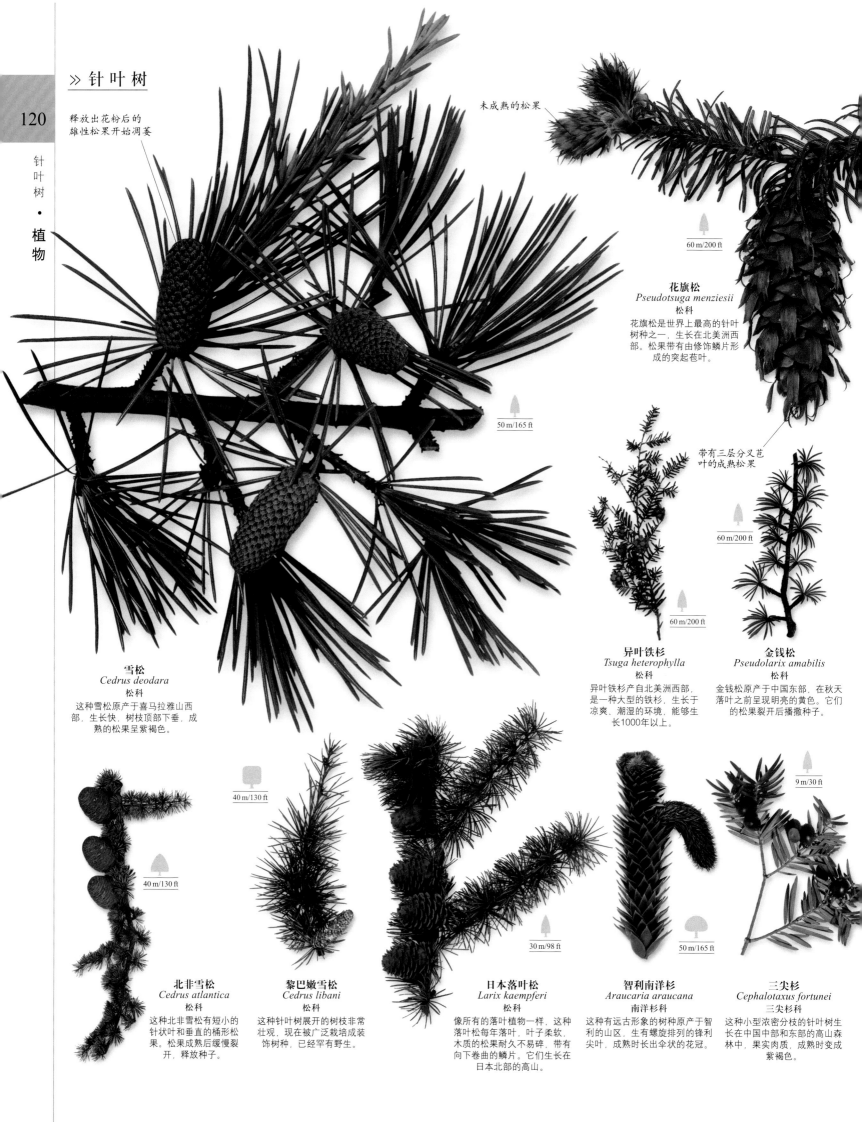

释放出花粉后的
雄性松果开始凋萎

未成熟的松果

60 m/200 ft

花旗松
Pseudotsuga menziesii
松科

花旗松是世界上最高的针叶
树种之一，生长在北美洲西
部。松果带有由修饰鳞片形
成的突起苞叶。

50 m/165 ft

带有三层分叉苞
叶的成熟松果

60 m/200 ft

60 m/200 ft

异叶铁杉
Tsuga heterophylla
松科

异叶铁杉产自北美洲西部，
是一种大型的铁杉，生长于
凉爽、潮湿的环境，能够生
长1000年以上。

金钱松
Pseudolarix amabilis
松科

金钱松原产于中国东部，在秋天
落叶之前呈现明亮的黄色。它们
的松果裂开后播撒种子。

雪松
Cedrus deodara
松科

这种雪松原产于喜马拉雅山西
部，生长快，树枝顶部下垂，成
熟的松果呈紫褐色。

40 m/130 ft

40 m/130 ft

30 m/98 ft

50 m/165 ft

9 m/30 ft

北非雪松
Cedrus atlantica
松科

这种北非雪松有短小的
针状叶和垂直的桶形松
果。松果成熟后缓慢裂
开，释放种子。

黎巴嫩雪松
Cedrus libani
松科

这种针叶树展开的树枝非常
壮观，现在被广泛栽培成装
饰树种，已经罕有野生。

日本落叶松
Larix kaempferi
松科

像所有的落叶植物一样，这种
落叶松每年落叶，叶子柔软，
木质的松果耐久不易碎，带有
向下卷曲的鳞片。它们生长在
日本北部的高山。

智利南洋杉
Araucaria araucana
南洋杉科

这种有远古形象的树种原产于智
利的山区，生有螺旋排列的锋利
尖叶，成熟时长出伞状的花冠。

三尖杉
Cephalotaxus fortunei
三尖杉科

这种小型浓密分枝的针叶树生
长在中国中部和东部的高山森
林中，果实肉质，成熟时变成
紫褐色。

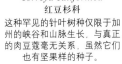

易碎的成熟松果

金松
Sciadopitys verticillata
金松科
这种很像松树的针叶树是野生树种，只生长在日本的山脉中。它们有纤细的叶子，排列在一起就像雨伞的辐条。

美国扁柏
Chamaecyparis lawsoniana
柏科
美国扁柏跟其他的柏树一样，松果小，小枝上布满鳞片状叶。它们最早起源于北美洲西部，现在被大量人工栽培。

日本柳杉
Cryptomeria japonica
柏科
日本柳杉不是雪松，这种柏树有纤细的叶子和圆形的小松果。它们生长在中国和日本的山脉中。

西美圆柏
Juniperus occidentalis
柏科
这种长寿的树种生长在美国西部的岩石山坡上。像其他的桧属植物一样，它们的种子生长在浆果样的松果里。

圆柏
Juniperus chinensis
柏科
圆柏广泛分布于东亚温带地区。这种乔木或灌木树种的叶子未成熟时呈多刺状，成熟后呈鳞片样。

相反排列的线状叶

北美红杉
Sequoia sempervirens
柏科
北美红杉原产自加利福尼亚北部的海岸，是世界上最高大的树种。成熟的树木有高耸的树干，枝相对稀疏，能够生长1000多年。

正在成熟的松果

巨杉
Sequoiadendron giganteum
柏科
这种加利福尼亚红杉是世界上最大型的树种，现存的最大的一棵树重达5000多吨，而且树皮可厚达60厘米，可以防火。

水杉
Metasequoia glyptostroboides
柏科
这种树原产自中国中部，在野外极其罕见。水杉之前被认为灭绝，1940年发现了野生种，因此被称为"活化石"。

假种皮成熟时变成红色

大果柏木
Cupressus macrocarpa
柏科
虽然被广泛栽培种植，但野生的大果柏木只限生长于加利福尼亚海岸很小的一部分地区。成熟的树木有独特的不规则的伸展造型。

台湾杉
Taiwania cryptomerioides
柏科
作为亚洲最大的针叶树种之一，这种热带植物有粗达3米的树干，还有针刺状的叶子和圆形的小松果。

落羽杉
Taxodium distichum
柏科
这种落叶树生长在美国东南部的沼泽地区，是著名的秃柏。它们的树干通常带有板状基根。

北美乔柏
Thuja plicata
柏科
这种大型树种有鳞片状小叶组成的扁平小枝，生长在北美洲的西北部。它们的木材高度防腐，甚至死后都不会腐烂。

加州榧
Torreya californica
红豆杉科
这种罕见的针叶树种仅限于加州的峡谷和山脉生长，与真正的肉豆蔻毫无关系，虽然它们也有坚果样的种子。

欧洲红豆杉
Taxus baccata
红豆杉科
这种长寿的植物把种子生在肉质的假种皮——修饰性球果鳞片中。野生的欧洲红豆杉见于欧洲和亚洲西南部，通常被人工种植。

有花植物

有花植物，也就是被子植物，有超过25万个物种，是世界上最大、多样性最高的植物类群。它们在绝大多数陆地生态系统中扮演着至关重要的角色，为动物和其他生物提供食物和庇护所。

门	被子植物门
纲	3
目	40
科	603
种	大约255000

风媒花，比如榛子的柔荑花序，能向空气中释放出云雾般的大量花粉。它们通常没有鲜艳的颜色。

动物传粉花通常十分鲜艳，并具有粘性的花粉。蜂鸟取食花蜜的时候就传递了花粉。

肉质果实演化出来是为了吸引动物。野黄瓜的果实被羚羊吃掉，种子借助排泄物传播。

干燥果实在种子成熟时常会炸裂。柳兰借助风力传播它那毛茸茸的种子。

第一种有花植物出现在一亿四千万年前，在地球的生命中算是一个后来者。从那之后，它们逐渐占据了地球生物圈中的支配地位。最小的有花植物比针尖大不了多少，最大的是数十米高的乔木。除了所有的阔叶树以外，这个类群还包括了千奇百怪的草本植物，从仙人掌和禾草，到兰花和棕榈。

有花植物如此成功，是因为它们有一些共同的特征。首先是花——实际上是由高度特化的叶子组成的、专门用于繁殖的短枝。在大多数花里，最外层的器官是花萼，然后是花瓣。被它们环抱的是产生花粉的雄蕊，以及收集花粉的雌蕊。雌蕊里的胚珠在授粉完成后发育成种子。有些花把花粉释放到空气中，利用风力传粉，但更多的花是利用动物来传递花粉。这些引人注目的花引诱传粉动物从花器官的最深处吸食富含糖分的花蜜，顺便把花粉刷在动物身上。动物传粉的花主要吸引昆虫，不过鸟和蝙蝠也是重要的传粉者。

传播策略

能产生种子的植物不止有花植物，但只有它们把种子包裹在果实里。果实由花朵里的子房发育而来，后者是位于花朵中心的封闭腔室。果实有两种功能，其一是保护种子，其二是帮助种子传播。肉质的果实吸引动物取食，通过它们的排泄物传播种子。干燥果实的传播方法比较多样化。有的在种子成熟时爆裂开来，有的表面有钩刺，能挂在动物的皮肤或毛发以及人类的衣物上。还有很多种子随水漂流，或随风飘散。很多有花植物能通过自身成长来扩散，通常是从匍匐茎上长出新的植株。这种方式能形成大量彼此相连的克隆体。世界上最大的一例是由北美山杨形成的，整个克隆群体覆盖了40公顷的土地，寿命可能长达10000年。

吸引注意力 >

和大多数花朵不同，铁筷子的花拥有色彩鲜艳的花萼，小小的绿色花瓣藏在里面。它是由蜂类传粉的。

基部被子植物

在被子植物的50多个目里，有5个是最早演化出来，并且至今仍然存在的，它们被称为基部被子植物。

从外表上来看，位于演化树基部，或者说最原始的这些被子植物类群，彼此之间并不相似，而且生活的区域非常分散。它们中有乔木、灌木、藤本，也有浮水和沉水植物。有些种类的花朵大而鲜艳夺目，有的花小且不显眼。绝大多数种类靠昆虫传粉，而金鱼藻在水下开花，靠水流传粉。（译注：根据最新的分类系统，金鱼藻科已不再是基部被子植物，它的出现时间比单子叶植物还要晚。）

化石和遗传信息的证据表明，基部被子植物各目的分化时间不同。最早的被子植物出现在约1亿4000万年前，很有可能属于无油樟目。这个目只有一个现生种，是分布在南太平洋岛屿上的一种灌木。随后，睡莲目出现了。这个目都是具有华丽花朵的水生植物，全世界均有分布，其中包括70多种睡莲。另外两个目分别是：木兰藤目，拥有大约100种木本植物，主要分布于热带地区；金粟兰目，大约60种的小目，分布于热带美洲、东亚和太平洋地区。（译注：金粟兰目的系统位置还没有最终解决，但现在也不认为它是基部被子植物，出现时间可能晚于木兰类。）在上述类群之后，被子植物的演化线发生了辐射状的快速分化，并最终产生了现生的绝大多数种类。

门	被子植物门
类群	基部被子植物
目	5
科	9
种	251

讨论

神秘的起源

被子植物显然是从不开花的种子植物中演化出来的，但具体是哪种，现在还不知道。科学家有一些猜测：种子蕨，5000万年前灭绝的一类裸子植物，买麻藤类，生活在温暖地区的常绿裸子植物，有少量现生种类。（译注：大多数分子生物学研究结论都不支持这个假说，买麻藤类亲缘关系和其他裸子植物更近，它们和被子植物类似的繁殖器官形态特征很可能是平行演化的结果。）

金粟兰目

金粟兰科是金粟兰目（Chloranthales）的唯一成员，包含4个属。该科植物多为芳香乔木和灌木（也有草本），叶对生，有锯齿，花不明显，无花瓣。

草珊瑚
Sarcandra glabra
金粟兰科

60 cm
23½ in

草珊瑚是具有医药用途的常绿灌木，生长于潮湿的地区，特别是树木繁茂的溪岸上，东南亚、中国和日本有分布。

冬季里的浆果丛

无油樟目

无油樟目（Amborellales）是原始的常绿灌木，只有一个科，且其中只有一属、一种——无油樟，又称互叶梅。它们的花很小，雄花和雌花开在不同的植株上，结只包含一颗种子的红色浆果。

2 m
6½ ft

无油樟
Amborella trichopoda
无油樟科

这种古老的开花植物仅发现于南太平洋的新喀里多尼亚岛屿的雨林里。目前面临着栖息地被破坏的威胁。

木兰藤目

木兰藤目（Austrobaileyales）仅由4个科植物组成，包含乔木、灌木和攀缘植物。木兰藤目植物多数种类的花单性，花瓣很多。最有名的一种也许就是香料八角。

茎、叶和花

18 m/59 ft

果实

八角
Illicium verum
八角科

八角的木质果实呈八角星形，被广泛地用作食用香料。这种陆生植物原产自中国和越南。

金鱼藻目

作为一种水生植物，金鱼藻目（Ceratophyllales）与其他任何目植物都没有亲缘关系。它只有金鱼藻科一个科，特征是多裂的轮生叶和刺状的只有单个种子的果实，花分雌雄两性，没有根。

1 m
3¼ ft

金鱼藻
Ceratophyllum demersum
金鱼藻科

这种水生植物没有根，生长在欧洲北极圈外的池塘和沟渠中。它们的花很小，叶子呈螺旋状。

多瓣的单性花

15 m/49 ft

木兰藤
Austrobaileya scandens
木兰藤科

这种罕见的原始攀缘植物仅在澳大利亚昆士兰的雨林里被发现。花带有腐烂的鱼腥味，可以吸引飞蝇进行授粉。

睡 莲 目

　　这种古老的水生植物的叶有漂浮在水面上的，也有没于水下的，较少见挺出水面的叶。睡莲目（Nymphaeales）植物有很多种，因生有艳丽的花而常被当作观赏植物在全世界广泛栽培。

星状半重瓣花

睡莲的花

3 m/9¾ ft

有边的叶

王莲
Victoria amazonica
睡莲科
这种睡莲产自亚马孙流域的深回水区，有巨大的圆形叶子，叶的边缘向上垂直，夜间开花。

2 m/6½ ft

水盾草
Cabomba caroliniana
莼菜科
这种睡莲栖息于美国中部和东南部的淡水静水水域，有沉水叶和浮水叶两种叶子，可能是一种入侵物种。

50 cm
20 in

"日出" 睡莲
Nymphaea 'Sunrise'
睡莲科
日出睡莲生有巨大而芬芳艳丽的花和中绿色的浮水叶。这种杂交的睡莲被认为可能原产自美洲，是最大型的睡莲之一。

白睡莲
Nymphaea alba
睡莲科
这种产自欧洲的睡莲有芳香的花，果实在水下成熟，释放出的种子漂浮在水中。它们生长在湖泊、池塘和缓流水域中。

1.5 m/5 ft

星状的紫白色花

芡实
Euryale ferox
睡莲科
它们生长在亚洲一些地区的缓流水域和静水中，生有多刺的叶、花，浆果只含一粒种子。

1.5 m/5 ft

表面有利刺的叶保护其免受动物的侵犯

茎、果实和种子都可食用

亮紫色的花

草绿或橄榄绿色的枝条

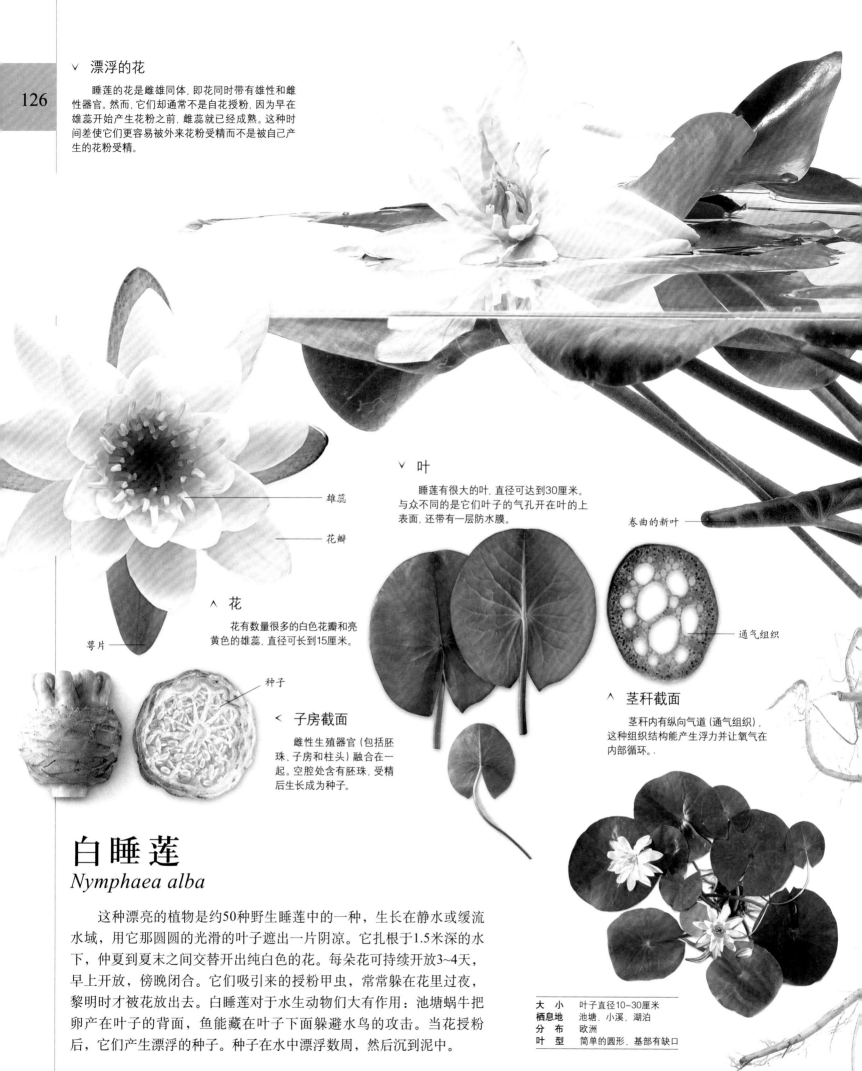

∨ 漂浮的花

睡莲的花是雌雄同体，即花同时带有雄性和雌性器官。然而，它们却通常不是自花授粉，因为早在雄蕊开始产生花粉之前，雌蕊就已经成熟。这种时间差使它们更容易被外来花粉受精而不是被自己产生的花粉受精。

雄蕊

花瓣

∧ 花

花有数量很多的白色花瓣和亮黄色的雄蕊，直径可长到15厘米。

萼片

种子

< 子房截面

雌性生殖器官（包括胚珠、子房和柱头）融合在一起。空腔处含有胚珠，受精后生长成为种子。

∨ 叶

睡莲有很大的叶，直径可达到30厘米。与众不同的是它们叶子的气孔开在叶的上表面，还带有一层防水膜。

卷曲的新叶

通气组织

∧ 茎秆截面

茎秆内有纵向气道（通气组织），这种组织结构能产生浮力并让氧气在内部循环。

白睡莲
Nymphaea alba

这种漂亮的植物是约50种野生睡莲中的一种，生长在静水或缓流水域，用它那圆圆的光滑的叶子遮出一片阴凉。它扎根于1.5米深的水下，仲夏到夏末之间交替开出纯白色的花。每朵花可持续开放3~4天，早上开放，傍晚闭合。它们吸引来的授粉甲虫，常常躲在花里过夜，黎明时才被花放出去。白睡莲对于水生动物们大有作用：池塘蜗牛把卵产在叶子的背面，鱼能藏在叶子下面躲避水鸟的攻击。当花授粉后，它们产生漂浮的种子。种子在水中漂浮数周，然后沉到泥中。

大　小	叶子直径10~30厘米
栖息地	池塘，小溪，湖泊
分　布	欧洲
叶　型	简单的圆形，基部有缺口

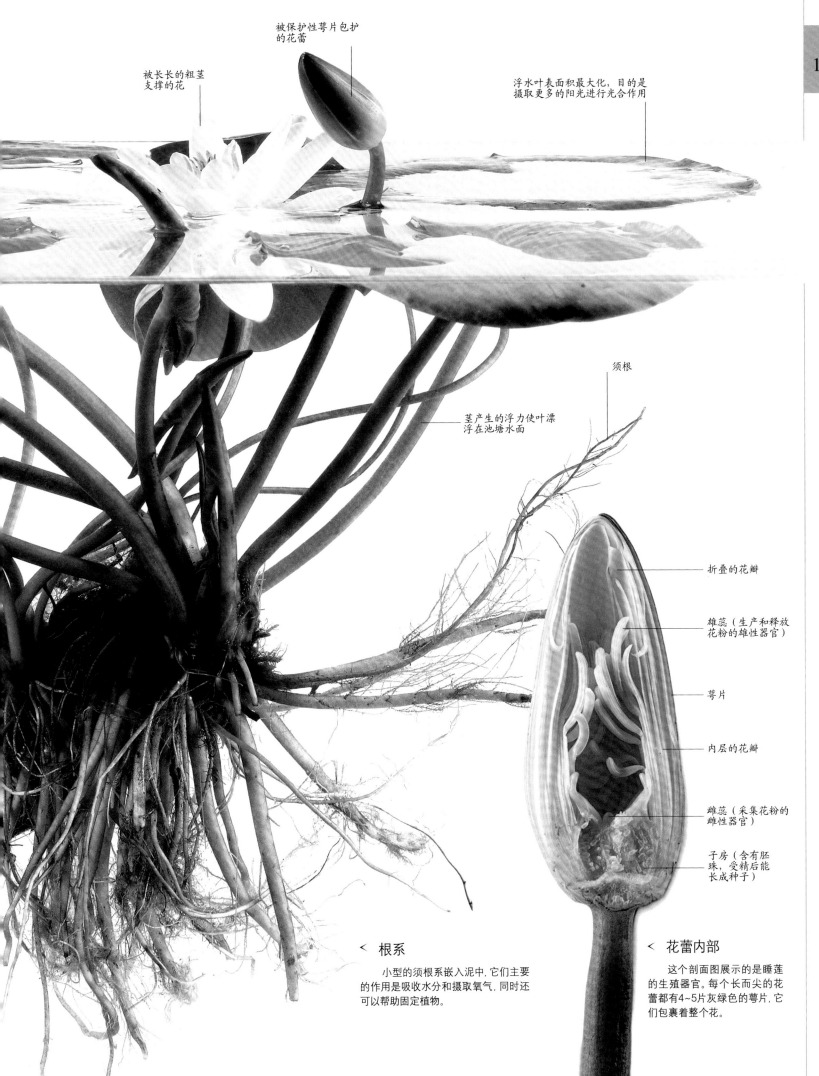

被长长的粗茎支撑的花

被保护性萼片包护的花蕾

浮水叶表面积最大化,目的是摄取更多的阳光进行光合作用

茎产生的浮力使叶漂浮在池塘水面

须根

折叠的花瓣

雄蕊(生产和释放花粉的雄性器官)

萼片

内层的花瓣

雌蕊(采集花粉的雌性器官)

子房(含有胚珠,受精后能长成种子)

< 根系

小型的须根系嵌入泥中,它们主要的作用是吸收水分和摄取氧气,同时还可以帮助固定植物。

< 花蕾内部

这个剖面图展示的是睡莲的生殖器官。每个长而尖的花蕾都有4~5片灰绿色的萼片,它们包裹着整个花。

木兰类

木兰类是具有原始花器官的一大类植物，在分类系统中介于基部被子植物和单子叶植物之间。

木兰类是被子植物演化史中出现较早的一个主要分支，生活在热带和温带地区。这个类群得名于其中最大的科之一，木兰科。该科基本上都是木本植物，有些种类是高大的乔木。不过，木兰类的其他科里也有草本和藤本的物种。

木兰类的一些草本物种有高度特化的花。例如，马兜铃属植物的花冠是具有喇叭形开口的管状，里面长有很多指向管底的倒毛。这样的花部结构形成了临时的陷阱，用浓烈的臭味吸引蝇类来传粉。不过这些只是少数特例，大多数木兰类的花结构都比较简单，由大量的花器官螺旋形地排列在花的中轴上而组成。这些花外围的特化叶不分化为花瓣和花萼，它们的颜色、形状和大小都很接近，因此统称为花被

片。化石记录显示，类似的花最早出现在一亿年前。

共同特征

木兰类主要是由分子生物学证据聚在一起的，不过它们也共享一些能用肉眼或显微镜观察到的形态特征。木兰类的花粉都只有一个萌发孔，这个微小而显著的特征将它们与单子叶植物联系在一起，同时与真双子叶植物分开，后者是被子植物中最大的演化分支，花粉具有三个或更多萌发孔。

大多数木兰类的叶子边缘光滑没有锯齿，叶脉是网状的。它们的果实既有柔软肉质的，也有坚硬木质、形似松柏类的球果的，包含一到多粒种子。肉质果实的种类利用动物传播种子，有些果实能被鸟类整个吞下，再排泄出种子。在史前时期，鳄梨（牛油果）的种子可能是由大地懒传播的。现在地懒灭绝了，鳄梨依靠人类的栽培来传播种子和维持生存。

门	被子植物门
进化分支	木兰类植物
目	4
科	20
种	7100

白樟目

白樟目 (Canellales) 包含两个科：白樟科和林仙科。它们均为芳香乔木或灌木，叶全缘、革质。多数种类具两性花，果实为浆果。该目一些种类的叶子和树皮可供药用。林仙科成员的某些特征比较古老——它们的木质茎没有导管。

胡椒目

胡椒目 (Piperales) 植物有草本、攀缘植物、乔木和灌木，广泛分布于热带地区。它们的枝干内有成束的导管组织，这是单子叶植物的特征。胡椒科的植物花朵微小，没有花瓣，穗状簇生。许多种类带有芳香气味。

木兰目

木兰目 (Magnoliales) 植物几乎都是乔木和灌木，是一个比较古老的目，常出现于化石记录中。尽管非常多样化，但大多数木兰目植物都有简单的互生叶和两性花。本目有6科植物，其中木兰科最有名，因其极具观赏性的花而被广泛种植在花园中。

林仙
Drimys winteri
林仙科

5 m
16 ft

林仙原产自智利和阿根廷的海岸雨林，有芳香的树皮、叶和花。

1 m
3¼ ft

欧洲马兜铃
Aristolochia clematitis
马兜铃科
欧洲马兜铃是有腐臭味道的有毒的多年生植物，有药用价值。它们原产于欧洲，生长在潮湿的地方。

10 cm
4 in

欧细辛
Asarum europaeum
马兜铃科
这种匍匐物种生长在欧洲的林地，它们的光滑绿叶遮住了不起眼的花。

4 m
13 ft

胡椒
Piper nigrum
胡椒科
胡椒是生长于印度南部和斯里兰卡的一种常绿攀缘植物，因果实可作为香料而被广泛栽培。

果实，或称胡椒籽，晒干后可以使用

瓣状被片保护雄蕊

20 m
65 ft

30 m
100 ft

北美鹅掌楸
Liriodendron tulipifera
木兰科
北美鹅掌楸原产于北美洲东部，生长于林地。它们的叶在秋天落叶之前变黄。

滇藏木兰
Magnolia campbellii
木兰科
这种落叶植物的花在每年的早春时节先于叶发芽开放。它们生长在中国、印度和尼泊尔的高山森林里。

樟 目

樟目 (Laurales) 植物包括7个科, 有乔木、灌木和木质攀缘植物。少部分种类生长在温带, 大多数生长在热带和亚热带地区。它们根据遗传学分类, 而不是形态学上的特点。许多种樟目植物有芳香味, 被用作香料、佐料、调料和药品, 另一些种类则可作木材或者装饰。

2.5 m/8 ft

白檫木
Sassafras albidum
樟科
这种在北美洲东部林地生长的植物由地下根茎长出新枝, 是落叶乔木, 有芳香的叶, 秋天时叶有鲜艳的色彩。

25 m 80 ft

美国蜡梅
Calycanthus floridus
蜡梅科
这种植物原产自美国东南部的丛林和溪流边, 有芳香的叶和树皮, 以及大而芳香的花。

叶簇

可食用的果实

18 m 60 ft

月桂
Laurus nobilis
樟科
这种植物的芳香叶可用作调味品。它们生长在环地中海的林地、灌木丛和岩石地区。

未成熟的果实

15 m/50 ft

果实

肉桂枝

18 m 60 ft

锡兰肉桂
Cinnamomum verum
樟科
食用香料肉桂来自于这种植物的芳香树皮。它们产自斯里兰卡的低地树林中。

18 m 60 ft

加州桂
Umbellularia californica
樟科
加州桂有时被称作"头痛树", 因为这种植物的叶子压碎后释放出来的气味可致人头痛。它们产自美国, 冬季开花。

鳄梨
Persea americana
樟科
鳄梨可能原产自墨西哥南部雨水丰沛的雨林地区, 现在因其可食用的梨状果实而被广泛种植。

从浅到深的粉色花朵在早春盛开

有香味的花

常绿的叶子

20 m 65 ft

依兰
Cananga odorata
番荔枝科
从依兰的芳香花中榨出的油脂可做香料。这种常绿乔木产自亚洲和澳大利亚的部分地区。

8 m 26 ft

番荔枝
Annona squamosa
番荔枝科
番荔枝被认为源于加勒比海地区, 亦称南美番荔枝, 现在被广泛种植。它们新鲜的果实可食用, 看上去和吃起来像乳冻。

光滑的叶子

肉豆蔻
Myristica fragrans
肉豆蔻科
肉豆蔻和肉豆蔻种衣都可用作香料。原产自印度尼西亚的岛屿。

18 m 60 ft

带有狼牙棒状外壳的肉豆蔻种子

8 m 26 ft

叶子

巴婆果
Asimina triloba
番荔枝科
这种落叶乔木原产自美国东部的潮湿丛林, 单生的花可以结出可食用的果实。

可食用的果实

单子叶植物

单子叶植物可以通过独特的内部解剖结构识别出来。常见的观赏植物中，禾草类、棕榈类、以及各种百合和兰花都是单子叶植物。

在被子植物演化的早期，演化树分成了两个主要的分支，其中稍小一点的一支是单子叶植物，较大的一支是真双子叶植物。单子叶植物得名于它们的种子只有一片子叶。除此之外，并没有万无一失的识别单子叶植物的方法，不过有一些很强的线索。大多数单子叶植物的叶子都比较狭长，具有平行的叶脉；它们的花部器官（花被片、雄蕊等等）的数量通常是3的倍数；花粉粒有唯一的萌发孔，不像真双子叶植物有三个孔。很多单子叶植物，比如郁金香，花被片不分化为花萼和花冠，不过这个特征和木兰类是一样的。

单子叶植物的地下部分通常是须根系，而不是由主根和侧根组成的直根系。还有一个关键特征来自茎的内部结构，只能在显微镜下观察到。单子叶植物的茎具有散生的维管束——用于输送水分和养料的特化组织——而真双子叶植物的维管束是同心环状的。这样的结构令单子叶植物的茎比真双子叶植物的更加柔韧，但也让单子叶植物中无法演化出真正的树。树状的单子叶植物主要是棕榈类，生长方式完全不同于阔叶树和针叶树。单子叶的"树干"可以长得很高，但不会很粗，通常只有顶部有一丛叶子。

生存策略

体型较小的单子叶植物有极高的多样性，从攀缘藤本到水生植物，很多种类还有鳞茎和块茎等地下贮藏器官，用以渡过环境严酷的时期。禾草顶着食草动物的取食压力茁壮成长，其所在的禾本科是唯一一个能独自构成整个草原生境的被子植物科。在热带地区，很多单子叶植物附生在高大的乔木上。这类植物包括凤梨科和兰科——单子叶植物最大的科，有超过25000个物种。

门	被子植物门
进化分支	单子叶植物
目	11
科	81
种	58000

讨论

单子叶植物是水生起源的吗？

现生单子叶植物中有很多生活在淡水里，还有几种生活在海里。长期以来有观点认为，单子叶植物可能从淡水起源，后来才发生分化并登上陆地。这个观点的证据是很多单子叶植物都具有的长而薄的叶片，以及特有的茎内部构造（见左）。在陆地上扩散之后，有些陆生单子叶植物兜了一圈又回到了水里，重新变成了水生形态——例如，浮萍就是这么演化出来的。

菖蒲目

菖蒲目（Acorales）植物仅由一个属和两个种组成。其中香蒲是水边和湿地植物，长有由许多小花组成的肉质的穗状花序，曾一度被划分为天南星科植物（见右侧）。植物学家现在认为它们代表了单子叶植物谱系中最早的一个分支，可能包含着早期单子叶植物外形的特点。

菖蒲
Acorus calamus
菖蒲科
这种水边生长的植物分布在北半球，曾因其带有清新的柑橘气味而被人类采割下来铺在地上。

1 m/3¼ ft

泽泻目

泽泻目（Alismatales）的植物包含许多常见的水生植物，以及以陆生为主的天南星科植物。天南星科植物外表引人注意，它们独特的繁殖解剖结构由名为佛焰花序的肉质穗状花序和名为佛焰苞的叶状环绕物组成。这个目的其他科植物包括许多淡水种，还有几种海草。

泽泻
Alisma plantago-aquatica
泽泻科
泽泻生长在水边，常见于北半球，开白色、粉色或紫色的花，花期仅一天。

1 m
3¼ ft

卵圆形漂浮叶

1 m
3¼ ft

有分支的花簇

椭圆至卵圆形的叶子

二穗水蕹
Aponogeton distachyos
水蕹科
二穗水蕹原产自南非，现在已广泛自然生长于各地。香草味的花在刚刚露出水面时开放。

雄花

花茎

箭状叶

雌花

1 m/3¼ ft

欧洲慈姑
Sagittaria sagittifolia
泽泻科
这种产自欧洲湿地的植物，在水面上长有箭状叶，而叶在水下则呈带状，有时也有漂浮叶。

海芋
Alocasia macrorrhizos
天南星科
这种巨型叶的天南星科植物
起源不明，生长在亚洲和太
平洋的热带地区，现在已作
为观赏种类被广泛种植。

4 m/13 ft

35 cm
14 in

斑点疆南星
Arum maculatum
天南星科
这种原产自欧洲的植物
春季开出肉穗花序的
花，可以发出热量吸引
昆虫授粉，秋季结出有
毒的红色浆果。

15 cm
6 in

有光泽
的叶子

佛焰苞

有图案的
叶子

盔苞芋
Arisarum vulgare
天南星科
这种广泛分布于地中海地区的天南星科植
物的花苞卷曲起来遮住肉穗花序就像个斗
篷。它们的叶子很窄。

龟背竹
Monstera deliciosa
天南星科
这种攀附于大树的天南
星科植物源自美洲中
部，其成熟的叶子有孔
并且会裂开，被广泛作
为观赏植物种植。

20 m/65 ft

彩叶黛粉芋
Dieffenbachia seguine
天南星科
这种源自美洲热带雨林里的
天南星科植物一旦被嚼碎会
导致严重的浮肿和疼痛。室
内种植的变种生有鲜艳漂亮
的叶子。

3 m
10 ft

6 m/20 ft

60 cm/24 in

1 m
3¼ ft

羽状根

黄花马蹄莲
Zantedeschia elliottiana
天南星科
这种鲜艳的天南星科植物开
黄色的花，仅见于人工种
植。其野生亲缘种生长在南
非，主要在湿地环境生长。

大藻
Pistia stratiotes
天南星科
大藻起源不明，这种莴苣样
的天南星科植物在世界范围
的温暖淡水中漂浮生长，经
常堵塞水道。

芋
Colocasia esculenta
天南星科
这种大叶形的天南星
科植物原产自亚洲和
太平洋的热带地区，
因其可食用的块茎而
在很早以前就被广泛
栽培种植。

2 m
6½ ft

攀缘喜林芋
Philodendron scandens
天南星科
这种攀缘生长的天南星科
植物在美洲中部很常见，
生长很快，也是一种流行
的室内观赏植物。

5 mm
3/16 in

鼓凸浮萍
Lemna gibba
天南星科
虽然外表不像，但浮萍确实
属于天南星科植物。这种世
界范围分布广泛的漂浮植物
只能长到直径5毫米的卵圆
形大小。

基部巨大的
肉穗花序生
有微小的花

巨大的佛焰苞

1 m
3¼ ft

龙木芋
Dracunculus vulgaris
天南星科
这种地中海东部的天南星科
植物有暗红色的花苞，可以
发出腐肉的气味，非常适合
由苍蝇来传粉。

1 m
3¼ ft

长行天南星
Arisaema consanguineum
天南星科
这种夏天开花的天南星科植物原
产自喜马拉雅东部和中国，带有
独特的条形花苞。整棵植物都有
剧毒。

1 mm
1/32 in

6 m
20 ft

无根萍
Wolffia arrhiza
天南星科
这种遍布世界的浮萍是
世界上最小的有花植
物，直径仅有1毫米，
呈绿色卵圆形。

巨魔芋
Amorphophallus titanum
天南星科
这种巨大的天南星科
植物来自于苏门答腊岛。
当它们高达3米的花序凋谢
后，会长出能维持很久、像
树一样的一片叶子。

1 m
3¼ ft

30 cm
12 in

1.5 m
5 ft

沼芋
Lysichiton americanum
天南星科
沼芋是一种原产自南美洲西
部湿润地区的天南星科植
物，能释放出强烈的气味吸
引昆虫。

水芋
Calla palustris
天南星科
水芋原产自北半球凉爽地区
的湿地和浅水区域，是一种
著名的观赏植物。

花蔺
Butomus umbellatus
花蔺科
这种水边生长的鲜艳植物是
花蔺科植物仅有的一个种，
原产自欧亚大陆，在北美洲
属于入侵种。

>>

≫ 泽泻目

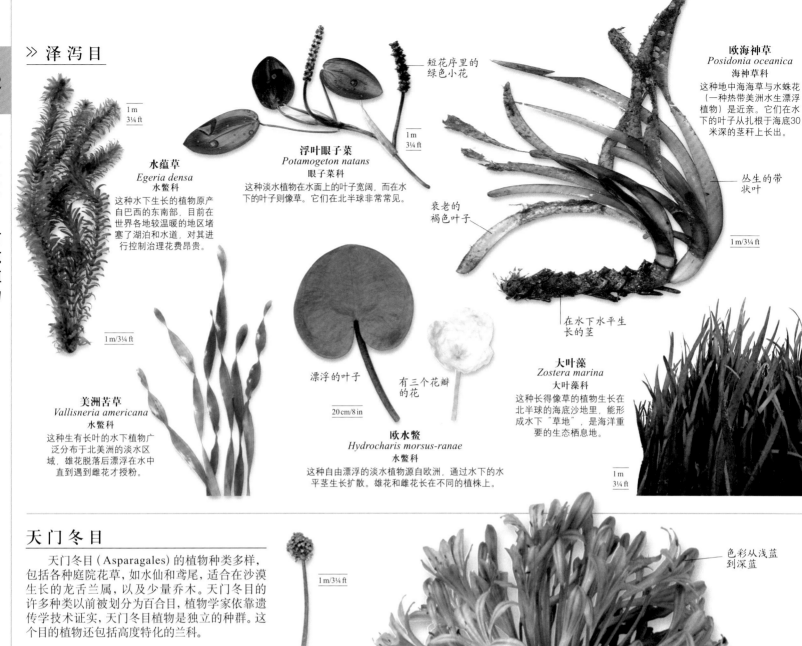

水蕰草
Egeria densa
水鳖科
这种水下生长的植物原产自巴西的东南部，目前在世界各地较温暖的地区堵塞了湖泊和水道，对其进行控制治理花费昂贵。

1 m
3¼ ft

短花序里的绿色小花

浮叶眼子菜
Potamogeton natans
眼子菜科
这种淡水植物在水面上的叶子宽阔，而在水下的叶子则像草。它们在北半球非常常见。

1 m
3¼ ft

欧海神草
Posidonia oceanica
海神草科
这种地中海海草与水蛛花（一种热带美洲水生漂浮植物）是近亲。它们在水下的叶子从扎根于海底30米深的茎秆上长出。

丛生的带状叶

衰老的褐色叶子

1 m/3¼ ft

美洲苦草
Vallisneria americana
水鳖科
这种生有长叶的水下植物广泛分布于北美洲的淡水区域，雄花脱落后漂浮在水中直到遇到雌花才授粉。

1 m/3¼ ft

漂浮的叶子

有三个花瓣的花

20 cm/8 in

欧水鳖
Hydrocharis morsus-ranae
水鳖科
这种自由漂浮的淡水植物源自欧洲，通过水下的水平茎生长扩散。雄花和雌花长在不同的植株上。

在水下水平生长的茎

大叶藻
Zostera marina
大叶藻科
这种长得像草的植物生长在北半球的海底沙地里，能形成水下"草地"，是海洋重要的生态栖息地。

1 m
3¼ ft

天门冬目

天门冬目（Asparagales）的植物种类多样，包括各种庭院花草，如水仙和鸢尾，适合在沙漠生长的龙舌兰属，以及少量乔木。天门冬目的许多种类以前被划分为百合目，植物学家依靠遗传学技术证实，天门冬目植物是独立的种群。这个目的植物还包括高度特化的兰科。

1 m/3¼ ft

色彩从浅蓝到深蓝

由小的钟形花组成的紧密花冠

洋葱
Allium cepa
葱科
古埃及的证据表明，洋葱已经被种植了至少有5000年。

可食用的球茎

60 cm
24 in

20 cm
8 in

80 cm/32 in

圆头大花葱
Allium sphaerocephalon
葱科
圆头大花葱是洋葱在欧洲的亲缘种，喜欢石灰石质的土壤。园丁种植它们是因其鲜艳而紧簇的花冠。

45 cm
20 in

熊葱
Allium ursinum
葱科
熊葱是大蒜的近亲，闻起来也像大蒜。在春季，这种植物用其宽宽的绿叶像地毯一样铺满欧洲的林地。

百子莲
Agapanthus africanus
百子莲科
这种花原产自南非，生有长长的主茎和拱形窄叶。它们可以在其栖息地的大火中幸存下来，再利用肉质的地下茎重生。

雪滴花
Galanthus nivalis
石蒜科
这种早春的耐阴花原产自欧洲，带有3个白色萼片，萼片比中间的花瓣要长许多。

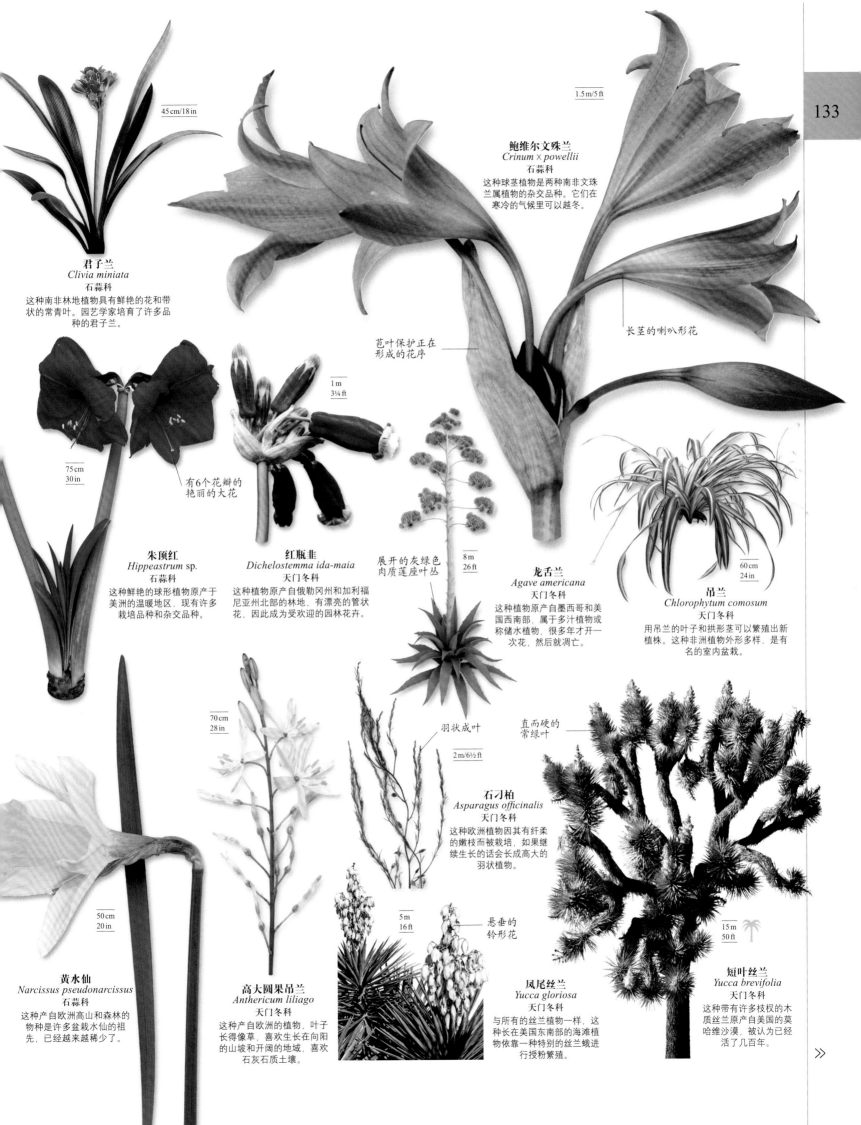

君子兰
Clivia miniata
石蒜科
这种南非林地植物具有鲜艳的花和带状的常青叶。园艺学家培育了许多品种的君子兰。

45 cm/18 in

1.5 m/5 ft

鲍维尔文殊兰
Crinum × powellii
石蒜科
这种球茎植物是两种南非文殊兰属植物的杂交品种。它们在寒冷的气候里可以越冬。

长茎的喇叭形花

苞叶保护正在形成的花序

1 m
3¼ ft

有6个花瓣的艳丽的大花

朱顶红
Hippeastrum sp.
石蒜科
这种鲜艳的球形植物原产于美洲的温暖地区，现有许多栽培品种和杂交品种。

75 cm
30 in

红瓶韭
Dichelostemma ida-maia
天门冬科
这种植物原产自俄勒冈州和加利福尼亚州北部的林地，有漂亮的管状花，因此成为受欢迎的园林花卉。

展开的灰绿色肉质莲座叶丛

8 m
26 ft

龙舌兰
Agave americana
天门冬科
这种植物原产自墨西哥和美国西南部，属于多汁植物或称储水植物，很多年才开一次花，然后就凋亡。

60 cm
24 in

吊兰
Chlorophytum comosum
天门冬科
用吊兰的叶子和拱形茎可以繁殖出新植株。这种非洲植物外形多样，是有名的室内盆栽。

70 cm
28 in

羽状成叶

直而硬的常绿叶

2 m/6½ ft

石刁柏
Asparagus officinalis
天门冬科
这种欧洲植物因其有纤柔的嫩枝而被栽培，如果继续生长的话会长成高大的羽状植物。

50 cm
20 in

黄水仙
Narcissus pseudonarcissus
石蒜科
这种产自欧洲高山和森林的物种是许多盆栽水仙的祖先，已经越来越稀少了。

高大圆果吊兰
Anthericum liliago
天门冬科
这种产自欧洲的植物，叶子长得像草，喜欢生长在向阳的山坡和开阔的地域，喜欢石灰石质土壤。

5 m
16 ft

悬垂的铃形花

凤尾丝兰
Yucca gloriosa
天门冬科
与所有的丝兰植物一样，这种长在美国东南部的海滩植物依靠一种特别的丝兰蛾进行授粉繁殖。

15 m
50 ft

短叶丝兰
Yucca brevifolia
天门冬科
这种带有许多枝杈的木质丝兰原产自美国的莫哈维沙漠，被认为已经活了几百年。

>>

单子叶植物 · 有花植物

最多开15朵花
的花茎

25 cm
10 in

铃兰
Convallaria majalis
天门冬科
来自于温暖的欧亚大陆的
百合谷，这种植物有香甜
的气味，红色浆果有毒。

70 cm
28 in

欧亚黄精
Polygonatum multiflorum
天门冬科
这种主要生在欧亚大陆林地里的
物种，有叶状的拱形茎，管状花
无味。

1 m/3¼ ft

假叶树
Ruscus aculeatus
天门冬科
这是欧洲的一种灌木植物，
花和果实直接从"叶子"上
长出，而"叶子"其实是扁
平的茎。

60 cm
24 in

蜘蛛抱蛋
Aspidistra elatior
天门冬科
原产自日本，这种林地植物现已在世界
各地非常普遍。它们在贴近土壤的地方
开出紫色的小花。

1.5 m
5 ft

海葱
Drimia maritima
天门冬科
原产自地中海沿岸，这种
大球茎植物在夏末叶子全
部凋落之后，生出高挑的
白色穗状花序。

30 cm
12 in

春慵花
*Ornithogalum
angustifolium*
天门冬科
这种在欧洲广泛分布的植物
阴天时会很快关闭花朵，带
有窄沟槽的叶子中央有一条
白色条纹。

60 cm
24 in

虎尾兰
*Sansevieria
trifasciata*
天门冬科
这种非洲西部的热带植
物是一种非常流行的盆
栽植物，坚硬的叶子带
有图案，也因能生产纤
维而被种植。

50 cm
20 in

葡萄牙蓝瑰花
Scilla pervuiana
天门冬科
这种鲜艳的球茎常绿植物产
自欧洲西南部，从根部生长
出长而宽的叶。

铃形花

30 cm
12 in

星捧月
Aphyllanthes monspeliensis
天门冬科
不开花的时候，这种地中海植
物看上去就像一丛灯芯草，许
多纤细的茎几乎没有叶子。

45 cm
18 in

含有多达50朵有
香味花的花序

风信子
Hyacinthus orientalis
天门冬科
这是经过许多世纪演变的一
个变种，产自亚洲西南部，
具有多种颜色和香味。

30 cm
12 in

纳金花
Lachenalia aloides
天门冬科
这种原产自非洲西南角的球
茎植物，只生有一片或两片
带状叶子。

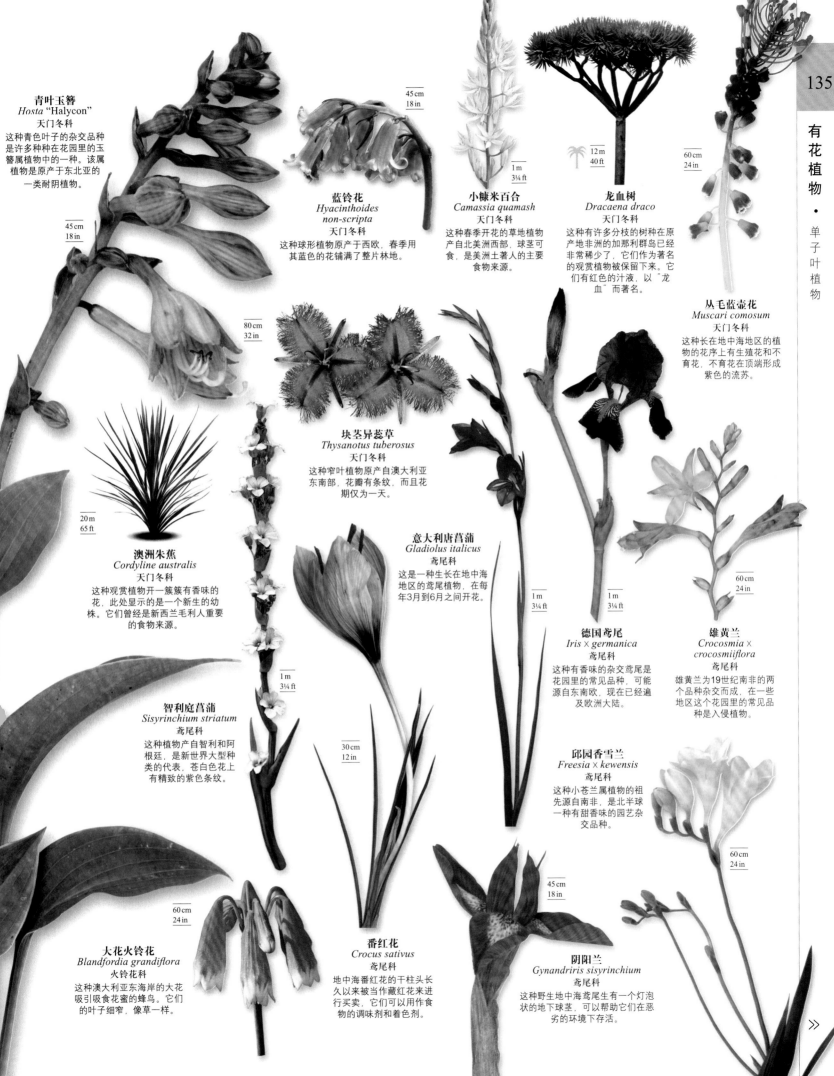

青叶玉簪
Hosta "Halycon"
天门冬科
这种青色叶子的杂交品种
是许多种种在花园里的玉
簪属植物中的一种。该属
植物是原产于东北亚的
一类耐阴植物。

45 cm
18 in

蓝铃花
*Hyacinthoides
non-scripta*
天门冬科
这种球形植物原产于西欧,春季用
其蓝色的花铺满了整片林地。

45 cm
18 in

小糠米百合
Camassia quamash
天门冬科
这种春季开花的草地植物
产自北美洲西部,球茎可
食,是美洲土著人的主要
食物来源。

1 m
3¼ ft

龙血树
Dracaena draco
天门冬科
这种有许多分枝的树种在原
产地非洲的加那利群岛已经
非常稀少了,它们作为著名
的观赏植物被保留下来。它
们有红色的汁液,以"龙
血"而著名。

12 m
40 ft

60 cm
24 in

从毛蓝壶花
Muscari comosum
天门冬科
这种长在地中海地区的植
物的花序上有生殖花和不
育花,不育花在顶端形成
紫色的流苏。

80 cm
32 in

块茎异蕊草
Thysanotus tuberosus
天门冬科
这种窄叶植物原产自澳大利亚
东南部,花瓣有条纹,而且花
期仅为一天。

20 m
65 ft

澳洲朱蕉
Cordyline australis
天门冬科
这种观赏植物开一簇簇有香味的
花,此处显示的是一个新生的幼
株。它们曾经是新西兰毛利人重要
的食物来源。

意大利唐菖蒲
Gladiolus italicus
鸢尾科
这是一种生长在地中海
地区的鸢尾植物,在每
年3月到6月之间开花。

1 m
3¼ ft

1 m
3¼ ft

德国鸢尾
Iris × germanica
鸢尾科
这种有香味的杂交鸢尾是
花园里的常见品种,可能
源自东南欧,现在已经遍
及欧洲大陆。

60 cm
24 in

雄黄兰
*Crocosmia ×
crocosmiiflora*
鸢尾科
雄黄兰为19世纪南非的两
个品种杂交而成,在一些
地区这个花园里的常见品
种是入侵植物。

1 m
3¼ ft

智利庭菖蒲
Sisyrinchium striatum
鸢尾科
这种植物产自智利和阿
根廷,是新世界大型种
类的代表,苍白色花上
有精致的紫色条纹。

30 cm
12 in

邱园香雪兰
Freesia × kewensis
鸢尾科
这种小苍兰属植物的祖
先源自南非,是北半球
一种有甜香味的园艺杂
交品种。

60 cm
24 in

60 cm
24 in

大花火铃花
Blandfordia grandiflora
火铃花科
这种澳大利亚东海岸的大花
吸引吸食花蜜的蜂鸟。它们
的叶子细窄,像草一样。

番红花
Crocus sativus
鸢尾科
地中海番红花的干柱头长
久以来被当作藏红花来进
行买卖,它们可以用作食
物的调味剂和着色剂。

45 cm
18 in

阴阳兰
Gynandriris sisyrinchium
鸢尾科
这种野生地中海鸢尾生有一个灯泡
状的地下球茎,可以帮助它们在恶
劣的环境下存活。

»

布袋兰
Calypso bulbosa
兰科

这种带香味的独花兰广泛分布于北半球较凉爽的地区，喜欢生长在潮湿的林地和沼泽。

20 cm
8 in

1 m/3¼ ft

文心兰
Oncidium sp.
兰科

这个属的宽唇兰花原产自美洲的热带地区，包括约400个不同尺寸的种。

西藏虎头兰
Cymbidium tracyanum
兰科

这种附生兰花产自缅甸和中国西南部，在秋天开出香味浓烈的花。

1 m
3¼ ft

60 cm
24 in

80 cm
32 in

赛德长翼兰
Phragmipedium × *seden*
兰科

这种有香味的地生兰花是美洲兜兰属的杂交品种，兜兰原产自美洲的热带地区。

凤信兰
Dipodium squamatum
兰科

这种地生的澳大利亚兰花与地下的真菌共生，生长在林地环境。

50 cm
20 in

细距舌唇兰
Platanthera bifolia
兰科

细距舌唇兰见于各种各样的生存环境，遍布于温暖的欧亚地区。夜间飞蛾经常来这种蜜香味的白色兰花上采蜜和传粉。

60 cm
24 in

23 cm
9 in

15 cm
6 in

倒距兰
Anacamptis pyramidalis
兰科

这种喜欢石灰的兰花来自温暖的欧亚大陆，把花粉黏在来访的蝴蝶和飞蛾身上，由达尔文首次描述。

无茎杓兰
Cypripedium acaule
兰科

无茎杓兰广泛分布在北美洲东部，这种两叶的杓兰喜欢松林里的酸性土壤。

紫毛兜兰
Paphiopedilum villosum
兰科

这种杓兰原产自中国南部和东南亚部分地区，曾被用于杂交，创造出许多种观赏品种。

2 cm
¾ in

瓦格纳尾萼兰
Masdevallia wagneriana
兰科

这种产自委内瑞拉北部山区的小型附生兰花的萼片上有细细的尾状物，这是这个属的特征。

花的外层有3个萼片，内层有3个花瓣

30 cm
12 in

橙花哥丽兰
Guarianthe aurantiaca
兰科

这个树生的兰花源自中美洲的热带地区，园艺师用其培育出许多种观赏品种和杂交品种。

15 cm
6 in

中部有独特的褶边

台湾独蒜兰
Pleione formosana
兰科

台湾独蒜兰原产自中国的一些地区，这种小型地生兰花在冬天里会逐渐枯萎。

60 cm
24 in

红花头蕊兰
Cephalanthera rubra
兰科

这种地生的兰花有玫瑰粉的花或紫色的花，分布于从欧洲到中亚地区的开阔林地中。

丛宝兰
Limodorum abortivum
兰科
这种欧洲南部的兰花没有绿色的叶子，但它们的根尖可通过周围生长的红菇真菌而获得养分。

80 cm/32 in

石斛
Dendrobium sp.
兰科
石斛有超过1000种不同形状、颜色和大小的种类。这种附生兰花遍及东南亚到新西兰。

2 m
6½ ft

90 cm
35 in

"利珀玫红"蝴蝶兰
Phalaenopsis 'Lipperose'
兰科
这种由东南亚蝴蝶兰属培育而来的杂交品种长有宽而扁平的花。

1 m
3¼ ft

30 cm
12 in

长药兰
Serapias lingua
兰科
这种地中海地区罕见的兰花的花唇倒垂下来，就像舌头一样，可作为昆虫的落脚平台。

蜥蜴兰
Himantoglossum hircinum
兰科
蜥蜴兰是欧洲最大的野生兰花，它们长长的花唇极像小蜥蜴，并因此而得名。

每一朵花上有3个萼片和2个花瓣

60 cm
24 in

1 m
3¼ ft

60 cm
24 in

下垂的萼片

30 cm
12 in

四裂红门兰
Orchis militaris
兰科
这种喜欢石灰的兰花产自欧亚大陆，单个花朵看起来像是佩戴头盔的人像。

伞房双尾兰
Diuris corymbosa
兰科
这种兰花原产自澳大利亚的东南部和西南部，两侧花瓣的形状像驴的耳朵。

种子荚

革质常绿叶

"罗思柴尔德"万代兰
Vanda 'Rothschildiana'
兰科
罗思柴尔德万代兰是原产自亚洲热带地区的一种树生兰花，是万代兰属的杂交品种。

扁叶香荚兰
Vanilla planifolia
兰科
这种攀缘兰花原产自墨西哥和美洲中部，是调味香料香草的来源。

翅柱兰
Pterostylis sp.
兰科
这种地生兰花主要产自澳大利亚，其上层的萼片常呈兜帽状而遮盖住花的中心。

花柄上的披针形叶子

欧亚绶草
Spiranthes spiralis
兰科
这种小型的草地兰花主要产自欧亚大陆的温暖地区，以其花沿着花柄向上螺旋排列而著称。

花吸引昆虫授粉

20 cm
8 in

花酷似肥胖的大黄蜂

萼片形成一个盖住花的保护性兜帽

带花粉的雄蕊

1 m/3¼ ft

当被昆虫触碰时花唇关闭，这样昆虫就会采集到花粉

50 cm
20 in

35 cm
14 in

暗红火烧兰
Epipactis atrorubens
兰科
这种带香味的欧亚兰花长长的根可以使其稳固生长，甚至可以长在石灰岩悬崖的缝隙中。

鹤顶兰
Phaius tankervilleae
兰科
这种芳香的地生兰花被广泛栽培，原产地在东南亚和南太平洋的热带、亚热带地区。

蜂兰
Ophrys apifera
兰科
虽然该属兰花是通过模仿雌性昆虫而吸引雄性昆虫进行传粉的兰花种类，但这种欧亚兰花实际上经常自花授粉。

》

∨ 植物的扩张

双丝兰无论在岩石还是在其他植物上都可以生长，其水平生长的根系形成浓密的匍匐根，从植物的基部向外伸展出去。

宽而发白的花瓣形成花唇，可以作为信号以吸引授粉的昆虫

外层的3个萼片包裹着花苞

双丝兰
Dinema polybulbon

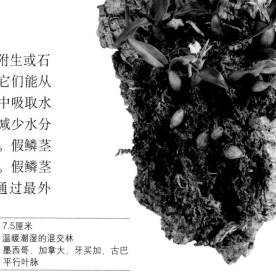

这种小型兰花是双丝兰属唯一的一种。它们蔓生而多产，是附生或石生植物，这说明它们能够生长在树或岩石上，并用其作为支撑。它们能从空气、动物腐屑或其他植物的残留物中获取营养，从雨水或雾气中吸取水分。水分汇集于蜡质的厚叶，叶上气孔减少，这些特性都有助于减少水分的流失。叶子把水分灌输到膨胀而直立的被称为假鳞茎的茎秆中。假鳞茎进化成为储水的器官，能够使兰花在热带地区的旱季里保持水分。假鳞茎连接在匍匐茎上，后者又依次连接在地下根和气生根上。它们通过最外层叫作根被的细胞层吸收溶解的营养物质。冬天，每一个假鳞茎只开一朵花。它们可以在−10℃的寒冷中越冬，是一种深受人类喜爱的兰花。

大　小	7.5厘米
栖息地	温暖潮湿的混交林
分　布	墨西哥，加拿大，牙买加，古巴
叶　型	平行叶脉

扁平的叶尖上有一个缺口

假鳞茎 >

这些小椭圆形的灯泡状结构零散地分布在匍匐茎上，能储存水分，以备地表水不足。

∧ 花

假鳞茎上生出的散发甜香味的小花有黄褐色的窄萼片、紫色的花瓣和展开的白色花唇。

< 花粉囊

花粉粒储存在两个囊中，黏块可以把囊黏到传粉者身上，从而把花粉带到另一棵植株上。

< 气生根

兰花的气生根长在地上，根的外层部分是一层具有保护功能的死细胞，作用像吸墨纸，可以帮助吸收和保存水分。

» 天门冬目

8 m / 26 ft

白色或淡黄色花序

南方黄脂木
Xanthorrhoea australis
黄脂木科
这种能够抵御林火的澳大利亚植物经过一段时间最终会长成结实的有分枝的大树，在高高的花序上长出小花。

6 m / 20 ft

麻兰
Phormium tenax
萱草科
这种常见的新西兰种亚麻有巨大的叶子，叶生长于地面，高耸的花柄上开着管状的红花。

1.5 m / 5 ft

萱草
Hemerocallis fulva
萱草科
这种观赏品种的花只能维持一天。它们原产于东亚地区，现在已经在北美地区广泛种植。

叶中的汁液有治疗作用

橙红色的花序在靠近基部褪成黄色

1.5 m / 5 ft

夏阿福花
Asphodelus aestivus
阿福花科
这种常见的地中海窄叶植物在高耸的茎上许多白色或黄色的花。

1 m / 3¼ ft

库拉索芦荟
Aloe vera
阿福花科
这种带刺的多汁植物很适应干旱的环境，自古以来就因其显著的药用特性而被栽培种植。

1.5 m / 5 ft

火把莲
Kniphofia uvaria
阿福花科
这种生有狭长叶子的多花植物原产自非洲的西南角，现在已经成为著名的观赏植物。

位于顶部的花蕾最后开放

百合目

许多曾被认为属于百合目（Liliales）的家庭成员，如洋葱和风信子，现在已经被划分到完全不同的目——天门冬目（参见第132~139页）中。"减员"后的百合目中包括真正的百合，及与其有密切亲缘关系的郁金香和六出花等其他各种各样的植物。这个目的许多种类是鲜艳的球茎植物，也有些是攀缘植物。

45 cm / 18 in

林生郁金香
Tulipa sylvestris
百合科
这种黄色的郁金香仍然广泛分布于其原产地欧洲。它们与培育的花园品种有亲缘关系，生长在草地、岩石山坡和开阔的林地。

40 cm / 16 in

四叶重楼
Paris quadrifolia
藜芦科
这种四叶植物见于欧亚大陆温暖的原始林地，长有单出的绿色花，结出的黑色果实不可食用。

50 cm / 20 in

阿尔泰贝母
Fritillaria meleagris
百合科
这种欧洲的球茎植物长有独特的带方格的花，生长在潮湿的草场，但现在更多见于栽培种植。

薯蓣目

相对较小的薯蓣目（Dioscoreales）主要以热带攀缘植物薯蓣为主，自古以来许多种薯蓣因其个大、可食用的块茎而被长期种植。这个目的植物还包括一些原来属于百合科的植物，如沼金花。

45 cm / 18 in

沼金花
Narthecium ossifragum
沼金花科
这种欧洲植物栖息在贫瘠的丘陵高地。当它们的种子开始发育时，头状花序就变成火一般的橘红色。

5 m / 16 ft

薯蓣
Dioscorea sp.
薯蓣科
这种植物在热带地区被广泛种植，能长出富含淀粉的很大的块茎，有能攀缘的茎和心形的叶。

可食用的块茎

4 m / 13 ft

浆果薯蓣
Tamus communis
薯蓣科
这种有毒的欧洲攀缘植物属于番薯家族，有黑色的地下块茎。其球形的果实成熟后变成亮红色。

未成熟实呈绿

带有心形叶子的缠绕茎

圣母百合
Lilium candidum
百合科
这种被广泛种植的百合原产自地中海东部地区，经常在圣诞艺术品中代表着纯洁。

1 m
3¼ ft

雌蕊柱头接受花粉

雄蕊产生花粉

叶子沿着茎螺旋向上排列生长

15 cm
6 in

网状顶冰花
Gagea reticularis
百合科
这种小球茎植物生长在开阔的栖息地，分布地包括温带亚洲、东南欧和北非。

1.2 m
4 ft

欧洲百合
Lilium martagon
百合科
这种百合广泛分布于欧亚大陆，向后弯曲的花瓣是其独特的花形。

2 m/6½ ft

嘉兰
Gloriosa superba
秋水仙科
这种来自南非林地非常醒目的植物属于攀缘植物，依靠卷须向上攀爬。

花冠

15 cm
6 in

秋水仙
Colchicum autumnale
秋水仙科
这种很像藏红花的植物原产自欧洲，秋季在长叶前先开花。尽管它们有毒，但还是被广泛地栽培种植。

3 m
10 ft

大百合
Cardiocrinum giganteum
百合科
这种大型百合见于从喜马拉雅地区到中国，要生长好几年之后才开花，然后便凋亡。

叶子

有6个花瓣的花

从茎上长出的叶子扭转成反面朝上

多达40朵的管状花

橘红竹叶吊钟
Bomarea caldasii
六出花科
这种开鲜艳花朵的攀缘植物原产自南美，与六出花是近亲。

4 m
13 ft

六出花
Alstroemeria sp.
六出花科
这个百合样的南美种属包括许多著名的观赏品种。它们的叶子随着生长慢慢扭转，叶面自动翻转。

1.2 m
4 ft

≫

>> 百合目

智利钟花
Lapageria rosea
金钟木科
这种植物原产自智利潮湿的林地，因其壮观的铃形花而被栽培种植。

10 m
30 ft

1.5 m
5 ft

浆果

花簇

15 m
50 ft

穗菝葜
Smilax aspera
菝葜科
这种茂盛的攀缘植物原产自地中海和西南亚，花雌雄异株。

藜芦
Veratrum sp.
藜芦科
这种有毒的植物原产自北半球，生有带分枝的绿色花簇。

露兜树目

露兜树目 (Pandanales) 的植物主要见于热带地区，包括1300多种树木、灌木、藤蔓和较小型的植物。许多种表面看上去就像棕榈，但它们的带形叶子比较小，其中大约有一半的种是属于露兜树科。

多种的果实

露兜树
Pandanus tectorius
露兜树科
这种热带海岸树种与松树没有任何关系，长期以来它们是太平洋海岛文化的重要源泉。

成年树

18 m
60 ft

棕榈目

棕榈目 (Arecales) 构成了棕榈大家族。棕榈一般从一个中心芽开始生长，慢慢从小灌木长成高大的树木。这个目也有许多种是纤细的攀缘藤蔓。它们巨大的叶子有羽状也有扇形。虽然在印象中它们是沙漠或海岸沙滩物种，但大多数实际上生长在热带雨林里。

30 m
100 ft

羽状的叶子

椰子
Cocos nucifera
棕榈科
椰子可能原产自太平洋西部，现在被人类广泛栽植。它们通过漂流的果实在岛屿间繁殖。

单籽果实

成年树

20 m
65 ft

桄榔
Arenga pinnata
棕榈科
这种原产自印度和东南亚的植物长有鲜艳的黄色花头。它们可生产大量的糖和纤维。

海枣
Phoenix dactylifera
棕榈科
这里展示的是年轻小海枣。它们产自中东地区，雌雄异株。

30 m
100 ft

25 m
80 ft

成年树

成熟的果实

槟榔
Areca catechu
棕榈科
这种植物原产自东南亚，因其种子被咀嚼时释放的物质会刺激神经系统而被人类种植。

18 m
60 ft

丝葵
Washingtonia filifera
棕榈科
这种棕榈原产自美国西南地区，垂在花冠下面凋亡的叶子为鸟类和昆虫提供庇护。

长舌蜡棕
Copernicia macroglossa
棕榈科
这种相对较小的棕榈原产自古巴，因其树冠下面凋萎的叶形成的裙子形状而得名（英文名意译为衬裙棕榈）。

7 m
23 ft

的叶子

20 m
65 ft

成熟的果实

油棕
Elaeis guineensis
棕榈科
油棕是湿润的热带地区的一种低地植物。这种棕榈在其原产地非洲以外的地区被大范围种植，目的是从果实中得到油脂。

6 m
20 ft

酒瓶椰
Hyophorbe lagenicaulis
棕榈科
这种根部膨起的棕榈原产自毛里求斯的圆岛，现在作为观赏植物在各地被种植。

15 m
50 ft

西谷椰
Metroxylon sagu
棕榈科
图中展示的是年轻的西谷椰。这种棕榈可能起源于新几内亚的沼泽，但现在已遍布东南亚地区。

棕榈
Trachycarpus fortunei
棕榈科
这种耐寒的棕榈源自中国中部地区，雌雄异株，雌树结出圆形的蓝黑色果实。

20 m
65 ft

30 m
100 ft

种子

巨子棕
Lodoicea maldivica
棕榈科
这种产自塞舌尔的棕榈的种子在植物王国里是最大的种子。它们需要6年时间才能成熟。

王棕
Roystonea regia
棕榈科
这种高大伟岸的林荫道树种在热带地区很常见，树干光滑，原产自加勒比海岛地区，可以在肥沃的土壤中茁壮生长。

25 m
80 ft

粉酒椰
Raphia farinifera
棕榈科
这种产自非洲大陆和马达加斯加的棕榈，叶子长达20米，比任何树种的叶子都要大。

10 m
30 ft

扇形的叶子展开达1米

20 m
65 ft

糖棕
Borassus flabellifer
棕榈科
这种树干高高的南亚种类喜欢干燥的地区，因其果实和产糖的汁液而被人类种植。

桃果蜡棕
Copernicia prunifera
棕榈科
这种产自巴西中部和东北部的棕榈开褐色的花，树皮形成于叶的基部，叶上覆盖有蜡质。

3 m
9¾ ft

矮棕
Chamaerops humilis
棕榈科
人工栽培的这种棕榈可从同一基部长出几个短短的树干，而野生的矮棕通常没有树干。它们原产于地中海国家。

25 m
80 ft

智利椰子
Jubaea spectabilis
棕榈科
这种树干巨大的耐寒棕榈只产于智利中部，又称为智利棕榈，现在是濒危保护物种。

10 m
30 ft

鸭跖草目

　　鸭跖草目 (Commelinales) 主要包括一些生长缓慢的植物,常分布于世界温带地区。许多种类因其三瓣蓝色花(部分种类减为二瓣花)非常吸引人而成为著名的观赏植物。它们的叶和茎常常是肉质的,其黏性的汁液暴露在空气中会变硬。

天蓝鸭跖草
Commelina coelestis
鸭跖草科
这是一种原产自墨西哥和美洲中部的蔓生植物,有时被用作地面的草坪进行种植。

鸳鸯草
Dichorisandra reginae
鸭跖草科
这种来自秘鲁的热带林地物种在温带地区的花园里很普遍。其蓝色的花中心呈白色。

须竹草
Tripogandra multiflora
鸭跖草科
这种植物原产自美洲中部和南部,茎叶很纤弱,底面呈紫色。

60 cm
24 in

70 cm
2¼ ft

30 cm
12 in

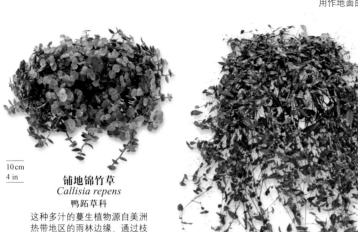

铺地锦竹草
Callisia repens
鸭跖草科
这种多汁的蔓生植物源自美洲热带地区的雨林边缘,通过枝条生根蔓延生长。

10 cm
4 in

15 cm
6 in

蔓茎

吊竹梅
Tradescantia zebrina
鸭跖草科
这种源自美洲热带地区的物种匍匐生长,生有带条纹的多汁叶片,现在普遍在家庭被种植。

禾 本 目

　　禾草占据了禾本目 (Poales) 的大部分。它们的风媒花不需要鲜艳的花瓣。莎草、灯芯草以及凤梨科植物都属于这一目。禾本目植物以附生为主,即脱离了其他植物就无法生存。它们大多数都在坚硬的宽叶丛中生出颜色鲜艳的花序。

垂枝细莞
Isolepis cernua
莎草科
这种带有细细绿色茎秆和银灰色花头的莎草广泛分布于温带,被冠以"光纤维草"的绰号。

45 cm
18 in

30 cm
12 in

星花凤梨
Guzmania lingulata
凤梨科
这种依赖于树生存的凤梨科植物广泛分布于从美洲中部到巴西的大部分地区,现在已经是著名的观赏种类。

铁兰
Tillandsia cyanea
凤梨科
这种植物原产自厄瓜多尔海拔600~1000米的高地森林里,生长于树上。

30 cm
12 in

1.5 m
5 ft

30 cm
12 in

细长的叶

拱形的花
簇柄

凤梨
Ananas comosus
凤梨科
凤梨最初可能产于巴西,最早是由哥伦布把这种带有巨大果实的植物引进到欧洲,现在成为种植植物。

花朵组成的
花簇

30 cm
12 in

深紫鸟巢凤梨
Nidularium innocentii
凤梨科
这种巴西产凤梨科植物所开的小花"筑巢"于一圈艳丽的苞叶所组成的花室之中。它的拉丁文名称(*Nidularium*)意为"小巢"。

红色的苞叶围绕着花

35 cm
14 in

像花瓶状的叶丛可收集雨水

多刺的叶丛

戴尔铁兰
Tillandsia dyeriana
凤梨科
这种附生凤梨已经因其原产地厄瓜多尔的红树林被大量破坏而在野外濒临灭绝。

洛仑兹刺垫凤梨
Deuterocohnia lorentiziana
凤梨科
洛仑兹刺垫凤梨原产自阿根廷安第斯的高海拔干燥地区,是一种地生凤梨。

25 cm
10 in

彩叶凤梨
Neoregelia carolinae
凤梨科
这种巴西的凤梨科植物在开出蓝色或紫色花朵的时候,中心的叶子变成深红色。

3 m/10 ft

每朵花的最上层花瓣有黄斑

1 m/3¼ ft

45 cm
18 in

淡黄袋鼠爪
Anigozanthos flavidus
血草科
这种植物产自澳大利亚西南部的沙地，取名自其羊毛状的花苞。

叶片膨大

凤眼莲
Eichhornia crassipes
雨久花科
这种漂浮植物产自亚马孙地区，是热带的一种有害植物，但是能用于吸收污染物。

梭鱼草
Pontederia cordata
雨久花科
这种水边生长的物种在北美洲北部很常见，它生长快并有醒目的蓝色花头，现在已经成为很多地方的入侵物种。

紧密的圆锥形花簇里的花

雄花序

悬穗薹草
Carex pendula
莎草科
像其他的莎草科植物一样，这个欧洲种长有三棱形的茎秆和分开的雌雄花簇。

1.4 m
4½ ft

2 m
6 ft

5 m/16 ft

雌花序

荸荠
Eleocharis dulcis
莎草科
这种湿地莎草原产自东亚，长有高高的无叶茎，因其可食用的地下球茎而被种植。

纸莎草
Cyperus papyrus
莎草科
这是一种非洲湿地多年生高大植物。古埃及人用来写字的莎草纸的材料就是用这种植物的叶子制成。

深红色的中央叶片

超过3000朵花组成的巨大花序

常绿的斑驳叶片

带条纹的带状叶

围绕白色小花的黄色苞叶

坚硬的刺状叶

1 m
3¼ ft

10 m
33 ft

光萼荷
Aechmea chantinii
凤梨科
这种来源于美洲南部雨林的附生凤梨有巨大的刺状叶。它们通过蜂鸟授粉。

锥花粉衣凤梨
Catopsis hahnii
凤梨科
这种附生的凤梨科植物原产自墨西哥南部和美洲中部的云雾林带。

带状叶组成的叶丛

皇后凤梨
Puya raimondii
凤梨科
这种世界上最大的凤梨科植物原产自安第斯中部，生长多年后生出巨大的单个花序，然后凋亡。

灰绿色蜡质叶

50 cm
20 in

>> 禾本目

灯芯草
Juncus effusus
灯芯草科
这种分布非常广泛的植物能在潮湿的贫瘠土壤中茁壮生长。圆筒形的茎秆中充满了海绵状组织，或称为木髓组织。

1.5 m
5 ft

大凌风草
Briza maxima
禾本科
大凌风草是欧洲一年生草，因其茎上精巧生长的头状花序在轻柔的微风中摇摆而得名。

60 cm
24 in

1.8 m
6 ft

燕麦草
Arrhenatherum elatius
禾本科
燕麦草普遍见于其原产地欧洲，花开得很高，是燕麦的野生亲缘种，现在已经遍及世界许多地方。

脆轴偃麦草
Elytrigia juncea
禾本科
这种顽强的小草生长在欧洲朝向海边的沙丘上，地下根可以帮助它们牢牢地锁定流沙，形成水边低沙丘。

60 cm
24 in

洋狗尾草
Cynosurus cristatus
禾本科
这种产自欧洲和西亚的多年生禾本科植物除了花茎部分外都生长缓慢，很耐踩踏，所以经常被种植用作草坪。

75 cm
30 in

鸭茅
Dactylis glomerata
禾本科
这种草常见于牧场，分布于欧亚和北非地区，有独特的丛生头状花序。

1.3 m
4½ ft

2.5 m
8¼ ft

新生的种子

薏苡
Coix lacryma-jobi
禾本科
这种谷类原产自亚洲的热带地区，但是现在已经到处生长。有一个品种的种子曾被当作珠宝贩卖。

35 cm
14 in

晒干的种子穗

6 m
20 ft

高而宽的叶

兔尾草
Lagurus ovatus
禾本科
这种主要生在地中海海岸的植物长有特有的柔软的毛发状花序，因其可用于干花编织而闻名。

芦竹
Arundo donax
禾本科
这种大型的湿地草本植物原产自亚洲中部，已经在各地被广泛种植。木质的茎秆具有许多种传统用途。

常绿的叶

5 m
15 ft

紫竹
Phyllostachys nigra
禾本科
就像所有的竹子一样，这种黑秆的种类具有坚硬的木质秆。它们原产自中国东北和南部，是生长速度最快的木质植物，一天能长60厘米。

保护种子的芒

疏忽山羊草
Aegilops neglecta
禾本科
这种产于欧亚大陆和非洲部分地区的一年生草本植物是麦子的近亲，生长缓慢、耐旱。

手指粗的茎

35 cm
14 in

芦苇
Phragmites australis
禾本科
芦苇广泛分布于温带和热带的
浅水区域，能通过匍匐的水平
根系在大面积区域生长。

黄花茅
Anthoxanthum odoratum
禾本科
这种早开花的草本植物原产于
欧亚大陆，含有一种叫作香豆
素的化学物质，闻起来有一种
愉快的新割干草的味道。

1 m
3¼ ft

滨草
Ammophila arenaria
禾本科
这种产自欧洲的草本植
物可以在沙丘上顽强繁
殖，长长的地下茎和根
都能帮助固定。

1.2 m
4 ft

燕麦
Avena sativa
禾本科
这种被广泛栽培种植
的草本植物是人类和
牲畜食用的谷类作
物，它们适应凉爽和
湿润的气候。

1.8 m
6 ft

麦芒

大麦
Hordeum vulgare
禾本科
这种种植的谷类作物原产
自古代的中东，因其花序
上的长发状硬纤维（麦
芒）而著名。

80 cm
32 in

普通小麦
Triticum aestivum
禾本科
这是世界上产量最多的谷类作物，
起源于古代的中东，是野生小麦
和早期种植麦子的杂交品种。

1 m
3¼ ft

40 cm
16 in

西伯利亚剪股颖
Agrostis stolonifera
禾本科
这种到处可见的常年生草本植
物长有羽状的花序，通过匍匐
茎蔓延生长。

3 m
9¾ ft

亚香茅
Cymbopogon nardus
禾本科
这种植物是柠檬草的一种，
原产自亚洲的热带地区。它
们可以产出一种油脂用作香
水 也可以驱虫。

黑麦草
Lolium perenne
禾本科
这种常见的欧亚种常被种植在牧
场、草地和运动场，现在广泛分
布于世界各地。

1.8 m
6 ft

稻
Oryza sativa
禾本科
这种重要的谷类作物原产自
亚洲东部的温暖地区，通常
被种植在浅水或易闹水患的
地区。

单茎秆

3 m
10 ft

玉米
Zea mays
禾本科
这种重要的粮食作物最早在
古代墨西哥被栽培种植。它
们有雄性和雌性花序，可食
用的谷粒是雌花。

6 m
20 ft

甘蔗
Saccharum officinarum
禾本科
甘蔗可能是玉米的近亲。这
种热带地区种植的草本植物
起源于新几内亚，从其粗秆
中可以榨取糖。

》

3 m
9¾ ft

香根草
Chrysopogon zizanioides
禾本科
这种热带草本植物原产自印
度，因其所含的芳香油脂和固
定土壤防止水土流失的能力而
被广泛种植。

80 cm
32 in

90 cm
36 in

绒毛草
Holcus lanatus
禾本科
这种植物常见于欧洲潮湿的草
地，叶上带有柔软的天鹅绒般
的茅须。

浓密的白色花序

蒲苇
Cortaderia selloana
禾本科
这种高高的草本植物来
源于南美洲南部，是著
名的观赏种类，现在已
经入侵到一些地区。

3 m
9¾ ft

» 禾本目

巨针茅
Stipa gigantea
禾本科

这种高高的草本植物产自西班牙和葡萄牙，被种植在花园里，鲜艳的头状花序可以一直开到冬天。

2.5 m
8 ft

雌花

雄性头状花序

直立黑三棱
Sparganium erectum
黑三棱科

这种植物广泛分布于北半球湿地，在同一个花柄上分别开出球形的雄性和雌性花簇。

1.5 m
5 ft

3 m
10 ft

宽叶香蒲
Typha latifolia
香蒲科

这种北半球湿地常见植物具有特有的雪茄形雌花序，雄花在其上成簇生长。

黄眼草
Xyris sp.
黄眼草科

这种像草的植物广泛分布于世界各地的温暖地区，在细长的茎上开出小黄花。

姜目

姜目（Zingiberales）主要是热带植物，主要特征是其中许多种类的叶柄端都长有巨大的叶。尽管不是真正的木质乔木，一些如香蕉树类的植物也能长得很高大。许多姜目的植物都有鲜艳的花和叶，并成为观赏植物。姜科是该目最大的一个家族，除了姜以外，还包括其他许多重要辛辣植物。

40 cm
16 in

可爱栉花竽
Ctenanthe amabilis
竹芋科

这种喜暖的植物原产自巴西的热带林地，在种植时需要很高的湿度。

1 m
3¼ ft

黄苞肖竹芋
Calathea crocata
竹芋科

这种植物与锦竹竽和花叶竹竽有亲缘关系，都生长在相同的雨林环境里，相比而言这个巴西种的花朵更夺目。

60 cm
24 in

喇叭姜
Chamaecostus igneus
闭鞘姜科

这种姜科的亲缘植物原产自巴西东部的热带地区，开橘红色的花，现在被当作观赏植物种植。

30 cm
12 in

豹纹竹芋
Maranta leuconeura
竹芋科

这种巴西雨林植物在夜里把叶子折叠起来保留水分。种植的品种的叶子有明显的图案。

12 m/40 ft

偏胀象腿蕉
Ensete ventricosum
芭蕉科

这种产自非洲的香蕉在埃塞俄比亚被长期种植，因为其根茎有丰富的营养，但它们的果实却不能吃。

9 m
30 ft

小果野蕉
Musa acuminata
芭蕉科

这种种植蕉种是亚洲野生种的杂交后代，没有种子，只在果实生长的枝条末端开不育的雄花。

2 m
6½ ft

美人蕉
Canna indica
美人蕉科

这种南美植物的花不同寻常，一些"花瓣"实际上是改良的雄蕊。它们有许多个栽培种类。

60 cm/24 in

每个黄色的苞叶保护4~5朵小花

地涌金莲
Musella lasiocarpa
芭蕉科

这种产自中国高山地区的种类开的黄色花穗能持续数月，野生种可能已经灭绝。

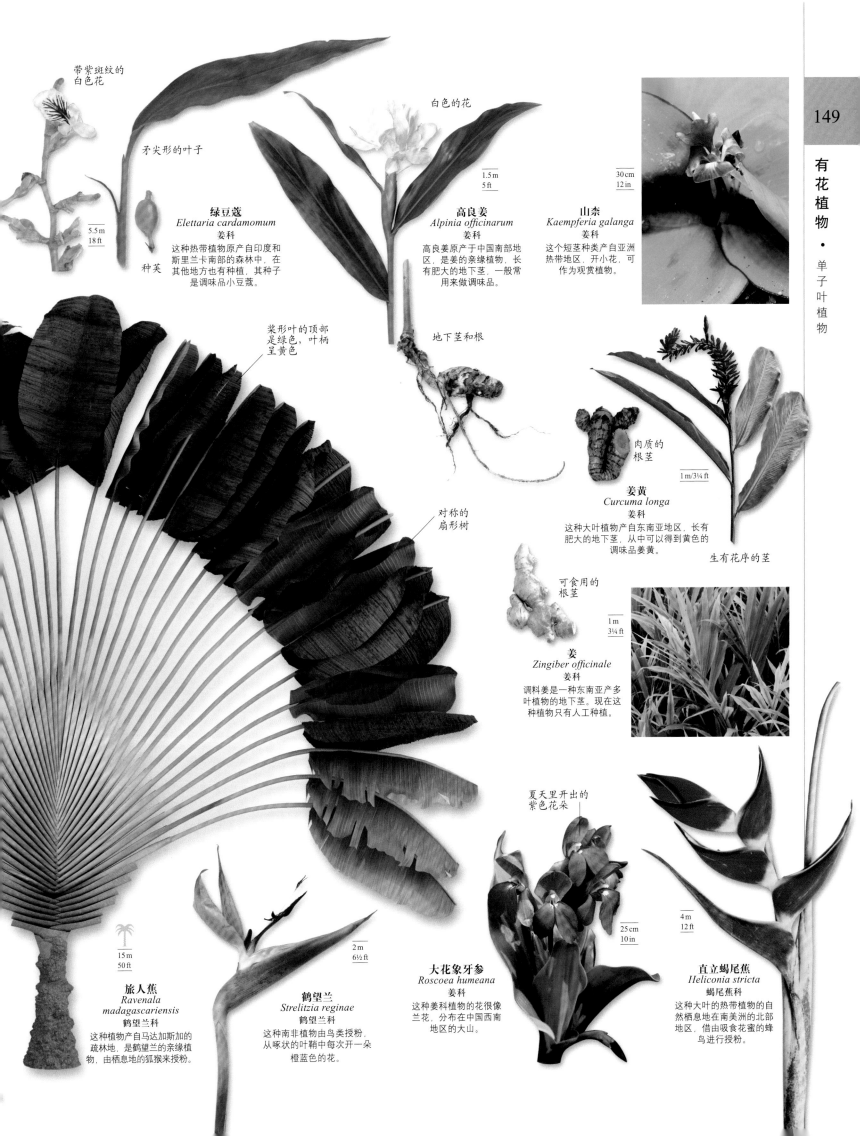

带紫斑纹的
白色花

矛尖形的叶子

5.5 m
18 ft

种荚

白色的花

1.5 m
5 ft

绿豆蔻
Elettaria cardamomum
姜科
这种热带植物原产自印度和
斯里兰卡南部的森林中，在
其他地方也有种植，其种子
是调味品小豆蔻。

高良姜
Alpinia officinarum
姜科
高良姜产于中国南部地
区，是姜的亲缘植物，长
有肥大的地下茎，一般常
用来做调味品。

地下茎和根

30 cm
12 in

山柰
Kaempferia galanga
这个短茎种类产自亚洲
热带地区，开小花，可
作为观赏植物。

桨形叶的顶部
是绿色，叶柄
呈黄色

肉质的
根茎

1 m/3¼ ft

姜黄
Curcuma longa
姜科
这种大叶植物产自东南亚地区，长有
肥大的地下茎，从中可以得到黄色的
调味品姜黄。

生有花序的茎

对称的
扇形树

可食用的
根茎

1 m
3¼ ft

姜
Zingiber officinale
姜科
调料姜是一种东南亚产多
叶植物的地下茎。现在这
种植物只有人工种植。

15 m
50 ft

2 m
6½ ft

夏天里开出的
紫色花朵

25 cm
10 in

4 m
12 ft

旅人蕉
*Ravenala
madagascariensis*
鹤望兰科
这种植物产自马达加斯加的
疏林地，是鹤望兰的亲缘植
物，由栖息地的狐猴来授粉。

鹤望兰
Strelitzia reginae
鹤望兰科
这种南非植物由鸟类授粉，
从啄状的叶鞘中每次开一朵
橙蓝色的花。

大花象牙参
Roscoea humeana
姜科
这种姜科植物的花很像
兰花，分布在中国西南
地区的大山。

直立蝎尾蕉
Heliconia stricta
蝎尾蕉科
这种大叶的热带植物的自
然栖息地在南美洲的北部
地区，借由吸食花蜜的蜂
鸟进行授粉。

真双子叶植物

现在世界上四分之三的被子植物物种都是真双子叶植物，它们已经演化了超过一亿二千五百万年。

真双子叶植物得名于在种子里即存在的子叶，和单子叶植物不同，它们有两枚子叶。真双子叶植物拥有极高的多样性，从农田杂草到热带雨林的参天巨木；它们产生了巨大的生态价值，同时也包括很多庭院花卉。很多真双子叶植物是一年生的，寿命只有几个月甚至几周；其他种类则是二年生或多年生的，寿命从两年到一个世纪，甚至更久。

尽管高度分化，真双子叶植物还是有一些共通的形态特征。它们的叶子常具有网状叶脉，和单子叶植物的平行叶脉不同；它们的茎有发育良好的维管组织，以同心环的方式排列。木本种类的茎一边长高，一边变得更粗更强壮，这种"次生生长"在单子叶植物里几乎不存在，所以绝大多数的乔木和灌木被子植物都是真双子叶植物。在地面以下，多数真双子叶植物都具有直根系，由一条主根上分枝出若干较细的侧根组成。

真双子叶植物的花器官数量通常是4或5的倍数，和单子叶植物的三数花不同；花被片分化为花萼和花瓣，形状和颜色都不一样。每个物种都有自己独特的花粉形态，不过这些花粉都有三个萌发孔，和单子叶植物的单孔花粉不同。

至关重要的角色

花粉化石记录表明，真双子叶植物大约在1.25亿年前和其他的被子植物分道扬镳。从那时开始，它们逐渐占领了所有的陆地生境，但水生种类不多。真双子叶植物对动物的重要性是不可忽视的。无数的动物物种——除了食草哺乳动物，它们以单子叶的禾草为食——依赖真双子叶植物提供食物和庇护所；作为回报，很多动物也为这些植物传粉和传播种子。

门	被子植物
进化分支	真双子叶植物
目	3
科	30
种	18222

讨论

四条岔路

多年以来，被子植物一直被分为两大类，即单子叶植物和双子叶植物，依据是子叶的数量。然而，DNA分析和孢粉学——对花粉形态的分析——表明这种二分法不能正确反映被子植物的演化史。现在，被子植物最终被分为四个大类，基部被子植物、木兰类、单子叶植物和双子叶植物。

黄杨目

黄杨目（Buxales）植物包含有2个科，分布于温带、热带和亚热带地区。这个目的大多数植物是乔木和灌木，特征是常绿单叶，叶的根部没有叶柄或托叶。许多种类可以用来观赏，黄杨木用于雕刻。

**1.5 m
5 ft**

羽脉野扇花
Sarcococca hookeriana
黄杨科
这种植物在冬天开出一簇簇有香味的小花，见于中国西部背阴的环境。

**5 m
16 ft**

锦熟黄杨
Buxus sempervirens
黄杨科
锦熟黄杨生长在钙质岩石山坡上的乔木和灌木丛里。这种常绿植物现在被广泛地在花园中栽培和修剪装饰。

山龙眼目

山龙眼科植物是山龙眼目（Proteales）最大的一科，是南半球一类常绿的乔木和灌木。悬铃木科是北半球的落叶树种，莲科产于亚洲、澳大利亚和北美洲。

锯齿佛塔树
Banksia serrata
山龙眼科

**15 m
50 ft**

这种植物生长于澳大利亚的林地和灌木丛，树皮耐火烧，能够在林火中生存下来。

莲叶

莲蓬

帝王花
Protea cynaroides
山龙眼科
这种植物原产自南非的山坡和灌木丛。盛开的一簇簇小花被像花瓣一样的苞叶包裹着。

俯视的莲蓬

1 m/3 ft

莲
Nelumbo nucifera
莲科
莲生长在亚洲和澳大利亚部分地区的浅层淡水，它们在高于水面长长的叶柄上开出大型的芳香的花。

外层苞叶

在头状花序中央聚集着花

常绿单叶

银桦
Grevillea robusta
山龙眼科
这种生长于澳大利亚雨林的植
物生长速度很快，花簇单侧生
长，在花瓣的位置是色彩鲜艳
的叶状苞片。

苞片

7 m/23 ft

35 m
115 ft

3 m
10 ft

红花银桦
Grevillea banksii
山龙眼科
这种植物原产自澳大利亚的
林地和开阔地，因其引人注
目的"瓶刷"形花而作为观
赏植物被种植。

蒂罗花
Telopea speciosissima
山龙眼科
这个常见的种产自澳大利亚
新南威尔士的干燥林地。

2 m/6½ ft

2 m/6½ ft

灿忍冬
Lambertia formosa
山龙眼科
灿忍冬生长在澳大利亚新南威尔士，从
沿海地区到山地的荒野和丛林都有分
布，其略带粉色的苞叶围绕着花簇。

针垫花
Leucospermum cordifolium
山龙眼科
这种南非产植物以其色彩鲜艳的球
形花序而著名，生长于酸性土壤。

2 m/6½ ft

鼓槌木
Isopogon anemonifolius
山龙眼科
鼓槌木见于澳大利亚新南威尔
士。这种产于干燥的林地和石
南灌丛的植物的特点是其羽叶
上的球形花序。

果实经过大约
6周才成熟

厚而坚硬的
宽叶，类似
枫叶

红花的叶状花序，
偶尔是黄花或白花

未成熟的
坚果

花序

30 m/100 ft

西班牙悬铃木
Platanus × hispanica
悬铃木科
这种杂交落叶树种自17世纪以来就在
伦敦种植，是由两种西班牙梧桐树杂
交而来。因为耐受污染，它们被广泛
种植在城市的公园和街道。

10 m
30 ft

筒瓣花
Embothrium coccineum
山龙眼科
这种植物产自智利南部的树林和开
阔地，因其火焰般的花朵而被种植
在室内花园。

澳洲坚果
Macadamia integrifolia
山龙眼科
这种植物原产自澳大利亚的
海岸雨林，因其可食用的坚
果而被种植。

20 m
65 ft

毛茛目

　　毛茛目 (Ranunculales) 的植物有一年生也有多年生的，有木本也有草本，有攀缘植物也有灌木和乔木，并以毛茛植物命名这个目。毛茛科是这个目植物种类最多的一个科。毛茛目中也有很多种类是人们熟悉的庭院观赏植物，例如铁线莲、耧斗菜、罂粟、飞燕草和银莲花。

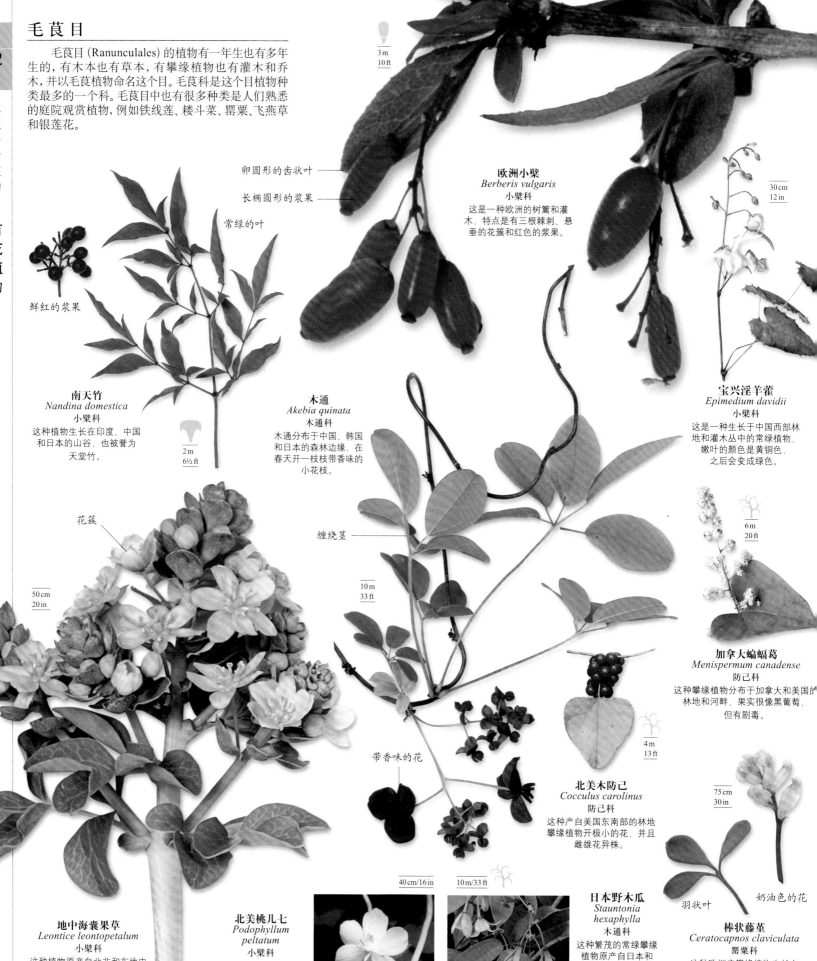

3 m
10 ft

卵圆形的齿状叶

长椭圆形的浆果

常绿的叶

欧洲小檗
Berberis vulgaris
小檗科
这是一种欧洲的树篱和灌木，特点是有三根棘刺、悬垂的花簇和红色的浆果。

30 cm
12 in

鲜红的浆果

南天竹
Nandina domestica
小檗科
这种植物生长在印度、中国和日本的山谷，也被誉为天堂竹。

2 m
6½ ft

木通
Akebia quinata
木通科
木通分布于中国、韩国和日本的森林边缘，在春天开一枝枝带香味的小花枝。

宝兴淫羊藿
Epimedium davidii
小檗科
这是一种生长于中国西部林地和灌木丛中的常绿植物，嫩叶的颜色是黄铜色，之后会变成绿色。

花簇

缠绕茎

6 m
20 ft

50 cm
20 in

10 m
33 ft

加拿大蝙蝠葛
Menispermum canadense
防己科
这种攀缘植物分布于加拿大和美国的林地和河畔，果实很像黑葡萄，但有剧毒。

4 m
13 ft

带香味的花

北美木防己
Cocculus carolinus
防己科
这种产自美国东南部的林地攀缘植物开极小的花，并且雌雄花异株。

75 cm
30 in

地中海囊果草
Leontice leontopetalum
小檗科
这种植物原产自北非和东地中海沿岸国家的耕种土地和干旱的山坡，从球根生长发育。

40 cm/16 in　　**10 m/33 ft**

北美桃儿七
Podophyllum peltatum
小檗科
这种也被称作"美洲曼德拉草"的植物原产自北美，生长在开阔的林地。

日本野木瓜
Stauntonia hexaphylla
木通科
这种繁茂的常绿攀缘植物原产自日本和韩国的林地，木质茎，花有香味。

羽状叶　　奶油色的花

棒状藤堇
Ceratocapnos claviculata
罂粟科
这种欧洲产攀缘植物生长在树林遮阴处的酸性土壤中，通过它们的叶卷须攀缘。

白屈菜
Chelidonium majus
罂粟科
白屈菜原产自欧洲和亚洲北部的林地、灌木丛和岩石地带，早期被草药医生种植。

90 cm
36 in

黄花海罂粟
Glaucium flavum
罂粟科
黄花海罂粟原产自欧洲和西亚的很多国家，通常栖息于海边的鹅卵石，其特点是长而弯的果实。

90 cm
36 in

深色黄堇
Corydalis lutea
罂粟科
这种欧洲植物生长在墙壁上和多岩石的地带，靠种子大量繁殖。

30 cm
12 in

1.2 m
4 ft

荷包牡丹
Dicentra spectabilis
罂粟科
荷包牡丹因其心形的花朵得名，生长在西伯利亚、中国北部和朝鲜的潮湿林地边缘。

花菱草
Eschscholzia californica
罂粟科
花菱草产自美国和墨西哥西部开阔地带，因其花朵的明亮色彩而被种植。

30 cm
12 in

带花距的花瓣　　羽状叶

西欧绿绒蒿
Meconopsis cambrica
罂粟科
西欧绿绒蒿原产自欧洲西部山区的阴暗岩石地带，现在常被种植在花园里。

45 cm
18 in

黄色或橘红色的花

药用烟堇
Fumaria officinalis
罂粟科
药用烟堇见于欧洲大多数国家的耕地和荒地，通常在松质土壤中生长。

30 cm
12 in

环形排列的深色中央花粉囊产生花粉

裂叶罂粟
Romneya coulteri
罂粟科
这种罂粟是产自加利福尼亚和墨西哥的灌木和草地种类，经常被种植在花园里，开有香味的花。

无髯角茴香
Hypecoum imberbe
罂粟科
无髯角茴香原产自南欧，生长在耕地、荒地和围墙上。

20 cm
8 in

60 cm
24 in

切开枝干可流出有毒的树汁

虞美人
Papaver rhoeas
罂粟科
这种罂粟类植物产自欧洲、北非和亚洲部分地区的荒地和耕种土地，被用来纪念第一次世界大战。

罂粟
Papaver somniferum
罂粟科
这种植物生长于欧亚大陆的耕地和荒地，因能生产鸦片、海洛因和罂粟籽而被种植。

50 cm
20 in

2 m
6½ ft

»

杯形花

球形的聚合果

攀缘茎

冬菟葵
Eranthis hyemalis
毛茛科
这种多年生块茎植物见于
欧洲中部的潮湿林地和林荫
处，冬末和早春时节开花。

15 cm
6 in

葡萄叶铁线莲
Clematis vitalba
毛茛科
这种攀缘植物因其灰色的羽状果
实，又被称为"老人须"，见于欧
洲和北非林地边缘和灌木树篱中。

30 m
100 ft

五瓣花

欧侧金盏花
Adonis annua
毛茛科
欧侧金盏花是一种越来越罕
见的一年生物种，见于南欧
和西南亚的荒地和耕地。

40 cm
16 in

高毛茛
Ranunculus acris
毛茛科
这种多年生植物分布于欧洲大部
和西亚的温暖地带，生长于潮湿
的草地。

1 m
3 ft

田野黑种草
Nigella arvensis
毛茛科
田野黑种草是原产于中欧、南
欧、北非和西南亚的一年生物
种，分布于耕地和干扰地。

50 cm
20 in

飞燕草
Consolida ambigua
毛茛科
飞燕草是原产自地中海地区
的一年生物种，生长于耕地
和干扰过的沙土地。

1 m
3 ft

细杆状的叶

驴蹄草
Caltha palustris
毛茛科
驴蹄草栖息于欧洲大部、亚
洲和北美的沼泽、沟渠、潮
湿的林地和草地。

60 cm
24 in

欧洲银莲花
Anemone coronaria
毛茛科
这种多年生的球茎植物原产
自地中海沿岸国家，生长在
碎石山坡、路旁和耕地。

45 cm
20 in

2 m
6½ ft

1.5 m
5 ft

1.5 m
5 ft

花形成长长
的花序

茎、叶和根都有毒

欧乌头
Aconitum napellus
毛茛科
这种剧毒的多年生植
物生长在欧洲的潮湿
林地和溪流旁。

欧洲白头翁
Anemone pulsatilla
毛茛科
白头翁花是多年生植物，原产自
中欧和西亚的石灰岩山坡上的
低矮草地。

30 cm
12 in

深红翠雀
Delphinium cardinale
毛茛科
这种生活周期很短的多年生
植物生长于美国加利福尼亚
和墨西哥的干旱山坡上。

黄唐松草
Thalictrum flavum
毛茛科
这种多年生植物生长在欧洲和亚洲
温暖地区的潮湿草地和靠近淡水水
源的沼泽地。

绿色的花

60 cm
24 in

齿状叶

暗色铁筷子
Helleborus lividus
毛茛科
这种多年生植物分布在西班牙的马略卡岛和德国巴伐利亚。它们生长在林地和岩石山坡上。

70 cm
28 in

欧洲金莲花
Trollius europaeus
毛茛科
欧洲金莲花原产自北欧、中欧和西亚，这种多年生植物见于湿润的高山牧场。

15 cm
6 in

欧獐耳细辛
Anemone hepatica
毛茛科
这种常年生林地植物产自欧洲大部，具有独特的半常绿三瓣叶。

鼠尾毛茛
Myosurus minimus
毛茛科
这种一年生植物生长于欧洲、北非和亚洲部分地区的裸露的潮湿土地，"尾巴"指的是其细长的果实。

10 cm
4 in

从植株中央生长出无叶的茎

每个叶状茎的单花

细细的丝状叶

独特的长花距

北美十大功劳
Mahonia aquifolium
小檗科
这种来自美国西北部的常绿灌木在春季开花，生长在阴暗的环境中。

1.5 m
5 ft

1 m
3 ft

叶

欧耧斗菜
Aquilegia vulgaris
毛茛科
这种常年生植物分布于欧洲大部、北非和亚洲的温暖地区，生长在阴暗潮湿的石灰质环境中。

大叶草目

　　大叶草目 (Gunnerales) 包含两个科，由于两科植物形态上差异很大，曾被划分到不同的目中。但最近的遗传学分析表明它们有非常密切的亲缘关系。大叶草科仅含一属（大叶草属），是生长在潮湿地区的大型草本植物；折扇叶科分布于非洲沙漠地区。大叶草属植物常栽培于庭院供人们观赏。

五桠果目

　　五桠果目 (Dilleniales) 植物最早包含五桠果科和牡丹科，而现在只有五桠果一个科，是一类见于热带地区的乔木、灌木和攀缘植物。大多数五桠果目植物叶子互生，双性花（带有雄性和雌性部分）有5个花瓣、5个萼片和多个雄蕊。有些种类结干果，裂开释放出种子，也有一些结浆果。

2.5 m
8 ft

长萼大叶草
Gunnera manicata
大叶草科
大型的叶子和高高的花序是这种多年生植物的特征，它们生长在巴西和哥伦比亚的淡水边。

6 m
20 ft

纽扣花
Hibbertia scandens
五桠果科
这种常绿灌木是一种生命力旺盛的攀缘植物，见于澳大利亚，经常生长在靠近海岸的地方。

7 m
23 ft

灌木五桠果
Dillenia suffruticosa
五桠果科
这种大型的、粗壮的常绿灌木是马来西亚、苏门答腊岛和婆罗洲的特有地方种，生长在沼泽地和森林边缘。

石竹目

石竹目 (Caryophyllales) 的植物是极其多样的，例如：乔木、灌木、攀缘植物、多肉植物和草本植物，从康乃馨到仙人掌。石竹目大多数的植物都能在干旱的条件下生存，也有许多种类进化出一些特殊的适应能力，能够在非常恶劣的环境下生存。其中最极端的例子就是食虫植物，它们具有捕捉和消化昆虫、获取额外营养的能力。

小肉锥花
Conophytum minutum
番杏科
小肉锥花是小型丛生植物，长有肉质卵石样叶，在南非的半沙漠地区分布。

荒波
Faucaria tuberculosa
番杏科
荒波原产自南非的半沙漠地区，叶子长得像张开的嘴巴。

圆棒玉
Disphyma crassifolium
番杏科
圆棒玉是匍匐植物，茎沿地爬行，有肉质叶子，开雏菊样的花。它们原产自南非、澳大利亚和新西兰的盐渍地。

多瓣的黄色或
浅粉色花

肉质叶

晚霞玉
Schwantesia ruedebuschii
番杏科
这种肉质丛生植物长有不对称的龙骨状肉质叶，生长在纳米比亚和南非的山坡上。

松叶菊
Lampranthus sp.
番杏科
这种肉质植物长在南非的半沙漠地区，特别是在海岸一带，开有色彩鲜艳的雏菊样的花。

天女玉
Titanopsis calcarea
番杏科
这种丛生肉质植物生长在南非的半沙漠地区，有肉质的叶，在夏末和秋季开花。

海榕菜
Carpobrotus edulis
番杏科
这种蔓生肉质植物是入侵物种，生长在南非开阔的干燥地区，生有艳丽的花朵，像无花果一样的果实可食用。

日轮生石花
Lithops aucampiae
番杏科
这种低矮的丛生植物生长在南非半沙漠地区的鹅卵石中，有肉质的叶。

黄色的花

叶

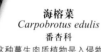

深红色的花

冰叶日中花
Mesembryanthemum crystallinum
番杏科
冰叶日中花因其闪亮的小突起覆盖在整个植株上而得名。它们分布在非洲、欧洲和西亚的盐碱地区。

晃玉
Frithia pulchra
番杏科
这种小型肉质植物分布在南非温暖开阔的地区。其桶形的果实下雨后打开，释放出种子。

绒毛藻玲玉
Gibbaeum velutinum
番杏科
这种垫状植物的特点是基部长有一对对不对称的肉质叶。它们生长在南非的半沙漠地区。

尾穗苋
Amaranthus caudatus
苋科
这种可食用的植物被认为源自南美，古时被当作一种食物。

90 cm
35 in

2.5 m/8¼ ft

绵毛白花苋
Aerva lanata
苋科
这种原产自亚洲和非洲热带地区的多年生植物生长在干旱的荒芜土地，长有柳絮状的花簇。

牛膝
Achyranthes bidentata
苋科
这种植物原产自中国、日本、印度和尼泊尔的森林边缘和河流两岸的湿润阴暗地区。

75 cm
30 in

裸花碱蓬
Suaeda maritima
苋科
这种植物主要生长在欧洲沿海地区的盐碱沼泽，现在也侵入到亚洲和北美的部分地区，其绿色的叶子可以变红。

30 cm
12 in

小花组成的圆锥花序

1.5 m
5 ft

心形的叶

高高的叶状茎

甜菜
Beta vulgaris
苋科
甜菜是红菜头的野生祖先。这种肉质植物生长在欧洲、北非和亚洲沿海地区的光秃的土地。

龙骨或脊

1 m
3¼ ft

马齿合滨藜
Halimione portulacoides
苋科
这种蔓生银灰色的植物分布在欧洲、非洲和亚洲的一些地区，生长于潮汐沟渠和池塘边的盐碱地。

30 cm
12 in

盐角草
Salicornia europaea
苋科
这是一种生长在欧洲西部泥泞的盐碱滩中的灌木状植物，其肉质枝干有时被当作蔬菜食用。

紫色的花序

可作色拉食用的叶子

白色、粉色或淡紫色的花

成对的肉质叶

榆钱菠菜
Atriplex hortensis
苋科
这种像菠菜的植物源自亚洲，生长在海滩和盐碱地，叶子可食用。

1.2 m
4 ft

土荆芥
Dysphania ambrosioides
苋科
这种长于美洲热带地区耕地和荒地的肉质芳香种类寿命较短，常被用作调味品，也可放在茶里饮用。

1 m
3¼ ft

60 cm
23½ in

青葙
Celosia argentea
苋科
这种艳丽的植物生长在非洲、亚洲和美洲热带地区的干旱坡地和碎石地，现在常被种在花园里。

》》

真双子叶植物 · 有花植物

黄雪晃
Parodia graessneri
仙人掌科
这种仙人掌生长于南美的山区，长有球形的茎和漏斗形花。

15 cm
6 in

逆龙玉
Eriosyce subgibbosa
仙人掌科
这种球形仙人掌生长在干旱的碎石地，经常在其原产地智利的海滨生长。

针状叶保护生长缓慢的植株

无茎花

橙宝山
Rebutia heliosa
仙人掌科
这种丛生植物原产自玻利维亚，长于山区的树荫中，有色彩艳丽的花。

1.5 m
5 ft

老乐柱
Espostoa lanata
仙人掌科
这种生长缓慢的仙人掌可以从其柱状茎上的长长的白须来辨认，生长在秘鲁和厄瓜多尔南部的山地。

40 cm
16 in

金琥
Echinocactus sp.
仙人掌科
这种桶状仙人掌原产自阿根廷北部，生于石地和岩石山坡。

30 cm
12 in

叶肉储存水分

10 cm/4 in

约翰逊金髯柱
Weberbauerocereus johnsonii
仙人掌科
这种高大的仙人掌生长于秘鲁的沙地。

60 cm
23½ in

白闪
Cleistocactus brookeae
仙人掌科
这种植物生长在玻利维亚的山区，长有半直立或伸展的肉质单茎。

60 cm/23½ in

翁柱
Cephalocereus senilis
仙人掌科
这种仙人掌因茎上长的长长白须而有了这个俗名，原产自墨西哥的岩石地区。

12 m
39 ft

光山
Leuchtenbergia principis
仙人掌科
这种植物的茎杆有球形和短柱形，开有香味的花，生长于墨西哥北部的山地。

4 m/13 ft

6 m
20 ft

16 m
52 ft

分支可以，辅助繁殖

巨人柱
Carnegiea gigantea
仙人掌科
这种植物寿命长达150年，生长在墨西哥、美国亚利桑那和加利福尼亚州的沙漠地区，是一种非常高大的仙人掌。

丝苇
Rhipsalis baccifera
仙人掌科
这种附生植物生活在热带非洲、马达加斯加、斯里兰卡和热带美洲，依靠其他植物生长。

1 m
3¼ ft

5 m
16 ft

15 m
49 ft

武伦柱
Pachycereus pringlei
仙人掌科
这种高大的像树一样的分叉植物生长在墨西哥的半沙漠地区，夜间开花。

袖浦柱
Harrisia jusbertii
仙人掌科
这种柱形的仙人掌产地不确定，可能源自阿根廷或巴拉圭的山地，夜间开花。

上帝阁
Pachycereus schottii
仙人掌科
这种高大的生长缓慢的仙人掌产自美国亚利桑那州南部，在夜间开出气味难闻的花。

悠仙玉
Matucana intertexta
仙人掌科
这种丛生的仙人掌产自秘鲁和
玻利维亚的山区，长有球形或
短柱形的茎。

15cm
6in

般若
Astrophytum ornatum
仙人掌科
这种生于墨西哥干旱地区的仙人掌
的特点是球形或柱形的茎上长有起
保护作用的棕黄色棘刺。

35cm
14in

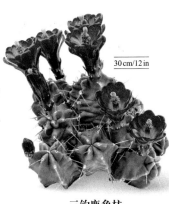

三钩鹿角柱
Echinocereus triglochidiatus
仙人掌科
这种样子多变的仙人掌生长在美国
南部和墨西哥北部的沙漠，矮树丛
和岩石坡，由蜂鸟来授粉。

30cm/12in

花蕾

鼠尾令箭
Aporocactus flagelliformis
仙人掌科
这种仙人掌生长在
墨西哥林地的树上和岩
石上，有蔓生的长长的
茎和鲜艳的花。

1.5m
5ft

20cm
8in

碧云
Melocactus salvadorensis
仙人掌科
这种仙人掌生长在巴西东北部
的开阔岩石地，其特征是在成
熟时，球形茎的顶部生出花的
支撑结构。

20cm
8in

玉翁
Mammillaria hahniana
仙人掌科
这种墨西哥仙人掌生长在
半沙漠地区，在球形茎上长
有淡灰色的发丝。

多棱球
Stenocactus multicostatus
仙人掌
这种球形仙人掌分布在
墨西哥东北部低地的阴
暗地区，漏斗形的花蕾
开出带粉色条纹的花。

10cm
4in

茎可进行光合
作用

圣王丸
Gymnocalycium horstii
仙人掌科
这种球形的丛生仙
人掌生长在阿根
廷、乌拉圭、巴拉
圭和巴西一些地区
的岩石山坡。

15cm
6in

新长出的刺梨
果实

5m/16ft

蟹爪兰
Schlumbergera truncata
仙人掌科
这种附生植物生长在巴西东南部的
热带雨林，冬季开花，现在常被当
作室内植物种植。

30cm
12in

刺丛

亮黄色的花

桨状的绿色茎

大统领
Thelocactus bicolor
仙人掌科
这种球形仙人掌原产自美
国得克萨斯州和墨西哥东
北部的干燥地区。

20cm
8in

梨果仙人掌
Opuntia ficus-indica
仙人掌科
梨果仙人掌原产自墨西哥的岩石山
坡和干燥地区，带有扁平的、有节
结的茎和可食用的蛋形果实，现在
已经在其他地区种植。

毛茸带刺的星星

从上面俯视，般若就像一颗星。花被八个棱上的刺丛围绕。在刺丛交汇处有白色的、羊毛状的茎毛。

从小空室或称纹长出的刺被白色丝包围

般 若
Astrophytum ornatum

般若通常被称为"僧帽仙人掌",这一类仙人掌的名字在古希腊语中的意思是"星形植物"。般若是1827年由一位爱尔兰医生兼植物学家托马斯·库尔特（Thomas Coulter）最先发现的,后来被送给日内瓦植物园的德·康多尔（De Candolle）教授。德·康多尔第一眼看到这种仙人掌时,以为植物表面覆盖了一层真菌,后来才发现那些白色的斑点其实是一丛丛毛丝,或称毛状体。这些毛茸鳞片可以帮助仙人掌收集水分和抵御太阳辐射,同时还可以伪装。般若是所有星球属仙人掌中茎毛最浓密的一种,也是最多刺的一种。野生的这种仙人掌已非常罕见。

刺可以防止这种生长缓慢的植物被侵咬

大 小	1.2米
栖息地	炎热干旱地区
分 布	墨西哥
叶 型	刺状

< 根系

纤维状的浅根可以帮助仙人掌更大面积地吸收水分,特别是在短暂的阵雨只能润湿几厘米土壤的环境里。

用来储存水分的髓部

纤维状根

外层花瓣 >

外层花瓣数量多,狭窄,呈浅黄色,带有褐色的尖。花本身能长到直径11厘米。

<∨ 茎毛

这类仙人掌的肋脊长有成簇的白色毛状体。这些茎毛往往在幼株上长得很浓密,较老的植株茎毛比较稀疏。

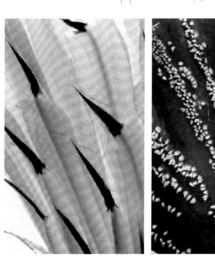

花瓣

雄蕊（可以生成和释放花粉）

∧ 子房

位于花的其他生殖器官的下面,含有能发育成种子的胚珠。

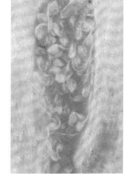

柱头

> 花

黄色的花瓣呈宽椭圆形,顶部有小锯齿。花有黄色的心皮（雌性生殖器官,由柱头、花柱和子房组成）和黄色的雄蕊。

花柱（连接柱头和子房）

子房

∧ 柱头

般若的花只有单个柱头和7~12个裂片。花的这个结构是用来捕获花粉的。柱头有大约1.5厘米长。

真
双
子
叶
植
物
·
有
花
植
物

笔花石竹
Dianthus armeria
石竹科
这种植物分布于干旱的草场，
特别是在欧洲很多地区阳光灿
烂的沙土地上，带有齿状花瓣
的星形花。

60 cm
23½ in

麦仙翁
Agrostemma githago
石竹科
这种植物原产于地中海东部
国家，早期是分布广泛的麦
田杂草，但是现在已经非常
罕见了。

1 m
3¼ ft

麦蓝菜
Vaccaria pyramidata
石竹科
这种植物遍及欧洲和亚洲一些地区
的耕地和荒地，有粉色的花和蓝绿
色的叶子。

60 cm
23½ in

冰漆姑
Honckenya peploides
石竹科
这是一种肉质的匍匐植物，见
于欧洲、亚洲和北美洲的海岸
沙滩和鹅卵石地。

25 cm
10 in

无心菜
Arenaria serpyllifolia
石竹科
这种植物见于欧洲、亚洲和北
美洲温暖地区的光秃或未开垦
土地，叶子很小。

30 cm
12 in

花多数是粉色，
偶尔为白色

长长的花梗

高山剪秋罗
Lychnis alpina
石竹科
这种植物产自欧洲阿尔卑斯山、
比利牛斯山和欧洲的亚北极地区、
西亚以及北美，它们生长在矿物
质丰富的岩石中。

20 cm
8 in

每根枝条有4~5个
绿色的小叶

1 m/3¼ ft

80 cm
32 in

布谷鸟剪秋罗
Lychnis flos-cuculi
石竹科
这种欧洲植物因分叉花瓣而得
名，见于沼泽和潮湿的土地。

5瓣花

卷耳
Cerastium arvense
石竹科
卷耳产自欧洲、北非、北美和西
亚温暖干旱的草场。

30 cm
12 in

披针形叶

80 cm/32 in

花萼

无茎蝇子草
Silene acaulis
石竹科
无茎蝇子草生长在欧洲中部、西部、
北部和亚洲、北美洲的山区，是呈垫
状和苔藓样的植物。

白玉草
Silene vulgaris
石竹科
白玉草分布于欧洲、北非和亚洲温
暖地区开阔的草地，因其鼓胀的花
萼得名。

中央垫上长有长长的主根

圆叶茅膏菜
Drosera rotundifolia
茅膏菜科
这种食虫植物栖息于欧洲、北亚和北美洲开阔的沼泽荒地和石南灌丛，叶子上有许多黏性毛须，上面布满了可以消化昆虫的酶类物质。

捕捉昆虫的叶须

10 cm
4 in

含有蒴果的花

50 cm
20 in

50 cm
20 in

沙生膜萼花
Petrorhagia nanteuilii
石竹科
这种植物每次只开一朵花，生长在欧洲一些地区干燥的砂质土壤的草地上。

1 m
3¼ ft

肥皂草
Saponaria officinalis
石竹科
这种植物曾经被用来制造肥皂，见于欧洲和亚洲溪流两岸和湿润的土地上。

繁缕
Stellaria media
石竹科
这种匍匐植物见于世界各地的耕地和开阔地，有时被当作蔬菜，可以做沙拉。

捕蝇草
Dionaea muscipula
茅膏菜科
捕蝇草产自美国北卡罗来纳州和南卡罗莱纳州的海岸沼泽地，是多年生食虫植物，长有合页状双裂叶子。

被苞叶环绕的花

颜色鲜艳的苞叶

叶表面的毛可触发捕食

8 m/26 ft

当捕捉器关闭时，齿状叶可防止虫子逃脱

10 cm
4 in

光叶子花
Bougainvillea glabra
紫茉莉科
这种植物是产自巴西的常绿攀缘植物，花瓣其实是苞叶，生长缓慢，现在已被广泛种植。

盖子在捕到昆虫后盖上

边缘藏着的糖吸引昆虫

30 cm/12 in

海滨瓣鳞花
Frankenia laevis
瓣鳞花科
这种垫状植物生长在欧洲和西亚盐碱沼泽中光秃干燥的沙地上。

漏斗状花分泌液体，消化昆虫

12 cm
4¾ in

紫茉莉
Mirabilis jalapa
紫茉莉科
这种植物产自中美洲和南美洲的热带干旱开阔地，只在傍晚时候开出有香味的花。

1 m/3¼ ft

沃格尔猪笼草
Nepenthes vogelii
猪笼草科
这种食虫植物见于印度尼西亚婆罗洲山上和山脚下的森林，它们长在树苔上。

≫

真双子叶植物·有花植物

30 cm/12 in

伞序苞蓼
Eriogonum umbellatum
蓼科
这种遍地生长的垫状植物栖息于加拿大和美国北部和西部排水通畅的山林和灌木丛中，花期很长。

2 m/6½ ft

巨苞蓼
Eriogonum giganteum
蓼科
这种植物原产于美国西南部的干旱地区，花很小，簇生，花期时间长，很招引蝴蝶。

卷茎蓼
Fallopia convolvulus
蓼科
这种植物原产自欧洲大部、北非和亚洲温暖地区，生长在荒地和耕地上。

1 m/3¼ ft

1 m
3¼ ft

60 cm
23½ in

波浪状边缘的叶

种子杆

60 cm
23½ in

荞麦
Fagopyrum esculentum
蓼科
这种植物最早产于亚洲温暖地区，被人种植，种子可做成荞麦面粉或用来喂鸟。

皱叶酸模
Rumex crispus
蓼科
这种植物分布于欧洲和非洲大部地区的草场、荒地和海岸卵石地，可能是一种入侵物种。

萹蓄
Polygonum aviculare
蓼科
这种在开阔的耕地和荒地蔓延生长的物种遍布欧洲和亚洲的海岸和内陆。

绿色的小花

种柄

圆叶

肉质的肾形叶

红色的花，风媒传粉

30 cm
12 in

山蓼
Oxyria digyna
蓼科
这种植物分布于北半球温暖地区和北极潮湿的岩礁和山溪边，通常呈淡红色。

90 cm
35 in

拳参（拳蓼）
Persicaria bistorta
蓼科
这种植物生长于欧洲和中亚大部分地区的草地，长有浓密的圆柱形花序。

12 m
39 ft

珊瑚藤
Antigonon leptopus
蓼科
这种植物通过卷须迅速攀缘生长，生长于墨西哥的热带雨林和灌木丛中。

3 m
9¾ ft

垂序商陆
Phytolacca americana
商陆科
这种气味难闻的多年生植物有像蓝莓一样的毒果，原产于北美东部和墨西哥的开阔阴暗处。

2.5 m
8¼ ft

掌叶大黄
Rheum palmatum
蓼科
这种植物有巨大的根系和大型的有毒的叶子，生长于中国西藏山区的潮湿溪边。

5 cm
2 in

粗壮的枝干支撑着大叶子

30 cm
12 in

穿叶春美草
Claytonia perfoliata
水卷耳科
这种植物又被称为"矿工生菜"，原产自北美西部、墨西哥和古巴的耕地和荒地，花的下面长有两片融合的叶子。

奥卡诺根土人参
Talinum okanoganense
土人参科
这种匍匐植物在午后开花，生长在北美西部的干旱草地和灌木丛中。

短萼露薇花
Lewisia brachycalyx
水卷耳科

这种植物原产自美国西南部山区潮湿的石子草地，有莲座状的肉质叶基座。

8 cm
3¼ in

白花丹
lumbago zeylanica
白花丹科

种植物原产于非洲、中和亚洲西南部的热带开阔地和丛林。

不凋花
Limonium sinuatum
白花丹科

这种植物见于地中海沿岸国家的岩石和砂石海岸线以及内陆的盐碱地区，长有翼状分叉的茎。

40 cm
16 in

马齿苋
Portulaca oleracea
马齿苋科

马齿苋可见于世界很多地方，包括欧洲大部、中国和日本，是生长在人类居住地的一种可食用的肉质植物。

50 cm
20 in

海石竹
Armeria maritima
白花丹科

这种垫状匍匐植物生长在西欧的沿海岩石峭峰、盐碱沼泽和山区，是垫状匍匐植物。

25 cm
10 in

1.5 m
5 ft

高卢柽柳
Tamarix gallica
柽柳科

这种植物通常生长在沿海地区，在内陆的盐碱地区也有分布。原产地为南欧、北非和加那利群岛，其他地区也有种植。

3 m
9¾ ft

福克兰红娘花
Calandrinia feltonii
水卷耳科

这种植物分布在福克兰群岛，也见于人工花园，生长在阿根廷的开阔岩石或草地上。

30 cm
12 in

油蜡树
Simmondsia chinensis
油蜡树科

这种植物原产于美国的亚利桑那州、加利福尼亚州和墨西哥的沙漠地区，常种植用来榨油。

2 m
6½ ft

檀香目

　　檀香目（Santalales）植物主要见于热带和亚热带地区，包括许多种依附于其他植物而从其他植物获取水分和营养的寄生和半寄生植物，例如槲寄生。科学家通过DNA分析确定檀香目植物分类归属。但是这个目很多植物的种子没有外表皮。

檀香
Santalum album
檀香科

这种半寄生植物分布于亚洲一些地区的干燥岩石地带，因可作木材以及含有芳香油脂而被人类种植。

9 m
30 ft

金焰檀
Nuytsia floribunda
桑寄生科

金焰檀是半寄生植物，从澳大利亚西南部林地中的一些植物根部吸收水分和营养。

10 m/33 ft

浆果有毒

白果槲寄生
Viscum album
檀香科

这种分布于欧洲大部分地区、北非和亚洲的半寄生植物在寄生的树枝上形成球形的团块，结白色的浆果。

1 m
3¼ ft

白沙针
Osyris alba
檀香科

这种像扫帚一样的半寄生植物，原产自南欧、北非和西南亚的干燥岩石地带，开的花有香味。

1.2 m
4 ft

真
双
子
叶
植
物
·
有
花
植
物

虎耳草目

　　虎耳草目 (Saxifragales) 取名自虎耳草，拉丁文"*saxifrage*"的意思是"破石者"，因为这一目植物都生长在岩石和墙缝上。这个目中还有一些有名的植物种类，如黑醋栗、茶藨子、绣球花和景天。景天是一种肉质植物，或称保水植物，很适应干旱的环境。这个目有1000多种植物，有许多是室内观赏植物。

锦司晃
Echeveria setosa
景天科
这种墨西哥产的植物因色彩鲜艳的花得名，多汁的莲座叶丛上覆盖着浓密的白毛。

5 cm
2 in

长生草
Sempervivum tectorum
景天科
这种植物原产于欧洲中部的高山，经常被种植在屋顶和墙上。它们肉质的莲座叶丛形成密实的垫子。

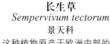

50 cm
20 in

15 cm
6 in

稚儿姿
Crassula deceptor
景天科
这种来自南非的形态多样的植物开带香甜气味的花，其白色的粉状外衣保护茎免受太阳的灼伤和干燥气候的影响。

平叶莲花掌
Aeonium tabuliforme
景天科
这种植物产自加那利群岛（西班牙）和其西北最大岛屿特内里费岛的山坡和海岸岩石上，形成平坦的肉质莲花叶丛，开完花之后就凋亡。

60 cm/24 in

欧紫八宝
Sedum telephium
景天科
这种植物生长在欧洲大部、亚洲和北美温带地区的岩石、林地和树篱丛中。

60 cm
24 in

脐景天
Umbilicus rupestris
景天科
这种植物有圆形的肉质叶，每个叶子中央有个凹痕。它们分布于欧洲大部分地区的岩石和墙上。

50 cm
20 in

长寿花
Kalanchoe blossfeldiana
景天科
马达加斯加的干旱地区是这种灌木植物的"老家"，它们长有光亮的肉质叶和色彩鲜艳的花。

40 cm
16 in

40 cm
16 in

红景天
Rodiola rosea
景天科
这种肉质植物分布于北极地区、欧洲的阿尔卑斯山区、北美和亚洲的山崖和海岸悬崖。

黑茶藨子
Ribes nigrum
茶藨子科
这种植物生长于欧洲和中亚很多潮湿的林地，因其有香味的果实而常被人类种植。

2 m
6½ ft

香茶藨子
Ribes odoratum
茶藨子科
这种分布于美国中部岩石和沙地的植物的特征是有香味的花和无刺的茎。

杉叶狐尾藻
Myriophyllum hippuroides
小二仙草科
这种水生植物生有很细的裂叶，原产自北美西部地区的淡水水域。

1 m/3¼ ft

2 m/6½ ft

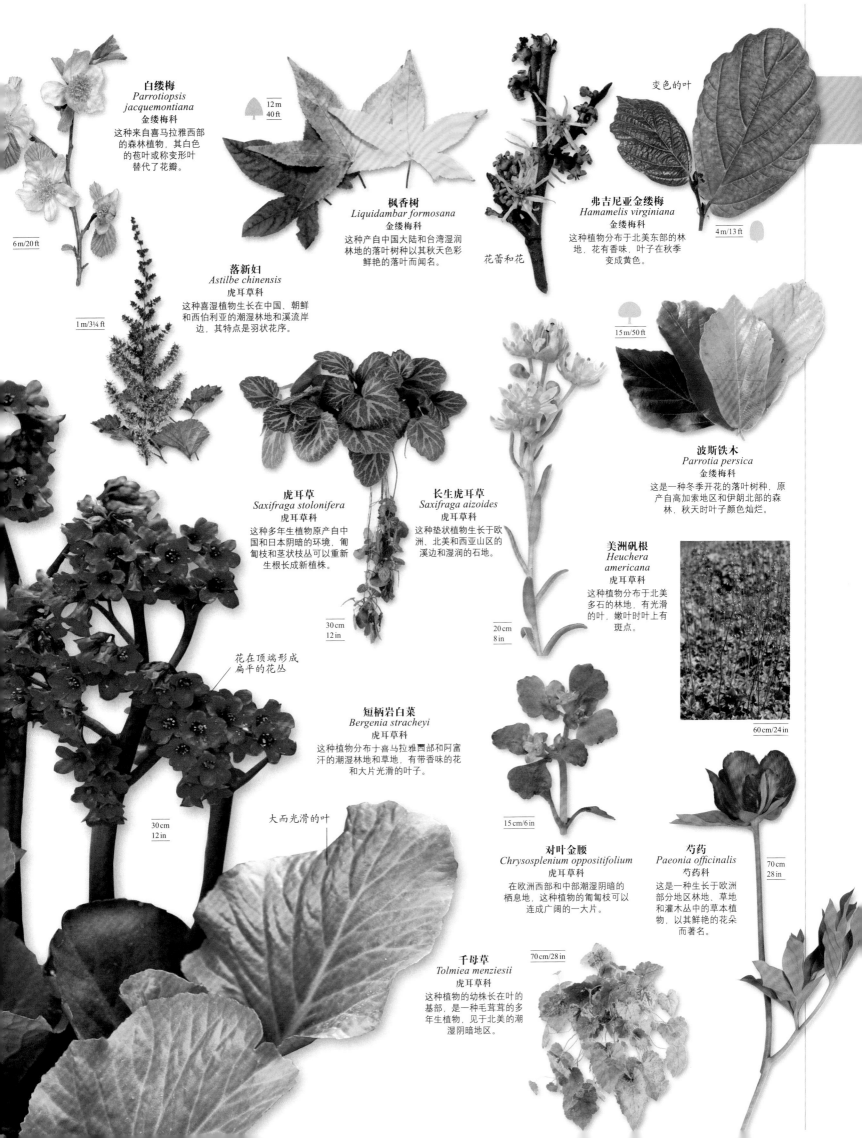

白缕梅
Parrotiopsis jacquemontiana
金缕梅科
这种来自喜马拉雅西部的森林植物，其白色的苞叶或称变形叶替代了花瓣。

6 m/20 ft

12 m
40 ft

枫香树
Liquidambar formosana
金缕梅科
这种产自中国大陆和台湾湿润林地的落叶树种以其秋天色彩鲜艳的落叶而闻名。

变色的叶

花蕾和花

弗吉尼亚金缕梅
Hamamelis virginiana
金缕梅科
这种植物分布于北美东部的林地，花有香味，叶子在秋季变成黄色。

4 m/13 ft

落新妇
Astilbe chinensis
虎耳草科
这种喜湿植物生长在中国、朝鲜和西伯利亚的潮湿林地和溪流岸边，其特点是羽状花序。

1 m/3¼ ft

虎耳草
Saxifraga stolonifera
虎耳草科
这种多年生植物原产自中国和日本阴暗的环境，匍匐枝和茎状枝丛可以重新生根长成新植株。

30 cm
12 in

长生虎耳草
Saxifraga aizoides
虎耳草科
这种垫状植物生长于欧洲、北美和西亚山区的溪边和湿润的石地。

20 cm
8 in

波斯铁木
Parrotia persica
金缕梅科
这是一种冬季开花的落叶树种，原产自高加索地区和伊朗北部的森林，秋天时叶子颜色灿烂。

15 m/50 ft

美洲矾根
Heuchera americana
虎耳草科
这种植物分布于北美多石的林地，有光滑的叶，嫩叶时叶上有斑点。

60 cm/24 in

花在顶端形成扁平的花丛

短柄岩白菜
Bergenia stracheyi
虎耳草科
这种植物分布于喜马拉雅西部和阿富汗的潮湿林地和草地，有带香味的花和大片光滑的叶子。

30 cm
12 in

大而光滑的叶

对叶金腰
Chrysosplenium oppositifolium
虎耳草科
在欧洲西部和中部潮湿阴暗的栖息地，这种植物的匍匐枝可以连成广阔的一大片。

15 cm/6 in

芍药
Paeonia officinalis
芍药科
这是一种生长于欧洲部分地区林地、草地和灌木丛中的草本植物，以其鲜艳的花朵而著名。

70 cm
28 in

千母草
Tolmiea menziesii
虎耳草科
这种植物的幼株长在叶的基部，是一种毛茸茸的多年生植物，见于北美的潮湿阴暗地区。

70 cm/28 in

葡萄目

葡萄目（Vitales）植物只有一科——葡萄科（Vitaceae），包含了14属和850个种，其中有非常重要的植物葡萄和五叶地锦。葡萄科的成员主要原产于热带或温带。大多数藤蔓在叶子与枝干分叉处形成一个结节，长出用来攀缘的卷须。它们的花是平头花序。

叶子在秋天时变红

葡萄
Vitis vinifera
葡萄科

35 m
115 ft

早在新石器时代，人类就开始种植葡萄来酿酒、用作食物和药物。葡萄广泛分布在沿地中海地区、欧洲和亚洲。

果实比人类栽培的品种小

紫葛葡萄
Vitis coignetiae
葡萄科

这种落叶攀缘植物产自温带亚洲，现在因其巨大的带波纹的树叶（30厘米）和秋季树叶的颜色而被人类种植。

五叶地锦
Parthenocissus quinquefolia
葡萄科

这种植物产自美洲东部和北部，是繁殖能力很强的攀缘植物。它们能用分叉小卷须上的黏性垫攀爬在光滑的表面。

30 m
98 ft

15 m
49 ft

牻牛儿苗目

牻牛儿苗目（Geraniales）有四个科。其中，牻牛儿苗科（Geraniaceae）最大，约有7属，800种，其中老鹳草属有260种；天竺葵属有280种，包括极常见的园艺植物天竺葵。蜜花科（Melianthaceae）为本目另一成员，是产于热带非洲和南部非洲的乔木和灌木。

2.5 m
8¼ ft

蜜花
Melianthus major
蜜花科

这种植物原产自南非，从黄铜色花序上可以滴下花蜜，触摸它们的叶子能释放出强烈的气味。

30 cm
12 in

60 cm
23½ in

50 cm
20 in

20 cm
8 in

汉荭鱼腥草
Geranium robertianum
牻牛儿苗科

这种匍匐植物广泛分布于北半球，长有红色的茎和长花柄，有强烈的难闻气味。

香叶天竺葵
Pelargonium odoratissimum
牻牛儿苗科

这种多年生植物产于南非，有蔓生的花柄。现在人们种植这种植物来提取"天竺葵精油"，这种油有强烈的苹果和玫瑰气味。

草原老鹳草
Geranium pratense
牻牛儿苗科

这种产于欧洲和亚洲的多年生植物喜欢石灰质土壤的草地，是白斑爱灰蝶的主要食物。

岩生牻牛儿苗
Erodium petraeum
牻牛儿苗科

这种产自地中海地区的多年生植物被栽培在多石的花园中，因其种子的形状得名。

桃 金 娘 目

桃金娘目（Myrtales）植物遍布热带和温带地区。在其总共14个科中，桃金娘科（Myrtaleas）最大，大约有5650种。它们都能产生精油，如桃金娘、丁香和桉树。千屈菜科（Lythraceae）包括千屈菜、石榴等植物，它们的花瓣生于萼筒之上，萼筒有花瓣和雄蕊参与构成。多数柳叶菜科（Onagraceae）植物（包括柳菜、月见草类植物）的花萼和花瓣有多种颜色。

千屈梅
Decodon verticillatus
千屈菜科
这种灌木原产自美洲东北部，生长在沼泽中。它们的茎有6个面，叶在茎的3个面轮生，花有约1厘米大。

千屈菜
Lythrum salicaria
千屈菜科
这是一种产自欧洲、亚洲、澳洲东南部和非洲西北部的多年生植物，多数呈紫红色，木质的匍匐根上生出四棱茎。这是一个入侵种。

紫薇
Lagerstroemia indica
千屈菜科
这种产自中国、朝鲜和日本的乔木花期长达120天。它们的树皮光滑、斑驳，略带桃红灰色，每年脱落。

6 m
20 ft

散沫花
Lawsonia inerma
千屈菜科
这种植物原产自北非和中东，树叶可以制成红褐色的染料，有香味的花可以生产精油。

三角形叶子

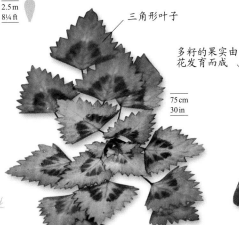

欧菱
Trapa natans
千屈菜科
这是一种原产于欧洲和亚洲的漂浮植物，坚果中4个角形带倒钩刺的种子含有可食淀粉成分。

75 cm
30 in

多籽的果实由花发育而成

石榴
Punica granatum
千屈菜科
这种带刺灌木样树种产自亚洲西南部，因其果实的果肉多汁并且含有大量种子，现在已经广泛地在地中海地区被种植。

1.5 m
5 ft

雪茄花
Cuphea ignea
千屈菜科
这种多年生灌木原产自墨西哥和西印度群岛，有茂密的分支，结像纸一样的蒴果，是花园和室内观赏种。

90 cm
35 in

使君子
Quisqualis indica
使君子科
这种产自亚洲热带地区的攀缘植物开一簇簇管状的红花，带五个翼翅的椭圆形果实有杏仁的味道。

18 m
59 ft

榄仁树
Terminalia catappa
使君子科
这种树木见于印度与太平洋沿岸，有水平的分枝，软木塞状的果实被流水带走散播，里面含有可食的杏仁味的坚果。

30 m
98 ft

粉苞酸脚杆
Medinilla magnifica
野牡丹科
这种产自菲律宾的观赏植物是生长在树上的附生植物，叶子上带有纵向的纹络，这是野牡丹科植物的特点。

6 m
20 ft

花有5个或6个花瓣

艳紫蒂牡花
Tibouchina urvilleana
野牡丹科
这种巴西的观赏植物生长在温暖地区，几乎全年都开花，其紫色的叶子带有红边，有3~5条明显的纵向纹络。

5 m
16 ft

鹿丹
Rhexia virginica
野牡丹科
这种多毛的多年生草本植物生长在美国东部的湿地，它们有四棱茎和齿状边缘的无柄叶。

60 cm
23½ in

2.5 m
8¼ ft

6 m
20 ft

7 m
23 ft

169

有花植物·真双子叶植物

〉〉

≫ 桃金娘目

由雄蕊形成的瓶刷形的花

钻叶红千层
Callistemon subulatus
桃金娘科
这种广泛分布的灌木主要见于澳大利亚的新威尔士和维多利亚地区，结木质小果实，果实中含有上百个种子。

3 m
9¾ ft

绿花红千层
Callistemon viridiflorus
桃金娘科
这种产自澳大利亚南部的匍匐灌木可抵御风霜、雨雪和干旱，叶子顶端呈尖形。它们可吸引鸟类和蝴蝶。

3 m
9¾ ft

赤桉
Eucalyptus camaldulensis
桃金娘科
这个树种广泛分布于澳大利亚，树皮光滑呈灰色，叶蓝绿色，此树干持久耐用，花可产高质量的蜜。

40 m
130 ft

浆果桉
Eucalyptus coccifera
桃金娘科
这种澳大利亚塔斯马尼亚产的树种有灰白色的树皮，剥去后露出乳白色的树干，长有圆形的无柄的对生叶。

25 m
82 ft

苹果桉
Eucalyptus gunnii
桃金娘科
这种坚硬的塔斯马尼亚树种，嫩叶呈银灰色圆形，老叶呈蓝灰色镰刀状，脱落的树皮呈红褐色。

36 m
120 ft

椭圆形叶闻起来有薄荷的味道

5 m
16 ft

12 m
39 ft

猩红雪茶木
Kunzea baxteri
桃金娘科
这种产自澳大利亚西部海岸的木质灌木不像红千层属天花菜类植物，它们的5个萼片和花瓣脱落后，会结出单室的果实。

3 m
9¾ ft

香桃木
Myrtus communis
桃金娘科
这种产自地中海地区的植物的芳香叶可生产精油，花芳香，结蓝黑色的浆果。

多香果
Pimenta dioica
桃金娘科
这种单性树种产自加勒比海地区、墨西哥南部和中美洲地区，开白色小花，结褐色的浆果样的硬果实，其未成熟的果实晒干磨碎后可制成"多香果粉"。

坛果桉
Eucalyptus urnigera
桃金娘科
这种产自澳大利亚塔斯马尼亚东南部的树种结瓮形的果实，嫩叶蓝灰色，三朵一簇的白花长有多个雄蕊。

12 m
39 ft

15 m
49 ft

25 m
82 ft

白千层
Melaleuca cajuputi
桃金娘科
这种树原产自印度尼西亚群岛，其芳香叶含有翠绿色的药用油脂。

常绿的叶子

8 m
26 ft

20 m
66 ft

尖叶龙袍木
Luma apiculata
桃金娘科
这种生长缓慢的树种有扭曲的树干和光滑的浅橘红色树皮，果实是黑色的浆果。

高大铁心木
Metrosideros excelsa
桃金娘科
这种产自新西兰北岛的树种在12月份开红花，用长长的悬根攀附在岩石峭壁上。

丁子香
Syzygium aromaticum
桃金娘科
这种植物产自印度尼西亚和菲律宾，干花可用来作调料，花呈乳白色，有红色的雄蕊，单室浆果为紫色。

12 m
39 ft

可食用的果实

番石榴
Psidium guajava
桃金娘科
这种产自墨西哥南部的树种有铜色片状树皮。成熟的果实有甜甜的麝香味，里面有许多坚硬的黄色种子。

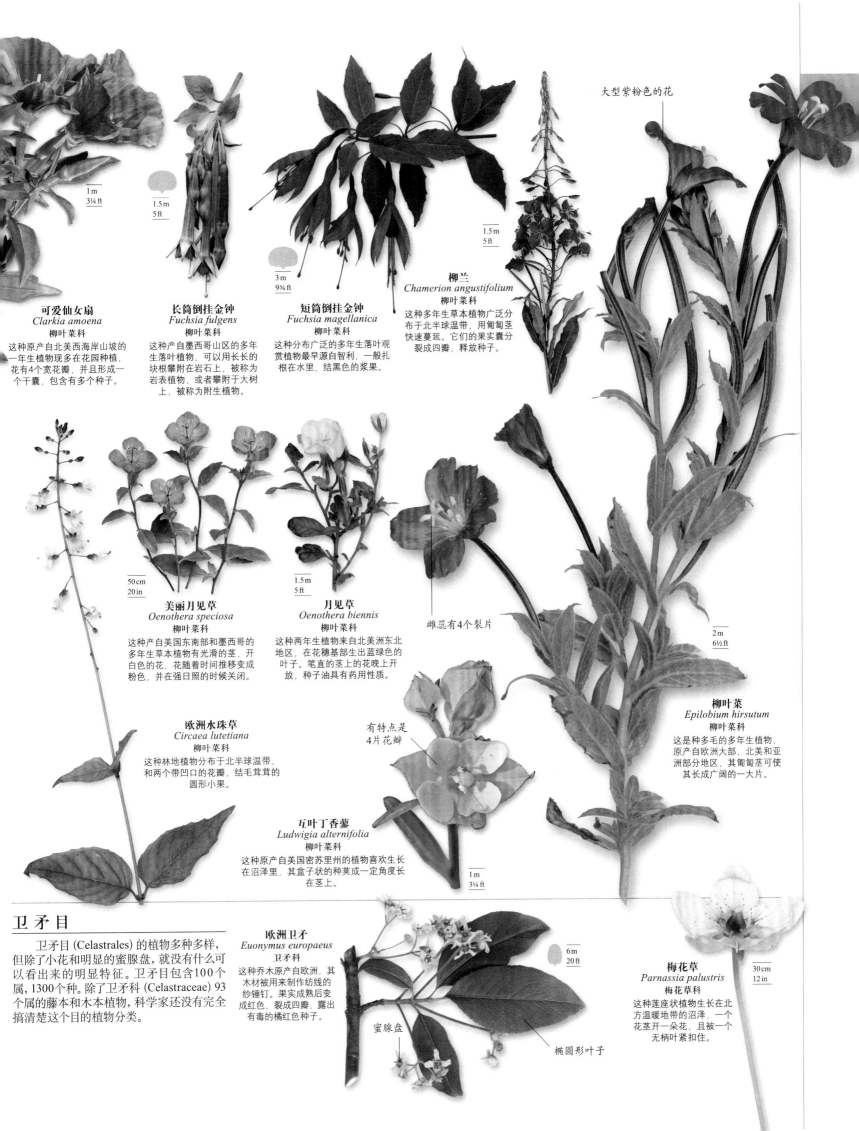

可爱仙女扇
Clarkia amoena
柳叶菜科

这种原产自北美西海岸山坡的一年生植物现多在花园种植，花有4个宽花瓣，并且形成一个干囊，包含有多个种子。

长筒倒挂金钟
Fuchsia fulgens
柳叶菜科

这种产自墨西哥山区的多年生落叶植物，可以用长长的块根攀附在岩石上，被称为岩表植物，或者攀附于大树上，被称为附生植物。

短筒倒挂金钟
Fuchsia magellanica
柳叶菜科

这种分布广泛的多年生落叶观赏植物最早源自智利，一般扎根在水里，结黑色的浆果。

柳兰
Chamerion angustifolium
柳叶菜科

这种多年生草本植物广泛分布于北半球温带，用匍匐茎快速蔓延。它们的果实囊分裂成四瓣，释放种子。

大型紫粉色的花

1 m
3¼ ft

1.5 m
5 ft

3 m
9¾ ft

1.5 m
5 ft

美丽月见草
Oenothera speciosa
柳叶菜科

这种产自美国东南部和墨西哥的多年生草本植物有光滑的茎，开白色的花，花随着时间推移变成粉色，并在强日照的时候关闭。

月见草
Oenothera biennis
柳叶菜科

这种两年生植物来自北美洲东北地区，在花穗基部生出蓝绿色的叶子。笔直的茎上的花晚上开放，种子油具有药用性质。

50 cm
20 in

1.5 m
5 ft

雌蕊有4个裂片

欧洲水珠草
Circaea lutetiana
柳叶菜科

这种林地植物分布于北半球温带，和两个带凹口的花瓣，结毛茸茸的圆形小果。

有特点是
4片花瓣

互叶丁香蓼
Ludwigia alternifolia
柳叶菜科

这种原产自美国密苏里州的植物喜欢生长在沼泽里，其盒子状的种荚成一定角度长在茎上。

1 m
3¼ ft

柳叶菜
Epilobium hirsutum
柳叶菜科

这是种多毛的多年生植物，原产自欧洲大部、北美和亚洲部分地区，其匍匐茎可使其长成广阔的一大片。

2 m
6½ ft

卫矛目

卫矛目 (Celastrales) 的植物多种多样，但除了小花和明显的蜜腺盘，就没有什么可以看出来的明显特征。卫矛目包含100个属，1300个种。除了卫矛科 (Celastraceae) 93个属的藤本和木本植物，科学家还没有完全搞清楚这个目的植物分类。

欧洲卫矛
Euonymus europaeus
卫矛科

这种乔木原产自欧洲，其木材被用来制作纺线的纱锤钉。果实成熟后变成红色，裂成四瓣，露出有毒的橘红色种子。

6 m
20 ft

蜜腺盘

椭圆形叶子

梅花草
Parnassia palustris
梅花草科

这种莲座状植物生长在北方温暖地带的沼泽，一个花茎开一朵花，且被一个无柄叶紧扣住。

30 cm
12 in

真双子叶植物 · 有花植物

葫芦目

　　葫芦目（Cucurbitales）植物主要生长于热带地区，有乔木、灌木、草本和攀缘植物，总共有7个科大约2300个种。秋海棠科（Begoniaceae）有1400个种，其中130种属于园艺种。葫芦科（Cucurbitaceae）有825个种，包括如南瓜等一些非常重要的食用种类。这两科植物都是雌雄同株（即同时具有雄花和雌花）。

4 m
13 ft

可食用的花

营养丰富的果实

大叶子

1 m
3¼ ft

西葫芦
Cucurbita pepo
葫芦科

这一产自中美洲的植物有5棱带刺的茎，开橙黄色大花，有许多变种，如南瓜、葫芦和小胡瓜。

泻根
Bryonia dioica
葫芦科

这是一种生命力旺盛的攀缘植物，常见于欧洲中部和南部富含碳酸钙土壤的灌木篱笆中，有巨大的块根。

8 m
26 ft

黄瓜
Cucumis sativus
葫芦科

黄瓜原产自亚洲的热带地区，开管形的黄花，已经被人类种植了3000年，有许多品种，如小黄瓜。

毛茸的叶

未成熟的果实

大个椭圆形的果实从中间开始向上变细

果柄

4.5 m/15 ft

果实

带叶子的小枝

丝瓜
Luffa cylindrica
葫芦科

这种一年生的攀缘藤蔓植物原产自南美，其果实可以长到60厘米长，含有可食用的白色果肉和纤维。

葫芦
Lagenaria siceraria
葫芦科

5 m
16 ft

这种藤蔓植物开卷曲的白花，其果实带硬壳，可食用，可以在海里漂浮数月，被用来做容器。

1 m
3¼ ft

喷瓜
Ecballium elaterium
葫芦科

这种地中海地区植物的果实充满了黏稠的液体，当成熟时会爆裂开，喷射到6米开外。

有毒性的喷射果实

10 m/33 ft

西瓜
Citrullus lanatus
葫芦科

这种最早产自南非的一年生匍匐植物开黄绿色的花，果实在气候温暖的地方被普遍种植。

40 cm/16 in

里氏秋海棠
Begonia listada
秋海棠科

这种匍匐植物原产自巴西，有茂密的紫色叶子，叶下部呈红色，开白粉色的花，最早在1981年被首次描述。

苦瓜
Momordica charantia
葫芦科

这种热带藤蔓植物结带苦味的果实，果实三裂释放出红褐色的种子，种子外层包裹着猩红色的假种皮。

5 m
16 ft

45 m
150 ft

四数木
Tetrameles nudiflora
四数木科

这种产自印度和马来西亚的树种有带深凹槽的粗壮圆柱形树干，小型的奶油色雄花和雌花分别开在不同的树上，可形成种荚。

长10厘米的叶

豆目

豆目（Fabales）植物分布在北半球的温暖地区。它们的复叶基部有小分枝（托叶），种荚在成熟时会裂开。豆科植物在根部有膨胀的结节，称作豆荚，其中的细菌能把空气中的氮固定到土壤中。豆目植物4个科中最大的科是豆科（Fabaceae），包括像豌豆一样的植物，花的上层花瓣大，旁边相邻的花瓣小。

落花生
Arachis hypogaea
豆科
这种豆科植物原产自中南美洲，开黄色带红色脉络的豌豆样的花，种荚在地下成熟，长成花生。

50 cm
20 in

羽状叶

种荚

草本植物

含羞草
Mimosa pudica
豆科
这种产于巴西的多刺灌木的叶子一旦被触摸就会自动合上，1厘米长的花序上一般有粉色的花和长长的粉紫色雄蕊。

1.5 m/5 ft

腊肠树
Cassia fistula
豆科
这种纤细乔木产自东南亚。豌豆样花悬垂着，羽状叶有3~8对小叶，结的种子有毒。

80 cm
32 in

落叶

20 m
66 ft

银荆
Acacia dealbata
豆科
这种乔木开芳香的花，树皮呈蓝绿色，衰老时变黑。它们分布于澳大利亚东南部的山林溪谷。

20 m
66 ft

驴食豆
Onobrychis viciifolia
豆科
这种产自欧亚大陆的动物饲料有卵圆形的绿色羽状叶，有6~14对小叶，粉色的花密集排列在一个主枝上。

光滑的叶子

总状花序

豆荚内有可食用的种子

40 m
130 ft

李叶豆
Hymenaea courbaril
豆科
这种硬乔木树干和树枝直而粗，浅粉色的花有大大的花瓣和长长的雄蕊，树干中可以分泌出橘红色的树胶。

小枝叶

1.2 m
4 ft

60 cm
23½ in

20 m
66 ft

岩豆
Anthyllis vulneraria
豆科
这种攀缘植物通常生长在白垩质草地，有细毛状蔓延生长的茎。从淡黄色到红色的花成簇开放，周围有一圈厚厚的绒毛萼片。

酸豆
Tamarindus indica
豆科
这种常绿的乔木见于东非和亚洲，树枝下垂，橘黄色的花开在树干上，种荚内有可食的果肉。

种荚

花没有花瓣，由成簇的雄蕊组成

由20~30片小叶组成的椭圆形复叶

灰翅相思树
Acacia glaucoptera
豆科
这种产于澳大利亚西南部的直立灌木蔓延生长，种荚黑色，呈扭曲状窄条，花黄色，呈球形。

合欢
Albizia julibrissin
豆科
这种落叶乔木原产自亚洲西南部，树皮呈深绿色，年老时有竖条。合欢生长快，但寿命短。

12 m/39 ft

>>

真双子叶植物·有花植物

90 cm
35 in

甜叶黄芪
Astragalus glycyphyllos
豆科

这种产自欧洲西北地区的多年生草本植物长着很像甘草的叶子和弯曲的豆荚，被用来当作茶饮。

1 m
3¼ ft

常绿叶

光滑的椭圆形叶子

南欧紫荆
Cercis siliquastrum
豆科

这种落叶观赏乔木产自地中海东部地区，花朵在春季盛开，然后发育成扁平的种荚，长10厘米。

10 m
33 ft

蓝花赝靛
Baptisia australis
豆科

这种多年生草本植物分布在美国东部的林地和溪边，其汁液暴露在空气中就会变成紫色，因此被用作深紫色染料。

海绵状的种子

40 m/130 ft

栗豆树
Castanospermum australe
豆科

这种乔木枝干上开橘红色花，有很大的木质种荚，种子有毒。

10 m
33 ft

种子

长角豆
Ceratonia siliqua
豆科

这种地中海树种树干粗大，树叶浓密，开暗绿色的小花，种荚内的果肉可当作巧克力的替代品。

肉质种荚

嫩种荚

50 cm
20 in

鹰嘴豆
Cicer arietinum
豆科

鹰嘴豆是中东地区最早被人类种植的蔬菜之一，其种荚含有1~3颗种子，可食用。

1.5 m
5 ft

1.5 m/5 ft

山羊豆
Galega officinalis
豆科

这种多年生植物自然生长在温带地区，生有长圆形的红褐色种荚，可以被用来促进泌乳、退热和糖尿病治疗。

3 m
9¾ ft

埃得纳染料木
Genista aetnensis
豆科

这种小型的树种原产自西西里埃特纳火山坡和撒丁岛，几乎不长叶子，绿色的根负责进行光合作用。

粗毛牙豆
Dorycnium hirsutum
豆科

这种地中海多年生植物形成灰绿色的灌木丘，红褐色的长圆形豆荚会被误认为成小浆果。

50 cm
20 in

小花荆豆
Ulex parviflorus
豆科

这种地中海产浓密多刺的多年生灌木有黄色的叶和短小的褐黑色豆荚。火烧并洗刷干净可以帮助种子萌发。

紫粉色的花

豆荚含有10~15粒种子

10 m/33 ft

宽叶山黧豆
Lathyrus latifolius
豆科

这种茂盛的多年生攀缘植物遍布中欧地区，长有翼状茎，花白色或淡粉红色，种子生在长豆荚中。

百脉根
Lotus corniculatus
豆科

这种植物见于欧洲、亚洲和非洲的牧草地，生有黄色的花，叶子5瓣，其中3瓣在另外2瓣的上面，种荚像鸟爪。

30 cm
12 in

救荒野豌豆
Vicia sativa
豆科

这种一年生攀缘植物广泛分布于欧洲和地中海地区，可以作为动物饲料。花通常成对，卷须有分叉。

1.5 m/5 ft

紫苜蓿
Medicago sativa
豆科
这种遍布西南亚、欧洲和美国的多年生植物生长在白垩质草地，扎根很深，是一种常用的动物饲料，并有药用价值。

80 cm
32 in

豆花

30 cm
12 in

扭曲的种荚

马蹄豆
Hippocrepis comosa
豆科
这种多年生匍匐植物原产自英国、荷兰和德国，是蓝蝶幼虫的一种非常重要的食物，花开过之后发育成爪状荚果。

1.2 m
4 ft

花朵密集

绣球小冠花
Coronilla varia
豆科
这种南欧中部地区的多年生植物生长速度很快，叶子很厚，根扎得很深，非常适合固定土壤和控制水土流失。

1 m
3¼ ft

2 m
6½ ft

金雀儿
Cytisus scoparius
豆科
这种灌木见于欧洲西北部的荒地，花有强烈的气味，纤细的树枝呈带一定角度的脊状，传统上被用来制作扫帚。

50 cm
20 in

红车轴草
Trifolium pratense
豆科
这种多年生植物可作为牲畜的饲料，生有带长柄的基叶和藏在花序里的椭圆形荚果。

复合叶

蓝紫色的花

粗壮的茎

根

1 m
3¼ ft

洋甘草
Glycyrrhiza glabra
豆科
这种羽状多年生植物有光滑的椭圆形小豆荚和深深的根，根的提取物比糖甜50倍，并且可以作药用。

细长的小叶

3.7 m
12 ft

7.5 m
25 ft

荷包豆
Phaseolus coccineus
豆科
这种多年生植物原产自中美洲的山区，幼枝围绕着支撑物顺时针缠绕，种子有许多种颜色。

毒豆
Laburnum anagyroides
豆科
这种剧毒的乔木产自中欧和南欧，其一簇簇的褐色毛状荚果（7.5厘米）里含有毒的黑色种子。

25 m/82 ft

40 cm
16 in

多叶羽扇豆
Lupinus polyphyllus
豆科
这种有名的观赏植物原产自北美洲西部，自然生长在欧洲，果荚黑色，叶子背面有绒毛，开的花有香味。

刺槐（洋槐）
Robinia pseudoacacia
豆科
这种茂盛的落叶乔木原产自美国东南部，根和树皮都有毒，有根出条而扁平的褐色种荚。

尼西亚远志
Polygala nicaeensis
远志科
这种地中海多年生植物的花带2个萼片和3个相连的花瓣，其中有1个花瓣有毛缘，生有1个囊形小果。

壳斗目

世界上最著名的一些树种都属于这一目。壳斗目 (Fagales) 包括水青冈属 (Fagus)、桦木科 (Betulaceae) 和胡桃科 (Juglandaceae) 以及另外5科植物。这些树种在它们生长的林地中占有统治地位。它们生有单叶，单性小花 (只有雄花或雌花) 通过风来授粉。

真双子叶植物·有花植物

25 m
80 ft

20 m
65 ft

念珠异木麻黄
Allocasuarina torulosa
木麻黄科

这种澳大利亚西部树种的木材是木匠的最爱。垂枝上有长长的针状叶，种子在疣状小球果中。

从柔荑花序发育成的果实和种子

铁木
Ostrya japonica
桦木科

这种远东树种有灰褐色的鳞状树皮。种子或坚果被包裹在外壳里，像啤酒花一样长长地成簇悬垂着。

25 m
80 ft

欧洲鹅耳枥
Carpinus betulus
桦木科

这种原产于欧洲的植物经常形成灌木树篱，有绿色小雄花，雌性柔荑花序可育成被3片苞叶包裹的坚果。

苞叶

雄性柔荑花序

欧榛
Corylus avellana
桦木科

这种产自欧洲的灌木似的树种因其可食用的坚果而被广泛种植，雄性柔荑花序与雌花在早春发芽。

10 m
30 ft

雌花

雄花组成的圆柱形柔荑花序

30 m
100 ft

红桤木
Alnus rubra
桦木科

这种树原产自美洲西北部，喜欢生长在潮湿的坡地和河道两岸，其浅灰色的树皮被擦伤时会变成红色。

30 m
100 ft

30 m
100 ft

叶芽

30 m
100 ft

核桃（胡桃）
Juglans regia
胡桃科

核桃树产自中亚的山区，价值体现在其果实和木材。它们有光滑的灰色树皮，雄性柔荑花序长达10厘米。

长有未成熟果实的叶枝

成熟的核桃

成熟的山核桃

羽状叶

化香树
Platycarya strobilacea
胡桃科

这种树原产自东亚地区，有成簇的直的雄性柔荑花序，果实就像松果，种子有翼瓣。

15 m
50 ft

岳桦
Betula ermanii
桦木科

这一产自欧洲和北亚的树种喜光，生长在沙质土中，有能剥脱的白色树皮，枝条易下垂。

40 m
130 ft

美洲山核桃
Carya illinoensis
胡桃科

美洲山核桃原产自北美，因其可食用的坚果而被人类种植。坚果被包裹在硬壳里，成熟后裂开。

灰核桃
Juglans cinerea
胡桃科

灰核桃是原产自北美洲的落叶树种，有黄绿色的柔荑花序，小串的卵形坚果里有带甜味的种子。

30 m
100 ft

齿状叶

毛刺包裹着果实

30 m
100 ft

东欧栗
Castanea sativa
壳斗科

这种产自欧洲东南部和西亚的树种因其果实而被人类种植了3000多年。柔荑花序中雄花在上面，雌花在下面。

北美水青冈
Fagus grandifolia
壳斗科

这种产自北美的树种有灰褐色的树皮和光滑的落叶，成对生长的果实带壳。

30 m
100 ft

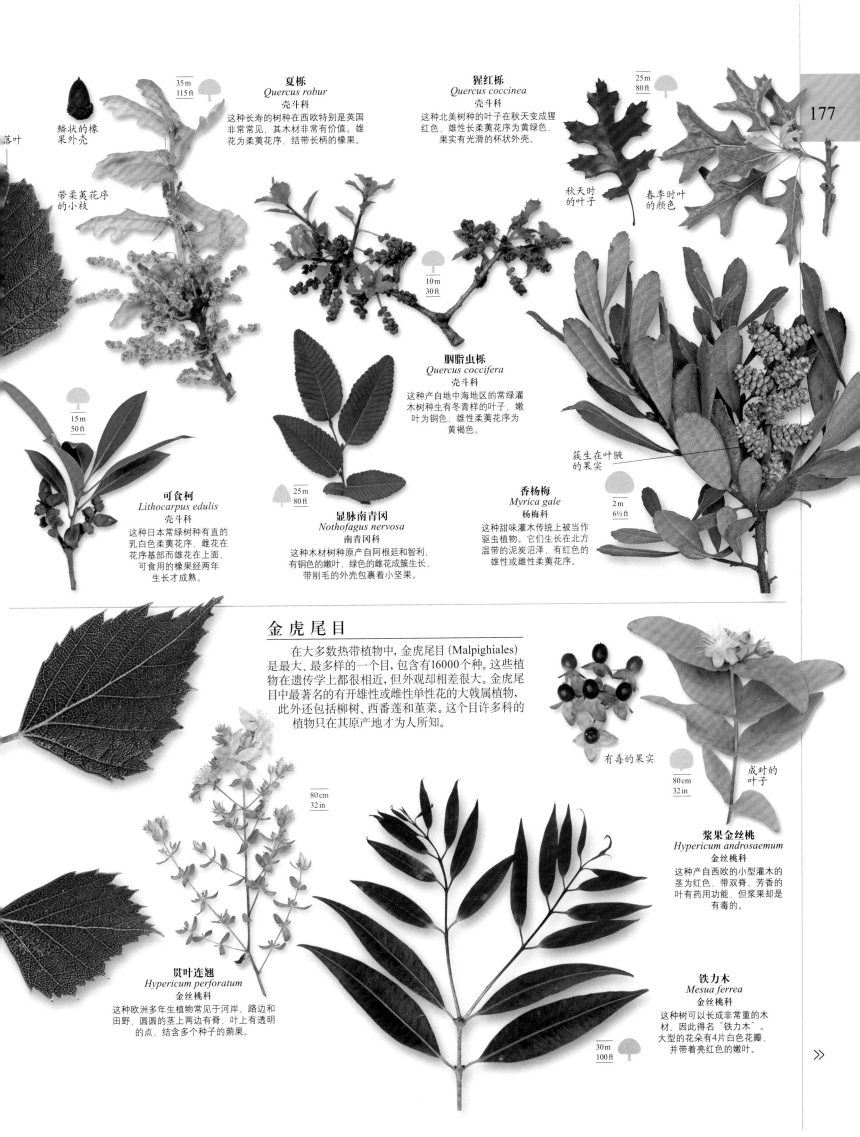

鳞状的橡果外壳

落叶

35 m
115 ft

夏栎
Quercus robur
壳斗科
这种长寿的树种在西欧特别是英国
非常常见，其木材非常有价值。雄
花为柔荑花序，结带长柄的橡果。

带柔荑花序的小枝

猩红栎
Quercus coccinea
壳斗科
这种北美树种的叶子在秋天变成猩
红色，雄性长柔荑花序为黄绿色，
果实有光滑的杯状外壳。

25 m
80 ft

秋天时的叶子

春季时叶的颜色

10 m
30 ft

胭脂虫栎
Quercus coccifera
壳斗科
这种产自地中海地区的常绿灌
木树种生有冬青样的叶子，嫩
叶为铜色，雄性柔荑花序为
黄褐色。

15 m
50 ft

可食柯
Lithocarpus edulis
壳斗科
这种日本常绿树种有直的
乳白色柔荑花序，雌花在
花序基部而雄花在上面，
可食用的橡果经两年
生长才成熟。

25 m
80 ft

显脉南青冈
Nothofagus nervosa
南青冈科
这种木材树种原产自阿根廷和智利，
有铜色的嫩叶，绿色的雌花成簇生长，
带刚毛的外壳包裹着小坚果。

香杨梅
Myrica gale
杨梅科
这种甜味灌木传统上被当作
驱虫植物。它们生长在北方
温带的泥炭沼泽，有红色的
雄性或雌性柔荑花序。

2 m
6½ ft

簇生在叶腋的果实

金虎尾目

　　在大多数热带植物中，金虎尾目（Malpighiales）
是最大、最多样的一个目，包含有16000个种。这些植
物在遗传学上都很相近，但外观却相差很大。金虎尾
目中最著名的有开雄性或雌性单性花的大戟属植物，
此外还包括柳树、西番莲和堇菜。这个目许多科的
植物只在其原产地才为人所知。

有毒的果实

80 cm
32 in

浆果金丝桃
Hypericum androsaemum
金丝桃科
这种产自西欧的小型灌木的
茎为红色，带双脊，芳香的
叶有药用功能，但浆果却是
有毒的。

成对的叶子

80 cm
32 in

贯叶连翘
Hypericum perforatum
金丝桃科
这种欧洲多年生植物常见于河岸、路边和
田野，圆圆的茎上两边有脊，叶上有透明
的点，结含多个种子的蒴果。

铁力木
Mesua ferrea
金丝桃科
这种树可以长成非常重的木
材，因此得名"铁力木"。
大型的花朵有4片白色花瓣，
并带着亮红色的嫩叶。

30 m
100 ft

»

≫ 金虎尾目

三裂叶

25 m
80 ft

坚果里有硬的种子

石栗
Aleurites moluccana
大戟科
从这种热带植物的坚果中提取出来的油可以用来制作蜡烛。这种植物的花很小，呈奶油色；叶子多样，嫩叶呈灰绿色。

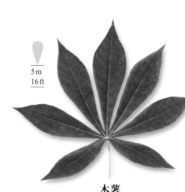

5 m
16 ft

木薯
Manihot esculenta
大戟科
这种植物原产自南美，块状根被用来制作木薯粉，小簇花开在二级树枝上。

1.2 m
4 ft

常绿大戟
Euphorbia characias
大戟科
这种地中海多年生植物是观赏植物，笔直的木质树干为紫色，基部光秃、光滑，毛绒的果实（或称种子囊）呈浆果状。

铁海棠
Euphorbia milii
大戟科
这种半肉质攀缘灌木产自马达加斯加，枝干多刺，叶子主要长在新的嫩枝上。

1.8 m
6 ft

20 cm
8 in

布纹球
Euphorbia obesa
大戟科
这种球形肉质植物原产自南非大卡鲁，野生的非常少见，其小花开在顶部的"眼"上。

裂叶

花头

4 m
13 ft

蓖麻
Ricinus communis
大戟科
蓖麻油就是从这种非洲热带植物的有毒种子中提取出来的。其笔直的花序上面是红色的雌花柱头，下面是黄色雄花花粉囊。

4 m
13 ft

多刺的叶子

可以榨油的种子

棉叶珊瑚花
Jatropha gossypiifolia
大戟科
这是一种有毒的入侵植物，原产自热带美洲地区，被澳大利亚禁止入境。其叶子多刺，含水分多，花带紫色的苞叶。

6 m
20 ft

巴豆
Croton tiglium
大戟科
这种树产于东南亚，在中国把它作为药物，其茎和叶子有臭味，雄性和雌性花形成种子囊。

30 cm
12 in

紫纹龙
Monadenium guentheri
大戟科
这种常绿肉质植物产自热带非洲。花白色，苞叶带紫边，肥厚的镰状树叶主要生长在幼株上。

40 m
130 ft

橡胶树
Hevea brasiliensis
大戟科
这种植物原产自巴西，因树皮下的乳液可以制作橡胶而著名。其叶子有3片小叶，黄色的花有刺鼻的味道。

40 cm
16 in

多年生山靛
Mercurialis perennis
大戟科
这种有毛的多年生植物枝干笔直，植株单性，细长的花柄上开绿色小花。

40 cm
16 in

南欧大戟
Euphorbia peplus
大戟科
这种有毒的一年生杂草植物原产自欧洲、北非和西亚，茎有分枝，花柄分3枝。

5裂的叶和花

含有种子的浆果

叶子在根部有卷曲的卷须

西番莲
Passiflora caerulea
西番莲科
这种观赏性藤本植物产自南美，花有香味，花形与基督教象征有关。花有5个萼片和花瓣、5个雄蕊和3个紫色的柱头。

60 cm
24 in

宿根亚麻
Linum perenne
亚麻科
这种纤细的多年生植物常平铺生长。它们原产自欧洲，常见于阿尔卑斯山区和英国，在茎的顶部的花蕾不时开花。

6 m
20 ft

药古柯
Erythroxylum coca
古柯科
这种常绿灌木来自南美西北部。叶子里含有古柯碱，树皮灰色，黄白色的小花成簇。

20 m
65 ft

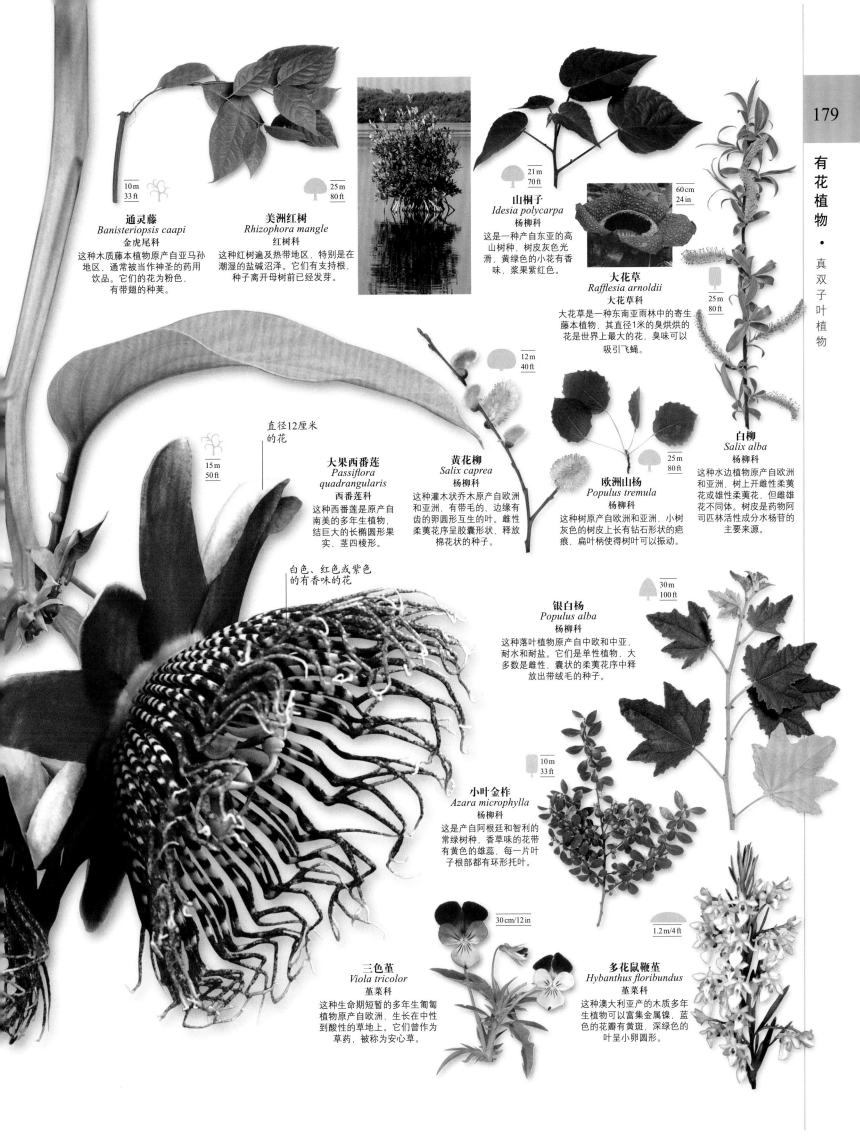

通灵藤
Banisteriopsis caapi
金虎尾科

这种木质藤本植物原产自亚马孙地区，通常被当作神圣的药用饮品。它们的花为粉色，有带翅的种荚。

10 m / 33 ft

美洲红树
Rhizophora mangle
红树科

这种红树遍及热带地区，特别是在潮湿的盐碱沼泽。它们有支持根，种子离开母树前已经发芽。

25 m / 80 ft

山桐子
Idesia polycarpa
杨柳科

这是一种产自东亚的高山树种，树皮灰色光滑，黄绿色的小花有香味，浆果紫红色。

21 m / 70 ft

大花草
Rafflesia arnoldii
大花草科

大花草是一种东南亚雨林中的寄生藤本植物，其直径1米的臭烘烘的花是世界上最大的花，臭味可以吸引飞蝇。

60 cm / 24 in

白柳
Salix alba
杨柳科

这种水边植物原产自欧洲和亚洲，树上开雌性柔荑花或雄性柔荑花，但雌雄花不同体。树皮是药物阿司匹林活性成分水杨苷的主要来源。

25 m / 80 ft

直径12厘米的花

15 m / 50 ft

大果西番莲
Passiflora quadrangularis
西番莲科

这种西番莲是原产自南美的多年生植物，结巨大的长椭圆形果实，茎四棱形。

黄花柳
Salix caprea
杨柳科

这种灌木状乔木原产自欧洲和亚洲，有带毛的、边缘有齿的卵圆形互生的叶。雌性柔荑花序呈胶囊形状，释放棉花状的种子。

12 m / 40 ft

欧洲山杨
Populus tremula
杨柳科

这种树原产自欧洲和亚洲，小树灰色的树皮上长有钻石形状的疤痕，扁叶柄使得树叶可以振动。

25 m / 80 ft

白色、红色或紫色的有香味的花

银白杨
Populus alba
杨柳科

这种落叶植物原产自中欧和中亚，耐水和耐盐。它们是单性植物，大多数是雌性，囊状的柔荑花序中释放出带绒毛的种子。

30 m / 100 ft

小叶金柞
Azara microphylla
杨柳科

这是产自阿根廷和智利的常绿树种，香草味的花带有黄色的雄蕊，每一片叶子根部都有环形托叶。

10 m / 33 ft

三色堇
Viola tricolor
堇菜科

这种生命期短暂的多年生匍匐植物原产自欧洲，生长在中性到酸性的草地上。它们曾作为草药，被称为安心草。

30 cm / 12 in

多花鼠鞭堇
Hybanthus floribundus
堇菜科

这种澳大利亚产的木质多年生植物可以富集金属镍，蓝色的花瓣有黄斑，深绿色的叶呈小卵圆形。

1.2 m / 4 ft

酢浆草目

酢浆草目 (Oxalidales) 包含6个科, 约2300种。土瓶草科仅1种, 为食虫植物。合椿梅科 (Cunoniaceae) 为木本植物, 蒴果木质, 种子细小。酢浆草科 (Oxalidaceae) 为本目最大科, 包含8属, 560种, 特点是小叶白天伸展, 夜晚闭合。

土瓶草
Cephalotus follicularis
土瓶草科

这种原产自南大利亚西南海岸的食虫植物有卵圆形叶子, 以及一个充满液体、可以捕获猎物的罐状结构, 但它不是捕虫草类植物 (详见第192页)。

20 cm
8 in

蔷薇目

蔷薇目 (Rosales) 包含有9个科, 其中有蔷薇科 (Rosaceae)、大麻科 (Cannabaceae)、桑科 (Moraceae)、鼠李科 (Rhamnaceae)、榆科 (Ulmaceae) 和荨麻科 (Urticaceae) 等。蔷薇科植物经常因其果实或其他产物而被种植。这个目植物都有5片萼片和多个雄蕊, 通常多刺或多毛, 大多数靠昆虫授粉。

花有5个花瓣

4 m
13 ft

朱萼梅
Ceratopetalum gummiferum
合椿梅科

这种产自澳大利亚东海岸的灌木在春季开的小白花很不起眼, 粉色和红色的萼片在冬季里闭合, 包裹住果实。

35 cm
14 in

关节酢浆草
Oxalis articulata
酢浆草科

这种产自南美的植物从膨胀的根状茎上长出, 叶簇顶部开花成簇, 结出的蒴果可以爆裂开。

花簇

12 m
40 ft

银枫梅
Callicoma serratifolia
合椿梅科

这种树是产自澳大利亚西南威尔士海岸的灌木状乔木, 其树干早期被早期的居住者用来做抹灰篱笆墙。它们的嫩叶的颜色为铜色。

富含油脂的浆果

几枚小叶为一簇

成熟的果实

花枝

阳桃
Averrhoa carambola
酢浆草科

这种产于东南亚地区的矮树因其可食用的星形果实而被广泛种植, 一年开四次花。

15 m/50 ft

沙棘
Hippophae rhamnoides
胡颓子科

这种树广泛分布于亚洲和欧洲, 在长叶子之前开黄花, 其亮橘色的浆果富含维生素C。

10 m
33 ft

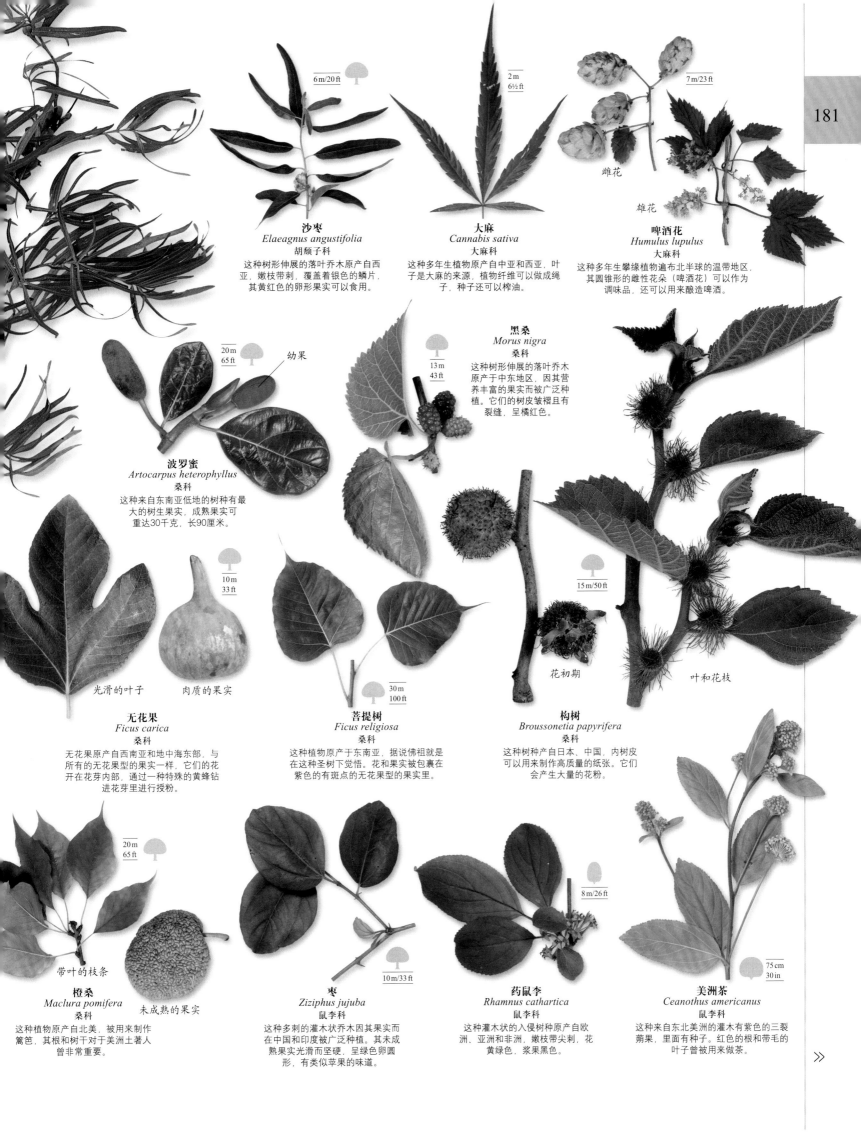

沙枣
Elaeagnus angustifolia
胡颓子科
这种树形伸展的落叶乔木原产自西亚，嫩枝带刺，覆盖着银色的鳞片，其黄红色的卵形果实可以食用。

6 m/20 ft

大麻
Cannabis sativa
大麻科
这种多年生植物原产自中亚和西亚，叶子是大麻的来源，植物纤维可以做成绳子，种子还可以榨油。

2 m
6½ ft

啤酒花
Humulus lupulus
大麻科
这种多年生攀缘植物遍布北半球的温带地区，其圆锥形的雌性花朵（啤酒花）可以作为调味品，还可以用来酿造啤酒。

7 m/23 ft

雌花

雄花

波罗蜜
Artocarpus heterophyllus
桑科
这种来自东南亚低地的树种有最大的树生果实，成熟果实可重达30千克，长90厘米。

20 m
65 ft

幼果

黑桑
Morus nigra
桑科
这种树形伸展的落叶乔木原产于中东地区，因其营养丰富的果实而被广泛种植。它们的树皮皱褶且有裂缝，呈橘红色。

13 m
43 ft

15 m/50 ft

花初期

叶和花枝

无花果
Ficus carica
桑科
无花果原产自西南亚和地中海东部，与所有的无花果型的果实一样，它们的花开在花芽内部，通过一种特殊的黄蜂钻进花芽里进行授粉。

10 m
33 ft

光滑的叶子

肉质的果实

菩提树
Ficus religiosa
桑科
这种植物原产于东南亚，据说佛祖就是在这种圣树下觉悟。花和果实被包裹在紫色的有斑点的无花果型的果实里。

30 m
100 ft

构树
Broussonetia papyrifera
桑科
这种树种产自日本、中国，内树皮可以用来制作高质量的纸张。它们会产生大量的花粉。

橙桑
Maclura pomifera
桑科
这种植物原产自北美，被用来制作篱笆，其根和树干对于美洲土著人曾非常重要。

20 m
65 ft

带叶的枝条

未成熟的果实

枣
Ziziphus jujuba
鼠李科
这种多刺的灌木状乔木因其果实而在中国和印度被广泛种植。其未成熟果实光滑而坚硬，呈绿色卵圆形，有类似苹果的味道。

10 m/33 ft

药鼠李
Rhamnus cathartica
鼠李科
这种灌木状的入侵树种原产自欧洲、亚洲和非洲，嫩枝带尖刺，花黄绿色，浆果黑色。

8 m/26 ft

美洲茶
Ceanothus americanus
鼠李科
这种来自东北美洲的灌木有紫色的三裂蒴果，里面有种子。红色的根和带毛的叶子曾被用来做茶。

75 cm
30 in

>>

真双子叶植物·有花植物

石楠
Photinia serratifolia
蔷薇科
这是一种中国的林地植物，通常作观赏植物种植，致密的木材可以用来制作家具。

8 m/26 ft

蕨麻
Potentilla anserina
蔷薇科
这种带细毛的多年生匍匐植物生长在欧洲、亚洲、美洲、澳大利亚和新西兰的荒地、牧场和沙丘。

80 cm
32 in

拉马克唐棣
Amelanchier lamarckii
蔷薇科
这种色彩艳丽的树种来自北美东部地区，春季星形花形成又轻又小的花簇，夏季时结出深红色的浆果。

12 m/40 ft

欧洲甜樱桃
Prunus avium
蔷薇科
这种樱桃是生长在欧洲、亚洲和北非林地和树篱里的园栽樱桃的野生祖先，后被移植到北美。

叶子和可食用的果实

春季开的花

25 m
80 ft

山楂叶海棠
Malus ioensis
蔷薇科
这种植物作为原产于北美的几种海棠之一，因其非常酸的果实而被种植。

11 m/35 ft

夏季开的花

可食用的果实

野草莓
Fragaria vesca
蔷薇科
这种野生草莓是一种原产于欧洲和北美林地的多年生植物，可食用的小果实是从膨胀的花托里发育而来。

30 cm
12 in

三裂叶

欧洲李
Prunus domestica
蔷薇科
这种树是由中国产的樱桃李和欧洲产的黑棘李杂交而来，但没有黑棘李的尖刺。

12 m
40 ft

玫瑰
Rosa rugosa
蔷薇科
这种产于东亚的玫瑰经常被当作树篱种植在海边。它们非常耐盐雾，有带刺的茎，粉色花的花瓣有皱褶。

2 m/6½ ft

花园里的重瓣花品种

80 cm
32 in

带香味的深粉色花

白色或粉色的花

3 m
10 ft

亮红色的蔷薇果

狗蔷薇
Rosa canina
蔷薇科
这种蔷薇常见于欧洲和北非的树篱，长有带刺、弓形弯曲的枝条，现在已被移植到北美。

药用法国蔷薇
Rosa gallica var. *officinalis*
蔷薇科
这种欧洲植物是一种著名的园艺植物，是许多种丰花月季和杂交茶香月季的亲本，有历史悠久的谱系。玫瑰油就是从这种植物的花瓣中提炼出的一种芳香油脂。

50 cm
20 in

桑树叶状的叶子

8瓣的花朵

仙女木
Dryas octopetala
蔷薇科
这种北极地区的高山小灌木的花
会跟着太阳的方向移动，使花的
中心部分比较温暖，以便吸引传
粉的昆虫。

平枝栒子
*Cotoneaster
horizontalis*
蔷薇科
这种中国产匍匐灌木因其
花朵和果实而常被种植在
花园里，偶尔会在花园以
外的地方出现。半常绿的
叶呈扁平的簇状。

3 m/10 ft

1 m
3¼ ft

薄叶火棘
Pyracantha rogersiana
蔷薇科
这种多刺常绿灌木产于中国东部。橘
红色浆果的果实虽然不能食用，但是
样子很吸引人，因而经常被人类种植。

白色或粉色的花

可食用
的果实

2.5 m
8 ft

黑莓
Rubus fruticosus
蔷薇科
秋季里，这种在欧洲很常见的攀缘树篱灌木
结出可食用的果实。黑莓类植物已经形成一
类亲缘非常接近的"小种"。

25 m
80 ft

很多小花

驱疝木
Sorbus torminalis
蔷薇科
这种罕见的树种生长在欧洲、小亚细亚
和北非地区古老的森林里，因用其果实
制成的特制啤酒而得名。

12 m
40 ft

美洲花楸
Sorbus americana
蔷薇科
这种落叶林木树种原产于北美东部，其
橘红色的浆果可以保留到冬季，是画眉
和松鸦的食物。

6 m/20 ft

5个花瓣的白花

欧楂
Mespilus germanica
蔷薇科
欧楂原产于中欧和南欧，有黄褐色的
硬的果实。秋季里果实变软后可以食
用，随后果实就腐烂掉。

保留着萼片的果实

5个花瓣的白花

齿状叶

花序

60 cm
24 ins

多蕊地榆
*Sanguisorba
minor*
蔷薇科
这种多年生植物原
产于从欧洲到伊朗
的地区，后被引进
到北美，生长在石
灰岩丰富的草原，
有可食用的叶子。

浅裂叶

柳叶梨
Pyrus salicifolia
蔷薇科
这种原产于中东的树种因其下
垂的银色树叶而被栽培种植，
果实不能食用。它们在土耳其
的野外已经濒临灭绝。

12 m
40 ft

红色果实生
在一个枝上

鲜艳的五瓣
花朵

60 cm
24 in

垂头花

带刺的果实

紫萼路边青
Geum rivale
蔷薇科
这种多毛的多年生植物生长在欧洲、
小亚细亚和北美的潮湿的地方。果实
上带钩的绒毛可以黏附在动物身上
从而播撒出去。

60 cm
24 in

欧亚羽衣草
Alchemilla vulgaris
蔷薇科
这个植物名称包含了几种产于欧
洲、亚洲和北美东部地区亲缘密
切的草原植物，有人说它们的叶
子很像曳尾长裙。

红色果实（山楂果）

单柱山楂
Crataegus monogyna
蔷薇科
这种枝条浓密的小型树种生长在
欧洲到阿富汗地区的林地和树篱
中，春季开成团的白花，后结深
红色的果实。它们也被种植在
花园里。

芬芳的花簇

10 m
33 ft

>>

真双子叶植物 · 有花植物

≫蔷薇目

光叶榉
Zelkova serrata
榆科
在美国，榆树因荷兰榆树病而病死时，就被这种有木材价值的亚洲树种所替代。日本人用盆栽的形式种植这种树。

30 m
100 ft

齿状叶

美洲朴
Celtis occidentalis
大麻科
这种植物原产自北美，有亮绿色的榆树样的叶子，红色的果实，被许多鸟类和哺乳动物食用。

40 m
130 ft

红色的浆果

36 m
120 ft

欧洲野榆
Ulmus minor
榆科
这种树曾经是欧洲风景中最典型的特征，但是被荷兰榆树病所摧毁。

巴拿马冷水花
Pilea involucrata
荨麻科
冷水花属的一些植物是珍贵的温室植物，其中就包括这种产于中南美洲的叶脉明显的植物。

30 cm
1 ft

异株荨麻
Urtica dioica
荨麻科
这种植物生长在欧洲、亚洲、北非和北美的荒地，叶子上的刺毛可防止动物啃食其叶子。

2 m/6½ ft

十字花目

十字花目 (Brassicales) 的许多植物的叶、茎和块根都含有或苦或香的油脂，这些油脂让许多种类的十字花目植物成为人类喜爱的烹饪食品，常用于制作香水或者入药，但是这些油脂会打消食草动物吃它们的念头。其中的十字花科，也就是卷心菜类植物，是最重要的一个类群，有3300个种。

野甘蓝
Brassica oleracea
十字花科
人类种植这种西欧植物已经有上千年的历史了，菜花、西兰花和球芽甘蓝都是这个种的栽培品种。

1 m
3¼ ft

花序

蓝绿色的无柄叶子

雄花

10 m
30 ft

番木瓜
Carica papaya
番木瓜科
这种南美产的树状植物开黄色的花，雌花会发育成大个的果实，有橘红色的果肉，也同样叫作番木瓜。

10 m/30 ft

辣木的叶

花枝

辣木
Moringa oleifera
辣木科
这种亚洲热带树种有灰色的软木质树皮和像蕨类植物一样的叶子，其磨碎的树根可以作为调味品。

3 m/10 ft

旱金莲
Tropaeolum majus
旱金莲科
旱金莲产自中南美洲，是鲜艳的一年生植物，著名的园艺植物，其花和叶可以用来做沙拉。

1.5 m
5 ft

刺山柑
Capparis spinosa
白花菜科
刺山柑原产自地中海地区是一种多年生带刺灌木，其花芽可以用盐腌制作为调味品。

50 cm/20 in

木樨草
Reseda odorata
木樨草科
木樨草原产自北非，在南欧的花园里遍布生长，从其有香味的花里提取的香料可以制作香水。

60 cm
24 in

桂竹香
Erysium cheiri
十字花科
这种植物可能原产于地中海东部的悬崖和草地，自中世纪以来就在欧洲普遍栽培。

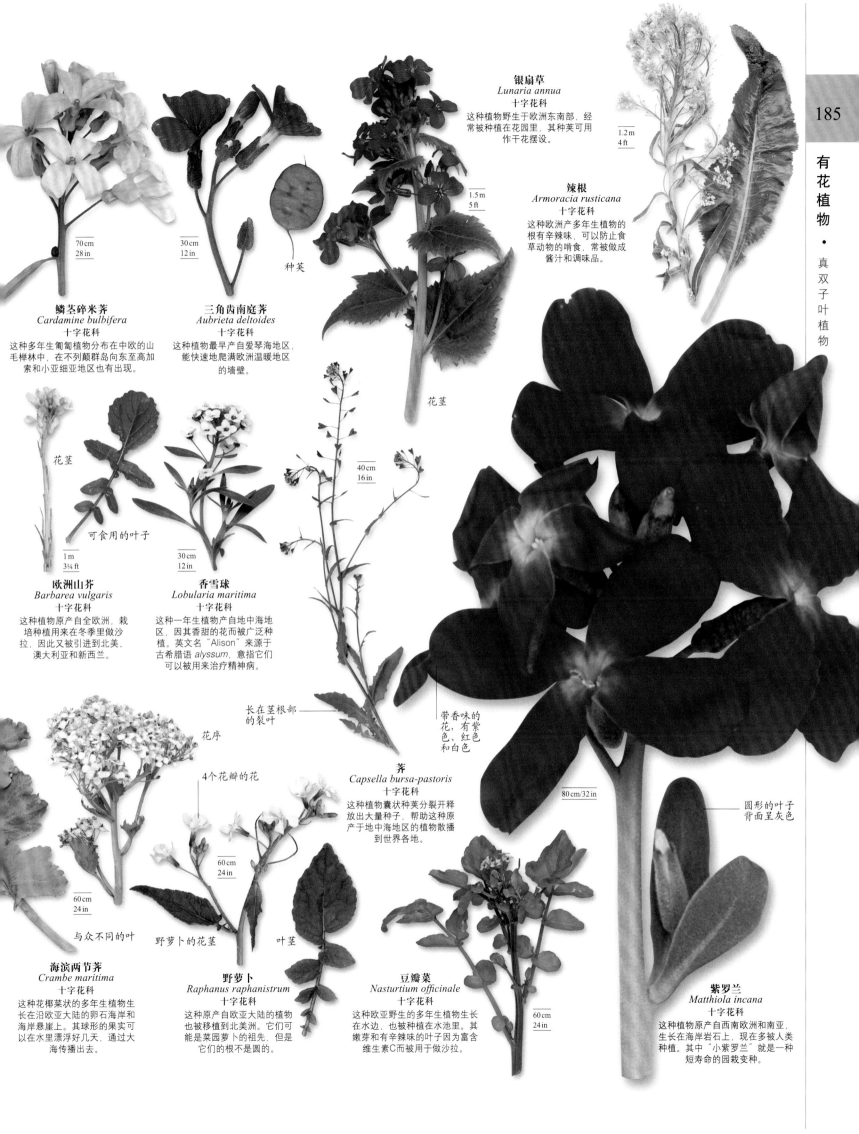

银扇草
Lunaria annua
十字花科
这种植物野生于欧洲东南部，经常被种植在花园里，其种荚可用作干花摆设。

1.2 m
4 ft

辣根
Armoracia rusticana
十字花科
这种欧洲产多年生植物的根有辛辣味，可以防止食草动物的啃食，常被做成酱汁和调味品。

1.5 m
5 ft

种荚

70 cm
28 in

鳞茎碎米荠
Cardamine bulbifera
十字花科
这种多年生匍匐植物分布在中欧的山毛榉林中，在不列颠群岛向东至高加索和小亚细亚地区也有出现。

30 cm
12 in

三角齿南庭荠
Aubrieta deltoides
十字花科
这种植物最早产自爱琴海地区，能快速地爬满欧洲温暖地区的墙壁。

花茎

花茎

可食用的叶子

1 m
3¼ ft

欧洲山芥
Barbarea vulgaris
十字花科
这种植物原产自全欧洲，栽培种植用来在冬季里做沙拉，因此又被引进到北美、澳大利亚和新西兰。

30 cm
12 in

香雪球
Lobularia maritima
十字花科
这种一年生植物产自地中海地区，因其香甜的花而被广泛种植。英文名"Alison"来源于古希腊语 *alyssum*，意指它们可以被用来治疗精神病。

40 cm
16 in

长在茎根部的裂叶

荠
Capsella bursa-pastoris
十字花科
这种植物囊状种荚分裂开释放出大量种子，帮助这种原产于地中海地区的植物散播到世界各地。

带香味的花，有紫色、红色和白色

80 cm/32 in

圆形的叶子背面呈灰色

花序

4个花瓣的花

60 cm
24 in

60 cm
24 in

与众不同的叶

野萝卜的花茎

叶茎

海滨两节荠
Crambe maritima
十字花科
这种花椰菜状的多年生植物生长在沿欧亚大陆的卵石海岸和海岸悬崖上。其球形的果实可以在水里漂浮好几天，通过大海传播出去。

野萝卜
Raphanus raphanistrum
十字花科
这种原产自欧亚大陆的植物也被移植到北美洲。它们可能是菜园萝卜的祖先，但是它们的根不是圆的。

豆瓣菜
Nasturtium officinale
十字花科
这种欧洲野生的多年生植物生长在水边，也被种植在水池里。其嫩芽和有辛辣味的叶子因为富含维生素C而被用于做沙拉。

60 cm
24 in

紫罗兰
Matthiola incana
十字花科
这种植物原产自西南欧洲和南亚，生长在海岸岩石上，现在也多被人类种植。其中"小紫罗兰"就是一种短寿命的园栽变种。

锦葵目

锦葵目 (Malvales) 是相对较大的一个目，主要是灌木和乔木。生长在热带和温带地区的这个目的植物种类多样，有时也能扩展生长到较冷地区。锦葵目有2个主要的科：半日花科 (Cistaceae)，大多数生长在北半球；锦葵科 (Malvaceae)，有草本、灌木和大型乔木，分布更广泛。红木科 (Bixaceae) 是比较小的一科，只有5种植物。

1 m/3¼ ft

10 m/33 ft

金钱半日花
Helianthemum nummularium
半日花科
这种低矮的灌木喜欢石灰质丰富的土壤，分布于欧洲很多地方的阳光海岸。它还有很多不同的亚种生长在欧洲的高山上。

50 cm
20 in

带刺的果实

红木
Bixa orellana
红木科
这种开粉红色花的灌木或小型树种原产自热带的美洲地区。有一种食物染色剂就来源于其带刺的果实。

4 m/13 ft

灰毛岩蔷薇
Cistus incanus
半日花科
这种分布广泛的地中海灌木，因为其叶子的毛羽和大小而被命名了好几个学名。

绵绒树
Fremontodendron californicum
锦葵科
这种展开的灌木生长在加利福尼亚的花岗岩高山上，在初夏开大量的花。

有5片花瓣的玫瑰红色的花

朱槿
Hibiscus rosa-sinensis
锦葵科
热带产的朱槿又称中国蔷薇，是几种朱槿花之一，因其鲜艳的花朵而被种植。

花序

长椭圆形的羽状叶

有棱纹的种荚

12 m
40 ft

可可树
Theobroma cacao
锦葵科
这种树原产自巴西的热带雨林，已经在热带被广泛种植。可可就来自其果荚中的种子。

齿形叶片

4.5 m/15 ft

2 m/6½ ft

带果实的枝

有浓郁香味的花

含咖啡因的种子

25 m/82 ft

有营养的果实

成年的树

80 cm
32 in

光滑的卵圆形叶子

25 m
82 ft

二月瑞香
Daphne mezereum
瑞香科
这种落叶灌木遍及欧洲大部分地区，潮湿林地和阴暗的山谷是它们典型的生境。

麝香锦葵
Malva moschata
锦葵科
这种高高的多年生植物原产自北非和南欧，园艺种植可在更往北方的地区。它们生长在草地和灌木丛中。

光亮可乐果
Cola nitida
锦葵科
这种西非树种的种荚里的种子富含咖啡因成分，咀嚼起来有兴奋刺激的效果。

猴面包树
Adansonia digitata
锦葵科
这种大型的非洲树种被叫作"颠倒树"，因为它们的叶子掉落后，树枝看上去就像是树根。它们能活3000年。

花粉附着在中央雄蕊管的花丝上

红萼苘麻
Abutilon megapotamicum
锦葵科
这种展开的灌木原产自阿根廷、巴西和乌拉圭，在温暖的充满阳光的花园被广泛种植。

1.8 m
6 ft

光滑的叶子

带刺的果实

榴梿
Durio zibethinus
锦葵科
这种树产于亚洲雨林，带刺的果实有一种臭汗袜的气味，可以吸引动物吃掉它们的果实，然后通过动物的粪便帮助种子传播。

40 m
130 ft

36 m
120 ft

美洲椴
Tilia americana
锦葵科
这种从中等大小到大型的落叶树种给东北美洲的秋天林地增添了许多色彩。它们经常与糖枫并排生长。

1.8 m
6 ft

花枝

苍白蜀葵
Alcea pallida
锦葵科
这种高大的多年生常绿植物与园栽蜀葵是近亲，它们生长在地中海东部的岩石地带和灌木林地。

叶丛

70 m
230 ft

充满绒毛的果荚

裂开的棉桃

吉贝
Ceiba pentandra
锦葵科
高大的吉贝树生长在西非和中南美洲，其果实中的纤维可用来当作玩具的填充物。

1.5 m
5 ft

陆地棉
Gossypium hirsutum
锦葵科
这种中美洲的灌木是人类最常种植的一种棉花，其棉纤维保护着果实（棉桃）里的种子。

无患子目

　　无患子目（Sapindales）是一个很大、很重要的目，包括了大多数的乔木、灌木和木质藤蔓植物。这些植物的叶一般有裂。这个目还包括许多优势林地树种和重要的经济作物，例如柑橘类果树。一半以上的无患子目植物属于2个科：无患子科（Sapindaceae）有大约1900个种；以及主要原产于澳大利亚和南非的芸香科（Rutaceae），有1700个种。

常绿的叶

18 m/59 ft

成熟的果实

10 m/33 ft

12 m/39 ft

5 m/16 ft

腰果
Anacardium occidentale
漆树科
这种灌木状树种原产于委内瑞拉和巴西，在16世纪就被引进到亚洲和非洲。人们种植这种植物可以获得坚果。

火炬树
Rhus typhina
漆树科
这种落叶灌木或低矮的树种生长在东北美洲森林边缘的荒地。红色的浆果带刺，簇状生长。

黄栌
Cotinus coggygria
漆树科
这种灌木见于南欧和亚洲，浅绿色的花精细地分叉成一簇簇刷子，看起来呈烟雾状。

杧果（芒果）
Mangifera indica
漆树科
杧果原产于亚洲，是在热带地区种植最广泛的水果之一，富含维生素A。

>>

无患子目

苦油楝
Carapa guianensis
楝科

55 m
180 ft

这种南美热带树种的黑色木材有时被当作巴西红木进行买卖。它们的种子可以做成肥皂。

40 m
130 ft

成熟的果实

羽状叶

印楝
Azadirachta indica
楝科

这种遍布生长于东半球的热带树种因其木材、药用植物油和可食用的嫩芽而具有很高价值。印度农民曾用它们的树叶和树脂制作杀虫剂。

25 m
80 ft

香椿
Toona sinensis
楝科

中国人把这种东亚树种的叶子当作蔬菜吃，其红色的硬木还可以制作家具。

2 m
6½ ft

大柱石南香
Boronia megastigma
芸香科

这种产于西澳大利亚湿沙地的直立灌木的花是铃铛形。花的外面是褐色，里面是金绿色。

60 cm/24 in

叙利亚芸香
Ruta chalepensis
芸香科

这种植物分布于南欧和西南亚的岩石地带，被认为是圣经里提到的芸香。

1.5 m
5 ft

穗花蜡南香
Eriostemon spicatus
芸香科

这种低矮的灌木广泛分布于澳大利亚西南部的沙地和碎石地带，长有细窄的叶子和粉色、白色或蓝色的花朵。

1.5 m
5 ft

细齿石南香
Boronia serrulata
芸香科

这种属于澳大利亚种属的矮小灌木生长在靠近悉尼的海岸上，其杯形的花呈亮粉色。

光滑的圆形叶子

2 m
6½ ft

墨西哥橘
Choisya ternata
芸香科

这种三角形的常绿灌木原产于墨西哥，现在已常见于世界各地的花园中，其白色的花有甜味，花簇分叉。

6 m
20 ft

榆橘
Ptelea trifoliata
芸香科

这种产于东北美洲的小型树种现在被当作观赏植物，雄树的花比雌树的花小。

1 m/3¼ ft

美丽钟南香
Correa pulchella
芸香科

这种小型灌木原产于南澳大利亚，因其精巧悬垂的管形花而被种植在花园里观赏。

10 m
33 ft

美洲花椒
Zanthoxylum americanum
芸香科

这种多刺的树种在美洲生长，向北可到加拿大魁北克地区。美洲土著人咀嚼这种树的皮，帮助缓解牙痛。

2 m/6½ ft

日本茵芋
Skimmia japonica
芸香科

这种常绿芳香灌木产于东亚，在仲夏结出红色的浆果，多被种植在花园、公园和休闲场地。

高尔夫球形的果实

8 m/26 ft

枳（枸橘）
Poncirus trifoliata
芸香科

这种多刺灌木的不可食的小黄果实很像带绒毛的橘子，具有数种药用用途。

茎

常绿的叶子

6 m
20 ft

成熟过程中的果实

柠檬
Citrus limon
芸香科

这种常绿植物原产于亚洲，是罗马人把它们带到欧洲，并因其果实而被广泛种植。

未成熟的果实

9 m
30 ft

酸橙
Citrus aurantium
芸香科

这种植物的苦涩果实不能像甜橙一样生吃，只适合用于烹饪。酸橙和甜橙都原产于热带亚洲。

糖槭
Acer saccharum
无患子科
这种树原产于美国东北部和加拿大东南部。春季从树上收集树汁，熬煮后可以制成枫糖浆。

35 m
115 ft

12 m
40 ft

鸡爪槭
Acer palmatum
无患子科
这种树原产于日本，经过几个世纪的杂交，形成许多变种。树叶有各种形状，秋天时会呈现壮观的色彩。

带花的枝条

带翅的种子

挪威槭
Acer pseudoplatanus
无患子科
这是一种原产于欧洲和亚洲的高山树种，现在被广泛种植在世界各地。其带翅的种子通过风进行传播。

30 m
100 ft

12 m
40 ft

栾树
Koelreuteria paniculata
无患子科
这种鲜艳树种产自东亚，因为长有下垂的黄色花和独特的囊状种荚而被大量种植在温带地区。

小花长有黄色"眼睛"

带刺壳里的果实

30 m
100 ft

荔枝
Litchi chinensis
无患子科
这种植物可能原产于中国南方，因其果实而被人类种植，甜的果肉包裹在厚壳里。

春季开的白花

欧洲七叶树
Aesculus hippocastanum
无患子科
这种树木原产于欧洲东南部，经常沿城市街道种植遮阴。果实像栗子，很硬但不能食用。

40 m
130 ft

亮绿色的叶子

可食用的坚果

爪哇橄榄
Canarium indicum
橄榄科
这种植物原产自太平洋岛屿的雨林中，是该地区最有价值的树种之一，能提供木材、油和可食用的坚果。

齿状叶

老花上的红色"眼睛"

8 m
26 ft

20 m
65 ft

8 m
26 ft

8 m
26 ft

文冠果
Xanthoceras sorbifolium
无患子科
这种小型树种在中国北方野生，其拉丁名（*Sorbus*）描述了它们像花楸一样的叶形。

臭椿
Ailanthus altissima
苦木科
这种带有轻微臭味的树种来自中国。因为它们耐污染并可以适应各种类型的土壤而被种植在城市街道两旁。

羽状叶

花枝

红雀椿
Quassia amara
苦木科
在热带美洲，这种树的树皮和木质被煮沸后的提取物可以作抗疟疾的补剂。

阿拉伯乳香树
Boswellia sacra
橄榄科
从这种阿拉伯树种的树干上割开一个口子，可以渗出牛奶样的汁液。这种树胶脂可以用来制作熏香和香水。

山茱萸目

在不同的分类系统中，山茱萸目（Cornales）所包含的植物范围变化很大，而在此它仅为一个较小目，包含5个或6个科的植物。其中主要的科有山茱萸科（Cornaceae），它在分类学里很模糊，是一类生长在温带和热带山区的灌木和小型乔木；此外还有绣球科（Hydrangeaceae），包含一些非常有名的园艺植物。

绣球
Hydrangea macrophylla
绣球科
这种艳丽的灌木原产自中国和日本，因为它们拥有玫瑰色、淡紫色、蓝色、甚至白色等颜色的圆形花簇而被栽培种植。

1.5 m/5 ft

狗木
Cornus florida
山茱萸科
这种北美山茱萸的亮白色"花瓣"其实是围绕着小花簇的苞叶。

12 m
40 ft

珙桐
Davidia involucrata
蓝果树科
这种产于中国西南的树种开小型的花，2厘米大小的花序被奶油色的苞叶围绕，使人印象深刻。

25 m
80 ft

山梅花
Philadelphus sp.
绣球科
这种灌木植物原产自亚洲、北美西部和墨西哥，大约有65个品种，开橘红色花。

1 m
3¼ ft

4.5 m
15 ft

杜鹃花目

这是一类重要的经济作物，也是世界上主要的草本植物类群之一。杜鹃花目（Ericales）包括喜酸性土壤、有4000多种开花木本的石南类植物，即杜鹃花科（Ericaceae）；主要见于北方温带高山环境的报春花科（Primnlaceae）植物，以及食虫植物瓶子草，即瓶子草科（Sarraceniaceae）。

朱砂根
Ardisia crenata
报春花科
这种植物挂果时间很长，因而成为受欢迎的温室植物。但是在美国的夏威夷、佛罗里达州和得克萨斯州，这种亚洲灌木是入侵物种。

1.8 m
6 ft

花荵
Polemonium caeruleum
花荵科
这种高大的多年生植物生长在中北欧和北美的岩石和草地，长有杯形的淡紫色或白色的花。

天蓝绣球
Phlox paniculata
花荵科
这种多年生植物原产自美国东南部的开阔林地。它们在茎的顶端开粉色或淡紫色喇叭形花朵，呈金字塔形花簇。

1 m/3¼ ft

帚石南
Calluna vulgaris
杜鹃花科
这种常绿灌木有淡紫色的花序，是北欧和北美东部的大面积荒地的优势物种。

1 m
3¼ ft

欧石南
Erica sp.
杜鹃花科
这是一些长得很相似的带刺欧石南类植物中的一种。这种欧石南产自英国南部、爱尔兰西部和法国。

60 cm
24 in

12 m
40 ft

草莓树
Arbutus unedo
杜鹃花科
虽然是一种石南植物，这种长有红色浆果和树瘤的地中海常绿树种看上去却很像草莓，但果实尝起来没有味道。

猩红色的钟形花

15 m/50 ft

树形杜鹃
Rhododendron arboreum
杜鹃花科
杜鹃花属植物大约有850种，都长有绿色的羽状叶和鲜艳的花。许多种杜鹃花属植物都产自喜马拉雅地区，图中所示也是。

白色的钟形花

5 m
16 ft

30 cm
12 in

美丽马醉木
Pieris formosa
杜鹃花科
这种亚洲灌木或小型树种的名字"*Formosa*"意思是"美丽的"，指其倒挂的一簇簇白色瓮形花。

酸性的浆果

越橘
Vaccinium vitis-idaea
杜鹃花科
这种越橘属植物遍及北欧、亚洲和北美，生有革质树叶，秋季时结有光泽的红色浆果。

粗壮的主干上覆满小叶

15 cm
6 in

平卧白珠
Gaultheria procumbens
杜鹃花科
这种匍匐的芳香灌木在北美东部的橡树和针叶林里成片生长，其红色果实可以度过冬天。

3 m
10 ft

桤叶树
Clethra alnifolia
桤叶树科
这种落叶灌木生长在北美东部的湿润森林和沼泽，叶子在秋天变成黄色或橘红色。

橘红色浆果

落叶

20 m
65 ft

北美柿
Diospyros virginiana
柿科
这种树原产自北美，生有黄白色的钟形花和约4厘米的球形橘红色果实。

2 m/6½ ft

20 m
65 ft

喜马拉雅凤仙花
Impatiens glandulifera
凤仙花科
这种原产自喜马拉雅地区的植物的果荚能爆裂开向外射出种子，这使它们能通过河流在欧洲大部分地区扎根生长。

果实

10 m
33 ft

黑色的种子

50 m
165 ft

圆形的木质果实

柱状福桂树
Fouquieria columnaris
福桂树科
这种奇怪的树的分布范围主要局限在美国加利福尼亚的巴哈。它们的茎和笔直的多刺枝杈是绿色的，可以进行光合作用。

果肉

切开的果实

中华猕猴桃
Actinidia chinensis
猕猴桃科
这种木质攀缘植物是从中国引种到新西兰，果实在当地被称为"奇异果"。

巴西栗
Bertholletia excelsa
玉蕊科
巴西栗实际上是这种南美树木坚硬的炮弹形果实里的种子。在野外，刺鼠（一种大型啮齿动物）可以打开掉落下来的果实。

里面的多个坚果

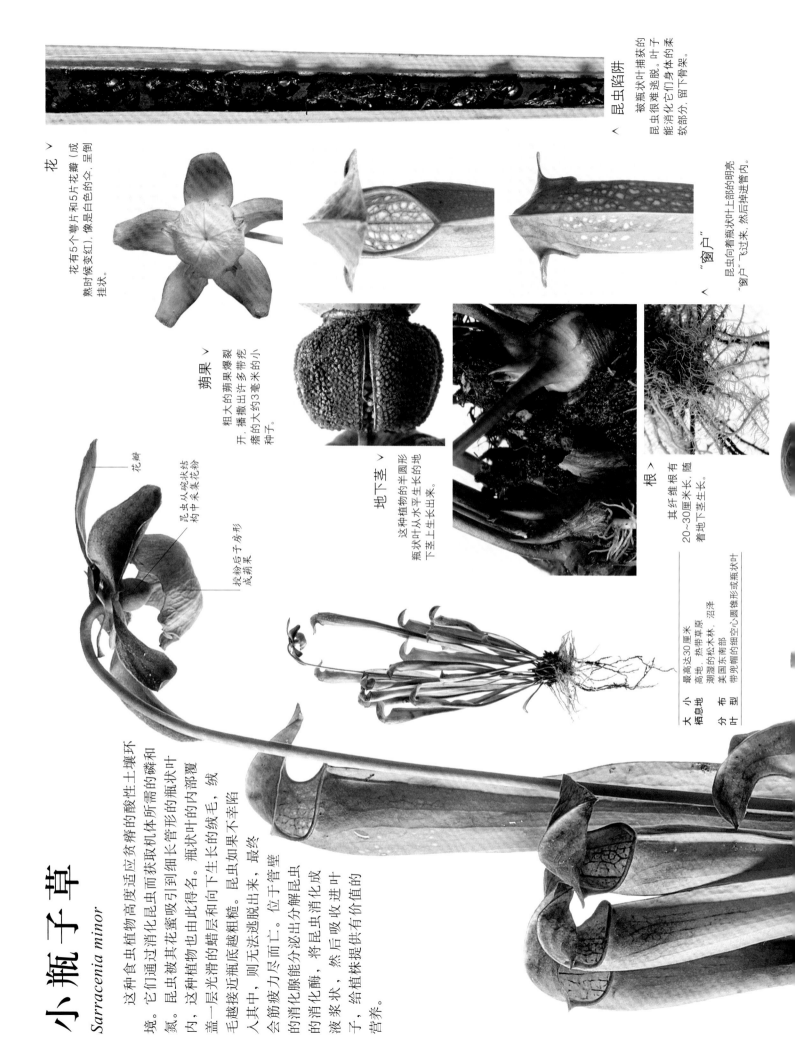

小瓶子草
Sarracenia minor

这种食虫植物高度适应贫瘠的酸性土壤环境。它们通过消化昆虫而获取机体所需的磷和氮。昆虫被其花蜜吸引到细长管形的瓶状叶内,这种植物也由此得名。瓶状叶的内部覆盖一层光滑的蜡层和向下生长的绒毛,昆虫越接近瓶底越粗糙。昆虫如果不幸陷入其中,则无法逃脱出来,最终会筋疲力尽而亡。位于管壁的消化腺能分泌出分解昆虫的消化酶,将昆虫消化成液浆状,然后吸收进叶子,给植株提供有价值的营养。

昆虫陷阱
被瓶状叶捕获的昆虫很难逃脱。叶子能消化它们身体的柔软部分,留下骨架。

花
花有5个萼片和5片花瓣(成熟时候变红),像是白色的空,呈倒挂状。

"窗户"
昆虫向着瓶状叶上部的明亮"窗户"飞过来,然后掉进管内。

蒴果
粗大的蒴果爆裂开,播撒出许多带疙瘩的大约3毫米的小种子。

花瓣

昆虫从碗状结构中采集花粉

授粉后子房形成蒴果

地下茎
这种植物的半圆形瓶状叶从水平生长的地下茎上生长出来。

根
其纤维根长20~30厘米长,随着地下茎生长。

大 小　最高达30厘米
栖息地　高地、热带草原湿地、潮湿的松木林、沼泽
分 布　美国东南部
叶 型　带兜帽的细长空心圆锥形或瓶状叶

∧ 花期

3月末到5月中开无味的黄色花朵。蜜蜂是其主要的授粉者，比起周围其他的植物，蜜蜂更喜欢这种植物。

∧ 盖子

这种凹形的盖子可以防止雨水灌进瓶口，同时还能隐蔽瓶口，使昆虫很难发现也很难逃出。

位于兜帽背面的蜜腺

紫红色的兜帽吸引昆虫到瓶状叶

< 濒危的食虫植物

因为栖息地减少，小瓶子草已经非常稀少，成为濒危物种。它们主要见于美国北卡罗来纳州、南卡罗来纳州、佐治亚州和佛罗里达州。它们有两个变种：一种能长到30厘米，另一种能长到1.2米，只见于佐治亚的奥克佛诺基沼泽。

真双子叶植物 · 有花植物

大苞山茶
Camellia granthamiana
山茶科
这种濒临灭绝的茶树是亚洲大约80种茶属植物之一,1955年在中国被发现。

毛脉白辛树
Pterostyrax hispidus
安息香科
这种大叶的落叶树种原产于东亚,有悬垂花簇,乳白色花有香味,有时被栽培种植。

圆果紫茎
Stewartia malacodendron
山茶科
这种落叶灌木或乔木生长在美国东部的林地。有带毛的嫩枝。

茶
Camellia sinensis
山茶科
这种常绿的灌木产自亚洲,叶和芽发酵晒干后可以做成茶叶。叶子里面有涩味的单宁酸可以阻止食草动物吞食。

伸出的红色雄蕊

史蒂文瓶子草
Sarracenia × stevensii
瓶子草科
这是种杂交的瓶子草,被花蜜吸引的昆虫陷落进其瓶状的叶子里后会被酶消化分解。

黄瓶子草
Sarracenia flava
瓶子草科
瓶子草植物可以捕捉并消化昆虫来补充营养成分。这些植物都产自美国东南部。

鹦鹉瓶子草
Sarracenia psittacina
瓶子草科
这种瓶子草仅野生在东北美洲,见于从佛罗里达州到路易斯安纳州的区域。它们的瓶状叶水平生长形成陷阱。

香榄
Mimusops elengi
山榄科
这种常绿印度树种因其有香味的花而被种植在热带国家里。它们耐用性很好的木材被用来建造船舶和各种建筑。

兜帽就像准备捕食的眼镜蛇

眼镜蛇草
Darlingtonia californica
瓶子草科
这种食虫植物生长在美国西部的海岸沼泽和山林溪流旁。

粗糙带毛的披针形叶

菊蒿叶沙铃花
Phacelia tanacetifolia
紫草科
这些生长在干旱地区的一年生植物多在雨后才开花。在美国加利福尼亚州发现了80多种这类植物。

蓝蓟
Echium vulgare
紫草科
这种带粗毛的两年生植物广泛分布于欧洲和亚洲温带地区的草地,花蕾粉红色,而花开后呈深蓝色。

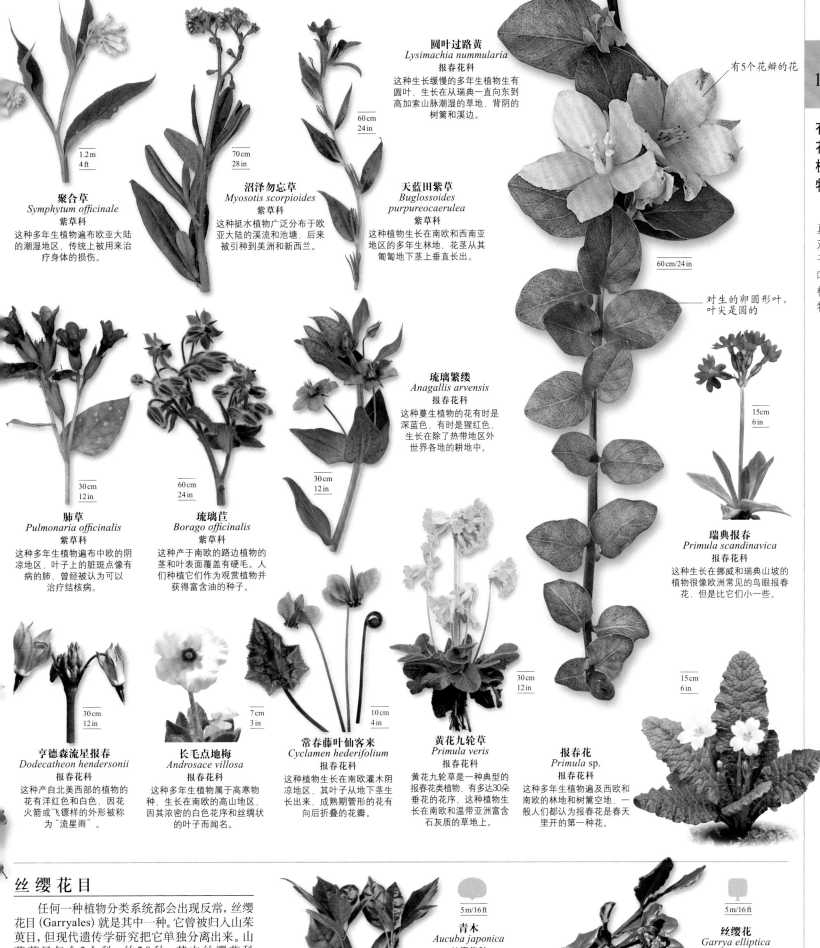

圆叶过路黄
Lysimachia nummularia
报春花科
这种生长缓慢的多年生植物生有圆叶，生长在从瑞典一直向东到高加索山脉潮湿的草地，背阴的树篱和溪边。

有5个花瓣的花

60 cm
24 in

70 cm
28 in

1.2 m
4 ft

聚合草
Symphytum officinale
紫草科
这种多年生植物遍布欧亚大陆的潮湿地区，传统上被用来治疗身体的损伤。

沼泽勿忘草
Myosotis scorpioides
紫草科
这种挺水植物广泛分布于欧亚大陆的溪流和池塘，后来被引种到美洲和新西兰。

天蓝田紫草
Buglossoides purpureocaerulea
紫草科
这种植物生长在南欧和西南亚地区的多年生林地，花茎从其匍匐地下茎上垂直长出。

60 cm/24 in

对生的卵圆形叶，叶尖是圆的

琉璃繁缕
Anagallis arvensis
报春花科
这种蔓生植物的花有时是深蓝色，有时是猩红色，生长在除了热带地区外世界各地的耕地中。

15 cm
6 in

30 cm
12 in

60 cm
24 in

30 cm
12 in

肺草
Pulmonaria officinalis
紫草科
这种多年生植物遍布中欧的阴凉地区，叶子上的脏斑点像有病的肺，曾经被认为可以治疗结核病。

琉璃苣
Borago officinalis
紫草科
这种产于南欧的路边植物的茎和叶表面覆盖着硬毛。人们种植它们作为观赏植物并获得富含油的种子。

瑞典报春
Primula scandinavica
报春花科
这种生长在挪威和瑞典山坡的植物很像欧洲常见的鸟眼报春花，但是比它们小一些。

30 cm
12 in

7 cm
3 in

10 cm
4 in

30 cm
12 in

15 cm
6 in

亨德森流星报春
Dodecatheon hendersonii
报春花科
这种产自北美西部的植物的花有洋红色和白色，因花火箭或飞镖样的外形被称为"流星雨"。

长毛点地梅
Androsace villosa
报春花科
这种多年生植物属于高寒物种，生长在南欧的高山地区，因其浓密的白色花序和丝绸状的叶子而闻名。

常春藤叶仙客来
Cyclamen hederifolium
报春花科
这种植物生长在南欧灌木阴凉地区，其叶子从地下茎生长出来，成熟期管形的花有向后折叠的花瓣。

黄花九轮草
Primula veris
报春花科
黄花九轮草是一种典型的报春花类植物，有多达30朵垂花的花序，这种植物生长在南欧和温带亚洲富含石灰质的草地上。

报春花
Primula sp.
报春花科
这种多年生植物遍及西欧和南欧的林地和树篱空地，一般人们都认为报春花是春天里开的第一种花。

丝缨花目

　　任何一种植物分类系统都会出现反常，丝缨花目（Garryales）就是其中一种。它曾被归入山茱萸目，但现代遗传学研究把它单独分离出来。山茱萸目包含2个科，约20种，其中丝缨花科（Garryaceae）有2属：产于北美的丝缨花属和东亚的桃叶珊瑚属；而杜仲科（Eucommiaceae）只有1种植物——杜仲，是产于中国山地的森林乔木。

5 m/16 ft

青木
Aucuba japonica
丝缨花科
这种栽培植物是日本的观赏灌木，叶子有黄色斑点，雄性植株有垂直的花穗，雌性植物有小型簇状花序。

5 m/16 ft

丝缨花
Garrya elliptica
丝缨花科
丝缨花是一种生长在美国加利福尼亚州和俄勒冈州的海岸矮树。这种小型乔木的雄性植株是鲜艳的灰绿色柔荑花序，雌性则是短小的银灰色柔荑花序。

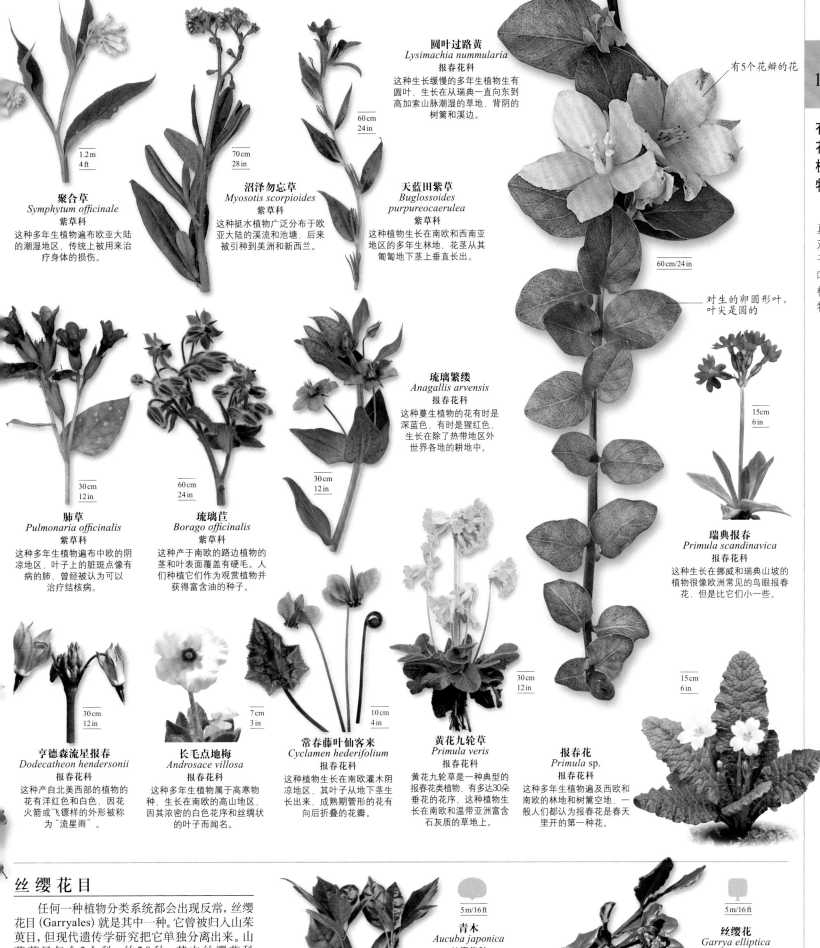

龙 胆 目

以龙胆属植物命名的龙胆目 (Gentianales) 植物是高山和庭院植物,龙胆科 (Gentianaceae) 是其中较小的一种。龙胆目有5个科,最大的茜草科有超过13000种植物,其中包括许多种热带灌木,例如咖啡。另外3个科是夹竹桃科 (Apocyanaceac)、马钱科 (Loganiaceac) 和钩吻科 (Gelsemiaceae) 植物。

长春花
Catharanthus roseus
夹竹桃科

这种庭院观赏植物在其原产地马达加斯加已经濒临灭绝。它们的叶子中含有少量的生物碱,可以用来治疗儿童白血病。这种用途使其免于灭绝的命运。

五瓣的花

卵圆形叶子

红鸡蛋花
Plumeria rubra
夹竹桃科

这种观赏树种原产自从墨西哥到加勒比海地区,花在夜间散发芳香气味,可以吸引天蛾来传粉。

蔓长春花
Vinca major
夹竹桃科

这种多年生常绿匍匐植物匍匐茎上生根,茎很长,蔓生于中南欧和北非的林地。

夹竹桃
Nerium oleander
夹竹桃科

这种常绿的灌木全株都有毒。它们在从地中海到中国范围很广的地区沿着溪流生长,开一簇簇有香味的粉色花。

柳叶马利筋
Asclepias tuberosa
夹竹桃科

这种多年生的鲜艳植物生长在东北美的原野和路边,美洲人咀嚼这种植物的根来治疗胸膜炎。

橙果薄柱草
Nertera granadensis
茜草科

这种多年生植物原产自澳大利亚、新西兰和南美,开绿色小花,因其小水珠样果实而得名。

多汁的无叶茎

原拉拉藤
Galium aparine
茜草科

这种农业杂草生长在欧洲和西亚,茎和叶边缘都长有很多刺,可以黏附到动物的毛皮上。

光滑的常绿叶子

平滑十字草
Cruciata laevipes
茜草科

这种多年生植物生长在欧洲和亚洲的草场,叶在茎上十字轮生,开成簇的有蜜香味的花。

黄金鸡纳
Cinchona calisaya
茜草科

从这种南美树种的树皮中可以提取出抗疟药物奎宁。其种子在19世纪中叶就被贩运到亚洲进行种植。

小粒咖啡
Coffea arabica
茜草科

这种常绿灌木原产自埃塞俄比亚,但被输送到世界各地进行种植。它们结深红色的核果,内有2颗种子(咖啡豆)。

栀子
Gardenia jasminoides
茜草科

这种常绿灌木原产自亚洲,花呈蜡质管状,有香味,颜色随时间由白色变成黄色,结浆果样的果实。

果实成熟时呈红色

马钱子
Strychnos nux-vomica
马钱科
这种产自东南亚的常绿植物有带毒性的种子。

卵形的叶子

马钱子的种子

25 m
82 ft

30 cm
12 in

紫芳草
Exacum affine
龙胆科
这种两年生常绿植物原产自印度洋的索科特拉岛，现在被当作室内观赏植物。紫色的花朵中央呈黄色。

春龙胆
Gentiana verna
龙胆科
这种多年生植物生长在北极和欧亚大陆的高山上，叶座贴于地面，管状花呈深蓝色。

50 cm
20 in

12 cm
5 in

红色百金花
Centaurium erythraea
龙胆科
这种一年生植物生长在欧洲和西南亚的草地和丘陵地区，粉色的五瓣花呈漏斗状。

30 cm
12 in

花中央释放出腐肉的臭味

卵圆形叶的叶座

高犀角
Gonostemon gettliffei
夹竹桃科
这种产自南非的腐肉花多汁带刺，带条纹或斑点的花有一股腐肉的臭味，可以吸引腐尸蝇进行授粉。

花瓣边缘带毛

6 m
20 ft

多花耳药藤
Stephanotis floribunda
夹竹桃科
这种木质缠绕藤蔓植物原产自马达加斯加，现在是一种常见的温室植物，有羽状叶和带香味的蜡质簇状白花。

唇形目

现代植物分类学把唇形目(Lamiales)植物扩大到了21个科，其特征是有不对称花瓣裂片的管形花。最大的是薄荷类植物，即唇形科(Lamiaceae)，和传统的玄参科(Scrophulariaceae)，都包含5000~6000个种。其他一些植物还有油橄榄类植物，即木樨科(Oleaceae)和车前科(Plantaginaceae)植物。

1.5 m
5 ft

粗壮的花序

有皱褶的裂叶

1 m
3¼ ft

蛤蟆花
Acanthus mollis
爵床科
这种多年生粗壮树种产于西地中海的岩石地区，白色的花序上有紫色的脉纹，花的下层唇形花瓣3裂。

深绿色的叶子带有奶白色的脉纹

50 cm
20 in

麒麟吐珠（虾衣花）
Justicia brandegeana
爵床科
这种常见的观赏植物产于热带美洲和加勒比海地区，白花呈管形，带有两片唇形花瓣，花被红色虾形的叶所环绕。

单药花
Aphelandra squarrosa
爵床科
这种常见的室内植物产自巴西海岸的树林里，叶有灰色脉纹，黄色的花被黄色的特化叶围绕着。

15 m
50 ft

黑海榄雌
Avicennia germinans
爵床科
这个树种在大西洋热带海岸的潮汐河口处形成丛林，其带尖的果实掉落到泥土里会发芽长成新的植株。

匍匐筋骨草
Ajuga reptans
唇形科

这种多年生林地和草地植物生长于欧洲、北非和西南亚，花茎从能蔓生很大面积的根茎上生出。

管形花上有三裂的大的唇形花瓣

卵圆形叶子通常背面呈铜色

2 m/6½ ft

迷迭香
Rosmarinus officinalis
唇形科

这种灌木生长于干燥的地中海地区，叶子中含有的油脂成分可以减少蒸发，防止水分丢失。它还是一种很有名的食用香草。

60 cm/24 in

药用鼠尾草
Rosmarinus officinalis
唇形科

这种产于西班牙、法国南部和巴尔干半岛的灰色灌木被广泛种植，有刺激味道的叶子被用作调味品。

夏末时的花

可食用的叶

罗勒
Ocimum basilicum
唇形科

这是一种生长在印度和伊朗的一年生植物，以甜罗勒为人们所熟知。人类常用其有刺激味道的叶子做食用香草。

薰衣草
Lavandula angustifolia
唇形科

这是生长在干燥的地中海地区灌木生境中的一种常绿灌木，其叶子中的保水油脂是很贵重的香料。

80 cm
32 in

密集填充的花

80 cm
32 in

药水苏
Betonica officinalis
唇形科

药水苏是一种常见于欧洲、高加索和北非大部分地区的树篱和草地植物，有红紫色或白色的花。

6 m/20 ft

穗花牡荆
Vitex agnus-castus
唇形科

这种植物产于南欧的潮湿地区，曾被认为可以保持贞洁。在草药治疗中它被用于调节激素水平。

1.5 m
5 ft

橙花糙苏
Phlomis fruticosa
唇形科

这种常绿灌木原产自地中海东部的干燥岩石生境，有灰色毡形的叶子，现在被广泛种植在花园里当作观赏植物。

披针形的叶

花簇
1.2 m
4 ft

拟美国薄荷
Monarda fistulosa
唇形科

薄荷茶就用这种鲜艳的多年生植物的灰色叶子制成。它们生长在美国新英格兰到得克萨斯州的干燥田野和灌木丛中。

分枝的粉紫色花簇

1 m/3¼ ft

牛至
Origanum vulgare
唇形科

这种多年生芳香草本植物生长在南欧和西南亚的草地和碎石生境，现在因其有烹饪调味的用途而被栽培种植。

生长在茎上的卵圆形叶

3 m/10 ft

圆叶木薄荷
Prostanthera rotundifolia
唇形科

这种芳香灌木长于澳大利亚从昆士兰到塔斯马尼亚地区，有圆形的叶子，春季开的花颜色从粉色渐变到紫色。

40 cm/1¼ ft

普通百里香
Thymus vulgaris
唇形科

这种茂密分枝的灌木原产自地中海西部的干燥岩石地带，可以做食用香草，是制作香水和香皂的原料。

1 m
3¼ ft

水薄荷
Mentha aquatica
唇形科

这种生长在欧洲、非洲和西南亚地区池塘和沟渠的半水生草本植物是杂交薄荷的一个亲本。

花枝

木樨榄
Olea europaea
木樨科
这种地中海常绿树种的果肉含有40%的
不饱和油脂，食用前必须用盐水腌制。

卵形果实

15 m/50 ft

连翘
Forsythia suspensa
木樨科
这种落叶灌木原产于中国，
可能还包括日本。它们有空
心的垂枝和黄色的花，又称
为"垂枝连翘"。

3 m/10 ft

花梣
Fraxinus ornus
木樨科
这种产于南欧的树种通常长有浓
密的白色花穗，从树皮中提取的
糖胶有药用价值。

20 m/65 ft

心形的叶

叶子最长
达12厘米

7 m/23 ft

浓密、有香味
的锥形花序

欧丁香
Syringa vulgaris
木樨科
由这种鲜艳的落叶树种繁育
出的许多杂交品种被种植在
花园里，其野生种见于东南
欧洲的低矮山坡上。

喇叭形的花

黏性叶的叶丛

岩海角苣苔
Streptocarpus saxorum
苦苣苔科
这种多年生常绿植物原产于
肯尼亚和坦桑尼亚，有绒毛并
且多汁的小叶子和带5个裂片
的喇叭形的花组成轮生体。

30 cm
12 in

12 m
40 ft

素方花
Jasminum officinale
木樨科
这种落叶攀缘灌木分布于从
高加索到中国的地区，因其
鲜艳的带有香味的花而被广
泛种植。它们沿着逆时针的
方向旋转攀爬生长。

紫花捕虫堇
Pinguicula vulgaris
狸藻科
这种沼泽植物产于北
欧、亚洲和北美，通
过其有黏性的叶子捕
捉和消化昆虫，从而
获得营养。

18 cm
7 in

12 m
40 ft

通温非洲堇
Saintpaulia tongwensis
苦苣苔科
非洲堇类植物是常见的盆栽植物，生
长在东非的热带雨林中，有20个
种，但大多数已经在野外濒临灭绝。

15 cm
6 in

长花簇

像豆科植物
一样的果荚

18 m/60 ft

南黄金树
Catalpa bignonioides
紫葳科
这种林地乔木生长在美国南部，
因其鲜艳的花朵而被种植在美国
更向北的地方以及欧洲。

60 cm
24 in

红波罗花
Incarvillea delavayi
紫葳科
这种木质坚硬的多年生草本植
物产在印度和中国西藏的高山
草甸，现在也作为庭院植物被种
植，有喇叭形的玫瑰紫色花。

15 m
50 ft

蓝花楹
Jacaranda mimosifolia
紫葳科
这种热带乔木原产自阿根廷
和巴西，开淡紫色悬垂状花
簇，现在已经被用作遮阴和
观赏植物而被广泛种植。

杂种凌霄
Campsis × tagliabuana
紫葳科
这种苗壮的攀缘灌木是一个
北美种和亚洲种的园艺杂交
品种，有成簇的喇叭形橘红
色花。

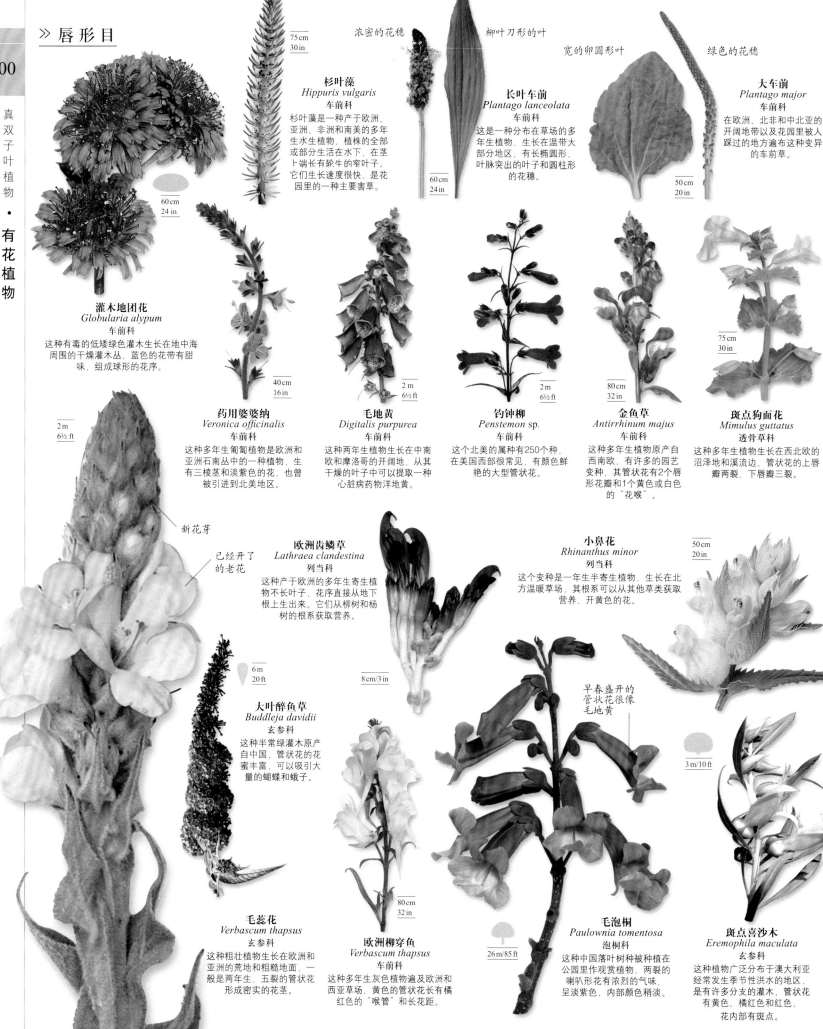

≫ 唇形目

75 cm / 30 in

浓密的花穗

柳叶刀形的叶

宽的卵圆形叶

绿色的花穗

杉叶藻
Hippuris vulgaris
车前科
杉叶藻是一种产于欧洲、亚洲、非洲和南美的多年生水生植物，植株的全部或部分生活在水下，在茎卜端长有轮生的窄叶子。它们生长速度很快，是花园里的一种主要害草。

长叶车前
Plantago lanceolata
车前科
这是一种分布在草场的多年生植物，生长在温带大部分地区，有长椭圆形、叶脉突出的叶子和圆柱形的花穗。

大车前
Plantago major
车前科
在欧洲、北非和中北亚的开阔地带以及花园里被人踩过的地方遍布这种变异的车前草。

60 cm / 24 in

60 cm / 24 in

50 cm / 20 in

灌木地团花
Globularia alypum
车前科
这种有毒的低矮绿色灌木生长在地中海周围的干燥灌木丛，蓝色的花带有甜味，组成球形的花序。

2 m / 6½ ft

40 cm / 16 in

药用婆婆纳
Veronica officinalis
车前科
这种多年生匍匐植物是欧洲和亚洲石南丛中的一种植物，生有三棱茎和淡紫色的花，也曾被引进到北美地区。

2 m / 6½ ft

毛地黄
Digitalis purpurea
车前科
这种两年生植物生长在中南欧和摩洛哥的开阔地，从其干燥的叶子中可以提取一种心脏病药物洋地黄。

钓钟柳
Penstemon sp.
车前科
这个北美的属种有250个种，在美国西部很常见，有颜色鲜艳的大型管状花。

80 cm / 32 in

金鱼草
Antirrhinum majus
车前科
这种多年生植物原产自西南欧，有许多的园艺变种，其管状花有2个唇形花瓣和1个黄色或白色的"花喉"。

75 cm / 30 in

斑点狗面花
Mimulus guttatus
透骨草科
这种多年生植物生长在西北欧的沼泽地和溪流边，管状花的上唇瓣两裂，下唇瓣三裂。

新花芽

已经开了的老花

欧洲齿鳞草
Lathraea clandestina
列当科
这种产于欧洲的多年生寄生植物不长叶子，花序直接从地下根上生出来。它们从柳树和杨树的根系获取营养。

小鼻花
Rhinanthus minor
列当科
这个变种是一年生半寄生植物，生长在北方温暖草场，其根系可以从其他草类获取营养，开黄色的花。

50 cm / 20 in

6 m / 20 ft

大叶醉鱼草
Buddleja davidii
玄参科
这种半常绿灌木原产自中国，管状花的花蜜丰富，可以吸引大量的蝴蝶和蛾子。

8 cm / 3 in

早春盛开的管状花很像毛地黄

3 m / 10 ft

毛蕊花
Verbascum thapsus
玄参科
这种粗壮植物生长在欧洲和亚洲的荒地和粗糙地面，一般是两年生，五裂的管状花形成密实的花茎。

80 cm / 32 in

欧洲柳穿鱼
Verbascum thapsus
车前科
这种多年生灰色植物遍及欧洲和西亚草场，黄色的管状花长有橘红色的"喉管"和长花距。

26 m / 85 ft

毛泡桐
Paulownia tomentosa
泡桐科
这种中国落叶树种被种植在公园里作观赏植物，两裂的喇叭形花有浓烈的气味，呈淡紫色，内部颜色稍淡。

斑点喜沙木
Eremophila maculata
玄参科
这种植物广泛分布于澳大利亚经常发生季节性洪水的地区，是有许多分支的灌木，管状花有黄色、橘红色和红色，花内部有斑点。

0 cm
0 in

新西兰婆婆纳
Veronica hulkean
车前科
这种常绿灌木也被称为"赫柏"（希腊神话中负责司掌青春的女神），是一种常见的庭院植物。它们开一枝枝艳丽的淡紫色花，野生植株生长在新西兰南岛的东部悬崖上。

60 cm
24 in

长阶花
Hebe sp.
车前科
这种耐寒的栽培变种植物经常被用作景观设计，被认为是婆婆纳属两种植物的杂交品种。

花能吸引
蝴蝶授粉

对生有光泽
的卵圆形叶

3 m
10 ft

1.5 m
5 ft

1 m
3¼ ft

紫珠
Callicarpa bodinieri
唇形科
这种中国观赏灌木与美国紫珠有亲缘关系，因其紫色的浆果具有观赏性而被种植在花园里。果实尝起来有点苦，但是没有毒。

马缨丹
Lantana camara
马鞭草科
这种多刺灌木原产自美洲，是温带地区最常见的一种入侵杂草。管状花刚开放时是黄色或橘色的，后变成红色。

马鞭草
Verbena officinalis
马鞭草科
这种硬挺带毛的多年生植物广泛分布于温带和热带地区的草场，有纤细的花穗，淡紫色的花有两个唇瓣。

红龙吐珠
Clerodendrum splendens
唇形科
这种非洲藤本植物开一簇簇红色的管状花，能缠绕在原栖息地森林里的树木上，或在花园里的格子花架上生长。

3.7 m
12 ft

茄目

　　茄科 (Solanaceae) 植物作为重要的经济作物有多达4000个种，几乎占据了整个茄目 (Solanales)，其中有许多种植物都含有有毒的生物碱。旋花科 (Convolvulaceae) 植物有热带的攀缘植物和生长缓慢的草本植物。茄目的其他科植物还包括田基麻科，产于全球热带和北美温带地区，产于非洲包含5种乔木植物的瓶头梅科 (Montiniaceac)，以及楔瓣花科 (Sphenocleaceae) 的泛热带草本植物。

三裂叶

林生旋花
Convolvulus sylvaticus
马鞭草科
这种多年生的大花植物原产自地中海地区，在树篱和荒地、甚至在城市里生长，通过延伸得很长的地下茎来拓展生长。

4 m
13 ft

三色牵牛
Ipomoea tricolor
马鞭草科
这种产自热带美洲的缠绕攀缘生长的草本植物生有裂叶和漏斗形的花，花只在早晨才开放。

喇叭形的蓝色花
的中心呈白色或
黄色

百里香菟丝子
Cuscuta epithymum
旋花科
这种一年生的菟丝子寄生在金雀花、欧石南等植物上获取营养，其线状的缠绕枝蔓生形成密集的网状结构。

60 cm
24 in

真双子叶植物 · 有花植物

带刺的蒴果

漏斗形的花

曼陀罗
Datura stramonium
茄科
这种分布广泛的一年生毒草被认为源自美洲，有很难闻的气味并且毒性很大。

叶质头状的花序

光亮的黑色果实

颠茄
Atropa belladonna
茄科
这种高高的多年生草本植物含有强力的并可致死的麻醉物质，生长在欧洲、北非和西亚的树林和矮树丛中。

红花木曼陀罗
Brugmansia sanguinea
茄科
这种产于南美西部的常绿乔木叶子有毒，因其鲜艳的悬垂管状花而被种植在阳光充足的温暖的花园里。

天仙子
Hyoscyamus niger
茄科
这种一年生草本植物有毒并有恶臭味，生长在欧洲、亚洲和北非的人类开发过的土地上，特别是在牲畜放牧多的地方。

软而多汁的浆果里有许多种子

番茄
Solanum lypopersicum
茄科
这种生长期很短的多年生植物可能是从秘鲁和厄瓜多尔的黄果番茄培育而来，因其可食用的果肉而被栽培种植。

酸浆
Physalis alkekengi
茄科
这种灯笼果的亲缘植物产于南欧，主要作为观赏植物种植，其果实藏在灯笼状的花中。

伞形目

　　伞形目（Apiales）植物主要由形状独特而有重要经济作用的胡萝卜类植物即伞形科（Apiaceae）组成，这个科至少有3500个种。伞形目还有另外一个大科——五加科（Araliaceae），包括常春藤和人参等。常绿灌木和乔木为主的海桐花科（Pittosporaceae）是中等大小的科。此外，伞形目还包括只有很少种植物的7个较小的科。

掌状叶

夏末开的花

林当归
Angelica sylvestris
伞形科
这种典型的伞形科植物生长在欧洲和亚洲温带地区的草原上，有15~40个伞状轮辐形花枝。

星芹
Astrantia major
伞形科
这是一种遍及欧洲草地和开阔林地的高山植物，很多小花组成的花穗下面生有艳丽的粉色苞叶。

欧亚独活
Heracleum sphondylium
伞形科
这种植物生长在从东欧到英国的道路两边，带绒毛的茎中空，伞形花序有10~20个分枝。

黄色的伞形花

叶精细分裂

大阿魏
Ferula communis
伞形科
这种粗壮的巨型多年生植物生长在环地中海、亚洲和北非地区的草地和石南地，茎中空，有刺激性味道。

复合伞形花序

花边状的叶子

毒参
Conium maculatum
伞形科
毒参是产于欧洲和亚洲湿地的两年生植物，被引进到世界各地。这种枝杆中空带有紫色斑点的植物全身上下都有毒。

羽状叶

白色的伞形花序

发育阶段的果实

野胡萝卜
Daucus carota
伞形科
这种人工栽培的胡萝卜的野生祖先有轻微膨大的直根，遍布欧洲、温带亚洲和北非地区。

小米椒
Capsicum frutescens
茄科
这种原产自南美的小灌木的
果实就是辣椒，被大量栽培
种植在亚洲热带和美洲的赤
道地区。

1.2 m
4 ft

烟草
Nicotiana tabacum
茄科
这种草本植物原产自南美，
是两种烤烟植物中最常见的
种类。叶子中含有尼古丁的
成分。

3 m
10 ft

马铃薯
Solanum tuberosum
茄科
马铃薯是一种重要的粮食作物，膨大的块茎
在太阳下会变成绿色（有毒）。这种植物是
一种南美原始作物的杂交后代。

1 m
3¼ ft

花和羽状叶

可食用的块茎

薄叶海桐
Pittosporum tenuifolium
海桐科
这种常绿树种在新西兰两个
岛屿的高山森林里野生，树
枝几乎是黑色的，春季开有
蜜香味的花。

10 m
33 ft

浆果状的
红色果实

欧洲枸骨
Ilex aquifolium
冬青科
这是一种产自欧洲、北
非和西北亚地区的林下
常绿植物，为灌木或小
型乔木，带刺的叶子可
以防止食草动物啃食。

24 m/80 ft

卵形的花序

60 cm/24 in

羽状多刺的叶

滨海刺芹
Eryngium maritimum
伞形科
羽状的叶能帮助这种结果实的多年生植物
减少水分丢失，抵抗欧洲、北非和东南亚
地区沙丘中的盐雾。

80 cm/32 in

人参
Panax ginseng
五加科
这种亚洲草本植物的根是一种
传统的草药，其拉丁名字中
的 "panax" 来源于希腊
文 "panacea"，意思是
治疗百病的灵丹妙药。

洋常春藤
Hedera helix
五加科
这种常春藤是一种产自欧洲和西
南亚地区的常绿灌木。它们攀爬
在其他植物上，或者在林地里匍
匐生长形成地毯。

30 m
100 ft

冬青目

　　主要产于热带的冬青科
(Aquifoliaceae) 植物包括很多有独特齿
形叶的乔木和灌木，是冬青目
(Aquifoliales) 植物的主要代表。冬青目
是新分类而独立形成的一个小目，它还包
括心翼果科 (Cardiopteridaceae) 的奇特草
质藤本植物、青荚叶科 (Helwingiaceae) 的
3种亚洲灌木、叶顶花科 (Phyllonomaceae)
的4种南美灌木和乔木以及粗丝木科
(Stemonuraceae) 的热带乔木。

菊目

菊目 (Asterales) 大约有13个科, 其中最大的科是菊科 (Asteraceae), 有大约25000个种, 特征是每一个像花一样的头状花序都含有许多鲜艳的放射状环绕排列的单个小花。一些桔梗科 (Campanulaceae) 的植物也表现出类似的特征。这一目植物还包括睡菜科 (Menyanthaceae)、草海桐科 (Goodeniaceae) 和几个较小的科属。

舌状花

管状花

1.5 m
5 ft

荷兰菊
Symphotrichum novi-belgii
菊科
这种鲜艳多变的园艺植物原产自北美东部, 以前曾被划分到紫菀属。

苞叶

蒜叶婆罗门参
Tragopogon porrifolius
菊科
这种两年生草本植物产自沿地中海草地。其淡紫色或深紫色的花冠被长而尖的苞叶所包围。

1.25 m
4 ft

由盘花组成头状花序, 花成熟后发育成种子

有裂的辐射花有黄色、橙色或栗色

椭圆形带齿的叶

3.5 m
11½ ft

向日葵
Helianthus annuus
菊科
墨西哥可能是这种高高的一年生植物的原产地。现在它们被种植, 一方面是为了观赏, 另一方面被作为经济作物: 其种子中含有27%~40%的多聚不饱和脂肪和13%~20%的蛋白质。

1 m
3¼ ft

矢车菊
Centaurea cyanus
菊科
矢车菊有可能原产自南欧和西亚, 种子随着谷类一起被传播。在除草剂发明之前, 它们曾经是一种瘟疫般可怕的农业害草。

新疆千里光
Senecio jacobaea
菊科
这种原产自欧洲和西亚的多年生植物现在已经入侵到世界各地的草场。它们对包括兔子在内的农场动物有危害。

1.5 m
5 ft

齿状叶

白色的小花冠

滨菊
Leucanthemum vulgare
菊科
作为欧洲和西亚最常见的白色雏菊之一, 这种一片片生长的多年生植物可以迅速把种子传播到人类开发过的土地上。

75 cm
32 in

12 cm
5 in

竖直或水平生长的叶

雏菊
Bellis perennis
菊科
这种矮小的多年生植物原产自欧洲和西亚, 作为放牧草场和草坪的草种而被传播到世界各地, 被认为是一种最常见的野草。

30 cm
12 in

黄色的头状花序

药用蒲公英
Taraxacum officinale
菊科
这种野草的名字大家都非常熟悉。它有数量惊人的多样性变种, 这些变种的差异很细微。在欧洲和亚洲可能就有1000个被人们承认的"变种"。

粉色或紫色的辐射花

松果菊
Echinacea purpurea
菊科
松果菊因锥形的中央盘花而得名。这种多年生观赏植物产于北美东部, 因可作为治疗感冒和流感的草药而被种植。

1.2 m
4 ft

粗糙齿的

高而粗壮的茎

205

水飞蓟
Silybum marianum
这种纤弱的两年生多刺植物叶子带白色斑点，生长在南欧、北非和西亚的荒地和耕地中。

2.5 m
8 ft

2.5 m
8 ft

1.2 m
4 ft

2 m
6½ ft

欧亚蓝刺头
Echinops bannaticus
菊科
这是一种原产自东南欧和西亚草地的多年生植物，茎上有毛，生有蓝色管状盘花组成的球形花序。

多刺的花头

深裂叶

加拿大一枝黄花
Solidago canadensis
菊科
这种多年生带绒毛的植物原产自北美，现在多被种植在花园里。黄色的花序生长在卷曲摊开生长的花枝上。

刺苞菜蓟
Cynara cardunculus
菊科
这是在地中海地区广泛种植的一种蔬菜，未见有野生长，可能是那个地区多年生荒地植物刺菜蓟的变种。

2 m
6½ ft

1.8 m
6 ft

叶像大黄

50 cm
20 in

灰肉菊
Otanthus maritimus
菊科
这种多年生灌木生长在南欧、北非和西南亚的沿海地区，其常用名取自其带绒毛的茎和叶。

蛇鞭菊
Liatris spicata
菊科
蛇鞭菊是生长在美国东部潮湿地带的一种植物，因长而密实的玫瑰紫色花穗而得名。

翼蓟
Cirsium vulgare
菊科
这种多年生粗壮植物常见于欧洲和西亚耕地里，通过农业生产被传播到世界各地。叶子顶部呈尖形。

1.5m/5ft

欧蜂斗菜
Petasites hybridus
菊科
这种植物遍及欧洲的湿润草地和河流边，雄花和雌花生在不同的茎条上。

春时开的花

2 m
6½ ft

外围的辐射花

50 cm
20 in

60 cm
24 in

2 m
6½ ft

龙蒿
Artemisia dracunculus
菊科
这种植物的叶子可做沙拉，根可用作咖啡的替代品，所以被从欧洲、西亚和北非地区引种到几乎全世界。

蓍
Achillea millefolium
菊科
这种生长在东南欧、亚洲和北美的灌木状草本植物的芳香叶可用来增加鱼和其他食物的风味。

蓝色或淡紫色的花

椭圆形的莲座叶

菊苣
Cichorium intybus
菊科
这种带羽状叶的多年生植物见于欧洲和西亚草场，后被引种到北美、澳大利亚和新西兰。

银香菊
Santolina chamaecyparissus
菊科
这种原产自地中海岩石地区的常绿低矮灌木现在被广泛种植在花园里，其带有灰绒毛的叶子有强烈的芳香味。

60 cm
24 in

两面都有绒毛的叶子

金盏花
Calendula officinalis
菊科
这种金盏花因为长期被人类种植而起源不详，花的提取物被用来治疗皮肤病。

50 cm
20 in

勋章菊
Gazania sp.
菊科
生长在非洲南部的勋章菊有17个种，大部分生长在干旱的土地上，像这样的栽培变种只需要一点儿水就能生存。

20cm/8in

坚挺勋章菊
Gazania rigens
菊科
这种呈垫状、攀缘生长的多年生植物经常开很多花，沿着南非南部好望角一带的沙丘和岩层分布。

>>

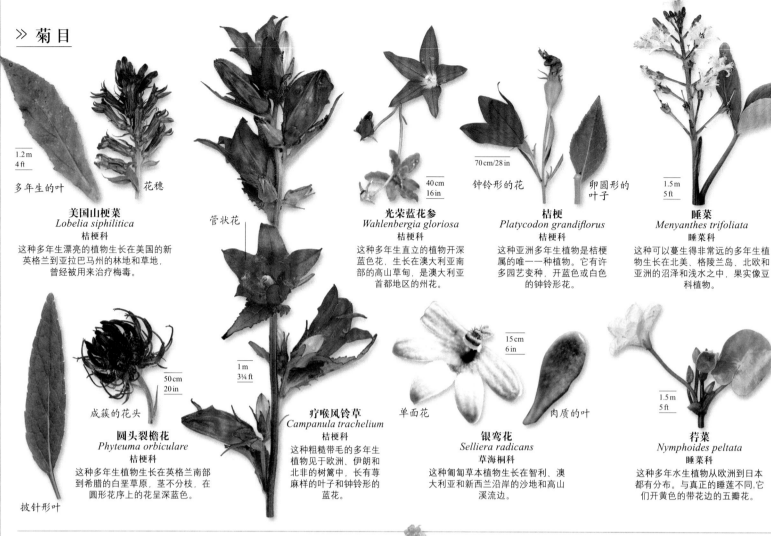

美国山梗菜
Lobelia siphilitica
桔梗科
这种多年生漂亮的植物生长在美国的新英格兰到亚拉巴马州的林地和草地，曾经被用来治疗梅毒。

多年生的叶

花穗

管状花

光荣蓝花参
Wahlenbergia gloriosa
桔梗科
这种多年生直立的植物开深蓝色花，生长在澳大利亚南部的高山草甸，是澳大利亚首都地区的州花。

钟铃形的花

桔梗
Platycodon grandiflorus
桔梗科
这种亚洲多年生植物是桔梗属的唯一一种植物。它有许多园艺变种，开蓝色或白色的钟铃形花。

卵圆形的叶子

睡菜
Menyanthes trifoliata
睡菜科
这种可以蔓生得非常远的多年生植物生长在北美、格陵兰岛、北欧和亚洲的沼泽和浅水之中，果实像豆科植物。

圆头裂檐花
Phyteuma orbiculare
桔梗科
这种多年生植物生长在英格兰南部到希腊的白垩草原，茎不分枝，在圆形花序上的花呈深蓝色。

成簇的花头

披针形叶

疗喉风铃草
Campanula trachelium
桔梗科
这种粗糙带毛的多年生植物见于欧洲、伊朗和北非的树篱中，长有荨麻样的叶子和钟铃形的蓝花。

单面花

银弯花
Selliera radicans
草海桐科
这种匍匐草本植物生长在智利、澳大利亚和新西兰沿岸的沙地和高山溪流边。

肉质的叶

荇菜
Nymphoides peltata
睡菜科
这种多年水生植物从欧洲到日本都有分布。与真正的睡莲不同，它们开黄色的带花边的五瓣花。

川 续 断 目

　　川续断目 (Dipsacales) 植物遍及世界各地，特别是在北半球。它们的基本特征是花小，多生长于紧凑的花序中，许多种是常见的观赏植物。川续断目中缬草类植物，即败酱科 (Valerianaceae) 种类最多，大约有350个种；此外还有山萝卜和起绒草即川续断科 (Dipsacaceae)，金银花即忍冬科 (Caprifoliaceae) 和五福花科 (Adoxaceae)。

五福花
Adoxa moschatellina
五福花科
这种多年生细致优雅的林地植物见于欧洲、亚洲和北美地区。5朵花成直角相背生长在花序中。

距缬草
Centranthus ruber
败酱科
蝴蝶很喜欢这种灰色的多年生植物的花。它们见于沿地中海和西亚地区的海岸岩石和古老城墙上，后被引种到世界其他地方。

有裂片的叶子

鲜红的浆果

接骨木浆果

接骨木花

西洋接骨木
Sambucus nigra
五福花科
西洋接骨木是生长在欧洲、西亚和北非的一种树篱灌木或小型乔木，叶片有裂，平顶花序。

欧洲荚蒾
Viburnum opulus
五福花科
这种落叶树篱灌木原产自从欧洲到亚洲的地区，花序扁平，外层是不结果的花，围绕着里面较小的结果的花。

缬草
Valeriana officinalis
败酱科
这种多年生植物见于从北欧到日本的草地中，生有扁平的浅粉色花序。它的五瓣花在含苞待放时颜色更深。

有香味的花

多年生的叶

有甜味的花

花茎

成熟的浆果

6m
20ft

香忍冬
Lonicera periclymenum
忍冬科
这是一种见于欧洲和北非林地和
树篱丛中的落叶灌木，开花之前
会攀爬到其他植物上以便接受阳
光照射。

椭圆形的尖叶

大片红色苞叶包裹
并保护着花

漏斗形的花吸引
蜜蜂来授粉

2m/6½ft

鬼吹箫
Leycesteria formosa
忍冬科
这种落叶灌木最早起源于喜马
拉雅地区和缅甸，有弧形的枝
条和一簇簇被紫红色苞叶包裹
的白色花序。

8m
26ft

贯月忍冬
Lonicera sempervirens
忍冬科
在美国东部，这种纤细的藤本
植物能攀爬到森林里很高的树
上。红色的喇叭花的内部是黄
色的 能吸引蜂鸟来传粉

3m/10ft

白毛核木
Symphoricarpos albus
忍冬科
这种落叶的寄生灌木原产自从阿拉
斯加到科罗拉多地区，现在已经在
许多地方被广泛种植。其浓密的粉
色头状花簇成熟后结白色的浆果

4m/13ft

锦带花
Weigela florida
忍冬科
这种落叶灌木原产自中国到朝鲜
地区，簇生的漏斗形花的外侧是
深玫瑰色，内侧为浅玫瑰色。

针垫形花

春天时的花

带刺的长椭
圆形花头

花的中心
首先打开

2m
6½ft

花头

叶柄

挺直的椭
圆形叶

披针形叶

1m
3¼ft

带刺的苞叶在
底部成杯状

带刺的花枝

多年生叶

75cm
30in

田野媚草
Knautia arvensis
川续断科
这种带绒毛的多年生植物生长在从欧
洲到西伯利亚的干旱牧场，其头状花
的外侧花瓣比内侧花瓣大。

60cm
24in

多育蓝盆花
Scabiosa prolifera
川续断科
这是一种生长于地中海东部田地周围
的一年生粗壮植物，其浅黄色的花头
外围的花瓣比内侧的小花大。

魔噬花
Succisa pratensis
川续断科
这是一种生长在欧洲到北非地区潮湿
土壤中的多年生多毛植物。据说其短
粗的根茎是被魔鬼咬掉的。

起绒草
Dipsacus fullonum
川续断科
这种两年生结实粗壮
的植物生长在欧洲、
西亚和北非高低不平
的土地上，有带刺的
茎和叶，以及多刺的
花苞叶。它们的种子
是鸟类在冬天的食物
来源。

菌物

从蘑菇到微小的霉菌，菌物曾经被归类为植物。如今，它们已被人们定义为独立的生物王国。菌物生长在它们的食物中，吸收有机物，直到开始繁殖的时候才能为人所见。菌物既是其他生物的朋友也是敌人：它们可推动物质循环，与其他生物互惠共生，是寄生者，但也是病原体。

≫ 210
蘑菇

　　除蘑菇外，这一大类真菌还包括檐状菌、马勃菌和许多其他菌种。它们的子实形状各不相同，但它们都在微观细胞，即担子中产生孢子。

≫ 236
子囊菌

　　这类真菌在子囊中产生孢子，通常在子实体上形成毡状层。很多子囊菌呈杯状，但是也有块菌、龙葵和单细胞酵母菌等形态。

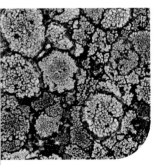

≫ 242
地衣

　　地衣是在真菌和藻类间形成的共生体，可以在各种裸露的表面上繁殖。有些地衣会形成扁平的外壳，而有些则类似于微小的植物。它们大部分生长缓慢，有着漫长的生命历程。

蘑 菇

担子菌门（Basidiomycota）包括了我们通常所说的大多数蘑菇和毒菌。它们主要分布在温带林地，都可以产生、着生在外生的产孢结构——担子上。

门	担子菌门
纲	3
目	52
科	177
属	约32000

典型的蘑菇具有由菌柄支撑的菌盖，菌盖背面有放射状的菌褶。

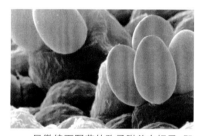

显微镜下野菇的孢子附着在担子，即产生孢子的特殊细胞上。

这种鬼笔菌盖表面附有暗色的孢子物质，可以产生黏液，释放出腐败的腥味。

很少有真菌能像担子菌门如此形态种类多样。担子菌的子实体（地面上产生孢子的结构）经过漫长的演化，具有种类多样且非常有效的孢子扩散机制。子实体通常包括菌柄、菌盖和菌褶，但有些仅仅呈片状，而还有一些则呈现为结构较复杂的支架状；一些比较罕见的会呈完全闭合的圆周结构，比如马勃菌和地星；还有珊瑚状的珊瑚菌和动物状的鬼笔菌。在它们形体结构不同的子实体上附着产生孢子的特殊细胞——担子，并且适应了不同的孢子散布机制：比如伞形菌成熟时可以主动弹射孢子，依靠风媒传播；马勃菌需要借助风力和雨水来散播孢子；鬼笔菌可以通过气味和艳丽的色泽吸引昆虫或一些无脊椎动物，来摄食产孢结构，孢子就可以通过这些动物的排泄物传播到很远的地方。

真菌的食物

真菌的主体通常在地下，由纤细的真菌丝状物即菌丝组成，这些菌丝组成了菌丝体（真菌体）。菌丝可穿透、固着在真菌赖以生存的物质上，比如土壤、腐烂的叶片、树干、植物活体组织抑或是腐烂的动物尸体。菌丝体发达，并且大多数与植物的根有共生关系。共生关系中，菌丝包围并穿透植物的根来获得碳水化合物，而植物则可以通过菌丝更好地吸收水分和矿物质。一些蘑菇可以降解有机物获取营养，还能改善土壤，从而改善其他生物的生存条件。

生于落叶中的蘑菇 >

许多蘑菇以腐烂的植物为食，在营养和水分充足的条件下大量繁殖。

伞菌目

　　伞菌目 (Agaricales) 包括了大多数常见的蘑菇和毒菌。这类真菌具有肉质且没有木质化的子实体 (产生孢子细胞附着的结构)。伞菌目的很多菌有菌盖和菌柄，菌柄上有褶或者环，形状包括了鸟巢状、支架状、盖状、块状和球状。它们多数腐生于败叶、土壤和木头，有一些则寄生或者与植物的根共生。

洋菇
Agaricus campestris
伞菌科
洋菇常见于欧亚大陆和北美的草地。它们通常具有圆形的菌盖、亮粉色菌褶，成熟时呈棕色；菌柄短小，有菌环。

4–10 cm
1½–4 in

5–10 cm
2–4 in

双孢蘑菇
Agaricus bisporus
伞菌科
双孢蘑菇是最常见的食用菌，菌盖颜色从白色到暗棕色不等。

略带纤维状的表面

大紫蘑菇
Agaricus augustus
伞菌科
大紫蘑菇是欧亚大陆和北美的常见真菌，体型较大，棕橘色疤痕状菌盖，白色羊毛质菌柄有松软的菌环。

8–15 cm
3¼–6 in

5–15 cm
2–6 in

锐鳞环柄菇
Lepiota aspera
伞菌科
生于欧亚大陆和北美的树林或庭院，并不常见，表面有直立或颗粒状的尖鳞片，后期易脱落。棕色菌柄有菌环。

5–12 cm
2–4¾ in

黄斑菇
Agaricus xanthodermus
伞菌科
黄斑菇菌盖扁平，菌柄基部金黄，释放难闻的气味，常见于欧亚大陆和北美。

7–15 cm
2¾–6 in

杂菇
Agaricus arvensis
伞菌科
杂菇常见于欧亚大陆和北美的旷野，黄铜色。菌柄上悬挂的菌环外围呈齿轮状。

1–4 cm
⅜–1½ in

冠状环柄菇
Lepiota cristata
伞菌科
冠状环柄菇具有橡胶味道，常见于欧亚大陆和北美的树林或草丛中。

黄色斑点

3–8 cm
1¼–3¼ in

成熟菌盖

2–6 cm
¾–2¼ in

幼年菌盖

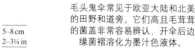

4–11 cm
1½–4½ in

菌环

红黄环环柄菇
Lepiota ignivolvata
伞菌科
红黄环环柄菇生于欧亚大陆，不常见。菌柄白色，棍棒状；菌环远离菌盖，有橙色边缘。

白环蘑
Leucoagaricus badhamii
伞菌科
这种菌类生长于欧亚大陆，较罕见，常生于土壤肥沃的林地或旷野。它们幼时白色，拔出时裂口鲜红，继而变黑。

5–8 cm
2–3¼ in

毛头鬼伞
Coprinus comatus
伞菌科
毛头鬼伞常见于欧亚大陆和北美的田野和道旁。它们高且毛茸茸的菌盖非常容易辨认，开伞后边缘菌褶溶化为墨汁色液体。

粉褶白环伞
Leucoagaricus leucothites
伞菌科
粉褶白环伞常见于欧亚大陆和北美草甸，具有象牙白色的子实体，成熟后变棕灰色。菌褶颜色呈白色至浅粉色。

5–15 cm
2–6 in

粗鳞大环柄菇
Chlorophyllum rhacodes
伞菌科
粗鳞大环柄菇常见于欧亚大陆和北美。这种蘑菇具有鳞片状棕色菌盖，菌环厚且为双层，肉质，菌环基部膨大。

20–50 cm
8–20 in

内层

1–3 cm
⅜–1¼ in

1–5 cm
⅜–2 in

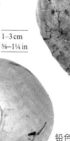

纯黄白鬼伞
Leucocoprinus birnbaumii
伞菌科
纯黄白鬼伞在世界各地较常见，生长于腐烂植物的土壤里，特征是有金黄色菌盖和细长的菌柄，且有菌环。

外壳

铅色灰球菌
Bovista plumbea
伞菌科
铅色灰球菌呈球状，幼时菌体光滑，成熟后表面脱落呈现纸质的内层，常见于欧亚大陆和北美。

巨型马勃
Calvatia gigantea
伞菌科
巨型马勃常见于北美和欧亚大陆灌木篱墙、田野和庭院，具有大型光滑的子实体，内部呈白色或黄色，极易辨认。

球形茎底

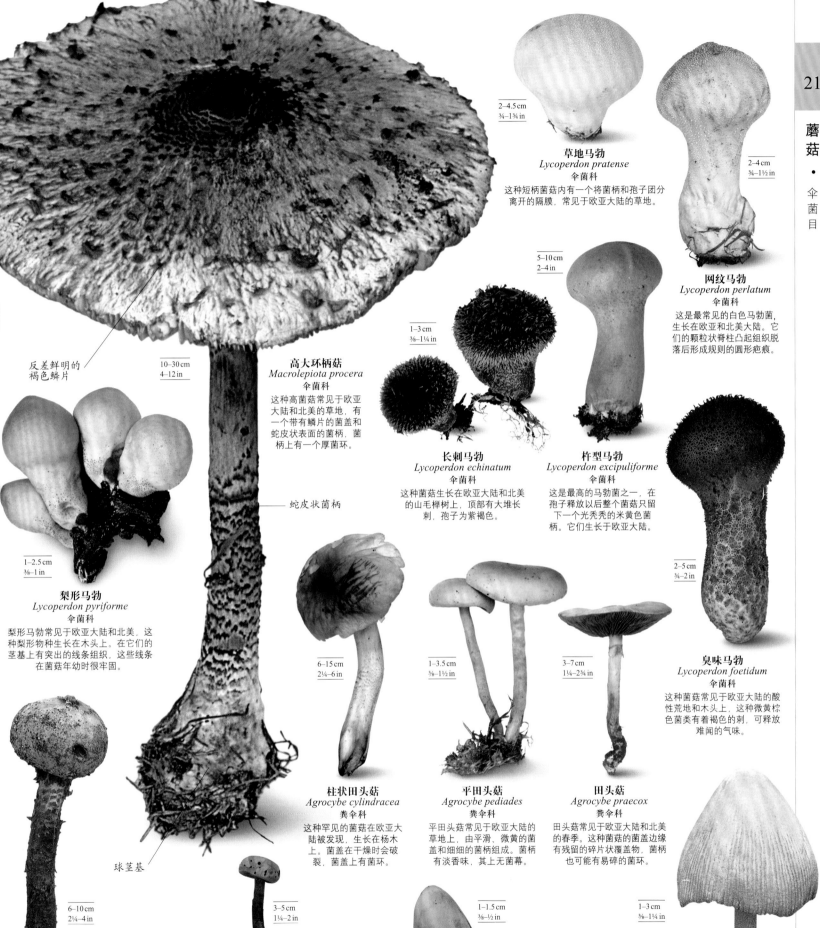

草地马勃
Lycoperdon pratense
伞菌科
这种短柄菌菇内有一个将菌柄和孢子团分离开的隔膜，常见于欧亚大陆的草地。

2–4.5 cm
¾–1¾ in

2–4 cm
¾–1½ in

网纹马勃
Lycoperdon perlatum
伞菌科
这是最常见的白色马勃菌，生长在欧亚和北美大陆。它们的颗粒状脊柱凸起组织脱落后形成规则的圆形疤痕。

5–10 cm
2–4 in

1–3 cm
⅜–1¼ in

高大环柄菇
Macrolepiota procera
伞菌科
这种高菌菇常见于欧亚大陆和北美的草地，有一个带有鳞片的菌盖和蛇皮状表面的菌柄，菌柄上有一个厚菌环。

反差鲜明的
褐色鳞片

10–30 cm
4–12 in

蛇皮状菌柄

长刺马勃
Lycoperdon echinatum
伞菌科
这种菌菇生长在欧亚大陆和北美的山毛榉树上，顶部有大堆长刺，孢子为紫褐色。

杵型马勃
Lycoperdon excipuliforme
伞菌科
这是最高的马勃菌之一，在孢子释放以后整个菌菇只留下一个光秃秃的米黄色菌柄。它们生长于欧亚大陆。

2–5 cm
¾–2 in

1–2.5 cm
⅜–1 in

梨形马勃
Lycoperdon pyriforme
伞菌科
梨形马勃常见于欧亚大陆和北美，这种梨形物种生长在木头上。在它们的茎基上有突出的线条组织，这些线条在菌菇年幼时很牢固。

臭味马勃
Lycoperdon foetidum
伞菌科
这种菌菇常见于欧亚大陆的酸性荒地和木头上，这种微黄棕色菌类有着褐色的刺，可释放难闻的气味。

6–15 cm
2¼–6 in

1–3.5 cm
⅜–1½ in

3–7 cm
1¼–2¾ in

球茎基

柱状田头菇
Agrocybe cylindracea
粪伞科
这种罕见的菌菇在欧亚大陆被发现，生长在杨木上。菌盖在干燥时会破裂，菌盖上有菌环。

平田头菇
Agrocybe pediades
粪伞科
平田头菇常见于欧亚大陆的草地上，由平滑、微黄的菌盖和细细的菌柄组成。菌柄有淡香味，其上无菌幕。

田头菇
Agrocybe praecox
粪伞科
田头菇常见于欧亚大陆和北美的春季。这种菌菇的菌盖边缘有残留的碎片状覆盖物，菌柄也可能有易碎的菌环。

6–10 cm
2¼–4 in

3–5 cm
1¼–2 in

1–1.5 cm
⅜–½ in

1–3 cm
⅜–1¼ in

柄灰锤
Tulostoma brumale
伞菌科
柄灰锤通常被发现于欧亚大陆和北美松软沙丘的砂质土壤上。这种菌类的乳黄色小圆菌盖长在一个修长的淡褐色菌柄上。

高柄菌
Battarrea digueti
灰锤科
这种高柄菌物种被发现于北美非常干旱的沙质土壤上，从皮革质的蛋状物种长出。褐色的菌盖上含有孢子。

阿帕锥盖伞
Conocybe apala
粪伞科
这种菌菇通常生长于欧亚大陆和北美的草地上，高高的菌柄上长着象牙色圆锥形菌盖和橙棕色菌褶。

粪伞菌
Bolbitius vitellinus
粪伞科
粪伞菌常见于欧亚大陆和北美的草地。细小、黏滑的菌盖只能存活一天左右。

橙盖鹅膏菌
Amanita caesarea
鹅膏菌科

橙盖鹅膏菌生长在橡树下，主要产自地中海到欧亚大陆中部一带。这种蘑菇有一套黄色菌盖和菌柄，还有一个白色菌托。

菌托

毒鹅膏菌
Amanita phalloides
鹅膏菌科

毒鹅膏菌常见于欧亚和部分北美地区。这种蘑菇有一个易碎的菌环和一个大菌托，有一股令人作呕的味道。菌盖可为绿色、黄色或白色。

5–10 cm
2–4 in

橙黄鹅膏菌
Amanita citrina
鹅膏菌科

橙黄鹅膏菌常见于欧亚大陆和北美大陆东部，菌柄上有一个镶边的圆形茎球，菌肉具有土豆味。它们的菌盖为白色或浅黄色。

3–8 cm
1¼–3¼ in

赤褐鹅膏菌
Amanita fulva
鹅膏菌科

常见于欧亚和北美大陆的森林中，这种菌菇上附有覆盖物。菌柄上有一个白色菌托。

暗黄色疣斑

6–18 cm
2¼–7 in

枯盖鹅膏菌
Amanita rubescens
鹅膏菌科

这种菌菇常见于欧亚和北美大陆的森林中，菌盖为奶油色至褐色，菌肉外表被损伤后呈红色。

圆形球茎

6–15 cm
2¼–6 in

毒蝇伞
Amanita muscaria
鹅膏菌科

毒蝇伞常见于欧亚和北美大陆。这种独特的蘑菇在桦树下非常常见，菌盖上白色疣状组织可被冲掉。

纯白疣斑

6–11 cm
2¼–4¼ in

鳞柄白毒鹅膏菌
Amanita virosa
鹅膏菌科

这种稀有的菌菇生长在整个欧亚大陆，纯白色，菌盖为钟状，稍黏滑，还具有白色菌托。

5–12 cm
2–4¾ in

豹斑毒鹅膏菌
Amanita pantherina
鹅膏菌科

这种菌菇有纯白色疣状组织，菌柄上有菌环和突起的球茎，常见于欧亚和北美大陆。

微黄拟锁瑚菌
Clavulinopsis helvola
珊瑚菌科

这种菌菇常见于欧亚和北美大陆的草地上，是若干黄色棒状菌的一种，只能靠其孢子上的刺来准确辨认。

呈扁平棒状

5–15 cm
2–6 in

黄珊瑚菌
Clavulinopsis corniculata
珊瑚菌科

这种金黄的棒状菌有着类似鹿茸的分叉，在酸性未开垦的草地和多草的空旷森林中比较常见。

2–4 cm
¾–1½ in

4–8 cm
1½–3¼ in

堇紫珊瑚菌
Clavaria zollingeri
珊瑚菌科

这种相对稀有的菌种常见于欧亚大陆和北美大陆潮湿的草地和森林中，具有紫色的珊瑚状分枝。

3–10 cm
1¼–4 in

脆珊瑚菌
Clavaria fragilis
珊瑚菌科

这种菌类在欧亚大陆的草地和森林里形成密集的簇状、纯白色棒状菌。

4–12 cm
1½–4¾ in

臭粉褶菌
Entoloma rhodopolium
粉褶伞科

这种菌类发现于欧亚大陆，颜色由浅灰色至灰褐色不等。菌盖中心为半球型，菌柄易碎，可能带有漂白剂味道。

1–3 cm
⅜–1¼ in

鼠尿臭粉褶菌
Entoloma incanum
粉褶伞科

这种菌类有老鼠的气味，菌褶为粉红色，菌柄中空，菌盖为鲜艳的草绿色，但随着生长会变为棕色。它们生长在欧亚大陆未经开垦的草地上。

1–2.5 cm
⅜–1 in

蓝边粉褶
Entoloma serrulatum
粉褶伞科

这种菌菇菌盖为蓝黑色，边缘为黑色，菌褶带桃红色，呈锯齿状。它们生长于欧亚和北美大陆的草原和公园。

4–8 cm
1½–3¼ in

紫丁香粉褶
Porphyrophaeum
粉褶伞科

这种菌菇能在欧亚大陆的草地中偶尔被发现。其菌盖和菌柄具有纤维性，呈灰紫色，菌褶为桃红色。

3–9 cm
1¼–3½ in

斜盖菇
Clitopilus prunulus
粉褶伞科

这种菌菇常见于欧亚和北美大陆的混生林中，菌盖的形状随着其生长而变化，开始时呈凸起状，随着生长开始下陷。

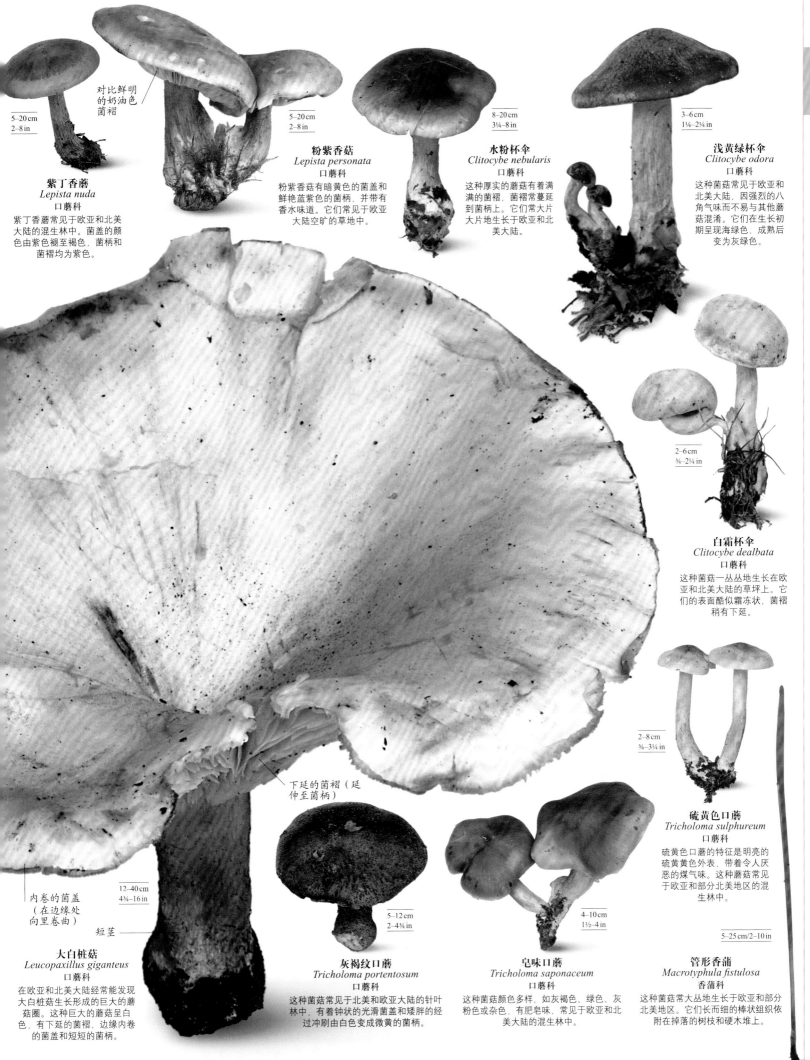

紫丁香蘑
Lepista nuda
口蘑科
紫丁香蘑常见于欧亚和北美大陆的混生林中。菌盖的颜色由紫色褪至褐色，菌柄和菌褶均为紫色。

5–20 cm
2–8 in

对比鲜明的奶油色菌褶

粉紫香菇
Lepista personata
口蘑科
粉紫香菇有暗黄色的菌盖和鲜艳蓝紫色的菌柄，并带有香水味道。它们常见于欧亚大陆空旷的草地中。

5–20 cm
2–8 in

水粉杯伞
Clitocybe nebularis
口蘑科
这种厚实的蘑菇有着满满的菌褶，菌褶常蔓延到菌柄上。它们常大片大片地生长于欧亚和北美大陆。

8–20 cm
3¼–8 in

浅黄绿杯伞
Clitocybe odora
口蘑科
这种菌菇常见于欧亚和北美大陆，因强烈的八角气味而不易与其他蘑菇混淆。它们在生长初期呈现海绿色，成熟后变为灰绿色。

3–6 cm
1¼–2¼ in

白霜杯伞
Clitocybe dealbata
口蘑科
这种菌菇一丛丛地生长在欧亚和北美大陆的草坪上。它们的表面酷似霜冻状，菌褶稍有下延。

2–6 cm
¾–2¼ in

下延的菌褶（延伸至菌柄）

内卷的菌盖（在边缘处向里卷曲）

短茎

12–40 cm
4¾–16 in

大白桩菇
Leucopaxillus giganteus
口蘑科
在欧亚和北美大陆经常能发现大白桩菇生长形成的巨大的蘑菇圈。这种巨大的蘑菇呈白色，有下延的菌褶、边缘内卷的菌盖和短短的菌柄。

5–12 cm
2–4¾ in

灰褐纹口蘑
Tricholoma portentosum
口蘑科
这种菌菇常见于北美和欧亚大陆的针叶林中，有着钟状的光滑菌盖和矮胖的经过冲刷由白色变成微黄的菌柄。

4–10 cm
1½–4 in

皂味口蘑
Tricholoma saponaceum
口蘑科
这种菌菇颜色多样，如灰褐色、绿色、灰粉色或杂色，有肥皂味，常见于欧亚和北美大陆的混生林中。

2–8 cm
¾–3¼ in

硫黄色口蘑
Tricholoma sulphureum
口蘑科
硫黄色口蘑的特征是明亮的硫黄黄色外表，带着令人厌恶的煤气味。这种蘑菇常见于欧亚和部分北美地区的混生林中。

5–25 cm/2–10 in

管形香蒲
Macrotyphula fistulosa
香蒲科
这种菌菇常大丛地生长于欧亚和部分北美地区。它们长而细的棒状组织依附在掉落的树枝和硬木堆上。

毒蝇伞

Amanita muscaria

毒蝇伞可以说是所有菌菇中最出名的，它们以图片的形式出现在世界各地的儿童读物中。鲜艳、带有鳞片的菌盖上面，常常散落着白色的点状覆盖物，这使得它们成为最容易被辨识的真菌之一。它们最早被发现于整个欧洲、北亚和北美大陆，现在它们生长在任何人为培植的寄主树种周围。它们的寄主树通常为桦树，和桦树形成了互利共生关系。现在它们常见于非洲、印度和澳大利亚的部分地区。毒蝇伞的各个部分都有毒，尽管这种毒很少致命。

大小	菌盖 6~15厘米
习性	喜生于桦树和松树周围
分布	世界各地
孢子颜色	白色

易撕开的
松软大菌环

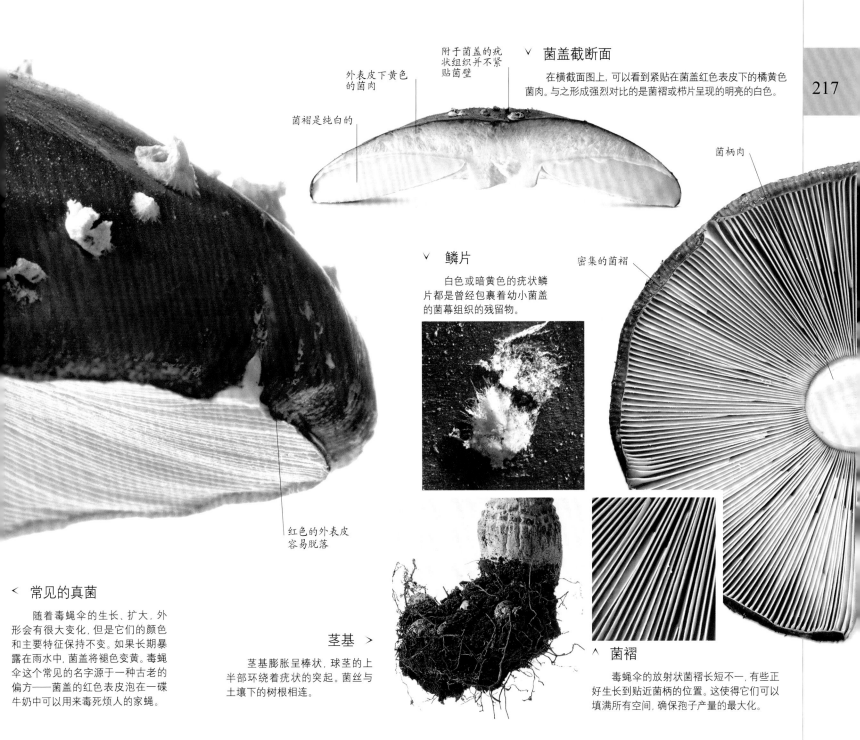

菌褶是纯白的

外表皮下黄色的菌肉

附于菌盖的疣状组织并不紧贴菌壁

菌盖截断面

在横截面图上，可以看到紧贴在菌盖红色表皮下的橘黄色菌肉。与之形成强烈对比的是菌褶或栊片呈现的明亮的白色。

菌柄肉

鳞片

白色或暗黄色的疣状鳞片都是曾经包裹着幼小菌盖的菌幕组织的残留物。

密集的菌褶

< 常见的真菌

随着毒蝇伞的生长、扩大，外形会有很大变化，但是它们的颜色和主要特征保持不变。如果长期暴露在雨水中，菌盖将褪色变黄。毒蝇伞这个常见的名字源于一种古老的偏方——菌盖的红色表皮泡在一碟牛奶中可以用来毒死烦人的家蝇。

茎基 >

茎基膨胀呈棒状，球茎的上半部环绕着疣状的突起。菌丝与土壤下的树根相连。

∧ 菌褶

毒蝇伞的放射状菌褶长短不一，有些正好生长到贴近菌柄的位置。这使得它们可以填满所有空间，确保孢子产量的最大化。

红色的外表皮容易脱落

毒蝇伞的生长阶段

菌幕上的疣

被分散的疣状覆盖物

菌盖下的部分菌膜

菌幕开始破裂

已形成的菌环

完全裸露的菌褶

向上翻起的菌盖

∧ 幼年阶段

毒蝇伞幼年时从土里冒出的部分，完全被疣状的外菌幕所覆盖。

∧ 破坏菌幕

菌柄开始生长，菌盖上覆盖的外菌幕分裂。

∧ 菌盖生长

菌盖扩大，部分菌幕仍然附着在底部。

∧ 菌褶出现

部分菌幕开始破裂，形成菌环，菌褶则暴露在上面。

∧ 孢子传播

孢子生长在暴露的菌褶上，向空气中传播。

∧ 老年期

在毒蝇伞生命的最后阶段，菌盖开始褪色并且向上翻起。

皱盖丝膜菌
Cortinarius caperatus
丝膜菌科

这种菌菇产于欧亚和北美大陆，生长于针叶树林中。含闪光微粒的菌盖上有一个白色的菌幕，菌柄上有明显的形似剑鞘的菌环。

5–12 cm
2–4¾ in

掷丝膜菌
Cortinarius bolaris
丝膜菌科

这种菌菇常见于欧亚大陆的山毛榉树林中，菌盖和菌柄上有着红褐色的小鳞片。菌柄上的肉质呈橘黄色。

3–6 cm
1¼–2¼ in

皮革黄丝膜菌
Cortinarius malachius
丝膜菌科

这种不常见的菌被发现于欧亚大陆北部的松树下，有一个带淡紫色的浅棕菌盖，菌柄上有白色带状菌幕。

6–10 cm
2¼–4 in

5–10 cm
2–4 in

5–8 cm
2–3¼ in

美优丝膜菌
Cortinarius elegantissimus
丝膜菌科

这种菌菇生长于整个欧亚大陆白垩质土壤的山毛榉树林中，有着鲜艳的橘黄色菌盖和黄色菌柄，以及带边缘的大球茎。

向上膨起的菌盖中心

鳞片丝膜菌
Cortinarius pholideus
丝膜菌科

这种不常见的菌菇生长在欧亚大陆的桦树下，很容易通过其带有鳞片的褐色菌盖和菌柄，紫色菌褶以及其幼年期的菌柄顶端进行辨认。

3–8 cm
1¼–3¼ in

多鳞菌环

白紫丝膜菌
Cortinarius alboviolaceus
丝膜菌科

这种菌菇常见于欧亚和北美大陆的混生林中。银白的子实体还带着点紫色。菌褶成熟后呈黄褐色。

细小鳞片和纤维覆盖的菌盖表面

红绿橄榄丝膜菌
Cortinarius rufoolivaceus
丝膜菌科

这种菌菇主要生长在欧亚大陆的山毛榉树林中。这种不常见的菌种具有一个独特的黄铜色菌盖，菌盖的边缘为红色或者橄榄绿色。菌柄呈球根状，颜色会由紫色渐变至青黄色。

6–10 cm
2¼–4 in

黏肉丝膜菌
Cortinarius mucosus
丝膜菌科

这种菌菇只出现在北美和欧亚大陆，在松树林中很常见。它们黄褐色的菌盖和矮胖的白色菌柄非常黏滑。菌褶为锈棕色。

菌盖上的小鳞片

蜜环丝膜菌
Cortinarius armillatus
丝膜菌科

这种菌菇常见于欧亚和北美大陆的桦树林中。它们区别于其他种类的主要特征是其棒状的菌柄上有朱红色的带状菌幕。

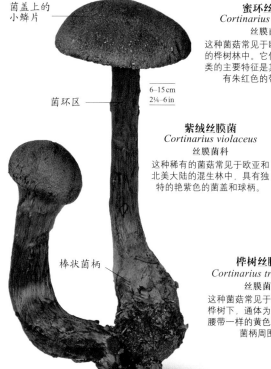

5–12 cm
2–4¾ in

菌环区

6–15 cm
2¼–6 in

棒状菌柄

紫绒丝膜菌
Cortinarius violaceus
丝膜菌科

这种稀有的菌菇常见于欧亚和北美大陆的混生林中，具有独特的艳紫色的菌盖和球柄。

美丝膜菌
Cortinarius splendens
丝膜菌科

这种稀有的菌种有着金黄的菌盖、黄色菌肉、硫黄黄色的覆盖物和带球茎的菌柄。它们主要出现在欧亚大陆的山毛榉树林里。

3–7 cm
1¼–2¾ in

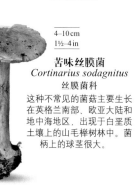

1–3 cm
⅜–1¼ in

4–10 cm
1½–4 in

苦味丝膜菌
Cortinarius sodagnitus
丝膜菌科

这种不常见的菌菇主要生长在英格兰南部、欧亚大陆和地中海地区，出现于白垩质土壤上的山毛榉树林中。菌柄上的球茎很大。

纤细丝膜菌
Cortinarius flexipes
丝膜菌科

这种菌菇的特点为带有天竺葵属植物的气味，尖尖的菌盖上有着膨弱的白色菌丝。它们出现在欧亚和北美大陆的桦树林中。

棒状菌柄

桦树丝膜菌
Cortinarius triumphans
丝膜菌科

这种菌菇常见于欧亚大陆的桦树下，通体为橘黄色，如腰带一样的黄色菌幕环绕在菌柄周围。

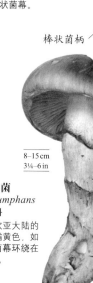

8–15 cm
3¼–6 in

菌盖（上面）

菌盖（下面）

软靴耳
Crepidotus mollis
靴耳科

这种真菌分布在欧亚大陆和北美洲。灰白色菌盖小巧、呈扇形，表面黏滑，易脱落。这种菌类无菌柄或菌柄很短。

2–7 cm
¾–2¾ in

变形靴耳
Crepidotus variabilis
靴耳科

变形靴耳是分布在欧亚大陆和北美洲的几个相似的物种之一。菌盖干燥含有细纤维。这种菌类通常无菌柄。

0.5–3 cm
³⁄₁₆–1¼ in

0.3–0.8cm
⅛–⁵⁄₁₆ in

大幕盔孢伞
Galerina calyptrata
层腹菌科

大幕盔孢伞最先发现于欧亚大陆，是只能够在显微镜下分辨的多种真菌之一。圆形的菌盖呈黄褐色，上面有条状纹理。

菌盖未完全伸展

5–12 cm
2–4¾ in

长根滑锈伞
Hebeloma radicosum
层腹菌科

这个欧亚大陆的物种的典型特征有：深生根茎，具有一个大菌环，淡浅黄的菌盖带有平滑的边缘，散发强烈的杏仁味。

附着在木头上

1–5 cm
⅜–2 in

纹缘盔孢伞
Galerina marginata
层腹菌科

这个物种具有黄褐色的菌盖，菌柄上有小菌环。它们生长在欧亚大陆和北美洲的落叶林中。

219

红色带

4–9 cm
1½–3½ in

大毒滑锈伞
Hebeloma crustuliniforme
层腹菌科

大毒滑锈伞源于欧亚大陆和北美洲，闻起来有强烈的萝卜味。菌盖为象牙白色至淡黄色。当湿度高时，菌盖黏滑。在潮湿的天气，菌褶会渗出液滴。

3–7 cm
1¼–2¾ in

裂丝丝盖伞
Inocybe rimosa
丝盖伞科

这种菌菇在欧亚大陆和北美洲的混合林中比较常见。它们尖尖的纤维状菌盖是淡黄色的，菌柄很高很细。

3–7 cm
1¼–2¾ in

星孢丝盖伞
Inocybe asterospora
丝盖伞科

这种菌菇的菌柄杆基部长有扁平的膨大部分，生于欧亚大陆，有辐射状的孢子。实体小巧，菌盖呈褐色纤维状。

放射状
纤维

结实的
菌柄

3–9 cm
1¼–3½ in

白色形态

1–4 cm
⅜–1½ in

污白丝盖伞
Inocybe geophylla
丝盖伞科

污白丝盖伞是欧亚大陆和北美洲最为常见的丝盖属的物种。它有圆锥形的、柔滑的菌盖，菌柄细长。

紫色形态

1–4.5 cm
⅜–1¾ in

暗毛丝盖伞
Inocybe lacera
丝盖伞科

这种菌菇被发现于欧亚大陆和北美洲。区别于其他菌菇，它们的孢子呈圆柱形。菌盖表面有纤毛状小鳞片。菌柄细长，呈褐色。

变红丝盖伞
Inocybe erubescens
丝盖伞科

变红丝盖伞被发现于欧亚大陆白垩质土壤的混合林中，是稀有品种。菌盖表面呈放射状纤维质。菌盖颜色随着年龄的增长而逐渐褪色。菌柄矮胖而强壮，呈瘀伤红色。

0.8–4 cm
⁵⁄₁₆–1½ in

淡灰紫丝盖伞
Inocybe griseolilacina
丝盖伞科

淡灰紫丝盖伞是欧亚大陆山毛榉林中的常见菌菇。菌盖上有小鳞片。菌柄细长，呈淡紫罗兰色。

1.5–6 cm
½–2¼ in

绯红湿伞
Hygrocybe coccinea
蜡伞科
猩红色的蜡质菌盖、菌褶和菌柄
让这种菌类非常引人注目；它们
生长于欧亚大陆和北美洲未开垦
的草原上。

1.5–5 cm
½–2 in

雪白拱顶菇
Hygrocybe virginea
蜡伞科
雪白拱顶菇是欧亚大陆各类草原
中的常见菌类。菌盖为蜡质，菌
柄细长，菌盖和菌柄都是半透明
的，具有下延的菌褶。

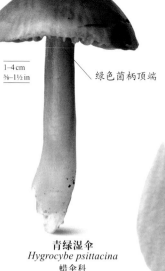

1–4 cm
⅜–1½ in

绿色菌柄顶端

青绿湿伞
Hygrocybe psittacina
蜡伞科
这种真菌生长于欧亚大陆和北美洲。
黏滑的菌盖呈鲜艳的绿色过渡至橙
色。菌柄的上半部分呈翠绿色。

厚实蜡质的粉
色菌褶

3–7 cm
1¼–2¾ in

粉红湿伞
Hygrocybe calyptriformis
蜡伞科
粉红湿伞是极易辨认的一种真
菌，但极不常见。它们有着尖头
的粉红菌盖、苍白易碎的菌柄和
蜡质的菌褶。它们常见于欧亚大
陆，生长在未开垦的草地上。

1–5 cm
⅜–2 in

变黑蜡伞
Hygrocybe conica
蜡伞科
变黑蜡伞在欧亚大陆和北美
洲的草原、林地中很常见。
菌盖为圆锥形，呈红橙色。
菌柄为纤维质，随着蘑菇生
长或受伤会慢慢变黑。

2.5–6 cm
1–2¼ in

菌褶连接
着菌柄

草地拱顶伞
Hygrocybe pratensis
蜡伞科
草地拱顶伞是蜡伞科中较大
的一种菌类，生长在草地
上，发现于欧亚大陆和北美
洲。它们具有矮胖、强壮的
菌柄，菌盖鲜嫩，菌褶明显
延生至菌柄。

4–12 cm
1½–4¾ in

浅黄色边缘

红湿伞
Hygrocybe punicea
蜡伞科
这种不常见的菌菇被发现于欧
亚大陆和北美洲未开垦的草
原，具有最大的血红色大伞
盖。菌柄干燥，呈纤维状，具
有白色的基部。

4–8 cm
1½–3¼ in

棒柄杯伞
Ampulloclitocybe clavipes
蜡伞科
这种菌类在晚秋混合林中较常见，
生长于欧亚大陆和北美洲，具有延
生的菌褶，基部膨大且柔软。

1.5–7 cm
½–2¾ in

硫黄湿伞
Hygrocybe chlorophana
蜡伞科
这种菌类生长于欧亚大
陆，是草地中最常见的蜡
伞科物种。菌盖呈明亮的
黄橙色，有轻微的黏性。

白蜡伞
Hygrophorus eburneus
蜡伞科
白蜡伞生长于欧亚大陆和北
美洲的山毛榉树林。菌盖和
菌柄黏滑，菌褶密集，具有
花香味。

3–8 cm
1¼–3¼ in

2–5 cm
¾–2 in

紫蜡蘑
Laccaria amethystina
轴腹菌科
这个物种来源于欧亚大陆和
北美洲，是种细长的且极易
辨识的真菌。新生时呈浓郁
的紫罗兰色，菌褶上密布着
粉状的孢子。

1–5 cm
⅜–2 in

鼠色金钱菇
Baeospora myosura
挂钟菌科
这种菌菇被发现于欧亚大陆和北美
洲，是少数生长于松果中的真菌之
一。它们的菌褶密集狭长，菌柄柔
软光滑。

0.5–2 cm
³⁄₁₆–¾ in

松果

红蜡蘑
Laccaria laccata
轴腹菌科
这个物种在欧亚大陆和北美洲的热
带林中广泛分布。它们的颜色多
变，从砖红色至清新的粉红色。它
们有干燥的菌盖和厚厚的菌褶。

3–5 cm
1¼–2 in

青黄蜡伞
Hygrophorus hypothejus
蜡伞科
这种真菌出现在霜冻以后的
欧亚大陆和北美洲的松林
中。这种菌菇黏滑，菌盖呈
橄榄褐色，菌柄呈黄色。

菌盖在成熟
后常裂开

1–4 cm
3/8–1½ in

0.5–1.5 cm
3/16–½ in

香杏丽蘑
Calocybe gambosa
离褶伞科

这个来自欧亚大陆的物种经
常在晚春的时候在森林边缘
丛生，形成蘑菇圈。它们具
有浓郁的新搅碎的肉味。

3–12 cm
1¼–4¾ in

肉色黄丽蘑
Calocybe carnea
离褶伞科

肉色黄丽蘑生长在欧亚大陆和
北美洲的矮草丛中。菌盖光
滑，菌柄纤维状，呈玫瑰红
色，菌褶白色。

5–10 cm
2–4 in

星孢寄生菇
Asterophora parasitica
离褶伞科

星孢寄生菇是两种知名的寄生菌种之
一，寄生在有脆弱菌盖的腐烂的子实体
内。这种真菌来自欧亚大陆和北美洲，
有着圆形、柔滑的菌盖。

荷叶离褶伞
Lyophyllum decastes
离褶伞科

这种蘑菇被发现于欧亚大陆和北美洲，
通常生长在公路边、小道边和开垦过的
土壤上。这种真菌丛生，菌盖坚硬，菌
柄矮胖且强壮。

安络小皮伞
Marasmius androsaceus
小皮伞科

安络小皮伞生长于欧亚大陆，具有特
别的菌柄，类似于黑发。菌盖辐射
状，有凹槽，呈略带淡桃红的棕色。

0.3–1 cm
1/8–3/8 in

中心下陷的
菌盖

辐射状
沟槽

1–5 cm
3/8–2 in

硬柄小皮伞
Marasmius oreades
小皮伞科

这种典型的丛生型蘑菇在欧亚
大陆和北美洲的开放草丛中很
常见。它们有肉质的米黄色菌
盖和厚厚的菌褶。

0.5–1.5 cm
3/16–½ in

柄毛皮伞
Crinipellis scabella
小皮伞科

这种可辨识的真菌来自欧亚大陆，
在枯死的草梗上被发现。它们的菌
盖小，细长的菌柄上覆盖着密集的
褐色茸毛。

0.5–1 cm
3/16–3/8 in

乳白蛋巢菌
Crucibulum laeve
鸟巢菌科

乳白蛋巢菌呈微型的鸟巢
状，内有数个扁球形的小
包，装有孢子。这种菌类
虽常见却一般不生长在木
质残体上，分布于欧亚大
陆和北美洲。

0.5–1 cm
3/16–3/8 in

0.5–2 cm
3/16–3/4 in

1.5–4 cm
½–1½ in

金属细丝
般的菌柄

蒜叶小皮伞
Marasmius alliaceus
小皮伞科

这种菌菇生长在欧亚大陆山毛
榉林中，菌柄很高，细长，呈
黑色，有一股烂蒜头味。

衣领状小皮伞
Marasmius rotula
小皮伞科

这种菌类的菌盖呈完整的圆形，
中间像被挤压过，向下凹陷。菌
盖表面有辐射状的凹槽，整个形
状像个小降落伞。坚硬的菌柄吸
附于木头的碎片上。它们分布在
欧亚大陆和北美洲。

隆纹黑蛋巢菌
Cyathus striatus
鸟巢菌科

这种真菌可以通过它们的凹槽巢辨别。巢外面多
毛，褐色，凹槽很深。每个巢可以容纳10~15个
小包。它们分布在欧亚大陆和北美洲，附着于木
质残体上，不是常见真菌。

»

» 伞菌目

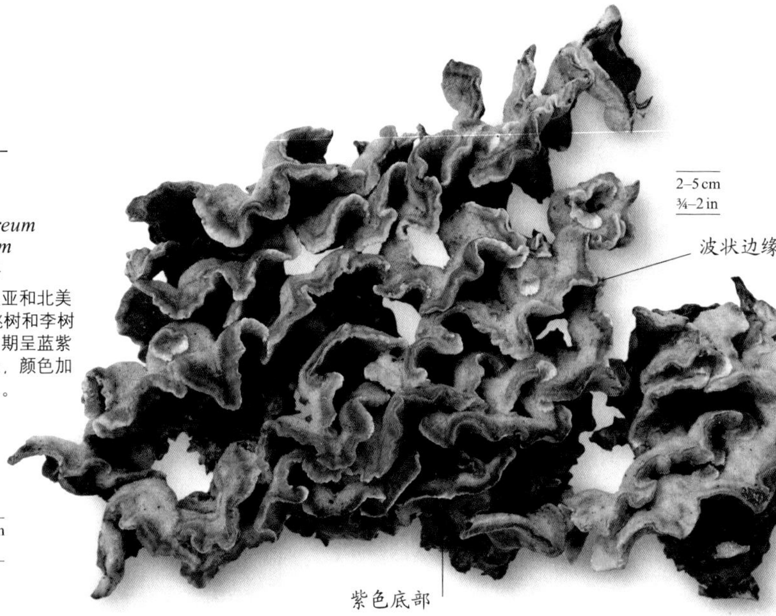
2–5 cm
¾–2 in
波状边缘
紫色底部

银叶菌
Chondrostereum purpureum
挂钟菌科

这类菌菇常见于欧亚和北美大陆,多生长在樱桃树和李树上。底部在生长初期呈蓝紫色，随着菌菇生长，颜色加深至褐紫色。

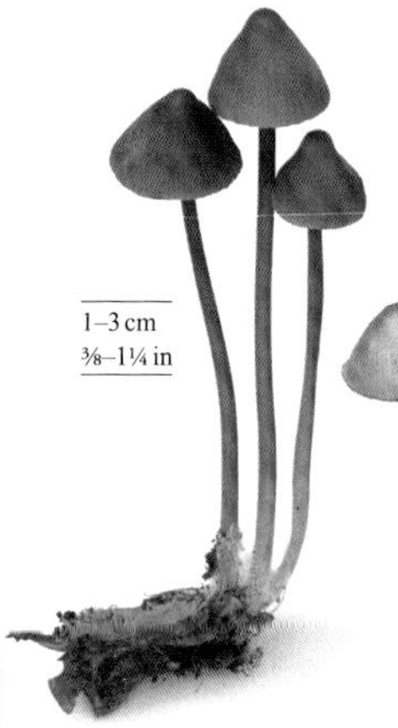
1–3 cm
⅜–1¼ in

橙黄小菇
Mycena crocata
小菇科

橙黄小菇常见于欧亚大陆，生长在白垩质土壤的森林中。这类菌菇破裂时将流出一种明亮的藏红或橙色液汁。

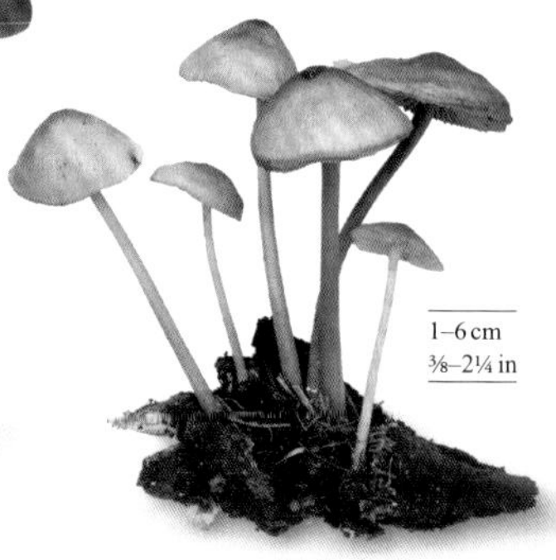
1–6 cm
⅜–2¼ in

盔盖小菇
Mycena galericulata
小菇科

这种菌菇在欧亚和北美大陆的温带森林中数量非常多，颜色各有不同。它们的菌褶为略带桃红的灰色，菌褶将纹理与纵横交错的脊状突起组织连在一起。

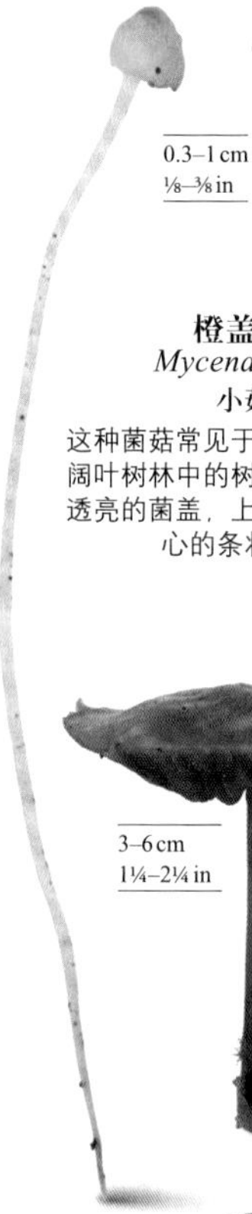
0.3–1 cm
⅛–⅜ in

橙盖小菇
Mycena acicula
小菇科

这种菌菇常见于欧亚和北美大陆阔叶树林中的树叶残堆里，具有透亮的菌盖，上面有延至菌盖中心的条状花纹。

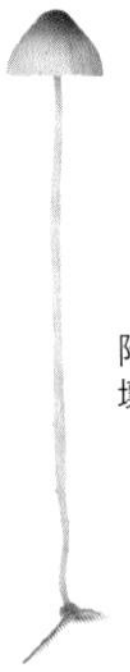
0.5–2.5 cm
3/16–1 in

黄柄小菇
Mycena epipterygia
小菇科

这种菌菇常见于欧亚和北美大陆，生长在森林与荒地的酸性土壤中。菌盖与菌柄均有黏性的、可剥性层状组织。

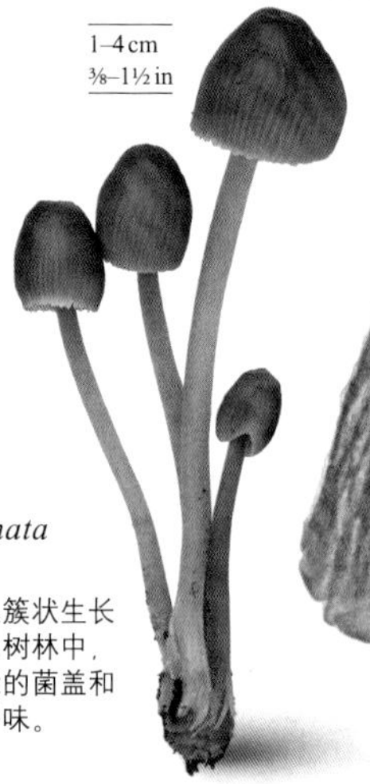
1–4 cm
⅜–1½ in

粉紫小菇
Mycena inclinata
小菇科

这种菌菇以密集的丛簇状生长于欧亚和北美大陆的树林中，拥有一个锯齿状边缘的菌盖和一股强烈的皂香味。

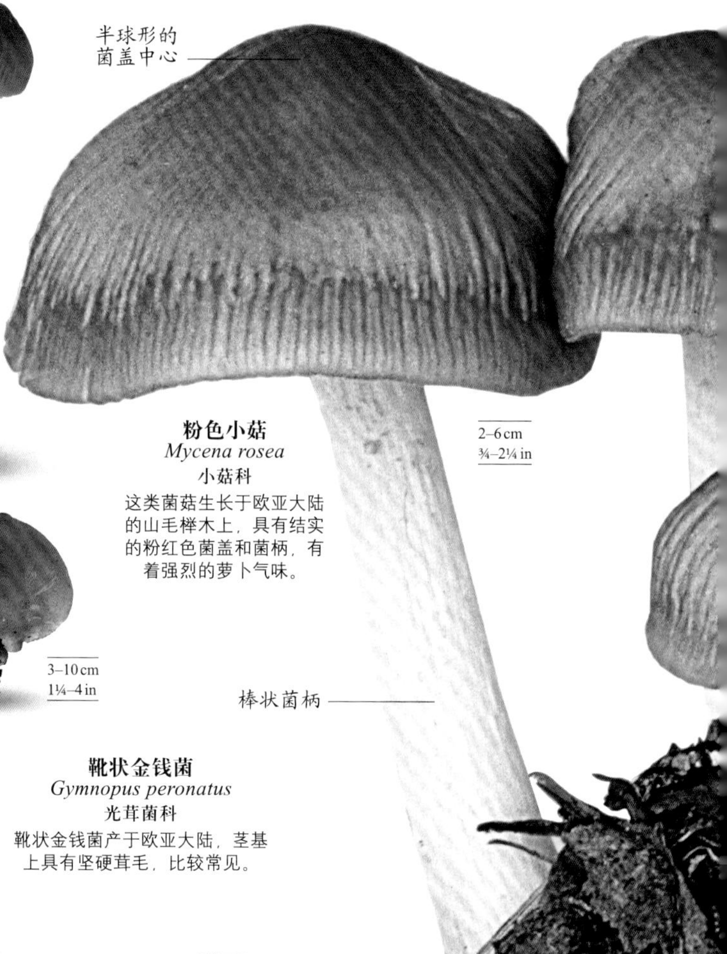
半球形的
菌盖中心
2–6 cm
¾–2¼ in
棒状菌柄

粉色小菇
Mycena rosea
小菇科

这类菌菇生长于欧亚大陆的山毛榉木上，具有结实的粉红色菌盖和菌柄，有着强烈的萝卜气味。

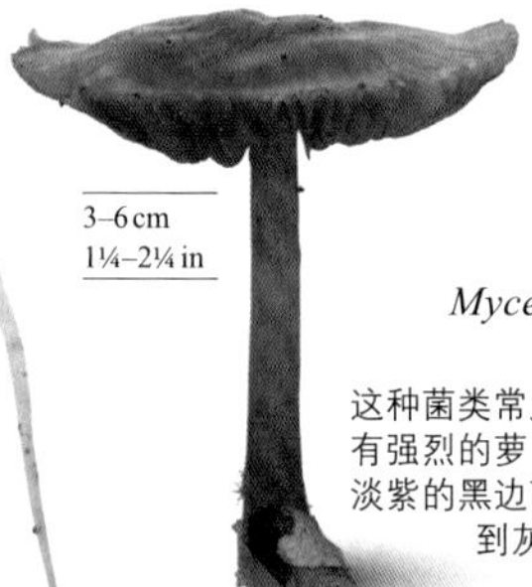
3–6 cm
1¼–2¼ in

蓝黑小菇
Mycena pelianthina
小菇科

这种菌类常见于欧亚大陆，特点是有强烈的萝卜气味。它们具有略带淡紫的黑边菌褶和浅丁香紫色渐变到灰褐色的菌盖。

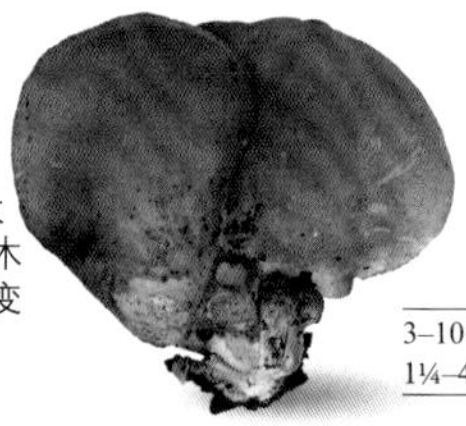
3–10 cm
1¼–4 in

亚侧耳
Panellus serotinus
小菇科

这种菌菇来自欧亚和北美大陆，生长于冬季，常见于硬木树干的潮湿处。菌盖湿润时变得黏滑。

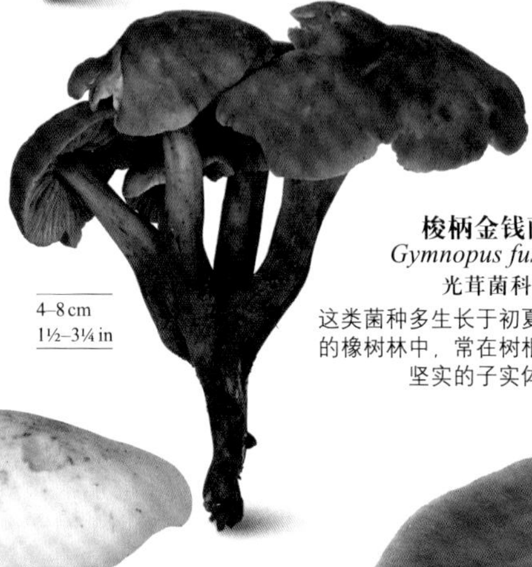
4–8 cm
1½–3¼ in

梭柄金钱菌
Gymnopus fusipes
光茸菌科

这类菌种多生长于初夏后欧亚大陆的橡树林中，常在树根处形成大堆坚实的子实体。

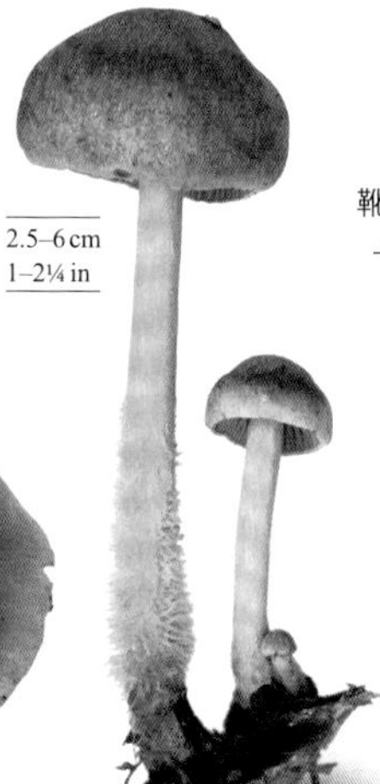
2.5–6 cm
1–2¼ in

靴状金钱菌
Gymnopus peronatus
光茸菌科

靴状金钱菌产于欧亚大陆，茎基上具有坚硬茸毛，比较常见。

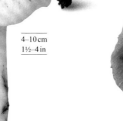

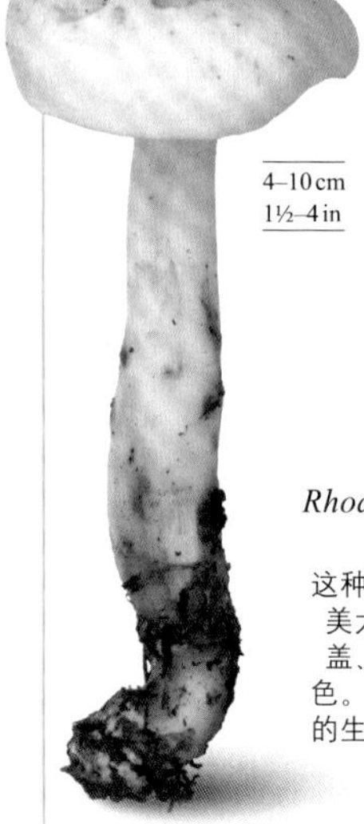
4–10 cm
1½–4 in

斑粉金钱菌
Rhodocollybia maculata
光茸菌科

这种菌类常见于欧亚和北美大陆的混生林中，菌盖、菌柄和菌褶都为白色。充盈的菌褶随着菌菇的生长呈现出如沾染了铁锈般的暗红色。

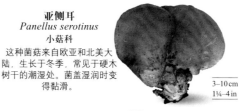

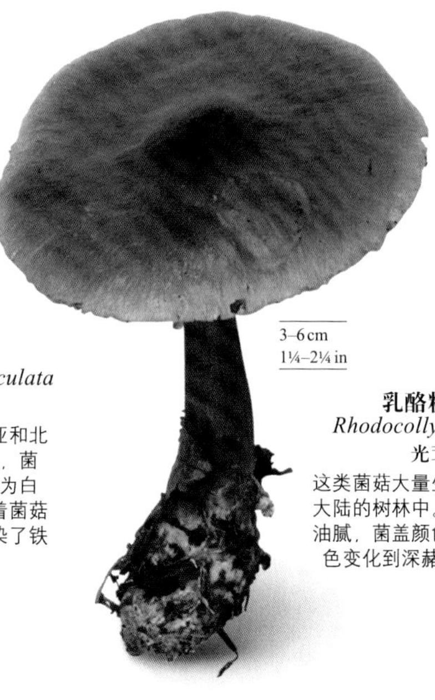
3–6 cm
1¼–2¼ in

乳酪粉金钱菌
Rhodocollybia butyracea
光茸菌科

这类菌菇大量生长在欧亚和北美大陆的树林中。它们的菌盖触感油腻，菌盖颜色因由黑褐或红褐色变化到深赭色而各不相同。

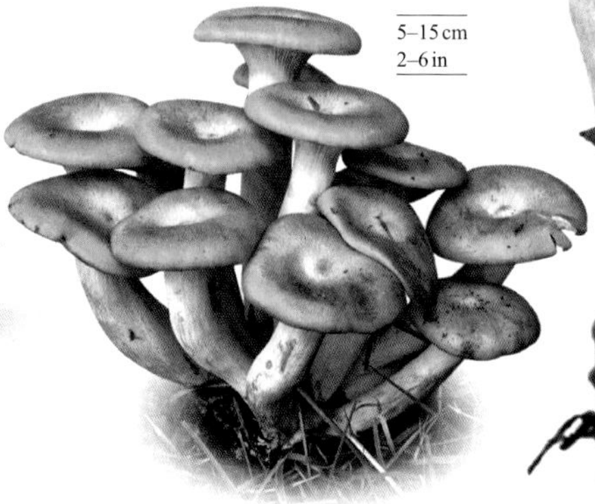
5–15 cm
2–6 in

奥尔类脐菇
Omphalotus illudens
光茸菌科

这种亮橘色的有毒菌菇常见于欧亚和北美大陆，因菌褶能生长在有怪异绿光的黑暗环境下而著名。

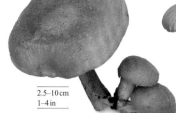

3–10 cm
1¼–4 in

法国蜜环菌
Armillaria gallica
泡头菌科

这种菌菇常见于欧亚大陆，通常生于土壤中，是它们周围树木的一种弱寄生物。

2.5–10 cm
1–4 in

网盖红褶伞
Rhodotus palmatus
泡头菌科

这种菌菇主要生长在倒在地上的榆树原木上，较为少见，主要分布在欧亚和北美大陆。它们有一种不寻常的桃粉色皱纹菌盖，带有水果气味。

1–6 cm
⅜–2¼ in

绒状火菇
Flammulina velutipes
泡头菌科

这种菌菇于冬季生长在欧亚和北美大陆，具有黏性的菌盖和天鹅绒般柔软的菌柄。

2–15 cm
¾–6 in

黏小奥德蘑
Oudemansiella mucida
泡头菌科

这种菌菇常见于欧亚大陆山毛榉原木上，具有灰白的菌盖。菌盖湿润时变得黏滑，坚硬的菌柄上有一个薄薄的菌环。

2.5–10 cm
1–4 in

长根奥德蘑
Xerula radicata
泡头菌科

这种植根较深的菌菇常见于欧亚和北美大陆。它们具有坚硬而高大的菌柄，菌盖湿润时变得黏滑，菌褶稀疏相间。

白黄侧耳
Pleurotus cornucopiae
侧耳科

这种菌菇以丛簇状生长于倒落在地面的榆树原木上，具有喇叭状菌盖，菌褶覆盖在短小而多分枝的菌柄之上，常见于欧亚和北美大陆。

4–12 cm
1½–4¾ in

菌盖常交错覆盖

6–20 cm
2¼–8 in

糙皮侧耳
Pleurotus ostreatus
侧耳科

这种菌菇来自欧亚和北美大陆，通常长于树木和原木上。菌盖呈架子状，颜色会由蓝绿色过渡到暗淡的浅黄色。这种蘑菇几乎没有菌柄。

微小的闪光颗粒

2–3 cm
¾–1¼ in

晶粒小鬼伞
Coprinellus micaceus
鬼伞科

这种菌菇常以丛簇状生长，菌盖为圆形，上有沟槽，菌盖上撒满了云母片般的覆盖物。它们常见于欧亚和北美大陆。

0.5–1 cm
³⁄₁₆–⅜ in

白色小鬼伞
Coprinellus disseminatus
鬼伞科

白色小鬼伞常以丛簇状生长于欧亚大陆腐烂的树桩上。菌盖为伞状，上面有深深的沟槽。菌褶在成熟时带黑色。

白色的菌幕破裂成斑块

2.5–7.5 cm
1–3 in

毡毛泪珠菇
Lacrymaria lacrymabunda
鬼伞科

这种菌菇常见于欧亚大陆小路边和受到破坏的土壤中，得名于它们的黑色菌褶的形态——有如从菌盖边缘流出。

1.5–7 cm
½–2¾ in

白黄小脆柄菇
Psathyrella candolleana
鬼伞科

这种菌菇主要生长在欧亚和北美大陆，初夏期间常以丛簇状生长于木屑中。菌柄易碎，菌盖为苍白或米黄色。

0.8–4 cm
⁵⁄₁₆–1½ in

多足小脆柄菇
Psathyrella multipedata
鬼伞科

这种菌菇常见于欧亚大陆空旷的草地上，由底部发散出密集丛生的菌柄。

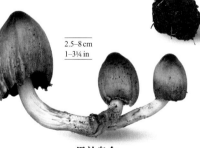

2.5–8 cm
1–3¼ in

墨汁鬼伞
Coprinopsis atramentaria
鬼伞科

这种菌菇生长在欧亚和北美大陆，菌盖呈鸡蛋状，菌盖在孢子被释放后会溶解成黑色的液体。

5–8 cm
2–3¼ in

斑鬼伞
Coprinopsis picacea
鬼伞科

这类菌种不常见，生长于欧亚大陆森林的白垩质土壤中。深灰褐色的菌盖上布满了白色绒毛状的鳞片，形成鲜明的对比。

灰光柄菇
Pluteus cervinus
光柄菇科
灰光柄菇在欧亚大陆和北美洲
被发现，颜色较为多变。菌盖
常以圆顶为中心呈辐射的纤维
状。菌褶为粉红色，与菌柄离
生。菌柄呈纤维状。

4–10 cm
1½–4 in

金褐光柄菇
Pluteus chrysophaeu
光柄菇科
金褐光柄菇的特点是：菌盖
呈金色至青黄色，黄色的菌
褶可变成粉红色，菌柄为白
色。它们被发现于欧亚大
陆，生长在腐烂的木头上。

1–6 cm
⅜–2¼ in

2.5–8 cm
1–3¼ in

柳生光柄菇
Pluteus salicinus
光柄菇科
这种菌菇在欧亚大陆的阔叶林中
很常见，可以通过它们细长的菌
柄底部的蓝灰色痕迹辨认。

10–25 cm
4–10 in

牛舌菌
Fistulina hepatica
裂褶菌科
牛舌菌类似于一个肉质丰
厚的牛排，上面沾有血红
色的汁液。这个物种在欧
亚大陆和北美洲比较温暖
的地带尤其常见。

丝绒质感
的表面

银丝草菇
Volvariella bombycina
光柄菇科
银丝草菇生长在欧亚大陆和北美
洲的落叶林中，是稀有品种。菌
盖呈白色至浅柠檬黄色。菌柄为
白色，菌柄基部被类似于袋状的
薄菌幕包围。

10–25 cm
4–10 in

1–5 cm
⅜–2 in

菌盖（底部）

裂褶菌
Schizophyllum commune
裂褶菌科
这种真菌被发现于欧亚大陆和
北美洲，形状像风扇状。菌盖
下面有鳃状的孢子分布在表
面，可以作为辨别特征。

菌盖
（顶部）

青黄色的菌褶

橘色的
菌盖中心

6–14 cm
2¼–5½ in

黏盖草菇
Volvariella gloiocephala
光柄菇科
这种真菌在欧亚大陆和北美洲野
外的残梗和木茬上很常见。菌盖
黏滑，呈灰色。

3–7 cm
1¼–2¾ in

橙黄褐韧伞
Hypholoma capnoides
球盖菇科
这种不常见的菌菇被发现于
欧亚大陆和北美洲，生长于
针叶林中。它们的白色菌褶
在成熟后转为灰紫色。

3–7 cm
1¼–2¾ in

簇生黄韧伞
Hypholoma fasciculare
球盖菇科
簇生黄韧伞在欧亚大陆和北美洲
的温带森林中广泛分布。菌褶为
青黄色，成熟后变为暗紫色，在
野外很容易辨认。

5–10 cm
2–4 in

亚砖红垂幕菇
Hypholoma sublateritium
球盖菇科
这种菌菇的典型特征有：菌盖肉
质丰满并带有菌幕的碎片，以及
浅黄色的菌褶，菌褶成熟后变为
淡紫色。它们生长在欧亚大陆和
北美洲的落叶林中。

橙蘑菇
Kuehneromyces mutabilis
球盖菇科
人们通常将这种菌菇与致命的纹缘盔孢伞混淆。这种菌菇可通过其黏性菌盖、鳞片状的菌柄和棕色的菌褶来辨认。它们出现在欧亚和北美大陆。

2–7 cm
¾–2¾ in

菌柄上的菌环

丹红色球盖菇
Leratiomyces ceres
球盖菇科
这种菌菇具有亮红的菌盖和像被冲刷过的略带红色的菌柄，常见于欧亚和北美大陆，生长于木屑之中。

1.5–6 cm
½–2¼ in

少鳞黄鳞伞
Pholiota alnicola
球盖菇科
这种菌菇生长于欧亚大陆，以黏性菌盖和丛生的习性为特征，只常见于桦树底部。

3–7 cm
1¼–2¾ in

3–12 cm
1¼–4¾ in

半球盖菇
Stropharia semiglobata
球盖菇科
这种菌菇生长在有动物粪便或有牲畜放牧的草地，常见于欧亚与北美大陆。它们具有黏性的菌盖和细长的菌柄，菌柄上有一个菌环。

0.5–4 cm
³⁄₁₆–1½ in

翅鳞伞
Pholiota squarrosa
球盖菇科
这种菌菇生长于欧亚和北美大陆，菌盖和菌柄特别干燥，表面呈锐利的鳞片状，菌褶为淡黄色，有一种谷物或萝卜的味道。

5–15 cm
2–6 in

金毛鳞伞
Pholiota aurivella
球盖菇科
这种普遍的菌菇常见于欧亚和北美大陆的山毛榉原木或树干上。它们金色的黏性菌盖上长着深橙褐色的鳞片。

半裸盖菇
Psilocybe semilanceata
球盖菇科
这种著名的伞菌具有圆锥形的暗黄色菌盖，菌盖上有一个显著的凸点。它们常见于欧亚和北美大陆深秋时节的草地上。

0.5–2 cm
³⁄₁₆–¾ in

蓝球盖菇
Stropharia cyanea
球盖菇科
这种真菌具有蓝绿色并逐渐褪色为黄色的菌盖，发现于欧亚和北美大陆。

3–7 cm
1¼–2¾ in

鳞片状、绒毛覆盖的表面

6–15 cm
2¼–6 in

4–7 cm
1½–2¾ in

5–10 cm
2–4 in

宽褶大金钱菌
Megacollybia platyphylla
分类未定
这种菌菇被发现于欧亚和北美大陆，具有一种放射状的纤维性菌盖，菌盖呈淡灰褐色。该物种还有稀疏排列的、深深的菌褶，菌柄基部有根状的丝。

黑白钻囊蘑
Melanoleuca polioleuca
分类未定
这种菌菇常见于欧亚大陆的草地，具有灰褐色菌盖和白色菌褶，菌柄底部有黑色的肉质结构。

赭红拟口蘑
Tricholomopsis rutilans
分类未定
这种菌菇常见于松树桩，具有红紫色菌盖和菌柄、血黄色菌褶，生长在欧亚和北美大陆。

橘黄裸伞
Gymnopilus junonius
分类未定
这种真菌出现在欧亚大陆，常以丛簇状生长在树的底部。它们有一个干燥的菌盖，菌盖里密集地长着浅黄色菌褶。

5–15 cm
2–6 in

菌盖边缘残存的菌幕

1–4 cm
⅜–1½ in

大孢花褶伞
Panaeolus papilionaceus
分类未定
这个品种的特征为其菌盖的边缘残留着的少许锯齿状菌幕，菌褶上带有斑驳的黑色。它们被发现于欧亚和北美大陆。

1–6 cm
⅜–2¼ in

5–20 cm
2–8 in

根附着在针叶树木上

半卵形斑褶菇
Panaeolus semiovatus
分类未定
这种菌菇被发现于欧亚和北美大陆，生长在动物的粪便中。它们以黏性的灰色菌盖和长菌柄上围绕的菌环为特征。

3–7 cm
1¼–2¾ in

灰假杯伞
Pseudoclitocybe cyathiformis
分类未定
这类独特的菌菇具有非常深的色彩和一根长长的纤维质菌柄。它们生长于欧亚大陆，在深秋和冬季较为多见。

2–8 cm
¾–3¼ in

朱红小囊皮菌
Cystodermella cinnabarina
分类未定
这种菌菇被发现于欧亚和北美大陆，具有一个砖红色菌盖和淡米色菌褶。菌盖和菌柄表面均呈颗粒状。

肉色杯伞
Infundibulicybe geotropa
分类未定
这种菌菇呈淡皮革棕色，具有漏斗状的肥厚菌盖和长长的菌柄。它们生长在欧亚大陆。

牛肝菌目

牛肝菌目（Boletales）包含一些肉质厚实的真菌，其中包括那些具有孔状的和腮状子实体的真菌。它们大部分具有菌盖和菌柄，也有些为皮壳状、马勃或块菌状。大多数与树木共生（根菌），但是有些是靠枯木的养分生长，其余的属于寄生类。牛肝菌目的孢子产生层即子囊层容易脱落。

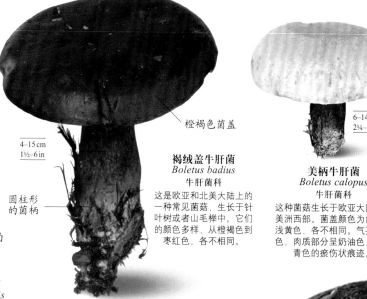

橙褐色菌盖

4–15 cm
1½–6 in

圆柱形的菌柄

褐绒盖牛肝菌
Boletus badius
牛肝菌科

这是欧亚和北美大陆上的一种常见菌菇，生长于针叶树或者山毛榉中。它们的颜色多样，从橙褐色到枣红色，各不相同。

6–14 cm
2¼–5½ in

美柄牛肝菌
Boletus calopus
牛肝菌科

这种菌菇生长于欧亚大陆和北美洲西部。菌盖颜色为白色至浅黄色，各不相同。气孔呈黄色，肉质部分呈奶油色，上有青色的瘀伤状痕迹。

7–15 cm
2¾–6 in

网柄牛肝菌
Boletus reticulatus
牛肝菌科

这类菌菇常见于欧亚大陆和北美东部，区别于其他种类的特点为具有一个表面有裂纹、没有光泽棕色菌盖和一个有细小的白色网物、延展到底部的菌柄。

表面褶皱的菌盖

10–25 cm
4–10 in

美味牛肝菌
Boletus edulis
牛肝菌科

这种菌菇在世界各地均有生长。菌柄上具有漂亮的白色纹理，肉质部分始终为奶油色。气孔在生长过程中将由白色变成黄色。

生牛肝菌
Boletus parasiticus
牛肝菌科

这种菌菇源自欧亚和北美大陆，只生长于橘青硬皮的马勃上，可导致其寄主变得中空。

黏性的菌盖

黑色鳞状表面

3–5 cm
1¼–2 in

6–15 cm
2¼–6 in

苦粉孢牛肝菌
Tylopilus felleus
牛肝菌科

这种菌菇被发现于欧亚和北美大陆。它们的特征为气孔会随着生长变为粉红色。菌柄表面呈明显的网状。

胡椒牛肝菌
Chalciporus piperatus
牛肝菌科

这种牛肝菌常见于欧亚和北美大陆的针叶树下，也与毒蝇伞共生于桦树下，具有浅黄褐色的气孔和黄色的肉质结构。

2–7 cm
¾–2¾ in

5–10 cm
2–4 in

橘青硬皮的马勃

松塔牛肝菌
Strobilomyces strobilaceus
牛肝菌科

这种稀有的菌菇见于欧亚和北美大陆。可以通过菌盖和菌柄上黑色绒毛的鳞片和那些白色的管状物来辨认它们。

橙色桦树牛肝菌
Leccinum versipelle
牛肝菌科
这种菌类被发现于欧亚大陆，菌盖肥大，呈橙黄色。菌柄布满毛茸茸的黑斑，菌菇肉质呈淡紫黑色。

褐疣柄牛肝菌
Leccinum scabrum
牛肝菌科
这种真菌是很多相似的种类中的一个，生长于欧亚和北美大陆。把它们切开时，肉质结构暴露出粉红色，菌盖湿润时有黏性。

红皮丽口菌
Calostoma cinnabarinum
美口菌科
这种真菌源自北美。菌柄从胶状层中生出，有一个明亮的朱砂红色的圆球。

粉孢革菌
Coniophora puteana
粉孢革菌科
这种真菌在世界各地均有生长，在潮湿木材上形成一种棕色的片状组织。这些组织呈瘤状或皱纹状，会对建筑物造成严重危害。

硬皮地星
Astraeus hygrometricus
复缘菌科
这种菌类常见于欧亚和北美大陆。星状臂翻转暴露出内部的孢子球，但是在干燥的气候下星状臂将再闭合。

蓝圆孔牛肝菌
Gyroporus cyanescens
牛肝菌科
这种菌菇生长在欧亚大陆和北美东部的酸性土壤中。这种种类并不常见，可以通过其脆弱、中空的菌柄进行辨认。

红铆钉菇
Gomphidius roseus
铆钉菇科
这类菌菇生长在欧亚大陆，与乳牛肝菌共生于松树下，有一个黏滑的玫瑰红菌盖，菌褶略带灰色。

血红铆钉菇
Chroogomphus rutilus
铆钉菇科
这种菌类常见于欧亚大陆和北美洲西部的松树下，有一个突起的棕铜色菌盖。

卷缘网褶菌
Paxillus involutus
桩菇科
这种菌类常见于欧亚和北美大陆的混合林中，特征为菌盖边缘带绒毛并向内卷曲，柔软的黄色菌褶上沾染了棕色。

金黄鸡油菌
Hygrophoropsis aurantiaca
拟蜡伞科
这种菌类来自欧亚和北美大陆，有时会被错认成鸡油菌，其特征为菌褶密集、柔软，呈多分叉状。

黄硬皮马勃
Scleroderma citrinum
硬马勃菌科
这类菌菇常见于欧亚和北美大陆潮湿的林地中，形似马铃薯。它们厚实的表皮上有深色的鳞片和黑色的充满孢子的内核。

大孢硬皮马勃
Scleroderma bovista
硬马勃菌科
这种菌类常见于欧亚和北美大陆的树林中，光滑的外表皮龟裂成马赛克状，内侧紫黑色的孢子体失去水分后呈棕褐色。

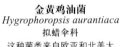

彩色豆马勃
Pisolithus arhizus
硬马勃菌科
这种菌类分布在世界各地的贫瘠沙质土壤中，与松树共生。内核包埋在黑色的胶状物中，内核中有鸡蛋状的孢子囊。

黑毛椿菇
Tapinella atrotomentosa
桩菇科
这种菌类常见于欧亚和北美的松树桩上，菌盖的边缘向内卷曲，菌褶柔软厚实，像天鹅绒般柔软。

菌盖表皮剥落

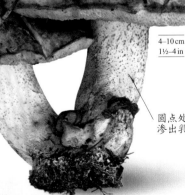

圆点处可以渗出乳液

点柄乳牛肝菌
Suillus granulatus
乳牛肝菌科
点柄乳牛肝菌常见于欧亚和北美大陆的松树下，菌柄上没有菌环，布满了腺状圆点。

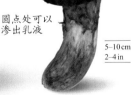

褐环乳牛肝菌
Suillus luteus
乳牛肝菌科
这种菌菇被发现于欧亚和北美大陆的松树上，有一个黏滑的菌盖和一些黄色气孔。菌柄上长有大菌环，菌环底面呈淡紫色。

乳牛肝菌
Suillus bovinus
乳牛肝菌科
这种菌菇常见于欧亚和北美大陆的松树下，具有黏性菌盖和棱角不规则的孔。

黄褐色菌盖表面干燥而粗糙

斑乳牛肝菌
Suillus variegatus
乳牛肝菌科
这种菌菇常见于欧亚大陆的松树下，有一个带有毡状鳞片的菌盖，具有黄褐色至暗褐色的气孔，菌柄上无菌环。

厚环乳牛肝菌
Suillus grevillei
乳牛肝菌科
这种菌菇仅生长于欧亚和北美的落叶松树林中，颜色从橙黄到砖红，各有不同。菌柄上有螺旋形向上的菌环。

鸡油菌目

　　鸡油菌目 (Cantharellales) 的菌菇与伞菌目下的菌菇有相似的地方，但是也有许多重要的不同。它们同样拥有具有菌盖和菌柄的肉质子实体，但是它们没有真正的菌褶，反而在下侧长有光滑的、褶皱的或者折叠成鱼鳃状的、能产生孢子的表面。孢子光滑，通常为白色至奶油色。

冠锁瑚菌
Clavulina coralloides
锁瑚菌科
这种真菌在欧亚和北美大陆的林木中很常见，形成了大量珊瑚状的白色分枝，每个分枝又都形成细小的末端。

3–8 cm
1¼–3¼ in

0.5–2 cm
3/16–¾ in

1–6 cm
3/8–2¼ in

管形鸡油菌
Craterellus tubaeformis
鸡油菌科
这种菌菇常一堆堆地生长于欧亚和北美大陆的混生林中，颜色各不相同。不像一般菌菇，它们的菌褶处取而代之的是浅色脉络状组织。

喇叭菌
Craterellus cornucopioides
鸡油菌科
这种独特的菌菇遍及整个欧亚大陆，形似小喇叭，成群地生长于山毛榉残叶堆中。它们会产生一个白色的孢子沉积。

菌盖通常在中心凹陷

向内卷曲的边缘

2–12 cm
¾–4¾ in

5–15 cm
2–6 in

鸡油菌
Cantharellus cibarius
鸡油菌科
这种菌菇生长于欧亚和北美大陆，具有钝缘菌褶。菌褶上布满了大量的网络组织，具有一股杏子的气味。

锥形的菌柄

黄卷缘齿菌
Hydnum repandum
齿菌科
黄卷缘齿菌生长于欧亚和北美大陆，颜色呈暗橘色，形状不规则，菌盖下有小刺。

形状不规则、表面坑坑洼洼的菌盖

地星目

　　地星目 (Polyporales) 的共同特点是具有厚实的外层组织——包被，这种组织裂开并剥落形成星状臂。它们袒露出一个如马勃的中心孢子囊，深褐色的瘤状孢子通过孢子囊顶端的孔口释放。地星目常见于落叶层和贫瘠的沙质土壤中，如沙丘中。

褶皱地星
Geastrum striatum
地星科
这种菌菇生长于欧亚大陆，是较小的地星之一。它们浅灰色的孢子囊带柄。孢子囊上有一个带有沟痕的明显开口。

3–6.5 cm
1¼–2½ in

菌环在孢子囊下方

地星尘菌蘑菇
Geastrum triplex
地星科
这种菌菇生长于欧亚和北美大陆，是最常见的地星。它辐射的裂纹在孢子囊周围留下了杯状的菌环。

4–12 cm
1½–4¾ in

3–6 cm
1¼–2¼ in

5–8 cm
2–3¼ in

7–15 cm
2¾–6 in

无柄地星
Geastrum fimbriatum
地星科
这种菌菇生长于欧亚和北美大陆，球形浅褐色子实体分裂成5~9个臂。它们的浅灰色孢子囊有一个毛边的开口。

杂技地星
Geastrum fornicatum
地星科
这种地星的臂长在植入土壤的碟型组织上，带柄的孢子囊上有一个明显的开口。它们出现在欧亚和北美大陆。

鸟状多口地星
Myriostoma coliforme
地星科
鸟状多口地星被发现于欧亚和北美大陆的干燥沙质土壤中，拥有一个有若干孔口的独特的大型孢子囊。

钉菇目

虽然钉菇目（Gomphales）的部分菌种与鸡油菌归在一起，但钉菇目真菌的DNA分析显示，它们与鬼笔目下的臭角菌更为相似。它们通常形成大大的子实体，形状由简单的棒状棒瑚菌属到喇叭状，各不相同，或者形状类似于鸡油菌的结构，拥有一个复杂的、能产生孢子的表面。

2–6 cm
¾–2¼ in

5–10 cm
2–4 in

随着生长染上绿色

喇叭钉菇
Gomphus floccosus
钉菇科
这种菌菇常见于北美，出落得有如一个硕大的喇叭状花瓶。花瓶顶部有鳞片，内壁上有带着皱纹的菌褶。

棒瑚菌
Clavariadelphus pistillaris
棒瑚菌科
这种菌菇是欧亚和北美大陆的稀有菌菇，形成一个膨胀得大大的棒状物，表面由光滑逐渐变得微皱，上面还带着紫褐色擦痕。

1.5–4 cm
½–1½ in

3–8 cm
1¼–3¼ in

7–15 cm
2¾–6 in

枝瑚菌
Ramaria stricta
钉菇科
枝瑚菌是欧亚和北美大陆较常见的菌种，常附于腐烂的树木或者木屑护根上。分枝为浅褐色，带有红色擦痕。

葡萄色顶枝瑚菌
Ramaria botrytis
钉菇科
这种不常见的珊瑚色菌菇生长在欧亚和北美大陆的山毛榉森林中，带有粉白色分枝，分枝顶端为深红色。

变绿枝珊瑚菌
Ramaria abietina
钉菇科
这种黄橄榄色菌菇生长于欧亚和北美大陆的针叶树林中，充满了浓密的分枝，分枝上有绿色擦痕。

褐褶菌目

这一目朽木菌的特点可以归纳为能够产生褐色朽木残渣。褐褶菌目（Gloeophyllales）拥有单独的褐褶菌科，它包括黏褶菌属，一些针叶树木上出名的檐状菌归于这一属。

锈革孔菌目

这一目包含各种不同类型的真菌，包括一些皮壳状菌，多孔菌，如纤孔菌属和木层孔菌属，以及一些伞菌类。锈革孔菌目（Hymenochaetales）是通过分子学定义的，因此它们具有较少相同的外形特点。许多锈革孔菌生长在树木上，使树干被腐蚀而产生白色斑痕。

1–6 cm
⅜–2¼ in

褐赤刺革菌
Hymenochaete rubiginosa
刺革菌科
这种菌菇生长于欧亚大陆各地，长成一个彼此交叠的檐状组织，主要包裹在落在地上的橡木外。坚实的子实体上有同心纹理。

茴香褐褶菌
Gloeophyllum odoratum
褐褶菌科
这种真菌生长于腐烂的针叶树木上，常见于欧亚和北美大陆。它们拥有不规则的檐状组织，其上有黄色孢子，具有茴香气味。

5–20 cm
2–8 in

10–40 cm
4–16 in

火木层孔菌
Phellinus igniarius
刺革菌科
这种多年生的黑灰色檐状菌生长于欧亚和北美大陆。它们形似马蹄，长得非常茂盛。

厚厚的苍白色边缘

花耳目

花耳目（Dacrymycetales）的菌菇多有单体的、圆形的或多分枝的胶状子实体，通常颜色呈鲜艳的橙色。这一目的菌菇有的光滑，有的带有皱纹，它们拥有不常见的孢子台，孢子台通常有两根结实的梗(担孢子梗)，每个梗孕育一个孢子。它们主要生长在枯木上。

鹿胶角菌
Calocera viscosa
花耳科
这种菌菇附于针叶树木上，常见于欧亚和北美大陆。它们的棒状组织经常分出很多分枝，分枝上有着胶状纹理。

0.5–4 cm
³⁄₁₆–1½ in

2–10 cm
¾–4 in

3–8 cm
1¼–3¼ in

小光盖纤孔菌
Inonotus radiatus
刺革菌科
这种红褐色的菌菇有着灰白色边缘，常在欧亚和北美大陆的桤木和其他树枝上长出垂直朝下的链条状组织。

0.3–1 cm
⅛–⅜ in

钹孔菌
Coltricia perennis
刺革菌科
这种菌菇常见于欧亚和北美大陆酸性土壤的石南灌丛，有形似高脚杯的子实体。子实体较薄，其上有同心纹线。

丝状里肯菇
Rickenella fibula
分类未定
这种小菌菇常见于欧亚和北美大陆潮湿的草地。菌盖呈橘色，其上有放射状纹理，中心颜色较深。

多孔菌目

多孔菌目 (Polyporales) 有着数目繁多的各类真菌。这一目大部分为能致木材腐朽的多孔菌，它们的孢子生长于菌管中（类似于牛肝菌的菌管），有时也生长于棘状突起上。大部分生长在树上的多孔菌都有没有发育完全的菌柄，这类菌菇子实体为架子状、支架状或皮壳状。也有些生长在树底的多孔菌，菌褶有多有少，长有中央菌柄。其余极少的多孔菌生长在土壤中。

分层生长的檐状组织

15–30cm
6–12 in

10–25cm
4–10 in

松生拟层孔菌
Fomitopsis pinicola
拟层孔菌科
这种蹄状、木质支架状菌生长于欧亚和北美大陆，常见于松树上，有时也见于桦树上。

菌盖顶部

10–30cm
4–12 in

底部

栎迷孔菌
Daedalea quercina
拟层孔菌科
这种多年生菌菇生长于欧亚和北美大陆倒卧在地上的橡树上，有着坚实的檐状组织，其下表面有着迷宫似的狭长气孔。

多菌丝的表面

栗褐暗孔菌
Phaeolus schweinitzii
拟层孔菌科
常见于欧亚和北美的针叶树底，表面多毛如气垫，可以被用来制造染料。

10–50cm
4–20 in

桦剌管菌
Piptoporus betulinus
拟层孔菌科
这种大型的肾脏形状的檐状菌，随着生长颜色由浅褐变为白色。它们是一种具有破坏性的桦树寄生物，生长在欧亚和北美大陆。

5–30cm
2–12 in

朱红硫黄菌
Laetiporus sulphureus
拟层孔菌科
这种大型的檐状菌被发现于欧亚和北美大陆，常生长于橡树和其他树木上。

10–60cm
4–23 in

灵芝
Ganoderma lucidum
灵芝科
这种深红到紫褐色檐状菌有着光亮的表面，可能还有长长的沿侧向生长的菌柄。它们生长于欧亚和北美大陆。

10–30cm
4–12 in

树舌灵芝
Ganoderma applanatum
灵芝科
这种木质的多年生檐状菌常见于欧亚和北美大陆，能存活多年，且长得非常大。它们落下的孢子呈饱满的黄棕色。

大型亚灰树花菌
Meripilus giganteus
亚灰树花菌科
这种菌类是最大的多孔菌之一。交错的檐状组织非常厚实。它们生长在欧亚和北美大陆上山毛榉的周围。

边缘为波浪式耳垂状

10–50cm
4–20 in

表面有黑色擦痕

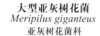

10–20cm
4–8 in

莲座菌
Podoscypha multizonata
花菌科
这种稀有的菌种出现于欧亚大陆，埋藏在有橡树根的土壤上。它们具有由许多裂片组成的圆形块堆。

胶质射脉革菌
Phlebia tremellosa
亚灰树花菌科
这种菌菇生长于欧亚大陆的原木上，上表面柔软，呈白色；下表面呈黄色至橘色，有密集的脊状突起组织。

4–15cm
1½–6 in

3–7cm
1¼–2¾ in

黑管菌
Bjerkandera adusta
亚灰树花菌科
这种常见的檐状菌生长在欧亚和北美大陆，它们可以由下表面的灰色气孔来辨认。

木蹄层孔菌
Fomes fomentarius
多孔菌科
这种灰褐色、马蹄状同心
檐状菌生长在桦树和其他
落叶灌木上，出现于欧亚
和北美大陆。

5–30 cm
2–12 in

8–15 cm
3¼–6 in

粗糙拟迷孔菌
Daedaleopsis confragosa
多孔菌科
这种菌菇是一种最常见的檐状
菌，生于柳树上，见于欧亚大
陆。它们呈半圆形，具有乳白
色气孔并带粉红色擦伤。

桦褶孔菌
Lenzites betulina
多孔菌科
这种菌菇常见于欧亚和北美的
桦树上，坚硬似皮革一般。它
们菌褶般的脊状突起上的气孔
可以被大幅度拉长。

3–10 cm
1¼–4 in

上表面

阴暗面

10–60 cm
4–23½ in

宽鳞多孔菌
Polyporus squamosus
多孔菌科
这种圆形或者扇形的檐状菌生
长于初夏的欧亚大陆，下表面
具有同心的鳞片和气孔。

漏斗状菌盖

5–20 cm
2–8 in

柔软的菌基

褐多孔菌
Polyporus badius
多孔菌科
这种菌菇有漏斗状的似皮革质菌
盖，菌柄的底部为黑色。它们生
长于欧亚和北美落叶地上的桦树
原木上。

形多孔菌
Polyporus tuberaster
多孔菌科
这种菌菇生长于欧亚和北美大
陆掉落的树枝上，能钻入地下
形成一个大大的块茎状堆团。

5–20 cm
2–8 in

3–8 cm
1¼–3¼ in

冬生多孔菌
Polyporus brumalis
多孔菌科
这种小菌菇生长于欧亚和
北美大陆掉落的树枝上。
它们拥有比较大的下延气
孔（一直到菌柄）。菌柄
长在菌盖中心或者非中心。

朱红密孔菌
Pycnoporus cinnabarinus
多孔菌科
这种稀有的菌菇生长于欧亚
和北美大陆枯死的落叶树
上，具有明亮、橘红色类皮
革的一年生檐状组织。

3–10 cm
1¼–4 in

2–4 cm
¾–1½ in

冷杉附毛孔菌
Trichaptum abietinum
多孔菌科
这种扇形的檐状菌常见于欧
亚和北美大陆倒落的针叶树
上，具有同心的浅灰色纹
理，常被藻类染成绿色，具
有紫色边缘。

5–12 cm
2–4¾ in

粗毛栓菌
Trametes hirsuta
多孔菌科
这种半圆形的檐状菌被非
常少的一些细丝状盖覆盖。它
们生长于枯死的多年生树
木上，有时也生于欧亚和
北美大陆金雀花的茎上。

变色栓菌
Trametes versicolor
多孔菌科
这种菌菇常见于欧亚和北美大陆，颜色多种
多样，具有各种颜色、同心纹理的檐状组织
和白色的气孔表面。

2–7 cm
¾–2¾ in

多肉鲜艳的
橙黄色檐状
组织

偏肿栓菌
Trametes gibbosa
多孔菌科
这种奶油色的檐状菌常被藻
类染成绿色。它们的气孔可
能狭长而似迷宫状。它们生
长于欧亚和北美大陆落于地
上的多年生原木上。

小耳垂状檐

10–30 cm
4–12 in

10–40 cm
4–16 in

绣球菌
Sparassis crispa
绣球菌科
这种菌菇生于欧亚和北美大
陆针叶树底，具有许多奶油
色耳垂状组织，扁平而厚
实，好似一朵花椰菜。

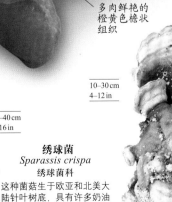

灰树花
Grifola frondosa
绣球菌科
这种菌菇生长于欧亚和北美大陆，长
于橡树底部阳光照射不到的地方。它
们有一堆密集的小檐状组织。

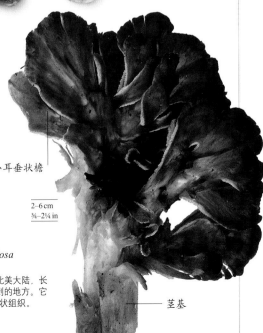

2–6 cm
¾–2¼ in

茎基

红菇目

这一目最著名的属为红菇属和乳菇属。虽然它们长成了典型的蘑菇状，但绝不是真正的伞菌目。除了菌盖伞-菌柄茎模式，红菇目 (Russulales) 的子实体有着各类的形状。大部分的红菇目长有疣状的孢子，孢子在碘酒中呈现蓝黑色。切断时，乳菇属菌菇会流出乳液，乳液呈白色或者其他颜色。

4—8 cm
1½—3¼ in

3—6 cm
1¼—2¼ in

湿乳菇
Lactarius hepaticus
红菇科
这种蘑菇在欧亚大陆与松树共生，具有一个有钩状边缘的光滑菌盖。菌褶在被切断时将流出一种夹杂着黄色的白乳胶。

静生乳菇
Lactarius quietus
红菇科
这种蘑菇常见于欧亚大陆的橡树下，红褐色菌盖上具有深色条带，肉质有一股甜美油腻的味道。

细质乳菇
Lactarius turpis
红菇科
这种蘑菇是欧亚和北美大陆上桦树下一种常见的菌种，颜色从橄榄绿变到黑色，菌盖黏滑。

黏绿乳菇
Lactarius blennius
红菇科
这是一种常见的菌类，在欧亚大陆与山毛榉共生。这种灰绿色菌盖湿润时黏滑，在其边缘处有斑点。

4—9 cm
1½—3½ in

5—15 cm
2—6 in

5—15 cm
2—6 in

松乳菇
Lactarius deliciosus
红菇科
这种菌菇在欧亚和北美大陆与松树共生，有橘色带状区和带有斑点的菌盖。菌盖随着生长而沾染绿色。肉质会流出橘红色的乳胶。

下陷的
菌盖中心

带沟槽的
菌盖边缘

多菌丝且边
缘内卷

5—15 cm
2—6 in

3—6 cm
1¼—2¼ in

毛头乳菇
Lactarius torminosus
红菇科
这种蘑菇常见于桦树之下，生长于欧亚和北美大陆。菌盖呈深红色而多毛，上面有明显的条带状。

浓香乳菇
Lactarius camphoratus
红菇科
当这种菌类的子实体变干时，会散发出一种咖喱味，持续数周。它们生长于欧亚和北美大陆。

8—20 cm
3¼—8 in

6—10 cm
2¼—4 in

暗褐乳菇
Lactarius fuliginosus
红菇科
这种不常见的菌类出现于欧亚大陆的多年生树林中，有着深褐色菌盖和菌柄，流出的白色乳液会迅速变红。

白乳菇
Lactarius piperatus
红菇科
这种不常见的菌类来自欧亚和北美大陆的混生林。它们具有漏斗状的菌盖和非常充盈的窄菌褶，切断时会流出白色乳液。

干燥、光滑
的菌盖表面

5–15 cm
2–6 in

花盖菇
Russula cyanoxantha
红菇科
这种蘑菇生长于欧亚和北美大陆
的混生林中，菌盖从丁香紫色
到各种绿色，各不相同。菌褶
多分叉，有弹性，呈油腻状。

5–10 cm
2–4 in

大菇
Russula sanguinaria
红菇科
这种菌类在欧亚和北美大陆
与松树共生，有着带鳞片的
菌盖和带红色条纹的菌柄，
孢子为浅赭色。

3–7 cm
1¼–2¾ in

高贵红菇
Russula nobilis
红菇科
这种菌类在欧亚大陆仅
与山毛榉共生，具有带
鳞片的菌盖和浅蓝白色
的菌褶。

铜绿红菇
Russula aeruginea
红菇科
这种蘑菇常见于桦树之下，生
于欧亚和北美大陆，菌盖颜色
从浅橄榄色渐变到草绿色，菌
盖上有铁锈色的斑点。气孔为
浅奶油色。

4–9 cm
1½–3½ in

5–10 cm
2–4 in

黄沼红菇
Russula claroflava
红菇科
这种常见的菌类主要出现在
欧亚和北美大陆沼泽桦树林
的苔藓之上，菌盖、黄奶油
色菌褶和白色菌柄都有灰黑
色擦伤。

5–12 cm
2–4¾ in

蜜黄菇
Russula ochroleuca
红菇科
这种菌菇是欧亚大陆上的一
种最常见的菌类，人们通常
通过其不光滑的黄赭或黄绿
色菌盖和菌褶来辨认它们。

3–8 cm
1¼–3¼ in

毒红菇
Russula emetica
红菇科
这种令人作呕的菌类生长
于欧亚和北美大陆湿润的
松树林，有一个明亮的带
鳞片的菌盖，以及反差明
显的纯白菌褶和菌柄。

干燥而无光泽
的菌盖表面

4–12 cm
1½–4¾ in

菌褶多有红色
边缘

菌柄常见
潮红

玫瑰红菇
Russula rosea
红菇科
这种菌菇生长于欧亚大陆，
具有洋红色干燥而坚硬的菌
盖，菌盖容易褪色。菌柄呈
红色，肉质具有一种类似雪
松的味道。

辣红菇
Russula sardonia
红菇科
这种菌类生于欧亚大陆，与松树共
生，颜色从紫色到绿色或黄色，各
不相同，有水果气味。

8–15 cm
3¼–6 in

臭红菇
Russula foetens
红菇科
这种大型的橘褐菌菇的
菌盖边缘粗糙且带有钩
状组织，生长在欧亚和
北美大陆。它们具有酸
味和变质后的腐烂味。

6–15 cm
2¼–6 in

黄孢红菇
Russula xerampelina
红菇科
这种菌菇生长于欧亚和北美大陆，
与许多与其相关的菌类只能依赖于
显微镜或者生长地进行区分。

2–6 cm
¾–2¼ in

毛革盖菌
Stereum hirsutum
韧革菌科
这种菌类生长于欧亚和北美大
陆，形状由壳状到交叠的小檐状
组织，各有不同。它们的上表层
多毛而下层光滑。

10–50 cm
4–20 in

皱韧革菌
Stereum rugosum
韧革菌科
这种菌菇生长于欧亚和北
美大陆，在木头上形成小
壳状，有时形成小的檐
状。上表面被切割时会流
出红色液体。

0.5–2 cm
³⁄₁₆–¾ in

耳匙菌
Auriscalpium vulgare
齿菌科
这种独特的蘑菇生长于欧亚
和北美大陆的松果之上，看
起来像扭曲的勺子。这个勺
子的柄从带毛的小菌盖上垂
直吊下来。

5–25 cm
2–10 in

多年异担子菌
Heterobasidion annosum
刺孢多孔菌科
这种菌菇常寄生于欧亚和
北美的针叶树林中，拥有
浅色的壳状组织，颜色随
着生长逐渐变深。

10–40 cm
4–16 in

珊瑚状猴头菌
Hericium coralloides
猴头菌科
这种濒临灭绝的菌菇常见于欧亚和北
美大陆的山毛榉树上，下表面有下垂
的脊状白色子实体分枝。

黑胶耳
Exidia glandulosa
木耳科

这种菌类生长于气候温和的欧亚和北美大陆，常出现在硬木树上，类似一个表面有皱纹的凝胶沥青团，变干时则皱缩成一个黑色硬块。

2–10 cm
¾–4 in

1–8 cm
⅜–3¼ in

木耳目

虽然常被与其他胶质菌菇归为一类，木耳目（Auriculariales）因其独特的孢子台而被单独列出。它们的形状各不相同，但是其膜状组织都被分成了四块，每一块都能产生孢子。

毡盖木耳
Auricularia mesenterica
木耳科

这种菌菇生长于欧亚大陆，常见于枯死的树木上，特别是榆木。从上看它们类似于小型的檐状菌，具有一个有皱纹的橡胶灰紫色下表面。

4–15 cm
1½–6 in

黑木耳
Auricularia auricula-judae
木耳科

这种菌类常见于欧亚和北美大陆枯死的多年生树木上，有着薄薄的弹性耳状组织，外面柔软，内有皱纹。

4–12 cm
1½–4¾ in

宽厚的果胶状托

胶质刺银耳
Pseudohydnum gelatinosum
亚纲目未定

这种菌类来自欧亚和北美大陆，颜色由透亮的浅灰色渐变至浅褐色。它们有时会出现在针叶树树桩上。

下面有衣架状的软骨架，孢子在上面形成

革菌目

革菌目（Thelephorales）下菌类多种多样，包括檐状菌、壳状菌和齿菌。大部分的菌类具有一个坚韧的类皮革肉质，共同特征为孢子有节或有刺。这类菌菇只能由分子生物学的手段来辨认，并没有多少形态上的共同点。

黄齿菇
Bankera fuligineoalba
烟白齿菌科

这是一种欧亚大陆针叶树林中不寻常的菌菇，有着短而结实的菌柄。其菌盖的下表面覆盖着细小的灰白色脊状突起组织。

5–10 cm
2–4 in

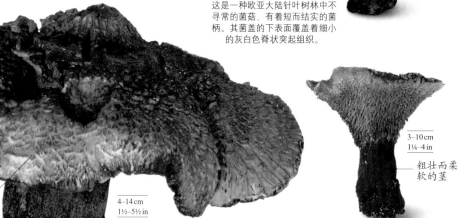

厚厚的肉质鳞片

4–14 cm
1½–5½ in

蓝绿色的茎基

出血牙菌
Hydnellum peckii
烟白齿菌科

这种菌菇在欧亚和北美大陆的针叶树林中的一些地区比较常见。它们有扁平、有节、多毛的菌盖，菌盖上常渗出红色的液滴，菌盖下有浅褐色的突起组织。

3–15 cm
1¼–6 in

苦齿菇
Sarcodon scabrosus
烟白齿菌科

这种罕见的菌菇生长于欧亚和北美大陆的针叶树林中，菌盖中心下凹，上有不规则的鳞片。其下的脊状突起组织为浅米色。

3–10 cm
1¼–4 in

粗壮而柔软的茎

黑齿菇
Phellodon niger
烟白齿菌科

这种不寻常的菌菇生长于混生林中，见于欧亚和北美大陆，变干后有葫芦味。不规则的菌盖颜色由灰色到紫黑色，其下有黑色的脊状突起组织。

参差不齐的边缘

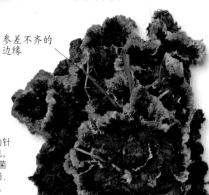

4–10 cm
1½–4 in

疣革菌
Thelephora terrestris
革菌科

疣革菌是欧亚和北美大陆树林或荒地中不常见的品种，长于泥土或者木屑中。扇状的子实体相互交叠，形成了带着鞭毛的簇状灰色边缘。

鬼笔目

因这一目下许多菌菇的形状似生殖器而得名，如鬼笔菌。鬼笔目（Phallales）也包含一些伪块菌。鬼笔菌从一个类似鸡蛋的结构中"孵化"而出，这一个过程仅需要短短的几个小时。

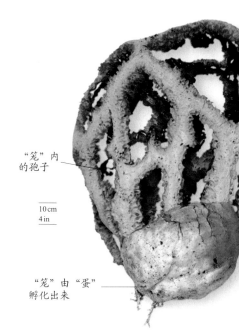

"笼"内的孢子

10 cm
4 in

"笼"由"蛋"孵化出来

红笼头菌
Clathrus ruber
笼头菌科

这种罕见的菌菇生长于欧亚大陆的公园中，有着红色的笼子状组织，孢子呈绿色，有腐烂味。"笼子"组织是由一个小小的浅色"蛋"孵化化而来。

2.5–14 cm
1–5½ in

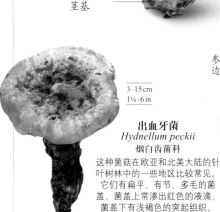

红佛手菌
Clathrus archeri
笼头菌科

这种菌种引进自澳大利亚，主要生长在欧亚大陆南部，但是依然罕见。红色的骨state组织来自白色的"蛋"，孢子为黑色，有恶臭味。

外担菌目

这个小的菌目主要由胆形植物的寄生物构成，孢子台在叶面形成一个层状组织。有些外担菌目 (Exobasidiales) 的菌菇会导致越橘属栽培植物 (如常见的蓝莓) 患病。

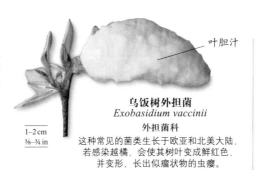

叶胆汁

乌饭树外担菌
Exobasidium vaccinii

1–2 cm
⅜–¾ in

外担菌科

这种常见的菌类生长于欧亚和北美大陆，若感染越橘，会使其树叶变成鲜红色，并变形、长出瘤状物的虫瘿。

黑粉菌目

黑粉菌目 (Urocystidiales) 包含了一些著名的黑粉菌。如条黑粉菌属，它们寄生于开花植物，如银莲花、洋葱、小麦和黑麦，常对寄主植物造成严重伤害。

2–4 mm
1/16–5/32 in

叶片上的黑色粉末孢子

白头瓮条黑粉菌
Urocystis anemones

黑粉菌科

这种黑粉菌来自欧亚和北美大陆，在海葵或者其他植物的树叶上形成黑褐色粉状突起的脓疱。

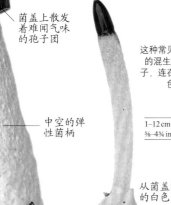

菌盖上散发着难闻气味的孢子团

中空的弹性菌柄

蛇头菌
Mutinus caninus

鬼笔科

这种常见的鬼笔生长于欧亚和北美大陆的混生林中。尖端覆盖着绿黑色的孢子，连在海绵状菌柄上，菌柄由一个白色的"蛋"状组织生出。

1–12 cm
⅜–4¾ in

5–20 cm
2–8 in

从菌盖滑落的白色边缘

杜鹃鬼笔
Phallus merulinus

鬼笔科

这种热带菌类主要生长在澳大利亚，从一个"蛋"中孵化而来。有许多类似的菌种，有些像穿着明亮的"裙子"。

大白"蛋"

5–20 cm
2–8 in

白鬼笔
Phallus impudicus

鬼笔科

这种菌常见于混生林，生长于欧亚大陆。菌盖类似蜂窝，上面覆盖着孢子。菌盖在几个小时内从"蛋"中孵化出来。腐烂味能传到几公里以外。

柄锈菌目

柄锈菌目 (Pucciniales) 是菌种数量最多的目之一，一共有7000多种。柄锈菌包括多种危险的农作物寄生菌。它们的生命周期相当复杂，一生中能寄生于多个寄主，在生长的不同时期产生不同的孢子。

生长在较低处的树叶表面黄斑中的黑色粉末状孢子

覆盆子黄锈菌
Phragmidium rubi-idaei

多胞锈菌科

这种锈菌来自欧亚和北美大陆，可导致树叶的上表面产生脓疱。依靠树叶下表面的黑色孢子在冬季存活。

玫瑰茎上的橙色锈菌

小瘤多胞锈菌
Phragmidium tuberculatum

多胞锈菌科

这种常见的锈菌生长于欧亚和北美大陆。它们导致了树叶下表面和扭曲的茎干上产生橙色的脓疱，脓疱在夏末会转为黑色。

亚历山大锈菌
Puccinia smyrnii

柄锈菌科

这种常见的柄锈菌生长于整个欧亚大陆，会在树叶上形成向上突起的斑块或者疣状组织。

锈菌形成黄色的疣状组织

锈菌形成突起的水泡

叶面上散落着的锈菌

锦葵柄锈菌
Puccinia malvacearum

柄锈菌科

锦葵柄锈菌是欧亚和北美大陆上对蜀葵有严重伤害的菌类。它们使树叶上覆盖着小脓疱，导致早生的树叶死亡或凋落。

葱柄锈菌
Puccinia allii

柄锈菌科

这种菌种常见于欧亚大陆的洋葱、大蒜和韭葱上，在感染的树叶上形成脓疱。它们断裂的开口释放出靠空气传播的粉尘状孢子。

圆形的亮橘黄色脓疱通过叶面喷出

叶面上呈粉末状的脓疱

金丝桃栅锈菌
Melampsora hypericorum

层锈菌科

这种常见的锈菌来自欧亚大陆，可在金丝桃属植物的树叶背面形成肉眼能见的、分散的凸起脓疱。

柳叶菜膨痂锈菌
Pucciniastrum epilobii

柄锈菌科

这是欧亚大陆的一种寄生于倒挂金钟属植物和杂草的菌类，它们会感染植物并在叶下形成脓疱。

子囊菌

子囊菌门 (Ascomycota) 是一类将孢子产生于子囊中的真菌。子囊位于真菌地面部分的子实体上。子囊菌门是最庞大的一类真菌，包含很多杯状和托盘状的菌类。

门	子囊菌门
纲	7
目	56
科	226
属	约33000

许多子囊菌有鲜艳的颜色，这些鲜艳颜色的生物学功能仍是未知的。

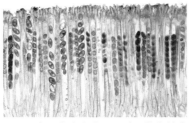

子囊正在产生孢子通过显微镜被我们观察到，孢子在子囊中一层层紧密排列，每个子囊中含有8个孢子。

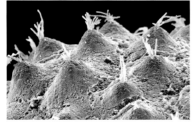

许多种子囊菌会形成特殊的保护室，又称为子囊壳，并由此处释放它们的孢子。

讨论
小英雄还是淘气鬼？

子囊菌门的菌类可以与植物、藻类甚至节肢动物 (例如甲虫) 互利共生。同时，该门真菌也包括最具破坏性的致病菌，例如栗疫病菌，它是导致成千上万栗子树死亡的元凶。子囊菌在菌类中非常独特，既是天使，又是魔鬼。

小至显微级别，大至20厘米高，子囊菌栖息于多样的生态环境中。它们可以生长于已经死亡的、濒临死亡的和活的组织中，甚至漂浮于淡水和咸水环境中。子囊菌门的许多品种都是寄生性的，其中包括一些最具危害性的农作物病害。还有一些与植物形成互利的共生关系，称为菌根。子囊菌门包括一些在医学史上最为重要的真菌，例如青霉素的起源菌种。也有一些是非常有害的病原体，例如肺孢子菌，对免疫力低下的人群可造成肺部感染。这一门真菌还包括酵母菌，它一直在人们酿酒和做面点时起着关键的作用，在人类历史上扮演着举足轻重的角色。

子囊菌门的子实体形态多种多样，有茶杯状、棒状、土豆状、简单的硬壳状或者片状、小脓包状、珊瑚状和盾牌状，或者柄上带有海绵状的帽子。根据子实体的不同类型，产生孢子的子囊可能生长于外部的繁殖层中或被包含于内部。不是所有的子囊菌都具有性阶段，事实上，它们很多为无性繁殖。大多数的酵母菌通过无性繁殖生长，并迅速地大量繁殖，占有新领地。这些无性繁殖的方式包括无性分裂和出芽。出芽是指酵母菌在细胞外生成小芽，随后与母体分离并形成新细胞的过程。

杯状真菌

杯状真菌的名字起源于子囊菌门的一种最特别的子实体外形。其开放的顶部，往往呈圆盘或托盘状，这一形状可以保证风和雨水都可以散播位于子实体内部的孢子。有些变种的子囊菌可以吸收水分，并且逐渐积累压力，喷射和释放孢子到距离子实体30厘米以外的地方。如果你仔细观察腐烂的树桩、落下的枝丫或者树叶，就会发现一个充满各种微小"杯子"的奇妙世界。如果不小心碰到一些大型的杯状真菌，会导致非常剧烈的孢子喷发。喷发时不但可以看到淡淡的孢子云，有时甚至还听得到孢子释放的声音。

橘皮杯菌 >

橘皮杯菌拥有典型的杯状子实体。

肉座菌目

肉座菌目 (Hypocreales) 是一类很容易被识别的真菌，通常具有颜色鲜艳的孢子台。肉座菌目通常呈黄色、橙色或红色。这类真菌经常寄生于其他真菌和昆虫。最为知名的是虫草属，该属真菌有棒状或者枝丫状的子实体 (用于支撑孢子台)，有些种类具有药用价值。

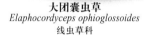

3-6 cm
1¼-2¼ in

5-13 cm
2-5 in

被棒状松露菌寄生
形成的假松露

蛹虫草
Cordyceps militaris
虫草科
这种真菌被发现于欧亚大陆和北美洲，寄生于飞蛾的蛹中，棒状菌体的头部长有微小的孢子台。

大团囊虫草
Elaphocordyceps ophioglossoides
线虫草科
这一类真菌寄生在埋藏于地下的假松露中，被发现于欧亚大陆和北美洲。它们形成黄色的棒状结构，带有伸长的黑绿色的头部。

圆形、垫子状的子实体

花顶上的紫色麦草

被感染的牛肝菌子实体

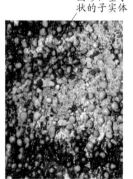

1.5 cm
½ in

20-30 cm
8-12 in

朱红丛赤壳
Nectria cinnabarina
白粉菌科
这类真菌广泛存在于欧亚大陆和北美洲的潮湿木头上。在未达到成熟时会形成粉红色的小脓包，成熟时呈现一簇簇红棕色的形态。

麦角菌
Claviceps purpurea
麦角菌科
这类真菌导致了多次集体性食物中毒。它们被发现于欧亚大陆和北美洲，寄生在草和谷类植物中。

赤壳亚科金孢菌
Hypomyces chrysospermus
肉座菌科
这种常见的霉菌存在于北美洲和欧亚大陆的牛肝菌表面，呈鲜艳的金黄色，质地毛茸茸的。

炭角菌目

炭角菌目 (Xylariales) 真菌经常将其孢子台置于腔中，这些腔镶嵌在称为基质的木质生长的表面皮里面。虽然很多品种生长在木头上，也有一些品种生存于动物粪便、水果、树叶和土壤中，或与昆虫共生。这一目真菌包括许多富于经济价值的植物寄生菌。

2-8 cm
¾-3¼ in

尖端布满粉末状孢子

1-1.5 cm
⅜-½ in

1-4 cm
⅜-1½ in

鹿角炭角菌
Xylaria hypoxylon
炭棒科
这种真菌常见于欧亚大陆以及北美洲枯死的木头上，形如一支带有柔软黑色茎的熄灭的蜡烛。

多形炭角菌
Xylaria polymorpha
炭棒科
这种真菌生长在欧亚大陆以及北美洲枯死的木头上，形成质脆的黑色棒状菌体，表面粗糙，分布有非常小的孔，肉质厚，呈白色。

点孔座壳
Poronia punctata
炭棒科
点孔座壳被发现于欧亚大陆以及北美洲的马粪中，数量正在逐渐减少。它们平坦的圆盘状顶端含有许多小孔，用于释放孢子。

炭球菌无柄的子实体有坚硬、质脆的表面

枯朽的灰树树干

2-10 cm
¾-4 in

0.5-1 cm
¼-⅜ in

草莓状炭团菌
Hypoxylon fragiforme
炭棒科
这种真菌丛生于欧洲和北美的山毛榉原木上，有坚实的圆形子实体，生有微小的孢子释放仓。

炭球菌
Daldinia concentrica
炭棒科
这种真菌生长于欧亚大陆和北美洲，子实体呈圆形。如果将子实体从中间切开会发现呈同心圆的白色区域。该真菌从外层向外喷射黑色的孢子。

白粉菌目

白粉菌目 (Erysiphales) 是粉末状的霉菌，寄生于开花植物的叶和果实上。菌丝体 (也就是真菌的植物性生长部分) 上的菌丝能够穿透寄生植物的细胞，吸取养分。

霉菌斑

被感染的苹果树叶

白色的菌丝附着在叶子表面

橡树白粉菌
Erysiphe alphitoides
白粉菌科
这种真菌生长在欧亚大陆和北美洲橡树上，附着在新叶子表面，使其枯萎发黑。

白叉丝单囊壳
Podosphaera leucotricha
白粉菌科
这种霉菌常见于欧亚大陆和北美洲的苹果树叶子上。它们最开始出现在叶子边缘，呈现白色的斑点，之后迅速扩散开来。

二孢白粉菌
Golovinomyces cichoracearum
白粉菌科
这种霉菌被发现于欧亚大陆和北美洲，出现在一些菊科植物 (太阳花科) 上，导致叶子生出菌斑并最后死亡。

煤炱目

煤炱目 (Capnodiales) 子囊菌通常被叫作黑霉，经常长在树叶上。它们靠昆虫分泌出来的蜜珠或者树叶分泌出来的汁液生存，有些可以致人患皮肤病。

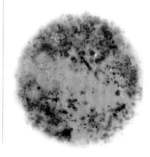

枝孢芽枝菌
Cladosporium cladosp
新球腔菌科
这种欧亚大陆和北美洲长在潮湿的浴室墙壁上，引起一些人的过敏反

柔膜菌目

柔膜菌目 (Helotiales) 真菌因它们独特的圆盘状或杯状的子实体很容易同其他杯状真菌区分。它们的囊状孢子台或子囊，不具有顶端的盖子。柔膜菌目的多数真菌生活在富含腐殖质的土壤、死木桩以及其他有机物质中。一些最具破坏性的植物寄生菌也属于这一目。

0.5–1.5 cm
³⁄₁₆–½ in

棕色杯子菌
Rutstroemia firma
核盘菌科
这种真菌由一个浅棕色的菌盖和一条窄茎组成，生长在掉落的树枝上，尤其是橡木中。它常见于欧洲，可以使整块木头变黑。

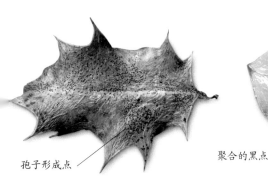

孢子形成点

冬青裂盘菌
Trochila ilicina
皮盘菌科
这种真菌常见于掉落的冬青树树叶上，生长在欧亚大陆和北美洲。它们可在树叶表面形成产生孢子的斑点。

蔷薇双壳菌
Diplocarpon rosae
皮盘菌科
这种真菌经常出现于欧亚大陆和北美洲的玫瑰叶子上，能导致黑点，随后聚合在一起形成大块的黑斑。

聚合的黑点

孢子形成的内侧面

杯状平滑表面

3–7 cm
1¼–2¾ in

假地舌菌
Geoglossum fallax
地舌菌科
这种真菌生长在欧亚大陆以及北美洲的沼泽里，是罕见的有黑色扁平棒状担子的真菌种类之一。这种结构只能在显微镜下被区分。

0.2–1 cm
¹⁄₁₆–³⁄₈ in

0.5–4 cm
³⁄₁₆–1½ in

污胶鼓菌
Bulgaria inquinans
胶陀螺科
这种真菌被发现于欧亚大陆和北美洲，有棕色的外表，产生孢子的内表面呈黑色、光滑、有弹性。

杜蒙盘菌
Dumontinia tuberosa
核盘菌科
这种真菌是欧亚大陆的常见品种，寄生于银莲花的块茎中，有长的黑色菌柄和一个单体棕色菌盖。

0.5–3 cm
³⁄₁₆–1¼ in

紫螺菌
Neobulgaria pura
蜡钉菌科
在欧亚大陆掉落的山毛榉原木上经常可以见到这种真菌。它们具有透明的果冻状圆盘，颜色从淡粉色到淡紫色。圆盘通常由于拥挤在一起而形状扭曲。

0.5–3 cm
³⁄₁₆–1¼ in

感染果实上黄色小脓包

桃褐腐病菌
Monilia fructigena
核盘菌科
这种真菌在欧亚大陆非常常见，主要出现在苹果和梨上，有时候也出现在蔷薇科植物上。它们会导致水果发霉，呈棕色。

1–3 mm
¹⁄₃₂–⅛ in

橘色小双孢盘菌
Bisporella citrina
蜡钉菌科
这种真菌经常成簇状地出现在欧亚大陆的腐朽硬木上。它们的金黄色圆盘有时候可以覆盖所有的分枝。

0.3–1 cm
⅛–³⁄₈ in

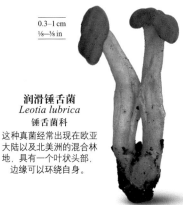

润滑锤舌菌
Leotia lubrica
锤舌菌科
这种真菌经常出现在欧亚大陆以及北美洲的混合林地，具有一个叶状头部，边缘可以环绕自身。

0.2–1 cm
¹⁄₁₆–³⁄₈ in

小孢绿盘菌
Chlorociboria aeruginascens
蜡钉菌科
这种蓝绿色的成熟杯状真菌生于欧亚大陆以及北美洲。它们非常罕见，但是它们给掉落的橡树原木造成的绿色污点却很容易被辨认。

0.5–2 cm
³⁄₁₆–¾ in

紫色囊盘菌
Ascocoryne cylichnium
蜡钉菌科
这种真菌经常出现在欧亚大陆中落下的山毛榉原木上看到。这品种可以将自己的中心部位附着在木头上，并在性成熟时产生胶状的不规则圆盘。

地杖菌
Mitrula paludosa
蜡钉菌科
这种真菌被发现于欧亚大陆和北美洲。春季和夏初季节，它们生长在浅水区的植物残余物上，有一个呈圆形至舌头状的头部。

盘菌目

盘菌目 (Pezizales) 菌菇在内部囊状结构或子囊中产出孢子，这些组织被撕裂后长成鳃盖状，将孢子喷出。这一目菌菇里包含了许多具有经济意义的菌菇，如笼葵、块菌和沙漠块菌。

0.5–2 cm
³⁄₁₆–¾ in

沙生地孔菌
Geopora arenicola
火丝菌科
这种菌菇常见于欧亚大陆，由于生长在沙地之下，通常难以被发现。它们有一个能产生孢子的光滑内表面。

高大的橙色菌盖

5–10 cm
2–4 in

兔耳菌
Otidea onotica
火丝菌科
这种常见的菌菇以丛簇状生长于欧亚和北美大陆的阔叶林中。其高大的菌盖劈裂开而垂落一侧。

松乳菇
Scutellinia scutellata
火丝菌科
这是多种相似菌菇中的一种，子实体是一个带黑菌丝的猩红色菌盖。这种菌菇常见于欧亚和北美大陆。

0.5–1 cm
³⁄₁₆–⅜ in

0.5–1.5 cm
³⁄₁₆–½ in

锯齿边杯状菌
Turzetta cupularts
火丝菌科
这是一种生长在欧亚和北美大陆碱性土壤中的常见菌菇，菌盖酷似高脚杯，菌柄很短。

带皱纹的深褐色菌盖

橙黄网孢盘菌
Aleuria aurantia
火丝菌科
这种菌菇常见于欧亚和北美大陆布满尘土的碎石小路上，有着橘色薄菌盖，易于辨认。

2–10 cm
¾–4 in

不规则的边和麻点

4–10 cm
1½–4 in

肋状皱盘菌
Disciotis venosa
羊肚菌科
这种短柄菌生长于欧亚和北美大陆春天潮湿的树林中，闻起来有一股氯气的味道。它们的内表面为褐色并带有皱纹，外表面呈苍白色。

5–15 cm
2–6 in

鹿花菌
Gyromitra esculenta
火丝菌科
这种毒菌出现在整个北美和欧亚大陆，通常生长于春天的针叶树下。表面光亮的灰菌盖形似满布皱纹的大脑。

半开羊肚菌
Morchella semilibera
羊肚菌科
这种空心羊肚菌像是在多垢的苍白色菌柄上放着一个具有脊状突起组织的深色套管。它们多见于春天欧亚和北美大陆的混生林中。

光滑的菌盖表面

圆锥钟菌
Verpa conica
羊肚菌科
这是一种不常见的菌菇，生长在欧亚和北美大陆白垩质土壤的树木和树篱上，光滑的套管状菌盖位于空心菌柄上。

5–10 cm
2–4 in

5–15 cm
2–6 in

高羊肚菌
Morchella elata
羊肚菌科
这种菌菇在欧亚和北美大陆的春天比较常见，菌盖颜色由亮粉红色渐变到黑色，菌盖上有交错连接的黑色褶皱突起组织，菌柄中空。

5–15 cm
2–6 in

5–20 cm
2–8 in

中空的茎

羊肚菌
Morchella esculenta
羊肚菌科
这种昂贵的菌种生长在春季北美和欧亚大陆石灰质林地中，有一个海绵状中空菌盖和一个中空菌柄。

3–10 cm
1¼–4 in

泡质盘菌
Peziza vesiculosa
盘菌科
这种菌菇常见于欧亚和北美大陆，是一种以丛簇状生长在草垛和肥料上的典型菌菇。菌盖易碎，菌盖边缘不规则。

2.5–7.5 cm
1–3 in

蜡盘菌
Peziza cerea
盘菌科
这种菌菇生长于整个北美和欧亚大陆，常见于潮湿的砖砌物上。内呈赭色，外现苍白色。

1.5–7 cm
½–2¾ in

疣孢褐盘菌
Peziza badia
盘菌科
这种常见的菌菇是许多相似菌菇中的一种，生长在欧亚和北美大陆的森林中，有一个能产生孢子的内表面。菌盖随着生长呈橄榄色。

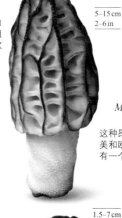

2–7 cm
¾–2¾ in

黑孢块菌
Tuber melanosporum
块菌科

这类昂贵的块菌生长于地中海沿岸地区的橡树周围的地下，人们通常要利用狗或猪去寻找这种块菌。

2–8 cm
¾–3¼ in

白松露菌
Tuber magnatum
块菌科

白松露菌在意大利和法国被视为昂贵的块菌。这种在南欧碱性土壤上生长、价格不菲的块菌可以通过接种的方式培植在某些合适的寄主树上，如橡树和杨树。

2–5 cm/¾–2 in

夏块菌
Tuber aestivum
块菌科

这种极为宝贵的块菌被发现于南欧和中欧地区，生长在周围有许多阔叶树的地下。

1–8 cm
⅜–3¼ in

绯红肉杯菌
Sarcoscypha austriaca
盘菌目

这种菌菇生长于欧亚和北美大陆冬季到早春的落枝上，有一个猩红的菌盖，与浅色外表形成鲜明对比。

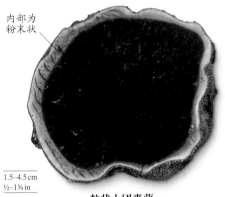

内部为粉末状

1.5–4.5 cm
½–1¾ in

粒状大团囊菌
Elaphomyces granulatus
大团囊菌科

这种红灰色块菌常见于欧亚和北美大陆针叶林下的沙地土壤中，有粗糙的表面和紫黑色内层孢子团。

2–6 cm
¾–2¼ in

5–15 cm
2–6 in

棱柄白马鞍菌
Helvella crispa
马鞍菌科

棱柄白马鞍菌可能有毒，常见于欧亚和北美大陆的混生林。易碎，有棱纹的菌柄上长着马鞍状的薄菌盖。

黑马鞍菌
Helvella lacunosa
马鞍菌科

这种常见的菌菇生长于欧亚和北美的混生林中，有一个叶状的深色菌盖，并有带凹槽的圆柱状灰色菌柄。

散囊菌目

散囊菌目 (Eurotiales) 真菌因为青霉菌而闻名，包括青霉菌（因可以生产人类首次发现的抗生素盘尼西林而广为人知）和曲霉菌（人类疾病的一个重要诱因）。

外囊菌目

外囊菌目 (Taphrindes) 在外囊菌属中种类最多，包括许多植物寄生物。该目下所有的菌类有两种生长形态：在腐生态时，它们像酵母菌一样依靠芽殖繁殖；但在寄生态时，它们出现在植物组织中，导致树叶变形或擦伤。

桦木外囊菌
Taphrina betulina
外子囊科

这种常见的菌类生长于整个欧亚大陆，会引起扫帚病——一种使得桦树的枝丫顶端生出簇状细枝的疾病。

20–95 cm
8–37 in

格孢腔菌目

格孢腔菌目 (Pleosporales) 的典型菌类子囊生长在长颈瓶状子实体中。子囊有两层壁垒层，成熟时，里面的壁垒层突出，越过外层喷出孢子。这一目的许多菌种生长在植物上，部分呈苔藓状。

深色椎形组织

急性小球腔菌
Leptosphaeria acuta
小球腔菌科

这种常见的菌种生长于欧亚和北美大陆，会感染枯死的大荨麻茎。它们形成细小的椎形组织刺穿寄主茎部表面以吐出孢子。

斑痣盘菌目

斑痣盘菌目 (Rhytismatales) 常被称为黑痣病菌，这一目的菌菇感染植物，如树叶、树枝、树皮和雌性针叶树球果，甚至浆果。许多菌种侵袭针叶树的松针，致其脱落。枫树叶的黑痣病比较常见。

树叶上表面的褐色斑点

1–2 cm
⅜–¾ in

槭斑痣盘菌
Rhytisma acerinum
斑痣盘菌科

槭斑痣盘菌大量地生长于枫树上。它们可导致树叶边缘出现不规则的浅黄色斑点，使得树叶变得丑陋。

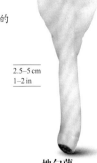

2.5–5 cm
1–2 in

地勺菌
Spathularia flavida
地锤菌科

这种常见的菌类生长在欧亚和北美大陆潮湿的针叶林。它们拥有扁平而富有弹性的顶端组织，颜色由苍白渐变到深黄。

畸形外囊菌
Taphrina deformans
外子囊科

这种菌类感染欧亚和北美大陆大部分的桃树和油桃树。被感染的树叶会卷曲起皱，通常其颜色会变得紫红。

14–40 cm
5½–16 in

感染后引起的红色斑块

梨黑星菌
Venturia pyrina
黑星菌科

这种常见的寄生物生长于欧亚和北美的梨树林，导致果实变形、掉色，甚至未成熟就掉落。

深色、下沉的斑点

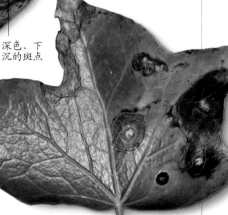

子囊菌
Boeremia hedericola
小双腔菌科

这种菌菇常见于欧亚和北美大陆，导致常春藤树叶表面出现圆形的白色感染性损伤，最后导致植物变成褐色而死去。

地衣

从暴露于海水的岩石外层到沙漠中的岩石内部，地衣可以生存在世界上最贫瘠的环境中。它们是自然的先驱，创造着其他生物赖以生存的环境。

门	子囊菌门 担子菌门
纲	10
目	15
科	40
属	约18000

无性粉芽是成捆的真菌菌丝和藻类细胞。图中显示它们正在出芽，并等待着释放。

无性裂芽是地衣边缘生长的棒状细胞。它们可以从母体脱落下来形成新的地衣群落。

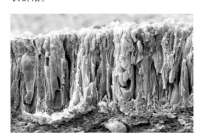

地衣细胞的微观横截面在这里被显示出来。产生孢子的子囊从藻类细胞中升起。

地衣不是一种单细胞生物，而是由一个绿藻或者蓝细菌与一个真菌形成的互利共生体，其中绿藻通过光合作用为地衣提供养分，而真菌部分则负责保持水分和获取矿物质养分。地衣的真菌部分通常是子囊菌门（子囊菌）的成员，罕见情况下是担子菌门（蘑菇）——地衣的分类反映了它们所包含的真菌类型。一般来讲，真菌围绕着藻类的光合作用细胞，将它们包围在地衣特有的真菌组织中。在看似任意一个部分都不可能独自生存的最极端的环境，它们却可以通过两者共生的方式生存下来。人们曾经在离南极点400千米的地方发现地衣，当然地衣也生存在更加为人们熟知的地方，例如干燥的石壁、岩石以及树皮上。

地衣可以根据形态大致分为三类：叶状地衣（有叶子），壳状地衣（形成一个硬壳）以及灌木状地衣（有分枝）。然而，有一些种类不按照这个分类系统划分，例如丝状（如头发一样）地衣和胶状（可以吸收水分）地衣。

生殖

许多地衣通过孢子有性繁殖。孢子由伙伴关系中的真菌在特殊的杯状或者圆盘状、被称为子囊盘的结构中产生。这些孢子一旦释放出去，必须降落在适合的藻类伙伴中，才能形成另外一个地衣并生存下去。另外一些地衣在内部的称为子囊壳的特殊室中产生孢子。这些子囊壳就像微型的火山一样，从顶部释放它们的孢子。此外，地衣也可以通过出芽或者脱落特殊的身体部位实现无性繁殖。这些粉芽或裂芽含有真菌和藻类细胞的混合物，一旦它们降落到合适的生态环境就可以继续形成新的地衣群落。北美的落基山脉海岸线是多种地衣群落的家园，群落长达几千米。这样规模的群落需要上百甚至上千年才能形成。

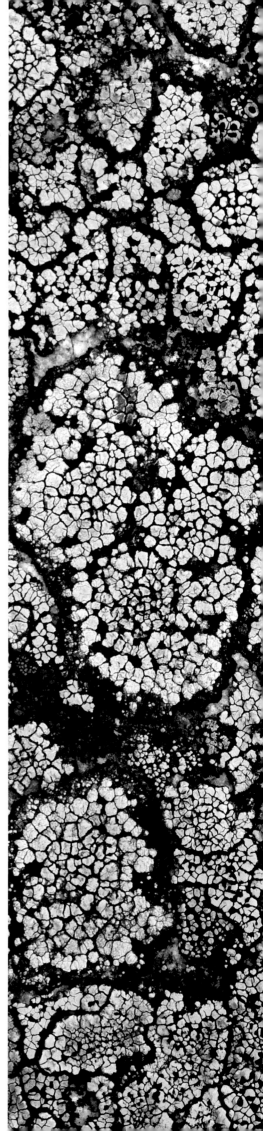

地衣扩散图 ＞

地图衣属作为典型的地衣，能够生长在恶劣的环境下，如干燥、裸露的岩石表面。

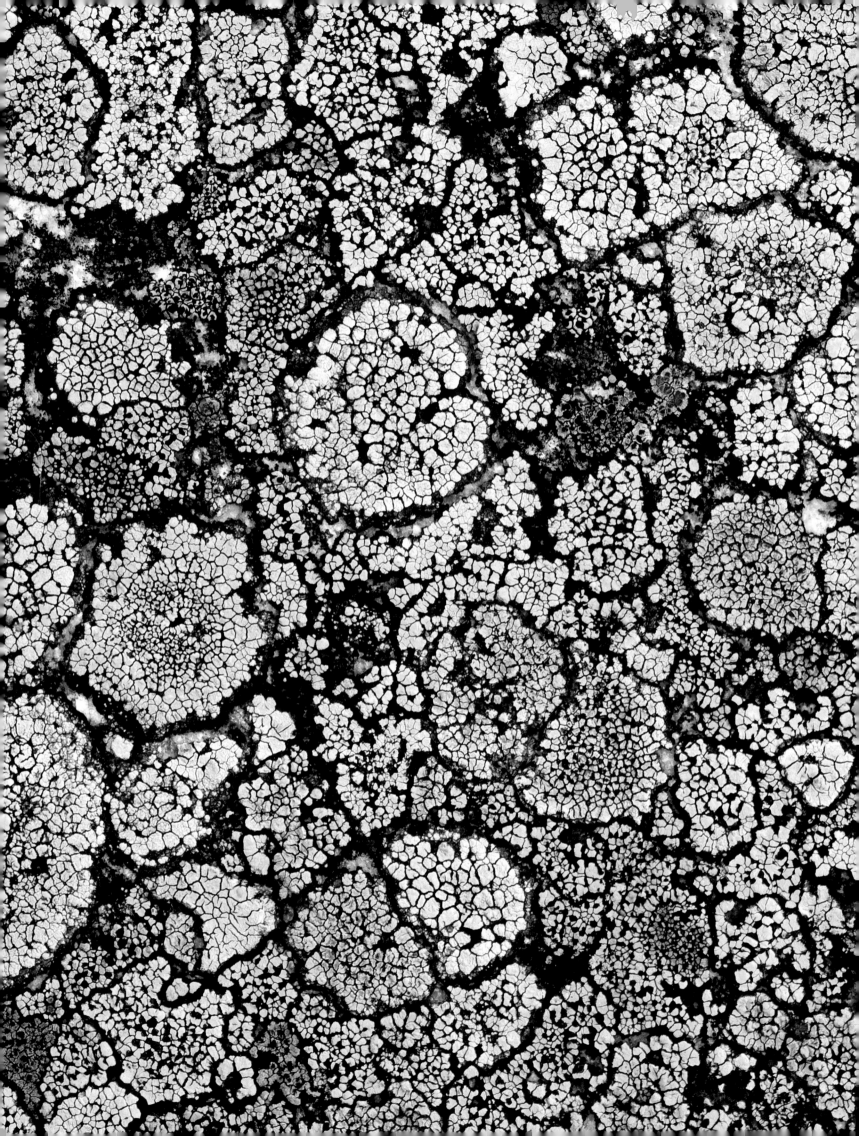

橙衣
Caloplaca verruculifera
黄枝衣科

5-10 cm
2-4 in

这种地衣有辐射状的裂片，中间有子囊盘。它们常见于欧亚和北美大陆沿海地区的岩石上，生长于鸟类的栖息处。

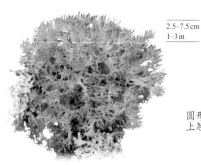
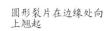

2.5-7.5 cm
1-3 in

金眼地衣
Teloschistes chrysophthalmus
黄枝衣科

这种地衣是欧亚、美洲和热带的一种濒临灭绝的物种，生长在果园和篱墙里的灌木和小树上。它们分叉的裂片产生大的、黄色盘状物。

石黄衣
Xanthoria parientina
黄枝衣科

这种地衣长在欧亚大陆、北美、非洲和澳大利亚的树上。墙上和屋顶上，有黄橙色的裂片。

2.5-7.5 cm
1-3 in

圆形裂片在边缘处向上翘起

5-15 cm/2-6 in

鱼骨颌地衣
Usnea filipendula
梅衣科

这种地衣主要见于北部地区，能够形成悬垂树上的绿褐色簇状物，在末端有多刺的子囊盘。

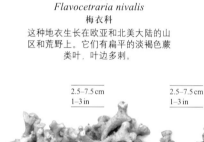

2.5-7.5 cm
1-3 in

驯鹿梅衣
Flavocetraria nivalis
梅衣科

这种地衣生长在欧亚和北美大陆的山区和荒野上。它们有扁平的淡褐色蕨类叶，叶边多刺。

槽梅衣
Parmelia sulcata
梅衣科

这种地衣的扁平裂片呈灰绿色，表面有圆形顶端和粉末状的生殖结构，常见于北美和欧洲大陆的树上。

2.5-7.5 cm
1-3 in

斑面蜈蚣衣
Physcia aipolia
蜈蚣衣科

这种地衣生长在欧亚大陆和美洲的树皮上，颜色由灰色到灰褐色，形成了带有浅裂边缘的粗糙斑块，具有黑色子囊盘。

2.5-7.5 cm
1-3 in

2.5-7.5 cm
1-3 in

管状袋衣
Hypogymnia tubulosa
梅衣科

这种地衣常见于树的嫩枝和树干上，有上表面为灰绿色、下表面为深色的裂片，常见于欧亚大陆和北美。

帽状袋衣
Hypogymnia physodes
梅衣科

这种地衣生长于世界范围内的树木上、石头和墙上，具有波浪边缘的浅灰绿色裂片。稀有的子囊盘为红褐色，子囊盘边缘为灰色。

1-5 cm
⅜-2 in

红头石蕊
Cladonia floerkeana
石蕊科

这种菌类常见于欧亚和北美大陆多泥煤的土壤上。从茎根开始到子囊盘，该菌长满了绿灰色的壳状鳞片。

软骨树花
Ramalina fraxinea
树花科

2.5-12.5 cm
1-5 in

这种地衣生长在欧亚和北美大陆的树木上，分枝扁平，呈灰绿色，子囊以黑点状附在分枝之上。

2.5-10 cm
1-4 in

球粉衣
Sphaerophorus globosus
珊瑚衣科

这种菌类生长在欧亚大陆的北部和北美大陆山区的岩石上，形成稠密的红褐色垫子层状分枝和球形的子囊盘。

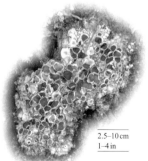

黑盘灰衣
Tephromela atra
黑红衣科

这种地衣有紧贴土壤的浅灰色裂片，形貌类似于干了的麦片粥。它们的子囊盘为黑色，这种地衣常见于欧亚和北美大陆光秃秃的石头上。

2.5-10 cm/1-4 in

墙茶渍
Lecanora muralis
茶渍衣科

这种地衣常生长于混凝土和石头上，灰绿的裂片呈放射状。它们分布于欧亚和北美大陆。

2.5-10 cm
1-4 in

2.5-10 cm
1-4 in

驯鹿地衣
Cladonia portentosa
石蕊科

这种地衣是若干种驯鹿地衣中的一种，常见于北美的旷野和荒地。分枝繁多，枝丫中空而单薄。

黑泊油地衣
Verrucaria maura
瓶口衣科
这种地衣出现在欧亚和北美大陆海岸的岩石上，有一个带裂缝的黑灰色壳，其中包含着子囊盘。

5–50 cm
2–20 in

裂芽地卷
Peltigera praetextata
地卷科
这种地衣出现在欧亚和北美的岩石上，具有大大的黑灰色裂片，边缘苍白，子囊盘为红褐色。

20–30 cm
8–12 in

2.5–5 cm
1–2 in

粉屑胶衣
Collema furfuraceum
胶衣科
这种地衣具有扁平、胶状的皱纹裂片。它们出现在欧亚和北美高降雨量地区的石头和树上。

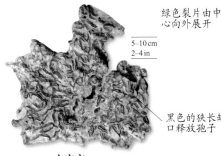

绿色裂片由中心向外展开

5–15 cm
2–6 in

肺衣
Lobaria pulmonaria
肺衣科
这种地衣主要生长在欧亚和北美大陆海岸线地区的树皮上，由于生长地的缺乏，它们正在逐步减少。分叉的裂片下部为浅黄色。

5–20 cm
2–8 in

疱脐衣
Lasallia pustulata
石脐科
在欧亚和北美大陆，这种地衣成堆地出现于海岸线或高地营养物质丰富的石头上。它们的灰褐色上表面长着许多椭圆脓包。

2.5–7.5 cm
1–3 in

叶石耳
Umbilicaria polyphylla
石脐科
这是欧亚和北美大陆山区的一种常见菌类，有着光滑宽大的裂片，上表面深褐色，下表面为黑色。

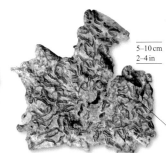

5–10 cm
2–4 in

黑色的狭长缺口释放孢子

文字衣
Graphis scripta
文字衣科
这种地衣常见于北美和欧亚大陆的树皮上，形成一个带有开口的灰绿色薄壳状组织。

5–20 cm
2–8 in

2.5–7.5 cm
1–3 in

孔鸡皮衣
Pertusaria pertusa
鸡皮衣科
这种地衣常见于欧亚和北美大陆的树皮上，具有苍白边缘的灰色壳状组织。壳状组织上覆盖着许多带着小开口的疣状物。

2.5–10 cm
1–4 in

网衣地衣
Lecidea fuscoatra
网衣科
这种菌类常见于北美和欧亚大陆的硅质石头和老砖墙上。它们有一个带开口的灰色壳状组织，表面有下陷的子囊盘。

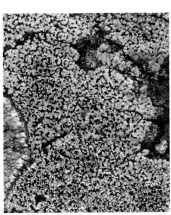

黄绿地图衣
Rhizocarpon geographicum
地图衣科
这种地衣常见于北方山区石头上以及南极洲，形成扁平的补丁，边缘由黑色的孢子组成。这类菌群呈现出一种拼缝物的形貌。

5–65 mm
3/16–2 1/2 in

5–20 cm
2–8 in

肉疣衣
Ochrolechia parella
肉疣衣科
这种地衣在欧亚和北美的墙头或石头上形成补丁状。它们的表面通常有许多红褐色子囊盘。

圆顶状的担子

2.5–12.5 cm
1–5 in

鲁弗斯羊角衣
Baeomyces rufus
羊角衣科
这种地衣在沙地和石头上形成灰绿色壳状物，叶柄上几毫米的地方有褐色的球状子囊盘。它们生长于欧亚和北美大陆。

动物

动物是生物界中最大的类群。面对优胜劣汰，动物必须改变自己，适应环境。大多数动物都是无脊椎动物，哺乳动物和其他脊索动物也因体型更大、力量更强、速度更快而备受瞩目。

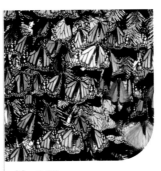

>> 248
无脊椎动物

无脊椎动物形态各异，生活方式也多种多样。昆虫是这类动物的主体，除此之外，无脊椎动物还包括水母、蠕虫和有坚硬外壳保护的动物。

>> 318
脊索动物

世界上绝大多数大型动物都是脊索动物。从外表上看，它们的身体会覆以皮毛、羽毛或者二者兼有；在身体内部，绝大部分脊索动物都有脊柱。

无脊椎动物

　　动物组成了地球上最大的生物界，至今已经确定的物种几乎有200万种。它们中的大多数是无脊椎动物——这些动物没有脊椎。无脊椎动物极其多样，有些非常微小，最大可以超过10米。

　　无脊椎动物是最先进化出来的动物。起初它们很小，身体很柔软，在水中生活——一些现存的无脊椎动物依然保留了这样的生活方式。在约5.4亿年前的寒武纪时期，无脊椎动物经历了一场巨大的"进化大爆炸"，它们的形态发生了大幅改变，进化出了一些非常不同的生活方式。这次进化大爆炸产生了现存的无脊椎动物几乎所有的主要类群。

巨大差异

　　世界上没有任何一类生物像无脊椎动物这样拥有巨大的形态差异性，许多类群外形明显不同。

　　最简单的无脊椎动物没有头或者大脑，通常依靠身体内部流体压力保持它们的形状。与之相比，节肢动物却拥有进化完善的神经系统以及感觉器官，比如复杂的眼睛。而且，节肢动物都拥有一个长着腿的外部身体形态，或者外骨骼，腿凭借灵活的关节弯曲。这种独特的身体构造已被证实进化得非常成功，凭借这种构造，节肢动物能够适应水中、陆地以及空中的生活环境。无脊椎动物也包括一些有壳的动物，它们通过矿物晶体或者坚硬的骨板加固自身。

　　然而不同于脊椎动物，它们没有骨质的内骨骼。

分段生活

　　大多数无脊椎动物由卵发育。当它们孵化出来的时候，有些很像父母的微缩版，但有些却以非常不同的身体形态开启生命的旅程。这些幼虫在生长过程中，改变着身体的形状、食物来源以及进食方式。例如，海胆的幼虫，它们从海水中过滤食物，成体却从岩石上刮擦藻类作为食物。在发育过程中，形态结构会发生显著的变化（变态发育），这种变化有的是缓慢的、渐变的，有的却是突然发生的，当幼虫形态结束后，成虫就形成了。变态发育使无脊椎动物能够更好地利用食物资源，避免种内竞争，从而使得它们在漫长的地质史中能够更加适应多变的环境。

海绵动物

　　在最简单的动物中，海绵有类似于筛网一样的身由矿物质组成的内骨骼。海绵动物门大约有15000种。

节肢动物

　　节肢动物门是动物界中最大的门，已经有超过10被发现。包括昆虫纲、甲壳亚门、蛛形纲、唇足纲和多足

无脊椎动物树状图

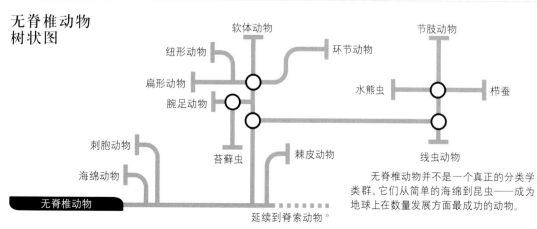

　　无脊椎动物并不是一个真正的分类学类群。它们从简单的海绵到昆虫——成为地球上在数量发展方面最成功的动物。

动物

物门的动物是身体柔软的无脊椎动物,它们用刺细胞
已知的刺胞动物有11000种,大多数生活在海洋里。

扁形动物

扁形动物门大约有2万种动物。它们有着扁平的、薄如纸张的身体,以及明显的头部和尾部。

环节动物

环节动物门大约有1.5万种动物,它们弯曲的身体被划分成很多环节。像蚯蚓和水蛭等都是环节动物。

动物

物主要在水中生活,是以鳃呼吸的节肢动物。它们被
门,有包括蟹和龙虾等在内的5万多个物种。

软体动物

软体动物门是无脊椎动物类群中种类最多的门类之一,有大约11万种动物,包括腹足类、双壳类以及多足类等3大类别。

棘皮动物

棘皮动物门动物的特征为五辐射对称,它们的皮肤里镶嵌着由小骨片组成的骨骼。棘皮动物门大约有7000种动物。

海绵动物

海绵动物身体结构简单，主要生活在海水中，成体终生依附在岩石、珊瑚和沉船上，仅有几种海绵生活在淡水中。

海绵动物门（Porifera）动物体型多样，有薄片状和筒状等许多种形态，但是所有种类都有相同的结构：都具有不同类型的特化细胞，但不具有器官。海绵里遍布水沟分支，外界的水可以通过海绵体表的微孔吸入其中。水沟表面的小室或细胞可以诱捕或者吞食浮游生物，产生的废水通过排水孔排出体外。

有些海绵动物非常具有代表性，它们多孔并且富有弹性。其他种类的海绵，有的硬如岩石，有的非常柔软，有的甚至黏滑地依附在支撑骨骼之上。这些支撑骨由二氧化硅或碳酸钙质的小骨针组成。这类骨针在不同种类中数量和形状都会有所不同，可以进行分类研究。

门	海绵动物门
纲	3
目	24
科	127
种	约 15000

1 m
3¼ ft

蓝海绵
Haliclona sp.
指海绵科
这是极少数蓝颜色海绵中的一种，通常生活在婆罗洲海域的珊瑚和岩石顶部。

钙质海绵

钙质海绵纲 (Calcarea) 海绵的骨骼骨密度很高，主要为星状的碳酸钙质骨针，每个骨针具有3个或4个尖状辐射突起。钙质海绵形状多样，触碰易碎，多数种类体形较小，呈瓣状或管状。

8 cm
3¼ in

柠檬海绵
Leucetta chagosensis
白雪海绵科
这种囊状海绵颜色鲜艳，生活在西太平洋陡峭的珊瑚礁上。

1—4 cm
⅜—1½ in

篓海绵
Clathrina clathrus
篓海绵科
这种大西洋东北部的海绵呈现一种独特的黄色，由很多管子组成，每根管子仅有几毫米粗。

环绕在排水孔周围的骨针

2—5 cm/1¾—2 in

樽海绵
Sycon ciliatum
樽海绵科
这种海绵生活在大西洋东北部的海岸，它们形态简单，中空，有尖锐的钙质骨针环绕在排水孔周围。

允许水进入的微小孔隙

10 cm
4 in

白枝海绵
Leuconia nivea
拜尔海绵科
这种大西洋东北部的海绵外形呈瓣状、垫状或者壳状，主要生活在水流湍急的区域。

8 cm
3¼ in

毛壶海绵
Grantessa sp.
异室海绵科
这种脆弱的海绵形似小葫芦，生活在马来西亚和印度尼西亚浅礁上的珊瑚岬里。

寻常海绵

海绵中有95%属于寻常海绵纲（Demospongiae）。虽然它们的体形很不规则，但是大多数都有散布的硅质骨针和海绵质的有机胶质组成的骨骼，只有很小的一部分有壳而没有骨骼，一些仅有海绵丝。

1 m
3¼ ft

棕管海绵
Agelas tubulata
群海绵科
这种海绵由丛生的无固定数目的褐色管子组成，遍布于加勒比海和巴哈马群岛海域的深海岩石上。

象皮海绵
Pachymatisma johnstonia
钵海绵科
这种坚硬的海绵可以成堆地覆盖在大西洋东北部海水域的大片岩石和沉船上。

35 cm
14 in

沐浴角骨海绵
Spongia officinalis adriatica
角骨海绵科
这种海绵的骨骼富有弹性，即使在干燥之后仍然保持形状，是一种理想的洗涤用品。

高尔夫球海绵
Paratetilla bacca
茄海绵科
这是热带球形海绵的一种，生长在西太平洋海域隐蔽的珊瑚礁上。

12 cm/4¾ in

5—10 cm
2—4 in

30—40 cm
12—16 in

红树海绵
Negombata magnifica
足海绵科
因其包含一些具有潜在医学价值的化学物质，人类已人工养殖这种美丽的红树海绵。

隐居穿贝海绵
Cliona celata
穿贝海绵科
虽然表面长有黄色突起，但这种欧洲海绵仍然像串珠一样隐藏，生活在贝壳和钙质岩石上。

50 cm
20 in

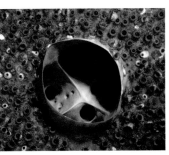

钻孔穿贝海绵
Cliona delitrix
穿贝海绵科
水通过一些大的排水孔离开这些加勒比海绵体内。这种海绵通过分泌酸性物质在珊瑚上钻孔。

30 cm
12 in

面包软海绵
Halichondria panicea
软海绵科
这种大西洋东北部的海绵像壳一样生长在多石海滨或者浅水里。它们的颜色来自于共生藻类。

1–2 cm
⅜–¾ in

旋星海绵
Spirastrella cunctatrix
旋星海绵科
这是多彩的有壳海生海绵中的一种，生活在地中海海域以及北大西洋海域的近海岩石上。

15–30 cm
6–12 in

黄枝海绵
Callyspongia ramosa
美丽海绵科
这种生活在热带太平洋海域的海绵由于体内含有某种化学物质，所以身体颜色非常鲜艳。它们的提取物被用于制药。

30–40 cm
12–16 in

天蓝海绵
Callyspongia plicifera
美丽海绵科
这是广泛生长在加勒比海海域的海绵，可以用自身的淡蓝色将岩石着成紫色的花瓶状。表面有脊和谷。

45 cm
1½ ft

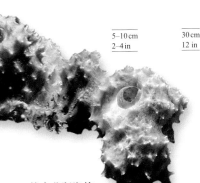

5–10 cm
2–4 in

锥突花瓶海绵
Niphates sp.
似雪海绵科
与一些海绵类似，这种热带海绵也长有无规则的突起和外壳。它们的表面覆盖有叫作锥突的芽体。

30 cm
12 in

粉花瓶海绵
Niphates digitalis
花瓶海绵科
一种生长在加勒比海域礁石上的海绵，外形近乎从一根管子过渡到一个敞口花瓶。一些小海葵经常生活在它们粗糙的表面。

2 m
6½ ft

筒锉海绵
Xestospongia testudinaria
岩海绵科
这种巨大的海绵分布在印度洋和太平洋海域，小的鱼类和无脊椎动物能够生活在中间，它们的体积甚至可以在里面容纳一个人。

六 放 海 绵

六放海绵纲（Hexactinellida）的海绵是一类主要生活在深海的小群体海绵，它们会在聚居地形成类似礁石一样的群体，有时可达20米高。

10 cm
4 in

鹿角海绵
Axinella damicornis
小轴海绵科
这种普通的亮黄色海绵分布在地中海海域，也生活在爱尔兰海岸以及英国西海岸的陡峭岩石上。

阿氏秒海绵
Aplysina archeri
秒海绵科
这种海绵生长在加勒比海域的礁石上，优雅的长管子可以随着水流轻轻摇动。

0.8–2 m
2½–6½ ft

48.5–80.5 cm
19–32 in

深海拂子介
Hyalonema sieboldi
拂子介科
这种海绵生活在深海，硅质骨针形成的细长的柄在泥浆中清晰可见。

阿氏偕老同穴
Euplectella aspergillum
偕老同穴科
这种海绵生活在约150米以下的热带海洋，在维多利亚时期，它们因为雅致的外表而被很多人收集和展览。

35 cm
13½ in

硅质骨针组成的坚硬格子

刺胞动物

刺胞动物门 (Cnidaria) 包括水母、珊瑚以及海葵。它们用带刺的触手去捕捉猎物，然后用一个类囊状的消化道消化。

所有的刺胞动物都是水生的，大部分是海生的。它们有两种身体形态：一种是自由游泳型，形如钟状，被称为水母型，例如水母；还有一种是静态的水螅型，典型的如海葵。水母型和水螅型都没有头部和前端。它们的触手环绕着唯一的消化道口，用于收进食物和排出废物。

刺胞动物的神经系统包含一个简单的纤维网，没有大脑。这意味着这类动物的行为通常是简单的。尽管刺胞动物是肉食性的，它们却不能主动追捕猎物，但箱水母可能是个例外。大多数种类都等待着游动的动物撞进它们的触手之中。

刺细胞

刺胞动物的表皮和一些种类的内表皮也布满了微小的刺囊，这种刺囊是本门动物独一无二的特征。这些带刺的器官叫作刺丝囊（或刺细胞），刺胞动物的名字也因此而获得。刺胞动物的刺丝囊集中在触手上，当遇到潜在的猎物或者被攻击时，触碰或者化学物质会激发刺丝囊。每个刺丝囊包含一个微小的毒囊，会释放一个微小盘曲的叉状物，通过它把毒液注射进猎物体内。一些刺能刺透人类皮肤并造成剧烈的疼痛，但绝大多数刺胞动物对人类无害。

交替的生命循环

一些刺胞动物的生命会在水母型和水螅型之间交替循环——通常这两种形式中的一种起主导作用，另一些群体可能只有一种生命形式。通常自由游泳的水母型是有性阶段，大部分种类是体外受精：精子和卵子被排放到开阔水域，形成类似于扁形动物的浮游幼虫。这些幼虫再发育成为水螅型。特化的水螅型又产生新的水母型，进而完成整个循环。

门	刺胞动物门
纲	4
目	22
科	278
种	11300

这幅微观图展示的是刺丝囊（刺细胞），它们已经被激发进而释放出充满毒素的刺丝。

立 方 水 母

立方水母纲 (Cubozoa) 分布在热带和亚热带地区。它们能很容易地控制运动方向和运动速度，而不像真水母那样只能随波逐流。水母伞膜底部拍打的裙缘能给它们提供动力高速运动。箱水母的眼睛成簇地长在透明伞膜的侧面，能够避开障碍，识别猎物。

— 伞膜

0.3–3 m
1–9¾ ft

澳大利亚箱水母
Chironex fleckeri
箱水母科
这种生活在印度洋和太平洋海域的水母是最大的箱水母，接触后能使人产生强烈的刺痛，严重的甚至可以使人丧生。

真 水 母

这类常见的水母是钵水母纲 (Scyphozoa) 生命循环中的水母体阶段。它们的水螅体较少，一些深海物种甚至无水螅体。水螅体经过横裂产生新的小水母体。根口水母的伞膜边缘没有触手。

20–30 cm
8–12 in

朝天水母
Cassiopea andromeda
倒立水母科
这种根口水母生活在印度洋和太平洋海域，通常生活在潟湖底部。它们的外表类似于海葵，嘴部以上，伞膜不断搏动使水流循环。

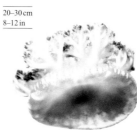

10–20 cm
4–8 in

紫蓝盖缘水母
Periphylla periphylla
盖缘水母科
这种水母是一种鲜为人知的深海水母，它们的伞膜具有一个环状凹槽。

45–70 cm
18–28 in

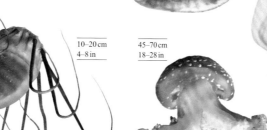

白斑硝水母
Phyllorhiza punctata
硝水母科
这种根口水母原产于西太平洋，但现在已经被引入到北美，并可能威胁到当地的渔业。

4 cm
1½ in

耳喇叭水母
Haliclystus auricula
瓢水母科
这种奇异的北大西洋刺胞动物可能是箱水母的近亲。尽管看起来像是静止的水螅体，但事实上它们是水母体。

14–16 cm
5½–6½ in

海月水母
Aurelia aurita
羊须水母科
这种遍布全球的水母长着4条长长的"触腕"和小的边缘触手。它们成群地到海岸边繁殖，但水螅体生活在河口处。

20–40 cm
8–16 in

巴布亚硝水母
Mastigias papua
硝水母科
与其他根口水母类似，这种含有藻类的水母用黏液获取浮游生物为食。它们会进入南太平洋的潟湖区和那里的一些海岛。

水 螅

大多数水螅纲 (Hydrozoa) 的动物像树枝一样群居在海底，形成了由许多水螅体组成的小型"森林"。一些种类的水螅利用水平生长的匍匐茎将自己固定在海底。群体利用角质的透明鞘来支撑自己。一些水螅体产生有性的水母体。淡水水螅缺乏水母体，但性器官可以直接发展成为水螅体。

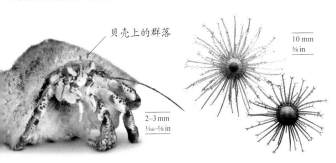

贝壳上的群落

2–3 mm
1/16–1/8 in

贝螅
Hydractinia echinata
贝螅科

这种生活在大西洋东北部的水螅是一种带刺的水螅群体，生长在寄居蟹寄居的螺壳表面。

10 mm
3/8 in

银币水母
Porpita porpita
银币水母科

这种外表类似水母的水螅群居于热带海域，有时被当成一种经过高度特化的水螅体个体。

5–10 cm
2–4 in

紫侧孔珊瑚
Distichopora violacea
孔珊瑚科

这种孔珊瑚分布在印度洋和太平洋海域。与其他水螅类似，它们的水螅体群具有不同功能，比如特化为进食和蜇刺的功能等。

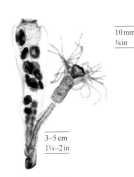

3–5 cm
1¼–2 in

曲膝薮枝螅
Obelia geniculata
钟螅科

这是全球可见的种类，大量生活于潮间带的海藻上。薮枝螅为一树枝状水螅型群体，整个群体被杯形鞘包围，并从匍匐生长的螅根上长出。

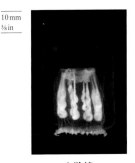

10 mm
3/8 in

八肋螅
Melicertum octocostatum
八肋螅科

这种水螅生活在北大西洋以及北太平洋，与有围鞘的水螅体有亲缘关系，因为水母体而被大家熟知。

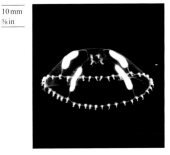

10 mm
3/8 in

似杯水母
Phialella quadrata
似杯水母科

这种水母全球分布，和有亲缘关系的薮枝螅相似，它们的树枝状群体可以释放出能够独立生存的水母体，并进行有性繁殖。

4–6 cm
16–23½ in

柏美羽螅
Aglaophenia cupressina
柏状羽螅科

柏美羽螅与亲缘关系很近的石帆（海团扇）同属于一个类群，都为有围鞘水螅体，分布在印度洋-太平洋海域。

僧帽水母
Physalia physalis
僧帽水母科

它们与水母相似，事实上是一种远洋生的水螅群体。由于具有充气的浮囊，所以它们的触手和特化的水螅体能够漂浮起来。

充气浮囊

40 cm
16 in

10–50 m
33–165 ft

狮鬃水母
Cyanea capillata
霞水母科

这种水母是北极水域内比较大的类群，触角非常浓密。接触后会引起强烈的刺痛，猎物中包括鱼类。

0.5–2 m
1½–6½ ft

雨伞般的伞膜

蓝水母
Cyanea lamarckii
霞水母科

这种水母生活在北大西洋，是狮鬃水母较小的亲缘种，对猎物刺痛感较小。它们通常捕食栉板动物门动物（栉水母）或者其他水母体。

15–30 cm
6–12 in

口腕

气囊水母
Physophora hydrostatica
气囊水母科

这种自由漂浮的水螅群遍布全球，与其近亲僧帽水母相比有一个稍小的浮囊，并有一个醒目的游动伞盖。

红心筒螅
Tubularia sp.
筒螅科

筒螅长长的茎部上有两个环生触手，一个在水螅体底部，另一个在水螅体口部周围。

10–20 cm
4–8 in

火焰多孔螅
Millepora sp.
多孔螅科

与本科的其他种类似，这种能够使接触者产生强烈刺痛感的水螅群具有一副钙质骨骼，是暗礁的制造者。它们与真石珊瑚的亲缘关系较远。

40–50 cm
16–20 in

4–15 mm
5/32–½ in

普通水螅
Hydra vulgaris
水螅科

无水母体阶段，有小的淡水水螅体，通过出芽进行无性繁殖。它们遍布全球的冷水水体，图片展示的是其伪装色。

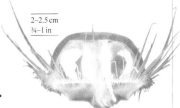

2–2.5 cm
¾–1 in

索氏桃花水母
Craspedacusta sowerbyi
花笠水母科

这种水母零星分布在世界各地的淡水池塘、湖泊及小溪中。它们的小水母体可以成长为优种水母体。

海葵和珊瑚

与其他的刺胞动物不同，珊瑚纲 (Anthozoa) 没有水母型阶段，整个生命周期都会保持静止状态。水螅体外表如花，可以产生精子和卵子。本纲包括单体的海葵、群体的海鳃、柔软的珊瑚以及热带的礁石制造者——石珊瑚。

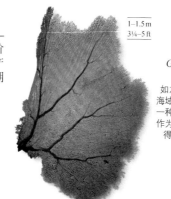

1–1.5 m
3¼–5 ft

海扇
Gorgonia ventalina
柳珊瑚科

如左图这种生活在加勒比海域的海扇，它们的身体由一种叫作珊瑚蛋白的角化物作为中轴加以支撑，从而使得海扇呈直立的扇状。

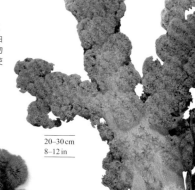

水螅体群

20–30 cm
8–12 in

20–30 cm
8–12 in

细长状红色或黄色裂片

1–6 m
3½–20 ft

长须花环软珊瑚
Sarcophyton trocheliophorum
软珊瑚科

这种珊瑚非常柔软，能够生活在印度洋和太平洋海域的热带礁石上形成巨大的皮革状群体。它们生长迅速，从藻类的光合作用中获得营养。

草莓软珊瑚
Gersemia rubiformis
棘软珊瑚科

这是一种有茎的柔软珊瑚，常形成明亮鲜艳的粉色群体，生活在北太平洋和北大西洋海域。

鸡冠珊瑚
Dendronephthya sp.
棘软珊瑚科

这类鲜艳的珊瑚生活在印度洋和太平洋海域的热带礁石上，是典型的有茎软珊瑚类群，水螅体成簇分布。

白色水螅体

50–100 cm
20–40 in

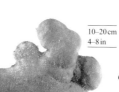

10–20 cm
4–8 in

柔韧的身体

40–50 cm
16–20 in

海鸡冠
Alcyonium glomeratum
软珊瑚科

这种珊瑚生活在多岩石的欧洲海岸线，是软珊瑚里比较细长、挺拔的一种，颜色有黄色和红色。

指状海鸡冠
Alcyonium digitatum
软珊瑚科

这种具厚裂片的欧洲珊瑚是一种典型的软珊瑚，它有水螅体群，着生在肉质的柄部，而没有骨轴的支撑。

红珊瑚
Corallium rubrum
红珊瑚科

这种生活在地中海的海扇群体（不是一种真正的珊瑚）通过微小的、内有钙质骨针的骨骼支撑身体。它们因为可以作为珠宝而价值不菲。

35–40 cm
14–16 in

多肉羽海鳃
Sarcoptilus grandis
海鳃科

这种海鳃遍布于温带水域，它们的肾状分支沿着身体各边成排分布。

橘色海鳃
Ptilosarcus gurneyi
海鳃科

一种颜色亮丽的海鳃，生活在北美洲的太平洋海岸，遇到捕食者时会缩进洞穴内。

0.5–2 m
1½–6½ ft

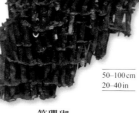

钙质的管子

15–30 cm
6–12 in

50–100 cm
20–40 in

50–100 cm
20–40 in

脆灯心柳珊瑚
Junceella fragilis
鞭柳珊瑚科

它们俗称海鞭，为海扇的线状近亲，它们的角质体轴起支持作用，并利用钙元素使其变得更加坚固。图中展示的是一种生活在印尼礁石中的鞭柳珊瑚。

鞭柳珊瑚
Ellisella sp.
鞭柳珊瑚科

鞭柳珊瑚是双叉的树枝状群体，一些海鞭能够长成茂密的水下丛林，通常生活在热带和温带水域。

笙珊瑚
Tubipora musica
笙珊瑚科

一种生活在印度洋和太平洋海域的柔软珊瑚。水螅体为直立的钙质管子，通过底部的根状网连接成群。

苍珊瑚
Heliopora coerulea
苍珊瑚科

虽然具有坚硬的钙质骨骼，但和石珊瑚相比，苍珊瑚与软珊瑚有更近的亲缘关系。它是本目唯一的一种珊瑚。

触手

柱形管孔珊瑚
Goniopora columna
滨珊瑚科

柱形管孔珊瑚的水螅体形似菊花，当它们完全展开时会变得很长。是滨珊瑚在印度洋和太平洋海域的近亲。

团块滨珊瑚
Porites lobata
滨珊瑚科

这种珊瑚是印度洋和太平洋海域中一种最普通的造礁珊瑚，常在波浪拍打很强的地方形成大面积的有壳群体。

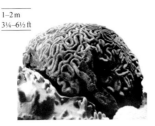

脑叶状珊瑚
Lobophyllia sp.
褶叶珊瑚科

这种脑珊瑚的大群体，有的呈扁平状，有的呈圆顶状，通常生活在热带印度洋和太平洋海域中的礁石上。

樱花海葵
Urticina felina
海葵科

当海葵的触手缩回时，海葵上面黏黏的隆起物就有可能携带很多碎片，使它看起来就像是一小堆沙砾。樱花海葵生活在北极附近。

鹿角珊瑚
Acropora sp.
鹿角珊瑚科

热带海域里有许多大型的礁石制造者，这种树枝状的轴孔珊瑚就是其中之一。它们通过进行光合作用的藻类获取营养，快速生长。

角孔珊瑚
Goniopora sp.
滨珊瑚科

角孔珊瑚生活在热带海域的礁石上，长长的水螅体通常具有24个触手。它们是最像花的珊瑚之一。

有沟珊瑚
Colpophyllia sp.
蜂巢珊瑚科

这种珊瑚具有类似脑半球的结构，是本科的典型形态。它们含有能够进行光合作用的藻类，是热带海域的礁石建造者。

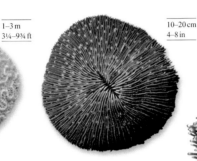

石芝珊瑚
Fungia fungites
石芝珊瑚科

这是许多热带石芝珊瑚的一种，非礁石制造者。它们和其他物种一起生活，水螅体通常在海底爬行。

大西洋冷水丁香珊瑚
Lophelia pertusa
丁香珊瑚科

一些深海珊瑚通常缺少能提供给它们营养的海藻，但这种北大西洋珊瑚不同，它们可以形成广阔的礁石，虽然这种形成过程会很漫长。

绣球海葵
Metridium senile
细指海葵科

这种海葵是全球可见种，因具有一团绒毛状的触手而显得非常特别，能够分开形成具有相同基因的种群。

公主海葵
Heteractis magnifica
列指海葵科

这种大海葵来自印度洋和太平洋海域的礁石，通常和一些鱼类，诸如小丑鱼等，关系密切。

翠绿海葵
Anemonia viridis
列指海葵科

这种普通的海葵生活在欧洲地区的潮间带，长着许多独特的长触手。这些触手即便在低潮时，也很少退缩。

佛手珊瑚
Caryophyllia smithii
冷水珊瑚科

这种珊瑚生活在大西洋东北部，属于冷水珊瑚科，一些会有很大的像海葵一样的水螅体。藤壶经常与其生活在一起。

千手佛海葵
Cerianthus membranaceus
角海葵科

这种海葵以黏液为原料，用无刺的刺丝囊制成许多像毡子一样的管子，从沉积物中钻出。它们通常生活在欧洲近海岸的泥浆里。

黑珊瑚
Antipathes sp.
黑珊瑚科

黑珊瑚大多生活在深水里，群体由许多带刺的水螅体组成，并包被在角质的外骨骼里。

无脊椎动物 · 刺胞动物

10–20 cm
4–8 in

4–5 m
13–16 ft

1–2 m
3¼–6½ ft

10–12 cm
4–4¾ in

1–3 m
3¼–9¾ ft

1 m
3¼ ft

1–3 m
3¼–9¾ ft

10–20 cm
4–8 in

50–100 cm
20–40 in

2.5–15 cm
1–6 in

5–7 cm
2–2¾ in

10–15 mm
⅜–½ in

100–200 m/300–600 ft

10–15 cm
4–6 in

50–100 cm
20–40 in

扁形动物

扁形动物薄如纸片，是结构极简单的动物之一，通常生活在潮湿、有氧气和食物的环境里。

扁形动物属于扁形动物门 (Platyhelminthes)，能够生活在多种环境里，诸如海洋、淡水池塘，甚至其他动物的体内。扁形动物外表形似蛭类，是很简单的一类动物。它们没有血液系统，没有呼吸器官，仅靠整个身体表面从潮湿的外部吸收氧气。最小的扁形动物没有内脏，就是靠这种方式吸收食物。其他种类的扁形动物内脏只有一个孔，却有很多分支，这样被消化的食物就可以抵达所有组织，甚至无需血流去循环这些营养物质。一些自由生活的扁虫为食屑种，可以在微小的纤毛上滑行。其他种类以无脊椎动物为食。

体内寄生虫

绦虫和吸虫是寄生虫。在寄主动物体内，它们扁平、无内脏的身体非常适合吸收营养。它们可以用一种复杂的方式在寄主之间传播，而且这个过程可能会感染不止一个寄主。它们常通过污染食物或者直接刺穿皮肤的方式进入寄主体内。一旦进入，寄生虫就会向身体的更深处移动——钻过内脏壁，在重要器官内寄居下来。

门	扁形动物门
纲	5
目	33
科	约400
种	约20000

讨论

一个新的门类？

从传统意义上讲，我们把无肠目 (Acoela) 这一类的体型很小、无内脏并且无脑的海生动物视为扁形动物。但现在学术上存在争议，认为它们相比于放射状的刺胞动物，是第一类进化得有头有尾的动物，应该属于一个新的门类。

2–5 cm
¾–2 in

长有口吸盘的圆锥状头部

再生器官

肝片吸虫
Fasciola hepatica
片形科
一种典型的具有复杂寄生生活史的吸虫。它们寄生在淡水蜗牛体内，进而感染食草类牲畜，并从这些感染者的肝脏中获取养分。

布氏姜片吸虫
Fasciolopsis buski
片形科
这种东亚吸虫是能够感染人类的最大型的吸虫之一。它们只生活在肠子的上部，而不会进入到其他器官。

7.5 cm
3 in

2–7 m
6½–23 ft

每节身体都包含生殖器官

5–6 mm
3⁄16–¼ in

日本血吸虫
Schistosoma nasale
吸虫科
这种寄生虫通过淡水蜗牛进行传播。它们会感染牲畜，使它们鼻骨生长，进而在呼吸时发出鼾声。

10 mm
⅜ in

猪带绦虫
Taenia solium
带绦虫科
绦虫为肠道寄生虫，但是它们在生命的中间阶段会钻进肌肉，并在肌肉里形成囊肿。这种绦虫通常生活在猪的体内，但是如果人食用了被感染的猪肉，也会被其感染。

杰克独睾吸虫
Provitellus turrum
独睾科
这种独睾吸虫会感染生活在热带礁石上的鱼类内脏。在杰克鱼体内发现过这种吸虫。

珊瑚表面的扁虫

5 mm
3⁄16 in

珊瑚扁虫
Waminoa sp.
盘旋科
这种生活在珊瑚上的扁虫是一种海生的小扁虫，与刺胞动物的浮游幼体很相似。

8–10 cm
3¼–4 in

大叶涡虫
Kaburakia excelsa
柄涡虫科
与其他叶涡虫相似，这种生活在北美潮间带的扁虫主要为肉食。它们用肠道延伸出的口器紧密黏住猎物使其窒息。

4–5 cm
1½–2 in

条纹假角扁虫
Prostheceraeus vittatus
假角扁虫科
这种动物为海生扁虫，单独生活，雌雄同体，异体受精，被称为多肠目扁虫，生活在大西洋海域。

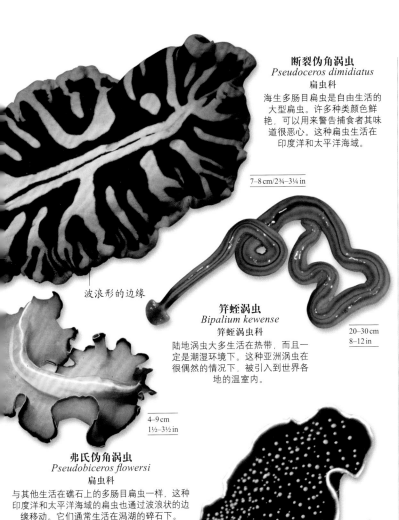

断裂伪角涡虫
Pseudoceros dimidiatus
扁虫科
海生多肠目扁虫是自由生活的大型扁虫。许多种类颜色鲜艳，可以用来警告捕食者其味道很恶心。这种扁虫生活在印度洋和太平洋海域。

7–8 cm/2¾–3¼ in

波浪形的边缘

笄蛭涡虫
Bipalium kewense
笄蛭涡虫科
陆地涡虫大多生活在热带，而且一定是潮湿环境下。这种亚洲涡虫在很偶然的情况下，被引入到世界各地的温室内。

20–30 cm
8–12 in

弗氏伪角涡虫
Pseudobiceros flowersi
扁虫科
与其他生活在礁石上的多肠目扁虫一样，这种印度洋和太平洋海域的扁虫也通过波浪状的边缘移动。它们通常生活在潟湖的碎石下。

4–9 cm
1½–3½ in

7–8 cm
2¾–3¼ in

金斑伪角涡虫
Thysanozoon nigropapillosum
扁虫科
许多多肠目扁虫的表面都长有突起，这种天鹅绒般黑色的扁虫生活在印度洋和太平洋海域，身体表面的突起顶端为黄色。

浅褐淡水涡虫
Dugesia lugubris
真涡虫科
三肠目是指涡虫的肠分3支。这种欧洲涡虫是生活在淡水中的三肠目，还有一些三肠目生活在海水中。

新西兰陆涡虫
Arthurdendyus triangulatus
多眼陆涡虫科
这种体型较大、生活在土壤中的扁虫原产于新西兰，但是现在已经入侵到欧洲。它们以蚯蚓为食。

10–17 cm
4–6½ in

1.5–2 cm
½–¾ in

1 1.5cm
⅜–½ in

三角真涡虫
Dugesia gonocephala
真涡虫科
像这种生活在活水里的欧洲涡虫一样，许多淡水三角涡虫都生有感知水流的耳突。

2–3 cm
¾–1¼ in

淡水三角涡虫
Dugesia tigrina
真涡虫科
这种扁虫原产于北美淡水环境中，但是现在已经被引入到欧洲。

线 虫

这种简单的圆柱状线虫进化得非常成功，几乎可以适应任何环境，能忍耐干燥，迅速繁殖。

线虫动物门（Nematoda）无处不在。一平方米的土地中就会有数百万只线虫，而且它们也可以生活在淡水和海水中。一些线虫为寄生虫。这些蠕虫或者线虫有很高的繁殖率，每天都可以产生成百上千的卵。当遇到高温、冰冻或者干燥等恶劣的环境时，它们会把自己包在壳里休眠。线虫有肌肉层体腔，肠子有两个开口——即口和肛门。圆柱形的身体被角质膜层包裹着，类似于节肢动物，这种角质膜层会随着生长定时脱落。

门	线虫动物门
纲	2
目	12
科	约160
种	约20000

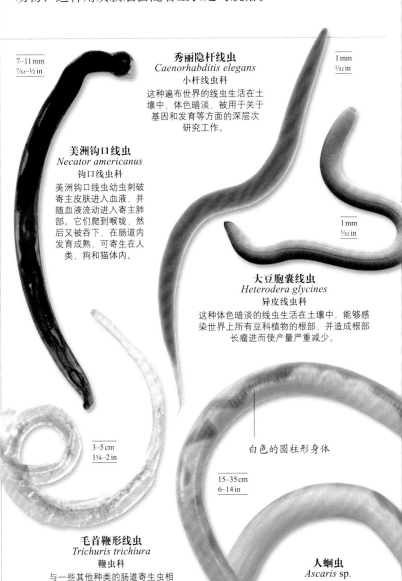

7–11 mm
⁷⁄₃₂–½ in

秀丽隐杆线虫
Caenorhabditis elegans
小杆线虫科
这种遍布世界的线虫生活在土壤中，体色暗淡，被用于关于基因和发育等方面的深层次研究工作。

1 mm
¹⁄₃₂ in

美洲钩口线虫
Necator americanus
钩口线虫科
美洲钩口线虫幼虫刺破寄主皮肤进入血液，并随血液流动进入寄主肺部。它们爬到喉咙，然后又被吞下，在肠道内发育成熟，可寄生在人类、狗和猫体内。

1 mm
¹⁄₃₂ in

大豆胞囊线虫
Heterodera glycines
异皮线虫科
这种体色暗淡的线虫生活在土壤中，能够感染世界上所有与豆科植物的根部，并造成根部长瘤进而使产量严重减少。

10–17 cm
4–6½ in

3–5 cm
1¼–2 in

白色的圆柱形身体

15–35 cm
6–14 in

毛首鞭形线虫
Trichuris trichiura
鞭虫科
与一些其他种类的肠道寄生虫相似，这种热带鞭虫存在于粪便中。当人类吃了被粪便污染的食物，就会被感染。它们通常在肠道内度过整个生命。

人蛔虫
Ascaris sp.
蛔虫科
这是一种常见的人体寄生虫，多存在于环境卫生较差的地区。它们通过被污染的食物进入肠道，然后感染寄主肺部。

环节动物

比起扁形动物，环节动物拥有更加复杂的肌肉组织和器官。这一门叫作环节动物门 (Annelida)，包括许多善于游泳和挖掘的动物。

环节动物包括蚯蚓、沙蚕和水蛭等。它们在血管中进行血液循环，并且具有一个稳定的流体囊（体腔）纵贯全身，把体壁运动和内脏蠕动分隔开来。体腔被分割成很多体节，每段体节都有相同的身体结构。每个体节都包含有一套肌肉组织，这套肌肉组织的协调运转能够产生波动，使得身体收缩或者来回弯曲，这让环节动物无论在陆地还是在水里，都可以灵活运动。海生的环节动物，如沙蚕或者其他滤食性的近亲，身体两侧都分布着疣足，作为"短桨"，有助于游泳、挖掘甚至行走。我们称这一类有毛并且分节的动物为多毛环节动物，或多毛类。

陆生蚯蚓刚毛较少，为食屑动物，能够分解植物残体，松动土壤。一些蛭类比较特化，用吸盘从动物身上吸取血液。它们的唾液含有化学物质，能够阻止血液凝固。另一些蛭类为肉食性动物。无论是蚯蚓还是蛭类，它们的身体都环绕有一个马鞍形的腺体，我们称之为环带，可产卵茧。

门	环节动物门
纲	4
目	8
科	约 130
种	约 15000

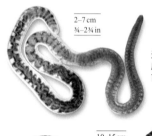

颤蚓
Tubifex sp.
颤蚓科
2–7 cm
¾–2¾ in
这种蠕虫分布广泛，多生活在被废水污染的泥浆中。它们的身体前端埋入泥中，身体后端不断摆动以吸取氧气。

赤子爱胜蚓
Eisenia foetida
正蚓科
10–15 cm
4–6 in
这种欧洲蚯蚓存在于有腐败植物的环境中，能分泌一种有攻击性的刺激性液体。像其他蚯蚓一样，它们也有一个用来产生卵茧的环带。

陆正蚓
Lumbricus terrestris
正蚓科
50 cm
20 in
15–25 cm
6–10 in
环带或"鞍状物"
这种蚯蚓原产于欧洲，但现在已经被引入世界各地。它们在夜晚会把叶子拖入洞穴，把这些叶子作为食物。

舌文蚓
Glossoscolex sp.
舌文蚓科
舌文蚓是来自于中美洲和南美洲的大型蚯蚓，许多都生活在热带雨林中。

旋鳃虫
Spirobranchus giganteus
龙介虫科
4–7 cm
1½–2¾ in
这种蠕虫遍布热带海域的礁石上。它们长有许多特别的螺旋状触手。这些触手有助于过滤食物，吸取氧气。

栉蚕

栉蚕身体柔软，为节肢动物的近亲。它们像毛毛虫一样，在黑暗的森林枯枝落叶层里缓慢爬行，是杰出的掠食者。

这类动物有着蚯蚓一样的身体，像千足虫一样有很多只脚，属于有爪动物门 (Onychophora)。就算在原产地热带美洲、亚洲和澳大利亚，也很难见到它们的踪迹。它们不喜欢开阔的地方，更愿意隐藏在缝隙或者落叶层中。它们在晚上或者雨后出动，捕食其他无脊椎动物。栉蚕用一种独特的方式捕食猎物：它们的口两侧各有一腺体，这两个腺体可以产生黏液，通过腺体开口喷射黏液来固定猎物。

门	有爪动物门
纲	1
目	1
科	2
种	约 200

覆盖着细毛的皮肤
10 cm/4 in

南非栉蚕
Peripatopsidae moseleyi
栉蚕科
这种栉蚕属于分布在整个南半球的栉蚕中的一种。

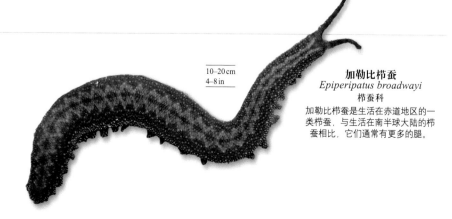

10–20 cm
4–8 in

加勒比栉蚕
Epiperipatus broadwayi
栉蚕科
加勒比栉蚕是生活在赤道地区的一类栉蚕，与生活在南半球大陆的栉蚕相比，它们通常有更多的腿。

火刺虫
Hermodice carunculata
仙虫科

这是一种生活在热带大西洋近海的多毛纲虫子，以珊瑚坚硬的骨骼中吸取柔软的肉。它们的身体具有能使其他动物产生疼痛感的刺激性刚毛。

6–30 cm
2¼–12 in

鳞沙蚕
Aphrodita aculeata
鳞沙蚕科

这种穴居在泥浆中的沙蚕生活在北欧的浅水中，鳞片上长有刚毛。

10–20 cm
4–8 in

2.5–3cm/1–1¼in

胃鳞虫
Gastrolepidia clavigera
多鳞虫科

这种印度洋和太平洋海域里的多毛纲动物具有扁平的背部鳞片，是海参身上的寄生虫。

12–25 cm
4¾–10 in

沙蠋
Arenicola marina
沙蠋科

沙蠋是一种形如蚯蚓的多毛纲动物，常生活在海滨或泥滩的洞穴里，以沉积物和碎屑为食。

1–4 m
3¼–13 ft

肺泡帚虫
Sabellaria alveolata
帚虫科

这种管虫以砂子和贝壳碎屑为原料，来制造它们栖居的管子。大量的帚虫生活在大西洋和地中海的礁石上，使得这些礁石犹如蜂窝一样。

5–15 cm
2–6 in

巧言叶须虫
Eulalia viridis
叶须虫科

叶须虫是一类活跃的肉食性动物，身上长有叶形环。这种欧洲虫子生活在潮间带的岩石和海藻上。

光缨虫
Sabellastarte sanctijosephi
缨鳃虫科

光缨虫是一种热带印度洋管虫，为海滨、珊瑚礁以及潮水坑中的常见物种。

8–10 cm
3¼–4 in

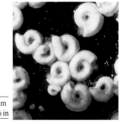

25–40 cm/10–16 in

王沙蚕
Alitta virens
沙蚕科

沙蚕为多足类的近亲，身体延伸为双叉。它们穴居于大西洋的底泥中，如果有动物被咬到会产生强烈的疼痛感。

5–7 cm
2–2¾ in

龙介虫
Serpula vermicularis
龙介虫科

龙介虫能够制造出坚硬的白垩质管子。像大多数龙介虫一样，这种虫子也长有适合缩回管子里的触手。

2–3mm
¹⁄₁₆–⅛ in

螺旋虫
Spirorbis borealis
龙介虫科

这种管虫沿北大西洋海岸分布，它们小小的螺旋状管子可以接合到褐色的岩藻上。

巨型管虫
Riftia pachyptila
拟西伯加虫科

这种管虫生活在大西洋海底的火山口里，那里高温、暗淡无光，富含硫黄。一些红色羽毛状的细菌会以火山口处的化学物质为食，而这些细菌又成了厚翼海沟虫的食物。

2–2.4 m
6½–7¾ ft

用来固定身体的部分

水熊虫

只有通过显微镜才观察得到水熊虫。它们长有短粗的腿，与细菌共享水生群落，是一种非常简单的无脊椎动物。

微小的水熊虫，或者叫作缓步动物（走路很缓慢），属于缓步动物门（Tardigrada），爬行于长有水草的微型森林，4对短腿上长有爪。它们大多体长小于1毫米，多生活在长有苔藓和藻类的地方，利用口针刺破植物细胞并吸食汁液。有的种类的水熊虫只能见到雌性，因为它们只能无性繁殖，靠未受精的卵增殖后代。栖息地很干燥时，水熊虫开始进入一种生命暂停的状态，缩在壳内，靠这种方式来度过恶劣时期，称为隐生现象。有时一次会持续一年，直到雨水到来，它们才会苏醒。

门	缓步动物门
纲	3
目	5
科	20
种	约1000

苔藓水熊虫
Echiniscus sp.
水熊虫科

一些水熊虫生活在苔藓里，但是它们也能在干燥的环境中存活，这使得水熊虫能够在世界各地生存。

0.25mm

长爪的脚

西氏多刺虫
Echiniscoides sigismundi
棘节熊虫科

这是一种鲜为人知的海生水熊虫，在世界各地海岸的海藻中都曾发现过它们。

0.25mm

节肢动物

分节的足和柔韧的外骨骼对本门动物帮助很大，无论是有翅的昆虫还是水下的甲壳动物，这些特征都使它们进化得无比多样。

科学家们了解的节肢动物门（Arthropoda）的种类和数量，要比其他所有门类动物数量的总和还要多，而且毫无疑问还有更多物种等待人们去发现。它们有非常多样的生活方式，比如食草、捕食、从水中过滤食物颗粒以及饮用花蜜或吸食血液。

节肢动物表皮为一层坚硬的几丁质外骨骼，关节处非常柔韧，这使它们可以自如运动，但是这样的外壳却限制了生长。所以随着节肢动物的生长，它们必须定期蜕去旧的外骨骼，被一层更轻更大的外骨骼所替代。外骨骼不仅具有保护作用，同时还能在干旱的环境下减少水分流失。

身体部分

节肢动物的祖先身体分节，这个祖先可能是环节动物。所有节肢动物的身体都是分节的，马陆和蜈蚣尤为明显。对于其他类群，许多体节都愈合成了身体的不同部分。昆虫被划分为具有感知的头部、长有足和翅膀的胸部，以及包含许多内脏的腹部三个部分。蛛形纲和甲壳亚门的动物，头和胸愈合为一个整体。

获得氧气

甲壳亚门一类的水生节肢动物用鳃呼吸。昆虫和多足类等多数陆生节肢动物，体内遍布许多微小的网络系统，这些充满气体的管道称为气管。这些气管开口于身体，通常每节有一对气门。气门内有一些小肌肉，能像阀门一样调节气流。通过这种方式，氧气无须经过血液运输，就能直接渗入所有细胞。一些蛛形纲的动物兼有气管呼吸和书肺呼吸，书肺是腹部的一些叶状小室。这种叶状小室由水生祖先的鳃进化而来。大多数蛛形纲的动物都用这两种方式进行呼吸。

门	节肢动物门
纲	14
目	69
科	约 2650
种	约 1230000

倍足类和唇足类

倍足纲（Diplopoda）和唇足纲（Chilopoda）组成了一个多节的节肢动物类群，叫作多足亚门（Myriapodia）。倍足纲动物每个体节长有两对足，唇足纲动物每个体节仅有一对足。倍足纲为素食动物，唇足纲为肉食动物。

分节的外骨骼

4–5 cm
1½–2 in

头

有强烈感知作用的触角

棕巨球马陆
Zephronia sp.
蟠马陆科
巨球马陆，比如这种婆罗洲马陆，与比它们小一些的北半球近亲不同，具有13个体节，而不是12个。

2–3 mm/¹⁄₁₆–¹⁄₈ in

1–2 cm
³⁄₈–¾ in

美洲短头平马陆
Brachycybe sp.
扁带马陆科
一种有代表性的北美小型扁平马陆，生活在腐烂的木头或者落叶里。

多毛马陆
Polyxenus lagurus
毛马陆科
这种小型动物是一种长有防御性刚毛的马陆，分布在北半球，通常生活在树皮下或者落叶中。

3–4 cm
1¼–1½ in

黑蟠马陆
Zoosphaerium sp.
蟠马陆科
一种南半球的巨球马陆，原产于马达加斯加。

分节的外骨骼

前背板

0.6–2 cm
¼–¾ in

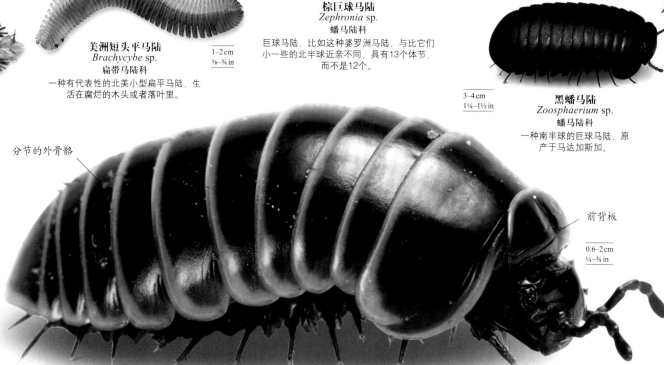

白缘球马陆
Glomeris marginata
球马陆科
这种欧洲马陆，与其他种类相比具有较少的体节，当被干扰时会缩成一团。

黑蛇姬马陆
Tachypodoiulus niger
姬马陆科
与其近亲不同，这种奇特的白腿马陆来
自西欧，大多数时间都在地上活动，有
时会爬到树上或者墙上。

1.5–4 cm
½–1½ in

棕蛇姬马陆
Julus scandinavius
圆马陆科
圆马陆科的一员，具有环带包围的
体节，生活在欧洲落叶林、特别是
酸性土壤中。

1.5–3 cm
½–1¼ in

非洲巨马陆
Archispirostreptus gigas
异蛩科
所有马陆中最大的一种，生活在非洲热带
地区，一些种类会释放刺激性化学物质来
保护自己。

20–28 cm/8–11 in

美洲巨马陆
Narceus americanus
圆马陆科
这种马陆是大西洋海岸的大型马陆，为美洲圆
马陆科的一员。与近亲一样，它们也会释放有
毒的化学物质进行防御。

7.5–13 cm/3–5 in

钻孔马陆
Polyzonium germanicum
带马陆科
这种有些古老的马陆零星地分布于欧
洲地区，盘曲时形如山毛榉的芽鳞，
通常生活在森林里。

0.5–1.8 cm
³⁄₁₆–¾ in

东部山蛩
Polydesmus complanatus
带马陆科
由于这种带马陆的外骨骼长
有突起，所以它们看起来背
部非常扁平。这种东欧马陆
行走非常迅速。

1.5–3 cm
½–1¼ in

黄地蜈蚣
Geophilus flavus
地蜈蚣科
与其他蜈蚣相比，无视
力的地蜈蚣具有较多体
节（因此也有较多的
腿）。这种生活在土壤
中的欧洲蜈蚣已经被引
入到美洲和澳大利亚。

2–3.5 cm
¾–1½ in

4–6 cm
1½–2¼ in

坦桑尼亚山蛩
Coromus diaphorus
牛马陆科
表皮光滑具凹点，是许多没有眼
睛的山蛩虫的典型特征，在这种
来自热带的坦桑尼亚平背马陆身
上尤为明显。

2–3 cm
¾–1¼ in

2–3 cm/¾–1¼ in

带状石蜈蚣
Lithobius variegatus
石蜈蚣科
这种蜈蚣曾经被认为只生活在英国，但是现在
整个欧洲大陆都发现了它们的足迹。而欧洲大
陆的土著蜈蚣腿部是无带的。

2.5–5 cm
1–2 in

棕色石蜈蚣
Lithobius forficatus
石蜈蚣科
这种石蜈蚣生活在树皮和岩石
之下，有15个体节。全球可见
种，经常出没于森林、花园以
及海岸。

普通蚰蜒
Scutigera coleoptrata
蚰蜒科
这种长腿的蜈蚣长有复眼，
是跑得最快的节肢动物之
一。原产于地中海，现在已
经被引入世界各地。

毒牙

20–25 cm
8–10 in

虎斑巨蜈蚣
Scolopendra hardwickei
蜈蚣科
许多大的蜈蚣都有明亮的警戒色。这种印度的蜈蚣
是许多长有老虎花纹蜈蚣中的一种。

每个体节都
有一对分节
的足

10–15 cm
4–6 in

蓝脚蜈蚣
Ethmostigmus trigonopodus
蜈蚣科
这种蜈蚣是巨蜈蚣的近亲，生活
在非洲各地，长着蓝腿。

蛛 形 类

蛛形纲是节肢动物门里的一纲，包括螨、肉食性的蜘蛛和蝎子以及吸血的蜱。

蛛形纲 (Arachnida) 动物和鲎同属螯肢亚门 (Chelicerata)，这样命名是因为它们都有螯一样的口器 (螯肢)。螯肢动物的头和胸已经融为一体，身体这一部分包括感觉器官、脑和4对步足。与其他节肢动物不同，螯肢动物没有触角。

有效的捕食者

蝎子、蜘蛛以及它们的近亲都在地面生活，而且已经进化出一套方式来迅速地固定并杀死猎物。蜘蛛首先通过织出的网诱捕猎物，然后用螯肢上的螯爪将毒液注入猎物体内。蝎子用它们尾巴上的毒刺来毒死猎物。在蛛形纲动物的腿和螯肢中间，还有一对须肢。蝎子利用须肢来辅助螯肢捕食，雄性蜘蛛利用螯肢传送精子。

微观多样性

螨类小到肉眼看不到。它们大量存在于各种环境中，以碎屑为食，并捕食微小的无脊椎动物，有些过着寄生生活。有些螨是无害的，生活在皮囊、羽毛和皮毛内；但有些螨却会导致疾病或者过敏反应。另一类群为蜱类，为吸血动物，能够传播致病菌。

门	节肢动物门
纲	蛛形纲
目	13
科	650
种	65000

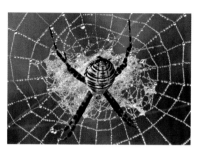

这只雌性横纹金蛛停在它挂满露水的蛛网中央，等待着诱捕所有飞入的昆虫猎物。

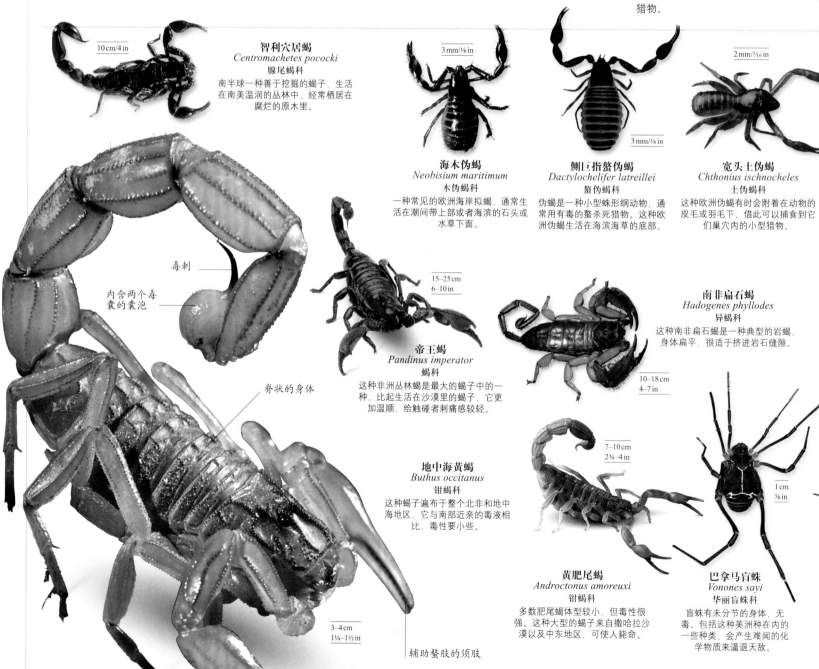

智利穴居蝎
Centromachetes pococki
腺尾蝎科
南半球一种善于挖掘的蝎子，生活在南美温润的丛林中，经常栖居在腐烂的原木里。

10 cm/4 in

海木伪蝎
Neobisium maritimum
木伪蝎科
一种常见的欧洲海岸拟蝎，通常生活在潮间带上部或者海滨的石头或水草下面。

3 mm/⅛ in

侧巨指螯伪蝎
Dactylochelifer latreillei
螯伪蝎科
伪蝎是一种小型蛛形纲动物，通常用有毒的螯杀死猎物。这种欧洲伪蝎生活在海滨海草的底部。

3 mm/⅛ in

宽头土伪蝎
Chthonius ischnocheles
土伪蝎科
这种欧洲伪蝎有时会附着在动物的皮毛或羽毛下，借此可以捕食到它们巢穴内的小型猎物。

2 mm/³⁄₃₂ in

毒刺

内含两个毒囊的囊泡

脊状的身体

帝王蝎
Pandinus imperator
蝎科
这种非洲丛林蝎是最大的蝎子中的一种，比起生活在沙漠里的蝎子，它更加温顺，给触碰者刺痛感较轻。

15–25 cm
6–10 in

南非扁石蝎
Hadogenes phyllodes
异蝎科
这种南非扁石蝎是一种典型的岩蝎，身体扁平，很适于挤进岩石缝隙。

10–18 cm
4–7 in

地中海黄蝎
Buthus occitanus
钳蝎科
这种蝎子遍布于整个北非和地中海地区，它与南部近亲的毒液相比，毒性要小些。

黄肥尾蝎
Androctonus amoreuxi
钳蝎科
多数肥尾蝎体型较小，但毒性很强。这种大型的蝎子来自撒哈拉沙漠以及中东地区，可使人毙命。

7–10 cm
2¾–4 in

巴拿马盲蛛
Vonones sayi
华丽盲蛛科
盲蛛有未分节的身体，无毒。包括这种美洲种在内的一些种类，会产生难闻的化学物质来逼退天敌。

1 cm
⅜ in

3–4 cm
1¼–1½ in

辅助螯肢的须肢

一对小眼睛

大的螯肢

分节的腹部

腿一样的须肢

2.5–3 cm
1–1¼ in

美洲避日蛛
Eremobates sp.
避日蛛科
美洲避日蛛是一类长有大颚的太阳蛛。这种夜行动物生活在北美洲和中美洲的温暖地带。

8–10 cm
3¼–4 in

着色避日蛛
Metasolpuga picta
避日蛛科
避日蛛，也叫作驼蛛，生活在沙漠里，行动迅速，为蜘蛛的近亲。

5–8 cm
2–3¼ in

阿拉伯盔驼蛛
Galeodes arabs
盔驼蛛科
太阳蛛中最大的一属，为常见种。这种蜘蛛因为能够忍受沙暴而得名。

0.2–0.5 mm
¹⁄₆₄ in

粗脚粉螨
Acarus siro
粉螨科
这是一种主要以仓储谷物为食的害虫。像其他种螨一样，粗脚粉螨也会使人产生过敏反应。

2 mm
¹⁄₁₆ in

秋收恙螨
Neotrombicula autumnalis
恙螨科
成年秋收恙螨为素食动物，但是它们的幼虫却在人和其他动物的皮肤上觅食。它们的进食会使皮肤产生强烈的反应。

3–5 mm
¹⁄₈–³⁄₁₆ in

天鹅绒螨
Trombidium holosericeum
绒螨科
这是一种遍布欧亚的绒螨。幼年时寄生在其他节肢动物身上，成年后变成食肉动物。

0.5 mm
¹⁄₆₄ in

二斑叶螨
Tetranychus urticae
叶螨科
叶螨是一种吸食植物汁液的螨。它们能伤害植物，并传播病毒性疾病。

8–12 mm
⁵⁄₁₆–½ in

身上有独特的白点

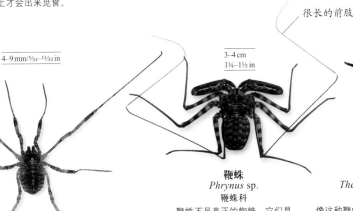

美洲花蜱
Amblyomma americanum
硬蜱科
与其他种类的吸血蜱类似，这种常见于美国丛林的蜱也会传播许多致病菌。

1–2 mm
¹⁄₃₂–¹⁄₁₆ in

角瓦螨
Varroa cerana
瓦螨科
它们寄生在蜜蜂身上。幼年时以蜜蜂幼虫为食，成年后依附在蜜蜂身上，并随着蜜蜂迁移到其他蜂巢。

0.5 mm
¹⁄₆₄ in

人疥螨
Sarcoptes scabiei
疥螨科
这种小型螨可以钻进各种哺乳动物皮肤内，并在那里度过整个生命。它们能使人类患上疥疮，使食肉动物患上兽疥癣。

0.5–1 mm
¹⁄₆₄–¹⁄₃₂ in

鸡皮刺螨
Dermanyssus gallinae
刺螨科
鸡皮刺螨是一种吸血性的家禽寄生虫。通常生活在远离寄主的缝隙中，并在那里度过整个生命。它们只有到晚上才会出来觅食。

0.5 mm
¹⁄₆₄ in

波斯锐缘蜱
Argas persicus
软蜱科
这种蜱身体柔软，呈椭圆形，为吸血性寄生虫，可以寄生在包括家鸡在内的各种禽类身上。它们能够在鸟类之间传播疾病，并造成鸟类瘫痪。

1–1.5 cm
³⁄₈–½ in

多刺盲蛛
Discocyrtus sp.
膝形盲蛛科
这种南美洲盲蛛的后肢很小，但却可以作为防御工具对抗捕食者。通常生活在森林里的石头或者原木下面。

长奇盲蛛
Phalangium opilio
长奇盲蛛科
一种普通的盲蛛，分布于欧亚大陆和北美，雄蛛长有一个突出的角状的下颚。

4–9 mm/⁵⁄₃₂–¹¹⁄₃₂ in

3–4 cm
1¼–1½ in

鞭蛛
Phrynus sp.
鞭蛛科
鞭蛛不是真正的蜘蛛。它们具有长长的鞭子一样的前肢以及抓捕猎物的螯，无毒，生活在热带。

2–3 cm
¾–1¼ in

螯状须肢

很长的前肢

鞭蝎
Thelyphonus sp.
鞭蝎科
像这种鞭蝎一样的热带鞭蝎都有一个鞭状的尾巴，但是上面无刺也无毒。然而，它们却能从腹部喷出酸性液体。

≫

悉尼漏斗网蛛
Atrax robustus
异纺蛛科
这种分布在澳大利亚的蜘蛛很有攻击性，雌蛛生活在漏斗形的洞穴内，洞口布有蛛丝。咬伤其他动物的危险举动多发生在雄蛛寻找配偶时。

2–7 cm
¾–2¾ in

墨西哥红膝蛛
Brachypelma smithi
捕鸟蛛科
墨西哥红膝蛛体型较大，俗称捕鸟蛛或者塔兰图拉毒蛛。它们以大的昆虫为食，很少捕食脊椎动物。

5–7.5 cm
2–3 in

玻利维亚白膝蛛
Acanthoscurria insubtilis
捕鸟蛛科
像这种南美大型蜘蛛，通常生活在啮齿动物废弃的洞穴内。虽然它们俗名叫作捕鸟蛛，但它们其实并不捕食鸟类。

5–7.5 cm
2–3 in

非洲橙巴布
Theraphosa blondi
捕鸟蛛科
非洲巴布蜘蛛之所以得名，是因为它们的步足和狒狒的手指很像。与其他巴布蜘蛛一样，非洲橙巴布也是用螯肢和须肢挖洞。

须肢

12–14 cm
4¾–5½ in

前端长有螯爪的螯肢

八只小眼

多毛的褐色

纺绩突

北美螲蟷
Ummidia audouini
螲蟷科
这种北美蜘蛛会用蛛丝制作一个塞子一样的陷阱门，被绊倒的猎物会通过连通到洞穴内的蛛丝，给等在洞穴下面的捕食者发出信号。

家卵形蛛
Oonops domesticus
卵形蛛科
这种小型的粉色六眼蜘蛛生活在欧亚大陆的温暖地区。但在包括英国在内更北的地区，仅在室内发现过它们的踪迹。

石蜘蛛
Dysdera crocata
石蛛科
这种夜行性的欧洲蜘蛛长有很大的毒牙，用来捕捉和撕碎木虱坚硬的外骨骼。它们通常生活在木虱富集的潮湿环境。

1–1.2 cm
⅜–½ in

0.6–1.6 cm
¼–½ in

腿上长有白色条带

科氏隆头蛛
Eresus kollari
隆头蛛科
这是一种欧亚大陆蛛，只有雄性具有瓢虫花纹。洞穴通常选在山坡，它们利用布满蛛丝的洞穴捕捉猎物。

戈那蛛
Gonatium sp.
皿蛛科
这种分布在北半球的蜘蛛为小"金钱蛛"的典型种，它们可以织出一张很薄的网，随风旅行。

3 mm
⅛ in

3–6 mm
⅛–¼ in

胸斑花皮蛛
Scytodes thoracica
花皮蛛科
北半球胸斑花皮蛛行动缓慢，在撕咬猎物之前，先喷出一种黏黏的毒液固定住猎物。这种蜘蛛遍布北半球。

4–13 mm
⁵⁄₃₂–½ in

十字园蛛
Araneus diadematus
园蛛科
十字园蛛生活在北半球，能织出圆圆的网，经常出现在森林、荒野以及花园的环境中。不管它们在什么环境里都会因背部的白色十字而显得非常醒目。

7–10 mm
⁷⁄₃₂–⅜ in

家幽灵蛛
Pholcus phalangioides
幽灵蛛科
这种细腿蜘蛛在受到惊扰时会振动蛛网。世界上大部分幽灵蛛科的蜘蛛都生活在屋内，只有一些生活在洞穴内。雌性经常用颚携带它们的卵。

卵囊

1.2 cm
⅜ in

蒙氏窨蛛
Meta menardi
园蛛科
这种欧洲蜘蛛属于窨蛛属，通常生活在洞穴内，并将水滴形的卵囊挂在洞中。

2–9 mm
¹⁄₁₆–¹¹⁄₃₂ in

乳头棘蛛
Gasteracantha cancriformis
园蛛科
这种蜘蛛生活在美国南部以及加勒比地区，是美洲园蛛科的一种，身上长有防御性的体刺，身体和体刺的颜色比较多变。

4–13 mm
³⁄₃₂–½ in

红斑蛛
Latrodectus mactans
球蛛科
这种北美洲的蜘蛛为小型蛛，有毒，对人类来说非常危险。有时雌蛛在交配完之后会吃掉较小的雄蛛。

2–2.7 cm
¾–1 in

穴居狼蛛
Lycosa tarantula
狼蛛科
这种蜘蛛是唯一真正的狼蛛，是欧洲地中海地区狼蛛科的一个大种，但不要与长毛的捕鸟蛛混淆。

5–8 mm
³⁄₁₆–⁵⁄₁₆ in

革带豹蛛
Pardosa amentata
狼蛛科
这种褐色的蜘蛛为典型的狼蛛，不结网，在地面捕食。雌蛛携带卵囊，幼蛛趴在母亲背上。

奇异盗蛛
Pisaura mirabilis
盗蛛科
这种蜘蛛生活在欧亚大陆，雌蛛会先用蛛丝织一个囊，用这个囊来保护正在孵化的卵，然后用颚将卵囊衔在身下。

用颚携带的卵囊

1–1.5 cm
³⁄₈–½ in

0.6–4.5 cm
¼–1¾ in

棒脚络新妇
Nephila clavipes
络新妇科
这种蜘蛛是热带类群里唯一的美洲种，因腿上长有羽毛状的毛而变得非常有名。

头胸部具明显的灰纹

深色、绒状的腹部

水涯狡蛛
Dolomedes fimbriatus
狡蛛科
一种生活在沼泽里的欧洲蜘蛛，会用腿振动水面来吸引小鱼，并以小鱼为食。

0.8–2 cm
⁵⁄₁₆–¾ in

水蛛
Argyroneta aquatica
并齿蛛科
这种分布在欧亚大陆的蜘蛛是唯一的水生蜘蛛。它们会在水下建造一个充气的小室，并在里面食用它们的猎物。猎物中包括小鱼。

1–2.2 cm
³⁄₈–⁷⁄₈ in

木土隅蛛
Tegenaria duellica
漏斗蛛科
这类蜘蛛建造的蛛网非常薄，形成一个管状隐藏所，整个北半球都有分布。

1–1.8 cm
³⁄₈–¾ in

2–4.5 cm
¾–1¾ in

巴西游走蛛
Phoneutria nigriventer
栉足蛛科
游走蛛得名于它们经常夜间游荡的习性。对于动物来说，被这种来自巴西丛林的蜘蛛咬到的话会很危险。

3–11 mm
⅛–½ in

弓足梢蛛
Misumena vatia
蟹蛛科
这种蜘蛛生活在北半球。雌蛛为了捕捉吸食花蜜的昆虫，能将自己的颜色进行从白色到黄色的各种改变，以便伪装在花朵中。

2.2–2.8 cm
⁷⁄₈–1⅛ in

白额高脚蛛（白额巨蟹蛛）
Heteropoda venatoria
巨蟹蛛科
遍生于热带及亚热带地区，这种大型但无害的蜘蛛有时很受家庭欢迎，因为它们可以帮助捕食蟑螂。

朝向前方的大眼睛，是用来判断距离的

较粗的前腿

华丽跳蛛
Chrysilla lauta
跳蛛科
在热带地区，跳蛛种类特别多样。包括这种东亚跳蛛在内的蜘蛛的颜色都非常鲜艳，有时这会有助于它们之间的互相交流。

3–9 mm
⅛–³⁄₈ in

5–7 mm
³⁄₁₆–⁷⁄₃₂ in

弓拱猎蛛
Evarcha arcuata
跳蛛科
很多跳蛛都有敏锐的双眼视觉，以及复杂的求爱行为，这种生活在欧亚大陆草地上的跳蛛也不例外。

墨西哥红膝蛛

Brachypelma smithi

结实并且长毛的身体让墨西哥红膝蛛看起来更像哺乳动物，而不像蜘蛛。雌蛛可以活30年，这在无脊椎动物中是非常罕见的，而雄蛛只能活6年。墨西哥红膝蛛因为体型的原因，也被授予了"捕鸟蛛"的绰号。尽管它们大多情况下以节肢动物为食，但只要有合适的机会，它们也会捕食小型哺乳动物和爬行动物。在原产地墨西哥，红膝蛛通常生活在堤坝的洞穴里，并在里面蜕皮、产卵、伏击猎物。由于栖息地的破坏，红膝蛛现在面临威胁，而且，因它们也是一种很流行的宠物，经常会被捕捉来饲养。

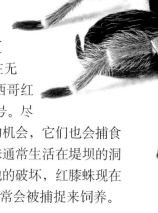

大小	身长5~7.5厘米
生境	热带落叶林
分布	墨西哥
食物	大多数昆虫

< 眼睛

像大多数蜘蛛一样，这种毒蛛的头前也有8只小眼。但即便这样，它的视力还是很弱，大多时候还是依靠触觉去感知周围的环境以及捕猎。

< 关节

像所有节肢动物一样，这种毒蛛的腿也有关节。每条腿都包含7个管状部分，每一部分都具外骨骼，并连接各个灵活的关节。肌肉牵引着关节让这些部分进行运动。

腿上长有特殊的毛，对空气运动和触碰很敏感 ——

有垫的足

< 足

每只足的尖端都有两个爪，便于移动时可以抓牢地面。其他的捕食性蜘蛛，还有小细毛组成的脚垫，这样在光滑的表面行走时也可以产生额外的抓地力。

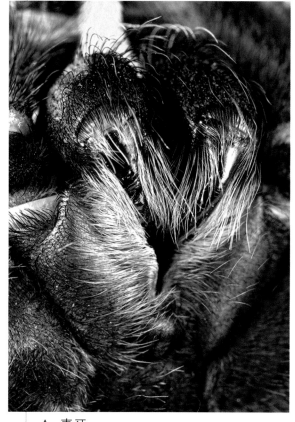

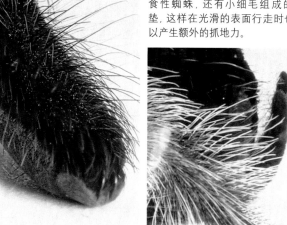

< 纺绩突

这种毒蛛的腹部有一腺体，能产生液态形式的丝，并用后腿把丝从纺绩突中拉出来。丝可以凝固成线，蜘蛛可以用这样的线制作卵茧，或者连通洞穴。

∧ 毒牙

这种毒蛛袭击猎物时，它们的毒牙会搅合在一起。与大多数蜘蛛不同，它们的毒牙在攻击猎物时彼此会形成一个角度。它们的蛛头内有肌肉质的毒囊，两只毒牙从毒囊内向猎物注射毒液，使猎物麻痹。

黑色的腹部，包含墨西哥红膝蛛许多重要的内脏

橘红色的膝盖

∧ 长毛的武器

就像一些热带美洲毒蛛一样，这种蜘蛛也会摩擦后肢，从腹部发射许多长着倒钩的有刺痛感的毛来保护自己。这些刺痒的毛很小很轻，能够成团地飘到捕食者的脸上，进入眼睛、鼻子和嘴巴里。触碰皮肤后会产生强烈的刺痛感。

用于捕食、寻找猎物以及运送给雌蛛精子的须肢

腹面 ＞

头和胸合为一个身体部分，包括腿和口器。腹部有用于呼吸和繁殖的孔，后面还有两对纺绩突。

海蜘蛛

这些海生动物看起来非常脆弱。它们生活在热带浅海的海草中和珊瑚礁里。体型最大的种类生活在深海里。

海蜘蛛属于海蜘蛛纲（Pycnogonida），它们并不是真正的蜘蛛，与其他节肢动物非常不同。科学家们认为它们属于远古种类，与现存任何种类都无亲缘关系。也有人认为它们与蛛形纲有较远的亲缘关系。大多数海蜘蛛都很小，体长不到1厘米。它们有3~4对足，头和胸已经合为一体。它们没有爪形口器，而有一张尖刺状的嘴，可以像皮下注射器一样吸食无脊椎动物的体液。海蜘蛛细长的身体意味着它们不需要鳃，直接从身体表面将氧气渗入每个细胞。

门	节肢动物门
纲	海蜘蛛纲
目	1
科	8
种	约1000

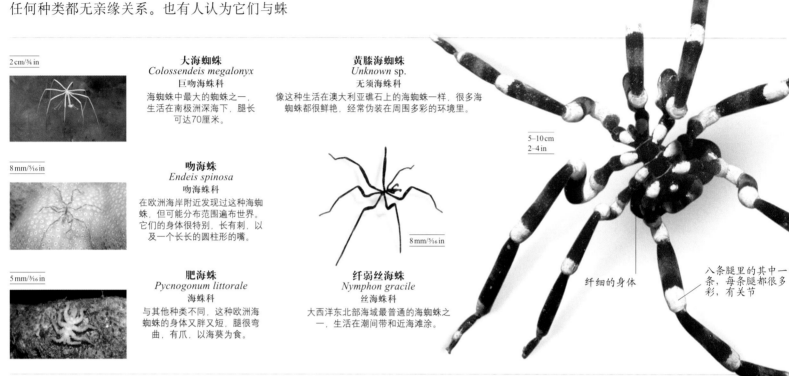

2 cm/¾ in

大海蜘蛛
Colossendeis megalonyx
巨吻海蛛科
海蜘蛛中最大的蜘蛛之一，生活在南极洲深海下，腿长可达70厘米。

8 mm/⁵⁄₁₆ in

吻海蛛
Endeis spinosa
吻海蛛科
在欧洲海岸附近发现过这种海蜘蛛，但可能分布范围遍布世界。它们的身体很特别，长有刺，以及一个长长的圆柱形的嘴。

5 mm/³⁄₁₆ in

肥海蛛
Pycnogonum littorale
海蛛科
与其他种类不同，这种欧洲海蜘蛛的身体又胖又短，腿很弯曲，有爪，以海葵为食。

黄膝海蜘蛛
Unknown sp.
无须海蛛科
像这种生活在澳大利亚礁石上的海蜘蛛一样，很多海蜘蛛都很鲜艳，经常伪装在周围多彩的环境里。

8 mm/⁵⁄₁₆ in

纤弱丝海蛛
Nymphon gracile
丝海蛛科
大西洋东北部海域最普通的海蜘蛛之一，生活在潮间带和近海滩涂。

5–10 cm
2–4 in

纤细的身体

八条腿里的其中一条，每条腿都很多彩，有关节

鲎

肢口纲（Merostomata）是一个小纲，是蜘蛛和蝎子的海生近亲。由于史前就已经存在了，因此它们被称为"活化石"。

鲎（俗称马蹄蟹）在史前种类非常丰富，很可能是地球上第一种螯肢动物。且不说它们坚硬的甲壳，仅凭具有螯状口器以及没有触角这两点就可以判断，鲎是与蛛形纲关系最近的动物。书肺是蛛形纲动物在陆地上用来呼吸的器官。与之类似，鲎腹部下面有形似树叶的鳃，这种鳃就是书肺的前身。鲎的须肢成为了它的第五对足，比蜘蛛多了一对腿。鲎在泥泞的海水中挖掘、寻找猎物。繁殖期间大量的鲎爬上海岸，在沙子里产下自己的卵。

门	节肢动物门
纲	肢口纲
目	1
科	1
种	4

40–60 cm/16–23½ in

中华鲎
Tachypleus tridentatus
鲎科
这种鲎通常在东亚海域的沙滩上产卵。由于栖息地被破坏和污染，中华鲎在很多分布区内都几近灭绝。

合在一起的头和胸上覆盖有甲壳

像尾巴一样长长的尾剑

带刺的腹部

美洲鲎
Limulus polyphemus
鲎科
这种鲎生活在大西洋西北部海域，它们在春天聚集，成群地沿着美洲海岸，特别是墨西哥湾周围繁殖。

40–60 cm
16–23½ in

甲壳类

大多数甲壳类动物都是水生的，用鳃呼吸，有用于爬行或者游泳的附肢。仅有几类成年时静止生活、寄生生活或者陆生生活。

甲壳亚门 (Crustacea) 动物的身体基本结构包括头、胸和腹三部分，但有的类群的头和胸会愈合在一起。蟹、龙虾和对虾头部背缘的体壁向后生长，形成了覆盖住整个头部和胸部的背甲。甲壳类动物是唯一具有两对触角以及原始双叉步足的节肢动物。胸上的步足通常是用来行走的，但是有些种类的步足是作为捕食或防御用的螯。甲壳类动物也有发达的腹足，经

常用来孵化幼体。鳃可以让甲壳类动物在水里生活，鼠妇和一些蟹类有特化的呼吸器官，这让它们可以在陆地上的潮湿环境中生活。

因为一直要在水下生活，而水的浮力又可以支撑它们的重量，甲壳动物进化出了又厚又重的外骨骼。一些种类的外骨骼硬如矿石，但当蜕皮时，这件外衣就会被重新吸收、脱落。

甲壳动物可以浮在水里，所以甲壳动物比它们的陆生近亲大一些。世界上最大的节肢动物是日本深海蜘蛛蟹（腿长4米）。与之相反，许多甲壳动物也是浮游动物，例如甲壳动物微小的幼体或者成体小虾以及磷虾。

门	节肢动物门
亚门	甲壳亚门
目	42
属	约850
种	约50000

讨论

甲壳类动物的祖先

甲壳动物有许多独一无二的特征，比如具有两对触角，再比如具有双叉的步足，这些都意味着它们起源于一个共同的祖先。然而，DNA分析显示，昆虫也起源于甲壳动物。

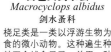

水蚤及其近亲

鳃足纲 (Branchiopoda) 主要是淡水生活的甲壳动物，是浮游生物。在刚刚形成的水塘中很常见，以卵的形式长期存活于干燥环境中。它们的胸部长有叶状的足，用于呼吸和过滤食物。水蚤的典型特征就是被包在一个透明的壳里。

卤虫
Artemia salina
卤虫科
这种身体柔软、长有柄眼、上下翻腾的动物生活在世界各地的盐湖中。有硬壳的卵可以在干燥环境中存在数年。

大型溞
Daphnia magna
溞科
这种北美水蚤与它的近亲一样，能够在壳内孵卵。由于这些孵化的卵都是未受精的，可以在整个池塘快速繁殖。

2–5mm
1/16–3/16 in

1.5mm
1/16 in

诺氏僧帽溞
Evadne nordmanni
圆囊溞科
之所以称之为水蚤，是因为它们上下翻动的游泳姿势。多数水蚤生活在静止的淡水池塘里，然而这种水蚤却是一种生活在盐水里的海生浮游生物。

春塘鲎虫
Lepidurus packardi
鲎虫科
鲎虫是一类古老的底栖甲壳动物，通常生活在短时形成的淡水水塘里。这种加州种类的近亲已经在2.2亿年的进化中逐渐变小。

2条尾巴

5 cm
2 in

藤壶和桡足类

与其他海生甲壳动物一样，颚足纲 (Maxilopoda) 的生命起始于微小的浮游幼体。藤壶幼体彼此连接，头朝下地固着在岩石上。大多桡足类动物都自由游动，但也有一些为寄生种。

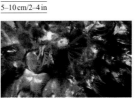

0.5–1.5cm
3/16–1/2 in

普通藤壶
Semibalanus balanoides
古藤壶科
这种潮间带里的藤壶对干燥环境很敏感，在北大西洋岩石海岸线的藤壶区域数量最多。

5–10cm/2–4 in

大藤壶
Balanus nubilus
藤壶科
这种藤壶为世界上最大的藤壶，固着在太平洋和北美海域潮间带下的岩石上。

1.8 cm/3/4 in

海虱
Caligus sp.
鱼虱科
这种藤壶是一类有代表性的寄生在海洋鱼类身上的藤壶，主要寄生于鲑鱼及其近亲身上。

2–3 cm
3/4–1 1/4 in

鳞笠藤壶
Tetraclita squamosa
笠藤壶科
这种藤壶生活在印度洋和太平洋海滨潮间带区域。近期研究表明它们由一些相似种组成。

白色大剑水蚤
Macrocyclops albidus
剑水蚤科
桡足类是一类以浮游生物为食的微小动物。这种遍生种甚至会捕食孑孓，并用一种潜在的方式控制这些昆虫。

1–2.5mm
1/32–1/8 in

深海鹅颈藤壶
Neolepas sp.
铠茗荷科
这种鹅颈藤壶群居于海底的火山口周围，并在此滤食包括细菌在内的其他种类的有机物。

5–10cm/2–4 in

茗荷
Lepas anatifera
茗荷科
茗荷大多通过灵活的柄固着在海洋沉船上。这种藤壶生活在大西洋东北部的温暖水域。

8–90 cm/3 1/4–36 in

鱼虱
Argulus sp.
鱼虱科
这是一种扁平的卵形甲壳动物，游得很快。它们会用吸盘吸附在鱼的表面，吸取血液。

0.5–1 cm
3/16–3/8 in

3–5 mm
1/8–3/16 in

北极哲水蚤
Calanus glacialis
哲水蚤科
这种藤壶为北冰洋浮游生物，是食物链上一个重要的部分。

介形虫

介形虫属于介形纲 (Ostracoda)。介形虫的整个身体都被包在两瓣绞合的甲壳里，仅肢体会伸出来。如果受到威胁，它会把自己关在甲壳里面。这种小甲壳动物在淡水或者海水的植被里爬行，有些还可以用它们的触角游泳。

2—3 cm
¾—1¼ in

大介虫
Gigantocypris sp.
海萤科
多数介虫是一种有两瓣壳的小型甲壳类动物，但这种介虫却是深海大型种。它们还会用大大的眼睛找寻发光的猎物。

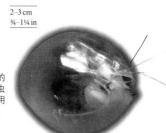

0.5—2 mm
¹⁄₆₄—¹⁄₁₆ in

缓行介虫
Cypris sp.
金星介科
这种小型的硬壳介虫是一类常见的淡水甲壳动物，爬行于河底碎石之间。

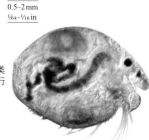

蟹类及其近亲

软甲纲 (Malacostraca) 是甲壳动物中种类最多的一个类群。它的整个身体由头、胸和有许多步足的腹构成。这一纲中包括两个大目：一个是十足目动物，它们的头胸部里包含着鳃腔，并由一个甲壳所包被；另一目是等足目动物（鼠妇和它的近亲），无甲壳，是最大的陆生甲壳动物类群。

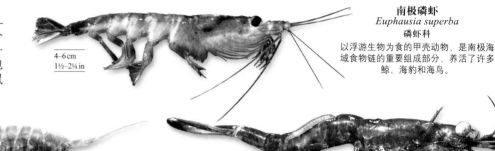

4—6 cm
1½—2¼ in

南极磷虾
Euphausia superba
磷虾科
以浮游生物为食的甲壳动物，是南极海域食物链的重要组成部分，养活了许多鲸、海豹和海鸟。

孑遗糠虾
Mysis relicta
糠虾科
这种半透明的糠虾长有羽毛状的腿，一般会将幼虾放在育儿囊里。这种糠虾生活在北半球的淡水里。

1—1.8 cm
³⁄₈—¾ in

1.5—2.2 cm
½—⅞ in

1—2 cm
³⁄₈—¾ in

蚤状钩虾
Gammarus pulex
钩虾科
这种北欧的巨型端足目动物在淡水溪流中很繁盛，属于食屑淡水虾类。相近种生活在半咸水中。

腹部

跳钩虾
Orchestia gammarellus
击钩虾科
这种跳钩虾是一种端足目动物（侧面扁平的甲壳类动物），生活在欧洲的潮间带。之所以叫作跳钩虾，是因为它能够依靠弹动腹部而跳跃起来。

13 mm/½ in

多刺麦秆虫
Caprella acanthifera
麦秆虫科
与其他麦秆虫类似，这种纤细的捕食性巨型端足目动物步足很少，行动也很缓慢。它们通常依附在欧洲潮间带水坑的水草上。

栉水虱
Asellus aquaticus
栉水虱科
淡水鼠妇科的欧洲近亲，较常见，爬行于静止水体的底泥中。

1—1.5 cm/³⁄₈—½ in

2—3 cm/¾—1¼ in

用来游泳的尾巴

大王具足虫
Bathynomus giganteus
漂水虱科
鼠妇的大型海生近亲，沿海床爬行，以死掉的动物为食，偶尔会捕食活的猎物。

19—36 cm
7½—14 in

海蟑螂
Ligia oceanica
海蟑螂科
一种欧洲大型海滨鼠妇，生活在潮间带上的岩石缝隙中，以碎屑为食。

10—12 cm
4—4¾ in

黑头鼠妇
Porcellio spinicornis
鼠妇科
经常生活在人类周围，特别是富含石灰的生境中。这种特别的鼠妇原产于欧洲，但现在已经入侵北美。

分段的外骨骼

1—1.8 cm
³⁄₈—¾ in

球鼠妇
Armadillidium vulgare
球鼠妇科
鼠妇的典型特征就是被打扰时，会缩成一团。这种鼠妇遍布于欧亚大陆，现在已被引入到世界各地。

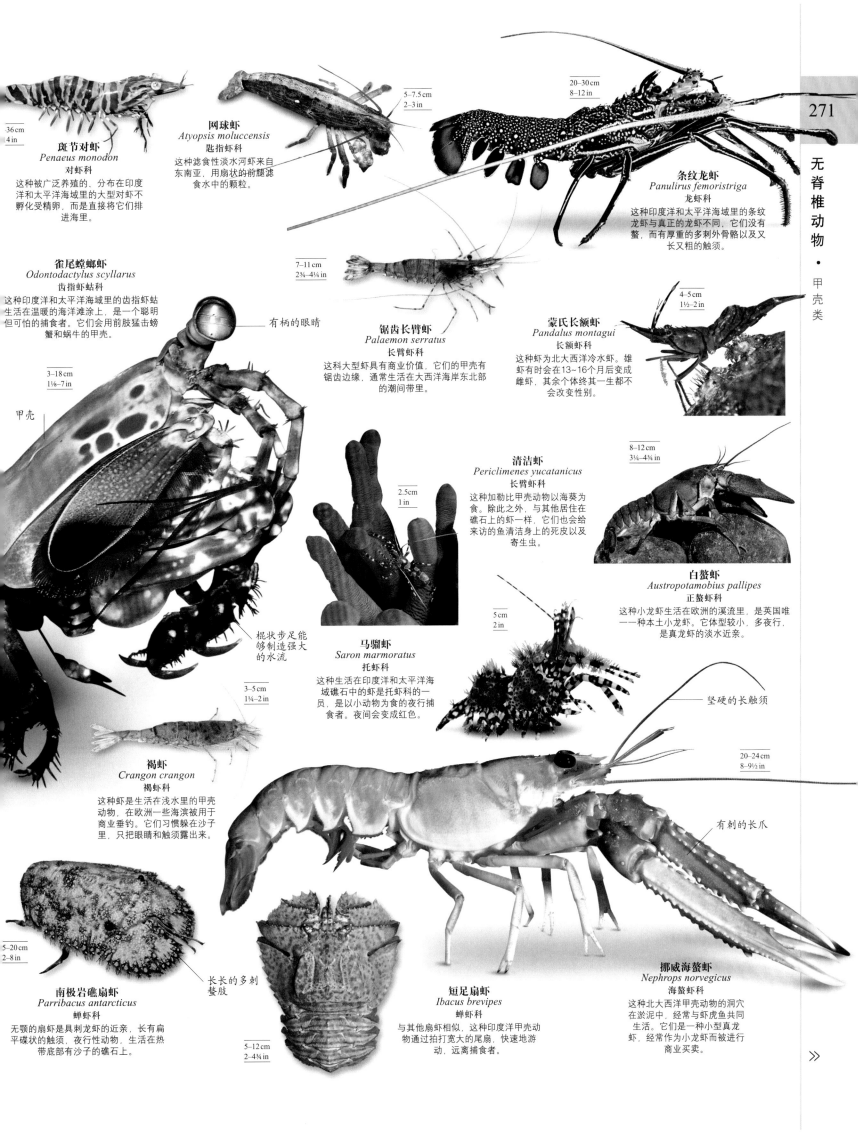

斑节对虾
Penaeus monodon
对虾科
这种被广泛养殖的、分布在印度洋和太平洋海域里的大型对虾不孵化受精卵，而是直接将它们排进海里。

36 cm
4 in

网球虾
Atyopsis moluccensis
匙指虾科
这种滤食性淡水河虾来自东南亚，用扇状的前腿滤食水中的颗粒。

5–7.5 cm
2–3 in

20–30 cm
8–12 in

条纹龙虾
Panulirus femoristriga
龙虾科
这种印度洋和太平洋海域里的条纹龙虾与真正的龙虾不同，它们没有螯，而有厚重的多刺外骨骼以及又长又粗的触须。

雀尾螳螂虾
Odontodactylus scyllarus
齿指虾蛄科
这种印度洋和太平洋海域里的齿指虾蛄生活在温暖的海洋滩涂上，是一个聪明但可怕的捕食者。它们会用前肢猛击螃蟹和蜗牛的甲壳。

有柄的眼睛

锯齿长臂虾
Palaemon serratus
长臂虾科
这科大型虾具有商业价值，它们的甲壳有锯齿边缘，通常生活在大西洋海岸东北部的潮间带里。

7–11 cm
2¾–4¼ in

蒙氏长额虾
Pandalus montagui
长额虾科
这种虾为北大西洋冷水虾。雄虾有时会在13~16个月后变成雌虾，其余个体终其一生都不会改变性别。

4–5 cm
1½–2 in

3–18 cm
1⅛–7 in

甲壳

棍状步足能够制造强大的水流

清洁虾
Periclimenes yucatanicus
长臂虾科
这种加勒比甲壳动物以海葵为食。除此之外，与其他居住在礁石上的虾一样，它们也会给来访的鱼清洁身上的死皮以及寄生虫。

2.5 cm
1 in

8–12 cm
3¼–4¾ in

白螯虾
Austropotamobius pallipes
正螯虾科
这种小龙虾生活在欧洲的溪流里，是英国唯一一种本土小龙虾。它体型较小，多夜行，是真龙虾的淡水近亲。

马骝虾
Saron marmoratus
托虾科
这种生活在印度洋和太平洋海域礁石中的虾是托虾科的一员，是以小动物为食的夜行捕食者。夜间会变成红色。

5 cm
2 in

坚硬的长触须

3–5 cm
1¼–2 in

褐虾
Crangon crangon
褐虾科
这种虾是生活在浅水里的甲壳动物，在欧洲一些海滨被用于商业垂钓。它们习惯躲在沙子里，只把眼睛和触须露出来。

20–24 cm
8–9½ in

有刺的长爪

5–20 cm
2–8 in

长长的多刺螯肢

南极岩礁扇虾
Parribacus antarcticus
蝉虾科
无颚的扇虾是具刺龙虾的近亲，长有扁平碟状的触须，夜行性动物，生活在热带底部有沙子的礁石上。

5–12 cm
2–4¾ in

短足扇虾
Ibacus brevipes
蝉虾科
与其他扇虾相似，这种印度洋甲壳动物通过拍打宽大的尾扇，快速地游动，远离捕食者。

挪威海螯虾
Nephrops norvegicus
海螯虾科
这种北大西洋甲壳动物的洞穴在淤泥中，经常与虾虎鱼共同生活。它们是一种小型真龙虾，经常作为小龙虾而被进行商业买卖。

》

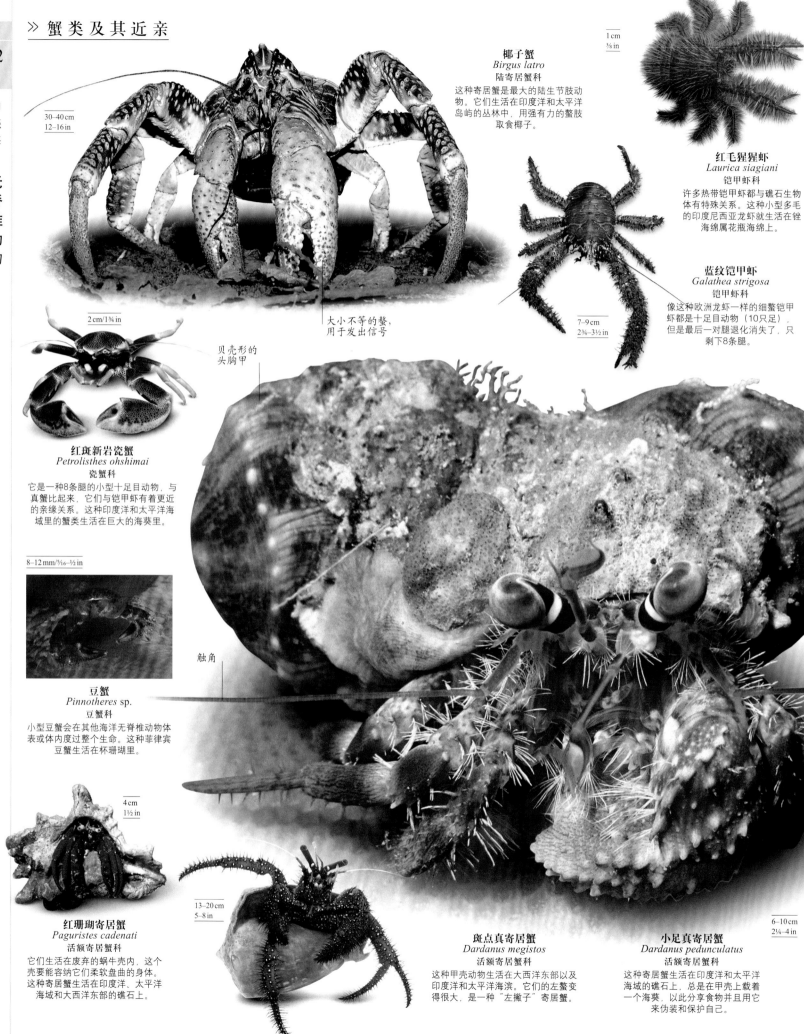

30–40 cm
12–16 in

椰子蟹
Birgus latro
陆寄居蟹科
这种寄居蟹是最大的陆生节肢动物。它们生活在印度洋和太平洋岛屿的丛林中，用强有力的螯肢取食椰子。

1 cm
³⁄₈ in

红毛猩猩虾
Lauriea siagiani
铠甲虾科
许多热带铠甲虾都与礁石生物体有特殊关系。这种小型多毛的印度尼西亚龙虾就生活在锉海绵属花瓶海绵上。

蓝纹铠甲虾
Galathea strigosa
铠甲虾科
像这种欧洲龙虾一样的细螯铠甲虾都是十足目动物（10只足），但是最后一对腿退化消失了，只剩下8条腿。

7–9 cm
2³⁄₄–3¹⁄₂ in

2 cm/1³⁄₄ in

大小不等的螯，用于发出信号

贝壳形的头胸甲

红斑新岩瓷蟹
Petrolisthes ohshimai
瓷蟹科
它是一种8条腿的小型十足目动物，与真蟹比起来，它们与铠甲虾有着更近的亲缘关系。这种印度洋和太平洋海域里的蟹类生活在巨大的海葵里。

8–12 mm/⁵⁄₁₆–¹⁄₂ in

触角

豆蟹
Pinnotheres sp.
豆蟹科
小型豆蟹会在其他海洋无脊椎动物体表或体内度过整个生命。这种菲律宾豆蟹生活在杯珊瑚里。

4 cm
1¹⁄₂ in

红珊瑚寄居蟹
Paguristes cadenati
活额寄居蟹科
它们生活在废弃的蜗牛壳内，这个壳要能容纳它们柔软盘曲的身体。这种寄居蟹生活在印度洋、太平洋海域和大西洋东部的礁石上。

13–20 cm
5–8 in

斑点真寄居蟹
Dardanus megistos
活额寄居蟹科
这种甲壳动物生活在大西洋东部以及印度洋和太平洋海滨。它们的左螯变得很大，是一种"左撇子"寄居蟹。

6–10 cm
2¹⁄₄–4 in

小足真寄居蟹
Dardanus pedunculatus
活额寄居蟹科
这种寄居蟹生活在印度洋和太平洋海域的礁石上，总是在甲壳上载着一个海葵，以此分享食物并且用它来伪装和保护自己。

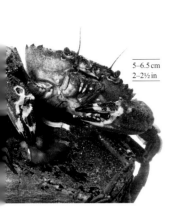

天鹅绒梭子蟹
Necora puber
梭子蟹科

梭子蟹具有船桨一样的后
腿。这种红眼螃蟹非常好斗，
常见于大西洋东北部低海岸
线的礁石海滨。

远海梭子蟹
Portunus pelagicus
梭子蟹科

这种印度洋和太平洋海域里的梭子蟹喜
欢沙地或者泥泞的海岸线，幼蟹可以进
入潮间带区域。与其近亲相似，它们也
以其他无脊椎动物为食。

5–6.5 cm
2–2½ in

5–7 cm
2–2¾ in

5–10 cm
2–4 in

贝壳形的
头胸甲

普通黄道蟹
Cancer pagurus
黄道蟹科

这种近海岸的蟹是商业上最重要的
欧洲蟹。它们有一个与众不同的
"馅饼皮"甲壳，通常能活20多年。

红斑瓢蟹
Carpilius maculatus
瓢蟹科

有三种有亲缘关系的、颜色
鲜艳的并且生活在珊瑚里的
蟹类，它们有很多化石近
亲。这种大型蟹类就是这三
种之一，生活在印度洋和太
平洋海域。

4.5–9 cm
1¾–3½ in

肝叶馒头蟹
Calappa hepatica
馒头蟹科

这种生活在印度洋和太平洋
海域的蟹形如乌龟，在沙里
做穴，习惯用螯保护自己的
脸，因此它还得到了另一个
别名——害羞蟹。

4–6 cm
1½–2¼ in

4–5 cm
1½–2 in

真绵蟹
Dromia personata
绵蟹科

这种大西洋真绵蟹经常带着
海绵，并用海绵来隐藏自
己，以此逃过捕食者。它们
退化了的后腿与那些有亲缘
关系的原始寄居蟹很相似。

2–3 cm
¾–1¼ in

鸭颌玉蟹
Leucosia anatum
玉蟹科

这种多彩的蟹属于一科小
型的、形如珍珠并且有长
螯的蟹类，生活在印度洋
海域。

30–40 cm
12–16 in

巨螯蟹
Macrocheira kaempferi
蜘蛛蟹科

这种蟹腿长4米，是世界上最大的节肢
动物。它们生活在西北太平洋海域，
据说可以活100年以上。

陆地红蟹
Gecarcoidea natalis
地蟹科

这种陆生蟹仅生活在圣诞岛的丛
林洞穴内。每年都有大批的蟹迁
移到海里产卵。

8–10 cm
3¼–4 in

1–3 cm
⅜–1⅛ in

箭蟹
Stenorhynchus debilis
尖头蟹科

箭蟹是一种小型的、长着有柄
眼尖脑袋的蜘蛛蟹。这种分布
在太平洋东部的箭蟹是一种生
活在礁石上的食腐动物。

欧洲溪蟹
Potamon potamios
溪蟹科

这种欧洲南部的淡水蟹是
欧亚大陆碱性淡水蟹的一
员，大部分时间都在陆地
上生活。

4–5 cm
1½–2 in

柄上的眼睛

1–2 cm
⅜–¾ in

凹指招潮蟹
Uca vocans
沙蟹科

招潮蟹是一种在海滩上做穴的
蟹，雄性长着一个大大的用来
发信号的螯。凹指招潮蟹生活
在西太平洋泥泞的海滩上。

2–4 cm/¾–1½ in

丘沙蟹
Ocypode saratan
沙蟹科

沙蟹，如这种分布在印
度洋和太平洋海域的沙
蟹，与招潮蟹的亲缘关
系不近。所有类群都生
活在海滩上，长有柄
眼，行动迅速。

5–6 cm
2–2¼ in

有毛的螯

中华绒螯蟹
Eriocheir sinensis
弓蟹科

这种螯上长毛且穴居的河蟹原产
于东亚，现在被引入到北美和欧
洲，已经成为当地的有害种。

昆虫

昆虫大约在4亿年前出现在陆地上，是当今地球上种类最多的一纲。

经过长期的演化，昆虫已经适应了各种生境，它们大多为陆生，也有许多生活在淡水里，但几乎没有海生昆虫。昆虫纲 (Insecta) 有许多典型特征，比如较小的体型、高效的神经系统、较高的生殖率以及绝大多数昆虫都具有的杰出的飞行能力，这些都使它们能够成功地生活在这个星球上。

昆虫包括甲虫、蝇、蝴蝶、蛾、蚂蚁、蜂以及蜻等。虽然它们外形各异，但还是有一些非常相似的地方。昆虫的身体结构经多次演化，并产生了基于头、胸、腹三个身体结构的许多变化。头由6个愈合的体节组成，包含脑以及主要的感知器官：复眼、次级感光器官——单眼以及触角。口器依照食性的特点演化成两种类型，分别为吸食液体型口器和咀嚼固体型口器。

胸由3个体节组成，每一体节都有一对足。胸部的后两个体节通常每节具有一对翅。每条腿都由几节组成，不同的腿演化出了不同的功能，诸如跳跃、挖掘或者游泳等。腹部通常由11节体节组成，包含消化和繁殖器官。

门	节肢动物门
纲	昆虫纲
目	30
科	约 1000
种	约 1000000

究竟有多少种？

昆虫的实际种类要远远超过迄今描述过的数量，而且每年都有许多种类被发现。估计约有200万种。然而基于在昆虫种类丰富的雨林进行的样方研究显示，地球上可能会有约3000万种昆虫。

衣鱼

这类古老的无翅昆虫属于缨尾目 (Thysanura)，长长的身体上覆盖着鳞片。头上有一对长触角和小眼睛，腹部长有小的尾须。

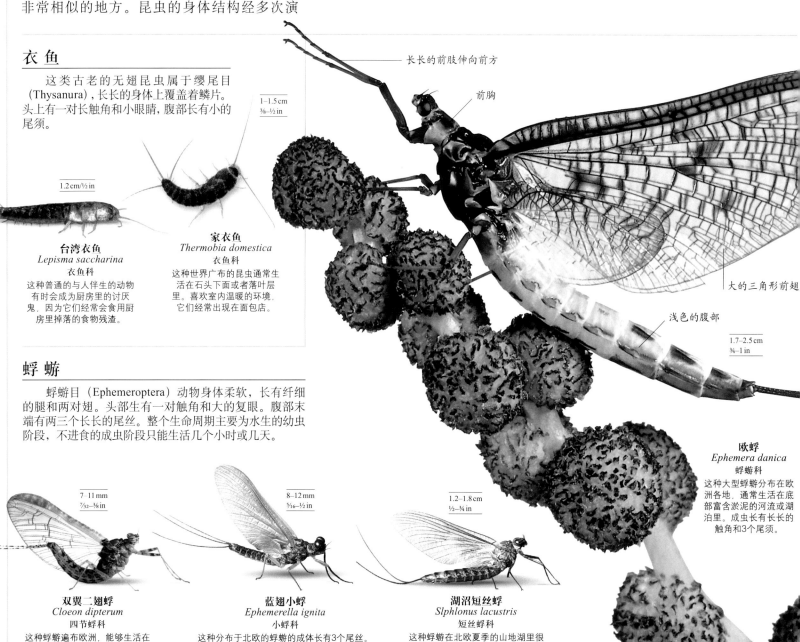

1—1.5 cm
3/8—1/2 in

1.2 cm/1/2 in

台湾衣鱼
Lepisma saccharina
衣鱼科

这种普通的与人伴生的动物有时会成为厨房里的讨厌鬼，因为它们经常会食用厨房里掉落的食物残渣。

家衣鱼
Thermobia domestica
衣鱼科

这种世界广布的昆虫通常生活在石头下面或者落叶层里。喜欢室内温暖的环境，它们经常出现在面包店。

长长的前肢伸向前方

前胸

大的三角形前翅

浅色的腹部

1.7—2.5 cm
3/4—1 in

欧蜉
Ephemera danica
蜉蝣科

这种大型蜉蝣分布在欧洲各地，通常生活在底部富含淤泥的河流或湖泊里。成虫长有长长的触角和3个尾须。

蜉蝣

蜉蝣目 (Ephemeroptera) 动物身体柔软，长有纤细的腿和两对翅。头部生有一对触角和大的复眼。腹部末端有两三个长长的尾丝。整个生命周期主要为水生的幼虫阶段，不进食的成虫阶段只能生活几个小时或几天。

7—11 mm
7/32—3/8 in

8—12 mm
5/16—1/2 in

1.2—1.8 cm
1/2—3/4 in

双翼二翅蜉
Cloeon dipterum
四节蜉科

这种蜉蝣遍布欧洲，能够生活在多种的生境，诸如池塘、水沟、水槽以及水桶里。

蓝翅小蜉
Ephemerella ignita
小蜉科

这种分布于北欧的蜉蝣成体长有3个尾丝。雄性蜉蝣圆圆的眼睛分为两个部分，用上面大一点儿的眼睛来吸引雌性。

湖沼短丝蜉
Slphlonus lacustris
短丝蜉科

这种蜉蝣在北欧夏季的山地湖里很常见，长有两条长长的尾丝以及灰绿色的翅膀，隐翅很小。

豆娘与蜻蜓

这些昆虫属于蜻蜓目（Odonata），它们长长的身体非常特别，上面长有一个灵活的头和大大的眼睛，因此具有很好的、全方位的视觉。成体长有两对大小相同的翅，是飞行迅速的捕食者。幼虫通过特殊的口器捕食水下的猎物。蜻蜓的头很圆，身体很强壮；而豆娘的头很大，两只眼睛分得很开，相比之下身体更纤细些。

天蓝细蟌
Coenagrion puella
细蟌科

这种欧洲西北部的雄性豆娘体色蓝黑相间，经常在飘动的植被上停歇。雌性豆娘也有黑色的斑纹，但是其余部分的颜色为绿色。

3.5 cm/1½ in

透明的翅

分节的腹部

双斑大蜓
Cordulegaster maculata
大蜓科

这种蜻蜓生活在美国东部以及加拿大东南部，喜欢林地里的清澈溪流。

8 cm
3¼ in

王毛伪蜻
Epitheca princeps
伪蜻科

这种毛伪蜻遍布北美，从黎明到黄昏，都可以看到它们在池塘、湖泊、小溪以及河流旁边"巡逻"的身影。

8.5 cm
3¼ in

莎草丝蟌
Lestes sponsa
丝蟌科

这种豆娘常见于欧亚大陆的大片区域，经常在植被茂盛的水体附近停歇或慢慢地飞行。

3.6 cm
1½ in

斑

4.6 cm/1¾ in

斑珈蟌
Calopteryx splendens
珈蟌科

这种大型豆娘来自欧洲西北部。雄性体表为金属蓝绿色，翅斑为蓝紫色。雌性身体为金属绿色，无翅斑。

平原春蜓
Gomphus externus
春蜓科

这种蜻蜓喜欢在温暖的晴天飞行，慢速移动并进行繁殖。常见于美国泥泞的溪流和小河附近。

6 cm
2½ in

长足伟蜓
Anax longipes
蜓科

从巴西到美国的马萨诸塞州都能看到这种伟蜓，它们经常在大池塘或者湖面上，以一种稳定并有规律的方式飞行。

15 cm
6 in

伊利诺伊大伪蜻
Macromia illinoiensis
大伪蜻科

这种生活在北美的蜻蜓通常在多石的小溪或河流周围"巡逻"，但也能在远离水源的路上发现它们飞翔的身影。

7.6 cm
3 in

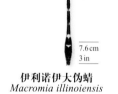

翅膀基部为淡红色

3个长长的尾须

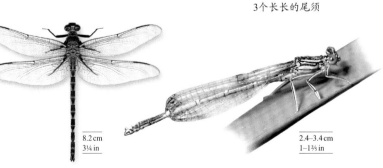

灰瓣尾古蜓
Tachopteryx thoreyi
古蜓科

这种大型蜻蜓生活在北美洲东海岸潮湿的阔叶林中，在沼泽或泉水地带进行繁殖。

8.2 cm
3¼ in

白足扇蟌
Platycnemis pennipes
扇蟌科

这种豆娘生活在欧洲中部，在野草茂盛的沟渠或者河流里慢速移动，进行繁殖。它们后肢的胫节变大，看上去很像轻柔的羽毛。

2.4–3.4 cm
1–1⅓ in

基斑蜻
Libellula depressa
蜻科

这种欧洲中部的蜻蜓通常在沟渠以及池塘里繁殖。雄性的上腹为蓝色，而雌性为淡黄褐色。

4–4.6 cm
1½–1¾ in

红色或暗橘色的腹部

大火斑蜻
Libellula saturata
蜻科

这种蜻蜓常见于美国西南部，喜欢温暖的池塘以及溪流，甚至很热的温泉。

7.6 cm
3 in

石蝇

襀翅目（Plecoptera）动物身体柔软而纤细，长有一对细细的尾须以及两对翅。稚虫水生。

2–2.8 cm/¾–1 in

斑石蝇
Perla bipunctata
石蝇科
雄虫喜欢多石的山溪，翅膀较短，为雌虫的一半大小。

0.9–1.3 cm
¹¹⁄₃₂–½ in

黄石蝇
Isoperla grammatica
石蝇科
这种昆虫在石灰岩地区特别常见，喜欢清澈的、布满石子的溪流或者多石的湖泊。雄虫比雌虫短。

竹节虫和叶䗛

这些草食性的昆虫行动缓慢，属于竹节虫目（Phasmatodea），有着棍状或叶片状的身体，体表光滑或多刺。一些种类很善于伪装并躲避捕食者。

双带缺翅䗛
Anisomorpha buprestoides
竹节虫科
这种昆虫生活在美国南部，能从胸部的腺体里喷出一种酸性的防御性液体。

4.2–6.8 cm
1½–2½ in

丛林女神竹节虫
Heteropteryx dilatata
异翅竹节虫科
这种让人印象深刻的昆虫生活在马来西亚。雌虫暗绿色，雄虫体型较小，无翅，淡褐色。

15.5 cm
6 in

爪哇叶䗛
Phyllium bioculatum
叶䗛科
这种东南亚昆虫的雌虫体型较大，有翅并且外形非常像树叶。雄虫体型较小，较纤细，褐色。

7–9.4 cm
2¾–3¾ in

大的扇形透翅

扁平叶状腹部

蠼螋

这种纤细稍扁的食屑昆虫属于革翅目（Dermaptera）。前翅较短，较大的扇形后翅折叠在后面。灵活的身体末端长着一对多用途的夹子。

1.4 cm
½ in

普通蠼螋
Forficula auricularia
蠼螋科
这种昆虫生活在树皮下面或者落叶层中。雌虫照料它们的卵并且喂养若虫。

1.8 cm
¾ in

溪岸蠼螋
Labidura riparia
蠼螋科
这种蠼螋为欧洲最大的蠼螋，在沙质河堤和沿海地区特别普遍。

螳 螂

这类捕食性昆虫属于螳螂目（Mantodea），有着一个三角形、高度灵活的头，头上长有大大的眼睛。增大的多刺前腿经过演化，特别适合抓住猎物。一对坚韧的前翅可以保护折叠在后面的膜状后翅。

三角形头部上的大复眼

延长的前胸

叶状前翅

5–7.4 cm
2–3 in

多刺的大前臂

薄翅螳
Mantis religiosa
螳螂科
螳螂能够迅速袭击猎物，并用前臂上的刺刺穿猎物。

头冠

6 cm
2¼ in

欧洲锥头螳
Empusa pennata
锥头螳科
这种欧洲南部的螳螂体型纤细，长有一个特别的头冠。体色为绿色或褐色，以小型蝇类为食。

3–6 cm
1¼–2¼ in

兰花螳螂
Hymenopus coronatus
花螳科
这种东南亚螳螂可以模仿花的颜色，腿也很像花瓣，所以它们能够隐藏在植物中伏击小型昆虫。

蟋蟀和蚱蜢

直翅目（Orthoptera）主要为食草性动物，两对翅，但一些种类的翅膀较短或者没有翅膀。后足用于跳跃，所以通常很大。它们通过摩擦前翅或者用前腿摩擦翅缘进行鸣叫。

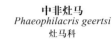

褐色雏蝗
Chorthippus brunneus
剑角蝗科

褐色雏蝗常见于短草的干旱牧场，晴天时非常活跃。

惠灵顿沙螽
Hemideina crassidens
沙螽科

这种夜行性昆虫原产于新西兰，通常生活在腐烂的木头以及树桩里。它们以植物或者小型昆虫为食。

中非灶马
Phaeophilacris geertsi
灶马科

这种分布于中非的蟋蟀为杂食性昆虫，长着长长的触须，非常适应生活在黑暗的小生境里。

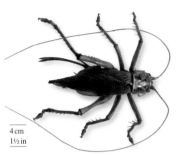

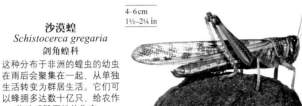

沙漠蝗
Schistocerca gregaria
剑角蝗科

这种分布于非洲的蝗虫的幼虫在雨后会聚集在一起，从单独生活转变为群居生活。它们可以蜂拥多达数十亿只，给农作物造成毁灭性的伤害。

橡丛蚤螽
Meconema thalassinum
螽斯科

这种欧洲螽斯生活在阔叶林中，天黑之后捕食小型昆虫。雌性螽斯有一个长长的弯曲的产卵瓣。

突起的表面

用于产卵的产卵瓣

卷叶蟋螽
Gryllacris subdebilis
蟋螽科

这种澳洲蟋蟀的翅膀相对而言比较长，触角也很长，可达到身体的三倍。

欧洲蝼蛄
Gryllus bimaculatus
蝼蛄科

这种来自欧洲的昆虫会用强壮的前臂挖掘，就像一只小型的鼹鼠。它们通常生活在河流附近的草场或者堤坝上，因为那里的土壤是潮湿的，也是沙质的。

家蟋
Acheta domestica
蟋蟀科

家蟋为夜行性昆虫，能够发出一种引人注意的鸣叫声。它们起初产自亚洲西南部以及北非，现在已经扩散至欧洲。

双斑大蟋
Gryllotalpa gryllotalpa
蟋蟀科

这种蟋蟀遍布于欧洲南部、部分非洲以及亚洲地区，生活在地面上的木头或者碎屑下面。

亮红色条纹

发泡锥头蝗
Dictyophorus spumans
锥头蝗科

这种南非蝗虫的亮红色提示着它们是有毒的。它们能够从胸腺里产生有毒的泡沫。

蟑螂

蜚蠊目（Blattodea）动物为食屑昆虫。它们长着一个扁平的椭圆形身体，朝下的头经常隐藏在盾形的前背板里，通常长有两对翅，腹部末端有一对起感知作用的尾叉或尾须。

马达加斯加发声大蠊
Gromphadorhina portentosa
折翅蠊科

全世界都有人饲养这种大型无翅的蟑螂作为宠物。雄虫胸部有突起，用于雄性之间的决斗。

白蚁

这些筑巢的社会性昆虫属于等翅目（Isoptera），生活在有不同等级的群体中：有负责繁殖的蚁王和蚁后，还有工蚁和兵蚁。工蚁普遍颜色暗淡，无翅；蚁王和蚁后有翅，但在进行完婚飞之后就会脱落；兵蚁有很大的头和颚。

台湾乳白蚁
Coptotermes formosanus
白蚁科

原产于中国南部（包括台湾）以及日本，现已入侵到世界各地，成为当地比较严重的害虫。

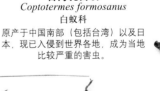

较短的尾须

若虫

浅褐色前背板

灰姬蜚蠊
Ectobius lapponicus
姬蜚蠊科

这种欧洲蟑螂体型较小，行动迅速，通常生活在落叶层中，偶见于植物体上。已被人为引入到美国。

美洲大蠊
Periplaneta americana
蠊科

这种昆虫原产于非洲，现在已经遍布世界各地。它们生活在船上以及食物储藏室里。

美古白蚁
Zootermopsis angusticollis
原白蚁科

这种白蚁生活在北美太平洋沿海国家，在腐朽的生有真菌的木头中筑巢，并以此为食。

腹部具成列的
刺状突起

后足长有又
大又强壮的
刺裂,具有
防御作用

起抓握和防
御作用的爪

翅芽

胸部和头部上面生有
带黑尖的刺

∧ 幼年

　　小且非重叠的翅芽显示
了这只雌虫仍为若虫阶段,还
没有达到性成熟。下次蜕皮
时,它会脱掉表皮,变成成虫,
并会形成又短又硬的翅膀,以
及一个有功能的产卵瓣。交配
过后,它的腹部会随着卵的发
育而逐渐增大。

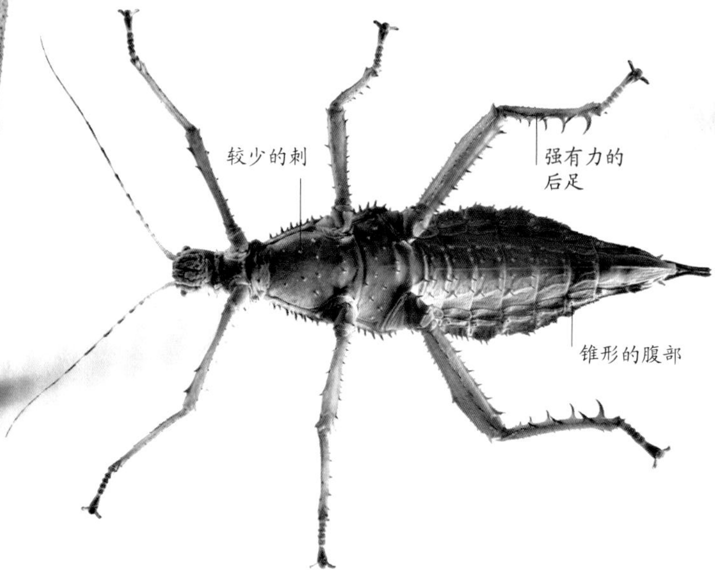

较少的刺

强有力的
后足

< 腹面

　　雌性的腹面为暗绿色。
尽管体表的刺不多,但是带
刺的腿还是可以起到很好的
保护作用。

锥形的腹部

丛林女神竹节虫
Heteropteryx dilatata

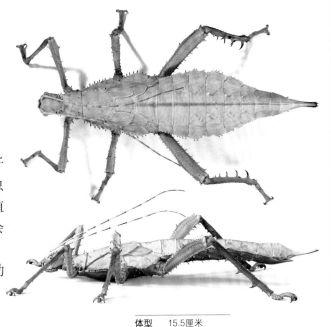

这种昆虫也被称为"马来丛林女神"。雌虫体型较大，上体表面为亮绿色，下体为暗绿色。成年雄虫体型较小较纤细，颜色也较暗。雌雄都有翅，但雌性较暗淡。若虫和成虫都以各种植物的叶子为食，包括榴莲、番石榴以及芒果等植物。腹中有卵的成年雌虫攻击性很强。当它们被打扰时，会用短小的翅膀发出嘶嘶声，并且张开它们强壮的带刺后肢，展开防御攻势。如果被袭击，它们会出腿踢向对方。这种动物已经成为全球热门的宠物。

体型	15.5厘米
生境	热带丛林
分布	马来西亚
食物	各种植物的叶子

口器 >

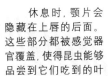

休息时，颚片会隐藏在上唇的后面。这些部分都被感觉器官覆盖，使得昆虫能够品尝到它们吃到的叶子的味道。

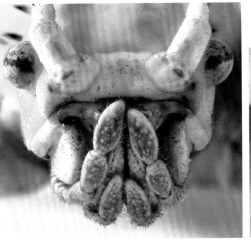

< 复眼

复眼为昆虫的典型结构。虽然无须拥有和那些捕食性节肢动物一样敏锐的视力，但它们却需要感知运动以及察觉潜在的敌人。

分节的身体 >

每一节身体都由坚硬的多刺体板组成。这些体板通过柔软的膜相连，使整个身体能够灵活运动。

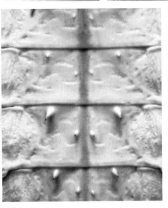

∧ 产卵瓣

雌虫一生能通过产卵瓣产150枚卵，一次产一枚，并把它们藏在任何适合的材料里，比如落叶层。

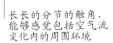

长长的分节的触角，能够感觉包括空气流变化内的周围环境

∧> 足

足由一些短的跗节以及一段长的多刺部分（胫节）组成，足上长着一对锋利且弯曲的爪。

半翅类

半翅目 (Hemiptera) 动物在陆生生境和水生生境下都很常见，并且数量丰富。它们有的是微小的无翅昆虫，有的大到能够捕捉鱼类和蛙类。口器是用来刺破并且吮吸植物汁液，溶解猎物组织或者血液的。一些种类被作为宠物饲养，还有一些会传播疾病。

1–2 mm
1/32–1/16 in

温室粉虱
Trialeurodes vaporariorum
粉虱科

这种与蛾类很像的小虫子生活在温带地区，是温室作物的主要害虫。

5 mm
3/16 in

美国长管蚜
Macrosiphum albifrons
蚜科

这种美国蚜虫可以很快地侵占一棵植物，因为雌虫可以不经过受精而产下许多后代。

明显的暗色边缘

8–10 mm
5/16–3/8 in

1–1.2 cm
3/8–1/2 in

印度昂蝉
Angamiana aetherea
蝉科

这种蝉生活在印度。与所有的蝉一样，雄蝉会发出很大的鸣叫声，目的是求爱以及作为攻击信号。

3.5–4 cm
1 1/4–1 1/2 in

2.2–2.6 cm
7/8–1 in

喜马拉雅秋蝉
Pycna repanda
蝉科

这种蝉分布在印度北部，在中国的一部分地区以及尼泊尔也有发现。它们喜欢生活在寒冷的高山落叶林里。

后翅基部为浅色区域

欧洲尖胸沫蝉
Aphrophora alni
沫蝉科

这种沫蝉遍布欧洲，生活在许多树木以及灌木上。它们的外表非常不同，可以从浅色过渡到深褐色。

欧洲沫蝉
Cercopis vulnerata
沫蝉科

这种欧洲沫蝉的幼虫很鲜艳，它们群居于地下，以一种安全的多泡形式聚集，以植物根部的汁液为食。

6–8 mm
1/4–5/16 in

马栗绵粉蚧
Pulvinaria regalis
蚧科

尽管这种分布于欧洲的介壳虫通常生活在马栗树的树皮上，但它们也会侵占其他的落叶树木。

1.3 cm
1/2 in

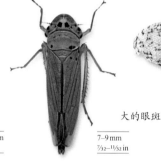

7–9 mm
7/32–11/32 in

8 cm/3 1/4 in

大的眼斑

欧洲叶蝉
Ledra aurita
叶蝉科

这种来自欧洲的叶蝉身体扁平，斑驳的体色对它们很有帮助，使它们与生境中那些长满地衣的橡树树皮混杂在一起。

大青叶蝉
Cicadella viridis
叶蝉科

大青叶蝉生活在欧洲和亚洲，以湿润的沼泽地或湿地里的野草、莎草为食。在有些园林水池旁也可以发现它们。

花生头蜡蝉
Fulgora laternaria
蜡蝉科

这种昆虫生活在中美洲和南美洲以及西印度群岛。球状的头曾被认为能够发光。

美洲厚角蝉
Umbonia crassicornis
角蝉科

这种昆虫生活在中美洲和南美洲，几乎整个身体都隐藏在扩大的荆棘状前胸背板里。

1–1.2 cm
3/8–1/2 in

细长的头

5.5 cm/2 1/4 in

瘤头蜡蝉
Phrictus quinquepartitus
蜡蝉科

这种昆虫以长着龙形的头而著称，分布在哥斯达黎加、巴拿马、哥伦比亚和巴西的一些地区。

2–3 mm
1/16–1/8 in

白蜡赛洛木虱
Psyllopsis fraxini
木虱科

白蜡赛洛木虱通常生活在灰树上，当它们的幼虫食用灰树叶子时，会使叶子形成红色的虫瘿。

明显的斑纹穿过前翅

有着鲜艳颜色的后翅

3–4 mm
1/8–5/32 in

广布裸菊网蝽
Tingis cardui
网蝽科

这种虫子生活在欧洲西部，以长刺的、有麝香味的沼泽蓟为食，整个身体都覆盖着粉状蜡。

欧洲扁盾蝽
Eurygaster maura
盾蝽科

这种昆虫以多种植物为食，有时甚至会威胁粮食作物的安全。

1–1.2 cm
3/8–1/2 in

原花蝽
Acanthosoma haemorrhoidale
同蝽科

这种外表艳丽的欧洲原花蝽以山楂树芽或山楂果为食，偶见于榛子树等其他落叶乔木。

1.3 cm
1/2 in

普通花蝽
Anthocoris nemorum
花蝽科

这种昆虫可以在许多种植物上见到。虽然体型很小，但它们却能刺穿人的皮肤。

4 mm
5/32 in

原扁蝽
Aradus betulae
扁蝽科

这种分布在欧洲的昆虫身体扁平，使其能够生活在桦树皮下，以真菌为食。

5 mm
3/16 in

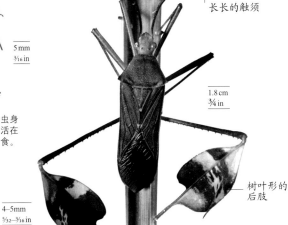

长长的触须

1.8 cm
3/4 in

树叶形的后肢

叶足缘蝽
Bitta flavolineata
缘蝽科

这种昆虫生活在美洲中南部，草食性，延长的腿部能让它们伪装起来，免于受到天敌的攻击。

4–5 mm
5/32–3/16 in

温带臭虫
Cimex lectularius
臭虫科

这种昆虫分布广泛，以人类和其他温血哺乳动物的血液为食。它们没有翅膀，身体扁平，为夜行性动物。

强壮的前肢

单独的利爪

1–1.2 cm
3/8–1/2 in

水黾蝽
Gerris lacustris
黾蝽科

水黾蝽分布广泛。由于它们可以在水面上快速移动，能够立即被识别出。它们一般通过自己制造的涟漪定位猎物。

1.2 cm/1/2 in

欧洲划蝽
Corixa punctata
划蝽科

这种欧洲划蝽用它们强有力的桨状后肢游泳，通常以池塘中的藻类和碎屑为食。

1.1 cm/3/8 in

非洲蟾蝽
Nerthra grandicollis
蟾蝽科

这种分布在非洲的昆虫体表有突起，浅褐色，能让它们隐藏在泥土和碎屑中，并在那里伏击猎物。

碟形潜蝽
Ilyocoris cimicoides
潜蝽科

碟形潜蝽来自欧洲，能够将体表气体存储在折叠的翅膀下，在湖边浅滩和流速很慢的河流里捕食猎物。

1.5 cm
1/2 in

1.2 cm
1/2 in

8–10 cm
3 1/4–4 in

具毛的后肢

大负子蝽
Lethocerus grandis
负子蝽科

这种昆虫分布广泛，利用强有力的前肢和有毒的唾液，能够制服蛙和鱼等较大型的脊椎动物。

一对作为呼吸管的附属器

欧洲尺蝽
Hydrometra stagnorum
尺蝽科

这种游得很慢的欧洲昆虫生活在河流、湖泊以及池塘边，以小型昆虫和甲壳动物为食。

6 mm
1/4 in

普通绿盲蝽
Lygocoris pabulinus
盲蝽科

这种昆虫分布很广，是很多植物，包括山竹、梨以及苹果等水果作物的主要害虫。

≫

1 cm
³/₈ in

始红蝽
Pyrrhocoris apterus
红蝽科

这种昆虫生活在欧洲中南部，体色红黑相间，群居生活，以种子为食。

用来握住猎物的强壮前肢

胸侧具刺

4 cm
1½ in

前翅上的假眼点

8 mm
⁵/₁₆ in

1.2–1.4 cm
½ in

1.4 cm
½ in

菜蝽
Eurydema dominulus
蝽科

这种分布在欧洲的昆虫体色为红色或橘色，以十字花科植物为食，是芸薹属植物的害虫。

红尾碧蝽
Palomena prasina
蝽科

这种昆虫非常常见，遍布于欧洲各地。它们能以多种植物为食，并成为这些植物的次要害虫。

红足真蝽
Pentatoma rufipes
蝽科

这种分布于欧洲的昆虫生活在多种落叶乔木上，因其坚硬的胸背板而很容易被认出来。它们以树汁和小昆虫为食。

腿上淡橘红色的条带

双斑猎蝽
Platymeris biguttata
猎蝽科

这种分布于西非的猎蝽跟所有猎蝽一样，都具有有毒的唾液。但又不同于其他种类，双斑猎蝽吐出的唾液只能造成对方短暂的失明。

3–3.5 cm
1¼–1½ in

1.8–2.2 cm/¾–1 in

用来游泳的、长而边缘具毛的前足

1.7 cm/¾ in

欧洲螳蝎蝽
Ranatra linearis
蝎蝽科

这种纤细的昆虫会用细长的前肢捕食包括小鱼在内的猎物。它们更喜欢比较深的、植被丰富的池塘。

水蝎蝽
Nepa cinera
蝎蝽科

这种水生昆虫会在池塘的边缘浅滩爬行，并在那里捕食小型猎物。它们通过长长的呼吸尾进行呼吸。

普通仰蝽
Notonecta glauca
仰蝽科

这种昆虫生活在欧洲的池塘、湖泊、运河以及沟渠里，能够捕食包括蝌蚪以及小鱼在内的脊椎动物。它们通常腹部朝上游泳。

寄生虱

这些无翅的昆虫属于虱目（Phthiraptera），属于外寄生虫，生活在鸟类和哺乳动物的体表。它们的口器已经演化得很适合咀嚼皮屑或者吮吸血液，它们的腿也能紧紧地抓住动物的羽毛或毛发。

5 mm/³/₁₆ in

2–3 mm
¹/₁₆–⅛ in

体虱
Pediculus humanus humanus
虱科

这个亚种可能在人类发明衣服之后，由人头虱进化而来。它们会把卵粘到衣服上，能传播疾病。

2–3 mm
¹/₁₆–⅛ in

短角鸡虱
Menacanthus stramineus
鸡虱科

这种虱子分布广泛，身体扁平，体色暗淡，具有咀嚼式口器，寄生在鸡的体表，能够造成鸡的羽毛减少并互相传染。

1–2 mm
¹/₃₂–¹/₁₆ in

山羊畜虱
Damalinia caprae
嚼虱科

这种虱子在世界各地的山羊身上都能见到，具有叮咬式的口器。它们也可以在绵羊身上存活几天，但不能在它们身上繁殖。

2–3 mm
¹/₁₆–⅛ in

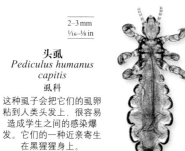

头虱
Pediculus humanus capitis
虱科

这种虱子会把它们的虱卵粘到人类头发上，很容易造成学生之间的感染爆发。它们的一种近亲寄生在黑猩猩身上。

啮虫和书虱

这类昆虫属于啮虫目 (Psocoptera)，亦称蠹目，身体很小，很胖，很柔软，头部长有线状触须和鼓起来的眼睛，常见于植被上和垃圾里。它们以微生物为食，有些种类为储藏物的害虫。

6 mm/¼ in

驼背触蠹
Psococerastis gibbosa
蠹目科
这种相对较大的触蠹原产于欧洲和亚洲部分地区，可以在多种落叶林和针叶林上发现它们。

1.5 mm
¹⁄₂₄ in

书虱（虱蠹）
Liposcelis liparius
虱蠹科
这种昆虫分布广泛，喜欢黑暗潮湿的环境。如果图书馆或者粮仓湿度太高的话，这种昆虫就会成为这些地方的害虫。

缨翅类

缨翅目 (Thysanoptera) 动物是一类小型昆虫，有两对狭窄的毛边形翅膀。长着大大的复眼以及刺吸式口器。

1–1.5 mm
¹⁄₃₂–¹⁄₂₄ in

花蓟马
Frankliniella sp.
蓟马科
花蓟马遍布世界，是落花生、棉花、西红柿以及咖啡等很多作物的害虫。

蛇蛉

蛇蛉属于蛇蛉目 (Raphidioptera)，是一类生活在林地中的昆虫，它们长着长长的前胸、宽阔的头以及两对翅膀。成体和幼体都以蚜虫和其他柔软的猎物为食。

1.6–1.8 cm/½–¾ in

欧洲蛇蛉
Raphidia notata
蛇蛉科
这种蛇蛉生活在欧洲的落叶林或者松柏林中，通常吃橡树上的蚜虫。

鱼蛉和泥蛉

广翅目 (Megaloptera) 昆虫有两对翅，休息时会像屋脊一样盖住身体。幼虫为水生的捕食性昆虫，具有腹鳃，在陆地上的泥土、苔藓或者腐烂的木头中化蛹。

角鱼蛉
Corydalus cornutus
齿蛉科
这种昆虫分布在北美地区，雄虫长有很长的上颚，用来制衡并抓紧雌虫。
10 cm/4 in

欧洲泥蛉
Sialis lutaria
泥蛉科
这种昆虫分布广泛，雌虫会在水域附近的树枝或树叶上产下2000枚卵。
1.4–1.8 cm
½–¾ in

草蛉及其近亲

脉翅目 (Neuroptera) 的昆虫有着明显的眼睛和刺吸式口器。休息时网状脉翅会像屋脊一样覆于体背。幼虫具有镰刀形的口器，这种口器具刺吸管。

1.4 cm/½ in

欧洲螳蛉
Mantispa styriaca
螳蛉科
这种昆虫生活在欧洲南部和中部。它们像小型的捕食性螳螂一样，生活在树木稀疏的地方，并在那里捕食小型飞虫。

3 cm/1¼ in

欧洲蝶角蛉
Libelloides macaronius
蝶角蛉科
这种昆虫生活在欧洲中南部以及部分亚洲地区，只有在温暖的艳阳天才会飞出来，捕捉空中的猎物。

勺翼旌蛉
Nemoptera sinuata
旌蛉科
这种纤细的昆虫常见于欧洲东南部，以林地或者开阔草地上的花蜜或花粉为食。
4 cm/1½ in

1–1.2 cm/⅜–½ in

欧洲草蛉
Chrysopa perla
草蛉科
这种草蛉遍布欧洲，体色为典型的青绿色，并带有黑色斑纹，通常生活在落叶林中。

巨翼蛉
Osmylus fulvicephalus
翼蛉科
这种欧洲草蛉生活在小溪旁边缘树成荫的林地里，在那它们以小型昆虫和花粉为食。

1.5 cm
½ in

地中海蚁蛉
Palpares libelluloides
蚁蛉科
这种大型草蛉分布在地中海地区，白天活动，斑驳的翅膀非常特别，通常生活在草丛中或温暖的低矮灌丛生境中。

5–5.5 cm
2–2¼ in

雄性具有可以缠住雌性的结构

甲虫

鞘翅目（Coleoptera）是昆虫纲中最大的一目，体型有小有大。一个特征就是具有叫作鞘翅的坚硬前翅，沿着身体的中线相遇，用来保护大一些的膜状后翅。甲虫占据着水体和陆地的每种生境，并成为那里的食腐类、食草类以及食肉类昆虫。

紫步甲
Carabus violaceus
步甲科
这种甲虫在包括花园等很多生境里都很常见，是夜行性捕食者。原产于欧洲和部分亚洲地区。

2.8–3.4cm
1–1⅖in

延长的头

3–5mm
⅛–³⁄₁₆in

家具窃蠹
Anobium punctatum
窃蠹科
这种甲虫适于生活在建筑以及家具中的木材里。是一种分布很广的害虫。

中华吉丁虫
Chrysochroa chinensis
吉丁虫科
这种具有金属质感的昆虫原产于印度以及东南亚，幼虫喜欢蛀蚀落叶乔木。

4cm
1½in

1cm
⅜in

兵花萤
Rhagonycha fulva
花萤科
这种分布于欧洲的甲虫常见于夏季的花朵上，通常生活在草场或林地边缘。

叶状提琴步甲
Mormolyce phyllodes
步甲科
这种东南亚的甲虫的外形使它能够挤在檐状菌以及树皮下，并在那里捕食昆虫幼虫和蜗牛。

8–10cm
3¼–4in

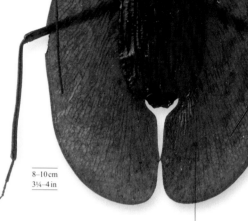

宽的扁平鞘翅

金属光泽的鞘翅

5–8mm
³⁄₁₆–⁵⁄₁₆in

7–10mm
⁷⁄₃₂–⅜in

蚁形郭公虫
Thanasimus formicarius
郭公虫科
常见于欧洲和亚洲北部的松柏树上，幼虫和成虫都以其他甲虫的幼虫为食。

8–10mm
⁵⁄₁₆–⅜in

火腿皮蠹
Dermestes lardarius
皮蠹科
这种甲虫分布于欧洲和亚洲部分地区，以动物的残骸为食。但也会生活在建筑物内，以仓储食物为食。

0.2–4cm
¹⁄₁₆–1½in

黄缘龙虱
Dytiscus marginalis
龙虱科
这种大型甲虫生活在欧洲以及亚洲北部水草茂盛的池塘里，以昆虫、蛙类、蝾螈和小鱼为食。

3–4cm
1¼–1½in

滴答叩甲
Chalcolepidius limbatus
叩甲科
这种昆虫生活在美洲南部温带地区的森林和草地中。幼虫在腐烂的木头或者泥土中捕食。

旋转豉甲
Gyrinus marinus
豉甲科
一种常见的分布于欧洲的甲虫，生活在池塘或湖泊的表面。能够用它船桨一样的腿掠过水面。

1cm
⅜in

尖叫水甲
Hygrobia hermanni
水甲科
这种甲虫来自欧洲，以流淌缓慢的小河和泥泞池塘中的小型无脊椎动物为食。触摸它时会发出一种尖利的噪声。

2.5cm
1in

欧洲萤
Lampyris noctiluca
萤科
这种甲虫遍布欧亚两大洲，喜欢生活在草地里。无翅的雌虫作为一种会发光的昆虫而被大家熟知，它能发出绿色的光芒吸引雄性配偶。

6–10mm
¼–⅜in

四点阎甲
Hister quadrimaculatus
阎甲科
这种昆虫遍布欧洲，经常能在粪便以及腐肉中发现它们，捕食那里的小型昆虫以及它们的幼虫。

1.5–2cm
½–¾in

弯曲的角

牛头粪金龟
Typhoeus typhoeus
粪金龟科
这种昆虫生活在西欧的沙地中，它们会把羊和兔子的粪便埋起来，作为在洞穴中生活的幼虫的食物。

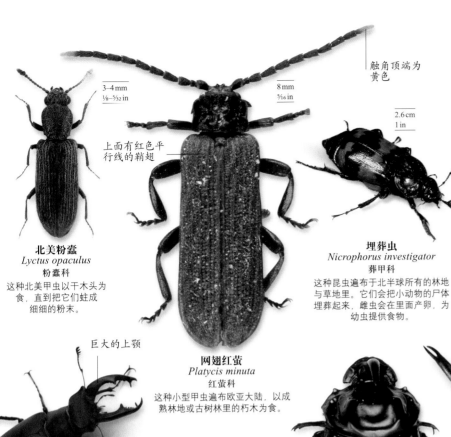

北美粉蠹
Lyctus opaculus
粉蠹科
这种北美甲虫以干木头为
食，直到把它们蛀成
细细的粉末。

3–4 mm
⅛–³⁄₃₂ in

8 mm
⁵⁄₁₆ in

上面有红色平
行线的鞘翅

触角顶端为
黄色

网翅红萤
Platycis minuta
红萤科
这种小型甲虫遍布欧亚大陆，以成
熟林地或古树林里的朽木为食。

2.6 cm
1 in

埋葬虫
Nicrophorus investigator
葬甲科
这种昆虫遍布于北半球所有的林地
与草地里。它们会把小动物的尸体
埋葬起来，雌虫会在里面产卵，为
幼虫提供食物。

6–17 cm
2¼–6½ in

长戟大兜虫
Dynastes hercules
犀金龟科
它是犀甲虫（犀金龟属）中最大
的一种，生活在美洲中南部的雨
林中，以腐败的水果为食。幼虫
以腐朽的木头为食。

5.5–10 cm
2¼–4 in

非洲巨花金龟
Goliathus cacicus
花金龟科
世界上最重的昆虫，生活在非洲赤道地
区，成虫以成熟的水果或树汁为食。

巨大的上颚

7.5 cm
3 in

欧洲深山锹形虫
Lucanus cervus
锹甲科
这种让人印象深刻的甲虫生
活在欧洲中南部的森林里。
幼虫通常需要发育4~6年，主要
在腐朽的橡树树桩里生活。
雄性利用它们增大的角状上
颚征服雌性。

4–5 mm
⁵⁄₃₂–³⁄₁₆ in

花粉露尾甲
Glischrochilus hortensis
露尾甲科
这种欧洲西部的甲虫以发酵的树
液或者成熟的水果为食。通常生
活在诸如桦树等的朽木上。

1.6–2.6 cm
⅗–1 in

中美绿粪金龟
Phanaeus demon
金龟科
这种具有金属光泽的绿色甲虫
原产于中美洲，以草原或牧场
上食草动物的粪便为食。

触角棒

触角棒

金色虹彩

排臭隐翅虫
Staphylinus olens
隐翅虫科
这种欧洲甲虫生活在林地或
花园的落叶层里。当被打扰
时，会以一种威胁的姿态
抬起腹部。

2–2.8 cm
¾–1¹⁄₁₀ in

多毛隐翅虫
Staphylinidae
隐翅虫科
这种长毛的隐翅虫原产于欧洲中南部，
捕食那些被牛和马的粪便或腐肉
吸引过来的其他昆虫。

3 cm
1¼ in

长长的分节触角

鞘翅的中线

纯金龟
Chrysina resplendens
金龟科
这种甲虫来自于哥斯达黎加和巴拿马
的高地，生活在湿润的森林或种植园
里。幼虫以腐烂的树干为食。

2 cm
¾ in

»

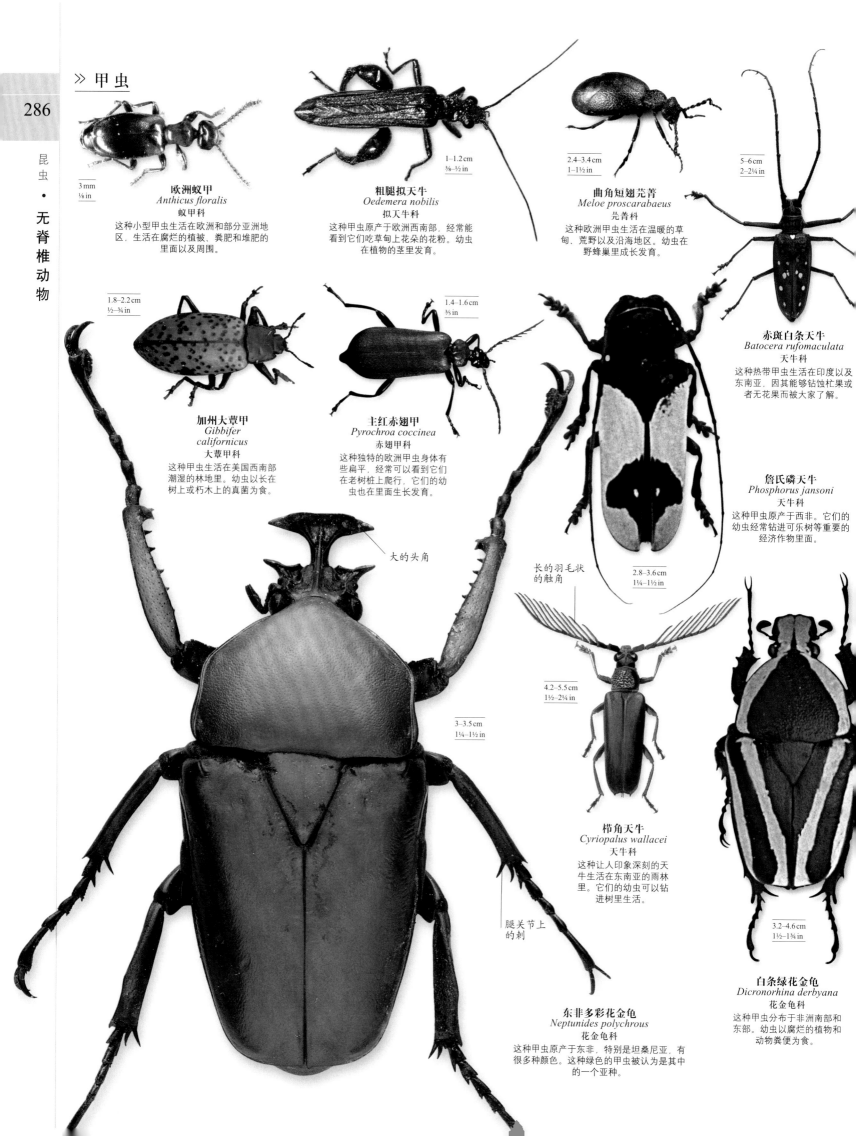

3 mm
⅛ in

欧洲蚁甲
Anthicus floralis
蚁甲科
这种小型甲虫生活在欧洲和部分亚洲地区，生活在腐烂的植被、粪肥和堆肥的里面以及周围。

1–1.2 cm
⅜–½ in

粗腿拟天牛
Oedemera nobilis
拟天牛科
这种甲虫原产于欧洲西南部，经常能看到它们吃草甸上花朵的花粉。幼虫在植物的茎里发育。

2.4–3.4 cm
1–1½ in

曲角短翅芫菁
Meloe proscarabaeus
芫菁科
这种欧洲甲虫生活在温暖的草甸、荒野以及沿海地区。幼虫在野蜂巢里成长发育。

5–6 cm
2–2¼ in

赤斑白条天牛
Batocera rufomaculata
天牛科
这种热带甲虫生活在印度以及东南亚，因其能够钻蚀杧果或者无花果而被大家了解。

1.8–2.2 cm
½–¾ in

加州大蕈甲
Gibbifer californicus
大蕈甲科
这种甲虫生活在美国西南部潮湿的林地里。幼虫以长在树上或朽木上的真菌为食。

1.4–1.6 cm
⅜ in

主红赤翅甲
Pyrochroa coccinea
赤翅甲科
这种独特的欧洲甲虫身体有些扁平，经常可以看到它们在老树桩上爬行，它们的幼虫也在里面生长发育。

大的头角

詹氏磷天牛
Phosphorus jansoni
天牛科
这种甲虫原产于西非。它们的幼虫经常钻进可乐树等重要的经济作物里面。

2.8–3.6 cm
1¼–1½ in

长的羽毛状的触角

4.2–5.5 cm
1½–2¼ in

3–3.5 cm
1¼–1½ in

栉角天牛
Cyriopalus wallacei
天牛科
这种让人印象深刻的天牛生活在东南亚的雨林里。它们的幼虫可以钻进树里生活。

腿关节上的刺

3.2–4.6 cm
1½–1¾ in

东非多彩花金龟
Neptunides polychrous
花金龟科
这种甲虫原产于东非，特别是坦桑尼亚，有很多种颜色。这种绿色的甲虫被认为是其中的一个亚种。

白条绿花金龟
Dicronorhina derbyana
花金龟科
这种甲虫分布于非洲南部和东部。幼虫以腐烂的植物和动物粪便为食。

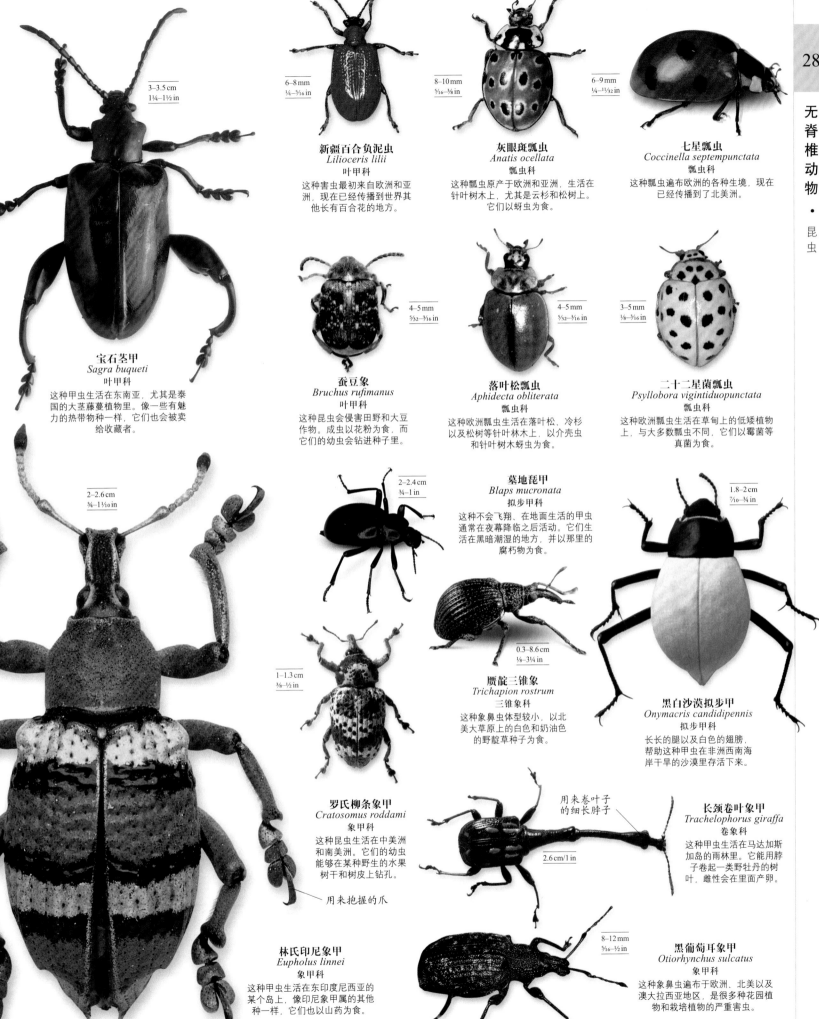

3–3.5 cm
1¼–1½ in

宝石茎甲
Sagra buqueti
叶甲科
这种甲虫生活在东南亚，尤其是泰
国的大茎藤蔓植物里。像一些有魅
力的热带物种一样，它们也会被卖
给收藏者。

6–8 mm
¼–⁵⁄₁₆ in

新疆百合负泥虫
Lilioceris lilii
叶甲科
这种害虫最初来自欧洲和亚
洲，现在已经传播到世界其
他长有百合花的地方。

8–10 mm
⁵⁄₁₆–³⁄₈ in

灰眼斑瓢虫
Anatis ocellata
瓢虫科
这种瓢虫原产于欧洲和亚洲，生活在
针叶树木上，尤其是云杉和松树上。
它们以蚜虫为食。

6–9 mm
¼–¹¹⁄₃₂ in

七星瓢虫
Coccinella septempunctata
瓢虫科
这种瓢虫遍布欧洲的各种生境，现在
已经传播到了北美洲。

4–5 mm
⁵⁄₃₂–³⁄₁₆ in

蚕豆象
Bruchus rufimanus
叶甲科
这种昆虫会侵害田野和大豆
作物。成虫以花粉为食，而
它们的幼虫会钻进种子里。

4–5 mm
⁵⁄₃₂–³⁄₁₆ in

落叶松瓢虫
Aphidecta obliterata
瓢虫科
这种欧洲瓢虫生活在落叶松、冷杉
以及松树等针叶林木上，以介壳虫
和针叶树木蚜虫为食。

3–5 mm
⅛–³⁄₁₆ in

二十二星菌瓢虫
Psyllobora vigintiduopunctata
瓢虫科
这种欧洲瓢虫生活在草甸上的低矮植物
上，与大多数瓢虫不同，它们以霉菌等
真菌为食。

2–2.6 cm
¾–1¹⁄₁₀ in

2–2.4 cm
¾–1 in

墓地琵甲
Blaps mucronata
拟步甲科
这种不会飞翔、在地面生活的甲虫
通常在夜幕降临之后活动。它们生
活在黑暗潮湿的地方，并以那里的
腐朽物为食。

1.8–2 cm
⁷⁄₁₀–¾ in

0.3–8.6 cm
⅛–3¼ in

赝靛三锥象
Trichapion rostrum
三锥象科
这种象鼻虫体型较小，以北
美大草原上的白色和奶油色
的野靛草种子为食。

黑白沙漠拟步甲
Onymacris candidipennis
拟步甲科
长长的腿以及白色的翅膀，
帮助这种甲虫在非洲西南海
岸干旱的沙漠里存活下来。

1–1.3 cm
³⁄₈–½ in

罗氏柳条象甲
Cratosomus roddami
象甲科
这种昆虫生活在中美洲
和南美洲。它们的幼虫
能够在某种野生的水果
树干和树皮上钻孔。

用来卷叶子
的细长脖子

2.6 cm/1 in

用来抱握的爪

长颈卷叶象甲
Trachelophorus giraffa
卷象科
这种甲虫生活在马达加
斯加岛的雨林里。它能用脖
子卷起一类野牡丹的树
叶，雌性会在里面产卵。

林氏印尼象甲
Eupholus linnei
象甲科
这种甲虫生活在东印度尼西亚的
某个岛上，像印尼象甲属的其他
种一样，它们也以山药为食。

8–12 mm
⁵⁄₁₆–½ in

黑葡萄耳象甲
Otiorhynchus sulcatus
象甲科
这种象鼻虫遍布于欧洲、北美以及
澳大拉西亚地区，是很多种花园植
物和栽培植物的严重害虫。

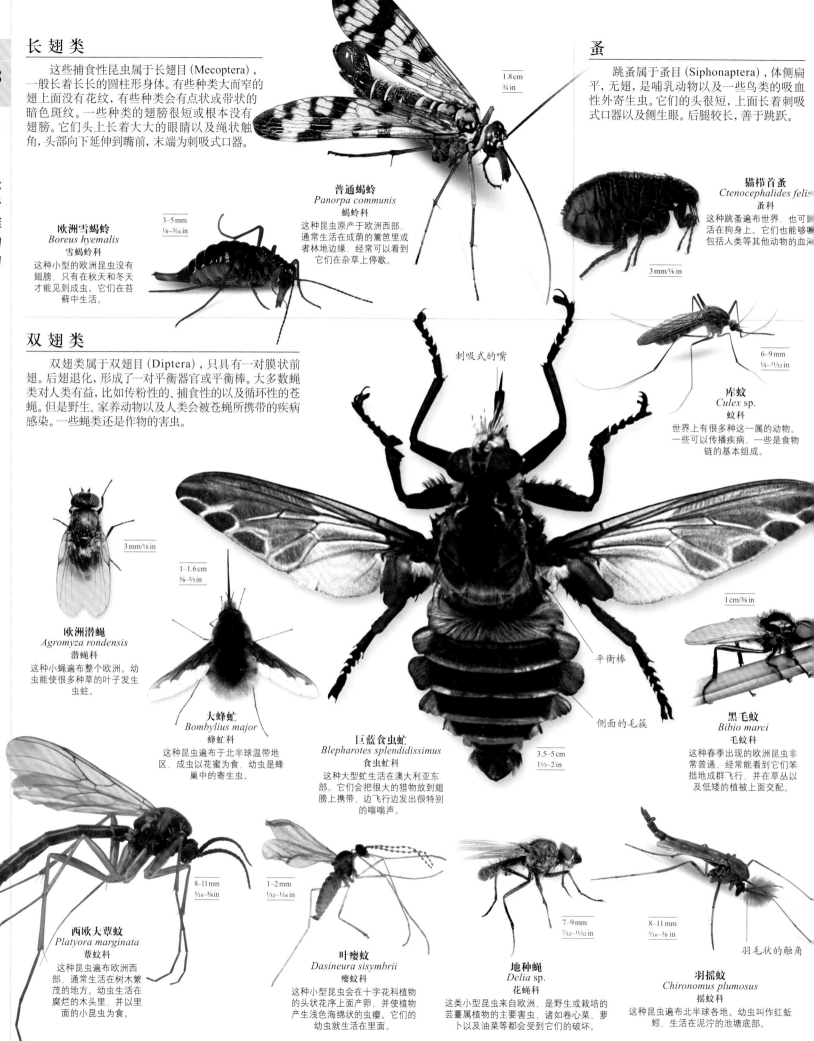

长翅类

这些捕食性昆虫属于长翅目 (Mecoptera)，一般长着长长的圆柱形身体。有些种类大而窄的翅上面没有花纹，有些种类会有点状或带状的暗色斑纹。一些种类的翅膀很短或根本没有翅膀。它们头上长着大大的眼睛以及绳状触角，头部向下延伸到嘴前，末端为刺吸式口器。

欧洲雪蝎蛉
Boreus hyemalis
雪蝎蛉科
这种小型的欧洲昆虫没有翅膀，只有在秋天和冬天才能见到成虫。它们在苔藓中生活。

3–5 mm
1/8–3/16 in

普通蝎蛉
Panorpa communis
蝎蛉科
这种昆虫原产于欧洲西部，通常生活在成荫的篱笆里或者林地边缘，经常可以看到它们在杂草上停歇。

1.8 cm
3/4 in

蚤

跳蚤属于蚤目 (Siphonaptera)，体侧扁平，无翅，是哺乳动物以及一些鸟类的吸血性外寄生虫。它们的头很短，上面长着刺式口器以及侧生眼。后腿较长，善于跳跃。

猫栉首蚤
Ctenocephalides felis
蚤科
这种跳蚤遍布世界，也可活在狗身上。它们也能够包括人类等其他动物的血液

3 mm/1/8 in

双翅类

双翅类属于双翅目 (Diptera)，只具有一对膜状前翅。后翅退化，形成了一对平衡器官或平衡棒。大多数蝇类对人类有益，比如传粉性的、捕食性的以及循环性的苍蝇。但是野生、家养动物以及人类会被苍蝇所携带的疾病感染。一些蝇类还是作物的害虫。

刺吸式的嘴

库蚊
Culex sp.
蚊科
世界上有很多种这一属的动物。一些可以传播疾病，一些是食物链的基本组成。

6–9 mm
1/4–11/32 in

欧洲潜蝇
Agromyza rondensis
潜蝇科
这种小蝇遍布整个欧洲。幼虫能使很多种花草的叶子发生虫蛀。

3 mm/1/8 in

大蜂虻
Bombylius major
蜂虻科
这种昆虫遍布于北半球温带地区，成虫以花蜜为食，幼虫是蜂巢中的寄生虫。

1–1.6 cm
3/8–2/3 in

平衡棒

侧面的毛簇

巨蓝食虫虻
Blepharotes splendidissimus
食虫虻科
这种大型虻生活在澳大利亚东部。它们会把很大的猎物放到翅膀上携带，边飞行边发出很特别的嗡嗡声。

3.5–5 cm
1 1/2–2 in

黑毛蚊
Bibio marci
毛蚊科
这种春季出现的欧洲昆虫非常普通，经常能看到它们笨拙地成群飞行，并在草丛以及低矮的植被上面交配。

1 cm/3/8 in

西欧大蕈蚊
Platyora marginata
蕈蚊科
这种昆虫遍布欧洲西部，通常生活在树木繁茂的地方。幼虫生活在腐烂的木头里，并以里面的小昆虫为食。

8–11 mm
5/16–3/8 in

叶瘿蚊
Dasineura sisymbrii
瘿蚊科
这种小型昆虫会在十字花科植物的头状花序上面产卵，并使植物产生浅色海绵状的虫瘿。它们的幼虫就生活在里面。

1–2 mm
1/32–1/16 in

地种蝇
Delia sp.
花蝇科
这类小型昆虫来自欧洲，是野生或栽培的芸薹属植物的主要害虫，诸如卷心菜、萝卜以及油菜等都会受到它们的破坏。

7–9 mm
7/32–11/32 in

羽摇蚊
Chironomus plumosus
摇蚊科
这种昆虫遍布北半球各地。幼虫叫作红蚯蚓，生活在泥泞的池塘底部。

8–11 mm
5/16–3/8 in

羽毛状的触角

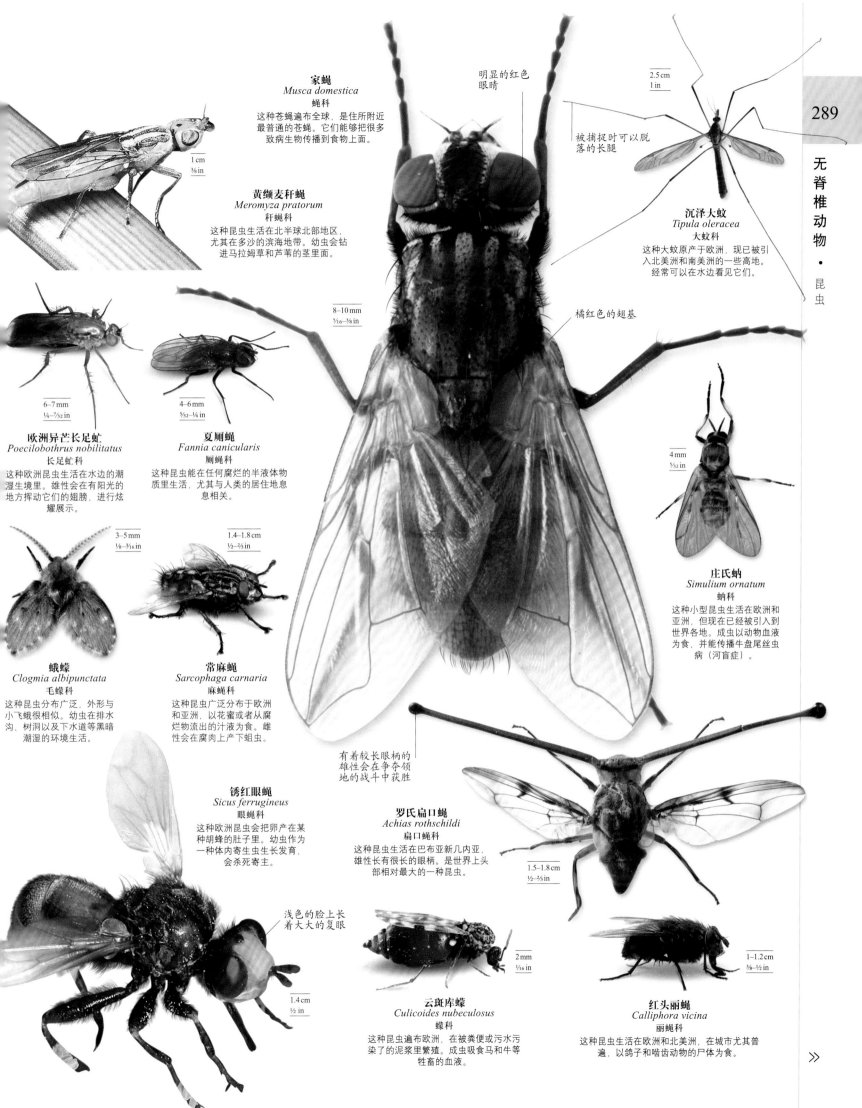

家蝇
Musca domestica
蝇科
这种苍蝇遍布全球，是住所附近最普通的苍蝇。它们能够把很多致病生物传播到食物上面。

明显的红色眼睛

2.5cm
1 in

被捕捉时可以脱落的长腿

沉泽大蚊
Tipula oleracea
大蚊科
这种大蚊原产于欧洲，现已被引入北美洲和南美洲的一些高地。经常可以在水边看见它们。

黄缬麦秆蝇
Meromyza pratorum
秆蝇科
这种昆虫生活在北半球北部地区，尤其在多沙的滨海地带。幼虫会钻进马拉姆草和芦苇的茎里面。

8–10mm
5/16–3/8 in

橘红色的翅基

欧洲异芒长足虻
Poecilobothrus nobilitatus
长足虻科
这种欧洲昆虫生活在水边的潮湿生境里。雄性会在有阳光的地方挥动它们的翅膀，进行炫耀展示。

6–7mm
1/4–7/32 in

夏厕蝇
Fannia canicularis
厕蝇科
这种昆虫能在任何腐烂的半液体物质里生活，尤其与人类的居住地息息相关。

4–6mm
5/32–1/4 in

4mm
5/32

庄氏蚋
Simulium ornatum
蚋科
这种小型昆虫生活在欧洲和亚洲，但现在已经被引入到世界各地。成虫以动物血液为食，并能传播牛盘尾丝虫病（河盲症）。

3–5mm
1/8–3/16 in

1.4–1.8cm
1/2–2/3 in

蛾蠓
Clogmia albipunctata
毛蠓科
这种昆虫分布广泛，外形与小飞蛾很相似。幼虫在排水沟、树洞以及下水道等黑暗潮湿的环境生活。

常麻蝇
Sarcophaga carnaria
麻蝇科
这种昆虫广泛分布于欧洲和亚洲，以花蜜或者从腐烂物流出的汁液为食。雌性会在腐肉上产下蛆虫。

有着较长眼柄的雄性会在争夺领地的战斗中获胜

锈红眼蝇
Sicus ferrugineus
眼蝇科
这种欧洲昆虫会把卵产在某种胡蜂的肚子里。幼虫作为一种体内寄生虫生长发育，会杀死寄主。

罗氏扁口蝇
Achias rothschildi
扁口蝇科
这种昆虫生活在巴布亚新几内亚，雄性长有很长的眼柄。是世界上头部相对最大的一种昆虫。

1.5–1.8cm
1/2–2/3 in

浅色的脸上长着大大的复眼

1.4cm
1/2 in

2mm
1/16 in

云斑库蠓
Culicoides nubeculosus
蠓科
这种昆虫遍布欧洲，在被粪便或污水污染了的泥浆里繁殖。成虫吸食马和牛等牲畜的血液。

1–1.2cm
3/8–1/2 in

红头丽蝇
Calliphora vicina
丽蝇科
这种昆虫生活在欧洲和北美洲，在城市尤其普遍，以鸽子和啮齿动物的尸体为食。

≫

黄粪蝇
Scathophaga stercoraria
粪蝇科
这种非常普通的昆虫生活在北半球的许多地方，在牛和马的粪便上繁殖。幼虫以粪便为食，而成虫捕食被粪便吸引来的其他昆虫。

8–11 mm
5/16–3/8 in

肥厚的有锯齿的口器，用来攻击猎物

黄色多毛的身体

1.3–1.5 cm
1/2–3/5 in

多声虻
Tabanus bromius
虻科
这种昆虫遍布欧洲和中东，主要攻击马，但也会攻击人和其他动物。

鼓翅蝇
Sepsis sp.
鼓翅蝇科
这些昆虫分布广泛，能在很多种生境里生活。幼虫在动物粪便以及腐烂物质里生长发育。

4–5 mm
5/32–3/16 in

黑腹果蝇
Drosophila melanogaster
果蝇科
这种分布广泛的果蝇是一种常见的实验动物，腹部长有特别的暗色斑点，在腐烂的水果里繁殖。

3 mm / 1/8 in

沼泽鹬虻
Rhagio tringarius
鹬虻科
这种捕食性昆虫生活在欧洲湿润的灌木丛或沼泽地里，经常可以在低矮的植被上面发现它们。

1–1.3 cm
3/8–1/2 in

8 mm
5/16 in

马虻蝇
Hippobosca equina
虱蝇科
这种吸血蝇主要生活在欧洲和部分亚洲地区的森林里，会袭击马和鹿，有时也会袭击牛。

0.9–1.2 cm
11/32–1/2 in

中斑黑带食蚜蝇
Episyrphus balteatus
食蚜蝇科
这种欧洲昆虫在花园等许多生境中都很常见，以花粉和花蜜为食，幼虫以蚜虫为食。

1–1.2 cm
3/8–1/2 in

白腰食蚜蝇
Leucozona leucorum
食蚜蝇科
在早春和初夏季节，经常能够发现这种欧洲昆虫穿梭于湿润林地里的花朵中。幼虫以蚜虫为食。

1.1–1.3 cm
2/5–1/2 in

长尾管蚜蝇
Eristalis tenax
食蚜蝇科
这种欧洲昆虫已经被引入到了北美，能很好地模仿蜜蜂。幼虫生活在静止的水体中。

4 mm
5/32 in

富尔维娅蛛蝇
Penicillidia fulvida
蛛蝇科
这种昆虫生活在撒哈拉沙漠以南的非洲地区，无翅，是吸血性的外寄生虫，可以在许多种蝙蝠身上发现它们。

1.2 cm
1/2 in

黄腿食蚜蝇
Penicillidia fulvida
食蚜蝇科
这种欧洲昆虫的成虫以花蜜为食，幼虫主要捕食蚜虫。它们的体色能够很好地模仿胡蜂和蜜蜂，目的是阻止捕食者的捕食。

6 cm
2 1/4 in

巨拟食虫虻
Gauromydas heros
拟食虫虻科
这种昆虫来自南美洲，是世界上最大的蝇类。它们生活在切叶蚁的巢穴内，幼虫以圣甲虫的幼虫为食。

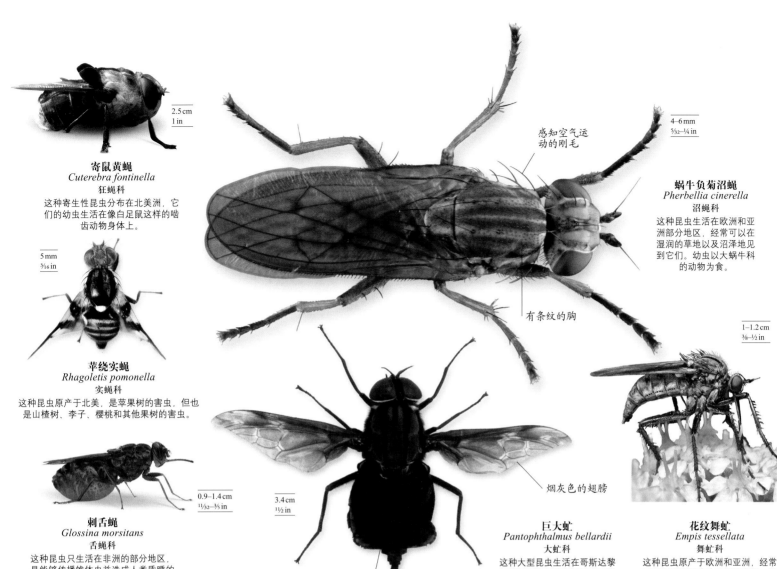

寄鼠黄蝇
Cuterebra fontinella
狂蝇科
这种寄生性昆虫分布在北美洲，它们的幼虫生活在像白足鼠这样的啮齿动物身体上。

2.5 cm
1 in

苹绕实蝇
Rhagoletis pomonella
实蝇科
这种昆虫原产于北美，是苹果树的害虫，但也是山楂树、李子、樱桃和其他果树的害虫。

5 mm
3/16 in

刺舌蝇
Glossina morsitans
舌蝇科
这种昆虫只生活在非洲的部分地区，是能够传播锥体虫并造成人类昏睡的一种昆虫。

0.9–1.4 cm
11/32–3/5 in

感知空气运动的刚毛

有条纹的胸

蜗牛负菊沼蝇
Pherbellia cinerella
沼蝇科
这种昆虫生活在欧洲和亚洲部分地区，经常可以在湿润的草地以及沼泽地见到它们。幼虫以大蜗牛科的动物为食。

4–6 mm
5/32–1/4 in

胖胖的身体

烟灰色的翅膀

3.4 cm
1½ in

巨大虻
Pantophthalmus bellardii
大虻科
这种大型昆虫生活在哥斯达黎加和厄瓜多尔的雨林里，可能以树汁或其他液体为食。

花纹舞虻
Empis tessellata
舞虻科
这种昆虫原产于欧洲和亚洲，经常可以在篱笆和草地里发现它们，以花蜜和其他昆虫为食。

1–1.2 cm
3/8–1/2 in

毛翅类

这种纤细的、与飞蛾很相似的昆虫属于毛翅目（Trichoptera），是与鳞翅目（Lepidoptera）关系很近的一目。它们的身体被毛，而不是鳞片。头上长有长长的线形触角以及不太成熟的口器。休息时两对翅像帐篷一样盖住身体。毛翅目的幼虫为水生昆虫，它们经常用小石头或植物碎片制造简易庇护所。

盐椒小石蛾
Agraylea multipunctata
小石蛾科
这种小的毛翅类广泛分布于北美洲。它们翅膀狭窄，在藻类丰富的池塘或湖泊中繁殖。

3–4.5 mm
1/8–1/3 in

大红石蛾
Phryganea grandis
石蛾科
这种毛翅目昆虫来自欧洲，通常在杂草茂密的湖泊或缓慢流淌的河水里繁殖。幼虫能将叶子切成段，然后用这些叶子做成一个螺旋状的窝。

3 cm
1¼ in

1.4 cm
3/5 in

织网纹石蛾
Hydropsyche contubernalis
纹石蛾科
这种毛翅目昆虫夜间飞行，在河水和溪流中繁殖。水生的幼虫会织一张网来捕捉食物。

深斑等翅石蛾
Philopotamus montanus
等翅石蛾科
这种欧洲毛翅目昆虫的触角稍短，并在流淌缓慢的多石溪流里繁殖。幼虫会在石头下面织一张管状的网。

1.1–1.3 cm
2/5–1/2 in

1.6–1.7 cm
3/5–7/10 in

杂色沼石蛾
Glyphotaelius pellucidus
沼石蛾科
这种欧洲毛翅目昆虫在湖泊或小池塘里繁殖。幼虫会用枯萎的树叶碎片做一个窝。

蛾 和 蝴 蝶

鳞翅目 (Lepidoptera) 动物被细小的鳞片覆盖着。它们长着大大的复眼和叫作喙的口器。众所周知它们的幼虫是毛毛虫，经过化蛹变成成虫。大多数蛾为夜行性的，休息时翅膀张开；大多数蝴蝶是昼行性的，休息时翅膀并拢。

月尾大蚕蛾
Actias luna
大蚕蛾科
这种黄绿色的北美洲蛾有长长的后翅尾突。毛虫以很多种乔木落叶为食。

7–11 cm
2¾–4¼ in

10–15 cm/4–6 in

多声大蚕蛾
Antheraea polyphemus
大蚕蛾科
这种蛾广泛分布于美国和加拿大南部，翅膀上长有大大的眼点，以恐吓捕食者。

20–27 cm
8–10½ in

后翅尾突

大力神大蚕蛾
Coscinocera hercules
大蚕蛾科
这种蛾生活在新几内亚以及澳大利亚，是世界上最大的蛾类之一。只有雄蛾有长长的后翅尾突。

6–9 cm
2¼–3½ in

木豹蛾
Hypercompe scribonia
灯蛾科
这种蛾分布于加拿大东南部一直到墨西哥南部。毛虫以各种植物为食。

5–7.5 cm
2–3 in

橡树枯叶蛾
Lasiocampa quercus
枯叶蛾科
这种蛾分布于从欧洲到北非地区，毛虫以荆棘、橡树、石楠以及其他植物为食。

5–7.5 cm
2–3 in

李枯叶蛾
Gastropacha quercifolia
枯叶蛾科
这种大型蛾生活在欧洲和亚洲，特别的名字是源于其停歇时的外表，因为看上去就像是一堆枯萎的橡树叶。

5–8 cm
2–3¼ in

松树枯叶蛾
Dendrolimus pini
枯叶蛾科
这种蛾广泛分布于欧洲和亚洲的针叶林中，毛虫以森林中的松树、云杉和冷杉为食。

3.5–4.5 cm
1½–1¾ in

澳洲鹊灯蛾
Nyctemera amica
灯蛾科
这种昼行性的蛾常见于澳大利亚，新西兰也有分布。毛虫以千里光和狗尾草等植物为食。

前翅上的白色脉弧

1–1.6 cm
⅜–½ in

袋谷蛾
Tinea pellionella
谷蛾科
这种蛾生活在欧洲西部和北美的部分地区，会对毛衣和地毯造成很大的破坏。

羽毛状的触角

5–7.5 cm/2–3 in

豹灯蛾
Arctia caja
灯蛾科
这种特别的蛾遍布北半球。它们多毛的毛虫以很多种低矮的植物和灌木为食。

4–5 cm/1½–2 in

黄螟
Vitessa suradeva
螟蛾科
这种蛾生活在印度、东南亚的部分地区以及新几内亚。毛虫在网上以有毒灌木的新叶为食。

2.4–2.8 cm
1–1¼ in

夏枯草展须野螟
Eurrhypara hortulata
螟蛾科
这种普通的欧洲蛾生活在篱笆以及荒地里，以打卷的荨麻叶子为食。

腹部

24–31 cm/9½–12 in

强喙夜蛾
Thysania agrippina
夜蛾科

这种蛾生活在中美洲和南美洲的部分地区，是世界上翼展最大的蛾类之一。

伊利亚勋授夜蛾
Catocala ilia
夜蛾科

这种蛾广泛分布于北美洲，后翅上有特别的红色条带。毛虫以橡树叶子为食。

7–8 cm
2¾–3¼ in

2.5–3 cm/1–1¼ in

古毒蛾
Orgyia antiqua
毒蛾科

这种欧洲蛾现在已经遍布北半球，雌蛾翅膀很小，不能飞行。

6–10 cm
2¼–4 in

白星蝙蝠蛾
Sthenopis argenteomaculatus
蝙蝠蛾科

这种蛾生活在加拿大南部和美国的部分地区。毛虫主要以桤木树根的内部为食。

金合欢木蠹蛾
Xyleutes eucalypti
木蠹蛾科

这种分布在澳大利亚的大型蛾非常特别，它们粗壮的白色毛虫会钻进某种金合欢属植物的木质组织里。

6.5–9.5 cm
2½–3¾ in

迪娃蝶蛾
Divana diva
蝶蛾科

这种昼行性蛾生活在南美的热带丛林里。尽管它们的后翅颜色鲜艳，但是休息时依然可以伪装得很棒。

13–20 cm
5–8 in

用来恐吓捕食者的大眼点

5–6 cm
2–2¼ in

碟青尺蛾
Geometra papilionaria
尺蛾科

这种蛾生活在欧洲和亚洲的部分温带地区。毛虫主要以桦树的叶子为食。

3–4 cm
1¼–1½ in

黑白汝尺蛾
Rheumaptera hastata
尺蛾科

这种蛾生活在北半球，翅膀上面有着醒目的图案，名字来源于它们黑白相间的图案。

4–5 cm
1½–2 in

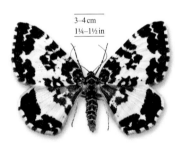

南澳黑荆树尺蛾
Thalaina clara
尺蛾科

这种蛾生活在澳大利亚东部、东南部以及塔斯马尼亚岛北部。毛虫以金合欢属植物叶子为食

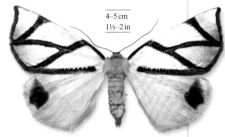

黑色和橘色的波浪状线条

7–7.5 cm
2¾–3 in

家蚕蛾
Bombyx mori
蚕蛾科

蚕蛾原产于中国，以桑叶为食，已经有数千年的养殖历史。它们的茧用来制作蚕丝。

4–6 cm
1½–2¼ in

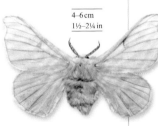

10–16 cm
4–6½ in

枯球箩纹蛾
Brahmaea wallichii
箩纹蛾科

这种大型蛾分布于印度北部、中国和日本，毛虫以白蜡木、水蜡树和紫丁香的叶子为食。

黑端红尺蟆蛾
Dysphania cuprina
尺蛾科

这种色彩亮丽的蛾生活在东南亚，白天飞行。对于鸟类等捕食者来说味道很差。

欧洲白羽蛾
Pterophorus pentadactyla
羽蛾科

这种蛾常见于欧洲的干燥草原、荒地以及花园。毛虫以旋花类植物为食。

2.5–3 cm
1–1¼ in

长长的腿

»

5–6 cm
2–2¼ in

摄政缰弄蝶
Euschemon rafflesia
弄蝶科
这种颜色亮丽的昆虫原产于澳大利亚东部热带及亚热带的森林里，可以看到它们在花朵上面进食。

4.5–6.2 cm
1¾–2½ in

番石榴蓝条弄蝶
Phocides polybius
弄蝶科
从得克萨斯州南部到阿根廷南部都有这种昆虫的分布。它们的毛虫在卷起的番石榴叶子里进食。

3–4.5 cm
1¼–1¾ in

杨大透翅蛾
Sesia apiformis
透翅蛾科
为了阻止捕食者的捕食，这种蛾的成虫看起来与胡蜂非常相像，但它是无害的。毛虫会钻进杨树和柳树的树干以及根部里面。

4.5–6.5 cm
1¾–2½ in

圆掌舟蛾
Phalera bucephala
舟蛾科
这种蛾分布于从欧洲一直向东到西伯利亚。休息时它们折叠起来的翅膀会环绕身体进行伪装，看起来就像是一根折断的小树枝。

5.5–6 cm
2¼ in

红天蛾
Deilephila elpenor
天蛾科
这种漂亮的桃红色天蛾遍布欧亚两大洲的温带地区。毛虫以篷子类植物和柳兰为食。

7–11 cm
2¾–4¼ in

翠绿天蛾
Euchloron megaera
天蛾科
这种特别的天蛾分布在撒哈拉以南的非洲地区。毛虫以葡萄科植物的匍匐茎为食。

黑框蓝闪蝶
Morpho peleides
蛱蝶科
这种蝴蝶广布于中美洲和南美洲的热带森林中。成虫以腐烂水果的汁液为食。

用来吸引伴侣的金属蓝色

9.5–15 cm
3¾–6 in

2.5–3.8 cm
1–1½ in

珍珠梅斑蛾
Zygaena filipendulae
斑蛾科
这种昼行性的蛾色彩艳丽，对鸟等捕食者来说味道很恶心，生活在欧洲的草甸以及砍伐过的森林空地中。

4.5–5 cm
1¾–2 in

小木眼蝶
Euptychia cymela
蛱蝶科
从加拿大南部到墨西哥北部都有这种林地蝴蝶的分布。毛虫以水体附近空地上的草为食。

7.5–10 cm
3–4 in

君主斑蝶
Danaus plexippus
蛱蝶科
这种蝴蝶为一种熟知的迁徙蝶，已经从美洲扩散到了世界的其他地方。毛虫以乳草属植物为食。

5–6 cm
2–2¼ in

苇翅蛱蝶
Ladoga camilla
蛱蝶科
这种蝴蝶分布于欧洲和亚洲（直到日本）的温带地区。毛虫以忍冬的叶子为食。

后翅尾突

长长的触角

6–7 cm
2¼–2¾ in

女王爆声蝶
Hamadryas arethusa
蛱蝶科
这种蝴蝶生活在墨西哥到玻利维亚的森林中，它们的名字指的是飞翔时发出的声音。

7–9 cm
2¾–3½ in

紫闪蛱蝶
Apatura iris
蛱蝶科
这种蝴蝶遍布于欧洲以及向东直到亚洲的日本，雄蝶闪着紫色的光芒，而雌蝶却为暗褐色。

9–12 cm
3½–4¾ in

枯叶蛱蝶
Kallima inachus
蛱蝶科
这种蝴蝶的分布范围从印度一直到中国南部。由于下面很像一片褐色的叶子，因此它们可以在休息时用折叠起来的翅膀进行完美的伪装。

菜粉蝶
Pieris rapae
粉蝶科
这种蝴蝶现在已遍布世界各地。毛虫以野生或培育的卷心菜、芥菜为食，是这些植物的害虫。

3.5–5.5 cm/1½–2¼ in

4–6.5 cm
1½–2½ in

尖尖的前翅

7.5–9.5 cm
3–3¾ in

桃色花粉蝶
Zerene eurydice
粉蝶科
这种蝴蝶仅分布于美国加利福尼亚州的部分地区，有时也会出现在亚利桑那州西部地区。它们在叫作假槐蓝的灌木上繁殖。

4–5 cm
1½–2 in

红襟粉蝶
Anthocharis cardamines
粉蝶科
这种蝴蝶的分布范围从欧洲温带地区一直到亚洲的日本，经常可以发现它们在草地里飞翔。毛虫以酢浆草和蒜芥为食。

7–9.5 cm
2¾–3¾ in

黄纹菲粉蝶
Phoebis philea
粉蝶科
这种蝴蝶分布于从巴西南部到中美洲、美国南部和更北的零星地带。毛虫以番泻叶为食。

日落蛾
Chrysiridia rhipheus
燕蛾科
这种多彩的昼行性蛾子是马达加斯加本土蛾类，翅膀上的鳞片闪光。它们以大戟科的某种有毒灌木为食。

闪着红光的翅斑

后翅上的黑点

4–4.5 cm
1½–1¾ in

虎斑狭翅蝶
Dismorphia amphione
粉蝶科
这种色彩鲜艳的蝴蝶广布于墨西哥到南美洲地区。为了躲避捕食者，它们会伪装成那些味道很糟糕的蝴蝶。

5.5–8 cm
2¼–3¼ in

艺神袖蝶
Heliconius erato
蛱蝶科
这种蝴蝶常见于中美洲到巴西南部的林缘以及开阔地，毛虫以西番莲属植物为食。

12–15 cm
4¾–6 in

背面

细带猫头鹰环蝶
Caligo idomeneus
蛱蝶科
这种大型蝶原产于南美洲。因为它们的翅膀下面有明显的猫头鹰形眼点，所以在休息时可以阻止捕食者的捕食。

5.5–7.5 cm
2¼–3 in

绢粉蝶
Aporia crataegi
粉蝶科
这种特别的蝴蝶分布广泛，从欧洲、北非一直到亚洲日本都可以见到它们，以山楂树和黑刺李为食。

5–7 cm
2–2¾ in

山黄蝶
Gonepteryx cleopatra
粉蝶科
这种蝴蝶常见于地中海周围的一些国家，尤其是树木不太多的沿海地区。毛虫以鼠李树树叶为食。

7–7.5 cm
2⅗–3 in

大透翅凤蝶
Cressida cressida
凤蝶科

这种蝴蝶来自澳大利亚和巴布亚新
几内亚，通常生活在长有马兜铃属
植物的草地以及稍干燥的森林里。

6–8 cm
2¼–3¼ in

斑马阔凤蝶
Eurytides marcellus
凤蝶科

这种蝴蝶生活在北美洲东部的湿润林地中，具有
特别的黑白斑纹。毛虫以木瓜为食。

亚历山大鸟翼凤蝶
*Ornithoptera
alexandrae*
凤蝶科

这种蝴蝶生活在巴布亚
新几内亚东南部的欧文
斯坦利山脉。它们是世
界上最大的蝴蝶，同时
也是濒危物种，现在已
经被保护起来。

20–31 cm
8–12 in

12–18 cm
4¾–7 in

布氏裳凤蝶
Troides brookiana
凤蝶科

这种蝴蝶生活在婆罗洲和马来西亚的热带森林中，成
虫吸食水果汁液和花蜜，毛虫以马兜铃为食。

11–13 cm
4¼–5 in

绿鸟翼凤蝶
Ornithoptera priamus
凤蝶科

这种大型蝴蝶分布于从巴布亚新几内亚和所罗
门群岛到澳大利亚北部的热带地区。毛虫以马
兜铃为食。

8–10 cm
3¼–4 in

金凤蝶
Papilio machaon
凤蝶科

这种蝴蝶生活在北半球的潮湿草甸、
沼泽地以及其他生境中。毛虫以各种
伞形科植物为食。

4–5 cm
1½–2 in

绿带燕凤蝶
Lamproptera meges
凤蝶科

这种特别的蝴蝶的分布范围从印
度到中国，再到南亚和东南亚。
它们通常在花朵上盘旋进食。

6–9 cm
2¼–3½ in

阿波罗绢蝶
Parnassius apollo
凤蝶科

这种蝴蝶来自欧洲和亚洲，经常可以在山区遍地野
花的草地上见到它们。毛虫以景天为食。

红点

短粗的触角

4.5–5 cm
1¾–2 in

7–8 cm
2¾–3¼ in

后翅上蜿蜒的
花纹

青凤蝶
Graphium sarpedon
凤蝶科

这种蝴蝶广泛分布于印度
到中国的许多地区，澳大
利亚和巴布亚新几内亚也
有分布。它们以花蜜为
食，从泥潭中喝水。

旖凤蝶
Iphiclides podalirius
凤蝶科

虽然英文名字（Scarce swallowtail）里有"稀
有"二字，但这种蝴蝶其实广泛分布于欧洲、中
国以及亚洲的温带地区。毛虫以黑刺李为食。

缘锯凤蝶
Zerynthia rumina
凤蝶科

这种蝴蝶来自法国东南部、西班牙、葡萄牙以及
北非的部分地区，通常生活在灌木丛、草地以及
多石的山坡上。毛虫以马兜铃属植物为食。

北美黑条黄凤蝶
Papilio glaucus
凤蝶科
这种蝴蝶遍布北美洲。小毛虫很像鸟类的粪便，以各种树木和灌木为食。

9–14 cm
3½–5½ in

红灰蝶
Lycaena phlaeas
灰蝶科
这种蝴蝶常见于欧洲、北非以及亚洲直到日本，在北美也有发现。毛虫以酢浆草属植物和酸模属枯物为食。

线灰蝶
Thecla betulae
灰蝶科
这种蝴蝶生活在欧洲和亚洲温带地区的篱笆、灌木丛以及森林中。毛虫在晚上以黑刺李为食。

3.5–4.5 cm
1½–1¾ in

2.5–3 cm
1–1¼ in

蓝媚蚬蝶
Menander menander
灰蝶科
从巴拿马到南美洲北部地区，都能见到这种飞行快速的蝴蝶穿行于热带森林之中。我们对于它的生活史或者毛虫的信息知之甚少。

3–4 cm
1¼–1½ in

蓝美灰蝶
Lysandra bellargus
灰蝶科
这种欧洲蝴蝶可见于白垩草地上，毛虫以其中的马蹄野豌豆为食。雄蝶为天蓝色，而雌蝶为褐色。

2.5–3.5 cm/1–1½ in

红斑青小灰蝶
Philotes sonorensis
灰蝶科
这种稀有的蝴蝶仅分布于加利福尼亚多石的冲积地以及沙漠悬崖中。毛虫以景天或某种肉质植物为食。

2–2.5 cm
¾–1 in

酸模蚬蝶
Hamearis lucina
灰蝶科
从欧洲中部到乌拉尔都有这种蝴蝶的分布。它们喜欢长着黄花九轮草和报春花的草地，并以这两种植物为食。

3–4 cm
1¼–1½ in

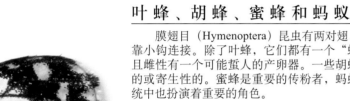

叶蜂、胡蜂、蜜蜂和蚂蚁

膜翅目（Hymenoptera）昆虫有两对翅，飞行中依靠小钩连接。除了叶蜂，它们都有一个"蜂腰"，并且雌性有一个可能蜇人的产卵器。一些胡蜂为捕食性的或寄生性的。蜜蜂是重要的传粉者，蚂蚁在生态系统中也扮演着重要的角色。

翅边具有细小的毛撮

黄缘叶蜂
Tenthredo arcuata
叶蜂科
这种有着黑黄花纹的欧洲叶蜂生活在草地中，在苜蓿类植物上产卵。

7–9 mm
7/32–11/32 in

狼毛锤角叶蜂
Trichiosoma lucorum
锤角叶蜂科
这种身体粗壮的欧洲叶蜂生活在森林、篱笆和灌木中。幼虫以桦树和柳树为食。

1.8–2.2 cm
¾–9/10 in

黑茎蜂
Cephus nigrinus
茎蜂科
这种纤细的黑色叶蜂广泛分布于欧洲西部。它们的幼虫可以钻进野生或栽培的禾本科植物的茎秆里。

7–9 mm
7/32–11/32 in

筒腹叶蜂
筒腹叶蜂科
这些食草类昆虫来自澳大利亚和南美洲。一些种类会侵害桉树，幼虫群居生活。

2 cm
¾ in

玫瑰三节叶蜂
Arge ochropus
三节叶蜂科
这种欧洲叶蜂因为翅边为黑色，所以很容易就能被认出来。它们通常会以顶部扁平的花朵为食。幼虫以野生玫瑰为食。

7–10 mm
7/32–3/8 in

红头阿扁叶蜂
Acantholyda erythrocephala
扁叶蜂科
起初在欧洲和亚洲被发现的这种叶蜂，现在已经传播到整个世界。幼虫在丝网下或卷曲的叶子里共同进食。

7–9 mm
7/32–11/32 in

大大的头

细长的触角

大树蜂
Urocerus gigas
树蜂科
这种让人印象深刻的昆虫生活在北半球。雌性会钻进松树里很深的地方产卵。

3.5–4 cm
1½ in

产卵器

≫ 叶蜂、胡蜂、蜜蜂和蚂蚁

榕小蜂
未定种
榕小蜂科
榕小蜂生活在热带和亚热带地区。一些种类是重要的传粉者，尤其对于某种无花果树来说。

1–3 mm
1/32–1/8 in

3–10 mm
1/8–3/8 in

茧蜂
未定种
茧蜂科
茧蜂分布广泛，通常作为寄生虫生活在毛毛虫、甲虫以及苍蝇的幼虫里。一些种类的雌性拥有很长的产卵器。

大的复眼

亮丽的金属色

没食子瘿蜂
Biorhiza pallida
瘿蜂科
这种蜂来自于欧洲和亚洲的栎树的根部虫瘿里。它们会将卵产在树芽里，包括正在生长的栎树虫瘿。

5–6.5 mm
3/16–9/10 in

皱背姬蜂
Rhyssa sp.
姬蜂科
这些非常大型的蜂生活在北半球的松树林里，它们会钻进树里，将卵产在树蜂的幼虫上。

3.6–4 cm
1 2/5–1 1/2 in

2–2.2 cm
3/4–9/10 in

缺沟姬蜂
Lissonota sp.
姬蜂科
缺沟姬蜂属包含一些非常相似的蜂。这类蜂会钻进树干，并将卵产在钻孔性蛾的幼虫身上。

华丽突背青蜂
Stilbum splendidum
青蜂科
这种大型蜂来自澳大利亚北部，作为一种寄生虫生活在独居的泥蜂幼虫身上。它们以花朵为食。

1.8–2 cm
7/10–3/4 in

长尾小蜂
Torymus sp.
长尾小蜂科
这种蜂利用长长的产卵器钻进虫瘿组织，并且在里面生长的幼虫身上产卵。

4 mm
5/32 in

3–4 mm
1/8–5/32 in

六齿小蠹迈金小蜂
Mesopolobus typographi
金小蜂科
这种蜂来自欧洲和亚洲，为重寄生蜂，即它们会寄生在另一种寄生蜂身上，被寄生的蜂本身会寄生在小蠹虫的幼虫身上。

普通小蜂
Chalcis sispes
小蜂科
这种蜂生活在欧洲和亚洲的部分地区，它作为一种寄生虫寄生在水生大水虻幼虫身上。

山斑大头泥蜂
Philanthus triangulum
泥蜂科
这种蜂生活在欧洲中部、南部以及北非地区。它们会在沙地做巢，储藏蜂蜜，作为幼虫的食物。

1–1.2 cm
3/8–1/2 in

1.3–1.5 cm
1/2–3/5 in

坚硬且凹凸不平的表面使它们能免于

7–8 cm
2 3/4–3 1/4 in

灰蒙蒙的橘色翅膀

鸟蛛蜂
Pepsis heros
蛛蜂科
这种南美洲的大型蜂会寻找墨西哥红膝蛛，并把它们麻醉然后埋起来，作为幼虫的食物。

猛犸土蜂
Scolia procer
土蜂科
这种蜂原产于婆罗洲、爪哇岛以及苏门答腊岛，它们会麻痹圣甲虫的幼虫，并在它们身上产卵。

4.5–5.5 cm
1 3/4–2 1/4 in

欧洲蚁蜂
Mutilla europaea
蚁蜂科
这种欧洲昆虫生活在沙地或者草地。雌性无翅，幼虫以胡蜂的幼虫为食。

1.1–1.7 cm
2/5–7/10 in

欧洲细土蜂
Methocha ichneumonides
钩土蜂科
9–11 mm
¹¹⁄₃₂–⁷⁄₁₆ in
这种欧洲蜂的雌蜂没有翅膀，生活在沙地，它
们会寄生在巢穴里的虎甲幼虫身上。

黄边胡蜂
Vespa crabro
胡蜂科
2.5–3.5 cm
1–1½ in
这种大型的社会性蜂
生活在欧洲和亚洲，
现在已经被引入到世
界各地。它们喜欢森
林，因为可以在空心
树里筑巢。

胡蜂腰

普通黄胡蜂
Vespula vulgaris
胡蜂科
1.2–1.7 cm
½–⁷⁄₁₀ in
这种蜂原产于北半球。
它们会用其他昆虫喂养
幼虫，并且通过咀嚼木
质纤维建造纸巢。

地熊蜂
Bombus terrestris
蜜蜂科
2.3–2.5 cm
⅗–1 in
这种社会性蜜蜂原产于欧洲
中部、南部以及北非，现在
已经被引入到世界各地。它
们是农作物的重要传粉者。

有很多毛
的身体

茶色地花蜂
Andrena fulva
地蜂科
1–1.2 cm
⅜–½ in
这种早春蜂类生活在欧洲中
部。它们会在草地下面筑巢，
在入口处垒高一小堆泥土。

意大利蜜蜂
Apis mellifera
蜜蜂科
1.2 cm
½ in
西方的意大利蜜蜂现在已经遍
布全球，是一种重要的农作物
传粉者。野生情况下它们会在
空心树里筑巢，但大多生活在
人工的蜂巢里。

南美兰蜂
Euglossa asarophora
蜜蜂科
1.2–1.4 cm
½ in
与所有的南美兰蜂一样，这种
蜜蜂也群居于南美洲的雨林里。
雄性会从兰科植物中收集油和
树脂，以吸引配偶。

分舌蜂
Colletes sp.
分舌蜂科
1.1–1.3 cm
⅖–½ in
这种地面筑巢的独居蜂类常见
于北半球。它们会用防水的腹
部分泌物标识巢穴。

扁柄木蜂
Xylocopa latipes
条蜂科
3.3–3.6 cm
1¼–1½ in
这种大型蜂遍布东南
亚。它们会在树枝或
者木料和木桩里挖掘
建造巢穴。

红褐林蚁
Formica rufa
蚁科
8–10 mm
⁵⁄₁₆–⅜ in
这种蚂蚁遍布欧洲，是森林昆虫的
重要捕食者。它们会从腹部后面喷
出蚁酸进行防卫。

切叶蚁
Atta sp.
蚁科
1.6 cm
⅗ in
切叶蚁生活在中美洲和
南美洲。它们能建造巨
大的地下巢穴，在里面
它们会咀嚼叶片培养真
菌，并将其作为食物。

复眼

淡淡的毛带

绒梳切叶蜂
Anthidium manicatum
切叶蜂科
1 cm
⅖ in
这种欧洲蜂会在现有的木头洞或石头洞里筑
巢，并用从某种植物收集的毛编织巢穴。

四条隧蜂
Halictus quadricinctus
隧蜂科
1.3–1.5 cm
½–⅗ in
这种独居的蜜蜂生活在欧洲南部和
地中海地区，会在地下建造大量用
来养育幼虫的小室。

行军蚁
Eciton burchellii
蚁科
4–12 mm
⁵⁄₃₂–½ in
这种南美洲的蚂蚁，会形成
包含200万只个体的大群体袭
击大型猎物。

纽形动物

纽形动物门（Nemertea）中的海生蠕虫是贪婪的捕食者。它们用吻部捕捉猎物，整个吞下或吮吸猎物的液体。

纽形动物是柔软、黏滑的，身体为圆柱形，有时是扁平的。有些只在海底简单地蠕动，有些也能游泳。有一种叫作带虫的巨纵沟纽虫（*Lineus longissimus*），有记录显示它可以长到30米长。和其他蠕虫一样，它的身体很脆弱，非常容易破裂。

门	纽形动物门
纲	2
目	3
科	41
种	约1150

纽形动物的吻不是内脏的一部分，而是从头部的一个囊里显露出来，这个囊就位于口的上方。有些蠕虫的吻锋利地突起，用于捕捉或刺穿猎物，甚至可以注射毒液使猎物固定不动。这些武装精良的动物以无脊椎动物为食，例如甲壳动物、多毛类和软体动物。其他的纽形动物以没有生命的物质为食。

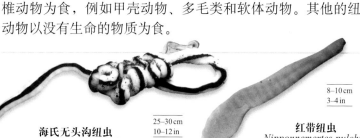

海氏无头沟纽虫
Baseodiscus hemprichii
沟纽虫科
这种鲜艳的纽形动物生活在印度洋和太平洋的群礁上。在海底捕食无脊椎动物。

25–30 cm
10–12 in

8–10 cm
3–4 in

红带纽虫
Nipponnemertes pulchra
带纽虫科
这种纽形动物生活在世界上的寒冷海域。它们的体色多变，可以从橘色变成粉色或者红色等。

头

又黏又滑的身体

大西洋管栖纽虫
Tubulanus annulatus
管栖纽虫科
这是一种大型的纽形动物，生活在大西洋东北部和地中海潮间带上的泥泞沉积或离岸水域中。

12–75 cm
4¾–30 in

苔藓动物

苔藓动物门（Bryozoanx），这些微小的动物形成了像珊瑚一样的群体。它们用微小的触手过滤食物；反过来，它们也为无脊椎动物提供食物。

有些苔藓虫与珊瑚虫很像，但它们是比刺胞动物更先进的动物。一个群体——一般是由数千个叫作个员（zooids）的微小身体组成。每个个员都拥有一个伸缩自如的扇形触手，环绕在口的四周。触手上的纤毛将食物颗粒向下运送到口，然后进入一个U型的胃中。废物通过体壁的肛门排出。虽然必须用放大镜才能看清每个个员，但群体却呈现出许多形态。依据种类不同，有些种类能在岩石或海草上结壳，其他种类能长成茂密的灌丛或丰满的叶状。有些种类像珊瑚一样严重钙化；其他种类则非常柔软。

门	苔藓动物门
纲	3
目	4
科	约160
种	约4150

截枝多孔苔虫
Myriapora truncata
多孔苔虫科
这是生活在地中海的一种特别的苔藓动物，群体由重复分枝的粗大的圆柱体组成。

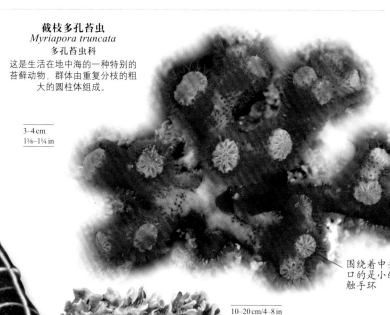

3–4 cm
1⅛–1¼ in

围绕着中口的是小的触手环

10–20 cm/4–8 in

多叶藻苔虫
Flustra foliacea
藻苔虫科
这种苔藓动物是本科的典型，会形成直立的叶状群体。这种长势茂密的离岸物种通常生活在北欧海岸的岩石上。

5–20 cm/2–8 in

15–20 cm
6–8 in

枣红艳网苔虫
Iodictyum phoeniceum
网苔虫科
网苔虫，有时候被错误地称为"网珊瑚"——可以形成高高的、坚硬的群体。这种彩色的苔虫生活在澳大利亚南部和东部的海岸线上。

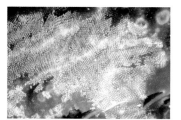

膜孔苔虫
Membranipora membranacea
孔苔虫科
这种苔藓动物被称为海垫，会长成花边形的片状硬壳。它们能够在大西洋东北部的巨藻叶上快速生长。

腕足动物

腕足动物门 (Brachiopoda) 看起来非常像双壳纲的软体动物，却不用触手进食。它们属于一个不同的、非常古老的门。

腕足动物柔软的身体包被在两瓣壳内，一瓣壳比另一瓣大些。壳可通过一个坚韧的柄连接到海床上，或者直接黏合到岩石上。双壳围绕着动物上下排列——而不是像双壳软体动物那样，围绕一侧排列。和软体动物相同，腕足动物也有一个肉质的外套膜与壳的内表面相连，外套膜包裹着外套腔。外套腔里有一圈长着微小纤毛的触手，能将颗粒运送到中央的口中——就像苔藓动物的进食一样。

化石记录显示，腕足动物在古生代温暖的浅海中非常常见，而且更为多样。它们的数量在恐龙时代开始剧烈下降，而双壳类软体动物则进化得更为成功。

门	腕足动物门
纲	2
目	5
科	约 25
种	约 300

囊形钻孔贝
Terebratulina retusa
格纹贝科
2–3 cm
¾–1¼ in
这种动物的分布范围从大西洋东北部到地中海地区。它们的瓣膜为梨形，并通过一个短柄连接在垂直的岩石上面。

3–5.5 cm
1¼–2¼ in

横生贯壳贝
Terebratalia transversa
贯壳贝科
这种短柄的腕足动物在北太平洋数量丰富，有一个多变的平滑的或有棱纹的贝壳。

合在一起的两瓣贝壳

1–1.5 cm
⅜–½ in

无节新猥螂贝
Novocrania anomala
猥螂贝科
这种动物是一种生活在北大西洋的腕足动物，会将贝壳黏合在岩石上，外表与帽贝很像。

软体动物

软体动物门 (Mollusca) 是一个物种数多具多样性高的群体，包括无视力的滤食性双壳类动物，它们黏在岩石上，贪婪地吃着蜗牛和蛞蝓；软体动物还有活跃的、聪明的章鱼和乌贼。

典型的软体动物具柔软的身体，身体上长着一个大的肌肉质足和头部，通过眼睛和触手感知世界。内脏（内部器官）包含在内脏团中，被一个肉质的外套膜包被着。外套膜悬垂在内脏团的边缘，形成了一个叫作外套腔的空隙，并与呼吸相关。很多种类的外套膜也会分泌物质，用于合成贝壳。大多数软体动物使用齿舌进食。齿舌外包裹着几丁质牙齿，可以在口内向前或向后移动，磨碎食物。双壳类没有齿舌，它们通过贝壳虹吸水分。多数种类用鳃上的黏液粘住食物颗粒。

门	软体动物门
纲	7
目	46
科	609
种	约 110000

这些帽贝已经将周围岩石上的绿藻吃光了，但它们却不能吃到长在自己贝壳顶端的绿藻。

有贝壳，无贝壳

贝壳不仅可以躲避捕食者，还可以防止水分的流失。有些腹足类甚至具有一个叫作厣的活板门，来封住贝壳的开口。贝壳利用从食物和周围水中获得的矿物质进行硬化。它的外面是坚硬的物质；里面很光滑，允许身体滑进滑出——有些类群还具有珍珠母的内衬。一些没有贝壳的软体动物用化学物质保护自己，这些物质使它们非常难闻，气味甚至具有毒性。它们还能用鲜艳的色彩警告敌人。

大多数头足类动物——即有触手的软体动物，像章鱼和乌贼——它们没有贝壳。这一类群的动物是食肉动物，具有一个用于咀嚼肉的角质喙。它们的肉足进化成特殊的触手，用于抓握和游泳。

获得氧气

多数软体动物生活在水中，因此它们具用于呼吸的鳃，通常鳃会延伸进外套腔，并可以接触到水流。多数陆生的蜗牛和蛞蝓的外套腔充满空气，行使着肺的功能。有些生活在淡水中的腹足动物可能是从这一类群进化而来的，但只有一个肺，因此它们必须频繁地到水面呼吸。

无板类

与软体动物相比，无板纲 (Aplacophora) 动物更像蠕虫。它们是一类圆柱形的穴居动物，在深海的沉积物中，以碎屑或其他无脊椎动物为食。它们没有贝壳，却有着鲜明的软体动物特征，比如具有锉刀般的舌形齿舌。外套腔退化成身体后部的一个开口，内脏中形成的废物从这里排出。

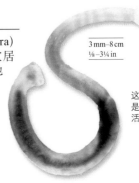

3 mm–8 cm
⅛–3¼ in

毛皮贝
Chaetoderma sp.
毛皮贝科
这种蠕虫形状的软体动物是无板纲的典型动物，生活在北大西洋泥泞的深海沉积物中。

双壳类

双壳类动物是完全水生的软体动物，铰合的贝壳张开，以接触食物和富氧的水体。通过贝壳便能立即识别这类动物。

通过贝壳能够辨认出双壳纲 (Bivalvia) 动物。贝壳由两片壳片组成，通过一个铰合部连接在一起。为了防止捕食者和失水的危险，两片贝壳通过收缩的肌肉紧紧地闭合在一起，将大部分或全部身体包在里面。生活在海滨的软体动物会随着退潮而有规律地在沙滩上出现。

本纲动物的体形有很大的差异，从大约6毫米的球蚬到能长到直径1.4米的砗磲。有些双壳纲动物靠一束叫作足丝的坚韧丝线，黏附在岩石和硬物的表面上。其他种类利用发达的肉足

在泥泞的沉积物中钻洞。少数双壳纲动物，如扇贝，它们可以凭借喷射推进的方法自由地游泳。

通过叫作虹吸管的水管状结构，双壳纲动物可以将水泵进和泵出。水中富含氧气和食物，水流过时鳃就可以收集它们。食物颗粒被鳃周围的黏液黏住，通过微小的纤毛运送到口中。

双壳动物和人类

贻贝、蛤蜊和牡蛎是人类重要的食物资源。贻贝还可以通过珍珠层将异物包裹起来，形成质量极佳的珍珠。双壳类也是水体质量重要的指示物，因为它们不能在高污染的水体中生活。

门	软体动物门
纲	双壳纲
目	10
科	105
种	约8000

女王扇贝拍动双壳加速躲避捕食者海星。

牡蛎和扇贝

牡蛎目 (Ostreoida) 动物食用从海水中过滤出来的小食物颗粒。有些种类的牡蛎一直生活在沿海水域以下，并通过能产生足丝的腺体固定在岩石上。相比之下，扇贝通过拍打双壳自由地游泳。

大海扇蛤
Pecten maximus
扇贝科

扇贝能够自由地游泳，并具有喷射推进的逃避反应。这种经济贝类生活在欧洲海滨极好的沙滩上。

12–15 cm
4¾–6 in

10–12 cm
4–4¾ in

左侧贝壳有刺

猫舌海菊蛤
Spondylus linguafelis
海菊蛤科

这是太平洋的猫舌海菊蛤，是海菊蛤科的一种。它们具有鲜艳的外套膜，以其多刺的外表而命名。

10–12 cm
4–4¾ in

鸡冠牡蛎
Lopha cristagalli
牡蛎科

有些种类的牡蛎与扇贝有很近的亲缘关系。因为可以作为人类的食物并能产生珍珠而变得很有价值。这是一种生活在印度洋和太平洋的牡蛎。

8–10 cm
3¼–4 in

食用牡蛎
Ostrea edulis
牡蛎科

这种重要的经济贝类在欧洲曾经数量丰富，现在在一些地区已经被过度捕捞。它们在夏季某几个月的繁殖期内是不能食用的。

蚶蜊及其近亲

这些双壳类通过两条强大的肌肉关闭贝壳，铰合部为一条直线，上面长有许多牙齿。和它们的近亲一样，蚶目 (Arcoida) 动物拥有退化了的足和大型的鳃，有助于捕获食物颗粒。

魁蚶
Arca noae
蚶科

蚶是方棱、厚壳的双壳类动物。魁蚶生活在大西洋东部海岸，是一种用足丝黏附在岩石上潮间带的动物。

5–7 cm
2–2¾ in

欧洲蚶蜊
Glycymeris glycymeris
蚶蜊科

蚶蜊是蚶的圆形近亲。这种动物生活在大西洋东北部，在欧洲被捕捞。它们有一种甜甜的味道，煮久了会变硬。

5–6 cm
2–2¼ in

贻贝

贻贝目 (Mytiloida) 动物的贝壳形状很特别，是不对称的细长形状，借足丝黏附在岩石上。它们的两条闭壳肌只有一条是发达的。

贻贝
Mytilus edulis
贻贝科

这种长寿的贻贝是欧洲最重要的经济贻贝。它们生活于浓密的海床，能忍受河口水体的低盐度。

8–10 cm
3¼–4 in

珍珠贝及其近亲

珍珠贝目 (Pterioida) 动物包括长铰合部的、有翼的扇贝，以及T形的丁蛎和珍珠贝。这一类群也包括具有重要商业价值的海生珍珠贝。

黑旗江珧蛤
Atrina vexillum
江珧蛤科

这种生活在西欧海滨的江珧蛤，具有三角形贝壳，并借助足丝黏附在柔软的沉积物里。

25–40 cm
10–16 in

淡水贻贝

河蚌目 (Unionoida) 是双壳类中唯一一类完全生活在淡水中的种类。它们微小的幼体会用壳夹在鱼身上，并在鳃片上形成囊，吸食鱼的血液或体液。成年贻贝会脱离鱼体。

无齿蚌
Anodonta sp.
蚌科

鲅鱼会将卵产在活的淡水贻贝中，比如这种生活在欧亚大陆的无齿蚌。软体动物会变成幼鱼的育婴室。

珍珠蚌
Margaritifera margaritifera
珍珠蚌科

这种贻贝因能产生高质量的珍珠而远近闻名，分布在欧亚大陆和北美洲，栖息在湍急河流下面的沙土或沙砾里。

真蛤和船蛆

海螂目 (Myoida) 动物长长的虹吸管，可用于挖掘泥浆，或在木头、岩石中钻孔。海笋贝壳的前方像一把锉刀，用于在软岩石上挖掘。船蛆用它们的贝壳钻通木材。

指状海笋
Pholas dactylus
海笋科

指状海笋生活在大西洋东北部，能发出荧光，和其他种类一样在木头和泥土中穴居生活。

沙海螂
Mya arenaria
海螂科

这种长着一个薄壳的海螂可以食用。它们生活在大西洋北部，在泥泞的河口处数量尤其丰富，并在那里柔软的沉积物中穴居生活。

船蛆
Teredo navalis
船蛆科

这种双壳动物高度进化，分布广泛，可以将脊状的壳作为钻子，在木材和损毁的船只上钻出深深的洞。

筒蛎及其近亲

笋螂目 (Pholadomyoida) 包括蛤蜊和热带的筒蛎。筒蛎很少被当成是双壳类动物，它们被白垩质管包裹着，通过身体前端的多孔板将碎屑和水吸进管中。

15–17 cm
6–6½ in

菲律宾筒蛎
Penicillus philippinensis
筒蛎科

这种分布在印度洋和太平洋海域的奇怪的筒蛎属于筒蛎科，这科以其具有流苏状管子的宽大有空的体端命名。部分埋在沉积物中生活。

鸟尾蛤及其近亲

帘蛤目 (Veneroida) 是双壳纲中最大的一目，包括很多种海生动物。大多数种类具有短的虹吸管。有些种类，尤其是鸟蛤，很敏捷，能用足钻洞，甚至跳跃。其他种类用足丝黏附在岩石上。

3–4 cm
1¼–1½ in

多形饰贝
Dreissena polymorpha
饰贝科

这种淡水贻贝通过足丝固定自己，但也能离开并用细长的肉足爬行。它们原产于东欧，现已分布到世界各地。

4–5 cm
1½–2 in

欧洲鸟尾蛤
Cerastoderma edule
鸟尾蛤科

穴居在沙土中的鸟尾蛤，它们的贝壳带有辐射状的肋。这种鸟尾蛤生活在大西洋东北部，经常大量地被发现，在北欧被捕捞。

2.5–3 cm
1–1¼ in

同心环

女神黄文蛤
Pitar dione
帘蛤科

这种文蛤生活在热带的美洲海岸线上，以其贝壳上的梳状脊命名。

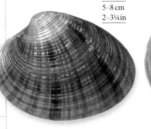

5–8 cm
2–3¼ in

棕带仙女蛤
Callista erycina
帘蛤科

有些文蛤被收藏者视作珍宝，其中就包括这种分布在印度洋和太平洋海域的文蛤。

老娘镜文蛤
Dosinia anus
帘蛤科

这种文蛤生活在新西兰的海岸线上，是供人类消费的许多种蛤中的一种。

外套膜里的藻类暴露在阳光下

大砗磲
Tridacna gigas
鸟蛤科

这种长寿的动物生活在印度洋和太平洋海域的砂质海床上。它们是最大的双壳类动物，现在已经成为一种栖息在珊瑚上的濒危动物。

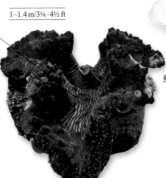

1–1.4 m/3¼–4½ ft

2–4 cm
¾–1½ in

楔形斧蛤
Donax cuneatus
斧蛤科

这种动物是三角楔形贝壳家族其中的一种，是海浪中行动迅速的穴居动物，生活在热带的印度洋和太平洋海域。

5–6 cm/2–2¼ in

15–20 cm
6–8 in

大刀蛏
Ensis siliqua
毛蛏科

这种生活在大西洋东北部的大刀蛏，穴居生活，通过伸出的虹吸管进食和呼吸，但被打扰时会凭借肉足迅速逃走。

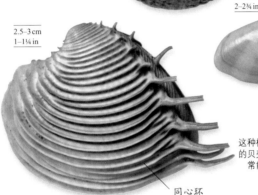

辐射樱蛤
Tellina radiata
樱蛤科

这种樱蛤来自加勒比海。它们的贝壳有很多的带型花纹，经常能在海滩上发现它们。

散纹樱蛤
Tellina virgata
樱蛤科

许多樱蛤的贝壳，比如这种生活在印度洋和太平洋海域的樱蛤，都有装饰性的图案。

5–7 cm
2–2¾ in

长方棱蛤
Trapezium oblongum
棱蛤科

这是一种印度洋和太平洋海域的双壳类动物。它们用足丝依附在岩石上，通常生活在裂隙或珊瑚碎石下面。

8–9 cm
3¼–3½ in

西非樱蛤
Tellina madagascariensis
樱蛤科

樱蛤，例如这种玫瑰色的热带西非樱蛤，以沉积物中的颗粒为食，通过它们长长的、可延展的虹吸管吸取食物。

3–4 cm
1¼–1½ in

6–8 cm
2¼–3¼ in

鳞片状的大肋

30–40 cm
12–16 in

鳞砗磲
Tridacna squamosa
鸟蛤科

和其他印度洋和太平洋海域的大蛤蜊一样，这种蛤蜊也会在白天打开自己的贝壳，以便外套膜内的藻类能够进行光合作用，合成食物。

腹足类

腹足纲 (Gastropods) 动物是目前为止软体动物中数量最多的纲。腹足这个词的意思是"把肚子作为脚"，因为这类动物似乎是用腹部爬行的。

多数蜗牛和蛞蝓用肉足行走，行走时会出现一行黏液。它们用齿舌刮擦食物，齿舌是一种像砂纸一样的舌头。大多数腹足类动物用齿舌刮取植物、藻类或长在水下岩石表面上的薄薄的微生物。腹足类动物有些是肉食性动物。它们通常具有一个特殊的头，头上长着发达的感觉触角。蜗牛有一个盘曲的或螺旋形的壳，可以将身体缩回壳里；蛞蝓在进化过程中失去了贝壳。腹足纲也包括一些没有这些基本特征的动物，比如游泳的海兔。腹足类动物起源于海洋，在海洋中仍然具有非常大的多样性；其他种类生活在淡水中或者陆地上。

扭转

幼年时期的腹足类动物会经历一个叫作"扭转"的时期：壳内的整个身体会扭转180度，具有呼吸作用的外套腔会扭转到动物的头部上方。这使得脆弱的头部能够安全地缩回壳内。海生种类如滨螺和帽贝，它们的身体形态会保持到成年时期。因此，海洋贝类被称为前鳃类，意思是"朝前的鳃"。然而海兔的身体会再次向后扭转，因此被称为后鳃类，或"朝后的鳃"。

门	软体动物门
纲	腹足纲
目	21
科	409
种	约90000

帽贝

笠形腹足目 (Patellogastropoda) 是以藻类为食的原始帽贝，具有稍微盘曲的锥形贝壳。它们依靠强有力的肌肉牢牢吸附在潮间带的岩石上，使其免受捕食者、脱水和波浪的侵袭。

3–5 cm
1¼–2 in

普通帽贝
Patella vulgata
帽贝科

这种动物生活在大西洋东北部。它们在高潮时寻找海岸岩石上的藻类作为食物，然后回到岩石上的低洼处，这个低洼处要与它壳的形状相匹配。

蜓螺及其近亲

珍珠蜓螺目 (Cycloneritimorpha) 是一个很小但很多样的类群，在化石记录中有很大的知名度。它们有海水、淡水和陆生等种类，有些有盘曲的贝壳，还有少数几种很像帽贝。有些种类的贝壳上也有厣。

1.2–2 cm / ½–¾ in

红斑蜓螺
Neritina communis
蜓螺科

这种动物生活在印度洋和太平洋海域的红树林中，是一种非常多变的动物。在同一种群里会出现黑色、红色或者黄色的贝壳。

2–5 cm
¾–2 in

红齿蜓螺
Nerita peloronta
蜓螺科

这种软体动物生活在加勒比海的潮间带，以其贝壳开口处血红色的花纹命名，在长时间离开水的情况下也可存活。

马蹄钟螺及其近亲

古腹足目 (Vetigastropoda) 动物是海生的腹足类动物，它们会用刷子般的齿舌刮取藻类和微生物。它们的贝壳形态可以有着从螺旋上升尖端裸露形贝壳的眼孔蛾，到有着盘曲球形或金字塔形贝壳的马蹄钟螺，它们利用鳃盖或厣，将身体封闭在壳内。

8-12 cm
3¼-4¾ in

马蹄钟螺
Tectus niloticus
蝶螺科

许多马蹄钟螺都有厚厚的珍珠母层。这种分布在印度洋和太平洋海域的大型马蹄钟螺被用于生产珍珠。

像陀螺一样的贝壳形状

条带形态

李氏孔蛾
Diodora listeri
裂螺科

眼孔蛾与鲍鱼和马蹄钟螺的亲缘关系很近。和其他种类一样，这种生活在大西洋西部的动物也会通过它的"锁孔"排出贫氧水。

1.5–4.5 cm
½–1¾ in

2–2.5 cm
¾–1 in

飓风钟螺
Osilinus turbinatus
马蹄螺科

飓风钟螺拥有"陀螺"一般的壳，并被一个环形鳃盖所封闭。这是一种生活在地中海的马蹄钟螺。

银口蝶螺
Turbo argyrostomus
蝶螺科

银口蝶螺与马蹄钟螺有很近的亲缘关系，它们有一个钙化的鳃盖。这种动物生活在印度洋和太平洋海域。

5–7 cm / 2–2¾ in

20–30 cm
8–12 in

红鲍
Haliotis rufescens
鲍科

鲍鱼有耳朵形状的贝壳，内衬以厚厚的珍珠母层并分布着排水孔。这种以大型海藻为食的鲍鱼是最大的鲍鱼，生活在太平洋东北部。

锥螺及其近亲

这些高螺旋的腹足类生物通常生活在泥泞或砂土质的沉积物中。它们通过外套腔进行水循环，并以水中的颗粒物为食。蟹守螺总科 (Cerithioidea) 生活在海水、淡水和河口生境中。它们移动缓慢，常大群地聚在一起。

滨螺、蛾螺及其近亲

新进腹足总目 (Caenogastropoda) 是最大的也是最多样化的一目海生腹足动物，它被分成三个类群。翼舌目：包括梯螺和海蜗牛，它们是自由活动或游泳的动物，并专以刺胞动物为食。玉黍螺目：包括滨螺、梭螺和凤螺，它们都以藻类为食。新腹足目：包括蛾螺及其近亲会将一个长的虹吸管通过壳上的凹槽伸出，捕食猎物。

笋锥螺
Turritella terebra
锥螺科

2.5–5.5 cm
1–2¼ in

这种腹足动物生活在印度洋和太平洋海域，是一种在泥泞的沉积物中觅食的滤食性动物。

6–17 cm
2⅜–6½ in

粗锉棒螺
Rhinoclavis asper
蟹守螺科

锉棒螺在浅水的热带海洋沉积物中数量丰富。和其他种类一样，这种印度洋和太平洋海域的锉棒螺会将线状的卵产在坚固的物质上。

蚯蚓锥螺
Vermicularia spirata
锥螺科

这种动物生活在加勒比海域，它不太螺旋的贝壳会依附在坚硬的物质上。自由活动的雄性常将自己埋入海绵中，然后发育成静止不动且体型较大的雌性。

2.5–16 cm
1–6½ in

老的突起常会损坏

扶轮螺
Stellaria solaris
衣笠螺科

扶轮螺会将鹅卵石或其他动物的壳固着在自己的壳上用于伪装。这种动物生活在印度洋和太平洋海域中。

固着的碎屑

梯螺
Epitonium scalare
海狮螺科

2.5–7 cm
1–2¾ in

梯螺属动物名字来自德语的"wentletrap"意思是盘旋的楼梯，捕食海葵和珊瑚，具有用于切割的腭部。这是一种分布在印度洋和太平洋海域的梯螺。

2–4 cm
¾–1½ in

海蜗牛
Janthina janthina
海蜗牛科

海蜗牛漂浮在热带海洋，是捕食浮游的刺胞动物。它们分泌黏液，制造气泡，使自己漂浮起来。

虎斑宝贝
Cypraea tigris
宝贝科

当宝贝爬行时，其外套膜的肉质外缘正好包在平滑的贝壳周围。这种分布在印度洋和太平洋的虎斑宝贝以其他种类的无脊椎动物为食。

10–15 cm
4–6 in

偏盖螺
Capulus ungaricus
尖帽螺科

1.5–6 cm
½–2¼ in

这种腹足动物生活在北大西洋，外表与无亲缘关系的帽贝相似。它们会将自己附着在石头上，甚至是其他软体动物，比如扇贝上面。

6–13 cm
2¾–5 in

弃主履螺
Crepidula fornicata
帆螺科

2–5 cm
¾–2 in

滤食性的履螺与真正的帽贝无亲缘关系。它们会形成交配塔，顶部小些的雄性会改变性别，代替下面死掉的雌性。

普通鹅掌螺
Aporrhais pespelecani
鹅掌螺科

鹅掌螺是凤螺的近亲，它们生活在泥浆中，以碎屑为食，延伸出来的贝壳看起来像是有蹼的脚。这种动物生活在地中海和北海。

30–42 cm/12–16½ in

2–3 cm
¾–1¼ in

滨螺
Littorina littorea
滨螺科

滨螺，比如这种欧洲滨螺，形成一个大群。这个类群的腹足动物生活在潮间带，长有一个管状的螺旋形贝壳，并被一个鳃盖所封闭。

15–31 cm
6–12 in

女皇凤螺
Strombus gigas
凤螺科

凤螺主要生活在热带，是中型到大型的海生啃食性腹足动物。凤螺属，例如这种生活在大西洋西部的大型种类，它的贝壳外唇大而延展。

>> 滨螺、蛾螺及其近亲

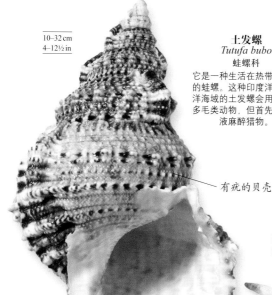

10–32 cm
4–12½ in

土发螺
Tutufa bubo
蛙螺科
它是一种生活在热带的具疣的蛙螺。这种印度洋和太平洋海域的土发螺会用吻吃掉多毛类动物，但首先需用唾液麻醉猎物。

有疣的贝壳

作为虹吸管的通道

10–50 cm
4–20 in

法螺
Charonia tritonis
法螺科
热带潮间带的法螺，以及与其有亲缘关系的蛙螺和冠螺，都捕食其他种类的无脊椎动物。这种印度洋和太平洋海域的法螺以有攻击性的棘冠海星为食。

5 mm–3 cm
3/16–1¼ in

波氏玉螺
Euspira pulchella
玉螺科
这是一种穴居在沙土中，以双壳类为食的肉食动物，分布在欧洲。它们俗称项链螺，以其项链般的条带状卵命名。

8–11 cm
3¼–4¼ in

北蛾螺
Buccinum undatum
蛾螺科
这种大型的北大西洋腹足动物以其他种类的软体动物和管虫为食，也会吃腐肉。它们是一种常见的海鲜。

2–3 cm
¾–1¼ in

黄斑核果螺
Drupa ricinus
骨螺科
这种软体动物属于骨螺科，生活在印度洋和太平洋海域的珊瑚礁上，以那里的多毛类为食。

3–4 cm
1¼–1½ in

狗岩螺
Nucella lapillus
骨螺科
这种北大西洋的腹足动物属于骨螺科，借助于酶的分泌物，通过齿舌在藤壶和软体动物的贝壳上钻洞，并捕食它们。

9–15 cm
3½–6 in

织锦芋螺
Conus textile
芋螺科
芋螺利用齿舌叉住猎物并注射毒液。有些芋螺，例如这种印度洋和太平洋海域的织锦芋螺，对人类是有害的。

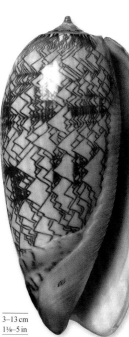

3–13 cm
1⅛–5 in

风景榧螺
Oliva porphyria
榧螺科
这种最大的榧螺来自墨西哥和南美洲的太平洋海岸，是最大的榧螺，拥有光滑的彩色贝壳。

6–11 cm
2¼–4¼ in

7.5–11.5 cm
3–4½ in

条纹细带螺
Cinctura lilium
细带螺科
这是一种分布在加勒比海的腹足动物，它们生活在珊瑚上，与蛾螺有亲缘关系。生活在沙土中的种类拥有较长的、称为梭壳的虹吸通道。

百肋杨桃螺
Harpa costata
杨桃螺科
杨桃螺（亦称鹑螺）生活在沙土中，以蟹类为食，它们会用宽大的足困住蟹类，然后用唾液消化它们。这是一种分布在印度洋的杨桃螺。

锥笋螺
Terebra subulata
笋螺科
这种分布在印度洋和太平洋海域的锥笋螺是典型的笋螺，它们的贝壳具有图案。笋螺穴居在沙土的表层，捕捉蠕虫。

7–20 cm
2¾–8 in

淡水有鳃贝类

主扭舌目（Architaenioglossa）是唯一一目没有海生种类的有鳃贝类。多数生活在淡水中，但也有些生活在陆地上。瓶螺的外套腔内有鳃，可以行使肺的功能，使得它们在干燥的情况下也能存活一段时间。所有种类都有鳃盖，或厣，用来关闭贝壳。

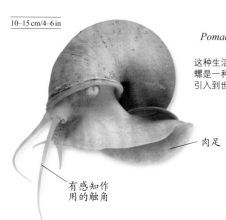

10–15 cm/4–6 in

福寿螺
Pomacea canaliculata
瓶螺科
这种生活在热带美洲的福寿螺是一种典型的瓶螺，已被引入到世界各地，并已成为入侵种。

肉足

有感知作用的触角

欧洲田螺
Viviparus viviparus
田螺科
这种动物是一种欧洲的淡水腹足动物，具鳃，与瓶螺有亲缘关系，而且和它一样，通过一个厣（鳃盖）关闭贝壳。

3–4 cm/1¼–1½ in

海兔

大型海兔拥有起感知作用的水感头触角，海蛞蝓也有这一特征，头触角如此之大，以至于看起来很像耳朵。无楯目 (Anaspidea) 动物具有小的内壳，而且它们像海天使一样，能借翼足游泳。

翼足

7–20 cm
2¾–8 in

斑海兔
Aplysia punctata
海兔科

和其他种类以海藻为食的海兔一样，这种欧洲海兔会形成大的繁殖集群。被捕食者侵扰时，它们会释放墨汁进行防御。

海蛞蝓

裸壳翼足亚目 (Gymnosomata) 动物又被称为海天使，因为它们已经从肉足进化成翼足，并用翼足在水中游动。与其有亲缘关系的海蝴蝶 (被壳翼足目，Thecosomata) 也有翼足，但仍具脆弱的贝壳。

用于游泳的翅形翼足

冰海天使
Clione limacina
海若螺科

海天使使用柔软的透明"翅膀"自由游动。这种冷水动物以一种叫作北极海蝴蝶的以及与其有亲缘关系的腹足动物为食。

4–5 cm/1½–2 in

真 海 蛞 蝓

裸鳃目 (Nudibranchia) 是海蛞蝓中的最大类群。裸鳃意思是"裸露的鳃部"，因为这些动物的鳃是暴露在背部上的，而不是关闭在外套腔中。有些种类具有鲜艳的色彩，表明它们具有毒性。

10–13 cm
4–5 in

5–8 cm
2–3¼ in

黑边多彩海牛
Glossodoris atromarginata
多彩海牛科

这些普通的海蛞蝓生活在印度洋和太平洋海域的浅水中，以海绵为食。它们的颜色多变，拥有从灰白色到淡黄色等许多颜色。

乳白海牛
Hermissenda crassicornis
灰翼科

这种海蛞蝓生活在北太平洋的潮间带。它们属于这样一种类群，这个类群海蛞蝓的身体突起内有强烈的刺器官，用于捕食水母。

4–5 cm
1½–2 in

紫蓝叶海牛
Phyllidia varicosa
叶海牛科

这种普通的海蛞蝓生活在印度洋和太平洋海域的岩石、碎石以及沿海水域的沙滩上，以海绵为食。

2–5 cm
¾–2 in

安娜多彩海牛
Chromodoris annae
多彩海牛科

像其他种类的多彩海牛一样，这种来自西太平洋的多变的海蛞蝓专以海绵为食。

外鳃

嗅角（气味探测器）

7–8 cm/2¾–3¼ in

首端

华丽背突海牛
Okenia elegans
隔海牛科

这种海蛞蝓是本科的典型种类，以海鞘为食。它们生活在欧洲附近的水域，包括地中海地区。

获取氧气的鳃

10–12 cm/4–4¾ in

条凸卷足海牛
Nembrotha kubaryana
多角海牛科

这种海蛞蝓分布在印度洋和太平洋海域，以海鞘为食，能将防御性的化学物质合成黏液。它们的许多近亲以苔藓虫为食。

外套膜

30–40 cm/12–16 in

血红六鳃海蛞蝓
Hexabranchus sanguineus
多彩海牛科

这种动物是一种大型的海蛞蝓，分布在印度洋和太平洋海域，它的名字源于其自由游动时的形态；它红色的外套膜与弗拉明戈舞者的裙边很相像。

淡水气吸式蜗牛

基眼目 (Basommatophora) 蜗牛的外套腔已经进化成肺；与大多数其他种类的海生腹足动物不同，它们必须要返回水面进行呼吸。它们大多数是草食性的，常见于呈碱性或中性、杂草丛生、静止或湍急的淡水中。

贝壳开口在左侧

1—1.6 cm
³⁄₈—⁵⁄₈ in

盘曲的壳

囊螺
Physella acuta
囊螺科

多数腹足动物的壳在右侧开口（当开口朝向观察者时），但淡水的囊螺却长着左侧开口的壳。

3—3.5 cm
1¼—1½ in

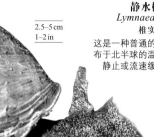

静水椎实螺
Lymnaea stagnalis
椎实螺科

这是一种普通的椎实螺，广泛分布于北半球的温带地区，生活在静止或流速缓慢的淡水中。

2.5—5 cm
1—2 in

5—8 mm
³⁄₁₆—⁵⁄₁₆ in

普通盾螺
Ancylus fluviatilis
扁卷螺科

这种动物不是真正的帽贝，而是一种形似帽贝的扁卷螺科成员，常见于欧洲流速很快的河水中。

角扁卷螺
Planorbarius corneus
扁卷螺科

扁卷螺的壳为扁平卷曲的，而不是典型腹足动物那种螺旋形的壳。大多数种类——比如这种生活在欧亚大陆的角扁卷螺——生活在静止的淡水中。

陆地气吸式蜗牛

柄眼目 (Stylommatophora) 是陆生的蜗牛和蛞蝓，它们用外套腔里的肺呼吸，眼睛在触角顶端。许多种类都为雌雄同体，具有双性的生殖器官。交配前，它们具有交换矛状刺的求偶行为。

15—22 cm
6—9 in

3—3.5 cm
1¼—1½ in

褐云玛瑙螺
Achatina fulica
玛瑙螺科

这种大型的陆生蜗牛来自非洲，后被引入到世界的许多温暖地区，变成了一种入侵种。

古巴多彩蜗牛
Polymita picta
多彩蜗牛科

这种蜗牛仅生活在古巴的山地林中。它们的壳有许多种颜色，被收藏者视若珍宝。

10—20 cm
4—8 in

2.5—4.5 cm
1—1¾ in

8—12 cm
3¼—4¾ in

7—8 mm/¼ in

散布大蜗牛
Helix aspersa
大蜗牛科

这种色彩多变的蜗牛长着满是褶皱的贝壳，广泛分布于欧洲的林地、灌丛、沙丘和花园中。

普通小壳蛞蝓
Testacella haliotidea
小壳螺科

这种欧洲蛞蝓是一种典型的长着小外壳的蛞蝓，以蚯蚓为食。

壳

拱形盘蜗牛
Discus patulus
盘蜗牛科

盘蜗牛组成了一个类群，该类群的特点是它们都具有某一原始的特征，而且都有一个扁平、盘曲的贝壳。这是一种生活在北美洲林地中的蜗牛。

阿勇蛞蝓
Arion ater
阿勇蛞蝓科

这种欧洲蛞蝓的黑色个体在北部占有优势，但其他个体为橘色。尽管它们以植物为食，但也会清除花园垃圾。

触角顶端的眼睛

15—25 cm/6—10 in

太平洋香蕉蛞蝓
Ariolimax columbianus
香蕉蛞蝓科

太平洋香蕉蛞蝓以其黄色的体色命名，生活在北美洲西海岸湿润的松柏林中。

3—5 cm
1¼—2 in

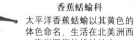

盖罩大蜗牛
Helix pomatia
大蜗牛科

这种蜗牛广泛分布于中欧富含钙元素的土壤中，是这一地区最大的蜗牛，而且在当地进行饲养，供人类消费。

褐唇大蜗牛
Cepaea nemoralis
大蜗牛科

这种蜗牛生活在西欧，与盖罩大蜗牛有很近的亲缘关系。它们拥有非常多变的贝壳颜色，以及在不同生境下进行伪装的条纹形态。

2—3 cm
¾—1¼ in

利迈斯蛞蝓
Limax cinereoniger
蛞蝓科

这种蛞蝓有一个小的内壳。这种大型蛞蝓生活在欧洲的林地，有许多不同颜色的变种。

10—30 cm
4—12 in

头足类

头足类在软体动物门中是个敏捷的猎手。复杂的神经系统使其能够捕捉到快速游动的猎物。

头足类动物包括所有无脊椎动物中最聪明的动物。有些种类会用皮肤中的一种色素细胞的含色素结构传递感情。头足纲 (Cephalopods) 动物有许多腕。乌贼和枪乌贼有8条腕，用于游泳；再加上两条伸缩自如的长腕，叫作触腕，上面有用于捕捉猎物的吸盘。章鱼没有触腕，但所有8条腕都有吸盘。头足类动物的外套膜围绕一腔，腔内有鳃。为了获得氧气，头足类会通过外套膜的两侧吸水。水通过鳃，然后经一短的漏斗排出体外。通过漏斗排水，头足类动物能迅速地向后移动，推动自身朝前运动。乌贼、墨鱼和一些章鱼的外套膜两侧有鳍，用于排开水体进行游泳。大多数章鱼在海底活动。

只有生活在开阔水域的鹦鹉螺有贝壳。乌贼的壳退化成笔一样的结构，供给它们一些内部支撑。鱿鱼有一个类似的钙化结构，叫作鱼骨。多数章鱼已经没有贝壳。

头足动物是移动迅速的肉食动物，它们用腕捕捉猎物，然后用鹦鹉一样的喙吃掉猎物。乌贼捕捉自由游泳的猎物，鱿鱼和章鱼捕捉在底部缓慢爬行的甲壳类动物，比如蟹类。

门	软体动物门
纲	头足纲
目	约 8
科	约 45
种	约 750

一种北太平洋的大型章鱼能排出黑色的墨汁自我防御，躲避捕食者。

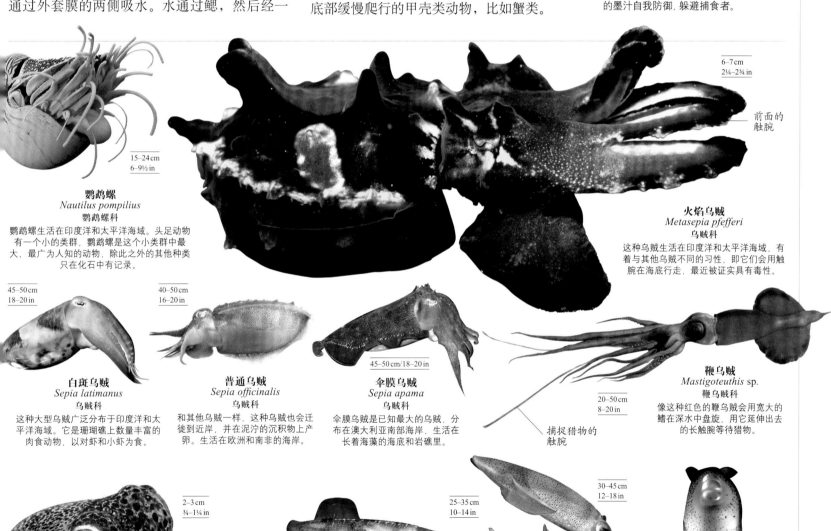

鹦鹉螺
Nautilus pompilius
鹦鹉螺科

鹦鹉螺生活在印度洋和太平洋海域。头足动物有一个小的类群，鹦鹉螺是这个小类群中最大、最广为人知的动物，除此之外的其他种类只在化石中有记录。

15–24 cm
6–9½ in

6–7 cm
2¼–2¾ in

前面的触腕

火焰乌贼
Metasepia pfefferi
乌贼科

这种乌贼生活在印度洋和太平洋海域，有着与其他乌贼不同的习性，即它们会用触腕在海底行走，最近被证实具有毒性。

白斑乌贼
Sepia latimanus
乌贼科

这种大型乌贼广泛分布于印度洋和太平洋海域。它是珊瑚礁上数量丰富的肉食动物，以对虾和小虾为食。

45–50 cm
18–20 in

普通乌贼
Sepia officinalis
乌贼科

和其他乌贼一样，这种乌贼也会迁徙到近岸，并在泥泞的沉积物上产卵。生活在欧洲和南非的海岸。

40–50 cm
16–20 in

伞膜乌贼
Sepia apama
乌贼科

伞膜乌贼是已知最大的乌贼，分布在澳大利亚南部海岸，生活在长着海藻的海底和岩礁里。

45–50 cm/18–20 in

鞭乌贼
Mastigoteuthis sp.
鞭乌贼科

像这种红色的鞭乌贼会用宽大的鳍在深水中盘旋，用它延伸出去的长触腕等待猎物。

20–50 cm
8–20 in

捕捉猎物的触腕

柏氏四盘耳乌贼
Euprymna berryi
耳乌贼科

耳乌贼例如这种生活在印度洋和太平洋海域的乌贼，是小乌贼的近亲。它们具有羽状壳，而非墨鱼骨，圆圆的身体长着叶状的鳍。

2–3 cm
¾–1¼ in

莱氏拟乌贼
Sepioteuthis lessoniana
枪乌贼科

这种乌贼生活在印度洋和太平洋海域，由于具有一对大鳍，所以很像一只鱿鱼。它们靠一种特别的器官进行闪光交流，这种器官含有能够发光的细菌。

25–35 cm
10–14 in

大西洋枪乌贼
Loligo vulgaris
枪乌贼科

这种具有重要经济价值的乌贼常见于大西洋东北部和地中海。和其近亲一样，它们也拥有突出的侧鳍。

30–45 cm
12–18 in

旋壳乌贼
Spirula spirula
旋壳乌贼科

这种小型的深海头足动物有一个螺旋形充气的贝壳，作为浮器之用。夜晚它们会升到水面。

3.5–4.5 cm
1½–1¾ in

»

真蛸
Octopus vulgaris

能将龙虾从虾网中解救出来，也能捕捉一只逃跑的蟹，真蛸（亦称普通章鱼）是所有无脊椎动物中极聪明的动物之一。这种海生的软体动物拥有极好的视觉，以及8条捕捉腕。这些腕也用于爬行。真蛸能瞬间改变体色，并能从非常狭窄的缝隙中挤过去。而且它的角质喙能咬住猎物，猎物的贝壳碎片经常散落在巢穴附近的沙土上。虽然有很多技能，但真蛸的寿命依然很短。在孵化方面，有50万只幼年章鱼成为浮游生物，两个月之后它们会进入海底层。如果它们没被吃掉，那么差不多一年便可达到成熟，并在死亡之前产下后代。真蛸广泛分布于热带和温带的海水中，可能有很多相似种。

尺寸	触腕长1.5~3米
生境	有岩石的沿海水域
分布	广泛分布于热带和温带水域中
食性	甲壳类，有壳的软体动物

肉质的外套膜包围着一个腔，腔内有主要器官，如用于呼吸的鳃

> ## 聪明的软体动物

章鱼是一类敏捷的肉食动物，拥有发达的神经系统。神经元有三分之二都位于腕部，独立于大脑而进行活动。实验显示，真蛸有很多解决问题的智慧，以及长期和短期的记忆。

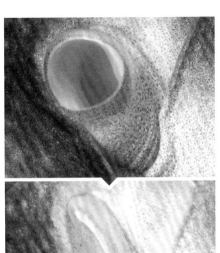

∨ 底部

章鱼是头足类动物，字面意思是"头即为足"。8条可以移动的腕从头底伸出，能看到中央的口。

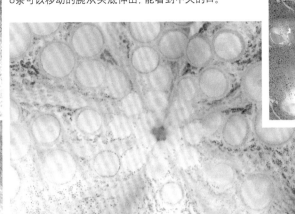

< 喙

章鱼捕食甲壳类和其他种类的动物。它们的腭是像鹦鹉一样的喙，足够强壮，能贯穿蟹或龙虾坚硬的壳。

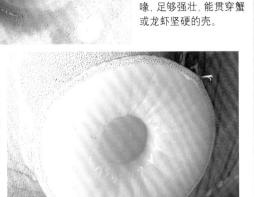

< 皮肤

皮肤含有一种特殊的色素细胞。这些细胞内含有色素，能改变章鱼的体色，使其和周围的环境混合在一起；或者生气和害怕时，作为表达感情的信号。

∧ 漏斗，打开和关闭

外套膜的一边，即头部后方是一个漏斗，有3种用途：鳃已经提取完氧气后将水体排出；迅速地排出水体以作为喷射推进，从而能够迅速逃走；在逃走前，向敌人喷射一团迷惑性的墨汁。

∧ 吸盘

每条腕上都有两排吸盘。这些吸盘给予章鱼超凡的抓握能力，使其可以轻松地在海底和珊瑚礁中捕获猎物。吸盘也有受体，能让章鱼感受到触觉。

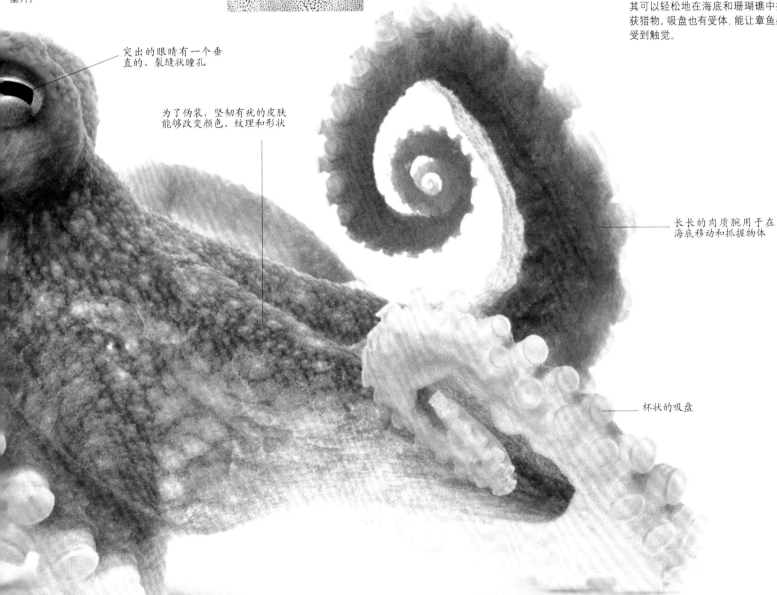

突出的眼睛有一个垂直的、裂缝状瞳孔

为了伪装，坚韧有疣的皮肤能够改变颜色、纹理和形状

长长的肉质腕用于在海底移动和抓握物体

杯状的吸盘

幽灵蛸
Vampyroteuthis infernalis
幽灵蛸科

10–15 cm
4–6 in

这种深海头足动物的特征似乎介于乌贼和章鱼之间。它们的鳍从外套膜伸出，发光器官覆盖全身。

古氏蛸
Grimpoteuthis plena
古氏蛸科

20cm
8 in

这种头足类动物生活在3~4000米深的海水中，以其他无脊椎动物为食。它们的名字源于其用于游泳的耳状鳍。

锦葵船蛸
Argonauta hians
船蛸科

3–6 cm
1¼–2¼ in

船蛸又名纸鹦鹉螺，是章鱼的近亲。雌性能产出薄如纸张、似壳般的卵鞘。锦葵船蛸广泛分布于世界各地。

北太平洋巨型章鱼
Enteroctopus dofleini
蛸科

2 m
6½ ft

这种章鱼可能是最大的章鱼，但却异常短命。雌性会精心照顾它的大群幼崽。

幼年时期

太平洋长腕蛸
Octopus sp.
蛸科

5 cm
2 in

这种章鱼是一种长着极长触腕的章鱼。成体频繁出没于含沙的潟湖，但半透明的幼体却与海洋浮游动物共同生活。

加勒比礁蛸
Octopus briareus
蛸科

1–1.5m
39–59 in

这种章鱼分布在大西洋西部和加勒比海域。它们栖息在珊瑚中，常将有蹼的腕如网一样地伸出，诱捕猎物。

真蛸
Octopus vulgaris
蛸科

1.3 m
4½ ft

这种章鱼广泛分布于地球上的热带和温带水域，拥有典型的疣状身体，而且触腕上有两排吸盘。

50–70 cm
20–28 in

大西洋章鱼
Octopus sp.
蛸科

DNA分析已经揭示了章鱼有许多相似的种类，其中也包括这种章鱼，它与真蛸有亲缘关系。这揭示了隐藏的生物多样性。

黄色的背景颜色

拟态章鱼
Thaumoctopus mimicus
蛸科

1 m
39 in

许多章鱼都能改变体色，但这种亚洲章鱼还能改变形状——甚至还能将自己伪装看起来像其他种类的海生动物，如海绵、珊瑚和海星。

漏斗

大蓝环章鱼
Hapalochlaena lunulata
蛸科

15–20 cm
6–8 in

这种章鱼捕食西太平洋里的甲壳动物和鱼类。它们会用有毒的唾液麻痹猎物，这种唾液也可能对人类造成致命的威胁。

黑色和黄色的圆环警告其他生物，它是一种毒性很强的动物

多板类

扁平的、附着在岩石上的多板纲动物是最原始的软体动物，多数以藻类和微生物为食，生活在沿海水域。

多板纲（Polyplasophora）的壳，号称是一种"叠瓦状"的贝壳，由8块连锁在一起的壳板组成。它们足够灵活，动物在滑过不平的岩石时可以弯曲身体，甚至被打扰时可以卷起身体。多板纲动物没有眼睛或触腕，但壳本身有能使它们感受到光线的细胞。壳板嵌入外套膜的边缘，称为环带。外套膜沿着多板纲动物的周围形成一圈肉质边缘。动物体的每一侧都有沟槽，能流通水体，将氧气传递到沟槽内的鳃里。齿舌或锉舌上覆盖着牙齿，这些牙齿由于含有铁和二氧化硅而变得坚固，多板纲动物能取食最坚硬的有壳藻类。

门	软体动物门
纲	多板纲
目	4
科	10
种	约850

环带

八块壳板

4–5 cm
½–2 in

细纹小索石鳖
Tonicella lineata
薄石鳖科
这种颜色鲜艳的石鳖生活在北太平洋海岸。捕食有壳红藻时会将自己伪装起来。

8 cm/3¼ in

花斑石鳖
Chiton marmoratus
石鳖科
这种软体动物生活在加勒比海域。和其他种类的石鳖一样，它们的壳板也是完全由一种叫作霰石的白色矿物组成。

4–5 cm/1½–2 in

绿石鳖
Chiton glaucus
石鳖科
这种动物是一种颜色多变的石鳖，沿着新西兰和泰国的海岸线分布。和大多数石鳖一样，它们也在晚上活动。

2–8 cm/¾–3¼ in

加勒比绒石鳖
Acanthopleura granulata
石鳖科
这种边缘尖锐的加勒比石鳖能忍受太阳的暴晒。在潮间带的高处生活。

2.5 cm/1 in

花斑锉石鳖
Ischnochiton comptus
薄石鳖科
锉石鳖属的石鳖具有刺状或鳞状的环带。花斑锉石鳖是一种生活在西太平洋海滨潮间带的普通种类。

30–33 cm
12–13 in

斯氏隐石鳖
Cryptochiton stelleri
毛肤石鳖科
毛肤石鳖的肉质的环带重叠在壳板上。这种分布在北太平洋的动物是最大的石鳖，皮肤似皮革。

5–8 cm/2–3¼ in

鬃毛石鳖
Mopalia ciliata
鬃毛石鳖科
这种石鳖生活在北美洲的太平洋海岸，有时会在长期停泊的船只下面发现它们。它们的名字源于其有毛的特殊环带。

4–7 cm/1½–2¾ in

毛薄石鳖
Chaetopleura papilio
薄石鳖科
毛薄石鳖生活在南非海岸的岩石下面，它的环带有刚毛，锁甲板有褐色条纹。

掘足类

古怪的、挖掘淤泥的掘足纲动物生活在海洋沉积物中。它们有一个弯曲的管状贝壳——两端都有开口，与任何其他的软体动物都不同。

掘足纲（Scaphopoda）动物很普通，但却很少被人发现，原因是它们常生活在远离海岸的地方，体如象牙，中空，基部较宽，并埋于泥中。没有眼睛的头和足深入沉积物中，通过一种叫作头丝的触手寻找食物，并用化学探测器品尝泥土。当发现小型无脊椎动物或碎屑等食物时，触手就会把它们带入口中，然后经齿舌研磨。齿舌是软体动物中一种典型的用于研磨的舌头。掘足纲动物没有鳃；它肉质的外套膜包围着一个充水的、吸收氧气的管子，这个管子与贝壳等长。当氧气水平降低时，掘足纲动物就会收缩肉足，将陈旧的水体从贝壳顶端喷射出去。新鲜的水体也从相同的路径进入。

门	软体动物门
纲	掘足纲
目	2
科	12
种	约500

3–4 cm
1¼–1½ in

欧洲象牙贝
Antalis dentalis
角贝科
角贝目
这种大西洋东北部的象牙贝广泛生活在沿海水域的泥沙区。在有些地方能大量发现它们的空壳。

5–8 cm
2–3¼ in

美丽象牙贝
Pictodentalium formosum
角贝科
角贝目
这种鲜艳的热带象牙贝曾被发现于日本、菲律宾、澳大拉西亚和新喀里多尼亚等地的海洋沉积物中。

棘皮动物

棘皮动物包含很多种让人惊叹的海洋生物，从滤食性的海羽星到食草的海胆和食肉的海星。

棘皮动物门（Echinodermata）是唯一一类完全生活在咸水中的大型无脊椎动物门类。它们在海底慵懒地缓慢爬行，大多数具有五辐射对称的身体结构。棘皮的意思是"多刺的皮肤"——这就涉及一种坚硬的钙化结构，称为小骨片，它组成了这些动物内部的骨骼。海星的小骨片分散在柔软的组织之间，因此它们能适当地灵活运动，但海胆的小骨片融合在一起，形成一个坚硬的内壳。海参的小骨片很小，而且分布稀少，甚至没有小骨片，因此这种动物全身都很柔软。

液压足

棘皮动物是唯一一类具有水体运输系统的动物。通过一个有孔筛板——筛板通常在身体的上表面——海水被吸进身体中央。水体通过贯穿动物全身的管道进行循环，并进入近表层我们称之为管足的微小的柔软突起。管足能向后或向前移动，也能固定在物体表面。海羽星的这些管足是羽状腕上面的向上突起，用于捕捉食物颗粒，然后移向位于中央的口。棘皮动物其他数千个朝下的管足用于运动，它们使动物在沉积物和岩石上进行移动。

防御

大多数棘皮动物的皮肤都很坚韧并多刺，这使得它们能很好地躲避捕食者，但这些动物也有其他的方式保护自己。有些海胆也长有可怕的棘状突起；一些能对人类造成严重的伤害。有些种类具有螯状小突起，有时具毒，能清除碎屑和击退捕食者。身体柔软的海参依赖有毒的化学物质保护自己，而且经常用鲜艳的体色发出警告。有些海参甚至能喷出一团黏黏的物质，或者喷出它们的内脏。

门	棘皮动物门
纲	5
目	31
科	147
种	约7000

在这里能够看到长棘海星（*Acanthaster planci*）用于在海底行走的小管足。

海羽星

海羽星有5个基本的滤食性腕，有些种类的滤食性腕已经聚在一起。口和肛门位于海羽星中央的上部。海百合纲（Crinoidea）的动物用它们羽毛般的腕足爬行。其他种类，如海百合，通过一个柄依附在物体表面。

美丽羽星
Cenometra emendatrix
短羽枝科
羽星腕足的边缘有叫作小羽片的小分支，能更为有效地捕捉食物颗粒。这种热带太平洋毛头星是白色的。

10—15 cm
4—6 in

10—20 cm
4—8 in

金羽星
Davidaster rubiginosus
栉羽星科
和其他海百合类一样，这种动物来自大西洋西部，是一种悬浮物摄食者，用它羽毛般的腕足捕捉浮游生物。

10—15 cm
4—6 in

珊瑚基底

黄羽星
Oxycomanthus bennetti
栉羽星科
这种普通的滤食性动物生活在西太平洋，和许多海百合类一样，它们在夜晚水下暗流最强烈时，达到进食的高峰期。

羽毛般的腕足

粗羽美羽枝
Himerometra robustipinna
美羽枝科
这种毛头星生活在热带的印度洋和太平洋沿海水域，依附在珊瑚和海绵上。白色的喉盘鱼生活在它们的触腕之间，可能是为了躲避捕食者的捕食。

10—15 cm
4—6 in

海胆及其近亲

海胆属于海胆纲 (Echinoidea)，它们是本门有棘皮的类群。海胆坚硬的小骨片互相连锁，形成了一种叫作介壳的贝壳。棘刺有助于运动和防卫。海胆通常口朝下，肛门朝上——成排的管足位于两者之间。

10—11 cm
4—4¼ in

裂边毛饼海胆
Echinodiscus auritus
星楯海胆科

这种海胆生活在印度洋和太平洋的沿海沙滩上，是一种典型的穴居毛饼海胆。它们的名字源于其扁平的外表。

4—5 cm
1½—2 in

环刺棘海胆
Echinothrix calamaris
冠海胆科

这种海胆生活在印度洋和太平洋海域的礁石上，它们的短棘刺有剧毒。天竺鲷科经常会躲在它们中间，以躲避捕食者。

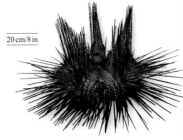

20 cm/8 in

辐星肛海胆
Astropyga radiata
肛海胆科

这种海胆生活在印度洋和太平洋地区的潟湖中，属于一科长着中空长棘的热带海胆，常常被蟹，特别是疣面关公蟹所携带。

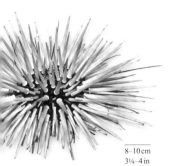

8—10 cm
3¼—4 in

梅氏长海胆
Echinometra mathaei
长海胆科

这种海胆分布在印度洋和太平洋地区，属于一个长有厚棘的类群，生活在珊瑚礁上的缝隙之中。

16—18 cm
6½—7 in

食用正海胆
Echinus esculentus
正海胆科

这种大型的球状海胆常见于大西洋的东北部海岸，具有多变的体色。它们以无脊椎动物和海藻为食，尤其是巨藻。

变异囊海胆
Asthenosoma varium
柔海胆科

这种有些扁平的海胆生活在印度洋和太平洋地区的砂质潟湖中。它们的壳很柔韧，足以能够进入缝隙。这种海胆可以发出让人疼痛的刺丝。

灵活的介壳

20—25 cm
8—10 in

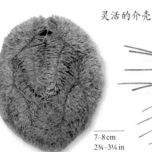

7—8 cm
2¾—3¼ in

紫球海胆
Strongylocentrotus purpuratus
球海胆科

这种海胆沿着北美洲的太平洋海岸分布，栖息在水下的海藻林中，常被用于进行生物医学研究。

心形海胆
Echinocardium cordatum
拉文海胆科

心形海胆，例如像这种全球遍布的种类，是以碎屑为食的穴居动物。它们没有其他海胆那样的辐射对称。

8—10 cm
3¼—4 in

有毒的短棘

海参

海参是柔软的管状动物，它们的口在身体一端，周围环绕着一圈收集食物的触须，肛门在身体的另一端。有些海参纲 (Holothuroidea) 动物会用触角在沉积物里挖掘；其他种类会用成排的管足在海底爬行。

5—8 cm
2—3¼ in

黄海参
Colochirus robustus
瓜参科

这种棘皮动物属于一类厚皮海参。像这种分布在印度洋和太平洋地区的海参一样，许多种类的身体都有棘刺状突起。

紫伪翼手参
Pseudocolochirus violaceus
瓜参科

紫伪翼手参是一种体色鲜艳、有剧毒、生活在礁石上的海参。紫伪翼手参拥有黄色或橘色的管足，但体色却很多变。

15—18 cm
6—7 in

警戒色

用于击退捕食者的一团黏黏的物质

蛇目白尼参
Bohadschia argus
海参科

这种大型海参分散在从马达加斯加岛附近的西印度洋到南太平洋地区，体色多变，但都有斑点。

38—60 cm
15—23½ in

25—30cm/10—12 in

红腹海参
Holothuria edulis
海参科

大型海参在热带水域中数量尤其丰富。这种分布在印度洋和太平洋地区的海参被捕捞并晒干，用于人类消费。

60 cm
23½ in

斑锚参
Synapta maculata
锚参科

这种分布在印度洋和太平洋地区的海参是本科的典型种类。它们是一种身体柔软、形如蠕虫的海参，在柔软的沉积物中穴居生活，没有管足。

在海底提供抓握力的突起

35—40 cm
14—16 in

加州大刺参
Stichopus californicus
刺参科

这种长有肉棘的海参是北美洲太平洋海岸最大的海参之一，作为一种当地的美食而被捕捞。

60—75 cm
23½—30 in

梅花参
Thelenota ananas
刺参科

这种棘皮动物属于一科身体覆盖着肉棘的海参，生活在印度洋和太平洋海域珊瑚礁附近的砂质海底。

30 cm
12 in

深海海参
Kolga hyalina
好望参科

这种海参几乎分布于世界各地水深达到1500米的海域，是一种生活在海底的鲜为人知的海参。

海蛇尾

这些动物的名字源于它们又长又窄、有时会分叉、能轻易断掉的腕。内脏在中央盘有一个开口，中央盘是一个朝下的嘴。有些蛇尾纲 (Ophiuroidea) 动物会用它们的腕抓住食物颗粒；其他种类为肉食动物。

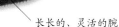

20–30 cm
8–12 in

短刺皮蛇尾
Ophioderma sp.
皮蛇尾科
这种动物是一种分布在大西洋西部沿海水域中的海蛇尾，它们生活在水下的海藻层中，捕食那些其他种类的无脊椎动物，比如小虾。

长长的、灵活的腕

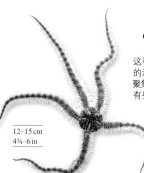

普通刺蛇尾
Ophiothrix fragilis
刺蛇尾科
这种生活在大西洋东北部的海蛇尾，常被发现成群聚集。它们有带棘刺的腕，有些腕能捕捉食物颗粒。

12–15 cm
4¾–6 in

黑仿栉蛇尾
Ophiocoma nigra
栉蛇尾科
这种大型海蛇尾分布在欧洲水域，能滤食食物颗粒，或食用碎屑。常见于有强大水流的多石海岸。

20–30 cm
8–12 in

20–25 cm
8–10 in

高氏管蛇尾
Gorgonocephalus caputmedusae
管蛇尾科
这种动物以其盘曲的蛇形分支触腕命名，在欧洲海岸附近很常见。大些的种类生活在水流湍急的地方，在那里它们可以找到更多的食物。

海 星

和大多数其他种类的棘皮动物一样，海星也用它们成排的管足在海底爬行。这些管足沿着海星腕部的沟槽排列。多数海星纲 (Asteroidea) 动物为五辐射对称，但也有几种具有5条以上的腕，而且有些为球形。有些种类以其他移动缓慢的无脊椎动物为食；有些种类以碎屑为食。尽管皮肤长有坚硬的小骨片，但海星在捕食猎物时还是非常灵活的。

35–40 cm
14–16 in

英德太阳海星
Solaster endeca
太阳海星科
太阳海星是大型有棘刺的海星，触腕很多。英德太阳海星分布在北半球离岸的冷水泥浆中，有7～13条触腕。

50–60 cm
20–23½ in

七腕海星
Luidia ciliaris
砂海星科
与大多数其他种类的海星不同，这种大型的大西洋海星有7条腕足。它们有长长的管足，在追逐其他棘皮动物时能快速移动。

20–24 cm
8–9½ in

马赛克海星
Plectaster decanus
棘海星科
这种特别的海星生活在太平洋西南部的多石海岸，和本科其他种类的许多海星一样，它们的体色也有很大变化。

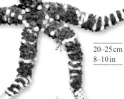

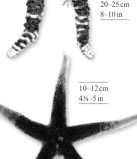

厚皮棘海星
Echinaster callosus
棘海星科
这种海星分布在西太平洋，属于一类身体坚硬、长着圆锥形触腕的海星，因为具有粉色和白色的疣而与众不同。

20–25 cm
8–10 in

管足在触腕的下面

触腕的基部很宽大

粗糙、有刺的上体

80–100 cm
32–39 in

密棘海星
Pycnopodia helianthoides
密棘海星科
这种有许多腕足的动物是世界上最大的海星之一，以软体动物和其他种类的棘皮动物为食，生活在太平洋东北部离岸水域里的海草里。

10–12 cm
4¾–5 in

血红鸡爪海星
Henricia oculata
棘海星科
这种海星是厚皮棘海星的近亲，生活在大西洋东北部的海潮水坑和海藻林中。它们的身体能分泌黏液捕捉食物颗粒。

10–25 cm
4–10 in

楮色豆海星
Pisaster ochraceus
海盘车科
这种海星是普通大西洋海星的北美洲太平洋近亲，像本科的其他种类一样，以软体无脊椎动物为食，是贻贝的一种重要捕食者。

40–50 cm
16–20 in

红海盘车
Asterias rubens
海盘车科
这种普通的肉食动物分布在大西洋东北部，以其他种类的无脊椎动物为食。它们在棘皮动物中很特别，能忍受河口的环境，经常形成当地的大种群。

10–12 cm
4–4¾ in

扁平的身体

长腕俏海星
Iconaster longimanus
角海星科
许多棘皮动物都是从浮游的幼体发育来的，但这种印度洋和太平洋海域的长腕俏海星却没有幼体阶段。它们能产出大个的有黄卵。

50–60 cm
20–23½ in

长棘海星
Acanthaster planci
长棘海星科
这种大型海星分布在印度洋和太平洋地区，以珊瑚虫为食，已经对许多礁石生态系统造成威胁。它们长有10~20个触腕，以及锋利的、有少许毒性的棘刺，这些棘刺能使人类受伤。

20–30 cm
8–12 in

蓝指海星
Linckia laevigata
蛇海星科
蓝指海星拥有平滑、无棘刺的表面。通常这种分布在印度洋和太平洋海域的海星为蓝色，但也有少数为紫色或橘色。它们常和以碎屑为食的小虾生活在一起。

20–25 cm
8–10 in

10–12 cm
4–4¾ in

紫蛇海星
Ophidiaster ophidianus
蛇海星科
这种海星生活在大西洋东北部的温暖水域，以及地中海直到西非附近崎岖的海底。

珠链海星
Fromia monilis
蛇海星科
和本科许多其他种类的海星一样，这种海星的色彩很鲜艳，目的是阻止捕食者的捕食。它们是一种印度洋和太平洋海域的海星，生活在红海的最西面。

有毒的棘刺

25–30 cm
10–12 in

6–7 cm
2¼–2¾ in

卡氏瘤海星
Pentaceraster cumingi
瘤海星科
这种大型的瘤海星拥有显眼的图案，分布在太平洋中部和东部的热带地区，栖息在砂质和石质海底。

卡氏新飞地海星
Neoferdina cumingi
蛇海星科
所有蛇海星的上表面都有颗粒状骨片，在新飞地海星的表面尤其明显，例如这种分布在太平洋的卡氏新飞地海星。

25–30 cm
10–12 in

成排的红色棘突

20–27 cm
8–10½ in

20–25 cm
8–10 in

红原瘤海星
Protoreaster lincki
瘤海星科
这种印度洋海星来自瘤海星科，幼年时以藻类为食，但成年时以其他种类的无脊椎动物为食。

粒皮海星
Choriaster granulatus
瘤海星科
这种瘤海星是一种分布在印度洋和太平洋地区的大型棘皮动物。它们生活在海底石坡和珊瑚礁上，以浅水处的藻类和碎屑为食。

面包海星
Culcita novaeguineae
瘤海星科
这种分布在印度洋和太平洋地区的海星以珊瑚为食。这种类群的海星随着身体变大，腕足会逐渐变短，最后的成体变成胖胖的垫子形状。

红皮包海星
Porania pulvillus
皮包海星科
这种特别的海星顶端光滑，身体长有短的腕足和带有棘刺的边缘，生活在欧洲多石海岸，常出现在巨藻的固着根上面。

15–20 cm
6–8 in

成群的硬棘在短小钝圆的腕足上面

4–5 cm
1½–2 in

鹅掌荷叶海燕
Anseropoda placenta
海燕科
荷叶海燕是一种很薄的扁平海星，腕足界限不明确。它们分布在大西洋东部，以底栖的甲壳类动物为食。

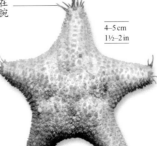

小海燕
Asterina gibbosa
海燕科
这种腕足短小的海星体色多变，与荷叶海燕为同一科，以死亡物质为食，生活在大西洋东部的多石海岸。

10–12 cm
4–4¾ in

脊索动物

　　虽然只有不到百分之三的动物属于脊索动物 (Chordates)，但是它们中却有现存最大、最快、最聪明的动物。多数脊索动物具有骨骼，但它们具体的特征是一个叫作脊索的棒状结构——这为脊柱的出现奠定了基础。

　　已知最早的脊索动物是小型的流线型动物，身体只有几厘米长。它们生活在5.5亿年前，除了一个坚韧但灵活的软骨脊索之外，没有坚韧的部分。脊索和身体等长，为肌肉创造了承受的框架。今天的脊索动物都继承了这一特征，只有少数几种动物终生保留脊索。然而，大部分脊索动物——从鱼和两栖动物到爬行动物、鸟类、以及哺乳动物——脊索仅在胚胎早期存在。随着胚胎发育，脊索逐渐消失，代之以由软骨或硬骨组成的内部骨架。这些动物被称为脊椎动物，源于由脊柱组成的圆柱形脊椎。

　　拥有脊椎或硬骨骨骼的动物种类在体型上变化很大。最小的脊椎动物是一种叫作微鲤（亦称露比灯鱼，*Paedocypris progenetica*）的淡水鱼，不到1厘米长，体重不足蓝鲸的几十亿分之一。蓝鲸是最大的脊索动物，也是地球上出现过的最大的动物。

生命周期

　　有些最简单的脊索动物，比如海鞘，没有骨骼，成体终生都固定在一个地方生活。但它们是个例外，脊索动物，尤其是脊椎动物——通常是移动迅速的动物，具有快速的反应能力、发达的神经系统以及相当大的脑部。鸟类和哺乳动物利用食物获得能量，使身体保持在一个恒定的最适体温。

　　脊索动物有不同的繁殖策略，并用这些方式养育后代。除了哺乳动物，多数脊椎动物都会产卵或下蛋，而除了鸟类，几乎每个脊椎动物类群都有动物直接产下活的幼崽的情况。产出的后代数量直接与双亲的照顾水平有关。有些鱼类产数百万枚卵，但不会照顾幼体，而哺乳动物和鸟类都有较小的家庭。

尾索动物

　　尾索动物亚门包含约3000种动物。尾索动物的索，而且与蝌蚪很像。成体是滤食性动物，最常见的就

两栖动物

　　两栖动物有7600多种，包括蛙和蟾蜍、蝾螈、鲵初多数幼体为水生，成体开始在陆地生活。

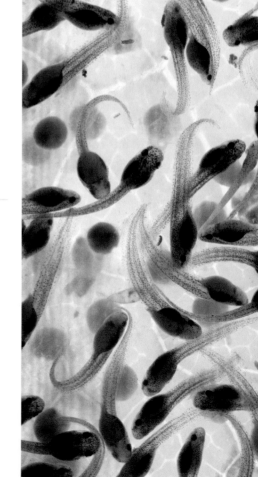

脊索动物树状图

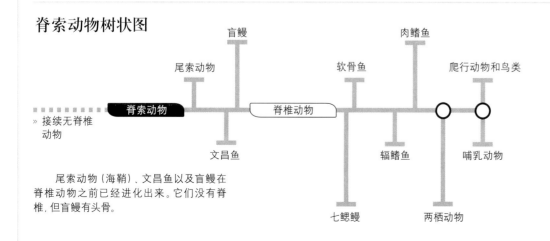

» 接续无脊椎
动物

　　尾索动物（海鞘）、文昌鱼以及盲鳗在脊椎动物之前已经进化出来。它们没有脊椎，但盲鳗有头骨。

鱼

是一类小型的海生动物，身体细长，一条脊索终生存在的一半埋入海底生活。头索动物亚门有20种动物。

盲鳗

这些似鳗的海底食腐动物属于脊椎动物亚门，这个亚门包括所有拥有头骨的动物。与其他脊椎动物不同，有60种盲鳗没有脊椎。

鱼类

鱼是最早进化出脊椎的动物。它们被分成许多不同的纲，反映了不同的进化历史。已知有35000多种现存鱼类。

动物

物大约有10500种，生活在地球上除南极洲以外的各鸟类和哺乳动物不同，爬行动物是冷血的，被覆鳞片。

鸟类

鸟类是唯一一类现存的体被羽毛的动物。世界上大约有11000种鸟类。所有鸟类都产卵，而且有些拥有强大的亲代抚养特征。

哺乳动物

通过皮毛可以很容易地辨别哺乳动物，它们是唯一一类用母乳喂养幼崽的脊索动物。已知有5800多种哺乳动物。

鱼类

鱼类是最多样化的脊索动物,从小型的淡水湖泊到深海等所有类型的水生生境中都能见到它们。鱼类都是用羽状的鳃从水体中吸收氧气的,而且几乎所有种类都用鳍游泳。

门	脊索动物门
纲	七鳃鳗纲 软骨鱼纲 辐鳍鱼纲 肉鳍鱼纲
目	63
科	538
种	约35000

双色隆头鱼身上覆盖着重叠鳞片,使自己免于受到伤害。

鲨鱼冲进庞大的沙丁鱼群,沙丁鱼聚在一起游动,寻求保护。

雄性金眼后颌鱼的大嘴为它们的卵提供了一个不可思议的巢穴。孵化期间它不会进食。

鱼类不是一个单一的类群,而是4个脊椎动物类群,常见的辐鳍鱼(硬骨鱼)是数量最多的种类。大多数鱼都是冷血的,这是因为它们的体温要与周围水体的温度相匹配。有几种顶级捕食者,如大白鲨,能给大脑、眼睛和主要的肌肉提供源源不断的温血,使它们即使在非常冷的水体中也能积极捕食猎物。大多数鱼类通过镶嵌在皮肤里的鳞片或骨板保护自己。游得快的鱼类体重较轻,身体为流线型,能防止磨损和疾病。虽然有少数几种鱼可以在海底滑行和挪动,但大多数还是用鳍游泳。除了鳍条,尾巴通常也能提供主要的推进力。在鱼上部的3个背鳍和一或两个臀鳍的辅助下,成对的胸鳍和腹鳍(分别在身体的两侧)可使鱼的身体更加稳定、灵活。鱼类会避免碰撞——尤其在大的浅滩——它们会通过特殊的感觉器官察觉自己或其他动物穿过水体时产生的振动。大多数鱼都有侧线,一种贯穿身体两侧的器官。它们也像其他脊索动物那样使用听觉、触觉、视觉、味觉和嗅觉,但只有鱼类具有侧线系统。

繁殖策略

这4种类群的鱼有着非常不同的繁殖方式。多数辐鳍鱼和一些肉鳍鱼,采用体外受精的方式,即直接将大量的卵和精子排进水体,以弥补在发育为幼鱼前而被吃掉或死亡的大量个体。软骨鱼类(鲨鱼、鳐鱼和银鲛)采用体内受精的方式,产出卵,或者发育良好的幼体。这需要高能量的投入,因此一次只有很少的幼体产出,但它们却拥有优越的生存机会。七鳃鳗(无颌鱼)的卵孵化出幼鱼之后,要经过数月的生活和进食,才能从幼鱼变态发育到成体形态。

鲜亮的景象

颜色绚丽的考氏鳍竺鲷,在大的海葵中穿梭,吸引着水族爱好者。

鱼的类群

这4纲鱼类显示出根本不同的特征，尤其在骨骼和鳃的方面。但它们在体形方面也有些相似，这种体形要在水生环境下才能发挥运动作用。

无颌鱼
≫322

软骨鱼
≫323

辐鳍鱼
≫330

肉鳍鱼
≫349

无颌鱼

与其他所有脊椎动物不同，无颌鱼虽然有牙齿，但却没有颌。这种古老的类群只有几种现存的物种。

七鳃鳗类没有颌，但取而代之的是它们的吻端有一个圆形的吸盘，吸盘上有许多同心的锉刀般的牙齿。眼睛后面的身体，每一侧都分布着一排7个小的圆形鳃孔。它们的皮肤光滑，没有鳞片，尾巴附近的背上长有一或两个背鳍。七鳃鳗类有颅骨——没有颌的头骨——但由许多软骨组成。它们没有骨架，只有一部分脊柱，一根柔韧的"棒"（脊索）支撑着身体。

不同的生命周期

七鳃鳗类生活在温带的海滨水域和世界各地的淡水水域。所有种类都在淡水繁殖。沿海种类为溯河产卵的鱼，也就是像鲑鱼一样。它们会向河流的上游游动，进入淡水产卵，然后死去。幼鱼像蠕虫一样、穴居生活，叫作幼七鳃鳗。这些幼鱼生活在泥浆中，以碎屑为食。

大约3年之后，幼七鳃鳗成为成鱼，游入海洋，在那里生活数年。淡水种类仍然留在河流和湖泊之中。

不受欢迎的寄生者

七鳃鳗类因为成熟之后会寄生在大型鱼类身上而臭名昭著。它们用带有吸盘的嘴固定在鱼类身上，并磨碎鱼类的皮肤，食用它们的肉和血液。对渔民来说，七鳃鳗类也是讨厌的动物，因为它们会破坏并杀死在巢穴和养鱼场中的鱼。然而，大多数七鳃鳗类并不完全靠吸血生存，它们也能吃无脊椎动物。淡水中还有一些完全非寄生性的种类。幼鱼需要6个月才能经过变为成鱼，但成鱼不进食。当七鳃鳗类逆流而上时，带有吸盘的嘴也能发挥作用：它们会用它吸附在岩石上，在途中休息。

在美国发现了3种七鳃鳗的化石，它们来自于石炭纪晚期，其中一种显示出与现存的七鳃鳗有非常相似的地方。

门	脊索动物门
纲	七鳃鳗纲
目	1
科	3
种	38

讨论

七鳃鳗类是八目鳗类的亲缘种吗？

深海中柔软的泥浆是纤细的食腐动物八目鳗的家。它们与七鳃鳗一样也没有颌和骨架，形似鳗类。但与七鳃鳗类不同的是，它们有位置较低、裂缝型的嘴，而且只有退化的眼睛，卵直接发育成微小的成体。传统上，我们把八目鳗类和七鳃鳗类划分为圆口纲，与有颌的脊椎动物分开，这是"圆口动物假说"。后来通过详细的形态学对比，又将七鳃鳗类与有颌的脊椎动物归类到一起。而现在最新的分子研究又重新支持了圆口动物假说。

七鳃鳗

七鳃鳗纲 (Petromyzontiformes) 的无颌鱼长着吸盘一样的口，口上长有许多锋利的小牙齿，这些牙齿按同心环排列。鳃位于眼睛后方身体的两侧，每侧一排，有7个环形开口。所有七鳃鳗类都在温带河流或溪流中产卵，也有些生活在沿海水域。

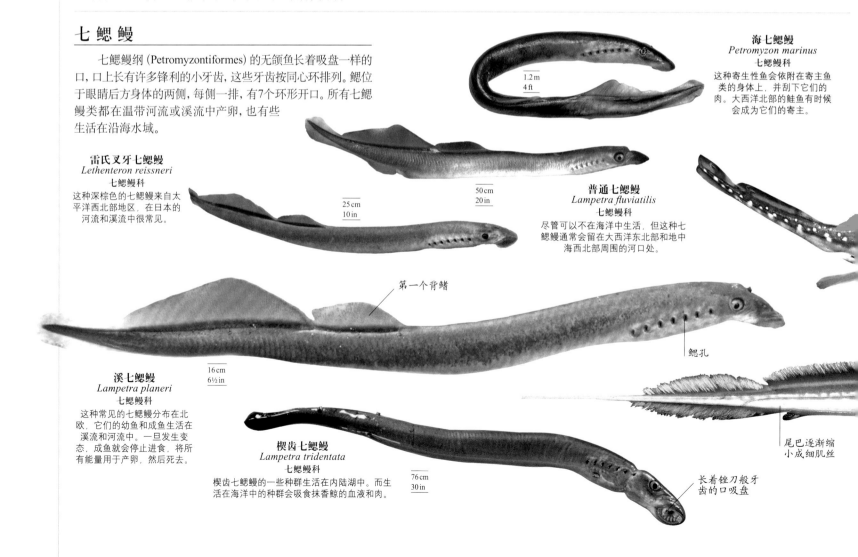

海七鳃鳗
Petromyzon marinus
七鳃鳗科
这种寄生性鱼会依附在寄主鱼类的身体上，并刮下它们的肉。大西洋北部的鲑鱼有时候会成为它们的寄主。

1.2 m
4 ft

雷氏叉牙七鳃鳗
Lethenteron reissneri
七鳃鳗科
这种深棕色的七鳃鳗来自太平洋西北部地区，在日本的河流和溪流中很常见。

50 cm
20 in

25 cm
10 in

普通七鳃鳗
Lampetra fluviatilis
七鳃鳗科
尽管可以不在海洋中生活，但这种七鳃鳗通常会留在大西洋东北部和地中海西北部周围的河口处。

第一个背鳍

溪七鳃鳗
Lampetra planeri
七鳃鳗科
这种常见的七鳃鳗分布在北欧，它们的幼鱼和成鱼生活在溪流和河流中。一旦发生变态，成鱼就会停止进食，将所有能量用于产卵，然后死去。

16 cm
6½ in

鳃孔

楔齿七鳃鳗
Lampetra tridentata
七鳃鳗科
楔齿七鳃鳗的一些种群生活在内陆湖中。而生活在海洋中的种群会吸食抹香鲸的血液和肉。

76 cm
30 in

尾巴逐渐缩小成细肌丝

长着锉刀般牙齿的口吸盘

软骨鱼

不是像大多数其他种类的脊椎动物那样，软骨鱼 (Chondrichthyes) 的骨架由柔韧的软骨组成。它们中多数是具有敏锐感觉的捕食动物。

鲨鱼、鳐鱼和银鲛都是软骨鱼类，但银鲛在解剖学上与其他两个类群有着明显的区别。银鲛的上颌愈合成了脑壳，不能独立移动。它们的牙齿会不断生长，相比之下，鲨鱼和鳐鱼通常没有包被着釉质外壳的牙齿，但却以平行于正在使用的牙齿后方的一排新牙来不断地替换——这一特征使鲨鱼成为地球上最强大的捕食者。这三个类群——鲨鱼、鳐鱼和银鲛的皮肤都被叫作盾鳞的牙状鳞片保护着。

寻找猎物

海洋是大多数软骨鱼类的家。多数鳐鱼生活在海底，大一些的捕食者，例如鲨鱼，在开阔的水域里漫游。白真鲨和100多种其他种类的软骨鱼能进入河口处并沿河流溯源而上，有几种能完全生活在河流中。生活在开阔水域中的软骨鱼要不断游泳，因为它们不像硬骨鱼，没有充气的鱼鳔维持中性浮力，因此如果停止游泳的话就会沉下去。鲸鲨和其他在水面生活的种类拥有一个大型的油质肝脏，能防止身体下沉。捕食性鲨鱼因其惊人的捕杀能力远近闻名，它们可以闻到血液的味道，追踪受伤的鱼和哺乳动物。软骨鱼还能察觉周围生物的微弱电场。虽然其他动物也具备电感能力，但是这种能力在这一类群中已发展到了极致。

繁殖

所有的软骨鱼都会交配并进行体内受精。银鲛和一些鲨鱼、鳐鱼都为卵生，每个卵都被坚韧的卵鞘保护着。然而，大多数鲨鱼和鳐鱼会生下已经发育得很好的活的幼体，这些幼体在子宫内通过卵黄或者与母体连接的胎盘获得营养。与哺乳动物不同，这些动物的幼体在出生时便可以独立生活，父母双亲不会照顾后代。

门	脊索动物门
纲	软骨鱼纲
目	12
科	51
种	1171

大白鲨 (Carcharodon carcharias)
露出不断生长的锋利牙齿，这使其成为可怕的捕食者。

银鲛

银鲛目 (Chimaeriformes) 动物因为具有愈合在一起的片状牙齿，又被称为兔鱼。它们是一小目软骨鱼，约有34种动物。两个背鳍中的第一个上面长着一根强壮的、有毒的刺，能够为其在深海环境中提供保护。

六鳃鲨和七鳃鲨

虽然大多数鲨鱼有5对鳃裂，但六鳃鲨目 (Hexanchiformes) 的动物却有6对或7对鳃裂。它们又被称为牛鲨和皱鳃鲨，近尾处的后背上只有一个背鳍。已知有6种生活在深海中的物种。

太平洋长吻银鲛
Rhinochimaera pacifica
长吻银鲛科
这种银鲛圆锥形的长吻上覆盖着感知孔，能够察觉猎物的电场。
1.3 m
4¼ ft

科氏兔银鲛
Hydrolagus colliei
银鲛科
和大多数银鲛一样，这种分布在太平洋东北部的科氏兔银鲛也会在寻找食物时，用它们大大的胸鳍滑行和拍打。
1 m
3¼ ft

科氏兔银鲛能在黑暗的深水中拥有较好的视力

米氏叶吻银鲛
Callorhinchus milii
叶吻银鲛科
这种银鲛生活在太平洋西南部和澳大利亚。它们会将肉质吻作为犁，把甲壳类动物从泥泞的海底赶出来。
1.3 m
4¼ ft

普通银鲛
Chimaera monstrosa
银鲛科
银鲛分布在地中海和大西洋东部，通常生活在300米以下的海域，集小群游动，寻找海底的无脊椎动物为食。
1.5 m
5 ft

用于游泳的胸鳍

灰六鳃鲨
Hexanchus griseus
六鳃鲨科
这种绿眼睛的大型鲨鱼重达600千克，生活在世界各地的多石海丘周围。
5.5 m
18 ft

皱鳃鲨
Chlamydoselachus anguineus
皱鳃鲨科
零散的记录显示这种鲨鱼分布在世界各地。它们长着亮白色的牙齿，可以吸引鱼类和乌贼等猎物。
2 m
6½ ft

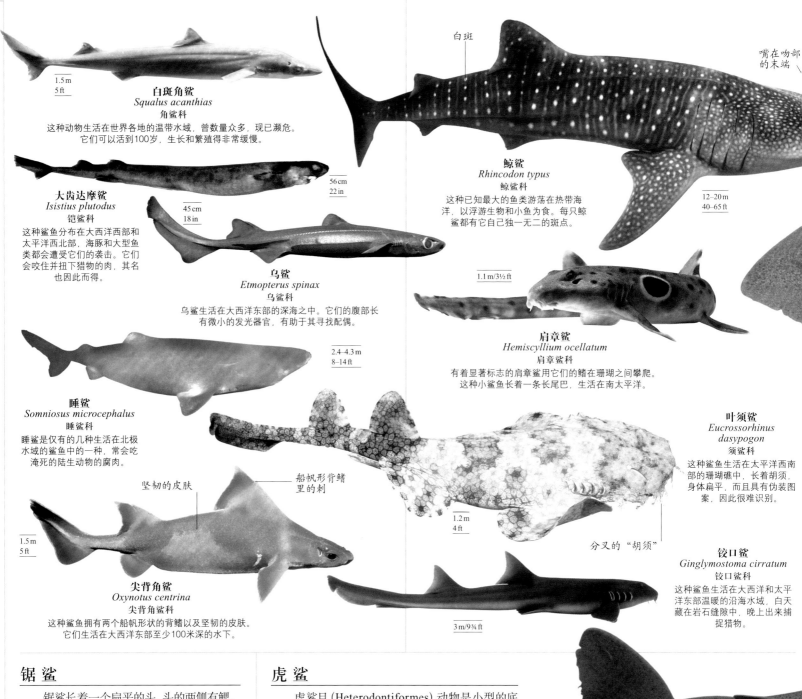

角鲨及其近亲

角鲨目 (Squaliformes) 是一个大型的、变化很多的目，至少包含130个物种，包括角鲨、刺鲨、乌鲨、梦棘鲨等。这些动物都有两个背鳍，没有臀鳍。到目前为止，角鲨目所有研究过的物种生下的幼体均为已成活的个体。

1.5 m
5 ft

白斑角鲨
Squalus acanthias
角鲨科

这种动物生活在世界各地的温带水域，曾数量众多，现已濒危。它们可以活到100岁，生长和繁殖得非常缓慢。

56 cm
22 in

大齿达摩鲨
Isistius plutodus
铠鲨科

这种鲨鱼分布在大西洋西部和太平洋西北部，海豚和大型鱼类都会遭受它们的袭击。它们会咬住并扭下猎物的肉，其名也因此而得。

45 cm
18 in

乌鲨
Etmopterus spinax
乌鲨科

乌鲨生活在大西洋东部的深海之中。它们的腹部长有微小的发光器官，有助于其寻找配偶。

2.4–4.3 m
8–14 ft

睡鲨
Somniosus microcephalus
睡鲨科

睡鲨是仅有的几种生活在北极水域的鲨鱼中的一种，常会吃淹死的陆生动物的腐肉。

坚韧的皮肤

船帆形背鳍里的刺

1.5 m
5 ft

尖背角鲨
Oxynotus centrina
尖背角鲨科

这种鲨鱼拥有两个船帆形状的背鳍以及坚韧的皮肤。它们生活在大西洋东部至少100米深的水下。

锯鲨

锯鲨长着一个扁平的头，头的两侧有鳃，长有牙齿的长吻像一把锯子。两条长长的感觉触须从喙上垂下，有助于发现埋着的食物。9种锯鲨目 (Pristiophoriformes) 动物中的大多数都生活在热带。

锯鲨
Pristiophorus cirratus
锯鲨科

1.4 m
4½ ft

这种锯鲨生活在澳大利亚南部的砂质海底，会用喙猛砍鱼群。

须鲨

须鲨目 (Orectolobiformes) 约有33种鲨鱼，都长有两个背鳍，一个臀鳍，感觉触须挂在鼻孔下方。须鲨目中除了鲸鲨，都安静地生活在海底，以鱼类和无脊椎动物为食。

白斑

嘴在吻部的末端

鲸鲨
Rhincodon typus
鲸鲨科

这种已知最大的鱼类游荡在热带海洋，以浮游生物和小鱼为食。每只鲸鲨都有它自己独一无二的斑点。

12–20 m
40–65 ft

1.1 m/3½ ft

肩章鲨
Hemiscyllium ocellatum
肩章鲨科

有着显著标志的肩章鲨用它们的鳍在珊瑚之间攀爬。这种小鲨鱼长着一条长尾巴，生活在南太平洋。

叶须鲨
Eucrossorhinus dasypogon
须鲨科

这种鲨鱼生活在太平洋西南部的珊瑚礁中，长着胡须，身体扁平，而且具有伪装图案，因此很难识别。

1.2 m
4 ft

分叉的"胡须"

铰口鲨
Ginglymostoma cirratum
铰口鲨科

这种鲨鱼生活在大西洋和太平洋东部温暖的沿海水域，白天藏在岩石缝隙中，晚上出来捕捉猎物。

3 m/9¾ ft

虎鲨

虎鲨目 (Heterodontiformes) 动物是小型的底栖鲨鱼，长着船桨般的胸鳍。它们拥有一个钝圆的、斜坡形的头，碎裂的牙齿，以及两个背鳍。每个背鳍的前面都有一个锋利的棘。

1.7 m
5½ ft

棘

澳大利亚虎鲨
Heterodontus portusjacksoni
虎鲨科

这种鲨鱼分布在澳大利亚南部海域。它们会使用船桨般的胸鳍在海底爬行，寻找海胆作为食物。

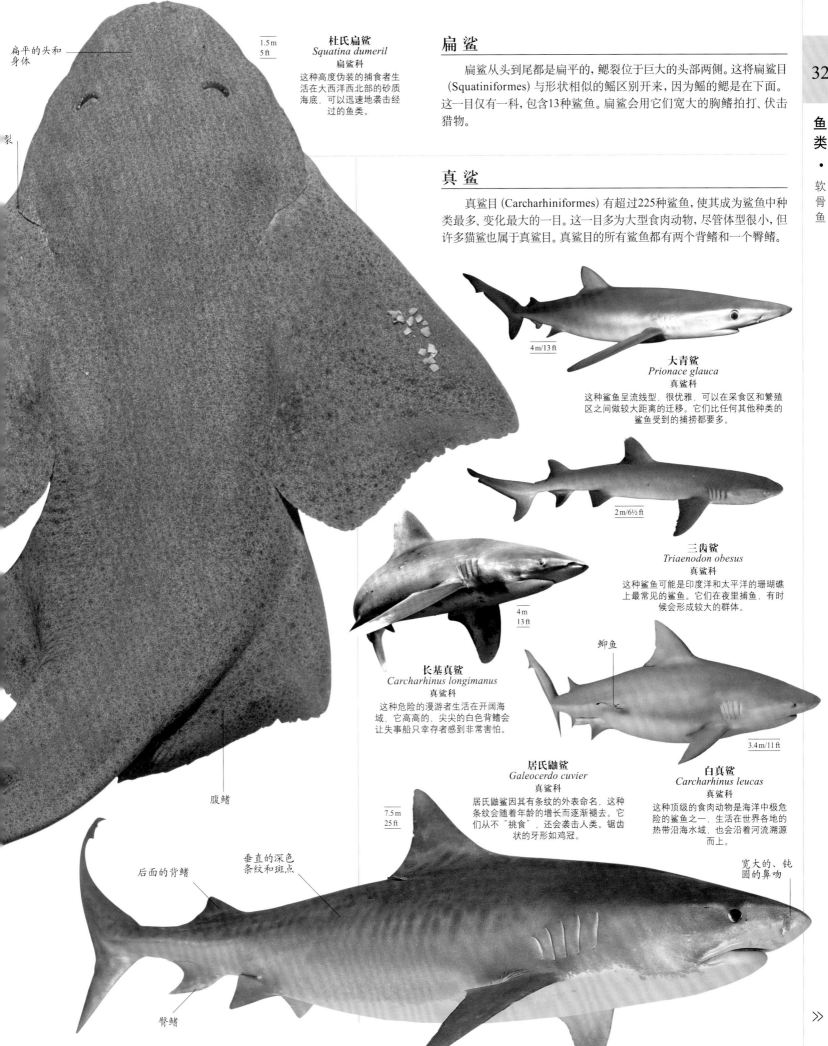

扁平的头和
身体

裂

杜氏扁鲨
Squatina dumeril
扁鲨科
这种高度伪装的捕食者生
活在大西洋西北部的砂质
海底，可以迅速地袭击经
过的鱼类。

1.5 m
5 ft

扁鲨

扁鲨从头到尾都是扁平的，鳃裂位于巨大的头部两侧。这将扁鲨目
(Squatiniformes) 与形状相似的鳐区别开来，因为鳐的鳃是在下面。
这一目仅有一科，包含13种鲨鱼。扁鲨会用它们宽大的胸鳍拍打、伏击
猎物。

真鲨

真鲨目 (Carcharhiniformes) 有超过225种鲨鱼，使其成为鲨鱼中种
类最多、变化最大的一目。这一目多为大型食肉动物，尽管体型很小，但
许多猫鲨也属于真鲨目。真鲨目的所有鲨鱼都有两个背鳍和一个臀鳍。

4 m/13 ft

大青鲨
Prionace glauca
真鲨科
这种鲨鱼呈流线型，很优雅，可以在采食区和繁殖
区之间做较大距离的迁移。它们比任何其他种类的
鲨鱼受到的捕捞都要多。

2 m/6½ ft

三齿鲨
Triaenodon obesus
真鲨科
这种鲨鱼可能是印度洋和太平洋的珊瑚礁
上最常见的鲨鱼。它们在夜里捕鱼，有时
候会形成较大的群体。

4 m
13 ft

长基真鲨
Carcharhinus longimanus
真鲨科
这种危险的漫游者生活在开阔海
域，它高高的、尖尖的白色背鳍会
让失事船只幸存者感到非常害怕。

卿鱼

3.4 m/11 ft

居氏鼬鲨
Galeocerdo cuvier
真鲨科
居氏鼬鲨因其有条纹的外表命名，这种
条纹会随着年龄的增长而逐渐褪去。它
们从不"挑食"，还会袭击人类。锯齿
状的牙形如鸡冠。

7.5 m
25 ft

白真鲨
Carcharhinus leucas
真鲨科
这种顶级的食肉动物是海洋中极危
险的鲨鱼之一，生活在世界各地的
热带沿海水域，也会沿着河流溯源
而上。

腹鳍

后面的背鳍

垂直的深色
条纹和斑点

臀鳍

宽大的、钝
圆的鼻吻

>>

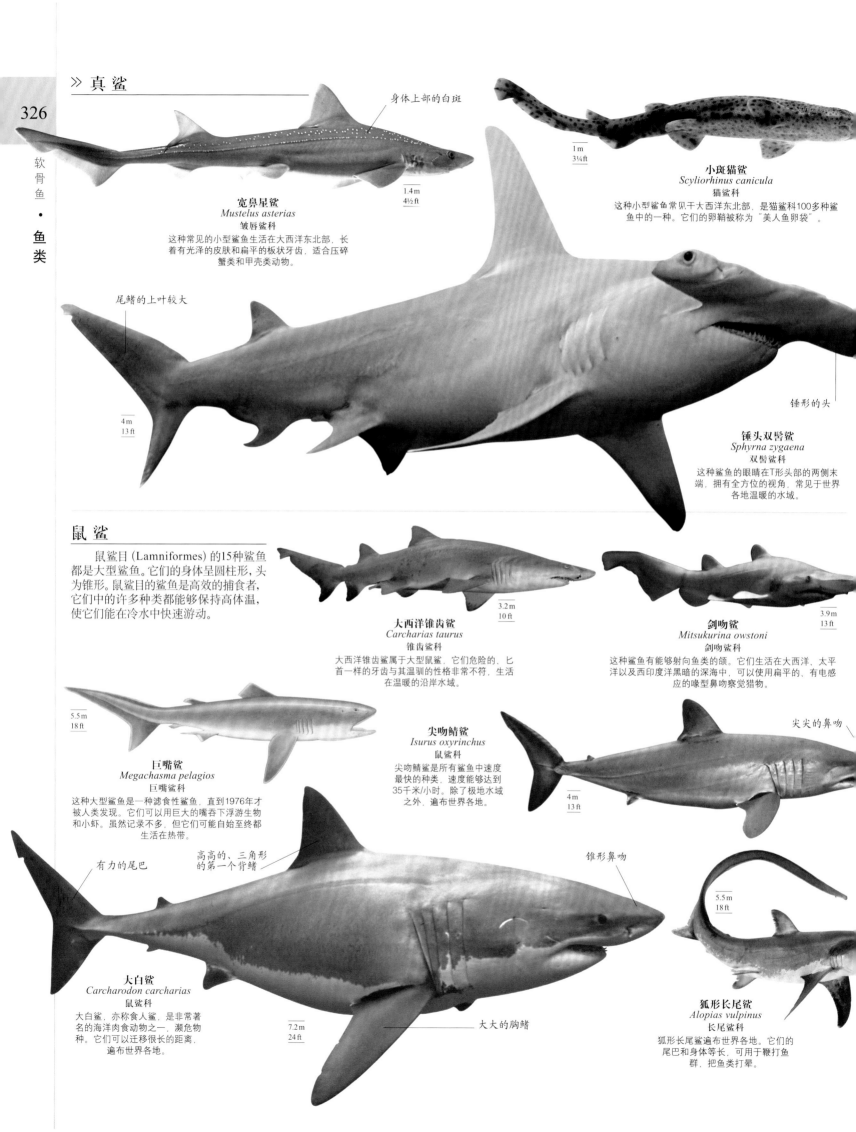

身体上部的白斑

宽鼻星鲨
Mustelus asterias
皱唇鲨科

这种常见的小型鲨鱼生活在大西洋东北部，长着有光泽的皮肤和扁平的板状牙齿，适合压碎蟹类和甲壳类动物。

1.4 m
4½ ft

1 m
3¼ ft

小斑猫鲨
Scyliorhinus canicula
猫鲨科

这种小型鲨鱼常见于大西洋东北部，是猫鲨科100多种鲨鱼中的一种。它们的卵鞘被称为"美人鱼卵袋"。

尾鳍的上叶较大

4 m
13 ft

锤形的头

锤头双髻鲨
Sphyrna zygaena
双髻鲨科

这种鲨鱼的眼睛在T形头部的两侧末端，拥有全方位的视角，常见于世界各地温暖的水域。

鼠鲨

　　鼠鲨目（Lamniformes）的15种鲨鱼都是大型鲨鱼。它们的身体呈圆柱形，头为锥形。鼠鲨目的鲨鱼是高效的捕食者，它们中的许多种类都能够保持高体温，使它们能在冷水中快速游动。

3.2 m
10 ft

大西洋锥齿鲨
Carcharias taurus
锥齿鲨科

大西洋锥齿鲨属于大型鼠鲨，它们危险的、匕首一样的牙齿与其温驯的性格非常不符，生活在温暖的沿岸水域。

3.9 m
13 ft

剑吻鲨
Mitsukurina owstoni
剑吻鲨科

这种鲨鱼有能够射向鱼类的颌。它们生活在大西洋、太平洋以及西印度洋黑暗的深海中，可以使用扁平的、有电感应的喙型鼻吻察觉猎物。

5.5 m
18 ft

巨嘴鲨
Megachasma pelagios
巨嘴鲨科

这种大型鲨鱼是一种滤食性鲨鱼，直到1976年才被人类发现。它们可以用巨大的嘴吞下浮游生物和小虾。虽然记录不多，但它们可能自始至终都生活在热带。

尖尖的鼻吻

尖吻鲭鲨
Isurus oxyrinchus
鼠鲨科

尖吻鲭鲨是所有鲨鱼中速度最快的种类，速度能够达到35千米/小时。除了极地水域之外，遍布世界各地。

4 m
13 ft

有力的尾巴

高高的、三角形的第一个背鳍

锥形鼻吻

大白鲨
Carcharodon carcharias
鼠鲨科

大白鲨，亦称食人鲨，是非常著名的海洋肉食动物之一，濒危物种。它们可以迁移很长的距离，遍布世界各地。

7.2 m
24 ft

大大的胸鳍

5.5 m
18 ft

狐形长尾鲨
Alopias vulpinus
长尾鲨科

狐形长尾鲨遍布世界各地。它们的尾巴和身体等长，可用于鞭打鱼群，把鱼类打晕。

虹和鳐

鳐形目 (Rajiformes) 鱼扁平的碟子形身体，以及与头部相连的翅膀般的胸鳍使其非常适合栖息于海底。鳐形目的有些种类也可以自由游泳。又长又细的尾巴可以帮助它们在游泳时保持平衡。刺状的尾巴有时也可以作为武器。

淡褐色的上身

尾巴和身体等长

胸鳍

普通虹
Dasyatis pastinaca
虹科
虽然大多数虹生活在热带地区，但这种虹的分布范围却从地中海到北欧，生活在近岸的沉积物上。

1.4 m
4½ ft

90 cm
35 in

蓝斑条尾虹
Taeniura lymma
虹科
这种虹生活在印度洋和西太平洋的大部分珊瑚礁上，它们的尾巴上长着一个毒刺。

普通鳐
Raja clavata
鳐科
这种欧洲鳐依靠一排特殊的弯刺保护自己。这排弯刺基部较宽，生长在背部。

90 cm
35 in

灰鳐
Dipturus batis
鳐科
灰鳐是最大的欧洲鳐，捕食海洋中层的鱼和海底的无脊椎动物。它们的特征是又长又尖的鼻吻，以及蓝色的身体下部。

2.9 m
9½ ft

4 m
13 ft

巨大、尖尖的胸鳍

50 cm
20 in

58 cm
23 in

3.3 m
11 ft

大燕虹
Gymnura altavela
燕虹科
这种虹在大西洋温暖地区的海底滑行，寻找无脊椎动物和鱼类为食。

珍珠虹
Potamotrygon motoro
珍珠虹科
与大多数虹不同，这种南美洲珍珠虹生活在淡水里。它们栖息在河流中，对渔民有危险，因为它们的尾巴能给人造成剧烈的刺痛感。

哈氏圆虹
Urobatis halleri
巨尾虹科
这种虹生活在浅的砂质平地上，有毒的刺对游泳者有威胁。它们分布于从加利福尼亚到巴拿马的沿海水域。

鸭嘴鹞鲼
Aetobatus narinari
鲼科
这种鲼分布在世界各地的热带水域，拍打鸟翼般的胸鳍游泳。

双吻前口蝠鲼
Manta birostris
鲼科
这种大型的热带鲼是一种滤食性动物，会用叫作头角的口皮瓣将浮游生物漏进口中。

9 m
30 ft

75 cm
30 in

雀斑犁头鳐
Rhinobatos lentiginosus
犁头鳐科
这种鳐很特别，胸鳍很小，依靠尾巴游泳。它们会用鼻吻挖掘软体动物和蟹类为食。

顶端为圆形、尖尖的鼻吻

头部的角用于漏下浮游生物

锯鳐

这种大型的锯鳐长着一个坚硬的、刀片般的鼻吻，两边长有规则的牙齿作为武器。表面上看，锯鳐目 (Pristiformes) 与锯鲨很像，但和虹、鳐类一样，它们的鳃也长在身体下部。

栉齿锯鳐
Pristis pectinata
锯鳐科
这种非常稀少的鱼类生活在世界各地温暖的沿岸水域和河口处。它们出生时长着一个柔韧的锯，这样才不会伤害到它们的母亲。

7.6 m
25 ft

电鳐

电鳐目 (Torpediniformes) 的"翅膀"上长着特殊的器官，能产生足够的电量电晕猎物，也能阻止捕食者的捕食。这些鳐长着一个圆形的碟状身体以及一条粗大的尾巴。尾巴的尖端呈扇形。

石纹电鳐
Torpedo marmorata
电鳐科
当这种电鳐猛地冲向海底的鱼类时，它们能用高达200伏特的电压电晕猎物，刚出生的电鳐也能产生电量。

1 m
3¼ ft

蓝斑条尾魟
Taeniura lymma

魟的名声很糟，因为它们带刺的尾巴会刺痛其他动物，有时还能致其死亡。虽然热带的蓝斑条尾魟和其他种类的魟一样，只会用尾刺保护自己，但大部分时间里它们会躲藏在突出物下面，在珊瑚间的沙地上静止不动地休息。通常它们带有蓝色边缘的尾巴会躲避潜水者，一旦被打扰，它们就会拍打两个翅膀样的胸鳍游走。观看蓝斑条尾魟的最好时间是在涨潮的时候，那时它们会游到近岸，在浅水处捕食无脊椎动物。

尺寸	70~90厘米，包括尾巴
生境	珊瑚礁里的沙地
分布	印度洋、西太平洋
食性	软体动物、蟹、虾、蠕虫

＜ 口

口在魟的身体下部，使其能够吸进藏在泥沙下面的软体动物和蟹类。口中的两片板用于压碎猎物的壳。

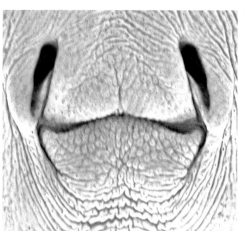

腹鳍 ＞

雌性蓝斑条尾魟的泄殖孔可见于身体下部的腹鳍之间。交配过后，经过几个月到几年的妊娠期，雌性会产下7只活的幼鱼。

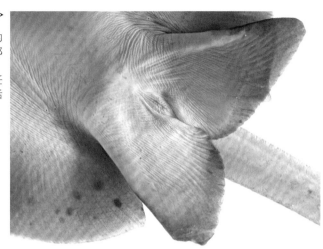

＜ 鳃裂

水在经过鳃后，通过身体下部的5对鳃裂排出身体。

＞ 顶孔

富含氧气的水体通过头顶部、眼睛后方的两个气孔被吸进鳃内。气孔位置较高，能够尽量防止沙土进入。

＜ 背棘

蓝斑条尾魟的皮肤相对光滑，但在背上有两排平行的小棘以及其他分散的棘。

眼睛后面的气孔

∧ 可作武器的尾巴

魟的尾部有一或两个锋利的、带刺的棘，如果它被袭击或踩踏，这种棘能刺伤对方身体并注入毒液。

带刺的尾巴

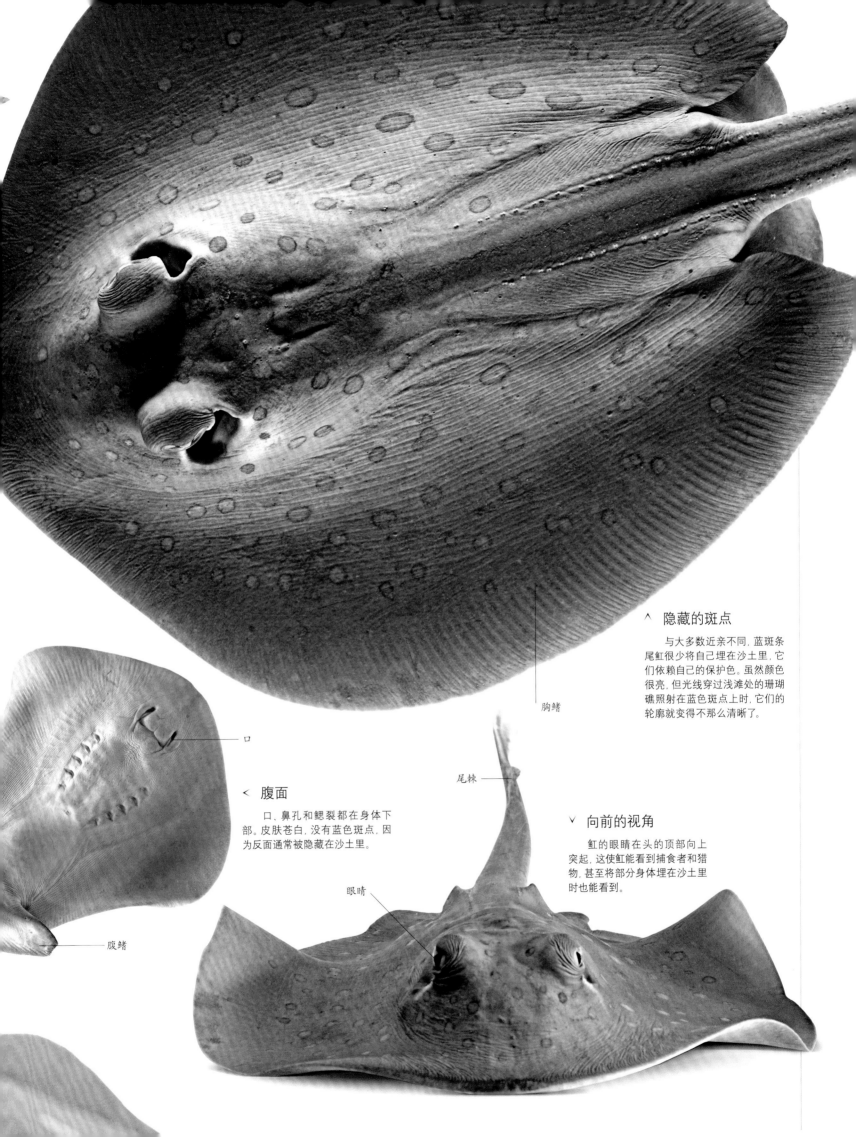

∧ 隐藏的斑点

与大多数近亲不同，蓝斑条尾虹很少将自己埋在沙土里，它们依赖自己的保护色。虽然颜色很亮，但光线穿过浅滩处的珊瑚礁照射在蓝色斑点上时，它们的轮廓就变得不那么清晰了。

胸鳍

< 腹面

口、鼻孔和鳃裂都在身体下部。皮肤苍白，没有蓝色斑点，因为反面通常被隐藏在沙土里。

口

腹鳍

尾棘

∨ 向前的视角

虹的眼睛在头的顶部向上突起，这使虹能看到捕食者和猎物，甚至将部分身体埋在沙土里时也能看到。

眼睛

辐鳍鱼

这些鱼是硬骨鱼,它们有一副坚硬、钙化的骨架。它们的鳍由一些相连的,叫作鳍条的棒状物所支撑,这些棒状物由硬骨或软骨组成。

辐鳍鱼类与软骨鱼类相比更善于游泳。它们的鳍高度灵活,有多种功能,能做出诸如悬停、制动,甚至向后划动的动作。鳍有的脆弱灵活,有的强壮多刺,且还有其他重要的功能,如防御、炫耀展示、伪装等。

除了底栖类,大部分辐鳍鱼利用鱼鳔都能漂浮起来。这使得它们可以保持在一定的深度,或通过调节气压来上升或下降。

极大的适应

大多数鱼都是辐鳍鱼类,这一类群非常多样化——从微小的虾虎鱼到巨大的翻车鱼。它们已经进化到能栖息于可以想象到的任何水生环境,从热带的珊瑚礁到南极洲冰盖下的水域,从深海到浅浅的沙漠湖。食草动物、食肉动物和食腐动物都能在这一类群中找到适当的代表动物,它们还具有许多独特的捕食和防御技巧,物种间还可能共同合作。

以数量取胜

大多数辐鳍鱼类会将卵和精子产到水中,进行体外受精。有些鱼类的受精卵较稀有,会得到亲代养育。例如,后颌鱼和丽鱼会将它们的卵和幼鱼放到嘴里保护起来,而棘鱼和隆头鱼会用水草和碎屑建造巢穴。有些种类的鱼保护卵的劲头儿会让潜水员都害怕。不过,大多数辐鳍鱼会产下大量的卵。数百万个漂浮的卵和幼鱼是水生生物重要的食物来源,那些幸存下来的个体则漂流、繁衍。以这种方式繁殖的鱼不太会因过度捕捞而濒临灭绝,因为捕捞暂停时,它们的数量又会上升。但即使像大西洋鳕鱼这样多产的鱼,如果持续密集捕捞,数量也会急剧下降。

门	脊索动物门
纲	辐鳍鱼纲
目	46
科	482
种	30033

一对蓝颊蝴蝶鱼 (*Chaetodon semilarvatus*) 步调一致地游动,巡视着它们的珊瑚礁领地。

鲟及其近亲

鲟形目 (Acipenseriformes) 鱼中,只有鲟科有海生种类。鲟科鱼类的头骨和一些起支持作用的部分由坚硬的硬骨组成,但它们大多数其他骨骼由柔韧的软骨组成。这些鱼与鲨鱼类似,尾部不对称,上叶较大。

匙吻鲟
Polyodon spathula
匙吻鲟科
这种鱼生活在北美洲的湿地,长着一个长长的、船桨形的上颌,是为数不多滤食浮游生物的淡水鱼类之一。

1.8 m
6 ft

盾板

扁平多骨的

敏感的触须有助于定位猎物

普通鲟
Acipenser sturio
鲟科
这种濒危的鱼被成排的骨板严密地保护着,曾因被用来做鱼子酱而变得很有价值。它们生活在沿岸的水域,但繁殖时会游进河流。

3.5 m
11 ft

雀鳝

雀鳝目 (Lepisosteiformes) 的鱼是来自北美洲的原始淡水捕食者,身体为长长的圆柱形,并被厚重、贴身的鳞片保护着。它们的长颌长着针形牙齿。

雀鳝
Lepisosteus osseus
雀鳝科
这种身体细长的鱼是熟练的捕食者,它们会一动不动地悬停在水中,隐藏在植被里,然后朝前冲去捕捉猎物。

1.8 m
6 ft

大海鲢和海鲢

海鲢目 (Elopiformes) 是一个小目,这一目中的鱼是银色的,只有一个背鳍和一个叉状尾,很像鲱鱼。它们拥有特殊的喉骨 (喉板)。虽然这些鱼是海生鱼类,但有些种类也会游到河口区和河流里。

海鲢
Elops saurus
海鲢科
海鲢靠近大西洋西部海岸,以大群移动。当它受到威胁时,它们会跳出海面。

1 m
3 ft

大西洋大海鲢
Megalops atlanticus
大海鲢科
大西洋大海鲢沿着大西洋海岸生活,有时也会进入河流。在静止水体中,它们会从水面吞咽空气,将鱼鳔作为肺。

2.5 m
8¼ ft

骨舌鱼及其近亲

　　鱼如其名，骨舌鱼目 (Osteoglossiformes) 的鱼舌头和上颌长着许多锋利的牙齿，这有助它们抓住猎物。这些鱼主要分布在热带地区，生活在淡水中。这一类群的许多种类外形不同寻常。

巨骨舌鱼
Arapaima gigas
骨舌鱼科
这种南美洲的鱼是最大的淡水鱼之一，体重可达200千克。长长的鳍可助它们朝前冲刺，捕捉猎物。

| 4.5 m |
| 15 ft |

由灰色过渡到绿色的身体

背鳍位于身体上的背后方

锥颌鱼
Gnathonemus petersii
长颌鱼科
这种非洲鱼生活在浑浊的水体中，依靠微弱的电脉冲寻找道路，长长的下颌能够探进泥浆中寻找食物。

| 23 cm |
| 9 in |

铠甲弓背鱼
Chitala chitala
驼背鱼科
这种细长、驼背的鱼生活在东南亚的湿地中。在静止的水体中，它们会吞下气体，然后从鱼鳔中吸收氧气。

| 87 cm |
| 34 in |

海鳗

　　鳗鲡目 (Anguilliformes) 的鱼长着细长的蛇形身体，皮肤光滑，或不具鳞片，或鳞片深深地嵌在皮肤之中。海鳗的鱼鳍通常在背部、尾部，或是沿着腹部有一个长长的鳍。鳗鱼可生活在海水或淡水中。

条纹裸海鳝
Gymnomuraena zebra
海鳝科
这种条纹鲜明的热带海鳝长着浓密的卵石般的牙齿，能够食用有硬壳的蟹类、软体动物和海胆。

| 1.5 m |
| 5 ft |

长长的背鳍

| 60 cm |
| 23½ in |

大颌

有斑点的、起伪装作用的皮肤

雀斑海鳝
Muraena lentiginosa
海鳝科
这种海鳝生活在太平洋东部的珊瑚礁中，嘴会有节奏地一张一翕来呼吸。

哈氏异康吉鳗
Heteroconger hassi
康吉鳗科
珊瑚礁附近的沙地是这种鳗鱼的领地或 "花园"。这些鳗鱼的尾巴藏在洞穴中，其余部分像植物一样摇摆。

| 40 cm |
| 16 in |

普通康吉鳗
Conger conger
康吉鳗科
这种鳗鱼分布在北大西洋和地中海，失事船只是它们理想的栖息地。它们白天躲在缝隙中，只在晚上出来捕捉其他鱼类。

厚厚的身体

黑体管鼻海鳝
Rhinomuraena quaesita
海鳝科
幼年的黑体管鼻海鳝是黑色的，鱼鳍为黄色，成年之后就会变成鲜艳的蓝色雄性鳗鱼。之后这些鳗鱼还会改变性别，变成黄色的雌性鳗鱼。它们生活在印度洋和西太平洋海域。

| 1.3 m |
| 4¼ ft |

斑花蛇鳗
Myrichthys colubrinus
蛇鳗科
这种无害的鳗鱼分布在印度洋和西太平洋，由于很像一种有毒的海蛇，所以不会被肉食动物捕食。它们会在沙土、洞穴里寻找小鱼。

| 97 cm |
| 38 in |

光滑的皮肤

| 3 m |
| 9¾ ft |

普通鳗鲡
Anguilla anguilla
鳗鲡科
这种濒危的蛇形鳗鱼一生大部分时间都生活在淡水中，它们会穿过大西洋迁徙到马尾藻海产卵，而后死去。

| 1.3 m |
| 4¼ ft |

叉齿鱼和宽咽鱼

　　这些奇怪的形如鳗鱼的鱼生活在深海，属于囊鳃鳗目 (Saccopharyngiformes)，没有尾鳍和腹鳍，也没有鳞片。它们没有肋骨，大颌已经演化为一条宽大的裂口。像鳗鱼一样，它们一生只产一次卵，产卵后便会死去。

| 1 m |
| 3¼ ft |

鞭子型的长尾巴

宽松铰合的大嘴

宽咽鱼
Eurypharynx pelecanoides
宽咽鱼科
这种形如鳗鱼的鱼生活在深海，长着巨大的颌和一个可以膨大的胃，使其能够吞下几乎和自己一样大的猎物。

遮目鱼及其近亲

鼠䲁目 (Gonorynchiformes) 中只有两种生活在淡水中的鱼，其中包括遮目鱼，它们的一对腹鳍位于腹部后方。

流线型的身体

遮目鱼
Chanos chanos
遮目鱼科
这种游泳健将长着一个大大的叉状尾鳍，只以浮游生物为食，生活在东南亚。

腹鳍

1.8 m
6 ft

50 cm
20 in

格氏鼠䲁
Gonorynchus greyi
鼠䲁科
这种鱼原产于澳大利亚和新西兰，生活在海床，如果受到威胁会潜到沙子里。

鲱及其近亲

鲱形目 (Clupeiformes) 鱼类主要在海洋里生活，包括一些有重要经济价值的种类。这一目的鱼类是银色的，有着松散的鳞片，一个背鳍，一个叉状尾以及一个龙骨形的腹部。多数成群生活，是鲨鱼、金枪鱼以及其他大型鱼类的猎物。

20 cm
8 in

秘鲁鳀
Engraulis ringens
鳀科
这种小型鱼以浮游生物为食，在南美洲西海岸的巨大浅滩里生活，是人类、鹈鹕科鸟类以及大型鱼类主要的食物资源。

45 cm
18 in

西鲱
Alosa alosa
鲱科
春季这种鱼的成体会从海洋迁徙到欧洲的河流产卵，有时候会游相当远的距离。

83 cm
33 in

大西洋鲱
Clupea harengus
鲱科
这种长着银色鳞片的鱼生活在聚集着浮游生物的大型浅滩里，是大西洋东北部和北海里特有的本地物种。

鲤及其近亲

鲤形目 (Cypriniformes) 是淡水鱼中最大的一个目，在世界各地有超过3000种鱼。这一目拥有标准的"鱼形"，单一背鳍。它们有典型的巨大鳞片，牙齿在喉部而不在颌部。它们中的许多种是人们熟悉的观赏鱼，例如泥鳅、鲂以及鲤。

红缘背鳍

虎皮般的黑色条纹

30 cm
12 in

皇冠沙鳅
Chromobotia macracanthus
鳅科
这种泥鳅原产于东南亚的湿地，是一种在水底觅食的鱼类。它们的眼睛旁边有锋利的刺，用于保护自己。

深深的叉状尾

四带无须魮
Puntius tetrazona
鲤科
这种鱼原产于印度尼西亚的苏门答腊岛和婆罗洲，现已被广泛地引入世界各地进行饲养，用于水族贸易。

7 cm
2 in

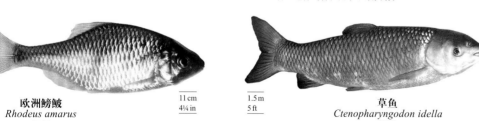

欧洲鳑鲏
Rhodeus amarus
鲤科
这种欧洲的鱼会将卵产在蚌的外套腔内，让卵在里面生长和孵化，直到鱼苗游走。

11 cm
4¼ in

草鱼
Ctenopharyngodon idella
鲤科
这种鱼原产亚洲，以水生植物为食。由于这个原因，它们被引入到欧洲和美国，用于清理排水沟中的野草。

1.5 m
5 ft

10 cm
4 in

鲫
Carassius auratus
鲤科
鲫鱼原产于中亚和中国，现已被引入世界各地，有许多种类。

大的银色鳞片

1.2 m
4 ft

鲤
Cyprinus carpio
鲤科
鲤鱼的嘴可以伸出来，而且长有触须，会在泥浆中翻找食物。原产于中国和中欧，现已被引入世界各地。

可伸出的嘴

6 cm
2¼ in

斑马鱼
Brachydanio rerio
鲤科
这种活跃的小鱼产卵频繁，常见于南亚的池塘和湖泊，在水族馆和实验室均有饲养。

脂鲤及其近亲

这些淡水鱼主要为肉食性, 长有发达的牙齿。它们长着一个标准的背鳍, 大多数还有一个小的、多脂肪的脂鳍长在尾鳍附近。脂鲤目 (Characiformes) 有18种鱼, 锯脂鲤 (水虎鱼、食人鱼) 是最臭名昭著的捕食者。

墨西哥丽脂鲤
Astyanax mexicanus
脂鲤科
墨西哥丽脂鲤通常具有视力, 生活在溪流中; 其变种生活在洞穴湖泊中, 而且是盲的。

12 cm
4¾ in

深灰色的头

33 cm
13 in

脂鳍

身体上的斑点

红腹锯脂鲤（食人鱼）
Pygocentrus nattereri
脂鲤科
这种鱼原产于南美洲的河流中, 通常以无脊椎动物和鱼类为食, 但成群时可以利用它们锋利的牙齿杀死大型的哺乳动物。

完全成熟时红色的腹部

40 cm
16 in

6.5 cm
2½ in

胸斧鱼
Gasteropelecus sternicla
胸斧鱼科
这种南美洲的食虫鱼具有鲜明的外形, 强大的肌肉使其可以迅速加速。

1 m
3¼ ft

狗脂鲤
Hydrocynus vittatus
非洲脂鲤科
这种大型的食肉动物原产于非洲的河流中, 它们的尖牙可以吃掉其身长一半的鱼类。

长吻复齿脂鲤
Distichodus lusosso
复齿脂鲤科
与一些水虎鱼近亲不同, 这是一种温和的食草鱼, 生活在赤道非洲的溪流中。

鲇

主要在淡水生活的鲇鱼拥有一个修长的身体以及许多口须, 背鳍和胸鳍前面有一个锋利的棘。鲇形目 (Siluriformes) 的大多数种类都有一个小的脂鳍生长在尾鳍附近的背上。

32 cm
12½ in

鳗鲇
Plotosus lineatus
鳗鲇科
这种热带海生鱼在幼年时会聚集成致密的鱼群以寻求保护。独居的成年鳗鲇会用棘刺里的毒液保护自己。

1 m
3¼ ft

条纹鸭嘴鲇
Pseudoplatystoma fasciatum
油鲇科
这种鱼生活在南美洲, 夜晚在河底觅食。寻找小鱼时, 长长的胡须会帮助它们找到食物。

5 m
16 ft

欧鲇
Silurus glanis
鲇科
这种巨大的鱼来自中欧和亚洲的湿地, 体重已知可以超过300千克。但由于过度捕捞, 现在已经没有这个重量的鱼了。

52 cm
20½ in

长长的臀鳍

棕牛头鲴
Ameiurus nebulosus
鲴科
这种鱼生活在北美洲, 棘刺中有毒, 守护巢穴时可以击退捕食者。

可以看见的脊柱贯穿透明的身体

15 cm
6 in

二须缺鳍鲇
Kryptopterus bicirrhis
鲇科
这种鱼原产于东南亚, 经常一动不动悬停在水中, 透明的身体使它们很难被发现。

有感知作用的口部胡须能帮它发现食物

鲑及其近亲

鲑形目 (Salmoniformes) 有海生种类和淡水种类, 也包括许多溯河产卵的种类 (从海洋迁徙到淡水中繁殖)。鲑形目的鱼类是强大的食肉动物, 长着一个大大的尾鳍、一个背鳍以及一个较小的脂鳍。

脂鳍

84 cm
33 in

红大麻哈鱼
Oncorhynchus nerka
鲑科

这种鱼来自北太平洋, 会溯河而上进入亚洲和北美洲的湖泊产卵。此时, 雌雄两性都会变成红色, 而且雄性的颌会长出一个钩。

雄性有钩的颌

湖白鲑
Coregonus artedi
鲑科

57 cm
22½ in

这种鱼广泛分布在北美洲的湖泊和大河中, 形成鱼群捕食浮游生物和无脊椎动物。

北极红点鲑
Salvelinus alpinus
鲑科

1 m
3¼ ft

清澈寒冷的水是这种鱼必需的生存条件。有些个体生活在高海拔的湖泊中, 而其他个体会从海洋迁徙到河流中。

虹鳟 (麦其大麻哈鱼)
Oncorhynchus mykiss
鲑科

1.2 m
4 ft

尽管原产于北美洲, 但这种鱼作为食物已被引入世界各地的淡水水体中。

狗鱼及其近亲

狗鱼目 (Esociformes) 生活在北半球寒冷的淡水水体中, 它们快速而敏捷。背鳍和臀鳍在近尾处的背后方, 能给这些肉食性鱼类一个快速向前的冲力。

背后方的单一背鳍

欧洲荫鱼
Umbra krameri
荫鱼科

17 cm
6½ in

这种欧洲荫鱼现在很稀有, 因为它们的栖息地——多瑙河和德涅斯特河水系里的沟渠和运河已经消失了。

特殊的斑纹

狗母鱼及其近亲

多样化的仙女鱼目 (Aulopiformes) 海生鱼类生活在浅的沿海水域和深海中。这一目长着大嘴, 有很多牙齿, 而且能捕捉大型猎物, 具有一个背鳍和一个较小的脂鳍。

细长的胸鳍

三角形的头

杂斑狗母鱼
Synodus variegatus
狗母鱼科

40 cm
16 in

这种鱼生活在印度洋和太平洋的热带珊瑚礁中, 常栖息在珊瑚岬上, 保持完全静止, 然后突然冲出去捕捉鱼类。

用于支撑的长长的腹鳍

40 cm
16 in

龙头鱼
Harpadon nehereus
狗母鱼科

在印度洋-太平洋地区的季风季节, 成群的这种小鱼汇聚在三角洲附近, 食用被水流冲刷下来的物质。

长丝深海狗母鱼
Bathypterois longifilis
异目鱼科

37 cm
14½ in

这种全球分布的鱼栖息在深深的、泥泞的海底, 利用它们灯丝般的腹鳍捕捉食物。

细长的腹鳍

灯笼鱼及其近亲

灯笼鱼是小型纤细的鱼, 具有许多内腔照明器 (发光器官), 有助于它们在黑暗的深海中进行交流。灯笼鱼目 (Myctophiformes) 的动物具有大大的眼睛, 而且许多鱼都会在夜晚迁移到海面捕食。

11 cm
4¼ in

斑点灯笼鱼
Myctophum punctatum
灯笼鱼科

这种灯笼鱼生活在大西洋的深海中, 会用它们的一排发光器官给其他动物发出信号。

巨口鱼及其近亲

这些深海鱼类的大多数都具有发光器官，能帮助它们捕猎、隐藏以及找寻配偶。巨口鱼目 (Stomiiformes) 的多数种类是外表可怕的食肉鱼类，长着大大的牙齿，有时还有一条长长的颌部胡须。

银色的身体

大大的眼睛

7 cm
2¾ in

细长的身体

35 cm
14 in

24 cm
9½ in

蝰鱼
Chauliodus sloani
巨口鱼科

当蝰鱼关闭嘴巴的时候，透明的长牙会从嘴巴伸出。它们可以利用发光器官在热带和亚热带的深海中发出光线。

柔骨鱼
Malacosteus niger
巨口鱼科

这种鱼生活在全世界温带、热带以及亚热带的海洋中，会利用一束红色的生物光，而它们的猎物小虾看不到这种光。

长银斧鱼
Argyropelecus affinis
褶胸鱼科

这种鱼的身体是银色的，且很薄，有助于进行伪装，以躲避捕食者的捕食。它们生活在温带、热带以及亚热带的水域中。

电鳗

长刀鱼长着扁平的、鳗鱼形身体，以及一个长长的尾鳍，通过尾鳍可以前后移动。电鳗有不规则的、长长的圆形身体。电鳗目 (Gymnotiformes) 鱼类生活在淡水中，能产生电脉冲。

鸭嘴形的鼻吻

60 cm
23½ in

99 cm
3¼ ft

暗色狗鱼
Esox niger
狗鱼科

捕猎时，这种北美洲狗鱼会用它们的鳍做出精妙的运动，一动不动地悬停，然后迅速袭击猎物。

电鳗
Electrophorus electricus
电鳗科

这种大型鱼生活在南美洲，能产生高达600伏特的电击，足以杀死其他鱼类，也能击晕一个成年人。

2.5 m
8¼ ft

裸背鳗
Gymnotus carapo
电鳗科

这种鱼生活在中美洲和南美洲浑浊的湿地中。它们能产生微弱的电流，利用电流感知周围的环境。

胡瓜鱼及其近亲

胡瓜鱼和小型的、纤细的鲑鱼很像，而且像它们一样，多数胡瓜鱼的近亲处背后方也有一个脂鳍。胡瓜鱼目 (Osmeriformes) 有种特别的气味。欧洲胡瓜鱼闻起来像新鲜的黄瓜。

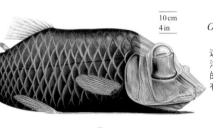

10 cm
4 in

后肛鱼
Opisthoproctus soleatus
后肛鱼科

这种鱼生活在世界各地海洋的半黑暗环境中。它们的管状眼睛向上突起，这有助于充分利用可见光。

毛鳞鱼
Mallotus villosus
胡瓜鱼科

25 cm
10 in

这种小鱼生活在寒冷的北极海域和周边海域，可以形成大的鱼群，是许多海鸟重要的食物资源；它们数量的多少决定了这些海鸟能否繁殖成功。

皇带鱼及其近亲

这种海生的月鱼目 (Lampriformes) 有18种鱼类，是生活在开阔水域里的鲜艳的鱼类，成体长有深红色的鱼鳍。有些种类，背鳍的鳍条延伸得就像飘带一般。这一目的大多数鱼类会在海洋中游荡，很容易被发现。

细长的背鳍条冠

皇带鱼
Regalecus glesne
皇带鱼科

这种鱼是世界上最长的条鳍鱼类，已经成为许多大海蛇故事的主角。它们生活在世界上的热带、亚热带以及温带水域。

幼年时期

11 m
36 ft

胸鳍

2 m
6½ ft

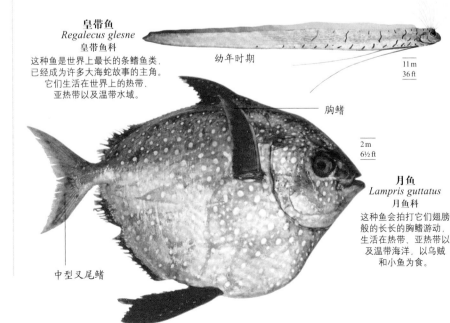

月鱼
Lampris guttatus
月鱼科

这种鱼会拍打它们翅膀般的长长的胸鳍游动，生活在热带、亚热带以及温带海洋，以乌贼和小鱼为食。

中型叉尾鳍

鮟鱇及其近亲

鮟鱇目 (Lophiiformes) 有300种鱼类，其中包含一些在所有海生鱼类中最奇怪的种类。它们头顶上有一个特化的鳍条 (能发生物光) 作为诱饵，能够吸引猎物朝着巨大的鱼嘴游去。

达氏蝙蝠鱼
Ogcocephalus darwini
蝙蝠鱼科
形状奇特的蝙蝠鱼用它们成对的胸鳍和腹鳍支撑身体并慢慢行走，寻找食物。

20 cm
8 in

恩氏单棘躄鱼
Chaunax endeavouri
单棘躄鱼科
恩氏单棘躄鱼生活在太平洋西南部泥泞的海底，等待附近游荡的小鱼。

22 cm
9 in

普通鮟鱇
Lophius piscatorius
鮟鱇科
鮟鱇生活在大西洋东北部，嘴周围的一些海草形状的下垂物能帮助其伪装起来。它们能够迅速地袭击猎物。

2 m
6½ ft

乔氏茎角鮟鱇
Caulophryne jordani
长鳍鮟鱇科
在黑暗的深海里很难找到一个配偶，一旦成功发现，微小的雄性乔氏茎角鮟鱇就会永远抓住雌性。

20 cm
8 in

大斑躄鱼
Antennarius maculatus
躄鱼科
善于伪装的大斑躄鱼会用胳膊一样的胸鳍攀爬过珊瑚礁。

11.5 cm
4½ in

裸躄鱼
Histrio histrio
躄鱼科
大多数躄鱼生活在海底，但这种躄鱼却隐藏在许多漂浮的马尾藻中，因为这种海藻与它们非常相似。

20 cm
8 in

用于伪装的皮瓣

用于攀登的大胸鳍

鳕及其近亲

鳕形目 (Gadiformes) 包括许多重要的海生经济鱼类。多数背上长有两个或三个柔软的背鳍，许多还有一个颌部胡须。长尾鳕生活在深水中，长有一条又长又薄的尾巴。

颌部

大西洋鳕
Gadus morhua
鳕科
过量捕捞已经使得大西洋鳕的平均重量从历史最大值的超过90千克减少到11千克。

2 m
6½ ft

狭鳕（明太鱼）
Theragra chalcogramma
鳕科
由于没有颌部胡须和突出的下颚，能将这种鱼和鳕鱼区别开来。这种鱼生活在寒冷的北极水域。

91 cm/3 ft

三须鳕
Gaidropsarus mediterraneus
江鳕科
这种形似鳗鱼的鳕鱼分布在大西洋东北部，长着3个感觉口须，凭借它们能找出岩石潭里的食物。

50 cm/20 in

彩色的鳍，边缘圆润

江鳕
Lota lota
江鳕科
和许多近亲不同，这种鳕鱼生活在淡水中，分布在北半球的深水湖泊和河流之中。

1.2 m
4 ft

粗鳞突吻鳕
Coryphaenoides acrolepis
长尾鳕科
一条长着鳞片的长尾巴，以及球形的头部，给了这种数量丰富的深水鳕鱼近亲另一个名字——太平洋长尾鳕鱼。

1 m
3¼ ft

鼬鳚

鼬鳚目 (Ophidiiformes) 的大多数种类都生活在海洋中，是形如鳗鱼的细长形鱼。它们长着窄的腹鳍和长长的背鳍以及臀鳍，许多种类的鱼鳍都与尾鳍相连。

针潜鱼
Carapus acus
潜鱼科
21 cm/8½ in
成年的针潜鱼会将尾巴通过肛门躲避在海参体内。夜晚时出来觅食。

鲻

鲻鱼具有银色条纹，两个宽大的互相分离的背鳍；第一个背鳍有锋利的棘刺，第二个背鳍有柔软的鳍条。鲻形目 (Mugiliformes) 鱼类分布在世界各地。它们是植食性鱼，以优质的藻类和碎屑为食。

金鲮
Liza aurata
鲻科
75 cm
30 in
在大西洋东北部地区的港口、河口以及沿海水域都有可能生活着这种鲻鱼，它们常以群体生活。

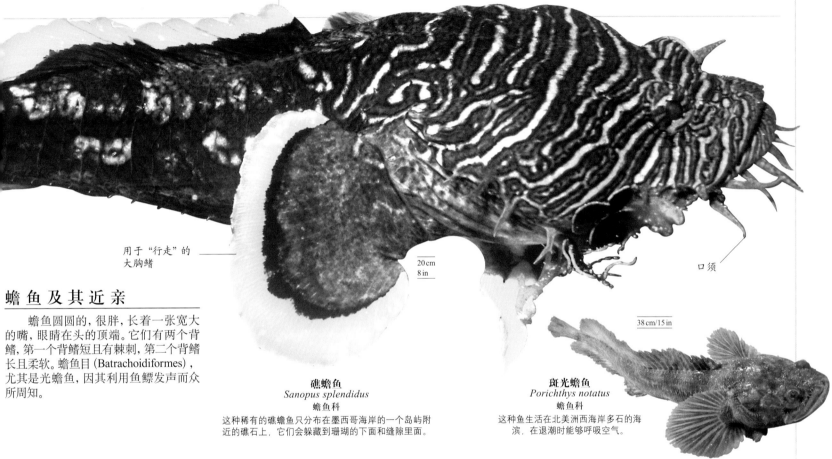

用于"行走"的大胸鳍

20 cm
8 in

口须

蟾鱼及其近亲

蟾鱼圆圆的，很胖，长着一张宽大的嘴，眼睛在头的顶端。它们有两个背鳍，第一个背鳍短且有棘刺，第二个背鳍长且柔软。蟾鱼目 (Batrachoidiformes)，尤其是光蟾鱼，因其利用鱼鳔发声而众所周知。

礁蟾鱼
Sanopus splendidus
蟾鱼科
这种稀有的礁蟾鱼只分布在墨西哥海岸的一个岛屿附近的礁石上，它们会躲藏到珊瑚的下面和缝隙里面。

38 cm/15 in

斑光蟾鱼
Porichthys notatus
蟾鱼科
这种鱼生活在北美洲西海岸多石的海滨，在退潮时能够呼吸空气。

银汉鱼及其近亲

这些小型的、细长的银汉鱼常大群生活。银汉鱼目 (Atheriniformes) 有300多种鱼，生活在海水或淡水环境中。多数具有两个背鳍，第一个背鳍长有柔韧的棘刺，还具有一个臀鳍。

4 cm/1½ in

伊岛银汉鱼
Iriatherina werneri
虹银汉鱼科
这种鱼的成年雄性会用它们长长的鱼鳍向雌性炫耀展示。伊岛银汉鱼生活在东南亚和澳大利亚北部多杂草的淡水中。

加利福尼亚滑银汉鱼
Leuresthes tenuis
拟银汉鱼科
一条正在产卵的滑银汉鱼在面对很高的大潮时，会冒着搁浅的危险，在海滨的沙滩里产卵。

19 cm
7½ in

颌针鱼及其近亲

这些银色的鱼长着又长又薄的棒状身体，以及深长的鸟喙般的颚，这使它们能在开阔水域里进行很好的伪装。飞鱼——长着大的、成对的胸鳍（侧面）和腹鳍（腹部）——也属于这一目，即颌针鱼目 (Beloniformes)。

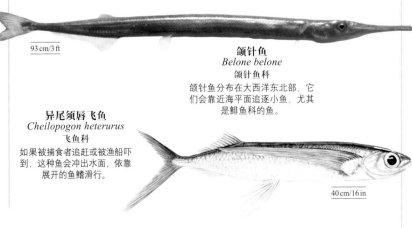

93 cm/3 ft

颌针鱼
Belone belone
颌针鱼科
颌针鱼分布在大西洋东北部，它们会靠近海平面追逐小鱼，尤其是鲱鱼科的鱼。

异尾须唇飞鱼
Cheilopogon heterurus
飞鱼科
如果被捕食者追赶或被渔船吓到，这种鱼会冲出水面，依靠展开的鱼鳍滑行。

40 cm/16 in

鳉及其近亲

大多数鳉形目（Cyprinodontiformes）的鱼是小型淡水鱼，长有一个背鳍和一条大大的尾巴。本目有10科，古比鱼可能是最有名的鱼，因为它们能产下活的幼体，是一种流行的观赏鱼类。

尾巴在炫耀展
示中是重要的

7 cm/2¾ in

四眼鱼
Anableps anableps
四眼鱼科
这种鱼生活在南美洲，它们鼓起来的眼睛是分开的，能清晰地看到水上和水下的景象。

艾氏旗鳉
Fundulopanchax amieti
假鳃鳉科
这种鲜艳的小型鱼生活在非洲喀麦隆的雨林溪流中。还有其他一些相似的种类，它们被共同称为鳉鱼。

32 cm/12½ in

乔氏鳉
Jordanella floridae
鳉科
这种温和的植食性鱼类生活在佛罗里达的沼泽和溪流中。雄鱼会向雌鱼求爱，并保护它们的卵。

7.5 cm/3 in

黑鳍珠鳉
Austrolebias nigripinnis
溪鳉科
黑鳍珠鳉和这个彩色的鱼科中的其他所有种类，都生活在南美洲的亚热带河流中。

7 cm/2¾ in

5 cm/2 in

宽帆鳉
Poecilia latipinna
胎鳉科
这种鱼生活在北美洲，在求偶炫耀时会展示它们大大的背鳍。雌性能够生下活的幼鱼。

海鲂及其近亲

海鲂目（Zeiformes）有42种鱼，它们都生活在海洋，是身体轮廓鲜明、但很薄的鱼，长着长长的背鳍和臀鳍。海鲂有突出的颌，可以射出去捕捉猎物。它们会吃掉迎面经过的许多种小型鱼类。

海鲂
Zeus faber
海鲂科
这种超薄的鱼脸朝前，它们很难被发现，而且可以高效地偷袭猎物。

90 cm
3 ft

鳂及其近亲

这类海生鱼类的粗壮身体上长着大个的鳞片、一条叉状尾以及锋利的棘。大多数金眼鲷目（Beryciformes）的鱼为夜行性，体色常为红色。由于光谱中的红色在水中是第一个被吸收的，这使得它们在一定水深下看起来是黑色的。

黑鳍棘鳞鱼
Sargocentron diadema
鳂科
这是一种典型的棘鳞鱼，是生活在热带水域中许多相似种的其中一种。它们白天隐藏在缝隙中。

17 cm/6½ in

澳洲光颌松球鱼
Cleidopus gloriamaris
松球鱼科
几乎没有几种食肉动物会袭击这种带棘刺的鱼。它们长有厚厚的鳞片盔甲，鲜艳的颜色警告敌人它们的味道很糟糕。

22 cm/9 in

12 cm/4¾ in

灯眼鱼
Photoblepharon palpebratum
灯目鳂科
夜晚时，这种鱼会用眼睛下面的发光器官发信号。它们有一个黑色的膜，能够覆盖在光上，创造出一种闪光效果。

18 cm/7 in

角高体金眼鲷
Anoplogaster cornuta
叶鳞鳂科
这种深海生活的食肉动物长着巨大的尖牙，使其猎物无法逃脱。它们能整个吞下猎物。

大西洋胸棘鲷
Hoplostethus atlanticus
棘鲷科
这是所有鱼类中很长寿但游速很慢的鱼之一，能活至少150岁。

75 cm
30 in

可以伸出的颌

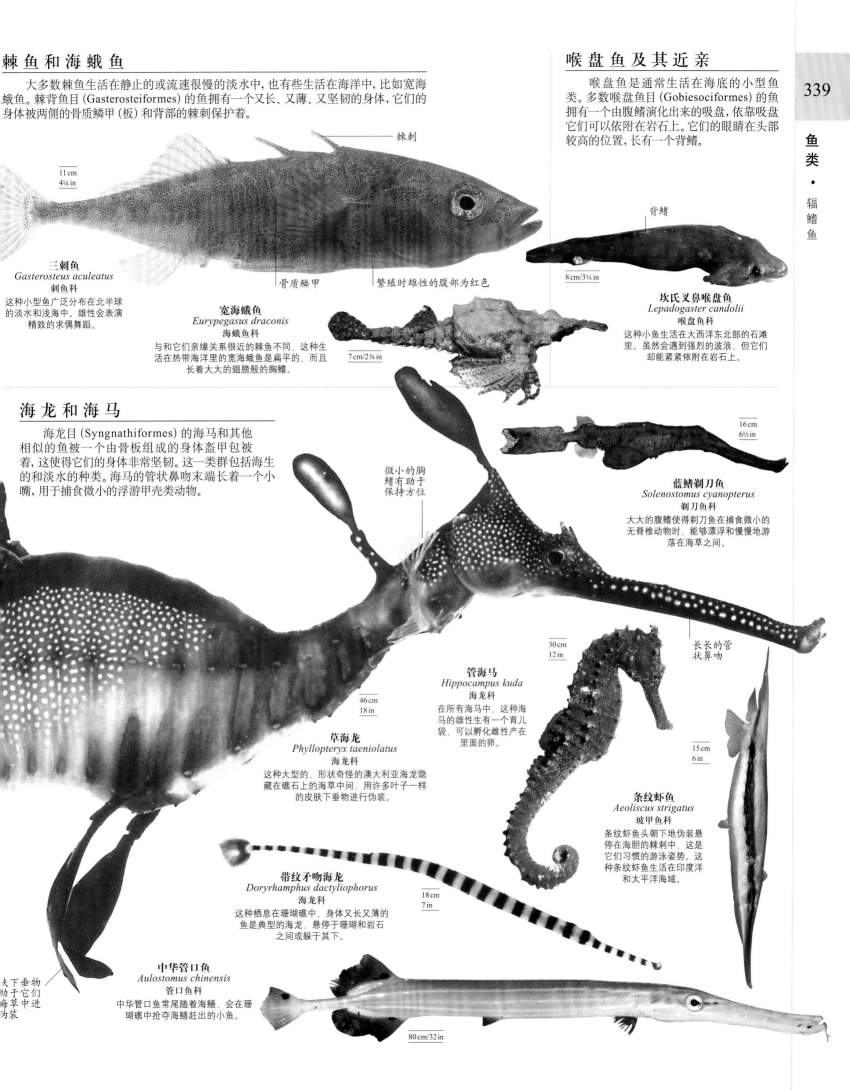

棘鱼和海蛾鱼

大多数棘鱼生活在静止的或流速很慢的淡水中,也有些生活在海洋中,比如宽海蛾鱼。棘背鱼目(Gasterosteiformes)的鱼拥有一个又长、又薄、又坚韧的身体,它们的身体被两侧的骨质鳞甲(板)和背部的棘刺保护着。

棘刺

三刺鱼
Gasterosteus aculeatus
刺鱼科
这种小型鱼广泛分布在北半球的淡水和浅海中。雄性会表演精致的求偶舞蹈。

骨质鳞甲

繁殖时雄性的腹部为红色

宽海蛾鱼
Eurypegasus draconis
海蛾鱼科
与和它们亲缘关系很近的棘鱼不同,这种生活在热带海洋里的宽海蛾鱼是扁平的,而且长着大大的翅膀般的胸鳍。

海龙和海马

海龙目(Syngnathiformes)的海马和其他相似的鱼被一个由骨板组成的身体盔甲包被着,这使得它们的身体非常坚韧。这一类群包括海生的和淡水的种类。海马的管状鼻吻末端长着一个小嘴,用于捕食微小的浮游甲壳类动物。

微小的胸鳍有助于保持方位

草海龙
Phyllopteryx taeniolatus
海龙科
这种大型的、形状奇怪的澳大利亚海龙隐藏在礁石上的海草中间,用许多叶子一样的皮肤下垂物进行伪装。

皮下垂物有助于它们在海草中进行伪装

带纹牙吻海龙
Doryrhamphus dactyliophorus
海龙科
这种栖息在珊瑚礁中、身体又长又薄的鱼是典型的海龙,悬停于珊瑚和岩石之间或躲于其下。

中华管口鱼
Aulostomus chinensis
管口鱼科
中华管口鱼常尾随着海鳝,会在珊瑚礁中抢夺海鳝赶出的小鱼。

喉盘鱼及其近亲

喉盘鱼是通常生活在海底的小型鱼类。多数喉盘鱼目(Gobiesociformes)的鱼拥有一个由腹鳍演化出来的吸盘,依靠吸盘它们可以依附在岩石上。它们的眼睛在头部较高的位置,长有一个背鳍。

背鳍

坎氏叉鼻喉盘鱼
Lepadogaster candolii
喉盘鱼科
这种小鱼生活在大西洋东北部的石滩里。虽然会遇到强烈的波浪,但它们却能紧紧依附在岩石上。

蓝鳍剃刀鱼
Solenostomus cyanopterus
剃刀鱼科
大大的腹鳍使得剃刀鱼在捕食微小的无脊椎动物时,能够漂浮和慢慢地游荡在海草之间。

长长的管状鼻吻

管海马
Hippocampus kuda
海龙科
在所有海马中,这种海马的雄性生有一个育儿袋,可以孵化雌性产在里面的卵。

条纹虾鱼
Aeoliscus strigatus
玻甲鱼科
条纹虾鱼头朝下地伪装悬停在海胆的棘刺中,这是它们习惯的游泳姿势。这种条纹虾鱼生活在印度洋和太平洋海域。

合鳃鱼及其近亲

这些热带和亚热带的淡水鱼长着形似鳗鱼的身体，没有腹鳍，其他的鱼鳍也常退化不见。合鳃目 (Synbranchiformes) 的少数几种鱼能在含盐的水 (如红树林沼泽) 中存活。

红纹刺鳅
Mastacembelus erythrotaenia
刺鳅科
这种可以食用的刺鳅生活在东南亚水浸没的低地平原和流速缓慢的河流中，以昆虫幼体和蠕虫为食。

1 m
3¼ ft

合鳃鱼
Synbranchus marmoratus
合鳃鱼科
这种几乎没有鱼鳍的鱼分布在中美洲和南美洲，可以在非常小的水体中存活，必要情况下能够呼吸空气。

1.5 m
5 ft

鲽

鲽形目 (Pleuronectiformes) 的鱼类幼年时和其他鱼类一样，身体有左侧和右侧之分。但随着年龄增长，它的身体变得扁平，常躺在海底。"下面"的眼睛也移到上面与另一只眼并排。

普通鲽
Pleuronectes platessa
鲽科
这种北大西洋有重要经济价值的鲽鱼，身体右侧向上躺在海底伪装。夜晚会浮起捕食。

1 m
3¼ ft

庸鲽
Hippoglossus hippoglossus
鲽科
大西洋庸鲽几乎是最大的鲽鱼。通常它们会身体左侧朝下地躺着，两只眼睛在朝上的右侧身体上。

2.5 m
8¼ ft

鳎
Solea solea
鳎科
鳎虽然能活到30岁，但大多数鳎活不到这么长，它们因为具有重要的经济价值而常被人类捕捞。

70 cm
28 in

瘤棘鲆
Psetta maxima
菱鲆科
瘤棘鲆能改变体色，与海底颜色匹配，这能帮它们躲避捕食者的注意。它们分布在北大西洋。

右眼移到了
鱼身上部

1 m
3¼ ft

鳞鲀、鲀及其近亲

这个海洋鱼类和淡水鱼类的类群非常多样化，其中包括巨大的翻车鲀和鲀。鲀形目 (Tetraodontiformes) 鱼类没有常规的牙齿，而有融合的齿板，或者的牙齿。它们的鳞片演化成了具有保护作用的棘刺和骨板。

50 cm
20 in

圆斑拟鳞鲀
Balistoides conspicillum
鳞鲀科
这种颜色鲜艳的鱼生活在珊瑚礁中，可以竖起背棘，挤进缝隙中。

大尾巴

25 cm
10 in

米点箱鲀
Ostracion meleagris
箱鲀科
这种岩礁鱼类分布在印度洋和太平洋海域，身体包被在一个由融合的骨片组成的僵硬的壳中，皮肤有毒，是食肉动物不考虑的食物。

雄性体侧为
蓝紫色

顶部是
鱼的左侧

15 cm
6 in

纹腹叉鼻鲀
Arothron hispidus
鲀科
这种鱼皮肤和器官内的神经毒素能轻易杀死一个成年人，这也让捕食者望而却步。

50 cm/20 in

大斑刺鲀
Diodon holocanthus
刺鲀科
这种刺鲀遍布热带海域，它可以吸水，膨胀自己的身体，变成一个带刺的球——这是威慑捕食者的一种非常有效的方法。

锯尾副革鲀
Paraluteres prionurus
单棘鲀科
锯尾副革鲀常被捕食者避开，因为它们与瓦氏尖鼻鲀很像。瓦氏尖鼻鲀的肉有毒。

石鲉
Scorpaena porcus
鲉科
鲉通过头上的皮瓣以及它们改变体色的能力，能够很好地隐藏自己，很难被捕食者发现。

37 cm
14½ in

鲉及其近亲

鲉形目 (Scorpaeniformes) 的鱼大多生活在海底，它们长着一个大大的、带有棘刺的头，头上还有一个独特的骨突穿过脸颊。大多数鲉形目背鳍上有锋利的、有时有毒的棘刺。许多鲉形目鱼都是伪装高手。

细鳞绿鳍鱼
Chelidonichthys lucerna
鲂鮄科
细鳞绿鳍鱼用每个胸鳍上的3个可活动的鳍条行走在海底，它们可以探查隐藏的无脊椎动物。

75 cm
30 in

幼年

38 cm
15 in

翱翔蓑鲉
Pterois volitans
鲉科
这种鱼生活在珊瑚礁中，它们的彩色条纹警告捕食者它们的背鳍棘刺有毒。成体不是那么白，而且身体两侧可能有白色斑点。

扁平的背部是
骨质保护壳的顶部

21 cm
8½ in

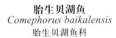

60 cm
23½ in

圆鳍鱼
Cyclopterus lumpus
圆鳍鱼科
这种体形圆胖的鱼生活在北大西洋。它们腹部有一个强大的吸盘，使其能依附在被波浪拍打的岩石上，并保卫它们的卵。

胎生贝湖鱼
Comephorus baikalensis
胎生贝湖鱼科
这种鱼身体的四分之一都是油，这可增大它们的浮力。它们是俄罗斯贝加尔湖的本地物种。

有毒的背鳍棘刺

上翘的大嘴

小嘴里长有坚硬的牙齿，能撕开海绵

25 cm
10 in

翻车鲀
Mola mola
翻车鲀科
翻车鲀是所有硬骨鱼中最重的鱼，体重可达2300千克，以水母为食。

牛首杜父鱼
Taurulus bubalis
杜父鱼科
这种鱼生活在浅的沿海水域，依据周围环境的颜色，它们的颜色也有多种变化。例如，生活在红色海草中的鱼就是红色的。

玫瑰毒鲉
Synanceia verrucosa
毒鲉科
要认出这种高度伪装的热带礁石鱼相当困难。它们有毒的棘刺对于人类可能是致命的。

40 cm
16 in

50 cm
20 in

18 cm/7 in

杜父鱼
Cottus gobio
杜父鱼科
杜父鱼生活在欧洲大部淡水溪流和河流中的石头以及植被里。雄性杜父鱼会保护卵。

4 m
13 ft

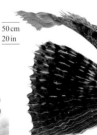

真豹鲂鮄
Dactylopterus volitans
豹鲂鮄科
这种鱼会使用它们扇子般的胸鳍在水中"飞行"。它们一旦被打扰，就会从海底"起飞"。

翱翔蓑鲉
Pterois volitans

尺寸	38厘米
生境	珊瑚和岩礁
分布	太平洋，引入到大西洋西部
食性	鱼类和甲壳类

翱翔蓑鲉，俗称狮子鱼，在夜晚捕食，通常游荡在大西洋西部的热带珊瑚和礁石附近寻找小鱼和甲壳类动物。它们会展开宽大的胸鳍——身体每侧各有一个——把猎物赶到礁石旁边，然后以"光速"吃掉猎物。有时它们会跟踪猎物到开阔的水域，偷偷地迅速向猎物冲去，就像非洲草原上的狮子捕猎一样。它们靠有毒的棘刺保护自己，常会遇到潜水鸟类，或者迎面而来的捕食者。雄性有一小群雌性配偶，会驱赶靠近的其他雄鱼。当准备产卵时，雄鱼会向雌鱼求偶炫耀，即绕着雌鱼转圈，然后双双游向海面，并将卵和精子排入水中。几天之后，卵就会孵化出浮游生活的幼鱼。幼鱼作为浮游生物漂浮大约一个月，然后定居海底。

> **振动警告**

翱翔蓑鲉鲜明的条纹图案可以警告捕食者它们是有毒的，应该离开它们。在陆地上，蜇人的胡蜂采用相似的方法避免被吃掉。

眼睛通过一个深色的条纹伪装起来，以迷惑可能的捕食者

头部的触须

< **危险的捕食者**

对于这种鱼来说，黄昏是最佳的捕食时间。大大的眼睛有助于它在昏暗的光线下看东西，它还拥有敏锐的嗅觉，以及口部周围的肉质"胡须"。

∧ **多样的条纹**

每个个体的条纹样式都不相同，繁殖期的雄性条纹减少，身体可能会变得非常黑。

< **胸鳍**

胸鳍柔软的鳍条通过一个薄膜连接在一起，成为了体长的一部分，装饰有圆形的彩色斑点。

有毒的棘刺 >

这种鱼的背鳍、臀鳍和腹鳍里有锋利的棘刺，能注射毒液，给人类带来剧烈痛感，但一般不会致命。棘刺只起防御作用。

当靠近猎物时，肉质"胡须"可以帮助这种鱼伪装它张开的大嘴

< **上翘的尾巴**

通常蓑鲉的头会稍向下，尾稍向上地悬停，准备突然袭击经过的猎物。尾巴有助于这种鱼保持方位，但不能帮它快速游动。

由一些棘组成的
背鳍

当蓑鲉伏击猎物时，
背鳍宽大的鳍条会完
全展开

尾巴

臀鳍

鲈及其近亲

鲈形目 (Perciformes) 有156科，约10000种鱼，是最大的和最多样的脊椎动物的目。乍一看，这些鱼的联系似乎很小，但它们却有着一个相似的解剖学特征。大多数种类的背鳍和臀鳍里都有棘和柔软的鳍条。腹鳍靠前，紧挨着胸鳍。

60 cm
23½ in

燕鱼
Platax teira
白鲳科
这种扁平的鱼生活在印度洋和太平洋海域的珊瑚礁上，成小群游荡，以藻类和无脊椎动物为食。

16 cm
6½ in

四点蝴蝶鱼
Chaetodon quadrimaculatus
蝴蝶鱼科
许多种类的蝴蝶鱼生活在世界各地的珊瑚礁上。这种鱼生活在西太平洋。

90 cm
35 in

蓝点赤鲷
Pagrus caeruleostictus
鲷科
这是一种典型的赤鲷，生活在大西洋东部，长着一个倾斜的头、叉状尾，以及长长的背鳍。

12 cm
4¾ in

裂带天竺鲷
Apogon compressus
天竺鲷科
这种鱼生活在西太平洋的珊瑚礁里，是一种小型的夜行性种类，长着两个背鳍和大大的眼睛。雄鱼会在口中孵化卵。

80 cm
32 in

大眼赤刀鱼
Cepola macrophthalma
赤刀鱼科
大眼赤刀鱼生活在大西洋东北部垂直的泥土洞穴中，以经过的浮游生物为食。

40 cm
16 in

纵带羊鱼
Mullus surmuletus
羊鱼科
这种鱼常见于地中海和大西洋东北部，可以用活动的胡须发觉埋起来的猎物。它们是热带羊鱼的近亲。

31 cm
12 in

蓝太阳鱼
Lepomis cyanellus
日鲈科
这种大型鱼类在北美洲地区是河湖中非常普通的鱼类之一。

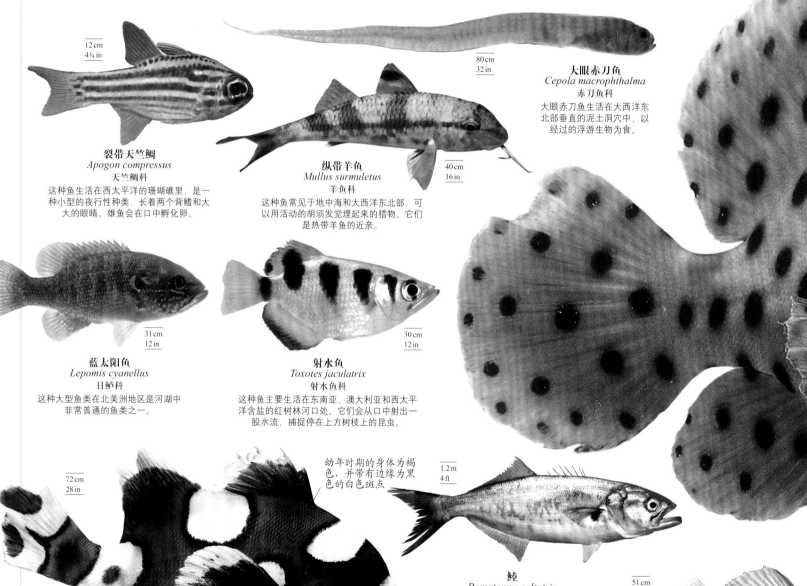

30 cm
12 in

射水鱼
Toxotes jaculatrix
射水鱼科
这种鱼主要生活在东南亚、澳大利亚和西太平洋含盐的红树林河口处。它们会从口中射出一股水流，捕捉停在上方树枝上的昆虫。

72 cm
28 in

幼年时期的身体为褐色，并带有边缘为黑色的白色斑点

1.2 m
4 ft

鲉
Pomatomus saltatrix
鲉科
这种分布广泛的、贪婪的、有进攻性的食肉鱼成群游荡在热带和亚热带海域，袭击小型鱼类。

51 cm
20 in

斑胡椒鲷
Plectorhinchus chaetodonoides
石鲈科
成年的斑胡椒鲷是奶油色的，并带有黑色斑点。幼鱼会模仿一种有毒扁虫的体色和运动方式。

10 cm
4 in

黄头后颌䲢
Opistognathus aurifrons
后颌䲢科
这种鱼生活在加勒比海域，在雌鱼产完卵之后，雄鱼会在口里孵化它们。

鲈
Perca fluviatilis
鲈科
这种淡水鱼是分布广泛的食肉动物，原产于欧洲和亚洲，现已被引入澳大利亚和其他地方，作为钓鱼运动使用的竞赛鱼类，也成为当地的有害生物。

主刺盖鱼
Pomacanthus imperator
刺盖鱼科
这种鱼生活在印度洋和太平洋海域的珊瑚
礁上，幼鱼和成鱼具有不同的形态。成鱼
会保护幼鱼，进行守卫攻击。

40 cm
16 in

明显的条
纹图案

双棘甲尻鱼
Pygoplites diacanthus
刺盖鱼科
双棘甲尻鱼和其他礁石鱼
类醒目的颜色有助于彼此
之间的识别和交流。

25 cm
10 in

单一的长背鳍

10 cm
4 in

单须叶鲈
Monocirrhus polyacanthus
叶鲈科
这种南美洲的淡水食肉鱼以其大大
的嘴和像枯叶一样漂浮的习性，可
以迅速吞下毫无戒备的猎物。

2 m
6½ ft

多锯鲈
Polyprion americanus
多锯鲈科
年轻的多锯鲈漂浮在海面的碎屑里，
过着游荡的生活，而成鱼喜欢生活在
失事的船只、洞穴以及海底岩石区。
它们分布在世界各地的海域。

25 cm
10 in

银大眼鲳
*Monodactylus
argenteus*
大眼鲳科
这种扁平的鱼生活在印度
洋和太平洋海域，是最常
见的含盐河口区的鱼类，
成小群活动。

细长的头，颈
部迅速上升

15 cm
6 in

丝鳍拟花鮨
Pseudanthias squamipinnis
鮨科
这种小型鱼类在陡峭的珊瑚礁和暗礁
附近的水域捕食浮游生物。雄鱼会保
护它的一小群雌性配偶。

70 cm
28 in

弓背石首鱼
Sciaena umbra
石首鱼科
这种鱼生活在大西洋东北部和地
中海，属于石首鱼科，用一种来
自鱼鳔的巨大声音进行交流。

70 cm
28 in

驼背鲈
Cromileptes altivelis
鮨科
这种鱼生活在印度洋和太平洋海域的珊瑚礁
里，像大多数其他种类的石斑鱼一样，会随
着成熟而改变性别，从雌性变为雄性。

2.5 m
8¼ ft

鞍带石斑鱼
Epinephelus lanceolatus
鮨科
鞍带石斑鱼是所有石斑鱼中最大的
一种，体重可达400千克，生活在印
度洋和太平洋海域的珊瑚礁里，现在
由于过度捕捞已经变得非常稀少。

高高的背鳍

高鳍石首鱼
Equetus lanceolatus
石首鱼科
这种形状特殊的鱼生活在
热带的大西洋西部深深的
珊瑚礁上。它们的形状和
颜色能提供伪装。

40 cm
16 in

四带笛鲷
Lutjanus kasmira
笛鲷科
白天这种游速很快的笛鲷
会在珊瑚礁里形成小鱼群，
晚上鱼群解散出去觅食。

1.2 m
4 ft

小眼茎方头鱼
Caulolatilus microps
弱棘鱼科
这种鱼生活在北美洲东部海岸的泥
浆和沙滩里，主要停留在水深200米
的地方，以避开非常冷的水体。

25 cm
10 in

>>

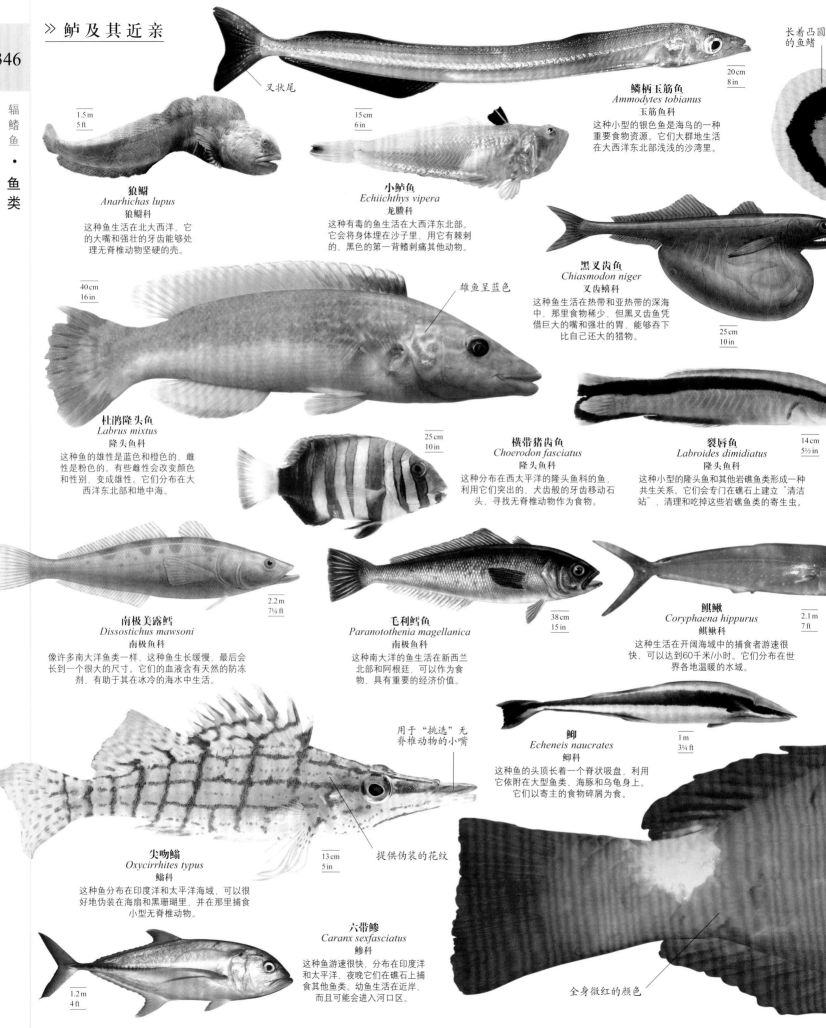

》鲈及其近亲

长着凸圆
的鱼鳍

叉状尾

20 cm
8 in

鳞柄玉筋鱼
Ammodytes tobianus
玉筋鱼科
这种小型的银色鱼是海鸟的一种
重要食物资源。它们大群地生活
在大西洋东北部浅浅的沙湾里。

1.5 m
5 ft

15 cm
6 in

狼鳚
Anarhichas lupus
狼鳚科
这种鱼生活在北大西洋，它
的大嘴和强壮的牙齿能够处
理无脊椎动物坚硬的壳。

小鲈鱼
Echiichthys vipera
龙䲢科
这种有毒的鱼生活在大西洋东北部。
它会将身体埋在沙子里，用它有棘刺
的、黑色的第一背鳍刺痛其他动物。

黑叉齿鱼
Chiasmodon niger
叉齿鱼科
这种鱼生活在热带和亚热带的深海
中，那里食物稀少，但黑叉齿鱼凭
借巨大的嘴和强壮的胃，能够吞下
比自己还大的猎物。

25 cm
10 in

40 cm
16 in

雄鱼呈蓝色

杜鹃隆头鱼
Labrus mixtus
隆头鱼科
这种鱼的雄性是蓝色和橙色的，雌
性是粉色的。有些雌性会改变颜色
和性别，变成雄性。它们分布在大
西洋东北部和地中海。

25 cm
10 in

横带猪齿鱼
Choerodon fasciatus
隆头鱼科
这种分布在西太平洋的隆头鱼科的鱼，
利用它们突出的、犬齿般的牙齿移动石
头，寻找无脊椎动物作为食物。

14 cm
5½ in

裂唇鱼
Labroides dimidiatus
隆头鱼科
这种小型的隆头鱼和其他岩礁鱼类形成一种
共生关系。它们会专门在礁石上建立"清洁
站"，清理和吃掉这些岩礁鱼类的寄生虫。

2.2 m
7¼ ft

南极美露鳕
Dissostichus mawsoni
南极鱼科
像许多南大洋鱼类一样，这种鱼生长缓慢，最后会
长到一个很大的尺寸。它们的血液含有天然的防冻
剂，有助于其在冰冷的海水中生活。

毛利鳕鱼
Paranotothenia magellanica
南极鱼科
这种南大洋的鱼生活在新西兰
北部和阿根廷，可以作为食
物，具有重要的经济价值。

38 cm
15 in

鲯鳅
Coryphaena hippurus
鲯鳅科
这种生活在开阔海域中的捕食者游速很
快，可以达到60千米/小时。它们分布在世
界各地温暖的水域。

2.1 m
7 ft

用于"挑选"无
脊椎动物的小嘴

卸
Echeneis naucrates
卸科
这种鱼的头顶长着一个脊状吸盘，利用
它依附在大型鱼类、海豚和乌龟身上。
它们以寄主的食物碎屑为食。

1 m
3¼ ft

提供伪装的花纹

尖吻鲬
Oxycirrhites typus
鲬科
这种鱼分布在印度洋和太平洋海域，可以很
好地伪装在海扇和黑珊瑚里，并在那里捕食
小型无脊椎动物。

13 cm
5 in

六带鲹
Caranx sexfasciatus
鲹科
这种鱼游速很快，分布在印度洋
和太平洋，夜晚它们在礁石上捕
食其他鱼类。幼鱼生活在近岸，
而且可能会进入河口区。

1.2 m
4 ft

全身微红的颜色

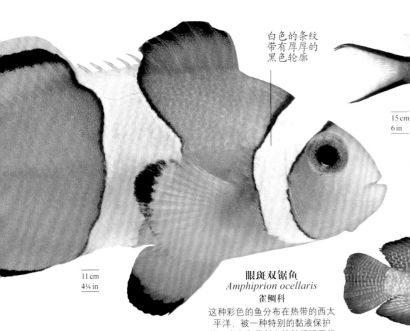

白色的条纹
带有厚厚的
黑色轮廓

15 cm
6 in

青光鳃鱼
Chromis cyanea
雀鲷科
这种鱼分布在热带的大西洋西部，是珊
瑚礁上最普通的鱼。它们会通过一个橘
色的繁殖管产卵。

23 cm
9 in

岩豆娘鱼
Abudefduf saxatilis
雀鲷科
这种带有明亮条纹的小型鱼是雀鲷科中
最普通的种类，可以很容易地在大西洋
的礁石上识别出它们。

单一的长背鳍

11 cm
4¼ in

眼斑双锯鱼
Amphiprion ocellaris
雀鲷科
这种彩色的鱼分布在热带的西太
平洋，被一种特别的黏液保护
着，在大海葵刺人的触须间寻找
安全的家。

49 cm
19½ in

大鳞口孵非鲫
Oreochromis niloticus
eduardianus
丽鱼科
这种生活在非洲湖泊里的普通亚种
是当地一种重要的食物资源。雌性
会在嘴里孵化约2000粒卵。

奇普黑丽鱼
Melanochromis chipokae
丽鱼科
这种鱼只生活在非洲马拉维湖的岩
石湖岸附近。这科的其他鱼是其他
湖泊中的地方物种。

幼年时期

13 cm
5 in

6.5 cm
2½ in

弗氏拟雀鲷
Pseudochromis fridmani
拟雀鲷科
这种红海鱼是所有珊瑚礁鱼类中颜色非常鲜艳的种类
之一，隐藏在陡峭地区的悬崖下面。

10 cm
4 in

黑带娇丽鱼
Amatitlania nigrofasciata
丽鱼科
这种棘鳍类热带淡水鱼原产于中美洲的河流
和溪流中，现已被引入世界各地，而且成
为一种竞争食物和空间的潜在有害生物。

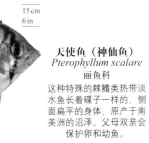

15 cm
6 in

天使鱼（神仙鱼）
Pterophyllum scalare
丽鱼科
这种特殊的棘鳍类热带淡
水鱼长着碟子一样的、侧
面扁平的身体，原产于南
美洲的沼泽。父母双亲会
保护卵和幼鱼。

细长的腹鳍

25 cm
10 in

锦鳚
Pholis gunnellus
锦鳚科
这种鱼形似鳗鱼，生活在北大西洋的岩
石湖泊中。它们没有鳞片，且非常滑，
能轻易地逃脱捕食者。

75 cm
30 in

褐竖口腾
Kathetostoma laeve
腾科
褐竖口腾生活在澳大利亚南部附近。它们会将身体
埋进沙子里，只露出眼睛和嘴巴。

72 cm
28 in

头带冰鱼
Chaenocephalus aceratus
鳄冰鱼科
这种鱼生活在南大洋，血液中
含有一种天然的防冻剂，使其
能在-20℃的温度下存活下来。

浅灰色的
马鞍形斑纹

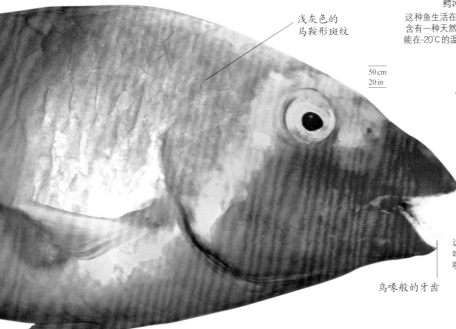

50 cm
20 in

1.3 m
4¼ ft

隆起有助于
驱散珊瑚

鹦鲷
Sparisoma cretense
鹦嘴鱼科
这种鹦嘴鱼生活在地中海，是
唯一一种雌性比雄性鲜艳的鹦
嘴鱼。大多数其他种类的鹦嘴
鱼生活在热带地区。

隆头鹦嘴鱼
Bolbometopon muricatum
鹦嘴鱼科
这种鱼生活在印度洋和太平洋海
域的珊瑚礁里，它们的一张鸟喙
形的嘴使其能够咬碎活的珊瑚，
消化后排出残骸。

鸟喙般的牙齿

>>

辐鳍鱼 · 鱼类

20 cm
8 in

斑点非洲攀鲈
Ctenopoma acutirostre
攀鲈科
这种热带淡水鱼生活在非洲刚果盆地，
经常低着头跟踪猎物。

12 cm
4¾ in

蝶鳚
Blennius ocellaris
鳚科
和许多它的近亲一样，这种分布在大西洋
东北部的鱼也生活在海底，并会保卫它们
的卵。它们常将卵产在空的贝壳里。

线塘鳢
Nemateleotris magnifica
带鳒科
这种鱼悬停在它们珊瑚礁巢穴的上方，从水
中收集浮游生物。如果感觉到危险，会立刻
返回安全地带。

9 cm
3½ in

宽阔的尾鳍

6.5 cm
2½ in

五彩搏鱼
Betta splendens
丝足鲈科
这种亚洲淡水鱼的原始分布范围尚不明确，但
因其打斗能力很强，尤其在雄鱼中更为激烈，
被人类驯养繁殖了好几个世纪。

背鳍上细长的
第一鳍条

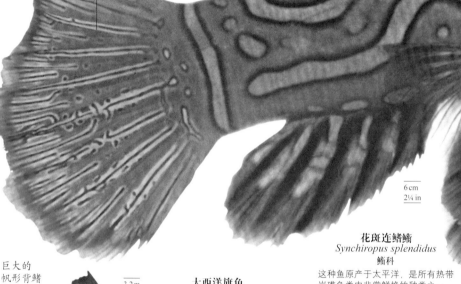

花斑连鳍鮨
Synchiropus splendidus
鮨科
这种鱼原产于太平洋，是所有热带
岩礁鱼类中非常鲜艳的种类之一。
鲜艳的色彩能够警告捕食者它们的
味道很糟糕。

6 cm
2¼ in

白胸刺尾鱼
Acanthurus leucosternon
刺尾鱼科
这种鱼分布在印度洋，尾巴基部的两侧隐藏
着一个锋利的、刀片般的结构。如果被攻
击，可以以此猛砍对手。

23 cm
9 in

巨大的
帆形背鳍

3.2 m
10 ft

大西洋旗鱼
Istiophorus albicans
旗鱼科
这种海洋里的食肉动物用它长矛般
的上腭猛砍鱼群，将它们击晕。

矛形鼻吻

鱼雷状的身体   突出的下颌

大舒
Sphyraena barracuda
舒科
这种独居的食肉鱼类分布在全球的热
带和亚热带水域。它们会跟踪猎物，
攻击时会加快速度。

2 m
6½ ft

60 cm
23½ in

4.5 m
15 ft

鲭
Scomber scombrus
鲭科
这种鱼大群地生活在北大西洋，贪婪地
以小鱼和浮游生物为食。流线形的身体
使它们游泳速度很快。

4 cm
1½ in

道氏短虾虎鱼
Brachygobius doriae
虾虎鱼科
这种虾虎鱼分布在东南亚，是一
种底栖鱼，能忍受含盐的水，生
活在河口区和红树林中。

9 cm
3½ in

小长臂虾虎鱼
Pomatoschistus minutus
虾虎鱼科
这种鱼常见于大西洋东北部的沙地海滨。繁殖期雄
鱼会在第一背鳍后方长出一个斑点。

金枪鱼
Thunnus thynnus
鲭科
这种金枪鱼全球都有分布，是世界上
非常有商业价值的鱼类之一。它们是
一种快速而有活力的食肉动物，到处
游荡，捕捉小型鱼类。

长尾巴

25 cm
10 in

位置很高的
球状眼睛

奇弹涂鱼
Periophthalmus barbarus
虾虎鱼科
只要这种弹涂鱼保持湿润，它
们就能靠皮肤吸收氧气而离开
水体生活数小时。

肉鳍鱼

肉鳍鱼类被认为是陆生脊椎动物的祖先，它们的鱼鳍很像原始的四肢，鱼鳍膜的前面有一个肉质的基部。

和辐鳍鱼一样，它们也是长着坚硬骨骼的硬骨鱼，但它们却有着不同的鱼鳍结构。鱼鳍膜通过肌肉质瓣支撑着，这个肌肉质瓣从身体突出，而且足够强壮，可以让一些鱼借助成对的胸鳍和腹鳍行走。瓣膜中的硬骨和软骨与肌肉连接。肉鳍鱼有很多化石类群，但现生的种类只有海洋中的腔棘鱼和淡水中的肺鱼。

一个活化石

腔棘鱼是夜行性的，而且很神秘。首个现代标本发现于1938年。那以前，唯一了解到的化石标本已经超过6500万年了。这个历史性的发现属于一种生活在西印度深海岩石区域里的鱼类。第二种发现于1998年的印尼水域。来源于脊索的脊柱形态是不完全的，而且尾鳍具有一个特别的额外中叶。它们的鳞片为厚重的骨板，而且它们不能长距离游泳。与卵生的肺鱼不同，腔棘鱼的卵在体内发育，产下活的幼鱼，妊娠期可能长达3年，比任何其他的脊椎动物都要长。这意味着如果被在深海作业的渔船不断地捕捞的话，它们就会凶多吉少。

离开水体进行呼吸

尽管大多数化石祖先都生活在海洋里，但现代肺鱼只生活在南美洲、非洲和澳洲的淡水中。所有种类都能通过鱼鳔进行某种程度的呼吸——这在池塘季节性干涸时非常有用。有些种类可以埋在泥浆里数月而仍然存活，但如果一直在水下的话则会死掉；而其他种类仍然主要依靠鳃进行呼吸。它们的体型较大，有些种类的幼体具有外鳃，这导致早期的动物学家认为肺鱼是两栖动物。

门	脊索动物门
纲	肉鳍亚纲
目	3
科	4
种	8

鱼类 · 肉鳍鱼

349

讨论

陆地上的鱼

人们普遍认为陆生的脊椎动物是从海洋里的鱼形祖先进化而来，但找出这个祖先是很困难的。近期的研究显示，与诸如鲨鱼等其他类群的鱼类相比，腔棘鱼和肺鱼（肉鳍鱼类）与四足动物（像哺乳动物那样有四肢的脊椎动物）有着更近的亲缘关系。现代的分类类群将肉鳍鱼类和四足动物分为相同的类群，即肉鳍亚纲。因此腔棘鱼不是四足动物直接的祖先，而是一个侧枝。2002年，在中国发现了一个肉鳍鱼化石——蝶柱鱼 (*Styloichthys*)。它似乎揭示了在肺鱼和四足动物之间有着较近的联系。

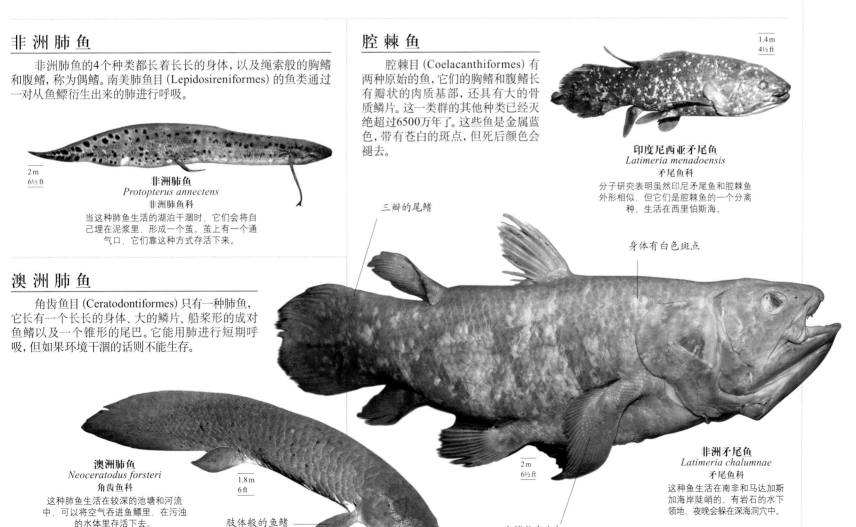

非洲肺鱼

非洲肺鱼的4个种类都长着长长的身体，以及绳索般的胸鳍和腹鳍，称为偶鳍。南美肺鱼目 (Lepidosireniformes) 的鱼类通过一对从鱼鳔衍生出来的肺进行呼吸。

2 m
6½ ft

非洲肺鱼
Protopterus annectens
非洲肺鱼科

当这种肺鱼生活的湖泊干涸时，它们会将自己埋在泥浆里，形成一个茧。茧上有一个通气口，它们靠这种方式存活下来。

澳洲肺鱼

角齿鱼目 (Ceratodontiformes) 只有一种肺鱼，它长有一个长长的身体、大的鳞片、船桨形的成对鱼鳍以及一个锥形的尾巴。它能用肺进行短期呼吸，但如果环境干涸的话则不能生存。

澳洲肺鱼
Neoceratodus forsteri
角齿鱼科

这种肺鱼生活在较深的池塘和河流中，可以将空气吞进鱼鳔里，在污浊的水体里存活下去。

1.8 m
6 ft

肢体般的鱼鳍

腔棘鱼

腔棘目 (Coelacanthiformes) 有两种原始的鱼，它们的胸鳍和腹鳍长有瓣状的肉质基部，还具有大的骨质鳞片。这一类群的其他种类已经灭绝超过6500万年了。这些鱼是金属蓝色，带有苍白的斑点，但死后颜色会褪去。

1.4 m
4½ ft

印度尼西亚矛尾鱼
Latimeria menadoensis
矛尾鱼科

分子研究表明虽然印尼矛尾鱼和腔棘鱼外形相似，但它们是腔棘鱼的一个分离种，生活在西里伯斯海。

三瓣的尾鳍

身体有白色斑点

2 m
6½ ft

非洲矛尾鱼
Latimeria chalumnae
矛尾鱼科

这种鱼生活在南非和马达加斯加海岸陡峭的、有岩石的水下领地，夜晚会躲在深海洞穴中。

鱼鳍长有肉柄

两栖动物

两栖动物是冷血的脊椎动物,在淡水环境中很繁盛。有些种类一生都生活在水中;其他种类仅仅需要在水中繁殖。在陆地上,它们必须寻找潮湿的地方栖身,因为它们的皮肤是渗透性的,不能阻止水分的流失。

门	脊索动物门
纲	两栖纲
目	3
科	54
种	约6670

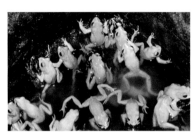

大量的雌性和雄性哥斯达黎加金蟾聚集在池塘里交配。这种动物现在已经灭绝了。

早春时节,一只雌性的北美杰氏钝口螈将一团卵产在一个水下的枝条上。

这种网纹拇指箭毒蛙的父母亲会将蝌蚪从一个小池塘携带到另一个小池塘里。

讨论

我们最大的挑战?

在不久的将来,世界上将会有三分之一的两栖动物濒临灭绝,这是一个巨大的保育挑战。灭绝的原因主要是淡水环境的破坏和污染。两栖动物还受到全球蔓延的弧菌病的威胁,这种疾病由一种真菌造成,这种真菌会入侵两栖动物柔软的皮肤。

现生的两栖动物有3个目,有一个共同的祖先,但它们的起源仍然不太清楚。第一个由鱼类进化而来的陆生动物——四足动物,生活在3.75亿年前,还有一种蛙形生物,生活在2.3亿年前,这两种动物之间的化石记录里存在着巨大的时间跨度。

两栖动物拥有一个特别且复杂的生命周期,而且在不同的生命阶段占据着非常不同的生态位。它们的卵孵化出幼体——在蛙和蟾蜍动物中叫作蝌蚪——它们生活在水中,经常形成很高的密度,以藻类和其他植物为食。作为幼体,它们生长迅速,然后经历形态完全改变的过程——变态——变成陆生的成体。所有的两栖动物成体都是食肉的,主要以昆虫和其他小型的无脊椎动物为食。除了回到池塘和溪流中繁殖以外,它们过着安静、独居的生活。因此,两栖动物在生活中需要两种非常不同的环境:水体和陆地。在变态期间,它们经历着很多结构上的和生理上的变化——从用尾巴游泳、用鳃呼吸的水生生物,到用四肢移动、用肺呼吸的陆生动物。

多样的亲代抚育模式

有些两栖动物产下大量的卵,然后母体离开任其生长,因此只有少数的卵能存活下来。其他一些种类的两栖动物已经进化出各种形式的亲代抚育模式。它们通常会产下较少的后代,因此繁殖成功是通过照顾那些容易被抚育的幼体实现的,而不是靠尽可能产下更多的卵而实现的。亲代抚育有很多形式,包括保护卵和幼体不被捕食者吃掉、用未受精的卵喂养蝌蚪,以及将蝌蚪从一个地方带到另一个地方等。有些种类,例如产婆蟾和箭毒蛙,亲代抚育是父亲的责任。有些蝾螈和蚓螈,母亲是幼体唯一的保护者。有少数几种蛙类,母亲和父亲会建立一个持久的配对关系,并共同分享照顾的责任。

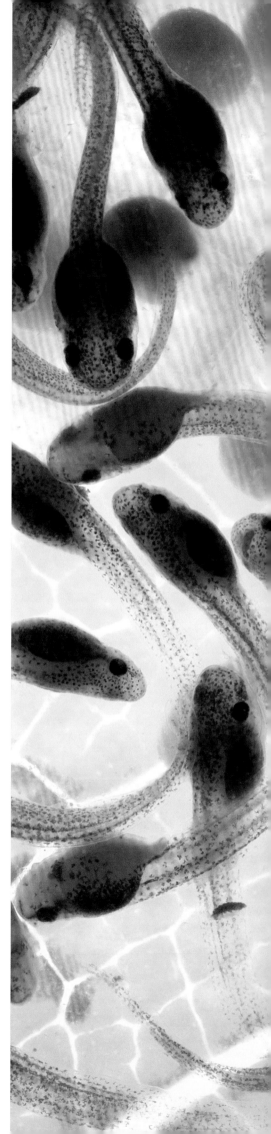

准备孵化 ▷

孵化出来之前,坦桑尼亚米氏芦蛙的蝌蚪在卵膜中蠕动着。孵化前它一直待在卵膜内。

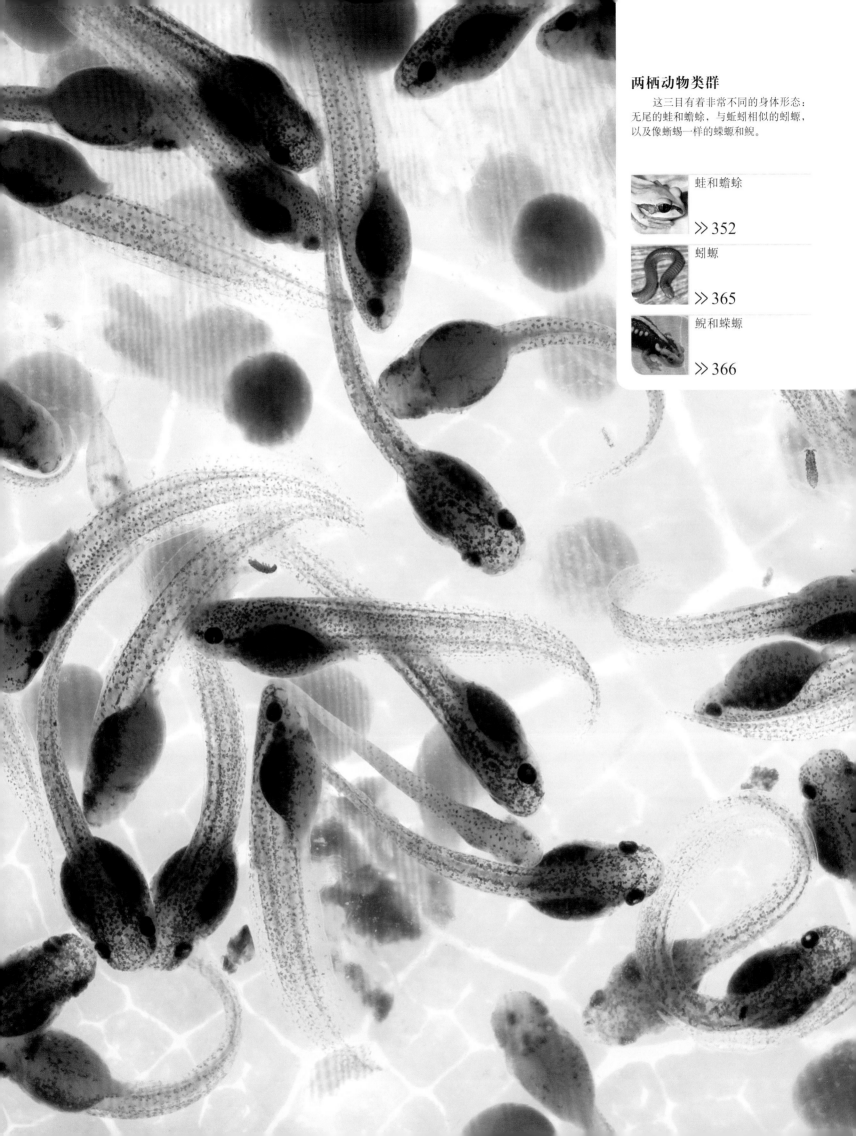

两栖动物类群

　　这三目有着非常不同的身体形态：无尾的蛙和蟾蜍，与蚯蚓相似的蚓螈，以及像蜥蜴一样的蝾螈和鲵。

蛙和蟾蜍
≫ 352

蚓螈
≫ 365

鲵和蝾螈
≫ 366

蛙 和 蟾 蜍

典型的蛙具有一个独特的、不易混淆的外形。它们长着宽大的嘴和突出的眼睛，有力的后肢折叠在身体下面。

蛙和蟾蜍这一目的名字称为无尾目（Anura），意思是"没有尾巴的动物"。成年时，所有其他种类的两栖动物都有尾巴，但无尾目动物，在从幼体变态到成体后，尾巴会逐渐消失。它们的幼体叫作蝌蚪，主要以植物为食，身体呈球形，里面包含着这种食性所需要的长长的、卷曲的内脏。相比之下，成体完全是食肉动物，以许多种类的昆虫和无脊椎动物为食，大些的种类也会捕食小型蜥蜴和哺乳动物，以及其他种类的蛙。

灵活的适应性

蛙和蟾蜍伏击猎物时，灵活的跳跃捕捉动作令人难忘。许多蛙和蟾蜍的后肢已经演化得适于跳跃，而且它们比前肢更长，肌肉发达。蛙和蟾蜍有很多天敌，跳跃也是逃避捕食者的一种有效方法。然而，并不是所有无尾目动物都能跳跃。有些种类的后肢适合其他形式的运动，包括游泳、掘穴、攀爬，还有几种动物，能在空中滑翔。多数蛙和蟾蜍生活在潮湿的环境，紧挨着它们繁殖的池塘和溪流，但有些种类适于生活在非常干旱的环境。无尾目多样性最大的地区是热带，尤其是雨林中。一些无尾目动物白天活跃，还有一些则在夜晚活跃。一些种类能够聪明地伪装自己，另一些具有鲜艳的颜色，试图告诉其他动物它们是有毒的，或者味道很糟糕。

求偶和繁殖

无尾目动物与其他两栖动物不同，它们能发出声音，而且听力很发达。大多数雄性会发出叫声吸引雌性，每种无尾目动物都有其特有的声音。除了少数几种之外，大多数无尾目动物都在体外受精，当卵从雌性的身体产出时，雄性就会将精子排到卵上。为了做到这些，雄性会从上面搂住雌性——我们称之为抱对。抱对的持续时间每种不同——可以从几分钟到几天不等。

门	脊索动物门
纲	两栖纲
目	无尾目
科	38
种	约5891

讨论

蛙或蟾蜍

蛙和蟾蜍之间的区别在生物学上是没有意义的，这两个名词（包括英语中的frog和toad）在世界上的不同地方有不同的用法。例如，在欧洲和北美洲，"蟾蜍"这一术语是指蟾蜍科的动物，但是这包括了南美洲的斑蟾（harlequin frogs）。一般而言，蟾蜍有坚韧的皮肤，游泳缓慢，经常在地里掘穴；而蛙皮肤光滑，活动敏捷，移动迅速，大部分时间都在水里。原产于非洲大部地区，皮肤光滑的水生蛙，曾被认为是爪蟾（clawed toads），但现在称为爪蛙（clawed frogs）。

产 婆 蟾

产婆蟾科（Alytidae）是一个小型的陆生蛙的类群，雄性会在夜晚鸣叫，吸引雌性。交配时，雄性会将受精卵附着在背部。它们会携带这些卵，直到它们快要孵化出来，那时它们会把蝌蚪放进水里。偶尔，雄性会携带不止一只雌性的卵。

节 蛙 及 其 近 亲

节蛙科（Arthroleptidae）是一类大型的、多样的蛙科，分布在撒哈拉以南的非洲地区——生活在森林、林地和草原，有些分布在高原上。这一科的种类，有的体型很小，但叫声短促而尖厉，以其洪亮的叫声而闻名，有些种类则体型较大，例如某种树蛙。

依附在雄性背部的卵

垂直的、裂缝般的瞳孔

3–5 cm
1¼–2 in

产婆蟾
Alytes obstetricans
产婆蟾分布在欧洲大陆的许多地方，它的身体很丰满，并长着适于挖掘的有力的前肢。白天隐藏在洞穴里。

3–4 cm
1¼–1½ in

纤心舌蛙
Cardioglossa gracilis
这种蛙在低地森林里生活，在溪流里繁殖。雄性喜在溪流附近的斜坡处鸣叫。

4–5.5 cm
1½–2¼ in

西喀麦隆小黑蛙
Leptopelis nordequatorialis
这种大型树蛙生活在西非的山地草原。繁殖时，雄性会向附近水体的雌性鸣叫，卵产在池塘或沼泽里。

非常长的第三趾

多斑节蛙
Arthroleptis poecilonotus
这种小型蛙的雌性会将大个的卵产在泥穴之中。雄性以其很大的叫声而闻名。

2–3 cm
¾–1¼ in

2.5–4 cm
1–1½ in

宜小黑蛙
Leptopelis modestus
这种动物生活在西非和中非森林附近的溪流里。雌性比雄性体型大。

蚓 蛙

蚓蛙科 (Centrolenidae) 的种类分布在拉丁美洲，因为有些种类体下的皮肤是透明的，连内部的器官都能看到，所以被称为"玻璃蛙"。

银色的眼睛带有黑色的网状物

冬青小蚓蛙
Sachatamia ilex
这种栖息在树上的蛙生活在溪流附近湿润的植被里。它的骨骼为深绿色，透过皮肤可以看到。

2.5–3.5 cm
1–1½ in

黄绿色的脚

2–3 cm
¾–1¼ in

弗氏小蚓蛙
Hyalinobatrachium fleischmanni
这种蛙的雄性有领地意识，利用叫声保卫它的领地，并吸引雌性。雌性将卵产在水面上方的叶子上。

白斑小蚓蛙
Sachatamia albomaculata
这种蛙生活在湿润的低地森林中，并在附近的溪流繁殖。雄蛙在附近低矮的植被里向雌蛙鸣叫。

2–3 cm
¾–1¼ in

2–3 cm
¾–1¼ in

前驱小蚓蛙
Espadarana prosoblepon
这种栖息在树上的蛙具有强烈的领地意识，会用叫声保护领地，倒着趴在树上的时候偶尔会与对手打斗。

角花蟾

这些南美洲的角花蟾 (Ceratophryidae) 长着非常大的头和宽阔的嘴，使它们能够吃下几乎与自己一样大的动物。它们是"守株待兔"型的捕食者，在猎物进入捕捉范围之前可以保持一动不动，并能很好地伪装自己。

眼睛上面的"角"

饰纹角蟾
Ceratophrys ornata
这种角花蟾生活在阿根廷的草原，是一种贪婪的捕食者，它们会在大雨过后形成的暂时的池塘和沟渠里繁殖。

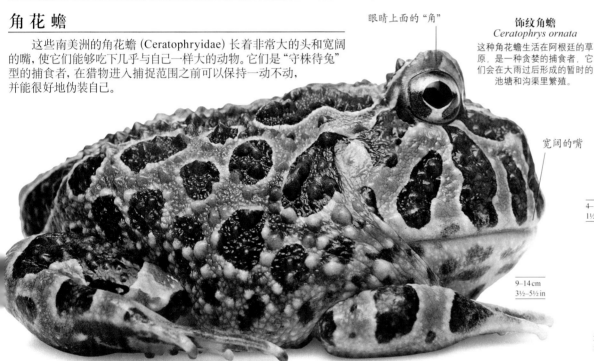

宽阔的嘴

9–14 cm
3½–5½ in

8–13 cm
3¼–5 in

南美角花蟾
Ceratophrys cranwelli
这种大型的角花蟾一生大部分时间都生活在地下，大雨之后会出来，在池塘里交配、产卵。

4–10 cm
1½–4 in

滑疣鳞蟾
Lepidobatrachus laevis
这种角花蟾长着一个扁平的身体，一张宽阔的嘴和尖牙。它会在地下的茧里度过干旱时期，在雨后出来繁殖。

盘舌蟾

盘舌蟾科 (Discoglossidae) 只分布在欧洲和非洲西北部，夜晚时会从洞穴中出来，这个洞穴是它们用头挖掘出来的。有些种类的雌蛙会对雄蛙的叫声做出反应，通过鸣叫回应。

6–7 cm
2¼–2¾ in

绣锦盘舌蟾
Discoglossus pictus
绣锦盘舌蟾的名字源于其明亮的色彩。雌蟾会与许多雄蟾交配，产下多达1000枚卵。

盗 蛙

盗蛙科 (Craugastoridae) 分布在美洲北部、中部和南部，它们产下的卵可以直接发育成为小的成蛙，没有蝌蚪阶段。卵可能会产在地面上或植被里。有些种类的双亲会照顾卵。

2.5–5.5 cm
1–2¼ in

费氏盗蛙
Craugastor fitzingeri
这种林蛙，雄性会从一个较高的栖木上向较大的雌性鸣叫。它把卵产在地里，并由雌蛙保护。

3–7 cm
1¼–2¾ in

大头盗蛙
Craugastor megacephalus
这种中美洲的蛙白天藏在洞穴里，晚上才出洞。在枯枝落叶层里产卵。

2–5 cm
¾–2 in

海岛盗蛙
Craugastor crassidigitus
这种陆栖原产于中美洲潮湿的森林中，现在也发现于咖啡种植园和牧场里。

353

两栖动物 · 蛙和蟾蜍

蟾蜍

蟾蜍科 (Bufonidae) 是一个大科, 也是种类多样的一科, 世界各地都有分布。这一科的动物有着这样的特征: 前肢很短, 后肢用于走路或跳跃, 皮肤干燥有疣, 眼后有耳后腺。然而, 这科也有比较纤细、肢体较长的南美洲彩蟾蜍。

水平的瞳孔

背上的绿斑

疣状皮肤

9–12 cm
3½–4¾ in

兰氏蟾蜍
Amietophrynus rangeri
这种敦实矮胖的蟾蜍在非洲南部很常见, 在水坝和池塘里繁殖。雄性会发出令人焦躁的、鸭子一样的叫声吸引雌性。

5–11.5 cm
2–4½ in

5–10 cm
2–4 in

霍氏浆蟾
Pedostibes hosii
这种蟾蜍分布在东亚, 它很特别, 主要在树上生活。它的脚趾上有黏黏的脚垫, 使其能在树上攀爬。

绿蟾蜍
Pseudepidalea viridis
这种彩色的蟾蜍分布在欧洲和西亚, 是当地沙地里的物种。春天, 它们从洞穴出来, 在池塘里繁殖。

5–10 cm
2–4 in

黄条背蟾蜍
Epidalea calamita
和其他蟾蜍相比, 这种蟾蜍长着短腿, 跑起来像只老鼠。它们分布在欧洲, 从春至夏都可繁殖。

扁手蛙

扁手蛙科 (Ceratobatrachidae) 的种类分布在东南亚、中国和一些太平洋岛屿上面, 能产下大个的卵, 直接孵化出小蛙。有些种类, 手指和脚趾的尖端是膨大的。

斐济地栖扁手蛙
Platymantis vitianus
在引入獴和其他食肉类动物以后, 这种蛙在斐济一些岛上的种群已经消失了。

2.5–11 cm
1–4¼ in

眼睛上方的角状突起

扁平的,
管状头

5–8 cm
2–3¼ in

顾氏角蛙
Ceratobatrachus guentheri
这种蛙长着尖尖的鼻吻以及眼睛上方的角状突起。隐藏在枯死的叶子下面。

铃蟾

铃蟾科 (Bombinatoridae) 是小型的水生蟾蜍, 生活在欧洲和亚洲。它们的身体扁平, 一些种类具有明亮的颜色。铃蟾白天活跃, 但是来自菲律宾和婆罗洲的巴蟾却是夜行性动物。

突出的眼睛

鲜红色的下身

翠绿色的身体

3–5 cm
1¼–2 in

东方铃蟾
Bombina orientalis
这种小型的铃蟾分布在中国和朝鲜半岛, 能产生有毒的皮肤分泌物。如果受到袭击, 它会展示其鲜艳的腹部颜色。

短头蛙

短头蛙科 (Brevicipitidae) 分布在非洲的东部和南部, 在交配期间, 小一些的雄蛙会利用一种特殊的皮肤分泌物黏在雌蛙的背部。

3–5 cm
1¼–2 in

大足短头蛙
Breviceps macrops
这种穴居生活的蛙会远离死水生活, 它在纳米比亚的沙丘里生活和繁殖, 偶尔会被海雾弄湿身体。

5–9 cm
2–3½ in

美洲蟾蜍
Anaxyrus americanus
这种蟾蜍生活在北美洲东部，体色有很多变化。在池塘里繁殖，雄蛙会发出很长的颤抖叫声。

大的腮腺

管状的、有疣的腿

腥斑蟾蜍
Rhaebo haematiticus
这种头部宽阔的蟾蜍生活在拉丁美洲森林里的枯枝落叶层间，它会将卵成串地产在有石头的湖泊中。

4–8 cm
1½–3¼ in

多色斑蟾
Atelopus varius
这种有攻击性的蟾蜍生活在巴拿马和哥斯达黎加，体色鲜艳且多变。生活在溪流附近，白天活跃。

2.5–6 cm
1–2¼ in

5–10 cm
2–4 in

巴氏斑蟾
Atelopus barbotini
这种来自圭亚那的小型蟾蜍长着扁平的身体。全年都在森林溪流里繁殖。

2.5–4 cm
1–1½ in

泽氏斑蟾
Atelopus zeteki
这种颜色鲜艳的斑蟾来自巴拿马，它会在大雨过后的池塘里繁殖。现在在野外可能已经灭绝了。

8–20 cm
3¼–8 in

大蟾蜍
Bufo bufo
这种蟾蜍分布在欧洲和北美洲，春季繁殖时，雄性数量比个体较大的雌性数量多得多，可以达到3:1的程度。

松林蟾蜍
Incilius coniferus
这种夜行性蟾蜍原产于拉丁美洲，常可以发现它们攀爬于植被之间。

5.5–9.5 cm
2¼–3¾ in

分泌毒素的腮腺

黄褐色的疣状皮肤

10–24 cm
4–9½ in

蔗蟾
Rhinella marina
这种美洲蟾蜍，俗称海蟾蜍，是世界上最大的蟾蜍之一，被引入澳大利亚，现在已严重威胁到本地的野生动物。

胯腺蟾

胯腺蟾科 (Cyclormphidae) 分布在南美洲，包括尖吻达蛙和许多种类的蛙，这些蛙的体色和角状的突起，使其外表能够伪装成枯叶。

肉质鼻吻

的背

具有水平瞳孔的眼睛

2–3 cm
¾–1¼ in

尖吻达蛙
Rhinoderma darwinii
这种蛙分布在智利和阿根廷，具有一种独特的亲代抚育方式——从卵到幼蛙这一段时间它们都在父亲的声囊里发育。

卵齿蟾

这一类群的蟾，属于卵齿蟾科 (Eleutherodactylidae) 分布在加勒比、美国南部和南美洲北部地区，它们的卵直接发育成幼蛙。有些种类相当小，退化了许多足趾，这类蟾产非常少量的卵——有时只产一枚卵。

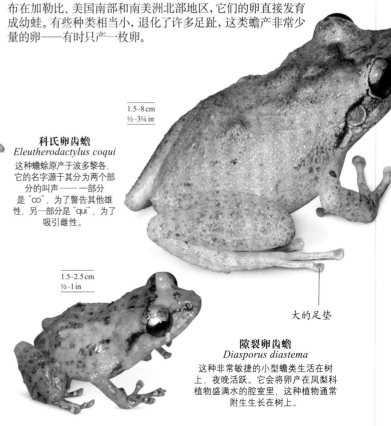

1.5–8 cm
½–3¼ in

科氏卵齿蟾
Eleutherodactylus coqui
这种蟾蜍原产于波多黎各，它的名字源于其分为两个部分的叫声——一部分是"co"，为了警告其他雄性，另一部分是"qui"，为了吸引雌性。

1.5–2.5 cm
½–1 in

大的足垫

隙裂卵齿蟾
Diasporus diastema
这种非常敏捷的小型蟾类生活在树上，夜晚活跃。它会将卵产在凤梨科植物盛满水的腔室里，这种植物通常附生生长在树上。

蔗蟾
Rhinella marina

蔗蟾是世界上最大的蟾蜍之一，它是一种强壮的生物，有着巨大的胃口。它又被称为海蟾蜍，主要栖息在干燥的环境、矮树丛以及热带稀树草原。通常生活在人类的聚居区附近，经常能看到它们在路灯下面，等待掉下的昆虫。蔗蟾雌性比雄性大，最大的雌性一窝可以产下20000多枚卵。雄性用一种缓慢的、低声调的颤音吸引雌性。它们的敌人很少，因为对于可能的捕食者来说，这些蟾蜍在生命周期的任何一个阶段都是难吃或有毒的。在澳大利亚，它们已经成为一种主要的入侵物种，因为它们对于本地动物和家养动物是有害的，还会伤害人类，而且还如此高产，因此已经失去控制。

尺寸	10～24厘米
生境	没有森林的生境
分布	中美洲和南美洲；已被引入澳大利亚和其他地方
食物	陆生的无脊椎动物

腮腺

成年的体色为黄色、橄榄色，或红棕色

在繁殖期，雄性皮肤上的疣状物会变成深色的、锋利的棘

黑夜猎手 ›

蔗蟾由于受到有毒皮肤的保护，所以不怕捕食者，夜晚时它们会从白天隐藏的地方出来，跳跃着寻找猎物。

深色的腹部斑纹

短腿拥有用于跳跃的强大肌肉

∧ 苍白的腹部

蔗蟾的腹部和喉部相对光滑，而且主要为白色。蟾蜍的皮肤有渗透性，白天必须躲起来保持水分。

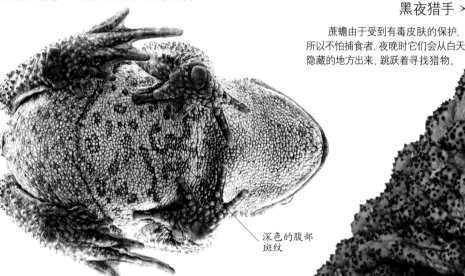

讨论

控制害虫

蔗蟾的名字来自澳大利亚，1953年时，它们被引入昆士兰州控制甘蔗农场里的害虫。后来，蔗蟾在澳大利亚繁盛起来，贪婪地捕食当地的动物，建立起比在它们原来的生境还要密集的种群。由于它们仍然以惊人的速度扩散，它们现在已经遍布澳大利亚的东部和北部，而且很可能迁移到更远的地方。科学家们正在研究方法，控制它们的数量，防止它们扩张领地。

鼻孔

宽大的嘴用于捕捉
大小合适的猎物

当发出响亮的、震颤般
的交配叫声时，雄性的
喉部会膨大

∨ 彩虹色的虹膜

和大多数蟾蜍一样，蔗蟾也有突出的大眼睛。
它们的视力很好，能够发现小型移动的物体，能够
精准地捕捉它们的猎物。

腺体 >

庞大的腮腺——位于头的两侧——
能够分泌一种很强的毒素，这种毒素对于
某些捕食者来说味道很糟糕，对于大多
数捕食者来说是致命的。

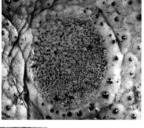

耳 >

蟾蜍依靠听觉判断潜
在的敌人。夜晚，听觉对
于雌性尤其重要，它可以
靠叫声定位雄性。

∧ 鼻孔

与其他种类的蟾蜍相比，
蔗蟾更多地依赖嗅觉寻找食
物，而且比起用皮肤呼吸，它
更多是用肺进行呼吸。

< 后足

后足上长长的脚趾，每个都
有一个角质顶端，当蟾蜍跳跃着
离开时，能够提供一个牢固的抓
地力。

突出的疣

前足 ∧

在繁殖季节，雄性的前三
指上会长出深色的、角质婚垫。
这些婚垫能使它们在交配期间
牢牢地抓住雌性。

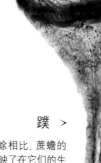

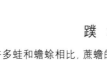

蹼 >

与其他种类的许多蛙和蟾蜍相比，蔗蟾的
脚趾间具有并不发达的蹼。这反映了在它们的生
命里，只有相对很少的时间会在水中。

皮蹼

香毒蛙

香毒蛙科 (Aromobatidae) 是一个小的科，分布在拉丁美洲，与箭毒蛙有很近的亲缘关系，但它们不会产生有毒的皮肤分泌物。大多数具有保护色。

深棕色的背部
有白色条纹

2.5–3.5 cm
1–1½ in

宽股异箭毒蛙
Allobates femoralis
这种蛙生活在南美洲。雄蛙会保护雌蛙产在树叶巢穴里的卵。之后，它会将蝌蚪放在背上，携带它们到达水体。

囊蛙

扩角蛙科 (Hemiphractidae) 生活在中南美洲，它们会将卵携带在背上，这些卵会直接孵化成幼蛙。有些也会把卵放在一个袋子里，因此得到"囊蛙"这个名字。

6.5–8 cm
2½–3¼ in

突角囊蛙
Gastrotheca cornuta
这种蛙分布在拉丁美洲，生活在树林冠层，雌蛙会产下较大颗的卵，这些卵会在它背部的育儿袋里生长发育。

4.5–6.5 cm
1¾–2½ in

哭吻扩角蛙
Hemiphractus proboscideus
这种蛙生活在哥伦比亚、厄瓜多尔和秘鲁。雌蛙会将卵携带在背上，但它没有育儿袋。

丛蛙和箭毒蛙

丛蛙科 (Dendrobatidae) 的蛙称为毒蛙或箭毒蛙，因其鲜艳的体色而变得很有名。这会警告捕食者这些蛙的皮肤含有强烈的毒素，这些毒素来自它们的食物——昆虫。它们生活在拉丁美洲的森林里，白天较为活跃。

2 cm
¾ in

细长的腿

网纹箭毒蛙
Ranitomeya imitator
这种蛙生活在秘鲁，它的体色多变，外表与至少3种其他种类的蛙相似。

2–2.5 cm
¾–1 in

画眉箭毒蛙
Phyllobates lugubris
这种有毒的蛙生活在尼加拉瓜到巴拿马的低地森林里的枯枝落叶层中。雄蛙会照顾卵和蝌蚪。

3–4.5 cm
1¼–1¾ in

金色箭毒蛙
Phyllobates terribilis
这种陆蛙可能是所有箭毒蛙中毒性最强的一种，生活在哥伦比亚的低地森林中。

1–2 cm
⅜–¾ in

3.5–4.5 cm
1½–1¾ in

雨林箭毒蛙
Silverstoneia flotator
这种蛙生活在哥斯达黎加和巴拿马。它的蝌蚪长着一个向上倾斜的嘴，有助于它们在水面捕食。

三线箭毒蛙
Ameerega trivittata
这种南美洲的蛙会在白天鸣叫，尤其是雨后。它会将卵产在枯枝落叶层里，在人类聚居区附近很常见。

非洲树蛙

非洲树蛙科 (Hyperoliidae) 的动物又被称为非洲雨蛙，包括很多敏捷的攀爬能手，它们聚集在树上、灌丛里，或者水体附近的芦苇中，寻找伴侣并产卵。有些种类具有鲜艳的颜色，两性之间有所不同。

阿非蛙
Afrixalus paradorsalis
这种蛙生活在西非，它会将卵产在水面上方折叠的叶子里。雄蛙会用一种类似滴答的叫声吸引雌蛙。

2.5–3.5 cm
1–1½ in

突出的眼睛

腿上的红色斑块

5.5–6.5 cm
2¼–2½ in

花斑肛褶蛙
Kassina maculata
这是一种来自东非的水生蛙类，它的脚趾上具有吸盘。它把卵产在沉水植物的上面，孵化出大个的蝌蚪。

绿色丛蛙
Dendrobates auratus
绿色丛蛙的雄蛙会为了保护领地而互相打斗，还会保护卵，当卵孵化后，它会将蝌蚪携带至树洞里的小水池中。

2.5–6 cm
1–2¼ in

3–4 cm
1¼–1½ in

鲜艳的蓝色皮肤

3–4.5 cm
1¼–1¾ in

长长的前肢

黄条丛蛙
Dendrobates leucomelas
这种蛙生活在南美洲北部潮湿的森林中，皮肤中的毒素来自它捕食的蚂蚁。

花丛蛙
Dendrobates tinctorius
这种南美洲的蛙体色相当多变。两性都会保护卵，而且在保卫领地时非常有攻击性。

鲜红色的身体

圆圆的鼻吻

有黏着垫的脚趾

纵纹亮彩箭毒蛙
Adelphobates galactonotus
这种蛙生活在巴西丛林里的枯枝落叶层中，它会将卵产在地上，然后会把蝌蚪携带至水里。

1.5–2 cm
½–¾ in

污背箭毒蛙
Adelphobates quinquevittatus
这种小型蛙生活在巴西和秘鲁，它会将蝌蚪携带至充满水的洞里，雌蛙会用未受精的卵喂养它们。

疣丛蛙（草莓箭毒蛙）
Oophaga pumilio
这种蛙生活在哥斯达黎加和巴拿马。雌蛙会照顾幼体，并用未受精的卵喂养它们。

2–2.5 cm
¾–1 in

3–4 cm
1¼–1½ in

2 cm
¾ in

2–2.5 cm
¾–1 in

火红丛蛙
Oophaga granulifera
这种蛙的雌性会照顾幼体，它会将蝌蚪携带至充满水的树洞里，并用未受精的卵喂养它们。

巴西箭毒蛙
Adelphobates castaneoticus
这种蛙生活在巴西。雌蛙会把蝌蚪单独放进充满水的小树洞里。蝌蚪很贪吃。

舌疣非洲树蛙
Hyperolius tuberilinguis
这种敏捷的蛙以其巨大的叫声而闻名。在交配季节，数千只雄蛙会聚集在池塘周围，发出震耳欲聋的叫声。

3–4.5 cm
1¼–1¾ in

脚趾上的大吸盘

2–3.5 cm
¾–1½ in

大眼睛

布利法山非洲树蛙
Hyperolius bolifambae
这种小型蛙生活在西非的矮灌丛里，在水池里繁殖。雄性会发出高声调的嗡嗡叫声。

汀蟾

汀蟾科（Limnodynastidae）分布在澳大利亚和新几内亚，包含许多种类的陆生和穴居的蛙。有两种最近灭绝的种类，它们是在胃里孵化卵的。

3–6 cm
1¼–2¼ in

棕条汀蟾
Limnodynastes peronii
这种蛙生活在澳大利亚，用把自己埋在土里的方式度过干燥的时期，大雨过后出来繁殖，并将卵产在漂浮的泡沫巢穴中。

359

两栖动物 · 蛙和蟾蜍

雨 蛙

雨蛙科（Hylidae）是全球分布的大科。在美洲，雨蛙也是最具代表性的类群。这类蛙具有细长的肢体，手指和脚趾上有吸盘。多为树栖、夜行性。有些会聚集在一起繁殖，发出嘈杂的叫声。

棕色的上身带有黑色斑块

2–3 cm
¾–1¼ in

5–9 cm
2–3½ in

华丽树雨蛙
Cruziohyla calcarifer

这种蛙分布在中美洲和南美洲北部，在高高的树上生活。它可以把扩张的蹼足作为降落伞，从一棵树滑行至另一棵树。

2.5–4 cm
1–1½ in

红眼溪雨蛙
Duellmanohyla rufioculis

这种蛙生活在哥斯达黎加的森林里，在流速很快的溪流中繁殖。蝌蚪具有特化的嘴，依靠这样的嘴将它们依附在岩石上。

十字拟蝗蛙
Pseudacris crucifer

十字拟蝗蛙生活在美国东部和加拿大潮湿的林地中，它特别的高音调叫声常暗示着春天的到来。

奇异多指节蟾
Pseudis paradoxa

这种水生蟾蜍之所以叫这个名字，是因为它的蝌蚪是成体的4倍长。分布在南美洲和特立尼达岛。

5–7 cm
2–2¾ in

7–9 cm
2¾–3½ in

脂雨蛙
Trachycephalus resinifictrix

这种蛙生活在南美雨林高高的林冠层，它会将卵产在充满水的树洞里，在这里蝌蚪会发育成幼蛙。

罗氏雨蛙
Hypsiboas rosenbergi

这种蛙来自拉丁美洲，雄蛙会在潮湿的地面挖掘池塘，把卵产在那里。它们会为了保护卵而与对手打架，这种战争可能是致命的。

5.5–7.5 cm
2¼–3 in

4–5 cm
1½–2 in

粒叶泡蛙
Phyllomedusa hypochondrialis

这种能够攀爬的蛙是南美洲北部干旱生境中的本地物种，通过将一种蜡质分泌物涂抹在皮肤上来减少水分流失。

脚趾上的吸盘

5.5–11 cm
2¼–4¼ in

疣雨蛙
Ecnomiohyla miliaria

这种大型雨蛙来自中美洲，它的四肢有蛙蹼，能够使其从一棵树滑行到另一棵树上。

3.5–5.5 cm
1½–2¼ in

布氏雨蛙
Scinax boulengeri

这种蛙生活在中美洲和哥伦比亚，在雨后暂时形成的水池里繁殖。雄蛙会连续好几夜地回到鸣唱地吸引雌蛙。

2.5–10 cm
1–4 in

古巴骨雨蛙
Osteopilus septentrionalis

这种雨蛙原产于古巴、开曼群岛和巴哈马群岛，现已被引入佛罗里达，在那里捕食当地的蛙，造成当地蛙的种群数量下降。

3–5 cm
1¼–2 in

欧洲雨蛙
Hyla arborea

这种欧洲雨蛙的雄蛙会在春季聚集，大声鸣叫吸引雌蛙，结对后会到邻近的水池产卵。

突出的红色大眼睛

4–7 cm
1½–2¾ in

白色的下身

3–5 cm
1¼–2 in

丽红眼蛙
Agalychnis callidryas

这种雨蛙是出色的攀爬能手，它们悬垂在水面上方的树上交配，然后将卵产在树叶上，孵化后，蝌蚪会掉进水里。

狐猴红眼树蛙
Agalychnis lemur

这种中美洲的树蛙是夜行性的，白天在叶子下面休眠。它会将卵产在水面上方的树叶上。

7–10 cm
2¾–4 in

壮骨首树蛙
Osteocephalus taurinus

这种树栖蛙生活在南美洲的森林中。它会在雨后交配，然后将卵产在池塘的水面上。

小头雨蛙
Dendropsophus microcephalus
这种蛙分布在拉丁美洲和特立尼拉岛，在水池里繁殖。白天为淡黄色，夜晚为红棕色。

2–3 cm
¾–1¼ in

滑跖蟾

滑跖蟾科 (Leiopelmatidae) 由4种动物组成，都分布在新西兰。它们有独特的外脊柱，与大多数蛙类不同，它们游泳时会交替蹬腿。夜行性，生活在潮湿的森林中。

细趾蟾

细趾蟾科 (Leiuperidae) 由生活在拉丁美洲的一小群蛙组成。这些蛙整晚活动，主要生活在陆地。这一科最有名的种类是水泡窄口蛙。

水平的瞳孔

2.5–3.5 cm
1–1½ in

疣状皮肤

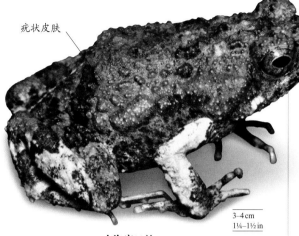

5–10 cm
2–4 in

绿雨滨蛙
Litoria caerulea
这种敏捷的攀爬能手分布在澳大利亚东北部和新几内亚，常可以在人类聚居地附近发现它们。

阿氏滑跖蟾
Leiopelma archeyi
这种陆生蟾蜍仅生活在新西兰的北岛，将卵产在原木下。由于生境损失和疾病，已经极度濒危。

3–4 cm
1¼–1½ in

水泡窄口蛙
Engystomops pustulosus
这种蛙生活在中美洲，交配期间，雌蛙会产生一种分泌物，然后雄蛙将其打进漂浮的泡沫巢穴，雌蛙在里面产卵。

曼蛙

曼蛙科 (Mantellidae) 分布在马达加斯加岛和马约特岛，白天活动。有些种类具有鲜艳的颜色，以警告捕食者它们的皮肤有剧毒。由于栖息地丧失和国际宠物贸易的影响，大多数种类已经面临威胁。

棘无囊蛙
Anotheca spinosa
这种大型蛙类原产于墨西哥和中美洲，生活在凤梨科植物和芭蕉科植物之上，并将卵产在这些植物充满水的腔室里。

6–8 cm
2¼–3¼ in

4–8 cm
1½–3¼ in

暗色凿蛙
Smilisca phaeota
这种蛙生活在拉丁美洲潮湿的森林中，只在夜晚活动，在小池塘里产卵。

4.5–8 cm
1¾–3¼ in

白唇牛眼蛙
Boophis albilabris
这种大型树栖蛙只分布在马达加斯加，在溪流里繁殖，并在附近生活。后足有完全的脚蹼。

5–6 cm
2–2¼ in

优美马岛蛙
Spinomantis elegans
这种蛙栖居在高海拔的露头岩石处，甚至可以在林木线处发现它们。它们常在小河里繁殖。

2–2.5 cm
¾–1 in

坚韧的、潮湿的皮肤

骨质突起

5–7.5 cm
2–3 in

鸭嘴三膇齿蛙
Triprion petasatus
这种蛙生活在墨西哥和中美洲的低地森林中，它会退到树洞里，用头上的骨质突起封住洞口。

2–3 cm
¾–1¼ in

金色曼蛙
Mantella aurantiaca
这种小型蛙来自马达加斯加的雨林，鲜艳的颜色可以警告潜在捕食者，它的皮肤能够分泌一种剧毒。

马岛曼蛙
Mantella madagascariensis
这种蛙分布在马达加斯加，在森林中的溪流里繁殖。由于栖息地的丧失，它们的生存已面临威胁。雄性的叫声由短的啾啾声组成。

狭口蛙

姫蛙科 (Microhylidae) 分布在美洲、亚洲、大洋洲和非洲，是一个数量庞大、物种多样的科。姫蛙科的多数种类在陆地生活，也有些在洞穴里生活。大多数具有短粗的后肢、短的鼻吻，以及胖胖的、泪珠形的身体。

花狭口蛙
Kaloula pulchra
5–7.5 cm
2–3 in

这种蛙广泛分布在亚洲，已经很好地适应了人类聚居区。它会用一种有毒的、黏性皮肤分泌物保护自己。

安东暴蛙
Dyscophus antongilii
8–12 cm
3¼–4¾ in

这种蛙原产于马达加斯加，白天会将身体埋进沙土里，夜晚出来觅食。黏性的皮肤分泌物能够阻止捕食者的捕食。

细狭口蛙
Kalophrynus pleurostigma
3–6 cm
1¼–2¼ in

这种蛙来自菲律宾，靠一种黏性分泌物保护自己。在雨后的小水塘里繁殖。

卡罗小口蛙
Gastrophryne carolinensis
2–3.5 cm
¾–1½ in

这种掘穴的蛙分布在美国东南部，在所有大小的水体中都可繁殖。雄性的叫声听起来像是一只咩咩叫的小羊。

巨假跖蛙
Stumpffia grandis
2–2.5 cm
¾–1 in

这种小型陆蛙生活在马达加斯加高海拔森林里的枯枝落叶层中。

负子蟾

这些水生蛙类能很好地适应水中的生活：它们拥有扁平的身体、全蹼的后脚，眼睛向上突起，这让它能够看到水平面以上的空间。负子蟾科 (Pipidae) 没有舌头。它们捕食范围很广，而且还能清理死掉的动物。

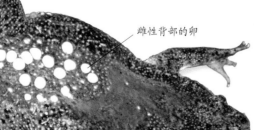

雌性背部的卵

肌肉发达的后腿

角蟾

这是一个分布在亚洲的小科，称为角蟾科 (Megophryidae) 它的体型和体色使其能在树叶里进行伪装。它们行走而非跳跃，大多数在地面生活。

眼睑上方角状的突起

有黑色斑纹的隐蔽色皮肤

山角蟾
Megophrys nasuta
7–14 cm
2¾–5½ in

等待猎物时，这种蟾蜍的"角"和体色能够使其隐藏在死掉的树叶之中。

合跗蟾

合跗蟾科 (Pelodytidae) 只分布在欧洲的高加索地区，仅包含3个物种。斑点合跗蟾的名字源于其皮肤上绿色的斑纹，它在雨后繁殖，将卵产成宽大的条状。

斑点合跗蟾
Pelodytes punctatus
3–5 cm
1¼–2 in

当攀爬于光滑、垂直的表面时，这种欧洲蟾蜍会将位于体下的皮肤作为吸盘。繁殖期间雌雄两性都会鸣叫。

用于撕扯食物的爪子

3–5 cm
1¼–2 in

弗氏爪蟾
Xenopus fraseri

这种完全水生的蟾蜍分布在西非和中非，在受人类活动影响的栖息地蓬勃繁衍，有时也被人类捕捉作为食物。

小负子蟾
Pipa parva
2.5–4.5 cm
1–1¾ in

这种完全水生的蟾蜍分布在委内瑞拉和哥伦比亚，卵在雌性背上发育。

锄足蟾

锄足蟾科 (Pelobatidae) 是一个分布在欧亚大陆和北非的小科，特点是它们的后脚上有骨质突起。它们用这种突起在地里掘穴，并在那里等待雨水。

棕色锄足蟾
Pelobates fuscus
4–8 cm
1½–3¼ in

这种蟾蜍分布在欧洲和亚洲，体色多变。它有一个浑圆的身体，被袭击时会膨大起来。

叉舌蛙

叉舌蛙科 (Dicroglossidae) 物种多样，分布在非洲、亚洲和一些太平洋岛屿上。大多在靠近水体的地面生活。有些种类将卵产在水里，蝌蚪自由生活。

虎纹蛙
Hoplobatrachus tigerinus
这种贪吃的大型蛙来自亚洲南部，在雨季繁殖。雄性的叫声特别大。

6.5–17 cm
2½–6½ in

1.5–2 cm
½–¾ in

圆舌浮蛙
Occidozyga martensii
这种小型蛙分布在中国和东南亚，生活在林中小溪和河流附近的水塘。

克氏泽蛙
Fejervarya kirtisinghei
这种蛙分布在斯里兰卡，生活在溪流附近的枯枝落叶层里，常见于种植园和花园里。

2.5–4.5 cm
1–1¾ in

4–6.5 cm
1½–2½ in

蓝点蛙
Euphlyctis cyanophlyctis
这种水生蛙广泛分布于南亚，因其能在水面轻快地跑而著名。

真 蛙

这一科是真正的"蛙"，即蛙科 (Ranidae)，它们分布在世界上的大多数地方。多数蛙科动物拥有强大的后肢，使它们能在陆地上灵活地跳跃，在水里有力地游泳。它们通常在早春繁殖，许多蛙会将卵产在一起。

用于游泳的强大后肢

8–12 cm
3¼–4¾ in

食用蛙
Pelophylax esculenta
这种蛙是由广泛分布于欧洲的莱桑池蛙和其他本地蛙杂交而得。生活在靠近水体的地方。

有蹼的长脚趾

巨蛙
Conraua goliath
这种蛙来自西非，是世界上最大的蛙科动物，水生生活，强有力的腿和有蹼的脚使其成为一个游泳高手。

10–40 cm
4–16 in

美洲林蛙
Lithobates sylvaticus
这种蛙是唯一一种生活在北极圈北部的美洲蛙，早春时节，在没有鱼类的临时水塘里繁殖。

3.5–8 cm
1½–3¼ in

绿棕色的皮肤上有黑色斑点

白色的声囊

泽鱼蛙
Lithobates palustris
这种蛙分布在北美洲的许多地区，春季繁殖，雌性产下的卵呈块状，里面包含2000~3000枚卵。

6–7 cm
2¼–2¾ in

5–10 cm
2–4 in

雄性粗大的前肢

欧洲林蛙
Rana temporaria
这种蛙又被称为草蛙，主要生活在陆地，春季时会迁移到水池里繁殖，产下的卵呈块状。

9–20 cm
3½–8 in

牛蛙
Lithobates catesbeianus
这种贪吃的蛙，它的蝌蚪要发育4年，才能达到很大的尺寸。它是北美洲最大的蛙类。

蟾蛙

蟾蛙科 (Phrynobatrachidae) 是一个小型的、陆生或半水生的蛙科，仅分布在撒哈拉以南的非洲。多数全年繁殖，将卵产在水中，卵经过5个月达到成熟。

疣状皮肤

1.5–2 cm
½–¾ in

耳蟾蛙
Phrynobatrachus auritus
这种蛙之所以叫这个名字，是因为它会在非常小的水池里繁殖。它在中非的雨林里，陆生生活。

皱蛙

皱蛙科 (Ptychadenidae) 分布在非洲，包括马达加斯加和塞舌尔的开阔地，包含许多种颜色鲜艳的种类。流线型的身体和强壮的后腿使它们拥有惊人的跳跃能力。

4.5–7 cm
1¾–2¾ in

马斯卡皱蛙
Ptychadena mascareniensis
这种蛙常见于农田之中，长着长腿和尖尖的鼻吻。在水坑、车辙和沟渠里繁殖。

非洲和亚洲的树蛙

树蛙科 (Rhacophoridae) 分布在非洲和亚洲的许多地区，多为树栖蛙。这一科也包含飞蛙，飞蛙能从一棵树滑翔到另一棵树。有些会将卵产在泡沫巢穴里，卵和蝌蚪会受到保护，防止捕食者的捕食。

4–6 cm
1½–2¼ in

有光泽的绿色

9–10 cm
3½–4 in

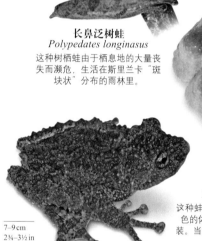

长鼻泛树蛙
Polypedates longinasus
这种树栖蛙由于栖息地的大量丧失而濒危，生活在斯里兰卡"斑块状"分布的雨林里。

4.5–6 cm
1¾–2¼ in

红攀蛙
Chiromantis rufescens
这种蛙生活在西非和中非的森林里，它的泡沫巢穴依附在水面上方的树枝上。卵就产在这个泡沫巢穴里。

7–9 cm
2¾–3½ in

苔藓蛙
Theloderma corticale
这种蛙产于越南。它有疣状皮肤和绿色的体色，使其能在苔藓上进行伪装。当遇到威胁时会卷成一个球形。

黑掌树蛙
Rhacophorus nigropalmatus
这种树栖蛙来自东南亚的热带雨林，具蹼的脚使其能够在树丛间滑翔。

长长的、全部具蹼的前肢和后肢

箱头蛙

箱头蛙科 (Pyxicephalidae) 的蛙生活在撒哈拉以南的非洲，它们体型各异，从巨大的牛蛙、典型的池蛙到小型的泥蛙，多数在水里产卵，但有些小的蛙类会在地上产卵。所有的卵都会孵化成蝌蚪。

带有黑色斑纹的橄榄绿色身体

8–23 cm
3¼–9 in

非常宽的嘴

非洲牛箱头蛙
Pyxicephalus adspersus
这种大型的蛙来自非洲，雄蛙会保卫它的卵和蝌蚪。它们会在泥土里挖掘沟渠，以帮助蝌蚪到达开阔的水体。

有力的后肢

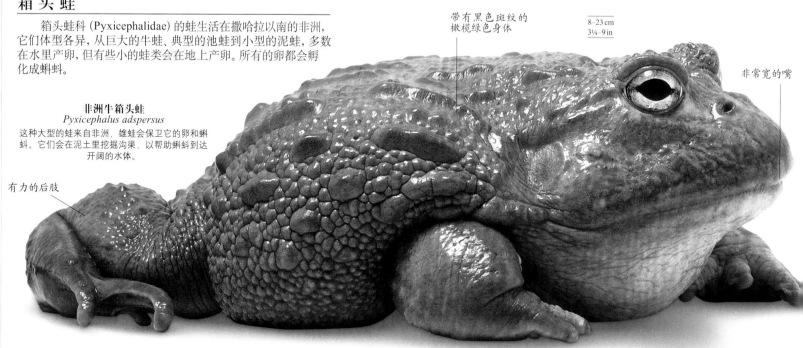

异舌穴蟾

异舌穴蟾科 (Rhinophrynidae) 只有一种动物，就是异舌穴蟾，它专门在泥土里挖洞吃蚂蚁，长着一个细长的舌头，能从狭窄的嘴里伸出。

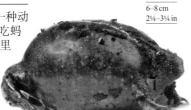

异舌穴蟾
Rhinophrynus dorsalis

6–8 cm
2¼–3¼ in

这种形状特别的蟾蜍一生大部分时间都在地下的洞穴里，只在雨后出来，在短暂形成的水塘里繁殖。

北美锄足蟾

锄足蟾科 (Scaphiopodidae) 的蟾蜍生活在干燥的陆地，而且长期在地下不活动。雨后出来在暂时的水池里繁殖。由于这些水池可能蒸发得很迅速，因此蝌蚪发育得非常快。

平原掘足蟾
Spea bombifrons

4–6 cm
1½–2¼ in

这种蟾蜍生活在北美洲，包括墨西哥的干旱平原，白天掘穴。在大雨过后，它们会成群地聚集在一起繁殖。

5.5–9 cm
2¼–3½ in

库氏锄足蟾
Scaphiopus couchii

斑驳的绿褐色皮肤

这种蟾蜍来自北美洲，生活在干旱地区，它生命中大部分时间都在地下。只有夜晚出去觅食，大雨过后出去繁殖。

倭雨蛙

倭雨蛙科 (Strabomantidae) 由一些原产于南美和加勒比地区的小型蛙类组成。它们都是直接发育而来的：没有蝌蚪阶段，卵直接发育成小的成蛙。

樱桃雨蛙
Pristimantis cerasinus

1.5–3.5 cm
½–1½ in

这种小型蛙生活在中美洲潮湿的低地森林中，它白天躲在枯枝落叶层里，晚上栖息在树上。

2–4 cm
¾–1½ in

血色雨蛙
Pristimantis cruentus

这种小型陆蛙生活在拉丁美洲，在树干上的裂缝里产卵。

1.5–2.5 cm
½–1 in

倭雨蛙
Pristimantis ridens

这种小型的夜行小雨蛙生活在拉丁美洲的森林里，在花园里数量众多，它们把卵产在枯枝落叶层里。

蚓螈

蚓螈是身体细长、没有肢体的两栖动物，尾巴很小或没有尾巴。皮肤里的环形褶皱使它们外表分节。

所有蚓螈都生活在热带。它们长度不一，从12厘米到1.6米不等。多数生活在地下，用它们尖尖的骨质头部作为"铲子"，在松软的泥土里掘穴。它们在夜晚，特别是雨后出来，捕食蚯蚓、白蚁和其他昆虫。其他种类生活在水里，形似鳗鱼，很少到陆地上。这些动物的尾巴上有一个鳍，它们的眼睛功能已经完全退化，全部依靠嗅觉寻找食物和配偶。眼睛之间有一对伸缩自如的触须，鼻孔能将化学信号传递到鼻腔。

所有蚓螈的卵都是在体内受精的。有些种类会产卵，但其他种类的卵是保留在雌性体内的。雌性蚓螈或生出有鳃的幼体，或者生出较小的成体。

门	脊索动物门
纲	两栖纲
目	蚓螈目
科	6
种	186

50 cm
20 in

多褶裸蚓螈
Gymnopis multiplicata

这种陆生的两栖动物来自中美洲，生活在多种生境中。卵在雌性体内孵化。

鱼螈

鱼螈科 (Ichthyophiidae) 种类生活在亚洲，在水体附近的泥土里产卵。雌性仍然保留着孵卵行为，能够保护幼体直到它们进入开阔的水体。

33 cm
13 in

达岛鱼螈
Ichthyophis kohtaoensis

沿着身体分布的黄色条纹

这种蚓螈生活在东南亚的许多生境中，它们在陆地上产卵，但幼体进入水中生活。

真蚓螈

蚓螈科 (Caeciliidae) 的多数动物都生活在世界上大多热带地区的洞穴里。它们的体长变化很大，有些能长到1.5米。有些种类通过卵孵化出幼体；其他种类的幼体在雌性体内发育。

65 cm
26 in

污口爬蚓螈
Herpele squalostoma

这种蚓螈来自西非和中非，它生活在地下，在低地森林里的溪流和河流附近能够发现它们。

22 cm
9 in

小头蛇皮蚓螈
Dermophis parviceps

这种细长的蚓螈生活在拉丁美洲潮湿森林里的地下，夜晚出来觅食。

鲵 和 蝾 螈

与同是两栖动物的蛙类不同，鲵和蝾螈通常具有纤细的、蜥蜴一样的身体，长尾巴，以及四条大小相同的腿。

鲵和蝾螈，也被称为有尾目 (Urodeles)，主要分布在北半球，一般生活在潮湿的环境中。在美洲，从加拿大到南美洲北部，有很多有尾目动物。它们的体型非常多变，从体长超过1米的物种，到大约2厘米长的微小生物。

两栖动物的生活方式

有些物种，尤其是蝾螈，生命中一部分时间在水里，一部分时间在陆地。有些种类的蝾螈完全生活在水里，而其他种类则完全生活在陆地。大多数具有牙齿，通过潮湿的皮肤进行较深或者较浅程度的呼吸。

无肺螈科蝾螈没有肺，完全依靠皮肤和口腔顶部进行呼吸。相比于蛙和蟾蜍，有尾目动物的头相对较小，它们也有较小的眼睛。嗅觉

在它们寻找食物和社会交流中起最重要的作用。大多数种类的蝾螈。尤其是陆生种类为夜行性，白天躲在原木或者岩石下面。

繁殖

大多数蝾螈的卵是在雌性体内受精的。雄性蝾螈没有阴茎，但可以将精子装在一个叫作精囊的小容器里，通过交配将精囊传递到雌性体内。一些蝾螈在精子输送之前，先要进行复杂的求偶活动，雄性会诱导雌性与它配合。当然，雌性也可能拒绝雄性的求爱。有些蝾螈，雄性在繁殖季节会在背部形成疣类和鲜艳的体色。

一些种类的蝾螈将卵产在水里，孵化出来的幼体拥有细长的身体，深裂的鳍状尾，以及大的、羽状外鳃。幼体为食肉性的，以微小的水生生物为食。然而也有例外，完全陆生的蝾螈，将卵产于陆地上，幼体阶段完全在卵里，孵化出小型的成体。

门	脊索动物门
纲	两栖纲
目	有尾目
科	10
种	585

雄性高山欧螈在对雌性求爱之前先会闻闻它。气味有助于其判断性别，以及潜在的伴侣种类。

鳗 螈

鳗螈科 (Sirenidae) 的蝾螈是完全水生的，分布在美国南部和墨西哥。它们在成年阶段仍保留幼年的特征，形似鳗鱼，有外鳃，没有后肢。

光滑而黏的皮肤

大鳗螈
Siren lacertina
这种动物长着小的前肢和鳍状尾，生活在美国东南部和墨西哥东北部浅的河流、湖泊以及水池里。

50–90 cm
20–35 in

急 流 螈

急流螈科 (Rhyacotritonidae) 仅分布在美国极西北部，是有着4种动物的小科。这些健壮、半水生的蝾螈会将它们的卵产在水下的岩石上，幼体水生。

科氏急流螈
Rhyacotriton kezeri
这种蝾螈仅分布在俄勒冈州和华盛顿州的森林里，春季产卵。密集伐木已经造成了它们数量的大幅锐减。

7.5–11.5 cm
3–4½ in

蝾 螈 和 欧 洲 鲵

蝾螈科 (Salamandridae) 分布在欧洲、北非、亚洲和北美洲，是中小型的蝾螈和鲵。卵在雌性体内受精，在复杂的求偶过程中，精子会以精囊的形式从雄性传递给雌性。

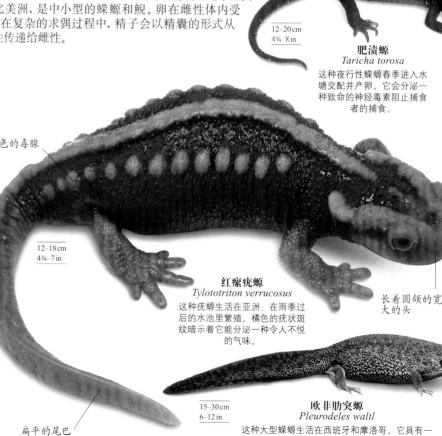

12–20 cm
4¾ 8 in

肥渍螈
Taricha torosa
这种夜行性蝾螈春季进入水塘交配并产卵。它会分泌一种致命的神经毒素阻止捕食者的捕食。

橘色的毒腺

12–18 cm
4¾–7 in

红瘰疣螈
Tylototriton verrucosus
这种疣螈生活在亚洲，在雨季过后的水池里繁殖。橘色的疣状斑纹暗示着它能分泌一种令人不悦的气味。

长着圆颌的宽大的头

扁平的尾巴

15–30 cm
6–12 in

欧非肋突螈
Pleurodeles waltl
这种大型蝾螈生活在西班牙和摩洛哥。它具有一种独一无二的防御模式，被抓住时，它会透过皮肤鼓出锋利的肋骨尖端。

圆柱形的尾巴

尾巴上的蓝色斑纹

6-12 cm
2¼-4¾ in

7-10 cm
2¾-4 in

橘色下身

阿尔卑斯螈
Ichthyosaura alpestris
这种蝾螈生活在北欧的大部分地区,早春时节繁殖。产卵时,雌性会把每颗卵单独包裹在叶子里。

18-28 cm
7-11 in

畸趾四趾螈
Salamandrina terdigitata
这种神秘的蝾螈只分布在意大利,生活在山区的溪流中,拥有细长、扁平的身体。

13-17 cm
5-6½ in

无斑肥螈
Pachytriton labiatus
这种蝾螈生活在中国的山间溪流中,长着一个适于游泳的大尾巴。它们会将卵附着在岩石上。

突出的大眼睛

10-14 cm
4-5½ in

撒丁山螈
Euproctus platycephalus
这种体形纤细的蝾螈仅分布在撒丁岛,生活在溪水中,将卵产在岩石下面。它们正由于栖息地的退化而变得濒危。

真螈
Salamandra salamandra
这种欧洲蝾螈仅在产卵时会进入水中,大部分时间都生活在陆地上。它们头上的腺体能向敌人喷射一种有毒的分泌物。

大腺体内隐藏着毒液

9-13 cm
3½-5 in

绿红东美螈
Notophthalmus viridescens
这种蝾螈来自北美洲东部,在池塘里繁殖。幼体是陆生的,体色鲜红,有剧毒。

6.5-14 cm
2½-5½ in

桔乌尔米螈
Neurergus kaiseri
这种蝾螈仅分布在伊朗,生活在溪水中。由于栖息地的丧失,还有常被捕作宠物,它们已极度濒危。

橘色和黑色相间的肢体

红腹蝾螈
Cynops pyrrhogaster
这种蝾螈一生大部分时间都在水中。它们腹部鲜艳的颜色警告潜在的捕食者,皮肤里的腺体能分泌毒素。

9-12 cm
3½-4¾ in

7-10 cm
2¾-4 in

欧洲滑螈
Lissotriton vulgaris
这种小型的两栖动物在欧洲和西亚很常见,在水池里繁殖。在一段复杂的求偶行为之后,雄性与雌性进行交配。

冠欧螈
Triturus cristatus
这种大型蝾螈分布在中亚,在水池里繁殖。春季,雄性会长出一个特别的背冠,并会兴奋地对潜在配偶展示。

10-18 cm
4-7 in

理纹欧螈
Triturus marmoratus
这种蝾螈分布在法国和西班牙,生活在林地、石楠灌丛和树篱里。它们春季进入池塘繁殖。

10-14 cm
4-5½ in

无肺螈

无肺螈科 (Plethodontidae) 是蝾螈中最大的科，有超过390种动物。这科的动物没有肺，但可以通过嘴和皮肤呼吸。除了其中6种生活在欧洲，其他所有都生活在美洲。它们栖息在多种生境之中，主要以小型的无脊椎动物为食。

条纹游舌螈
Bolitoglossa striatula
这是一种小型的夜行性蝾螈，长着有蹼的脚趾，白天隐藏在香蕉叶子里。它们分布在哥斯达黎加、洪都拉斯和尼加拉瓜。

8–13 cm
3¼–5 in

短小的腿

细长的尾巴和身体

山脊口螈
Desmognathus monticola
这种身体结实的蝾螈白天生活在洞穴里，夜晚活动，经常栖息在岩石上。

7–11 cm
2¾–4¼ in

苍白脊口螈
Desmognathus ochrophaeus
这种蝾螈主要在陆地生活，大雨过后常能发现它们大群地在森林里觅食，有时候会爬上树木和灌丛。

8–13 cm
3¼–5 in

艾氏板足螈
Oedipina alleni
这种蝾螈生活在哥斯达黎加低地森林中的枯枝落叶层里，遭受袭击时会把它们长长的身体和尾巴卷成一个圈。

11–15 cm
4¼–6 in

三线宽螈
Eurycea guttolineata
纤细的三线宽螈生活在水中或水边，很善于游泳，但大部分时间都生活在洞穴里。

10–16 cm
4–6½ in

腹部侧面黑色的条纹

双带河溪螈
Eurycea wilderae
这种小型蝾螈常见于阿巴拉契亚山脉南部的山林中，栖息于泉水和溪流周围。秋季交配，冬季产卵。

7–11 cm
2¾–4¼ in

密西西比无肺螈
Plethodon mississippi
这种陆生蝾螈生活在阔叶林中，能产生一种黏黏的皮肤分泌物保护自己免于被捕食者捕食。它们把卵产于陆上。

11.5–21 cm
4½–8½ in

灰红背无肺螈
Plethodon cinereus
这种陆生蝾螈白天时躲在树皮下面，夜幕降临之后，捕食昆虫和其他在植物（叶或茎）上栖息的猎物。

7–12 cm
2¾–4¾ in

大鲵

隐鳃鲵科 (Cryptobranchidae) 有3种大型的、完全水生的物种——分别来自日本、中国和北美洲。它们以多种猎物为食，从蠕虫到小型哺乳动物。本科包含世界上最大的蝾螈——中国大鲵，约为1.8米长。

隐鳃鲵
Cryptobranchus alleganiensis
这种动物来自北美洲，长着一个扁平的头，有助于其在岩石下面掘穴。雄性会保护卵。它们的皮肤布满褶皱。

30–75 cm
12–30 in

扁平的身体

日本大鲵
Andrias japonicus
这种水生动物由于栖息地的退化而面临威胁。雄性有"巢穴守护神"之称，会保护雌性产卵的洞穴。

1–1.4 m
3¼–4½ ft

八字形的腿

紫泉螈
Gyrinophilus porphyriticus
这种体色鲜艳的蝾螈很敏捷，生活在山间溪流和泉水里，常发现它们躲在原木或者岩石下面。

12–19 cm
4¾–7½ in

意大利拟穴螈
Speleomantes italicus
在意大利北部山区的溪流和泉水附近可以发现这种蝾螈，它们生活在洞穴和岩石的缝隙中。

7–12 cm
2¾–4¾ in

埃氏剑螈
Ensatina eschscholtzii
这种皮肤光滑的北美洲蝾螈长着一个胖胖的尾巴，但腹部是狭窄的。防御时，它们会向敌人挥动尾巴。

7.5–15.5 cm
3–6 in

东部半趾螈
Hemidactylium scutatum
东部半趾螈是一种陆生蝾螈，成体生活在苔藓里，但幼体生活在水中。尾巴基部呈现标志性的狭窄趋势。

5–9 cm
2–3½ in

亚洲小鲵

小鲵科 (Hynobiidae) 有大约50种中小型的动物。它们仅分布在亚洲，一些生活在山间溪流之中。它们在水池或溪流里产卵，幼体具有外鳃。有些种类具有抓握岩石的爪子。

邓氏小鲵
Hynobius dunni
这种生活在日本的濒危的蝾螈的雌性将卵产在卵囊里，雄性对它们完成体外受精。

10–16 cm
4–6½ in

钝口螈

这些大型的生物主要生活在洞穴里，夜晚出来觅食。钝口螈科 (Ambystomatidae) 有37种动物，全部生活在北美洲。有些种类，尤其是墨西哥的美西钝口螈，成年时在水里生活，而且仍然保持着幼年特征，如具有外鳃。陆巨螈属 (*Dicamptodon*) 有4种大型的、有进攻性的物种，分布在北美洲西部。它们之前曾被划分为一个独立的科。

美西钝口螈
Ambystoma mexicanum
成年的美西钝口螈从不会离开水里，而且它们非常像体形较大的蝾螈幼体，具有羽毛状的外鳃。

10–30 cm
4–12 in

宽阔的头上长着小眼睛

虎纹钝口螈
Ambystoma tigrinum
虎纹钝口螈分布在北美洲大部分地区，在春季迁移到水池里交配产卵。

18–25 cm
7–10 in

褐色或黑色的皮肤上有黄色或白色的斑块

9–11 cm
3½–4¼ in

暗斑钝口螈
Ambystoma opacum
这种短尾巴、健壮的钝口螈在秋季繁殖，并在干燥的水池里产卵。水池在冬季会充满雨水。

块状的头部

剑陆巨螈
Dicamptodon ensatus
由于栖息地森林的丧失和退化，这种大型夜行性蝾螈的生存正面临威胁。幼年时它们在水中生活。

大理石颜色

17–30 cm
6½–12 in

斑泥螈

洞螈科 (Proteidae) 的6种动物中，有5种分布在北美洲，第六种——生活在洞穴里的洞螈——分布在欧洲。这一科的动物在成年时保留着幼年的形态，具有细长的身体、外鳃和小眼睛。

20–50 cm
8–20 in

斑泥螈
Necturus maculosus
斑泥螈有"泥狗""水狗"的俗称，是一种贪婪的捕食者，以多种无脊椎动物、鱼类和两栖动物为食。雌性会保护发育中的卵。

20–30 cm
8–12 in

洞螈
Proteus anguinus
完全水生的洞螈分布在斯洛文尼亚和黑山共和国，生活在黑暗的、水淹的洞穴里。它们没有视力，皮肤为白色、粉色或灰色。

两栖鳗

两栖鳗科 (Amphiumidae) 生活在北美洲东部。本科有三种大型的、完全水生的蝾螈，它们的身体形似鳗鱼，长着短小的肢体。雌性会在陆地上的巢穴里保护它们的卵。两栖鳗会在泥浆里钻洞，并形成一个茧，这样就可以在干燥时存活下来。它们以蠕虫、软体动物、蛇以及小型的两栖动物为食。

三趾两栖鳗
Amphiuma tridactylum
这种大型蝾螈拥有黏黏的皮肤和一条长长的尾巴，发情时会狠狠地咬疼竞争者。雄性每年交配，而雌性隔年繁殖。

40–110 cm
16–43 in

爬行动物

爬行动物是一个复杂、多样的变温（冷血）脊椎动物类群。很多爬行动物常生活在炎热、干燥的地方，其实爬行动物生活在世界上多种生境和气候环境下。

门	脊索动物门
纲	爬行纲
目	4
科	60
种	约7700

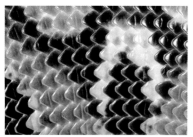

爬行动物的鳞片是皮肤的保护层，是由角蛋白或骨头组成的重叠斑块。

具壳卵使爬行动物可以离开水体繁殖，其外层能够防止胚胎脱水。

鳄鱼能将身体离开地面行走，而龟类只能笨拙地爬行。

爬行动物会自行调节体温，如它们会在早晨晒太阳吸收热能。

2.95亿年以前，第一种爬行动物从两栖动物进化而来。它不仅是爬行动物的祖先，也是哺乳动物和鸟类的祖先。在中生代，恐龙、水生的鱼龙和蛇颈龙，以及空中的翼龙等统治地球。今天仍然存在的爬行动物类群，是从爬行动物大量灭绝，甚至恐龙灭绝的6500万年前存活、进化而来的。

爬行动物都有鳞片，也都可通过行为调节体温，即利用外部资源保持恒定体温，例如晒太阳。但是，不同的类群也有着明显不同。陆龟和海龟通过一个特别的、厚重的壳来保护自己。蜥蜴、鳄鱼和喙头蜥有四肢和长尾巴。许多有鳞目或者有鳞片的爬行动物——蜥蜴、蛇和蚓蜥——已经进化成了没有四肢的形态。虽然炎热的沙漠生态系统通常被蜥蜴和蛇类所统治，但是所有类型的爬行动物都能够存活于热带和亚热带地区的各种生境中。少数几种能够在较冷的温带气候下存活。作为捕食者和猎物，爬行动物在每种生态系统里都很重要。多数爬行动物为肉食性。几种大型的蜥蜴和海龟是绝对草食性的，其他种类是杂食性的。

习性与生存

有些爬行动物喜独居，而其他具有高度的社会性。寒冷时，爬行动物会有些迟钝，但晒太阳或靠在温暖的岩石上会让它们倍感舒适，然后他们就会变得非常活跃。

爬行动物的繁殖行为比较复杂，雄性会积极地保护领地和求爱。尽管有些有鳞动物会直接生出活幼体，但是大多雄性爬行动物会给雌性受精，雌性在地下巢穴里产卵。所有爬行动物从出生就开始独立觅食，但有些鳄鱼会照顾幼崽两到三年。

人类捕杀爬行动物以获得它们的外皮，或作为食物。除此之外栖息地丧失和污染，以及气候变化，都威胁着爬行动物生存。

自由生活的海龟 >

玳瑁是原始的，它长着高效的脚蹼和扁平的壳，能很好地适应水生生活。

爬行动物类群

　　中生代时，爬行动物已经很多样了，龟类和鳄类很早就分开了，之后是有鳞目的蜥蜴、蛇，然后蚓蜥出现了。

陆龟和水龟

陆龟和水龟有骨质的壳、短粗的肢体，没有牙齿，长着鸟喙一样的嘴。这些从它们生活的2亿年前到现在都很少变化。

这一目包括海龟、淡水龟和陆龟。一些灭绝了的龟体型巨大，现今的大多数龟体型更加适中。但也有例外，比如大型海龟和几种孤岛上的陆龟。

保护和运动

龟壳由许多愈合的骨头组成，被鳞甲覆盖。半圆形的上部称为背甲，下部称为胸甲。鳞甲是骨片，而且每年旧鳞甲下面都会有新鳞甲形成。壳对不同种的龟的保护程度不同，尤其水生龟的壳几乎没有什么保护作用了。不是所有种类都能将头缩回壳里去——有些种类只是将头收于肩部壳缘之下。龟是缓慢的动物，但海龟的前肢演变成蹼，有些在游泳时可以达到30千米/小时的速度。尽管需要呼吸空气，但许多龟能忍受低氧，沉入水下数小时。龟的新陈代谢

很缓慢，而且普遍都长寿。

有些种类的龟为食肉性的，也有些为食草性，但大部分龟是杂食性的。它们的猎物或者是游得很慢的动物，或者是中了它们的埋伏的动物。龟用"喙"把食物弄碎，这个"喙"是锋利的、角质的颌覆盖物。

筑巢和繁殖

龟不会保护领地，但它们有广阔的家域，而且进化出了社会等级。此外，龟常常聚集在河堤上或湖边晒太阳、筑巢。

不论是陆龟还是水龟，一些雄龟会在交配之前，向雌龟进行复杂的求偶炫耀。与其他种类的爬行动物和鸟类一样，它们体内受精，雌性产下有壳的卵。卵是球形的或细长的，壳或坚硬或柔韧。卵被产于雌龟在领地里挖掘出来的巢穴中。几乎所有海龟都仅仅为了筑巢而来到陆地。有些种类，小龟的性别取决于孵化温度。

门	脊索动物门
纲	爬行纲
目	龟鳖目
科	14
种	300

一只新出生的绿海龟正在蹒跚入海。许多海龟的繁殖海岸都已被保护起来，但它们仍然处于濒危状态。

大洋洲－美洲侧颈龟

蛇颈龟科 (Chelidae) 分布于南美洲和澳大拉西亚，有食肉性和杂食性的种类。它们特殊的长脖子不能缩回去，因此会转向壳下缘的一侧。它们会产下细长的卵，卵壳如皮革一般。

34 cm
13½ in

墨累澳龟
Emydura macquarii
这种龟广泛分布在澳大利亚的墨累河盆地，以两栖动物、鱼类和藻类为食。雄性比雌性小。

鳞背长颈龟
Chelodina reimanni
这种龟来自新几内亚，以甲壳类和软体动物为食。遇到危险时，它们会把大头缩在壳的下侧。

75 cm
30 in

东澳长颈龟
Chelodina longicollis
这种龟是生活在澳大利亚的一种害羞的淡水龟，它长着长长的脖子，使其能够抬起头伸出水面并捕捉猎物。

25 cm
10 in

有脊（中间脊）的扇形的壳

50 cm
20 in

玛塔蛇颈龟
Chelus fimbriatus
当伏击猎物时，这种生活在南美洲的龟会利用它特殊的外表进行伪装，然后将猎物吸进口中。

长长的鼻吻

非洲侧颈龟

侧颈龟科 (Pelomedusidae) 的大多数动物都是肉食性的，生活在淡水里。遇到威胁时，它们会把头和颈藏在壳的下面。它们分布在非洲大陆和马达加斯加，通过把自己埋进土里的方式在干燥的环境中存活下来。

棕色的壳

20 cm
8 in

头上的鳞片很像盔甲

沼泽侧颈龟
Pelomedusa subrufa
这种肉食性龟广泛分布于撒哈拉以南的非洲，具有高度的社会性，经常成群地去捕捉大型猎物。

平胸龟

平胸龟科 (Platysternidae) 的唯一一种动物——平胸龟,是生活在东南亚森林溪流里的一种濒危动物。它们在表浅的溪水里觅食,在水底行走,而非游泳。

18 cm
7 in

平胸龟
Platysternon megacephalum
这种小型的食肉性龟长着一个扁平的身体,一个具有强壮颌部的大头以及一条长长的尾巴。

鳄 龟

鳄龟科 (Chelydridae) 原产于北美洲和中美洲,这些大型的水生龟以其进攻性而闻名。它们拥有坚硬的壳和强有力的头,头上长着厚重而咬力惊人的下颌。它们是高效的捕食者,可以伏击许多种动物,但它们也吃植物。

厚重的壳有三排圆柱形鳞甲

南美侧颈龟

南美侧颈龟科 (Podocnemididae) 与非洲侧颈龟亲缘关系很近,除了有一种生活在马达加斯加以外,这科的大多数种类都生活在热带的南美洲。这些草食性龟生活在许多种淡水生境中。它们不能把脖子缩进壳里。

32 cm
12½ in

红头侧颈龟
Podocnemis erythrocephala
这种动物生活在南美洲亚马孙盆地尼格罗河流域的沼泽里。

55 cm
22 in

蛇鳄龟
Chelydra serpentina
蛇鳄龟是一种强壮的龟,常将身体的一半埋入土里等待猎物。它们生活在淡水环境中,分布范围从北美洲东部向南到厄瓜多尔。

大大的头上长着强壮的腭

锋利的、尖尖的喙

80 cm
32 in

大鳄龟
Macrochelys temminckii
这种龟生活在北美洲,是世界上最大的淡水龟之一。它们的舌头上长着一个虫子形状的诱饵,在等待的时候吸引猎物。

鳖

鳖科 (Trionychidae) 是水生的捕食者,栖息于北美洲、非洲和南亚的淡水生境中。鳖科动物的壳是扁平的,覆盖着皮革般的皮肤,而不是角质鳞甲。壳的长度可以从25厘米到1米多长。

55 cm
22 in

刺鳖
Apalone spinifera
这种鳖原产于北美洲东部,主要以昆虫和水生的无脊椎动物为食。

27 cm
10½ in

缘板鳖
Lissemys punctata
这种印度鳖胸甲的每侧有一个后褶,当它们缩进身体里时能够保护后肢。

灰绿色的壳有突起的脊

35 cm
14 in

中华鳖
Pelodiscus sinensis
由于被捕捉并食用,这种来自东亚和东南亚的中华鳖在它们的原产地已经很稀少了,但在农场里每年人工繁殖的数量有成千上万。

猪鼻龟

两爪鳖科 (Carettochelyidae) 只有一种动物，这种龟是一种杂食动物。它们的壳没有硬的鳞甲，但仍然坚硬。它们的鼻吻适合在水下呼吸空气。

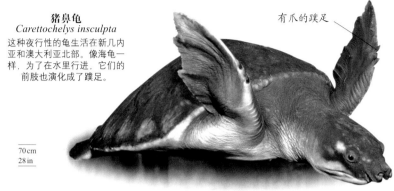

猪鼻龟
Carettochelys insculpta
这种夜行性的龟生活在新几内亚和澳大利亚北部。像海龟一样，为了在水里行进，它们的前肢也演化成了蹼足。

有爪的蹼足

70 cm
28 in

动胸龟

动胸龟科 (Kinosternidae) 的这些龟来自美洲，遇到危险时能排出一种强烈的气味。本科动物倾向于沿着湖底和河底行走，而非游泳，是机会主义的杂食动物。它们产细长的、带有硬壳的卵。

13 cm
5 in

东方动胸龟
Kinosternon subrubrum
这种淡水龟是杂食性的，在美国东南部水流缓慢且浅的河道底部捕食。

麝动胸龟
Sternotherus odoratus
这种淡水龟来自北美洲东部，是一种杂食性动物。当遇到危险时，它不仅能发出令人作呕的味道，还能狠咬对方。

13 cm
5 in

棱皮龟

棱皮龟科 (Dermochelyidae) 只有一种龟，这种龟能够保持和升高体温，使得它能在冷水里游泳。壳没有鳞甲；似皮革的皮肤覆盖有一层隔热的油性组织。

皮革般的壳有7个脊

没有爪子的蹼足

棱皮龟
Dermochelys coriacea
这种海龟主要以水母为食，是世界上最大的龟。遍布世界各地，包括亚北极水域。

1.5 m
5 ft

海龟

海龟生活在世界各地的海洋里，主要是沿海水域。它们高度适应海洋环境，具有流线型的身体和宽阔的、船桨型的四肢。海龟科 (Cheloniidae) 的动物会来到海滨的陆地上筑巢。这科的大多数种类都很濒危。

较年轻的龟具有垂直的脊

大大的头上长着突出的眼睛和喙

1.2 m
4 ft

蠵龟
Caretta caretta
这种肉食性龟生活在世界各地的沿海水域，在食区和巢区之间要进行长途的迁徙。

下身为白色

75 cm
30 in

杏仁型的眼睛

带有大脊的扁平的壳

绿海龟
Chelonia mydas
这是唯一一种已知的在陆地上晒太阳的海龟。它们生活在世界各地的温带和热带海洋，是绝对的食草动物。

1.3 m
4¼ ft

丽龟
Lepidochelys olivacea
这种龟主要生活在热带较浅的海滨水域，以多种无脊椎动物和藻类为食。

1 m
3¼ ft

玳瑁
Eretmochelys imbricata
这种龟用它的角质腭捕食软体动物和其他猎物，生活在世界各地的热带海洋中。

北美龟

龟科（Emydidae）包含从完全水生的龟到完全陆生的龟。它们中的大部分生活在北美洲，有一种生活在欧洲。虽然许多是草食性的，但不同种的食物还是不同的。龟科常有鲜艳的颜色和复杂的斑纹。

壳上的一排脊

伪图龟
Graptemys pseudogeographica
这种北美洲的龟生活在富含植被的淡水生境中。雌性几乎是雄性的两倍大。

27 cm
10½ in

颈上和头上黄色的线

强壮、有爪的前肢

28 cm
11 in

红耳龟（巴西龟）
Trachemys scripta elegans
这种北美洲的龟主要为草食性的，而且在宠物市场上很常见。它入侵新环境的能力使其遍布于欧洲和亚洲。

27 cm
10½ in

黄腹彩龟
Trachemys scripta scripta
这种龟来自美国南部，名字源于其遇到危险就滑进水里的习性，是一种白天活动的杂食性动物。

23 cm
9 in

菱斑龟
Malaclemys terrapin
这种龟来自北美洲东部，是一种生活在咸水里的动物，白天活动。它们强大的腭适合捕食甲壳类和软体动物。

25 cm
10 in

锦龟
Chrysemys picta
这种小型的淡水龟广泛分布于北美洲，夏季活跃，冬季蛰伏于水下。

20 cm
8 in

卡罗林那箱龟
Terrapene carolina
这种龟来自北美洲。雄性已经进化出相当弯曲的爪子，交配时有助于抓住雌性半圆形的壳。

特殊花纹的壳

饰纹箱龟
Terrapene ornata
这是一种生活在北美洲中部的杂食性陆龟。它们挖洞是为了应对极热或极冷的温度。

14 cm
5½ in

用于挖掘的强壮的爪子

13 cm
5 in

点斑水龟
Clemmys guttata
通过龟壳上的斑点能够识别这种小型龟。它们生活在北美洲东部，以沼泽里的水生无脊椎动物和植物为食。

26 cm
10 in

网斑鸡龟
Deirochelys reticularia
这种害羞的龟生活在北美洲东部的沼泽里。它们会伸出长脖子袭击小龙虾和其他猎物。

21 cm
8½ in

欧洲龟
Emys orbicularis
这是一种高度水生的龟，广泛分布于欧洲。它们在原木或岩石上晒太阳，但如果被打扰到会快速地潜入水中。

13 cm
5 in

木雕水龟
Glyptemys insculpta
这种龟生活在北美洲东北部潮湿的森林里。特别的是，雌性和雄性在求偶炫耀时会在一起优雅地跳舞。

橄榄色的皮肤有着不规则的黄色斑点

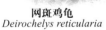

26 cm
10 in

布氏拟龟
Emydoidea blandingii
这种龟主要生活在北美洲的大湖区，杂食性，特别善于捕捉小龙虾。

38 cm
15 in

纳氏彩龟
Pseudemys nelsoni
这种龟仅分布在佛罗里达，生活在湖里和流速缓慢的小溪里。在求偶炫耀时，雄性会用前肢抚摸雌性的头。

40 cm
16 in

红腹彩龟
Pseudemys rubriventris
这种龟仅分布在美国东北部，杂食性，白天活动，喜欢大型的、深的水体。雌性比雄性大。

阿尔达布拉象龟

Aldabrachelys gigantea

阿尔达布拉象龟，亦称亚达伯拉象龟，是印度洋岛屿上剩下的最后一种象龟，体重可以超过300千克。虽然生活在阿尔达布拉环礁上，但有超过90%的龟生活在大陆地岛上，这个岛是目前最大的岛。那里缺水，而且没有充足的植物供应，恶劣的环境限制了龟的生长，许多龟都达不到性成熟，在其他小岛也没有更大的龟了。它们是高度社会化的。雄性体型比雌性大，但求偶炫耀时却很温柔。它们的卵埋在地下，在雨季孵化。由于受到自然灾害和海平面上升的影响，整个种群都很脆弱。

尺寸	1.2米
生境	草地
分布	印度洋的阿尔达布拉环礁
食性	植物

˄ 类似皮革的外表

皮肤是坚硬的、皮革般的，而且依据所在岛屿不同，有的为灰色，有的为棕色。颈部的皮肤呈褶皱般的折叠状态。如果感觉到危险，它会把头向后缩进壳里。

˄ 前肢

前肢是圆柱形的，比后肢要长。这使得象龟在走路时能将身体抬离地面。腿上覆盖着大块、坚硬的鳞片。

˂ 角质喙

龟的大嘴没有牙齿。它们用锋利的角质喙切割植物，用舌头卷进嘴里，整个咽下去。

˂ 耳朵

龟没有外耳郭；因此鼓膜是在一个洞里的。

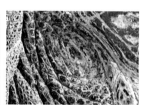

˂ 眼睛

眼睛相对较大，并具有发达的眼睑。它们能分辨颜色，尤其是红色和黄色光谱；这可能有助于其找到鲜艳的水果。

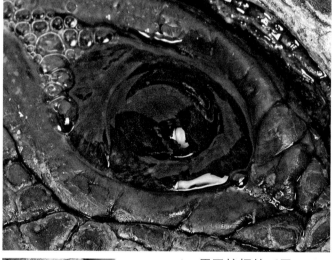

˂ 用于挖掘的爪子

象龟拥有健壮的、类似大象一样的后肢，每只脚上有5个爪子。雌性的爪子比雄性大，可用于挖掘巢穴。

˂ 尾

象龟长着一个短尾巴，能缩到壳背部下面的一侧。雄性的尾巴比雌性长。

覆盖在前后肢上的角质鳞片

后肢是巨大的，有着强壮的爪子

上壳的脊显示
出生长环

地龟

地龟科（Geoemydidae）在新世界和旧世界都有分布，包括淡水龟和陆龟。成年龟壳的长度从14厘米到50厘米不等。它们的饮食喜好不同，从食草的到食肉的都有。一些种类有雌雄二型，雌性比雄性大。

陆龟

陆龟科（Testudinidae）分布在美洲、非洲和欧亚大陆南部，能长到很大的尺寸。它们有坚硬的半圆形壳，头可以缩到壳里。完全陆生，陆龟的特征就是拥有大象一样的肢体，产硬壳卵。

阿氏沙龟
Gopherus agassizii
这种龟生活在北美洲西南部沙漠里的小洞穴中。主要以植物为食，有时候也会捕捉动物。

23 cm
9 in

棕木纹龟
Rhinoclemmys annulata
这种龟生活在中美洲的热带森林中，是一种草食性龟，主要在早晨和雨后活动。

33 cm
13 in

缅甸陆龟
Indotestudo elongata
这种陆龟生活在东南亚的热带地区，以水果和腐肉为食。当天气干燥时会躲在潮湿的枯枝落叶层里。

30 cm
12 in

三线闭壳龟（金钱龟）
Cuora trifasciata
这是一种来自中国南方的肉食性龟。它的名字源于其在非法野生动物市场的价值。由于被用作传统药材，因此它们的生存受到威胁。

40 cm
16 in

锯齿折背陆龟
Kinixys erosa
这是一种生活在热带西非地区沼泽里的杂食性龟。老一些的陆龟在壳的尾部会长出铰合体。

明显的脊

17 cm
6½ in

眼后的黄色条纹

黄缘地龟
Cuora flavomarginata
这种龟是一种生活在中国稻田里的杂食性龟。它们会避开深水，花费数小时在陆地上晒太阳。

70 cm
28 in

红腿象龟
Chelonoidis carbonaria
虽然这种陆龟吃腐肉，但它们主要还是以植物为食，分布在南美洲东北部的许多生境中。

40 cm
16 in

辐射陆龟
Astrochelys radiata
这种濒危的陆龟仅分布在马达加斯加南部，主要以植物为食，在清晨活动。

13 cm
5 in

锯缘摄龟
Cyclemys dentata
这种杂食性龟生活在东南亚流速缓慢的河流中，通过分泌一种难闻的液体保护自己。

13 cm
5 in

地龟
Geoemyda spengleri
这种龟生活在中国南方的山林里，以小型无脊椎动物和水果为食。它们的壳是矩形的，有龙骨，而且很尖。

非常拱的鳞甲

印度星龟
Geochelone elegans
这种草食性陆龟生活在印度和斯里兰卡的干旱地区，在雨季进行交配和繁殖。

38 cm
15 in

饼干龟
Malacochersus tornieri
这种杂食性陆龟分布在东非，生活在多石的地区。扁平的体型使其能躲藏在缝隙里。
18 cm
7 in

幼年壳上的生长环

扁平的鳞甲

阿尔达布拉象龟
Aldabrachelys gigantea
这种大型的草食性龟仅分布在印度洋里的阿尔达布拉环礁上，能通过鼻孔喝水。
1.2 m
4 ft

大的前肢

加拉帕戈斯象龟
Chelonoidis elephantopus
这种陆龟是世界上最大的陆龟之一，主要以植物为食。它们有11个亚种，来自加拉帕戈斯群岛的不同岛屿。

腭具有用于食用植物的锋利的切割边缘

1.2 m
4 ft

19 cm
7½ in

赫氏陆龟
Testudo hermanni
这种草食性陆龟分布在意大利和法国南部，生活在海岸的干旱林里，在寒冷的冬季要冬眠几个月。

四爪陆龟
Testudo horsfieldii
这种陆龟是一种草食性龟，来自中亚干燥的沙漠和草原，靠隐蔽在洞穴里躲避日晒。

28 cm
11 in

喙头蜥

新西兰的喙头蜥外表类似蜥蜴，属于一目非常古老的爬行动物。它最近的近亲在1亿年前就灭绝了。

喙头蜥有许多解剖特征，使其与蜥蜴有许多本质区别。最惊人的就是它楔形的"牙齿"——事实上是颌骨的锯齿状突起。上颌有双排突起，就在下颌单排突起的上方。

喙头蜥很长寿，但受到引入的陆生食肉动物的影响而变得非常脆弱。它生活在沿岸森林，在体温较低时活动，晚上从洞穴里出来捕捉无脊椎动物、鸟卵和雏鸟。雄性陆生生活，会筑公共的巢穴。卵需要4年才能形成，孵化需要11~16个月。孵化温度决定幼体的性别。

门	脊索动物门
纲	爬行纲
目	喙头蜥目
科	1
种	2

楔齿蜥

楔齿蜥科是喙头蜥目唯一存活的类群，常被描绘为"活化石"，是与恐龙共存的爬行动物的现生代表。这些原始的动物仅生活在新西兰的离岸岛屿上。

粗壮的尾巴

楔齿蜥
Sphenodon punctatus
这种爬行动物长着有爪的四肢，用于挖掘洞穴。它们能脱落自己的尾巴以躲避捕食者。雄性使用背冠进行求偶炫耀。

60 cm
23½ in

强有力的，有爪的肢体

蜥蜴

典型的蜥蜴有四条腿和一个细长的尾巴，但也有许多没腿的蜥蜴。它们具有带鳞片的皮肤和牢固的腭关节。

所有蜥蜴都是变温动物，从环境中获取热能。虽然它们主要被看作热带或沙漠动物，但其分布地却遍布全球：从欧洲的北极圈外到南美洲的最南端都能发现蜥蜴。它们具有高度的适应性，占据着许多陆生生境，生活在树上或岩石上。一些无腿的种类善于挖掘，少数几种能高效地滑行于树丛之间，其他种类还有半水生生活的，包括一种加拉帕戈斯岛上的海生种类。

生存策略

蜥蜴的体长变化很大——从大约1.5厘米的种类到3米长的科莫多巨蜥，但大多数种类是在10厘米到30厘米长。尽管大多数为肉食性动物，但有2%的种类主要是草食性的。一些蜥蜴会捕捉其他肉食动物。它们依靠自身敏捷、伪装或威吓方式保护自己。有些种类在逃跑时可以将尾巴脱落，以吸引捕食者的注意。尾巴能够重新长出。有些科的蜥蜴皮肤可以改变颜色。这种能力可以用于伪装或者传递性别信号，抑或是传递社会信号。特别的是，许多蜥蜴头上的松果体是用作光敏感的"第三只眼"。

多样的生活方式

虽然有些蜥蜴是独居的，但许多蜥蜴也有着复杂的社会结构，雄性会通过视觉信号维护它们的领地。一些种类在地下的巢穴里产卵，而其他种类的卵会在输卵管内，直到孵化出幼崽。也有真正的胎生种类，它们的母亲会通过胎盘提供营养。雄性有一对阴茎——用于体内受精的性器官——但有些种类是孤雌生殖的，雌性无需雄性的参与也可繁殖。有些蜥蜴在孵化期会照顾它们的卵，但只有极少数会对幼崽提供物质照顾。

门	脊索动物门
纲	爬行纲
目	有鳞目
科（蜥蜴科）	27
种	4560

讨论

有鳞目：一个包罗万象的目

传统上来讲，蜥蜴和蛇被认为是两个不同的类群，现代的基因研究表明它们是一个类群。原始的有鳞类（有鳞的爬行动物）是外表类似蜥蜴，出现在侏罗纪中期的动物。有效证据表明，蛇是在白垩纪中期从蜥蜴进化而来的。这时，不同科的蜥蜴已经按照它们的进化过程分开发展。与其他类群的蜥蜴相比，有些类群的蜥蜴与蛇类关系更近。在现生的蜥蜴里，巨蜥被认为是与蛇关系最为接近的种类。

避役

避役科（Chamaeleonidae）俗称变色龙，仅分布在旧大陆，其中的动物长着长长的四肢，四肢上有用于抓握东西的脚，还长着可抓住树枝的卷尾，这是一种对生活在树上的适应。它们的眼睛能向任何方向独立移动，锁定昆虫或小型脊椎动物的位置。它们用一个黏黏的长舌头捕捉猎物，舌头能从嘴里射出。它们改变体色的能力可以用于炫耀展示和伪装。许多种类面临灭绝的危险。

8 cm
3¼ in

短尾枯叶侏儒避役
Rieppeleon brevicaudatus
这种特别的小型避役来自东非。浅褐色的身体和上面的花纹使其与一片死掉的树叶极为相似。

海岛避役
Calumma parsonii
这种动物是世界上最大的避役，仅分布在马达加斯加。它们会在山林的冠层捕捉无脊椎动物。

70 cm
28 in

30 cm
12 in

卷尾

绿色的皮肤有时会变成棕色

30 cm
12 in

普通避役
Chamaeleo chamaeleon
这种避役大部分时间都在灌丛里寻找昆虫，分布在北非和地中海周围。

尖嘴避役
Chamaeleo jacksonii
这种白天活动的树栖避役生活在东非。通过鼻吻上的三个角能辨认这种动物的雄性个体，这三个角用于炫耀展示。

背棘

51 cm
20 in

56 cm
22 in

用于抓握的具有4个趾头的脚

60 cm
23½ in

疣鳞避役
Furcifer verrucosus
这种大型避役原产于马达加斯加潮湿的海滨。它们是一种害羞的动物，依靠伪装捕捉昆虫作为食物。

豹纹避役
Furcifer pardalis
这种蜥蜴仅生活在马达加斯加干燥的森林中，悄悄地在树上捕捉昆虫。雄性有很强的领地意识。

盔甲避役
Chamaeleo calyptratus
这种避役来自阿拉伯半岛的东南部海岸。雄性头上有一个大的隆起，而雌性的隆起要小一些。

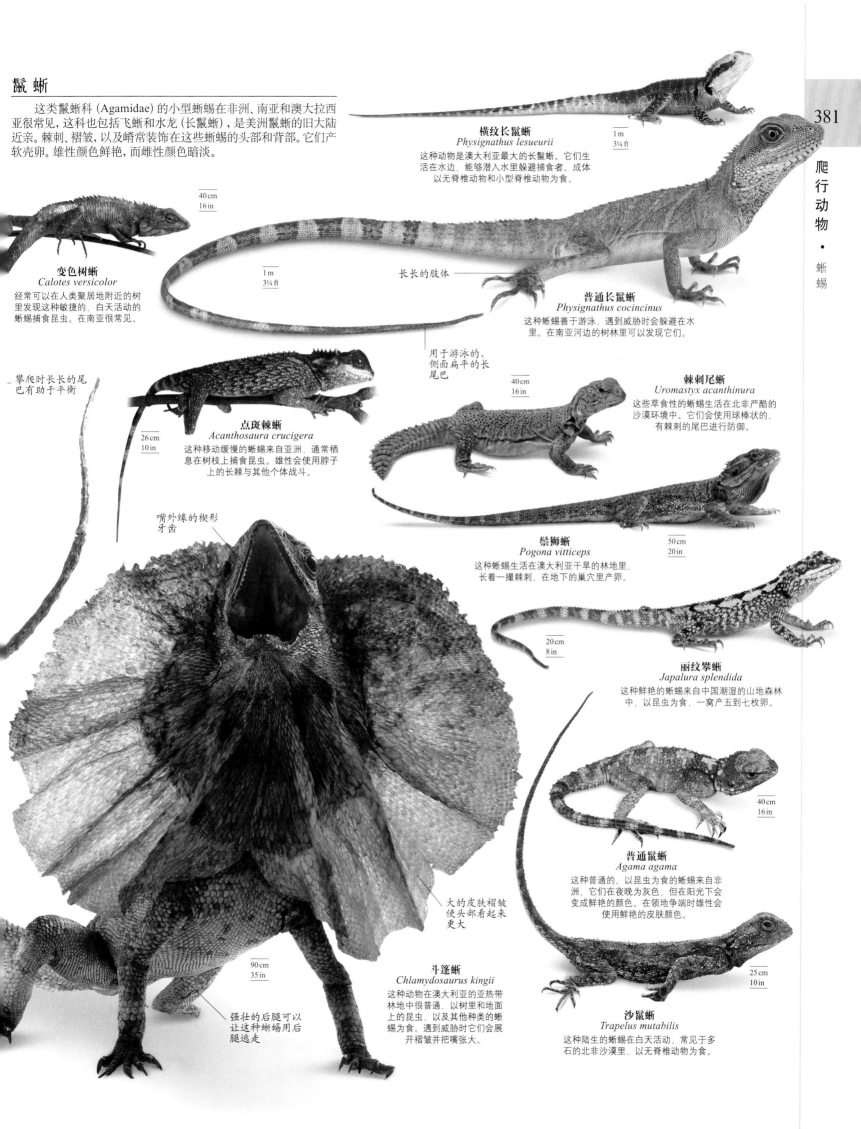

鬣蜥

　　这类鬣蜥科 (Agamidae) 的小型蜥蜴在非洲、南亚和澳大拉西亚很常见,这科也包括飞蜥和水龙 (长鬣蜥),是美洲鬣蜥的旧大陆近亲。棘刺、褶皱,以及嵴常装饰在这些蜥蜴的头部和背部。它们产软壳卵。雄性颜色鲜艳,而雌性颜色暗淡。

横纹长鬣蜥
Physignathus lesueurii
这种动物是澳大利亚最大的长鬣蜥。它们生活在水边,能够潜入水里躲避捕食者。成体以无脊椎动物和小型脊椎动物为食。

1 m
3¼ ft

变色树蜥
Calotes versicolor
经常可以在人类聚居地附近的树里发现这种敏捷的、白天活动的蜥蜴捕食昆虫。在南亚很常见。

40 cm
16 in

1 m
3¼ ft

长长的肢体

普通长鬣蜥
Physignathus cocincinus
这种蜥蜴善于游泳,遇到威胁时会躲避进水里。在南亚河边的树林里可以发现它们。

攀爬时长长的尾巴有助于平衡

用于游泳的、侧面扁平的长尾巴

点斑棘蜥
Acanthosaura crucigera
这种移动缓慢的蜥蜴来自亚洲,通常栖息在树枝上捕食昆虫。雄性会使用脖子上的长棘与其他个体战斗。

26 cm
10 in

棘刺尾蜥
Uromastyx acanthinura
这些草食性的蜥蜴生活在北非严酷的沙漠环境中。它们会使用球棒状的、有棘刺的尾巴进行防御。

40 cm
16 in

嘴外缘的楔形牙齿

鬃狮蜥
Pogona vitticeps
这种蜥蜴生活在澳大利亚干旱的林地里,长着一撮棘刺,在地下的巢穴里产卵。

50 cm
20 in

丽纹攀蜥
Japalura splendida
这种鲜艳的蜥蜴来自中国潮湿的山地森林中,以昆虫为食,一窝产五到七枚卵。

20 cm
8 in

大的皮肤褶皱使头部看起来更大

普通鬣蜥
Agama agama
这种普通的、以昆虫为食的蜥蜴来自非洲,它们在夜晚为灰色,但在阳光下会变成鲜艳的颜色。在领地争端时雄性会使用鲜艳的皮肤颜色。

40 cm
16 in

90 cm
35 in

强壮的后腿可以让这种蜥蜴用后腿逃走

斗篷蜥
Chlamydosaurus kingii
这种动物在澳大利亚的亚热带林地中很普通,以树里和地面上的昆虫,以及其他种类的蜥蜴为食。遇到威胁时它们会展开褶皱并把嘴张大。

沙鬣蜥
Trapelus mutabilis
这种陆生的蜥蜴在白天活动,常见于多石的北非沙漠里,以无脊椎动物为食。

25 cm
10 in

豹纹避役
Furcifer pardalis

这种大型的避役是南非东海岸马达加斯加岛上的本地物种，也已被引入到毛里求斯和留尼汪岛。这种动物生活在树林里和潮湿的灌丛里，它们的脚非常适于抓住树枝，以至于在平面走路时非常艰难。它们在白天活动，悄悄地在树枝中慢慢移动，捕食昆虫。当发现食物时，它们会用双眼盯着猎物，然后射出长舌抓住昆虫，并把它拉回大大的嘴里。避役改变体色的神奇能力仅仅是情绪和社会地位的指示，不是用于伪装。当面对对手时，它会迅速膨胀身体并改变体色，进行强烈的炫耀，以示其威猛，通常这样就可以解决争端。

尺寸	40~56厘米
生境	树林和潮湿灌丛
分布	马达加斯加
食性	甲壳动物及其他节肢动物

沿着背中线贯穿着一条具有保护作用的棘

头后部的盔状隆起，或者骨质的盾

眼睛 >

避役是唯一可以单独移动每只眼睛的动物。因为眼睛能朝向不同的方向,所以避役能提防捕食者,而且同时也可以寻找猎物。避役没有耳朵。

< 舌头

舌头很长,而且能从嘴里高速射出。这意味着避役能从很远的地方捕捉到毫无戒备的猎物。

∨ 皮肤颜色

显著的皮肤颜色是由于色素细胞造成的,里面包含着许多色素和反应物。细胞的大小和色素的散布随着避役的情绪而改变,这种改变常常是迅速并且激烈的,是对潜在的竞争对手和配偶发出的一种信号。

肌肉质的舌头和它的黏液包围着猎物,并将其拉进嘴里

昆虫猎物

∨ 有爪的脚

避役的脚趾有爪,在脚的对立面两到三个排列着。这使得它们能够紧紧地抓住任何树枝。

结实的鳞片从鼻吻处伸出,形成了一个小的角

尾 >

由于避役具有卷尾,因此高高地生活在树上就变得很容易。尾巴起着第五肢的作用,卷住树枝,有助于攀爬。

∨ 腹面

这只避役是从玻璃桌下面拍到的。它们很少在平坦的地面行走,但有时也会不得不这样做。当它们这样走时,脚是呈八字型的。

宽大的颌

脊

长尾巴

呈八字形的后肢

呈八字形的前肢

锋利的棘刺沿着下颌下缘分布

壁 虎

壁虎科 (Gekkonidae) 动物, 俗称守宫, 有100属, 数量超过1000种, 广泛分布在热带和亚热带地区。它们因为叫声独特以及能够在光滑表面攀爬的能力而变得有名。有些种类产硬壳卵, 而其他种类产软壳卵, 还有一些种类是胎生的。

横纹鞘爪虎
Coleonyx variegatus

12 cm
4¾ in

这种陆生壁虎在美国西部的沙漠里捕捉无脊椎动物。与许多壁虎不同, 它有可以移动的眼睑。

褶虎
Ptychozoon kuhli

20 cm
8 in

当这种壁虎从东南亚雨林中的树上降落时, 它有蹼的脚趾和皮瓣有助于其稳稳地降落。

斑脸虎
Eublepharis macularius

21 cm
8½ in

这种动物原产于中亚, 是一种流行的宠物, 已被繁殖成带有不同的斑纹和颜色。

普通守宫
Tarentola mauritanica

15 cm
6 in

这种敏捷的壁虎在地中海附近很普通, 捕食昆虫。它们生活在岩石表面, 但常会进入房屋里。

伊犁沙虎
Teratoscincus scincus

20 cm
8 in

为了保护自己, 这种中亚的壁虎会慢慢挥动它的尾巴, 使得尾巴上的一排大鳞片互相摩擦, 发出一种哗哗的声音。

鲜艳的颜色

马加残趾虎
Phelsuma madagascariensis

这种白天活动的鲜艳的壁虎生活在树上。像其他壁虎一样, 它们也产硬壳卵, 并将其黏在树枝上。

脚趾上的黏着垫

25 cm
10 in

大壁虎
Gekko gecko

这种大型壁虎来自东南亚, 以其刺耳的 "to-kay" 叫声命名, 常生活在房屋里。

25 cm
10 in

半爪虎
Hemitheconyx caudicinctus

这种动物在撒哈拉沙漠西部很普通, 长有一条储存脂肪的尾巴。它们没有许多其他种类壁虎具有的黏着脚垫。

40 cm
16 in

10 cm
4 in

34 cm
13½ in

环尾弓趾虎
Cyrtodactylus louisiadensis

这种大型的夜行性壁虎生活在新几内亚, 在地面捕食无脊椎动物和小型蛙类。

密疣蜥虎
Hemidactylus brookii

这种壁虎与人类生活得很近。原产于印度北部, 现在也出现在中国的香港、上海和菲律宾。

15 cm
6 in

土尔其蜥虎
Hemidactylus turcicus

这种小型的欧洲壁虎常因其喵喵的哭声而暴露自己。它们在房屋里很常见, 捕捉被光引诱来的昆虫。

美 洲 鬣 蜥

美洲鬣蜥科 (Iguanidae) 动物大部分只生活在美洲, 数量差不多是8属30种。它们颜色不一, 大多数在白天活动, 是肉食性的捕食者, 但较大型的种类是草食性的, 都产卵。

0.7–1.5 m
2¼–5 ft

海鬣蜥
Amblyrhynchus cristatus

亦称钝鼻鬣蜥, 这种水生蜥蜴原产于加拉帕戈斯岛, 很适于捕食水下的藻类。鼻腺有助于排出盐分。

美洲鬣蜥
Iguana iguana

这种大型的鬣蜥广泛分布在拉丁美洲, 草食性。雄性通过激烈地点头展示统治地位, 以保护它的领地。

背脊

2 m
6½ ft

黑刺尾鬣蜥
Ctenosaura similis

这种群居的动物来自中美洲, 它们成群生活, 其中有一个雄性首领。尽管通常为草食性的, 但它们有时也会吃小型的蜥蜴。

90 cm
35 in

长长的鞭子一样的尾巴

冠蜥

9种来自拉丁美洲的树栖性蜥蜴组成了冠蜥科（Corytophanidae）。它们与美洲鬣蜥亲缘关系很近。所有种类都有发达的头冠。长腿和长尾使得这些蜥蜴能快速逃跑，躲避捕食者。

船帆一样的背部装饰

鲜艳的橘黄色虹膜

34 cm
13½ in

海帆蜥
Corytophanes cristatus
这种中美洲鬣蜥以大型节肢动物为食。它们通过很少进食的方式减少花费在户外或者接触捕食者的时间。

头部后方坚硬的圆锥形突起

65 cm
26 in

双嵴冠蜥
Basiliscus plumifrons
这种动物原产于中美洲的雨林，生活在河堤。头上、背部和尾上的嵴由骨质的棘刺所支持。

长腿

长肢山冠蜥
Laemanctus longipes
这种大型的、以昆虫为食的鬣蜥以小群体生活，小群体通常包括一只雄性和两到三只雌性。原产于中美洲。

细长的绿色的脚和腿

70 cm
28 in

长长的尾巴在攀爬或奔跑时有助于保持平衡

角蜥

角蜥科（Phrynosomatidae）动物仅分布在北美洲和中美洲，是蜥蜴种类多样的一科，喜欢生活在干旱的环境中，捕食昆虫。它们通常较小，颜色暗淡，具棘刺。多数产卵，但生活在高原的种类为胎生。

尤马蜥
Uma notata
当在沙土中挖洞时，关闭的鼻孔和耳郭、重叠的腭以及连锁的眼睑有助于保护这种生活在沙漠里的动物。

8 cm
3¼ in

15 cm
6 in

佛州强棱蜥
Sceloporus malachiticus
这种白天活动的树栖性蜥蜴来自中美洲，有坚硬的、具龙骨的鳞片，使得它呈现出具有棘刺的外表。

20 cm
8 in

扁吻角蜥
Phrynosoma platyrhinos
这种生活在北美洲沙漠里的蜥蜴主要以蚂蚁为食。当晒太阳时，它们扁平的身体可以最大限度地吸收热量。

安乐蜥

大多数安乐蜥来自加勒比海周围。安乐蜥科（Polychrotidae）是一个种类多样的类群，是典型的小型、树栖性食虫动物。虽然体色常为绿色或棕色，但它们会根据情绪和环境改变皮肤颜色。两性都会强烈地保护领地。

鳞脚蜥

鳞脚蜥科（Pygopodidae）这一类群的所有蜥蜴都有细长的身体，没有前肢，而且后肢大多退化。本科仅分布在澳大拉西亚，有36种动物，依靠挖洞或在地面捕食昆虫。它们与壁虎有亲缘关系，产软壳卵。

12 cm
4¾ in

鳞蜥
Delma fraseri
这种食虫的澳大利亚蜥蜴生活在三齿稃草原，很适合穿梭于草丛之中。

古巴安乐蜥
Anolis equestris
这种动物仅生活在古巴，是最大的安乐蜥。脚趾上的黏着垫使其能在光滑的墙上攀爬。

50 cm
20 in

20 cm
8 in

绿安乐蜥
Anolis carolinensis
雄性依靠点头和炫耀鲜艳的喉帆来显示它们的统治地位。

21 cm
8½ in

60 cm
23½ in

鳞脚蜥
Pygopus lepidopodus
这种蜥蜴外表如蛇一般，广泛分布在澳大利亚，白天捕食昆虫和穴居的蜘蛛。

澳蛇蜥
Lialis burtonis
这种蜥蜴原产于澳大利亚，它们细长的楔形鼻吻用于捕捉石龙子，并能吃掉一整只。

石龙子

石龙子科 (Scincidae) 分布在世界各地，有1400种。许多是白天活动的捕食者，其他一些是夜行性的、没有肢体的穴居蜥蜴。它们利用化学物质和视觉进行交流。虽然典型的石龙子科为卵生动物，但许多种类也是胎生动物。

两侧鲜艳的颜色

35 cm
14 in

费氏侎蜥
Lepidothyris fernandi
这种食虫的石龙子原产于西非潮湿的林区。吸引人的体色使其成为一种流行的笼养蜥蜴。

孱弱的腿

翠蜥
Lamprolepis smaragdina
这种树栖型蜥蜴原产于西太平洋岛屿，捕食在裸露树干上的昆虫。

25 cm
10 in

21 cm
8½ in

条纹石龙子
Plestiodon fasciatus
这种北美洲的石龙子在孵化期间，会盘曲在卵的周围保护它们。它们喜欢生活在林地中，以地面生活的昆虫为食。

珀氏箭蜥
Acontias percivali
这种无腿的非洲石龙子在枯枝落叶层里挖掘，以无脊椎动物为食。可以产下3只活的幼体。

30 cm
12 in

壁蜥和沙蜥

蜥蜴科 (Lacertidae) 的蜥蜴生活在旧大陆的许多生境中。它们是活跃的捕食动物，有着复杂的社会系统，雄性保卫它们的领地。几乎所有的种类都会产卵。这些蜥蜴通常都长着大头。

侧纹奔蜥
Psammodromus algirus
这种小型蜥蜴分布在地中海地区西部，栖息在灌木茂密的地方。在繁殖期雄性的喉部会出现一个红色斑块。

7.5 cm
3 in

20 cm
8 in

蓝斑蜥蜴
Timon lepidus
这种蜥蜴是本科中最大的欧洲蜥蜴，生活在干燥的灌木地带。它们以昆虫、卵和小型哺乳动物为食。

胎生蜥蜴
Zootoca vivipara
这种在地面生活的蜥蜴遍布欧洲，以及阿尔卑斯山脉3000米的地方。它们栖息在许多生境之中，产下活的幼体。

15 cm
6 in

棘趾蜥
Acanthodactylus erythrurus
这种动物分布在伊比利亚半岛和北非。它们的脚趾上具有边缘带棘刺的鳞片，能穿越松软的沙土。

9 cm
3½ in

斯氏瓜罗蜥
Gallotia stehlini
这种大型动物只分布在大加那利岛上的灌丛中，是白天活动的草食性动物。

80 cm
32 in

7.5 cm
3 in

意大利壁蜥
Podarcis siculus
这种蜥蜴是一种生活在地面的动物，分布在地中海北部附近，栖息在草地中，而且常常生活在接近人类的地方。

鞭尾蜥和双领蜥

这些奔跑迅速的美洲蜥蜴占据着许多生境。美洲蜥蜴科 (Teiidae) 较小的种类是食虫的，而较大的种类是食肉的。所有120种都是卵生的，但许多鞭尾蜥是全雌性的，并进行孤雌生殖——可不经交配产下能发育的受精卵。

45 cm
18 in

丛林鞭尾蜥
Ameiva ameiva
这种南美洲的动物在开阔的陆地捕捉猎物，强有力的上下颌使其能食用小型的脊椎动物和昆虫。

用于进行防御的长尾巴

红色双领蜥
Tupinambis rufescens
这种大型动物生活在南美洲中部的干旱地区，是一种活跃的捕食动物和食腐动物，但也会吃植物。

1.2 m
4 ft

史氏石龙子
Eumeces schneideri
这种白天活动的石龙子以昆虫、小型无
脊椎动物和腐肉为食。原产于北非和
亚洲西南部的沙漠里。

40 cm
16 in

多线柔蜥
Eutropis multifasciatus
这种蜥蜴分布在南亚，在森林里的采伐
地带、阳光照射到的地方捕捉昆虫，产
下活的幼体。

蓝舌蜥
Tiliqua scincoides
这种澳大利亚石龙子因
其蓝色的舌头而得名，
是一种白天活动的杂食
性动物，产活的幼体。

72 cm
28 in

沙鱼蜥
Scincus scincus
这种食虫的北非石龙子会钻进松软
的沙土中躲避捕食者并保持体温凉
爽。它们的名字也是因为这个习性
而获得的。

20 cm
8 in

35 cm
14 in

15 cm
6 in

侧滑蜥
Scincella lateralis
这种北美洲的石龙子生活在林地中的
枯枝落叶层里，捕食昆虫。雌性可以
储存精子，使它的卵受精。

37 cm
14½ in

所罗门蜥
Corucia zebrata
这是世界上最大的石龙子。它们
是严格的树栖动物，长着一条卷
尾，草食性，群体生活。

盾甲蜥

有32种盾甲蜥。所有种类都来自
撒哈拉沙漠以南的非洲，都会产卵。它
们拥有圆柱形的身体，上面长有发达的
腿，用于在岩石地区和热带稀树草原捕
捉昆虫。盾甲蜥科 (Gerrhosauridae)
的种类在自然情况下是独居动物，常
常对本种的其他成员产生攻击行为。

48 cm
19 in

盾甲蜥
Gerrhosaurus major
这种杂食性动物广泛分布在东非的热带稀树草
原。会占据岩石缝隙和白蚁的巢穴。

36 cm
14 in

马岛遁甲蜥
*Zonosaurus
madagascariensis*
这种食虫的蜥蜴原产于马
达加斯加岛。它喜欢独自
生活，在开阔、干燥生境
里的地面捕食猎物。

环尾蜥

环尾蜥科 (Cordylidae) 蜥蜴仅分布在非洲南部和
东部，名字源于其环绕尾巴的棘状鳞片。它们扁平的身
体只有有限的空间养育幼体或卵。在胎生种类中，这制
约了一窝的产仔数；卵生种类只产两枚卵。

海角环尾蜥
Cordylus cordylus
这种蜥蜴是非洲南部的本地物
种，以高密度的群体生活。成
体有攻击性，并在一只雄性首
领的统治下形成社会阶级。

21 cm
8½ in

有棘刺的
鳞片

裸眼蜥

热带南美洲的裸眼蜥科 (Gymnophthalmidae) 有165种蜥蜴。它们
通常很小，特点是背部具有大的鳞片。这些动物白天活动，是神秘的食
虫蜥蜴，而且它们暗淡的颜色可以在枯枝落叶层中进行伪装。大多数种
类都产卵。

眼斑安拉蜥
Anadia ocellata
眼斑安拉蜥是一种生活在
中美洲的树栖性蜥蜴，它
们捕捉昆虫，在植物里躲
避危险。

8 cm
3¼ in

强健的身体

光滑的头部鳞片

异 蜥

这些特殊的蜥蜴主要分布在墨西哥,由于头部鳞片下面具有锥形的膜质骨板(骨沉积物),所以它们的头部顶端很粗糙。异蜥科 (Xenosauridae) 动物可以产下活的后代,而且会在洞穴中保护它们。它们捕捉昆虫和其他动物。

沿着背部的盾甲

46 cm
18 in

鳄蜥
Shinisaurus crocodilurus
这种水生蜥蜴只分布在中国广西,以鱼和蝌蚪为食,在河边的灌木里晒太阳。

25 cm
10 in

异蜥
Xenosaurus grandis
这是一种生活在墨西哥雨林地面的蜥蜴,它身体扁平,以夜晚的飞虫为食,白天会躲起来。

黄 蜥

黄蜥科 (Xantusiidae) 的30种蜥蜴仅分布在北美洲和中美洲。这些神秘的蜥蜴在黎明或黄昏时活动,或者白天活动,而非夜晚活动。它们有大的头盾和矩形的腹部鳞片。

疣蜥
*Lepidophyma
flavimaculatum*
这些动物生活在中美洲潮湿的森林里,在腐烂的原木里能发现它们。它们以昆虫为食。

13 cm
5 in

蠕 蜥

蠕蜥科 (Anniellidae) 有两种,仅生活在北美洲西部的沙漠里。它们都长着长长的、圆柱形身体和小脑袋,挖洞捕捉无脊椎动物,产一或两只活的幼体。

蠕蜥
Anniella pulchra
这种动物是一种食虫的、形似蠕虫的蜥蜴,在沙子或松软的泥土里穴居。它们可以断开尾巴欺骗捕食者。

14 cm
5½ in

巨 蜥

巨蜥科 (Varanidae) 广泛分布于热带非洲、亚洲和澳大利亚,是所有现生蜥蜴中最大的种类。它们拥有细长的身体和强壮的腿,而且许多种类能产生毒液。它们对猎物的选择依据自身的体型大小。

1.5 m
5 ft

黑砂巨蜥
Varanus rosenbergi
这种巨蜥分布在澳大利亚南部的海岸附近,饮食很多样。它们很善于挖掘,常在地下等待食物。

2 m
6½ ft

圆鼻巨蜥
Varanus salvator
这种巨蜥生活在南亚的雨林和湿润的生境中,庞大的身体使其能够对付许多种猎物。

1.3 m
4¼ ft

西非巨蜥
Varanus exanthematicus
这种巨蜥分布在撒哈拉以南非洲的热带稀树草原上,捕捉无脊椎动物和其他小到足以吞下的动物。

弯曲的长尾巴

蛇 蜥

蛇蜥科 (Anguidae) 包括无腿的形态和有正常肢体的种类。大多数蜥蜴在地面生活,而且出现在新旧大陆的许多生境中。虽然通常为食虫性的,但这些蜥蜴也会捕食很多种类的猎物。它们会产卵。

48 cm
19 in

普通蛇蜥
Anguis fragilis
这种动物是一种生活在欧洲植被优良生境中的蛇蜥。它们喜欢堆肥,并在那里捕捉无脊椎动物。

欧洲蛇蜥
Pseudopus apodus
这种蛇蜥生活在欧洲南部干燥的生境中,白天捕捉大型昆虫和小型蜥蜴。

1.2 m
4 ft

毒 蜥

毒蜥科 (Helodermatidae) 原产于北美洲西部干旱的地区,它的唾液腺发生演化,能产生毒液,沿着沟牙传递。它们夜晚活动,捕捉许多种无脊椎动物,也吃腐肉。

粉色和黑色的念珠状鳞片

50 cm
20 in

钝尾毒蜥
Heloderma suspectum
这种蜥蜴生活在北美洲西南部的沙漠中,是一种产卵的蜥蜴。它们捕捉昆虫和地下生活的脊椎动物,包括小型的哺乳动物。

眼斑巨蜥
Varanus giganteus
这种害羞的动物是澳大利亚最大的蜥蜴，生活在干旱的地区。它们的食物很多样，具有弱的毒液。

斑点形态的鳞片

2.5 m
8¼ ft

1.4 m
4½ ft

尾环巨蜥
Varanus gouldii
这种巨蜥会积极地寻找任何比自己小的动物为食，分布在澳大利亚开阔的林地和草地。

1.4 m
4½ ft

砂巨蜥
Varanus panoptes
这种巨蜥来自澳大利亚和新几内亚南部，几乎不会远离永久性水源地。它们捕捉其他种类的爬行动物。

用于挖掘猎物的强壮的爪子

2 m
6½ ft

尼罗巨蜥
Varanus niloticus
这种巨蜥是非洲第二大的爬行动物，捕捉许多脊椎动物和软体动物，也会清理腐肉。

3.1 m
10 ft

颈部的皮肤出现褶皱

科莫多巨蜥
Varanus komodoensis
这种动物是世界上最大的蜥蜴，仅分布在印度尼西亚的几个岛屿上面。它们是一种强大的捕食者，能捕食大型的哺乳动物。

发达的、强壮的肢体

棕灰色的、带有鳞片的皮肤

蚓蜥

它们与蛇蜥相似，但蚓蜥亚目（Amphisbaenia）这种挖洞的蜥蜴在解剖学和行为学上有着非常独特的特征。

蚓蜥是完全适应地下生活方式的蜥蜴，它们几乎全部的生活都是在地下。大多数种类已经失去所有的肢体痕迹，而且细长的身体带有光滑的鳞片。它们通过气味和声音捕捉土壤无脊椎动物，用具压碎功能的颌杀死猎物。挖洞时，蚓蜥通过伸缩身体推动自己向前，而特化的头部可以穿过土壤。眼睛由坚韧的、半透明的皮肤所保护。体内受精，有些种类产卵，其他种类产活的幼体。它们分布在南美洲、美国佛罗里达、非洲、欧洲南部和中东地区。

门	脊索动物门
纲	爬行纲
目	有鳞目
科	4
种	165

蚓 蜥

所有的蚓蜥科（Amphisbaenidae）动物都是穴居生活，据有特化的适应挖掘的头部，分布在撒哈拉以南的非洲和南美洲。它们是强大的捕食者，捕食土壤无脊椎动物，靠气味和声音捕捉猎物。

伊比利亚蚓蜥
Blanus cinereus
这种穴居生活的爬行动物来自西班牙和摩洛哥，很少出现在地面上。它们在枯枝落叶层里寻找无脊椎动物、特别是蚂蚁为食。

30 cm
12 in

极度骨化的头骨

黑白斑纹

斑蚓蜥
Amphisbaena fuliginosa
这种蚓蜥在南美洲雨林的枯枝落叶层中穴居生活，捕捉无脊椎动物。下大雨时会到表层。

45 cm
18 in

朗氏圆头蚓蜥
Chirindia langi
这种动物分布在非洲南部，在沙土中掘穴寻找白蚁为食。如果被捉到的话，它们会为了逃脱而脱落掉尾巴。

17 cm
6½ in

蛇

蛇是一类捕食性动物，身体细长，皮肤覆盖有鳞片。许多种类具有演化的牙齿，或者毒牙，用于输送毒液。

虽然大多数蛇都生活在热带地区，但它们已经适应了生活在较冷的纬度和高地，并且除了南极洲之外，分布在所有的大洲。它们通常在陆地生活，也有许多生活在树上，有些种类穴居生活，有些种类半水生生活，其他种类完全生活在海洋里。最小的蛇是小型的、如绳线般的生物，但最大的蛇能达到10米长。而大多数在30厘米到2米之间。

一种独特的感觉排列

有些蛇的后肢有外部痕迹，但它们依靠肌肉收缩，在体下鳞片和下表面之间制造牵引力，以此进行移动。许多灵活相连的椎骨可以使它们朝任何方向弯曲和卷曲。为了生长，带有鳞片的皮肤可以有规律地脱落。许多蛇只依靠细长的肺进行呼吸，而内脏是一个简单的管子，具有一个大的肌肉胃。没有能够开闭的眼睑，取而代之的是每只眼睛都具有一个清晰的、有保护作用的鳞片。蛇视力可能很好，但也依据生活方式而不同。蛇没有外耳，依靠来自地面和空气的振动感受声音。它们的关键感觉是嗅觉，不通过鼻孔，而是通过分叉的舌头收集空气中的化学信号。有些种类也能察觉哺乳动物和鸟类的体温。

杀死猎物

所有的蛇都是肉食性的。它们锋利的牙齿向后弯曲，以抓握猎物。无论是吃活的猎物，还是靠注射毒液或压迫杀死猎物，它们都会整个吞下猎物。极其灵活的腭使得它们能够吞下比自己头大得多的动物。蛇依靠伪装、警戒色或拟态保护自己。当遇到危险时，它们会攻击和咬。在寒冷地区生活的种类倾向于产下活的后代，而那些在温暖天气下生活的种类会产卵。蛇体内受精，雄性会利用它成对的性器官，即双阴茎的其中一个储存精子。

门	脊索动物门
纲	爬行纲
目	有鳞目
科（蛇科）	18
种	2700多种

如果受到威胁，莫哈维沙漠响尾蛇会发出特别的咔嗒声，露出牙齿，蜷成一团，准备攻击入侵者。

穴蝰

穴蝰科 (Atractaspididae) 的蛇来自非洲和亚洲西南部，全都具有毒性。虽然它们的名字很常见，但却与蝰科 (Viperidae) 的亲缘关系不太相近，毒牙的位置不同于真蝰蛇亚科。穴蝰科是穴居的蝰类，捕捉地下小型的哺乳动物和爬行动物。它们的体型相对较小，鳞片光滑，身体圆柱形，这些都是对穴居生活的适应。本科的大多数种类都产卵。

蚺

蚺科 (Boidae) 的大多数种类生活在中美洲和南美洲，但也有少数几种生活在马达加斯加和新几内亚。从树丛到沼泽都生活着这类蛇，在那里它们捕食脊椎动物，靠收缩压迫杀死猎物。这科包括水蚺，即现存最大的蛇，和其他各种大小的蛇。大多数产活的幼体。

分离的腭允许它吞下大型的猎物

巨蚺
Boa constrictor imperator
这种相对较小的亚种生活在中美洲的许多生境之中。它们夜晚活动，捕捉小型哺乳动物。

小的、光滑的颗粒状鳞片

马鞍形的深色斑纹

75 cm
30 in

穴蝰
Atractaspis fallax
这种有毒的蛇来自东非，具有大的前毒牙。它们捕捉地下生活的其他种类的脊椎动物。

1.8 m
6 ft

杜氏蚺
Acrantophis dumerili
这种蛇生活在马达加斯加潮湿的森林中，在干燥寒冷的月份里，会躲避在洞穴中保持休眠的状态。

80 cm
32 in

两头沙蚺
Charina bottae
这种穴居的动物喜欢凉爽、潮湿的环境，生活在高海拔地区，北到不列颠哥伦比亚。

肯尼亚沙蟒
Gongylophis colubrinus
这种非洲的蟒长着粗壮的身体和短小的尾巴。它们会在洞穴里等待，只有头露在外面，捕捉毫无察觉的猎物。

90 cm
35 in

帮助挖洞的小的、光滑的鳞片

1.1 m
3½ ft

长着小眼睛的头部

用于防御的、如头一般的尾巴

用于伪装的、斑驳的棕色体色

卡拉巴球蟒
Calabaria reinhardtii
卡拉巴球蟒原产于西非，在洞穴里捕捉小型哺乳动物。它是唯一产卵的蟒蛇。

长长的、肌肉发达的身体

2.5 m
8¼ ft

虹蚺
Epicrates cenchria
这种蛇来自南美洲，鳞片的细微结构能够反光，使其发出一种彩虹色的光芒。它们在森林里捕捉哺乳动物。

2 m
6½ ft

光滑的、富有光泽的鳞片

1 m
3¼ ft

库氏树蚺
Corallus cookii
这种稀有的蛇是加勒比海域圣文森特岛屿上的本地物种。它们会在夜色的笼罩下，在树上捕捉鸟类和哺乳动物。

1.5 m
5 ft

新几内亚树蚺
Candoia aspera
一个很有棱角的鼻吻有助于确认这种新几内亚的蛇。它们是一种移动缓慢的陆地捕食者，捕食小型的脊椎动物。

10 m
33 ft

玫瑰蚺
Lichanura trivirgata
这是来自美国西部的一种移动缓慢的蛇。它们会伏击哺乳动物，并将其勒死。

1 m
3¼ ft

厚厚的、肌肉发达的身体用于压迫猎物

水蚺
Eunectes murinus
这种水生的南美洲动物是最大的新大陆的蛇。它们会藏在水里，依靠收缩压死猎物。

暗黄色的体色带有明显的黑色斑点

巨蚺
Boa constrictor

巨蚺是一种来自拉丁美洲热带地区的大型陆生蛇类。虽然经常能在林地和灌丛中发现它们，但它们能容易适应许多种生境。在地面静止不动时，伏击哺乳动物猎物，蚺会用腭咬住猎物，并缠住猎物，然后慢慢地收缩，使猎物窒息并将其杀死，然后整个吞下。蚺下颌的左侧和右侧在前端分离，能张得很大，吞下令人吃惊的大型猎物。它们通常是独居动物，繁殖期雄性会积极地寻找伴侣，被雌性排出的气味所吸引。雌性蚺比雄性大，每窝能产下30~50条幼蛇，每条大约有30厘米长。通常可以在动物园中看到这种动物，但由于它们具有咬人的习性，所以是一种难以捉摸的宠物。

尺寸	2.5米
生境	开阔的林地和灌丛
分布	拉丁美洲
食性	哺乳动物、鸟类、爬行动物

∧ 颜色多变

巨蚺有许多亚种，以大小和颜色色形态来确定。颜色在聚居地之间也很多变。

＞ 伪装

一些鳞片的色素形成了颜色斑块，打破了蛇的外部轮廓。在捕捉猎物和躲避捕食者时有助于进行伪装。

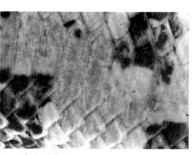

∧ 腹部鳞片

宽大的腹部鳞片抓住了大部分的表面，使得，巨蚺可以拉动自己，以及攀爬树木。它们会定期蜕皮。

＞ 很大的危险

巨蚺靠视力和气味捕捉猎物，因此眼睛和鼻孔在三角形的头上显得很突出。它们进食并不频繁——一只小型猎物可以维持一条蛇两到三周不进食。一只大蛇能杀死一头鹿，至少六个月无需进食。

特殊的马鞍形斑纹

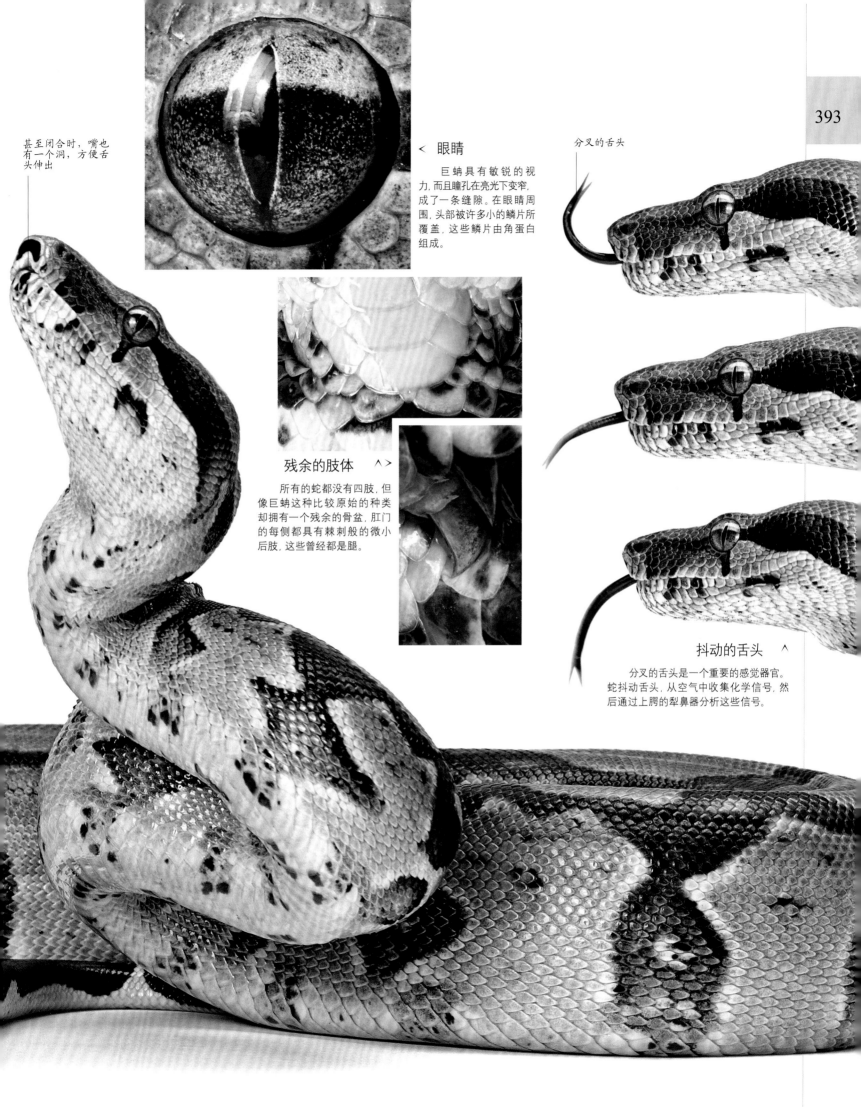

< 眼睛

巨蚺具有敏锐的视力，而且瞳孔在亮光下变窄，成了一条缝隙。在眼睛周围，头部被许多小的鳞片所覆盖，这些鳞片由角蛋白组成。

分叉的舌头

残余的肢体 ^ >

所有的蛇都没有四肢，但像巨蚺这种比较原始的种类却拥有一个残余的骨盆，肛门的每侧都具有棘刺般的微小后肢，这些曾经都是腿。

抖动的舌头 ^

分叉的舌头是一个重要的感觉器官。蛇抖动舌头，从空气中收集化学信号，然后通过上腭的犁鼻器分析这些信号。

游 蛇

游蛇形成了蛇类最大的一个科，在世界范围内有超过1600种。游蛇科 (Colubridae) 的动物栖息在许多生境中，从沙漠到湿地。它们的食物很多变。许多种类都会产卵。

有条带的
体色

西部琴蛇
Trimorphodon biscutatus
这种神秘的夜行性动物生活在北美洲西部的岩石生境中。它们捕捉鼠类和其他小型的哺乳动物，以及蜥蜴。

1.2 m
4 ft

1.8 m
6 ft

马岛滑猪鼻蛇
Leioheterodon madagascariensis
这种白天活动的大型蛇具有一个上翘的鼻吻，在马达加斯加的草原和森林里捕捉蜥蜴和两栖动物。

1.3 m
4¼ ft

剑纹带蛇
Thamnophis sirtalis
这种北美洲的蛇类白天活动，在许多生境里捕捉脊椎动物。冬眠过后，它们会大群地聚集在马尼托巴湖，一起交配。

大眼睛

46 cm
18 in

露云妮王蛇
Lampropeltis ruthveni
这种游蛇是一种产卵的蛇，来自墨西哥高原，在干燥的林地捕食鼠类和蜥蜴。

灰泥蛇
Geophis brachycephalus
这种中美洲的小型蛇类是陆生的夜行性动物。主要以蚯蚓和柔软的昆虫幼虫为食。

1 m
3¼ ft

疣唇蛇
Rhinocheilus lecontei
这种害羞的夜行性穴居动物来自北美洲干旱的草原，捕食蜥蜴，它的特点是具有一个尖尖的鼻吻。

假盾蛇
Pseudaspis cana
这种无害的蛇生活在地下洞穴里，通过收缩压迫捕食鼹鼠和其他小型的哺乳动物。分布在非洲南部。

2.1 m
7 ft

90 cm
35 in

1.1 m
3½ ft

加州王蛇
Lampropeltis zonata
这种神秘的蛇喜欢生活在高海拔的林地生境中。它们是典型的夜行性动物，但当夜晚寒冷时就会在白天活动。

1.2 m
4 ft

食卵蛇
Dasypeltis scabra
这种非洲蛇在鸟类繁殖季节时食性高度特化，专以鸟卵为食。然后在一年的剩余时间不再进食。

斑驳的棕色

长的、强有力
的身体

2.8 m
9¼ ft

黑唇牛蛇
Pituophis melanoleucus
这种大型的蛇生活在北美洲的林地里，当遇到危险时，它们会从后面的开口（泄殖腔）喷出臭烘烘的废弃物。

1 m
3¼ ft

靛青蛇
Drymarchon corais
这是北美洲最长的一种蛇
之一。常和沙龟共用一个
洞穴。

1.2 m
4 ft

——细长的身体

绿珠点蛇
Drymobius chloroticus
这种迅速、敏捷的蛇来自中美洲的
雨林，通常可以在水源地附近发现
它们。它们在那里捕食蛙类。

1.4 m
4½ ft

3 m
9¾ ft

宁斑金花蛇
Chrysopelea pelias
这种蛇通过将身体下部凹陷，可以从
高的树枝上滑下，捕食蜥蜴。卵生。

北水蛇
Nerodia sipedon
这种水生的胎生蛇类来自北美洲东
部，白天和黑夜都很活跃。以两栖动物
和鱼类为食。

65 cm
26 in

1.8 m
6 ft

短的鼻吻——

假珊瑚蛇
Erythrolamprus mimus
这种无害的假珊瑚蛇来自南美
洲，它们鲜艳的体色与有着剧
毒的珊瑚蛇非常相似。

摩氏鼠蛇
Orthriophis moellendorffi
这种蛇来自中国和越南干旱的石灰岩地
区，具有一个细长的鼻吻和一个相对较长
的尾巴。

密河泥蛇
Farancia abacura
这种北美洲的蛇捕食水生的
蝾螈，用强壮的弯牙咬住猎
物。雌性会盘在卵的周围直
到它们孵化出来。

2.1 m
7 ft

99 cm
3¼ ft

醒目的红色、
白色和黑色条带

赤背咖啡蛇
Ninia sebae
这种无害的蛇来自中美洲，
能将脖子伸长形成一种恐
吓的姿态。

40 cm
16 in

猫眼大头蛇
Leptodeira septentrionalis
这种夜行性的树栖蛇类来自中美
洲。它们长着大大的眼睛，有助
于捕捉脊椎动物和树蛙的卵。

1.3 m
4¼ ft

钝头树蛇
Imantodes cenchoa
这种纤细的蛇长着大大的眼睛，有助于其
在黑夜里捕捉蜥蜴。分布在热带的美洲雨
林中。

1 m
3¼ ft

林蛇
Boiga irregularis
这种蛇原产于澳大利亚和新几内
亚，偶然被引入西太平洋的关岛，
破坏了那里的本土生物。

3 m
9¾ ft

巴西水王蛇
Hydrodynastes gigas
这是一种半水生的蛇类，原产
于南美洲的雨林。和眼镜蛇一
样，它们能将颈部变得扁平，
表现得非常吓人。

绿蔓蛇
Oxybelis fulgidus
这种树栖性蛇是长的且纤弱的，来自拉
丁美洲的雨林。它们会在空中等待猎
物，直到毒液使猎物不能动弹为止。

2 m
6½ ft

特别的黄色
领环

水游蛇
Natrix natrix
这种蛇在整个欧洲地区分
布广泛，遇到危险时经常
装死。它们生活在水中，
定期捕食两栖动物。

1.1 m
3½ ft

斑纹丛林蛇
Oxyrhopus petola
这种蛇以蜥蜴和其他小型脊椎动物为食。它们在陆
地生活，白天活动，栖息在南美洲的雨林里。

1.2 m
4 ft

橄榄灰色的
体色

≫

》游蛇

海伦颌腔蛇
Coelognathus helena
这种印度的蛇会扩张颈部，并抬升身体恐吓敌人。通常在夜晚捕捉哺乳动物。

1.4 m
4½ ft

糙鳞绿树蛇
Opheodrys aestivus
这种树栖性蛇原产于北美洲的东南部林地，白天捕食昆虫。卵生。

1.6 m
5¼ ft

红尾绿锦蛇
Gonyosoma oxycephalum
这种移动迅速的蛇捕捉树上的鸟类和哺乳动物，分布在东南亚的雨林中。

2.4 m
7¾ ft

—— 细长的身体

1.6 m
5¼ ft

滑蛇
Coronella austriaca
这种神秘的欧洲蛇生活在石南上，靠收缩勒死猎物。雌性会产卵，这些卵会在体内孵化。

60 cm
23½ in

巴尔干圣蛇
Hierophis gemonensis
这种蛇只分布在巴尔干半岛地区，生活在干旱的灌丛和橄榄树丛中。它们白天捕猎，捕食蜥蜴。

1 m
3¼ in

达氏鞭蛇
Platyceps najadum
这种蛇来自地中海地区，生活在干旱、多石的环境中，白天捕捉小型蜥蜴和草蜢。

1.4 m
4½ ft

南水蛇
Nerodia fasciata
这种游蛇生活在湿地，捕捉两栖动物和鱼类。分布在美国南部。

黑头蛇
Tantilla melanocephala ruficeps
这种穴居蛇生活在中美洲的热带森林中，是一种主要在白天活动的食虫蛇类。

20 cm
8 in

强壮的身体上的棕色花纹

头上长着突出的眼睛

1.8 m
6 ft

白色的下身

1.8 m
6 ft

玉米蛇
Pantherophis guttatus
这种蛇在北美洲东南部是普通的，但却很少被发现。在林地中捕捉小型的哺乳动物。

2 m
6½ ft

虎纹鼠蛇
Spilotes pullatus
这种大型蛇类捕食小型的脊椎动物，很少发现它们远离水源地。广泛分布于南美洲和中美洲。

克氏王冠游蛇
Spalaerosophis diadema cliffordi
这个亚种原产于北非的沙漠，在寒冷的月份里白天活动，但在夏季的几个月里会变成夜晚活动。

80 cm
32 in

西猪鼻蛇
Heterodon nasicus
这种蛇生活在北美洲的大草原，它会用特别的、细长的牙齿刺穿蟾蜍的肺部，使得它们更容易被吞咽。

2 m
6½ ft

蒙彼利埃马坡伦蛇
Malpolon monspessulanus
这种细长的蛇生活在地中海附近干燥的灌丛和多石的山坡，在白天捕捉小型的脊椎动物。

亚洲管蛇

管蛇科 (Cylindrophiidae) 的这些小型的穴居蛇类来自斯里兰卡和东南亚，拥有圆柱形的身体和光亮的鳞片。它们生活在潮湿的环境中，躲藏在洞穴里，夜晚活动，捕捉其他蛇类和鳗鱼。直接产下活的幼体。

斑管蛇
Cylindrophis maculatus
这种无毒的穴居蛇是斯里兰卡的本地物种，捕食无脊椎动物。它们会用扁平的尾巴模仿有毒的眼镜蛇的运动。

65 cm
26 in

海蛇

这些剧毒的蛇类来自印度洋和太平洋的热带海滨水域。它们属于海蛇亚科 (Hydrophiinae)，是大型的眼镜蛇科 (Elapidae) 的一部分。它们很善于游泳，具有一个船桨般的尾巴。除了少数几种，几乎所有海蛇都在水中繁殖，产下活的幼体。它们捕食鳗鱼和其他鱼类。

蓝灰扁尾蛇
Laticauda colubrina
这种蛇生活在印度洋－太平洋水域，在夜晚捕捉鱼类，也能移动到陆地。

1.4 m
4½ ft

眼镜蛇及其近亲

眼镜蛇科 (Elapidae) 广泛分布于热带地区,其中有毒的蛇类在嘴的前端长着短的、永远直立的毒牙。它们的身体形态多变,占据着许多种生境。有些种类产卵,而其他种类产活的幼体。

80 cm
32 in

小的、细长的头

黑纹珊瑚蛇
Micrurus nigrocinctus
这种有毒的蛇来自中美洲,在热带的枯枝落叶层中寻找食物。鲜艳的体色是对可能的入侵者做出的一种警告。

1.2 m
4 ft

澳蛇
Demansia psammophis
这种细长的蛇广泛分布在澳大利亚,白天很活跃,捕食蜥蜴,喜欢干燥、开阔的生境。

65 cm
26 in

带纹苏塔蛇
Suta fasciata
这种有毒的蛇分布在澳大利亚西部干旱的地区,捕捉蜥蜴。

75 cm
30 in

小盾鼻蛇
Aspidelaps scutatus fulafulus
这种夜行性的蛇类来自南非的热带稀树草原,捕食小型的蜥蜴和哺乳动物,在沙土里穴居。

展开颈褶
以示警告

50 cm
20 in

35 cm
14 in

70 cm
28 in

澳洲环纹拟眼镜蛇
Pseudonaja modesta
这种有毒蛇生活在澳大利亚干旱、多石的地区,捕食小型的石龙子。由于栖息地的丧失,它们的生存面临威胁。

纹澳洲珊瑚蛇
Simoselaps bertholdi
这种小型蛇广泛分布于澳大利亚西部,会挖洞寻找蜥蜴作为食物。条带可能会迷惑猎物。

沙漠棘蛇
Acanthophis pyrrhus
这种蛇生活在澳大利亚的西部沙漠中,它会通过摆动尾巴引诱猎物小型蜥蜴和哺乳动物。然后伏击它们。

细长身体上的
橄榄色

2 m
6½ ft

5 m
16 ft

孟加拉眼镜蛇
Naja kaouthia
这种大型蛇类在东南亚很普通。它们在林地和稻田里捕捉鼠类和其他蛇类,常常靠近人类的聚居区。

2.4 m
7¾ ft

埃及眼镜蛇
Naja haje
这种大型的眼镜蛇来自北非和中非的沙漠,捕捉小型的脊椎动物。遇到危险时,它们会展开颈褶并抬起头部。

眼镜王蛇
Ophiophagus hannah
这种大型的眼镜王蛇生活在热带亚洲的森林中,主要捕捉其他蛇类。对于蛇类很特别的是,这种蛇有卵的巢穴是被雌雄两性所保卫着的。

棕色身体上的
光滑鳞片

75 cm
30 in

红喷毒眼镜蛇
Naja pallida
这种蛇来自非洲。遇到危险时,它们不仅会展开颈褶,而且还会将一束毒液喷到进攻者的面部。

蛇 · 爬行动物

蟒

蟒科 (Pythonidae) 动物分布在非洲、亚洲和澳大利亚。蟒蛇用它们的颊窝发现温血猎物。它们用嘴咬住猎物，但通过收缩勒死猎物。有些种类会盘曲在卵的周围，依靠颤抖产热帮助孵化。

绿树蟒
Morelia viridis
这种树栖蛇生活在澳大拉西亚的热带森林中。它们缠绕在树枝上，准备伏击蜥蜴和小型哺乳动物。

1.5 m
5 ft

鲜艳的绿色有助于进行伪装

侏蟒
Python curtus
这种相对短些的蟒蛇来自东南亚的雨林中，会盘曲在卵的周围，孵化并保护它们。

1.8 m
6 ft

3 m
9¾ ft

黑头盾蟒
Aspidites melanocephalus
这种动物是澳大利亚的本地物种，生活在许多生境之中，捕捉其他蛇类和蜥蜴。

缅甸蟒
Python molurus
这种亚洲蛇在原产地已经很少了，但在佛罗里达的沼泽地却已经过量存在。它的食物很广，有鸟类、哺乳动物和蜥蜴，因此是对许多本地物种的威胁。

7 m
23 ft

盲蛇

盲蛇科 (Typhlopidae) 动物的眼睛覆盖有鳞片，这使得它们实际上是看不到东西的。这些小型的穴居蛇生活在热带森林的枯枝落叶层中。它们主要捕食土壤无脊椎动物，而且只有上腭具有牙齿。大多数都产卵。

75 cm
30 in

黑盲蛇
Austrotyphlops nigrescens
这种穴居蛇来自澳大利亚东部。当它们捕食蚂蚁的卵和幼虫时，坚韧的鳞片可以阻止蚂蚁的进攻。

35 cm
14 in

虫形盲蛇
Typhlops vermicularis
这种形似蠕虫的盲蛇生活在欧洲干旱、开阔的地区。它们会挖洞捕食无脊椎动物，主要是蚂蚁的幼虫。

蝰

蝰科 (Viperidae) 的特点是身体厚重，具有龙骨脊鳞以及一个三角形的头。嘴前部长长的、管状铰合的毒牙能有效地将毒液注入脊椎动物猎物体内。在蝰蛇的眼睛和鼻孔之间具有颊窝，能感受热量。大多数蝰蛇为胎生。

1.5 m
5 ft

矛头蝮
Bothrops atrox
这种有毒蛇生活在热带美洲的森林中，特点是具有一个非常尖的头。它们在夜晚捕捉鸟类和哺乳动物。

85 cm
34 in

细盲蛇

因为具有钻洞捕食无脊椎动物的习性，所以这些细长的小型蛇很少能被发现。它们属于细盲蛇科 (Leptotyphlopidae)，生活在美洲、非洲和亚洲西南部的热带地区。

30 cm
12 in

塞内加尔细盲蛇
Myriopholis rouxestevae
这种蛇生活在西非热带森林里的泥土中。2004年首次被研究，被认为是以无脊椎动物为食的。

角蝰
Cerastes cerastes
这种蛇生活在北非和西奈半岛的沙漠里，可以将身体埋进沙土里伏击小型哺乳动物和蜥蜴。

60 cm
23½ in

雨林猪鼻蝮
Porthidium nasutum
这种白天活动的捕食者来自中美洲，喜欢生活在潮湿开阔的森林里。在它们的眼睛和鼻孔之间具有感知热量的颊窝，胎生。

斑驳的斑纹

闪鳞蛇

闪鳞蛇科 (Xenopeltidae) 动物的特点是具有闪光的鳞片，这科有两种蛇类，都只分布在东南亚。它们生活在森林中的洞穴里，捕捉两栖动物、其他爬行动物和小型的哺乳动物。它们依靠产卵进行繁殖。

1.4 m
4½ ft

斑点星蟒
Antaresia maculosa
这种蟒蛇生活在澳大利亚北部多石的山坡，以鼠类为食，通常会在它们栖息的岩石洞口等待。

10 m
33 ft

1.3 m
4¼ ft

网状斑纹

网纹蟒
Python reticulatus
这种蟒蛇是世界上最长的蛇类之一，生活在亚洲的雨林里。它们靠收缩勒死大型的哺乳动物。

闪鳞蛇
Xenopeltis unicolor
扁平的头有助于这种蛇在腐朽的植被里钻洞。它们在傍晚活动，捕食两栖动物和小型的无脊椎动物。

强大的、肌肉发达的身体有助于勒死猎物

60 cm
23½ in

1.3 m
4¼ ft

1.2 m
4 ft

铜头蝮
Agkistrodon contortrix
条带状斑纹帮助这种蛇隐藏在多石林地中的枯枝落叶层里。它们分布在北美洲东部。

90 cm
35 in

极北蝰
Vipera berus
这种白天活动的蛇捕捉小型哺乳动物和蜥蜴，广泛分布在欧亚大陆的许多种生境里。

短的、深色边缘的斑块

毒蝰
Vipera aspis
这种欧洲蝰蛇喜欢温暖、干燥的环境，在那里捕食小型哺乳动物。可以产下20只活的幼体。

2.1 m
7 ft

2 m
6½ ft

加蓬嘶蝰
Bitis gabonica
这种大型的、身体粗壮的蝰蛇生活在非洲的热带雨林中，依靠伏击捕捉哺乳动物。

西部菱斑响尾蛇
Crotalus atrox
这种大型的蛇在夜间捕捉哺乳动物，广泛分布在北美洲西部的干旱地区。

草原响尾蛇
Crotalus viridis
这种蛇分布在美国的中部到西部地区，在黎明和黄昏时分捕捉哺乳动物，白天藏在缝隙里。

大头

1.8 m
6 ft

普通嘶蝰
Bitis arietans
这种有毒的蛇大多在夜里活动，通常静止不动地伏击无脊椎动物作为食物。它们生活在非洲多石的草原。

1 m
3¼ ft

红口蝮
Calloselasma rhodostoma
这种蛇生活在东南亚，夜晚在毗邻森林的开阔地捕捉鼠类和蜥蜴作为食物。

真鳄和短吻鳄

鳄目 (Crocodylia) 动物是大型的、肉食性水生爬行动物。盔甲般的皮肤和强大的上下颌使其成为可怕的捕食者。然而它们却是社会性动物,并会照顾幼崽。

所有的鳄目动物——真鳄、短吻鳄和食鱼鳄,都有着相似的身体形态:一个细长的鼻吻上长着许多锋利的、非特化的牙齿,一个流线型身体,一个肌肉发达的长尾,以及皮肤被有骨板等特征。湾鳄是最大的现生爬行动物。

游泳和进食

鳄目动物生活在世界上的热带地区,栖息在许多种淡水和海洋生境中。眼睛、耳朵和鼻孔位于头顶,使得它们在捕猎时几乎可以完全沉入水下。强大的尾巴用于游泳,强壮的腿使得鳄目动物能轻松地在陆地上行走,而且它们的身体也能够抬离地面。

尽管是泛化的食肉动物,主要以鱼类、爬行动物,鸟类和哺乳动物为食,但鳄目动物却展示出复杂的捕食行为,能追踪和伏击特别的猎物,例如迁徙的哺乳动物和鱼类。小的猎物可以整个吞下,但大的猎物首先要被淹死,然后翻转尸体,将肉撕下。它们通过胃里的石头和强酸性的胃液分泌物帮助消化食物。

社会行为和繁殖

与其他种类的爬行动物相比,在行为上,鳄目动物与它们亲缘关系最近的现生动物鸟类有着很多相似之处。成体形成松散的族群——特别是在好的取食地——并使用一系列的声音和身体语言,彼此进行交流。

在繁殖季节,统领的雄性会控制繁殖地,并积极地向雌性求爱。它们体内受精,并将硬壳卵产在雌性建造和守护的巢穴里。个体的性别由孵化时的温度决定。幼鳄的叫声刺激雌性挖开巢穴,并将它们含在口中运送至水体里。幼鳄的死亡率很高,但是一旦它们长到1米多长,就很少有天敌了。

门	脊索动物门
纲	爬行纲
目	鳄目
科	3
种	23

凯门鳄利用湍急的溪流,将它们的嘴张开,等待鱼类"自投罗网"。

食鱼鳄

濒危的食鱼鳄科 (Gavialidae) 只分布在印度,亦称恒河鳄、长吻鳄。细长的鼻吻长着成排锋利的牙齿,帮助它们捕捉鱼类。雄性在鼻吻的尖端会长出一个疣状物。

橄榄绿色的身体

7 m
23 ft

食鱼鳄
Gavialis gangeticus
这种亚洲鳄是最大的鳄目动物之一,长有许多可怕的牙齿,帮助它们捕捉鱼类,但没听说袭击过人类。

真鳄

鳄科 (Crocodylidae) 动物的生活方式、习性和食物相对不是特化的。当它们的上下颌闭合时,通过下颌的第四个牙齿可以很容易地认出它们。这些热带的爬行动物在河流和海滨附近占据着许多生境。

2 m
6½ ft

非洲短吻鳄
Osteolaemus tetraspis
这种小型鳄鱼来自热带非洲的森林里,它们的颈部和背部具有厚重的盔甲鳞片,在夜晚捕捉鱼类和蛙类。

菱斑鳄
Crocodylus rhombifer
这种体型中等的鳄鱼是古巴的本地物种。它们生活在沼泽,捕捉鱼类和小型的哺乳动物,将卵产在地洞里。

3.5 m
11 ft

4 m
13 ft

暹罗鳄
Crocodylus siamensis
这种大型鳄仅分布在东南亚,在野外极度濒危。它们生活在淡水沼泽里,捕食各种猎物。

强有力的尾巴推动鳄鱼在水中前进

短吻鳄和凯门鳄

鼍科 (Alligatoridae) 的动物捕食与它们共同生活在水生环境中的鱼类、鸟类和哺乳动物。这些爬行动物分布在热带和亚热带美洲的淡水沼泽和河流中。唯——种生活在美洲以外的就是珍稀保护动物——扬子鳄。

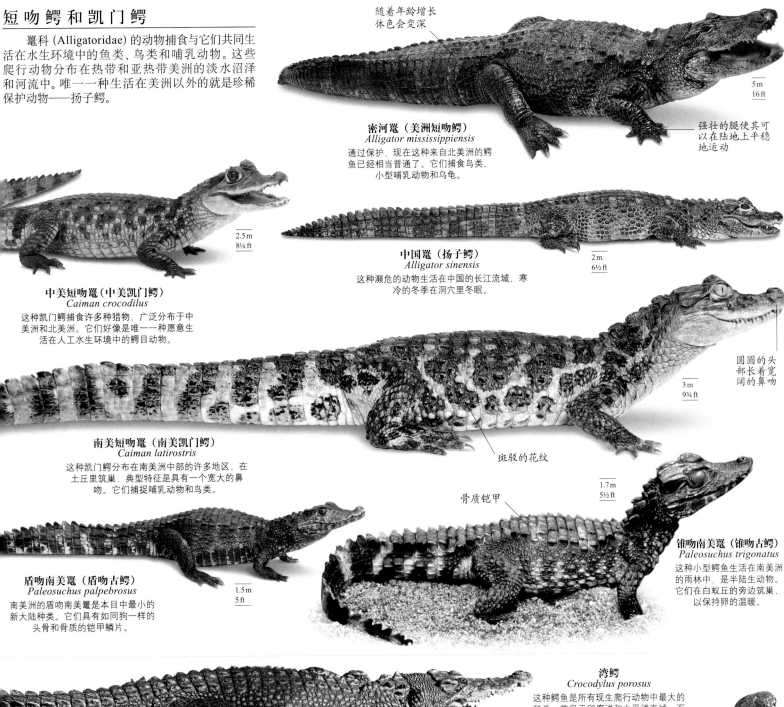

随着年龄增长体色会变深

密河鼍（美洲短吻鳄）
Alligator mississippiensis
通过保护，现在这种来自北美洲的鳄鱼已经相当普通了。它们捕食鸟类、小型哺乳动物和乌龟。

5 m
16 ft

强壮的腿使其可以在陆地上平稳地运动

2.5 m
8¼ ft

中美短吻鼍（中美凯门鳄）
Caiman crocodilus
这种凯门鳄捕食许多种猎物，广泛分布于中美洲和北美洲。它们好像是唯——种愿意生活在人工水生环境中的鳄目动物。

中国鼍（扬子鳄）
Alligator sinensis
这种濒危的动物生活在中国的长江流域，寒冷的冬季在洞穴里冬眠。

2 m
6½ ft

圆圆的头部长着宽阔的鼻吻

南美短吻鼍（南美凯门鳄）
Caiman latirostris
这种凯门鳄分布在南美洲中部的许多地区，在土丘里筑巢，典型特征是具有一个宽大的鼻吻。它们捕捉哺乳动物和鸟类。

斑驳的花纹

1.7 m
5½ ft

骨质铠甲

锥吻南美鼍（锥吻古鳄）
Paleosuchus trigonatus
这种小型鳄鱼生活在南美洲的雨林中，是半陆生动物。它们在白蚁丘的旁边筑巢，以保持卵的温暖。

盾吻南美鼍（盾吻古鳄）
Paleosuchus palpebrosus
南美洲的盾吻南美鼍是本目中最小的新大陆种类。它们具有如同狗一样的头骨和骨质的铠甲鳞片。

1.5 m
5 ft

湾鳄
Crocodylus porosus
这种鳄鱼是所有现生爬行动物中最大的种类，常见于印度洋和太平洋海域，而且可以轻松地穿过开阔海域。它们的食物很多样，且不特化。

眼睛位于头部的高处

7 m
23 ft

褐色的身体，经常覆盖着藻类

5 m
16 ft

尼罗鳄
Crocodylus niloticus
这种大型鳄广泛地分布在非洲地区，生活在淡水中，但也曾在海滨附近被发现。它们的食物随着年龄增长会发生变化，成体捕食较大的猎物。

菱斑鳄

Crocodylus rhombifer

这种颜色醒目的鳄鱼原产于古巴，亦称古巴鳄。它们体型中等、短粗，周身被有骨质鳞片。与其他种类的鳄目动物相比更为陆生，当在陆地上移动时，它会将腹部抬离地面，并采用一种"高脚走路"的姿态运动。它们喜欢捕食龟类，用嘴后部强壮的牙齿将猎物压碎。由于狩猎的压力和生境的丧失，在20世纪60年代，几只仅存的野生菱斑鳄被捕获，并被送到古巴岛南部的扎帕塔沼泽保护区。虽然受到保护，但它们的种群仍然很小，而且由于和保护区内的美洲鳄进行杂交，威胁了这个物种的纯度。

尺寸	3~3.5米
生境	淡水沼泽
分布	古巴
食性	鱼类、龟类和小型哺乳动物

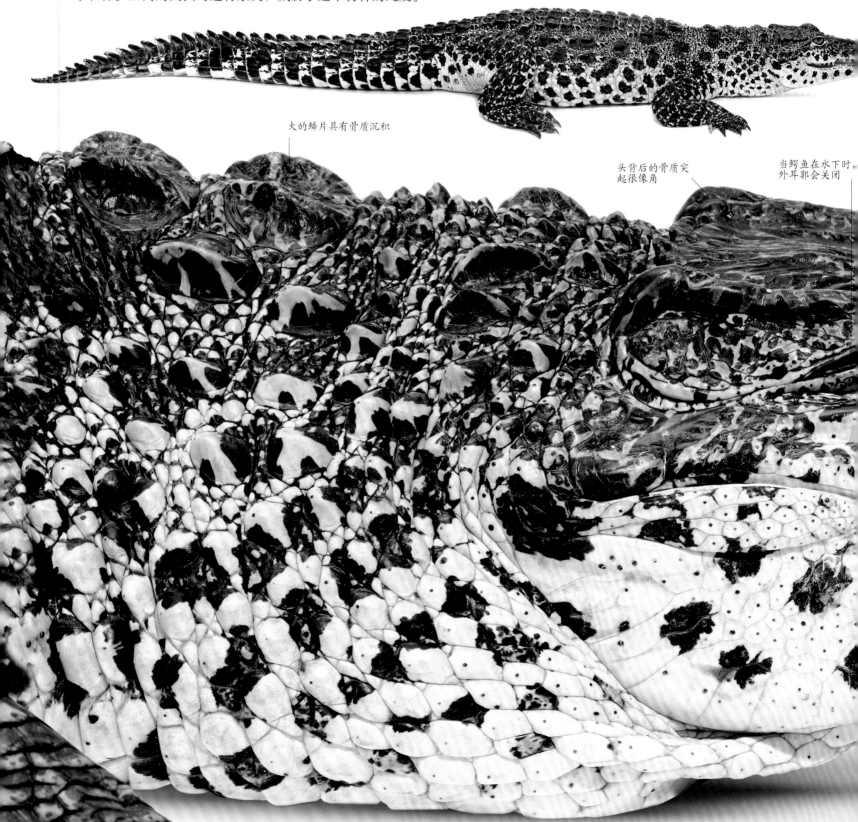

大的鳞片具有骨质沉积

头背后的骨质突起很像角

当鳄鱼在水下时，外耳郭会关闭

强大的肢体 ∨ >

这种鳄鱼依靠强有力的后腿，能够进行短距离的奔跑。因为它们是用于走路而不是用于游泳的，所以每只脚的5个指头都没有蹼。

∨ 鼻孔

一对鼻孔位于吻突垫之上，吻突垫是鼻吻末端的一个升高的组织垫。在水下时，鼻孔借助瓣膜而关闭起来。

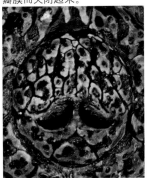

∧ 强大的颌

鳄鱼不能咀嚼食物，但它们可以利用强大的上下颌咬住猎物。舌头上敏感的味蕾使得鳄鱼能避开味道不好的食物。张开嘴巴可以给身体降温。

∧ 尾脊

带有骨质突起的鳞片增加了尾巴的深度，这在鳄鱼游泳时会发挥作用。由于富含血管，所以在晒太阳时也有助于吸收热量。

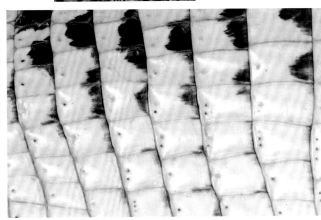

< 腹部鳞片

鳄鱼身体下面的鳞片是小的，而且在大小和形态上是一致的。由于皮革贸易，导致这种鳞片很有价值。

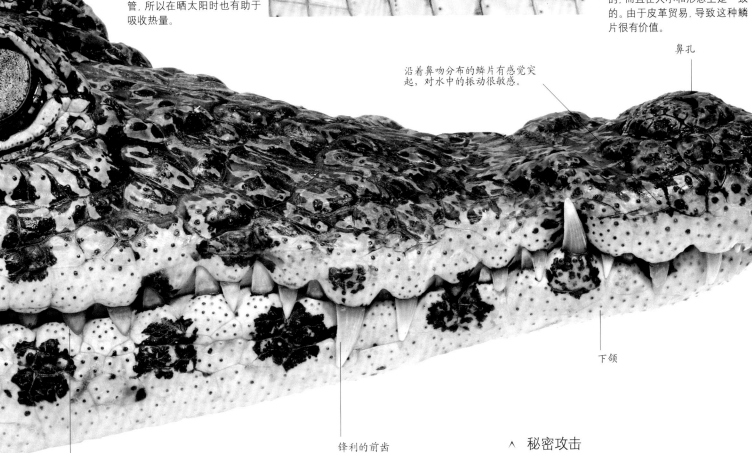

沿着鼻吻分布的鳞片有感觉突起，对水中的振动很敏感。

鼻孔

下颌

不锋利的后齿比前齿更粗壮

锋利的前齿

∧ 秘密攻击

敏锐的眼睛和敏感的耳朵位于头的顶端，因此当身体在水下时也能发现猎物。这使得鳄鱼能够出其不意地捕捉到猎物。长长的下颌能闭合，产生巨大的力量，牢牢地咬住猎物。

鸟类

　　鸟类拥有繁忙而活跃的生活。有些种类特别美丽；还有一些可以唱很复杂的，甚至是悦耳的歌曲。它们拥有较高的智力以及类似哺乳动物的亲缘利他行为。综合这些特征，很容易能让人想到它们是由爬行动物这个祖先进化而来。

门	脊索动物门
纲	鸟纲
目	29
科	196
种	10117

飞羽大小不一，外侧羽片较窄，内侧羽片较宽，让鸟类在空中可以控制自如。

一些雏鸟是晚成鸟，即出生时处于一种无助的状态——看不见，全身裸露，需要亲鸟长时间的照料。

雄性织雀（织布鸟）会建造精美的鸟巢，以给将来的配偶留下好印象，这是鸟类智力的一种证明。

讨论

鸟类是恐龙吗？

　　一般认为鸟类与恐龙等爬行类属于不同的纲，但现在科学家们通过遗传分类学研究发现，它们都是一个共同祖先的后代，应该被划分在一起，以反映进化关系。这使得鸟类和暴龙一样，都属于恐龙家族的一部分。

　　鸟类是唯一具有羽毛的现生动物。它们是恒温动物，依靠两条腿站立，前肢演化成了翅膀。羽毛不但有助于飞行，也可以将身体与外界隔绝开来，因此鸟类能够像一些毛发较厚的哺乳动物一样，在寒冷的环境下依然保持活跃。羽毛可以是五颜六色的，鸟类可以依靠炫耀这种感官信号去进行沟通以及寻找配偶。鸟类是从一群类似两条腿的暴龙等肉食性恐龙进化而来，很可能它们的祖先也是有羽毛的。

飞向天空

　　没人确切知道第一只鸟是如何，或者为什么飞向天空，但实际它们做的一切已经对现生鸟类产生了影响，并永远在鸟类身上打下了烙印。随着前肢特化为翼，它们的腕骨也逐渐愈合。胸骨前侧演化出了巨大的龙骨突，上面附着大块肌肉，给扇动的翅膀提供动力。它们的恐龙祖先已经具有很轻的体重和充气的骨骼，鸟类继承这些特点并演化出一套强大的循环系统。鸟类的循环系统由类似哺乳动物的四腔心脏提供动力，并通过快速的新陈代谢产生大量能量。与骨腔相连的气囊系统增大了它们的肺活量，能够比哺乳动物更有效地把不新鲜的空气排出肺部。

　　鸟类依然保留一些爬行类的特征。腿部和脚趾的裸露部分有类似爬行动物的角质鳞片。它们会产生一种叫作尿酸（不同于哺乳动物的尿素）的半固态排泄物。排泄物经由肾和肠的混合，通过一个叫作泄殖腔的爬行类也具有的小孔排出体外。但是鸟类的大脑比爬行动物进化得更好，因为它本身为温血动物，能够进行快速的新陈代谢。这使得鸟类不仅善于飞行，而且还拥有获取食物以及供养家庭等复杂的技能。小鸟从爬行类也具有的坚硬的卵壳中孵化出来，但一般需经过智力发达的亲本的抚养。亲鸟需要投入很多时间与精力，直到将小鸟养育到成年。6000万年的进化意味着鸟类不再是一类拥有羽毛的爬行动物。

孔雀的耀眼展示　>

一些鸟类的羽毛非常鲜艳，它们可以通过这种醒目的标志进行求爱或其他社会交流。

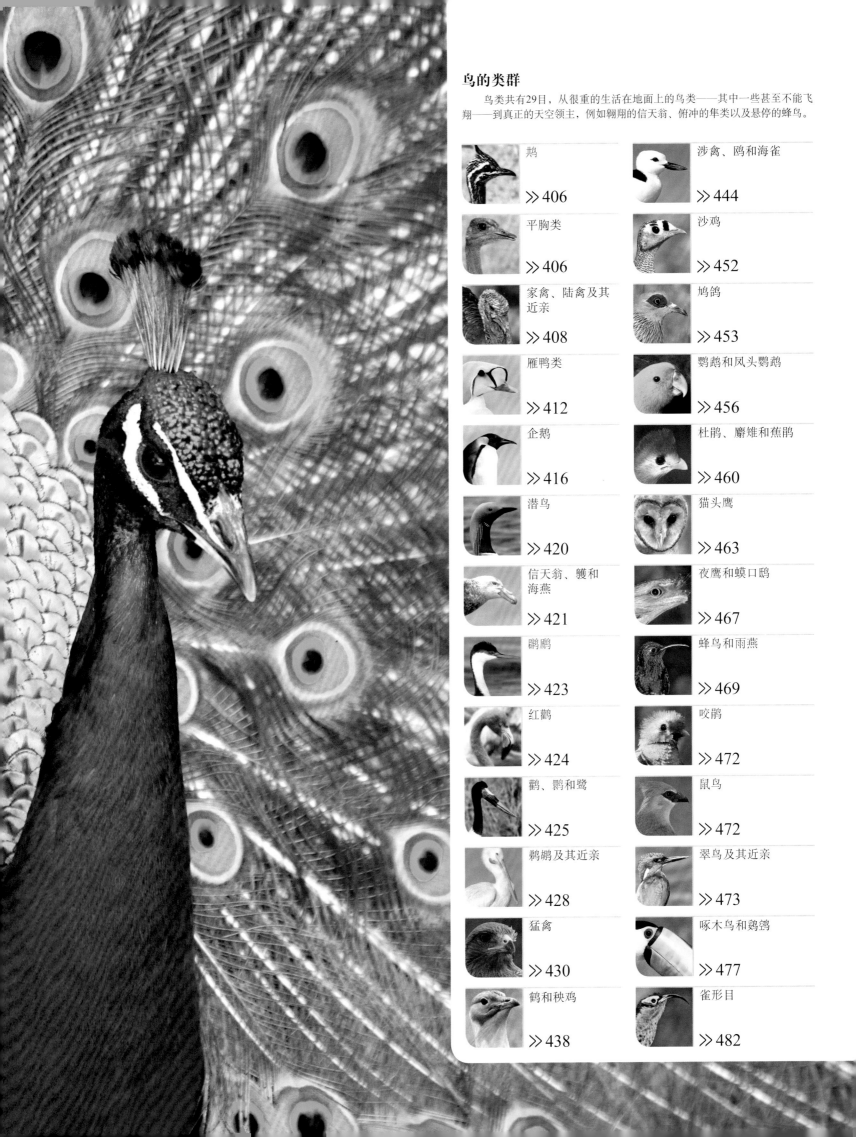

鸟的类群

鸟类共有29目，从很重的生活在地面上的鸟类——其中一些甚至不能飞翔——到真正的天空领主，例如翱翔的信天翁、俯冲的隼类以及悬停的蜂鸟。

鹬

地栖性的鹬分布于美洲中部和南部，与旧大陆的鹬很相似，但它们与平胸总目关系更近。

鹬科是鹬形目（Tinamiformes）中唯一的一科。它们体型较小，身体较圆，腿很短，是一类生活在地面上的鸟类。所有种类的尾巴都很短，这使得它们看起来外形短粗，一些种类具有羽冠。

门	脊索动物门
纲	鸟纲
目	鹬形目
科	1
种	47

与平胸类不同，鹬形目鸟类有不发达的龙骨突，飞行肌可以附着在上面，这种特征在所有其他鸟类身上都能见到。它们的翅膀比平胸类进化得更好，而且它们能飞，尽管只能飞很短的距离。通常遇到捕食者时，它们宁愿走或跑也不愿飞向天空。鹬形目有相对较小的心脏和肺，这也许可以解释为什么这些鸟很容易变得疲惫。

有些鹬形目鸟类群聚在林地或森林中，还有一些生活在开阔的草地。它们都以种子、水果和昆虫为食，但有时也会吃一些小型脊椎动物。隐蔽的羽毛图案使它们在野外环境下很难被发现，但它们很有可能因为独特的叫声而被发现。

美丽的卵

雄性会与很多不同的雌性交配，并且雄性会照顾卵和幼鸟。巢穴建在地面的落叶层里。鹬形目的卵有亮丽的蓝绿色、红色或紫色等颜色，且具有瓷器般的光泽。

讨论
鹬形目的起源

传统意义上来讲，鹬形目与不会飞的平胸总目分属不同类群。但这两个类群却有着相似的头骨结构，这在其他鸟类中是没有的，同时也就意味着它们拥有共同的祖先。科学家们现在还不能确定它们的祖先会飞还是不会飞，但后者的可能性更大些。

40 cm
16 in

凤头鹬
Eudromia elegans
鹬科
这种鸟生活在智利南部到阿根廷的高海拔灌木丛。与其他鹬形目不同，它们通常集群生活。

31–35 cm
12–14 in

丽色斑鹬
Nothoprocta ornata
鹬科
一种分布于安第斯山脉的鹬形目。生活在从秘鲁到阿根廷北部的南美洲西部高山草原上。

平胸类

平胸总目包含了现生鸟类中体型最大的一类鸟，它们不会飞，但后肢很强壮。有些会群聚于开阔生境，另一些会单独生活在森林中。

平胸总目在南半球生长进化，有证据表明它们的祖先会飞。平胸总目没有其他鸟类那种固着强壮飞行肌的脊形胸骨（龙骨突），但它们仍然有翅膀，并且大脑中控制飞行的部分也较为发达。

门	脊索动物门
纲	鸟纲
目	4
科	5
种	15

鸵鸟组成了鸵鸟目（Struthioniformes），生活在非洲干旱的开阔草原。它们是后肢发达的鸟类，能在平地上快速地奔跑。鸵鸟与来自南美草原的鶆䴈目（Rheiformes，美洲鸵目）的鶆䴈有些相似，尽管鶆䴈的体型小了些。像大多数平胸总目鸟类一样，这些鸟的脚趾数目因适于奔走而较少：鶆䴈有三个脚趾，而非洲鸵鸟只有两个脚趾。但它们都有大型的翅膀，用来进行炫耀展示或在奔跑中保持平衡。

大洋洲的种类

大洋洲的平胸总目鸟类包括鹤鸵目（Casuariiformes）的鹤鸵和鸸鹋，以及无翼目（Apterygiformes）的几维（鹬鸵）。所有种类都为生活在森林中的鸟类，唯独鸸鹋生活在灌木丛、林地和草地上。这些无翼目鸟类的小翅膀在羽毛下几乎看不到，它们的羽毛看起来像蓬松的毛而不是羽毛。几维鸟作为新西兰的国鸟，是唯一一类脚趾没有退化的平胸总目动物。

雄性非洲鸵鸟会在地面挖一个浅坑为巢，妻妾群中的雌性总共会在里面产下多达50枚卵。

毛发一样的羽毛

65–70 cm
26–28 in

50–65 cm
20–26 in

北褐几维
Apteryx mantelli
无翼科
这种夜行性的几维是几种分布于新西兰的几维中的一种，分布于新西兰北岛。它们通过喙尖的鼻孔来探测地面以下的无脊椎动物食物。

南褐几维
Apteryx australis
无翼科
这种鸟是北褐几维的近亲，分布于南岛。与它的亲戚相比颜色较浅，经过DNA分析之后，认定其为单独的物种。

粗糙蓬松的羽毛

头盔般的头冠

红色垂肉

1.5–1.8 m
5–6 ft

双垂鹤鸵
Casuarius casuarius
鹤鸵科
鹤鸵是一类生活在雨林中的鸟类，
以水果为食。这种鹤鸵生活在新几
内亚和澳大利亚北部，是本科中
分布最广的种类。

褐色的羽毛

1.7–2.1 m
5½–7 ft

鸸鹋
Dromaius novaehollandiae
鸸鹋科
鸸鹋是澳大利亚最大的现生鸟类，生
活在开阔草原上。与鹤鸵相似，它的
幼雏也长有用来伪装的条纹。

几乎裸露的
脖子

92–100 cm
3–3¼ ft

小美洲鸵
Pterocnemia pennata
美洲鸵科
小美洲鸵比它那分布更靠北的亲缘种
小一些，这种平胸目的鸟类集小群地
生活在安第斯山脉南部以及巴塔哥尼
亚地区。有时也被称为美洲鸵。

黑色的体羽

1.3–1.4 m
4¼–4½ ft

大美洲鸵
Rhea americana
美洲鸵科
这种分布于南美洲中部的平胸
鸟类并非双亲共同抚养后代。
而是由雄鸟单独照顾由雌鸟产
下的一大巢卵。

的初级飞羽

大大的眼睛

♂

普通鸵鸟
Struthio camelus
鸵鸟科
普通鸵鸟是世界上最大的鸟类，
生活在撒哈拉沙漠以南的半荒漠
地区。处于繁殖期的雄性会与很
多只雌性交配。

1.7–2.7 m
5½–8¾ ft

灰色的脖子

1.7–2.7 m
5½–8¾ ft

灰褐色的羽毛

♀

65–70 cm
26–28 in

大斑几维
Apteryx haastii
无翼科
3种几维中的一种，翅膀长有
灰色斑纹，分布范围局限在新
西兰南岛西部的山区。

具鳞的腿

没有羽毛的
大腿

索马里鸵鸟
Struthio molydophanes
鸵鸟科
由于东非大裂谷的存在，使这种颈部灰色
的鸵鸟与非洲其他的鸵鸟种群分隔开来。
它们有时被认为是一个独立的物种。

35–45 cm
14–18 in

小斑几维
Apteryx owenii
无翼科
不断引进的哺乳动物使得
这种几维濒临灭绝。它们
是杂食性鸟类，生活在
新西兰周围的小岛上。

二趾足

家禽、陆禽及其近亲

陆禽强壮的足让其可以适应很多生境。它们主要生活在地面,大多以植物为食。

大多数陆禽隶属于鸡形目(Galliformes),尽管能够飞行,但它们只有在受到威胁时才会飞向空中。除了西鹌鹑和鹌鹑,没有哪种能持续长距离地迁徙飞行。大多数陆禽都会在地面生活,只有生活在美洲热带地区的凤冠雉科的鸟类是树栖性的——这些鸟会把巢筑在树上。最原始的陆禽是生活在印度洋–太平洋丛林中的大脚冢雉,它们会把卵埋在枯枝落叶堆或者火山灰中,依靠堆肥发酵产热或火山产生的热量孵化卵。所有其他种类的陆禽都在亲子关系中扮演积极的角色,尽管只有雌性会养育雏鸟。这种早成雏在孵化之后就能奔跑觅食了。

雄性陆禽通常有艳丽的羽毛,并用羽毛进行求偶炫耀以吸引雌性。一些种类会用距作为武器与竞争者进行战斗。

家养种类

包括火鸡在内的一些陆禽,相对来说更易于被饲养,产生的价值在一些国家的经济中占有很重要的地位。世界上的家鸡都是东南亚原鸡的后代。

门	脊索动物门
纲	鸟纲
目	鸡形目
科	5
种	290

讨论
鹧鸪是什么?

传统的鸟类分类可能不会反映生物学关系。一些陆禽被叫作鹧鸪,但欧洲的灰山鹑却与其他种类有细微的差别。例如,雄性比雌性拥有更特别的花纹。这可能表明它与鸡类的亲缘关系更近一些。

冢雉
Macrocephalon maleo
冢雉科
这种冢雉分布于印度尼西亚的苏拉威西岛。它们会在沙子底下产卵,利用太阳或者地下火山运动产生的热量孵卵。

灌丛冢雉
Alectura lathami
冢雉科
这种冢雉生活在澳大利亚东部。雄性会用增加或减少腐烂植被的方式控制孵化堆的温度。高温会孵化出更多雌性冢雉。

斑眼冢雉
Leipoa ocellata
冢雉科
与其他冢雉相似,这种分布于澳洲的冢雉也会做一个"堆肥栏",并在里面产卵。虽然主要以各种种子为食,但它们是杂食性鸟。

前喉下黑色的斑纹

翅膀上的"斑眼花纹"由褐色、白色和黑色组成

大凤冠雉
Crax rubra
凤冠雉科
这种大型凤冠雉分布于墨西哥到厄瓜多尔地区,长着一个与其他凤冠雉一样的卷曲凤冠。

裸面凤冠雉
Crax fasciolata
凤冠雉科
这种分布于南美洲的凤冠雉的脸部羽毛稀少。与其他凤冠雉不同,它没有肉垂或喙突。

灰褐色的背

黄褐色的胸腹

尾羽端部白色

纯色小冠雉
Ortalis vetula
凤冠雉科
这种鸟的分布范围从美国的得克萨斯州到哥斯达黎加，是凤冠雉中分布范围最靠北的一种，也是美国仅有的一种凤冠雉。

48–53 cm
19–21 in

灰头小冠雉
Ortalis cinereiceps
凤冠雉科
小冠雉以其叫声命名，是凤冠雉的褐色亲缘种，生活在洪都拉斯到哥伦比亚茂密的树丛生境中。

46 cm
18 in

蓝喉鸣冠雉
Pipile cumanensis
凤冠雉科
这种分布于南美洲的鸟类有着光滑的褐色羽毛，是典型的树栖性冠雉。因为它们繁殖时会产生尖锐的叫声，所以取名蓝喉鸣冠雉。

69 cm
27 in

山冠雉
Penelopina nigra
凤冠雉科
比起其他冠雉，这种分布于中美洲的冠雉更愿意在地面生活。它可能是本科中唯一一种在地面筑巢的鸟。

59–65 cm
23–26 in

棕胸冠雉
Penelope jacquacu
凤冠雉科
这种分布于南美洲的鸟与小冠雉相似，但腿更短。巢筑在树上，交配时会发出响亮的鸣唱。

66–76 cm
26–30 in

须冠雉
Penelope barbata
凤冠雉科
须冠雉因颈部具须而得名，像本属其他种类一样，也为生活在雨林的鸟类。分布于厄瓜多尔和秘鲁。

55 cm
22 in

67–75 cm
26–30 in

考加冠雉
Penelope perspicax
凤冠雉科
这种鸟是棕胸冠雉的亲缘种，羽毛带有青铜色光泽，仅分布于哥伦比亚西部和北部的卡考山谷。

76 cm
30 in

头部裸出呈蓝色

红色的喉部垂肉

乌腿冠雉
Penelope obscura
凤冠雉科
这种冠雉生活在南美洲中部，从巴西到阿根廷的北部地区，是唯一一种长着深色而非红色腿的褐色冠雉。

68–75 cm
27–30 in

栗腹冠雉
Penelope ochrogaster
凤冠雉科
喉部具肉垂是这种褐色冠雉的特点，尤其是分布于巴西中南部的栗腹冠雉。

61–71 cm
24–28 in

长长的蓑羽

鹫珠鸡
Acryllium vulturinum
珠鸡科
珠鸡分布于非洲，是集群生活陆禽，为单配制。所有种类的头都是裸露的。鹫珠鸡分布于东非，是体型最大的珠鸡。

山翎鹑
Oreortyx pictus
齿鹑科
原产于落基山脉，同其他分布于美国的鹑一样，它们也在地面筑巢，实行单配制。

26–31 cm
10–12 in

珠颈斑鹑
Callipepla californica
齿鹑科
这种鹑的分布范围从美国俄勒冈州到加利福尼亚州，因其向前弯曲的羽冠而显得非常特别，羽冠由6片冠羽簇拥组成。

24–27 cm
9½–10½ in

黑腹斑鹑
Callipepla gambelii
齿鹑科
这种鹑是珠颈斑鹑的亲缘种，有着更长的羽冠。生活在加利福尼亚南部的沙漠中，与珠颈斑鹑的分布范围没有重叠。

25 cm
10 in

两翼上的黑色条纹

石鸡
Alectoris chukar
雉科
这种鸟分布于欧亚大陆，是分布最广的石鸡，它们的腿为红色，身体上生有明显的黑色条纹。

38 cm
15 in

阿拉伯石鸡
Alectoris melanocephala
雉科
这种大型的长有红腿的石鸡生活在阿拉伯半岛以及也门的半荒漠地区，喜欢生活在杜松林中。

21 cm
8½ in

棕腹山鹧鸪
Arborophila javanica
雉科
这种山鹧鸪生活在东南亚雨林中，体型较小，体色易于隐藏，尾羽较短。

29–32 cm
11½–12½ in

28–30 cm
11–12 in

25–38 cm
10–15 in

26 cm
10 in

31 cm
12 in

灰山鹑
Perdix perdix
雉科
这种腹部深色的分布于欧亚大陆的陆禽是分布最广的一种山鹑属鸟类，和其他种类的鹑类相比，它与雉类亲缘更近。

灰鹧鸪
Francolinus pondicerianus
雉科
这种分布于南亚的鹧鸪与原鸡有较近的亲缘关系，雄性长有用来战斗的距。

红喉鹧鸪
Francolinus afer
雉科
一种在森林和草原地面上筑巢的鸟，分布范围从刚果民主共和国到非洲东北部地区。

冕鹧鸪
Rollulus rouloul
雉科
这种分布于东南亚的冕鹧鸪与山鹧鸪有较近的亲缘关系，但长着更加鲜艳的羽毛。雄性深蓝色，有淡红色羽冠；雌性绿色，无羽冠。

灰胸竹鸡
Bambusicola thoracicus
雉科
世界上有两种竹鸡，分布于东亚的这两种竹鸡与鹧鸪和原鸡有较近的亲缘关系。灰胸竹鸡原产中国。

16–18 cm
6½–7 in

39–40 cm
15½–16 in

喉部黑色

41–47 cm
16–18½ in

40–50 cm
16–20 in

西鹌鹑
Coturnix coturnix
雉科
与一般家禽不同，这种生活在欧亚大陆西部草原和半荒漠地区的小型鹌鹑，分布范围较北的种群会进行迁徙。

枞树镰翅鸡
Canachites canadensis
雉科
像其他生活在森林中的松鸡一样，这种分布于北美洲的枞树镰翅鸡能消化松树和云杉的针叶，而这些都是其他动物不能食用的。

蓝镰翅鸡
Dendragapus obscurus
雉科
这种体色较深的鸟是分布于北美洲的松鸡的一种，长有可膨胀的喉囊，生活在东北太平洋沿岸的松树林中。

尖尾草原榛鸡
Tympanuchus phasianellus
雉科
这种分布于北美洲的松鸡是草原榛鸡的亲缘种，它们的分布更广、更靠北，雄性长有用来炫耀展示的紫色喉囊。

43 cm
17 in

38–41 cm
15–16 in

草原榛鸡
Tympanuchus cupido
雉科
这种鸟分布于美国中部。与其他种类的松鸡一样，雄性会成群地聚集在一起，通过膨胀喉囊来进行求偶炫耀。

小草原榛鸡
Tympanuchus pallidicinctus
雉科
这种小型松鸡生活在北美洲南部，长着一个彩色的喉囊，能够发出嗡嗡的声响，这些都是草原榛鸡属的典型特征。

60–87 cm
23½–34 in

34–36 cm
13½–14 in

38–41 cm
15–16 in

柳雷鸟
*Lagopus lagopus
scotica*
雉科
与大多数雷鸟不同，这种
在极地广泛分布的松鸡冬
天时不会变成白色。

浅灰色的
尾羽

黑鹇
Lophura leucomelanos
雉科
这种雉生活在喜马拉雅地区到缅甸的
森林里，在夏威夷群岛也有一个
人为引入的种群。

西方松鸡
Tetrao urogallus
雉科
这种鸟生活在欧亚大陆西部的
针叶林里，是松鸡科中最大的
一种。雄性用间断的咯咯声向
雌性进行炫耀展示。

岩雷鸟
Lagopus muta
雉科
这种岩雷鸟是3种雷鸟中的
一种，与松鸡有较近的亲缘
关系。冬天会换上白色的羽
衣，生活在极地附近的苔原
和山脉中。

60–80 cm
23½–32 in

戴氏火背鹇
Lophura diardi
雉科
与其他雉类相似，这种分布于东南亚
的鸟的面部皮肤也是红色并且裸露
的。与其他鹇属种一样，戴氏火背鹇
的两性特征是相同的。

55–75 cm
22–30 in

红胸角雉
Tragopan satyra
雉科
分布于喜马拉雅地区，这是一
种在树上筑巢的角雉属动物。
雄性角雉有可膨胀的肉裙以及
肉角，用于进行炫耀展示。

53–89 cm
21–35 in

60–70 cm
23½–28 in

环颈雉
Phasianus colchicus
雉科
原产于欧亚大陆中东部，
现已引入西欧，在农田中
非常常见。

60–120 cm
23½–47 in

用来进行炫耀展示

白腹锦鸡
Chrysolophus amherstiae
雉科
像其他雉类一样，这种鸟只有雄性有艳
丽的羽毛，只有雌性会照顾幼雏。分布
在中国和缅甸。

40–50 cm
16–20 in

巴拉望孔雀雉
Polyplectron napoleonis
雉科
雄性孔雀雉没有像它们的近亲
孔雀那样长长的羽毛，但是用
来炫耀展示的尾上覆羽却具有
闪光的眼斑。

裸露的头

0.8–2.2 m
2½–7¼ ft

蓝孔雀
Pavo cristatus
雉科
这种分布于亚洲热带地区的孔雀生活
在印度和斯里兰卡。雄性通过抬起尾
羽上面长长的尾上覆羽向雌性求爱。

41–78 cm
16–31 in

1.1–1.2 m
3½–4 ft

红原鸡
Gallus gallus
雉科
家鸡的祖先分布于亚洲东南部地区。与近
亲鹇鸟不同的是，雄性原鸡会与很多雌性
交配。雄性有鸡冠和垂肉，雌性则没有。

火鸡
Meleagris gallopavo
雉科
火鸡是一种原产于北美洲的大
型陆禽，有垂肉。这种生活
在美国南部的火鸡是家养
火鸡的祖先。

雁鸭类

这一类群的鸟趾间具蹼，适于在水中游泳。主要以植物为食，但也有一些会捕食小型水生动物。

大多数雁鸭类的腿都很短。这些鸟属于雁形目（Anseriformes），游泳时用蹼足推动身体前进，所有种类都会用位于尾部的尾脂腺分泌的油脂涂抹羽毛，使羽毛防水。南美洲的叫鸭和大洋洲的鹊雁趾间部分具蹼，它们大部分时间都在陆地或涉水于沼泽。这些鸟来自于两个古老的科。最原始的类群为树鸭，其他则划分为另一科。

天鹅、雁和鸭

天鹅和雁两性羽毛的花纹相同。这些长颈、长翼的鸟多数生活在热带以外的地区。一些分布于北半球的鸟会在靠近北极圈的地方繁殖，然后向南方迁飞越冬。鸭子通常体型较小，脖子也较短。与天鹅和雁不同，雄鸭较雌鸭羽色艳丽，尤其在繁殖季节更为明显。两性的翅膀上都有明显的异色斑块，叫作翼镜。

雁鸭类特有的"鸭嘴"具有栉板，能够利用肌肉质舌头的运动将水中的食物吸进口中。所有种都具有这个特征，即使有些已经采用其他不同的进食方式。雁通常在草地上进食，但天鹅更多情况下是在水中，利用它们长长的脖子将头伸入水下觅食。鸭子会在水面觅食，或者在水面下觅食。像潜鸭等其他种类会潜入水下捕食。用细长的、边缘具锯齿的喙去捕鱼。绒鸭、黑凫以及秋沙鸭等还能潜入海中捕食。

筑巢

大多数雁鸭类都是一夫一妻制的，有些会终生配对。它们多在地面筑巢，但一些也会在树上筑巢。海鸭会到内陆繁殖。所有水禽的卵都会孵出具绒毛的雏鸟，这些幼雏在孵出后不久就能走路和游泳。

门	脊索动物门
纲	鸟纲
目	雁形目
科	3
种	174

为了减少空气阻力，雁群，例如雪雁会成队列地在空中飞行，这样在长途迁徙中能够节省能量。

红胸黑雁
Branta ruficollis
鸭科
这是黑雁属中颜色最鲜艳的一种鸟类。通常在西伯利亚的西北部繁殖，它们的巢靠近猛禽的巢，可能是为了寻求保护，免于受到狐狸的袭击。

界线分明的红色、黑色和白色羽毛

53–56 cm
21–22 in

加拿大黑雁
Branta canadensis
鸭科
这种雁是黑雁属中体型最大的一种，原产于北美洲，但已经被人为引入北欧。

50–110 cm
20–43 in

白颊黑雁
Branta leucopsis
鸭科
这种雁在格陵兰岛和俄罗斯的北极苔原繁殖，它们会在悬崖上筑巢以躲避捕食者。

58–71 cm
23–28 in

夏威夷黑雁
Branta sandvicensis
鸭科
这种雁仅分布在夏威夷群岛。它们的脚蹼退化，但脚爪发达，适于在熔岩流凝固形成的地面上攀爬。

56–71 cm
22–28 in

粉脚雁
Anser brachyrhynchus
鸭科
这种小型雁体羽为灰色，在格陵兰岛和冰岛苔原的裸露的岩石地繁殖，在欧洲西部越冬。

60–75 cm
23½–30 in

斑头雁
Anser indicus
鸭科
这种鸟适应了中亚山区的稀薄空气。它们迁飞时会越过喜马拉雅山脉，并在印度和缅甸越冬。

71–76 cm
28–30 in

浅灰色的身体

灰雁
Anser anser
鸭科
这种典型的雁属鸟类广泛分布于亚欧大陆的草原和湿地，是欧洲家鹅的祖先。

76–89 cm
30–35 in

66–89 cm
26–35 in

有着细密斑纹
的灰色身体

帝雁
Anser canagicus
鸭科

这种雁生活在西伯利亚东北部以及
阿拉斯加，以沿岸的杂草和海草为
食。与大多数其他种类的雁不同，
它们很少群居。

50–60 cm
20–23½ in

灰头草雁
Chloephaga poliocephala
鸭科

与其他雁类相比，南美草雁属的雁也许
与鸭子亲缘最近。这种雁分布于智利和
阿根廷。与本属的其他种类相似，它能
栖息在树上。

71–73 cm
28–29 in

埃及雁
Alopochen aegyptiaca
鸭科

埃及雁属于分布于南半球的雁类，
与鸭子有较近的亲缘关系，广泛分
布于非洲。

39–44 cm
15½–17½ in

尖羽树鸭
Dendrocygna eytoni
鸭科

树鸭的英文名字（Whistling Duck）源于
它独特的叫声，与雁和真正的鸭不同。这
是一种分布于澳大利亚的树鸭。

70–90 cm
28–35 in

鹊雁
*Anseranas
semipalmata*
鸭科

这种雁生活在澳大利亚的
湿地中，长着长腿和不完
整的足蹼。与其他水禽的
亲缘关系都不是很近。

75–100 cm
30–39 in

蜡嘴雁
*Cereopsis
novaehollandiae*
鸭科

这种特别的雁仅分布在澳大利
亚南部及其附近岛屿，常聚
集成一小群在草地上进食。

60–75 cm
23½–30 in

蓝翅雁
Cyanochen cyanoptera
鸭科

这种雁的羽毛很厚，因此可以适
应分布地厄立特里亚和埃塞俄比
亚的寒冷高原。

0.9–1.2 m
3–4 ft

扁嘴天鹅
Coscoroba coscoroba
鸭科

这种天鹅与雁很像，是最
小的天鹅，仅分布于智利
和阿根廷南部的沼泽。

黑色的羽毛

红色的喙

1.1–1.4 m
3½–4½ ft

黑天鹅
Cygnus atratus
鸭科

这种鸟黑色的天鹅翼下为白
色，有时会集大群筑巢。原
产于澳大利亚大陆和塔斯马
尼亚岛，现已被引入到新西
兰、欧洲和北美。

1.3–1.6 m
4¼–5¼ ft

黑嘴天鹅
Cygnus buccinator
鸭科

这种分布于北美洲的天鹅与
欧亚大陆的大天鹅等其他天
鹅有较近的亲缘关系，会发
出很大声的叫声。

疣鼻天鹅
Cygnus olor
鸭科

这种天鹅在欧洲和中亚繁殖，
像其他天鹅一样，疣鼻天鹅也
会把头伸入水下吃水草。

笔直的颈部

洁白的身体

1.5–1.8 m
5–6 ft

1–1.2 m
3½–4 ft

黑颈天鹅
Cygnus melancoryphus
鸭科

这种天鹅分布于南美洲南部，比其他种
类的天鹅花更多时间在水中活动，在漂
浮的植被旁筑巢。

38–40 cm
15–16 in

白背鸭
Thalassornis leuconotos
鸭科

这种鸟分布于非洲大陆和马
达加斯加，与树鸭有较近的
亲缘关系，但却会比它们花
更多的时间在水中，在有植
被生长的岛屿上面筑巢。

30–33 cm
12–13 in

厚嘴棉凫
Nettapus auritus
鸭科

与其他棉凫相似，这种鸟也
会在树洞里筑巢。它们通常
生活在长有睡莲的湿地中，
并以其为食。

61–66 cm
24–26 in

绿翅雁
Neochen jubata
鸭科

这种雁是各种鸭子的近
亲，分布于南美洲，生活
在热带湿润的草原以及河
边的林缘地带。

83–95 cm
33–37 in

冠叫鸭
Chauna torquata
叫鸭科

叫鸭是一种体型庞大而行动笨拙
的鸟类，生活在南美洲沼泽地中。
像其他叫鸭一样，这种冠叫鸭的
翅膀上也长有可能用来战斗的距。

》

绿眉鸭
Anas americana
鸭科
这种鸭通常在浅水捕食，偶有潜入水下。在北美洲繁殖完之后，大量群聚于加勒比海越冬。

45–56 cm
18–22 in

奶油色、黑色和绿色的头部纹饰

39–43 cm
15½–17 in

花脸鸭
Anas formosa
鸭科
这种外貌独特的鸭在西伯利亚苔原边缘寒冷而开阔的森林中繁殖，冬季会迁徙到东南亚。

43–56 cm
17–22 in

琵嘴鸭
Anas clypeata
鸭科
琵嘴鸭广泛分布于北半球，生活在湿地中。两性均具与体羽异色的绿色翼镜。

55–65 cm
22–26 in

印度跑鸭
Anas platyrhynchos
鸭科
这种长颈鸭子是野生绿头鸭的家养后代，驯化于19世纪的马来半岛和印度。

38–51 cm
15–20 in

白脸针尾鸭
Anas bahamensis
鸭科
这种在咸水水域活动的鸭分布于南美洲河口和红树林沼泽中。与分布于北温带的针尾鸭不同，白脸针尾鸭雌雄同型。

50–65 cm
20–26 in

家鸭
Anas platyrhynchos
鸭科
大多数家鸭都是绿头鸭的后代，饲养目的有很多，比如为了利用它们的肉、卵以及绒毛，或者观赏。

50–65 cm
20–26 in

绿头鸭
Anas platyrhynchos
鸭科
北半球常见种。这种在水面活动、觅食的头颈绿色的鸭子能和其他亲缘种杂交，这表明这个类群的分化年代可能较晚。

33–40 cm
13–16 in

白枕鹊鸭
Bucephala albeola
鸭科
白枕鹊鸭是北美洲最小的海鸭，它的巢筑在树洞里，有时会用那些啄木鸟的旧巢。

橘色的颊部羽毛

38–51 cm
15–20 in

丑鸭
Histrionicus histrionicus
鸭科
这种海鸭生活在北美洲东部、冰岛以及俄罗斯西部，它拥有很高的浮力，能漂浮在波涛汹涌的水面，在流速很快的溪流边筑巢。

43–51 cm
17–20 in

林鸳鸯
Aix sponsa
鸭科
林鸳鸯是生活在北美洲的一种树栖鸭类，巢建在高高的树洞里，刚孵出来的雏鸟会从巢中跳下，到达树下的水中。

鸳鸯
Aix galericulata
鸭科
鸳鸯在树洞中筑巢，在原产地东北亚有一种错误的认知，认为它们是一夫一妻制的鸟类，是爱情的象征。现已被引入欧洲和美国加利福尼亚。

41–51 cm
16–20 in

湍鸭
Merganetta armata
鸭科
湍鸭分布于南美洲高海拔地区，非常善于游泳，生活在安第斯山脉流速很快的河流中，巢筑在河边岩石下。

43–46 cm
17–18 in

环颈鸭
Callonetta leucophrys
鸭科
像其他分布于热带的鸭子一样，这种分布于南美洲的鸭子不进行迁徙，羽色全年不变。

35–38 cm
14–15 in

白色侧斑

斑头海番鸭
Melanitta perspicillata
鸭科

这种分布于北美洲的斑头海番鸭与其他种类的海番鸭相似，在淡水水域繁殖，在海水水域越冬。雄性全身都为黑色。

46–55 cm
18–22 in

棕胁秋沙鸭
Lophodytes cucullatus
鸭科

这种鸟分布于北美洲，利用具锯齿的喙来捕鱼。通过强有力的后肢驱动潜入水中。

42–50 cm
16½–20 in

白色颊纹

铜翅鸭
Speculanas specularis
鸭科

这种鸭生活在南美洲的河流附近，当地人称之为"狗鸭"，因为雌性会发出狗吠般的声音。

46–54 cm
18–22 in

红耳鸭
Malacorhynchus membranaceus
鸭科

这种遍布澳大利亚的鸟长有红色头斑，但它的斑马纹更加独特。通过呷把水中的浮游生物吸入口中。

36–45 cm
14–18 in

棕硬尾鸭
Oxyura jamaicensis
鸭科

分布于北美的鸭子现已经被引入欧洲。潜水时使用坚硬的尾巴作舵。

35–43 cm
14–17 in

凤头潜鸭
Aythya fuligula
鸭科

凤头潜鸭是一种分布于欧亚大陆的潜鸭。对比其大型食草亲缘种，它们主要但不完全以无脊椎动物为食。

40–47 cm
16–18½ in

帆背潜鸭
Aythya valisineria
鸭科

这种分布于北美洲的潜鸭是体型最大的一种潜鸭。潜鸭一类都有矮壮的身体以及大大的头。

48–61 cm
19–24 in

长尾鸭
Clangula hyemalis
鸭科

与大多数分布于北极的其他种类的海鸭不同，长尾鸭在海水和淡水生境中均可繁殖。雄鸟具有长长的尾羽。

38–58 cm
15–23 in

斑头秋沙鸭
Mergellus albellus
鸭科

斑头秋沙鸭是一种在洞中筑巢的秋沙鸭，是欧亚大陆北部唯一一种小型的白色鸭子。

35–44 cm
14–17½ in

翘鼻麻鸭
Tadorna tadorna
鸭科

在欧洲，这种形如大雁的鸭子主要生活在海滨地区。但在亚洲，冬季时它们会从内陆向南迁徙。翘鼻麻鸭在洞穴中筑巢。

61–63 cm
24–25 in

红胸秋沙鸭
Mergus serrator
鸭科

红胸秋沙鸭广泛分布于北半球，在海滨繁殖，比其他种类的秋沙鸭花费更多时间在海上。

52–58 cm
20½–23 in

橘色的额部

王绒鸭
Somateria spectabilis
鸭科

这种鸟沿着北极苔原海岸线繁殖，大大的身体有助于它潜得更深去捕食无脊椎动物。

43–63 cm
17–25 in

粉嘴潜鸭
Netta peposaca
鸭科

这种分布于南美洲的鸭与善于潜水的秋沙鸭有较近的亲缘关系，但会比它花更多的时间在水面觅食。只有雄性的嘴是粉红色的。

55–56 cm
22 in

胸部的玫瑰红

冠鸭
Lophonetta specularioides
鸭科

冠鸭分布于南美洲安第斯山脉，是广泛分布的水鸭（如绿头鸭）的子遗祖先。

51–61 cm
20–24 in

小绒鸭
Polysticta stelleri
鸭科

与其他亲缘关系较近的分布于北极和亚北极地区的海鸭相似，这种绒鸭会集大群到较远的南方越冬，一群有时可能会达到2万只。

43–48 cm
17–19 in

企 鹅

拥有两色羽毛、直立的站姿以及蹒跚的步履，企鹅作为南半球海域的经典符号，能被大家立即辨认出来。

所有的企鹅都居住在南半球沿海地区，都适应冷水中的生活。大部分企鹅生活在环绕南极洲的岛屿上，还有一些生活在南美洲、非洲以及大洋洲南部的海岸线上。

这些不会飞的鸟隶属于企鹅目(Sphenisciformes)，可能与信天翁有共同的祖先。它们或许也与分布于北半球的潜鸟互为亲缘种。

特殊适应

企鹅的腿长在尾巴前方，能够在水中快速地前进，这个特征在潜鸟或雁鸭类中也有见到。企鹅在陆地上竖直走路，蹼足在地面上显得很扁平，它们的步态非常笨拙。和其他不会飞的鸟一样，企鹅的翅膀发生了变化，演化成了功能特化的"鳍状肢"。实际上，它们仍可以在水下"飞翔"。

企鹅的羽毛短小浓密，基部的绒毛状羽小枝十分发达，能将温暖的空气"锁"在里面，而且皮肤下面的脂肪层能帮助它们进一步隔热。羽毛尖端涂以由尾脂腺分泌的油脂，因此防水性能良好。腿部和足部的血管非常复杂，确保企鹅站在冰雪上时身体不会被冻僵。最大的企鹅会把卵放在足上孵化。所有企鹅都有背面深而腹面浅的羽毛（深色在浅色的上面），使它们能够在海洋中伪装起来，免于被海豹等捕食者捕食。

觅食与筑巢

企鹅每天会潜入水中200多次，捕食鱼、小虾以及磷虾。当它们有卵孵化或者有雏鸟需要喂养时，父母亲就会轮流觅食。以帝企鹅为例，南极洲食物稀少，冬季雄性会独自留在繁殖地孵卵，而雌性会到海里觅食。大多数企鹅都会集群繁殖，每年都会回到同一个巢址。

门	脊索动物门
纲	鸟纲
目	企鹅目
科	1
种	20

讨论
飞翔的祖先

20世纪早期，大家普遍认为不会飞的鸟很原始。曾经有人希望依靠研究它们的胚胎来证明其与恐龙的直接联系。因此企鹅卵成为了研究对象。罗伯特·法尔肯·斯科特(Robert Fallcon Scott)的最后探险成员进行了一次勇敢的旅行(1910-1913)，他们在冬季去了寒冷南极的帝企鹅栖息地。等到他们收集的卵受到科学关注时，胚胎理论已被证实是错误的。通过现代解剖学、化石以及DNA研究表明，企鹅与其他不会飞的鸟，它们共同的祖先都能够飞翔。

王企鹅
Aptenodytes patagonicus
企鹅科
这种分布于亚南极地区的企鹅与帝企鹅外貌相似。王企鹅喉部、胸部及耳羽区为橘黄色，它们只会在足上孵一个卵。
90–100 cm
3–3¼ ft

小鳍脚企鹅
Eudyptula minor
企鹅科
亦称小企鹅。这种鸟穴居生活，是所有企鹅中最小的一种，沿澳大利亚和新西兰的海岸分布。
35–40 cm
14–16 in

帝企鹅
Aptenodytes forsteri
企鹅科
这种企鹅是最大的企鹅。它们会在南极洲冰面上集群繁殖。雄性会在冬季严酷的极地里孵卵。
白色的羽毛与黑色的翅膀和头形成鲜明对比
1.1–1.2 m
3½–4 ft

凤头黄眉企鹅
Eudyptes chrysocome
企鹅科
亦称跳岩企鹅。因其经常攀越礁石的习性而得名，是亚南极地区最小的具羽冠企鹅。
45–58 cm
18–23 in
黄色的冠羽

黄眉企鹅
Eudyptes pachyrhynchus
企鹅科
亦称凤冠企鹅。这种鸟在新西兰南部寒冷的海滨森林筑巢，有毛发似的冠羽，和橘红色的喙，这些都是角企鹅属的典型特征。
55–60 cm
22–23½ in

长眉企鹅
Eudyptes chrysolophus
企鹅科
亦称长冠企鹅。这种鸟生活在南极洲南部和印度洋，是唯一一种在南极半岛繁殖的、具冠羽的企鹅。
70 cm
28 in

短粗的喙

白色的眼环

71—80 cm
28—32 in

46—75 cm
18—30 in

纹颊企鹅
Pygoscelis antarcticus
企鹅科
亦称南极企鹅、帽带企鹅。
纹颊企鹅会潜入水中捕食鱼
和磷虾。它们在南极海岸以
及南大洋的岛屿上繁殖。

穿过脸部
很窄的黑
色条纹

67—72 cm
26—28 in

白眉企鹅
Pygoscelis papua
企鹅科
亦称巴布亚企鹅。这种企
鹅在南极半岛和南大洋群
岛上繁殖。它的巢穴很简
单，由一堆树枝、骨头和
羽毛组成。

75 cm
30 in

上身黑蓝色

阿德利企鹅
Pygoscelis adeliae
企鹅科
阿德利企鹅是3种"帚形尾"的
阿德利企鹅属的一种，生活在南
极洲及其附近岛屿上。本属企鹅
的典型特征是背面深而腹面浅。

黄眼企鹅
Megadyptes antipodes
企鹅科
这种新西兰企鹅比较稀有，
是有冠羽的角企鹅属企鹅的
亲缘种。它们在矮树丛中筑巢，
但不会像其他角企鹅属企鹅那样
大群地聚集在一起。

加岛企鹅
Spheniscus mendiculus
企鹅科
亦称加岛环企鹅。这是唯一
一种在热带水域里繁殖的企
鹅。这个热带水域被秘鲁海
流冷却，洋流沿着南美洲西
部海岸流动。它们在岩石裂
缝里筑巢。

黑色的脸

黑色的胸带

48—51 cm
19—20 in

秘鲁企鹅
Spheniscus humboldti
企鹅科
亦称洪氏环企鹅。这种企鹅沿着南美
洲南部的太平洋沿岸分布，属于一类
穴居企鹅，两翼和腿上明显的黑色条
带是其一大特点。

68—70 cm
27—28 in

65—70 cm
26—28 in

南美企鹅
Spheniscus magellanicus
企鹅科
亦称麦氏环企鹅。这种胸部具条
纹的企鹅与秘鲁企鹅有很近的亲
缘关系。它们在南美洲南端以及
福克兰群岛周围集群生活。

61—76 cm
24—30 in

南非企鹅
Spheniscus demersus
企鹅科
亦称斑嘴环企鹅。这种企
鹅的英文名字（Jackass
penguin）由来于它驴一
样的叫声，是唯一一种在
非洲集群繁殖的企鹅，繁
殖地在非洲西南海岸。

王企鹅
Aptenodytes patagonicus

王企鹅是第二大的企鹅。只有它的亲缘种帝企鹅比它更大。与帝企鹅不同，王企鹅生活在亚南极海域的岛屿上。它们不去捕食那些有众多竞争者需要的磷虾，而是潜到非常深的水下捕食鱼类，有时深度会超过200米。一次只产一枚卵，而且花费一年多的时间养育雏鸟。这就意味着成年企鹅不能每年都繁殖，一个庞大的繁殖群包含各个年龄段的企鹅。这种现象会一直在南大洋的群岛上存在。

体型	94~100厘米
生境	平坦的海岸平原以及亚南极海域岛屿周围的海水
分布	大西洋南部以及印度洋南部的岛屿
食物	主食为灯笼鱼类，偶尔也会捕食乌贼

黑色的

企鹅会喝海水，然后通过鼻孔将多余的盐分随水一起排出

˅ 敏锐的眼睛

企鹅依靠视觉捕食，在水下时视觉很棒。它们会潜入水中捕捉发光的灯笼鱼，并主要以这类鱼为食。

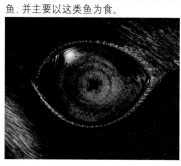

˂ 具刺的舌

企鹅具刺的舌为肌肉质：舌头表面叫作乳突的突出物演化成向后的倒刺，帮助潜水捕食的企鹅"咬"住鱼类。

˄ 翼的推进力

企鹅是不会飞的鸟，但是潜水时它们会用脚和翅膀推动身体。鳍状翼可以使其在水底有效地"飞行"。

˂ 浓密的羽毛

羽毛外部是油质的防水层，内部是绒毛隔热层，这使企鹅适于潜入冰冷的水中活动。

˄ 外被鳞片的皮肤

腿和足上的鳞片很容易让人联想到鸟类的祖先——爬行类动物。深色的皮肤可能有助于把热量传递到卵以及雏鸟身上。

˄ 卵保护器

唯一的卵会在脚面上孵化，同时它也覆盖在一层叫作育雏囊的温暖皮褶下面。卵被孵化之后就会用这个育雏囊保护雏鸟。

蹼足 ˃

在水下时，蹼足的蹬水动作有助于推动企鹅前进；在陆地时，它们腹部贴在雪面上，这个动作也有助于它们滑行。

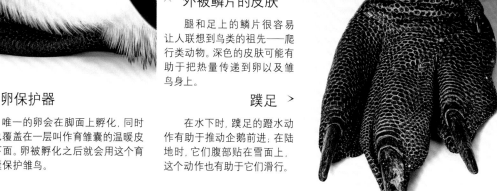

˂ 坚硬的尾羽

短短的尾巴由坚硬的羽毛构成，在水下时作为舵。小型企鹅在陆地时用它支撑身体。

背深腹浅的潜水能手

在这个明显的黄色斑块下面,王企鹅有着企鹅典型的无尾礼服式的羽衣:白色羽毛在腹部,黑色羽毛在背部。当潜水时,这种样式能使企鹅伪装起来,免遭水生捕食者的猎捕。从下面看时,迎着有阳光的水面,企鹅浅色的肚子很难被发现;而从上面看时,企鹅深色的背部又和水底的颜色混在一起。

黄色斑块是由类胡萝卜素形成的,这种斑块在其他一些企鹅中不存在。

下喙的黄色条带

的胸部

潜 鸟

这些趾间具蹼、以鱼为食的鸟生活在北极海域，长在身体后方的腿限制了它们在陆地上的运动，但却能在游泳时给它们很好的推动力。

潜鸟科是潜鸟目（Gaviiformes）仅有的一科。这种鸟还有一个别称——"笨蛋"（Loon）。这个名称的由来可能是因为在繁殖季节，它们会发出让人难忘的疯狂的叫声，或者也可能是因为它们出水时笨拙的动作。潜鸟的腿长在身体后面，这使得它们在陆地上只能笨拙地行走。但在水中，潜鸟可以很容易地潜水和游泳。它们流线型的身体和矛一样的嘴与企鹅很像，而且彼此的习性也很相似。虽然不确定，但很有可能它们拥有共同的祖先。尽管潜鸟尖尖的翅膀相对于它的体型有些小，但它们却可以飞得很快。为了让自己飞起来，体型大一些的潜鸟必须急速拍打翅膀，并在开阔水域进行助跑；只有红喉潜鸟能够直接从地面起飞。所有潜鸟都飞到南方过冬。

父母共同抚养

雄性潜鸟会占据一定的领域，它们会选择在北极那拥有清澈海水的岸边植被上筑巢，雌雄双方共同孵化并养育雏鸟。小潜鸟会躲在双亲的背上，但其实它们孵出后不久就能游泳，甚至潜水。繁殖期过后，潜鸟就会褪去醒目的头纹和颈纹，体羽变得非常暗淡，很难区分不同的种类。

门	脊索动物门
纲	鸟纲
目	潜鸟目
科	1
种	5

飞行时潜鸟会将头伸直并稍低于身体，这使它们看起来有些驼背。

普通潜鸟
Gavia immer
潜鸟科
这种鸟是最大的潜鸟之一，在北美和冰岛的亚北极地区的湖面上繁殖。它们会到偏南方的海岸越冬，包括英国附近的海岸。

69–91 cm
27–36 in

条带状颈纹

黑色的头颈

76–91 cm
30–36 in

黄嘴潜鸟
Gavia adamsii
潜鸟科
黄嘴潜鸟生活在北极的水域中，是一种体型较大的潜鸟，通过它黄白色的嘴就能将它与其他潜鸟区分开来。

头部和颈部均为浅灰色

53–69 cm
21–27 in

58–74 cm
23–29 in

58–73 cm
23–29 in

黑喉潜鸟
Gavia arctica
潜鸟科
这种鸟主要在欧亚大陆繁殖，有时也会到阿拉斯加繁殖，但会到南方，包括北美洲的太平洋海岸越冬。

红喉潜鸟
Gavia stellata
潜鸟科
这种鸟是最小的潜鸟，在极地附近的小型苔原水域中繁殖，向南迁徙到欧洲、中国以及美国东南部越冬。

太平洋潜鸟
Gavia pacifica
潜鸟科
这种潜鸟与黑喉潜鸟的羽毛有相似条纹。两种鸟在非繁殖期喉部均为白色。

夏季时有白色斑点

信天翁、鹱和海燕

长翼的信天翁及其亲缘种一生中的大量时间都在天空中飞翔。为了捕鱼，它们会飞行很远的距离观察海面。

这些鸟属于鹱形目（Procellariiformes），主要在空中飞行，除了繁殖很少返回陆地。因为它们的喙上长有管状的鼻突，所以信天翁、鹱和海燕被称为管鼻类。它们遍布全球，是海洋上天空的主人，在南半球有极高的多样性。

同大多数鸟类不同，信天翁通常靠嗅觉寻找稀疏分散的海洋猎物。除了最小的潜水种类，这一类群的所有鸟都有狭长的翅膀，脚都长在身体靠后的位置，以至于它们走起路来歪歪扭扭。它们会通过反流胃部产生的毒油阻止捕食者的捕食，有时还会将这些油脂强有力地喷射出去。这种油脂也很有营养，足以喂养它们的幼雏。

缓慢的繁殖

鹱形目鸟类为单配制，有时这种关系会终其一生，在较大型的种类里也可持续数十年。很多鸟会在偏远的岛屿集群繁殖，经常年复一年地回到同一地点。小型鸟类会在缝隙或洞穴中筑巢。这些鸟的繁殖率很低，但双亲会投入很大的精力抚养幼雏。鹱形目鸟类通常每个繁殖季只做一次繁殖尝试，并只产下一枚卵。尽管孵育期要很长时间，但孵化出来的雏鸟还是很脆弱，要很久才能达到成熟。

门	脊索动物门
纲	鸟纲
目	鹱形目
科	4
种	133

长寿的漂泊信天翁是单配制的。它们会用一种精致的求偶舞蹈来巩固这种配偶关系。

漂泊信天翁
Diomedea exulans
信天翁科
这种鸟是分布于南大洋的信天翁属鸟类中体型最大的一种，它们会形成一种终生的配对关系，每两年繁殖一只雏鸟。

深色的翅膀会随着年龄的增长逐所变成白色

身体主要为白色

淡粉色的嘴

1.1–1.4 m
3½–4½ ft

黑背信天翁
Phoebastria immutabilis
信天翁科
生活在太平洋北部的信天翁包括一些在热带繁殖的种类，像这种体型较小的黑背信天翁，繁殖时它们就会在夏威夷群岛等岛屿上筑巢。

77–80 cm
30–32 in

68–74 cm
27–29 in

黑脚信天翁
Phoebastria nigripes
信天翁科
像其他种类的在北太平洋有分布的信天翁一样，这种黑色的小型信天翁也会经常突然拍打翅膀，中断它们的滑行飞翔。

黑色的"眉毛"

45–50 cm
18–20 in

暴风鹱
Fulmarus glacialis
鹱科
这种外形像海鸥的鹱在北半球很常见。它筑巢于悬崖之上，能喷射一种难闻的胃油击退捕食者。

身体大部分为白色的，小部分灰色

黑眉信天翁
Thalassarche melanophrys
信天翁科
这种鸟属于大型海鸟，是黑背信天翁属的一种，分布于南半球。它们会集大群筑巢，每年产一枚卵。

80–95 cm
32–37 in

>>

奥氏鹱
Puffinus lherminieri
鹱科
这种体型相对较小的鹱在热带海岛繁殖。不同的种群被认为已经形成一些生殖隔离。

30 cm
12 in

粉脚鹱
Puffinus creatopus
鹱科
这种鹱存在深色和浅色两种不同色型，它们在智利的岛屿上筑巢，夏季时迁飞到太平洋东部。

48 cm
19 in

黑褐色的头

灰背鹱
Puffinus bulleri
鹱科
这种鹱在新西兰北部的岛屿上筑巢，但在非繁殖季节会穿越太平洋。

45–47 cm
18–18½ in

猛鹱
Calonectris diomedea
鹱科
这种大型鹱通常用弓形的翅膀滑翔。在地中海区域繁殖，并在大西洋越冬。

45–56 cm
18–22 in

17–20 cm
6½–8 in

鸽锯鹱
Pachyptila desolata
鹱科
鸽锯鹱是分布在南大洋的小型灰色鹱，它们会用扁平的喙掠过海面滤食浮游生物。

厚嘴燕鹱
Bulweria fallax
鹱科
这种鸟是分布于印度洋西北部热带地区的鹱，经常迂回飞翔。与滑翔的真鹱类有很近的亲缘关系。

31 cm
12 in

深色锯齿样式

36–41 cm
14–16 in

43 cm
17 in

41 cm
16 in

南极鹱
Thalassoica antarctica
鹱科
这种体型较大的鸟生活在亚南极海域，会潜入水中捕食鱼类和乌贼。它们在南极洲附近的岛屿繁殖。

雪鹱
Pagodroma nivea
鹱科
这种稀有的鸟在南极地区繁殖，它的繁殖地比任何鸟都要靠南，有时甚至会到南极点附近。

黑顶圆尾鹱
Pterodroma hasitata
鹱科
与一些飞行迅速的小型鹱类相似，这种鸟分布于热带地区，在西印度群岛上繁殖。

白色身体上零星的深色羽毛

巨大的浅黄色喙

39–40 cm
15½–16 in

花斑鹱
Daption capense
鹱科
花斑鹱是鹱科的一种鸟。它们主要分布在南半球极地附近，在南极洲附近岛屿上繁殖，到较北部越冬。

巨鹱
Macronectes giganteus
鹱科
这种食腐鸟类在大西洋南部繁殖。与其他鹱不同，它的腿非常强壮，能在陆地上灵活地走动。

86–99 cm
34–39 in

19–21 cm
7½–8½ in

斑腰叉尾海燕
Oceanodroma castro
海燕科
这种小型鸟类是典型的北半球海燕。它们长有白色条纹的臀部和分叉的尾巴。分布在大西洋和太平洋。

鸊鷉

鸊鷉是一种生活在池塘和湖泊里的鸟,它们喜欢潜入水中,潜水时靠脚推动前进。它以小型水生动物为食。

与其他善于潜水的鸟类相似,鸊鷉的腿也长在身体后部,这使得它们在陆地上很笨拙,但在水里时很灵活。它们的脚趾是分开的,可以在潜水时提供良好的动力,而且行进过程中减少了水的阻力。足也可以用于掌舵。而其他潜水的鸟类是用尾巴来掌舵的。

鸊鷉的尾巴只不过是一簇羽毛,将这样的尾巴用作社交信号比用作舵更有价值。它的尾巴经常翘起,露出下面的白色羽毛。羽毛浓密,而且由于尾脂腺作用还能防水。鸟类的这种腺体会产生含

有50%石蜡成分的分泌物。鸊鷉翅膀很小,虽然许多分布于北方的鸊鷉是迁徙性的,它们会从内陆迁徙到海滨越冬,但很多种类却不愿意飞翔。

传统意义上鸊鷉隶属于鸊鷉目(Podicipediformes),被认为与潜鸟、企鹅和信天翁等有较近的亲缘关系。然而,最新的研究表明,它们可能与红鹳(火烈鸟)亲缘关系很近。

仪式和繁殖

在繁殖季节,一些鸊鷉会进行特别的求偶仪式。它们会在淡水生境里的浮水植物上筑巢。雏鸟在孵化之后便可以活动甚至游泳,但前几周还是会在父母亲的背上寻求庇护。

门	脊索动物门
纲	鸟纲
目	鸊鷉目
科	1
种	22

雌雄凤头鸊鷉双方分别叼起一丛水草,从水中上升到水面,这是它们的求偶仪式。

23–29 cm
9–11½ in

小鸊鷉
Tachybaptus ruficollis
鸊鷉科
这种小型鸊鷉遍布欧亚非三大洲,体型较胖。繁殖期间颈部略带棕红色。

24–36 cm
9½–14 in

白簇鸊鷉
Rollandia rolland
鸊鷉科
这种鸟分布于南美洲南部,生活在水草茂盛的开阔湖面。另一种分布于安第斯山脉,与白簇鸊鷉有较近的亲缘关系的鸊鷉翅膀很短,且不善飞翔。

30–38 cm
12–15 in

斑嘴巨鸊鷉
Podilymbus podiceps
鸊鷉科
这种美洲鸊鷉比其他鸊鷉更胖,嘴也更加短粗,分布于北方的种群会迁徙到加勒比海越冬,但热带种群不会迁徙。

灰色的两翼

40–50 cm
16–20 in

赤颈鸊鷉
Podiceps grisegena
鸊鷉科
这种鸟在欧亚大陆以及北美洲繁殖,在较南的海滨水域越冬。像其他鸊鷉一样,它们也在夜晚迁徙。

28–34 cm
11–13½ in

黑颈鸊鷉
Podiceps nigricollis
鸊鷉科
像其他鸊鷉属鸊鷉一样,这种尖嘴的潜水鸟类繁殖期头上的羽毛会很鲜艳。黑颈鸊鷉分布遍及北半球。

黑色的头

55–75 cm
22–30 in

46–51 cm
18–20 in

凤头鸊鷉
Podiceps cristatus
鸊鷉科
这种分布于旧大陆的鸊鷉因其特别的求偶炫耀行为而为人津津乐道。与其他鸊鷉相同,雌雄两性羽色都很鲜艳。

深灰色的背部

25–29 cm
10–11½ in

银鸊鷉
Podiceps occipitalis
鸊鷉科
这种分布于南美洲的鸊鷉会聚集在碱性湖泊或盐湖上面集群繁殖。分布地从安第斯山脉到马尔维纳斯群岛。

北美鸊鷉
Aechmophorus occidentalis
鸊鷉科
在北美洲西部分布着两种相似的鸊鷉,这种鸟就是其中一种,分布范围从加拿大到墨西哥。北方种群迁徙到太平洋海岸越冬。

白色的颏、喉、胸以及腹部

红鹳

亦称火烈鸟，这类外貌出众的鸟生活在盐湖或碱性湖泊之中。曾被划入鹳形目，现在认为它们与鸊鷉有较近的亲缘关系。

可以用极度合群来定义红鹳的习性。这些鸟隶属于红鹳目 (Phoenicopteri)，会聚集大群，甚至有成百上千只。群体中个体间如此紧密，以至于被打扰时个体不能轻易飞起来，必须得先走或跑。它们喜欢开阔的生境，加上同类的警觉，就能保证及时发现捕食者。

大的群体对刺激繁殖是很有必要的，而且红鹳的求偶也包括集体炫耀展示。夫妻共同建造泥巢，领地也很容易划分，以鸟的脖子从巢穴伸出的距离划定。孵化之后几天，红鹳雏鸟就会聚集在一个大的育儿场中，亲鸟会用一种叫作嗉囊乳的流体食物喂养它们。

滤食性动物

红鹳有一个独特的取食方式，即通过特化的喙过滤食物。它们的头上下摆动，利用喙内部毛发似的结构，从水中呷取浮游藻类和小虾。从食物中吸收的色素让红鹳变成粉红色。几乎没有竞争者与它们竞争食物，因为贫瘠的内陆湖中生物很少，而且这种湖泊都是非常咸的或者具腐蚀性的。

门	脊索动物门
纲	鸟纲
目	红鹳目
科	1
种	6

最大的红鹳群生活在东非大裂谷，那里的红鹳会聚集在一起进食。

智利红鹳
Phoenicopterus chilensis
红鹳科
智利红鹳是南美洲分布最广的红鹳，分布范围从秘鲁到火地岛。灰色的腿和粉色的跗间关节是它们的特征。

1–1.3 m
3¼–4¼ ft

略透桃色的白色羽毛

喙的尖端为黑色

灰而纤细的腿

加勒比红鹳
Phoenicopterus ruber
红鹳科
这种分布于美洲的红鹳不同于大红鹳，它们体型稍小，羽毛为粉红色。

细长的

浅色的

1.2–1.4 m
4–4½ ft

亮红色的翅羽

1.1–1.5 m
3½–5 ft

大红鹳
Phoenicopterus ruber roseus
红鹳科
分布范围横跨非洲、欧洲南部以及中亚地区，是体型最大的也是分布范围最广的红鹳。

1–1.1 m
3¼–3½ ft

80–100 cm
32–39 in

安第斯红鹳
Phoenicoparrus andinus
红鹳科
有两种红鹳分布在安第斯山脉的高海拔地区，这种黄腿的红鹳就是其中一种。为了寻找食物，它们会徘徊在湖与湖之间。

小红鹳
Phoeniconaias minor
红鹳科
这种鸟是体型最小的红鹳，分布于非洲和南亚，集大群生活在高原碱性湖泊中。

鹳、鹮和鹭

这一类群的大多种类都为生活在湿地中的鸟类，长长的腿适于在沼泽或多草的生境中行走。它们都生有摄取食物的长嘴。

这些鸟属于鹳形目（Ciconiiformes），掠食者，主要捕食鱼和两栖动物，但有时也会捕食小型哺乳动物以及昆虫。大多数鸟常活动在淡水水域附近，但一些鹳属鸟喜欢干燥一些的生境，比如牧场。

嘴型是区分鹳形目成员的特征之一。鹭和鹳的嘴通常很直，而且端部很尖，但鹮和琵鹭的嘴已经高度特化。鹮的嘴又细又弯，可以扎进泥浆和软土中探寻食物；琵鹭的嘴十分特别，端部扁平，在浅滩中发现猎物时，可以牢牢闭紧嘴巴；鹭和鹮的颈椎骨已经特化，脖子能弯成"S"形，这对于快速刺中猎物是很重要的。同时这也使它们在飞行中可以缩起脖子，而不像大多数鹳和鹮，飞行时必须伸出脖子。

集群筑巢

这一类群的许多鸟繁殖期间都是群居的，而且它们的巢群会包含很多其他种类，但大型的独居而隐秘的鸦类是个例外。所有种类都会产下晚成雏，必须要在巢穴里养育数周。

门	脊索动物门
纲	鸟纲
目	鹳形目
科	3
种	121

鹳在树上筑巢。但是在西欧，欧洲白鹳会选择在较高的建筑物平台上筑巢。

黑头鹮鹳
Mycteria americana
鹳科
这种分布于北美洲的鸟是一种长着像鹮一样嘴型的鹳。它们会把张开的嘴没入浅水，咬住移动中的猎物。

0.9–1.2 m
3–4 ft

黑白相间的羽毛

1.4–1.5 m
4½–5 ft

红黑相间的嘴

鞍嘴鹳
Ephippiorhynchus senegalensis
鹳科
这种分布于非洲的鹳与裸颈鹳有较近的亲缘关系，嘴略向上翘，还带有一个黄色的"马鞍"形肉垫。这种鸟单独生活，甚至筑巢时也不与其他繁殖对集群。

1–1.2 m
3¼–4 ft

欧洲白鹳
Ciconia ciconia
鹳科
鹳属的三种鸟都在热带以外的地区繁殖。这种分布于欧洲的白鹳在迁徙的时候会利用上升的热气流飞过陆地，到非洲越冬。

75–91 cm
30–36 in

白颈鹳
Ciconia episcopus
鹳科
这种鸟是最常见的分布于热带的鹳类，非洲和亚洲都有分布。喜欢湿地生境，但有时也会出现在牧场中。

黑色的羽毛

又长又大的嘴

1.2–1.5 m
4–5 ft

非洲秃鹳
Leptoptilos crumeniferus
鹳科
像其他秃鹳属的鹳一样，非洲秃鹳的头部是裸露的，使它们既能进食腐肉，又不会弄脏羽毛。飞行时颈部会缩成"S"形。

1.2–1.4 m
4–4½ ft

裸颈鹳
Jabiru mycteria
鹳科
裸颈鹳是一种体型较大的、分布于美洲的鹳，也是南美洲身高最高的可以飞行的鸟类。它们兴奋时裸露的嗉囊会膨大。

嘴间的缺口

81–94 cm
32–37 in

非洲钳嘴鹳
Anastomus lamelligerus
鹳科
非洲钳嘴鹳是一种小型的、分布于热带湿地的鹳类，用它们特别的喙捕捉软体动物，但会在吃掉之前处理一下。分布于非洲大陆和马达加斯加岛。

>>

黑绿色的顶冠

灰绿色的背

40–55 cm
16–22 in

黄色的腿和脚

70–80 cm
28–32 in

27–38 cm
10½–15 in

美洲麻鸦
Botaurus lentiginosus
鹭科
一种典型的独居性鸟类。易于隐蔽的花纹以及静止直立的姿态能让它在苇丛中隐藏起来。

大麻鸦
Botaurus stellaris
鹭科
与其亲缘种相似，这种鸦更容易被听到，而不容易被看到。它们会发出隆隆的叫声。

小苇鸦
Ixobrychus minutus
鹭科
这种分布于旧大陆的"隐蔽能手"是最小的鸦类之一，它们会登上芦苇，有时候也会以典型的鸦的姿态僵立直站立。

60–75 cm
23½–30 in

细长的羽冠

90–98 cm
35–39 in

80–100 cm
32–39 in

美洲绿鹭
Butorides virescens
鹭科
这种绿色的鹭是一种小型鹭，生活在北美洲的湿地里，有时可能会用脚在水边引诱鱼类作为食物。

80–100 cm
32–39 in

外色前颈有淡淡的黑色

大白鹭
Ardea alba
鹭科
大白鹭广泛分布于全世界，生活在多种湿地生境中。

苍鹭
Ardea cinerea
鹭科
苍鹭分布于欧亚大陆以及非洲。像其他大型鹭类一样，也会集群繁殖，用树枝在树上筑巢。

白颈鹭
Ardea pacifica
鹭科
这种大型鹭类生活在澳洲以及新几内亚的湿地中，在沼泽和草原上捕食昆虫以及小型脊椎动物。

55–70 cm
22–28 in

48–53 cm
19–21 in

黄冠夜鹭
Nyctanassa violacea
鹭科
这种夜鹭分布于美洲。分布于热带地区的个体，不会进行迁徙；而分布于较冷地区的个体，则会在冬天到来之前迁徙至温暖的南方越冬。

牛背鹭
Bubulcus ibis
鹭科
这种全球范围内都很常见的鸟实际上是一种小型的白鹭。它们在草原觅食，经常会跟随在大型有蹄动物身后，捕捉被惊扰的猎物。

58–63 cm
23–25 in

55–65 cm
22–26 in

60–70 cm
23½–28 in

55–57 cm
22–22½ in

55–65 cm
22–26 in

小蓝鹭
Egretta caerulea
鹭科
这种分布于美洲的鸟类隶属于白鹭属。在非繁殖季节，略带紫色的头颈会变成灰色。

45–50 cm
18–20 in

小白鹭
Egretta garzetta
鹭科
这种原本分布于旧大陆的鸟已经开始扩散至美洲地区了。它长着纯黑色的嘴和腿，但却有着黄色的足。

白脸鹭
Egretta novaehollandiae
鹭科
这种鹭分布于印度尼西亚、澳大利亚和新西兰。它们的食物多样，包括昆虫和蛙类。

三色鹭
Egretta tricolor
鹭科
这是一种生活在美洲湿地中的鸟类。像其他亲缘种一样，它们会用匕首一样的喙刺穿小型动物。

黄喉岩鹭
Egretta gularis
鹭科
这种鹭生活在非洲和印度的海岸地区，身体有白色和深灰色的色型，也有中间色型。

船嘴鹭
Cochlearius cochlearius
鹭科
这种鹭生活在中美洲和南美洲的红树林沼泽中。它们长着一张宽大的嘴，很适合掘取以及夹住猎物。

夜鹭
Nycticorax nycticorax
鹭科
夜鹭夜间视力很好，生活在除澳大利亚之外的大部分温暖地区，是分布最广泛的种类。
58–65 cm
23–26 in

澳洲白鹮
Threskiornis molucca
鹮科
这是一种遍布澳洲的、常见的鸟类。经常会扩散进入城市，有时会被当作一种"害鸟"。

裸露的头颈

65–75 cm
26–30 in

59–76 cm
23–30 in

黑色的翼羽

喙的尖端为黑色

印度池鹭
Ardeola grayii
鹭科
这种鹭在南亚很常见。它们会偷偷接近水生猎物，但也会在水面低飞捕食小鱼。

42–45 cm
16½–18 in

68–82 cm
27–32 in

繁殖时的颈部蓑羽

色的身体

非洲白鹮
Threskiornis aethiopicus
鹮科
这是一种在非洲大陆和马达加斯加岛很常见的鸟类，生活在湿地以及草原上。已被引入美洲和欧洲。

蓑颈白鹮
Threskiornis spinicollis
鹮科
这种四处流浪的鹮之所以叫这个名字，是因为脖子基部具有蓑衣状的羽毛。分布于新几内亚和澳大利亚。

噪鹮
Bostrychia hagedash
鹮科
噪鹮是一种非洲常见鸟类，生活在草原、森林、公园以及花园中。它们的名字来源于飞行时独特的叫声。

76–89 cm
30–35 in

55–65 cm
22–26 in

75–77 cm
30 in

棕颈鹭
Egretta rufescens
鹭科
这种分布于美洲的鸟有白色和红褐色两种色型。捕鱼时，它们有时会伸出翅膀制造阴影以吸引鱼类。

彩鹮
Plegadis falcinellus
鹮科
这种鸟广泛分布于全世界，生活在温暖的地区，是分布最广的鹮。它可能与鹭类一起，在树上集群筑巢。

黑脸鹮
Theristicus melanopis
鹮科
这种鸟分布于南美洲，生活在安第斯山脉到巴塔哥尼亚的温带草地。

粉红色的翅斑

黑色的"翅尖"

56–61 cm
22–24 in

90–92 cm
35–36 in

繁殖时胸部粉红色的羽毛簇

80–90 cm
32–35 in

71–86 cm
28–34 in

灰色的腿

美洲红鹮
Eudocimus ruber
鹮科
美洲红鹮是特立尼达和多巴哥的国鸟，生活在美洲的热带地区。它们能够从食用的甲壳动物中获得红色素。

非洲琵鹭
Platalea alba
鹮科
这种鸟是非洲湿地仅有的一种琵鹭。红色的脸和腿是它们的特征。

白琵鹭
Platalea leucorodia
鹮科
这种鸟在欧亚大陆繁殖，在非洲越冬。不像非洲琵鹭，它们不与其他鹭和鹮集群筑巢。

粉红琵鹭
Ajaia ajaja
鹮科
像其他琵鹭一样，这种分布于美洲的琵鹭在水里左右摇摆它的喙，以捕食小型水生动物。

鹈鹕及其近亲

长长的翅膀、具蹼的足及以鱼为食是这一目鸟的典型特征。它们或潜入水下捕食，或掠过水面捕食。

这一类群共有的特征是它们的鼻孔都退化了，这是一个在鸬鹚、长鼻鸬鹚、北鲣鸟、鲣鸟中十分重要的特征。这些鸟属于鹈形目（Pelecaniformes），它们足的结构相同，脚蹼连接在4个脚趾之间。一些鸟会把卵放在脚上孵化。军舰鸟脚趾之间的脚蹼已经退化，胸部有片区域没有羽毛，叫作孵卵斑。它们通过孵卵斑而非脚来为卵提供温暖。很明显，鸬鹚、长鼻鸬鹚和蛇鹈不能很好地防水，潜水之后需要伸展翅膀并把它们晾干。军舰鸟的防水性能也不太好，所以它们避免在水上着陆，而是从水面掠过捕食。

虽然在陆地上行动笨拙，但军舰鸟和飞着扎入水中的鲣一样，都是本领高强的飞行者。军舰鸟能夜以继日地在空中飞行，长途跋涉去寻找食物。

喉囊

几乎所有这类鸟都有喉囊，它们也有着各种不同的用途。鹈鹕用它们宽大的、高度灵活的喉囊储存捕捉的大鱼。鸬鹚和蛇鹈在求偶炫耀时会展开喉囊，而雄性军舰鸟则会将膨胀的亮红色大喉囊的功能发挥到极致。

门	脊索动物门
纲	鸟纲
目	鹈形目
科	8
种	67

鹈鹕的雏鸟会深入双亲的喉咙，食用反流的、部分消化的鱼。

1.2–1.5 m
4–5 ft

灰色的羽毛

巨大的喙

鲸头鹳
Balaeniceps rex
鲸头鹳科
这种涉禽只分布在苏丹到赞比亚的湿地中，它们用巨大的喙从泥水中捞取无脊椎动物。

64–75 cm
25–30 in

褐鲣鸟
Sula leucogaster
鲣鸟科
这种鸟是唯一一种羽衣深色的鲣鸟。像其他鲣鸟一样，它们会在热带海岸，尤其是海岛上集群筑巢。

80–92 cm
31–36 in

蓝脸鲣鸟
Sula dactylatra
鲣鸟科
蓝脸鲣鸟分布于热带地区，是体型最大的鲣鸟，长着黑白相间的羽毛以及黄色的长喙，很像与它们亲缘关系较近的北鲣鸟。

81 cm
32 in

蓝脚鲣鸟
Sula nebouxii
鲣鸟科
这种鸟的分布范围从加利福尼亚到秘鲁，再到加拉帕戈斯群岛，生活在礁石海岸之上。它们会把展示蓝色的脚作为求偶炫耀的一部分。

1–1.1 m
3¼–3½ ft

华丽军舰鸟
Fregata magnificens
军舰鸟科
由于捕食机会很少以及需要长时间飞行，包括这种分布于美洲的鸟类在内的军舰鸟繁殖率很低，而且双亲照顾雏鸟的时间是所有鸟类中最长的。

56 cm
22 in

锤头鹳
Scopus umbretta
锤头鹳科
这种鸟生活在非洲的湿地中。因为雏鸟经常会单独留下很长时间，所以为了保护它们，锤头鹳会用树枝和泥土将巢穴建的又大又厚。

头的后面微微有些黄色

90–100 cm
3–3¼ ft

白色的上身

北鲣鸟
Morus bassanus
鲣鸟科
有3种外形相似的鲣鸟，它们会在礁石海岸集群繁殖。北鲣鸟分布于北大西洋。

76–80 cm
30–32 in

白尾鹲
Phaethon lepturus
鹲科
鹲的尾羽很长，有着像燕鸥一样的外貌。它们的腿很不发达，以至于须借助腹部的力量才能勉强在地面上蹭着走。这种鸟主要在热带海岸线附近活动。

0.9–1.1 m
3–3½ ft

红喙鹲
Phaethon aethereus
鹲科
这种鸟的分布范围从太平洋东部到大西洋，是一种典型的穴居鹲，通常养育一只生长缓慢的雏鸟。它们已经适应了分散的海洋食物资源。

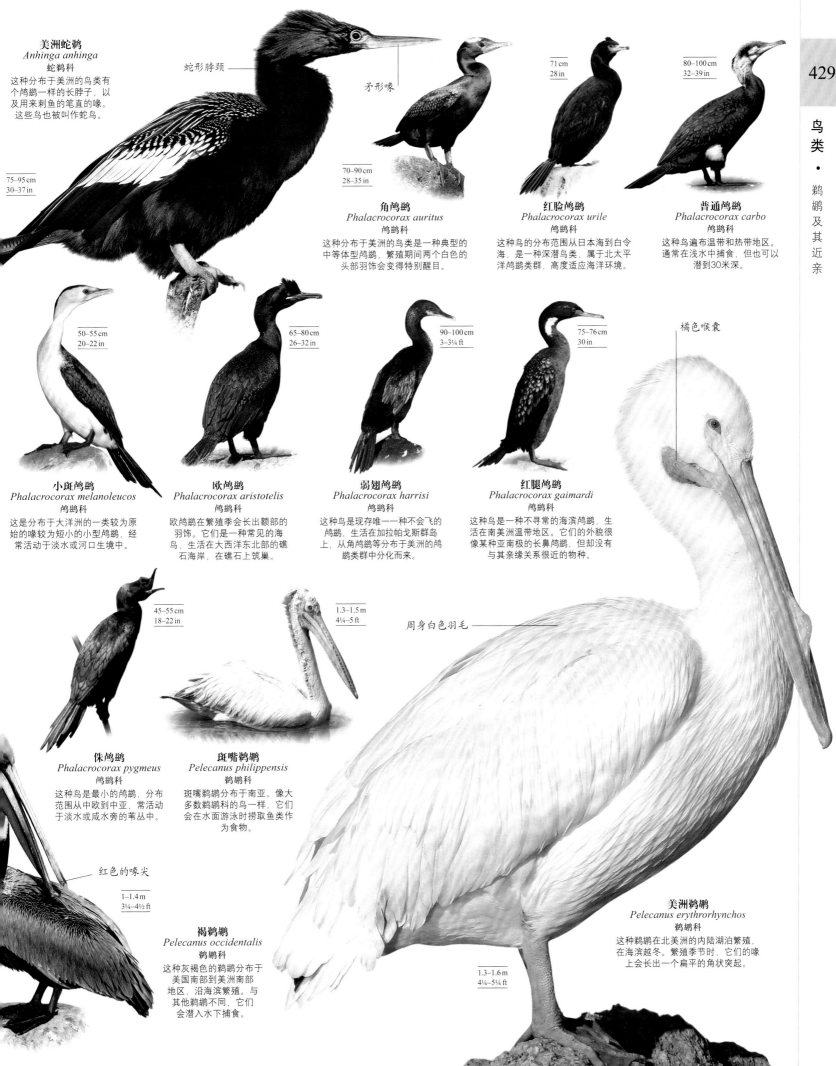

美洲蛇鹈
Anhinga anhinga
蛇鹈科
这种分布于美洲的鸟类有个鸬鹚一样的长脖子，以及用来刺鱼的笔直的喙。这些鸟也被叫作蛇鸟。

75–95 cm
30–37 in

蛇形脖颈

矛形喙

70–90 cm
28–35 in

角鸬鹚
Phalacrocorax auritus
鸬鹚科
这种分布于美洲的鸟类是一种典型的中等体型鸬鹚，繁殖期间两个白色的头部羽饰会变得特别醒目。

71 cm
28 in

红脸鸬鹚
Phalacrocorax urile
鸬鹚科
这种鸟的分布范围从日本海到白令海，是一种深潜鸟类，属于北太平洋鸬鹚类群，高度适应海洋环境。

80–100 cm
32–39 in

普通鸬鹚
Phalacrocorax carbo
鸬鹚科
这种鸟遍布温带和热带地区。通常在浅水中捕食，但也可以潜到30米深。

50–55 cm
20–22 in

小斑鸬鹚
Phalacrocorax melanoleucos
鸬鹚科
这是分布于大洋洲的一类较为原始的喙较为短小的小型鸬鹚，经常活动于淡水或河口生境中。

65–80 cm
26–32 in

欧鸬鹚
Phalacrocorax aristotelis
鸬鹚科
欧鸬鹚在繁殖季会长出额部的羽饰。它们是一种常见的海鸟，生活在大西洋东北部的礁石海岸，在礁石上筑巢。

90–100 cm
3–3¼ ft

弱翅鸬鹚
Phalacrocorax harrisi
鸬鹚科
这种鸟是现存唯一一种不会飞的鸬鹚，生活在加拉帕戈斯群岛上，从角鸬鹚等分布于美洲的鸬鹚类群中分化而来。

75–76 cm
30 in

红腿鸬鹚
Phalacrocorax gaimardi
鸬鹚科
这种鸟是一种不寻常的海滨鸬鹚，生活在南美洲温带地区。它们的外貌很像某种亚南极的长鼻鸬鹚，但却没有与其亲缘关系很近的物种。

橘色喉囊

周身白色羽毛

45–55 cm
18–22 in

侏鸬鹚
Phalacrocorax pygmeus
鸬鹚科
这种鸟是最小的鸬鹚，分布范围从中欧到中亚，常活动于淡水或咸水旁的苇丛中。

1.3–1.5 m
4¼–5 ft

斑嘴鹈鹕
Pelecanus philippensis
鹈鹕科
斑嘴鹈鹕分布于南亚。像大多数鹈鹕科的鸟一样，它们会在水面游泳时捞取鱼类作为食物。

美洲鹈鹕
Pelecanus erythrorhynchos
鹈鹕科
这种鹈鹕在北美洲的内陆湖泊繁殖，在海滨越冬。繁殖季节时，它们的喙上会长出一个扁平的角状突起。

红色的喙尖

1–1.4 m
3¼–4½ ft

褐鹈鹕
Pelecanus occidentalis
鹈鹕科
这种灰褐色的鹈鹕分布于美国南部到美洲南部地区，沿海滨繁殖。与其他鹈鹕不同，它们会潜入水下捕食。

1.3–1.6 m
4¼–5¼ ft

猛禽

猛禽是最大的也是最重要的昼行性捕食者,这一类几乎所有的鸟都只吃肉。在一些生境中,它们是顶级掠食者。

即使是隼形目(Falconiformes)中最小的鸟,比如小型的侏隼,也都是可怕的杀手,有能力捕捉和它们体型一样大的鸟。其他的像热带雨林中的角雕和菲律宾鹰雕等也很强大,它们能够抓住并杀死大型的猴子,甚至杀死一头小鹿。

猛禽视觉很敏锐,并依靠视觉捕猎。只有一种红头美洲鹫通过气味寻找食物。隼形目的脚长有钩爪,后爪与其他爪方向相反。强壮的脚爪用于抓取食物,锋利的弯钩状喙用于撕扯

肉类。每一类群的捕食行为各不相同。大型的雕用它们的爪子杀死猎物。隼会咬住猎物脖子,切断脊髓,杀死猎物。

隼形目的鸟翅膀强壮,能在天空中飞得很高。像雕、鸳和鹫等大型猛禽,都会通过翱翔节省能量。

食腐动物

分布于旧大陆的鹫和分布于美洲的鹫都过着食腐生活。对于撕扯腐肉来说,这些大型鸟类的嘴还不够强壮。比起其他猛禽,头部裸露的美洲鹫可能与鹳亲缘关系更近,但这个问题至今还没有被证实。

门	脊索动物门
纲	鸟纲
目	隼形目
科	3
种	319

64–81 cm
25–32 in

56–66 cm
22–26 in

巨大的翅膀上的白色条纹

红头美洲鹫
Cathartes aura
美洲鹫科
这种分布广泛的美洲鹫很特别,它们通过气味寻找腐肉。经常在昏暗的凹陷处筑巢,比如大岩石或树桩底下。

黑头美洲鹫
Coragyps atratus
美洲鹫科
黑头美洲鹫比其亲缘种红头美洲鹫更喜欢群居,是机会主义食腐者。从美国中部到智利都有分布。

67–81 cm
26–32 in

23–30 cm
9–12 in

翅膀上的白色和黑色形成鲜明对比

安第斯神鹫
Vultur gryphus
美洲鹫科
这种鸟是南美洲体型最大的可以飞行的鸟类。它们借助安第斯山脉的上升气流翱翔,依靠视觉或跟随红头美洲鹫等其他食腐动物寻找腐肉。

1–1.4 m
3¼–4½ ft

王鹫
Sarcoramphus papa
美洲鹫科
这种大鸟在热带美洲的森林上空翱翔,寻找腐肉。因其鲜艳的头部以及肉质的肉垂而显得非常特别。

食蝠隼
Falco rufigularis
隼科
这种美洲鸟飞行迅速,通常在黎明或黄昏捕食鸟类、蝙蝠以及大型昆虫。从墨西哥到阿根廷都有分布。

美洲隼
Falco sparverius
隼科
这是一种小型隼,常盘旋在天空中寻找猎物。分布于美洲,包括加勒比群岛等地区。

20–31 cm
8–12 in

灰背隼
Falco columbarius
隼科
这种隼飞行迅速，是一种敏捷的捕食者。在北半球山岭和荒野上空捕捉鸟类。

24–33 cm
9½–13 in

红脚隼
Falco amurensis
这种猛禽很特别，喜集群。在西伯利亚和中国的湿润林地里繁殖，到非洲南部越冬。

26–30 cm
10–12 in

深色的"胡子"

灰色上身

34–58 cm
13½–23 in

游隼
Falco peregrinus
隼科
作为飞行速度最快的猛禽，这种隼在空中会径直冲向猎物。它们的分布范围遍布全球，生活在开阔地区，包括苔原和半荒漠地区。

黄色的爪

32–39 cm
12½–15½ in

红隼
Falco tinnunculus
隼科
这种旷野里的鸟分布在欧亚大陆。像其他隼一样，它们会借助上升气流翱翔，同时察看地面寻找猎物。

18–21 cm
7–8½ in

非洲侏隼
Polihierax semitorquatus
隼科
这种分布于非洲的隼会猛地扑向地面上的昆虫以及蜥蜴。它们在织雀的巢中产卵，或与其他非洲侏隼合作繁殖。

白色的颈环

肉冠

48–53 cm
19–21 in

山地巨隼
Phalcoboenus megalopterus
隼科
巨隼是隼的亲缘种，它们的腿更长，行动更迟缓。像其他种类的巨隼一样，这种生活在高海拔安第斯山脉上的鸟也是食腐者，但有时也会捕食小型动物。

53–62 cm
21–24 in

红腿巨隼
Phalcoboenus australis
隼科
这种无所畏惧的巨隼常常攻击刚出生的小羊，这使得它在原产地福克兰群岛遭到人为捕杀。

40–46 cm
16–18 in

黄头叫隼
Milvago chimachima
隼科
这种鸟生活在南美洲南部，经常出没在热带稀树草原以及林缘地区。它们是一种很像鹰的食腐者，但也会吃油棕榈果。

冠羽

黑色的"顶冠"和羽冠

红色的面部皮肤略带黄色

细长的中央尾羽

长长的腿

49–58 cm
19½–23 in

凤头巨隼
Caracara cheriway
隼科
这种巨隼很常见，生活在美国南部到南美洲北部的旷野之中。在树上或地面上筑巢。

52–66 cm
20½–26 in

鹗
Pandion haliaetus
鹰科
以鱼为食的鹗几乎遍布全球，发现猎物时会猛冲向猎物，可后转的外趾便于更好地抓紧滑溜溜的猎物。

1.3–1.5 m
4¼–5 ft

蛇鹫
Sagittarius serpentarius
蛇鹫科
这种长腿的鸟生活在非洲的稀树草原上，是一种为数不多的在地面上捕猎的猛禽。它们追逐小动物，经常用脚将其踩压到不能动弹。

≫

头颈白色

上身栗色

红褐色的尾羽

栗鸢
Haliastur indus
鹰科
这种鸟的分布范围从印度到澳大拉西亚，是河边或海滨的食腐者，但也会捕食像鱼和小型哺乳动物这样的活的生物。

50–64 cm
20–25 in

43–51 cm
17–20 in

燕尾鸢
Elanoides forficatus
鹰科
这种以昆虫为食的猛禽飞行时优雅而敏捷。燕尾鸢在美国东南部以及中美洲繁殖，在南美洲越冬。

32–38 cm
12½–15 in

白尾鸢
Elanus leucurus
鹰科
这种额头突出的鸢是本属的代表种，捕猎时常在天空盘旋。分布范围从美国到南美洲除亚马孙河流域以外的地区。

52–60 cm
20½–23½ in

鹃头蜂鹰
Pernis apivorus
鹰科
蜂鹰这类鸟多分布于热带地区，以蜜蜂和胡蜂幼虫为食。在欧亚大陆繁殖，在非洲越冬。

浅色的头部

金雕
Aquila chrysaetos
鹰科
金雕是一种优雅的善于翱翔的鸟，它们的尾羽很长，生活在北半球的开阔生境中。经常出没在一些地区的森林中。

60–100 cm
23½–39 in

被覆羽毛的腿

61–75 cm
24–30 in

70–83 cm
28–33 in

白肩雕
Aquila heliaca
鹰科
以白肩雕为代表的雕属鸟类是狭义的雕，分布在欧亚大陆。它们腿部完全被羽毛覆盖，因此就像"穿着靴子"一样。

凤头鹰雕
Spizaetus cirrhatus
鹰科
分布于亚洲的鹰雕多具冠羽，是丛林中的捕食者，这种鸟有深色和浅色两种色型，分布范围从喜马拉雅山脉到印度尼西亚。

71–96 cm
28–38 in

70–90 cm
28–35 in

55–72 cm
22–28 in

55–65 cm
22–26 in

深褐色的飞羽

白头海雕
Haliaeetus leucocephalus
鹰科
这种分布于北美洲的海雕是美国的象征，它们常在靠近湿地的森林中繁殖。它们捕食活鱼或食用死掉的鱼，有时候会合作捕猎。

白腹海雕
Haliaeetus leucogaster
鹰科
这种以鱼为食的猛禽沿印度到澳大拉西亚的河湖分布。像其他大型的雕一样，它们会用树枝建造很大的巢。

白腹隼雕
Hieraaetus fasciatus
鹰科
这种长翼的雕很像鵟，生活在湿地或高山上，分布范围从欧亚大陆南部到非洲北部。

非洲隼雕
Hieraaetus spilogaster
鹰科
这种隼雕是一种小型猛禽，分布于撒哈拉沙漠以南的非洲，在热带稀树草原及丘陵地带捕食。

非洲白背兀鹫
Gyps africanus
鹰科
这种鸟常见于撒哈拉沙漠以南的稀树上。它们会大群地聚集在尸体旁边。在城市和村庄也能看见它们的身影。

1–1.3 m
3¼–4¼ ft

胡兀鹫
Gypaetus barbatus
鹰科
这种独居的兀鹫分布于非洲和欧亚大陆，生活在山地地区，尾羽轮廓为菱形。它们会把骨头丢在岩石上砸开，然后主要以里面的骨髓为食。

90–98 cm
35–39 in

85–97 cm
34–38 in

皱脸秃鹫
Torgos tracheliotus
鹰科
像其他秃鹫一样，这种生活在非洲干旱地区的食腐鸟类也长着一个长脖子和光秃的头，这可以防止尸体弄脏它的羽毛。

1–1.2 m
3¼–4 ft

西域兀鹫
Gyps fulvus
鹰科
这种兀鹫生活在欧亚大陆西南部以及非洲东北部的山区，在岩石或崖壁栖息或繁殖。

球根形嘴

60 cm
23½ in

随着年龄的增长颈环会变白

0.9–1.1 m
3–3½ ft

黑白兀鹫
Gyps rueppelli
鹰科
这种深色的鸟是西域兀鹫的分布于非洲的亲缘种，生活在干旱地区。有记录显示它们是飞的最高的鸟类之一。

72–85 cm
28–34 in

60–70 cm
23½–28 in

棕榈鹫
Gypohierax angolensis
鹰科
这种分布于非洲的鸟类是一种特别的鹫，大多情况为素食，吃油棕榈果等，但有时候也以鱼和腐肉为食。

白头秃鹫
Trigonoceps occipitalis
鹰科
这种秃鹫生活在非洲北部、东部以及南部，常成对出现。进食腐肉时，它们的数量往往会超过别种秃鹫。

白兀鹫
Neophron percnopterus
鹰科
这种鸟分布于欧亚大陆南部以及非洲，是棕榈鹫的亲缘种。会用岩石敲开非洲鸵鸟的卵。

深褐色到白色

38–43 cm
15–17 in

50–65 cm
20–26 in

51–57 cm
20–22½ in

白眼鵟鹰
Butastur teesa
鹰科
这种小型的鵟鹰分布于南亚。与其亲缘种相比，它们多在地面活动，捕食地面上的小型动物以及昆虫。

棕尾鵟
Buteo rufinus
鹰科
这种鵟生活在半荒漠地带以及山区，在中欧和中亚繁殖，一些种群会迁徙到非洲北部越冬。

普通鵟
Buteo buteo
鹰科
这种鸟是一种常见的猛禽，有浅色和深色两种色型。分布于北方的种群会到热带非洲以及亚洲越冬。

≫

黑白兀鹫
Gyps rueppellii

　　黑白兀鹫是一种典型的食腐动物，分布于非洲从塞内加尔向东到苏丹以及坦桑尼亚。为了寻找食物，它会飞得很高，所以它的血液非常适于在稀薄的空气中获得氧气。这种兀鹫早晨离开崖顶上的巢，靠上升气流而非热气流高高飞起，在干旱的山岭上巡逻。它用敏锐的视觉寻找尸体，并会耐心等待。为了其他捕食者口中的猎物它们可能会等待数天。像大多数秃鹫一样，它们会吃柔软腐烂的肉和内脏。然而与其他竞争者相比，长长的脖子意味着它的嘴可以进入到尸体的更深处。在抢食中填饱肚子绝非易事，它们吃饱后会重返蓝天。

大小	85～97厘米
生境	干旱开阔的草原
分布	非洲北部和东部
食物	腐肉

> 瞬膜

　　这种膜是鸟类的典型特征。它能清洁眼球表面，也可以在疯狂的抢食中保护眼睛免于被飞来的碎屑伤害。

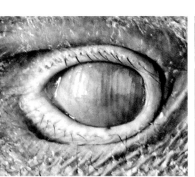

∨ 白色颈环

　　白色蓬松的羽毛环绕颈基部，形成了一个颈环。这个颈环可能被灰尘以及腐肉的血弄脏。

< 月牙边

　　秃鹫深色翅膀的羽毛尖端有明显的浅色斑纹，因此从远处看会呈现出月牙的形状。

< 羽毛

　　具图案的覆羽勾勒出身体的轮廓，它的下面是蓬松的绒羽，能将热量牢牢锁住，这在高海拔地区是至关重要的。

鼻孔

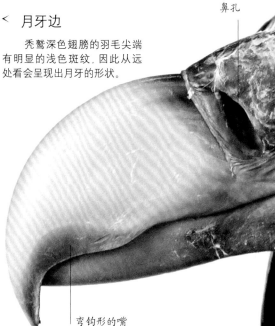

弯钩形的嘴

< 腿

　　虽然鸟腿基部覆有羽毛，但它强壮的腿大部分是裸露的，这样可以在进食腐肉时保持相对清洁。

> 头颈

　　尽管兀鹫的头颈只有稀少的绒毛，但它还是经常会沾到血污。如果将满是羽毛的头伸进大型哺乳动物尸体中时，黏黏的残骸还是会让它受到些阻碍。兀鹫的弯钩形嘴用来撕扯半腐烂的肉，而且它有足够的长度去寻找尸体深处的肉。

< 爪

　　因为兀鹫常用它们的脚来走路，而非杀死猎物，所以它们缺少掠食性鸟类的那种典型的爪子。

覆羽的排列方式能让气流顺利通过

又长又硬的飞羽为飞行提供推力和升力

∧ 翅膀

　　又长又宽的翅膀帮助兀鹫高飞或滑翔，还能节省能量。饱餐一顿之后要想起飞得花些力气。

头颈部的灰色皮肤略带桃红色，皮肤上还有一层绒羽覆盖

46—53 cm
18—21 in

45—56 cm
18—22 in

43—61 cm
17—24 in

赤肩鵟
Buteo lineatus
鹰科

赤肩鵟分布于北美洲东南部地区，生活在水边林地中。

48—56 cm
19—22 in

斯氏鵟
Buteo swainsoni
鹰科

斯氏鵟会集大群从加拿大迁徙到阿根廷越冬，迁飞距离之长在猛禽中仅次于游隼。

46—51 cm
18—20 in

黑领鹰
Busarellus nigricollis
鹰科

这种鸟与食螺鸢有较近的亲缘关系，生活在拉丁美洲的湿地附近。它们会在飞掠水面时伸出双脚捕捉鱼类。

红背鵟
Buteo polyosoma
鹰科

这种分布于南美洲的鵟生活在半山腰处，有时也会出现在林木线以上。它们经常盘旋飞翔，有灰色和褐色两个色型。

红尾鵟
Buteo jamaicensis
鹰科

这种鸟是北美洲最常见的鵟。它们在空中进行求偶炫耀，雌雄双方紧扣双脚然后螺旋下降。

34—37 cm
13½—14½ in

密西西比灰鸢
Ictinia mississippiensis
鹰科

这种分布于北美洲的猛禽是鹰和鵟的近亲。它们生活在开阔林地，集群筑巢，在南美洲越冬。

54—61 cm
21½—24 in

草原鸡鵟
Buteogallus meridionalis
鹰科

这种分布于南美洲的鵟在地面捕食，有时也会追随森林和草原大火，捕捉那些因火被惊扰的小动物。

60—66 cm
23½—26 in

窄而强壮的弯钩形喙

36—40 cm
14—16 in

46—59 cm
18—23 in

栗翅鹰
Parabuteo unicinctus
鹰科

这种鸟的分布范围从加利福尼亚到南美洲。它们会合作捕食，集小群合作围捕猎物。

55—60 cm
22—23½ in

黑鸢
Milvus migrans
鹰科

黑鸢分布于欧亚大陆、非洲和澳大拉西亚，生活在空旷的地区。食物种类多样，包括鱼、小型哺乳动物、腐肉以及人类的垃圾。

深叉尾

赤鸢
Milvus milvus
鹰科

同其他鸢属鸟类一样，这种分布于欧洲和中东地区的鸟的脚不太强壮，但却能熟练地翱翔。常以腐肉为食。

红色的脚

46—56 cm
18—22 in

非洲鼠鹰
Polyboroides typus
鹰科

这种猛禽分布于撒哈拉沙漠以南的非洲地区，以油棕榈果和小型脊椎动物为食。灵活的腿部关节有助于它将猎物拉出树洞。

暗色歌鹰
Melierax metabates
鹰科

这种鸟是一种生活在非洲干燥旷野中的鹰，它们飞行时很像一只鸨，能发出尖锐的叫声。

食螺鸢
Rostrhamus sociabilis
鹰科

这种鸟分布于佛罗里达至拉丁美洲的沼泽地区。它们长着一张强壮的弯嘴，适合取食水生蜗牛。

白南美鵟
Leucopternis albicollis
鹰科

这种分布于拉丁美洲的森林中的鵟以爬行动物、特别是蛇为食。它们经常处于昏睡状态，比较容易接近。

60—66 cm
23½—26 in

43—56 cm
17—22 in

黑色的翼尖

白色的胸腹部

白尾鹞
Circus cyaneus
鹰科
较窄的尾巴、狭长而具斑点的翅膀以及长腿都是鹞的典型特征。白尾鹞广泛分布于北半球。

44—52 cm
17½—20½ in

43—47 cm
17—18½ in

乌灰鹞
Circus pygargus
鹰科
像乌灰鹞等分布于欧亚大陆的鹞，都会迁徙到非洲和南亚地区越冬。这种鸟生活在草原和芦苇地附近。

48—56 cm
19—22 in

♀

白头鹞
Circus aeruginosus
鹰科
白头鹞雄鸟体羽呈褐色，这一点与雌鸟相似，但雄鸟翅膀及尾部沾有灰色。而其他种鹞的雄鸟则全部为灰色。

30—37 cm
12—14½ in

食蜥鵟
Kaupifalco monogrammicus
鹰科
这种鸟是生活在非洲稀树草原上的"土著种"，主要以草蜢等大型昆虫为食，但也会捕捉小型脊椎动物。

25—35 cm
10—14 in

褐耳鹰
Accipiter badius
鹰科
分布于旧大陆的褐耳鹰是一种典型的鹰属鸟类，它们长着长长的尾羽和短短的翅膀，捕捉小鸟等小型动物时会猛冲过去。

48—62 cm
19—24 in

苍鹰
Accipiter gentilis
鹰科
这种鹰分布于北美洲及欧亚大陆，可以迅速穿过密林捕捉松鼠和松鸡。

28—40 cm
11—16 in

雀鹰
Accipiter nisus
鹰科
鹰属鸟类约有50种，雀鹰也是其中之一。它们分布广泛，生活在欧洲到日本的森林中，以小型鸟类为食。

面部皮肤裸出呈红色

黑胸短趾雕
Circaetus pectoralis
鹰科
这种雕是一种生活在非洲草原上的鸟，以蜥蜴、蛇和小型哺乳动物为食。

褐短趾雕
Circaetus cinereus
鹰科
褐短趾雕分布于非洲，它们会站在没有遮挡的栖木上等待猎物出现。当褐短趾雕发现蛇等猎物时会先在空中盘旋，然后猛然冲向它们，将其杀死。

63—68 cm
25—27 in

71—76 cm
28—30 in

又长又宽的翅膀

62—67 cm
24—26 in

短趾雕
Circaetus gallicus
鹰科
短趾雕属于一类以蛇为食的、分布于欧亚大陆的雕，它们生活在多石的山坡及沿海平原附近。

蛇雕
Spilornis cheela
鹰科
蛇雕属于一类分布在亚洲的以蛇为食的雕，其分布范围从印度到菲律宾，经常可以在淡水水域附近发现它们。

55—75 cm
22—30 in

短尾雕
Terathopius ecaudatus
鹰科
这种鸟生活在非洲稀树草原，是仅有的一种经常吃腐肉的蛇雕。在法语里它名字（Bateleur）的意思是"杂技演员"，说明了这种鸟拥有高超的飞行技巧。

55—70 cm
22—28 in

红色的脚

鹤和秧鸡

从优雅跳舞的鹤到生性胆怯的小型秧鸡，本目包含了许多种在干旱和湿地生境栖息、在地面生活的鸟类。

鹤形目（Gruiformes）鸟类大都长着长腿和长嘴，行为复杂多样。传统意义隶属于鹤形目的鸟类，很多都应归到其他类群中去。日鸦和鹭鹤几乎可以确定不属于鹤类和秧鸡类，但它们之间的生物学关系仍然不能十分确定。

鹤以及它们的亲缘种大部分时间都在地面活动，而且它们脚的结构相应发生了适应性改变：因为不用栖息在树上，所以后脚趾退化或消失。像鳍趾䴘和骨顶鸡这些常生活在水中的鹤形目鸟类，它们的脚趾具瓣蹼，而不是像鸭子那样的脚蹼。这一类群中几乎四分之三的鸟类属于秧鸡科。大多数秧鸡生活在湿地中，侧扁的身体使它们能够容易地穿过茂密的芦苇丛。

体型较大的鸨和鹤生活在较开阔的地方，并在那里进行它们复杂的求偶炫耀。鸨喜欢干燥的、有时甚至是半荒漠的生境。

不会飞的鸟

这一类群中许多种鸟类的全部个体都仅分布于一些海岛之上，起初这里没有捕食者，因此其中一些逐渐演化成不会飞翔的鸟。但现在包括老鼠在内的物种入侵已经给这些鸟造成威胁。

门	脊索动物门
纲	鸟纲
目	鹤形目
科	11
种	228

同其他鹤类一样，丹顶鹤会跳起复杂的舞蹈来吸引配偶，或巩固配偶关系。

大鸨
Otis tarda
鸨科
雄性鸨的体型通常大于雌性，这种生活在欧亚大陆草原上的大鸨更为明显。雏鸟要用6年的时间才能长出成鸟那样的羽毛，并达到性成熟。

红褐色的胸带

70—110 cm
28—43 in

40—45 cm
16—18 in

55—65 cm
22—26 in

小鸨
Tetrax tetrax
鸨科
这种体型较小的鸨在欧亚大陆的开阔生境中繁殖，冬天到来之前会迁飞到南方。飞行时与麻鸭很像。

波斑鸨
Chlamydotis undulata
鸨科
这种鸟生活在干旱地区，分布于加那利群岛以及北非开阔的平原和贫瘠的沙漠中。

黄褐色的翅膀

53 cm
21 in

1—1.4 m
3½—4½ ft

斑驳的黑白斑纹

红冠鸨
Lophotis ruficrista
鸨科
同其他鸨一样，这种分布于非洲南部的鸨有着令人印象深刻的求偶炫耀行为。雄性会在空中翻飞，雌雄双方会进行二重唱。

灰颈鸨
Ardeotis kori
鸨科
灰颈鸨是所有能够飞翔的鸟类中体重最大的，可达19千克，生活在非洲的东部和南部地区。它们以小型脊椎动物、腐肉和种子为食。

澳洲鸨
Ardeotis australis
鸨科
这种鸟分布于澳大利亚和新几内亚南部地区，生活在草原和开阔林地中。雄性有一个喉囊，求偶炫耀时会膨胀起来吸引雌性。

0.8—1.5 m
2½—5 ft

红腿叫鹤
Cariama cristata
叫鹤科

叫鹤与已经灭绝的、营捕食性生活的巨型恐鸟有一定的亲缘关系。红腿叫鹤分布于南美洲草原。镰刀形的爪子适于肢解猎物。

75–90 cm
30–35 in

长长的冠羽

灰白色的羽毛

55 cm
22 in

鹭鹤
Rhynochetos jubatus
鹭鹤科

鹭鹤只生活在太平洋西南部新加勒多尼亚的森林中，与飞行相关的胸肌退化。因此，它们的翅膀仅用于滑行和求偶炫耀。

白色条纹

日鳽
Eurypyga helias
日鳽科

这种像鹭一样的捕食者生活在中南美洲的湿润森林中，它会展开具翅斑的翅膀，用来求偶炫耀或者恐吓入侵者。

43–48 cm
17–19 in

斑驳的羽毛

黄脚三趾鹑
Turnix tanki
三趾鹑科

同其他三趾鹑一样，这种分布于东亚的鸟也生活在热带草原。雌鸟繁殖羽色彩艳丽，它们会为了雄性互相竞争，而雏鸟则由雄性照顾。

15 cm
6 in

橄榄棕色的翅膀和身体

秧鹤
Aramus guarauna
秧鹤科

秧鹤是鹤类体型较小的近亲，主要营夜行性生活，生活在热带美洲的湿地中。它们会用镊子般的喙将蜗牛肉从壳中取出。

65–70 cm
26–28 in

灰色的长腿

红眼斑秧鸡
Gallirallus philippensis
秧鸡科

分布于印度洋–太平洋地区的红秧鸡属鸟类多不善于，甚至不能飞行，而红眼斑秧鸡与该属的其他一些秧鸡不同。它们已经扩散到菲律宾至新西兰的许多海岛上了。

28–33 cm
11–13 in

10–15 cm
4–6 in

22–30 cm
9–12 in

黑田鸡
Laterallus jamaicensis
秧鸡科

黑田鸡是一种分布于美洲热带地区，具微红色斑纹的田鸡，它们在北美洲繁殖，是那里体型最小的秧鸡。

13–18 cm
5–7 in

北美花田鸡
Coturnicops noveboracensis
秧鸡科

这种背部有条纹的秧鸡分布于北美洲。它们的行踪十分隐秘，但在夜间，可以通过其发出的"咔嗒咔嗒"的鸣声来确定它们的存在。

19–23 cm
7½–9 in

黑苦恶鸟
Amaurornis flavirostra
秧鸡科

这种秧鸡遍布撒哈拉沙漠以南地区。与其众多性机警的亲缘种不同，它们更容易被人们发现。

长脚秧鸡
Crex crex
秧鸡科

这种生活在草原上的秧鸡生性胆怯，会发出独特的叫声，易于鉴别。它们在欧亚大陆繁殖，在非洲越冬。

>>

≫ 鹤 和 秧 鸡

普通秧鸡
Rallus aquaticus
秧鸡科
隶属于秧鸡属的普通秧鸡是一种生活在沼泽中、喙较长的鸟，侧扁的身体使它们易于穿过芦苇丛。同本属其他鸟类一样，这种分布于欧亚大陆的鸟很少出现在开阔地。

王秧鸡
Rallus elegans
秧鸡科
这种秧鸡分布在北美洲东部、墨西哥及古巴。它们在隐蔽的地方寻找昆虫、蜘蛛、小虾以及蜗牛。

38—48 cm
15—19 in

浅灰褐色的上半身

32—41 cm
12½—16 in

长嘴秧鸡
Rallus longirostris
秧鸡科
这种分布于美洲热带地区的秧鸡与其他秧鸡不同，它们喜欢生活在盐沼和红树林沼泽中，能发出与众不同的噼啪声。

暗淡的肋部横纹

23—28 cm
9—11 in

弗吉尼亚秧鸡
Rallus limicola
秧鸡科
这种秧鸡的分布范围从北美洲到南美洲北部，是一种能进行长距离迁徙的候鸟。性机警，很难被发现。

20—27 cm
8—10½ in

喙基红色，喙端黄色

21—27 cm
8½—10½ in

18—22 cm
7—9 in

白眉田鸡
Porzana cinerea
秧鸡科
通过喙的长度和特殊的叫声能够迅速地区分田鸡和秧鸡。这种额部灰色的鸟是典型的田鸡属鸟类，分布范围从马来半岛到波利尼西亚。

红胸田鸡
Porzana fusca
秧鸡科
这种田鸡生活在东亚的湿地中，但也可以在红树林或相对干燥的生境中看到它们。栗色的胸腹部非常特别。

藏蓝色的胸腹部

20—25 cm
8—10 in

黑脸田鸡
Porzana carolina
秧鸡科
这种田鸡是北美地区秧鸡科鸟类中最常见的一种田鸡。它们在浅的湿地中繁殖，在加勒比海越冬。

22—24 cm
9—9½ in

斑胸田鸡
Porzana porzana
秧鸡科
虽然这种生性胆怯的鸟隐蔽在茂密的植被中，但可以通过清脆响亮的叫声确定它们的存在。它们通常在欧亚大陆的沼泽里繁殖，以小型水生动物为食。

绿色的翅膀

30—36 cm
12—14 in

黄色的腿

紫青水鸡
Porphyrio martinica
秧鸡科
这种鸟生活在美洲热带地区的沼泽中，也是一种紫水鸡。藏蓝色的羽毛和蓝色的额甲是它的特征。

32—35 cm
12½—14 in

黑水鸡
Gallinula chloropus
秧鸡科
黑水鸡是一种聒噪的鸟，它为黑水鸡属的一种，长着黑色的羽毛，行动迅速，广泛分布于全球各地。

38–42 cm
15–16½ in

红瘤白骨顶
Fulica cristata
秧鸡科

红瘤白骨顶是一种黑色的秧鸡，它们长着一个白色额甲和具瓣蹼的脚趾。这种鸟生活在非洲大陆、马达加斯加以及西班牙南部，前额上长着两个红色的突起。

39–40 cm
15½–16 in

美洲骨顶
Fulica americana
秧鸡科

这种鸟的分布范围从北美洲到南美洲北部。与真正意义上的秧鸡不同，它们善于游泳，在浅水中觅食，而在陆地上进食。

红色的垂肉

48–56 cm
19–22 in

1.1 m
3½ ft

灰冠鹤
Balearica regulorum
鹤科

分布于非洲的冠鹤是唯一一类能用趾抓住树枝并在树上栖息的鹤。灰冠鹤是分布范围最靠南的一种鹤。

50–63 cm
20–25 in

非洲鳍趾鹛
Podica senegalensis
日鹛科

鳍趾鹛与秧鸡有较近的亲缘关系，身体呈流线形，善于游泳，因其分瓣的蹼足而得名。这种鸟生活在撒哈拉沙漠以南的非洲湿地中。

26–33 cm
10–13 in

日鹛
Heliornis fulica
日鹛科

这种鸟是一种分布于美洲热带地区的鳍趾鹛。同所有鳍趾鹛一样，它是一种生性机警的鸟，在流速缓慢的河水中捕食小型动物。

灰翅喇叭声鹤
Psophia crepitans
喇叭声鹤科

喇叭声鹤的名字源于其很大的叫声，它们不善于飞翔，在亚马孙河流域陆地上集群生活。灰翅喇叭声鹤是一种黑色身体的鸟，像其他喇叭声鹤一样，它们看起来有些"驼背"。

头部裸出呈红色

灰白色羽毛

1–1.2 m
3½–4 ft

澳洲鹤
Grus rubicunda
鹤科

澳洲鹤具一黑色的垂肉，头顶裸出呈红色。它们求偶炫耀时昂首阔步，十分壮观。

1–1.1 m
3¼–3½ ft

蓝鹤
Anthropoides paradiseus
鹤科

蓝鹤分布于非洲，它那长长的飞羽就像尾羽一样垂在身后。非繁殖季时，它们常常四处游荡，经常出没于湖边、草地以及农田附近。

石板灰色的羽毛

1.1–1.2 m
3½–4 ft

1.4–1.5 m
4½–5 ft

丹顶鹤
Grus japonensis
鹤科

丹顶鹤的种群数量正在下降。它们在西伯利亚繁殖，在朝鲜和中国越冬。它们是体重最重的鹤，与其亲缘种一样，头顶裸出呈红色。

1.1–1.2 m
3½–4 ft

黑色的翼羽

沙丘鹤
Grus canadensis
鹤科

这种鹤主要分布于北美洲，分布范围也会向西延伸至西伯利亚。它们以家庭为单位迁徙，最南分布至墨西哥。

灰鹤
Grus grus
鹤科

这种鸟常在沼泽、石南灌丛以及苔原地带活动。它们在欧亚大陆繁殖，经常以"V"字形队形迁飞，在北非和南亚越冬。

雏鸟成熟后浅黄色的面部羽毛会退去，露出一片白色的、裸出的皮肤

红色的喉囊

颈部羽毛没有交错的羽支，因此看起来像是蓬松的"毛发"

∧ 冠和颜色

灰冠鹤长有金色的刚毛状冠羽，雅致的黑色前额，以及边缘呈红色的、裸露的白色面颊。雄性和雌性都有红色喉囊，能充入空气膨胀起来，然后快速地放气并发出隆隆的声音。

灰冠鹤
Balearica regulorum

灰冠鹤亦称东非冠鹤,隶属于鹤科,它们以曼妙的舞姿而闻名。对于这些鸟来说,舞蹈是生活中一个重要的部分。在非洲开阔的稀树草原上,它们通过跳跃、拍打翅膀和弯下头等动作进行展示,有时似乎仅仅为了化解同类侵入领地或者增进配偶关系,但主要还是通过炫耀它们精致的头部装饰来向配偶求爱。它们没有像其他鹤那样一样长而弯曲的气管,因此不能发出号角般的鸣声,只会发出鹅一样的叫声。它们也会在求爱期间发出隆隆声,这种声音是气体从膨胀的红色喉囊中释放出来的。在繁殖季节,雌雄双方常活动于相对湿润的生境中,那里茂密的植被可以隐藏它们那用牧草和莎草制成的盘状巢。雏鸟可以隐藏在鸟巢之中躲避捕食者,亲鸟也可以在里面栖息。与其他鹤不同的是,灰冠鹤能站在高高的树枝上栖息。

大小	1.1米
生境	开阔的生境
分布	非洲东部及南部地区
饮食	草,种子,无脊椎动物,小型脊椎动物

黑色的头部羽毛
使前额显得突出

鼻孔洞穿

喙比其他鹤类
更短更厚

瞬膜 >

"瞬膜"来自拉丁语nictare,是"眨眼"的意思。同其他鸟类的这种半透明的眼睑一样,通过在眼球上运动起到清洁眼球表面的作用。

金色的羽毛 >

当翅膀折叠起来的时候,飞羽外覆盖的长长的金色羽毛就会垂在身体的两侧。

具蓑羽的脖子 ∨

长长的端部膨大的正羽让冠鹤的脖子下部和上半身看起来很蓬松。这种鸟大部分羽毛都是灰色的。

脚和爪 >

灰冠鹤长长的后趾,使它们能息在树上,因而它们不同于其他类的鹤。这样的"残余器官"或许其祖先营树栖生活的证据。

∧ 长长的腿

尽管长腿在舞蹈炫耀中起着重要作用,也有助于涉水,但灰冠鹤的腿却比其他种类鹤的腿短一些。

白色的覆羽

∧ 飞羽

当灰冠鹤在空中飞行的时候,其翼下羽色黑白分明。尽管这些分布于热带地区的鸟类翅膀很强壮,但不像其他种类的鹤,它们不能进行长距离迁飞。

黑色的初级飞羽

褐色的次级飞羽

涉禽、鸥和海雀

大部分涉禽生活在沿海地区，它们有着多种多样的形态和习性。它们中的大部分都长着长腿和长嘴，这样的结构适于在泥滩和水塘中觅食。

人们将这些鸟统称为涉禽，其中大部分隶属于鸻形目（Charadriiformes），主要分为三个类群。其中两个类群由人们常说的"滨鸟"组成。鸻及其亲缘种大多是短腿、短嘴的鸟，它们以地面上的小型无脊椎动物为食；麦鸡这类鸟喜欢在内陆干燥的生境活动；而鸻类的其他种类更喜欢湿地生境。长脚鹬和反嘴鹬用它们针形的嘴在浅水中觅食，而蛎鹬则用它们又长又粗的嘴打开软体动物的壳。这一类群包含滨鹬、沙锥及其亲缘种，它们都具能深入泥土里的长嘴。它们的亲缘种，像鹬和杓鹬等也有很长的腿，因此能在较深的水里涉水觅食。

海鸟

鸻形目其余的类群由鸥、燕鸥、贼鸥和海雀组成，它们趾间具蹼，是这一目中最适应海洋生活的鸟类。这些鸟一生中大部分时间都与大海为伴，一些种类会迁徙到很远的地方。鸥类是机会主义捕食者，也经常在距离海边很远的内陆地区觅食。海雀分布在北极地区，会潜入水中捕食猎物。它们黑白相间的外表看起来很像企鹅，但是彼此的亲缘关系很远。

门	脊索动物门
纲	鸟纲
目	鸻形目
科	19
种	379

石鸻
Burhinus oedicnemus
石鸻科
40–44 cm
16–17½ in
石鸻常在夜间活动，与鸻类有较近的亲缘关系。这种鸟遍布欧亚大陆，生活在内陆的泥滩附近。

大石鸻
Esacus recurvirostris
石鸻科
49–55 cm
19½–22 in
大石鸻属石鸻类，分布于南亚地区。它们用凿子般的嘴捕食水边的蟹类等猎物。

白鞘嘴鸥
Chionis albus
鞘嘴鸥科
34–41 cm
13½–16 in
白鞘嘴鸥是两种白色鞘嘴鸥中的一种，是分布于南极洲的鸻类的亲缘种，以腐肉或者其他鸟类的雏鸟为食。

20–22 cm
8–9 in

麦哲伦鸻
Pluvianellus socialis
鞘嘴鸥科
这种南美洲的涉禽很不寻常，是唯一一种将食物反刍给幼鸟的涉禽。与其他鸻类相比，它们与鞘嘴鸥亲缘关系最近。

鹮嘴鹬
Ibidorhyncha struthersii
鹮嘴鹬科
38–41 cm
15–16 in
鹮嘴鹬是鸻类唯一一种长着长而向下弯曲的嘴的亲缘种。它们生活在亚洲中部地区的山区中，在石质河床中寻找无脊椎动物作为食物。

北美蛎鹬
Haematopus bachmani
蛎鹬科
42–47 cm
16½–18½ in
黑色的蛎鹬通常比杂色的蛎鹬（有两种或三种颜色）分布范围更狭窄，例如，北美蛎鹬就只分布于北美洲西岸。

体羽深褐色至黑色

长长的红嘴

粉色的腿

蛎鹬
Haematopus ostralegus
蛎鹬科
40–45 cm
16–18 in
这种杂色的蛎鹬是最常见的蛎鹬，繁殖于欧亚大陆北部。同其他蛎鹬一样，它也会用长长的嘴撬开双壳纲的软体动物。

蟹鸻
Dromas ardeola
蟹鸻科
33–40 cm
13–16 in
与其他真正意义上的鸻相比，蟹鸻与鸥类的亲缘关系更近。它们分布于印度洋海岸线附近，利用短粗的喙捕食蟹类。

针形的嘴

斑长脚鹬
Cladorhynchus leucocephalus
反嘴鹬科
36–45 cm
14–16 in
长脚鹬捕食小型水生无脊椎动物。这种
分布于澳大利亚的长脚鹬会集大群在盐
湖中寻找以丰年虾为主的食物。

40–46 cm
16–18 in

红颈反嘴鹬
*Recurvirostra
novaehollandiae*
反嘴鹬科
这种四处游荡的涉禽生活
在澳大利亚的湿地中，体羽
颜色十分特别而不会被认
错。它们常集大群觅食。

反嘴鹬
Recurvirostra avosetta
反嘴鹬科
这种广泛分布于欧亚大陆的
涉禽是一种典型的反嘴鹬，
它们是长脚鹬的近亲，利用
向上翘的嘴在水中搜寻
小型水生动物。
42–45 cm
16½–18 in

黑白相间的
身体

向上翘的嘴

20 cm
8 in

弯嘴鸻
Anarhynchus frontalis
鸻科
这种涉禽分布于新西兰，是麦鸡的
亲缘种，也是唯一一种嘴弯向侧面
的鸟。它们用这样的喙捕食石头
底下的无脊椎动物。

澳洲小嘴鸻
Peltohyas australis
鸻科
这种体羽颜色与沙子颜色
相似的鸟是麦鸡的近亲。
它们生活在澳大利亚的干
旱地区，通常活动于远离
水源的地方。
19–23 cm
7½–9 in

黑翅长脚鹬
Himantopus himantopus
反嘴鹬科
黑翅长脚鹬广泛分布于世界
各地，具有很多色型。一些
人认为，某些不同的色型，
如颈部为黑色的及颈部为白
色的应划分为不同的种。
33–36 cm
13–14 in

黑胸距翅麦鸡
Vanellus spinosus
鸻科
黑胸距翅麦鸡生活在非洲和中东的
湿地中，它们的翅膀上生有角质
距，类似的结构也存在于白颈麦鸡
和凤头距翅麦鸡身上。
25–27 cm
10–10½ in

的顶冠

繁殖期胸腹部
会变成黑色

灰鸻
Pluvialis squatarola
鸻科
灰鸻是金鸻类中唯一上体为灰
色斑点而非黄色斑点的种类，
在北极海岸的苔原繁殖。
25–30 cm
10–12 in

欧亚金鸻
Pluvialis apricaria
鸻科
比起其他种类的麦鸡，金鸻与长脚鹬和
蛎鹬亲缘关系更近。繁殖期的欧亚金鸻
腹部会变成黑色。
26–29 cm
10–11½ in

蓝灰色的腿
和脚

35–38 cm
14–15 in

白颈麦鸡
Vanellus miles
鸻科
许多种类的麦鸡都具鲜黄色的
垂肉。这些面部装饰在分布于
大西洋的麦鸡中尤为明显。

28–31 cm
11–12 in

凤头麦鸡
Vanellus vanellus
鸻科
麦鸡因飞行时翅膀轻轻拍打的动作而得
名（lapwing）。凤头麦鸡广泛分布于
欧亚大陆，它们的冠羽细长而尖。

剑鸻
Charadrius hiaticula
鸻科
剑鸻是分布范围最广的具颈环的鸻
类。它们在北极地区繁殖，在非洲
和亚洲西南部越冬。

18–20 cm
7–8 in

双领鸻
Charadrius vociferus
鸻科
这种尾羽较长、生活在草原上
的鸻，会在北美洲和南美洲之
间迁飞，但是也有一些种群会
定居在秘鲁和智利一带。

23–27 cm
9–10½ in

20–22 cm
8–9 in

小嘴鸻
Charadrius morinellus
鸻科
这种鸟在北极的苔原地带繁
殖，繁殖期雌性羽色比雄性羽色更
鲜艳。但同其他鸟类一样，两
者的羽毛都会在非繁殖季
换上暗淡的冬羽。

>>

28–31 cm
11–12 in

铜翅水雉
Metopidius indicus
水雉科
这种鸟广泛分布于印度及东南亚地区。
雄性长有一个扁平的"前臂骨",这样
就可以将雏鸟托举在翅膀上了。

繁殖期长长
的尾羽

非洲雉鸻
Actophilornis africanus
水雉科
这种分布于非洲湿地的鸟
类是典型的水雉科鸟类,
细长的脚趾适于在漂浮的
植被上行走。

23–31 cm
9–12 in

金色的颈斑

20–27 cm
8–10½ in

31–58 cm
12–23 in

17–23 cm
6½–9 in

冠水雉
Irediparra gallinacea
水雉科
这种鸟的分布范围从亚洲到澳大利亚,
因其头顶上的垂肉而得名。和其他水雉
一样,雄鸟负责孵卵并照顾雏鸟。

水雉
Hydrophasianus chirurgus
水雉科
这种分布于亚洲南部的翅上具
"距"的水雉是唯一一种繁殖羽与
非繁殖羽差异明显的水雉,过了繁
殖季它们长长的尾羽便会脱落。

肉垂水雉
Jacana jacana
水雉科
这种分布于南美洲的水雉雌性在
婚配中占主导地位。雌鸟会和很
多雄鸟繁殖,这可能有利于补偿
因鳄鱼捕食而损失的卵。

15–19 cm
6–7½ in

领鹑
Pedionomus torquatus
领鹑科
这种类似鹌鹑的鸟生活在澳
大利亚的草原上,是领鹑科
仅有的一种鸟,但它与湿地
水雉有一定的亲缘关系。

23–25 cm
9–10 in

23–25 cm
9–10 in

16–20 cm
6½–8 in

23–26 cm
9–10 in

彩鹬
Rostratula benghalensis
彩鹬科
彩鹬的腿很短,它们是水雉的近亲,也
是采取雌性占主导地位的一雌多雄制的
鸟类。这种鸟广泛分布于旧大陆,生活
在热带地区的湿地中。

短嘴半蹼鹬
Limnodromus griseus
鹬科
短嘴半蹼鹬与沙锥有较近的亲缘关系,
繁殖期羽毛会略带红色。短嘴半蹼鹬仅
分布于美洲地区。

红腹滨鹬
Calidris canutus
鹬科
同其他一些迁徙的涉禽一样,这
种在北极繁殖的红腹滨鹬会在冬
季到来之前脱掉它们漂亮的夏羽
换上暗淡的冬羽。

黑腹滨鹬
Calidris alpina
鹬科
黑腹滨鹬广泛分布于全球各地,
是一种典型的涉禽。它们在北极
附近繁殖,而在冬季到来之前则
会成群迁飞到温暖的南方越冬。

17–19 cm
6½–7½ in

20–21 cm
8–8½ in

25–27 cm
10–10½ in

姬鹬
Lymnocryptes minimus
鹬科
沙锥和丘鹬这类鸟着长嘴和短
腿,斑驳的羽毛使其易于隐蔽。
广布于旧大陆的姬鹬是这一类群
中最小的鸟。

长长的,微向
上弯的嘴

三趾滨鹬
Calidris alba
鹬科
这种鹬在北极圈内繁殖,这
比其他大多数涉禽的繁殖地
都要靠北。而冬季它们会集
大群聚在南方温暖的滨海沙
滩上活动。

扇尾沙锥
Gallinago gallinago
鹬科
这种鸟广泛分布于全球各地,
是一种典型的涉禽。雏鸟在孵
化后不久就能自如地活动。与
其他涉禽不同,沙锥会喂养它
们的雏鸟。

黑白相间的
上体

繁殖期间红褐色
的胸腹部

40–44 cm
16–17½ in

18–19 cm
7–7½ in

37–42 cm
14½–16½ in

棕塍鹬
Limosa haemastica
鹬科
这是两种分布于美洲的塍鹬中
的一种,因其繁殖地(哈得逊)
而得名,包括哈得逊湾海滨。

黑尾塍鹬
Limosa limosa
鹬科
这种广泛分布于旧大陆的鸟是典型的塍
鹬,嘴略向上翘。它们在内陆的草原、
荒地和牧场中觅食。

红颈瓣蹼鹬
Phalaropus lobatus
鹬科
这种鸟的繁殖地包括北极大部分地区。繁殖期间雌
鸟体羽鲜艳,通过炫耀展示吸引雄鸟,而后代则由
雄性照顾。

长嘴杓鹬
Numenius americanus
鹬科

长嘴杓鹬分布于美洲，是杓鹬类的代表，为大型涉禽，长着一个长长的向下弯曲的嘴，用来深入泥土寻找无脊椎动物。

45–66 cm
18–26 in

中杓鹬
Numenius phaeopus
鹬科

这种鸟能发出奇特的马嘶般的叫声，在极地附近繁殖。一些个体会迁徙到澳大利亚越冬。

40–42 cm
16–16½ in

黄胸鹬
Tryngites subruficollis
鹬科

这种涉禽在北美洲和西伯利亚东部的苔原地带繁殖，在南美洲的草原越冬。

18–20 cm
7–8 in

红脚鹬
Tringa totanus
鹬科

大多数涉禽在淡水水域繁殖，但这种分布于旧大陆的红脚鹬有时却在盐沼地中繁殖。它的名字源于腿的颜色。

27–29 cm
10½–11½ in

小黄脚鹬
Tringa flavipes
鹬科

这种鸟在阿拉斯加和加拿大的森林中繁殖，在加勒比海地区越冬。

23–25 cm
9–10 in

繁殖期间雄鸟夸张的领羽

漂鹬
Heteroscelus incanus
鹬科

这种鹬在阿拉斯加繁殖，在繁殖期间它的胸部是裸露无羽的。它们通常会在相对较南的美洲西海岸越冬。

26–30 cm
10–12 in

小丘鹬
Scolopax minor
鹬科

同其他丘鹬和沙锥一样，小丘鹬分布于美洲，非常善于伪装。它的眼睛位置很高，有全方位的视角警惕天敌的出现。

26–28 cm
10–11 in

流苏鹬
Philomachus pugnax
鹬科

这种广泛分布于旧大陆的鸟生活在沼泽或草地中，雄鸟在繁殖期会换上亮丽的羽衣：脱去暗淡的冬羽，换上具夸张领羽的红褐色与黑色相间的华丽夏羽。

20–30 cm
8–12 in

斑腹矶鹬
Actitis macularius
鹬科

同分布于欧亚大陆的近亲矶鹬一样，这种分布于美洲的鹬也长有一张善于从干燥的地面啄取食物的短嘴。

夏季胸腹部具黑色斑点

18–20 cm
7–8 in

红色的腿

翻石鹬
Arenaria interpres
鹬科

这种鸟在北半球繁殖，名字来源于它翻动石块等物体寻找猎物的行为。

22–24 cm
9–9½ in

勺嘴鹬
Eurynorhynchus pygmeus
鹬科

这种涉禽分布于东亚地区，嘴型勺状，形似琵鹭。它们在浅水中用特殊的嘴寻找无脊椎动物。

14–16 cm
5½–6½ in

白腹籽鹬
Attagis malouinus
籽鹬科

在南美洲开阔的生境中生活着4种籽鹬，它们的嘴较短，以植物的种子为食。白腹籽鹬只分布在南美洲的最南端。

27–29 cm
10½–11½ in

19–21 cm
7½–8½ in

19–24 cm
7½–9½ in

24–28 cm
9½–11 in

淡黄色、边缘黑色的喉部

叉形尾巴

黑翅燕鸻
Glareola nordmanni
燕鸻科
同其他燕鸻一样，黑翅燕鸻也是迁徙性鸟类。它们在欧洲东部地区及亚洲中部地区繁殖，在非洲越冬。

乳色走鸻
Cursorius cursor
燕鸻科
走鸻经常在夜间活动，是不起眼的地栖性鸟类。它们腿较长，与麦鸡相似。

澳洲燕鸻
Stiltia isabella
燕鸻科
这种燕鸻分布于澳大利亚和印尼地区，通常活动于离淡水很近的地方。但它们有特别的腺体可以排出体内多余的盐分，所以也可以饮用咸水。

23–26 cm
9–10 in

27–28 cm
10½–11 in

17–19 cm
6½–7½ in

栗颈走鸻
Rhinoptilus cinctus
燕鸻科
大多数走鸻的活动范围局限于干旱的荒漠以及矮树丛中，但这种分布于非洲的走鸻也敢冒险进入林地中。

灰燕鸻
Glareola lactea
燕鸻科
这种小型燕鸻分布于南亚地区，尾羽叉尾型。像它的亲缘种一样，灰燕鸻也会在飞行中捕食昆虫。

领燕鸻
Glareola pratincola
燕鸻科
同大多数燕鸻一样，领燕鸻分布于欧洲南部和非洲地区。它们集大群聚在开阔的湿地中时，常十分嘈杂。

50–60 cm
20–23½ in

42–45 cm
16½–18 in

52–60 cm
20½–23½ in

34–37 cm
13½–14½ in

燕尾鸥
Creagrus furcatus
鸥科
这种鸟是唯一一种夜行性鸥。它们在加拉帕戈斯群岛繁殖，在南美洲越冬，以鱼和乌贼为食。

白领鸥
Larus hemprichii
鸥科
同其他分布于温暖地区的鸥一样，这种分布于亚洲和非洲的鸥长有深色的羽毛，这可能是对强烈阳光的一种适应性进化。

银鸥
Larus argentatus
鸥科
这种鸟与小黑背鸥有较近的亲缘关系，可以经常在欧洲以及北美洲东部海滨城市见到它们。

红嘴鸥
Larus ridibundus
鸥科
同其他具有"头罩"的鸥一样，冬季时，红嘴鸥深色的头部会变成白色。北半球红嘴鸥的种群数量非常庞大。

36–41 cm
14–16 in

红嘴的尖端为黑色

笑鸥
Larus atricilla
鸥科
这种分布于美洲、具黑色"头罩"的鸟，能发出笑声一样的鸣声。它们在滨海河口及盐沼地附近集群繁殖。

46–53 cm
18–21 in

62–68 cm
24–27 in

46–51 cm
18–20 in

39–43 cm
15½–17 in

灰色的身体

红嘴灰鸥
Larus heermanni
鸥科
这种体色较深的鸥分布于北美洲，但实际上它与北白头鸥有较近的亲缘关系。红嘴灰鸥经常与褐鹈鹕一起觅食，并会偷吃它们的食物。

北极鸥
Larus hyperboreus
鸥科
这种常见于海边的鸥体型较大，在北极地区繁殖。北极鸥比大多数有亲缘关系的分布于北半球的、头部为白色的鸥拥有一个更加洁白的头部。

环嘴鸥
Larus delawarensis
鸥科
这种鸟在北美洲繁殖，在加勒比海地区越冬。环嘴鸥长有一个深色的嘴环。它们经常在农田里觅食。

白眼鸥
Larus leucophthalmus
鸥科
这种鸥与白领鸥有较近的亲缘关系，仅分布在红海地区。在那里，它们会受到因石油泄漏污染海水的威胁。

50–67 cm
20–26 in

太平洋鸥
Larus pacificus
鸥科

太平洋鸥分布于澳大利亚，它们的嘴很大，能够把甲壳类动物砸向礁石来打开它们。飞翔时明显可见其黑色的尾羽末端连成了一个黑色条带。

28–30 cm
11–12 in

博氏鸥
Larus philadelphia
鸥科

这种鸥分布于北美洲，它们戴着黑色的"面罩"，在加拿大潮湿的针叶林中繁殖，在加勒比海沿岸越冬。

55–66 cm
22–26 in

西美鸥
Larus occidentalis
鸥科

这种大型的鸥生活在北美洲西部太平洋沿岸，通常在近海岛屿或岩石上集群繁殖。

头部较大呈白色

64–78 cm
25–31 in

40–42 cm
16–16½ in

海鸥
Larus canus
鸥科

这种分布于北半球的鸥，其英文名Mew Gull来源于它那奇特的喵喵声叫声。它们在内陆沼泽以及海岸繁殖。

45–47 cm
18–18½ in

灰鸥
Larus modestus
鸥科

这种鸟只分布于秘鲁和智利一带，在世界上最干燥的地区之一——阿塔卡玛沙漠繁殖。

石板黑色的背部和翅膀

大黑背鸥
Larus marinus
鸥科

大黑背鸥分布于北大西洋沿岸，是世界上体型最大的鸥，也是一种极具攻击性的鸟。它们会捕食其他海鸟及其他大黑背鸥的雏鸟。

粉色的脚

40–45 cm
16–18 in

澳洲银鸥
Larus novaehollandiae
鸥科

虽然外观不同，但这种分布于澳大利亚的鸥与红嘴鸥却有着较近的亲缘关系。它们会到人类的垃圾站觅食。

上下眼周白色

喙具3种颜色

渔鸥
Larus ichthyaetus
鸥科

这种鸟分布于亚洲，其所属类群的鸟类头部均为黑色。渔鸥在俄罗斯繁殖，在地中海及印度洋沿岸越冬。

57–61 cm
22½–24 in

细而黑的领环

38–40 cm
15–16 in

楔形尾

黄色的腿

42–44 cm
16½–17½ in

豚鸥
Leucophaeus scoresbii
鸥科

这种鸟因经常攻击其他鸟类而闻名。它们仅分布于南美洲南端以及马尔维纳斯群岛。

40–43 cm
16–17 in

白鸥
Pagophila eburnea
鸥科

人们发现这种分布于北极的鸥很少远离浮冰，它们会追随北极熊，并食用北极熊的残羹冷炙。

楔尾鸥
Rhodostethia rosea
鸥科

楔尾鸥是一种与众不同的体羽略沾粉色的鸥。它们在北极苔原的沼泽及林地中繁殖，在沿海地区越冬。

27–32 cm
10½–12½ in

叉尾鸥
Xema sabini
鸥科

这种鸥与白鸥有较近的亲缘关系，在北极地区繁殖，但会迁飞很远的距离到南美洲和非洲越冬。

35–40 cm
14–16 in

红腿三趾鸥
Rissa brevirostris
鸥科

这种鸟仅繁殖于北太平洋白令海的一些岛屿上，在遥远的南方海域越冬。

38–40 cm
15–16 in

三趾鸥
Rissa tridactyla
鸥科

这种鸥是世界上数量最多的鸥，在北大西洋及太平洋海域的峭壁上集群繁殖。

28—33 cm
11—13 in

白燕鸥
Gygis alba
鸥科

这种全身洁白的小型燕鸥生活在大西洋及印度洋的热带岛屿上。值得注意的是，它们会将卵产在光秃秃的树枝上。

40—42 cm
16—16½ in

白色颊纹

印加燕鸥
Larosterna inca
鸥科

印加燕鸥是一种长得与众不同的燕鸥，分布在秘鲁和智利，在礁石海岸繁殖。

鲜红色的腿

35—37 cm
14—14½ in

小凤头燕鸥
Sterna bengalensis
鸥科

小凤头燕鸥是大凤头燕鸥的亲缘种，繁殖季其喙部会从黄色变为橙色。

22—24 cm
9—9½ in

黑浮鸥
Chlidonias niger
鸥科

这种体型较小的燕鸥生活在淡水水域，在北半球的湿地中繁殖，在南美洲和非洲越冬。

33—35 cm
13—14 in

北极燕鸥
Sterna paradisaea
鸥科

这种燕鸥是所有动物中迁徙距离最长的——能从位于北极地区的繁殖地一直迁徙到南极洲。它们以鱼和甲壳类动物为食。

黑色的顶冠

47—54 cm
18½—21½ in

22—24 cm
9—9½ in

白额燕鸥
Sterna albifrons
鸥科

白额燕鸥体型较小，分布于旧大陆，生活在沿海地区。眼睛斜上方白色的区域即为它们的额部。

飞羽边缘黑色

红嘴巨鸥
Sterna caspia
鸥科

这种鸟是体型最大的燕鸥，许多大洲都有分布。同大多数海洋燕鸥一样，它们也在地面集群筑巢。

33—36 cm
13 14 in

乌燕鸥
Sterna fuscata
鸥科

这种额部白色的海生燕鸥在热带岛屿繁殖，因其嘈杂的集群而被作为"不眠鸟"。

黑色的长腿

33—38 cm
13—15 in

桑氏白额燕鸥
Sterna saundersi
鸥科

桑氏白额燕鸥是一种小型燕鸥，分布于红海以及印度洋。过去经常被认为是白额燕鸥的一个亚种。

30—32 cm
12—12½ in

褐翅燕鸥
Sterna anaethetus
鸥科

这种分布于热带和亚热带地区的燕鸥有一个白色的前额，与白额燕鸥和乌燕鸥很相似。它们大部分时间都在海上度过。

粉红燕鸥
Sterna dougallii
鸥科

和它们有亲缘关系的燕鸥一样，粉红燕鸥头顶的黑色会在冬季褪去。它们是迁徙性的鸟类，主要分布在南半球。

32—34 cm
12½—13½ in

白颊燕鸥
Sterna repressa
鸥科

这种燕鸥分布于红海和印度洋。它们的羽色比其他灰色的燕鸥颜色要更深一些。

46—49 cm
18—19½ in

大凤头燕鸥
Sterna bergii
鸥科

这种分布于旧大陆的燕鸥属于凤头燕鸥类，冠羽簇状呈黑色。

30—32 cm
12—12½ in

黑枕燕鸥
Sterna sumatrana
鸥科

黑枕燕鸥分布于印度洋和太平洋海域，集小群筑巢，通常会不与其他种类的燕鸥混群。

40–50 cm
16–20 in

黑剪嘴鸥
Rynchops niger
鸥科
剪嘴鸥是唯一一类下喙长于上喙的
鸟，它们用下喙掠过水面捕鱼。黑
剪嘴鸥分布于北美洲和南美洲。

白顶玄燕鸥
Anous stolidus
鸥科
不同种玄燕鸥的体色或黑或
白，但它们都属于分布于热带
地区的燕鸥类。白顶玄燕鸥是
玄燕鸥中体型最大的一种，分
布范围遍及全球。

40–45 cm
16–18 in

短粗的
钩形嘴

棕灰色的
身体

52–54 cm
20½–21 in

灰贼鸥
Stercorarius maccormicki
贼鸥科
这种大鸟以袭击其他海鸟而臭
名昭著，是为数不多的在南极
海岸繁殖的鸥类之一。

46–51 cm
18–20 in

中贼鸥
Stercorarius pomarinus
贼鸥科
贼鸥具有攻击性。这种分布于北极
地区的中贼鸥会杀死并吃掉其他种
类的海鸟，甚至会向那些威胁到其
巢安全的人发动攻击。

48–53 cm
19–21 in

长尾贼鸥
Stercorarius longicaudus
贼鸥科
这种贼鸥科体型最小的鸟像其
他种贼鸥一样，也是迁徙性的
鸟类。它们在极地附近繁殖，
在靠南的地方越冬。

短尾贼鸥
Stercorarius parasiticus
贼鸥科
这种鸟是北极地区最常见
的贼鸥。同大多数近亲一
样，它们会围攻其他海鸟
并抢夺它们的猎物。

41–46 cm
16–18 in

24–25 cm
9½–10 in

24–27 cm
9½–10½ in

17–19 cm
6½–7½ in

侏海雀
Alle alle
海雀科
这种小型海雀在北极附
近的群岛上繁殖，在遥
远的南方越冬，以小型
鱼类和甲壳类为食。

斑海雀
Brachyramphus marmoratus
海雀科
这种分布于美洲的小型海雀在针叶
林的树木上筑巢。成熟的幼鸟会在
傍晚离开巢穴，飞向海洋。

刀嘴海雀
Alca torda
海雀科
分布于北大西洋的刀嘴海
雀，拥有一个侧扁的喙，喙
上具白色条纹。同其他海雀
一样，它们的卵一端尖而另
一端钝圆，因而不会从位于
悬崖顶端的巢中滚落。

凤头海雀
Aethia cristatella
海雀科
同其他海雀一样，这种分布于北太平
洋的海雀以浮游的甲壳动物为食。求
偶期间雌雄双方会将尾部的分泌物
涂抹在自己的羽毛上。

深褐色到
黑色的头

30–32 cm
12–12½ in

28–29 cm
11–11½ in

30–36 cm
12–14 in

海鸽
Cepphus columba
海雀科
这种分布于北太平洋的海雀完全适应
寒冷的环境，不会穿过温暖水域迁徙
到南方越冬，就像南半球的企鹅
一样不会向北迁徙。

白翅斑海鸽
Cepphus grylle
海雀科
这种鸟分布在北美洲北部及欧
亚大陆沿岸，繁殖集群规模
要比其他海雀小，主要在
近海沿岸越冬。

角嘴海雀
Cerorhinca monocerata
海雀科
角嘴海雀是海鹦的亲缘种，分布于北
太平洋，也在凹坑中筑巢，并因繁殖
期间成鸟的角形嘴突而得名。

38–41 cm
15–16 in

白色的翅斑

红色的脚

26–29 cm
10–11½ in

北极海鹦
Fratercula arctica
海雀科
这种小型海雀分布于北大
西洋。同其他海鹦一样，
它们常集群筑巢于
草甸的凹坑中。

34–36 cm
13½–14 in

簇羽海鹦
Fratercula cirrhata
海雀科
同其分布于大西洋的亲缘
种一样，这种分布于太平
洋的大型海鹦也以小鱼为
食，而且一次能在嘴里横
着叼很多条小鱼。

崖海鸦
Uria aalge
海雀科
这种鸟是海雀科中最善于潜水的
一种，在北大西洋和太平洋沿岸
繁殖，在海面上越冬。

沙 鸡

同沙子颜色一样的羽毛使这种鸟能够在沙漠生境中很好地伪装自己，而且它们能很好地适应那里极度干燥的环境。

由于长着圆圆的身体和短短的腿，所以在它们特技般迅速逃向空中之前，沙鸡都可能会被误认为是鹪鸪。这些鸟隶属于沙鸡目（Pteroclidiformes），分布于亚洲、非洲大陆、马达加斯加以及欧洲南部的干旱地区。它们与分布于靠近北极地区的松鸡亲缘关系较远，但与鸽有较近的亲缘关系。

沙鸡长着又长又尖的翅膀，所有种类都有使其易于隐蔽的羽毛，尤其是背部的斑驳，很多种类的身体上还有大片的褐色或白色条纹，或是头部及胸腹部的斑点。它们是社会性鸟类，会在清晨，有时也会在晚上集群，经常会到很远的地方饮水。它们只以种子为食。

运水者

沙鸡经常在雨季趁着种子成熟的时节繁殖。它们的巢只是地面上的一个浅坑，几乎没有什么垫材。雌雄沙鸡都会孵卵并照顾雏鸟。值得一提的是，雄鸟会为雏鸟提供饮水，但雏鸟却在远离水源的地方。当沙鸡到达一个水坑时，雄性腹部的羽毛会吸收并保持水分。等回到巢中时，幼雏就可以饮用雄鸟湿透的羽毛中的水分了。

门	脊索动物门
纲	鸟纲
目	沙鸡目
科	1
种	16

那马瓜沙鸡在水坑里饮水。同其他类沙鸡一样，它们也会集大群聚在一起来迷惑捕食者。

毛腿沙鸡
Syrrhaptes paradoxus
沙鸡科
中亚地区分布有两种沙鸡，毛腿沙鸡便是其中之一。它们的跗跖及趾被羽，尾羽很长，每个翅膀上都有长长的飞羽。

有条纹的浅黄色羽毛

30–41 cm
12–16 in

又长又尖的尾巴

25–28 cm
10–11 in

前额具黑色和白色的条带（仅限雄性）

二斑沙鸡
Pterocles bicinctus
沙鸡科
二斑沙鸡生活在非洲南部的热带稀树草原和开阔林地中。这种沙鸡与其他一些种类的沙鸡不同，雄鸟腹部具特别的斑纹。

栗腹沙鸡
Pterocles exustus
沙鸡科
这种鸟的分布范围很广，从塞内加尔到肯尼亚，再向东到印度。它们会集大群地聚在开阔的沙漠中。

31–33 cm
12–13 in

翅膀上的白色条纹

27–30 cm
10½–12 in

黑色胸带

花头沙鸡
Pterocles coronatus
沙鸡科
这种喉部为黄色的沙鸡生活在撒哈拉到巴基斯坦的石漠中。它们能忍受高温以及苦咸水。

里氏沙鸡
Pterocles lichtensteinii
沙鸡科
这种体型较小的沙鸡与其他种类的沙鸡相比，通常只集小群。它们生活在茂密的灌木丛林地，生活在东非、北非到巴基斯坦的半沙漠地区。

24–26 cm
9½–10 in

鸠鸽

鸠鸽类高度适应以种子或果实为食的生活，它们分布在除最寒冷地区之外的所有地区。

继鹦形目之后，各种鸠鸽组成了最大的树栖素食鸟类类群——鸽形目（Columbiformes）。鹦鹉的嘴厚重具钩，用来撬开大的坚果，而鸠鸽类的嘴则相对细弱，以取食小型的种子和谷物。但如分布于印度洋和太平洋地区的果鸠等热带地区的类群，却专门在雨林冠层中取食水果。

大多数鸽形目鸟类的腿都很短，有些种类几乎大部分时间都在地面活动。因为它们的食管有特殊的"泵吸"作用，所以鸠鸽类饮水时可以不用向后仰头，这使得它们能够不间断地饮水，这在干燥的环境中是非常有利的。它们能在嗉囊中储存食物，而且还能从中分泌一种物质（鸽乳）喂养幼雏。这种分泌物与哺乳动物的乳汁很相似。

威胁和灭绝

鸠鸽类的成功得益于它们的高繁殖率。然而，一些种类还是会受到人类或其他事物的威胁，甚至有些种类已经灭绝。17世纪一种易受攻击的不会飞翔的鸟——渡渡鸟（亦称愚鸠）的灭绝，就是由人类一手造成的。还有曾经在北美洲最常见的旅鸽，也在20世纪被捕杀至灭绝。

门	脊索动物门
纲	鸟纲
目	鸽形目
科	2
种	321

讨论

一种特殊的鸽子？

19世纪中叶，科学家原本将分布于毛里求斯但后来灭绝的渡渡鸟归入鸽形目。最近的分析表明它们与尼柯巴鸠有较近的亲缘关系。因此渡渡鸟的确是一种特殊的鸽子，而且它们分布于印度洋和太平洋海域的祖先可能就已经不会飞行了。

欧斑鸠
Streptopelia turtur
鸠鸽科
欧斑鸠的分布地从非洲到欧亚大陆。它们是鸽属鸟类的近亲，但要比鸽属鸟类体型更小更苗条。很多种类都有特别的颈纹。

黑白相间的条纹斑块

26–28 cm
10–11 in

棕斑鸠
Streptopelia senegalensis
鸠鸽科
这种斑鸠在非洲和亚洲南部的村庄及绿洲中很常见，因其像笑声一样的鸣音而得名。

25–27 cm
10–10½ in

眼周裸出呈红色

翅膀上的白色斑点

33–38 cm
13–15 in

38–43 cm
15–17 in

红胸鹃鸠
Macropygia amboinensis
鸠鸽科
长尾巴的鹃鸠属鸟类很像鹃，它们是一类生活在印度洋和太平洋地区雨林中的鸟。同其他种类鹃鸠一样，这种分布于摩鹿加群岛（印度尼西亚）、新几内亚以及澳大利亚的鸟有很多亚种。

小长尾鸠
Oena capensis
鸠鸽科
这种尾羽很长、在地面觅食的鸟属于一类分布于非洲的小型森鸠。它们的分布范围可以延伸到马达加斯加岛以及沙特阿拉伯。

26–28 cm
10–11 in

斑鸽
Columba guinea
鸠鸽科
这种分布于撒哈拉以南非洲的鸽子常在开阔地带活动，它们经常聚集在城镇和乡村周围。

32 cm
12½ in

粉红鸽
Nesoenus mayeri
鸠鸽科
这种数量稀少的鸟与鸥斑鸠有较近的亲缘关系，仅分布于毛里求斯。粉红鸽的种群数量曾受到严重威胁，但成功的人工繁殖使其得以恢复。

38–43 cm
15–17 in

斑尾林鸽
Columba palumbus
鸠鸽科
这种分布于西欧的大型鸽类在树林和农田中很常见，而且经常进入公园和花园。

31–35 cm
12–14 in

原鸽
Columba livia
鸠鸽科
真正野生的原鸽栖息在悬崖峭壁上。自然环境下，原鸽生活在欧洲和亚洲的山区。

家鸽
Columba livia
鸠鸽科
原鸽的家养以及野生后代遍布于全世界许多城市。这些鸟的羽毛有各种各样的颜色。

31–35 cm
12–14 in

巨果鸠
Ptilinopus magnificus
鸠鸽科
果鸠类与皇鸠类有较近的亲缘关系，但前者体羽色彩更加艳丽。巨果鸠这种大型鸟类生活在新几内亚以及澳大利亚的雨林冠层中。

翅膀上的黄色斑点

33–40 cm
13–16 in

17–23 cm
6½–9 in

印加地鸠
Columbina inca
鸠鸽科
这种鸟分布于美国南部和中美洲的干旱地区，属于一类主要为浅褐色、分布于热带美洲的地鸠类。

20 cm
8 in

尼柯巴鸠
Caloenas nicobarica
鸠鸽科
这种鸠可能与已经灭绝了的、分布于毛里求斯的渡渡鸟有较近的亲缘关系。它们生活在马来西亚到新几内亚的海边和海岛的森林中。

姬地鸠
Geopelia cuneata
鸠鸽科
这种鸠是一种小型的四处游荡的鸟类，生活在澳大利亚干旱的内陆地区。它们经常集大群出现在水坑旁边。

29–55 cm
11½–22 in

25–31 cm
10–12 in

白额棕翅鸠
Leptotila verreauxi
鸠鸽科
这种鸟是哀鸽的亲缘种，广泛分布于拉丁美洲，并且向北延伸到美国的得克萨斯州。

深绿色的尾羽

35 cm
14 in

23–34 cm
9–13½ in

深粉色的头和胸

30 cm
12 in

巴氏鸡鸠
Gallicolumba criniger
鸠鸽科
分布于菲律宾的鸡鸠共有5种，因其血红色的胸斑而得名。这种鸟生活在菲律宾南方的群岛上而得名。

黄胸鸡鸠
Gallicolumba tristigmata
鸠鸽科
黄胸鸡鸠生活在印度尼西亚苏拉威西岛的森林中，与菲律宾的鸡鸠有较近的亲缘关系，而且可能与分布于澳大利亚干旱地区的很多鸠都有较近的亲缘关系。

哀鸽
Zenaida macroura
鸠鸽科
这种尾羽较长的鸽子生活在北美洲、中美洲以及加勒比海地区开阔的生境中。之所以叫哀鸽，是因为它的鸣声十分悲凉。

绿色的翅膀和背部

45 cm
18 in

39–44 cm
15½–17½ in

40–46 cm
16–18 in

斑皇鸠
Ducula bicolor
鸠鸽科
皇鸠是生活在雨林中以水果为食的大型鸟类。这种皇鸠分布于东南亚和澳大拉西亚，白色的羽毛经常会被食物弄脏。

23–28 cm
9–11 in

绿翅金鸠
Chalcophaps indica
鸠鸽科
这种在地面觅食的鸟体羽为绿色，具金属光泽。它们生活在印度到西南太平洋的群岛上的森林中，以水果和种子为食。

髻鸠
Lopholaimus antarcticus
鸠鸽科
这种鸟分布于亚欧大陆东部，是一种外形似鹰的大型鸠鸽，因其前额和头顶上的两片冠羽而得名。

绿皇鸠
Ducula aenea
鸠鸽科
这种大型鸠鸽生活在印度到东南亚的雨林冠层中，能发出隆隆的叫声，主要以水果为食。

维多凤冠鸠
Goura victoria
鸠鸽科
凤冠鸠是体型最大的鸠鸽。维多凤冠
鸠分布于新几内亚，与紫胸凤冠鸠的区
别在于，它们的冠羽端部为白色。

74–75 cm
29–30 in

侧扁的尾扇

45–50 cm
18–20 in

36–38 cm
14–15 in

巨地鸠
Leucosarcia melanoleuca
鸠鸽科
这种形态特殊的鸠仅分布
于澳大利亚东部地区，它
们生活在昆士兰南部到维
多利亚的湿地中。

雉鸠
Otidiphaps nobilis
鸠鸽科
最近的研究表明，这种分布于新几内亚的
地鸠属于包括凤冠鸠在内的一个类群，这
个类群可能还包括已经灭绝的渡渡鸟。

侧扁的扇形羽冠

紫胸凤冠鸠
Goura scheepmakeri
鸠鸽科
这种鸟生活在新几内亚南部的森林
中。上体蓝灰色，胸部为褐紫色，还
有一个带花边的羽冠。

栗色的胸

27–31 cm
10½–12 in

绿顶鹌鸠
Geotrygon chrysia
鸠鸽科
鹌鸠分布于美洲的热带地
区，是生活在丛林中的鸠
鸽。这种体羽具金属光泽的
鹌鸠分布在加勒比海地区，
包括巴哈马群岛。

75 cm
30 in

灰色的羽毛

25–28 cm
10–11 in

非洲绿鸠
Treron calvus
鸠鸽科
绿鸠属下有超过20种鸟类，它们生
活在非洲和亚洲的热带地区。非洲绿
鸠广泛分布于撒哈拉沙漠以南地区。

33–36 cm
13–14 in

铜翅鸠
Phaps chalcoptera
鸠鸽科
铜翅鸠分布于澳大利亚，它们飞行
迅速，在地面觅食。它们长着具金
属光泽的翅斑，这种翅斑在林地
生活的鸠鸽中十分常见。

蓝灰色的身体

20–22 cm
8–9 in

白色的翅斑

冠翎岩鸠
Geophaps plumifera
鸠鸽科
冠翎岩鸠分布于澳大利亚，翅膀为铜
色，属于铜翅鸠类，生活在干旱多石的
生境中。这种生境盛产三齿稃，而冠翎
岩鸠就在丛生的三齿稃中筑巢。

具金属光泽的翅斑

31–35 cm
12–14 in

冠鸠
Ocyphaps lophotes
鸠鸽科
这种鸟属于分布于澳大利亚的铜翅鸠类中的一
种，它们广泛分布于澳大利亚的开阔地带。

鹦鹉和凤头鹦鹉

大多数鹦鹉都生活在热带丛林中，但也有些喜欢生活在开阔生境中。鹦形目（Psittaciformes）有很多种类，且多拥有色彩艳丽的羽毛。

一只鹦鹉最容易辨认的特征就是它向下弯曲的喙。上下颌骨分别与头骨铰合在一起：正如上嘴可以向上运动，下嘴也可以向下运动。这使得鹦鹉不仅能撬开坚硬的种子和坚果，而且爬树时还可以用喙来锚定身体。它们的腿很强壮，脚趾两个向前，两个向后，这样的结构有利于抓住并处理食物。鲜艳的羽色在鹦形目鸟类中很常见，雌雄两性常均以绿色为主。这种颜色是由羽毛的结构造成的，因为羽毛中的黄色素会将光线散射掉。分布于大洋洲及亚洲的凤头鹦鹉长着上翘的羽冠，但由于它们缺少上述那种羽毛结构，所以体羽也就没有绿色和蓝色。

大洋洲及亚洲大陆鹦鹉种类十分丰富，包括舌呈刷状且食花蜜的吸蜜鹦鹉，都表明这一类群起源于大洋洲及亚洲大陆。最原始的鹦鹉是啄羊鹦鹉，以及不会飞的夜行性的鸮鹦鹉，它们都生活在新西兰。

社会性鸟类

鹦鹉是社会性鸟类，经常集大群生活在一起，而且几乎所有种类都有稳定的配偶关系。鹦鹉迷人的特性使得它们成为一类很受欢迎的宠物，但是由于跨国的非法贸易的存在，一些种类已经濒临灭绝。

门	脊索动物门
纲	鸟纲
目	鹦形目
科	1
种	375

小金刚鹦鹉会在舔盐的地方集成大群，因为它们的生活环境中往往缺乏钠元素，但钠元素在舔盐的地方却十分丰富。

啄羊鹦鹉
Nestor notabilis
鹦鹉科
啄羊鹦鹉是机会主义者，它们是生活在高山上的杂食动物，有时会以腐肉和海燕雏鸟为食。啄羊鹦鹉属于一个分布在新西兰的古老的鹦鹉类群，这个类群也包括鸮鹦鹉。

48 cm
19 in

绿色条纹

60 cm
23½ in

36 cm
14 in

较短的尾羽

鸮鹦鹉
Strigops habroptila
鹦鹉科
这种大型的夜行性鹦鹉是唯一一种不会飞的鹦鹉，它们生活在新西兰的小岛上。雄性会发出隆隆的鸣声吸引雌性。

粉红凤头鹦鹉
Eolophus roseicapilla
鹦鹉科
这种鹦鹉是唯一一种脖颈和上身呈粉色的凤头鹦鹉。它们是白凤头鹦鹉的小型亲缘种，广泛分布于澳大利亚的稀树地区。

13–15 cm
5–6 in

12–15 cm
4¾–6 in

♀

♂

49 cm
19½ in

50–61 cm
20–24 in

短尾鹦鹉
Loriculus vernalis
鹦鹉科
虽然短尾鹦鹉属的鸟类分布于印度洋-太平洋一带，而牡丹鹦鹉属则分布于亚洲地区，但最近的基因研究却表明它们之间具有较近的亲缘关系。这种短尾鹦鹉分布范围从印度至泰国。

蓝顶短尾鹦鹉
Loriculus galgulus
鹦鹉科
短尾鹦鹉是一类常倒挂在树枝上活动甚至休息的鹦鹉。同其他短尾鹦鹉一样，蓝顶短尾鹦鹉这种小型森林鹦鹉分布在东南亚，它们有一个短短的尾巴，体羽主要为绿色。

葵花凤头鹦鹉
Cacatua galerita
鹦鹉科
这是一种能发出尖锐叫声的鹦鹉，分布范围从印度尼西亚到泛太平洋地区。

红尾凤头鹦鹉
Calyptorhynchus banksii
鹦鹉科
这种体羽具金属光泽的鹦鹉是澳大利亚黑凤头鹦鹉属的一员。它们的尾羽上长着独立而明显的橘黄色条带。它们能发出典型的哀号声和笨重的翅膀拍打声。

鸡尾鹦鹉
Nymphicus hollandicus
鹦鹉科

这种鹦鹉生活在澳大利亚干旱的内陆地区。DNA研究表明它们是一种小型凤头鹦鹉。

♀ ♂

32 cm
12½ in

噪鹦鹉
Lorius garrulus
鹦鹉科

有一类绿翅红色吸蜜鹦鹉，分布于新几内亚及周边岛屿，噪鹦鹉就是其中的一种。这种鸟分布于摩鹿加群岛。

30 cm
12 in

烟色鹦鹉
Pseudeos fuscata
鹦鹉科

烟色鹦鹉分布在新几内亚和附近的岛屿上。它们长着与众不同的褐色羽毛，这在鹦鹉中是独一无二的。

25 cm
10 in

黑翅吸蜜鹦鹉
Eos cyanogenia
鹦鹉科

吸蜜鹦鹉属的种类都有着鲜艳的红色和紫色的羽毛，它们分布在印度尼西亚。黑翅吸蜜鹦鹉是所有吸蜜鹦鹉中分布范围最靠东的，但仅分布于巴布亚新几内亚海尔芬克湾周边的一些区域。

30 cm
12 in

褐头绿鹦鹉
Trichoglossus euteles
鹦鹉科

这种尾羽较长的鹦鹉是彩虹鹦鹉的亲缘种，分布在帝汶岛上，长有鲜艳的绿色羽毛，这也为许多其他鹦鹉所共有。

24 cm
9½ in

杂色鹦鹉
Psitteuteles versicolor
鹦鹉科

这种鹦鹉是一种小型的吸蜜鹦鹉，生活在澳大利亚北部林地。同其他生活在类似生境中的鹦鹉一样，杂色鹦鹉会将巢筑在桉树树洞中。

18 cm
7 in

绯红色的头部

蓝色的领环

♀ ♂

彩虹吸蜜鹦鹉
Trichoglossus haematodus
鹦鹉科

这种鸟有很多色型，它们能在许多花蜜充足的生境中生存。它们的分布范围包括大洋洲、东南亚及太平洋的一些岛屿。

绿色背部上的浅绿色条纹

43 cm
17 in

紫色的臀部

身体主要为绿色

25—30 cm
10—12 in

澳洲王鹦鹉
Alisterus scapularis
鹦鹉科

王鹦鹉是一种分布于大洋洲热带雨林的鹦鹉，它们与生活在亚洲的长尾鹦鹉类有较近的亲缘关系。澳大利王鹦鹉生活在澳大利亚东部地区。

33—39 cm
13—15½ in

红胁绿鹦鹉
Eclectus roratus
鹦鹉科

红胁绿鹦鹉的雌雄两性非常不同，甚至人们最初将它们划分为两个不同的种。它们生活在热带澳洲及亚洲的雨林中。

虎皮鹦鹉
Melopsittacus undulatus
鹦鹉科

这种小型鹦鹉分布在澳大利亚，是一种四处游荡的鸟类。它们生活在干旱地区，会成群去水坑边喝水。虽然它们是吃种子的鹦鹉，但却与吃花蜜的吸蜜鹦鹉有亲缘关系。

18 cm
7 in

红额鹦鹉
Cyanoramphus novaezelandiae
鹦鹉科

这种前额为红色的小型长尾鹦鹉分布于包括新西兰在内的西南太平洋地区。它们有多个亚种的分化。

27 cm
10½ in

黑头环颈鹦鹉
Barnardius zonarius
鹦鹉科

这种分布于澳大利亚的鹦鹉因其黄色的颈环命名，包括头部为黑色和绿色两个不同的色型，生活在林地之中。

34—38 cm
13½—15 in

»

黑色的"面罩"

36 cm
14 in

♂

20 cm
8 in

♀

黄色的腹部

47 cm
18½ in

30 cm
12 in

绿宝石鹦鹉
Neophema pulchella
鹦鹉科
绿宝石鹦鹉是一种分布于澳
大利亚的草绿色的小型鹦
鹉，生活在澳大利亚东南部
的开阔林地中。

澳东玫瑰鹦鹉
Platycercus eximius
鹦鹉科
玫瑰鹦鹉属阔尾鹦鹉类，分布范
围从澳大利亚到邻近的太平洋岛
屿。澳东玫瑰鹦鹉有多个亚种的
分化。图片中这个分布于澳洲东
部的亚种拥有白色的颊部。

鹰头鹦哥
Deroptyus accipitrinus
鹦鹉科
与其他短尾鹦鹉相比，这种
分布于南美洲的鹦鹉可能与
金刚鹦鹉亲缘关系最近。当
它们处于兴奋状态时会竖起
红色的颈部羽毛。

红领绿鹦鹉
Psittacula krameri
鹦鹉科
这种鹦鹉是分布范围最广的长尾鹦
鹉，它们的分布中心位于亚洲，但向
西可达北非，且现已被引入欧洲。

黄胸辉鹦鹉
Prosopeia personata
鹦鹉科
有3种辉鹦鹉只分布在斐济，
黄胸辉鹦鹉就是其中一种。
但由于分布地的森林的消失，
它们的数量正在下降。

蓝色的羽毛
以及上身

38–42 cm
15–16½ in

40–47 cm
16–18½ in

尾羽腹面
灰黑色

40 cm
16 in

白色的脸

33 cm
13 in

♀

♂

靓鹦鹉
Polytelis swainsonii
鹦鹉科
这种分布于澳大利亚东南部的鹦鹉
属于一种长尾鹦鹉，在赤桉树上繁
殖。它们的种群数量正迅速下降。

公主鹦鹉
Polytelis alexandrae
鹦鹉科
这种四处游荡的鹦鹉主要
分布于澳大利亚中部地
区，它们逐水而居并聚集
在三齿稃附近，常集小群
聚在桉树上繁殖。

尾羽腹面
呈黄色

浅灰色的
上身

15 cm
6 in

17–18 cm
6½–7 in

35–37 cm
14–14½ in

非洲灰鹦鹉
Psittacus erithacus
鹦鹉科
这种鹦鹉分布于非洲热带地区。它们有
着很高的智商，能熟练地进行模仿。这
也导致它们成为鸟类贸易的牺牲品。

黄领牡丹鹦鹉
Agapornis personatus
鹦鹉科
牡丹鹦鹉是分布于非洲的小型的鹦
鹉，集小群生活。与大多数鹦鹉不
同，这种主要分布于坦桑尼亚的鹦鹉
会在树洞中建造一个半球形的巢。

桃脸牡丹鹦鹉
Agapornis roseicollis
鹦鹉科
这种社会性较强的牡丹鹦鹉分
布于非洲西南部的干旱林地及
半荒漠生境，经常聚集在水坑
附近。

褐颈鹦鹉
Poicephalus robustus
鹦鹉科
有一类鹦鹉的体色以灰色和绿色为主，它们分
布于非洲，褐颈鹦鹉就是其中最大的一种。它
们生活在冈比亚到好望角的森林之中。

红色的
尾羽

白色的面斑
上有线形黑
色羽毛

琉璃金刚鹦鹉
Ara ararauna
鹦鹉科
85 cm
34 in

金刚鹦鹉是类体型较大、尾羽较长的鹦鹉，面部羽毛呈斑块状。这种鸟是两种体羽为蓝色和黄色的鹦鹉中的一种，分布于南美洲北部。

强有力的喙

蓝顶鹦哥
Amazona aestiva
鹦鹉科
38 cm
15 in

有一类叫作鹦哥的鹦鹉，体羽以绿色为主，蓝顶鹦哥就是其中之一，它们生活在南美洲中东部的开阔林地中。

圣文森特鹦哥
Amazona guildingii
鹦鹉科
40 cm
16 in

很多分布于加勒比和亚马孙地区的鹦鹉都面临灭绝的危险。但由于在原产地圣文森岛进行不间断的保育工作，这种大型鹦鹉得以继续生存下去。

红额金刚鹦鹉
Ara rubrogenys
鹦鹉科
55–60 cm
22–23½ in

这种小型金刚鹦鹉仅分布于玻利维亚中部地区，生活在干旱的灌丛中。由于栖息地的丧失及野生动物非法贸易的存在，这种鹦鹉本来就很小的种群正面临威胁。

金刚鹦鹉
Ara macao
鹦鹉科
79–89 cm
31–35 in

同其他种类的金刚鹦鹉一样，这种吵闹、群集生活的金刚鹦鹉也长着一个厚重的喙，用来咬开坚果以及棕榈果。它们的分布范围从墨西哥南部到巴西中部。

蓝色翅膀上鲜艳的黄色覆羽

红而长的尾羽

蓝头鹦哥
Pionus menstruus
鹦鹉科
24–28 cm
9½–11 in

这种小型鹦鹉分布于哥斯达黎加到玻利维亚的低地丛林中，与分布在亚马孙地区的鹦鹉有较近的亲缘关系。

太平洋鹦哥
Forpus coelestis
鹦鹉科
12–14 cm
4¾–5½ in

鹦哥属的种类是分布于美洲的小型的绿色鹦鹉，只有分布于新几内亚的侏鹦鹉比它更小。这种鹦鹉分布于厄瓜多尔西部及秘鲁。

紫蓝金刚鹦鹉
Anodorhynchus hyacinthinus
鹦鹉科
1 m
3¼ ft

与其他金刚鹦鹉不同，这种大型的分布在巴西的鹦鹉的面部被覆羽毛，而裸区小到了只剩下眼圈，这与亲缘关系较近的锥尾鹦哥属鹦鹉很相似。

穴鹦哥
Cyanoliseus patagonus
鹦鹉科
44–46 cm
17½–18 in

这种鹦鹉分布于巴塔哥尼亚，是金刚鹦鹉亲缘种，在土崖的洞穴中集群繁殖。与大多数鸟不同，它们会形成很稳定的配偶关系。

黄翅斑鹦哥
Brotogeris chiriri
鹦鹉科
20–25 cm
8–10 in

这种鸟原产于南美洲中部，被当作观赏鸟，逃逸的个体已在美国的温暖地区建立起稳定的种群。

30 cm
12 in

绿翅金鹦哥
Aratinga jandaya
鹦鹉科

锥尾鹦哥属是绿色"小型金刚鹦鹉"占多数的一属，生活在巴西东北部。一些鹦鹉拥有很多金色的斑点。

白色的眼环

灰胸鹦哥
Myiopsitta monachus
鹦鹉科
29 cm
11½ in

这些集群繁殖的鹦鹉分布于南美洲温带地区，是唯一一种用树枝建造巢穴的鹦鹉，它们经常会筑一个大的公共巢穴。

红腹鹦哥
Pyrrhura frontalis
鹦鹉科
25 cm
10 in

锥尾鹦哥属的亲缘种，像这种来自南美洲东部的鹦鹉一样，大多数红腹鹦哥都有明显的栗色或红色斑点。

红色的腹部

杜鹃、麝雉和蕉鹃

鹃形目（Cuculiformes）包括各种杜鹃，它们大多羽毛柔软，羽色为单调的褐色或灰色，还包括神秘的麝雉以及曾经被误认为隶属于该类群的、颜色鲜艳的蕉鹃。

所有鹃形目鸟类的脚趾都是两个朝前，两个朝后。最原始的杜鹃是体重较重的美洲杜鹃，它们在地面或地面附近觅食，而这种生活方式与走鹃完全相同。虽然杜鹃的名声很差，但并非所有杜鹃都将卵产在其他种类的鸟巢中。正如旧大陆的远亲那样，几乎所有的鹃都会筑巢并亲自照顾雏鸟，例如分布于热带的鸦鹃和马岛鹃等。有些杜鹃会将卵产在其他种类鸟的巢中，这样的行为被叫作"巢寄生"。值得注意的是，对于旧大陆杜鹃来说，这种习性已经独立进化了至少两次。凤头鹃的雏鸟会很快长大，因此寄主的巢就会容纳不下它，这会导致寄主的雏鸟死于饥饿。包括分布于欧亚大陆的大杜鹃在内的很多种类的杜鹃，它们的雏鸟都更加凶残，会主动将寄主的卵和雏鸟拱出巢穴。

远亲

蕉鹃仅分布于非洲，以水果为食，被认为与杜鹃有较远的亲缘关系。但它们与杜鹃存在一些相同的特征，如足趾结构。与杜鹃亲缘关系更不确定的是麝雉，它们是一种分布于南美洲的神秘的鸟类，完全以树叶为食。

门	脊索动物门
纲	鸟纲
目	鹃形目
科	3
种	170

讨论

麝雉：鸟类之谜

麝雉的一些特征，诸如强壮的脚，是陆栖鸟类所具备的。但麝雉也与杜鹃有共同的特征，通过早期的DNA研究似乎确认了两者间的关系。但之后的研究又对这种关系产生怀疑，将麝雉单立一目。

麝雉
Opisthocomus hoazin
麝雉科
麝雉活动于南美洲河边的森林中，以树叶为食。它们的分类学位置仍不明确。雏鸟翅膀上具爪，便于在树枝上爬行。

又长又尖的冠羽

61–66 cm
24–26 in

长长的脖子

短冠紫蕉鹃
Musophaga rossae
蕉鹃科
这种鸟是体型第二大的蕉鹃，直立的红色冠羽很容易使其与其他蕉鹃相区别。分布于东非的短冠紫蕉鹃与生活在中非和西非的紫蕉鹃"遥相呼应"。

51–54 cm
20–21½ in

45–50 cm
18–20 in

紫蕉鹃
Musophaga violacea
蕉鹃科
这种鸟是两种体羽具金属光泽的紫色蕉鹃中的一种，生活在中非和西非的热带雨林中。

长长的尾巴

70–75 cm
28–30 in

扇形羽冠

黄色的嘴，部为红色

蓝色的身体

47–50 cm
18½–20 in

48 cm
19 in

裸脸灰蕉鹃
Corythaixoides personatus
蕉鹃科
同其他蕉鹃一样，这种分布于东非的蕉鹃也生活在热带稀树草原的林地中。兴奋时它们会竖起冠羽。

南非灰蕉鹃
Corythaixoides concolor
蕉鹃科
这种分布于非洲南部的鸟以其"kay-waaay"的叫声命名，长着尖尖的蓬松的冠羽，是一种典型的蕉鹃。

又长又宽的尾扇

蓝蕉鹃
Corythaeola cristata
蕉鹃科
这种长着扇形羽冠的蕉鹃分布于西非和中非，是蕉鹃科中体型最大最特别的一种。

50 cm
20 in

东非灰蕉鹃
Crinifer zonurus
蕉鹃科
同其他亲缘关系较近的蕉鹃一样，灰蕉鹃的颜色很单调。不要被它的名字误导，它们喜食无花果而不是香蕉或芭蕉。东非灰蕉鹃分布于东非地区。

王子蕉鹃
Tauraco ruspolii
蕉鹃科

这种蓝绿色的蕉鹃长着白色的羽
冠。它们的分布范围是所有蕉鹃中
最狭小的之一，只生活在埃塞俄比
亚南部的森林中。

40 cm
16 in

红冠蕉鹃
Tauraco erythrolophus
蕉鹃科

这种分布于安哥拉的蕉鹃长
着红色的羽冠，而这种红色
要归因于一种对于蕉鹃来说
很特别的色素。

—— 红色的羽冠

白色的
脸颊

鲜艳的深红色
飞羽 ——

40–43 cm
16–17 in

43 cm
17 in

蓝冠蕉鹃
Tauraco hartlaubi
蕉鹃科

这种鸟是一种长着蓝色羽冠
的绿蕉鹃，生活在东非的
高地森林中。

40–43 cm
16–17 in

45–47 cm
18–18½ in

绿冠蕉鹃
Tauraco persa
蕉鹃科

绿冠蕉鹃是绿蕉鹃类中分布
最广的一种，其范围从塞内
加尔到安哥拉。它们的翅膀
上有鲜红色的羽毛，飞行时
明显可见。

尼斯那蕉鹃
Tauraco corythaix
蕉鹃科

尼斯那蕉鹃分布于非洲南部地
区，与绿冠蕉鹃有较近的亲缘
关系。它们都有白色眼纹，不
同之处就是尼斯那蕉鹃的冠羽
顶端是白色的。

斑翅凤头鹃
Clamator jacobinus
杜鹃科

凤头鹃属的杜鹃分布于旧大
陆，它们长着明显的羽冠。同
其他种类的杜鹃一样，它们分
布于非洲和亚洲的热带地区。
它们以毛毛虫为食，而毛毛虫
却是其竞争者不食用的食物。

34 cm
13½ in

35–40 cm
14–16 in

大斑凤头鹃
Clamator glandarius
杜鹃科

这种杜鹃从欧洲到非洲都有
分布。它们会在喜鹊的巢中
产卵，但是和其他凤头鹃属
杜鹃一样，它们的雏鸟不会
将寄主的雏鸟拱出巢去。

16–18 cm
6½–7 in

白腹金鹃
Chrysococcyx klaas
杜鹃科

这种分布于非洲的小型
杜鹃与白眉金鹃有很近的
亲缘关系，不同之处
在于白腹金鹃体色更绿，
且没有白色的翅斑。

17–19 cm
6½–7½ in

白眉金鹃
Chrysococcyx caprius
杜鹃科

白眉金鹃所属的这个
类群分布于非洲，它们的
体羽多具金属光泽。
白眉金鹃会将卵产在
织雀的巢中。

24–28 cm
9½–11 in

扇尾杜鹃
Cacomantis flabelliformis
杜鹃科

这种胸部呈棕色的杜鹃生活在
澳大拉西亚的森林中，是少数
几种分布于太平洋岛屿之上的
杜鹃之一，也是唯一一种分布
于斐济的杜鹃。

23 cm
9 in

灌丛杜鹃
Cacomantis variolosus
杜鹃科

这种体色暗淡的杜鹃分布于
亚洲，繁殖于亚洲南部。生
活在高山之上的种群会迁飞
到温暖的低地越冬。

28–34 cm
11–13½ in

腹部浓密的
黑色条纹

中杜鹃
Cuculus saturatus
杜鹃科

这种分布于亚洲和澳大利亚的
杜鹃腹部具横纹，是典型的旧大
陆杜鹃。它们的外貌与雀鹰很
相似，这可能有助于其将寄主
从巢中驱赶出去。

24 cm
9½ in

灰腹杜鹃
Cacomantis passerinus
杜鹃科

这种胸部呈褐色的鸟分布于
印度洋和太平洋之上，分布
范围从马来半岛到澳大利亚。
它们与杜鹃属鸟类有较近
的亲缘关系。

30–33 cm
12–13 in

淡色杜鹃
Cuculus pallidus
杜鹃科

有些旧大陆的杜鹃长着
条纹图案的羽毛，但有
些杜鹃，比如这种分布
于澳大利亚的杜鹃，它
们的条纹只会出现在亚
成体的身上。

长长的翅膀

32–34 cm
12–13½ in

大杜鹃
Cuculus canorus
杜鹃科

这种遍布欧亚大陆的杜鹃在非洲和南亚越冬。
它们能发出大家熟知的"布谷、布谷"叫声，
故亦称布谷鸟。

>>

26–32 cm
10–12½ in

38 cm
15 in

62 cm
24 in

34 cm
13½ in

圭拉鹃
Guira guira
杜鹃科
这种看起来羽毛杂乱
的鸟属于分布于南美
洲的犀鹃类。它们经
常嘈杂地聚集在一
起，在树上营建公用
的巢（公巢）。

大马岛鹃
Coua gigas
杜鹃科
马岛鹃是一类分布于马达加斯加的地
鹃，它们面部裸出呈蓝色，长着长长
的眼睫毛。这种鸟生活在缺少淡水的
沿海森林里。

黄嘴美洲鹃
Coccyzus americanus
杜鹃科
这种多栖于树上的美洲鹃，
长着褐色羽毛，尾巴上面有
白色斑点。它们会在北美洲
与南美洲之间迁飞。

黑腹棕鹃
Piaya melanogaster
杜鹃科
像其他美洲鹃一样，黑腹
棕鹃会自己筑巢并养育雏
鸟。分布范围从哥伦比亚
到玻利维亚。

48–52 cm
19–20½ in

褐翅鸦鹃
Centropus sinensis
杜鹃科
同其他鸦鹃一样，这种
分布于南亚的鸦鹃长着
强壮的腿、带距的足以
及长长的后爪。

60–80 cm
23½–32 in

红褐色的头部羽毛

28 cm
11 in

36 cm
14 in

有条纹的红
棕色翅膀

雉鹃
*Dromococcyx
phasianellus*
杜鹃科
这种分布于南美洲热带地
区的地鹃生活在森林地
面。它们会将卵产在小型
雀形目鸟类的巢中。

雉鸦鹃
Centropus phasianinus
杜鹃科
在鸦鹃中，照顾幼鸟的任务主要落在雄性
身上。这种分布于澳大拉西亚的雉鸦鹃繁
殖时体羽呈黑色，它们会在草地上建造
一个杯状的巢。

沟嘴犀鹃
Crotophaga sulcirostris
杜鹃科
这种鸟是一种喙较厚重的鹃，分
布于美洲，范围从美国加利福尼
亚州到阿根廷。虽然营公巢的犀
鹃飞行笨拙，但奔跑迅速。

白色颊纹

小雉鹃
Dromococcyx pavoninus
杜鹃科
小雉鹃与雉鹃亲缘关系很
近，但体型较小。它们分
布于南美洲热带地区，在
地面觅食，食物以无脊椎
动物为主。

长长的尾羽

33 cm
13 in

灰褐色的上
身带有白色
斑点

中间长而两端
渐短的尾羽

♀

瑞氏红嘴地鹃
Carpococcyx renauldi
杜鹃科
有3种亚洲地鹃与马岛鹃有较
近的亲缘关系，瑞氏红嘴地
鹃就是其中一种。它们生活
在东南亚的雨林之中。

65–68 cm
26–27 in

走鹃
Geococcyx californianus
杜鹃科
这种能够快速奔跑的捕食者是一种
分布于美洲的地鹃。走鹃生活在沙
漠中，它们将巢建在仙人掌丛中。
从美国到墨西哥都有它们的分布。

56 cm
22 in

39–46 cm
15½–18 in

噪鹃
Eudynamys scolopaceus
杜鹃科
这种分布于热带地区的巢寄生鸟类是一
种特别的杜鹃，它们以水果为食，分布
范围从亚洲到大洋洲。雄性体羽呈黑
色，雌性体羽呈灰褐色。

猫头鹰

猫头鹰拥有敏锐的视觉、强大的武器和无声的飞行,这使其高度适应夜间捕食的生活。仅有少数猫头鹰白天活动。

猫头鹰隶属于鸮形目(Strigiformes),尽管与鹰形目猛禽无亲缘关系,但它们也有钩状喙和强壮的爪子。大多数鸮形目鸟类的羽衣都可以使其在白天休息的时候将自己很好地伪装并隐蔽起来。仓鸮有独特的心形面盘;而那些有着圆形面盘的猫头鹰则更加常见。从体形似鹰的鸺鹠到大型雕鸮,这类鸟可谓形态各异。

视觉和听觉

所有猫头鹰都有大而向前的双眼,这样的结构可以使更多的光线进入瞳孔,因而可以使鸟儿在昏暗的光线下看得更加清晰。双焦点成像有助于在攻击猎物时判断距离,但两眼却被固定在眼窝中。因此要跟踪猎物时,猫头鹰必须转动整个头部。这种鸟之所以能很大幅度地转动整个头部,是因为羽毛之下隐藏着一个灵活的长脖子。猫头鹰也有很好的听觉,这要得益于它们的面盘,面盘能将声音聚拢到大大的耳孔之中。向下的嘴减少了对声音的干扰。仅通过对声音精确的判断,猫头鹰就能够确定猎物的方向。大多数夜行性种类的耳孔一高一低,这样的结构使它们能够收集并辨别来自不同高度的声音。

无声的杀手

猫头鹰作为捕食者通常会猛扑向猎物,然后伸出脚抓住它们。这个过程几乎是无声的,因为它们翅膀大而圆,而且几乎不需要拍打。羽片柔软且边缘呈锯齿状,这样的结构使翅膀拍打空气时几乎不会发出任何声音。然而有些昼行性的猫头鹰就缺乏这样的羽毛。大多数猫头鹰以老鼠和田鼠等小型哺乳动物为食,另一些小型的猫头鹰会以大型昆虫为食,还有极少数猫头鹰以鱼为食。它们用带钩的嘴撕扯大型猎物尸体,而对于小型猎物则整个吞下。骨头和皮毛等食物中不能被消化的结构,会在胃的某些部位中压缩,然后以食丸,亦称唾余的形式吐出体外。

门	脊索动物门
纲	鸟纲
目	鸮形目
科	2
种	202

讨论

角鸮

传统分类中的角鸮属鸟类有60多种。人们在森林中通过辨别它们的叫声,就能快速准确地确定它们的种类。尽管不同个体的叫声会有频率和持续时间的差异,但还是可以将角鸮属鸟类分成两个类群:一个是分布于旧大陆的角鸮属(*Otus*),它们的叫声悠扬缓慢;另一个是美洲角鸮,它们的叫声尖利刺耳。对于一些鸟类学家而言,这样的划分标准足以使美洲角鸮自己单立一属,即美洲角鸮属(*Megascops*)。最近的DNA研究所揭示出的差异也支持这种观点。

仓鸮
Tyto alba
草鸮科

心形的面盘

仓鸮是分布范围最广的猫头鹰,除沙漠和极地之外,几乎都有它们的分布。它们以其毛骨悚然的叫声而为人所熟知。

25–45 cm
10–18 in

土体金黄色

26–43 cm
10–17 in

灰面鸮
Tyto glaucops
草鸮科

这种鸮仅分布于加勒比海的伊斯帕尼奥拉岛。它们生活在干燥的森林中,受到强有力的竞争者仓鸮的威胁。

19–25 cm
7½–10 in

西美角鸮
Otus kennicottii
鸱鸮科

这是分布于北美洲西部的一种常见猫头鹰,它们更偏爱河流旁的林地,但也会进入开阔草地甚至是城市。

19–20 cm
7½–8 in

西红角鸮
Otus scops
鸱鸮科

这种机敏的小型猫头鹰分布于欧洲西部地区,属于分布于旧大陆的通常具有耳部簇羽的一类猫头鹰。它们在树洞或建筑物的洞中筑巢。

16–25 cm
6½–10 in

东美角鸮
Otus asio
鸱鸮科

这种鸮广布于北美洲东部,有灰色和红褐色(略带红色)两种色型;在其分布区的东部地区,更多的是红褐色色型。

红褐色的身体

22–24 cm
9–9½ in

马岛角鸮
Otus rutilus
鸱鸮科

这种鸮仅分布于马达加斯加,常见于林地。大多数体色为灰色,少数为红褐色(略带红色),后者仅生活在雨林中。

»

面盘上的黑色
同心环图案

65–70 cm
26–28 in

乌林鸮
Strix nebulosa
鸱鸮科

这是分布于极地附近的一种大
型猫头鹰。它们生活在针叶林
中，有时会在白天捕食大型啮
齿动物及鸟类。

47–53 cm
18½–21 in

褐林鸮
Strix leptogrammica
鸱鸮科

褐林鸮生活在印度和东南亚的低
地热带丛林中。人们很难看到它
们，但却可以通过其独特的叫声
确定它们的存在。

43–50 cm
17–20 in

横斑林鸮
Strix varia
鸱鸮科

横斑林鸮是一种原产于北美
洲东部的大型林鸮。它们具
有很强的侵略性，向西扩散
的种群正在逐渐取代当地体
型较小的斑林鸮。

60–62 cm
23½–24 in

面盘

浅灰色的羽
毛上带有褐
色斑纹

长尾林鸮
Strix uralensis
鸱鸮科

长尾林鸮是乌林鸮的亲
缘种，分布于欧亚大陆
北部。它们经常出没于
针叶林和阔叶林中，也
会扩散到城市之中。

37–39 cm
14½–15½ in

灰林鸮
Strix aluco
鸱鸮科

灰林鸮广泛分布于亚欧大陆，经
常出没于农田、城市以及花园。
灰林鸮是一种与林鸮有较近
亲缘关系的鸟。

47–48 cm
18½–19 in

斑林鸮
Strix occidentalis
鸱鸮科

这种林鸮分布于北美洲西
部，生活在发育成熟的针
叶林中，捕食鼯鼠及与之
大小相近的猎物。

25–28 cm
10–11 in

萨氏角鸮
Otus ingens
鸱鸮科

这种鲜为人知的鸟生活在南美洲北部
湿润的山地森林中，虽然体型比其
他一些角鸮要大，但耳朵却
相对会小一些。

21–25 cm
8½–10 in

热带角鸮
Otus choliba
鸱鸮科

这种鸟是美洲热带地区分布范围
最广的角鸮，从哥斯达黎加到阿
根廷都可以见到它们的身影。热
带角鸮有褐色和灰色两种色型。

22–23 cm
8½–9 in

黑顶角鸮
Otus atricapilla
鸱鸮科

各种角鸮遍布美洲的森林之中，它
们的外形变异较大。一些种类有很
明显的耳羽簇。黑顶角鸮仅分布于
巴西的中部和南部地区。

胸腹部有浓
密的条纹

46–68 cm
18–27 in

美洲雕鸮
Bubo virginianus
鸱鸮科

这是美洲分布最广的猫头鹰，分布范围从
阿拉斯加到阿根廷。它们生活在森林和沙
漠等多种不同生境中。

45–50 cm
18–20 in

荒漠雕鸮
Bubo ascalaphus
鸱鸮科

荒漠雕鸮分布于撒哈拉沙漠地
区，与雕鸮有较近的亲缘关
系。但相比之下它们的腿更
长、体色更淡，体型更小。

60–75 cm
23½–30 in

雕鸮
Bubo bubo
鸱鸮科

雕鸮是体形最大的猫头鹰之
一，广泛分布于欧亚大陆，
它们甚至可以捕捉体型和鹿
一样大的动物。

66–75 cm
26–30 in

黄雕鸮
Bubo lacteus
鸱鸮科

黄雕鸮是分布于非洲的最大的猫头
鹰。它们广泛分布在撒哈拉沙漠以
南地区，以多种小型动物为食。

耳羽簇

白色面盘

36 cm
14 in

36–45 cm
14–18 in

娇鸺鹠
Micrathene whitneyi
鸱鸮科

同其他以昆虫为食的猫头鹰一样，这种生活在墨西哥沙漠中的小型猫头鹰无需安静地飞行，因此它们不像大型种类那样，拥有能抑制声音产生的边缘具齿状的飞羽。

13–15 cm
5–6 in

22–24 cm
9–9½ in

南白脸角鸮
Ptilopsis granti
鸱鸮科

这种鸟分布于撒哈拉沙漠以南非洲，同其他一些猫头鹰一样，南白脸角鸮会在其他鸟类用树枝筑的巢中繁殖。

纹鸮
Pseudoscops clamator
鸱鸮科

纹鸮是一种分布于南美洲的角鸮。它们生活在开阔而潮湿的生境中，在地面的植被上或很低的树洞里筑巢。

猛鸮
Surnia ulula
鸱鸮科

猛鸮与鸺鹠有较近的亲缘关系，生活在亚北极地区的森林中。它们的头很小，但尾巴很长，是一种白天活动的猫头鹰，也是最像鹰的猫头鹰。

明黄色的虹膜

宽阔的耳羽簇

52–71 cm
20½–28 in

雪鸮
Nyctea scandiaca
鸱鸮科

雪鸮是一种分布于北极地区的雕鸮，它们在开阔的苔原带的地面筑巢繁殖。以旅鼠和雷鸟为食。

46 cm
18 in

眼镜鸮
Pulsatrix perspicillata
鸱鸮科

这种长相独特而不会被认错的鸟生活在中美洲以及北美洲的森林中。初飞的雏鸟体羽为白色，但却长着一张黑色的脸。

13–15 cm
5–6 in

巴西鸺鹠
Glaucidium minutissimum
鸱鸮科

巴西鸺鹠分布于巴拉圭和巴西的东南部，生活在森林中。同其他亲缘关系较近的小型猫头鹰一样，白天和夜晚都会活动。

山鸺鹠
Glaucidium gnoma
鸱鸮科

鸺鹠经常会毫不畏惧地捕捉比它们自身还要大的猎物。这种小型捕食者分布于北美洲西部。曾经有人看见过它们袭击松鸡。

15–17 cm
6–6½ in

17–18 cm
6½–7 in

棕鸺鹠
Glaucidium brasilianum
鸱鸮科

这种分布于美洲的鸺鹠是鸺属的代表，它们头的后面长有眼斑以迷惑捕食者。它们兴奋时会迅速摇摆尾巴。

古巴鸺鹠
Glaucidium siju
鸱鸮科

一些猫头鹰的巢筑在腐烂的树洞中，但是鸺鹠却习惯利用旧的啄木鸟洞。这种鸺鹠只分布于古巴。

15–18 cm
6–7 in

长长的爪子

46–47 cm
18–18½ in

马来渔鸮
Ketupa ketupu
鸱鸮科

马来渔鸮分布于东南亚，与雕鸮有较近的亲缘关系，能用其长着长爪的脚捕食鱼类和其他水生猎物。

》》

21–28 cm
8½–11 in

鬼鸮
Aegolius funereus
鸱鸮科
鬼鸮生活在北极圈的森林中。这种昼行性的猫头鹰擅长捕捉积雪下面的小型哺乳动物。

18–21 cm
7–8½ in

棕榈鬼鸮
Aegolius acadicus
鸱鸮科
棕榈鬼鸮与鬼鸮有较近的亲缘关系，仅分布于北美洲，主要捕食小型啮齿动物。

34–43 cm
13½–17 in

黄色的虹膜

短耳鸮
Asio flammeus
鸱鸮科
这种鸮见于美洲、欧亚大陆以及北非的开阔地中，甚至在一些太平洋岛屿上也有分布。

长耳鸮
Asio otus
鸱鸮科
这种鸮广布于北半球的森林和石南灌丛中。它们能压低长长的耳羽簇，使自己不容易被发现。

31–37 cm
12–14½ in

浅褐色的心形面盘

纵纹腹小鸮
Athene noctua
鸱鸮科
这种鸮广泛分布于欧亚大陆和北非，有时白天它们也会在开阔林地、农田和半荒漠地带捕食无脊椎动物和小型脊椎动物。

21–27 cm
8½–10½ in

穴小鸮
Athene cunicularia
鸱鸮科
这种腿很长的猫头鹰，生活在美洲的草原和沙漠地区。偶尔白天捕食的它们会将巢筑在草原犬鼠或其他动物的洞穴内。

19–25 cm
7½–10 in

黄色的虹膜

上体具浓密斑纹

38 cm
15 in

带有条纹的胸腹部

珠眉叫鸮
Ciccaba nigrolineata
鸱鸮科
这种体羽具条纹的猫头鹰生活在墨西哥到厄瓜多尔茂密的热带雨林中，与林鸮类有很近的亲缘关系。

吠鹰鸮
Ninox connivens
鸱鸮科
吠鹰鸮的分布范围从摩鹿加群岛、印度尼西亚到澳大利亚。它们生活在森林中，因其狗一样的叫声得名。

38–43 cm
15–17 in

斑布克鹰鸮
Ninox novaeseelandiae
鸱鸮科
这种鸟是分布于大洋洲的鹰鸮的代表，眼球很大，虹膜黄色。对于猫头鹰来讲，雄性体型通常要大于雌性。

30–35 cm
12–14 in

横斑渔鸮
Scotopelia peli
鸱鸮科
这种鸟是分布于非洲的体型最大的渔鸮，常出没于河边森林中，它们从低矮的栖木上慢慢飞到流速缓慢的河水中捕食鱼类、蟹和蛙。

63–65 cm
25–26 in

夜鹰和蟆口鸱

所有夜鹰及其亲缘种都是夜行性的。它们大多以昆虫为食，在飞行过程中利用它们异常宽大的嘴捕捉猎物。

夜幕下的夜鹰是个贪婪的捕食者，白天它们却用具保护色的羽毛将自己隐蔽起来。它们与猫头鹰有很多共同点，一些鸟类学家认为这两个类群有一定的亲缘关系。然而最近的研究表明，夜鹰与雨燕及蜂鸟有更近的亲缘关系。理由包括：它们的腿部肌肉都不太发达，很多种类都会进入一种蛰伏状态。

夜鹰隶属于夜鹰目（Caprimulgiformes）。夜鹰通常头部较大，而长长的翅膀可以使它们在空中迅速飞行。虽然它们的嘴很短，但却能张得很宽，这有利于捕捉飞虫。分布于大洋洲的蟆口鸱，以小型脊椎动物为食。之所以叫这个名字，是因为它们的嘴裂很宽，就像蛙的嘴一样。这一类群中只有油鸱是素食的，它们以水果为食，白天栖息在洞穴中。

所有夜鹰目鸟类都是伪装大师。夜鹰能与森林地面上的枯枝落叶融为一体；站在树上时它们纵向贴伏在树枝上，以减少被发现的几率。蟆口鸱和林鸱被发现时会模仿树桩站立不动，并闭上眼睛以使伪装达到极致。

简陋的巢

所有夜鹰目鸟的巢穴都是极为简陋的。夜鹰把它们的卵直接产在地面的落叶层中。油鸱的巢筑在洞穴内壁的突出处，巢由粪便堆积而成。而林鸱则将卵产在树枝下凹的地方。

门	脊索动物门
纲	鸟纲
目	夜鹰目
科	5
种	125

一只大林鸱张开巨大的嘴，展示了宽大的嘴裂，显示了夜鹰目鸟类的一个重要特点，即能在空中捕捉到飞行的昆虫。

油鸱
Steatornis caripensis
油鸱科
油鸱与夜鹰有较近的亲缘关系。它们以水果为食，在洞穴中筑巢。油鸱分布在南美洲北部，是唯一一种依靠回声定位导航的夜行性鸟类。

41–48 cm
16–19 in

橘黄色的虹膜

嘴的基部有长长的直立的羽毛

22–24 cm
9–9½ in

32–46 cm
12½–18 in

茶色蟆口鸱
Podargus strigoides
蟆口鸱科
这种分布于澳大利亚的夜行性鸟会站在栖木上捕食。同其他蟆口鸱一样，它们在白天会像折断的树枝一样，静止不动。

美洲夜鹰
Chordeiles minor
夜鹰科
美洲夜鹰没有夜鹰通常都有的嘴须，但这可能有助于它们在空中捕捉昆虫。它们以昆虫为食，在北美洲和南美洲之间迁飞。

直立的如同树木残枝的姿态

36–41 cm
14–16 in

灰褐色像树皮一样的羽毛

20 cm
8 in

黑夜鹰
Nyctiphrynus ocellatus
夜鹰科
黑夜鹰是一种分布于美洲的小型夜鹰，之所以叫这个名字（Poorwill）完全因为它们悲凉单调的叫声。这种体色较深的鸟生活在热带地区的森林中。

灰色而斑驳的羽毛

林鸱
Nyctibius griseus
林鸱科
林鸱是分布于拉丁美洲的夜行性食虫鸟类。这种鸟的叫声会令人感到不安。它们的羽毛可以使其完美地伪装成树枝。

19–21 cm
7½–8½ in

24–28 cm
9½–11 in

北美小夜鹰
Phalaenoptilus nuttallii
夜鹰科
这种小型的夜鹰分布于美国和墨西哥的干旱地区，是少数能在冬天进入蛰伏状态的鸟类之一。

帕拉夜鹰
Nyctidromus albicollis
夜鹰科
这种夜鹰分布于拉丁美洲，常见于树木茂盛的生境中。夜晚，人们经常能见到它在泥土路上停歇。

>>

夜鹰和蟆口鸱 · 鸟类

红褐色领环

26–28 cm
10–11 in

欧亚夜鹰
Caprimulgus europaeus
夜鹰科
同许多分布于北半球温带地区的夜鹰一样，欧亚夜鹰也是迁徙性鸟类。它们繁殖于欧洲西部的石南和林地中，在非洲越冬。

斑尾夜鹰
Caprimulgus maculicaudus
夜鹰科
这种夜鹰的分布范围从墨西哥到巴拉圭。同其他旧大陆夜鹰相比，斑尾夜鹰与分布于美洲热带地区的夜鹰的亲缘关系更近。

20 cm
8 in

25–27 cm
10–10½ in

长尾夜鹰
Caprimulgus macrurus
夜鹰科
长尾夜鹰分布于旧大陆，是这里分布最广的夜鹰之一，它们的分布范围从巴基斯坦到澳大利亚以及新几内亚。

纯色夜鹰
Caprimulgus inornatus
夜鹰科
这种夜鹰的繁殖地从毛里塔尼亚到沙特阿拉伯，向南迁飞到利比里亚、刚果和坦桑尼亚越冬。

22 cm
9 in

23 cm
9 in

美洲乌夜鹰
Caprimulgus saturatus
夜鹰科
美洲乌夜鹰生活在哥斯达黎加和巴拿马的山区森林中。比起分布于旧大陆的夜鹰，它们可能在基因上与分布于美洲的夜鹰亲缘关系更近。

非洲长尾夜鹰
Caprimulgus climacurus
夜鹰科
一些夜鹰的长尾巴可以用来求偶炫耀。非洲长尾夜鹰的分布范围从塞内加尔到埃塞俄比亚。

梯尾夜鹰
Hydropsalis climacocerca
夜鹰科
这种分布于亚马孙地区的夜鹰属于一类南美洲的夜鹰。雄鸟的尾羽长而带有白色斑纹，叉尾型。这一特征也正是它们名字的由来，可能对吸引雌性也有一定作用。

23–28 cm
9–11 in

25–35 cm
10–14 in

马岛夜鹰
Caprimulgus madagascariensis
夜鹰科
这种夜鹰分布于马达加斯加岛和阿尔达布拉岛（塞舌尔）。它们的叫声就像一个弹珠掉在一块坚硬的地板上面发出的声音。

21 cm
8½ in

22 cm
9 in

半领夜鹰
Lurocalis semitorquatus
夜鹰科
这种鸟是一种分布于美洲热带地区的夜鹰。它们那短短的尾巴和长长的翅膀，使它们在飞翔着捕捉昆虫时看起来就像一只蝙蝠。

燕尾夜鹰
Macropsalis creagra
夜鹰科
一些雄性夜鹰拥有奇特的尾羽。这种夜鹰从分布于美洲的夜鹰进化而来，仅分布于南美洲东部的热带地区。

用于伪装的斑驳羽毛

细长的尾羽

34–76 cm
13½–30 in

旗翅夜鹰
Macrodipteryx longipennis
夜鹰科
这种分布于非洲的夜鹰捕食飞蛾和甲虫等昆虫。繁殖期间雄性会长出比其身体还长的旗子般的飞羽，在求偶炫耀时可以竖立起来。

21–23 cm
8½–9 in

旗子般的飞羽

蜂鸟和雨燕

疾速飞翔的雨燕是飞得最快的鸟，悬停振翅时的蜂鸟也会发出声音。它们拥有一些共同的特点，都是技艺精湛的飞行家。

雨燕和蜂鸟均隶属于雨燕目(Apodiformes)，它们的脚很弱，仅在栖息时会用到。但与之相对的是，这些鸟都拥有超常的飞行技能。雨燕可以掠过天空捕捉飞虫。蜂鸟可以控制翅膀向后飞翔，一些蜂鸟每秒钟甚至能扇动70次翅膀。这都是依靠高速的新陈代谢维持的，而快速的新陈代谢又是通过取食高能量的花蜜实现的。昆虫和蜘蛛为蜂鸟提供喂养雏鸟所需的蛋白质。蜂鸟用蛛网来修筑它们顶针大小的巢，而雨燕用唾液筑巢。雨燕广泛分布于世界各地，甚至海岛上都有分布，而蜂鸟则仅生活在美洲。

门	脊索动物门
纲	鸟纲
目	雨燕目
科	3
种	447

普通雨燕
Apus apus
雨燕科
这种分布于欧亚大陆的雨燕能在悬崖或建筑物的洞穴中筑巢，这使它们成为城市中很常见的一种鸟。它们在非洲越冬。

16–17 cm
6½ in

烟囱雨燕
Chaetura pelagica
雨燕科
这种雨燕分布在北美洲东部。起初它们在山洞或树洞中筑巢，但现在主要在城市中心的烟囱中筑巢。在南美洲越冬。

15–18 cm
6–7 in

12–15 cm
4¾–6 in

20–22 cm
8–9 in

高山雨燕
Tachymarptis melba
雨燕科
高山雨燕分布在欧亚大陆南部、非洲大陆以及马达加斯加。白色的腹部与身体腹面的深色形成鲜明对比。它们以大型昆虫为食。

白喉雨燕
Aeronautes saxatalis
雨燕科
白喉雨燕分布于北美洲西部以及中美洲，生活在峡谷和山区中，夜晚成群地聚集在一起夜宿。

开叉很深的尾羽

12 cm
4¾ in

鳞喉隐蜂鸟
Phaethornis eurynome
蜂鸟科
隐蜂鸟是一类颜色暗淡的蜂鸟，长着长而弯的喙，用来吸食蝎尾蕉康属植物的花蜜。鳞喉隐蜂鸟分布于南美洲东部。

向下弯曲的喙

白尾尖镰嘴蜂鸟
Eutoxeres aquila
蜂鸟科
这种鸟的分布范围从哥斯达黎加到秘鲁。它们用向下弯曲的喙吸食有着同样弧度的蝎尾蕉属植物花朵中的花蜜。

13 cm
5 in

11 cm
4¼ in

蓝紫色的胸腹部

紫色的"耳"斑

喉部蓝色具金属光泽

10 cm
4 in

绿额矛嘴蜂鸟
Doryfera ludovicae
蜂鸟科
这种鸟生活在安第斯山脉的森林中，吸食5种附生植物（依附在其他植物上生长的植物）的花蜜，其中一种附生植物属于槲寄生属。

白腹紫耳蜂鸟
Colibri serrirostris
蜂鸟科
这种蜂鸟所属的类群中，所有蜂鸟均具紫色的"耳斑"，其中大多生活在高山森林中。白腹紫耳蜂鸟生活在南美洲热带地区的稀树草原中。

14–15 cm
5½–6 in

紫刀翅蜂鸟
Campylopterus hemileucurus
蜂鸟科
刀翅蜂鸟因其飞羽羽轴较粗而得名。这种分布于中美洲的蜂鸟是该地区最大的蜂鸟。

»

金喉红顶蜂鸟
Chrysolampis mosquitus
这种分布于南美洲的蜂鸟生活在开阔的生境中。它们的冠羽为红宝石色，而喉部羽毛为玉黄色，但在光线不足的情况下就会显得全身都是黑色。

黑褐色羽毛

9 cm
3½ in

尾羽腹面橘红色

8 cm
3¼ in

妆脸蜂鸟
Augastes lumachella
蜂鸟科
妆脸蜂鸟"戴着"绿色的"面罩"，是生活在高地稀树草原等干旱生境中的一类蜂鸟。妆脸蜂鸟分布于巴西东部。

7 cm
2¾ in

红玉蜂鸟
Clytolaema rubricauda
蜂鸟科
这种蜂鸟以雄性红褐色的尾羽命名。分布于巴西东南部，但可能与生活在安第斯山脉的蜂鸟有较近的亲缘关系。

7–9 cm
2¾–3½ in

红喉北蜂鸟
Archilochus colubris
蜂鸟科
这种小型吸蜜蜂鸟是唯一一种在美国东部地区繁殖的蜂鸟。它们会从繁殖地直接飞到墨西哥湾越冬而无需降落。

10–18 cm
4–7 in

长尾蜂鸟
Aglaiocercus kingi
蜂鸟科
这一类群包含很多种类。长尾蜂鸟生活在林缘和花园中。雄性拥有开深叉的长尾巴。

11 cm
4¼ in

黄尾冕蜂鸟
Boissonneaua flavescens
蜂鸟科
这种鸟分布于哥伦比亚、委内瑞拉以及厄瓜多尔，与分布于安第斯山脉的蜂鸟有较近的亲缘关系。它们经常和其他鸟一起，在森林中层以及冠层寻找那些正在开放的花朵。

10–11 cm
4–4¼ in

棕腹蜂鸟
Amazilia yucatanensis
蜂鸟科
这种鸟属于一类分布于中美洲的绿蜂鸟，生活在墨西哥开阔林地中。

9 cm
3½ in

蓝颏青蜂鸟
Chlorostilbon notatus
蜂鸟科
蓝颏青蜂鸟属于绿蜂鸟类。其羽毛具绿色金属光泽。它们生活在南美洲北部的森林和农田中。

深色的耳斑

短而直的嘴

蓝喉宝石蜂鸟
Lampornis clemenciae
蜂鸟科
这种分布于墨西哥的大型蜂鸟隶属于宝石蜂鸟属，起源于中美洲。只有分布于北方的种群才具迁徙性。

12 cm
4¾ in

10 cm
4 in

11 cm
4¼ in

9 cm
3½ in

领星额蜂鸟
Coeligena torquata
蜂鸟科
额蜂鸟是一类分布于安第斯山脉的森林蜂鸟类群。领星额蜂鸟是其中分布最广的蜂鸟之一，分布范围从哥伦比亚到玻利维亚。

鳞斑蜂鸟
Adelomyia melanogenys
蜂鸟科
这是安第斯山脉很常见的蜂鸟，比它们的一些亲缘种羽毛颜色更暗淡。鳞斑蜂鸟雌雄同型。

安氏蜂鸟
Calypte anna
蜂鸟科
这种鸟是一种分布于北美洲西部的吸蜜蜂鸟，它们的越冬地比其他种类的蜂鸟都更靠北。它们以很多种类植物的花蜜为食。

白耳蜂鸟
Basilinna leucotis
蜂鸟科

这种绿宝石蜂鸟分布于亚利桑那州南部和尼加拉瓜，常在山地松树林和橡树林中活动，而这些森林常在溪流附近。

9–10 cm
3½–4 in

安第斯山蜂鸟
Oreotrochilus estella
蜂鸟科

这种蜂鸟属于分布于安第斯山脉的冠蜂鸟类，它们生活的海拔比这个类群的其他蜂鸟更高，而且在空气很稀薄的情况下进食，因此它们不能悬停。

13 cm
5 in

10 cm
4 in

9 cm
3½ in

瑰丽蜂鸟
Calothorax lucifer
蜂鸟科

这种吸蜜蜂鸟的分布范围从美国南部到墨西哥。它们生活在半荒漠生境中，尤其是那些长着龙舌兰的半荒漠生境。

紫色的喉部斑块

又直又黑的嘴

叉尾妍蜂鸟
Thalurania furcata
蜂鸟科

这种蜂鸟是中美洲绿宝石蜂鸟的分布于南美洲亲缘种，生活在阿根廷北部的低地森林中。

阔嘴蜂鸟
Cynanthus latirostris
蜂鸟科

这种墨西哥灌丛蜂鸟能像钟摆一样地前后飞行，用这种炫耀展示吸引雌性。它们属于绿宝石蜂鸟类群。

有光泽的绿色喉部

10 cm
4 in

10 cm
4 in

23–26 cm
9–10 in

剑嘴蜂鸟
Ensifera ensifera
蜂鸟科

剑嘴蜂鸟是唯一一种嘴比身体还长的蜂鸟，属于一个分布于安第斯山脉的额蜂鸟类，喜欢西番莲属植物喇叭形的花。

吸蜜蜂鸟
Mellisuga helenae
蜂鸟科

这种小型蜂鸟只分布于古巴，但与迁徙性的北美洲蜂鸟有较近的亲缘关系。雄性吸蜜蜂鸟是所有鸟类中最小的鸟。

5–6 cm
2–2¼ in

盘尾蜂鸟
Ocreatus underwoodii
蜂鸟科

这种蜜蜂般大小的蜂鸟属于额蜂类，生活在安第斯山脉的森林中，喜欢在诸如豆科植物刷子一样的花朵间吸食花蜜。

12 cm
4¾ in

纹胸星喉蜂鸟
Heliomaster squamosus
蜂鸟科

雄性星喉蜂鸟的喉部外围有一个鲜艳的条带。尽管星喉蜂鸟与分布于中美洲的宝石蜂鸟有亲缘关系，但这种星喉蜂鸟却生活在巴西东部地区。

眼后的白斑

红褐色上体

7–9 cm
2¾–3½ in

棕煌蜂鸟
Selasphorus rufus
蜂鸟科

这种吸蜜蜂鸟是一种有领地意识的蜂鸟，也是小型鸟类中迁徙距离最长的鸟，迁徙路径从阿拉斯加到墨西哥。

9 cm
3½ in

白颈蜂鸟
Florisuga mellivora
蜂鸟科

这种大型蜂鸟生活在美洲热带地区低地的林冠层中，基因研究显示它们属于一个独立于蜂鸟科其他成员的小类群。

12 cm
4¾ in

领蜂鸟
Heliangelus strophianus
蜂鸟科

领蜂鸟属于一个分布于安第斯山脉的冠蜂鸟类群。领蜂鸟的分布范围从哥伦比亚到厄瓜多尔，生活在湿润的森林灌丛中。

9 cm
3½ in

星蜂鸟
Stellula calliope
蜂鸟科

这种鸟是一种迁徙性的吸蜜蜂鸟，在北美洲西部的开阔林地中繁殖，在墨西哥半荒漠中越冬。

9 cm
3½ in

紫胸凤头蜂鸟
Stephanoxis lalandi
蜂鸟科

这种外貌特别的蜂鸟可能与中美洲的大型刀翅蜂鸟有亲缘关系，但它们生活在南美洲东部的山区森林中。

咬鹃

咬鹃是一类生活在热带丛林中的鸟类，它们以水果为食，身着艳丽的羽衣，它们的羽毛精美，嘴巴很宽，特殊的足趾结构为该类群所独有。

这类与乌鸦体型大小相似的鸟类隶属于咬鹃目（Trogoniformes），分布于美洲、非洲和亚洲的热带地区。雄鸟比雌鸟羽色鲜艳。咬鹃拥有长长的尾羽和短短的翅膀，能够飞翔，但不喜欢猛地跳飞出来。咬鹃的第1、第2趾向后，第3、第4趾向前。这样特殊的足趾结构在咬鹃外的其他鸟类身上还没有发现。但它们特殊的脚很弱，以至于栖息时只能拖着身体前进。

咬鹃用它们的宽嘴进食大个的水果，以及毛毛虫等无脊椎动物。它们也用嘴挖掘朽木及白蚁丘，并在里面筑巢。

门	脊索动物门
纲	鸟纲
目	咬鹃目
科	1
种	40

深蓝紫色的顶冠

有光泽的蓝绿色羽毛

35–100 cm
14–39 in

长长的尾羽
（仅雄性）

31–36 cm
12–14 in

红头咬鹃
Harpactes erythrocephalus
咬鹃科

红头咬鹃分布范围从喜马拉雅山脉到苏门答腊岛。同一些亲缘种一样，这种生性胆怯而孤僻的鸟会静止不动地栖息很长时间。

27–32 cm
10½–12½ in

橙胸咬鹃
Harpactes oreskios
咬鹃科

橙胸咬鹃上体较为暗淡，而下体较为鲜艳，这也是许多分布于亚洲的咬鹃的共性。分布于东南亚。

凤尾绿咬鹃
Pharomachrus mocinno
咬鹃科

绿咬鹃是一种体羽具光泽的咬鹃。这种分布于中美洲的咬鹃的雄鸟有长长的尾羽，其长度几乎是身体全长的一半。

28–30 cm
11–12 in

铜尾美洲咬鹃
Trogon elegans
咬鹃科

这种咬鹃是唯一一种在美国有分布的咬鹃，它们生活在亚利桑那州南部到中美洲的山地森林中。

25–27 cm
10–10½ in

美洲咬鹃
Trogon personatus
咬鹃科

这种咬鹃生活在南美洲山地森林里，雄性的羽毛很像铜尾美洲咬鹃。

26–28 cm
10–11 in

古巴咬鹃
Priotelus temnurus
咬鹃科

这种咬鹃是古巴的国鸟，是两种古巴咬鹃属咬鹃中的其中一种，仅分布于加勒比海地区。

尾羽尖端呈锯齿状

鼠鸟

鼠鸟因其类似啮齿动物的快跑行为而得名。它们是一类浅褐色的小型鸟类，尾羽很长，仅分布于撒哈拉沙漠以南的非洲。

门	脊索动物门
纲	鸟纲
目	鼠鸟目
科	1
种	6

鼠鸟科是鼠鸟目（Coliiformes）唯一一科，它们褐色和灰色的羽毛很柔软，拥有可以竖起来的羽冠和长长的尾羽。它们是集群生活的鸟类，动作敏捷，行为上很像长尾鹦鹉。这些树栖鸟类会用很多细枝建造杯状巢。雏鸟孵化后便已处于较完全的发育阶段，并且很快就能掌握飞行。鸟类学家认为鼠鸟属于一个种类繁多的鸟类类群的残余，这个类群在史前时期十分繁盛，分布范围也不止非洲。欧洲曾出土过鼠鸟化石。鼠鸟与其他鸟类的亲缘关系还不确定，但可能与咬鹃、翠鸟以及啄木鸟有一定的亲缘关系。

斑鼠鸟
Colius striatus
鼠鸟科

斑鼠鸟是最大的鼠鸟，也是分布最广的鼠鸟。分布范围从尼日利亚到南非。生活在热带稀树草原和开阔林地中。

30–35 cm
12–14 in

33–35 cm
13–14 in

蓝枕鼠鸟
Urocolius macrourus
鼠鸟科

与鼠鸟属的鸟类相比，蓝枕鼠属的鸟类飞行能力更强，而且与斑鼠鸟相比长的也不那么像老鼠。蓝枕鼠鸟的分布范围从塞内加尔到坦桑尼亚，在灌木丛林地带生活。

翠鸟及其近亲

这些鸟是坐等猎物出现的捕食者，它们以较大的猎物为食。但犀鸟吃水果，大多在土崖或树木中挖洞筑巢。

佛法僧目（Coraciiformes）鸟类分布广泛。很多种类拥有鲜艳的羽毛，所有种类都具有相同的足趾结构：它们有3个脚趾朝前，其中两个外侧的脚趾基部愈合在一起。翠鸟主要有三个生态类群，河栖性、林栖性和水栖性，它们有着不同的生活策略。一些翠鸟主要捕食陆生动物，如蜥蜴、啮齿动物和昆虫等，当然也包括鱼。它们大大的头部和强壮的颈部肌肉有助于潜水，长长的嘴边缘锋利，有助于咬住湿滑的猎物。佛法僧目

的其他成员还有分布于美洲的翠鴗和分布于旧大陆的佛法僧，它们都是陆生捕食者。翠鸟的亲缘种嘴型变化多样。蜂虎在空中捕食，长长的嘴能让蜇人的昆虫远离头部，也可以像镊子一样挤出昆虫的毒液。戴胜用它们的弯嘴探寻躲藏在地下的昆虫。犀鸟用它们的大嘴叼住水果，以及捕捉哺乳动物和爬行动物，甚至其他鸟类。

密封的巢

当某些种类的雌性犀鸟在洞巢中孵卵的时候，雄鸟会将洞口部分封堵起来。它们用嘴作铲子，将泥土堆垒在巢穴入口处，仅留下一个小口，这样就能喂食被临时关在里面的雌性犀鸟了。

门	脊索动物门
纲	鸟纲
目	佛法僧目
科	10
种	218

同马来犀鸟一样，大多数犀鸟的喙基顶部具一中空的突起（盔突），这一结构有助于鸣声的共振。

紫胸佛法僧
Coracias caudatus
佛法僧科
同其他佛法僧属鸟类一样，这种分布于非洲的佛法僧捕食地面上的动物，并会猛然袭击猎物，捕食蜥蜴、啮齿动物和大型无脊椎动物。

32—36 cm
12½—14 in

28—30 cm
11—12 in

棕顶佛法僧
Coracias naevius
佛法僧科
同其他种佛法僧相比，这种大型佛法僧的颜色有些暗淡。它们生活在撒哈拉以南非洲的干旱地区。

36—41 cm
14—16 in

蓝腹佛法僧
Coracias cyanogaster
佛法僧科
同它们的许多亲缘种一样，这种分布于中非的佛法僧在树洞中筑巢。在其分布地，它们很常见。

36—38 cm
14—15 in

29—32 cm
11½—12½ in

蓝胸佛法僧
Coracias garrulus
佛法僧科
这种鸟是分布最广的佛法僧属鸟类，因其求偶炫耀时在空中翻腾的动作而得其英文名（Roller）。蓝胸佛法僧分布于欧亚大陆西部，在非洲越冬。

扇尾佛法僧
Coracias spatulatus
佛法僧科
这种尾羽形态与众不同的佛法僧分布于东非，其外侧尾羽长于其余的尾羽，且末端"膨大"，就像小旗子一样。

地三宝鸟
Atelornis pittoides
地三宝鸟科
正如名字显示的那样，地三宝鸟主要在地面活动。这种地三宝鸟生活在雨林中，是这一科中颜色最鲜艳的鸟。

黑色的贯眼纹

白色的喉部

三宝鸟
Eurystomus orientalis
佛法僧科
这种佛法僧目鸟类因其翅膀上的绿色斑块酷似美元而得名（Dollar bird）。它们生活在从喜马拉雅山脉到澳大利亚的林地中。

27—30 cm
10½—12 in

具深色斑纹的褐色尾羽

26 cm
10 in

47—52 cm
18½—20½ in

黄色的喙

阔嘴三宝鸟
Eurystomus glaucurus
佛法僧科
种分布于非洲的鸟是三宝鸟属的代表。比起佛法僧属的鸟类，它们的翅膀更长，并且追逐飞翔的猎物时也更敏捷。

长尾地三宝鸟
Uratelornis chimaera
地三宝鸟科
长尾地三宝鸟生活在马达加斯加岛西南部的干旱丛林中，同其他地三宝鸟一样，它们也在地面掘洞筑巢。

40–50 cm
15½–19½ in

鹃三宝鸟
Leptosomus discolor
鹃三宝鸟科
这种分布于马达加斯加的鸟
外表与杜鹃很像，与真正的
三宝鸟和佛法僧的亲缘关系
不是很近。它们捕食小型动
物，在树洞中筑巢。

背部和翅膀
为鲜艳的蓝色

白色的喉部和
胸部

白胸翡翠
Halcyon smyrnensis
翠鸟科
同许多栖息在林地中的翠鸟一
样，这种分布于亚洲南部的翠鸟
也很喧闹。它们能发出马嘶一样
的鸣声，以及大笑一样的鸣声。

20 cm
8 in

灰头翡翠
Halcyon leucocephala
翠鸟科
林栖性翠鸟是一类主要以昆虫为
食的生活在森林中的翠鸟。灰头
翡翠是一种分布于非洲的翠鸟，
它们有时也会捕食鱼类。

29 cm
11½ in

黑色的贯眼纹
与白色的头部
形成鲜明对比

厚重的嘴

46 cm
18 in

12–13 cm
4¾–5 in

粉颊小翠鸟
Ceyx pictus
翠鸟科
这种分布于非洲的翠鸟属于水栖性翠鸟，但
主要以昆虫为食，因此生活在远离水源的林
地和热带稀树草原中。

18–20 cm
7–8 in

绿鱼狗
Chloroceryle americana
翠鸟科
这种水栖性翠鸟分布于美洲
热带地区，能潜入水中捕捉
鱼类和水生昆虫，常栖息于
河床里的石头上。

笑翠鸟
Dacelo novaeguineae
翠鸟科
这种大型林栖性翠鸟广泛分布
于澳大利亚的林地中，捕食爬
行动物和无脊椎动物，
鸣声如同大笑。

18–21 cm
7–8½ in

黄嘴翡翠
Syma torotoro
翠鸟科
这种林栖性翠鸟生活在新几
内亚和澳大利亚北部的雨林
中。它们主要以昆虫为食，
兼食蠕虫和小蜥蜴。

天蓝色的
上身

橘黄色的
下身

17–19 cm
6½–7½ in

蓝翠鸟
Alcedo azurea
翠鸟科
像其他水栖性翠鸟一样，这种天
蓝色的翠鸟也沿着堤坝凿穴筑
巢。它们生活在澳大利亚和新几
内亚的小溪与红树林附近。

16–17 cm
6½ in

普通翠鸟
Alcedo atthis
翠鸟科
普通翠鸟分布于欧亚大陆
和北非，体型较小且尾较
短，属于典型的旧大陆水
栖性翠鸟。

12–13 cm
4¾–5 in

小翠鸟
Alcedo pusilla
翠鸟科
这种分布于澳大拉西亚的
小型翠鸟生活在红树林中，
是一种水栖性翠鸟，以小
鱼、昆虫幼虫、小型甲壳
动物和小虾为食。

28–29 cm
11–11½ in

斑鱼狗
Ceryle rudis
翠鸟科
这种水栖性翠鸟分布于非洲和南亚，经
常集小群地聚集在河湖边。它们能悬
停在空中很长时间。

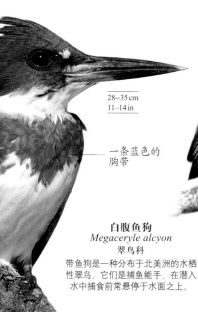

一条蓝色的
胸带

28–35 cm
11–14 in

白腹鱼狗
Megaceryle alcyon
翠鸟科

带鱼狗是一种分布于北美洲的水栖
性翠鸟，它们是捕鱼能手，在潜入
水中捕食前常悬停于水面之上。

30–35 cm
12–14 in

白尾仙翡翠
Tanysiptera sylvia
翠鸟科

这种翠鸟分布于新几内亚和澳大
利亚北部，和许多林栖性翠鸟一
样，它们也会在树顶的树洞中或
白蚁的蚁塚中凿穴筑巢。

37 cm
14½

褐翅翡翠
Pelargopsis amauroptera
翠鸟科

这种翠鸟是一种生活在红树林
中的林栖性翠鸟，分布范围从
印度到马来半岛。

37–41 cm
14½–16 in

鹳嘴翡翠
Pelargopsis capensis
翠鸟科

这种鸟分布于亚洲南部，常出没于湿地附
近的森林中，尤其是其亲缘种褐翅翡翠
分布范围以外的地方。

白色的中
央尾羽

白领翡翠
Todiramphus chloris
翠鸟科

这种林栖性翠鸟常见于红树
林中，广泛分布于亚洲南部
到太平洋的沿海地区。

25–28 cm
10–11 in

22–24 cm
8½–9½ in

白额蜂虎
Merops bullockoides
蜂虎科

这种分布于非洲的蜂虎会集
大群繁殖。它们有着复杂的
社会结构，非繁殖个体会帮
助亲鸟养育雏鸟。

22–25 cm
8½–10 in

绿喉蜂虎
Merops orientalis
蜂虎科

绿喉蜂虎生活在非洲和南亚干
燥的开阔生境中。同其他种类
的蜂虎相比，它们会集较为松
散的繁殖群筑巢。

黑色的贯眼纹

微微弯曲
的长嘴

23 cm
9 in

20–32 cm
8–12½ in

白喉蜂虎
Merops albicollis
蜂虎科

白喉蜂虎分布于撒哈拉以南的
非洲。同其他蜂虎一样，它们也
会在土坝的洞穴中筑巢。

25–29 cm
10–11½ in

黄喉蜂虎
Merops apiaster
蜂虎科

同其他蜂虎一样，这种蜂虎分布于
欧亚大陆西南部和非洲，捕食飞行
中的昆虫。在吃掉蜜蜂之前，它们
会先将蜜蜂的螫刺拔掉。

彩虹蜂虎
Merops ornatus
蜂虎科

这种鸟是分布于澳大利亚的唯
一一种蜂虎，分布于南方的种
群会迁飞到澳大利亚北部和印
度尼西亚越冬。

翠蓝色顶冠

蓝顶翠鴗
Momotus momota
翠鴗科

这种羽色艳丽的翠鴗分布于美洲热
带地区，同一些蜂虎和翠鸟一样，
它们在河堤的土洞中筑巢。

46 cm
18 in

棕翠鴗
Baryphthengus martii
翠鴗科

这种嘴很短的鸟分布于中美洲和
南美洲北部。同其他翠鴗一样，
它们会在捕捉大型昆虫和小型脊
椎动物时突然发动袭击。

33 cm
13 in

蓝绿色的
冠羽

绿眉翠鴗
Eumomota superciliosa
翠鴗科

同其他翠鴗一样，这种分布于
中美洲的翠鴗羽毛的钩突不发
达，因此它们的羽毛显得比较
蓬松。它们尾羽末端具像球拍
一样的小羽片。

41 cm
16 in

短尾鴗
Todus todus
短尾鴗科

短尾鴗科鸟类体型较小，与翠
鸟外形相似，分布于加勒比海
地区，用扁平的喙捕食飞行中
的昆虫。这种鸟仅生活在牙买
加的林地中。

11 cm
4½ in

略沾红色的嘴

红嘴弯嘴犀鸟
Tockus erythrorhynchus
犀鸟科
弯嘴犀鸟属鸟类是分布于非洲的小型捕食者，大多拥有红色或黄色的喙。红嘴弯嘴犀鸟生活在塞内加尔到纳米比亚的热带稀树草原和开阔林地中。

30–36 cm
12–14 in

黑、白灰相间的羽毛

42–45 cm
16½–18 in

白色的
胸腹部

戴胜
Upupa epops
戴胜科
这种鸟分布于非洲和欧亚大陆，在树洞中筑巢。它们飞行时摇曳多姿，就像蝴蝶一样。强壮的嘴在地面挖掘以寻找无脊椎动物。

冠羽顶端黑色，着陆时会展开

绿林戴胜
Phoeniculus purpureus
林戴胜科
这种分布于非洲的林戴胜会像啄木鸟一样爬树，但却拥有戴胜一样长而下弯的喙，用来在腐烂的木头中寻找无脊椎动物。

带有黑白条纹的翅膀

25–32 cm
10–12½ in

75–80 cm
30–32 in

58–65 cm
23–26 in

噪犀鸟
Bycanistes bucinator
犀鸟科
这种犀鸟生活在非洲东部到南部的森林中。与亲缘种银颊噪犀鸟很像，但眼周裸出的皮肤为红色。

银颊噪犀鸟
Bycanistes brevis
犀鸟科
这种犀鸟以水果为食，生活在东非的森林中。同其他犀鸟一样，雄鸟的嘴比雌鸟大，盔状突隆起更加明显。

70 cm
28 in

70 cm
28 in

深色的羽衣

1 m
3¼ ft

蓝色的喉囊
（仅雌性）

冠斑犀鸟
Anthracoceros albirostris
犀鸟科
这种鸟分布于亚洲，是分布范围最广的冠斑犀鸟，分布范围从喜马拉雅山脉到巴厘岛（印度尼西亚），即可以生活在森林中，也可以生活在耕地中。

印度冠斑犀鸟
Anthracoceros coronatus
犀鸟科
同其他大多数分布于亚洲的犀鸟一样，这种冠斑犀鸟分布于印度和斯里兰卡。杂食，其中水果占了相当大的比重。

蓝喉地犀鸟
Bucorvus abyssinicus
犀鸟科
非洲草原上生活着两种捕食性的地犀鸟，这就是其中一种。蓝喉地犀鸟分布于从塞内加尔到肯尼亚一带的个体比分布于南方的个体更能忍耐干旱的环境。

啄木鸟和鹀鹅

鹀形目 (Piciformes) 的鸟大多将巢筑在树洞中，脚部结构很简单。超过一半的种类都是啄木鸟。

啄木鸟几乎遍布世界各地。这些鸟用这一对典型的对趾足（第2、第3趾朝前，第1、第4趾朝后）牢牢抓住树干，并用坚硬的尾巴作支撑，用强壮的喙敲击树木。它们还会利用带刺的长舌将猎物拉扯出来。这一类群中的其他鸟类主要分布在热带地区。蜜鹀从被捣毁的蜂巢中取食蜂蜡。鹀鹅以大型昆虫为食，而蓬头鹀则在飞行中捕捉昆虫。拟鹀的喙缘具齿，适于取食水果。分布于美洲热带地区的"拟鹀"是鹀鹅（亦称巨嘴鸟）的近亲。响蜜鹀在其他鸟的巢穴中产卵，但这一类群中的其他鸟类却在树洞、地洞，或挖掘过的白蚁蚁塚中筑巢。

门	脊索动物门
纲	鸟纲
目	鹀形目
科	5
种	411

凹嘴鹀鹅
Ramphastos vitellinus
鹀鹅科

48 cm
19 in

同其他鹀鹅一样，这种分布于南美洲北部的凹嘴鹀鹅也在树洞中筑巢繁殖，而它们使用的树洞经常是被啄木鸟废弃的。

红嘴鹀鹅
Ramphastos tucanus
鹀鹅科

53–60 cm
21–23½ in

红嘴鹀鹅体羽黑色，胸部为黄白色。在巨嘴鸟多样性很高的南美洲，其胸部颜色依种的不同而有所差异。

红胸鹀鹅
Ramphastos dicolorus
鹀鹅科

43 cm
17 in

这种鸟分布于南美洲东部地区，是鹀鹅属成员中体型最小的一种，也是唯一一种身体胸腹部呈大面积红色的鹀鹅。

南美鹀鹅
Ramphastos tucanus cuvieri
鹀鹅科

55–60 cm
22–23½ in

这种分布于亚马孙流域的鹀鹅经常被认为是红嘴鹀鹅的一个亚种，但它们的不同之处在于红嘴鹀鹅嘴的颜色较深。

绿鹀鹅
Aulacorhynchus prasinus
鹀鹅科

30–35 cm
12–14 in

这种鸟是体羽为绿色的小鹀鹅中分布范围最广的，从墨西哥到玻利维亚。绿鹀鹅有多个亚种的分化。

点嘴小鹀鹅
Selenidera maculirostris
鹀鹅科

35 cm
14 in

这种分布于巴西南部的鹀鹅是少数几种性二型的鹀鹅，也是唯一一种两性体色不同的鹀鹅。雌性体羽褐色。

鞭笞鹀鹅
Ramphastos toco
鹀鹅科

55–65 cm
22–26 in

这种鸟分布于南美洲北部，是体型最大的鹀鹅。与其他林栖种类不太相同的是，它们也会选择在更为开阔的林地中生活。

眼周浅橘色

橘色的大嘴尖端为黑色

眼周皮肤裸出呈蓝色

橘黄鹀鹅
Baillonius bailloni
鹀鹅科

35–40 cm
14–16 in

这种鹀鹅分布在巴西东南部，羽毛为橄榄黄色。它们和颜色更鲜艳的簇舌鹀鹅有较近的亲缘关系。

领簇舌鹀鹅
Pteroglossus torquatus
鹀鹅科

41 cm
16 in

这种鸟是分布范围最靠北的簇舌鹀鹅，生活在墨西哥南部到南美洲北部的潮湿森林中。

栗耳簇舌鹀鹅
Pteroglossus castanotis
鹀鹅科

37 cm
14½ in

簇舌鹀鹅是长尾巴的群居鸟类，多数腰部红色，腹部具明显的条带。这种鸟分布于南美洲西北部。

喙黑色，具黄色条带，具锯缘

黑斑须䴕
Capito niger
须䴕科
这种须䴕分布于南美洲北部。它们很难被见到，但却经常能听到它们青蛙一样的鸣声。

19 cm
7½ in

红头拟䴕
Eubucco bourcierii
须䴕科
这种鸟的分布范围从哥斯达黎加到秘鲁。它们大多数时间都很安静，这在拟䴕中是很少见的。

17 cm
6½ in

黑嘴拟䴕
Lybius guifsobalito
非洲拟䴕科
与林栖性的美洲和亚洲拟䴕相比，很多分布于非洲的拟䴕生活在开阔的生境中。这种鸟分布于东非。

23 cm
9 in

26 cm
10 in

红色的前额

须拟䴕
Lybius dubius
非洲拟䴕科
拟䴕喙基有起感知作用的口须，而且须拟䴕的口须在所有拟䴕中最为发达。这种鸟的分布范围为非洲西部到中部地区。

蓝喉拟䴕
Megalaima asiatica
亚洲拟䴕科
分布于亚洲的拟䴕经常与其他以水果为食的鸟一起在林冠层觅食。这种鸟的分布范围从喜马拉雅山脉到泰国。

23 cm
9 in

绿色的上体

17 cm
6½ in

20 cm
8 in

浅黄色的大嘴

32–33 cm
12½–13 in

绿拟䴕
Megalaima zeylanica
亚洲拟䴕科
这种鸟是一种典型的亚洲拟䴕，分布在喜马拉雅山脉、印度以及斯里兰卡，以水果为食，尤其喜欢无花果。

28 cm
11 in

赤胸拟䴕
Megalaima haemacephala
亚洲拟䴕科
这种分布广泛的拟䴕生活在林缘和灌丛中，在南亚经常能听到它们不断敲打树木的"tonk-tonk"声。

红喉拟䴕
Megalaima rubricapillus
这是一种分布于亚洲的小型拟䴕，仅分布于斯里兰卡和印度西南部，是城市中的常见种。

大拟䴕
Megalaima virens
亚洲拟䴕科
这种鸟是体型最大的亚洲拟䴕，生性吵闹，生活在喜马拉雅山脉东部到泰国的高地森林中。

尾下覆羽红色

红额钟声拟䴕
Pogoniulus pusillus
非洲拟䴕科
这种鸟仅生活在东非沿海地区的河畔森林中，以昆虫和槲寄生类植物的浆果等水果为食。

10–11 cm
4–4¼ in

中央尾羽最长，外侧尾羽渐短

金腰钟声拟䴕
Pogoniulus bilineatus
非洲拟䴕科
钟声拟䴕分布于非洲，是小型的黑白色拟䴕，重复的叫声能持续一整天。金腰钟声拟䴕广泛分布于撒哈拉沙漠以南的非洲。

10–11 cm
4–4¼ in

黄额钟声拟䴕
Pogoniulus chrysoconus
非洲拟䴕科
这种鸟是红额钟声拟䴕的近亲，而且比它们的分布范围更广。黄额钟声拟䴕分布于撒哈拉沙漠以南的非洲，生活在干燥的开阔林地中。

11 cm
4¼ in

胡子一样的口须

上体具白色斑点

斑胁拟鴷
Tricholaema lacrymosa
非洲拟鴷科
这种鸟生活在中非到东非
的潮湿林地中，主要以无
花果和浆果为食。

22 cm
9 in

红额拟鴷
Tricholaema diademata
非洲拟鴷科
红额拟鴷分布于东非地区，与斑胁
拟鴷有较近的亲缘关系，生活在较
干燥的环境中。与其他拟鴷一样，
在树洞中筑巢。

22 cm
9 in

15–16 cm
6–6½ in

东非拟鴷
Trachyphonus darnaudii
非洲拟鴷科
这一类拟鴷大多生活在非洲的
开阔地区，大部分时间都在地
面活动。东非拟鴷遍及东非。

巨嘴拟鴷
Semnornis ramphastinus
巨嘴拟鴷科
这种鸟生活在哥伦比亚和厄瓜多尔的雨
林中，其分类地位界于拟鴷和巨嘴鸟之
间。只以水果为食。

20 cm
8 in

明显的眉纹

23 cm
9 in

红黄拟鴷
*Trachyphonus
erythrocephalus*
非洲拟鴷科
红黄拟鴷分布于非洲，是一种
典型的地栖性拟鴷，以昆虫、
水果、种子为食，甚至会捕食
蜥蜴。它们经常挖掘白蚁的蚁
塚并在其中筑巢。

17 cm
6½ in

火簇拟鴷
Psilopogon pyrolophus
亚洲拟鴷科
这种鸟分布于东南亚，是亚
洲唯一一种中央尾羽最长，
两侧尾羽渐短的拟鴷，其鸣
声似蝉。

28 cm
11 in

12–13 cm
4¾–5 in

绿背蜜鴷
Prodotiscus zambesiae
响蜜鴷科
蜜鴷以昆虫、水果、甚至蜂蜡
为食。这种分布于非洲的鸟会
在一类小型林鸟——绣眼鸟的
巢中产卵，它们的雏鸟会杀死
寄主的雏鸟。

蚁鴷
Jynx torquilla
啄木鸟科
这种鸟生活在欧亚大陆的森
林中，以蚂蚁为食。与真正
的啄木鸟相比，它们的喙较
细弱。因其头颈的扭动姿态
而得名(Wryneck)。

金额姬啄木鸟
Picumnus aurifrons
啄木鸟科
姬啄木鸟是啄木鸟科中体型
较小的一类，与鹎外形相
似。它们会用短嘴取食朽木
中的昆虫。这种鸟分布于
南美洲东部。

10 cm
4 in

10 cm
4 in

辉姬啄木鸟
Picumnus exilis
啄木鸟科
与其他姬啄木鸟类似，这种分
布于南美洲的姬啄木鸟也不具
真正啄木鸟那种坚硬的起支撑
作用的尾羽，因此它们很少会
栖息于垂直的树干上。

10 cm
4 in

赭色姬啄木鸟
Picumnus limae
啄木鸟科
赭色姬啄木鸟仅分布于巴西东
部，同其他姬啄木鸟一样，会利
用啄木鸟的旧巢。因为它们的喙
比较弱，不能自己开凿树洞。

10 cm
4 in

赭领姬啄木鸟
Picumnus temminckii
啄木鸟科
这种姬啄木鸟仅生活在巴拉圭东
部、巴西东南部以及阿根廷东北
部的森林中。它们会利用其形态
和颜色进行很好的伪装。

10 cm
4 in

姬啄木鸟
Picumnus pygmaeus
啄木鸟科
姬啄木鸟仅生活在巴西东
北部的热带丛林中，但在
这一地区比较常见。

≫

18 cm
7 in

30 cm
12 in

地啄木鸟
Geocolaptes olivaceus
啄木鸟科

这种分布于南非的啄木鸟
很特别。它们生活在地面
上，以蚂蚁为食，栖居于
光秃的多石地带，在土崖
上掘洞筑巢。

东非啄木鸟
Campethera nubica
啄木鸟科

这种啄木鸟与欧洲绿啄木鸟有较
近的亲缘关系，生活在非洲东北
部的干旱地区，常成对出现。

18–22 cm
7–9 in

黄腹吸汁啄木鸟
Sphyrapicus varius
啄木鸟科

吸汁啄木鸟在树上钻洞吸
取树木的汁液。这种尾羽
分叉的吸汁啄木鸟在美洲
北部繁殖，并迁徙到加勒
比海地区越冬。

28 cm
11 in

金背三趾啄木鸟
Dinopium javanense
啄木鸟科

金背三趾啄木鸟是一种聒
噪而与众不同的啄木鸟。
它们适于生活在多种林型
中，其分布范围从喜马拉
雅山脉到菲律宾。

黑冠啄木鸟
Hemicircus canente
啄木鸟科

东南亚有两种亲缘关系很
近、具冠羽的小型啄木
鸟，这就是其中一种，
以其后背上黑色的
心形斑块命名。

15–17 cm
6–6½ in

红色的羽冠

45–57 cm
18–22½ in

40–49 cm
16–19½ in

北美黑啄木鸟
Dryocopus pileatus
啄木鸟科

这种鸟是北美洲体型最大的啄木鸟。不
同于欧亚大陆的黑色啄木鸟，这一属分
布于美洲的种类拥有明显的冠羽。

雄鸟具
红色颊纹

23 cm
9 in

黄绿啄木鸟
Piculus chrysochloros
啄木鸟科

黄绿啄木鸟是分布于美洲热
带地区的绿背啄木鸟类的代
表。它们常与其他鸟种混
群，在树皮表面觅食。

黑啄木鸟
Dryocopus martius
啄木鸟科

这种体型较大的啄木鸟生活
在欧亚大陆北部的林地中，
属于一个羽冠为红色、体羽
主要为黑色的成员不多的啄
木鸟类群。

白色的翅斑

31–33 cm
12–13 in

红腹啄木鸟
Melanerpes carolinus
啄木鸟科

这种北美洲常见的啄木鸟会在裂
缝中储存食物。但不要被名字误
导，它们的腹部只有一点
淡淡的红色。

普通绿啄木鸟
Picus viridis
啄木鸟科

这种分布于欧洲的啄木
鸟属于一个分布于旧大
陆、背部绿色的啄木鸟
类群，因为能发出类似
犬吠的叫声，所以它也
叫作吠声啄木鸟。

24 cm
9½ in

19–23 cm
7½–9 in

白色的
胸腹部

红头啄木鸟
Melanerpes
erythrocephalus
啄木鸟科

这种特别的啄木鸟分布于北美
洲。它们有攻击性，会捣毁领
地内其他鸟的巢穴和卵。

19 cm
7½ in

黄额啄木鸟
Melanerpes flavifrons
啄木鸟科

本属大多数啄木鸟体羽均
具横纹，但这种分布于南
美洲的啄木鸟也会有很鲜
艳的体羽颜色。

31 cm
12 in

南美啄木鸟
Campephilus robustus
啄木鸟科

南美啄木鸟属的啄木鸟多黑白
相间，头部为红色。南美啄木
鸟仅分布于南美洲东部。

红色的颊纹
（仅雄性）

28–31 cm
11–12 in

18–26 cm
7–10 in

长嘴啄木鸟
Picoides villosus
啄木鸟科
这种鸟分布于北美洲、与三趾
啄木鸟有较近的亲缘关系。长
嘴啄木鸟种群数量的大小取决
于它们的食物——树皮中甲虫
幼虫的多寡。

红色的后颈
（仅雄性）

22–23 cm
9 in

20–22 cm
8–9 in

中斑啄木鸟
Dendrocopos medius
啄木鸟科
这种鸟是一种有斑类啄木
鸟，仅分布于欧洲和亚洲西
南部。它们敲击树木的频率
比其近亲大斑啄木鸟要低。

臀部为红色

北扑翅䴕
Colaptes auratus
啄木鸟科
分布于美洲的扑翅䴕之所以
叫扑翅䴕，是因为飞翔时翼
下亮丽的飞羽留下的运动轨
迹。北扑翅䴕可依据尾羽颜
色等特征分为两个亚种。

21–22 cm
8½–9 in

三趾啄木鸟
Picoides tridactylus
啄木鸟科
这种鸟分布于欧亚大陆北部
和美洲地区，是分布范围最
北的啄木鸟。大多数啄木鸟
都具四趾。

大斑啄木鸟
Dendrocopos major
啄木鸟科
这种鸟分布于欧亚大陆，属于有斑
类啄木鸟，生活在森林和花园中。

翅膀上深
色的斑纹

20 cm
8 in

18 cm
7 in

28 cm
11 in

绿色具金属
光泽上身

下体红色

大鹟䴕
Jacamerops aureus
鹟䴕科
这种鸟是体型最大的鹟䴕，
分布范围从哥斯达黎加到玻
利维亚，主要以昆虫为食，
兼食小型蜥蜴。

栗鹟䴕
*Galbalcyrhynchus
purusianus*
鹟䴕科
鹟䴕适于在空中捕捉蝴蝶等大型
昆虫。这种鸟分布于南美洲，是
两种栗色鹟䴕中的一种。

棕尾鹟䴕
Galbula ruficauda
鹟䴕科
这种鸟是本属的代表种，分布于
拉丁美洲。它们的典型特征是上
体羽毛为绿色具金属光泽，下体
为红褐色。

三趾鹟䴕
Jacamaralcyon tridactyla
鹟䴕科
这种鸟是羽色最暗淡的鹟䴕，
生活在干旱的森林中，在土崖
中筑巢。它们的两个脚趾朝
前，一个脚趾朝后。

23 cm
9 in

14 cm
5½ in

锈胸小蓬头䴕
Nonnula rubecula
蓬头䴕科
小蓬头䴕是一类浅褐色的、体型较小的
蓬头䴕。它们分布于南美洲，生活在有
大量藤本植物的森林中。

燕翅䴕
Chelidoptera tenebrosa
这种鸟飞翔姿态似蝙蝠，栖息
姿态像紫崖燕。它们分布于南
美洲北部，在河边捕食
飞行的昆虫。

15 cm
6 in

20–22 cm
8–8½ in

28 cm
11 in

19 cm
7½ in

20 cm
8–9 in

黑额黑䴕
Monasa nigrifrons
蓬头䴕科
黑䴕是蓬头䴕的黑色近亲。这种聒噪
的南美洲鸟类经常在猴群附近活动，
捕食被惊扰的小动物。

白须蓬头䴕
Malacoptila panamensis
蓬头䴕科
须蓬头䴕属的蓬头䴕是一类褐色
的鸟。这种有着白色口须的蓬头
䴕分布于拉丁美洲西北部，性情
相当温顺。

黑胸蓬头䴕
Notharchus pectoralis
蓬头䴕科
这种黑白二色的蓬头䴕分布于
南美洲西北部。它们会跟随行
军蚁的队列，捕食躲避行军蚁
的昆虫。

白耳蓬头䴕
Nystalus chacuru
蓬头䴕科
这种鸟分布于南美洲中部。同其
他蓬头䴕一样，它们也有较大头
部和蓬松的身体，用厚重的喙来
捕捉小型动物。

雀形目

雀形目鸟类种类繁多,由全部鸟种中接近60%的种类组成。由于这类鸟脚趾的特化性,它们全部被称为"栖禽"。

同许多鸟类一样,雀形目鸟类也具4个脚趾:3个朝前,1个朝后。当雀形目的鸟着陆时,肌肉会自动拉紧贯穿整条腿的肌腱,这样脚趾就会握紧栖木,即使在睡觉时也能保证鸟儿不会跌落。

雀形目 (Passeriformes) 鸟类适应各种陆地生境,从茂密的雨林到干旱的沙漠,甚至冰冷的北极苔原地带也有它们的身影。它们体型大小不一,有比蜂鸟大不了多少的、分布于美洲的霸鹟,也有体型硕大的分布于欧亚大陆的乌鸦。

多样性

雀形目鸟类能够适应多种生境。吃昆虫的鸟具针一样的嘴,适于在植物中寻找食物;或具宽大的嘴裂,能够捕捉飞行的昆虫。雀形目中其他一些鸟具又短又粗的嘴,适于打开种子,还有一些具弯曲的长嘴,适于吸食花蜜。雀形目鸟类将较高的新陈代谢率与较大的脑容量结合在一起,使它们拥有抵抗寒冷的适应性,以及使用一些简单工具的能力。它们会孵出全身裸露、嗷嗷待哺的雏鸟,并在巢中将它们喂养大。它们的巢从简单的杯状巢到精细的泥巢,或用草编织的悬挂起来的像袋子一样的巢。一些雀形目鸟类具巢寄生性,它们会将卵产在其他种类鸟的巢中。

鸣禽

主要根据鸣管的结构,可以将雀形目鸟类分成两个类群。第一个类群分布在旧大陆的热带地区,但在美洲多样性最高,包括阔嘴鸟、八色鸫、蚁鸟以及霸鹟。第二个类群为鸣禽,包括所有剩余的雀形目鸟类,即大众熟知的善于鸣唱的鸟。鸟类常用声音进行交流,但是鸣管的结构使一些雀形目鸟类能够发出复杂的鸣唱,这对于求偶炫耀和保卫领地是非常重要的。通过不同的鸣声可以进行物种分类。

门	脊索动物门
纲	鸟纲
目	雀形目
科	96
种	5962

讨论

特立独行的大洋洲鸟类

早期的DNA分析确定了两个鸣禽类群:鸦小目(Corvida)和雀小目(Passerida)。旧大陆的鸦小目(Corvida)主要包括以肉及水果为食的鸟类,比如鸦类和天堂鸟。遍布全球的雀小目鸟类占所有鸟类的四分之一还多,包括山雀、太阳鸟以及雀。后来的研究表明一些原始的澳大利亚鸟类,诸如琴鸟,不属于这两种分类的任意一种。连同化石证据,这表明在鸦小目和雀小目出现之前,澳大拉西亚的鸣禽就有很多种类了。

阔嘴鸟

阔嘴鸟科 (Eurylaimidae) 由分布于非洲和亚洲热带地区的林栖鸟类组成。它们主要用宽大的嘴捕捉树上的昆虫,但一些分布于亚洲的绿阔嘴鸟却是吃水果的。

17–18 cm
6½–7 in

绿阔嘴鸟
Calyptomena viridis
这种鸟是3种分布于东南亚的阔嘴鸟中的一种,只以水果为食。会建造球形的悬挂巢穴。

嘴蓝色,下嘴中部黄色

25 cm
10 in

黑红阔嘴鸟
Cymbirhynchus macrorhynchos
这种分布于东南亚的阔嘴鸟有着特别的颜色。黑红阔嘴鸟经常出没在河湖附近的森林中。它们会建造一个袋子一样的巢穴,悬挂在树枝的末端。

15 cm
6 in

黑黄阔嘴鸟
Eurylaimus ochromalus
这种鸟是一种以昆虫为食的阔嘴鸟,分布于从缅甸到加里曼丹岛、苏门答腊岛一带,在那里的雨林中层和上层寻找食物。

裸眉鸫

这些分布于马达加斯加的裸眉鸫科 (Philepittidae) 鸟类提示我们,它们可能是从吸食花蜜的祖先那里进化而来:一个属以水果为食;另一属与以花蜜为食的太阳鸟很相似,但它们之间无亲缘关系。

细长而向下弯曲的喙

9 cm
3½ in

弯嘴裸眉鸫
Neodrepanis coruscans
在马达加斯加东部地区,有两种喙细长的鸟,弯嘴裸眉鸫是其中一种。它们进化出了与太阳鸟相似的、以花蜜为食的习性,但二者之间却无亲缘关系。

八色鸫

这种分布于旧大陆的鸟在热带地区的森林下层寻找昆虫。八色鸫科 (Pittidae) 鸟具有圆圆的身体和短短的嘴,一些种类羽毛非常鲜艳。雌雄双方共同孵卵。

20 cm
8 in

马来八色鸫
Pitta moluccensis
马来八色鸫的分布范围从中国南部到加里曼丹岛和苏门答腊岛。它们在茂密的丛林中繁殖,但是会到沿海地区的灌丛中越冬。

19 cm
7½ in

蓝翅八色鸫
Pitta brachyura
这种八色鸫分布在喜马拉雅山脉以南地区、印度和斯里兰卡。同其近亲种一样,它们会在地面或地面附近建造半球形的巢。

娇鹟

娇鹟科（Pipridae）的鸟类与伞鸟有较近的亲缘关系。羽色鲜艳的雄鸟会聚集在求偶场鸣叫，向雌鸟进行炫耀展示。对于一些种类来说，求偶炫耀发展出了美妙的舞蹈。雌鸟单独建造巢穴并养育幼鸟。

红色的顶冠

15 cm
6 in

阿拉里皮娇鹟
Antilophia bokermanni
这种极度濒危的鸟在1998年才被发现，仅分布于巴西东北部的阿拉里皮高原地带。

14–15 cm
5½–6 in

燕尾娇鹟
Chiroxiphia caudata
燕尾娇鹟是巴西南部雨林中体羽最鲜艳的鸟之一，它们会发出像猫一样哀鸣的叫声。

11–13 cm
4¼–5 in

9–10 cm
3½–4 in

针尾娇鹟
Ilicura militaris
这种娇鹟分布于巴西东南部，雄鸟有很长的中央尾羽，而且会竖立起尾部羽毛向雌性进行炫耀。

纹娇鹟
Machaeropterus regulus
这种鸟是分布于南美洲北部的一种不起眼的小鸟。雄性在求偶炫耀时会发出昆虫一样的嗡嗡声。

9 cm
3½ in

金头娇鹟
Pipra erythrocephala
金头娇鹟分布于南美洲，这种娇鹟的雄鸟会进行特别的求偶炫耀：跳跃并呼呼地扇动翅膀，并会向一侧或后方滑动。

伞鸟及其近亲

伞鸟科（Cotingidae）这类分布于美洲热带地区的雀形目鸟类下属很多不同的类群，包括以水果为食的和以昆虫为食的森林鸟类。雄性羽色鲜艳，向雌性求爱时会发出很大的叫声；一些种类会在树上进行求偶炫耀，另一些会在地面上。

13 cm
5 in

27–28 cm
10½–11 in

亮黄色的喉部

裸喉钟伞鸟
Procnias nudicollis
钟伞鸟因具金属质感的叫声而得名。这种钟伞鸟分布于南美洲东部，与其他钟伞鸟相同，雄性的羽毛为白色。

红喉食果伞鸟
Pipreola chlorolepidota
食果伞鸟是一类矮胖的绿色小鸟，雄性通常头部为黑色，喉部为红色或黄色。红喉食果伞鸟体型较小，分布于安第斯山脉。

眼周裸出呈红色

具光泽的黑色身体

紫红色的斑块

22 cm
9 in

28–30 cm
11–12 in

紫喉果伞鸟
Querula purpurata
这种特别的伞鸟分布于亚马孙河流域，雄鸟拥有很显眼的、略带紫色光泽的红色喉部。它们能在悬停于空中时扯下水果。

黑尾蒂泰霸鹟
Tityra cayana
这种霸鹟科鸟类属于一个头部较大的食果伞鸟类群。它们会在树洞中筑巢，而且经常选择被啄木鸟遗弃的树洞。

大大的冠羽将嘴遮盖起来

鲜艳的红色羽毛

28–32 cm
11–12½ in

安第斯冠伞鸟
Rupicola peruvianus
安第斯冠伞鸟分布于安第斯地区，这种冠伞鸟的雄性有着鲜艳的冠羽，会成集群向雌性进行炫耀展示。雌性在岩石之间筑巢，并独自抚养幼鸟。

霸鹟及其近亲

霸鹟科 (Tyrannidae) 鸟类遍布美洲，它们占南美洲所有雀形目鸟类种群数量总数的三分之一。这些鸟以昆虫为食，它们或栖息于树枝上等待猎物出现，或主动在植物中寻找猎物。

17–21 cm
6½–8½ in

15 cm
6 in

灰色的头部

22 cm
9 in

尾羽棕色，外缘浅黄色

大冠蝇霸鹟
Myiarchus crinitus

大冠蝇霸鹟体型较大，分布范围较广，是一种迁徙性鸟类。和其近亲一样，它们也捕捉飞行中的昆虫，觅食时经常悬停在空中。

东绿霸鹟
Contopus virens

这种鸟能发出它所独有的 "pewee" 叫声，会突击捕食，即从栖木迅速飞到空中捕食猎物。在北美洲东部繁殖。

热带王霸鹟
Tyrannus melancholicus

热带王霸鹟是体型较大的霸鹟，它们会突然向猎物发起进攻，具强烈的领地意识，在北美洲南部到南美洲的开阔生境中繁殖。

15 cm
6 in

深褐色上体

红色下体

10 cm
4 in

19 cm
7½ in

17 cm
6½ in

朱红霸鹟
Pyrocephalus rubinus

这种鸟多在开阔地区活动，在地面觅食。雄鸟为鲜艳的红色，而雌鸟羽色主要为灰色和白色。

哑霸鹟
Todirostrum cinereum

这种小型的霸鹟分布于拉丁美洲。与其近亲相比，它们喜欢更加开阔的生境。

峭壁霸鹟
Hirundinea ferruginea

这种霸鹟分布于南美洲北部和中部，在空中觅食行为的姿态与燕子很像。它们多栖息在露出地面的岩石上。

黑长尾霸鹟
Sayornis nigricans

这种经常快速摆动尾巴的霸鹟分布于南美洲热带地区，经常在靠近河湖的地面上觅食，也会潜入水塘中捕捉小鱼。

蚁䴔

这些喙较厚重的鸟隶属于蚁䴔科 (Thamnophilidae)，分布于美洲的热带森林中。它们捕捉地面上的昆虫，有些还会跟随行军蚁，捕食被它们惊起的昆虫。一些鸟具适于抓握垂直树干的长爪子。

18 cm
7 in

白须蚁䴔
Biatus nigropectus

这种鲜为人知的鸟仅分布于巴西东南部，以竹林中的昆虫为食。它们受到的主要威胁是森林的滥砍滥伐。

蚁鸫和短尾蚁鸫

比起树栖的蚁鸫，尾羽较短的短尾蚁鸫会花费更多的时间在地面上。这两类鸟都分布于南美洲，以昆虫为食，且均隶属于蚁鸫科 (Formicariidae)。

18 cm
7 in

须蚁鸫
Grallaria alleni

须蚁鸫是一种稀有鸟类，仅分布于哥伦比亚和厄瓜多尔，生活在潮湿山林下的灌木中。

细尾鹩莺

细尾鹩莺科 (Maluridae) 鸟类的尾巴呈燕尾状，体小，以昆虫为食，与分布于北半球的鹪鹩很像，但是与吸食花蜜的吸蜜鸟亲缘关系更近。雄性鹩莺多具蓝色和黑色的花纹。帚尾鹩莺和草鹩莺等生活在多草的环境中，体羽更偏棕色。

纹草鹩莺
Amytornis striatus

同大多数其他种类的草鹩莺一样，这种分布于澳大利亚中部的草鹩莺喜欢三齿稃，鸟群会迅速降落并隐藏进灌丛中。

15–18 cm
6–7 in

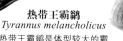

杂色细尾鹩莺
Malurus lamberti

同其他细尾鹩莺一样，这种广泛分布于澳大利亚的细尾鹩莺能建造一个半球形的巢。幼鸟可能不会离巢太远，以帮助养育后孵出的雏鸟。

15 cm
6 in

窜鸟和月胸窜鸟

窜鸟科 (Rhinocryptidae) 分布于美洲南部，腿很强壮，但不善飞翔，是美洲南部最适应地面生活的雀形目鸟类之一。一些种类长有长长的后爪，能将土壤和落叶层中的食物抓出来。

14–15 cm
5½–6 in

领月胸窜鸟
Melanopareia torquata

比起窜鸟，月胸窜鸟的尾羽更长，而且它们可能应划分为一个单独的科。这种分布于巴西的鸟生活在干旱的环境中。

食蚁鸟

食蚁鸟科 (Conophagidae) 的鸟类又小又胖，尾短、腿长，以林下灌木中的昆虫为食。这种鸟性胆怯，以类似霸鹟那种突然进攻或仔细搜寻的方式在地面附近寻找食物。它们与蚁䴔有较近的亲缘关系。

棕食蚁鸟
Conopophaga lineata

棕食蚁鸟的种群数量比其他食蚁鸟要大得多。它们分布于南美洲东部，经常与其他鸟种混群活动，而且能适应并利用退化的生境。

13 cm
5 in

辉蓝细尾鹩莺
Malurus splendens

细尾鹩莺会形成很稳定的配偶关系，但雌雄双方可能会与其他个体交配。它们主要分布于澳大利亚南部。

14 cm
5½ in

园丁鸟和猫鸟因叫声像猫而得名

喉部白色

橄榄色的上身

胸腹部亮黄色

大食蝇霸鹟
Pitangus sulphuratus

大食蝇霸鹟因叫声而得名，广泛分布于美洲热带地区。它们是一种典型的霸鹟，会突然向猎物发动进攻，但也会在地面附近寻找食物。

园丁鸟和猫鸟

澳大拉西亚园丁鸟科 (Ptilonorhynchidae) 的鸟主要以水果为食。雄性园丁鸟往往颜色鲜艳，会建造类似凉亭的建筑物吸引雌性。雄鸟会和许多雌鸟交配，但不会养育雏鸟。

22 cm
9 in

23 cm
9 in

绿猫鸟
Ailuroedus crassirostris

猫鸟因其叫声像猫而得名。雄猫鸟通过在地面上放置叶子吸引配偶。这种鸟分布于新几内亚和澳大利亚东部。

23–25 cm
9–10 in

金亭鸟
Prionodura newtoniana

这种小鸟分布于澳大利亚北部，雄鸟会用建造一个高达3米的树棍塔吸引配偶。

短嘴旋木雀

尽管短嘴旋木雀科 (Climacteridae) 的鸟已经演化得与北方旋木雀很相似了，但两者之间无亲缘关系，而且与北方旋木雀不同的是，短嘴旋木雀科鸟爬树时不用尾巴作支撑。

16–18 cm
6½–7 in

褐短嘴旋木雀
Climacteris picumnus

这种鸟在澳大利亚东部地区很常见，分布区靠北的鸟背部为黑色，而分布区靠南的鸟背部为褐色。

琴鸟

琴鸟科 (Menuridae) 鸟类是一类体型较大的鸟，分布于澳大利亚，以地面上的昆虫为食。它们的发声器官十分复杂并擅长模仿森林中的各种声音。雄性会站在土堆上展示长长的尾羽和体羽，向雌性进行炫耀展示尾羽。

80–96 cm
32–38 in

华丽琴鸟
Menura novaehollandiae

这种鸟是最常见的琴鸟，生活在澳大利亚东南部和塔斯马尼亚岛上的森林中。它们七弦竖琴形的外侧尾羽具有缺刻般的花纹，装饰出来更加艳丽。

吸蜜鸟

吸蜜鸟科 (Meliphagidae) 鸟类分布于澳大利亚和太平洋西南部的岛屿上。它们用顶端为毛刷状的长舌吸食花蜜，是当地植物重要的传粉者。与它们相同的以花蜜为食的鸟类，如太阳鸟，演化出了类似的结构特征。

橄榄绿色的翅膀

10–11 cm
4–4¼ in

绯红摄蜜鸟
Myzomela sanguinolenta

绯红摄蜜鸟是一种嘴很长、在花朵中觅食的吸蜜鸟，分布于澳大利亚东部，经常把花粉沾到前额上。

25–30 cm
10–12 in

蓝脸吸蜜鸟
Entomyzon cyanotis

蓝脸吸蜜鸟分布于澳大利亚和新几内亚，是一种体型较大的吸蜜鸟，叫声聒噪，与其他吸蜜鸟相比更喜欢吃昆虫，但也会吃水果。

19–21 cm
7½–8½ in

利氏吸蜜鸟
Meliphaga lewinii

这种鸟是一种嘴较短的吸蜜鸟，分布于澳大利亚东部，以昆虫、水果和浆果为食。

13–16 cm
5–6½ in

东尖嘴吸蜜鸟
Acanthorhynchus tenuirostris

尖嘴吸蜜鸟生活在灌木丛附近，是一类较为原始的吸蜜鸟，而且也是吸蜜鸟科中高度特化的一种。这种鸟分布于澳大利亚东部。

29–32 cm
11½–12½ in

簇胸吸蜜鸟
Prosthemadera novaeseelandiae

尽管只分布于新西兰，但簇胸吸蜜鸟还是与澳大利亚的短嘴吸蜜鸟有较近的亲缘关系。它们拥有一个特别广的音域。

16–19 cm
6½–7½ in

黄翅澳蜜鸟
Phylidonyris novaehollandiae

这种长着白色"胡须"的鸟分布于澳大利亚南部和塔斯马尼亚。同其他吸蜜鸟一样，它们也以蜜露为食，蜜露是由某种吸蜜树木汁液的昆虫分泌的糖液。

灶鸟及其近亲

灶鸟科 (Furnariidae) 鸟类分布于美洲，擅长捕食隐藏起来的无脊椎动物，并因其多种多样的营巢本领而著称。它们有的用树枝堆垒成巢，有的掘土为巢，还有的会用泥土筑出像炉灶一样的巢。

19–20 cm
7½–8 in

白眼拾叶雀
Automolus leucophthalmus

这种鸟分布于南美洲，具明显的白色虹膜。同许多以昆虫为食的鸟一样，它们也会与其他鸟种混群并捕食被惊起的猎物。

18–20 cm
7–8 in

棕灶鸟
Furnarius rufus

这种鸟广泛分布于南美洲中部和南部地区，是典型的灶鸟属鸟类，能建造一个炉灶一样的圆拱形泥巢。

鸸雀

鸸雀科 (Dendrocolaptidae) 的鸟分布于美洲热带地区，是攀爬树木的专家。它们用坚硬的尾羽支撑身体，用强壮的前趾抓住树皮。

19 cm
7½ in

鳞斑鸸雀
Lepidocolaptes falcinellus

这种浅黄色和褐色相间的鸟是鸸雀类的代表，仅分布于南美洲东南部的森林中。

刺嘴莺及其近亲

刺嘴莺科 (Acanthizidae) 鸟是一类小型的莺类鸟，很像鹪鹩，分布于澳大利亚及其毗邻岛屿上，以昆虫为食。该类群中包括澳大利亚最小的鸟——褐阔嘴莺。这些浅褐色的鸟翅短尾短，并具浅褐色的长腿。

眉纹及颊纹白色，二者间的"面罩"黑色

11–14 cm
4¼ 5½ in

棕尾刺嘴莺
Acanthiza reguloides
大部分刺嘴莺体羽为灰色、褐色或者黄色。这种分布范围更靠东的鸟和这个类群中的许多鸟一样，额头具斑点。

11 cm
4¼ in

白眉丝刺莺
Sericornis frontalis
丝刺莺是一类生活在澳大拉西亚灌木丛中的鸟。大部分体羽褐色，但一些种类会有白色的头部斑纹，就像白眉丝刺莺一样。白眉丝刺莺广泛分布于澳大利亚和塔斯马尼亚岛。

斑食蜜鸟

斑食蜜鸟科 (Pardalotidae) 的鸟类分布于澳大利亚。它们又小又胖，短小的嘴用来捕捉吸食树木汁液的介壳虫。它们羽色鲜艳，在土坝的深洞中筑巢。

8–10 cm
3¼–4 in

斑翅食蜜鸟
Pardalotus punctatus
4种斑食蜜鸟中有3种具白色斑点。这种非常活跃的鸟分布于澳大利亚东南部的干旱森林中。

燕鸥

燕鸥科 (Artamidae) 鸟类分布于东南亚、新几内亚以及澳大利亚。它们在雀形目中独一无二，粉翮可以使它们的羽毛清洁而柔软。它们捕捉飞行的昆虫，也是仅有的几种能够翱翔的雀形目鸟类之一。

黑眼燕鸥
Artamus personatus
这种脸部黑色、嘴较厚重的燕鸥生活在澳大利亚内陆的干旱地区。它们四处漂泊，常集大群活动。

19 cm
7½ in

钟鹊及其近亲

这种澳大拉西亚的钟鹊科 (Cracticidae) 鸟类是声音洪亮、智商较高的杂食性雀形目鸟类。它们包括捕食性的钟鹊、噪钟鹊，以及地栖性的黑背钟鹊。这些鸟与燕鸥有较近的亲缘关系。繁殖季会用树枝建造一个凌乱的巢穴。

黑背钟鹊
Gymnorhina tibicen
黑背钟鹊是一种广泛分布于澳大利亚的鸟类，有着界限分明的黑白色羽毛。它们能鸣唱各种婉转的歌声，而且还善于模仿其他鸟类的叫声。

34–44 cm
13½–17½ in

鸦鹊类

鸦科 (Corvidae) 鸟类遍布世界各地，包括一些体型最大的雀形目鸟类。它们是聪明的机会主义捕食者，有复杂的社会结构和稳定的配偶关系。乌鸦已经证明了它们可以使用工具，具有游戏行为，甚至可能具有自我意识。

33–39 cm
13–15½ in

寒鸦
Corvus monedula
这种小型乌鸦分布于欧亚大陆西部和北非，在峭壁的洞穴中筑巢，生活在沿海峭壁上及城市中。

56–69 cm
22–27 in

渡鸦
Corvus corax
渡鸦广泛分布于北半球空旷的生境中。它们是分布最广的乌鸦，也是体型最大的雀形目鸟类。

非洲白颈鸦
Corvus albus
这种喙十分厚重的鸟和渡鸦有较近的亲缘关系，生活在空旷的生境中，可能是非洲大陆和马达加斯加最常见的一种乌鸦。

46–50 cm
18–20 in

25–30 cm
10–12 in

长长的尾羽

冠蓝鸦
Cyanocitta cristata
冠蓝鸦分布于北美洲，羽色艳丽，集宋居的家庭群活动。它们很喜食橡子，并且会传播橡子，有助于橡树的扩散。

喜鹊
Pica pica
这种乌鸦分布于欧亚大陆，生境包括从林地到半荒漠地区。比起亚洲鹊类，它们与鸦属鸟类有更近的亲缘关系。

46 cm
18 in

雀鹎

雀鹎科 (Aegithinidae) 鸟类生活在雨林中，通常在树冠层活动。黄绿色的羽毛让它们易于在植物中隐蔽，伺机捕食昆虫。雄鸟具有复杂的求偶炫耀行为。

15 cm
6 in

黑翅雀鹎
Aegithina tiphia
这种鸟是体型最小、分布最广的雀鹎，分布范围横贯亚洲热带地区，从印度到加里曼丹岛，有时会生活在人为活动频繁的生境中。它们能建造一个杯状的巢穴。

45–48 cm
18–19 in

秃鼻乌鸦
Corvus frugilegus
这种嘴基裸出的乌鸦主要分布于欧亚大陆，并在开阔生境的树上集群筑巢。

47–52 cm
18½–20½ in

小嘴乌鸦
Corvus corone
这种欧亚大陆常见的乌鸦通常过着独居生活。它们拥有广泛的食谱，比如小型动物、植物组织以及腐肉。

卷尾

卷尾科 (Dicruridae) 鸟类分布于旧大陆的热带地区，体近黑色，尾羽较长。它们大都会对猎物发起突袭，即突然行动捕捉昆虫。它们具有一定的攻击性，有时为了保卫巢穴会攻击一些比自己体型大的鸟。

26 cm
10 in

冠卷尾
Dicrurus forficatus
像其他卷尾一样，这种分布于马达加斯加的卷尾尾长而分叉，虹膜红色，在上嘴基部有一簇特别的羽毛。

伯劳

伯劳科 (Laniidae) 鸟类是在空旷野外生活的捕食者。很多种类会把它们的猎物（昆虫和小型脊椎动物）扎在尖刺上。大多数伯劳分布于非洲和欧亚大陆；但有两种生活在北美洲。

17–18 cm
6½–7 in

红背伯劳
Lanius collurio
这种鸟的繁殖地从欧洲到西伯利亚，在非洲越冬。同其他伯劳鸟类一样，红背伯劳也能发出悦耳的叫声。

丛鵙及其近亲

丛鵙科 (Malaconotidae) 鸟类全部分布于非洲。它们主要生活在灌木丛及开阔林地，用具弯钩的嘴捕食大型昆虫。

20 cm
8 in

长冠盔鵙
Prionops plumatus
这种具有白色冠羽的盔鵙广泛分布于撒哈拉沙漠以南的非洲，常集小群活动。这种鸟能发出很多种不同的叫声。

红胸黑鵙
Laniarius atrococcineus
黑鵙属隶属于丛鵙科，它们长着红色和黑色的羽毛。红胸黑鵙分布于非洲南部地区。

橘红色的嘴

67 cm
26 in

红嘴蓝鹊
Urocissa erythrorhyncha
红嘴蓝鹊是一种生活在森林中的鸟类，分布范围从喜马拉雅山脉到东亚地区。以腐肉为食，它们有时也会偷吃其他鸟类巢中的雏鸟。

绿蓝鸦
Cyanocorax yncas
绿蓝鸦以水果和种子为食。分布于南美洲的种群与分布于中美洲的种群具足够大的差异，因此被认为是两个独立的种。

29 cm
11½ in

灰喜鹊
Cyanopica cyanus
灰喜鹊是一种社会性鸟类，它们会集群繁殖。两个相互隔离的种群（分别分布于葡萄牙和东亚地区）可能已经分化为两个独立的种。

31–35 cm
12–14 in

34 cm
13½ in

松鸦
Garrulus glandarius
这种羽色艳丽的林鸟习惯在秋天储藏橡子。相对于分布于美洲的蓝鸦属鸟类，它们与旧大陆的鸦类亲缘关系更近。

黄鹂

这类鸟与伯劳和乌鸦有较近的亲缘关系，是分布于旧大陆的雀形目鸟类，隶属于黄鹂科 (Oriolidae)。它们生活在林冠层，以昆虫和水果为食。一些种类有鲜艳的黄色和黑色羽毛。雌性体羽通常比雄性更偏绿色。

24 cm
9½ in

27–29 cm
10½–11½ in

金黄鹂
Oriolus oriolus
这种黄鹂在欧亚大陆西部和中部的森林中繁殖，向南迁徙到非洲越冬。

裸眼鹂
Sphecotheres vieilloti
裸眼鹂是黄鹂属鸟类的澳洲表亲。它们集群生活，喙较短粗，以水果为食。这种鸟分布于澳大利亚的北部和东部。

钩嘴鵙及其近亲

这种鸟隶属于钩嘴鵙科 (Vangidae)，与分布于非洲的灰鵙有较近的亲缘关系，是捕食性雀形目鸟类，分布于马达加斯加岛。它们以无脊椎动物、爬行动物及蛙类为食。这类鸟嘴型多样，有凿子形的、镰刀形的以及匕首形的，不同的嘴型适于捕捉不同的猎物并适应不同的进食方式。

20 cm
8 in

棕钩嘴鵙
Schetba rufa
这种鸟在马达加斯加岛上的丛林中很常见。它们与伯劳外貌相似，但与伯劳科亲缘关系较远。

饰眼鹟及其近亲

疣眼鹟科 (Platysteiridae) 的饰眼鹟以及它们的近亲，是一类分布于非洲、以昆虫为食的鸟类。它们的喙扁平、具勾，嘴基具簇羽。同霸鹟科鸟类一样，它们也会突然向猎物发动袭击。

褐喉饰眼鹟
Platysteira cyanea
饰眼鹟之所以叫这个名字，是因为它们眼周皮肤裸露呈红色。它们在撒哈拉沙漠以南非洲地区的林地中很常见。

13 cm
5 in

莺雀

这类鸟隶属于莺雀科 (Vireonidae)，与分布于美洲的森莺外形相似，但是嘴更厚。它们与乌鸦及分布于旧大陆的黄鹂和伯劳有较近的亲缘关系。它们在地面或空中捕捉昆虫，兼食水果。

黑顶莺雀
Vireo atricapilla
这种鸟在北美洲繁殖，在墨西哥越冬。与其他种类的莺雀不同，黑顶莺雀雌雄异型。雄性顶冠黑色，而雌性顶冠灰色。

11 cm
4¼ in

12–13 cm
4¾–5 in

红眼莺雀
Vireo olivaceus
这种莺雀声音动听。分布于北美洲的种群会迁徙到南美洲越冬，并会与定居在那里的种群汇合。

山雀

山雀科 (Paridae) 鸟类是一种敏而好动的小型鸟类，通常在洞穴中筑巢，生活在美洲、欧亚大陆和非洲的森林中。它们经常在植物中上窜下跳寻找昆虫，也会把种子和坚果弄开，以品尝其中的美味。

14–16 cm
5½–6½ in

12–14 cm
4¾–5½ in

杂色山雀
Parus varius

这种鸟分布在东北亚、日本和中国台湾，生活在针叶林和竹林等林地生境中。

12–15 cm
4¾–6 in

黑顶山雀
Parus atricapillus

这种鸟是一种"好奇心"强、活泼好动的山雀，在北美洲很常见。和其他山雀一样，黑顶山雀也具有储藏种子供以后食用的行为。

美洲凤头山雀
Parus bicolor

这种分布于北美洲东部的山雀主要以昆虫为食。但同其他山雀一样，它们会把种子咬碎，作为额外的食物补充。

14 cm
5½ in

大山雀
Parus major

这种山雀广泛分布于欧亚大陆，无论是森林还是荒野，都能见到它们的身影。而且这种山雀有很多种不同的叫声。

11–12 cm
4½–4¾ in

青山雀
Parus caeruleus

青山雀分布于欧洲、土耳其以及北非，在阔叶林中很常见，也经常光顾花园里的野鸟喂食器。

攀雀

这些嘴巴尖尖的小鸟隶属于攀雀科 (Remizidae)，分布于非洲和欧亚大陆，但也有一种分布于美洲。它们的巢大部分是瓶状的，用蛛丝或柔软的材料做成，通常悬挂在水面上方的树枝上。

11 cm
4¼ in

9–11 cm
3½–4¼ in

欧亚攀雀
Remiza pendulinus

这种鸟是唯一一种广泛分布于欧亚大陆的攀雀科鸟类。它们生活在有树的沼泽中，并在那里建造悬垂的巢。

黄头金雀
Auriparus flaviceps

与其他攀雀不同，黄头金雀的巢穴呈球形。它们生活在美国南部和墨西哥的沙漠灌丛中。

极乐鸟

这类鸟隶属于极乐鸟科 (Paradisaeidae)，它们主要生活在新几内亚的雨林中，大部分种类以水果为食。雄鸟会在复杂的求偶炫耀中展示它们鲜艳的羽毛，这个过程需要消耗很多能量。而雏鸟则由雌鸟单独抚养。

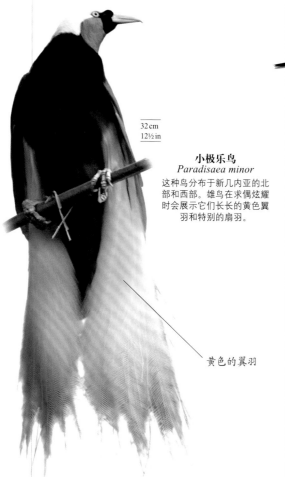

32 cm
12½ in

小极乐鸟
Paradisaea minor

这种鸟分布于新几内亚的北部和西部。雄鸟在求偶炫耀时会展示它们长长的黄色翼羽和特别的扇羽。

黄色的翼羽

鸲鹟

鸲鹟科 (Petroicidae) 鸟类身体短粗，头部圆形，以昆虫为食。它们与分布于欧洲或美洲的鸲无亲缘关系，分布范围从澳大拉西亚到太平洋西南部的一些岛屿。有些种类具合作繁殖现象，即初飞的幼鸟会帮助它们的父母养育雏鸟。

13 cm
5 in

15 cm
6 in

褐背小鸲
Microeca fascinans

这种常见的鸲鹟在飞行中用它们的宽喙捕食猎物，广泛分布于澳大利亚和新几内亚的林地中。

黄鸲鹟
Eopsaltria australis

这种鸟在澳大利亚东部的林地和花园中很常见。它们会从低矮的栖木上猛地飞下，捕食地面上的无脊椎动物。

长尾山雀

长尾山雀科 (Aegithalidae) 鸟类是一类活泼好动的小型鸟类，以昆虫为食，用蛛丝织成半圆形的巢，并在里面铺上羽毛。大多数种类分布于欧亚大陆，只有一种分布于北美洲。

14 cm
5½ in

银喉长尾山雀
Aegithalos caudatus

这种林鸟是分布最广的长尾山雀，分布范围从欧亚大陆北部到中部。非繁殖季它们会聚集在一起，组成一个叫声嘈杂的小群体。

太平鸟

这些吃浆果的鸟隶属于太平鸟科 (Bombycillidae)，以其翅膀上蜡样红色斑点而得名 (Waxwings)。共有3种太平鸟，它们分布于美国北部和欧亚大陆寒冷的北方森林中。

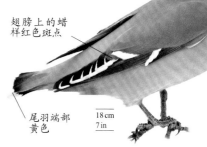

翅膀上的蜡样红色斑点

尾羽端部黄色

18 cm
7 in

太平鸟
Bombycilla garrulus

这种鸟羽衣柔软而光滑，呈粉褐色，臀部栗色。它们在北方的泰加林中繁殖，在向南迁徙的过程中以灌丛结的浆果为主食。

丝鹟

隶属于丝鹟科 (Ptilogonatidae) 的鸟类仅有4种，分布于中美洲。这类鸟英文名为Silky Flycatcher，因其柔软的羽毛（与其近亲太平鸟相似）和进食习惯而得名。

黑丝鹟
Phainopepla nitens

这种鸟分布于美国南部和墨西哥，在森林中集群繁殖，但在沙漠中繁殖的个体有强烈的领地意识。

18–21 cm
7–8½ in

王鹟及其近亲

　　王鹟科 (Monarchidae) 鸟类具较长的尾羽，和适于在飞行中捕食的宽喙。大多数种类都生活在旧大陆的热带丛林中。除了鹊鹩以外，它们都是树栖性的，会建造用地衣装饰的杯型巢。

26–30 cm
10–12 in

黑色的头

红褐色上体

非洲寿带
Terpsiphone viridis

这种鸟生活在撒哈拉以南非洲的热带稀树草原，具多个色型，但无论哪个色型，雄都具长长的飘带一样的尾羽。

长长的尾羽

鹊鹩
Grallina cyanoleuca

与王鹟科鸟类不同，这种分布于澳大利亚的鸟大部分时间都在地面活动，而且会建造一个很大的泥巢。

澳鸦

　　澳鸦科 (Corcoracidae) 鸟类由两种社会性很强的鸟组成，它们在地面进食，而且会在水平的树枝上用草和泥建造一个大型的杯状巢。

灰短嘴澳鸦
Struthidea cinerea

这种地栖性鸟类生活在澳大利亚东部及其北部的林地中，会聚集成6~20只的小群活动。

29–32 cm
11½–12½ in

百灵

　　百灵科 (Alaudidae) 鸟类体羽褐色，生活在干旱的开阔生境中，鸣声悦耳。大部分种类分布于非洲，仅有一种分布于北美洲。它们的后爪一般都很长，因为它们主要在地面活动，这样的结构可以使其站得更稳。

18–20 cm
7–8 in

拟戴胜百灵
Alaemon alaudipes

这种腿较长的百灵生活在北非和中东的干旱生境中。它们的喙略向下弯，常在地面活动。

角百灵
Eremophila alpestris

这种百灵在北美洲和欧亚大陆的北极苔原地带繁殖。在较靠南的沿海地区越冬。

14–17 cm
5½–6½ in

18–19 cm
7–7½ in

云雀
Alauda arvensis

这种常见的小鸟生活在开阔的生境中，分布范围横穿欧亚大陆，从不列颠群岛到日本，因其在空中悦耳的歌声而著称。

鹎

　　鹎科 (Pycnonotidae) 鸟类分布于欧亚大陆和非洲的温暖地带。大多数种类具有社会性，叫声嘈杂，以果实为食。一些种类的羽毛柔软，颜色暗淡，尾下覆羽为红色或黄色。

红色的颊斑

23–25 cm
9–10 in

黑短脚鹎
Hypsipetes leucocephalus

这种鸟常见于印度、中国和泰国的森林以及花园中，有黑头和白头两种色型。

20 cm
8 in

红耳鹎
Pycnonotus jocosus

红耳鹎在亚洲一些地区很常见，其分布范围从印度到马来半岛。它们是机会主义者，生活在林地及附近的村庄中。

燕和沙燕

　　这类似雨燕的鸟隶属于燕科 (Hirundinidae)，它们长着长长的翅膀和分叉的尾。短小扁平的嘴和宽大的嘴裂有助于在飞行中捕食昆虫。它们用泥土筑巢，或在树洞、木壁的崖洞中筑巢。

20 cm
8 in

大纹燕
Cecropis cucullata

这种生活在非洲草原中的燕子会迁飞到非洲大陆南部繁殖，并在非洲大陆北部越冬。

12–14 cm
4¾–5½ in

崖沙燕
Riparia riparia

同其他燕子一样，这种燕子也会向南迁徙到热带地区越冬。它们分布于北半球，在河边的土崖上集群筑巢。

12–15 cm
4¾–6 in

双色树燕
Tachycineta bicolor

这种分布于北美洲的燕子生活在树木茂盛的沼泽中，以昆虫为主食，兼食浆果。这使它们能够迁飞到比其他种类更靠北的地方繁殖。

15–19 cm
6–7½ in

家燕
Hirundo rustica

家燕广泛分布于全世界，是分布最广的燕子。它们最初在天然洞穴中筑巢，但现在也会选择在建筑物上筑巢。

鹛及其近亲

与亲缘关系较近的莺类相比，鹛类通常更吵闹，更偏向于群居，但很少迁徙。它们隶属于鹛科 (Timaliidae)，广泛分布于旧大陆的温暖地区，而且演化出了形似鸫或莺的多种体形。一些种类羽色鲜艳。

棕头鸦雀
Paradoxornis webbianus
尽管棕头鸦雀具有可以嗑开种子的短粗的喙，但这种分布于亚洲的尾羽较长的鸦雀可能与分布于旧大陆的以昆虫为食的莺类有较近的亲缘关系。棕头鸦雀生活在中国。

12 cm
4¾ in

14 cm
5½ in

15 cm
6 in

火尾希鹛
Minla ignotincta
这种小型鹛类与山雀很相似。它们天性吵闹，生活在尼泊尔、中国和缅甸的山地森林冠层中。

鹛雀鹛
Chamaea fasciata
鹛雀鹛体羽暗淡，尾羽常上翘，它是鹛科鸟类中唯一分布于美洲的鸟种，可能与鸦雀有较近的亲缘关系。

23 cm
9 in

白耳奇鹛
Heterophasia auricularis
奇鹛是一类以花蜜为食的鹛。白耳奇鹛仅分布于中国台湾，经常能在当地的山地森林中听见它们特别的叫声。

16–17 cm
6½ in

13 cm
5 in

下压的尾羽

红褐色的领羽

黑领噪鹛
Garrulax pectoralis
噪鹛是一种生活在森林中的大型鹛类，能发出笑声一样的鸣声。它们经常随混生群一起飞行。这种鸟分布于喜马拉雅山脉和东南亚地区。

红顶鹛
Timalia pileata
这种鹛生活在东南亚的低地灌丛中，经常与鹪和其他种类的鹛一起，在河湖附近活动。

白颈凤鹛
Yuhina bakeri
同与其有较近亲缘关系的绣眼鸟一样，具冠羽的凤鹛类也适应了以花蜜为食的生活。白颈凤鹛分布于喜马拉雅山脉东部地区。

蚋莺

蚋莺科 (Polioptilidae) 鸟类分布于美洲，以昆虫为食，与鹪鹩有较近的亲缘关系，但外表与柳莺更相似。和一些鹪鹩科鸟类一样，蚋莺在觅食时也会竖起它们的尾巴。

莺及其近亲

莺科 (Sylviidae) 包含很多喙型纤细、以昆虫为食的鸟类。许多莺的体羽没有鲜艳的颜色，因此可以通过它们的叫声而不是外表对其加以区分。最近的DNA分析表明非洲、苇莺和草莺应属于不同的科。

14 cm
5½ in

19–23 cm
7½–9 in

灰蓝蚋莺
Polioptila caerulea
这种分布于北美洲的蚋莺的尾羽边缘为白色。它们会忽然摇动尾巴将昆虫惊起。与其他种类的蚋莺不同，灰蓝蚋莺雄鸟没有深色的头部斑纹。

12 cm
4¾ in

12–13 cm
4¾–5 in

亚高山林莺
Sylvia cantillans
同许多林莺属鸟类一样，亚高山林莺也在树木繁茂的地中海地区繁殖，并在非洲越冬。

黑顶林莺
Sylvia atricapilla
雄性林莺有典型的黑色或褐色斑纹。黑顶林莺广泛分布于欧亚大陆，雌性顶冠红褐色。

草莺
Sphenoeacus afer
这种鸟生活在非洲南部地区的灌木丛中，属于一个古老的非洲类群，由其他莺类分化而来。

旋木雀

这些小型食虫鸟类分布于北半球，隶属于旋木雀科 (Certhiidae)。它们会用尾部作支撑，旋绕着直的树干觅食。当攀爬到一棵树顶部后，它们重新飞到另一棵树的底部。

绿篱莺
Hippolais icterina
这种鸟生活在欧亚大陆的林地中，和与其亲缘关系较近的苇莺相比，它们的叫声更悦耳。它们会迁徙到非洲南部地区越冬。

13 cm
5 in

旋木雀
Certhia familiaris
这种鸟是分布范围最广的旋木雀属鸟类，其分布地横贯欧亚大陆，从英国到日本，生活在阔叶林和针叶林中。

13–15 cm
5–6 in

13 cm
5 in

18–24 cm
7–9½ in

下体柠檬黄色

蒲苇莺
Acrocephalus schoenobaenus
这种苇莺是种类繁多的苇莺属的成员。它们在欧亚大陆繁殖，在非洲越冬。

褐鹩莺
Cincloramphus cruralis
这种鹩莺常在澳大利亚的开阔生境中四处游荡。和百灵一样，它们会从没有遮挡的栖木上猛然飞向空中。

深红色的
翅斑

银灰色的
耳斑

18 cm
7 in

银耳相思鸟
Leiothrix argentauris
这种鸟生活在东南亚的山林中，行动隐蔽，属于歌鹛，这个类群包括希鹛、奇鹛和噪鹛等。

文须雀
Panurus biarmicus
这种鸟分布于欧亚大陆，常在芦苇丛中活动，可能与百灵有较近的亲缘关系。它们在夏季以昆虫为食，冬季胃会变硬，以适应消化芦苇种子。

16–17 cm
6½ in

绣眼鸟

大多数绣眼科 (Zosteropidae) 鸟类的眼周都有一圈白色的羽毛，这也是它们的特征。这类鸟外貌相似，与鹛亲缘关系很近，拥有尖端像刷子一样的舌头，而且是取食花蜜的专家。

环绣眼鸟
Zosterops poliogastrus
这种绣眼鸟生活在开阔的林地中，仅零散地分布于埃塞俄比亚、肯尼亚和坦桑尼亚的一些山脉中。

11 cm
4¼ in

和平鸟

和平鸟科 (Irenidae) 下属的鸟仅有两种，它们分布于东南亚地区，以当地林冠层的水果，特别是无花果为食。只有雄性拥有鲜艳的蓝色体羽，而雌性则为暗绿色。

上体亮蓝色

和平鸟
Irena puella
这种鸟是分布最广的和平鸟，分布范围从印度到印度尼西亚，经常和其他以水果为食的鸟，诸如犀鸟和鸠鸽一起进食。

25 cm
10 in

戴菊

这些有着彩色冠羽的鸟是最小的雀形目鸟类之一，隶属于戴菊科 (Regulidae)，生活在凉爽的北方森林之中。由于它们的代谢率很高，所以醒着的时候需要不断进食。它们会用针形的嘴从植物中寻找身体柔软的小型无脊椎动物。

9 cm
3½ in

戴菊
Regulus regulus
所有的戴菊都适于针叶林中的生活。这种分布于欧亚大陆的戴菊脚趾灵活，而且还有膨大的足垫，以便牢牢地抓握住针叶。

红冠戴菊
Regulus calendula
这种分布于北美洲的鸟冠纹红色，当它们竖立起冠羽时更加明显，这是所有戴菊鸟都具有的一个特征。

11 cm
4½ in

鸸及其近亲

鸸隶属于鸸科 (Sittidae)，比亲缘种旋木雀更善于"爬树"，即沿着树干上下移动。它们以种子和昆虫为食，有时会将食物储存在缝隙中，以度过食物匮乏的时期。

红翅旋壁雀
Tichodroma muraria
这种鸟生活在欧亚大陆大山崖壁之上。它们会用细而尖的嘴从岩石中寻找昆虫作为食物。

16–17 cm
6½ in

黑色的贯眼纹

14 cm
5½ in

11 cm
4¼ in

黄褐色的
下体

普通鸸
Sitta europaea
这种林鸟分布广泛。同其他的鸸一样，普通鸸会将裂开小口的坚果硬塞到树干的裂缝中将它们挤开，从而吃到里面的果仁。

红胸鸸
Sitta canadensis
分布于北美洲的红胸鸸与普通鸸有着相似的体型，但是雄鸟羽色更加艳丽。

鹪鹩

除了鹪鹩，鹪鹩科 (Troglodytidae) 的其他鸟种都只分布于美洲。大多数鸟都善于鸣唱，但是外形上却是很不起眼的短翅小鸟。它们在林下植物中寻找昆虫，一些甚至会在地面休息。

10 cm
4 in

鹪鹩
Troglodytes troglodytes
这种鸟的分布范围穿过北半球，是唯一——种分布地包括欧亚大陆的鹪鹩。在其分布区，它们的种群数量十分庞大。

棕曲嘴鹪鹩
Campylorhynchus brunneicapillus
这种鸟是体型最大的鹪鹩，生活在加利福尼亚和墨西哥的沙漠中，常集群在地面见食。

14 cm
5½ in

18–23 cm
7–9 in

比氏苇鹪鹩
Thryomanes bewickii
这种尾羽较长的鹪鹩生活在加利福尼亚和墨西哥干燥开阔的林地中。它们的鸣声多种多样。

嘲鸫及其近亲

嘲鸫科 (Mimidae) 鸟类分布于美洲大部分地区、加勒比海地区和加拉帕戈斯群岛。它们通常为灰色或褐色，腿部强壮，善于鸣唱，一些种类甚至善于模仿。

灰嘲鸫
Dumetella carolinensis
这种分布于北美洲的鸟因其像猫一样的叫声得名(Catbird)。它们在地面觅食，在中美洲和加勒比海地区越冬。

21–24 cm
8½–9½ in

弯嘴嘲鸫
Toxostoma curvirostre
这种鸟分布于美国南部和墨西哥，生活在干旱的灌丛地带。它们会用长嘴在泥土中探寻无脊椎动物。

27 cm
10½ in

浅灰色
上体

长长的尾羽

小嘲鸫
Mimus polyglottos
这种分布于北美洲的鸟因鸣声独特动听而闻名于世，它们会从白天唱到晚上。

21–26 cm
8½–10 in

椋鸟和八哥

这些鸟隶属于椋鸟科 (Sturnidae)，营群居生活，生性喧闹，一些种类的羽毛具金属光泽。椋鸟科鸟类可大致分为两大类，即八哥及其分布于南亚和太平洋的近亲，以及分布于非洲和欧亚大陆的椋鸟。

长冠八哥
Leucopsar rothschildi
这种奇特的鸟仅生活在印度尼西亚巴厘岛的热带雨林中。由于受到生境破坏和鸟类贸易的影响，它们的种群已经十分濒危。

25 cm
10 in

黄嘴牛椋鸟
Buphagus africanus
这种鸟常见于撒哈拉以南非洲的热带稀树草原上。它们习惯栖息在大型哺乳动物的背上捕食寄生虫，但也会啄伤口。

19–22 cm
7½–9 in

鹩哥
Gracula religiosa
这种鸟分布在亚洲热带的森林中，是一种很受欢迎的笼养鸟，因其悦耳的叫声和模仿能力而为人所喜爱。

27–31 cm
10½–12 in

白领鹊椋鸟
Streptocitta albicollis
这种尾羽很长的鸟外表与喜鹊相似，仅生活在苏拉威西岛以及印度尼西亚周边毗邻岛屿上的雨林中，常成对活动。

50 cm
20 in

翠辉椋鸟
Lamprotornis iris
这种体羽具金属光泽的鸟分布于西非，主要以水果、特别是无花果为食，但也会吃蚂蚁。

18–19 cm
7–7½ in

鹟和鸲

鹟科 (Muscicapidae) 与鸫科有较近的亲缘关系，它们分为两个类群：一类是鹟，具适于捕食飞虫的宽阔的嘴；另一类是歌鸲，包括鸲、夜鸫和鸲。一些种类羽色鲜艳，但大多数都是灰色或褐色的。

欧亚鸲
Erithacus rubecula
这种鸟与歌鸲有较近的亲缘关系，生活在欧亚大陆西部和北非的灌丛与森林中。在英国，人们总能在花园中见到它们。

14 cm
5½ in

穗䳭
Oenanthe oenanthe
穗䳭臀部为白色，常在开阔的生境中活动。这种鸟是欧亚大陆分布最广的鸟，在非洲越冬。

15–16 cm
6–6½ in

白腹蓝姬鹟
Cyanoptila cyanomelaena
有一类鹟分布于亚洲热带地区，它们的体羽为鲜艳的蓝色，白腹蓝姬鹟就属于这个类群。它们分布于东亚地区，在森林的高处觅食。

18 cm
7 in

桂红蚁䳭
Thamnolaea cinnamomeiventris
桂红蚁䳭所属的类群分布于非洲，该类群鸟类体色较深。它们生活在灌木茂密、多石的生境中，在城镇附近生活的个体会变得易于接近。

19–21 cm
7½–8½ in

黑喉石䳭
Saxicola torquatus
黑喉石䳭是石䳭类的代表种，食虫，常挺直地站在栖木上尖声鸣唱。在欧亚大陆和非洲的草原上很容易见到它们。

13 cm
5 in

尾羽基部
红褐色

红尾鸲
Phoenicurus phoenicurus
红尾鸲因其红褐色的尾羽而得名，主要分布于亚洲，外表与歌鸲相似。这种鸟分布于欧亚大陆西部和中部，会迁徙到东非越冬。

14 cm
5½ in

青铜色的
颈斑

18 cm
7 in

希氏丽椋鸟
Lamprotornis hildebrandti
这种体羽具金属光泽的椋鸟分布于非洲东部地
区，生活在热带稀树草原之中，捕食大型的
陆生昆虫，常与其他种类的椋鸟混群。

体羽蓝色
具金属光泽

30 cm
12 in

22 cm
9 in

褐色的翅膀

具金属光泽
的黑色体羽
上散布着白
色斑点

彩辉椋鸟
Lamprotornis splendidus
这种鸟分布于撒哈拉沙漠以南的非
洲，特点是羽毛具金属光泽。

紫翅椋鸟
Sturnus vulgaris
这种椋鸟原产于欧亚大陆，后被引入
北美洲。它们在那里大量繁殖，并聚成
大群在空中变幻着队形飞舞。

鸫及其近亲

鸫隶属于鸫科 (Turdidae)，大多数鸫是林鸟，在地面寻找
蚯蚓、蜗牛和昆虫等无脊椎动物为食。它们分布广泛，但大多数
种类都分布于旧大陆。一些种类能发出悦耳的叫声。

13-14 cm
5-5½ in

22 cm
9 in

蓝短翅鸫
Brachypteryx montana
短翅鸫是一类生活在亚洲森林中的善于奔走
的小鸟，比起真正的鸫类。它们可能与鹟类
亲缘关系更近。这种鸟的分布范围从喜马拉
雅山脉到印度尼西亚的爪哇岛。

橙头地鸫
Zoothera citrina
这种鸟是一种分布于旧大陆热带地区
的地鸫属鸟类。生活在喜马拉雅山脉
到印度尼西亚巴厘岛上的森林中。

东蓝鸲
Sialia sialis
这种鸟分布于北美洲东部，常
见于开阔的林地和田野之中。
有时它们会将巢筑在废弃的
啄木鸟的洞巢中。

胸部橘色
具黑色条带

16-21 cm
6½-8½ in

杂色鸫
Ixoreus naevius
这种鸟生活在北美洲西部成熟的针叶林中，通
常在公园或花园里越冬。同其他地鸫一样，
它们也会在枯枝落叶层中觅食。

胸部模糊
的斑点

19-26 cm
7½-10 in

喉部蓝色，中
央具红色斑块

白尾地鸲
Myiomela leucura
这种鸟生活在喜马拉雅山脉到
印度尼西亚的河边森林中。
除非被打扰到，否则它们
总是在地面活动。

18 cm
7 in

20-23 cm
8-9 in

欧歌鸫
Turdus philomelos
这种鸟分布于欧洲到西伯
利亚，生活在林地和花园
中，经常利用一个坚硬
物体的表面做砧板来
砸开蜗牛壳。

20-28 cm
8-11 in

旅鸫
Turdus migratorius
这种分布于北美洲的地鸫
与分布于欧洲的鸫鸟亲缘
关系较远。它们会聚集在
一起越冬，有时一群甚至
会达到25万只。

14 cm
5½ in

蓝喉歌鸲
Luscinia svecica
蓝喉歌鸲是新疆歌鸲的近亲。它们
在欧亚大陆北部潮湿的生境中繁殖，
并迁徙到非洲和东南亚越冬。

13 cm
5 in

17 cm
6½ in

新疆歌鸲
Luscinia megarhynchos
这种褐色的鸟分布于欧亚大
陆西部和中部，生活在
灌丛中，鸣声多样、响亮，
并且无论白天还是黑夜，
它们都会鸣唱。

斑姬鹟
Ficedula hypoleuca
斑姬鹟鸟类与歌鸲有较近的
亲缘关系。这种鸟生活在从
欧洲到西伯利亚的森林中。

24-29 cm
9½-11½ in

乌鸫
Turdus merula
乌鸫体羽较黑色，尾羽较长，
是一种常见的鸟类。它们的
分布范围从欧洲、北非到
印度，生活在森林中，有很
强的领地意识，也经常
出现在花园中。

22-27 cm
9-10½ in

田鸫
Turdus pilaris
这种鸟在欧亚大陆北部繁殖，
在靠南的地方越冬，并成群地
聚集在越冬地的田野中。

叶鹎

叶鹎科 (Chloropseidae) 鸟类以水果为食，生活在亚洲东南部的森林中。它们的舌头尖端像刷子一样，正是利用这样的舌头，它们可以吸食花蜜作为食物的补充。雄性叶鹎通常为绿色，喉部为蓝色或黑色。

橙腹叶鹎
Chloropsis hardwickei
这种鸟生活在高海拔地区的森林冠层中，能发出悦耳的叫声，分布范围从喜马拉雅山脉到马来半岛。

维达雀及其近亲

非洲维达雀和与其有亲缘关系的寄生性织布鸟均隶属于维达雀科 (Viduidae)，它们与杜鹃相似，可以对梅花雀进行巢寄生。维达雀科鸟类雏鸟的喙型及乞食行为与寄主的幼鸟很相似，因此可以欺骗寄主鸟类的双亲。

乐园维达雀
Vidua paradisaea
这种鸟分布于东非，是典型的维达雀科鸟类。繁殖期的雄鸟尾羽特长，并以此进行炫耀展示飞行。

啄花鸟

这些"矮胖"的小鸟隶属于啄花鸟科 (Dicaeidae)，与分布于亚洲热带地区和澳大拉西亚的太阳鸟有较近的亲缘关系，主要以水果为食。像太阳鸟一样，它们从花中取食花蜜；但与太阳鸟不同的是啄花鸟的喙较短。

澳洲啄花鸟
Dicaeum hirundinaceum
这种分布于澳大利亚的啄花鸟肠道较短，能够很快地将槲寄生植物浆果的果肉消化掉，而将种子排出体外，因此在扩散这种寄生性植物的种子方面起着重要作用。

梅花雀及其近亲

梅花雀科 (Estrildidae) 鸟类多体型较小，高度群居。它们以种子为食，体羽颜色通常较鲜艳，分布于非洲热带地区、亚洲及澳大利亚。许多鸟都生活在草原或开阔林地中，并会建造半圆形的巢。雏鸟由亲鸟双方共同照料。

斑胸草雀
Taeniopygia guttata
斑胸草雀原产于澳大利亚干旱地区，现已被驯化为笼养鸟，在世界范围内广泛流行。

禾雀
Padda oryzivora
这种濒危的鸟分布于爪哇岛和巴厘岛。它们常在农田中活动，以粮食为食，因而被当作害鸟，或由于宠物贸易而被捕捉。

紫蓝饰雀
Uraeginthus ianthinogaster
紫蓝饰雀是一种生活在东非干旱林地中的小鸟，隶属于一个体羽多为蓝色的梅花雀类群。

梅花雀
Estrilda astrild
这种小型梅花雀在非洲地区种群数量庞大。同其近亲一样，它们也会集成大群，以草籽为食。

绿背斑雀
Mandingoa nitidula
这种生活在灌木丛中的斑雀分布于非洲的西部到南部，下体具白斑，比其他种类的梅花雀更难以见到。

绿翅斑腹雀
Pytilia melba
雄性斑腹雀属鸟类的翅膀上具分散的红色斑点。绿翅斑腹雀是乐园维达雀巢寄生的寄主。

黑色的喙
黑白相间的腹部"鳞纹"

斑文鸟
Lonchura punctulata
这种鸟在南亚的灌丛中很常见。雌雄同型。

红喉鹦雀
Erythrura psittacea
鹦雀的分布范围从东南亚到太平洋诸岛，这类鸟体羽多为绿色。红喉鹦雀生活在新喀里多尼亚的岛屿上面。

麻雀

这类嘴巴又短又粗、以种子为食的鸟隶属于雀科 (Passeridae)，分布在非洲和欧亚大陆。与文鸟外表很像。这个类群也包括雪雀，雪雀是一种生活在山里的鸟，分布地从比利牛斯山脉到青藏高原。

家麻雀
Passer domesticus
家麻雀分布于欧亚大陆和北非。现已适于生活在人类居所周围。

河乌

河乌隶属于河乌科 (Cinclidae)，是唯一一类能潜入水下游泳的雀形目鸟类。它们拥有适于水生环境的身体结构，如羽毛外覆油脂，防水性能好，以及储氧能力较强的血液等。

河乌
Cinclus cinclus
河乌广泛分布于欧亚大陆温带地区，在流速很快的溪流附近繁殖，但冬季时会到流速缓慢的河流附近。

环喉雀
Amadina fasciata
这种鸟以其雄性红色的颈斑命名，是一种常见于非洲干旱森林中的鸟，经常出现在人类住所的附近。

鹨和鹡鸰

这类鸟隶属于鹡鸰科（Motacillidae），各大洲都有分布，生活在开阔的生境中，以昆虫为食。与大多数颜色暗淡的鹨相比，鹡鸰的尾巴更长，体色更鲜艳，而且经常在水边活动。

15 cm
6 in

14–17 cm
5½–6½ in

黄腹鹨
Anthus rubescens
这种鸟是一种典型的地栖性的鹨；它们在北极的苔原繁殖，在南方的田野和海岸越冬。

红喉鹨
Anthus cervinus
这种鹨在北极苔原地带繁殖，繁殖季喉部变成彩色：雄鸟为红褐色，而雌鸟为粉红色。

上体橄榄色

15 cm
6 in

16–17 cm
6½ in

金鹨
Tmetothylacus tenellus
金鹨生活在开阔的灌木丛和草原附近。仅分布于东非从苏丹到坦桑尼亚这一地带。

黄鹡鸰
Motacilla flava
这种鸟广泛分布于欧亚大陆，在非洲、印度和澳大利亚越冬。它们有很多个亚种，包括一些头部灰色或黑色的个体。

下体黄色

白鹡鸰
Motacilla alba
白鹡鸰是一种典型的鹡鸰，广泛分布于欧亚大陆，经常出现在农田或城市中。

17–20 cm
6½–8 in

多彩的身体

紫色的胸部

14 cm
5½ in

七彩文鸟
Erythrura gouldiae
这种体羽颜色鲜艳但较为濒危的鸟，是鹦雀的近亲，分布于澳大利亚北部地区。雄鸟面部为红色或黑色。

花蜜鸟

这种分布于旧大陆热带地区的鸟类隶属于花蜜鸟科（Nectarinidae）。它们体型小巧，移动迅速，以花蜜为食，外表与分布于美洲的蜂鸟相似，拥有长而下弯的喙及长长的舌。雄鸟通常体羽鲜艳且具金属光泽。这类鸟领地意识很强。

长而下弯的喙

10 cm
4 in

15 cm
6 in

18 cm
7 in

细纹灰胸捕蛛鸟
Arachnothera affinis
捕蛛鸟是花蜜鸟科鸟类中体羽颜色暗淡、喙较长的一类。这种鸟生活在东南亚，和其他花蜜鸟一样，也以无脊椎动物和花蜜为食。

胸部绯红色

赤胸花蜜鸟
Chalcomitra senegalensis
这种体型较大的花蜜鸟广泛分布于撒哈拉沙漠以南非洲的大部分地区，生活在各种林地生境中。

紫花蜜鸟
Cinnyris asiaticus
这种鸟生活在南亚，和其他花蜜鸟一样，主要以昆虫喂养雏鸟。雄鸟在繁殖期过后会换下艳丽的羽衣。

织雀

群居生活的织雀科（Ploceidae）鸟类以种子为食，能建造复杂精致的巢。雄鸟通常会承担筑巢的全部工作，雌鸟将巢作为选择配偶的基本条件。大多数织雀都分布于非洲，但也有一些生活在南亚。

15 cm
6 in

栗织雀
Ploceus rubiginosus
大多数织雀都属于织雀属鸟类。栗织雀分布于东非地区。

11–13 cm
4¼–5 in

红嘴奎利亚雀
Quelea quelea
这种鸟分布于非洲，人们通常认为它们是世界上种群数量最大的鸟。它们会集大群地聚集在一起，对农作物造成严重的破坏。

15–40 cm
6–16 in

红领巧织雀
Euplectes ardens
繁殖期的雄性巧织雀为黑色，而且一些鸟在炫耀飞翔中会扇动张开的尾扇。这种鸟广泛分布于撒哈拉以南的非洲地区。

10–11 cm
4–4¼ in

黄顶巧织雀
Euplectes afer
这种鸟分布于非洲，与寡妇鸟属鸟类有较近的亲缘关系。繁殖季的雄鸟具多种色型，但雌鸟和非繁殖季的雄鸟则为红色或黑色。

岩鹨

岩鹨科（Prunellidae）鸟类大多数是地栖性鸟类，喙较为细弱，分布于欧亚大陆。大多数种类适于高海拔生活，但冬季时会移动到海拔较低的区域，以草籽来补充缺乏的昆虫类食物。

林岩鹨
Prunella modularis
同其他种类的岩鹨一样，林岩鹨生活在低地，而且它们通常不会成群地聚集在一起。林岩鹨广泛分布于欧亚大陆的温带地区。

15 cm
6 in

燕雀及其近亲

各种各样的燕雀科 (Fringillidae) 鸟类广泛分布于欧亚大陆、非洲及美洲热带地区。嘴型从较薄的、以花蜜为食的鸟，到较厚的、以种子为食的蜡嘴雀和锡嘴雀，这类鸟演化出了适于取食各类食物的嘴型。

12 cm
4¾ in

12–13 cm
4¾–5 in

15 cm
6 in

红额金翅雀
Carduelis carduelis
金翅雀的嘴型又细又尖，可以从较高植物（例如蓟类植物）的种球取食种子。这种鸟广泛分布于欧亚大陆。

美洲金翅雀
Carduelis tristis
在美洲，尤其是南美洲，生活着各种各样体羽为亮黄色的金翅雀。这种迁徙的鸟分布于北美洲。

苍头燕雀
Fringilla coelebs
苍头燕雀是欧洲最常见的燕雀，也分布于亚洲北部。冬季它们常和其他种类的雀鸟集群觅食。

17 cm
6½ in

12 cm
4¾ in

15–17 cm
6–6½ in

红交嘴雀
Loxia curvirostra
交嘴雀用它们独特的交叉的喙将种子从球果中拉出来。这种鸟遍布北半球的针叶林中。

黄额丝雀
Serinus mozambicus
这种鸟属于体羽大多为黄色的非洲金丝雀类。常见于撒哈拉沙漠以南地区。

灰头领雀
Leucosticte tephrocotis
这种鸟分布于北美洲，是一类与灰雀有较近亲缘关系的燕雀，生活在多石的高地生境中。

大的白色翅斑

黑鹂及其近亲

拟鹂科 (Icteridae) 鸟类分布于北美洲，外表与乌鸫很像，但亲缘关系较远。这类鸟与燕雀有很近的亲缘关系。它们有强壮的喙，能产生强大的力量弄开坚硬的食物。

21–26 cm
8½–10 in

17–24 cm
6½–9½ in

19–26 cm
7½–10 in

拟八哥
Quiscalus quiscula
这种鸟生活在北美洲，是机会主义者，以垃圾和谷物为食。它们嘴的内部有龙骨状结构，能锯开橡子。

28–34 cm
11–13½ in

黄头黑鹂
Xanthocephalus xanthocephalus
这种鸟生活在北美洲西部的沼泽中，集群繁殖，并将巢筑在水面上方的树枝上。这可能是为了防止捕食者靠近。

红翅黑鹂
Agelaius phoeniceus
这种鸟生活在北美洲的沼泽中，集群筑巢，经常与体型更大更有优势的黄头黑鹂混群繁殖。

东草地鹨
Sturnella magna
这种鸟生活在北美洲东部开阔的生境中，在地面筑巢，并用草做的顶盖覆盖在上面。

黑色的头部

15–20 cm
6–8 in

37–46 cm
14½–18 in

19–22 cm
7½–9 in

18–20 cm
7–8 in

橙色的下体

褐头牛鹂
Molothrus ater
这种鸟分布于北美洲，它们会在其他雀形目鸟类的巢中产下许多枚卵。它们的幼鸟或许是由很多不同种类的寄主养大的。

橙腹拟鹂
Icterus galbula
这种鸟在春季和夏季时以昆虫、特别是毛虫为食，在冬季会改变饮食，以花蜜和浆果为食。

刺歌雀
Dolichonyx oryzivorus
这种鸟分布于北美洲，在地面筑巢，因飞翔时鸣叫声 (Bobolink) 而得名。冬季时它们会迁徙到南美洲中部。

发冠拟椋鸟
Psarocolius decumanus
和其他种类的分布于美洲热带地区的拟椋鸟一样，这种鸟会在开阔林地里的树枝尖端编一个长长的鸟巢。

前额黄色

黄昏锡嘴雀
Hesperiphona vespertina
燕雀科的锡嘴雀长着适于压碎种子的厚嘴，这一特性与和它亲缘关系较远的美洲雀科的厚嘴雀、白斑翅雀等鸟类相同。这种鸟生活在北美洲。

20 cm
8 in

家朱雀
Carpodacus mexicanus
这种分布于北美洲的家朱雀隶属于朱雀科。在亚洲温带地区生活着许多种朱雀。这种鸟雄性为红色或灰白色。

14 cm
5½ in

黑色的头顶和颊部

浅灰色的背

黑头蜡嘴雀
Eophona personata
黑头蜡嘴雀是一种形态奇特的鸟，生活在寒冷的北方森林中，繁殖于西伯利亚和日本北部，在中国南部越冬。

22 cm
9 in

松雀
Pinicola enucleator
松雀生活在北半球的针叶林中。它们的嘴型与和它们亲缘关系较近的灰雀的嘴型相似。

20 cm
8 in

镰嘴管舌雀
Vestiaria coccinea
这种以花蜜为食的长嘴鸟仅分布于夏威夷。它们生活在山林中，其最大的种群生活在海拔较高的地区。

14 cm
5½ in

红腹灰雀
Pyrrhula pyrrhula
灰雀长着又短又厚的嘴，以及短粗的头。这是分布范围最广的一种灰雀，生活在欧亚大陆的温带林地中。

15–16 cm
6–6½ in

森 莺

这些以昆虫为食的鸟隶属于森莺科（Parulidae），分布于北美洲和南美洲，它们与燕雀有较近的亲缘关系，而与旧大陆的莺亲缘关系较远。生活在热带的种类不迁徙，而生活在温带的种类则会迁徙。雄鸟会在冬天换下它们鲜艳的羽衣。

黄色的身体

暗褐色的脚和腿

黑白相间的条纹

黄喉地莺
Geothlypis trichas
这种鸟生活在潮湿的生境中。像其他分布于北美洲的森莺一样，它们也是迁徙性鸟类，在美国加利福尼亚州和墨西哥越冬。

11–14 cm
4¼–5½ in

黄林莺
Dendroica petechia
黄林莺广泛分布于北美洲到加勒比海地区，有很多亚种的分化。

12–13 cm
4¾–5 in

栗胸林莺
Dendroica castanea
这种鸟在北美洲东部的云杉林中繁殖。它们的种群数量依猎物云杉色卷蛾的丰度上下波动。

14 cm
5½ in

橙尾鸲莺
Setophaga ruticilla
这种鸲莺分布于北美洲，是一种好动的捕食者，习惯扇动它们橙色及黑色的翅膀和尾巴，将昆虫驱赶出来。它们也在空中捕捉猎物。

11–13 cm
4¼–5 in

黄胸大鹏莺
Icteria virens
这种鸟分布于北美洲，是一种体型较大的森莺。它们会不分白天黑夜地唱歌，还会模仿其他鸟类的鸣叫。

18 cm
7 in

黑白森莺
Mniotilta varia
这种分布于北美洲的森莺会像鸭一样，沿着树干上下移动，而且长长的后爪利于抓住树皮。

11–14 cm
4½–5½ in

黄眉灶莺
Seiurus noveboracensis
这种体型较大的森莺分布于北美洲，经常不停地上下摆动尾羽。它们在潮湿林地的落叶层中觅食，并在水边的灌木丛中筑巢。

15 cm
6 in

蓝翅黄森莺
Protonotaria citrea
这是一种特别的美洲森莺。它们生活在茂密的森林沼泽中，在树洞中筑巢，而且有时会利用啄木鸟洞穴筑巢。

黑枕威森莺
Wilsonia citrina
这种鸟生活在美国东部的阔叶林中。和美洲鸲莺一样，它们会在飞行中捕捉飞虫作为食物。

13 cm
5 in

金翅虫森莺
Vermivora chrysoptera
这种鸟是一种生活在北美洲东部的森莺。它们在灌丛、开阔生境及农田中繁殖，并且也会在被采伐的森林中生活。

12 cm
4¾ in

鹀及其近亲

鹀类分布在旧大陆，它们有着圆锥形的嘴，主要在地面觅食，并以种子为食。分布在美洲的鹀科（Emberizidae）鸟都为美洲雀类，但它们与非洲和欧亚大陆的雀类无亲缘关系。

红色的眼睛

22 cm
9 in

斑唧鹀
Pipilo maculatus
唧鹀是一类尾羽较长的美洲雀类。斑唧鹀胁部为红褐色，生活在北美洲的灌木丛中。

白色的下身

17 cm
6½ in

黑头鹀
Emberiza melanocephala
黑头鹀生活在灌丛和橄榄林中，在中东繁殖，在印度越冬。

18 cm
7 in

白斑黑鹀
Calamospiza melanocorys
白斑黑鹀生活在北美草原上，是在地面筑巢的美洲雀类。

黑色的圆形长尾

19 cm
7½ in

黄踝饰雀
Pselliophorus tibialis
这种鸟是一种喧闹的热带美洲雀类，仅分布在哥斯达黎加和巴拿马的山地雨林中。

15 cm
6 in

大地雀
Geospiza magnirostris
这种鸟分布在加拉帕戈斯群岛，以种子为食。与其他地雀相比，它们从地面获得的食物要少一些。

14 cm
5½ in

花脸雀
Coryphaspiza melanotis
这种鸟是一种在地面觅食的雀类，生活在南美洲中部的草原中。它们与其他鸟类的亲缘关系不确定，但可能属于裸鼻雀科。

19 cm
7½ in

冠蜡嘴鹀
Paroaria coronata
蜡嘴鹀属鸟类分布于南美洲。这种鸟是一种在开阔林地中很常见的鸟。

裸鼻雀及其近亲

分布于美洲的裸鼻雀科（Thraupidae）由颜色艳丽的裸鼻雀和唐纳雀组成，生活在热带南美洲的丛林中。这些与燕雀有较近亲缘关系的鸟类已经进化到能够利用多种类的食物资源，包括水果、昆虫、种子和花蜜等。

蓝色的上背

11 cm
4¼ in

绿色的翅膀

14 cm
5½ in

18–19 cm
7–7½ in

18 cm
7 in

蓝枕绿雀
Chlorophonia cyanea
这种以水果为食的绿雀是一种体羽主要为绿色的鸟。这种鸟广泛分布于南美洲的丛林中。与其他裸鼻雀不同，它们会建造一个半圆形的巢穴。

绿旋蜜雀
Chlorophanes spiza
这种矮胖的旋蜜雀生活在林冠层，用它们强壮的、向下弯曲的嘴吃水果。常与其他多种裸鼻雀混群。

猩红丽唐纳雀
Piranga olivacea
在繁殖期，大多数种类的唐纳雀的雄鸟会变成红色。这种迁徙性鸟分布在北美洲。

黄腹丽唐纳雀
Piranga ludoviciana
这种鸟在北美洲西部繁殖，在中美洲越冬。它是唯一一种雄鸟在繁殖季体羽主要为黄色的唐纳雀。

18 cm
7 in

蓝翅岭裸鼻雀
Anisognathus somptuosus
分布在南美洲北部的大多数山地裸鼻雀体羽为蓝色或黄色，也包括这种生活在山地雨林中的鸟类。

15 cm
6 in

金领彩裸鼻雀
Iridosornis jelskii
这种鸟分布于秘鲁和玻利维亚。它们长着黄色的头纹，是一种生活在安第斯山地丛林中的裸鼻雀。

褐色和灰色的头部

有褐色条纹的白色腹部

14–16 cm
5½–6½ in

歌带鹀
Melospiza melodia
这种鸟是一种在北美洲十分常见的鸟，分布地从阿拉斯加到墨西哥。它们有很多亚种，以其悦耳的歌声命名。

11 cm
4¼ in

杂色食籽雀
Sporophila corvina
这种鸟分布在美洲热带地区，喙短而粗，以种子为食，可能与裸鼻雀有较近的亲缘关系，有着不同的羽毛形态。

15 cm
6 in

铁爪鹀
Calcarius lapponicus
铁爪鹀以其长长的后爪命名，与真正的鹀有较近的亲缘关系。这种鸟在繁殖季节分布于极地附近。

15–16 cm
6–6½ in

深黑色的身体

边缘为白色的长尾

暗眼灯草鹀
Junco hyemalis
灯草鹀分布于北美洲，体羽灰褐色，集群于地面觅食。这种鸟在当地被称为雪鸟，常在冬季光顾花园中的野鸟喂食器。

17–19 cm
6½–7½ in

白冠带鹀
Zonotrichia leucophrys
这种鸟分布于北美洲，常见于低矮的植被中或地面上，有着特别的黑白头部斑纹。

13–14 cm
5–5½ in

棕顶雀鹀
Spizella passerina
棕顶雀鹀是一种具红棕色冠羽的鸟类，常见于北美洲的开阔林地中，能发出一种特别的间断性的鸣声。

17–19 cm
6½–7½ in

狐色雀鹀
Passerella iliaca
这种大型的雀类广泛分布于北美洲，背部和胸部有红色条纹，通常在低矮的植被中觅食。

紫喉歌雀
Euphonia chlorotica
歌雀是一种小型鸟类，主要吃水果，尤其是槲寄生植物的浆果。这种鸟分布在南美洲的北部。

13 cm
5 in

主红雀及其近亲

这些鸟的嘴大多短粗，像鹀一样，以种子为食，而且许多种类还与裸鼻雀相似，有着鲜艳的羽毛。美洲雀科 (Cardinalidae) 与这两类鸟都有较近的亲缘关系，共同属于起源于燕雀类的美洲雀类。

21–23 cm
8½–9 in

繁殖期的雄鸟下体和头部为蓝色

红脚旋蜜雀
Cyanerpes cyaneus
分布于美洲热带地区的旋蜜雀以花蜜为食。这种鸟长着向下弯曲的嘴，是分布最广的种类。雄鸟在繁殖期过后会换上和雌鸟一样的暗绿色羽毛。

10 cm
4 in

18–21 cm
7–8½ in

玫胸白斑翅雀
Pheucticus ludovicianus
这种美洲雀是迁徙性的，拥有一张典型的粗嘴，用来进食大个的种子和甲虫等昆虫。

主红雀
Cardinalis cardinalis
这种鸟定居在美国东部和墨西哥，雄鸟为红色。这种红色源于从食物中获得的一种化学物质——类胡萝卜素。

绿色的背部

14 cm
5½ in

13 cm
5 in

蓝颈唐加拉雀
Tangara cyanicollis
这种鸟生活在南美洲北部的开阔林地中，是一种羽色艳丽且具光泽的裸鼻雀。

13 cm
5 in

丽彩鹀
Passerina ciris
这种鸟在美国南部繁殖，在中美洲和加勒比海地区越冬。只有雄鸟的体羽才拥有三种颜色。

靛彩鹀
Passerina cyanea
这种鸟是分布最广的彩鹀，会在加拿大和南美洲之间迁徙。雄鸟在冬季会褪去蓝色的羽色。

哺乳动物

哺乳动物是非常成功的动物。它们能够占据几乎每种陆生生境，有些能在深海和空中生活。哺乳动物已经出现2亿年，是一个相对近代的类群。

门	脊索动物门
纲	哺乳动物纲
目	29
科	153
种	约5800种

一个单一的颌骨直接连接到头骨上，让袋獾等哺乳动物拥有很强的咬力。

鲸须由一种叫作角蛋白的蛋白质组成，须鲸会用鲸须过滤海水，这样食物就留在了口中。

通过吸取母亲的乳汁，小疣猪就能获得它们出生后第一周所需要的全部营养。

哺乳动物要把它们的成功归功于一个独特的适应性组合，这个组合使得它们代替爬行类，成为地球上的优势物种。和爬行动物一样，哺乳动物也呼吸，但与它们有鳞的祖先不同的是，哺乳动物是温血动物，它们燃烧燃料（食物），通过生命内部的化学过程，而不是太阳的能量，维持身体恒温。特别的是，哺乳动物生有毛发，减少了热量损失，让它们可以在寒冷的气候和夜里活动。皮毛可以脱去和再生，这也是为了季节性的调整。

变化多端

哺乳动物的骨骼是强壮的，有直立的四肢从下面支撑身体。这种结构使得陆生哺乳动物能够行走、奔跑和跳跃。有些哺乳动物已经进化得能够游泳，诸如海豹和鲸；能够飞行，诸如蝙蝠；能够在树林间攀爬和摇摆，诸如一些灵长类。哺乳动物的头骨有强有力的颌，单一的下颌骨直接连着头骨，而且还有适应不同种类食物的各种牙齿。有几块骨头，在爬行动物中是与下颌有关的，而在哺乳动物中有了新的用途——它们变成了内耳里的三块听小骨，这让哺乳动物的听力有了很大的提高。哺乳动物的头骨也用于保护大脑，它们的大脑相比于其他类群要更大些，这显示了它们的处理能力有了提高。

哺乳动物的幼体会被双亲照顾，吃母亲乳腺产生的乳汁。皮脂腺产生分泌物保护皮肤或防止卵变干，后来进化为乳腺，进而整个类群都因此得名。

用于伪装的皮毛 >

这种美洲虎皮毛上的条纹模糊了它的轮廓，使得那些猎物很难发现它的身影。

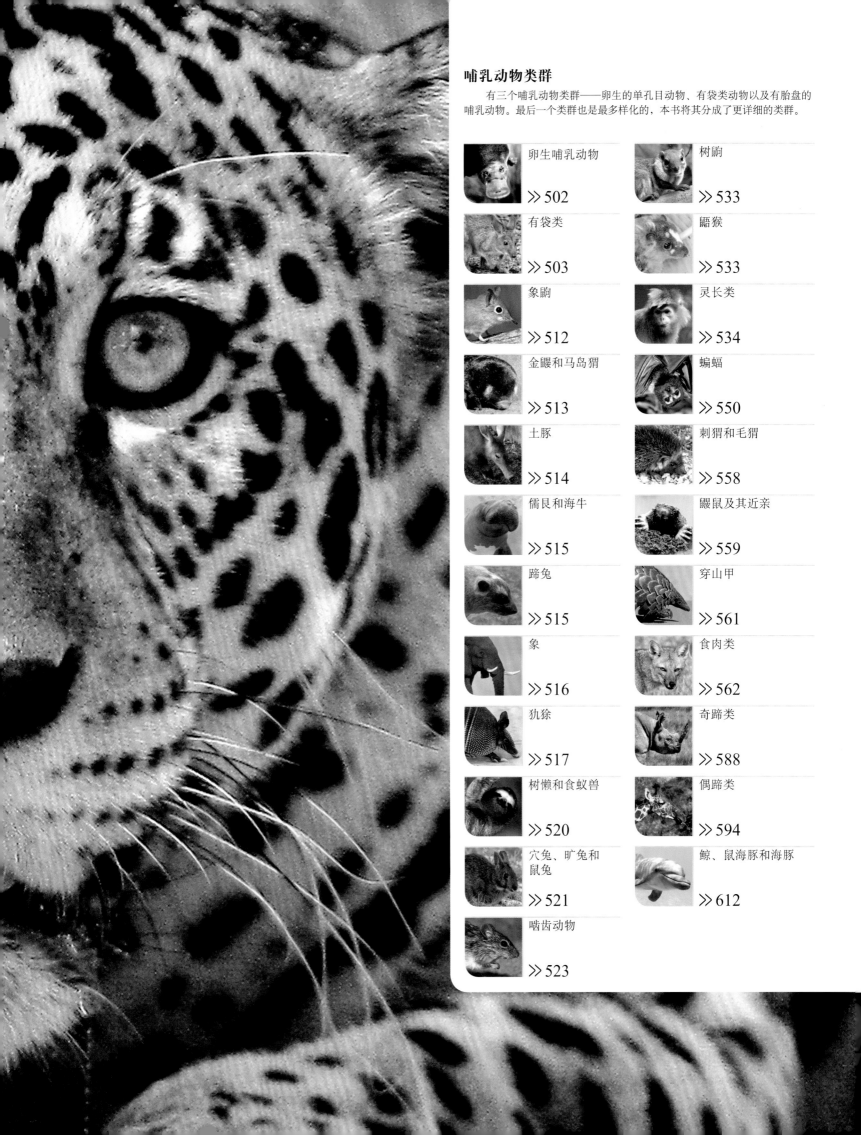

哺乳动物类群

有三个哺乳动物类群——卵生的单孔目动物、有袋类动物以及有胎盘的哺乳动物。最后一个类群也是最多样化的，本书将其分成了更详细的类群。

卵生哺乳动物

我们熟知的单孔目动物这个类群，只有5种哺乳动物。它们有着特别的吻部，并且还能够产卵。

单孔类动物属于单孔目，由鸭嘴兽、长吻针鼹和短吻针鼹组成。它们生活在新几内亚、澳大利亚和塔斯马尼亚岛的多种生境中。

鸭嘴兽和针鼹产软壳的卵，孵化期大约需要10天。幼崽以从雌性乳腺中分泌出来的乳汁为食；单孔目动物没有乳头。初期的针鼹生活在母亲的育儿袋中，直到它们的脊柱出现，然后像鸭嘴兽一样，待在洞穴里数月。单孔目动物有着特别的吻部，用来寻找和吃掉猎物。鸭嘴兽善于游泳，有着一张扁平的鸭子一样的嘴，上面覆盖着感觉感受器，使得它们能在水下，甚至是黑暗环境下找到无脊椎动物。陆栖的针鼹拥有圆柱形的长吻和长舌，这很适合寻找蚂蚁和白蚁的巢穴，也适合捕捉蠕虫。鸭嘴兽和针鼹都没有牙齿，而舌头表面有粗糙面或者是脊状突起。

名字里都包含什么

"monotreme"（单孔类动物）这个单词的意思是"单一的孔"，它指的是泄殖腔。泄殖腔是一个单一的臀部开口，是有着消化、泌尿和生殖系统作用的同一个空间。

门	脊索动物门
纲	哺乳纲
目	单孔目
科	2
种	5

鸭嘴兽的大蹼足用于推动自己前进，后脚作为船舵使用。

鸭嘴兽

鸭嘴兽是鸭嘴兽科 (Ornithorhynchidae) 的唯一一种动物，能很好地适应半水生的生活方式。它们有着流线型的身体、防水的皮毛、具蹼的脚，以及扁平的尾巴。雄性鸭嘴兽的每只后足上都长有一个有毒的角质刺。

又短又浓密的皮毛

小眼睛

敏感的、像鸭子一样的嘴

40–60 cm
16–23½ in

鸭嘴兽
Ornithorhynchus anatinus
这种稀有的动物生活在澳大利亚东部和塔斯马尼亚岛上的河流中。它们柔软的嘴上面带有电感受器，用来寻找无脊椎动物。

雄性的毒刺

针鼹

针鼹科 (Tachyglossidae) 动物由长吻针鼹和短吻针鼹组成。它们圆圆的身体覆盖着毛皮和针刺，而且长长的吻部也很适合寻找蚂蚁等昆虫，以及蠕虫。

用于防卫的尖刺

60–100 cm
23½–39 in

30–45 cm
12–18 in

短吻针鼹
Tachyglossus aculeatus
短吻针鼹遍布澳大利亚、塔斯马尼亚岛，以及新几内亚，它会产一枚卵到自己腹部的育儿袋里。

大长吻针鼹
Zaglossus bartoni
这种动物是最大的单孔目动物，生活在新几内亚东部的森林高地中。

有袋类

这些哺乳动物产下的幼崽出生时仍处于未成熟状态，而且通常需要在母亲的育儿袋里完成它们的生长。

从沙漠和干燥的灌木丛，到热带雨林，有袋类动物能够生活在很多种生境中。它们中的大多数为陆生或树栖，但有些不是，其中有一种为水生，有两种袋鼹生活在地下。有袋类动物的食物也很多样：有食肉的、食虫的、食草的，以及杂食性的，甚至有些还以花蜜和花粉为食。有袋类动物的体型大小也各不相同，从小型的扁头袋鼩——世界上最小的哺乳动物之一，体重不到4.5克，到赤大袋鼠——雄性体重可以超过90千克。

早期发育

有袋类动物幼崽出生时是看不见的，并且是无毛的。它们在母亲的皮毛上探寻，找到乳头后就开始吮吸。大约一半的有袋类动物的乳头都在有防御作用的育儿袋里。一些种类一次只产下一个后代，但其他种类可能一次会产下12个，抑或更多。幼崽在育儿袋里的时期，等同于胎生动物的妊娠时期。

袋鼠和一些其他种类的有袋类动物，如果育儿袋里已经有一个宝宝，它们就会在胚胎扎根子宫前终止其发育。而当育儿袋空了的时候，妊娠又会继续。

七个目

有袋类哺乳动物目前被分为7个主要类群。分别是：北美负鼠，负鼠目 (Didelphimorphia)；鼩负鼠科，鼩负鼠目 (Paucituberculata)；智鲁负鼠，智鲁负鼠目 (Microbiotheria) 的唯一一种动物；澳大拉西亚食肉有袋类，袋鼬目 (Dasyuromorphia)；袋狸，袋狸目 (Peramelemorphia)；袋鼹，袋鼹目 (Notoryctes typhlops)；以及大洋洲的袋鼠目 (Diprotodontia) 动物，它是有袋类哺乳动物中最大的目，包括树袋熊、袋熊、袋貂、小袋鼠和袋鼠。

门	脊索动物门
纲	哺乳纲
目	7
科	18
种	289

讨论

没那么原始吗？

有袋类哺乳动物曾被认为很原始，因为它们的幼崽在早期阶段就出生了，没有经过母亲的胎盘吸收营养。但现在科学家了解到，这其实是其适应生活环境的一种生殖策略，与胎生哺乳动物一样先进。袋鼠可以抚养两只不同年龄段的幼兽，如果这两只发生什么事情的话，体内的受精卵可以立即发育。这意味着如果恶劣的环境过去，有袋类哺乳动物可以迅速地恢复。

鼩负鼠

鼩负鼠科 (Caenolestidae) 的动物门齿很少，凭借这一点就可以将其与其他美洲的有袋类动物区分开来。这科的所有6种动物都生活在南美洲西部的安第斯山脉。

9–14 cm
3½–5½ in

暗色鼩负鼠
Caenolestes obscurus
这种鼩负鼠生活在哥伦比亚、厄瓜多尔，以及委内瑞拉的高海拔地区，它们会用大大的下门齿杀死猎物。

智鲁负鼠

智鲁负鼠是智鲁负鼠科 (Microbiotheriidae) 的唯一一种动物，它们的身体和耳朵上覆盖有浓密的皮毛，而且冬季能进入冬眠，因此能很好地适应寒冷的环境。

8–13 cm
3¼–5 in

智鲁负鼠
Dromiciops gliroides
这种动物生活在智利凉爽的竹林和温带雨林中，浓密的皮毛限制了热量的散失。

袋鼹

袋鼹科 (Notoryctidae) 有两种澳洲袋鼹。短短的四肢，大大的爪子，以及角质的鼻垫有助于它们进行挖掘。它们没有外耳，眼睛没有功能。

13–14.5 cm
5–5¾ in

南袋鼹
Notoryctes typhlops
这种袋鼹专在澳大利亚中部的砂质沙漠和三齿稃草里钻洞。

负鼠

负鼠科 (Didelphidae) 的新大陆负鼠面部突出，上面长有敏感的胡须以及裸露的耳朵。一些种类长着一个有抓力的卷尾，在攀爬时会起到帮助作用。有些负鼠没有育儿袋。

33–50 cm
13–20 in

18–29 cm
7–11½ in

弗吉尼亚负鼠
Didelphis virginiana
这种动物是最大的美洲有袋类动物，它们分布在美国、墨西哥和中美洲，生活在草原、温带和热带森林中。

棕耳绒负鼠
Caluromys lanatus
这种树栖的独居负鼠又叫棕耳绒负鼠，生活在南美洲西部和中部湿润的森林中。

16–28 cm
6½–11 in

裸尾绒负鼠
Caluromys philander
这种绒负鼠长着长长的卷尾，这有助于它们在南美洲东部和中部潮湿的雨林冠层中穿行。

»

11–14.5 cm
4¼–5¾ in

12–22 cm
4¾–9 in

26–40 cm
10–16 in

小尾鼠鼩
Micoureus sp.
这种没有育儿袋的有袋类动物生活在中美洲和南美洲。它长着厚厚的绒毛，是树栖的夜行性杂食动物。

蹼足负鼠
Chironectes minimus
这种负鼠分布在中美洲和南美洲，是唯一一种水生的有袋类动物。它很独特，因为雌雄两性都拥有育儿袋，在水下时育儿袋能关闭起来。

眼睛周围的
深色皮毛

小鼠鼩
Marmosa murina
这种敏捷的夜行性攀援动物广泛分布在南美洲的森林、草原和农场里，长着长长的卷尾。

卷曲的尾巴

11–14 cm
4½–5½ in

华美鼠负鼠
Thylamys elegans
和一些其他种类的负鼠一样，当冬天来临时，这种来自智利的有袋类动物也会在尾巴中储存脂肪。

13–14.5 cm
5¼–5¾ in

尚未独立
的幼崽

眼睛上面
的白斑

草地负鼠
Lestodelphys halli
这种草地负鼠生活在阿根廷的灌木丛、热带草原和草地中，是分布在最南端的负鼠。

10–15 cm
4–6 in

25–35 cm
10–14 in

灰林负鼠
Philander opossum
这种负鼠的前额上面有白色的斑点，看起来仿佛长着四只眼睛。它分布在墨西哥、美国的中部和南部。

家短尾负鼠
Monodelphis domestica
这种短尾负鼠分布在阿根廷、巴西、玻利维亚和巴拉圭，有时生活在人类的住所，以及森林、灌木丛和草原。

袋食蚁兽

袋食蚁兽是袋食蚁兽科（Myrmecobiidae）的唯一一种动物，它拥有条纹状的身体，还有用于挖掘的强壮的爪子，以及很长的舌头，用来取出蚁巢中的白蚁。

袋食蚁兽
Myrmecobius fasciatus
这种昼行性动物仅仅生活在澳大利亚西部的桉树林中，仅以白蚁为食。

20–28 cm
8–11 in

兔耳袋狸

因为小兔耳袋狸已经灭绝了，所以兔耳袋狸科（Thylacomyidae）仅有一种动物。这种夜行性有袋类动物生活在干旱的生境中，不需要饮水，因为它可以从食物中吸收水分。

30–55 cm
12–22 in

兔耳袋狸
Macrotis lagotis
这种有袋类动物是一种生活在澳大利亚中部的掘穴动物。它长着柔滑的毛皮、一条三色的尾巴，以及像兔子一样长长的耳朵。

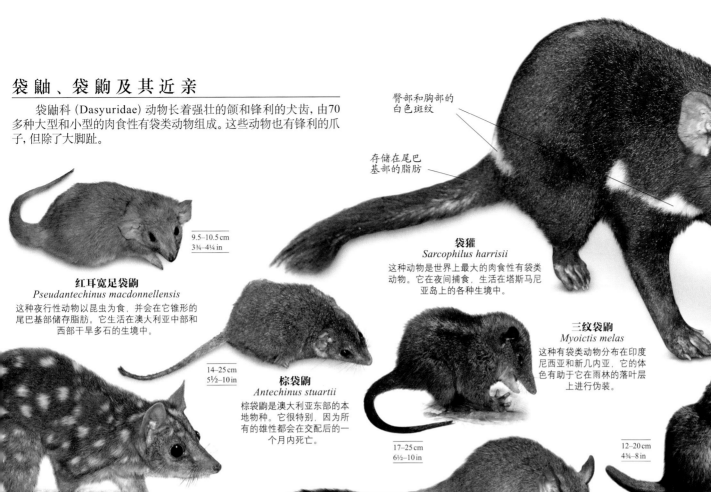

袋鼬、袋鼩及其近亲

袋鼬科 (Dasyuridae) 动物长着强壮的颌和锋利的犬齿，由70多种大型和小型的肉食性有袋类动物组成。这些动物也有锋利的爪子，但除了大脚趾。

臀部和胸部的白色斑纹

存储在尾巴基部的脂肪

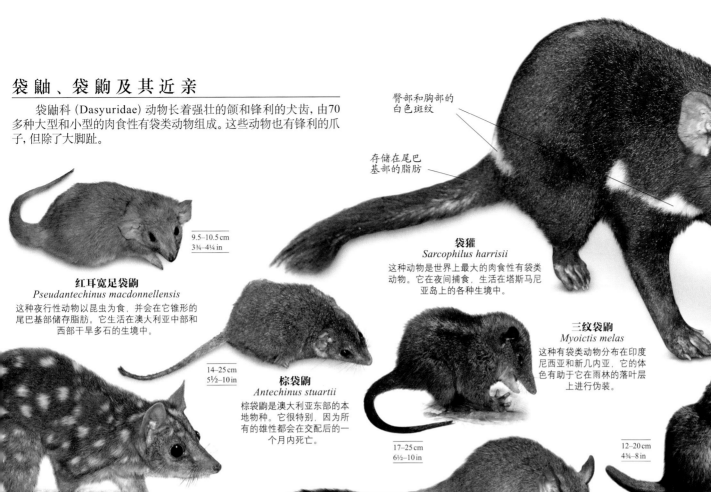

9.5–10.5 cm
3¾–4¼ in

红耳宽足袋鼩
Pseudantechinus macdonnellensis

这种夜行性动物以昆虫为食，并会在它锥形的尾巴基部储存脂肪。它生活在澳大利亚中部和西部干旱多石的生境中。

14–25 cm
5½–10 in

棕袋鼩
Antechinus stuartii

棕袋鼩是澳大利亚东部的本地物种。它很特别，因为所有的雄性都会在交配后的一个月内死亡。

17–25 cm
6½–10 in

袋獾
Sarcophilus harrisii

这种动物是世界上最大的肉食性有袋类动物。它在夜间捕食，生活在塔斯马尼亚岛上的各种生境中。

52–80 cm
20½–32 in

三纹袋鼩
Myoictis melas

这种有袋类动物分布在印度尼西亚和新几内亚，它的体色有助于它在雨林的落叶层上进行伪装。

12–20 cm
4¾–8 in

26–40 cm
10–16 in

加氏袋鼬
Dasyurus geoffroii

这种夜行性捕食动物的英文也被称为 Chuditch，分布在澳大利亚西南部，它主要在陆地生活，尽管也能在树上攀爬。

红尾尾袋鼩
Phascogale calura

这种食虫的有袋类动物生活在澳大利亚西南部的林地中，它的尾巴基部为红色，并且在尾巴上还有一丛黑色的毛。

9–12 cm
3½–4¾ in

蓬尾袋鼬
Dasycercus cristicauda

这种食虫动物来自澳大利亚西南部，生活在诸如沙漠、荒野和草地等干旱及半干旱生境中，会在尾巴中储存脂肪。

5.5–6.5 cm
2¼–2½ in

7–10 cm
2¾–4 in

南澳袋跳鼠
Antechinomys laniger

这种迅速敏捷的有袋类动物生活在澳大利亚南部和中部的林地、草原以及半沙漠生境中，可以依靠它大大的后脚进行跳跃。

瘦侏袋鼬
Planigale tenuirostris

这种很像啮齿动物的有袋类动物长着一个扁平的头，夜行性，生活在澳大利亚东南部低矮的灌木丛和干旱的草原中。

5–7.5 cm
2–3 in

里氏袋鼬
Ningaui ridei

这种鼩形的有袋类动物生活在澳大利亚中部干旱的三齿稃草原。它长着一个尖尖的嘴，为夜行性捕食者，以昆虫为食。

6–9 cm
2¼–3½ in

脂尾袋鼩
Sminthopsis crassicaudata

这种小型的夜行性有袋类动物生活在澳大利亚南部的开阔草原，会将脂肪储存在尾巴里。

袋狸

这些杂食性的有袋类动物生活在澳大利亚和新几内亚。特点在于它们的后脚上长有融趾，而且它们还拥有超过两个发达的下门齿。袋狸科 (Peramelidae) 动物也拥有短的、粗糙的或者有刺的毛发。

20–50 cm
8–20 in

刺袋狸
Echymipera kalubu

这种夜行性动物生活在新几内亚的森林中，以昆虫为食。它长着一个圆锥形的嘴，多刺的体表，以及无毛的尾巴。

28–36 cm
11–14 in

粗糙的土黄色皮毛

31–42 cm
12–16½ in

长鼻袋狸
Perameles nasuta

这种夜行性的袋狸生活在澳大利亚东海岸的雨林及林地中，依靠挖掘寻找昆虫作为食物。

27–35 cm
10½–14 in

加氏袋狸
Perameles gunnii

这种袋狸分布在澳大利亚和塔斯马尼亚岛，生活在草原及长满草的林地中，以其侧面皮毛上奶油色的斑纹命名。

南短鼻袋狸
Isoodon obesulus

这种短鼻袋狸生活在澳大利亚南部和一些岛屿，包括袋鼠岛和塔斯马尼亚岛上的灌丛荒野中。

树袋熊

树袋熊是树袋熊科（Phascolarctidae）唯一一种动物，俗称考拉。由于它具有强有力的前臂、可以相对的手指和脚趾，以及锋利弯曲的爪子，所以很善于攀援。它每天需要睡20小时的觉，因为它的食物桉树叶只含有很少的营养物质。

白色的圆形大耳朵

浓密的皮毛

65–82 cm
26–32 in

树袋熊
Phascolarctos cinereus
树袋熊生活在澳大利亚东部的森林和林地中，几乎只以桉树叶子为食。是独居的夜行性动物。

弯曲的长爪子

倭袋貂

这些小型的夜行性有袋类动物长着一条卷曲的尾巴，杂食性，能吃昆虫、水果、花蜜，以及花粉。倭袋貂科（Burramyidae）有4种动物只生活在澳大利亚；第五种倭袋貂生活在澳大利亚和新几内亚。

10.5 cm
4¼ in

长尾倭袋貂
Cercartetus caudatus
这种树栖的有袋类动物生活在新几内亚和昆士兰东北部的温带雨林中。

10–13 cm
4–5 in

暗淡的，稍许灰褐色的上身

山袋貂
Burramys parvus
山袋貂为地栖动物，生活在澳大利亚多石的山地生境中，冬季会在雪下冬眠数月。

环尾袋貂及其近亲

环尾袋貂科（Pseudocheiridae）由环尾袋貂和与狐猴很像的大袋鼯组成，为专吃树叶的树栖动物。它们的大肠用于发酵来自食物中的纤维素，而且大大的育儿袋就开始于此。

奇假掌袋貂
Pseudocheirus peregrinus
这种敏捷的有袋类动物生活在澳大利亚东部和塔斯马尼亚岛上的各种生境中。在新西兰已经成为一种宠物。

30–35 cm
12–14 in

袋熊

袋熊是一种结实的有袋类动物。它长着短短的尾巴和四肢，以及用于挖掘的大大的前掌和长长的爪子。袋熊科（Vombatidae）动物以粗草为食，会用强壮的颌磨碎这种草，然后在细长的内脏中消化它们。

普通袋熊
Vombatus ursinus
这种动物生活在澳大利亚东南部的森林、石南灌丛，以及沿海灌丛中，能够挖掘200米长的地下道。

70–120 cm
28–47 in

77–95 cm
30–37 in

斑驳的褐色和灰色的柔顺皮毛

毛鼻袋熊
Lasiorhinus latifrons
这种袋熊分布在澳大利亚的中南部。它们平时集群生活，但是单独进食。

31–40 cm
12–16 in

粗环尾袋貂
Hemibelideus lemuroides
这种环尾袋貂只生活在昆士兰东北部的一小片热带雨林中，为夜行性动物。

袋貂及其近亲

袋貂科 (Phalangeridae) 动物包括袋貂、帚尾袋貂, 以及它们的亲缘种。其中大多数种类是树栖的, 它们长着一个卷尾, 后肢上生有一个对生拇指。袋貂的尾巴部分或全部裸露, 而帚尾袋貂的尾巴具有皮毛。

苏拉威西袋猫
Ailurops ursinus
这种动物是最大的袋貂, 生活在印尼的苏拉威西岛和其他一些岛屿上的温带雨林冠层中。

大大的眼睛有助于夜间视力

35–65 cm
14–26 in

普通斑袋貂
Spilocuscus maculatus
这种袋貂为性二型 (雄性和雌性看起来不同), 只有雄性长有斑点。它生活在新几内亚和澳大利亚的东北部。

61 cm
24 in

40–50 cm
16–20 in

山帚尾袋貂
Trichosurus cunninghami
山帚尾袋貂栖息在澳大利亚东南部茂密湿润的森林中, 典型地生活在海拔300米以上的地方。

弯曲的、强有力的爪子

毛茸茸的尾巴

33–60 cm
13–23½ in

袋貂
未定种
Phalanger sp.
这种袋貂分布在新几内亚和周围的岛屿上。它们在不同的海拔生活, 以避免彼此之间的竞争。

40 cm
16 in

鳞尾袋貂
Wyulda squamicaudata
这种夜行性的袋貂仅生活在澳大利亚西北部的金伯利, 独居, 一次只产一只幼崽。

袋鼯和纹袋貂

袋鼯科 (Petauridae) 包括纹袋貂和袋鼯, 除了大袋鼯 (左边)。袋鼯的前后肢之间有一层薄薄的、覆盖有皮毛的膜。纹袋貂能发出强烈的气味, 并且长有一个长长的第四指, 用于寻找钻木头的甲虫。

灰白色的毛皮

35–48 cm
14–19 in

大袋鼯
Petauroides volans
这种动物是最大的滑翔有袋类, 它生活在澳大利亚东部, 能在树丛间穿行100米以上的距离。

28–38 cm
11–15 in

绿伪手袋貂
Pseudochirops archeri
这种独居的袋貂以其厚厚的绿色皮毛命名, 仅生活在澳大利亚昆士兰州北部的雨林中。

24–28 cm
9½–11 in

灰色的身体, 沿着背部带有深色的条纹

15–17 cm
6–6½ in

利氏袋鼯
Gymnobelideus leadbeateri
这种袋鼯生活在澳大利亚维多利亚州湿润的、高海拔森林之中, 以昆虫、树的枝叶, 以及树胶为食。

纹袋貂
Dactylopsila trivirgata
这种袋貂的外表和气味都与臭鼬相似, 是一种来自澳大利亚昆士兰州东北部, 以及新几内亚的夜行性树栖动物。

黛河假掌袋貂
Pseudochirulus cinereus
这种袋貂与狐猴相似, 生活在澳大利亚昆士兰州东北部, 黛恩树河流域的山区热带雨林中。

卷尾

15–21 cm
6–8½ in

棒状的尾巴

粗大的尾巴

蜜袋鼯
Petaurus breviceps
蜜袋鼯原产于澳大利亚东北部、新几内亚, 以及周边岛屿, 偏爱食用桉树甜甜的汁液。

35 cm
14 in

蜜袋貂

这种小动物是蜜袋貂科 (Tarsipedidae) 的唯一一种动物。与其他袋貂相比，它的牙要少些，而且拥有一条长长的棘状舌头，用于探寻花朵。

蜜袋貂
Tarsipes rostratus
这种袋貂生活在澳大利亚西南部的石南灌丛和林地中，专门以花蜜和花粉为食。

6.5—9 cm
2½—3½ in

突出的长嘴

树袋貂

树袋貂科 (Acrobatidae) 仅有两种动物——树顶袋貂和羽尾袋貂。二者的尾巴都有一排排很硬的毛发。

树顶袋貂
Acrobates pygmaeus
这种动物是最小的滑翔有袋类。它生活在澳大利亚东部的森林中，以花蜜为食。

6.5—8 cm
2½—3¼ in

袋鼠及其近亲

相对于大型动物来说，袋鼠科 (Macropodidae) 的大袋鼠和小袋鼠体型适中，长着善于跳跃的长长的后腿。后脚上的第四、第五个脚趾非常强壮，用于承担身体的重量，而第二和第三个脚趾发生退化，第一个脚趾已经在进化中消失了。

0.8—1.4 m
2½—4½ ft

强壮大袋鼠
Macropus robustus
强壮大袋鼠广泛分布于澳大利亚大陆的大部分地区，经常寻找岩石的阴影。

突出的耳朵

59—105 cm
23—41 in

沙大袋鼠
Macropus agilis
不同于鼺，这种动物分布在澳大利亚和新几内亚，并在草原和开阔林地中生活。

66—92 cm
26—36 in

红褐色的上身

红颈大袋鼠
Macropus rufogriseus
这种袋鼠分布在澳大利亚东南部，包括塔斯马尼亚岛和巴斯海峡的岛屿沿岸的森林和灌木丛中。

45—53 cm
18—21 in

圆盾大袋鼠
Macropus parma
圆盾大袋鼠原产于澳大利亚的大分水岭地区，生活在一些森林之中。

1—1.6 m
3¼—5¼ ft

赤大袋鼠
Macropus rufus
这种袋鼠是现存最大的有袋类动物，广泛分布于澳大利亚的热带草原和沙漠。

育儿袋里的幼兽

灰大袋鼠
Macropus giganteus
这种袋鼠广泛分布于澳大利亚东部的干旱林地、矮树丛，以及灌木丛中。在塔斯马尼亚岛发现了它的一个亚种。

0.9—1.4 m
3—4½ ft

0.9—1.4 m
3—4½ ft

烟色大袋鼠
Macropus fuliginosus
这种袋鼠分布在澳大利亚南部，包括袋鼠岛的地区，是唯一一种不采用子宫内胚胎延时着床繁殖的袋鼠。

长长的尾巴在休息时用来支撑身体，在运动时用来保持平衡

长鼻袋鼠

鼠袋鼠科 (Potoroidae) 包括长鼻袋鼠、草原袋鼠以及鼠袋鼠。它们是小型的有袋类动物，与大型的袋鼠科动物有一些相似之处。然而与它们的不同之处是，鼠袋鼠科动物拥有一个用来撕扯植物的锯齿形前白齿。

30–38 cm
12–15 in

34–38 cm
13½–15 in

长鼻袋鼠
Potorous tridactylus
这种长鼻袋鼠生活在澳大利亚东南部的石楠灌丛和森林中，爪子强壮并且弯曲，有助于其挖掘地下的真菌。

毛尾草原袋鼠
Bettongia penicillata
这种草原袋鼠生活在澳大利亚西南部的森林和草原中。它长着一条弯曲的尾巴，用来搬运筑巢的材料。

麝鼠袋鼠

麝鼠袋鼠是麝鼠袋鼠科 (Hypsiprymnodontidae) 的唯一一种动物。它们相对来说很原始，其后足的第一个脚趾在其他种类的袋鼠中已经消失。

15–28 cm
6–11 in

麝鼠袋鼠
Hypsiprymnodon moschatus
这种昼行性动物生活在澳大利亚昆士兰州北部的热带雨林中，以掉落的水果、种子和真菌为食。

70 cm
28 in

43–71 cm
17–28 in

北甲尾鼩
Onychogalea unguifera
这种中等体型的袋鼠生活在澳大利亚北部，也被称为沙甲尾鼩。

耆甲尾鼩
Onychogalea fraenata
这种昼行性的鼩曾被认为已经灭绝。仅存的野外种群分布在澳大利亚昆士兰州的一小片区域。

红颈丛袋鼠
这种丛袋鼠分布在澳大利亚的东部，会在晚上冒险到森林边缘进食草、树叶和嫩枝。

Thylogale thetis

29–63 cm
11½–25 in

肌肉发达
的大腿

又长又窄
的足底

24–30 cm
9½–12 in

40–54 cm
16–21½ in

51–81 cm
20–32 in

蓬毛兔袋鼠
Lagorchestes hirsutus
蓬毛兔袋鼠之前生活在澳大利亚大陆，现在仅在西澳洲的两个岛屿存在野生种群。

棕林袋鼠
Dorcopsis muelleri
这种林袋鼠是新几内亚西部，以及沿海岛屿的低海拔雨林中特有的动物。

短尾鼩
Setonix brachyurus
这种小型的有袋类动物在澳大利亚大陆非常稀有，仅分布在西南海岸的罗塔纳斯岛和邦德群岛上。

囊树袋鼠
Dendrolagus dorianus
囊树袋鼠生活在新几内亚的山地森林中，是最重的树栖有袋类动物，也会经常下到地面上。

粗糙的
深色毛皮

66–85 cm
26–34 in

红棕色的上身

55–77 cm
22–30 in

沙袋鼠
Wallabia bicolor
沙袋鼠生活在澳大利亚东部的热带和温带森林、沼泽地中，体色比其他鼩类要深些。

丽树袋鼠
Dendrolagus goodfellowi
这种袋鼠也被称为华丽树袋鼠，原产于新几内亚的山地雨林中，以树叶和水果为食。

50–60 cm
20–23½ in

帚尾岩鼩
Petrogale penicillata
这种鼩生活在澳大利亚东南部，在岩石间跳跃时，粗糙并且有肉垫的后足帮助它们牢牢地抓住岩石表面。

不卷曲的尾巴

48–65 cm
19–26 in

拉氏树袋鼠
Dendrolagus lumholtzi
这种有袋类动物是最小的树袋鼠，生活在澳大利亚昆士兰州北部的雨林中。

∨ 大男孩

雄性赤大袋鼠比雌性大，体重有时会是雌性的两倍还多。只有雄性的赤大袋鼠是红色的；雌性颜色偏蓝，周身都为蓝灰色的皮毛。雄性为了接近配偶会互相争斗，它们的战斗是以拳击比赛的形式进行的。

柔软的鼻子

胸部的腺体会分泌气味。雄性袋鼠会将这种气味蹭到灌木丛上以维护它们的统治地位

热的时候袋鼠会舔它们的腕部——这会使靠近皮肤的血液变凉

当腿弯曲时，灵活的跟腱会蓄积能量，然后下次跳跃时会释放能量

赤大袋鼠
Macropus rufus

袋鼠在澳洲逐渐进化形成，填补了一个生态位，这个生态位在其他地方是被诸如羚羊等食草动物所占据的。和那些动物一样，袋鼠也有一个大大的胃，能储存大量的草。对所有食草动物来说，生活在开阔的地方是很危险的，袋鼠与羚羊有着许多相同的适应方式，以躲避捕食者。它们成群地生活在一起，视觉敏锐，身高足够高，能察觉到环境中的危险，并且能够以惊人的速度逃走。赤大袋鼠是最大的也是最敏捷的袋鼠，能够以50千米/小时以上的速度跳跃。只有雌性拥有育儿袋，幼兽会在里面度过它生命的最初几个月。赤大袋鼠很适应干燥的环境，能吃矮小的含盐灌木，而这种灌木对于其他动物来说是有毒的。

尺寸	1~1.6米
生境	灌木林地, 沙漠
分布	大洋洲
食性	草食性

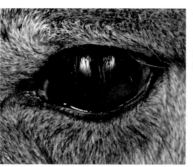

< 眼睛

两只眼睛的间距很宽，这让它们的视野变得很宽，有助于袋鼠意识到捕食者的到来。

> 耳朵

耳朵大且敏感，能转向不同的方向，集中注意那些可能意味着危险来临的声音。

∨ 强壮的斗士

雄性袋鼠的胸部比较宽大，而且肌肉发达。前肢用来在斗争中击打对手，但最有力的击打来自后脚的连踢。

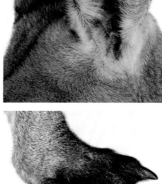

∧ 爪子

脚上长着出奇的利爪。跳跃时这些爪子可以抓住地面，也可以作为武器，还可以当作梳子整理皮毛。

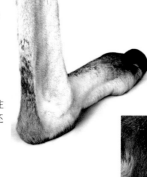

<∨ 后足

*Macropus*的学名按字面意义来讲是"大脚"的意思。每只后足都长有4个脚趾：一对承重的外趾和一对用来梳理毛发的内趾。

跳跃时尾巴用来保持平衡，站立不动时，尾巴作为第五肢支撑身体

∧ 跳跃

赤大袋鼠用它们大大的后腿进行跳跃，这一动作看起来非常优雅，毫不费力。每次跳跃可以达到9米远。

象鼩

象鼩单独成为一科,曾被认为是酷似大象的鼩鼱。它外表与真正的鼩鼱相似,尽管它们彼此没有亲缘关系。

象鼩体型较小,长着长长的腿和尾巴,灵活的长鼻子是它们显著的特征。它们或者四脚着地运动,或者跳跃运动,尤其在需要快速移动时更是如此。象鼩成对地生活在一个明确的区域里,尽管它们彼此的相互影响很小。雄性和雌性有时甚至会分开筑巢,彼此保护共同拥有的领地,与同性别的入侵者进行战斗。象鼩主要在白天活动,一些会在领地周围制造一个无阻碍的道路网,用来寻找猎物,以及遇到危险时可以作为快速逃生的路径。象鼩只分布在非洲,可以生活在森林、热带草原,尤其是干旱的沙漠等许多生境中。有些种类会躲在岩石洞穴中,或者用干枯的叶子筑巢,而大一些的种类则会挖掘浅的洞穴。

象鼩主要以昆虫为食,但有些种类也会吃蜘蛛和蠕虫。它们会用敏感的鼻子固定在地面上和落叶层下寻找食物,然后伸出长长的舌头铲起猎物。

活跃的幼崽

因种类而异,象鼩双亲可能会花费一年的大部分时间养育幼崽。幼崽很小,通常每窝1~3只,由于它们在出生时就发育得很好了,所以很快就能变得非常活跃。

门	脊索动物门
纲	哺乳纲
目	象鼩目
科	1
种	15

讨论

自成一目

象鼩的划分有很多争议。以前,它们被认为与鼩鼱和刺猬有关联,或者被认为属于刺猬——包括旷兔和穴兔,或者被认为与有蹄类动物亲缘关系很远。现在,它们自成一目:象鼩目。

象鼩

象鼩目(Macroscelididae)动物仅分布在非洲,生活在沙漠、山地,以及森林等许多生境中。象鼩主要以昆虫为食,它们会用其可移动的长鼻子寻找猎物,在舌头的帮助下将食物送进嘴里。

后腿比前腿长

英氏象鼩
Elephantulus intufi
这种象鼩广泛分布在南非干旱的灌木带,占据很大的领地,并会对同性入侵者进行勇猛的防卫。

毛量不多的长尾

9—11 cm
3½—4¼ in

12—14 cm
4¾—5½ in

西岩象鼩
Elephantulus rupestris
这种动物栖息在非洲西南部多石的灌丛中,白天活动,在岩石缝隙的阴影处停留,突袭猎物。

11—12.5 cm
4¼—5 in

北非象鼩
Elephantulus rozeti
这种动物生活在沙漠里,是非洲北部唯一的一种象鼩,受到惊吓时,会拍打它的长尾并跺脚。

9—14 cm
3½—5½ in

赤褐象鼩
Elephantulus rufescens
这种象鼩生活在南非和东非,长着沙土红色的长毛,以及一条与头和身体一样长的尾巴。

乌干达象鼩
Elephantulus fuscipes
这种鲜为人知的动物经常出现在非洲中部炎热干燥的草原上,事实上它可能属于一个特别的象鼩物种。

10—12 cm
4—4¾ in

16—20 cm
6½—8 in

四趾岩象鼩
Petrodromus tetradactylus
这种动物生活在一些湿润的生境中,是极普通的象鼩之一。分布地从非洲中部到南非。

23—32 cm
9—12½ in

黑红象鼩
Rhynchocyon petersi
这种大型的象鼩栖息在非洲东部的沿海森林中。身体前部为橘色,然后逐渐过渡到深红,最后臀部为黑色。

10—12 cm
4—4¾ in

短耳象鼩
Macroscelides proboscideus
这种体型中等的象鼩生活在南非,占据着一些世界上最为干旱的生境。它是严格的一夫一妻制,雄性会顽强地保卫它的配偶。

圆圆的耳朵

金鼹和马岛猬

非洲鼩目动物由两科组成。金鼹只在洞穴生活，但马岛猬已经分化出了许多生态位。

这一目的大多数动物原产于非洲大陆，马岛猬生活在马达加斯加。金鼹外表很相似，它们圆柱形的身体在解剖学上是对钻洞生活的一种适应。与之相比，马岛猬有着许多特征，这反映了它们占据了很大范围的生境。许多马岛猬生活在热带森林中，陆栖或半树栖。其他种类的马岛猬为水生，似水獭，生活在溪流或小河中；而且也有钻洞的马岛猬。直到最近，马岛猬和金鼹才被归类，被认识到是有别于鼹鼠、鼩鼱刺猬的，因为它们主要都为食虫性的，而且外表经常很相似。现在我们知道非洲鼩目动物是独立进化出来的，并且与象、蹄兔和海牛亲缘关系最近。

马岛猬和金鼹有许多特征曾被认为很原始，但最近认识到它们是对恶劣环境的一种适应。这种特征包括低代谢率和低体温。这些哺乳动物也能进入到一种蛰伏状态长达3天，以在寒冷的环境中节省能量，而且它们还有高效的肾脏，这减少了对饮水的需要。

门	脊索动物门
纲	哺乳纲
目	非洲鼩目
科	2
种	约57

一只荒漠金鼹正尽情享用着一只蝗虫。它们在夜晚会到地面觅食，主要以白蚁为食。

金 鼹

这些金鼹与来自欧洲、亚洲和北美的鼹科动物，以及来自澳洲的袋鼹很像，因为它们都具有相似的挖洞习性。金鼹科 (Chrysochloridae) 来自南非，它短小的腿上长有强有力的挖掘爪，浓密的皮毛用来隔绝湿气，皮肤坚韧，头部尤其如此。它们没有功能的眼睛上覆盖着皮肤，外耳缺乏。

10–13 cm
4–5 in

朱氏金鼹
Neamblysomus julianae
这种动物只分布在南非干燥的高原地区，生活在典型的沙壤土中，常出没于分布区中灌溉很好的花园里。

柔软、浓密、光滑的皮毛

10–11 cm
4–4¼ in

南非金鼹
Chrysochloris asiatica
尽管这种动物行动隐秘，是南非部分地区的常见种。它利用前脚上扩大的第二趾进行挖掘。

眼睛上面覆盖着一层厚厚的皮肤

皮质的垫用于保护鼻孔以及用于挖洞

有蹼的脚趾，用于把泥土向后推

7.5–8.5 cm
3–3¼ in

11.5–14.5 cm
4½–5¾ in

普通金鼹
Amblysomus hottentotus
这种金鼹生活在长达200米的地道中，用前脚上大大的第二、第三趾进行挖掘。

荒漠金鼹
Eremitalpa granti
这种金鼹生活在非洲西南部的沿岸沙丘，这里是世界上最干燥的栖地之一。它可以在沙土中"游泳"穿行，而不在里面建造隧道。

马岛猬

马岛猬科 (Tenrecidae) 来自非洲和马达加斯加,有着许多身体形态,和与其亲缘关系的鼩鼱、小鼠、刺猬和水獭长得很像。它们的体重从5克到超过1千克不等。这些食虫动物主要为夜行性的,视力很差,利用它们敏感的胡须寻找食物。

小马岛猬
Echinops telfairi
这种动物的毛发衍变为体刺。它与刺猬很相似,防卫方式都是团成一个球状。

后背上的体刺尖端为白色

10–15 cm
4–6 in

26–39 cm
10–15½ in

14–19 cm
5½–7½ in

低地纹猬
Hemicentetes semispinosus
这种动物是一种无尾的马岛猬。它们粗糙、多刺的外衣有着很特别的两种颜色——黑色,并带有黄色条纹和冠刺。

普通马岛猬
Tenrec ecaudatus
这是一种大型陆生的马岛猬,沿着身体长有红褐色的皮毛和体刺,雄性有多达29个乳头,超过其他任何一种乳动物。

中等大的耳朵

10–12 cm
4–4¾ in

鼹猬
Oryzorictes sp.
这种马岛猬是穴居动物。它长着发达的前肢,长长的爪子,以及小眼睛和小耳朵,在沼泽地和稻田里数量很多。

15–21 cm
6–8½ in

大马岛猬
Setifer setosus
这种动物广泛分布于马达加斯加,甚至在城市栖息地中也有分布,饮食习性多样,从昆虫、蚯蚓、腐肉到水果。

锋利的爪子

土豚

土豚是管齿目 (Orycteropodidae) 唯一的一种动物,适合挖掘。它有一个拱形的背、厚厚的皮肤、长长的耳朵,以及一个管状的口吻。

土豚的每个脚趾(前脚4个,后脚5个)都长着一个扁平的趾甲,用于挖洞。它们依靠敏锐的嗅觉挖掘昆虫巢穴。

门	脊索动物门
纲	哺乳纲
目	管齿目
科	1
种	1

它能用又长又薄的舌头捕捉大量的昆虫。它的牙齿很不寻常,而且也是划分本目的一个主要原因之一。一个小土豚出生时前颌就长有门齿和犬齿,但是一旦脱落就没有可替换的牙齿。后方的牙齿缺乏釉质并且终生生长;它们是圆柱形的,而且没有牙根,这与其他任何的哺乳动物都不相同。

土豚

土豚栖息在撒哈拉沙漠以南非洲的热带草原和灌木丛中,独居,夜行性。有力的前腿上长着扁平的爪子,用于挖掘蚂蚁穴和白蚁穴来寻找食物。

土豚
Orycteropus afer
土豚淡黄色的皮肤经常在挖洞和觅食时被泥土沾染成红色。它的身体也长着一些稀疏的硬毛。

1–1.3 m
3¼–4¼ ft

身体毛发的颜色很浅

不锋利的铲形长爪

儒艮和海牛

海牛目 (Trichechidae) 是一个完全由水生食草动物组成的小目, 它们栖息在一些热带生境中, 从沼泽和河流到海洋湿地和沿海水域。

海牛非常适合水生生活方式。它们的前腿为桨状, 适于掌握方向, 后腿不可见, 只有两块小的骨骼残迹在肌肉里。因此身体呈流线型, 扁平的尾巴起推动作用。皮肤下面有一层起隔绝作用的脂肪, 也用于对抗自然的浮力, 骨骼致密, 肺和隔膜与脊柱一样长。这些造就了一个流体动力学的身体, 虽然移动缓慢, 但在水中却能很好地调整方向。本目的所有4种动物都已濒危。

门	脊索动物门
纲	哺乳纲
目	海牛目
科	2
种	4

儒艮

儒艮科 (Dugongidae) 只有一种动物。儒艮移动缓慢, 为海生食草类动物, 在水下的海草床吃草, 借助朝下的吻部将食物连根拔起。

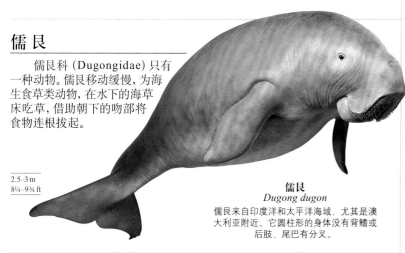

2.5–3 m
8¼–9¾ ft

儒艮
Dugong dugon
儒艮来自印度洋和太平洋海域, 尤其是澳大利亚附近。它圆柱形的身体没有背鳍或后肢, 尾巴有分叉。

海牛

海牛科 (Trichechidae) 动物的吻部比儒艮要短, 尾部的形状也有不同, 为桨状而非叉状。它们非常懒惰, 一天的大部分时间都在水下睡觉, 每20分钟升到水面呼吸一次。

亚马孙海牛
Trichechus inunguis
这种海牛为一种来自亚马孙流域的淡水海牛。它们通常长着一块特别的白色胸斑。

3–4.6 m
9¾–15 ft

佛罗里达海牛
Trichechus manatus latirostris
佛罗里达海牛是现存最大的海牛, 栖息在美国南部和东部的淡水和沿海水域之中。

2–2.8 m
6½–9¼ ft

3–4 m
9¾–13 ft

安替列海牛
Trichechus manatus manatus
这种海牛的分布范围从墨西哥到巴西, 比佛罗里达亚种要小些, 而且更有可能在较深的水域中被发现。

蹄兔

现代的蹄兔具有毛皮, 身形浑圆, 是蹄兔目 (Hyracoidea) 仅存的一科。蹄兔曾经是旧大陆主要的陆生食草动物, 现在仅剩4种了。

一些灭绝的蹄兔高达1米, 是亚洲、非洲和欧洲化石记录的广泛代表动物。

门	脊索动物门
纲	哺乳纲
目	蹄兔目
科	1
种	4

与大多数食草动物不同, 蹄兔在咀嚼植物之前, 是用它的白齿(而不是门齿)切开的。因为它们的食物是一些相对难消化的食物, 所以它们拥有一个复杂的胃, 里面有细菌分解坚韧的植物。

蹄兔有一些原始的哺乳动物特征, 比如难以控制内部温度, 与大象有一些联系: 它们的上门齿经常发育成很短的獠牙, 它们的脚底有敏感的脚垫, 而且它们还有发达的大脑功能。

蹄兔

蹄兔科动物 (Procaviidae) 分布在非洲和中东, 是身体浑圆, 尾巴短小的食草动物。经常能发现一些蹄兔在晒太阳, 并且成群地挤在一起取暖。如果太热它们也会寻找阴凉。这种行为为它们提供了一个有效的温度调节方式。

32–60 cm
12½–23½ in
柔软的长毛

西树蹄兔
Dendrohyrax dorsalis
这种动物来自非洲西部和中部, 是一种深色的半树栖蹄兔, 在它的下背和臀部长着一块特别的白斑。

短吻

30–38 cm
12–15 in

从蹄兔
Heterohyrax brucei
从蹄兔生活在横贯非洲的岩石生境里, 有25个亚种。它以草和水果为食, 但也会捕食一些小型的脊椎动物。

30–70 cm
12–28 in

南树蹄兔
Dendrohyrax arboreus
这种来自南非的蹄兔是一种善于攀爬的动物, 通常栖息在中空的树木中, 因其在夜晚发出尖锐的警报音而为大家熟知。

45–55 cm
18–22 in

岩蹄兔
Procavia capensis
这种蹄兔来自非洲和中东, 通常会晒很长时间的太阳。它们潮湿而有弹性的脚垫保证其能抓牢光滑的岩石表面。

象

象是最大的陆生哺乳动物，它的特征有巨大的身体、灵活的长鼻子、大大的耳朵，以及弯曲的乳白色獠牙。

象是长鼻目 (Proboscidea) 唯一的一科动物，生活在热带非洲、亚洲的草原和森林中。有时体重会超过5吨之多，象的骨骼经过衍变，以适应它的体重。它的肢骨非常结实，脚趾被一层结缔组织包围。这么大的体型需要大量的食物，因此象每天会进食16小时，消耗250千克的植物。

耳朵、鼻子和嘴

大象肌肉质的象鼻由鼻子和上唇组成，具有多种用途，能够抓住各种食物。它也用于吸水，游泳时可以作为呼吸管。象鼻中的感觉器能够捕捉气味和振动，因此有助于沟通交流。象的大耳朵也用于交流，当它伸展开时就是一种进攻的信号。但是，不断拍打耳朵却有助于大象散热。象的象牙是门齿，会不断地生长，用于挖掘根和盐，扫清道路，以及标记领土等用途。

社会结构

雄象和雌象有着不同的社会行为。雌象会在一头年长的雌性首领的带领下，与小象一起形成一个象群。雄象会形成一种短期的关系，但是在繁殖季节会与任何入侵的竞争者殊死搏斗。

门	脊索动物门
纲	哺乳纲
目	长鼻目
科	1
种	3

讨论

两种还是一种？

大多数动物学家认为有两种非洲象，即非洲草原象和小一些的非洲森林象。这两个种类之间身体上的不同反映在它们的DNA中，但即使如此，两者还是可以在分布重叠区内进行繁殖。因此，许多保护机构仍然把所有的非洲象当成一个物种。

象

象科 (Elephantidae) 包括象和灭绝的猛犸象，它们共同组成了一个大型食草动物英群，都长着长长的象鼻、大大的耳朵、厚厚的皮肤，以及象牙。象鼻用于进食、喝水、洗澡，以及进行社群交流。象能发出一系列声音，从喇叭声到超低音的隆隆声，以便它们在相隔很远的地方也能彼此沟通。

2–3.6 m
6½–12 ft

亚洲象
Elephas maximus
这种动物经常被驯养，用于森林管理和仪式使用。它们的耳朵比非洲象要小些，背要弓些。雌性没有像雄性那样的象牙。

3–3.6 m
9¾–12 ft

大大的耳朵

弯曲的长獠牙

非洲草原象
Loxodonta africana
这种象长着大大的头和耳朵，是现存最大的陆生动物。雌象和雄象都长有发达的象牙。

2–2.5 m
6½–8¼ ft

肌肉质的鼻突

非洲森林象
Loxodonta cyclotis
这种小型象长着整齐的象牙，它们的前肢长有5个脚趾甲，后肢长有4个脚趾甲。它们来自非洲森林，与亚洲象很相似。

半圆形的脚趾甲

犰狳

犰狳因其铠甲般的外壳而被大家熟知，这种外壳在其他哺乳动物中是没有的。它们有着各种各样的形状、大小和颜色。所有种类都原产于美洲。

这些动物是带甲目（Cingulata）唯一的成员，遍布许多生境，主要以昆虫和其他无脊椎动物为食。尽管犰狳的腿很短，但它们仍然可以迅速地跑动，并能用强壮的爪子挖洞，以躲避捕食者的捕食。它们主要的防御措施就是上身长有一个骨质的壳，并覆盖有角质板。许多种类的肩部和臀部都有坚硬的盾甲，背部和两侧柔韧的皮肤上覆盖有不同数量的带甲。这使得它们可以缩成一团，以保护易受攻击的下身。犰狳在自然界中只有很少的捕食者。虽然遭到人类的捕猎和生境丧失，但仍有一些犰狳的数量能发生大幅度增长。尽管犰狳的盔甲很重，但它们却是高效的游泳能手。通过空气将胃和肠膨胀起来，犰狳可以增加浮力，穿过小型水体。它们也能在水下保持几分钟，是另一种躲避捕食者的方式。

习性

大多数犰狳都是夜行性动物，但它们偶尔也会出现在白天。这些动物多为独居生活，仅在繁殖季节才与其他个体有所往来。雄性有时会对竞争者发起进攻。

门	脊索动物门
纲	哺乳纲
目	带甲目
科	1
种	21

与大多数人想的不同，并不是所有犰狳在防御时都会缩成一团，只有三带犰狳属的动物才会这样。

犰狳

犰狳科（Dasypodidae）是本目中唯一的一个现生科，分布在美洲。它们的上半身覆盖着骨板，能用锋利的爪子挖掘寻找无脊椎动物，以及挖掘洞穴。在这大约20种犰狳里，有一些受到威胁时能缩成一团，目的是保护它们易受伤害的、柔软的、多毛的下身。

长吻犰狳
Dasypus sp.
24–57 cm
9½–22½ in
本属的6种动物生活在隐蔽多石的地方。与其他种类的犰狳不同，它们有着稀疏微黄的皮毛，主要长在腹部之上。

又长又尖的口吻用于觅食

与身体相称的长尾

发达的爪子

安第斯毛犰狳
Chaetophractus nationi
22–40 cm
9–16 in
这种哺乳动物生活在高海拔的南美草原，鳞甲之间长有许多毛发，显得与众不同。它们因为肉和壳而遭到捕杀。

大毛犰狳
Chaetophractus villosus
22–40 cm
9–16 in
这种动物生活在南美南部的干旱生境中，背部长着大约18块带甲，用于保护自己，带甲之间还有又长又粗的毛发。

小犰狳
Zaedyus pichiy
26–33 cm
10–13 in
这种小型犰狳体色较深，长有厚厚的背板，遇到威胁时会进入洞穴，露出锯齿状鳞片进行抵抗。

六带犰狳
Euphractus sexcinctus
40–49 cm
16–19½ in
与多数犰狳相比，这种褐色的犰狳在白天要更活跃。它们会在草原和森林中觅食，以植物和动物有机物质为食。

黑色的上半身长着有关节的条带

红毛犰狳
Chlamyphorus truncatus
9–11.5 cm
3½–4½ in
这种小型犰狳来自阿根廷中部，主要在地下生活，它们会在松软的沙土中穿行，头部长有铠甲以减少磨损。

圆圆的粉色耳朵

五趾裸尾犰狳
Cabassous centralis
30–70 cm
12–28 in
这种犰狳来自美国中部和南部，有保护作用的骨板没有延伸到尾部，主要依靠密实的带甲来躲避捕食者。

大犰狳
Priodontes maximus
75–90 cm
30–35 in
这种长着坚硬盔甲的犰狳是最大的犰狳，它会使用又长又弯的第三只前爪挖掘食物，以及进行防御。

六带犰狳
Euphractus sexcinctus

　　虽然名字为六带犰狳，但是它的身体中部可能会长着6~8块带甲。它的身体上部覆盖着坚硬的壳。这种壳由骨板组成，顶部为一层薄薄的角质物质，并嵌入到犰狳的皮肤内。带甲作为壳的关节，虽然不能使其像其他犰狳那样完全地缩成一团，但仍会使它具有灵活性。六带犰狳为昼行性动物，白天的时候会在家附近花费数小时寻找食物。它的食性非常多样，包括根、嫩枝、无脊椎动物和腐肉等。

尺寸	40~90厘米
生境	森林
分布	南美，主要是亚马孙盆地南部
食性	杂食性

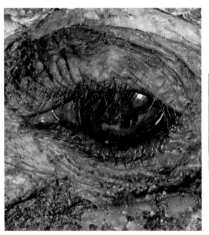

< 防护性的眼睛

　　犰狳的眼睛通过头盾受到保护，这是以轻度牺牲一些视野为代价的。因为视力很弱，所以几乎没有什么不同。

< 鼻

　　犰狳的嗅觉非常敏锐。它们会在觅食的路上不断嗅闻，并能容易地发现埋在土壤中的食物。

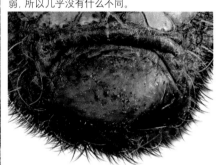

又窄又尖的头部由一块盾甲保护着，这块盾甲由愈合的骨板组成

< 强壮的腿

　　犰狳的腿很短，但很有力。挖土时，前脚会将泥土疏松，后脚再将这些泥土踢出洞外。

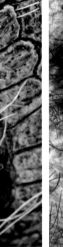
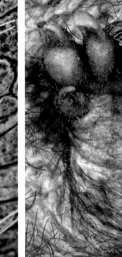

∧ 长有毛发的皮肤

　　骨质甲壳由6~8块带甲所间隔，并与柔韧的皮肤分离开来。又长又硬的毛发从条带之中长出——这是有毛犰狳的一种。

尾 >

　　犰狳尾巴基部的腺体会通过骨板里的小洞释放气味。这种气味用于标记犰狳的领地。

∧ 爪

　　强壮的长爪子可以让犰狳在坚硬的地面快速挖掘。只需几分钟，它就能挖一个足以容纳自己的洞穴。

∨ 长着铠甲的挖掘者

犰狳与众不同的甲壳让它们能够抵御捕食者，但在可能的情况下它们更喜欢逃走。挖掘时，甲壳能使皮肤免于磨损。犰狳会挖掘食物（包括植物和动物有机物质），也会挖洞生活或短暂地隐藏自己。

没有覆盖骨板的一部分身体
长出一些稀疏的长毛

没有覆盖骨板的一部分身体
长出一些稀疏的长毛

树懒和食蚁兽

尽管树懒和食蚁兽在外形和习性上非常不同，但它们都有一个共同的特点：它们都没有其他哺乳动物的那种齿式。

披毛目（Pilosa）动物主要是树栖动物，但有一个特例：大食蚁兽为陆栖动物。它们都原产于中美洲和南美洲。

两个食蚁兽科动物都以蚂蚁、白蚁和其他昆虫为食。食蚁兽没有牙齿，只能依靠黏黏的长舌捕捉昆虫，在咽下去之前，需要先在嘴里挤压一下。

移动缓慢的树懒是植食性动物。它们没有门齿和犬齿，但代以许多圆柱形无根的牙齿，用于磨碎食物。一只树懒完全消化一顿食物可能需要一个月，这个过程中树叶的纤维会慢慢通过一些胃室，并逐渐被细菌分解。

树栖生活

与树懒相比，树栖食蚁兽长长的卷尾让它们能够以一种比较活跃的方式生活。所有的树栖种类在陆地上移动时都很缓慢，尽管其中有些是极好的游泳高手。走路时，它们的行动被更大的弯曲爪子所局限，树懒会利用这些爪子，像钩子一样挂在树枝上。食蚁兽变大的爪子只生长在前脚。这些爪子用来撕开昆虫的巢穴寻找食物，同时它们也是强大的防御武器。

门	脊索动物门
纲	哺乳纲
目	披毛目
科	4
种	10

小食蚁兽属的动物为了防护自己，会站起来用后腿支撑身体，并用强有力的前肢攻击对方。

三趾树懒

树懒科（Bradypodidae）动物要比二趾树懒小些，移动得也要慢些。它们是树栖动物，主要为夜行性，每只脚上有三个脚趾，上面长着又长又弯的爪子，有助于它们悬挂在树枝上。由于有藻类生长在上面，所以它们蓬松的长毛带有绿色。

45–50 cm
18–20 in

鬃毛三趾树懒
Bradypus torquatus
这种小型的、分布于巴西的树懒长着长长的深色皮毛，尤其在头部和颈部更为明显，皮毛中常常隐藏着藻类、扁虱和蛾子。

褐喉三趾树懒
Bradypus variegatus
这种树懒栖息在中美和南美洲的森林中，是本科中分布最广的一种。雌性用尖锐的叫声吸引它的配偶。

42–80 cm
16½–32 in

45–76 cm
18–30 in

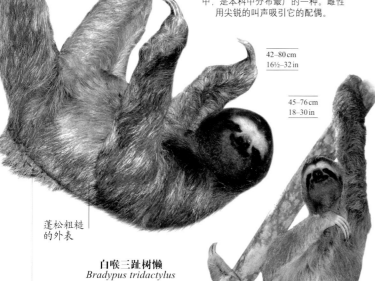

蓬松粗糙的外表

白喉三趾树懒
Bradypus tridactylus
这种动物生活在南美洲的雨林之中，它们的外表与众不同，几乎没有尾巴和外耳。

二趾树懒

与三趾树懒不同，二趾树懒科（Megalonychidae）的前脚上仅有两个脚趾，它们的口吻部更加突出，无尾。它们同样为树栖动物，主要为夜行性，通常倒着从树上下来。

林氏二趾树懒
Choloepus didactylus
这种大型的食草动物来自南美，善于游泳，甚至能穿越河流。它的主要捕食者为大型猛禽，例如角雕。

前脚上有两个脚趾

后脚上有三个脚趾

颜色斑驳，波浪状的毛发用于隐藏身体

53–74 cm
21–29 in

侏食蚁兽

尽管侏食蚁兽科（Cyclopedidae）在化石记录中很常见，但现在却仅存一种动物了。弯曲的大爪子和一条卷尾让侏食蚁兽能够生活在树上，并在树洞中筑巢。以蚂蚁和白蚁为食。

侏食蚁兽
Cyclopes didactylus
树栖，夜行性，移动缓慢，是最小的食蚁兽。遇到威胁时，锋利的爪子是应对捕食者有效的防卫利器。

18–22 cm
7–9 in

大食蚁兽及其近亲

食蚁兽科 (Myrmecophagidae) 动物原产于中美和南美洲，长着细长的口鼻和长长的舌头。它们会用有力的爪子撕开白蚁的巢穴以及蚁丘。由于没有牙齿，所以它们用黏性的唾液和有刺的舌头捕捉昆虫。

多毛的大尾巴

53–88 cm
21–35 in

小食蚁兽
Tamandua tetradactyla
这种独居的动物长着一条卷曲的尾巴。仅南美南部的种群才长有黑斑。

像稻草一样坚硬的毛发

管状长吻

1–1.2 m
3¼–4 ft

大食蚁兽
Myrmecophaga tridactyla
这种动物是最大的食蚁兽，它的尾巴几乎和身体一样长，每天能用坚硬的长舌捕捉多达30000只昆虫。

穴 兔、旷 兔 和 鼠 兔

兔形目 (Lagomorpha) 由两类食草动物组成。由于都适应相同的生活方式，所以它们的外表与啮齿类动物很像。

这些种类占据了许多生境，从热带森林到北极冰原。所有种类都是陆生的草食性动物。它们是需要一直磨牙的动物，而且食性与啮齿动物相同。和许多啮齿动物一样，穴兔、旷兔和鼠兔的牙齿终生都在不断地生长，只得靠咀嚼才能磨损牙齿。然而，这一类群与啮齿动物有着基本的不同：穴兔及其近亲的上颌有4个门齿，而啮齿动物只有2个。

由于食物的分解过程相当缓慢，所以这些动物有着一套改进的消化系统。它们会产生两种排泄物：潮湿的粪球——会被吃掉以从中获得营养，干燥的粪球——作为废物排出。

逃避捕食者

鼠兔是本目中最像啮齿动物的种类，它们会用叫声发出警报，然后藏在洞穴和缝隙中躲避捕食者。与此相比，穴兔和旷兔用长长的耳朵察觉危险，并用强有力的四肢对抗捕食者。这些动物头部两侧都长着大大的眼睛，能给它们360度的视角。当发现捕食者时，旷兔会用后腿敲打地面以示警告。

门	脊索动物门
纲	哺乳纲
目	兔形目
科	2
种	92

为了能在冬季生存，鼠兔会收集各种植物，把干燥的食物堆成一堆，并把它们储存在洞穴里。

穴 兔 和 旷 兔

兔科 (Leporidae) 动物原产于世界的许多地方。它们长着可活动的长耳和加长的后腿，用于察觉和躲避捕食者。穴兔经常会生活在固定的洞穴中，而独居的旷兔仅会建造临时的避难所。

欧洲穴兔
Oryctolagus cuniculus
这种动物原产于伊比利亚半岛，出于肉用和皮毛而被引入世界各地，对当地生境和野生动物造成了灾难性的影响。

34–45 cm
13½–18 in

毛茸茸的脚

13–18 cm
5–7 in

倭兔
Oryctolagus cuniculus
这种侏儒兔是极小的品种之一，有着许多颜色和样式。圆脸、小耳朵使得它们成为一种流行的宠物。

25–38 cm
10–15 in

安哥拉兔
Oryctolagus cuniculus
这个品种因为它柔软的长毛而变得很有价值，多被纺成纱线。原产于安纳托利亚（现在的土耳其）。

15–30 cm
6–12 in

垂耳兔
Oryctolagus cuniculus
这个品种是最古老的驯养品种之一，长着长长的垂耳（下垂的），颜色和大小很多变。

>> 穴兔和旷兔

棉尾兔属
Sylvilagus sp.
该属分布地遍及美国，有17种长着又短又小的白色尾巴，它们的巢穴在地面之上，而不在洞穴里。

22–55 cm
9–22 in

湿地棉尾兔
Sylvilagus palustris
这种动物生活在北美洲的湿地之中，是游泳能手。与大多数亲缘种不同，它们用行走代替跳跃。

42–44 cm
16½–17½ in

褐色的毛皮，有时会变成淡红色

尖端为黑色的长耳朵

50–70 cm
20–28 in

欧洲兔
Lepus europaeus
这种野兔在夏季时以草为食，在冬季时以树皮和嫩芽为食。除了在春季的求偶期之外，它都是害羞、独居的。雌性直到交配才会停止排斥雄性。

强有力的后腿

白尾兔
Lepus townsendii
这种动物广泛分布于北美洲西部。北部种群在冬季时会变成白色，而南部种群只在身体两侧会略微地呈现白色。

56–66 cm
22–26 in

36–46 cm
14–18 in

美洲兔
Lepus americanus
为了适应北美洲寒冷的冬季，这种动物会换上一套白色的冬衣用于伪装，而且大大的后腿使得它们能够在柔软的雪上移动。

55–70 cm
22–28 in

北极兔
Lepus arcticus
为了适应极地和山区，这种野兔依靠厚厚的皮毛存活下来，冬季时会变成白色，还能挖掘雪洞作为避难所。

黑尾兔
Lepus californicus
这种动物广泛分布于北美洲西部的大草原和农场上，其种群易于造成大的局部波动。它们长着黑色的尾巴和黑色的耳尖。

47–63 cm
18½–25 in

45–60 cm
18–23½ in

46–65 cm
18–26 in

52–60 cm
20½–23½ in

墨西哥兔
Lepus alleni
这种大型野兔长着极长的耳朵，以及有隔绝性、能反射光线的皮毛，这些都帮助它们在墨西哥的沙漠草地中保持凉爽。

雪兔
Lepus timidus
这种野兔分布在欧洲和亚洲的极地和山区，皮毛在冬季时会变成白色，尾巴全年都为白色。

南非兔
Lepus capensis
这种动物在非洲和中东的开阔生境中很常见。与其亲缘关系很近的欧洲野兔非常相似。

长长的腿

鼠兔

鼠兔科 (Ochotonidae) 动物是小型的食草动物，分布在美国北部和亚洲，栖息在多石的山区边缘和开阔草原中。为了警告捕食者，它们会一边跑进裂缝和洞穴，一边发出高音的叫声。

16–21 cm
6½–8½ in

北美鼠兔
Ochotona princeps
这种动物生活在北美洲的山区碎石堆中。它们会把食物堆在太阳底下晒干，然后将它们储存在洞穴里，作为冬季食物。

啮齿动物

啮齿动物的体型可以像老鼠一样小，或像猪一样大。它们几乎生活在每一种生境中，差不多占所有哺乳动物数量的一半。

啮齿目（Rodentia）动物非常特别，它们长着一对突出的上下门齿（颜色常为橙色或黄色），这些门齿一生都会不断生长。咬——这是所有啮齿动物的一个行为特征——当牙齿生长时通过啮咬，以相同的速度磨掉它们。啮齿动物没有犬齿，仅在门齿和每个颌骨中的三或四个颊齿之间有一块狭长的空间。啮齿动物的科学分类也基于它们牙齿和颌部的其他特征，这在外部是看不到的。

物种多样性

为了适应不同的生活方式，啮齿动物经常具有特殊的适应形式，诸如有蹼的脚趾、大大的耳朵，或者用于跳跃的长长的后腿。有些啮齿动物穴居生活，其他种类生活在树上或水里，但没有生活在海里的种类。有些种类生活在沙漠中，它们可能从不喝水，所有的水都来自食物。

啮齿动物的影响

一些啮齿动物会携带致命的细菌，这些细菌可以杀死数百万人。其他种类会消耗或污染人类储存的食物。家鼠通过与人类的紧密关系，已经变成世界上分布最广泛的野生哺乳动物。这类动物生活在包括南极洲的各个大洲，甚至能够在矿山和冷藏室中生存。有些啮齿动物会对作物或树木造成破坏，或者在使人类感到不便的地方钻洞。河狸甚至能改变完整的生境，影响数百种其他动物和植物。

然而啮齿动物也是捕食动物的一种关键食物资源，在某些国家，对人类也是如此。仓鼠等小型哺乳动物，也被作为宠物饲养。

门	脊索动物门
纲	哺乳纲
目	啮齿目
科	33
种	2277

哺乳动物·啮齿动物

讨论
啮齿动物分类

啮齿目丰富的物种多样性，使得对它们分类相当困难。在33科现代的啮齿动物里，根据它们头骨、牙齿和颌部的不同，动物分类专家已经将它们分成两个亚目。松鼠形亚目（Sciurognathi）是全球广布种，包括松鼠、河狸和像老鼠一样的啮齿动物。豪猪形亚目（Hystricognathi）包括豚鼠、豪猪、毛丝鼠和水豚，这些主要分布在南半球或热带地区。

山河狸

曾经广泛分布的山河狸科（Aplodontiidae）动物现今只生活着1种。山河狸，或称鼠獭，生活在美国西北部潮湿森林和种植园中的洞穴里。

松鼠和花鼠

除了极区、澳洲和撒哈拉沙漠以外，松鼠科（Sciuridae）动物几乎到处都是。它们的分布范围从热带雨林到极地苔原，从树顶到地下沟渠。这科包括典型的大尾树松鼠，一些种类挖洞，如地松鼠、犬鼠和旱獭。它们主要以坚果和种子为食。

23–30 cm
9–12 in

18–24 cm
7–9½ in

北美灰松鼠
Sciurus carolinensis
这种动物常见于美国东部，已被引进到欧洲的部分地区，并慢慢地取代了当地的赤松鼠。

欧亚赤松鼠（北松鼠）
Sciurus vulgaris
当这种松鼠换毛进入夏装时，耳朵上长长的毛就会脱落。

扁平的头部

30–40 cm
12–16 in

北美赤松鼠
Tamiasciurus hudsonicus
这种赤松鼠能发出颤动的叫声和尖锐的叫声，在加拿大和美国北部的针叶林中常能听见。

美洲飞鼠
Glaucomys volans
这种鼯鼠原产于美国东部，是严格的夜行性动物。它们生活在树洞和阁楼，冬季常结群。

滑行的膜

17–20 cm
6½–8 in

13–15 cm
5–6 in

山河狸
Aplodontia rufa
这种动物是最原始的现生啮齿动物，生活在加拿大西部和美国的森林海岸。

25–46 cm
10–18 in

斑臂巨松鼠
Ratufa affinis
这种松鼠是4种巨松鼠之一。它们生活在马来半岛、婆罗洲和苏门答腊岛的森林中。

25–45 cm
10–18 in

灰白巨松鼠
Ratufa macroura
这种动物是世界上极大的树松鼠之一，生活在印度和斯里兰卡，以水果、花和昆虫为食。

13–28 cm
5–11 in

普氏丽松鼠
Callosciurus prevostii
有15种丽松鼠。普氏丽松鼠生活在马来西亚、婆罗洲、苏门答腊岛和附近的岛屿，比如苏拉威西岛。

≫ 松鼠和花鼠

非洲地松鼠
Xerus inauris
这种皮毛粗糙的松鼠依靠洞穴的庇护，能够将南非半荒漠的高温隔离开来。

哥伦比亚地松鼠
Urocitellus columbianus
这种松鼠是一种地松鼠，长着一条相当大的毛茸茸的尾巴。分布范围从美国的爱达荷州开始，北到加拿大西部，在草甸和森林边缘形成集群。

15–20 cm
6–8 in

金背地松鼠
Callospermophilus lateralis
这种动物的外表貌似放大版的花鼠，常见于美国西部的森林和山地中。

25–30 cm
10–12 in

12–15 cm
4¾–6 in

24 cm
9½ in

毛茸茸的长尾巴

毛茸茸的短尾巴

12–15 cm
4¾–6 in

17–27 cm
6½–10½ in

冈比亚太阳松鼠
Heliosciurus gambianus
这种松鼠的分布范围从塞内加尔到津巴布韦，是非洲热带稀树草原林地中的常见动物，主要以金合欢树的种子为食。

淡色花鼠
Tamias rufus
来自北美不同地区的花鼠形成了独立种。这种动物生活在犹他州、科罗拉多州和亚利桑那州的毗邻部分。

东美花鼠
Tamias striatus
这种带有条纹、陆地生活的动物常见于美国东部的森林开阔地中。在那里它们会变得相当温驯。

河狸

河狸科 (Castoridae) 仅有两种河狸，都因皮毛而被利用。一种遍布北美，另一种有时会遍及欧洲的大部分地区。它们都会利用石头、泥土和树木建造水坝，为其他物种创造栖息地。

河狸
Castor sp.
欧亚河狸和北美河狸是不同的种类，但都在河流和湖泊里过着相似的半水生生活。

光滑的褐色皮毛

0.8–1.2 m
2½–4 ft

有鳞片的、扁平的尾巴

睡鼠

睡鼠科 (Gliridae) 动物分布在欧洲、撒哈拉沙漠以南的非洲以及中亚的零星地区，在日本有一个单一种。它们生活在林地生境之中。和小型的夜行性松鼠一样，除了一种以外，所有种类皮毛柔软，在树上栖息。一些种类面临威胁，数量有所下降。

7–15 cm
2¾–6 in

非洲睡鼠
Graphiurus sp.
有14种非洲睡鼠。它们外表相似，生活在撒哈拉以南的非洲的森林之中。

毛茸茸的尾巴

囊鼠

囊鼠科 (Geomyidae) 动物分布在北美洲，单独生活在很浅的洞穴中，这样可以接近根部和叶子。它们将食物放在颊囊里携带，然后储存在地下室里。

13–24 cm
5–9½ in

博塔囊鼠
Thomomys bottae
这种动物是一种在松软沙土和青草地中穴居生活的小型生物。它们能挖出一个土堆，对农业机械造成破坏。

35–50 cm
14–20 in

姜黄色的毛皮

小囊鼠和更格卢鼠

更格卢鼠科 (Heteromyidae) 大多都很常见，只有很少的种类比较稀少，分布在加拿大到中美洲的各种生境之中。更格卢鼠主要生活在沙漠之中。小囊鼠用四只脚跑步，而更格卢鼠却用两只很大的后脚进行跳跃。

10 cm
4 in

尾巴有一簇较长的毛

旱獭
Marmota sp.
有些旱獭生活在北美的山地草原和多石地区，而有些则生活在欧亚大陆。旱獭的冬眠期多达5个月。

簇尾刚毛囊鼠
Chaetodipus penicillatus
这种动物是一种小型的夜行性啮齿动物，生活在美国西南部和墨西哥北部的开阔沙漠中。

7–9 cm
2¾–3½ in

梅氏更格卢鼠
Dipodomys merriami
这种夜行性动物生活在北美洲的沙漠中，外表貌似小型的袋鼠，能用展开的尾巴进行跳跃。

27–32 cm
10½–12½ in

黑尾草原犬鼠
Cynomys ludovicianus
这种地松鼠白天活跃，大群地生活在由许多公共的洞穴组成的"城市"中。

跳鼠

跳鼠科 (Dipodidae) 动物由跳鼠、蹶鼠和林跳鼠组成。有力的后脚和长长的尾巴让它们能像小型袋鼠那样跳跃。

草地林跳鼠
Zapus hudsonius
这种动物生活在北美洲北部的凉爽草原，在美国亚利桑那州和新墨西哥州的山地也有隔离种群。

7–11 cm
2¾–4¼ in

14–16 cm
5½–6½ in

哈氏羚松鼠
Ammospermophilus harrisii
这种敏捷的啮齿动物生活在索诺拉沙漠和墨西哥北部。它们会在白天最炎热的时候活动，但在冬季会进行冬眠。

非洲跳鼠
Jaculus jaculus
这种沙漠动物的分布范围穿越北非，从塞内加尔到埃及，南到索马里，东到伊朗。

9–16 cm
3½–6½ in

田鼠、旅鼠和麝鼠

大约有680种圆胖、短尾的啮齿动物，包括仓鼠、田鼠、旅鼠和麝鼠，它们组成了仓鼠科 (Cricetidae)。这些动物遍布世界各地，从西欧到西伯利亚和太平洋海岸。

背部黄褐色的皮毛

欧睡鼠
Glis glis
这种睡鼠在德国家喻户晓，它们的冬眠时间可以超过6个月。分布在斯洛文尼亚等地中海国家。

12–17 cm
4¾–6½ in

9–12 cm
3½–4¾ in

9–11 cm
3½–4¼ in

欧䶄
Myodes glareolus
这种典型的田鼠主要在黎明和夜晚活动，分布在西欧大部，东到俄罗斯，生活在矮树丛、林地和花园中。

短小的耳朵

12–23 cm
4¾–9 in

普通田鼠
Microtus arvalis
这种田鼠分布在北欧的大部分地区，是一种普通的草原穴居动物。它也生活在远东和俄罗斯。

水䶄
Arvicola amphibius
这种田鼠分布在英国和欧洲的部分地区，栖息在水边生境之中。但在俄罗斯和伊朗，它们却生活在远离水体的地方，挖掘出许多洞穴。

榛睡鼠
Muscardinus avellanarius
这种榛睡鼠是攀爬跳跃能手，它们分布在欧洲的灌木林中，在夜晚时寻找花、水果和昆虫作为食物。

23–33 cm
9–13 in

7–16 cm
2¾–6½ in

8–12 cm
3¼–4¾ in

6–9 cm
2¼–3½ in

皮毛浓密的尾巴

欧旅鼠
Lemmus lemmus
这种旅鼠是欧洲苔原带主要的小型哺乳动物，它们的种群数量波动会影响一些北极捕食者的繁殖成功率。

草原兔尾鼠
Lagurus lagurus
这种田鼠是本属仅有的一种，分布范围从乌克兰到蒙古西部，生活在干旱的草原之中。

麝鼠
Ondatra zibethicus
这种麝鼠最初生活在北美的河流、池塘和小溪附近，但之后被引入欧洲，现在已经遍布世界各地。

≫

›› 田鼠、旅鼠和麝鼠

7–12 cm
2¾–4¾ in

相对较长
的尾巴

黑线仓鼠
Cricetulus barabensis

因为能掠夺作物，并将种子和稻谷收集在一起，这种啮齿动物变成农业区的一种严重的威胁。农民耕作时会破坏它们的巢穴。

5–10 cm
2–4 in

小毛足鼠
Phodopus roborovskii

这种小动物来自中亚干旱的草原，是一种流行的宠物。它们繁殖迅速，一年会产15窝。

20–34 cm
8–13½ in

原仓鼠
Cricetus cricetus

这种穴居动物独居生活，整个冬季都在地下冬眠。它的洞穴食物储量可能会高达65千克。

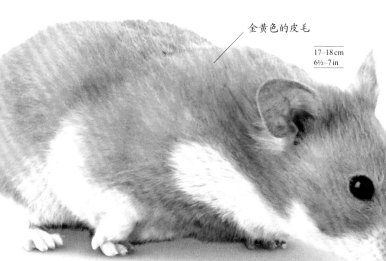

金黄色的皮毛

17–18 cm
6½–7 in

17–18 cm
6½–7 in

长毛金色中仓鼠
Mesocricetus auratus

为了创造许多奇异的品种，金色中仓鼠（金仓鼠）被有选择地繁殖。像这个品种，就不能在野外存活。

金色中仓鼠
Mesocricetus auratus

这种仓鼠原产于叙利亚，现在已经是一种濒危动物。在欧洲和北美为一种受欢迎的家庭宠物。

9–11 cm
3½–4¼ in

12–20 cm
4¾–8 in

普通白足鼠
Peromyscus leucopus

这种老鼠是一种普通的、适应性强的生物，几乎可以在美国中部和东部的各种陆地生境中生存。

刚毛棉鼠
Sigmodon hispidus

这种短命的食草动物在地面居住，分布在美国南部和墨西哥的草原中。

小鼠、大鼠及其近亲

哺乳动物中有五分之一都属于鼠科（Muridae）这一大科。鼠科动物几乎遍布包括极区的世界各地。一些种类携带严重的病菌，还有些种类对农业构成威胁。然而，也有些被用在医学研究中以及作为宠物饲养。

7–12 cm
2¾–4¾ in

非洲刺毛鼠
Acomys cahirinus

像其他刺毛鼠一样，这种啮齿动物的身体上长有起保护作用的坚硬刚毛。它们的皮肤非常薄，使得它们在炎热干燥的生境中能更容易凉爽下来。

7–12 cm
2¾–4¾ in

东非刺毛鼠
Acomys dimidiatus

除了生活在红海的东部以外，以前认为这种刺毛鼠与非洲东北部的种类是同一物种。

10–18 cm
4–7 in

9–18 cm
3½–7 in

小亚细亚沙鼠
Meriones shawi

这种啮齿动物常见于北非和中东的沙漠中。它不冬眠，而是依靠存储在洞穴中多达10千克的食物存活。

长爪沙鼠
Meriones unguiculatus

在野外，这种沙鼠生活在中亚干燥的草原上，能形成大型社群。有些种类现被当作宠物。

5–12 cm
2–4¾ in

埃及小沙鼠
Gerbillus perpallidus

和大多数沙漠啮齿动物一样，这种沙鼠的身体苍白暗淡。它们广泛分布于北非和中东，在那里体色是很好的伪装。

10–13 cm
4–5 in

肥尾沙鼠
Pachyuromys duprasi

和许多沙漠生活的小型哺乳动物一样，这种动物也会在尾巴里储存脂肪。它们的尾巴没有毛皮，使其散发过多的体热。

苍白的毛皮上带有灰褐色的条纹

白云鼠
Phloeomys pallidus
有两种云鼠生活在菲律宾的乔木森林中，但却很少能被发现。这种动物仅生活在吕宋岛北部。

25–45 cm
10–18 in

大云鼠
Phloeomys cumingi
和小一些的北方种一样，这种老鼠整天都会在树洞或洞穴中，一次只产一只幼崽。

28–48 cm
11–19 in

9–13 cm
3½–5 in

黄喉姬鼠
Apodemus flavicollis
这种夜行性动物生活在林地中，由于在欧洲分布区出现重叠，所以很难将其与林姬鼠进行区分。

9–11 cm
3½–4¼ in

林姬鼠
Apodemus sylvaticus
这种动物是欧洲数量最多的野生老鼠，生活在各种陆地生境中，甚至在山地也有分布。

小小的耳朵

白色的下腹

小家鼠
Mus musculus
这种身体细长的小型啮齿动物有着高度的适应性，它们跟随着世界各地的人类，甚至能够生活在南极地区。

7–10 cm
2¾–4 in

小白鼠
Mus musculus
这种人工繁殖的白化小家鼠已经变成了一种普通的宠物，并广泛应用于医疗和科学研究中。

7–10 cm
2¾–4 in

健壮的身体

鼻子、眼眉和脸颊上长着长长的胡须

巢鼠
Micromys minutus
这种动物是欧洲最小的老鼠，生活在包括苇地和麦田等各种有草的生境中。

5–8 cm
2–3¼ in

15–24 cm
6–9½ in

褐家鼠
Rattus norvegicus
褐家鼠现在是一种全球性有害动物，通过随着船只旅行，甚至在遥远的岛屿上都形成了种群。

灰褐色的毛皮

21–29 cm
8½–11½ in

黑家鼠
Rattus rattus
由于能在出海的船只上生活，所以这种动物经常被称为"船鼠"。它们身上的跳蚤能传播黑死病。

30–35 cm
12–14 in

9–14 cm
3½–5½ in

斑草鼠
Lemniscomys striatus
这种动物很特别，特征很明显，分布在撒哈拉沙漠以南的非洲，是那里草地生境中的常见动物。

马岛巨鼠
Hypogeomys antimena
这种动物是该属唯一的一种，是马达加斯加最大的啮齿动物，仅生活在西部海岸的沙地森林中。

竹鼠及其近亲

　　鼹形鼠科 (Spalacidae) 包括没有视力的鼹形鼠、竹鼠以及鼢鼠。突出的大门齿是鼹形鼠的典型特征。由于适应地下生活，它们没有外眼和外耳。东亚地区的竹鼠的眼睛有视觉。

15–26 cm
6–10 in

小竹鼠
Cannomys badius
本属唯一的一种动物，从尼泊尔到越南都有分布。它们会在森林、草地和一些花园中挖掘很深的洞穴。

17–35 cm
6½–14 in

俄罗斯鼹形鼠
Spalax microphthalmus
这种动物没有视力，但从鼻子到眼眶却有敏感的胡须。原产于乌克兰到俄罗斯东南部的草原。

跳兔

　　跳兔科 (Pedetidae) 动物在大小和行为上与兔子很像，不同点是它一次只产一只幼崽。它们全年都会繁殖，但由于生活在干燥开阔的生境中，使得它们很容易被捕食者捕食。

35–43 cm
14–17 in

东非跳兔
Pedetes surdaster
跳兔依靠袋鼠那样的跳跃来逃避夜间的捕食者。它们生活在非洲的塞伦盖蒂平原，不像南非跳兔那么常见。

南非跳兔
Pedetes capensis
这种动物生活在南非的干旱地区，在夜间离开洞穴，寻找草本植物作为食物。

35–43 cm
14–17 in

毛茸茸的长尾巴

非洲鼹形鼠

　　滨鼠科 (Bathyergidae) 动物完全在地下生活，只有基本退化的眼睛。它们利用突出的大型门齿作为铲子，在沙子和松软的泥土中钻洞，并以植物的根作为食物。它们的嘴唇紧贴牙齿后方，避免灰尘进入口中。

8–10 cm
3¼–4 in

又长又突出的门齿

裸鼹形鼠
Heterocephalus glaber
这种高度社会化的动物生活在一个社群内，每个个体的分工不同，特化的工作有助于社群保持整体统一。

圆滚滚的长尾巴

9–27 cm
3½–10½ in

非洲隐鼠
Cryptomys hottentotus
从坦桑尼亚到南非，都能见到这种普通的动物。它们生活在松软的泥土和农场之中，主要以植物根部为食。

复尾滨鼠
Bathyergus janetta
这种动物原产于纳米比亚和南非西南部，它们用前腿而非牙齿挖掘洞穴。

17½–33 cm
7–13 in

新大陆豪猪

　　美洲豪猪科 (Erethizontidae) 动物是美洲森林中的树栖动物，它们的体刺很短，一般不超过10厘米长。大多具有能抓握树枝的卷尾。

65–80 cm
26–32 in

北美豪猪
Erethizon dorsata
这种动物生活在从阿拉斯加到墨西哥的北美森林中。体刺隐藏在蓬松的毛皮之间。

30–60 cm
12–23½ in

玻利维亚卷尾豪猪
Coendou prehensilis
这种夜行性动物生活在南美和特立尼达岛的森林中。白天睡觉，傍晚时分开始寻找叶子和嫩枝作为食物。

旧大陆豪猪

　　豪猪科 (Hystricidae) 有14种动物，分布在非洲大部和南亚，穴居生活。它们身披又长又硬的刚毛，保护它们免于被捕食者捕食。被攻击时，它们能让体刺发出咯咯的响声，提醒对方刺有多锋利。

体刺是特化的毛发

60–100 cm
23½–39 in

非洲冕豪猪
Hystrix cristata
冕豪猪的分布范围贯穿半个非洲北部，但除了撒哈拉沙漠以外。它们与夜行性的啮齿动物很相似。

75–100 cm
30–39 in

南非豪猪
Hystrix africaeaustralis
这种动物生活在南部非洲大多数的热带稀疏草原，独居或群居，夜间觅食，寻找根和浆果作为食物。

骆和毛丝鼠

毛丝鼠科 (Chinchillidae) 的所有7种动物都来自南美洲，都长着一条突出的尾巴和一双大大的后脚。它们通常集群生活，栖息在洞穴或岩石中。由于皮毛的利用和有害动物的身份，它们现在已经相当稀少了。

大大的耳朵有助于调节体温

长长的胡须有助于感觉空间

毛丝鼠
Chinchilla sp.
毛丝鼠的皮毛很有价值，它们的外衣又好又厚，能将它们生活的安第斯山脉的寒冷空气隔绝在体外。

22–38 cm
9–15 in

多毛的尾巴用于平衡身体

30–45 cm
12–18 in

山骆
Lagidium viscacia
这种灵巧的啮齿动物皮毛致密，使它们在夜晚免于寒冷。它们生活在峭壁、岩石和山坡上。

岩鼠

岩鼠科 (Petromuridae) 只有一种动物，仅生活在南部非洲。奇特的扁平头骨和柔软的肋骨使其适合生活在缝隙和石头下面，不同于其他所有的啮齿动物。

岩鼠
Petromus typicus
这种啮齿动物生活在干燥多石的山坡上，在黎明和黄昏时从缝隙中出来，寻找种子和嫩枝作为食物。

14–20 cm
5½–8 in

蔗鼠

蔗鼠科 (Thryonomyidae) 的两种动物都长着浅褐色、粗糙扁平的毛发，这使得它们与周围的干草和灌木丛融为一体。蔗鼠每年会产下两小窝发育良好的幼崽。

35–60 cm
14–23½ in

蔗鼠
Thryonomys sp.
有两种非洲蔗鼠：一种生活在热带稀树草原，另一种生活在苇地和沼泽里。

长尾豚鼠

长尾豚鼠科 (Dinomyidae) 只有一种动物。它们是一种害羞、笨重、移动缓慢、几乎无抵御能力的动物。它们单独或成对生活在山地森林中，能被美洲豹和人类所捕食。

长尾豚鼠
Dinomys branickii
由于栖息地南美森林的丧失和作为食物而被猎杀，长尾豚鼠正面临威胁，现在已经成为一种濒危动物。

70–80 cm
28–32 in

豚鼠和长耳豚鼠

豚鼠科 (Caviidae) 动物是南美分布最广、数量最丰富的啮齿动物，从山地草甸到热带河漫滩都有它们的分布，全年繁殖。除了长耳豚鼠，所有种类都是短腿、矮胖的动物。

巴西豚鼠
Cavia aperea
豚鼠主要生活在低地生境中，但这种动物也生活在从秘鲁到智利的安第斯山脉中。

20–40 cm
8–16 in

玫瑰豚鼠
Cavia porcellus
宠物豚鼠的外表有一些变化。这种豚鼠周身的皮毛形成了许多大钉一般的漩涡。

20–40 cm
8–16 in

长毛豚鼠
Cavia porcellus
这种长毛品种常被关在笼子里作为宠物。它们需要经常梳理，以免皮毛缠成一团。

20–40 cm
8–16 in

荷兰猪
Cavia porcellus
本页介绍了3个普通豚鼠的品种，其中荷兰猪最有名。距离豚鼠第一次作为食物而被驯养已经500年了，现在它们已经变成一种世界流行的宠物。

20–40 cm
8–16 in

长长的耳朵

69–75 cm
27–30 in

长耳豚鼠
Dolichotis sp.
这些长腿的啮齿动物有很多不寻常的特征，诸如它们有许多共享的洞穴系统以及共享的繁殖生境。

非洲冕豪猪

Hystrix cristata

受到威胁时，非洲冕豪猪会立起长长的、有刺的刚毛，显示出恐吓状态。由于捕食者有非常丰富的被刺经验，所以它们不太可能尝试继续攻击。狮子、鬣狗，甚至人类都有被刚毛刺伤、感染、死亡的记录。虽然这种防御方式给人印象很深，但豪猪却是一种温顺胆小的动物，很容易受到惊吓，经常受惊逃走。豪猪独居或以家庭群居，共同分享洞穴系统。非洲冕豪猪生活在非洲北部的许多地方。这种动物也曾遍及欧洲南部——意大利发现的种群可能是古代遗留的，或者可能是被近代罗马人引入的结果。

尺寸	60～100厘米
生境	多石地势、热带稀树草原、林地
分布	除撒哈拉沙漠以外的非洲北部，直到南部的坦桑尼亚
食物	主要是根、水果和块茎；偶尔会吃腐肉

< 中间凸起的毛发

竖起的刚毛造成了一种大小错觉。被困走投无路的豪猪会站起来，并试图吓唬对方，脱离险境。如果失败的话，它们会背转过去，竖起后方的尖刺，面对攻击者。

耳朵 >

小耳朵大部分都隐藏在粗糙的毛发里。豪猪的听觉很好，依靠听力躲避危险。如果听到其他动物靠近，它们就会慢慢地逃走并消失在夜色之中。

∨ 眼睛

豪猪的视力极差，但在非洲的夜晚，很少有东西能被看到。它们会用敏锐的听觉和嗅觉探路。

∨ 嘴和牙齿

豪猪有啮齿动物典型的特化啮齿，使得它们能够咀嚼坚硬的根和块茎。控制颌部的肌肉非常有力。

颤抖的刚毛 >

豪猪的刚毛是特化的毛发。它们能通过肌肉而被抬起，这些肌肉就像是我们自己皮肤上能产生鸡皮疙瘩的小肌肉的放大版。

—— 像刚毛一样，在警觉时，豪猪薄薄的粗糙皮毛也能竖起

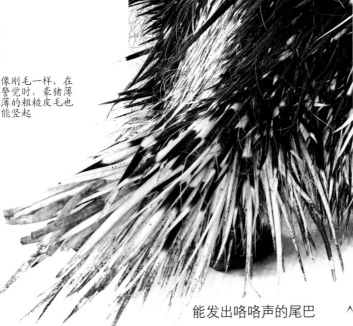

能发出咯咯声的尾巴 ∧

尾巴上的刚毛是膨大的，并且是中空的。当发出警告时，豪猪会抖动它们，柔和的咯咯声会警告敌人这是一个强有力的对抗武器。

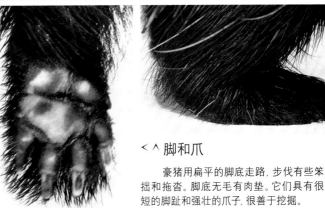

<∧ 脚和爪

豪猪用扁平的脚底走路，步伐有些笨拙和拖沓。脚底无毛有肉垫。它们具有很短的脚趾和强壮的爪子，很善于挖掘。

水豚

水豚亚科 (Hydrochoerinae) 有4种动物，包括最大的啮齿动物——水豚。水豚每年产一窝幼崽；后代在雨季末出生，那时的草是最有营养的。它们可以活6年。

粗糙的毛皮可以快速变干

圆圆的小耳朵

水豚
Hydrochoeris hydrochaeris
这种动物和猪一样大，是世界上最大的啮齿动物，在南美洲的沼泽中过着半水生的生活。

1–1.3 m
3¼–4¼ ft

兔豚鼠

兔豚鼠科 (Cuniculidae) 动物分布在中美和南美，由两种夜行性的啮齿动物组成。当它们在森林地面寻找水果、种子和根时，样子很像小猪。

60–80 cm
23½–32 in

兔豚鼠
Cuniculus paca
这种啮齿动物分布在墨西哥到巴拉圭的南美洲北部地区，主要生活在森林中。

八齿鼠、石鼠及其近亲

这些小老鼠毛皮光滑，它们的臼齿磨损后形成八菱形，它们的拉丁名字也由此而得。八齿鼠科 (Octodontidae) 动物广布于南美洲南部地区。

智利八齿鼠
Octodon degus
这种动物生活在智利安第斯山脉西坡。如果被捕食者捉到的话，尾巴很容易断开。

12–19 cm
4¾–7½ in

河狸鼠

河狸鼠是河狸鼠科 (Myocastoridae) 唯一一种动物，原产于南美沼泽。因为皮毛贸易已被引入欧洲，逃脱的个体建立了野外种群。

36–65 cm
14–26 in

突出的门齿

长长的圆尾

河狸鼠
Myocastor coypus
这种动物长着很特别的蓬松皮毛，以及巨大的橘黄色门齿。后脚有用于游泳的蹼，尾巴粗大，有鳞。

棘鼠

这些啮齿动物主要是草食性动物，也有一些会捕食昆虫。多数都长着坚硬的皮毛，但并不是所有种类都是如此。棘鼠科 (Echimyidae) 动物广泛分布于南美洲，但大多不为人所了解，并且有些已经灭绝了。

地棘鼠
Proechimys sp.
这些啮齿动物都有一张多刺的保护外皮。这些特征与非洲的刺毛鼠是平行进化出来的。

16–30 cm
6½–12 in

硬毛鼠

硬毛鼠科 (Capromyidae) 有7种现存种类，生活在加勒比海不同岛屿上的森林中。有6种受到威胁，接近灭绝；只有古巴硬毛鼠相对安全。

30–43 cm
12–17 in

古巴硬毛鼠
Capromys pilorides
这种硬毛鼠在古巴很普通。由于栖息地的丧失和被猎捕，其他现存的硬毛鼠濒临灭绝。

刺豚鼠

刺豚鼠科 (Dasyproctidae) 动物是长腿、善于奔跑、害羞的啮齿动物，白天活跃。它们全年繁殖，但每次只产两只幼崽，幼崽出生后一小时就能奔跑。

兔形刺豚鼠
Dasyprocta leporina
这种动物生活在南美洲东北部和小安第斯群岛上的森林里，通过浅黄色的臀部就可以辨认出它。

41–62 cm
16–24 in

41–62 cm
16–24 in

42–62 cm
16½–24 in

普通刺豚鼠
Dasyprocta punctata
这种刺豚鼠的分布范围从墨西哥向南直到阿根廷。它们主要以水果为食，但也会捕食蟹类。每对刺豚鼠会终生生活在一起。

南美刺豚鼠
Dasyprocta azarae
这种刺豚鼠生活在巴西南部，巴拉圭和阿根廷北部的森林中，用叫声发出警报。以各种各样的种子和水果为食。

树鼩

这些小型哺乳动物的外表和行为与松鼠相似。它们白天活跃，大部分时间都在地面寻找食物。

树鼩原产于东南亚的热带雨林。它们与真正的鼩鼱无亲缘关系，而是单独成为一目，即树鼩目 (Scandentia)。它们的手指和脚趾上都长着锋利的爪子，使得它们可以迅速地爬树。虽然它们的名字是树鼩，但其实大部分种类仅部分树栖。它们混合型的食物包括昆虫、蠕虫和水果，有时会是小型哺乳动物、蜥蜴和鸟类。

有些树鼩是独居的，而有些成对生活或成群生活。它们繁殖迅速，在树的缝隙或树枝上筑巢，喂养幼崽。雌性对幼崽的照顾不多，仅偶尔短暂地给它们哺乳。

门	脊索动物门
纲	哺乳纲
目	树鼩目
科	2
种	20

笔尾树鼩

笔尾树鼩科 (Ptilocercidae) 只有一种动物，就是东南亚的笔尾树鼩。它的名字源于它柔软的长尾巴，这种尾巴就像一只羽毛笔，在攀爬时起平衡作用。

10–14 cm
4–5½ in

笔尾树鼩
Ptilocercus lowii
这种树鼩的尾巴相当细长，尖端很蓬松，不像其他种类的树鼩长着一条粗大的毛绒尾巴。

树鼩

树鼩科 (Tupaiidae) 动物长着长长的鼻子，用于锁定昆虫和其他无脊椎动物，以及水果和叶子。树鼩的手指和脚趾也长有锋利的爪子，有助于它们快速地攀爬。

长长的鼻子

15–23 cm
6–9 in

延长的爪子有助于握住树枝

巨树鼩
Tupaia tana
树鼩是生活在东南亚森林中的夜行性动物。这种树鼩生活在婆罗洲、苏门答腊岛和附近的岛屿。

鼯猴

组成皮翼目 (Dermoptera) 的两种动物是滑翔的，而不是飞行的哺乳动物。它们生活在东南亚的雨林中。

鼯猴很特别，因为它从脖子到指尖、尾巴延展着一层皮膜。当四肢把膜展开时，鼯猴能借助空气，从一棵树滑翔到另一棵树。一次的滑翔距离可能多达100米。鼯猴生活在树冠层，白天它们倒挂在树枝上，或者躲避在缝隙或树洞中，而夜晚出去寻找水果和叶子等食物。它们几乎不会下到地面。

鼯猴的牙齿与其他任何哺乳动物都不同。下颌的牙齿像梳子一样排列，以便用于梳理和捕食。

门	脊索动物门
纲	哺乳纲
目	皮翼目
科	1
种	2

鼯猴

鼯猴科 (Cynocephalidae) 只有两种动物，它们的皮膜从颈部延伸到指尖和尾部，有助于它们从一棵树滑翔到另一棵树。它们也长着奇特的梳状下齿，用于扯下水果和花朵这样的食物。

马来鼯猴
Cynocephalus variegatus
马来鼯猴分布在东南亚和印度尼西亚的岛屿上的热带雨林中。它们单独生活或成小群生活，栖息在树洞里或在高高的树顶休息。

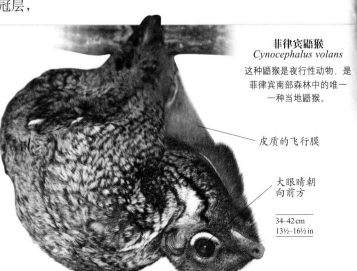

皮质的飞行膜

大眼睛朝向前方

34–42 cm
13½–16½ in

菲律宾鼯猴
Cynocephalus volans
这种鼯猴是夜行性动物，是菲律宾南部森林中的唯一一种当地鼯猴。

34–42 cm
13½–16½ in

灵长类

人类属于灵长目 (Primates) 动物。和身体大小相比，灵长目动物的大脑相对较大，朝前的眼睛能给它们三维的视角。

除了包括人类在内的很少几种动物以外，灵长目动物都生活在美洲、非洲和亚洲的热带和亚热带地区。它们的大小可以从体重为30克的鼠狐猴到200千克的大猩猩。

比起嗅觉，灵长目动物更多依靠视觉。很多种类都栖息在树上，它们拥有立体视觉，能够很好地判断距离并在树间跳跃；相对的拇指和卷尾用于抓握树枝；长腿用于跳跃；长臂用于摆动。有些灵长目动物有特化的食性，但许多其他种类的灵长目动物都为杂食性的。

主要类群

灵长目分为两个亚目。原猴亚目主要包括夜行性的狐猴、蜂猴、婴猴及它们的亲缘种。与其他灵长类相比，这些种类的嗅觉比较发达。猿猴亚目包括新、旧大陆的猴子和猿，它们中的许多种类都是昼行性的，与原猴亚目相比更依赖于视觉。

社会结构

大多数灵长目动物都具有高度的社会性，会生活在小的家庭群体中，一雄多雌，或生活在大型的雌雄混合群体中。一些种类的典型特征就是，雄性会为雌性而进行高水平的竞争。性选择有利于那些更大或者最优势的雄性，这导致了雌雄二型——雌性和雄性在体形或特征上的不同，比如犬齿的不同。不同的性别可能会有不同的体色，即一种叫作性别双色的二态性形式（性二型）。

多数新大陆的猴子都是单配制，双亲承担共同养育后代的责任。旧大陆的猴子倾向于群体生活，这种群体是由具有亲缘关系的雌性统治的，雄性仅承担一点或不承担照顾后代的责任。灵长目动物通常需要很长时间才能完全成熟，繁殖时间也很长，但它们的寿命相对也会较长。大型的猿类在野生情况下可以活到45岁，人工饲养会寿命更长。

门	脊索动物门
纲	哺乳纲
目	灵长目
科	13
种	约460

讨论

灵长类热点

与十年前相比，今天的科学家可以列出更多种类的灵长类动物，因为大多数亚种 (地理变异) 被认为是新种。在亚马孙盆地的猴子种群，由于被河流和山脉所分离，所以呈现出略微的不同——比如它们染色体结构的不同。一些科学家们相信，数千年前由于地质活动，森林生境变得孤立起来，这些猴子也逐渐彼此分离。这种森林可能有着许多以这种方式隔绝起来的种群。为了保护物种多样性，它们受到了保护组织的特别关注。

婴猴和狓

婴猴科 (Galagidae) 动物原产于撒哈拉以南非洲，生活在许多种类的林地和森林中，包括灌木和树木繁多的热带稀树草原。它们的后腿比前腿长，有助于在树木之间进行大的跳跃。这些灵长目动物经常用尿洗手和脚，这有助于它们提高抓握能力，以及留下气味踪迹。所有种类都为夜行性动物。

可移动的大耳朵

厚厚的毛皮

大眼睛

28–47cm
11–18½ in

银大尾狓
Otolemur monteiri
这种动物和粗尾狓的分布范围相同，但更喜欢植被茂密的生境。虽然它们的名字带有银色，但多为黑化的形态。

粗尾狓
Otolemur crassicaudatus
这种灵长类动物是极大的婴猴之一，生活在非洲南部的各种森林中。这种杂食性动物会用它们梳子一样的牙齿从树上刮取树胶。

30–37cm
12–14½ in

懒猴和树熊猴

这些小型的夜行性动物为杂食性，尾巴短，前肢与后肢等长。懒猴科 (Lorisidae) 动物长着用于抓握树枝的对生拇指。与婴猴相比，它们移动更为缓慢而稳健，运动方式为攀爬而非跳跃。

7–26 cm
2¾–10 in

致密的皮毛

大眼睛周围深色的环

瘠懒猴
Loris tardigradus
这种细长的灵长动物原产于斯里兰卡。它们会用长长的四肢在林冠层小心地移动。

对生拇指

大大的耳朵

虎钳般的爪子

22–31 cm
9–12 in

26–38 cm
10–15 in

15–25 cm
6–10 in

30–40 cm
12–16 in

巽他蜂猴
Nycticebus coucang
就像名字 (Slow Loris) 中显示的那样，这种蜂猴通常会缓慢并谨慎地在树木间移动。它们生活在东南亚的热带丛林中。

倭蜂猴
Nycticebus pygmaeus
这种动物生活在老挝、柬埔寨、越南和中国南部茂密的热带雨林以及竹林中。

树熊猴
Perodicticus potto
这种灵长类生性害羞，生活在赤道非洲茂密的雨林中。它们的后颈生有骨质盾，起到抵御捕食者的作用。

小金熊猴
Arctocebus aureus
这种动物也叫金狨，分布在赤道西非和中非，栖息在湿润的低地森林的林下层。

小婴猴
Galago senegalensis
小婴猴广泛分布于中非和东非的部分地区，栖息在干旱的热带稀树草原林地中。

12–20 cm
4¾–8 in

14–17 cm
5½–6½ in

眼镜猴

小型的眼镜猴科 (Tarsiidae, 亦称跗猴科) 动物以其极为细长的踝骨或跗骨命名。这些树栖动物长着长长的肢骨、细长的手指，以及一条又长又细的尾巴。它们圆圆的头上长着非常大的眼睛，有助于它们在夜晚捕食昆虫。

光滑的毛皮

菲律宾眼镜猴
Tarsius syrichta
这种眼镜猴是菲律宾各种雨林和矮树丛的地方种。在所有哺乳动物中，它们的眼睛相对于身体大小来说是最大的。

8.5–16.5 cm
3¼–6½ in

8.5–16 cm
3¼–6½ in

蓬尾婴猴
Galago moholi
这种害羞的小型夜猴以小群体的形式生活在非洲南部。它们轻盈、敏捷，能在林间跳跃，以昆虫和树胶为食。

长长的尾巴

邦加眼镜猴
Tarsius bancanus
这种动物也叫西部眼镜猴，生活在苏门答腊岛和婆罗洲的热带雨林中，很适合在树丛间攀爬跳跃。

德氏婴猴
Galago demidoff
这种小型灵长动物也被称为倭婴猴，分布在西非和中非，能用长长的后腿在雨林冠层间跳跃。

10.5–12.5 cm
4¼–5 in

细长的尾巴

狐猴

狐猴科 (Lemuridae) 动物生活在马达加斯加的森林中，由最典型的狐猴组成：主要栖息在树上，四足。大多昼夜都很活跃。有些种类雌性和雄性体色不同。

40–42 cm
16–16½ in

大竹狐猴
Prolemur simus
这种动物是非常稀有的狐猴之一，生活在马达加斯加东南部，几乎只以大麻竹为食。

39–46 cm
15½–18 in

环尾狐猴
Lemur catta
这种狐猴群居生活，一个群体可达25个个体，经常在地面活动。食物包括水果、植物、树的枝叶和树皮。

51–60 cm
20–23½ in

领狐猴
Varecia variegata
这是一种体型最大的狐猴，能吃掉很多水果。它们会为幼崽造一个树叶巢穴，这在狐猴中是不常见的。

38–40 cm
15–16 in

厚厚的
毛皮

阿劳特拉驯狐猴
Hapalemur alaotrensis
这种极度濒危的动物被称为阿劳特拉驯狐猴，只生长在马达加斯加最大的湖——阿劳特拉湖附近的纸莎草沼泽和苇地里。

35–42 cm
14–16½ in

红腹美狐猴
Eulemur rubriventer
这种狐猴为单配制，通常集小群生活，群体成员由狐猴夫妇和未独立的后代组成。

38–50 cm
15–20 in

红领美狐猴
Eulemur collaris
这种狐猴的腕部生有一个气味腺。它会把气味洒在毛茸茸的长尾巴上，用于互相沟通交流。

和身体等
长的尾巴

39–42 cm
15½–16½ in

白头美狐猴
Eulemur albifrons
这种狐猴只有雄性的黑色脸颊周围生有特殊的白色皮毛；雌性的脸为灰色。

32–37 cm
12½–14½ in

雄性红色的
颊纹

獴美狐猴
Eulemur mongoz
獴美狐猴在旱季为夜行性，而从雨季开始会变得更多地在白天活动。

会抓握的手

黑美狐猴
Eulemur macaco
这种狐猴两性异形，雌雄狐猴体色不同。只有雄性是全黑的；而雌性是灰褐色的，耳朵有一簇白色的毛。

38–45 cm
15–18 in

倭狐猴和鼠狐猴

倭狐猴科 (Cheirogaleidae) 动物是所有灵长类动物中最小的种类。它们四肢短小，眼睛硕大。所有种类都为夜行性动物，栖息在马达加斯加森林中的树木上，旱季会进入蛰伏状态以求生存。

灰叉斑鼠狐猴
Phaner pallescens
这种狐猴长着一条长舌，以及用来啃食树皮的大臼齿，这些都是为了适应食用树胶。

22–30 cm
9–12 in

17–26 cm
6½–10 in

短小的四肢

12–15 cm
4¾–6 in

灰鼠狐猴
Microcebus murinus
这种狐猴是杂食性动物，食物包括昆虫、花和水果。幼猴出生的头几周，雌性会将它衔在嘴里。

赤褐鼠狐猴
Microcebus rufus
这种动物生活在森林生境之中，杂食性，以各种水果、昆虫和树胶为食。

10–20 cm
4–8 in

大倭狐猴
Cheirogaleus major
这种独居的狐猴主要以水果和花蜜为食。在湿润的季节，它们会将脂肪储存在尾部。

鼬狐猴

鼬狐猴科 (Lepilemuridae) 动物由马达加斯加的鼬狐猴组成。这些体型中等的狐猴长着突出的鼻吻和大大的眼睛，是严格的树栖、夜行性动物。低热量、多叶子的饮食结构意味着它们是灵长类动物中最少活动的种类。

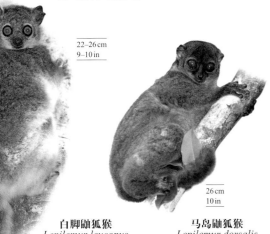

22–26 cm
9–10 in

26 cm
10 in

白脚鼬狐猴
Lepilemur leucopus
这种狐猴的上体为浅灰色，下体为白色。在寻找食物的一个来回之间，它们会花很长时间垂直站立在树干上。

马岛鼬狐猴
Lepilemur dorsalis
这种动物生活在马达加斯加西北部和附近岛屿上的湿润森林中。它们长着一个钝圆的口鼻，还有小小的耳朵。

冕狐猴及其近亲

最大的狐猴——大狐猴和冕狐猴——和小些的毛狐猴形成了马达加斯加的大狐猴科 (Indriidae)。所有种类都长有能在树间跳跃的有力长肢，并且除了大狐猴属之外，都长着一条长尾巴。

脸部多半裸露，沿着口鼻部长有白色皮毛

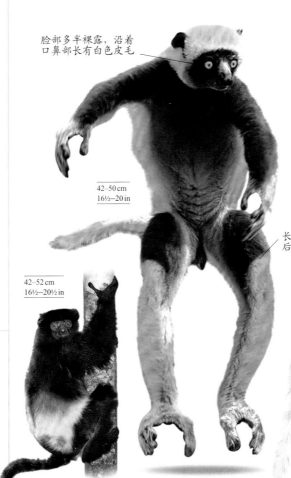

42–50 cm
16½–20 in

长长的后肢

40–50 cm
16–20 in

维氏冕狐猴
Propithecus verreauxi
这种冕狐猴生活在马达加斯加的西南部。它们能依靠长腿跳跃着穿过类似仙人掌的植物，而不会受到伤害。

42–52 cm
16½–20½ in

爱氏冕狐猴
Propithecus edwardsi
这种冕狐猴以小的家庭群体形式生活在马达加斯加东南部，它们长着大大的对生拇指，用于抓住树干。

科氏冕狐猴
Propithecus coquereli
和其他冕狐猴一样，这种灵长类动物会用后腿跳跃、用前肢保持平衡的方式，穿过开阔地。

60–72 cm
23½–28 in

大狐猴
Indri indri
大狐猴是狐猴里最大的一种，是唯一一种长着退化短尾的种类。

指猴

马达加斯加的指猴是指猴科 (Daubertoniidae) 唯一的一种动物。这种夜行性的灵长类动物长着裸露的大耳朵，一身蓬松的外皮，很长的手指，以及不断生长的门齿。

30–40 cm
12–16 in

指猴
Daubentonia madagascariensis
指猴用它细长的手指，从朽木中寻找昆虫幼虫，并将其拉出。

吼猴、蜘蛛猴和绒毛猴

蜘蛛猴科 (Atelidae) 的吼猴、蜘蛛猴和绒毛猴是体型最大的一类新大陆猴子。它们都长着一条卷尾，当在林间穿梭时可以作为第五肢。蜘蛛猴的四肢比本科其他种类的四肢要长些。

48–63 cm
19–25 in

50–71 cm
20–28 in

懒吼猴
Alouatta pigra
这种动物生活在墨西哥的尤卡塔半岛、智利以及危地马拉，会形成多达11个成员的群体。

用于吼叫的膨大的喉部

红吼猴
Alouatta seniculus
这种吼猴的颈部有一块增大的舌骨，用于发出叫声，在几千米以外的地方也可以听到。

48–68 cm
19–27 in

长毛吼猴
Alouatta palliata
这种吼猴以其两侧"斗篷"似的长针毛命名，生活在中美洲和南美洲北部。

40–55 cm
16–22 in

褐头蛛猴
Ateles fusciceps rufiventris
和其他蜘蛛猴相似，这个亚种的手上没有拇指，生活在哥伦比亚和巴拿马。

31–63 cm
12–25 in

黑掌蛛猴
Ateles geoffroyi
这种以水果为食的蜘蛛猴白天活跃，分布在中美洲的森林中，以相对大的群体生活，群体成员多达35只。

46–78 cm
18–31 in

绒毛蛛猴
Brachyteles arachnoides
这种动物又名褐绒毛蛛猴，生活在巴西森林中，由于生境丧失而处在极度濒危的状态。

灰绒毛猴
Lagothrix cana
这种猴子身体粗壮有力，集大群生活在巴西、玻利维亚和秘鲁的原始森林中。

普通绒毛猴
Lagothrix lagotricha
这种动物是极大的新大陆猴子之一，生活在亚马孙河流域上游的低地原始森林中。

无毛的尾尖

50–65 cm
20–26 in

40–69 cm
16–27 in

夜猴

夜猴也被称为鸮猴，属于夜猴科（Aotidae），是新大陆唯一一类夜行性灵长类动物。它们是小型猴，扁圆的脸上长着一双大大的眼睛，并长有浓密的皮毛，嗅觉高度发达。

24–42 cm
9½–16½ in

黑夜猴
Aotus nigriceps
这种夜猴是单配制的，栖息在亚马孙河流域中上游的巴西、玻利维亚和秘鲁的原始森林和次生林中。

24–48 cm
9½–19 in

北夜猴
Aotus trivirgatus
这种猴子也叫树纹猴，主要在月光照耀的夜晚活动，生活在委内瑞拉和巴西北部的森林中。

伶猴、僧面猴和秃猴

僧面猴科（Pitheciidae）包含一系列小型到中型的猴子。它们是昼行性、树栖，以及社会性的猴子。所有种类都有相同的齿式，包括八字型的大犬齿，帮助它们处理坚硬的种子和果实。

黑色的毛发，尖端为白色

30–70 cm
12–28 in

白脸僧面猴
Pithecia pithecia
雄性白脸僧面猴或称圭亚那僧面猴。体色为黑色，面部周围的皮肤为苍白色，而雌性为灰褐色。

38–48 cm
15–19 in

黑领僧面猴
Chiropotes satanas
这种猴子来自亚马孙河流域南部。雄猴的前额长着一个裸露的大肿块。

38–42 cm
15–16½ in

露水僧面猴
Pithecia irrorata
这种动物又名裸脸僧面猴，生活在巴西西部、玻利维亚北部、以及秘鲁东部，主要以种子为食。

37–48 cm
14½–19 in

普通僧面猴
Pithecia monachus
这种动物是一种害羞的灵长类动物，生活在巴西东北部、秘鲁、哥伦比亚和厄瓜多尔高高的森林冠层中。

31–42 cm
12–16½ in

黑额伶猴
Callicebus nigrifrons
这种伶猴以水果为食，生活在巴西东南部圣保罗市附近的大西洋海岸森林中。

23–36 cm
9–14 in

白领伶猴
Callicebus torquatus
这种动物又名黄掌伶猴，喜欢生活在巴西砂壤土上未被水淹过的森林生境中，主要以水果和种子为食。

蓬松的长外衣

无毛发的红色脸颊

36–57 cm
14–22½ in

红秃猴
Cacajao calvus rubicundus
这是一个红秃猴的亚种，栖息在亚马孙盆地季节性的水淹林中。这些动物红色的脸是健康的信号。

27–43 cm
10½–17 in

暗黑伶猴
Callicebus moloch
这种伶猴是严格的单配偶动物，会维护家族领地，生活在巴西中部的低层森林中。

30–50 cm
12–20 in

黑脸秃猴
Cacajao melanocephalus
这种秃猴是高度社会化的动物，以30只或更多成员组成的群体形式生活在亚马孙河流域上游。

狨、松鼠猴及其近亲

卷尾猴科 (Cebidae) 由相对小型的社会性猴子组成，生活在南美洲热带和亚热带的各种森林生境中。它们都是白天活动，生活在树上，长着朝向前方的眼睛和短短的鼻子。除了卷尾猴，所有种类都长着不卷曲的长尾巴。狨科动物的爪子替代指甲，无第三颗白齿。

21–31 cm
8½–12 in

节尾猴
Callimico goeldii
这种猴子生活在亚马孙河上游茂密的林下植物中，诸如竹林中，在树冠层中寻找水果作为食物。

20–23 cm
8–9 in

银狨
Callithrix argentata
这种狨是一种特化的吃树胶的动物。它们长着大大的耳朵、狭窄的颌部，以及用于切断树皮的短短的犬齿。

毛狨
Callithrix jacchus
亦称普通狨。这种动物的雌性通常会与两只雄性交配，而且两只雄性会照顾后代，后代常常为孪生。

12–15 cm
4¾–6 in

弯曲的长爪子

20 cm
8 in

杰氏狨
Callithrix geoffroyi
这种动物也被称为白头狨。为了提取树胶，它们会在树皮里钻洞，并使用气味标记阻止其他狨使用这个树洞。

23–28 cm
9–11 in

黑羽狨
Callithrix penicillata
这种灵长类动物是单配制动物，白天活动，生活在高高的雨林冠层，以树的汁液为食。

12–15 cm
4¾–6 in

倭狨
Callithrix pygmaea
这种动物是世界上最小的猴子，生活在亚马孙河流域上游的季节性水淹林中，以树胶为食。

背部细小的黄色毛发

23–26 cm
9–10 in

白色胡须

长须狨
Saguinus imperator
亦称皇狨。这种狨以其长长的白色胡须为特征，生活在秘鲁、巴西和玻利维亚的热带森林中。

23–30 cm
9–12 in

白唇狨
Saguinus labiatus
这种动物的雌性首领会释放叫作信息素的化学信号，这会抑制群体中其他雌性成员的繁殖。

21–28 cm
8½–11 in

双色狨
Saguinus bicolor
这种树栖的灵长类动物又被称为杂色狨，分布在巴西马瑙斯市附近的亚马孙河流域中部，栖息在低地森林中。

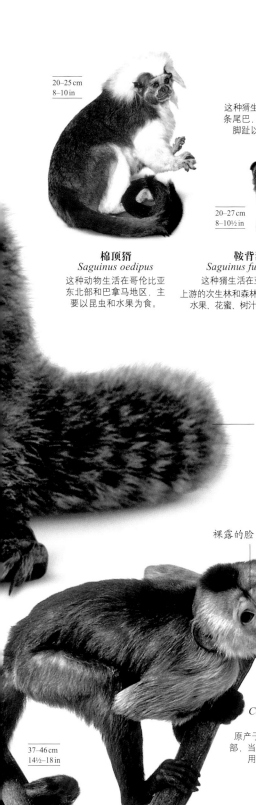

20–25 cm
8–10 in

棉顶狨
Saguinus oedipus
这种动物生活在哥伦比亚
东北部和巴拿马地区，主
要以昆虫和水果为食。

赤掌狨
Saguinus midas
这种狨生活在南美洲东北部。它们有一
条尾巴，手和脚的颜色很鲜艳，除了大
脚趾以外的所有脚趾上都有爪子。

21–28 cm
8½–11 in

20–27 cm
8–10½ in

鞍背狨
Saguinus fuscicollis
这种狨生活在亚马孙流域
上游的次生林和森林边缘，以昆虫、
水果、花蜜、树汁和树胶为食。

金狮狨
*Leontopithecus
rosalia*
这种动物是世界上极度
濒危的猴子之一，仅生
活在巴西东南部的大西
洋海岸林中。

20–34 cm
8–13½ in

金头狮狨
Leontopithecus chrysomelas
这种灵长类动物仅分布在巴西东北部的巴伊
亚省南部，栖息在大西洋海岸林中，遇到危
险时会竖起毛发，以使其看起来更大。

—— 带状尾

—— 裸露的脸

27–37 cm
10½–14½ in

20–25 cm
8–10 in

31–57 cm
12–22½ in

黑带卷尾猴
Cebus olivaceus
这种卷尾猴
原产于南美洲的中部和北
部，当用手进食时，它们会
用卷尾支撑身体。

白头卷尾猴
Cebus capucinus
这种灵长类动物是中美洲唯一的一种卷
尾猴，分布范围从洪都拉斯延伸到哥伦
比亚和厄瓜多尔海岸。

亮黄色的
四肢

37–46 cm
14½–18 in

—— 卷尾

大头黑帽卷尾猴
*Cebus apella
macrocephalus*
这种灵长类动物生活在
南美洲西部的森林中，
能使用工具打开坚硬的水果。

33–57 cm
13–22½ in

27–32 cm
10½–12½ in

长长的尾
巴，尖端
为黑色

玻利维亚松鼠猴
Saimiri boliviensis
这种动物的雄性在繁殖季节竞争配偶时，
颈部和肩部周围会变胖。

普通松鼠猴
Saimiri sciureus
这种猴子是群居动物，它们会大群地生活
在南美洲北部的各种森林生境中。

指甲

旧大陆猴类

　　猴科 (Cercopithecidae) 广泛分布于非洲和亚洲,它们长着间距很小并且朝下的鼻孔(狭鼻类动物),以及扁平的指甲。多数为昼行性的树栖动物;不过,狒狒主要在陆地生活。长尾猴、狒狒和短尾猴是杂食性的,它们的下颌强壮,有颊囊和一个单胃。疣猴和叶猴以树叶为食(食叶动物),胃部复杂,没有颊囊。

朝前的眼晴能呈现三维的视角

45–64 cm
18–25 in

沙土色

斯里兰卡猴
Macaca sinica
这种动物是最小的猕猴,生活在斯里兰卡岛上的湿润森林。

43–53 cm
17–21 in

45–70 cm
18–28 in

52–57 cm
20½–22½ in

黑猴
Macaca nigra
这种猴子生活在印度尼西亚的苏拉威西岛,臀部长着裸露的粉色臀胼胝。准备交配的雌性猴子的臀胼胝会变得特别大。

叟猴
Macaca sylvanus
亦称巴巴利猕猴,是亚洲以外唯一的猕猴,生活在阿尔及利亚和摩洛哥高高的雪松和栎树森林中。

37–63 cm
14½–25 in

像狮子一样的毛发

40–61 cm
16–24 in

食蟹猴
Macaca fascicularis
这种东南亚的杂食性动物除了吃蟹以外,也会吃昆虫、蛙、水果和种子。

狮尾猴
Macaca silenus
这种树栖的猕猴生活在印度西南部的西高止山脉,主要栖息在湿润的季雨林中。

猕猴
Macaca mulatta
这种动物的分布范围从阿富汗西部,穿过印度到达泰国北部和中国,并栖息在干燥开阔的地方。成年猕猴能在岛屿间游泳,距离可达800米。

49–70 cm
19½–28 in

红面猴
Macaca arctoides
亦称短尾猴。这种动物分布在东南亚热带和亚热带的湿润森林中,可以在树上和陆地上生活。

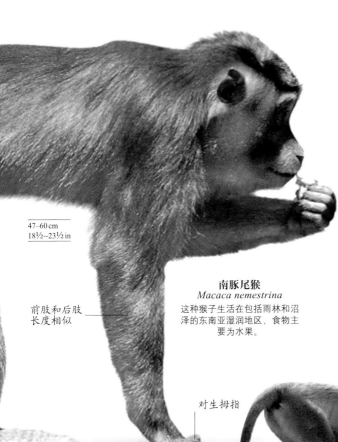

47–60 cm
18½–23½ in

前肢和后肢
长度相似

对生拇指

南豚尾猴
Macaca nemestrina
这种猴子生活在包括雨林和沼
泽的东南亚湿润地区，食物主
要为水果。

35–60 cm
14–23½ in

冠毛猴
Macaca radiata
这种动物生活在印度南部，
经常能在人类住所附近发现
它们，杂食性，会因食物而
依赖人类。

厚厚的
皮毛

47–60 cm
18½–23½ in

日本猴
Macaca fuscata
亦称雪猴。日本猴生活在非人灵长
类分布范围的最北端，在冬季会用
温泉保暖。

44–70 cm
17½–28 in

白喉长尾猴
Cercopithecus albogularis
亦称赛氏长尾猴。这种树栖
性、杂食性动物分布于非洲
东部和东南部，包括桑给巴
尔岛、马菲亚岛。

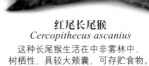

41–48 cm
16–19 in

红尾长尾猴
Cercopithecus ascanius
这种长尾猴生活在中非雾林中，
树栖性，具较大颊囊，可存贮食物。

46–56 cm
18–22 in

尔氏长尾猴
Cercopithecus lhoesti
这种树栖性的长尾猴生活在中非高
原上湿润的原始森林中。

覆盖着长毛皮
的尾巴

40–55 cm
16–22 in

戴安娜长尾猴
Cercopithecus diana
戴安娜长尾猴生活在西非原始森林
中高高的林冠层，很少下到地面。

40–64 cm
16–25 in

德氏长尾猴
Cercopithecus neglectus
这种动物生活在中非的沼泽林中，半陆生
生活。雄性比雌性大，并有一个
特别的蓝色阴囊。

49–66 cm
19½–26 in

青长尾猴
Cercopithecus mitis
这种非洲动物的社群成员多达40个
个体，由一只具有统治地位的雄
性、一些雌性和它们的后代组成。

32–56 cm
12½–22 in

加纳长尾猴
Cercopithecus mona
这种猴子为树栖性的，生活
在加纳到喀麦隆的雨林和
红树林中。

44–63 cm
17½–25 in

敏白眉猴
Cercocebus galeritus
这种陆栖的白眉猴以肯尼亚的
塔纳河命名，故亦称塔纳河白眉猴，
为那里的特有物种，长着大大的
门齿，用于打开坚硬的种子。

侏长尾猴
Miopithecus talapoin
这种树栖性的侏长尾猴是最小
的旧大陆猴子，生活在西非和
中非湿润的沼泽林中。

32–45 cm
12½–18 in

≫

东北绿猴
Chlorocebus aethiops
东北绿猴生活在非洲东北部,是一种半陆生动物。脸的上部有淡淡的绿色是它的特征。

40–66 cm
16–26 in

60–88 cm
23½–35 in

35–66 cm
14–26 in

东非绿猴
Chlorocebus pygerythrus
这种猴子的分布范围从埃塞俄比亚开始,穿过东非直到南非,栖息在热带稀树草原和开阔林地之中。

赤猴
Erythrocebus patas
这种灵长类动物的分布地从西非到东非,长长的四肢和短短的指头让它非常适于奔跑。

38–89 cm
15–35 in

黑冠白脸猴
Lophocebus aterrimus
这种动物分布在刚果民主共和国,是喜欢生活在热带雨林的树栖动物。

有橄榄灰色斑点的毛皮

鼻子的每一边都有蓝色的凸起

63–81 cm
25–32 in

山魈
Mandrillus sphinx
这种动物生活在中非西部的雨林,面部斑纹是它们的特别之处,雌性和幼体的斑纹颜色要比雄性暗淡些。

61–77 cm
24–30 in

鬼魈
Mandrillus leucophaeus
仅生活在喀麦隆、尼日利亚和赤道几内亚共和国,是一种栖息在低地天然雨林的大型陆生猴子。

狒狒的尾巴呈现典型的折断状态

橄榄灰色的身体

51–114 cm
20–43 in

50–114 cm
20–43 in

南非狒狒
Papio ursinus
这种动物是极大的狒狒之一,生活在南部非洲的林地、热带稀树草原、大草原、半沙漠和山地生境中。

黄狒狒
Papio cynocephalus
这是一种机会主义狒狒,它的杂食性食谱包括树皮、根、昆虫和其他猴子,生活在南非和东非。

棕红色的脸

61–76 cm
24–30 in

48–86 cm
19–34 in

阿拉伯狒狒
Papio hamadryas
这种动物生活在北非和东非,尤其是埃塞俄比亚。雄性有一个长长的银灰色披肩。

61–76 cm
24–30 in

几内亚狒狒
Papio papio
这种动物是极小的狒狒之一,也是分布范围极小的非洲狒狒之一,仅分布在赤道非洲西部。

肌肉发达的四肢有助于快速奔跑

绿狒狒
Papio anubis
这种动物生活在撒哈拉以南非洲中部的热带稀树草原和大草原地区,会形成多达100只的狒狒群体。

50–74 cm
20–29 in

川金丝猴
Rhinopithecus roxellana
这种猴子长着厚厚的毛皮，有助于它们在中国西部和中部的高山森林中存活下来。

白色的颈毛

背上的白色"斗篷"

45–72 cm
18–28 in

狮尾狒
Theropithecus gelada
这种灵长类动物是一种来自埃塞俄比亚高原草原的食草动物，它们的胸部皮肤有特别的裸露斑块。

47–78 cm
18½–31 in

54–76 cm
21½–30 in

长鼻猴
Nasalis larvatus
这种猴子是游泳能手，生活在婆罗洲的红树林和低地河边的雨林中，以雄性的大鼻子命名。

47–68 cm
18½–27 in

安哥拉疣猴
Colobus angolensis
这种猴子主要为树栖生活，栖息在安哥拉、刚果和其他邻近国家的各种森林生境之中。

东黑白疣猴
Colobus guereza
这种动物又被称为东非黑白疣猴，广泛分布于中非和东非湿润的热带森林中。

长长的尾巴带有白色多毛的尖端

41–78 cm
16–31 in

北平原长尾叶猴
Semnopithecus entellus
这种灰色的猴子又被称为长尾叶猴，生活在包括印度和巴基斯坦在内的南亚地区。

亮橘色

61 cm
24 in

43–65 cm
17–26 in

瓜哇乌叶猴
Trachypithecus auratus
这种动物的多数雌雄个体体色为黑色。然而，有些个体在进入成年以后仍保持着青少年时期的橘色体色。

毛冠长尾叶猴
Semnopithecus priam
这种叶猴分布在印度东南部和斯里兰卡，生活在许多不同的生境中，食物主要为树叶。

»

山魈

Mandrillus sphinx

山魈是所有猴子中体型最大的种类，雄性尤其壮硕。山魈通常群体生活，它们的群体由一只雄性首领、一些雌性、一群幼崽和许多不繁殖、地位低的雄性组成。有时一些群体会合并形成200或更多个体的社群。山魈的社会有着严格的等级。个体用脸上或臀部皮肤的彩色斑块突出它们的地位。雄性首领的外表威严，脾气也与之相匹配。皮肤色素的亮度是由激素控制的，而且颜色是力量和凶猛的暗示。一个竞争对手必须在挑战这样雄壮的动物之前很确信自己的实力，激烈的战斗只有在非常匹配的个体之间才能发生。

尺寸	63~81厘米
生境	茂密的雨林
分布	中非西部，从尼日利亚到喀麦隆
食物	主要为水果

∨ 持久、尖锐的目光

朝前的眼睛让山魈具有立体的视角。它们能识别许多种颜色，这有助于发现成熟的水果，以及辨别其他个体的视觉信号。

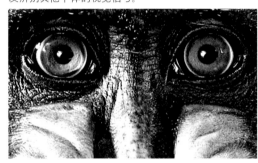

< 鼻孔

成熟雄性的鼻孔周围以及口鼻中心的皮肤是猩红色的。雌性和年幼山魈的鼻子为黑色。

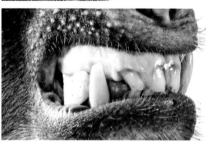

鼻子的每边都有凹槽

< 牙齿

长长的犬齿主要用于战斗和炫耀展示。臼齿较小，表面带有凸起，用于磨碎植物。

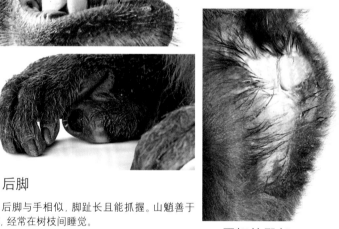

∧ 抓握

山魈的拇指是短的，但和那些类人猿一样，是完全对生的，用于抓握和操纵物体。指头长且非常强壮，长有短小的指甲。

∧ 后脚

后脚与手相似，脚趾长且能抓握。山魈善于攀爬，经常在树枝间睡觉。

∧ 平坦的臀部

所有山魈的臀部都没有毛发，且长着一条短的尾巴。低等级雄性的臀部比雄性首领臀部的颜色浅些。

四足 >

山魈大部分时间都在地面，以四足行走，一天会走5~10千米。

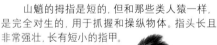
簇状短尾

相对短的后腿

强壮的长胳膊

雄性首领 >

个体展示的皮肤颜色根据繁殖情况和情绪而不同。雄性首领的脸上和臀部有着最为鲜艳的红色和蓝色色调。

突出的眉骨为眼睛遮蔽强烈的光线

外皮由长且粗糙的毛发组成

> 有力的侧面

　　山魈的头部庞大，能容纳有力的下颌肌肉，用于压碎坚硬的植物。耳朵相对来说很小，但听力很好。只有高等级的雄性才有橘色的胡须。

长 臂 猿

长臂猿科 (Hylobatidae) 的长臂猿或小猿是体型中等的、以水果为食的灵长类动物。它们没有尾巴，通常依靠臂力摆动进行移动，即用很长的前肢在树间摇摆。长臂猿通常为一夫一妻制，依靠相互鸣唱巩固关系。这种鸣唱也用于宣布领地所有权。一些种类有增大的喉囊，用于扩大声音。

敏长臂猿
Hylobates agilis
尽管体色多变，但所有敏长臂猿的眉毛都为白色，并且雄性的脸颊也为白色。这种动物生活在泰国、印度尼西亚和马来西亚。

45–64 cm
18–25 in

雌性的头顶为灰色

银白长臂猿
Hylobates moloch
它们生活在印度尼西亚的爪哇岛西部，雌雄两者的体色都为银灰色，头顶为深色。

45–64 cm
18–25 in

戴帽长臂猿
Hylobates pileatus
雌性的体色为银灰色，脸部、胸部和头顶为黑色；雄性体色为黑色。生活在泰国、柬埔寨和老挝。

44–64 cm
17½–25 in

灰长臂猿
Hylobates muelleri
这种动物也被称为穆氏长臂猿，生活在婆罗洲。单配偶的雌性个体每天要花费15分钟互相鸣唱。

44–64 cm
17½–25 in

白色的脚和手

45–64 cm
18–25 in

东白眉长臂猿
Bunopithecus hoolock
雄性的东白眉长臂猿体色为黑色，但雌性为黄褐色，脸颊为深褐色。生活在中国、印度东北部和缅甸西北部。

42–59 cm
16½–23 in

雄性头冠上显著的毛发

45–64 cm
18–25 in

北白颊长臂猿
Nomascus leucogenys
北白颊长臂猿出生时为奶油色，到两岁时会改变体色。

45–64 cm
18–25 in

裸露的手掌

白掌长臂猿
Hylobates lar
白手或白掌长臂猿的体色多变，生活在泰国、马来西亚、苏门答腊岛、缅甸和老挝。

黄颊长臂猿
Nomascus gabriellae
雄性的黄颊长臂猿体色为黑色，双颊为苍白色；雌性体色为浅黄色，头顶为黑色。生活在柬埔寨、老挝和越南。

臀部至腿侧银白色

71–90 cm
28–35 in

马来长臂猿
Symphalangus syndactylus
亦称合趾猿，是最大的长臂猿，生活在苏门答腊岛、印度尼西亚和马来半岛。

人类和猩猩

人科 (Hominidae) 动物包括最大的灵长类动物——类人猿和人类。猩猩树栖生活，而黑猩猩、大猩猩和人类大部分时间都在地上。黑猩猩和大猩猩用四肢跪行。类人猿都没有尾巴。雄性通常比雌性大，而且所有种类都有相对较大的脑壳。

婆罗洲猩猩
Pongo pygmaeus
婆罗洲猩猩是一种以水果为食的大型树栖动物，生活在婆罗洲岛屿上的原始森林冠层。

0.8–1.5 m
2½–5 ft

非常长的手臂

东部大猩猩
Gorilla beringei
东部大猩猩亚种是最大的灵长类动物，生活在刚果民主共和国、卢旺达和乌干达的山地云雾林和低地森林中。

1.5–1.8 m
5–6 ft

粗糙蓬松的红褐色外皮

抓握的手脚

半球形的前额

矮胖的身体

0.8–1.8 m
2½–6 ft

苏门答腊猩猩
Pongo abelii
苏门答腊猩猩是最大的树栖灵长类动物，仅分布在苏门答腊岛北部原始的热带森林碎片中。

70–83 cm
28–33 in

倭黑猩猩
Pan paniscus
倭黑猩猩或侏儒黑猩猩比普通的黑猩猩要纤细些，生活在刚果民主共和国湿润的热带森林中。

西部大猩猩
Gorilla gorilla
西部大猩猩的两个亚种生活在中非西部的低地热带森林和沼泽林中。成年雄性也被叫作银背大猩猩。

1.3–1.8 m
4–6 ft

1.2–2.1 m
4–7 ft

♂ ♀

有力的前肢

64–94 cm
25–37 in

黑猩猩
Pan troglodytes
黑猩猩的4个亚种分布在赤道非洲的干燥森林和湿润森林，以及热带稀树草原林地中。

人类
Homo sapiens
人类以两足姿态和缺少体毛为特征，长期不变地生活在除南极洲之外的每个陆地生境中。

蝙蝠

蝙蝠主要夜间活动,是唯一一类具有动力飞行的哺乳动物。一些种类会使用回声定位导航和寻找食物。

蝙蝠栖息在世界的许多不同生境中,包括热带、亚热带和温带森林、热带稀树草原、沙漠和湿地。翼手目(Chiroptera)常分为两个亚目——大蝙蝠亚目(仅1科,狐蝠科)和小蝙蝠亚目(有17科)。多数狐蝠科动物以水果为食,而多数小蝙蝠以昆虫为食。然而,有些蝙蝠也会喝花蜜,吃花粉,少数几种吸血;一些吃脊椎动物,像鱼、蛙和其他蝙蝠。

它们有极长的手臂、掌骨和指骨,支撑着用于飞翔的灵活翼膜。有些蝙蝠的两腿之间也具有一个尾膜。蝙蝠通常倒立着休息,即用有力的脚趾和爪子悬挂着休息。

感官回声定位

狐蝠科动物主要依靠视觉和嗅觉,而小蝙蝠利用一种叫作回声定位的特殊感官去避免撞到物体,以及在黑暗中发现猎物。它们通过嘴或鼻子发出声音脉冲,并通过返回的回声形成一张周围环境的"声音"图像。那些靠鼻子发出回声定位的种类有着复杂的面部纹饰,这种纹饰称为鼻叶,用于集中声波。蝙蝠的听觉很敏锐,经常能高度调节回声的频率。有些种类能听见猎物产生的声波,诸如一只昆虫在树叶上行走时发出的沙沙声。

习性和适应

蝙蝠是非常社群化的动物,它们会生活在有成百上千的群体中。有的群体,可能会有数百万只蝙蝠。它们在树上、洞穴或建筑物、桥梁和矿山休息。温带蝙蝠在冬季时,或者迁徙到温暖的地方去,或者冬眠。其他季节如果食物短缺,它们也会变得行动迟缓。蝙蝠进化出很多有趣的繁殖适应性,包括储存精子、延迟受精,以及胚胎延迟着床,以确保幼体在一年中最适宜的时间出生。

门	脊索动物门
纲	哺乳纲
目	翼手目
科	18
种	约1200

讨论

进化之谜

科学家对蝙蝠的系统发育关系进行了研究,但形态学和基因组学方面的分析结果并不一致。例如,尽管狐蝠科和灵长类动物有一些相同的特征,这可能暗示了不同的进化起源,但是基因研究以所有蝙蝠都是从一个共同祖先进化而来为前提,并且飞行仅进化了一次。分子研究也表明了那些具有回声定位功能的更高级的蝙蝠,诸如菊头蝠,可能与那些不具回声定位功能的果蝠有亲缘关系——除非回声定位进化了两次,或者之后果蝠失去了这一功能,否则这是一个明显的难题。

果蝠

狐蝠科(Pterpodidae)的蝙蝠分布在旧大陆的热带和亚热带地区。它们的脸很像狗,上面有简单的耳朵和眼睛。它们利用视觉和嗅觉寻找食物,但果蝠属的动物是个例外,它们靠舌头使用回声定位。这些蝙蝠以水果、花蜜和花粉为食。它们的拇指和第二指上有爪子。

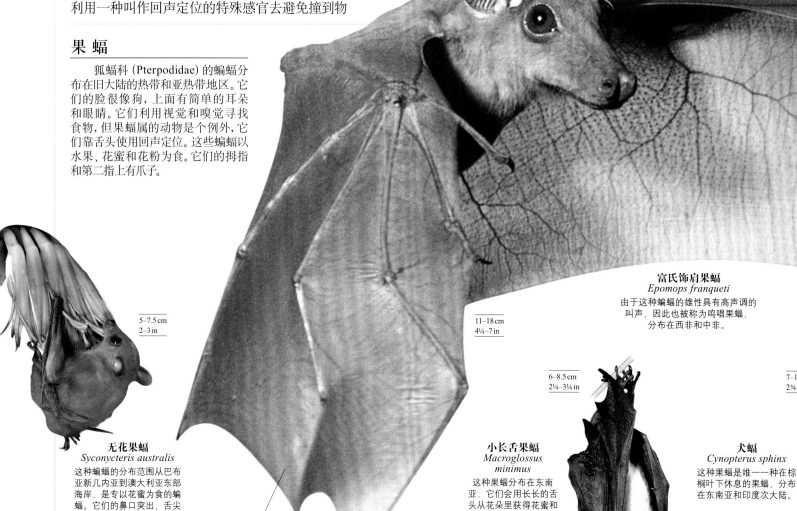

5–7.5 cm
2–3 in

11–18 cm
4¼–7 in

无花果蝠
Syconycteris australis
这种蝙蝠的分布范围从巴布亚新几内亚到澳大利亚东部海岸,是专以花蜜为食的蝙蝠。它们的鼻口突出,舌尖形如刷子,这些都有利于在花朵上觅食。

有弹性的皮膜

富氏饰肩果蝠
Epomops franqueti
由于这种蝙蝠的雄性具有高声调的叫声,因此也被称为鸣唱果蝠,分布在西非和中非。

6–8.5 cm
2¼–3¼ in

小长舌果蝠
Macroglossus minimus
这种果蝠分布在东南亚,它们会用长长的舌头从花朵里获得花蜜和花粉作为食物。

7–13 cm
2¾–5 in

犬蝠
Cynopterus sphinx
这种果蝠是唯一一种在棕榈叶下休息的果蝠,分布在东南亚和印度次大陆。

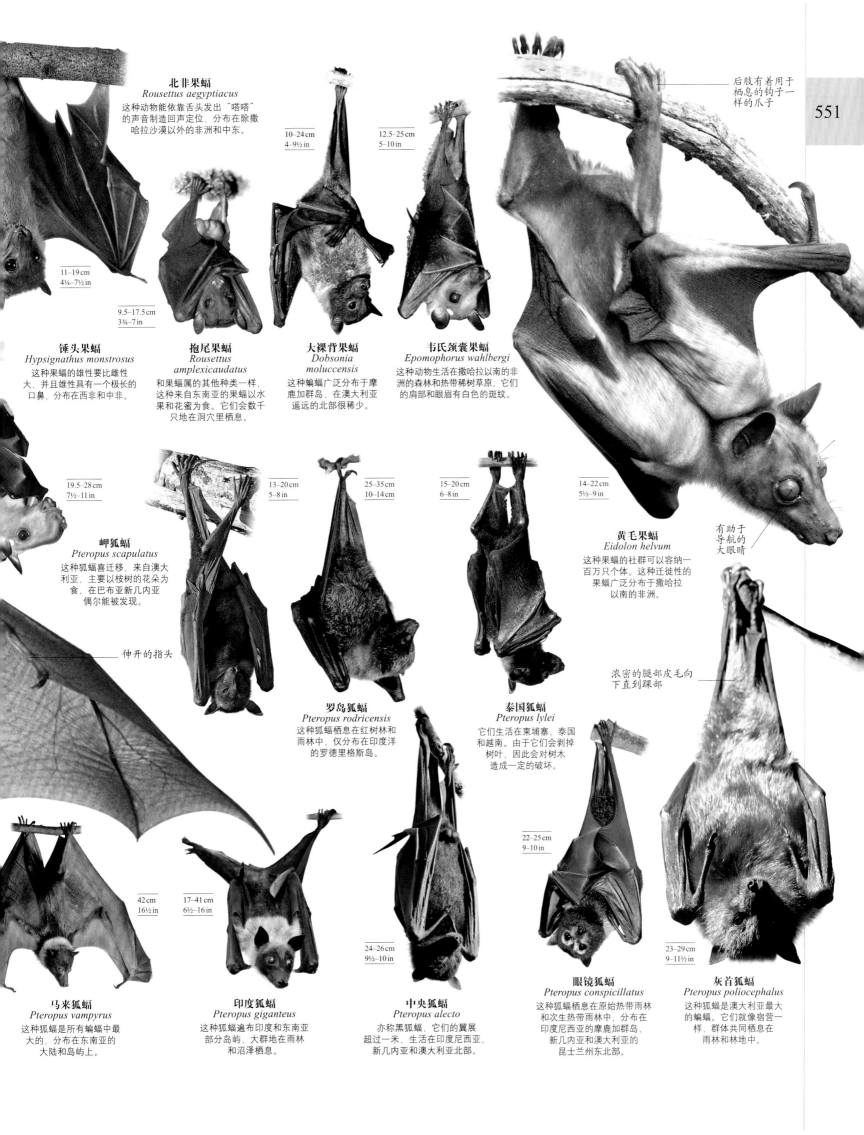

北非果蝠
Rousettus aegyptiacus
这种动物能依靠舌头发出"嗒嗒"的声音制造回声定位，分布在除撒哈拉沙漠以外的非洲和中东。

10—24 cm
4—9½ in

12.5—25 cm
5—10 in

后肢有着用于栖息的钩子一样的爪子

11—19 cm
4¼—7½ in

9.5—17.5 cm
3¾—7 in

锤头果蝠
Hypsignathus monstrosus
这种果蝠的雄性要比雌性大，并且雄性具有一个极长的口鼻，分布在西非和中非。

抱尾果蝠
Rousettus amplexicaudatus
和果蝠属的其他种类一样，这种来自东南亚的果蝠以水果和花蜜为食。它们会数千只地在洞穴里栖息。

大裸背果蝠
Dobsonia moluccensis
这种蝙蝠广泛分布于摩鹿加群岛，在澳大利亚遥远的北部很稀少。

韦氏颈囊果蝠
Epomophorus wahlbergi
这种动物生活在撒哈拉以南的非洲的森林和热带稀树草原，它们的肩部和眼眉有白色的斑纹。

19.5—28 cm
7½—11 in

13—20 cm
5—8 in

25—35 cm
10—14 cm

15—20 cm
6—8 in

14—22 cm
5½—9 in

黄毛果蝠
Eidolon helvum
这种果蝠的社群可以容纳一百万只个体。这种迁徙性的果蝠广泛分布于撒哈拉以南的非洲。

有助于导航的大眼睛

岬狐蝠
Pteropus scapulatus
这种狐蝠喜迁移，来自澳大利亚，主要以桉树的花朵为食，在巴布亚新几内亚偶尔能被发现。

伸开的指头

罗岛狐蝠
Pteropus rodricensis
这种狐蝠栖息在红树林和雨林中，仅分布在印度洋的罗德里格斯岛。

泰国狐蝠
Pteropus lylei
它们生活在柬埔寨、泰国和越南。由于它们会剥掉树叶，因此会对树木造成一定的破坏。

浓密的腿部皮毛向下直到踝部

22—25 cm
9—10 in

42 cm
16½ in

17—41 cm
6½—16 in

24—26 cm
9½—10 in

23—29 cm
9—11½ in

马来狐蝠
Pteropus vampyrus
这种狐蝠是所有蝙蝠中最大的，分布在东南亚的大陆和岛屿上。

印度狐蝠
Pteropus giganteus
这种狐蝠遍布印度和东南亚部分岛屿，大群地在雨林和沼泽栖息。

中央狐蝠
Pteropus alecto
亦称黑狐蝠，它们的翼展超过一米，生活在印度尼西亚、新几内亚和澳大利亚北部。

眼镜狐蝠
Pteropus conspicillatus
这种狐蝠栖息在原始热带雨林和次生热带雨林中，分布在印度尼西亚的摩鹿加群岛、新几内亚和澳大利亚的昆士兰州东北部。

灰首狐蝠
Pteropus poliocephalus
这种狐蝠是澳大利亚最大的蝙蝠。它们就像宿营一样，群体共同栖息在雨林和林地中。

泰国狐蝠
Pteropus lylei

　　泰国狐蝠，亦称莱丽狐蝠、莱氏狐蝠，是旧大陆狐蝠科（Pteropodidae）狐蝠属里中等体型的代表。狐蝠是社会化动物，它们会数百只地聚集在栖息的树上，白天休息、整饰，黄昏时散开，寻找成熟的水果。尽管它们会对树木造成些许损害，但许多果蝠都是热带植物，包括许多经济植物重要的传粉者和种子传播者。果蝠分布在非洲、亚洲和澳大利亚的热带地区，但这种果蝠仅分布在柬埔寨、泰国和越南。它们栖息在森林中，包括红树林和水果园。

尺寸	15～20厘米
生境	森林
分布	东南亚和东亚
食物	水果和叶子

所有蝙蝠的拇指都有爪子，但只有旧大陆果蝠的第二根指头上生有爪子

⌵ 似犬的脸

　　果蝠长着用于导航的大眼睛，以及用于寻找水果、花粉和花蜜的大鼻子，这些使得它们的脸与狗很像。使用回声定位的种类的耳朵很大，眼睛很小。

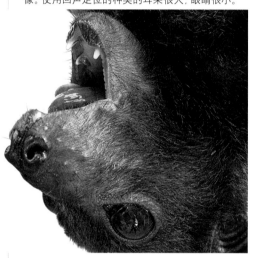

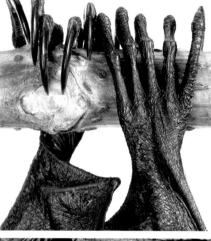

＜ 附着的爪子

　　蝙蝠锋利弯曲的爪子非常适合依附在树枝上。当休息时，肌腱会锁在原地，以确保蝙蝠的爪子保持弯曲，而无须肌肉收缩。

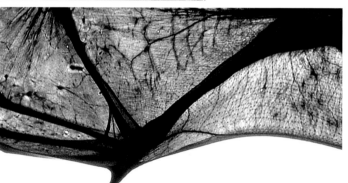

⌃ 翼手

　　蝙蝠细长的前肢和指骨支撑着一张薄而有弹性的膜，这张膜与身体两侧相连，这些形成了蝙蝠的翅膀。它的表面积很大，在飞行中可以产生浮力。

⌃ 有尾巴还是没尾巴？

　　狐蝠属的蝙蝠没有尾巴，但有些却有一部分尾膜，它被软骨刺所支撑着。这个软骨刺叫作距，是从踝关节突出的部分。

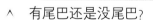

倒立着行走 ＞

　　果蝠利用它们长着大爪子的拇指在栖木的树枝间移动。进食时爪子也可用于抓住水果。

⌃ 包裹得很严密

　　休息的时候，多数果蝠会用它们皮革似的翅膀将身体包住。栖息在开阔地方的蝙蝠会面临过热的危险，因此它们会拍打翅膀，以及用唾液覆盖自己，以在炎热的天气下保持凉爽。

红棕、赤褐
的体色

< 挂着休息

很少有蝙蝠能在地面上行动自如, 更别提从一个平坦的表面起飞了。但倒挂在树上, 它们能够迅速地飞走。白天, 它们倒挂着睡觉, 依偎在一起取暖。

大大的眼睛有着超凡的视觉, 夜晚尤其如此

像狐狸一样直立的耳朵可以察觉人类听不到的声音

菊头蝠

菊头蝠科 (Rhinolophidae) 的蝙蝠分布范围遍及南欧、非洲、亚洲和澳大拉西亚 (澳洲和新几内亚地区)。它们的鼻叶是典型的马蹄形。它们有着所有蝙蝠中最复杂的回声定位系统，声音发出和接收高度特化。

鼻叶

3.5—4.5 cm
1½—1¾ in

小菊头蝠
Rhinolophus hipposideros
小菊头蝠分布在欧洲、北非和西亚，是世界上极小的蝙蝠之一。

细长的指骨

相对短小但宽阔的翅膀

西班牙菊头蝠
Rhinolophus mehelyi
这种蝙蝠是一种中等体型的菊头蝠，居住在洞穴，零散分布在南欧、东欧和中东。

5.5—6.5 cm
2¼—2½ in

5.5—7 cm
2¼—2¾ in

马铁菊头蝠
Rhinolophus ferrumequinum
这种蝙蝠是欧洲最大的菊头蝠，分布范围从欧洲向东穿过亚洲，直到日本。

蹄 蝠

蹄蝠科 (Hipposideridae) 蝙蝠由旧大陆的蹄蝠组成，分布范围遍及非洲、亚洲和澳大拉西亚的许多地区。它们有着复杂的鼻叶，而且就像菊头蝠一样，它们的后腿也发育不良，因此不能四足行走。

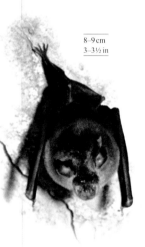

8—9 cm
3—3½ in

康氏蹄蝠
Hipposideros commersoni
这种栖息在森林的蝙蝠分布在马达加斯加岛上，会在空心树里休息。它们是极大的蹄蝠之一，重达180克。

11—14.5 cm
4¼—5¾ in

南非蹄蝠
Hipposideros caffer
这种蹄蝠生活在热带稀树草原，会在洞穴和建筑物里休息。分布范围遍及非洲，但除撒哈拉沙漠和中部的林区。

鼠 尾 蝠

这些蝙蝠的尾巴几乎与身体等长，而且这也是鼠尾蝠科 (Rhinopomatidae) 的特征。鼠尾蝠也有着肉质的鼻吻，大而简单的耳朵连接在基部。

5—9 cm
2—3½ in

鼠尾蝠
Rhinopoma sp.
4种飞行迅速的食虫鼠尾蝠生活在北非、中东和印度的干旱和半干旱地区。

第一个指头
（拇指）

猪 鼻 蝠

猪鼻蝠科 (Craseonycteridae, 旧称凹脸蝠科) 只有一个成员，小型的猪鼻蝠长着宽阔的长翼，这让它能够盘旋。它们没有尾巴和距 (踝关节的软骨延伸)。

3—3.5 cm
1—1¼ in

猪鼻蝠
Craseonycteris thonglongyai
猪鼻蝠常被称为大黄蜂蝙蝠，是世界上极小的哺乳动物之一，生活在泰国和缅甸的河边洞穴。

凹 脸 蝠

凹脸蝠科 (旧称夜凹脸蝠科或裂颜蝠科) (Nycteridae) 的种类有一个褶皱，从鼻孔延伸到眼睛中间的凹陷处。尾巴末端的软骨形成了 "Y" 字形。

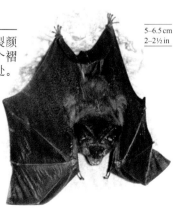

5—6.5 cm
2—2½ in

马来凹脸蝠
Nycteris tragata
这种凹脸蝠的面部褶皱有助于它们察觉回声定位信号，分布在缅甸、马来西亚、苏门答腊岛和婆罗洲的热带森林中。

鞘尾蝠

鞘尾蝠科 (Emballonuridae) 因鞘尾蝠而被大家所熟知，因为鞘尾蝠只有尾尖伸出尾膜，外表包被保护膜。一些种类的翅翼膜上有储存气味的腺体囊。

3.5–5 cm
1½–2 in

7.5–8 cm
3–3¼ in

6–10 cm
2¼–4 in

4–5 cm
1½–2 in

肯尼亚墓蝠
Taphozous hildegardeae
肯尼亚墓蝠喜欢在洞穴休息，以昆虫为食，生活在肯尼亚和坦桑尼亚的海岸林中。

山鞘尾蝠
Emballonura monticola
这种蝙蝠生活在印度尼西亚、马来西亚、缅甸和泰国。当它们伸展腿时，短尾会缩进鞘中。

缨蝠
Rhynchonycteris naso
这些蝙蝠成群地在树枝下休息，度过白天的时光。它们生活在中美洲和南美洲的热带丛林中。

大银线蝠
Saccopteryx bilineata
雄性的大银线蝠靠翼囊里的一种刺激性分泌物吸引雌性。这种蝙蝠生活在中美洲和南美洲。

美洲叶口蝠

叶口蝠科 (Phyllostomidae) 的分布范围从美国东南部到阿根廷北部。大多数都长着大耳朵和鼻叶，形如矛头，以增强回声定位能力。

8.5 cm / 3¼ in

6–6.5 cm
2¼–2½ in

5–6.5 cm
2–2½ in

7–10 cm
2¾–4 in

灰美洲果蝠
Artibeus cinereus
这种蝙蝠生活在南美洲，包括委内瑞拉、巴西和圭亚那，喜欢在棕榈树上休息。

昭短尾叶鼻蝠
Carollia perspicillata
这种蝙蝠生活在中美洲和南美洲大部的常绿森林和干燥落叶林中，是一种常见的食果蝠。

苍白矛吻蝠
Phyllostomus discolor
这种蝙蝠通过鼻子发出回声定位的信号，分布在中美洲和南美洲北部。

普通筑帐蝠
Uroderma bilobatum
这种蝙蝠生活在墨西哥到南美洲中部的低地森林中，它会啃咬棕榈树和芭蕉叶子制造庇护所。

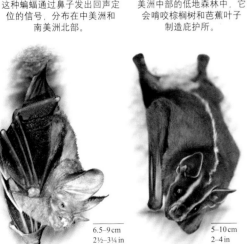

5–6.5 cm
2–2½ in

6–7.5 cm
2¼–3 in

5–6.5 cm
2–2½ in

6.5–9 cm
2½–3¼ in

5–10 cm
2–4 in

7–9.5 cm
2¾–3¾ in

无尾长鼻蝠
Anoura geoffroyi
这种蝙蝠专以花蜜为食，长着一个长长的口鼻、延长的臼齿，以及一条尖端如刷子般的舌头，生活在中美洲和南美洲。

普通短尾叶鼻蝠
Carollia brevicauda
这种叶鼻蝠广泛分布在中美洲和亚马孙地区。它们会散播果树的种子，对退化的森林起到恢复的作用。

缨唇蝠
Trachops cirrhosus
缨唇蝠通过听蛙鸣来捕捉蛙类，生活在中美洲和南美洲北部的热带丛林中。

普通白线蝠
Platyrrhinus lineatus
这种白线蝠以其脸部和背部的白线得名，在南美洲中部湿润的森林中休息。

加州叶鼻蝠
Macrotus californicus
加州叶鼻蝠主要依靠视觉而非回声定位捕食飞蛾，生活在墨西哥北部和美国东南部。

普通吸血蝠
Desmodus rotundus
这种吸血蝠因其吸食其他哺乳动物的血液而闻名于世，生活在墨西哥、中美洲和南美洲的各种生境。

髯蝠

髯蝠科 (Mormoopidae) 包括裸背蝠属和怪脸蝠属的蝙蝠。一些种类的翅膀与背部相连，口鼻周围有一些坚硬的毛发。

戴氏裸背蝠
Pteronotus davyi
与其他种类的蝙蝠不同，这种蝙蝠的翼膜在背部接合，分布范围从墨西哥到美国南部。

4–5.5 cm
1½–2¼ in

兔唇蝠

兔唇蝠科 (Noctilionidae) 的两种兔唇蝠长着长腿、大脚和大爪子。它们有着厚厚的嘴唇和颊囊，用于在飞行时储存食物。

10–13 cm/4–5 in

墨西哥兔唇蝠
Noctilio leporinus
这种蝙蝠生活在中美洲和南美洲的热带地区。它们是捕鱼高手，会用爪子从水面将鱼抓住。

长腿蝠

长腿蝠科 (Natalidae) 的蝙蝠长着大耳朵，体小且纤细。成年雄性的头上有一个叫作长腿蝠器的感觉结构。

4–4.5 cm
1½–1¾ in

墨西哥筒耳蝠
Natalus stramineus
墨西哥筒耳蝠生活在中美洲和南美洲，包括小安的列斯群岛，以昆虫为食，通常在洞穴中栖息。

假吸血蝠

假吸血蝠科 (Megadermatidae) 包括一小部分体型相当大的使用回声定位的小蝙蝠。它们是肉食性或食虫性的，长着大耳朵、大眼睛和一个宽阔的尾膜，尾巴很小或没有。

10–13 cm
4–5 in

澳洲假吸血蝠
Macroderma gigas
澳洲假吸血蝠只生活在澳大利亚北部，是极大的小蝙蝠之一。它们以脊椎动物为食，例如蛙和蜥蜴。

短尾蝠

短尾蝠科 (Mystacinidae) 目前可能只有唯一一种现存的种类，它的拇指和脚爪上长着突出的爪子。当在地面运动时，它们坚硬如皮革般的翅膀会折叠起来支撑身体。

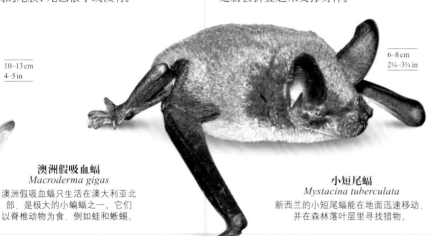

6–8 cm
2¼–3¼ in

小短尾蝠
Mystacina tuberculata
新西兰的小短尾蝠能在地面迅速移动，并在森林落叶层里寻找猎物。

盘翼蝠

盘翼蝠科 (Thyropteridae) 有3种蝙蝠。休息时，它们腕部和踝部的吸盘可以让其依附在热带树叶的光滑表面。

2.5–5.5 cm
1–2¼ in

三色盘翼蝠
Thyroptera tricolor
三色盘翼蝠的分布范围从墨西哥南部到巴西东南部，是一种栖息在低地森林中的食虫蝙蝠，头朝上地在卷起的叶子中栖息。

犬吻蝠

犬吻蝠科 (Molossidae) 的蝙蝠长着特别的尾巴，它延伸并超越了尾膜边缘。它们健壮结实，狭长的翅膀能快速飞行。它们的翼膜和尾膜特别皮质化。

8–9 cm
3¼–3½ in

11–14 cm
3¼–4½ in

9.5 cm
3¾ in

纳塔耳游尾蝠
Otomops martiensseni
纳塔耳游尾蝠分布于非洲，与欧洲犬吻蝠不同的是，它们的超声波频率更低，人耳可听得更清晰。

墨西哥犬吻蝠
Tadarida brasiliensis
这种蝙蝠分布在美国的得克萨斯州和墨西哥。它会以群体形式栖息在洞穴中和桥下面，群体成员可达数百万。

欧洲犬吻蝠
Tadarida teniotis
这种蝙蝠的分布范围从地中海延伸到南亚和东南亚，是欧洲唯一一种犬吻蝠。

5–11.5 cm
2–4½ in

珍獒蝠
Molossus pretiosus
珍獒蝠的分布范围从墨西哥到巴西，是一种栖息在低地干旱林、开阔的热带稀树草原和仙人掌灌木丛中的食虫蝙蝠。

蝙蝠科蝙蝠

蝙蝠科 (Vespertilionidae) 有300多种蝙蝠，是翼手目中最大的一科，以普通蝙蝠、伏翼而被大家熟知。它们分布在除极区之外的世界各地，主要以昆虫为食。它们通常有扁平的鼻子和小小的眼睛。

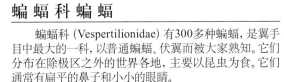

5–8 cm/2–3¼ in

普通长翼蝠
Miniopterus schreibersii
普通长翼蝠长着长长的指骨和宽阔的翅膀，散布在欧洲西南部、北非和西非。

连接基部的耳朵

6–8 cm
2¼–3¼ in

4–6 cm
1½–2¼ in

10–13 cm
4–5 in

灰长耳蝠
Plecotus austriacus
长耳蝠的耳朵几乎与身体等长。它们生活在南欧、中欧和北非。

大棕蝠
Eptesicus fuscus
这种大棕蝠的分布范围从加拿大南部到巴西北部，以及一些加勒比海岛。它们以昆虫为食，经常可以看见它们栖息在建筑物里。

褐山蝠
Nyctalus noctula
褐山蝠分布在欧洲东北部和部分亚洲地区，是快速而强大的飞行家，长着细长的黑褐色翅膀。

5–6.5 cm
2–2½ in

双色蝠
Vespertilio murinus
这种腹部苍白、背部深黑的蝙蝠原产于从东欧、西欧到亚洲的山地、大草原和森林生境中，城区也有它们的分布。

4–5 cm
1½–2 in

纳氏鼠耳蝠
Myotis nattereri
纳氏鼠耳蝠的分布范围从非洲西北部开始，穿越欧洲直到亚洲西南部。它们会在一个缓慢的盘旋飞行中，用它们流苏般的尾膜捕捉昆虫。

7.5–9.5 cm
3–3¾ in

缨鼠耳蝠
Myotis thysanodes
这种鼠耳蝠生活在北美洲西部，以其尾膜边缘的毛发命名。

8–9.5 cm
3¼–3¾ in

4–6 cm
1½–2¼ in

东美三色伏翼
Perimyotis subflavus
冬季时，东美三色伏翼在地下冬眠。它们的分布范围覆盖北美洲东部，从加拿大南部到洪都拉斯北部。

3.5–4.5 cm/1½–2 in

普通伏翼
Pipistrellus pipistrellus
普通伏翼的分布范围从西欧延伸到远东和北非地区，是分布最广的伏翼。

4.5–5.5 cm/1¾–2¼ in

纳氏伏翼
Pipistrellus nathusii
这种蝙蝠主要分布在东欧和西欧。在春季和秋季时，它们能进行长距离的迁徙，路程可以超过1900千米。

水鼠耳蝠
Myotis daubentonii
这种生活在欧亚大陆的蝙蝠长着相对较大的脚，这有助于它们捕食水体表面的飞虫。

刺猬和毛猬

猬形目 (Erinaceomorpha) 是相当原始的哺乳动物,仅有一科。原产于欧亚大陆和非洲,包括刺猬。

刺猬长着长长的鼻子,它与小型的鼩鼱和鼹鼠很相像,并且曾经被划分在一起。大眼睛和超凡的听力反映了它们晨昏行性(在拂晓和黄昏活动)或夜行性的特点。它们的耳朵通常是突出的,沙漠种类尤其如此,以使其降低体温。每只脚上一般有5个脚趾,有些有用于挖掘和防御的锋利的爪子。

16种刺猬身覆短刺,这些短刺由特化了的毛发组成。它们能有效对抗捕食者,尤其结合

它们遇到危险时缩成一团的习性更是如此。与之相比,8种毛猬身覆普通的毛皮,长着较长的光秃尾巴。

多样饮食性

这一目的所有动物都是杂食性的,在此基础上它们的食物包含至少一小部分水果和真菌,而刺猬特别喜欢腐肉和鸟蛋。然而,它们的食物大部分由活的动物组成,从蚯蚓、软体动物和其他陆生的无脊椎动物到小型的爬行动物、两栖动物和哺乳动物。它们通过视觉和非常敏锐的嗅觉寻找食物;许多锋利的尖牙极其适合这样一种广泛的食性。

门	脊索动物门
纲	哺乳纲
目	猬形目
科	1
种	24

由于对蛇毒免疫,刺猬可以把遇到的任何蛇类作为潜在的食物资源。

刺猬和毛猬

猬科 (Erinaceidae) 动物长着敏感的长鼻子和毛茸茸的短尾巴。它们可以吃掉几乎任何东西,从无脊椎动物、水果到鸟蛋和腐肉。来自欧亚大陆和非洲的刺猬身覆起保护作用的锋利尖刺,而东南亚的毛猬长着普通的毛发,而且看起来更像是老鼠或负鼠。毛猬有着高度发达的气味腺,会排出一股类似大蒜味道的强烈气味标记领地。

南非刺猬
Atelerix frontalis
这种动物生活在非洲南部的草原、灌木丛和花园中。有一条白带穿过它们的前额,与深色的脸形成鲜明的对比。

15–20 cm/6–8 in

18–25 cm
7–10 in

大耳朵

14–28 cm
5½–11 in

大耳猬
Hemiechinus auritus
这种夜行性的刺猬生活在北非和中亚的沙漠中,长长的耳朵有助于它们散射热量,以及在沙漠中保持凉爽。

苍白的体刺带有深色的条带

14–28 cm
5½–11 in

20–30 cm
8–12 in

北非刺猬
Atelerix algirus
这种长腿刺猬生活在地中海地区的各种生境中。它们的脸色苍白,头冠的下部有一条无刺的"分界线"。

短趾猬
Paraechinus aethiopicus
这种小型刺猬来自非洲和中东。它们对蛇毒和蝎毒免疫,因此这两种动物也构成了它们食物的大部分。

30–40 cm
12–16 in

欧洲刺猬
Erinaceus europaeus
这种动物遍布西欧,生活在林地、农场和花园里。在冷些的地区,它们会在用野草和树叶搭建的巢穴中冬眠。

刺毛鼩猬
Echinosorex gymnura
这种有着白色外衣的夜行性毛猬很像一只大老鼠,生活在马来西亚的沼泽和其他潮湿的生境中。

鼹鼠及其近亲

鼩形目有3科，以昆虫为食，细长的口鼻上长着锋利的牙齿，有一条长尾巴，皮毛柔软。

鼩形目有90%的动物都属于一个科，即鼩鼱科 (Soricidae)。这一目的动物是最原始的胎生哺乳动物，大脑与身体相比相对小些。有的身体很大，有的相对较小，从体重仅2克的小臭鼩，到1千克的古巴沟齿鼩。

为了能很好地适应以昆虫为食的生活方式，鼩鼱、鼹鼠和沟齿鼩的软骨质口鼻细长，可移动。而且还有许多简单的、尖端锋利的牙齿，用于捕捉、杀死和分解蚯蚓和其他无脊椎动物，甚至小型的脊椎动物。有些种类还能产生有毒的唾液，从下门齿的凹槽中喷出，有助于在杀死和消化猎物之前征服它们。

相似而不同

这一目的大多种类都拥有柔软的短毛，沟齿鼩的外皮较粗糙、蓬松。鼩形目的多数都长着长尾巴，尤其是那些在树木和灌丛中捕食的种类，长尾能起到平衡的作用。一些鼹鼠只有短短的尾巴，这是挖掘地道的哺乳动物的典型特征。鼩形目动物的其他特征还包括小眼睛，以及为了挖掘而演化的前肢。

门	脊索动物门
纲	哺乳纲
目	鼩形目
科	3
种	428

一只雌性鼩鼱后面跟着它的幼崽。它们形成一个链条，每个成员都握着前面兄弟姐妹的臀部。

沟齿鼩

最早期的哺乳动物的特征，是从距今2.25亿到6500万年前的恐龙时代进化出来的。沟齿鼩科 (Solenodontidae) 的动物很像大型的鼩鼱。它们长着细长、灵活的软骨质口鼻；裸露、有鳞的长尾巴；小眼睛；以及粗糙的深色皮毛。与其他哺乳动物不同，它们有有毒的唾液，用于制服从无脊椎动物到小型爬行动物在内的猎物。

蓬松的褐色毛皮

28–39 cm
11–15½ in

28–33 cm/11–13 in

海地沟齿鼩
Solenodon paradoxus
这一科有两种现存的种类，这种沟齿鼩仅生活在伊斯帕尼奥拉岛上。这是一个位于加勒比海域的古巴东部岛屿。

古巴沟齿鼩
Solenodon cubanus
与海地的亲缘种相比，这种神秘的夜行性挖掘动物有着更长更好的毛皮，20世纪时曾被错误地认为已经灭绝了。

鼹鼠和麝鼹

鼹科 (Talpidae) 的鼹鼠是深色的小型食虫动物，身体呈圆柱形，皮毛浓密短小，具有敏感无毛的管状口鼻，非常擅长挖掘——前腿长着强有力的爪子，前肢永远是以铲子的形式朝向外侧。水生的麝鼹长着蹼的爪子，爪子外围长有坚硬的毛发，扁平的长尾巴有助于游泳。

11–17 cm
4¼–6½ in

11–16 cm
4¼–6½ in

15–20 cm
6–8 in

星鼻鼹
Condylura cristata
这种动物是一种半水生的北美洲鼹鼠，口鼻的周围长着11对粉色的肉质附属器，通过触觉发现猎物。

美洲鼹
Scalopus aquaticus
这种动物来自北美洲，是一种能挖掘隧道的鼹鼠，通常生活在沙壤土中。它们的耳朵被皮肤覆盖，眼睛被毛皮覆盖。

欧鼹
Talpa europaea
这种鼹鼠由于善挖掘，所以显得很神秘。它们会建造大量永久的隧道网，经常用特殊的表层鼹鼠丘进行标记。

11–16 cm
4¼–6½ in

10–14 cm
4–5½ in

伊氏缺齿鼹
Mogera imaizumii
这种小型的鼹鼠生活在日本柔软的深层土中，通过齿式可以将其与关系紧密的亲缘种加以区别。

比利牛斯麝鼹
Galemys pyrenaicus
这种麝鼹在比利牛斯山脉的小溪中觅食，很少挖隧道；它们会躲避在岩石缝隙里。

浓密防水的毛皮

18–21 cm
7–8½ in

俄罗斯麝鼹
Desmana moschata
这种麝鼹是本科中最大的动物，它们具蹼的后脚和扁平的长尾巴适合游泳寻找食物。

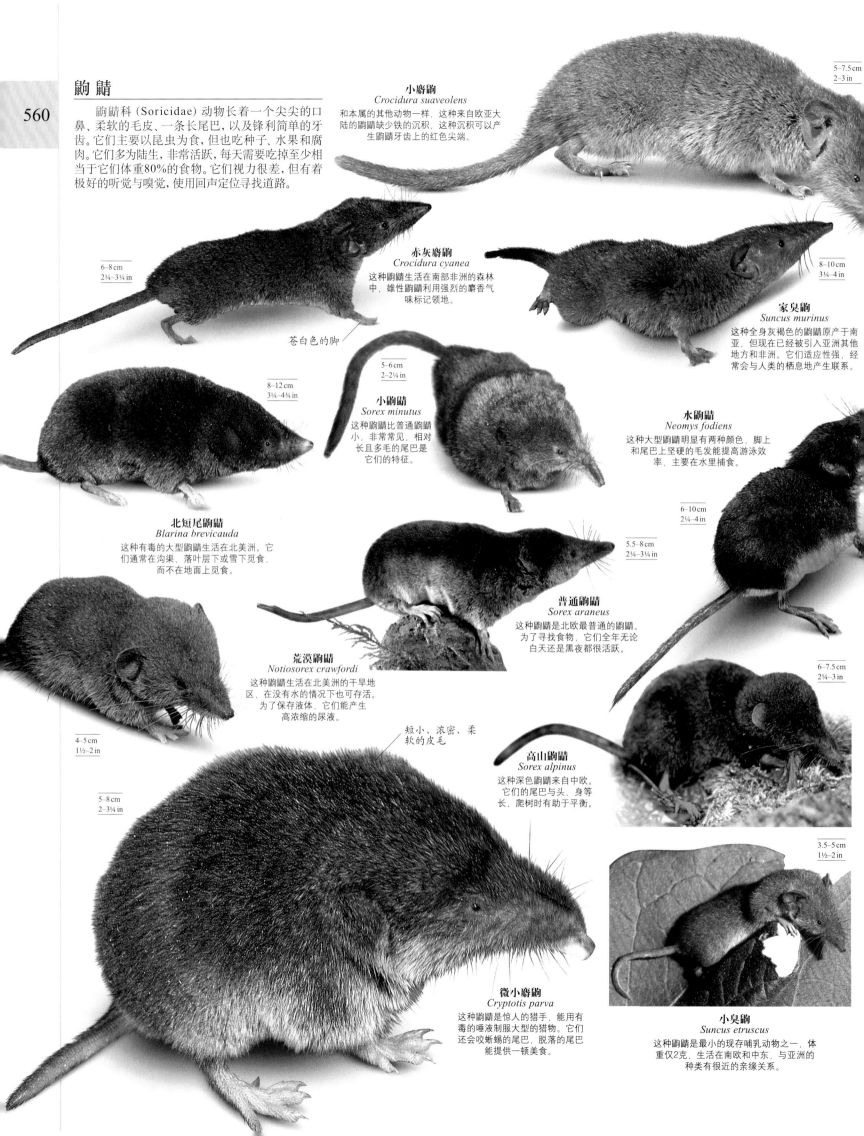

鼩鼱

鼩鼱科 (Soricidae) 动物长着一个尖尖的口鼻、柔软的毛皮、一条长尾巴，以及锋利简单的牙齿。它们主要以昆虫为食，但也吃种子、水果和腐肉。它们多为陆生，非常活跃，每天需要吃掉至少相当于它们体重80%的食物。它们视力很差，但有着极好的听觉与嗅觉，使用回声定位寻找道路。

小麝鼩
Crocidura suaveolens
和本属的其他动物一样，这种来自欧亚大陆的鼩鼱缺少铁的沉积，这种沉积可以产生鼩鼱牙齿上的红色尖端。

5–7.5 cm
2–3 in

6–8 cm
2¼–3¼ in

赤灰麝鼩
Crocidura cyanea
这种鼩鼱生活在南部非洲的森林中，雄性鼩鼱利用强烈的麝香气味标记领地。

苍白色的脚

8–10 cm
3¼–4 in

家臭鼩
Suncus murinus
这种全身灰褐色的鼩鼱原产于南亚，但现在已经被引入亚洲其他地方和非洲。它们适应性强，经常会与人类的栖息地产生联系。

8–12 cm
3¼–4¾ in

5–6 cm
2–2¼ in

小鼩鼱
Sorex minutus
这种鼩鼱比普通鼩鼱小，非常常见，相对长且多毛的尾巴是它们的特征。

水鼩鼱
Neomys fodiens
这种大型鼩鼱明显有两种颜色，脚上和尾巴上坚硬的毛能提高游泳效率，主要在水里捕食。

6–10 cm
2¼–4 in

北短尾鼩鼱
Blarina brevicauda
这种有毒的大型鼩鼱生活在北美洲。它们通常在沟渠、落叶层下或雪下觅食，而不在地面上觅食。

5.5–8 cm
2¼–3¼ in

普通鼩鼱
Sorex araneus
这种鼩鼱是北欧最普通的鼩鼱。为了寻找食物，它们全年无论白天还是黑夜都很活跃。

4–5 cm
1½–2 in

荒漠鼩鼱
Notiosorex crawfordi
这种鼩鼱生活在北美洲的干旱地区，在没有水的情况下也可存活。为了保存液体，它们能产生高浓缩的尿液。

短小、浓密、柔软的皮毛

6–7.5 cm
2¼–3 in

高山鼩鼱
Sorex alpinus
这种深色鼩鼱来自中欧。它们的尾巴与头、身等长，爬树时有助于平衡。

5–8 cm
2–3¼ in

微小麝鼩
Cryptotis parva
这种鼩鼱是惊人的猎手，能用有毒的唾液制服大型的猎物。它们还会咬蜥蜴的尾巴，脱落的尾巴能提供一顿美食。

3.5–5 cm
1½–2 in

小臭鼩
Suncus etruscus
这种鼩鼱是最小的现存哺乳动物之一，体重仅2克，生活在南欧和中东，与亚洲的种类有很近的亲缘关系。

穿山甲

穿山甲的身体覆盖着大型的角质鳞片，又被称为鲮鲤、"有鳞食蚁兽"，这反映了它们的外表和食物。

穿山甲长着小眼睛，夜间活动时，它们利用灵敏的嗅觉寻找食物。尽管在外表上与美洲犰狳有些相似，也有着相同的捕食习性，但穿山甲属于一个不同的目——鳞甲目（Pholidota），而且与食肉动物的关系最为密切。

角质鳞覆盖在穿山甲身上所有暴露的部分，占穿山甲体重的五分之一。尽管有些笨重，它们依然是游泳高手。穿山甲陆生或树栖：陆生的种类生活在深深的洞穴中，树栖的种类生活在树洞中。

穿山甲有力的爪子可用于挖掘昆虫巢穴。食物粘在有黏性的头上，舌头可以从没有牙齿的嘴里伸出40厘米远。因为穿山甲前爪太长，所以弯过来了，用腕部行走，前爪弯曲以保护爪子。

免于被袭

穿山甲的鳞片外衣可以用于防御捕食者的捕食。当受到威胁或睡觉时，它们缩成一团能更加安全。从肛门腺排有臭味的化学物质能进一步增强防御。然而，穿山甲还是由于它们的肉、鳞片和传统中医价值而被过度捕猎。

门	脊索动物门
纲	哺乳纲
目	鳞甲目
科	1
种	8

这种地面生活的南非穿山甲来自非洲，它们黏黏的长舌头用于饮水和捕捉昆虫。

穿山甲

穿山甲科（Manidae）有8种穿山甲，生活在非洲和亚洲的热带地区。它们是唯一一类用大型的角质鳞片保护皮肤的哺乳动物。遇到危险时，它们会卷成球形，锋利的甲板边缘是有效的防御。穿山甲大而有力的前爪可用于挖掘蚂蚁巢和白蚁巢寻找食物，并用探针状长舌上的黏性唾液捕捉猎物。

肉质长鼻

50–65 cm
20–26 in

尾巴上有30块鳞片

马来穿山甲
Manis javanica
这种亚洲穿山甲半树栖生活，在地面移动缓慢，除非遇到危险，它们才会用后脚跑动，用尾巴保持平衡。

树穿山甲
Manis tricuspis
这种树栖生活的穿山甲来自赤道非洲，有着苍白的毛皮和特别的三点式鳞片，但这些点会随着年龄的增长而被磨损。

长尾穿山甲
Manis tetradactyla
这种小型穿山甲来自西非，在高高的林冠层生活。它们的卷尾占整个体长的三分之二。

35–46 cm
14–18 in

30–40 cm
12–16 in

印度穿山甲
Manis crassicaudata
即使是被老虎注意到，互相重叠的鳞片和排放有毒的液体都能保护这种穿山甲。

45–75 cm
18–30 in

宽阔的圆形鳞片

南非穿山甲
Manis temminckii
这种穿山甲是非洲南部和东部的唯一一种穿山甲，非常神秘。它们会因鳞片的价值被捕捉。

40–70 cm/16–28 in

食肉类

食肉目 (Carnivora) 动物主要以肉类为食。它们的身体适合捕猎,牙齿专门用于撕咬和杀死猎物。

5000万年前食肉目动物出现,那时的它们是像猫一样的小型树栖哺乳动物。但是它们的后代,包括地球上最大的捕食者,进化出不同的形态和生活方式。食肉目的体型从最小的伶鼬 (14厘米长) 到南象海豹 (从鼻子到尾巴有7米长)。本目有世界上速度最快的陆地动物猎豹和慵懒的大熊猫。食肉目动物生活于每个大洲,但除了澳洲,那里的食肉目动物是被人为引进的。它们不仅分布在干燥的陆地,有30多种海豹和海狮还生活在海洋中。

特征

食肉目动物如此多样,很难发现它们之间的共同点。这一群体最重要的特征就是它们的牙齿。所有的食肉目动物都有4个长长的犬齿,以及一套特别的被称为裂齿的白齿,用于切肉。当动物张开和关闭上下颌时,裂齿锋利的边缘就像一对剪刀片一样。

大多数食肉目动物主要以肉为食,只有很少的几种是专一的食肉动物。有些种类,诸如狐狸和浣熊,是杂食性动物,以多种植物和动物为食。大熊猫近乎是草食性动物,主要以竹子为食。

独居或群居

一些食肉目动物独居生活,比如大多数鼬类和熊;一些高度社会化,像狼、狮子和细尾獴。群居的动物生活在很有组织的合作性质群体中,共同承担狩猎、养育后代和保卫领地的责任。在繁殖季节,海豹和海狮通常群居,它们被迫回到干燥的陆地交配、产仔;有些动物会在适合的海滨聚集,形成数百甚至数千只的群体。

门	脊索动物门
纲	哺乳纲
目	食肉目
科	15
种	286

讨论

鳍足亚目或食肉目?

依据外表判断,根据拉丁文"脚趾间有薄膜的"而被认为是鳍足亚目的水生海豹、海狮和海象,似乎不太可能与鼬类和野猫属于相同的类群。但是它们头骨和牙齿的结构,以及DNA中的信息编码却讲述着不同的故事。鳍足亚目虽有用于游泳的肢体,但不像鲸类,它们不完全水生,为了繁殖必须回到陆地。化石和分子证据显示,海豹、海狮和海象共同拥有类似熊的祖先,这一先祖在大约2300万年前与其他食肉目动物发生分离。

狼、狐及其近亲

犬科 (Canidae) 动物是体型中等的长腿哺乳动物,多数长着毛茸茸的尾巴和直立的耳朵。它们是敏捷、聪明的捕食者,但多数犬科动物也吃植物。高度社会化的灰狼是家犬的祖先,家犬在1.5万年前被人类驯化,现在它们的形态有很多变化。

孟加拉狐
Vulpes bengalensis
这种敏捷的杂食性狐狸生活在尼泊尔和印度的开阔野外。雌雄配对关系会年复一年地保持,而且会一起养育许多幼崽。

短小的尖脸

39–57 cm
15½–22½ in

大耳朵

阿富汗狐
Vulpes cana
这种狐狸生活在阿拉伯半岛和中东的草原,是严格的夜行性动物,主要以无脊椎动物和水果为食。

38–50 cm
15–20 in

45–60 cm
18–23½ in

白色的下半身略带黄色

沙狐
Vulpes corsac
沙狐生活在亚洲草原,是一种群居的社会化动物,也是捕食小动物的机会主义者。它们也会吃植物。

50–75 cm
20–30 in

37–50 cm
14½–20 in

北极狐
Vulpes lagopus
这种强健的狐狸生活在地球最北部地区,有着包括雪白色在内的不同的颜色形态。

姬狐
Vulpes macrotis
亦称墨西哥狐,生活在美国西南部,是高效的挖掘能手,群居在有多达20个入口的洞穴内。

郏狐
Vulpes zerda
这种小型的夜行性狐狸生活在北非，它们特殊的耳朵有着双重作用：提供敏锐的听觉和散发身体过多的热量。

尖尖的耳朵、顶部是黑色

37–54 cm
14½–21½ in

33–41 cm
13–16 in

草原狐
Vulpes velox
这种与姬狐亲缘关系紧密的狐狸生活在美国中部，1938年在加拿大灭绝，已被再引入到加拿大。

35–55 cm
14–22 in

50–90 cm
20–35 in

46–60 cm
18–23½ in

吕氏狐
Vulpes rueppellii
这种小型的社会化狐狸分布在北非到巴基斯坦地区。它们依靠食用大量植物和动物，在沙漠环境中生存下来。

赤狐
Vulpes vulpes
这种适应性强的猎手和清道夫是世界上分布最广的食肉动物，分布范围遍及北半球的大部分地区。

肢体下端为黑色

蝠耳狐
Otocyon megalotis
这种社会化狐狸栖息在非洲南部和东部的开阔草原以及热带稀树草原，主要以白蚁和甲虫为食。

毛茸茸的大尾巴尖端为白色

潘帕斯狐
Lycalopex gymnocercus
这种独居的狐狸原产于南美洲的温带草原，捕食各种各样的小动物，偶尔也会捕食羊。

50–74 cm
20–29 in

黑褐色的体毛

49–70 cm
19½–28 in

54–66 cm
21½–26 in

灰狐
Urocyon cinereoargenteus
尽管这种狐狸会避免生活在丛林狼和短尾猫生活的地区，但在整个美洲地区的森林中相对还是很常见的。

45–92 cm
18–36 in

57–77 cm
22½–30 in

山狐
Lycalopex culpaeus
山狐是一种生活在南美洲高原的大型独居狐狸，它们的猎物比其他种类狐狸捕捉的大。

食蟹狐
Cerdocyon thous
这种动物是一种适应性强的杂食动物，生活在南美洲的草原以及温带和热带森林，以水果、腐肉和小动物为食。

貉
Nyctereutes procyonoides
这种特殊的犬科动物生活在东亚的湿地中。它们是攀爬高手，也是唯一一种冬眠的犬科动物。

>>

» 狼、狐及其近亲

食肉类

哺乳动物

姜黄色的耳朵

65–80 cm
26–32 in

45–90 cm
18–35 in

65–105 cm
26–41 in

黑背胡狼
Canis mesomelas
这种适应性强的犬科动物是最大的非洲犬类。它们是杂食性的，群居生活，白天和夜晚都活跃。

侧纹胡狼
Canis adustus
这种动物是分布广泛的非洲犬类，是夜行性食腐、捕食动物，经常受到农民的伤害。

亚洲胡狼
Canis aureus
这种犬科动物有时会被认为是狗的原型。它们脚步快，社会化，是机会主义的猎手和捕食者，分布在非洲和亚洲。

丛林狼
Canis latrans
这种分布广泛并且普通的动物原产于北美洲和中美洲。它们成群生活，偶尔会与灰狼交配。

70–97 cm
28–38 in

84–101 cm
33–39 in

埃塞俄比亚狼
Canis simensis
这种濒危的狼被列为世界上最稀有的犬科动物，野生群体仅生活在埃塞俄比亚偏僻的高原。

红狼
Canis lupus rufus
这种非常濒危的亚种来自美国东南部，仅存活在特别保护区中。这要多亏20世纪80年代的圈养繁殖。

北极狼
Canis lupus arctcos
这种狼是灰狼的亚种，以苍白的外表为特征，成对生活在加拿大、阿拉斯加和格陵兰岛。

1.1–1.4 m
3½–4½ ft

1–1.2 m
3¼–4 ft

厚厚的毛皮可以锁住热量

0.9–1.6 m
35–65 in

锋利的牙齿

灰狼
Canis lupus lupus
这种适应性强的狼是家犬的祖先。它们的分布范围很广，覆盖北半球的大部分地区。

大脚和爪子

0.9–1.2 m
3–4 ft

澳洲野犬
Canis lupus dingo
大约4000年前，这种灰狼的大型亚种被引入澳大利亚，并迅速变成了这个大洲的顶级掠食者。

金毛寻回犬
Canis lupus familiaris
这种狗在英国被培育出来，用于寻猎游戏。它们忠诚并且聪明，是很出色的宠物。喜欢在水里游泳。

85–100 cm
2¾–3¼ ft

斑点狗
Canis lupus familiaris
亦称大麦町犬，最初作为看门狗和狩猎同伴而被培育出来，之后它们变成了马车犬，护送四轮马车。今天它们被当成宠物。

63–79 cm
25–31 in

羽毛一样的尾巴

浓密的皮毛

79–96 cm
31–38 in

60 cm
23½ in

巴吉度猎犬
Canis lupus familiaris
这种狗作为一种追踪猎犬而被繁殖出来。它们的腿很短，这使得它们能在茂密的植被中穿梭自如。

爱斯基摩犬
Canis lupus familiaris
爱斯基摩犬作为一种雪橇犬而在阿拉斯加培育出来。它们与原始的狼很像，可能是最早的驯养品种之一。

鬃狼
Chrysocyon brachyurus
鬃狼是一种机会主义的杂食动物，生活在南美洲的热带稀树草原，长腿帮助它们越过高草查看四周。

直立，可以动的大耳朵

深色的鼻口

40 cm
16 in

平毛猎狐㹴
Canis lupus familiaris
这种活力十足的狗很热衷于挖掘。它们足够小，能进入狐狸的洞穴。培育它们目的是为了让农场免受害兽的袭击。

在柔软的内毛外面有粗糙的外毛

1–1.3 m
3–4¼ ft

长腿得到了"踩着高跷的狐狸"的昵称

20–30 cm
8–12 in

吉娃娃
Canis lupus familiaris
吉娃娃来自墨西哥，虽然体型较小，但生性勇敢。它们的皮毛有几种颜色。

67–85 cm
26–34 in

粗毛牧羊犬
Canis lupus familiaris
这种狗的运动体型隐藏在浓厚的毛皮下，最初在苏格兰高地繁育，作为牧羊犬之用。

0.9–1.4 m
35–55 in

0.8–1.4 m
2½–4½ ft

57–75 cm
22½–30 in

豺
Cuon alpinus
这种野犬生活在亚洲，是一种凶猛的捕食者。它们成群生活和狩猎，猎食目标是大型哺乳动物，例如鹿和野羊。

非洲野犬
Lycaon pictus
这种濒危的犬类生活在高度组织的群体中。它们共同狩猎和养育后代，并且照顾有病和受伤的同伴。

薮犬
Speothos venaticus
这种特殊的短腿动物是亚马孙地区的捕食者。它们主要以啮齿动物为食，单独或成群觅食。

熊

熊科 (Ursidae) 动物原产于欧洲、亚洲和美洲，是健壮结实而灵敏的大型动物。大多数熊都为杂食动物，植物组成了它们食物的一大部分。然而，北极熊专门以肉为食；有时被划分为不同科的大熊猫，以植物为食。除了雌性照顾幼崽，一般熊为独居生活。

棕熊
Ursus arctos

这种熊分布广泛，包括亚洲、北欧和北美，这证明了它们饮食的多样性。它们以季节性食物为食，包括浆果和产卵的鲑鱼。

1.2–1.8 m
4–6 ft

1.5–2.8 m
5–9¼ ft

白色的脸上长着黑色的眼圈和耳朵

大熊猫
Ailuropoda melanoleuca

这种濒危的熊生活在中国中部的森林中。尽管是食肉动物，但它们主要以竹子为食；缺少充足的营养造成了它们低能耗的生活方式。

5个爪子能长到10厘米

海 狮

海狮科 (Otariidae) 动物与海豹的区别在于它们的小外耳和肢体。肢体用于在陆地上移动——它们能用脚蹼走路，虽然很笨拙。海狮科动物是游泳高手，但与海豹相比，它们的下潜时间较短、深度较浅。它们分布在除北大西洋以外的海域。

北海狮
Eumetopias jubatus

这种海狮生活在北太平洋，也称为北方海狮，是最大的海狮。它们主要以鱼为食，但也会捕食小型的海豹。

澳洲海狮
Neophoca cinerea

这种相对稀少的海狮仅分布在澳大利亚西部和南部，集群繁殖。但在繁殖季节以外，小群体也会待在一起。

厚厚的脖子

1.3–2.5 m
4¼–8¼ ft

2–3.3 m
6½ 11 ft

黑色的脚蹼

深褐色或黑色的幼崽

1.6–2.5 m
5¼–8¼ ft

胡氏海狮
Phocarctos hookeri

这种稀少的海狮仅生活在新西兰周围的水域，只在几个沿海岛屿上繁殖。

1.8–2.6 m
6–8½ ft

1.4–2.2 m
4½–7¼ ft

长着胡须的口鼻像狗一样

南美海狮
Otaria flavescens

这种海狮的脸短小钝圆，分布在南美洲和南大西洋的马尔维纳斯群岛。它们偶尔会互相合作捕食猎物，也可能进入河流捕食鱼类。

海狗
Callorhinus ursinus

除了繁殖，这种海狗都会生活在北太平洋的远洋海域。雄性体重是雌性的5倍还多。

加州海狮
Zalophus californianus

这种海狮被普遍当作"表演动物"，它们在陆地和水里都很敏捷，常会将身体的一部分跃出水面。

从肩部到尾部形成了流线型的身体

1.5–2.5 m
5–8¼ ft

美洲黑熊
Ursus americanus
这种熊是世界上最普通的熊，有约90万只生活在北美洲的不同生境中，其中一些拥有褐色或金色的皮毛。

1.2–1.9 m
4–6¼ ft

亚洲黑熊
Ursus thibetanus
这种熊分布广泛，是一种住在树里的动物，外表、栖息地和行为多变。只有热带地区怀孕的雌性会发生休眠现象。

1.1–1.9 m
3½–6¼ ft

全白的身体

1.8–2.8 m
6–9¼ ft

相对长的颈部

爪垫上长着少许皮毛，能在冰上提供额外的抓力

北极熊
Ursus maritimus
北极熊是陆地上极大的捕食者之一，精通于潜水，一生的大部分时间都在北极海冰上。

马来熊部分：

1–1.5 m
3¼–5 ft

马来熊
Helarctos malayanus
这种生活在东南亚森林中的熊生性害羞，以昆虫、蜂蜜、水果和植物根部为食。白天活跃，如被打扰则在夜间活动。

1–1.8 m
3¼–6 ft

眼镜熊
Tremarctos ornatus
这种熊生活在安第斯山的云雾林中，是一种易危级动物，也是攀爬能手。它们多样的食物包括水果、根和肉。

1.4–1.9 m
4½–6¼ ft

懒熊
Melursus ursinus
这种毛发凌乱的印度熊生活在许多生境之中。它们会用大爪子打开白蚁丘，吸食惊慌失措的昆虫。

非澳海狮
Arctocephalus pusillus
这种海狮有两个独立的种群——南非种群和澳大利亚种群。两个种群都遭受了过度捕杀。

柔软的皮毛可以锁住挨着皮肤的温暖空气

1.2–1.6 m
4–5¼ ft

加拉帕戈斯海狮
Arctocephalus galapagoensis
这种海狮是最小的海狮，也是变化最少的种类，雄性只比雌性大一点。

尖尖的口鼻

新西兰海狮
Arctocephalus forsteri
这种海狮在新西兰和澳大利亚多岩石的海岸繁殖。现在它们受法律保护而不再被猎杀，因此数量正在上升。

1.4–2.4 m
4½–7¾ ft

瓜达卢佩海狮
Arctocephalus townsendi
这种海狮的特点是鼻子又尖又长。它们在多岩石的海滩和只能从海里进入的洞穴繁殖。

1.4–2 m
4½–6½ ft

1.3–2 m
4¼–6½ ft

南海狮
Arctocephalus australis
这种贪婪的捕食者以鱼类、乌贼和甲壳动物为食，在南美洲和马尔维纳斯群岛多岩石的海滩上繁殖。

1.4–1.9 m
4½–6¼ ft

1.3–2.5 m
4¼–8¼ ft

粗壮的颈部长着粗糙的毛发

岛海狮
Arctocephalus gazella
这种海狮在散布于南大洋的岛屿上繁殖。曾经被过度捕杀，现在种群数量正在恢复。

前肢的鳍状肢

北极熊
Ursus maritimus

与其他熊类不同，北极熊长着一个稍微突起的"罗马"鼻子

这种高大的动物熟悉海洋生活和陆地生活。它们是世界上最大的陆地捕食者。庞大的身体似乎很笨拙，然而在水中时，它们却很灵活。北极熊是真正的游猎动物，一年中的大部分时间都远离陆地，流浪于北冰洋冰封的地区。夏季时冰雪融化，它们被迫退回陆地，有时会与人类相遇。小北极熊出生在隆冬时节，居住在母亲挖掘的巢穴中。它们出生时，母亲很少从冬眠中苏醒，但在冬眠3个月之后，母亲会打破自己的身体储备，分泌富含脂肪的乳汁哺育幼崽。当春天到来时，幼崽已经比出生时的体重增加许多，而母亲却几近饿死。它会利用接下来的两年时间教会小熊游泳、捕捉海豹、保护自己以及建造它们自己的冰雪巢穴。气候变化正威胁着北极熊的栖息地和食物链，这会造成北极熊走向灭绝。

尺寸	1.8~2.8米
生境	北极冰原
分布	北冰洋；俄罗斯、阿拉斯加、加拿大、挪威和格陵兰岛的北极地区
食物	主要为海豹

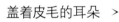

盖着皮毛的耳朵 >

完全被皮毛覆盖的小耳朵能避免冻伤。北极熊拥有很好的听觉，但主要依靠嗅觉发现猎物。

< 深色的眼睛

深色的眼睛和鼻子是北极熊身体上最明显的部分。北极熊的视力极好，和人类不相上下。

∧ 致命一击

前爪主要用于捕捉猎物。由于有着极好的嗅觉，所以北极熊能发觉在冰下巢穴中的年幼海豹，然后从上面大力地击打它们。

∧ 划水的爪子

游泳时，覆盖着毛皮脚垫的大爪子可以作为高效的浆，能以大约每小时6千米的速度游泳数小时。

∧ 短粗的尾巴

北极熊很少使用尾巴，因此附肢简化为一个短尾——几乎藏在浓密的皮毛下面。

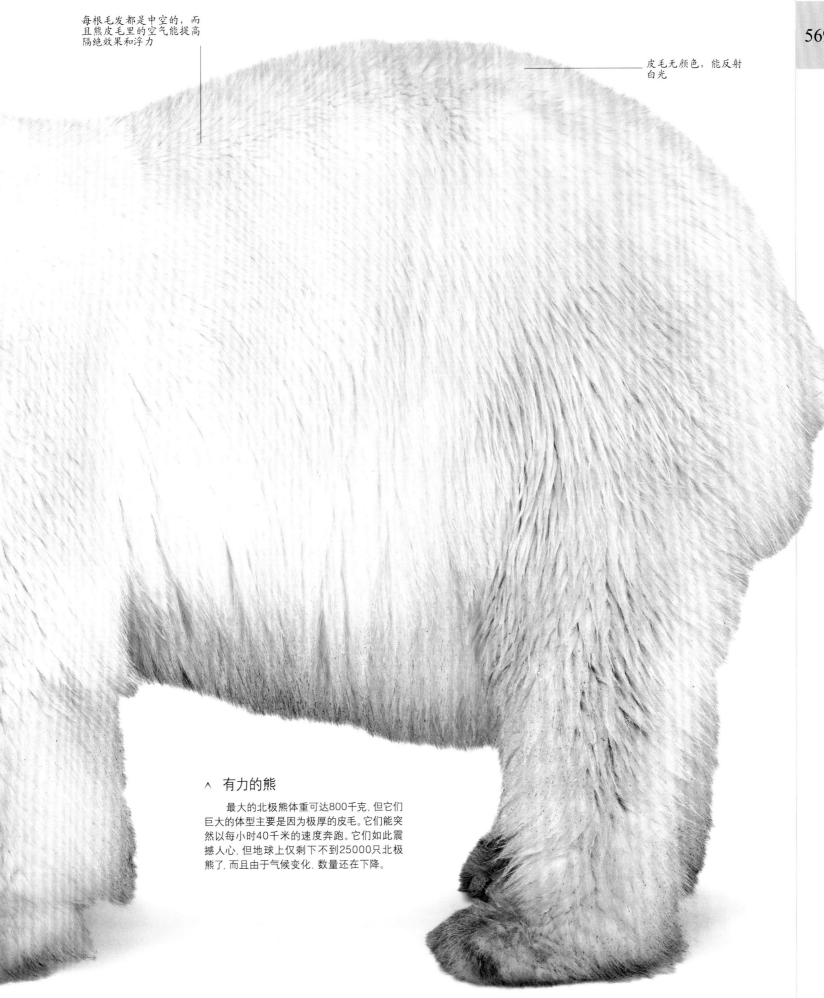

每根毛发都是中空的，而且熊皮毛里的空气能提高隔绝效果和浮力

皮毛无颜色，能反射白光

＾ 有力的熊

最大的北极熊体重可达800千克，但它们巨大的体型主要是因为极厚的皮毛。它们能突然以每小时40千米的速度奔跑。它们如此震撼人心，但地球上仅剩下不到25000只北极熊了，而且由于气候变化，数量还在下降。

海象

海象是海象科 (Odobenidae) 唯一的一种动物。这种庞大的北极海兽有一个巨大的鲸脂身体，雌雄两性都长着长獠牙，还有一撮敏感的胡须用于发现食物。数以千计的海象常常离开水体，大群地聚集在海滩和冰川上。

乳白色的长獠牙

2.3-3.6 m
7½-12 ft

厚厚的、有皱纹的皮肤

海象
Odobenus rosmarus
这种海象频繁出没于北极地区的浅水处。雄性海象是雌性的两倍大，在水下利用叫声吸引雌性。

身体钝圆，到尾部逐渐变细

船桨一样的脚蹼

海豹

海豹科 (Phocidae) 动物与它们的亲缘种海象和海狮相比，能更好地适应水中的生活。它们没有耳郭，取而代之的是头两侧的小洞。它们的脚蹼在陆地上是无用的，但在水中时却可以推动它们，使它们更迅速、更敏捷。多数海豹生活在寒带和极区水域中，以鱼和无脊椎动物为食，豹形海豹还会捕食企鹅。

1.7-2.5 m
5½-8¼ ft

大眼海豹
Ommatophoca rossii
这种海豹数量稀少，游泳快速，一生中大部分时间都在南极地区的浮冰群下面捕捉乌贼。雄性体型比雌性小。

小小的头

短小的脚蹼

韦德尔海豹
Leptonychotes weddellii
这种海豹是生活在地球最南端的野生哺乳动物。它们是潜水高手，专在南极冰架下面进行长时间的深潜。雌性比雄性大。

2.5-3.3 m
8¼-11 ft

短短的胡须数量不多

豹形海豹
Hydrurga leptonyx
这种可怕的捕食者在南极地区的浮冰群边缘捕食，主要捕捉小型海豹、鱼和企鹅，但也会以磷虾为食。

2.5-3.4 m
8¼-11 ft

2-2.6 m
6½-8½ ft

1.7-3.3 m
5½-11 ft

灰海豹
Halichoerus grypus
灰海豹生活在北大西洋，在英国周边大量繁殖。雄性比雌性重三倍。

髯海豹
Erignathus barbatus
这种大型的北极海豹主要以底栖的鱼类和无脊椎动物为食。它们利用坚硬的长胡须，靠触觉定位。

2-2.4 m
6½-7¾ ft

1.7-1.9 m
5½-6¼ ft

短小的蹼足

夏威夷僧海豹
Monachus schauinslandi
算上地中海亲缘种，这种海豹是仅有的两种现存的、极度濒危并受保护的僧海豹中的一种。现存数量已经不到1400只。

竖琴海豹
Pagophilus groenlandicus
这种小型海豹会集成嘈杂的群体，冬季时迁徙到南部，夏季时迁徙到北部。它们追随着北极浮冰群，并在上面活动、休息。

2–2.4 m
6½–7¾ ft

2–2.7 m
6½–8¾ ft

雄性可膨胀的鼻子

2–5 m
6½–16 ft

冠海豹
Cystophora cristata
这种独居的北极海豹长着
特别的鼻子。它垂在嘴上，
可以膨胀。幼兽出生后5天
即可独立。

锯齿海豹
Lobodon carcinophaga
尽管也叫食蟹海豹，但这种灵活的南极海豹主要以
磷虾为食。它们利用特化的牙齿，从水中过滤食物。

2–7 m
6½–23 ft

南象海豹
Mirounga leonina
这种海豹生活在南大洋，大块
头的雄性长着一个类似象鼻的
鼻子。同时它们还是最大的食
肉动物，体重高达5000千克。

♀

♂

北象海豹
Mirounga angustirostris
这是一种生活在北太平洋的大型海豹。雄性长着一个类
似象鼻的长鼻子。和南部亲缘种一样，它们也几乎被捕
杀灭绝，但现在种群数量正在恢复。

大眼睛长在
头部后方

1.2–2 m
4–6½ ft

1–1.7 m
3¼–5½ ft

1.4–1.7 m
4½–5½ ft

斑海豹
Phoca largha
这种小型海豹主要生活在西伯利亚
和加拿大的北部海岸浮冰上。为了
繁殖，成年海豹会形成稳定的
配对关系。

环斑海豹
Pusa hispida
这种小型海豹主要生活在北极冰
架。幼崽在冰下的巢穴中出生，以
躲避捕食者的捕食。

身体上的斑点、
环和疙瘩

港海豹
Phoca vitulina
这种漂亮的海豹也叫麻斑
海豹，广泛分布于温带海
岸。它们会爬上沙滩和从
海面露出的礁石。

1.1–1.4 m
3½–4½ ft

贝加尔海豹
Pusa sibirica
这种小型的淡水海豹生活
在西伯利亚的贝加尔湖。
冬季时，它们会用牙齿和
爪子在冰面做一个洞，以
维持呼吸。

1.5 m
5 ft

里海海豹
Pusa caspica
约有50万只这种小型海豹生活在里海。与
其他海豹不同的是，雄性只占有一只配
偶，而不会与其他雄性打斗。

臭鼬及其近亲

这类体型如猫一样的小型哺乳动物类群来自美洲，它们的名字源于它们最特别的行为——向攻击者喷出恶臭的液体。臭鼬科 (Mephitidae) 这个名字，来源于拉丁语"糟糕的味道"。

20–32 cm
8–12½ in

臭獾
Mydaus marchei

这种笨拙的动物是美洲臭鼬的亲缘种，仅生活在菲律宾的巴拉望和卡拉绵群岛上，主要以无脊椎动物为食。

32–49 cm
12½–19½ in

巴塔戈尼亚獾臭鼬
Conepatus humboldtii

这种小型臭鼬原产于智利南部和阿根廷，靠气味和挖掘发现地下的无脊椎动物食物。

25–35 cm
10–14 in

东斑臭鼬
Spilogale putorius

这种动物来自美国东部，形似鼬，是一种相对小型的臭鼬。与其他种类的臭鼬相比，它们更敏捷、更善于攀爬。

23–33 cm
9–13 in

大尾臭鼬
Mephitis macroura

这种臭鼬广泛分布于中美洲，占据着许多生境，是以水果、卵和小动物为食的机会主义者。

当动物受惊时，尾巴和背部的长毛会竖起

加拿大臭鼬
Mephitis mephitis

这种夜行性杂食动物的分布范围从加拿大到墨西哥。它们的北部种群在冬季时会冬眠。

23–40 cm
9–16 in

白色的条纹警告捕食者它有恶臭的分泌物

浣熊及其近亲

浣熊科 (Procyonidae) 的浣熊、蜜熊和犬浣熊是敏捷的新大陆食肉动物。多数种类为杂食性，主要以植物为食——尤其是水果——也会吃昆虫、蜗牛、小鸟和哺乳动物。普通浣熊是这一类群中最大的动物。

南浣熊
Nasua nasua

这种动物生活在松散的母系社群中。它们善于攀爬，在捕食动物的季节过去之后主要以水果为食。

43–68 cm
17–27 in

41–67 cm
16–26 in

白鼻浣熊
Nasua narica

这种社会化的杂食动物生活在中美洲，白天在地面觅食。它们善于攀爬，而且经常在树上睡觉。

尾巴有模糊的暗色圆环

小熊猫

这种树栖的草食性哺乳动物通常被归到它自己的科——小熊猫科 (Ailuridae)，尽管有些动物学家会把它归入浣熊科，还有些把它归入大熊猫这一类群。

小熊猫
Ailurus fulgens

这种长得像浣熊似的哺乳动物又被称为红熊猫，栖息在喜马拉雅山脉的温带森林中，以水果和一些小型动物以及鸟卵等为食。

50–73 cm
20–29 in

鼬及其近亲

鼬科 (Mustelidae) 动物的分布地遍及欧亚大陆、非洲和美洲。虽然獾和狼獾的身体更粗壮，但它们仍以弯曲的身体和短腿为特征。多数种类都是活跃的捕食者，善于游泳。

30–43 cm
12–17 in

北美水貂
Neovison vison

这种水貂是凶猛神秘的捕食者，也是游泳高手。它们已经被皮毛养殖户引入世界各地。

尾巴尖端的黑色非常明显

20–36 cm
8–14 in

欧洲水貂
Mustela lutreola

这种动物实际上是鼬非貂，它是一种半水生的捕食者，曾广泛分布于中欧和西欧，但现在与引进的北美水貂相比不是很常见了。

加氏犬浣熊
Bassaricyon gabbii
这种犬浣熊是害羞的夜行性动物，以水果为食。
它们是生活在中美洲和南美洲北部森林中的
3种犬浣熊中的一种。

35–49 cm
14–19½ in

蜜熊
Potos flavus
蜜熊是一种夜行性的树栖动物，分布在
中美洲和南美洲。它们会用长长的舌头
扯下水果，或从蜂巢中收集蜂蜜。

41–76 cm
16–30 in

卷尾

灰色的长毛

普通浣熊
Procyon lotor
这种适应性强的机会主义者喜
欢生活在北美洲的林地和灌木
生境中，靠吃人类的垃圾也常
常在城市中蓬勃发展。

黑色的面具
覆盖着小眼睛

44–62 cm
17½–24 in

30–37 cm
12–14½ in

蓬尾浣熊
Bassariscus astutus
这种动物是来自中美洲的一
种敏捷的杂食动物，在夜晚
寻找水果和小动物作为食
物，间歇时常常用气味
标记领地。

20–46 cm
8–18 in

林鼬
Mustela putorius
这种活泼的夜行动物生活在中欧
和西欧的森林和草甸中，是"宠
物貂"的祖先。

23–26 cm
9–10 in

细长的
颈部

11–26 cm
4¼–10 in

尖尖的鼻子

伶鼬
Mustela nivalis
这种鼬是最小的食肉动物，但
却是一种凶猛并且高成功率的
捕食者，专门捕食老鼠。

17–32 cm
6½–12½ in

白鼬
Mustela erminea
这种柔软、凶猛的小型捕食者分布
在北半球的众多地区。冬季时，最
北部的种群体色会变成白色。

黑足鼬
Mustela nigripes
这种纤细的掘穴鼬类在20世纪后期
的时候在野外灭绝，现已被重引入到
美国中西部的保护区中。

35–50 cm
14–20 in

长尾鼬
Mustela frenata
这种鼬广泛分布在美洲地
区，捕食老鼠和田鼠。冬季
时北部的个体会变成白色。

>>

从头到尾有4条
白色条纹

55—70 cm
22—28 in

猪獾
Arctonyx collaris
这种獾原产于东南亚，会用
细长的鼻子在森林落叶层
中寻找食物。

42—72 cm
16½—28 in

美洲獾
Taxidea taxus
这种胖胖的掘穴动物生活在北美洲中部的草原
和林地中，以各种植物和动物为食。

白色条纹从
鼻子向后延
伸到背部再
到臀部

56—90 cm
22—35 in

欧洲獾
Meles meles
这种胖胖的獾生活在欧洲和
亚洲大部的林地中。它们共
同生活在许多叫作獾洞的洞
穴系统中。

74—96 cm
29—38 in

蜜獾
Mellivora capensis
这种獾是一种非常活跃的动物，生活在西亚、南亚，
以及非洲。它们会为了蜂蜜袭击蜂房，但也会吃
白蚁、蝎子和豪猪。

47—55 cm
18½—22 in

南美巢鼬
Galictis vittata
这种杂食性的巢鼬适应性
强，长着类似獾的斑纹，生
活在中美洲和南美洲的热带
森林和草原上。

65—105 cm
26—41 in

紫貂
Martes zibellina
这种凶猛的捕食者来自西伯利亚、
中国和日本的森林。由于它的皮毛
非常柔软、丝滑，因而遭到人类的
猎杀。

狼獾
Gulo gulo
这种大型鼬类广泛分布于北美洲和欧
亚大陆。由于它们贪吃的习性，使得
它得到了另一个名字——"貂熊"。

35—56 cm
14—22 in

浓密的深褐
色毛皮

逐渐变细的扁
平尾巴

45—58 cm
18—23 in

40—54 cm
16—21½ in

石貂
Martes foina
这种貂广泛分布于欧亚大
陆，在黄昏时分出现于岩
石洞穴或中空的原木，寻
找小型哺乳动物、鸟和季
节性水果作为食物。

45—65 cm
18—26 in

渔貂
Martes pennanti
这种大型貂生活在北美洲茂
密的丛林中，很少吃鱼，是
少有的几种能对付豪猪的
貂类之一。

松貂
Martes martes
这种活跃的猎手生活在欧洲许
多地方的森林中。由于它们在
夜间活动，而且对人类很警
觉，很少被发现。

非洲斑纹鼬
Ictonyx striatus
这种有斑纹的鼬来自非洲，能在
夜晚捕捉到许多猎物，白天在中
空的原木或洞穴中休息。

28–38 cm
11–15 in

背侧的斑纹在
尾部汇合

24–33 cm
9½–13 in

白颈鼬
Poecilogale albinucha
这种动物来自非洲中部和南部，生
活在自己挖掘的洞穴中。它们夜晚
出没，捕捉小型动物，尤其是啮齿
动物，靠气味追踪猎物。

长爪子用于挖掘
埋起来的昆虫

1–1.3 m
3¼–4¼ ft

大水獭
Pteronura brasiliensis
这种来自南美的捕食者每天需要3千克的
鱼来维持生命。这种濒危动物现存
只有不到5000只了。

73–88 cm
29–35 in

非洲小爪水獭
Aonyx capensis
这种大型水獭分布在撒哈拉以南非洲的大部
地区。它们在森林和湿地里的水体边栖息，
主要吃蟹、蛙和鱼。

36–47 cm
14–18½ in

脸部和喉部上有
灰白色的斑点

亚洲小爪水獭
Aonyx cinerea
这种水獭生活在印度和东南
亚，是世界上最小的水獭。由
于生境丧失和环境污染，现存
的种群正面临威胁。

不锋利的
短爪子

50–90 cm
20–35 in

58–73 cm
23–29 in

75–120 cm
2½–4 ft

欧亚水獭
Lutra lutra
欧亚水獭在河流和海岸栖息地都很多
见，只要它们能接触到淡水。

北美獭
Lontra canadensis
这种动物广泛分布于北美洲，栖息于植被繁茂的
河流和湖滨。它们主要以鱼和小龙虾为食，但也
会捕食小型的陆生动物。

海獭
Enhydra lutris
这种海獭在寒冷的北太平洋中捕食鱼和
甲壳类动物，依靠它们无比厚实的
皮毛保持温暖。

猫科动物

猫科 (Felidae) 动物是最特化的食肉动物之一,有些种类根本不会吃植物。作为一个类群,猫科动物是运动健将,灵活的、肌肉发达的身体能很好地适应奔跑、攀爬、跳跃和游泳。它们的短颌包含适合刺穿 (犬齿) 和切割 (裂齿) 食物的锋利牙齿。它们还有伸缩自如的爪子。

豹
Panthera pardus
赤称金钱豹、花豹,这种动物是适应性最强的大型猫科动物,广泛分布于非洲和南亚。它们经常把猎物藏在树丛中,以避开其他捕食者。

0.9–1.9 m
3–6¼ ft

云豹
Neofelis nebulosa
这种动物是一种生活在东南亚丛林中的猫科动物,夜间活动,长着云彩形状斑纹的毛皮。由于被猎杀和生境的丧失,数量正在不断下降。

67–107 cm
26–42 in

黑豹
Panthera pardus
这是黑化的花豹,它们黑化的颜色在豹中并不常见,主要生活在东南亚茂密、潮湿的森林中。

0.9–1.9 m
3–6¼ ft

虎
Panthera tigris
虎是世界上最大的猫科动物,善于隐蔽,并借助爆发力捕捉和牛一样大的猎物。在亚洲的野生环境下已经剩下不足5000只虎了。

1.4–2.8 m
4½–9½ ft

美洲豹
Panthera onca
美洲豹是美洲唯一一种大型猫科动物,是出色的攀爬能手和游泳能手。它们的猎物很宽泛,包括鹿、乌龟和鱼。

1.2–1.7 m
4–5½ ft

浓密的鬃毛

狮
Panthera leo
狮子是非洲顶级的捕食者,生活在被称为狮群的家庭群体中。雌性会一起捕捉猎物,包括斑马和羚羊。

1.6–2.5 m
5¼–8¼ ft

♂

♀

0.9–1.2 m
3–4 ft

雪豹
Uncia uncia
雪豹适于栖息在中亚地区偏远的高山上。它们单独生活，单独捕捉野生的绵羊和山羊、鹿，以及旱獭。

80–110 cm
32–43 in

欧亚猞猁
Lynx lynx
这种大型猞猁足够大，以至于能捕捉小型的鹿。一次猎杀能满足个体一周所需。

68–82 cm
27–32 in

伊比利亚猞猁
Lynx pardinus
这种猞猁现已经被笼养繁殖，可能是世界上最濒危的猫科动物，仅有不到150只生活在西班牙的野外。

成簇状的大耳朵

短短的尾巴

61–106 cm
24–42 in

狞猫
Caracal caracal
狞猫栖息在非洲和亚洲西南部干旱的灌木丛林地中，夜间捕捉体型中等的猎物，比如蹄兔和小型羚羊。

65–105 cm
26–41 in

短尾猫
Lynx rufus
这种潜伏-突击型的捕食者适应性很强，以其短小、"上下摇动"的尾巴命名。它们分布在北美洲，主要捕捉野兔。

53–67 cm
21–26 in

80–106 cm
32–42 in

小小的头上眼睛位置很高

婆罗洲金猫
Catopuma badia
这种鲜为人知的丛林猫生活在森林中，1928年以来只捕捉到过8只个体。

加拿大猞猁
Lynx canadensis
加拿大猞猁生活在茂密的丛林和苔原中。它们的数量会随着它们喜爱的猎物，即北美野兔的数量波动而发生波动。

金猫
Catopuma temminckii
这种大型的猫科动物分布在东南亚部分丛林地区，身体为金黄色，偶有斑点。配偶共同捕猎和养育后代。

猎豹
Acinonyx jubatus
猎豹是四足动物中最迅猛的种类，奔跑速度能达到104千米/小时。它们会高速地在非洲热带稀树草原上捕捉羚羊。

73–105 cm
29–41 in

1.2–1.5 m
4–5 ft

长长的尾巴有助于平衡

覆盖有皮毛的耳朵能独立转动，搜索环境中的猎物或危险的声音

虎
Panthera tigris

虎是最大、最震撼人心的大型猫科动物，它们是强大的捕食者，超乎寻常的优雅与机敏。它们的自然分布区从印度尼西亚的热带雨林到西伯利亚的辽阔雪原，是那里发现的最大个体。一只发育完全的雄虎可能重达300千克，虽然块头很大，但它们一次跳跃依然可以达到10米的距离。成年虎独居生活，除了带着幼崽的雌虎——虎妈妈会照顾幼崽两年，亦或更久，并教会它们重要的生存技巧。

尺寸	1.4～2.8米
生境	森林、沼泽、灌木丛、热带稀树草原以及岩石地貌
分布	印度到中国、西伯利亚、马来半岛和苏门答腊岛
食物	主要为有蹄类动物，像鹿和猪；也可能捕捉小型哺乳动物和鸟

尽管虎利用臭迹确定领地，但它们的嗅觉却出人意料地差劲

由于茂密的树下灌木中几乎完全是黑暗的，因此长长的胡须能让老虎感觉到前方的路

圆圆的瞳孔 >

不像小型猫科动物那样瞳孔会收缩成垂直的裂缝，虎的瞳孔始终都是圆的。它们夜晚时扩张，以提供极好的夜间视力，在强光下收缩成小圆点。

白色的耳斑 ∨

每只耳朵背面显著的白色斑点被认为有助于交流。幼崽跟在妈妈后面，能注意到妈妈耳朵的移动，这种移动可能是危险信号。

前肢 >

虎长着长腿和大脚，这让它们能够迅速奔跑，跳跃很远的距离，而且只需致命一击，就能将大如牛的猎物击倒在地。

∧ 刺穿和切割

四颗长长的犬齿能给虎的猎物致命的一咬，被称作裂齿的臼齿边缘如刀刃一般，能轻而易举地撕开猎物。

收缩的爪子

防滑垫

∧ 有脚垫的足

虎有5个脚趾，4个在足底上，第5个形成一个悬趾。爪子不用时，会完全地缩到兽足里。

< 带花纹的杀手

由于虎橙色的毛皮上带有黑色的条纹，因此当它在树影斑驳的植被中穿梭时，毛皮的形态能起到很好的隐蔽作用。动物园里看到的白虎通常是在饲养条件下繁殖的，野外相当稀少。事实上，虎已经被猎杀得几乎灭绝，全球野生生活的虎已经不到8000只。

< 尾

只有在地面时，虎的长尾巴才呈典型的弯曲状态。当追赶猎物或攀爬时，虎用它来保持平衡。

>> 猫科动物

暹罗猫
Felis catus
这种优雅的社会化动物起源于印度。暹罗猫出生时为奶油色，随着成长四肢逐渐变成黑色。

35–50 cm
14–20 in

虎斑猫
Felis catus
虎斑猫不止一个品种，而是出现在许多品种毛皮上的花纹样式。这种样式与原始的野猫很像。

35–50 cm
14–20 in

斯芬克斯猫
Felis catus
斯芬克斯猫起源于加拿大。它们几乎是无毛的，除了有一点点绒毛。它们是社会化的动物，因为感觉寒冷，所以常贴在一起。

35–50 cm
14–20 in

柯尼斯卷毛猫
Felis catus
这种猫是一种特别的品种，它们毛皮上的外层粗毛消失不见，只剩下柔软的内毛。

35–50 cm
14–20 in

欧林猫
Felis silvestris silvestris
这种捕食者神秘但凶残。由于受到伤害、生境丧失以及和野生的家猫杂交等原因，数量正在下降。

40–66 cm
16–26 in

波斯猫
Felis catus
这种家猫是一种历史悠久并且颇为流行的品种，长毛发和短鼻子是它们的特征。

35–50 cm
14–20 in

马恩岛猫
Felis catus
300多年前，这种短尾猫自然地出现在马恩岛（曼岛）上。这个特点迅速在小岛上的种群中传播开来。

草原斑猫
Felis silvestris ornata
这个亚种又名印度沙漠猫，它们的身体较小，毛皮为金色并带有斑点，与其欧亚亲缘种不同。

40–50 cm
16–20 in

灰黄色到红棕色的毛皮

丛林猫
Felis chaus
丛林猫的分布地从埃及到印度尼西亚，是一种相对普通的大型野猫，喜欢栖息在草原和湿地生境中。

61–85 cm
24–34 in

沙猫
Felis margarita
沙猫是一种在沙漠生活的小型特化种，分布在北非、阿拉伯半岛和哈萨克斯坦，捕食沙鼠和其他夜行性的啮齿动物。

23–31 cm
10–12 in

黑足猫
Felis nigripes
黑足猫是一种独居的机会主义捕食者。由于在原产地非洲南部受到迫害和生境丧失，它们正面临威胁。

36–52 cm
14–20½ in

兔狲
Felis manul
这种短腿的猫生活在中亚的荒漠。当追踪鼠兔、沙鼠和沙鸡时，毛皮能起到有效的隐藏作用。

46–65 cm
18–26 in

薮猫
Leptailurus serval
这种外表与众不同的猫生活在非洲大部的草原中，是一种敏捷的捕食者，以小型哺乳动物为食。

59–92 cm
23–36 in

云猫
Pardofelis marmorata
这种东南亚的云猫是一种稀有的小型猫科动物，适应在树林中的生活。它们善于攀爬，主要捕食鸟类。

45–62 cm
18–24 in

直立的尖耳

锈斑豹猫
Prionailurus rubiginosus
这种活跃的野猫来自印度和斯里兰卡，主要在地面跟踪猎物，也善于攀爬。

35–48 cm
14–19 in

渔猫
Prionailurus viverrinus
这种濒危的渔猫是一种中型猫科动物，零星地分布在南亚和东南亚，以水禽和陆地动物为食。

57–115 cm
22½–45 in

伸缩自如的爪子

扁头豹猫
Prionailurus planiceps
这种与众不同的猫很亲水，来自东南亚。它们主要捕捉鱼类和甲壳类动物，低头或者用爪子摸索着寻找猎物。

45–52 cm
18–20½ in

沙色的毛皮

圆圆的头上长
着直立的耳朵

用于捕杀猎
物的大犬齿

49–83 cm
19½–33 in

0.9–1.6 m
2¾–5 ft

有超凡的疾跑和跳跃
力量的长腿

细腰猫
Puma yagouaroundi
细腰猫是最大、分布最广
的南美洲猫科动物之一,
白天在不同生境中捕食小
型哺乳动物。

美洲狮
Puma concolor
美洲狮又名山狮,生活在从加拿大到
阿根廷的崎岖地带。

鬣狗和土狼

鬣狗科 (Hyaenidae) 这一小科包含3种以腐肉为食的鬣狗和
专以昆虫为食的土狼。鬣狗有一个形如狗类的健壮的身体,后腿
较短,颌部非常有力,能将骨头压碎。它们的智商很高,以称作部
落的家庭群体形式生活。

颈部和身体
前半部非常
有力

斑鬣狗
Crocuta crocuta
这种高效的食腐动物
善于捕捉有蹄动物,
生活在撒哈拉以南非洲
无树林的地区。

1–1.7 m
3–5½ ft

土狼
Proteles cristaus
土狼是鬣狗的亲缘种,外表美
丽,颌部力量较弱,只以昆虫
为食。它们生活在白蚁喜欢的
非洲东部和南部的干旱草原。

55–80 cm
22–31 in

1–1.2 m
3¼–4 ft

1.1–1.4 m
3½–4½ ft

缟鬣狗
Hyaena hyaena
这种小型的黑纹灰鬣狗生活在北非到
印度的开阔野外。它们的食物很复
杂,有腐肉、小动物和水果。

褐鬣狗
Hyaena brunnea
这种社会化的食腐动物生活在非洲南
部。它们在夜晚觅食,把多水的水果作
为附加食物,以此在沙漠中存活下来。

南美草原猫
Leopardus colocolo
南美草原猫适应性很强，夜间活动，生活在南美洲的许多生境中，从森林到草原和沼泽。

42—79cm
16½—31in

带斑点的毛皮有从灰色到金色的不同颜色

58—64cm
23—25in

安第斯山猫
Leopardus jacobita
这种非常稀有的动物只生活在偏远的高地，很少被人类发现。它们以一类长得像南美毛丝鼠的啮齿动物鼢类为食。

43—88cm
17—35in

乔氏虎猫
Leopardus geoffroyi
这种猫生活在玻利维亚到阿根廷南部的草原、森林和湿地中，是一种适应性强的捕食者，以小型哺乳动物、鱼类和鸟类为食。

39—55cm
15½—22 in

小斑虎猫
Leopardus tigrinus
这种有斑点的动物生活在森林中，广泛分布于哥斯达黎加到阿根廷地区，捕捉啮齿动物、负鼠和鸟类。独居，夜行性。

43—79cm
17—31in

大眼睛适合夜行性的生活方式

长尾虎猫
Leopardus wiedii
由于长尾虎猫数量稀少，而且喜欢生活在茂密的森林植被中，所以很少被人发现，分布范围从墨西哥到南美洲北部。

轻盈的身体适合攀爬

55—100 cm
22—39 in

普通虎猫
Leopardus pardalis
普通虎猫生活在中美洲和南美洲的部分森林中。它们夜间捕食，捕捉啮齿动物和其他陆生、水生的动物。

强壮的爪子隐藏在肉质鞘中

马达加斯加食肉类

马达加斯加这个大的岛屿已经与其他大陆板块分离约100万年了，这使得那里的哺乳动物能够独立进化。那里的本地食肉动物已经自成一科，即食蚁狸科（Eupleridae）。它们外表多变，有很多种类，以满足不同的生态位。这些生态位在别处是被像猫、鼬和獴等捕食者所占据的。

健壮的身体

60—80 cm
23½—32 in

马岛獴
Cryptoprocta ferox
这种像猫一样的马岛獴是最大的马达加斯加食肉动物。它们主要以狐猴为食，但也会吃可以捕捉到的几乎任何小型动物。

30—38 cm
12—15 in

40—45 cm
16—18 in

像狐狸一样尖尖的鼻子

马岛灵猫
Fossa fossana
马岛灵猫是一种像灵猫一样的小型动物，生活在马达加斯加岛上的湿润森林中。它们在陆地和水里捕捉无脊椎动物。

45—50 cm
18—20 in

东食蚁狸
Eupleres goudotii
东食蚁狸是一种陆栖的夜行性丛林动物，是一个挖掘高手。它们会用大脚捕捉地下的无脊椎动物。

环尾獴
Galidia elegans
环尾獴相当于马达加斯加的獴类，是活跃的森林动物。它们是以大多数植物和动物性食物为食的机会主义者。

∨ 分解专家

　　这种强壮的食腐动物能在几分钟之内将动物残骸解决干净。它们也会在其他食腐动物到来之前，将腐肉大块地吞下。时间允许的情况下，它们会分解残体，并将它们储存在附近。像有些食草动物的残骸，例如羚羊，通常只有绿色的胃部会被剩下。

放松时，脊梁上的长毛沿着背部放平

后肢短，前肢长，身体前面更重，走起路来鬼鬼祟祟

尺寸	1～1.2米
生境	开阔的野外，热带稀树草原以及矮树林到半荒漠地区
分布	北非和东非，中东到印度东部
食物	主要为腐肉

肌肉发达的肩部和颈部，让鬣狗能拖得动腐肉

大耳朵能听到任何方向的声音

缟鬣狗
Hyaena hyaena

作为潜行、懦弱的食腐动物，人们认为多数鬣狗是邪恶的。它们是优秀的捕食者，可以凭自己的力量捕捉猎物。比起斑鬣狗，缟鬣狗不太醒目和社会化。在非洲除了繁殖季节，缟鬣狗个体倾向于独居生活。但在其他地方，像以色列和印度，缟鬣狗更常群体生活，群体由一只成年雌性统领。腐肉是缟鬣狗的主要食物，但它们也会吃些水果，尤其是柠檬，因其可以提供它们宝贵的水分。缟鬣狗不太受农民欢迎，因为它们会袭击牲畜，破坏作物。但这些动物需要被保护，因为它们在野外可能已经不到10000只了。

∨ 喉

黑色的喉部斑块似乎有一种社会功能。当两只鬣狗相遇时，它们常会嗅闻对方，而且用爪子扒弄彼此的喉部——就像它们之间彼此握手一样。

∧ 嗅觉发达的鼻子

气味对鬣狗来说是一种重要的感觉。在白天的正常活动期间，个体常会停下来，将从尾巴下面的腺体分泌出来的气味涂抹在它们活动范围四周的岩石和草丛上。

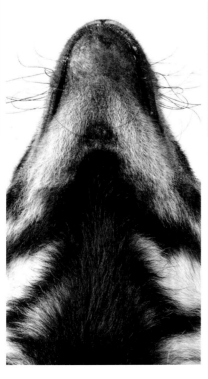

∧ 嘴和牙齿

鬣狗结实的颌部被有力的肌肉控制着。大型的臼齿（臼齿和前臼齿）能轻而易举地压碎骨头。

< 毛皮

缟鬣狗比斑鬣狗和土狼要小，腿部和身体两侧的黑色条纹是它们的特征。这种形态有利于它们隐藏在满是灰尘的生境中。

<∧ 腿和爪

爪子与狗很像，与猫不像——它们短且强壮，但不是特别锋利，而且不能缩回到肉垫里。前腿比后腿明显要长些。

獴

獴属于獴科 (Herpestidae)，是身体细长、主要在地面生活的一类小型食肉动物。它们生活在非洲和欧亚大陆的温带到热带地区。有些种类生活在复杂的社群中。獴可能是与最早的食肉动物最为接近的现生类群。

草地貂獴
Galerella sanguinea
这种细长的獴广泛分布于非洲，通常单独生活。它们白天活跃，在黄昏之前最为活跃。

32—34 cm
12½—13½ in

尖尖的鼻子

楔形的头部

24—46 cm
9½—18 in

笔尾獴
Cynictis penicillata
这种獴生活在南部非洲干旱的热带稀树草原，群体生活，群体由一只雄性统领，但独立觅食。

47—69 cm
18½—27 in

白尾獴
Ichneumia albicauda
这种大型獴生活在非洲以及阿拉伯半岛南部的干旱生境中。它们以昆虫为食，但也会吃植物和成熟的浆果。

细尾獴
Suricata suricatta
这种动物以群体形式生活在半荒漠生境中。所有成员都会照顾婴儿，保护洞穴。当其他个体出去觅食时，其余的个体会轮流站岗。

24—35 cm
9½—14 in

锋利的，不能伸缩自如的爪子

16—23 cm
6½—9 in

倭獴
Helogale parvula
这种小型的食肉动物精力充沛，会成群地在非洲草原、林地和灌木丛中觅食。它们吃大型的无脊椎动物，比如蟋蟀和蝎子。

30—37 cm
12—14½ in

暗长毛獴
Crossarchus obscurus
这种林栖动物来自西非。它们以游牧群体的方式生活和捕猎。

30—40 cm
12—16 in

条纹獴
Mungos mungo
这种獴成群地生活在撒哈拉以南地区的林地中，经常会挖掘白蚁丘。群体中的成员被年龄较大的雌性领导，而不是统治。

毛皮上有很多点状的条带

56—61 cm
22—24 in

埃及獴
Herpestes ichneumon
这种灰白色的獴不只分布在埃及，也分布在从西班牙到南非的开阔草原中。

45—53 cm
18—21 in

灰獴
Herpestes edwardsi
这种獴常出没于森林和植物园中，经常在靠近人类栖息地附近的地方捕猎，对于杀死老鼠和田鼠非常有用。

33—48 cm
13—19 in

印度棕獴
Herpestes fuscus
这种不寻常的獴生活在印度南部和斯里兰卡的丛林中。像其他獴一样，它们也能杀死蛇，但更喜欢容易捕捉的猎物。

39—47 cm
15½—18½ in

赤獴
Herpestes smithii
这种鲜为人知的印度的獴栖息在森林中，捕捉鸟类、爬行动物以及小型哺乳动物。它们的尾巴有时比身体还长。

细长的尾

非洲双斑狸

　　神秘的夜行性动物非洲双斑狸是双斑狸科（Nandiniidae）的唯一一种动物，通常认为它们在3600万年前到5400万年前就与灵猫和像猫一样的祖先分开了。

37–63 cm
14½–25 in

非洲双斑狸
Nandinia binotata
这是一种非常普通但害羞的树栖动物，分布在中非。虽然它们是杂食动物，但主要以水果为食。

灵猫、獴和林狸

　　这些吸引人的动物大多拥有有醒目图案的毛皮。它们很像长尾巴的猫，但不专门以肉为食。灵猫科（Viverridae）的这些夜行性动物很害羞，遇到危险时，会从尾巴基部的臭腺中喷出一股有臭味的液体。

61–97 cm
24–38 in

熊狸
Arctictis binturong
熊狸来自东南亚，长着一条卷曲的尾巴，常常慢慢悠悠地在林冠层移动，寻找水果和小动物作为食物。

67–84 cm
26–33 in

51–87 cm
20–34 in

花面狸
Paguma larvata
这种灵敏的独居动物，俗称果子狸，栖息在森林之中，原产于中南半岛，以水果、昆虫和小型无脊椎动物为食。

42–70 cm
16½–28 in

爬树时，长长的尾巴用于保持平衡

椰子狸
Paradoxurus hermaphroditus
这种喜欢水果的灵猫分布于巴基斯坦到印度尼西亚地区，被认为是棕榈和香蕉种植园里的常客。

非洲灵猫
Civettictis civetta
这种大型的陆栖动物为一种杂食性的机会主义者，单独生活，用一种有强烈麝香味的气味标记领地。

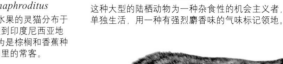

49–68 cm
19½–27 in

成排的黑色斑点

46–52 cm
18–20½ in

小灵猫
Viverricula indica
这种小型的陆栖灵猫生活在巴基斯坦到中国和印度尼西亚的森林、草原以及竹林之中。

小斑獴
Genetta genetta
这种常见的捕食者又名普通獴，以小型哺乳动物和鸟类为食，生活在非洲和南欧的矮树丛以及森林之中。

43–58 cm
17–23 in

大斑獴
Genetta tigrina
这种獴生活在南非东部和莱索托。它们主要以无脊椎动物为食，但也会捕捉和雁一样大的猎物。

大眼睛能在黑夜中看清东西

柔软光滑的毛皮

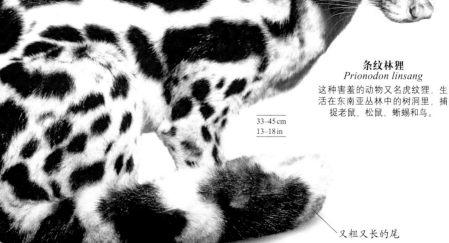

54–77 cm
21½–30 in

马来灵猫
Viverra tangalunga
这种灵猫仅分布在马来西亚、印度尼西亚和菲律宾的热带丛林中。这种夜行性捕食者主要在地面捕捉猎物。

条纹林狸
Prionodon linsang
这种害羞的动物又名虎纹狸，生活在东南亚丛林中的树洞里，捕捉老鼠、松鼠、蜥蜴和鸟。

33–45 cm
13–18 in

又粗又长的尾

奇蹄类

奇蹄目 (Perissodactyla) 动物是以植物饲料和叶子为食的动物。它们的共同之处似乎很少，但它们有很多已灭绝的同类或过渡物种，证明它们之间是紧密联系的。

从优雅的马到像猪一样的貘和大块头的犀牛，现存的奇蹄目动物家族可谓种类繁多。与偶蹄类动物不同，它们的胃相对简单，依靠盲肠中的细菌和结肠分解植物纤维，其中盲肠是口袋一样的大肠的延伸部分。

在史前时代，奇蹄目动物是最重要的草食性哺乳动物之一，有时在草原和森林生态系统中会成为优势的食草动物。由于各种原因，包括与偶蹄类动物的竞争，这些物种中的大多数只能从化石记录中了解了。

负重的脚趾

奇蹄目动物主要将体重放在每只脚的第三个脚趾上。马已经失去了其余的脚趾，仅剩下的一个脚趾被发达的角质蹄保护着。其他两个科仍保留着更多的脚趾——犀牛的4只脚上各有3个脚趾，貘的后腿各有3个脚趾，前腿各有4个脚趾。

马的驯化

除了南极洲和澳大拉西亚，奇蹄目动物曾经遍布世界各地，现存种类主要原产于非洲和亚洲。美洲地区只有一些貘，尽管马科动物曾经在这一地区进化出来，但它们在大约10000年前的更新世就已经灭绝了。在15世纪，西班牙殖民者重新将现代的家马引入美洲。

马有着很长的驯养历史，尤其作为运输和驮运动物，为农业和林业提供力量。第一种被驯化的动物似乎是野驴，时间大约是7000年前，在大约1000年之后马才成为驯化动物。今天，世界各地有250多个品种的马。

门	脊索动物门
纲	哺乳纲
目	奇蹄目
科	3
种	17

黑犀是一种食草动物，它们的上嘴唇可以卷曲，用于抓住嫩枝和叶子。

犀牛

犀科 (Rhinocerotidae) 由6种特色鲜明的动物组成。它们是一类大型动物，身体如木桶一般，大大的头上长着一个或两个角。大块头、犀角以及防护性皮肤确保它们少有天敌。这些动物多单独生活，由于猎杀和栖息地被破坏而面临威胁。这些食草动物能让食物在后肠里发酵，这让它们能够食用木头和叶子。

粗糙的皮肤几乎没有毛发

1.2–1.5 m
4–5 ft

苏门答腊犀
Dicerorhinus sumatrensis
这种极度濒危的动物来自东南亚的森林，是最小的犀牛。两个角中较小的一只通常只是一只折断的角。

长长的前角

1.4–1.7 m
4½–5½ ft

可卷曲的上嘴唇

黑犀
Diceros bicornis
这种极度濒危的动物生活在撒哈拉以南的非洲，比白犀小，但更具攻击性。它们长着可卷曲的上嘴唇，能将嫩枝和叶子拉到嘴里。

貘

貘科 (Tapiridae) 动物生活在东南亚以及南美洲和中美洲的热带森林中。这些大型食草动物长着一个灵活的鼻子，这个长鼻子能帮助它们取食头顶上的植物。其他特征还包括：尖端为白色的椭圆形耳朵，以及长着一条尾巴的尖尖的臀部。幼貘的毛皮上有条纹和斑点。八字形的蹄子，前脚各有4个趾头，后脚各有3个趾头，有助于貘在柔软的地面行走。

两种体色有助于隐藏身体

马来貘
Tapirus indicus
这种吸引人的貘有两种体色，是亚洲最大的，也是唯一一种貘。雄性和雌性会在它们东南亚的雨林领地里留下重叠的臭迹。

90–105 cm
3–3½ ft

灵活的长口鼻

马鞍形的白色斑纹

77–108 cm
2½–3½ ft

南美貘
Tapirus terrestris
虽然体型庞大，但并不容易发现这种害羞的貘。它们能轻松通过丛林下层的灌木，是鳄鱼比较喜欢的食物。

0.8–1.2 m
2½–4 ft

中美貘
Tapirus bairdii
这种貘是中美洲最大的陆生哺乳动物。它们喜欢茂密丛林里的水边生境，以及可以游泳和打滚的沼泽。

75–100 cm
30–39 in

山貘
Tapirus pinchaque
这种貘是所有貘中较小的，生活在安第斯山脉的云雾林中。它们长着如羊毛般厚厚的毛皮，以及白色的下唇。

肩部前端有着特别的突起

1.5–1.9 m
5–6¼ ft

印度犀
Rhinoceros unicornis
亦称大独角犀。这种独居的犀牛生活在印度和尼泊尔的草原、森林以及湿地之中。它们只有一只角，颈部周围有着厚厚的皮肤皱褶。

1.7–2 m
5½–6½ ft

加长的头部

南白犀
Ceratotherium simum
这种社会性动物生活在非洲的热带稀树草原，也是最重的犀牛。"白色"（white）是对"宽阔"（wide）的讹误——因为这种动物宽大的嘴很适合于吃草。

正方形的嘴

三个脚趾

爪哇犀
Rhinoceros sondaicus
亦称小独角犀。这种独居的夜行性食草动物曾广泛分布于东南亚，现在是世界上最稀有的动物之一。它们小角的长度不超过20厘米。

1.4–1.7 m
4½–5½ ft

>>

南白犀
Ceratotherium simum

　　白犀分为2种，即南白犀和北白犀。最常见的是南白犀。它们虽然外表让人有些害怕，但这种非洲平原上的巨大动物却是一个脾气温顺的食草动物。它的大角几乎完全用于自我防卫或者保护幼崽。成年犀牛通常独自生活，但有时会形成松散的群体，共同享用食物分布区。雄性具有领地意识，用尿或粪便标记领地。它们会为了与某一雌性交配而互相竞争，但大多数竞争都是用一场求偶炫耀仪式解决的，之后较弱的雄性就会让步。由于栖息地的丧失和遭到猎杀，这种动物的数量和分布范围正急剧下降和减少。

尺寸	1.5～1.9米
生境	热带稀树草原
分布	非洲东部和南部
食物	草

∨ 近视

　　犀牛有些近视。位于头部两侧的双眼提供它们宽阔的视野，但削弱了它们向前看的能力。

∨ 长毛的耳朵

　　耳朵是一只犀牛身体中毛发最多的部分。它们能提供很好的听觉，而且能旋转，发觉来自各个方向的声音。

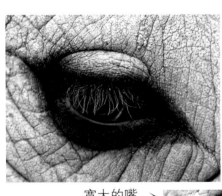

宽大的嘴 >

　　白犀是最大的专以草为食的动物。它们宽阔笔直的嘴能帮助它们高效地吃短草。

< 长有毛发的角

　　犀角由一种叫作角蛋白的蛋白质组成。同样的物质也发现于毛发和指甲中——事实上，犀牛角仅仅是大量压实的毛发。

< 犀牛的皮

　　尽管这种犀牛名叫白犀，但它们坚硬的、有褶皱的皮肤却是灰色的，而不是白色的。皮肤厚达2厘米，由十字形排列的胶原蛋白层组成。

　　成年白犀的角可能会长到1.5米长——这也吸引了偷猎者的注意

< 脚下

　　犀牛脚的特殊形状使得这种动物很容易被跟踪。一些有经验的跟踪者甚至从脚印就能认出这种特别的动物。

> 温柔的巨人

　　白犀有着坏脾气的名声，但其实不是这样。事实上，它们是喜欢和平、甚至是温顺的动物。在正常情况下，它们只有受到挑衅时和在混乱中才会发起进攻。黑犀更具攻击性。

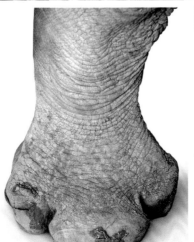

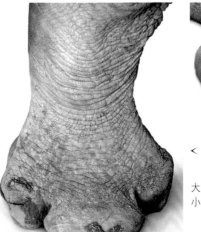

∧ "会说话"的尾巴

　　当犀牛放松时，尾巴向下垂；兴奋时，比如交配时，尾巴会像猪尾一样卷起来。

< 三个脚趾

　　犀牛每只脚上有3个脚趾。体重的大多数都施加在中间的脚趾上，两边的小脚趾起到平衡和抓地的作用。

大鼻孔和敏锐的嗅觉
弥补了不佳的视力

马及其近亲

　　尽管化石记录中的马科 (Equidae) 是一个大的科,但现在只有马、驴和斑马等7种动物。它们以群体生活,栖息在开阔的草原和沙漠。它们拥有全方位的视角,灵活、敏感的耳朵让它们对捕食者很警觉。这些敏捷的动物长着细长的腿,腿上长着一个有蹄的脚趾。除了鬃毛和尾巴上的毛长些之外,它们的皮毛都很短。

坚硬的、有条纹的鬃毛

狭窄的中间条纹

1.3–1.4 m
4¼–4½ ft

查氏草原斑马
Equus burchelli antiquorum
这种斑马来自非洲南部,是草原斑马的一个亚种。它们身体上有特殊的条纹阴影,与黑色的条纹相间排列。

1–1.4 m
3¼–4½ ft

山斑马
Equus zebra
这种动物来自非洲西南部,生活在干燥、多石头的山区,身体后部宽阔的条纹与其他部分狭窄的条纹形成鲜明对比。

1.2–1.4 m
4–4½ ft

格氏草原斑马
Equus burchellii boehmi
这种哺乳动物是草原斑马6个亚种中最小的一种,有着宽阔、清晰的条纹,原产于东非的热带稀树草原。

1.5–1.6 m
5–5¼ ft

细纹斑马
Equus grevyi
这种大耳斑马是本科中最大的野生种类,长着狭窄、多变的条纹,腹部为白色。

1.2–1.3 m
4–4¼ ft

印度野驴
Equus hemionus khur
印度野驴奔跑迅速,来自干旱的亚洲草原,现在野生种群只生活在印度古吉拉特邦的禁猎区。

背部条纹

1.2–1.3 m
4–4¼ ft

蒙古野驴
Equus hemionus kulan
这种蒙古野驴的亚种比多数驴大些,长着黑色的背部条纹,条纹边缘为白色,还长有短的黑色鬃毛。

1.2–1.5 m
4–5 ft

波斯野驴
Equus hemionus onager
这个亚种在它们以前的亚洲分布区已经灭绝,现在仅分布在伊朗的部分地区,背部长有褐色的背部条纹。

1.4–1.5 m
4½–5 ft

灰褐色的毛皮

西藏野驴
Equus kiang
西藏野驴是最大的野驴,生活在青藏高原。它们栗色的毛皮是所有亚洲野驴中最深的,冬季时会长同羊毛一般的冬毛。

有条纹的腿

1.3–1.5 m
4¼–5 ft

索马里野驴
Equus asinus somalicus
这种来自非洲东北部的野驴是驴的祖先,长着一身短小的灰褐色皮毛以及像斑马一样有条纹的腿。

0.9–1.3 m
35–51 in

家驴
Equus asinus asinus
这个亚种是非洲野驴的驯化形式,作为一种交通和运输劳力遍布世界。

普氏野马
*Equus caballus
przewalskii*
这种动物是最后的真正的野马，常长有模糊的腿部条纹。它们曾经只生活在笼子中，现在已经被重新引入中国和蒙古。

1.3–1.4 m
4¼–4½ ft

白色的鼻吻

两侧为白色，略带黄褐色

褐色的腿上常有模糊的条纹

每只脚仅有一个蹄子

1.1–1.3 m
3½–4¼ ft

埃克斯穆尔马
Equus caballus caballus
这种稀有的、原始的、强壮的矮种马生活在英格兰埃克斯穆尔的半野生环境下。它们常常是暗褐色、枣色，或者褐色的，带有黑色斑点。

夏尔马
Equus caballus caballus
这个品种是一种大型的、有力量的马，荷兰原种，在英格兰繁育，目前仍在林业和农业中作为拉载重物之用。

1.7–1.9 m
5½–6¼ ft

中间凹陷的特殊的脸

阿拉伯马
*Equus caballus
caballus*
这种马是一种敏捷的沙漠马匹。阿拉伯国家对现代比赛用马的发展有着巨大的影响。

1.5–1.6 m
5¼ ft

美国花马
Equus caballus caballus
这种马的毛皮为深色，从栗色到黑色，并带有各种不同的白色斑块。

1.5–1.6 m
5–5¼ ft

柔滑的鬃毛

多变的体色

1–1.3 m
3¼–4¼ ft

马骡
Equus asinus x
E. caballus
这种动物身体像马，但有着来自父本的驴一样的头和长耳朵，通常为不育的杂种，是一种强壮的驮兽。

1.1–1.5 m
3½–5 ft

驴骡
Equus caballus x
E. asinus
驴骡是雄马和雌驴的后代，长着驴一样的身体、头和耳朵，以及马一样的鬃毛。

偶蹄类

偶蹄类即传统的偶蹄目，是鲸蹄目 (Cetartiodactyla) 中的一类，另一类则是鲸类。它们用两个脚趾或四个脚趾站立。多数为食草动物，胃部拥有多腔室，能发酵。

偶蹄类动物常被说成是具有裂开的蹄子。这是因为每个脚趾的尖端都有它们自己的蹄子——脚的周围是趾甲，即蹄子。由于经常使用，蹄子会渐渐磨损，但会继续不断地生长。只有骆驼科动物没有蹄子——尽管它们用两个脚趾走路，但蹄子却退化为一个小的趾甲。

反刍

偶蹄类动物长着长长的腿，脚被蹄子保护着，它们栖息在辽阔的草原和森林生境中，在那里寻找食物。大多是食草动物，或者食根和叶子的动物。它们的消化系统能很好地适应有着坚硬植物纤维的食物：它们的胃有3个或4个腔室，胃内还有细菌，可以消化植物细胞壁中的纤维，释放出里面的营养素。为了帮助消化，部分已经消化的食物还会发生回流，进行深度咀嚼，这个过程就是众所周知的反刍。反刍动物拥有大而宽的白齿，用于磨碎坚硬的食物，还拥有很长的肠子。猪和西貒类有些不同：它们更为杂食性，胃有两个腔室，牙齿有更多的用途。有时犬齿会延长形成獠牙，用于防卫、攻击和寻找食物。

驯化

这类动物是被引入澳大拉西亚的，除了南极洲，在世界的各大洲都有分布。它们的体形和大小变化很大，从肩高20厘米的鼷鹿到几乎4米的长颈鹿不等。有些种类在野外被人类猎杀当作食物，但有些种类已经被驯化，而且具有一定经济价值——牛、羊驼、绵羊和猪被用于产肉、皮革、毛和乳制品，以及用于交通运输。驯化使有特定外形和特殊用途的品种数量增加。

门	脊索动物门
纲	哺乳纲
目	偶蹄目（传统）
科	10
种	240

讨论

一种还是六种？

分类学家是划分生物的科学家，他们常被描述成"主分派"或者"主合派"。在非洲动物学探索的全盛时期，有一种倾向是把分类群分成许多种类，可能之后又被合并到一起。长颈鹿就是一个很好的例子，许多人将"种"结束在单一名称 *Girafa camelopardalis* 之下。长颈鹿的6个亚种可以通过它们不同的毛皮形态加以辨别。然而，最近基因证据已经开始支持长颈鹿的6个亚种可能是不同的种，其中一些已经相当濒危。

西貒

西貒科 (Tayassuidae) 动物分布在美洲。它们和猪有许多共同特征，比如都有小眼睛，鼻子的基部都是软骨组织。但它们有着更为复杂、多腔室的胃，以及短且直的獠牙。

白色的颈圈

草原西貒
Catagonus wagneri
这种大型的西貒生活在南美洲中部的查科生态区。起初只在化石中有所描述，1975年时发现一只存活的个体。

90–110 cm
3–3½ ft

44–57 cm
17½–22½ in

30–50 cm
12–20 in

长长的鼻吻

白唇西貒
Tayassu pecari
这种动物大群地生活在中美洲和南美洲，被认为是一种危险的动物。当受到威胁时，它们会攻击对方，而不会逃走。

领西貒
Pecari tajacu
这种昼行性西貒广泛分布于热带美洲和亚热带美洲地区，在自然状态下非常社会化。它们经常毁坏作物，对农业区有破坏。

猪

旧大陆的猪科 (Suidae) 动物在本目中很独特。它们有4个脚趾，但只用中间的两个脚趾走路。与具有许多腔室胃的大多数近亲不同，它们只有一个简单的胃。它们主要为杂食性，会用鼻子和獠牙挖掘食物。它们的皮毛很硬，短小的尾巴末端具有流苏状的尾尖毛。

蓬松的鬃毛

65-80 cm
26-32 in

鹿豚
Babyrousa babyrussa
这种动物的雄性长着很特别的獠牙：上面的犬齿向上生长，刺穿鼻子，然后向后弯曲。原产于印度尼西亚的一些岛屿。

64-85 cm
25-34 in

75-110 cm
2½-3½ ft

疣猪
Phacochoerus africanus
这种猪长着一张疣状的脸和两对獠牙。吃草时，它们常常下跪进食，奔跑时尾巴直立。

60-85 cm
23½-34 in

大林猪
Hylochoerus meinertzhageni
这种大型的夜行性野生种类来自非洲。与大多数猪不同，它们身披一层厚厚的黑色以及姜色的毛皮。

圆背

丛林猪
Potamochoerus larvatus
这种猪生活在非洲的森林和苇地中。它们的毛皮为褐色，鬃毛为白色，受到惊吓时会直立起来。

30-65 cm
12-26 in

60-75 cm
23½-30 in

红河猪
Potamochoerus porcus
这种颜色鲜艳的猪来自中非，鼻子上长着一对肿块，以及特殊的白色面斑。

20-25 cm
8-10 in

倭野猪
Sus salvanius
这种深褐色的小型猪长着一个锐利的锥形鼻子，曾经生活在印度和尼泊尔，现在极度濒危。

卷毛野猪
Sus cebifrons
这种野猪的脸上长着3对肉质的疣，战斗时会用獠牙攻击雄性对手。

71-81 cm
28-32 in

须野猪
Sus barbatus
这种猪生活在东南亚的森林中，常大群地移动。它们有一簇很显眼的发白的"胡须"和特别的尾尖毛。

长长的毛发组成了狭窄的鬃毛

70-80 cm
28-32 in

60-80 cm
23½-32 in

野猪
Sus scrofa
这种长着硬毛的野猪广泛分布于欧亚大陆，是家猪的主要祖先。沿着身体分布的条纹，能在茂密的灌木丛中起到隐蔽作用。

60-110 cm
23½-43 in

长长的鼻子基部是一块大的软骨盘

皮特兰猪
Sus scrofa domesticus
这种猪是一种比利时驯化的品种，能产生高质量的瘦肉，身体上的白斑中有黑色的斑点。

中白猪
Sus scrofa domesticus
这种猪在英格兰培育，用于提供猪肉，是一种无颜色的驯化品种。圆圆的体形和短短的朝天鼻是它们的特征。

麝

麝科 (Moschidae) 动物主要分布在亚洲的山地林中，独居，夜行性，以成年雄性的麝腺命名。这些健壮的小型鹿类有增大的上犬齿以及更长的后肢，有助于它们在崎岖的山路上攀爬。

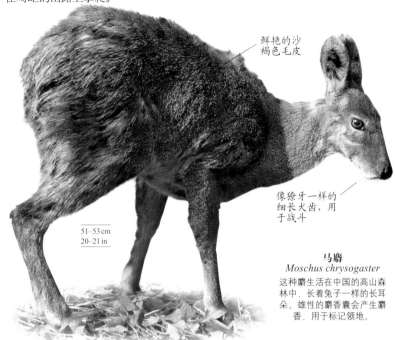

鲜艳的沙褐色毛皮

像獠牙一样的细长犬齿，用于战斗

51–53 cm
20–21 in

马麝
Moschus chrysogaster
这种麝生活在中国的高山森林中，长着兔子一样的长耳朵。雄性的麝香囊会产生麝香，用于标记领地。

鼷鹿和水鼷鹿

鼷鹿科 (Tragulidae) 动物生活在非洲和亚洲的热带丛林中。它们与小鹿相似，但没有鹿角或鹿茸。雄性延长的上犬齿从下颌的两侧伸出。像猪一样，这些鹿的每只脚上有4个脚趾，而且腿相当短。它们的胃有腔室，能发酵和消化坚硬的植物。

25–31 cm
10–12 in

斑鼷鹿
Moschiola meminna
这种小型鼷鹿的分布范围从印度到斯里兰卡。它们是夜行性的，而且很神秘，身体上有斑点和白色的条纹。

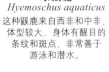

特别的斑点

30–40 cm
12–16 in

水鼷鹿
Hyemoschus aquaticus
这种鼷鹿来自西非和中非，体型较大，身体有醒目的条纹和斑点，非常善于游泳和潜水。

30–35 cm
12–14 in

大鼷鹿
Tragulus napu
这种动物尽管相当小，但却是最大的亚洲鼷鹿。它们尖尖的头上有着深色的条纹，从大大的眼睛一直延伸到黑色的鼻子上。

20–25 cm
8–10 in

爪哇鼷鹿
Tragulus javanicus
这种动物是世界上最小的有蹄哺乳动物。它们与其他生活在东南亚的鼷鹿之间的关系很难理解。

鹿

鹿科 (Cervidae) 动物几乎遍布全球，但大多不在非洲，澳大利亚的种群也是后引入的。它们生活在森林和开阔生境中，但有些喜欢生活在两者之间的过渡区。每种鹿角的大小和形态都是独一无二的。与诸如羚羊等永远长角的动物不同，除了一种鹿以外，所有种类的鹿角每年都会脱落然后再生；雌鹿通常没有角或只有很短的角。

1–1.6 m
3¼–5¼ ft

83–110 cm
33–42 in

鬣鹿
Rusa timorensis
这种鹿生活在印度尼西亚的森林中，被引入到干旱的澳大利亚原始丛林中，并在那里蓬勃发展。它们长着大大的耳朵和鹿角。

水鹿
Rusa unicolor
水鹿是一种深褐色的大型鹿，长着明显的鬃毛，在南亚的林地直到喜马拉雅山上觅食。

70–76 cm
28–30 in

阿氏鹿
Rusa alfredi
这种夜行性的鹿是菲律宾的本地物种，长着短短的腿，具有一种独特的蜷缩姿势，身体上有着密集的白色斑点。

43–45 cm
17–18 in

短短的尾巴

赤鹿
Muntiacus muntjak
这种鹿分布在南亚。它们会用短小的、只有一个分支的鹿角，以及延长的上犬齿抵抗捕食者；而且还可以与对手战斗，保卫领地。

40–65 cm
16–26 in

纤细的长腿

小鹿
Muntiacus reevesi
这种动物原产于东亚，后被引入西欧。虽然它们的身体很小，但能通过撕扯和啃食破坏林地。

麋鹿
Elaphurus davidianus
这种动物仅来自于圈养种群，原产于中国，曾在1865年被一位法国传教士——神父阿芒·大卫描述过。

1.1—1.2 m
3½—4 ft

花鹿
Axis axis
亦称斑鹿，这种普通的印度林中的鹿被引入澳大利亚和北美洲，长着七弦竖琴般的鹿角。它们是老虎最喜欢的猎物。

60—100 cm
23½—39 in

豚鹿
Axis porcinus
这种鹿生活在亚洲的森林中。它们的名字源于其猪一样的习性，即它们会低着头奔跑，而且会从障碍物下钻过去，而非跳过去。

61—70 cm
24—28 in

掌状的鹿角

尾巴下面为白色

75—100 cm
30—39 in

长长的、尖尖的、分叉的鹿角

沼鹿
Rucervus duvaucelii
这种生活在湿地中的鹿来自印度，后被引入美国用于狩猎运动。雄性多点、分叉的鹿角非常有价值。

1.2—1.4 m
4—4½ ft

毛冠鹿
Elaphodus cephalophus
这种小型鹿生活在亚洲的山地林中。雄性长着小小的鹿角和短短的獠牙，前额还生有一簇黑色的毛发。

50—70 cm
20—28 in

黇鹿
Dama dama
这种动物常作为鹿肉资源而被驯养。它们的特点是长着有斑点的毛皮以及扁平的掌状鹿角。

1—1.4 m
3¼—4½ ft

欧洲马鹿
Cervus elaphus elaphus
这种鹿分布在欧洲、土耳其和北非，身体大小、鹿角尺寸和鬃毛有很多变化。

1.1—1.4 m
3½—4½ ft

美洲马鹿
Cervus elaphus canadensis
这种鹿是北美洲马鹿的亚种。虽然它们在外表上与欧洲马鹿很像，但基因分析显示它们可能自成一种。

颈部的皮毛很蓬松

红棕色的毛皮

50—95 cm
20—37 in

梅花鹿
Cervus nippon
梅花鹿的特征是它粗壮、直立的鹿角。它们会与马鹿繁殖，尤其当被引入原产地东亚以外的地方时更为显著。

灰褐色的毛皮

1—1.1 m
3¼—3½ ft

80—100 cm
32—39 in

黑尾鹿
Odocoileus hemionus
这种鹿尾巴尖端带有黑色，鹿角呈叉状，这些都是与白尾鹿有区别的地方，但它们都分布在北美洲西部。

白尾鹿
Odocoileus virginianus
这种鹿分布于从加拿大到秘鲁，后被引入欧洲和新西兰。当发出警报时，它们会摇动或立起尾巴，露出尾巴内侧的白斑。

>>

鹿角的形状
变化很大

用于刮掉雪
的眉叉

驯鹿
Rangifer tarandus
这种生活在北极地区的鹿的脚
垫在冬季时会发生收缩，将蹄
子边缘暴露出来，使其能够挖
开积雪寻找食物。

0.8–1.5 m
2½–5 ft

狍
Capreolus capreolus
这种动物是一种生活在欧洲和亚洲灌
木丛和森林中的小型鹿。它们的皮毛
在夏季时为红棕色，冬季时会变得比
较深，有时几乎为黑色。

65–75 cm
26–30 in

粗壮的颈部

长毛的
鼻垫

1–1.2 m
3¼–4 ft

南美泽鹿
Blastocerus dichotomus
这种沼泽鹿是最大的南美洲的鹿，很适应
湿地的生境。它们善于游泳，而且脚趾之
间有蹼，能在柔软的地面行走。

美洲驼鹿
Alces americanus
这种鹿是世界上最大的鹿，生活在北美洲
的森林中。雄性的鹿角如手掌般，与雌性
比较典型的树枝状鹿角形成鲜明的对比。

1.8–2.1m
6–7 ft

褐墨西哥鹿
Mazama gouazoubira
这种鹿是一种独居性的
鹿，生活在中美洲和南
美洲的灌木丛以及森林
灌丛中。它们主要以
水果为食，旱季以
仙人掌为食。

35–75 cm
14–30 in

55–70 cm
22–28 in

赤墨西哥鹿
Mazama americana
这种小型的独居的鹿来自南美洲丛
林，喜欢吃水果，不喜欢吃叶子。雄
性长有短小的不分叉的鹿角。

45–55 cm
18–22 in

南普度鹿
Pudu puda
这种矮胖的动物是世界上最小的
鹿之一，生活在阿根廷和智利的
温带雨林中。

35–45 cm
14–18 in

草原鹿
Ozotoceros bezoarticus
草原鹿是一种纤细的
鹿，生活在南美洲的草
原和湿地中，能够后腿
站立吃树枝上的树叶。

70–75 cm
28–30 in

獐
Hydropotes inermis
这种鹿在所有鹿中很是特
别，雌雄两性都不长角。
它们向上的长犬齿伸出嘴
外，形成獐牙，雄性的獐
牙可以达到8厘米长。

叉 角 羚

叉角羚科（Antilocapridae）的动
物广泛存在于北美洲的化石中，这科
动物长着奇形怪状、多样的鹿角。现
在只有叉角羚还存活着。叉角羚与
羚羊（牛科）很像，它们的身体形状
和分叉的蹄子都很相似。但不同的是，
叉角羚没有侧面的脚趾，而且在繁殖
季节外鹿角会脱落。

白色的颈部条带

81–104 cm
32–41 in

叉角羚
Antilocapra americana
叉角羚是新大陆奔跑速度最
快的哺乳动物。它们会大群
地在开阔的草原上行走，相
当于旧大陆羚羊的生态位。

牛科动物

牛科 (Bovidae) 是一个大型的，而且种类多样的科，除了南极洲，遍布所有大陆。虽然它们很多样，但仍有共同的特征：雄性 (有些种类为雌性) 长着永远也不分叉的角，这些角经常是弯曲的或者有凹槽的，它们还长着复杂的、有4个腔室用于反刍的胃。

旋角大羚羊
Taurotragus oryx
大羚羊是最大的羚羊，长着螺旋形的角，生活在埃塞俄比亚到南非的开阔草原上。沿着雄性的背部两侧向下，有时会长出白色的条纹。

1–1.5m
3½–5 ft

显著的垂肉

1.2–1.5m
4–5 ft

蓝牛
Boselaphus tragocamelus
蓝牛是最大的亚洲的羚羊，从肩部向下呈现出一副强健的身体。雄性蓝牛的毛皮为蓝灰色，雌性的毛皮为黄褐色。

松散的螺旋形角

大耳朵

55–65 cm
22–26 in

90–110 cm
3–3½ ft

安氏林羚
Tragelaphus angasii
它们生活在南非的森林中，长着螺旋形的角，皮毛为深棕色，身体两侧带有垂直的白色条纹。

四角羚
Tetracerus quadricornis
这种独居的亚洲动物生活在森林中，通常长有两对角。一对长在两耳之间，另一对长在前额上。

60–100 cm
23½–39 in

白色的胸部斑块

75–125 cm
2½–4 ft

斯氏林羚
Tragelaphus spekii
这种动物栖息在中非的沼泽中。它们很善于游泳，当被捕食者威胁到时，经常躲避到水池中去。

薮羚
Tragelaphus scriptus
这种动物广泛生活在撒哈拉以南非洲的森林中。它们的身体上长有各种条纹和斑点，尤其在脸上、耳朵上和尾巴上更为明显。

捻角林羚
Tragelaphus strepsiceros
在所有羚羊中，雄性捻角林羚的角是最为壮观的，当它完全长成时会扭转两圈半。

栗色的毛皮上带有白色条纹

1.1–1.3 m
3½–4¼ ft

紫林羚
Tragelaphus eurycerus
亦称肯尼亚林羚、紫羚羊。这种羚羊能很好地隐藏在西非和中非茂密的森林中。雌性羚羊的颜色通常要比雄性更加鲜艳，两性都长着螺旋形的角。

小林羚
Tragelaphus imberbis
这种动物是一种夜行性的羚羊，生活在非洲东北部干旱的灌木丛林地中。雄性和雌性的毛皮上都长有约10条白色的条纹。

90–110 cm
3–3½ ft

1–1.5m
3¼–5 ft

»

≫ 牛科动物

非洲水牛
Syncerus caffer
这种水牛难以捉摸还很危险，不能被驯养。生活在草原上的种群比生活在森林中的种群的角更加弯曲。

1–1.7 m
3¼–5½ ft

1.5–1.9 m
5–6¼ ft

印度水牛
Bubalus bubalis
亦称亚洲水牛，为了它们的运力和牛奶，主要是家养，只有很少的野生水牛仍然生活在南亚。它们的体色和角很多变。

80–90 cm
32–35 in

西里伯斯水牛
Bubalus depressicornis
这种动物是所有野牛中最小的种类，原产于苏拉威西岛的雨林之中。它们的角是笔直的，与其他水牛相比更加垂直。

臀部的毛较短

肩部上面长着特别的隆起

短小弯曲的角

大大的头

蓬松的深褐色毛皮

美洲野牛
Bison bison
野生的美洲野牛曾经大群地出现在北美洲，现在仅存不多的野生美洲野牛因圈养种群而变得矮小。圈养种群用于产肉和皮毛。

1.8–2 m
6–6½ ft

欧洲野牛
Bison bonasus
这种野牛与美洲野牛相比，毛发更短，角更长，现在仅存在于东欧和俄罗斯的原始森林中。

1.8–2.2 m
6–7¼ ft

爪哇野牛
Bos javanicus
这种牛科动物原产于东南亚，并在当地作为驮运的劳力进行驯养。它们的体色为棕色，腿的下部、口鼻、臀部和眼斑为白色。

1.6–1.7 m
5¼–5½ ft

野牦牛
Bos grunniens
野牦牛栖息在中亚的山区，又长又蓬松的皮毛将身体包裹起来。它们的体色通常为棕色，但家养的种类体色更多变，而且经常带有白色的斑纹。

2–2.2 m
6½–7¼ ft

印度野牛
Bos frontalis
亦称白肢野牛。这种肌肉发达的牛科动物生活在亚洲的森林中，是最大的野牛。它们体色为深棕色，但口鼻和腿的下部为苍白色。

1.7–2.2 m
5½–7¼ ft

这种动物的名字源于它长长的角

非洲长角牛
Bos taurus
非洲长角牛的大角可以达到1.8米长，而且还很厚，能在热的环境里保持凉爽。

1.4–1.5m
4½–5 ft

德州长角牛
Bos taurus
这种动物有一系列的体色，还长有让人印象深刻的延伸的角。它们身体强健，能很好地适应广阔的牧场系统。

1.2–1.5m
4–5 ft

海福特牛
Bos taurus
海福特牛起源于英格兰。这种动物身体前部肌肉发达，而且脾气温顺。

1.2–1.5m
4–5 ft

1.2–1.4m
4–4½ ft

婆罗门牛
Bos taurus indicus
婆罗门牛原产于亚洲，现在在各个热带地区进行饲养。它们又被称为瘤牛，背部上面长着特殊的隆起。

1.2–1.3 m
4–4¼ ft

娟姗牛
Bos taurus
亦称泽西牛、爱薇牛，这种动物因其丰富的奶油色乳汁而闻名。它们是从法国进口的原种，在泽西岛上发展壮大。

35–42 cm
14–16½ in

麦氏小羚
Philantomba maxwellii
这种小型动物生活在西非的雨林中，长着一身灰褐色的毛皮，除了苍白的面部斑纹，几乎没有什么特别的特征。

32–41 cm
12½–16 in

蓝小羚
Philantomba monticola
这种小型的森林羚羊来自非洲，长着简单的锥形角。它们吃蛋、啮齿动物和蚂蚁，还有食草动物的常见食物。

40–50 cm
16–20 in

斑背麂羚
Cephalophus zebra
这种动物是唯一一种毛皮复杂的小羚羊。条纹能让它们在西非的林缘生境中隐藏得很好。

65–87 cm
26–34 in

黄背麂羚
Cephalophus silvicultor
这种动物是一种大型的中非小羚羊，皮毛为深灰色，背上带有明显的白色或黄色斑块。

45–58 cm
18–23 in

黑额麂羚
Cephalophus nigrifrons
这种动物生活在中非的森林中。它们深色的前额和眼腺与白色的眉毛形成对比，使其呈现出特别的面部外观。

55–56 cm
21½–22 in

奥氏麂羚
Cephalophus ogilbyi
这种小羚羊来自西非的雨林，身体后部肌肉发达，臀部为红棕色。

45–70 cm
18–28 in

灰小羚羊
Sylvicapra grimmia
这种动物广泛分布于撒哈拉以南的非洲。它们占据着许多种不同的生境，常常以掉落的水果为食。

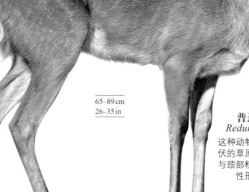

65–89 cm
26–35 in

65–105 cm
26–41 in

普通小苇羚
Redunca redunca
这种动物分布在中非起伏的草原，纤细的雌性与颈部粗壮、长角的雄性形成对比。

南苇羚
Redunca arundinum
这种强壮的羚羊生活在非洲中部和南部的草原，前腿长着明显的黑色斑纹，只有雄性长角。

>>

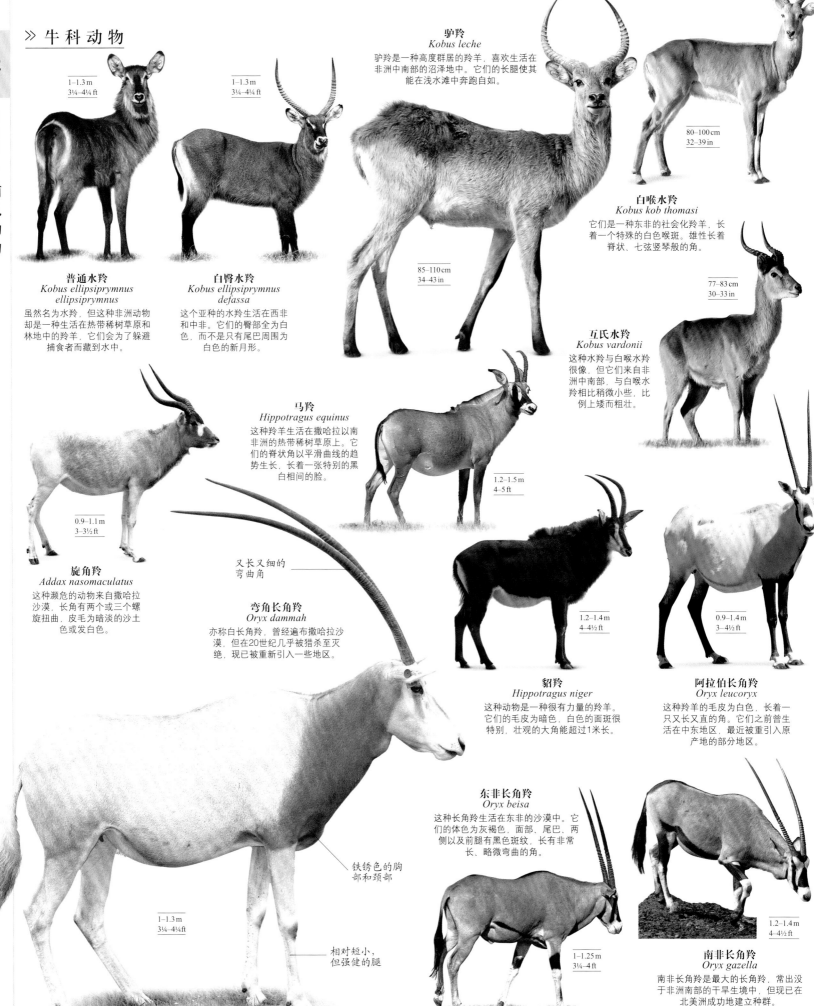

驴羚
Kobus leche
驴羚是一种高度群居的羚羊，喜欢生活在非洲中南部的沼泽地中。它们的长腿使其能在浅水滩中奔跑自如。

1–1.3 m
3¼–4¼ ft

1–1.3 m
3¼–4¼ ft

80–100 cm
32–39 in

白喉水羚
Kobus kob thomasi
它们是一种东非的社会化羚羊，长着一个特殊的白色喉斑。雄性长着脊状、七弦竖琴般的角。

85–110 cm
34–43 in

77–83 cm
30–33 in

普通水羚
Kobus ellipsiprymnus ellipsiprymnus
虽然名为水羚，但这种非洲动物却是一种生活在热带稀树草原和林地中的羚羊，它们会为了躲避捕食者而藏到水中。

白臀水羚
Kobus ellipsiprymnus defassa
这个亚种的水羚生活在西非和中非。它们的臀部全为白色，而不是只有尾巴周围为白色的新月形。

互氏水羚
Kobus vardonii
这种水羚与白喉水羚很像，但它们来自非洲中南部，与白喉水羚相比稍微小些，比例上矮而粗壮。

马羚
Hippotragus equinus
这种羚羊生活在撒哈拉以南非洲的热带稀树草原上。它们的脊状角以平滑曲线的趋势生长，长着一张特别的黑白相间的脸。

1.2–1.5 m
4–5 ft

0.9–1.1 m
3–3½ ft

旋角羚
Addax nasomaculatus
这种濒危的动物来自撒哈拉沙漠，长角有两个或三个螺旋扭曲，皮毛为暗淡的沙土色或发白色。

又长又细的弯曲角

弯角长角羚
Oryx dammah
亦称白长角羚，曾经遍布撒哈拉沙漠，但在20世纪几乎被猎杀至灭绝，现已被重新引入一些地区。

貂羚
Hippotragus niger
这种动物是一种很有力量的羚羊。它们的毛皮为暗色，白色的面斑很特别，壮观的大角能超过1米长。

1.2–1.4 m
4–4½ ft

阿拉伯长角羚
Oryx leucoryx
这种羚羊的毛皮为白色，长着一只又长又直的角。它们之前曾生活在中东地区，最近被重引入原产地的部分地区。

0.9–1.4 m
3–4½ ft

东非长角羚
Oryx beisa
这种长角羚生活在东非的沙漠中。它们的体色为灰褐色，面部、尾巴、两侧以及前腿有黑色斑纹，长有非常长、略微弯曲的角。

铁锈色的胸部和颈部

相对短小，但强健的腿

1–1.3 m
3¼–4¼ ft

1–1.25 m
3¼–4 ft

1.2–1.4 m
4–4½ ft

南非长角羚
Oryx gazella
南非长角羚是最大的长角羚，常出没于非洲南部的干旱生境中，但现已在北美洲成功地建立种群。

普通麋羚
Alcelaphus buselaphus
这种动物是一种大型的长脸羚羊，生活在东非开阔的草原。它们有一些亚种，这些亚种在颜色和角的形状上有所不同。

1.1–1.5m
3½–5 ft

1.1–1.5m
3½–5 ft

红麋羚
Alcelaphus caama
这种羚羊的体色为栗褐色，面部和尾巴的颜色较深，有时候被认为是普通麋羚的一个亚种。

岩羚
Oreotragus oreotragus
岩羚在南非语中是"岩石跳跃者"的意思，生活在多石头的岩层上。它能跳跃超过自身高度10倍的距离。

43–58 cm
17–23 in

50–66 cm
20–26 in

利氏麋羚
Alcelaphus lichtensteinii
这种麋羚生活在中非的热带稀树草原和平原草地中。它们的特别之处是角非常弯曲，而且角的尖端转向内侧。

1.1–1.5m
3½–5 ft

很重的，向内弯曲的角

侏羚
Ourebia ourebi
侏羚来自撒哈拉以南的非洲，是一种优雅的长颈羚羊。它们拥有一条特别的白色眉线，以及一个大大的深色面部腺体。

倾斜的背部

黑色的脸

80–100 cm
32–39 in

长长的，黑色喉部毛发

白面狷羚
Damaliscus pygargus dorcas
这种狷羚具有特别的白色面斑，已被捕杀得几近灭绝。现在仅在保护区能发现它们。

深灰色的毛皮

1.2–1.5 m
4–5 ft

黑面狷羚
Damaliscus korrigum
黑面狷羚生活在东非和中非。雄性黑面狷羚常站在白蚁丘上面保卫自己的领地，以及发现捕食者。

蓝角马
Connochaetes taurinus taurinus
亦称黑尾牛羚、斑纹角马、蓝角马，是一种高度群居的动物，生活在南非的热带稀树草原。

1.1–1.3 m
3½–4¼ ft

强壮的脊状角

跳羚
Antidorcas marsupialis
这种敏捷的羚羊由于被捕杀而数量
锐减。它们长着七弦竖琴般的角，
在非洲南部干旱的土地吃草。

70–87 cm
28–34 in

汤氏瞪羚
Eudorcas thomsonii
这种动物是东非平原上数量
最多的瞪羚，身体两侧各带
有一条宽阔的黑色条纹。

53–67 cm
21–26 in

印度羚
Antilope cervicapra
印度羚生活在印度和巴基斯坦的
草原以及开阔林地中，奔跑速度
可以达到80千米/小时。

60–85 cm
23½–34 in

56–80 cm
22–32 in

鹅喉羚
Gazella subgutturosa
这种中亚的羚羊以发情期雄性膨胀
的喉部命名。它们的独特之处在于
只有雄性才长角。

鹿羚
Gazella dorcas
这种小型羚羊生活在北非到中
东的沙漠中，能只依靠食物中
的水分不喝水而存活下来。

53–65 cm
21–26 in

山羚
Gazella gazella
这种羚羊生活在中东的山地和
平原之中。它们有许多孤立的
亚种，有些相当稀少，并受到
非法狩猎的威胁。

60–70 cm
23½–28 in

34–38 cm
13½–15 in

35–45 cm
14–18 in

冈氏犬羚
Madoqua guentheri
这种动物是一种生活在东
非半荒漠中的犬羚，长着
一个长长的、伸缩自如的
鼻吻，这个鼻吻可以膨
胀，作用是调节温度。

柯氏犬羚
Madoqua kirkii
柯氏犬羚是一种小型羚
羊，以其尖锐的报警鸣叫
命名。它们长有一个细长
的、能够活动的鼻吻。成
对地占有领地。

60–80 cm
23½–32 in

高鼻羚羊
Saiga tatarica
高鼻羚羊极度濒危，仅在中亚草
原有分布。它们灵活的长鼻子能
温暖冬天寒冷的空气，而且还能
过滤掉夏天的灰尘。

80–105 cm
32–41 in

长颈羚
Litocranius walleri
这种东非的长颈羚长着长长的
脖子，而且能以后腿站立，吃
其他羚羊够不到的叶子。

30–43 cm
12–16½ in

岛羚
Neotragus moschatus
岛羚是一种小型的微红色羚
羊，来自非洲东南部。它们是
夜行性动物，而且大部分时间
都躲藏在浓密的灌丛中。

腿的下部
缺乏肌肉

苍羚
Nanger dama
这种稀有的撒哈拉羚羊具有明显的两种颜色。白颜色的面积在各个亚种之间有所不同，但所有亚种都长有一个白色喉斑。

90–110 cm
35–43 in

格氏羚
Nanger granti
这种羚羊常出没于东非平原，能不喝水而存活下来，因此无需像其亲缘种那样进行迁徙。曾归入瞪羚属。

76–91 cm
30–36 in

苏丹羚
Nanger soemmerringii
这种羚羊来自东非，它们与格氏羚相似，但更稀少。它们的特征为较明显的面部斑块，以及较大的臀部斑块。

60–90 cm
24–35 in

普通石羚
Raphicerus campestris
石羚是一种生活在东非灌木中的小型羚羊。它们的耳朵特别大，耳内为白色，边缘为黑色，内部有斑纹。

45–60 cm
18–23½ in

45–60 cm
18–24 in

沙氏石羚
Raphicerus sharpei
这种夜行性羚羊来自东非，生性害羞，独居，角又短又秃，为躲避捕食者会藏在土豚的洞穴中。

73–92 cm
29–36 in

黑斑羚
Aepyceros melampus
黑斑羚是一种生活在非洲平原的羚羊。雄性长有七弦竖琴般的角，是分布区内大型猫科动物的一种重要食物。

阿尔卑斯臆羚
Rupicapra rupicapra
这种动物生活在南欧和小亚细亚的高山岩石上，有孤立种群。每个种群在外表上都有细微的差别。

70–85 cm
28–34 in

喜马拉雅斑羚
Naemorhedus goral
喜马拉雅斑羚是一种毛发粗糙、形如山羊的食草动物，长着弯曲的角，集小群生活在喜马拉雅山脉的森林中。

57–78 cm
22½–31 in

苏门答腊鬣羚
Capricornis sumatraensis
简称苏门羚，是一种羊亚科动物，长有粗糙的皮毛和特殊的鬣毛，生活在有森林的山坡，并以那里的草和叶子为食。

76–92 cm
30–36 in

白色的毛皮具有浓密的下层绒毛，用于保温

雪羊
Oreamnos americanus
这种山羊亦称石山羊，分布在北部的落基山脉，是一种腿脚稳健的攀岩高手。它们长有一身浓密、羊毛般的白色皮毛，用于阻挡低温和大风。

80–95 cm
32–37 in

>> 牛 科 动 物

蛮羊
Ammotragus lervia
这种动物又名髯羊、髯羊原产于北非
干旱的山区。当受到威胁时会站立
不动，使其很难被发现。

75–112 cm
30–44 in

弯曲的角

1.2–1.4 m
4–4½ ft

1–1.3 m
3¼–4¼ ft

麝牛
Ovibos moschatus
麝牛生活在北极苔原带。它们的皮毛
蓬松，带有隔绝性的绒毛，能提供
保护，对抗自然环境。

米什米羚牛
Budorcas taxicolor
羚牛小群地生活在中国和不丹的
山地林中，长有蓬松的皮毛，以
及一个宽大、拱形的口鼻。

喉部和前
腿上长长
的毛发

60–90 cm
23½–35 in

75–90 cm
30–35 in

喜马拉雅塔尔羊
Hemitragus jemlahicus
塔尔羊生活在多石的喜马拉雅山坡。它
们的蹄子长有坚韧的脚垫，使其在陡峭
或不稳定的路面上产生额外的抓力。

岩羊
Pseudois nayaur
这种动物生活在青藏高原多石的
沙漠到山坡地区，能与悬崖靠得
很近，以躲避捕食者。

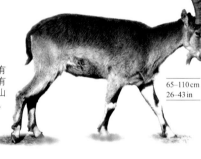

65–110 cm
26–43 in

西敏源羊
Capra walie
由于埃塞俄比亚山区没有
四季变化，所以这种稀有
的野生山羊与其他野生山
羊不同，全年都能繁殖。

50–105 cm
20–41¼ in

60–90 cm
23½–35 in

阿尔卑斯源羊
Capra ibex
阿尔卑斯源羊生活在阿尔卑斯
山脉林木线以上，它向后弯曲
的角可以达到1米长，雄性
尤其让人印象深刻。

云源羊
Capra nubiana
这种动物生活在中东的沙漠山
中，与阿尔卑斯源羊亲缘关系很
近，而且可能是它的一个亚种。

捻角山羊
Capra falconeri
这种动物来自中亚的山区，是
最大的野生山羊。它们因为其令
人印象深刻的螺旋形角和羊肉而
遭到捕杀，目前已经濒危。

65–115 cm
26–45 in

0.9–1.1 m
3–3½ ft

70–100 cm
28–39 in

70–90 cm
28–35 in

安哥拉山羊
Capra hircus
这种山羊原产于土耳其。它们的
羊毛很有价值，能够作为马海毛的
来源，是一种耐用的丝质纤维。

巴戈特山羊
Capra hircus
巴戈特山羊是300多种山羊品
种中的一种。它们是13世纪由
十字军带回的原种，之后在英
格兰被培育出来。

全毛根西山羊
Capra hircus
这种稀有的动物是一种小型山羊，
常长有长长的毛发，因为用于产奶
和观赏而被饲养。它们原产于海峡
群岛的根西岛。

摩弗伦羊
Ovis aries orientalis

这种动物的皮毛为微红色，鞍部为白色，原产于小亚细亚，自从新石器时代就已经在地中海的一些岛屿上建立种群。

90—100 cm
35—39 in

马恩岛绵羊
Ovis aries

这种原始的耐苦品种原产于英国属地曼岛，作为肉用而被饲养，毛皮为棕色，通常长有4只角。

65—80 cm
26—32 in

科茨沃尔德长毛绵羊
Ovis aries

这种白脸品种原产于英格兰，可以耐受艰苦环境，产出长长的羊毛和羊肉。

65—100 cm
26—39 in

65—80 cm
26—32 in

雅各布羊
Ovis aries

这种古老的耐苦品种长着有花纹的毛皮，据说起源于巴勒斯坦。它们的角多达3对。

阿尔泰盘羊
Ovis ammon

这种动物是马可·波罗（1254—1324）首次描述的。它们是一种大型的亚洲山地野绵羊，成熟的雄性长着螺旋形的长角。

0.9—1.2 m
3—4 ft

土耳其盘羊（家绵羊）
Ovis aries

这种动物主要生活在非洲和亚洲，依靠储存在膨大尾部和后腿、臀部的脂肪，来忍耐干燥的环境。

65—110 cm
26—43 in

巨大的、弯曲的角

戴氏盘羊
Ovis dalli

戴氏盘羊生活在加拿大和阿拉斯加的亚北极山区。它们的体色为乳白色或棕色，并长着弯曲的淡黄色的角。

80—90 cm
32—35 in

加拿大盘羊
Ovis canadensis

亦称大角羊，它们生活在北美洲的山区和沙漠中。雄性会使用让人震撼的角去建立等级，只有高等级的雄性才能安全地接近雌性。

短腿

75—105 cm
30—41 in

西伯利亚盘羊
Ovis nivicola

这种西伯利亚盘羊的羊毛为白色，腿为深色。它们相当敏捷，能在崎岖的山区迅速行进。

0.9—1.1 m
3—3½ ft

长颈鹿和㺢㹢狓

长颈鹿科 (Giraffidae) 的动物在化石记录中有很多种,但现在只有两种是来自撒哈拉以南非洲的代表物种了。虽然它们有着非常不同的体形和栖息地,但也有相同的特征,包括都长着一条长长的深色舌头,鹿角被皮肤所覆盖,以及都有裂开的犬齿。另外,它们与牛科动物相似,为偶蹄动物,有4个腔室的胃,门齿(上颌的前齿)都是被角质的垫所代替。

1.5–2 m
5–6½ ft

㺢㹢狓
Okapia johnstoni
㺢㹢狓只生活在中非的雨林中。它们长长的脖子,以及灵活的蓝色舌头显示出了与长颈鹿的明显相似性。

短短的角被皮肤所覆盖

大大的耳朵

短小直立的鬃毛

背部倾斜的短小身体

2.5–3.3 m
8¼–11 ft

罗氏长颈鹿
Giraffa camelopardalis rothschildi
这个亚种与网纹长颈鹿不同,它们穿着白色的"袜子"——斑点没有延伸到腿的下部。

2.5–3.6 m
8¼–12 ft

马赛长颈鹿
Giraffa camelopardalis tippelskirchi
这种长颈鹿的脖颈从肩膀到头顶可以达到2.4米长,是世界上最高的哺乳动物中的最大亚种。

2.5–3.3 m
8¼–11 ft

不规则的斑块

2.5–3.3 m
8¼–11 ft

网纹长颈鹿
Giraffa camelopardalis reticulata
这种长颈鹿的分布范围从肯尼亚北部到埃塞俄比亚。它们的身体有大大的多边形斑块,白色条纹十分清晰。

赞比亚长颈鹿
Giraffa camelopardalis thornicrofti
这种长颈鹿在赞比亚很有名,身体有星形或叶状的斑块,并延伸到腿的下部。

骆驼及其近亲

骆驼科 (Camelidae) 动物在本目中很独特。它们只有两个脚趾，但没有蹄子。每个脚趾的顶端都有一个小趾甲，每个脚趾也都有一个柔软的脚垫。它们可以轻轻地移动，有助于在山地行走时保持抓地力，以及防止陷入柔软的沙土中。它们也具有特殊的牙齿、椭圆形的红色血细胞以及一个三室的胃。它们还有一套腿部肌肉系统，这意味着它们要跪着休息。

单峰驼
Camelus dromedarius
这种阿拉伯地区的骆驼用于旱区的交通，非常能适应沙漠的生活。现在只有野生的澳大利亚种群才能展示野生的特征。

1.7–2 m
5½–6½ ft

双峰驼
Camelus bactrianus
这种骆驼被广泛驯养。作为一种野生动物，双峰驼只在亚洲的沙漠中有相当小的种群，被称作野骆驼。

1.8–2.3 m
6–7½ ft

75–85 cm
30–34 in

骆马
Vicugna vicugna
骆马是两种野生的安第斯羊驼中较小的一种。它们能产生很好的羊毛，所以被大量驯养。

羊驼
Lama glama glama
亦称美洲驼，源于原驼，是一种很有价值的驮运动物和肉用动物。它们原产于安第斯山脉，现在较广泛地被引入欧洲和北美洲。

长长的皮毛

原驼
Lama glama guanicoe
原驼原产于南美洲干旱的山区。它们血液中的血红蛋白能高水平地携带氧气，使其可以在极端的高原地区健康生长。

1.1–1.2 m
3½–4 ft

1.7–1.8 m
5½–6 ft

75–90 cm
30–35 in

小羊驼
Vicugna pacos
这种动物是一种重要的羊毛资源。它们成群地在安第斯山脉的高地吃草，现在已被引入世界各地。

脚趾尖端的趾甲

河 马

河马科 (Hippopotamidae) 动物属于偶蹄动物，它们的特别之处在于以每只脚上的4个脚趾走路。它们具有大型的水桶形身体、短但强壮的腿以及巨大的头。它们宽大的嘴里长着獠牙一般的犬齿，用于进食、战斗和防御。河马为水路两栖，鼻孔和眼睛都在口鼻的顶端，皮肤光滑，缺乏汗腺。

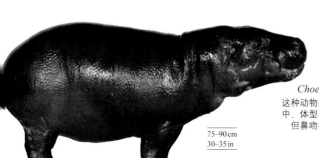

倭河马
Choeropsis liberiensis
这种动物生活在西非的森林沼泽中，体型与大型的亲缘种很像，但鼻吻按比例来讲要小些。

75–90 cm
30–35 in

1.3–1.7 m
4¼–5½ ft

河马
Hippopotamus amphibius
这种动物现在主要分布在非洲的东部和南部，是一种独居的夜行性食草动物，但白天会一起聚在水中。

双峰驼
Camelus bactrianus

双峰驼是一种非常耐受艰苦环境的动物，能在南亚严酷的沙漠地貌中生存下来。那里的温度范围在夏季的40℃到冬季的−29℃之间。骆驼适应长途跋涉于严峻的地形来寻找食物——像草、叶子和灌木，这些在沙漠中都是很稀少的。当出现水源时，双峰驼可以在10分钟内吞下超过100升的水。如果必要的话，它们也能饮用盐水存活下来。世界上几乎所有的双峰驼都被驯养过；只有不到1000只还保存在野外，分布在中国和蒙古遥远荒凉的地区，被称作野骆驼。最近的研究显示，这些野骆驼在基因上与家骆驼不同，这使得它们更迫切地需要得到保护。

闭合的鼻孔可以挡住沙子

覆盖着毛皮的小耳朵

厚厚的毛皮可以保持温暖，也能防止被太阳灼伤

蓬松的鬃毛

尺寸	1.8～2.3米
生境	石漠、草原和多石的平原
分布	亚洲
食物	食草

∨ 眼睫毛

两排浓密的眼睫毛能保护眼睛免受强光的照射以及风沙和沙砾的损害，这样就能减少眨眼产生的眼泪，节省宝贵的水分。

∨ "护膝"

腿部厚厚的皮垫用于跪着，这里实际上不是膝盖，而是腕部。骆驼跪着休息，腿折叠在身体下面。

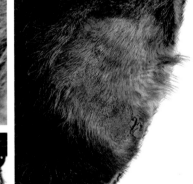

∧ 牙齿

骆驼整个吞下食物，然后反刍并重新咀嚼食物，以助于消化。饥饿的骆驼能够吃下绳子和皮革，这些都是很难分解的物质。

∧ 嘴

连接着上唇的一个凹槽可以流通宝贵的湿气，这些湿气是从骆驼的鼻孔返回到嘴里的，一点水分也没有浪费。

<∧ 脚

每只脚有两个脚趾和一个坚韧的脚垫，这使得骆驼能很好地应对锋利的岩石地面、滚烫的沙子或压实的积雪。

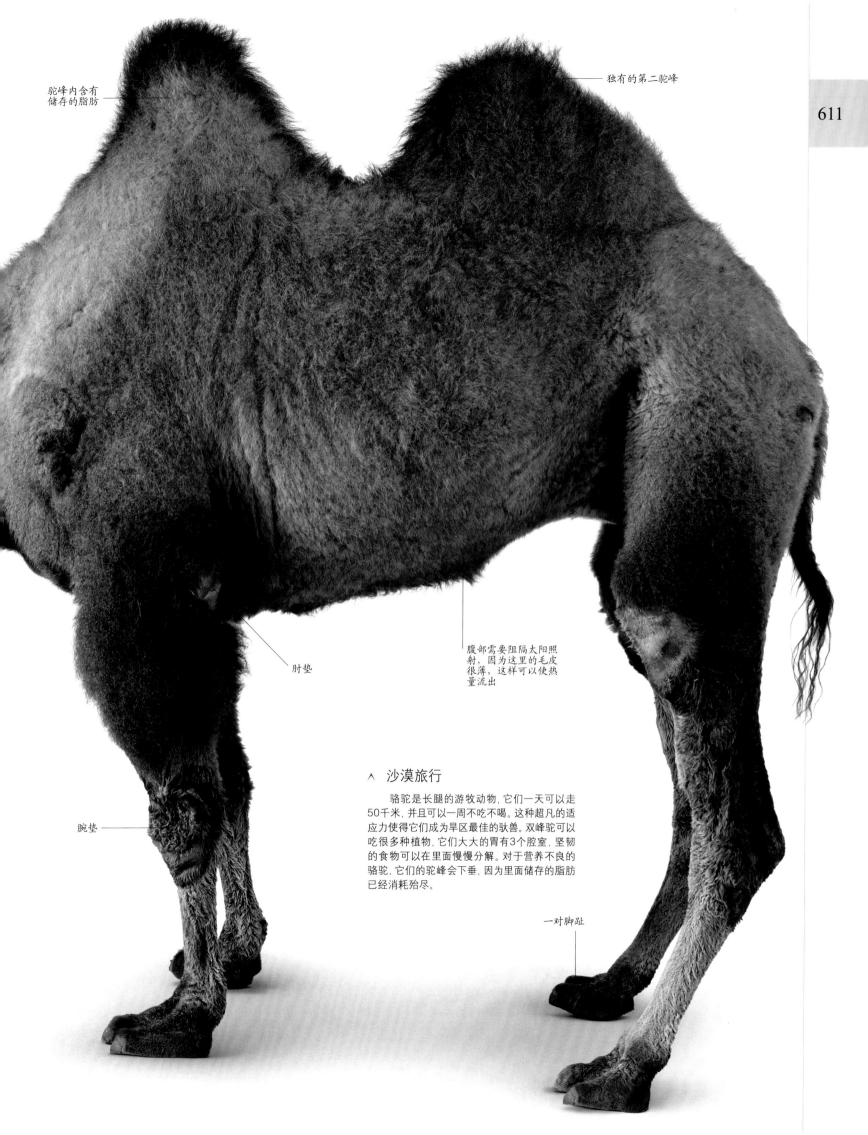

驼峰内含有
储存的脂肪

独有的第二驼峰

肘垫

腹部需要阻隔太阳照
射，因为这里的毛皮
很薄，这样可以使热
量流出

腕垫

一对脚趾

∧ 沙漠旅行

　　骆驼是长腿的游牧动物，它们一天可以走
50千米，并且可以一周不吃不喝。这种超凡的适
应力使得它们成为旱区最佳的驮兽。双峰驼可以
吃很多种植物，它们大大的胃有3个腔室，坚韧
的食物可以在里面慢慢分解。对于营养不良的
骆驼，它们的驼峰会下垂，因为里面储存的脂肪
已经消耗殆尽。

鲸、鼠海豚和海豚

这个哺乳动物类群都被称为鲸类 (Cetacea)，都为水生生活。原来的鲸目除了4种淡水豚以外，都生活在海洋。

鲸类动物很适于在水中生活，它们的身体为锥形和流线型，前肢进化成鳍状肢，没有可见的后肢，但尾部有水平的尾叶，用于增加推动力。有些种类也有背鳍。它们的皮肤几乎无毛，身体被一层鲸脂所隔绝，生活在冷水中的种类鲸脂尤其厚。

呼吸和交流

由于鲸类动物能在肌肉组织中储存氧气，因此它们可以下潜很大的深度并保持很长时间，但它们必须游到水面进行呼吸。它们通过鼻孔呼吸，鼻孔即位于头顶的气孔。当不新鲜的空气被排出时，可能会形成一个压缩的水柱——水柱的大小、角度和形状能被用于区分鲸的种类，甚至身体完全没于水下也可辨别。

多数种类可以发声。有些会利用一系列的滴嗒声进行回声定位。从附近物体返回的滴嗒声，能够告诉它们路上有无障碍。其他种类用声音彼此交流，这种声音可以从哨声、呻吟声到许多大型鲸类发出的复杂歌声等很多种。由于它们的听力极好，所以耳朵已经退化成为眼后的简单开口。外耳退化——因为它们会影响身体的流线型——而且没有必要，因为水体是声音传播的有效媒介。

捕猎动物或滤食性动物

根据饮食习惯鲸类被划分为两个主要类群。有齿的种类称为齿鲸，捕食鱼类、大型无脊椎动物、海鸟和海豹，有时会是小型的鲸类。它们利用锋利的牙齿捕捉猎物，而且通常整个将食物吞下，无需咀嚼。相比之下，滤食性的须鲸类有着筛子一样的纤维质鲸须，从它们的上颌悬垂下来。含有无脊椎动物和小鱼的水被吸进口内，然后用舌头将水挤出鲸须，而将食物留在口中。

门	脊索动物门
纲	哺乳纲
目	鲸目 (传统)
科	12
种	约90

讨论
陆生的祖先

鲸类的分类在很长时间内都存在争议；它们极端适应完全水生的生活方式，掩盖了与其他目共有的解剖学特征。今天普遍接受的观点是，鲸类动物与偶蹄类动物亲缘关系最近——特别是河马科——因此它们组成了鲸蹄目。证据主要来自于基因和分子研究，解剖学证据的支持也在不断增加，例如，偶蹄类动物的踝骨与一些鲸类的化石祖先有着很高的相似性。

露脊鲸

露脊鲸科 (Balaenidae) 动物生活在温带和极地水域中，被认为是"正规的"捕猎对象。因为它们容易接近，经常靠近海岸，而且有着一层厚厚的鲸脂——这是对冷水的一种适应。露脊鲸没有背鳍和喉部凹槽，它们非常弯曲的上下颌支撑着所有鲸类中最长的鲸须。

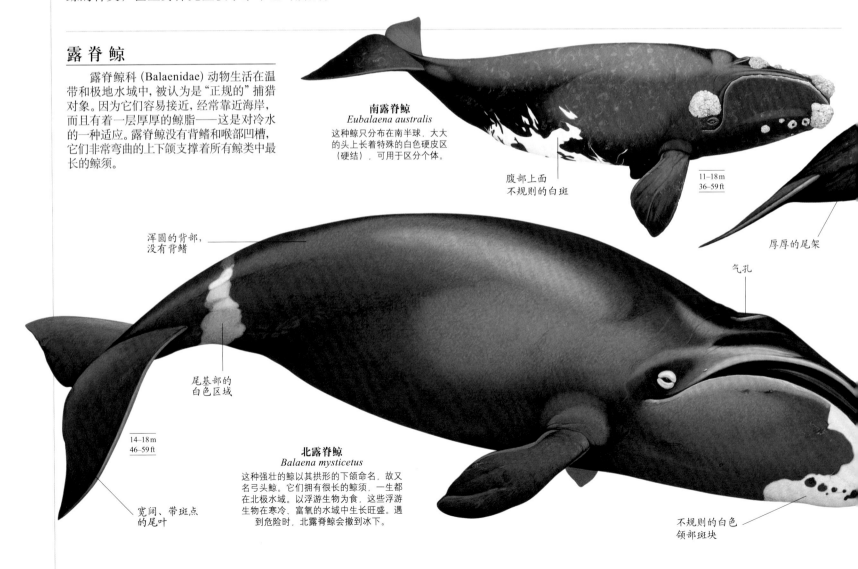

南露脊鲸
Eubalaena australis
这种鲸只分布在南半球，大大的头上长着特殊的白色硬皮区（硬结），可用于区分个体。

腹部上面不规则的白斑

11–18 m
36–59 ft

厚厚的尾架

气孔

浑圆的背部，没有背鳍

尾基部的白色区域

14–18 m
46–59 ft

北露脊鲸
Balaena mysticetus
这种强壮的鲸以其拱形的下颌命名，故又名弓头鲸。它们拥有很长的鲸须，一生都在北极水域。以浮游生物为食，这些浮游生物在寒冷、富氧的水域中生长旺盛。遇到危险时，北露脊鲸会撤到冰下。

宽阔、带斑点的尾叶

不规则的白色颌部斑块

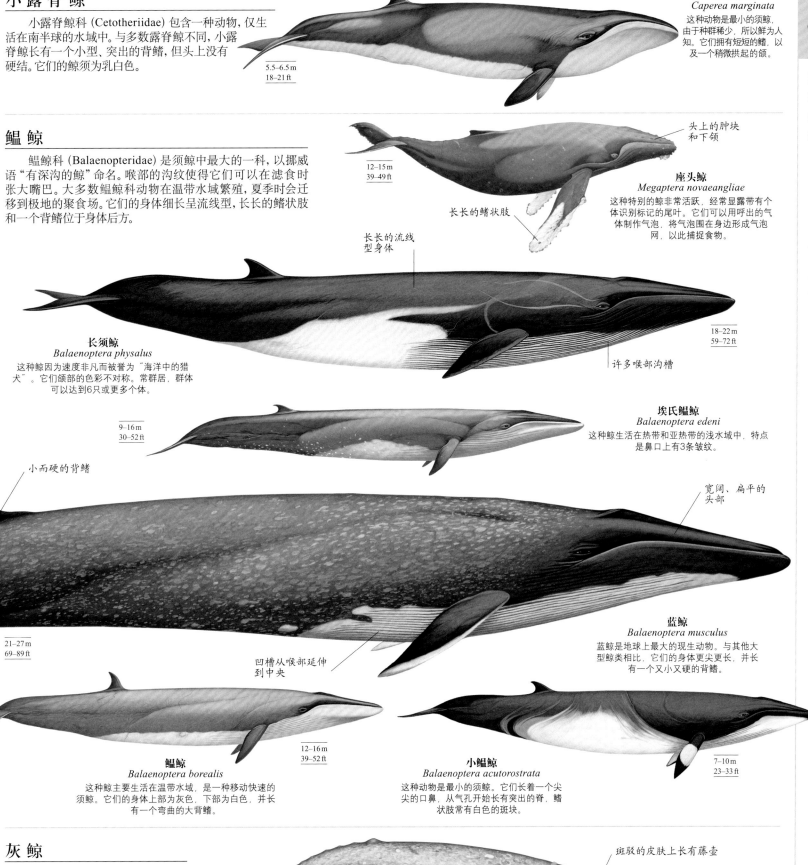

小露脊鲸

　　小露脊鲸科 (Cetotheriidae) 包含一种动物，仅生活在南半球的水域中。与多数露脊鲸不同，小露脊鲸长有一个小型、突出的背鳍，但头上没有硬结。它们的鲸须为乳白色。

小露脊鲸
Caperea marginata
这种动物是最小的须鲸，由于种群稀少，所以鲜为人知。它们拥有短短的鳍，以及一个稍微拱起的颌。

5.5–6.5 m
18–21 ft

鳁 鲸

　　鳁鲸科 (Balaenopteridae) 是须鲸中最大的一科，以挪威语"有深沟的鲸"命名。喉部的沟纹使得它们可以在滤食时张大嘴巴。大多数鳁鲸科动物在温带水域繁殖，夏季时会迁移到极地的聚食场。它们的身体细长呈流线型，长长的鳍状肢和一个背鳍位于身体后方。

头上的肿块和下颌

12–15 m
39–49 ft

座头鲸
Megaptera novaeangliae
这种特别的鲸非常活跃，经常显露带有个体识别标记的尾叶。它们可以用呼出的气体制作气泡，将气泡围在身边形成气泡网，以此捕捉食物。

长长的鳍状肢

长长的流线型身体

长须鲸
Balaenoptera physalus
这种鲸因为速度非凡而被誉为"海洋中的猎犬"。它们的颌部的色彩不对称。常群居，群体可以达到6只或更多个体。

18–22 m
59–72 ft

许多喉部沟槽

9–16 m
30–52 ft

埃氏鳁鲸
Balaenoptera edeni
这种鲸生活在热带和亚热带的浅水域中，特点是鼻口上有3条皱纹。

小而硬的背鳍

宽阔、扁平的头部

蓝鲸
Balaenoptera musculus
蓝鲸是地球上最大的现生动物。与其他大型鲸类相比，它们的身体更尖更长，并长有一个又小又硬的背鳍。

21–27 m
69–89 ft

凹槽从喉部延伸到中央

鳁鲸
Balaenoptera borealis
这种鲸主要生活在温带水域，是一种移动快速的须鲸。它们的身体上部为灰色，下部为白色，并长有一个弯曲的大背鳍。

12–16 m
39–52 ft

小鳁鲸
Balaenoptera acutorostrata
这种动物是最小的须鲸。它们长着一个尖尖的口鼻，从气孔开始长有突出的脊，鳍状肢常有白色的斑块。

7–10 m
23–33 ft

灰 鲸

　　灰鲸科 (Eschrichtiidae) 只有一种动物，现在仅分布在北太平洋，在大西洋海域内已灭绝。它们每年都要进行大规模的迁徙——是所有哺乳动物中迁徙路途最长的——从白令海到亚热带水域，尤其是在墨西哥的下加利福尼亚地区繁殖。

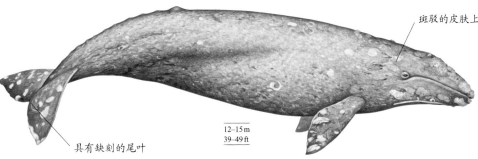

斑驳的皮肤上长有藤壶

灰鲸
Eschrichtius robustus
灰鲸没有背鳍，背部有一个低矮的肿块，后面长着许多小"关节"。它们的喉部凹槽不发达。

12–15 m
39–49 ft

具有缺刻的尾叶

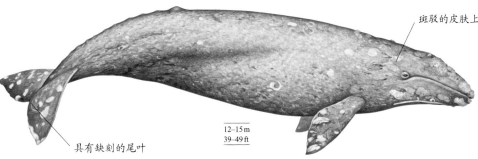

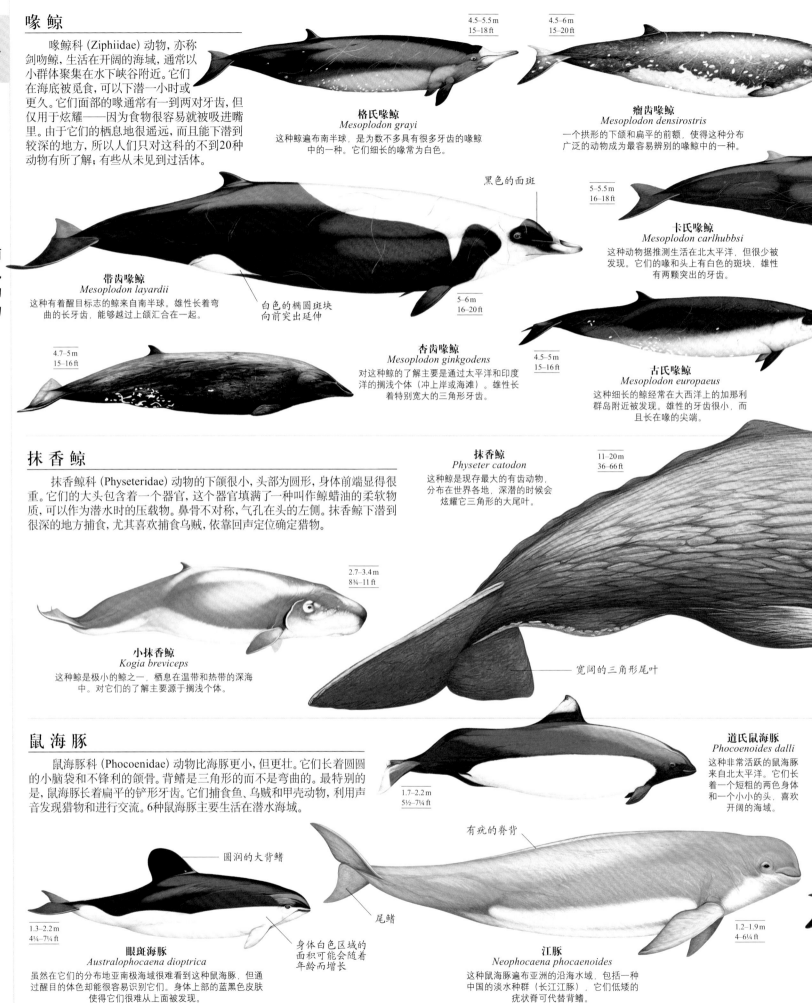

喙鲸

喙鲸科 (Ziphiidae) 动物,亦称剑吻鲸,生活在开阔的海域,通常以小群体聚集在水下峡谷附近。它们在海底寻觅觅食,可以下潜一小时或更久。它们面部的喙通常有一到两对牙齿,但仅用于炫耀——因为食物很容易就被吸进嘴里。由于它们的栖息地很遥远,而且能下潜到较深的地方,所以人们只对这科的不到20种动物有所了解;有些从未见到过活体。

614

4.5–5.5 m
15–18 ft

4.5–6 m
15–20 ft

格氏喙鲸
Mesoplodon grayi

这种鲸遍布南半球,是为数不多具有很多牙齿的喙鲸中的一种。它们细长的喙常为白色。

瘤齿喙鲸
Mesoplodon densirostris

一个拱形的下颌和扁平的前额,使得这种分布广泛的动物成为最容易辨别的喙鲸中的一种。

黑色的面斑

5–5.5 m
16–18 ft

卡氏喙鲸
Mesoplodon carlhubbsi

这种动物据推测生活在北太平洋,但很少被发现。它们的喙和头上有白色的斑块,雄性有两颗突出的牙齿。

带齿喙鲸
Mesoplodon layardii

这种有着醒目标志的鲸来自南半球。雄性长着弯曲的长牙齿,能够越过上颌汇合在一起。

白色的椭圆斑块
向前突出延伸

5–6 m
16–20 ft

杏齿喙鲸
Mesoplodon ginkgodens

对这种鲸的了解主要是通过太平洋和印度洋的搁浅个体(冲上岸或海滩)。雄性长着特别宽大的三角形牙齿。

4.7–5 m
15–16 ft

4.5–5 m
15–16 ft

古氏喙鲸
Mesoplodon europaeus

这种细长的鲸经常在大西洋上的加那利群岛附近被发现。雄性的牙齿很小,而且长在喙的尖端。

抹香鲸

抹香鲸科 (Physeteridae) 动物的下颌很小,头部为圆形,身体前端显得很重。它们的大头包含着一个器官,这个器官填满了一种叫作鲸蜡油的柔软物质,可以作为潜水时的压载物。鼻骨不对称,气孔在头的左侧。抹香鲸下潜到很深的地方捕食,尤其喜欢捕食乌贼,依靠回声定位确定猎物。

抹香鲸
Physeter catodon

这种鲸是现存最大的有齿动物,分布在世界各地。深潜的时候会炫耀它三角形的大尾叶。

11–20 m
36–66 ft

2.7–3.4 m
8¾–11 ft

小抹香鲸
Kogia breviceps

这种鲸是极小的鲸之一,栖息在温带和热带的深海中。对它们的了解主要源于搁浅个体。

宽阔的三角形尾叶

鼠海豚

鼠海豚科 (Phocoenidae) 动物比海豚更小,但更壮。它们长着圆圆的小脑袋和不锋利的颌骨。背鳍是三角形的而不是弯曲的。最特别的是,鼠海豚长着扁平的铲形牙齿。它们捕食鱼、乌贼和甲壳动物,利用声音发现猎物和进行交流。6种鼠海豚主要生活在潜水海域。

道氏鼠海豚
Phocoenoides dalli

这种非常活跃的鼠海豚来自北太平洋。它们长着一个短粗的两色身体和一个小小的头,喜欢开阔的海域。

1.7–2.2 m
5½–7¼ ft

圆润的大背鳍

有疣的脊背

尾鳍

1.3–2.2 m
4¼–7¼ ft

眼斑海豚
Australophocaena dioptrica

虽然在它们的分布地亚南极海域很难看到这种鼠海豚,但通过醒目的体色却能很容易识别它们。身体上部的蓝黑色皮肤使得它们很难从上面被发现。

身体白色区域的面积可能会随着年龄而增长

1.2–1.9 m
4–6¼ ft

江豚
Neophocaena phocaenoides

这种鼠海豚遍布亚洲的沿海水域,包括一种中国的淡水种群(长江江豚),它们低矮的疣状脊可代替背鳍。

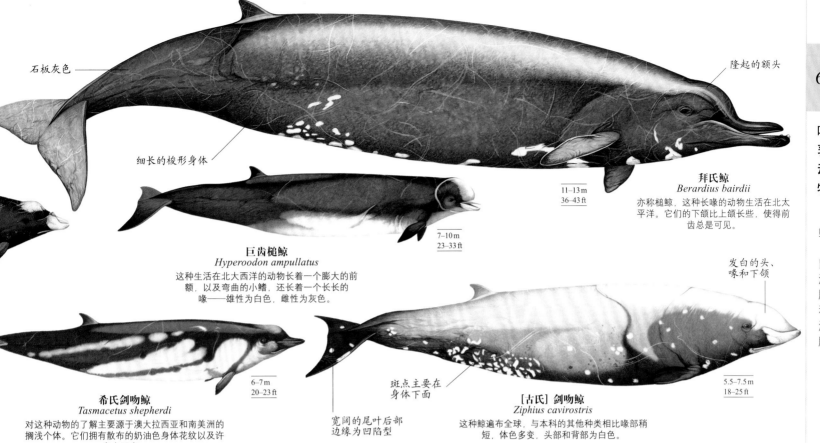

石板灰色

隆起的额头

细长的梭形身体

拜氏鲸
Berardius bairdii
亦称槌鲸，这种长喙的动物生活在北太平洋。它们的下颌比上颌长些，使得前齿总是可见。

11—13 m
36—43 ft

7—10 m
23—33 ft

巨齿槌鲸
Hyperoodon ampullatus
这种生活在北大西洋的动物长着一个膨大的前额，以及弯曲的小鳍，还长着一个长长的喙——雄性为白色，雌性为灰色。

发白的头、喙和下颌

斑点主要在身体下面

宽阔的尾叶后部边缘为凹陷型

希氏剑吻鲸
Tasmacetus shepherdi
对这种动物的了解主要源于澳大拉西亚和南美洲的搁浅个体。它们拥有散布的奶油色身体花纹以及许多小牙齿。

6—7 m
20—23 ft

[古氏] 剑吻鲸
Ziphius cavirostris
这种鲸遍布全球，与本科的其他鲸类相比喙部稍短，体色多变，头部和背部为白色。

5.5—7.5 m
18—25 ft

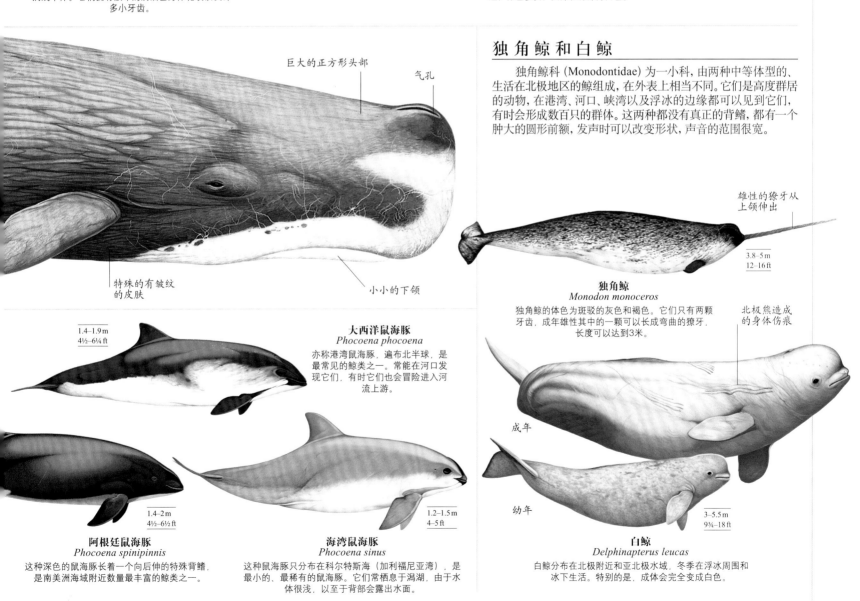

巨大的正方形头部

气孔

独角鲸和白鲸

独角鲸科 (Monodontidae) 为一小科，由两种中等体型的、生活在北极地区的鲸组成，在外表上相当不同。它们是高度群居的动物，在港湾、河口、峡湾以及浮冰的边缘都可以见到它们，有时会形成数百只的群体。这两种都没有真正的背鳍，都有一个肿大的圆形前额，发声时可以改变形状，声音的范围很宽。

特殊的有皱纹的皮肤

小小的下颌

雄性的獠牙从上颌伸出

3.8—5 m
12—16 ft

独角鲸
Monodon monoceros
独角鲸的体色为斑驳的灰色和褐色。它们只有两颗牙齿，成年雄性其中的一颗可以长成弯曲的獠牙，长度可以达到3米。

北极熊造成的身体伤痕

1.4—1.9 m
4½—6¼ ft

大西洋鼠海豚
Phocoena phocoena
亦称港湾鼠海豚，遍布北半球，是最常见的鲸类之一。常能在河口发现它们，有时它们也会冒险进入河流上游。

1.4—2 m
4½—6½ ft

阿根廷鼠海豚
Phocoena spinipinnis
这种深色的鼠海豚长着一个向后伸的特殊背鳍，是南美洲海域附近数量最丰富的鲸类之一。

1.2—1.5 m
4—5 ft

海湾鼠海豚
Phocoena sinus
这种鼠海豚只分布在科尔特斯海（加利福尼亚湾），是最小的、最稀有的鼠海豚。它们常栖息于潟湖，由于水体很浅，以至于背部会露出水面。

成年

幼年

3—5.5 m
9¾—18 ft

白鲸
Delphinapterus leucas
白鲸分布在北极附近和亚北极水域，冬季在浮冰周围和冰下生活。特别的是，成体会完全变成白色。

海豚

　　海豚科 (Delphinidae) 动物遍布世界各地，经常出现在大陆架的浅海海域，通常具有弯曲的背鳍、突出的喙和肿大的前额。体型、体色和体态有很大区别。多数海豚主要吃鱼，成群或并排行进。大些的种类有"黑鲸"之称。

大西洋斑纹海豚
Lagenorhynchus cruciger
这种海豚很难被发现，生活在亚南极地区，长着两个白色的侧叶。它们常与鲸类在一起，因此对捕鲸者很有价值。

1.6–1.8 m
5¼–6 ft

白吻斑纹海豚
Lagenorhynchus albirostris
这种生活在北大西洋的海豚有着高超的技能，可以驾驭船的冲击波。它们长着一个非常弯曲的背鳍和一个厚厚的白色的喙。

2.5–2.8 m
8¼–9¼ ft

白腰斑纹海豚
Lagenorhynchus acutus
这种海豚只分布在寒冷的北大西洋水域中。它们的身体有明显的黑色、灰色和白色的斑块，并带有一块黄色的侧面条纹。

1.9–2.5 m
6¼–8¼ ft

镰刀形的背鳍

暗黑斑纹海豚
Lagenorhynchus obscurus
这种海豚广泛分布于南半球的沿海水域，是一种社群性的、高技能的海豚，进食时常跃出水面。

1.6–2.1 m
5¼–7 ft

灰海豚
Grampus griseus
这种海豚的头特别圆，身体主要为灰色，随着年龄的增长会变得更亮，伤痕更多。它们没有喙，但有一个镰刀形的背鳍。

宽阔的深色尾叶

伤痕累累的身体

2.6–3.8 m
8½–12 ft

皮氏斑纹海豚
Lagenorhynchus australis
这种海豚生活在南美洲南部的近海岸。它们与黑白海豚属的海豚一样，都有白色的"腋下"斑块，可能与这属海豚有很近的亲缘关系。

2–2.2 m
6½–7¼ ft

印度洋黑白海豚
Cephalorhynchus commersonii
这种海豚是一种小型、杂色的无喙海豚，来自南美洲南部附近的海域和印度洋海域。它们善于游泳和跳跃，长有宽阔、不锋利的尾叶。

1.3–1.7 m
4¼–5½ ft

霍氏海豚
Lagenodelphis hosei
这种高度群居的海豚生活在南半球的深水中。它们的鳍状肢、背鳍和喙与粗壮的身体相比是小的。

2–2.6 m
6½–8½ ft

大西洋黑白海豚
Cephalorhynchus hectori
这种海豚只生活在新西兰水域，是本科中最小的一种。它们的背鳍很圆，后面边缘有一缺口。

1.2–1.5 m
4–5 ft

南美白海豚
Sotalia fluviatilis
南美白海豚虽然生活在亚马孙盆地的河流中，但与海洋中的海豚也有亲缘关系，不属于真正的淡水豚。它们与一种小型的宽吻海豚很相似。

1.3–1.8 m
4¼–6 ft

普通海豚
Delphinus delphis
这种海豚常聚集成大的群体，体侧有一个特殊的沙漏形花纹，当跃出水面时很容易被看到。

1.7–2.4 m
5½–7¾ ft

亚河豚

　　亚河豚科 (Iniidae) 有3种动物，其中包括可能已经灭绝的白鱀豚，它们的特点是小眼睛、隆起的前额以及长长的喙。亚河豚科的动物与印度河豚一样，都长着细长的喙，但亚河豚科的动物闭上嘴时，不露牙齿。

亚马孙河豚
Inia geoffrensis
这种动物是最大的淡水豚，没有背鳍，常呈粉色，这使它们易于辨认。它们的分布范围与南美长吻海豚有所重叠。

细长的、稍向下弯曲的喙

1.8–2.5 m
6–8¼ ft

糙齿长吻海豚
Steno bredanensis

这种海豚生活在最温暖的水域中。它们长着圆圆的头，头向前延伸成细长的喙，还长着底宽、上尖的背鳍。

宽吻海豚
Tursiops truncatus

亦称瓶鼻海豚，它们分布广泛，常与人类发生接触。离岸的种群要比近岸种群更大些，体色也更深些，鳍和喙也要更短些。

短短的、可以发音的喙

细长的鳍

古氏原海豚
Stenella frontalis

这种海豚的分布范围从热带的大西洋到亚热带的大西洋，身体下部有深色的斑点，身体上部有白色的斑点。这些斑点会随着海豚的成熟而增加密度。

蓝白原海豚
Stenella coeruleoalba

这种技艺高超的海豚生活在所有海域的温带和热带地区，它们的身体长着特殊的蓝色条纹和楔形条纹。

南鲸豚
Lissodelphis peronii

这种海豚有着特别的黑白体色。在它们的分布范围内，它们是唯一一种没有背鳍的海豚，分布范围遍布南半球的寒冷海域。

高高的背鳍

伪虎鲸
Pseudorca crassidens

这种全身深色的鲸广泛分布于温带和热带的浅水区。它们以鲸类和来自渔网的大型鱼类为食。

瓜头海豚
Peponocephala electra

这种鲸是一种离岸的热带地区的鲸，长着圆圆的头、尾巴和尖尖的背鳍。体色完全为灰色，带有深色的面斑。

小逆戟鲸
Feresa attenuata

这种健壮的深色小型鲸类没有喙部，但很有攻击性。它们会杀掉并吃下在其分布的热带范围内的其他海豚。

白色的下体

虎鲸
Orcinus orca

虎鲸有着明显的标志，长着一个高高的背鳍。它们位于海洋食物链的顶端，以鱼、海豹、鲨鱼和其他鲸类为食。

宽大的鳍

长鳍巨头鲸
Globicephala melas

这种社会性鲸类广泛分布于温带水域，有大群搁浅的倾向。当它把头探出水面环顾四周时，可以看到其球形的前额。

恒 河 豚

恒河豚科 (Platanistidae) 最早被认为仅有1种2亚种，即恒河豚和印度河豚，后有人分为两种。它们分别生活在印度河和恒河中。它们的长牙甚至能在闭嘴的时候被看见。由于它们的小眼睛没有晶体，所以实际上是盲的。

健壮的、纯色的身体

印度河豚
Platanista minor

这种海豚的颜色从灰色到淡蓝色再到褐色等，它长着一个特别长的喙、大大的鳍和三角形的背鳍隆起。它们用回声定位进行导航和捕猎。

锋利的牙齿

巴西河豚
Pontoporia blainvillei

这种动物虽然生活在南美洲东部的河口和沿岸水域，但却属于亚河豚科。按比例讲，它具有所有鲸类中最长的喙。

按比例讲较宽阔的尾叶

名词解释

保护色

动物把体表的颜色改变为与周围环境相似，使其在所处环境中很难被发现。

孢子

一种生殖细胞，含有体细胞的一半遗传物质。与配子不同，孢子不经受精即可分裂、生长。真菌和植物都可产孢子。

孢子体

植物世代交替中能够产生孢子的个体。蕨类和种子植物的孢子体在整个生活史中占优势。

苞片

苞片是在花或花序下方变态的叶，通常色彩鲜艳。

背鳍

鱼背上起平衡作用的鳍。

被子植物

被子植物是指具有真正的花，且种子包被于果实内的种子植物。

鞭毛

鞭毛是伸出细胞外形成的鞭状物，有运动、摄食等作用。

变态

许多动物，尤其是无脊椎动物，从幼小到成熟的变化过程。昆虫变态可分为完全变态和不完全变态。完全变态发生在昆虫成蛹时。不完全变态则变化相对不大，动物蜕皮就是一种不完全变态。

变温动物

变温动物又称冷血动物，仅能靠自身行为来调节体热的散发，或从外界环境中吸收热量来提高自身的体温。

变质岩

受到地球内部力量（温度、压力、应力的变化或化学成分等）改造而成的新型岩石。

草本植物

非木本植物，通常比灌木或乔木矮小许多。

产卵器

主要由雌性腹部生殖节上的附肢特化而成，常见于昆虫。

常绿植物

非季节性落叶的植物。如松柏类植物。

沉积岩

由岩屑、有机物残余或其他物质经过固结、硬化而形成的岩石。

冲积层

岩石在风化作用下开裂，而后堆积在河流或溪流中形成沉积层。

触角

触角是节肢动物和其他一些无脊椎动物，如软体动物头部的感觉器官。主要起嗅觉和触觉作用，有的还有听觉作用，外形多样。

雌雄同体

同时具有雄性和雌性性器官的生物。

雌雄同株

雌雄同株是指一株植物同时具有雄性和雌性生殖结构（通常是雄花和雌花）。

雌雄异株

指同一种植物的雄性和雌性生殖结构（通常为雄花和雌花）分别位于不同植株上。

代谢

代谢是生物体内所发生的用于维持生命的一系列有序的化学反应的总称。分解代谢通过分解食物释放能量，合成代谢利用能量，可使肌肉收缩。

担子

蘑菇等担子菌的产孢结构。

单性生殖

生物不需要雄性个体，单独的雌性也可以通过复制自身的DNA进行繁殖。单性生殖常见于无脊椎动物。

单叶

仅具一枚叶片的叶。

单子叶植物

种子仅具一枚子叶的被子植物。

蛋白质

存在于肉类、鱼、奶酪和豆子等食物中，是生命活动的主要承担者。

地方种

某一地区内原本就有，而不是由外地迁徙而来或引入的物种，也可以是特有种或残遗种。

地衣

地衣是真菌和光合生物（绿藻或蓝细菌）之间稳定而又互利的共生联合

体。从这种关系中，真菌获得糖类，光合生物获得矿物质。

冬眠

动物的冬季休眠期。冬眠时，动物的身体机能下降到较低水平，以节省能量。

动物伪装

动物通过改变身体颜色或图案，使自己与所处环境的背景相近，从而隐藏自己，躲避天敌。

豆科植物

豆科植物是种子植物的一大类。它们的根瘤含有重要的固氮根瘤菌。

多年生植物

寿命为两年或两年以上的植物。

萼片

花萼的组成部分，通常较小、叶状，能保护花蕾。

二年生植物

二年生植物指生命周期为二年的植物。第一年只进行营养生长，次年才开花结实，然后死亡。

发芽

种子或孢子开始生长的发育阶段。

反刍动物

蹄类哺乳动物有特殊的消化系统，有几个胃室。其中之一的瘤胃含有大量的微生物，有助于消化植物性食物。为了加速消化，反刍动物通常将食物返回嘴里咀嚼，这个过程被称为反刍。

凤梨科植物

种子植物的一个科，绝大多数种类产于热带美洲，常附生于雨林中的树上。植株中央莲座状的叶丛所自然形成的碗状空间能够积聚雨水，"积水池"也是昆虫幼虫、蝌蚪的天堂。

孵化

鸟类卧在卵上通过温度使卵发育。孵化期为14天至数月不等。

浮游生物

大多为微观的，在开放水域漂浮、移动，尤其在靠近海面的地方。浮游生物通常可以移动，但多因太小而只能随波逐流。

附果

附果（又称假果），是指子房与花

的其他部分（如花基部的膨大部分）共同参与形成的果实。如苹果和无花果都是附果。

附生植物

有些高等植物（或藻类、地衣）依附于其它植物体上生长，但不从其它植物体获取营养，这样的习性称为附生。

复合物

由两种或两种以上不同物质通过化学反应形成的结合体。

复眼

一种由不定数量的小眼组成的视觉器官，节肢动物通常生有复眼。

复叶

由多数小叶组成的叶。

腹部

腹部位于动物身体主体的后部，在哺乳动物胸腔下面，节肢动物胸部后面。

腹鳍

在鱼的尾部，通常位于下侧，有时靠近头部，但更多时候离尾部更近。腹鳍一般用作稳定器。

根瘤

在植物（通常是豆科植物）根系上生长的含固氮菌的瘤。

根状茎

可发出新芽的匍匐或地下茎。

共生关系

共生是指两种不同生物之间所形成的紧密互利关系。例如，开花植物和授粉昆虫就是共生关系。

固氮

将空气中的游离氮转化为化合态氮的过程，称为固氮。

灌木

多年生、没有明显主茎的木本植物。

光合作用

有机体利用光能制造食物（糖类）、释放氧气的过程。植物、藻类和许多种微生物都可以进行光合作用。

光泽

矿物表面的反光及外观，反映了矿物表面对光线的反射能力。矿物因照在表面的光被反射出去而发出的亮光。

果实

由花的子房发育而来的肉质结构，含有一个或多个种子。果实可以是单果，也可以是复果（由多个单果聚合而成）。

花

被子植物的生殖器官，通常由萼片、花瓣、雄蕊和心皮组成。

花瓣

花冠的组成部分，通常具有鲜艳的颜色，以吸引传粉动物。

花被片

花中不能明显区分为萼片和花瓣的外轮结构。所有花被片统称为花被。

花萼

花的最外轮结构，常为杯状，由萼片组成。

花粉

种子植物产生的细小颗粒状结构，包含雄配子体及其产生的精子，可用于给雌性的卵细胞授精。

花冠

花冠是一朵花中所有花瓣的总称，位于花萼的内轮。

花序

花序是花序轴及着生在上面的花的统称。

花药

被子植物雄蕊花丝顶端膨大呈囊状的部分，可产生花粉。

化石

保存在地球地壳中的有关古生物的任何记录，通常包括骨骼、贝壳、脚印、粪便和地面孔洞等。

换羽

羽毛的定期更换称为换羽。换羽可以使羽毛长年保持完好，以应对羽毛的损伤。

回声定位

某些动物能通过口腔或鼻腔把从喉部产生的超声波发射出去，利用折回的声音来定向，这种空间定向的方法，称为回声定位。

喙

由上下颌骨延伸出的较狭窄的结构，其上通常没有牙齿。脊椎动物，包括鸟、龟，以及一些种类的鲸类都具有这个结构，但不同物种的具体结构有所不同。

火成岩

火山喷发出的熔岩，或冷却后的岩浆。

基部被子植物

被子植物最早分化出来的一类，如睡莲，它们具有许多较为原始的性状。

基因

基因是具有遗传效应的DNA片段。基因决定着生命的基本构造和性能。

激素

激素通过调节各种组织细胞的代谢活动来影响人体的生理活动。

几丁质

一种广泛存在于甲壳类动物的外壳、昆虫的甲壳和真菌细胞壁中的碳水化合物。

寄生物

指营寄生生活的生物的统称，它们从寄主的活细胞及组织中摄取营养，对寄主造成损害。大部分寄生虫外形远小于寄主，有复杂的生命周期。寄生物往往会削弱而不是杀死他们的主人。

寄主

寄主给寄生者提供营养物质、居住场所，这种生物的关系称为寄生，其中受害的一方就叫寄主。

甲壳

脊椎动物和甲壳类动物身上由石灰质及色素等构成的质地坚硬的外壳。

坚果

植物的一种果实类型，具有干而坚硬的果皮，通常内含一粒种子。

茧

一些昆虫的幼虫在变成蛹之前吐丝或分泌某种物质做成的壳。蜘蛛会把卵放于茧制卵袋内。

浆果

由单个子房发育而来、含多数种子的肉质果实称为浆果。许多浆果状的果实实际上是聚合果，并非真正的浆果，如悬钩子的果实。

角蛋白

存在于动物的毛发、爪和角中的硬蛋白。

节

植物茎上生叶的膨大部分。节处通常具侧芽，可发育为新枝。

精荚

直接或间接（如被放置在地上）从雄性到雌性，包裹精子的囊状物。蝾螈和一些节肢动物都有精荚。

晶体

具有规则的内部原子结构、特定的外部形态以及确定的物理性质和光学性质的固体。

鲸须

鲸须是须鲸类（如蓝鲸、长须鲸、大须鲸等）口部纤维状物质，柔韧不易折断，悬垂于口腔内，呈梳状，用以滤取水中的小虾、小鱼等为食。

臼齿

哺乳类或似哺乳类动物位于颌末端，较大的、以研磨为用途的牙齿。

菌根

菌根是指土壤中某些真菌与植物根的共生体。

菌丝

单条管状细丝，为大多数真菌的结构单位，菌丝聚集构成真菌。

克隆

通常是利用生物技术由无性生殖产生与原个体有完全相同基因的个体或种群。

矿物

一种天然形成的无机物质，具有恒定的化学成分和规则的内部原子结构。

鳞甲

动物身上盾状或鳞状的骨质外壳。

鳞茎

植物的肉质地下茎，由紧密排列的叶组成，用于休眠期储存养分或进行无性繁殖。

柳絮

柳树的种子。上有白色绒毛，随风飞散如飘絮。

龙骨突

绝大多数鸟类的胸骨腹侧正中具有一块纵突起，称为龙骨突。

鹿茸

雄鹿的嫩角没有长成硬骨时，带茸毛，含血液，叫做鹿茸，常分叉。通常随繁殖季的到来，鹿角每年生长。

卵生动物

卵生动物是指用产卵方式繁殖的动物。

裸子植物

不产生果实、种子裸露的种子植物。多数裸子植物的种子包含于球果中。

落叶植物

季节性落叶的植物。如许多温带植物均在冬季落叶。

盲肠

消化道中的袋状结构，对消化植物纤维起重要作用。人体的盲肠作用并不明显，而植食性的动物则有一长袋状盲肠。

酶

几乎所有的细胞活动（如光合作用和消化）都需要的一种高分子物质。

门齿

上下颌前方中央部位的牙齿。用于咬住和切断食物。

猛禽

掠食性鸟类。

模仿

动物伪装成其他动物或物体，如树枝或树叶。在昆虫中很常见，很多无害的物种伪装成有毒害的动物来自卫。

木本植物

指茎内具有发达木质部的植物，木质部内有细胞壁加厚、可运输水分的导管。

木兰亚纲

木兰亚纲是种子植物的一大类，通常具有较为原始的性状，如未分化为萼片和花瓣的花被片。

偶蹄

偶蹄类动物（如鹿和羚羊）前后脚的趾数都是偶数，且脚的中轴通过第三趾和第四趾之间。

攀缘植物

攀附于垂直表面（如石头或树木上）生长的植物，攀援植物不从其他植物体获取营养，但可能会因挡住其他植物的阳光而阻碍其他植物生长。

胚珠

种子植物的雌性生殖结构，其内含有卵细胞。被子植物的胚珠包被在子房中，裸子植物的胚珠裸露。胚珠在受精后发育为种子。

配子

配子即生殖细胞，指精子或卵子。

偏利共生关系

两种不同生物之间所形成的关系的一种，对其中一方有利，但对另一方既无利又无害。

奇袭

鸟类飞离栖木，在较短的距离内捕捉无脊椎动物，而这一过程通常发生在半空中。

器官

生物体具功能的身体结构。如心脏、皮肤、叶。

气孔

植物体表面微小的可调小孔，可供光合作用和呼吸作用交换气体。

迁徙

指动物根据准确路线进入到另一个地区的行为。动物迁徙大多为食物或越冬。

前臼齿

哺乳动物位于犬齿后面、臼齿前面的牙齿。食肉动物用于切断、撕扯肉质的牙齿。

前胸背板

前胸背板指昆虫前胸胸节上存在的背板，往往硬化成壳。

球果

球果是大多数裸子植物具有的生殖结构，由苞鳞和种鳞聚合而成，可产生孢子、胚珠或花粉。许多树木都有球果，尤其是松柏类植物。

球茎

植物球形或扁球形的肉质地下茎，储存在休眠期和无性生殖时所需的营养物质。

犬齿

哺乳类以及与哺乳类相似的动物上下颚门齿及臼齿之间尖锐的牙齿。适于撕裂皮肉、压碎骨骼。肉食动物的犬齿非常发达。

热液脉

岩浆活动加热地下水使其成为热液，而后形成的条带状矿脉。

熔岩

从火山中喷发出来的熔融态岩石，然后会逐渐硬化。

莱荑花序

穗状花序的一种，通常为单性、下垂，花后整个花序一起脱落。

软骨

人或脊椎动物体内的一种结缔组织。存在于大多数脊椎动物的关节处，软骨是软骨鱼纲鱼类骨骼的主要成分。

鳃

鱼、两栖动物、甲壳类动物和软体动物用鳃来吸收溶解在水中的氧，肺在体内，鳃在体外。

伞菌

一般指具有菌盖和菌柄的肉质腐

生菌类。

闪石

常见的造岩矿物，通常成分复杂，大部分是铁、镁质硅酸盐。

生命周期

生物发育的过程，从生殖细胞到死亡。

生态系统

指在自然界一定的空间内，生物与环境构成的统一整体。

生物碱

生物碱为味苦、有时有毒的化学成分，由某些植物或真菌产生。

食草动物

吃草或藻类的动物。

食虫动物

以昆虫、蠕虫为食的动物。

食肉动物

主要以肉为食物的动物，比如狮、虎等。狭义指食肉的哺乳动物。

食物链

是各种生物通过一系列吃与被吃的关系（捕食关系）彼此联系起来的序列。

蚀羽

蚀羽指一些鸟类，特别是水禽，繁殖结束之后换上的素色羽毛。

受精

受精是卵子和精子融合一体的过程，是个体发育的起点。

树栖

树栖指动物以树上为生活据点，并适应于树上的生活。

双子叶植物

种子具二枚子叶的种子植物。

双足动物

有双腿的动物。

水晶

固体，有一个明确的内部原子结构，有独特的外形，以及物理和光学性质。

四足动物

有四肢的动物。

胎

动物的幼体。

胎盘

人类妊娠期间由胚膜和母体子宫内

膜联合长成的母子间交换物质的器官。

碳水化合物

碳水化合物是一切生物体维持生命活动所需能量的主要来源。

体内寄生虫

寄生在另一种生物体内。窃取寄主食物或直接在寄主身上获取营养。体内寄生虫往往有复杂的生命周期，一生会寄生于多个寄主。

体内受精

体内受精发生在雌性体内，陆生动物多为体内受精，如昆虫和脊椎动物。

体外寄生虫

寄生于动物体外并暂时性吸取营养的寄生虫。一些寄生虫需要采食时才与宿主接触，如跳蚤和蜱，一些寄生虫不需采食时营自由生活。

体外受精

体外受精是受精的一种形式，发生于雌性身体外，珊瑚通常是体外受精的。

臀鳍

臀鳍位于鱼体的腹部中线、肛门后方。

托架

真菌的架状子实体。

脱氧核糖核酸

生物体内决定其遗传特征的化学物质。

外骨骼

外骨骼是一种能够提供对生物柔软内部器官进行构型和保护的坚硬的外部结构。外骨骼不能生长，并且会定期更换。

伪足

细胞表面无定形的指状、叶状或针状的突起，可使细胞蠕动或捕食。常见于单细胞生物。

温血动物

温血动物通过身体的体温调节系统保证体温恒定，并且能在外界环境升高的状态下排出热量。

无机物

指不含碳原子的化合物。

无性繁殖

无性繁殖是指不经生殖细胞结合的受精过程，由母体的一部分直接产生子代的繁殖方法。后代在形态上彼此相同。微生物、植物和无脊椎动物都存在无性繁殖的现象。

细胞

细胞是生命最小的单位，可独立存活。

细胞核

真核生物细胞内的细胞器，包含染色体。

细胞器

细胞器是散布在细胞质内具有一定形态和功能的微结构或微器官。

细胞质

细胞质是细胞质膜包围的除核区外的一切半透明、胶状、颗粒状物质。

纤维素

纤维素是存在于植物中的复合碳水化合物。动物难以消化。植食性动物胃中的微生物可分解、消化纤维素。

线粒体

线粒体是真核生物细胞内有氧呼吸的重要场所，是细胞中制造能量的结构。

泄殖腔

也叫共泄腔，动物的消化管、输尿管和生殖管最末端汇合处的空腔，有排粪、尿和生殖等功能。

心皮

花的雌性生殖结构，分为子房、花柱和柱头。又称雌蕊。

信息素

由一个个体分泌到体外，对一定距离以外的同种其他个体产生影响，使情绪、心理或生理机制改变，通常具有挥发性。

性二型

在雌雄异体的有性生物中，反映身体结构和功能的差别，能够以此为根据判断一个个体的性别。如海象，两性看起来非常不同，通常大小不等。

胸甲

海龟、陆龟龟壳的下部结构。

胸鳍

位于左右鳃孔的后侧，通常比较灵活。主要的功用是使身体前进、控制方向或在行进中迅速停止。

雄蕊

花的雄性生殖结构。由花丝和着生于其上的花药组成。

驯化

驯化是将野生的动物、植物的自

然繁殖过程变为人工控制下的过程。一些物种虽经人工驯化但和野生的一样，有些则驯养出了自然界中不存在的人工品种。

延迟着床

动物在繁殖期交配之后，胚胞的发育长期处于停止状态，在一定时期内不着床。这一现象被认为是，动物为避免分娩期处于食物缺乏时期的适应现象。

岩浆

地下呈熔融态的岩石。

岩石

是一种矿物或多种矿物混合组成的物质。

叶绿素

叶绿素是一类与光合作用有关的最重要的色素。

叶绿体

真核生物细胞内用于光合作用的细胞器。

一夫多妻制

一个雄性在繁殖季与多个配偶交配。

一夫一妻制

与单一伴侣交配，无论在繁殖期或整个生命过程中。一夫一妻制有利于培养后代。

一年生

指植物在一年之内完成从发芽到死亡的全部生长周期。

瘿

由另一生物体（如真菌、昆虫）引发的肿块，使该生物体有了庇护之所或食物来源。

蛹

是指一些昆虫从幼虫变化到成虫的一种过渡形态。蛹期的昆虫不进食、不能移动，当被触碰会扭动。蛹被坚实的外皮（有时为丝状）包裹。

有机物

含碳的化学物质。

幼虫

不成熟但能独立生活的昆虫幼体，外形完全不同于该种的成熟个体。幼虫经过变态发育成熟。

元素

用一般的化学方法不能分解元素，一切物质都由元素构成。

原核生物

细胞不具完整的细胞核。古细菌、细菌都是原核生物。

孕期

孕期指从受精到生命出生的过程。

运动

从一个地方移动到另一地方。

杂食动物

以植物和其他动物作为其主要食物来源的动物。

择偶场

雄鸟求爱时的展示区，其通常多年在相同地方求爱。

长鼻

动物长长的鼻子，或鼻状口器。昆虫的长鼻常用于吸食流体食物，在不使用时通常可以收起。

真核生物

真核生物是由真核细胞构成的生物。如菌物、植物和动物。

真双子叶植物

双子叶植物的一大类，种子植物的绝大多数种类均为真双子叶植物。

蒸发岩

富含矿物的流体（通常为海水）中的水分蒸发以后，形成的沉积岩。

脂鳍

脂鳍是在背鳍后面的小鳍，主要由脂肪组成。

植食性动物

以植物或藻类为食的动物。

种子

种子植物个体发育的初级阶段，其内包含胚。

子囊

子囊微观呈网状，可产孢子。

子实体

真菌能够产生孢子的结构，通常为伞状（蘑菇）或碗状。

致谢

Consultants at the Smithsonian Institution:

Dr Don E. Wilson, Senior Scientist/Chair of the Department of Vertebrate Zoology;
Dr George Zug, Emeritus Research Zoologist, Department of Vertebrate Zoology, Division of Amphibians and Reptiles;
Dr Jeffrey T. Williams: Collections Manager, Department of Vertebrate Zoology

Dr Hans-Dieter Sues, Curator of Vertebrate Paleontology/Senior Research Geologist, Department of Paleobiology

Paul Pohwat, Mineral Collection Manager, Department of Mineral Sciences;
Leslie Hale, Rock and Ore Collections Manager, Department of Mineral Sciences;
Dr Jeffrey E. Post, Geologist/Curator, National Gem and Mineral Collection, Department of Mineral Sciences

Dr Carla Dove, Program Manager, Feather Identification Lab, Division of Birds, Department of Vertebrate Zoology

Dr Warren Wagner, Research Botanist/ Curator, Chair of Botany, and Staff of the Department of Botany

Gary Hevel, Museum Specialist/Public Information Officer, Department of Entomology;
Dana M. De Roche, Department of Entomology

Department of Invertebrate Zoology:
Dr Rafael Lemaitre: Research Zoologist/ Curator of Crustacea;
Dr M. G. (Jerry) Harasewych, Research Zoologist;
Dr Michael Vecchione, Adjunct Scientist, National Systemics Laboratory, National Marine Fisheries Service, NOAA;
Dr Chris Meyer, Research Zoologist;
Dr Jon Norenburg, Research Zoologist;
Dr Allen Collins, Zoologist, National Systemics Laboratory, National Marine Fisheries Service, NOAA;
Dr David L. Pawson, Senior Research Scientist;
Dr Klaus Rutzler, Research Zoologist;
Dr Stephen Cairns, Research Scientist / Chair

Additional consultants:

Dr Diana Lipscomb, Chair and Professor Biological Sciences, George Washington University

Dr James D. Lawrey, Department of Environmental Science and Policy, George Mason University

Dr Robert Lücking, Research Collections Manager/Adjunct Curator, Department of Botany, The Field Museum

Dr Thorsten Lumbsch, Associate Curator and Chair, Department of Botany, The Field Museum

Dr Ashleigh Smythe, Visiting Assistant Professor of Biology, Hamilton College

Dr Matthew D. Kane, Program Director, Ecosystem Science, Division of Environmental Biology, National Science Foundation

Dr William B. Whitman, Department of Microbiology, University of Georgia

Andrew M. Minnis: Systematic Mycology and Microbiology Laboratory, USDA

Dorling Kindersley would like to thank the following people for their assistance with this book:
David Burnie, Kim Dennis-Bryan, Sarah Larter, and Alison Sturgeon for structural development; Hannah Bowen, Sudeshna Dasgupta, Jemima Dunne, Angeles Gavira Guerrero, Cathy Meeus, Andrea Mills, Manas Ranjan Debata, Paula Regan, Alison Sturgeon, Andy Szudek, and Miezan van Zyl for additional editing; Helen Abramson, Niamh Connaughton, Manisha Majithia, and Claire Rugg for editorial assistance; Sudakshina Basu, Steve Crozier, Clare Joyce, Edward Kinsey, Amit Malhotra, Neha Sharma, and Nitu Singh for additional design; Amy Orsborne for jacket design; Richard Gilbert, Ann Kay, Anna Kruger, Constance Novis, Nikky Twyman, and Fiona Wild for proofreading; Sue Butterworth for the index; Claire Cordier, Laura Evans, Rose Horridge, and Emma Shepherd from the DK picture library; Mohammad Usman for production; Stephen Harris for reviewing the plants chapter; and Derek Harvey, for his tremendous knowledge and unstinting enthusiasm for this book.

The publisher would also like to thank the following companies for their generosity in allowing Dorling Kindersley access to their collections for photography:
Anglo Aquarium Plant Co LTD, Strayfield Road, Enfield, Middlesex EN2 9JE, http://anglo-aquarium.co.uk; **Cactusland**, Southfield Nurseries, Bourne Road, Morton, Bourne, Lincolnshire PE10 0RH, www.cactusland.co.uk; **Burnham Nurseries Orchids**, Burnham Nurseries Ltd, Forches Cross, Newton Abbot, Devon TQ12 6PZ, www.orchids.uk.com; **Triffid Nurseries**, Great Hallows, Church Lane, Stoke Ash, Suffolk IP23 7ET, www.triffidnurseries.co.uk; **Amazing Animals**, Heythrop, Green Lane, Chipping Norton, Oxfordshire OX7 5TU, www.amazinganimals.co.uk; **Birdland Park and Gardens**, Rissington Rd, Bourton-on-the-Water, Gloucestershire GL54 2BN, www.birdland.co.uk; **Virginia Cheeseman F.R.E.S.**, 21 Willow Close, Flackwell Heath, High Wycombe, Buckinghamshire HP10 9LH, www.virginiacheeseman.co.uk; **Cotswold Falconry Centre**, Batsford Park, Batsford, Moreton in Marsh, Gloucestershire GL56 9AB, www.cotswold-falconry.co.uk; **Cotswold Wildlife Park**, Burford, Oxfordshire OX18 4JP, www.cotswoldwildlifepark.co.uk; **Emerald Exotics**, 37A Corn Street, Witney, Oxfordshire OX28 6BW, www.emerald-exotics.co.uk; **Shaun Foggett**, www.crocodilesoftheworld.co.uk.

Picture credits
Alamy Images: The Africa Image Library 545, Amazon Images 539, Arco Images GmbH / Huetter C 587, Art Directors & TRIP 143, blickwinkel 144, 146, 162, 303, 321, 322, 557, 601, Steffen Hauser / botanikfoto 142, Penny Boyd 586, Brandon Cole Marine Photography 515, BSIP SA 93, James Caldwell 265, Rosemary Calvert 20, CuboImages srl 147, Andrew Darrington 287, Danita Delimont 151, Garry DeLong 105, Paul Dymond 454, Emilio Ereza 344, David Fleetham 320, Florapix 148, Florida Images 148, Martin Fowler 156, Les Gibbon 301, Rupert Hansen 29, Chris Hellier 143, Imagebroker / Florian Kopp 566, Indiapicture / P S Lehri 597, Interphoto 29, T. Kitchin & V. Hurst 23, Chris Knapton 27, S & D & K Maslowski / FLPA 28, Carver Mostardi 555, Tsuneo Nakamura / Volvox Inc 571, The Natural History Museum, London 256, Nic Hamilton Photographic 29, Pictorial Press Ltd, 28, Matt Smith 176, Stefan Sollfors 264, Sylvia Cordaiy Photo Library Ltd 17, Natural Visions 149, Joe Vogan 564, Wildlife GmbH 28, 130, 151, WoodyStock 155; **Maria Elisabeth Albinsson:** CSIRO 95cr, 100bc; **Algaebase.org:** Robert Anderson 104bc, Ignacio Bárbara 104br, Colin Bates 104tr, Mirella Coppola di Canzano (c) University of Trieste 104cla, Prof MD Guiry 103fbr, 104, Razy Hoffman 103bc, E.M.Tronchin & O.De Clerck 104crb; **Ardea:** Ian Beames 535, John Cancalosi 390, John Clegg 257, 270, Steve Downer 312, 554, Jean-Paul Ferrero 272, 505, 587, Kenneth W Fink 551, 598, Francois Gohier 598, Joanna Van Gruisen 596, Steve Hopkin 257, 261, 299, Tom & Pat Leeson 575, Ken Lucas 34, 271, 300, 313, Ken Lucas 581, Thomas Marent 582, John Mason 287, Pat Morris 35, 513, 555, 560, Pat Morris 501, 581, Gavin Parsons 268, David Spears (Last Refuge) 263, David Spears / Last Refuge 269, Peter Steyn 513, Andy Teare 575, Duncan Usher 265, M Watson 370, 596, 608; **Australian National Botanic Gardens:** © M.Fagg 179; **Nick Baker, ecologyasia:** 554; **Jón Baldur Hlíðberg (www.fauna.is):** 323cr, 334br, 335, 336cl, 337br, 340c, 503; **Bar Aviad:** Bar Aviad 562; **Michael J Barritt:** 505; **Dr. Philippe Béarez / Muséum national d'histoire naturelle, Paris:** 332tr; **Photo Biopix.dk:** N. Sloth 105, 105, 113, 115, 259, 263, 265, 269, 271, 273, 275, 281, 282, 284, 290, 298, 324tl; **Biosphoto:** Jany Sauvanet 529; **Ashley M. Bradford:** 289cl; **(c) Brent Huffman / Ultimate Ungulate Images:** Brent Huffman 596, 607; **David Bygott:** 35, 515; **Ramon Campos:** 504; **David Cappaert:** 280tc; **CDC:** Courtesy of Larry Stauffer, Oregon State Public Health Laboratory 93bc, Dr Richard Facklam 93cla, Janice Haney Carr 32cr, 93tc, Segrid McAllister 93cra; **Tyler Christensen:** 298; **Josep Clotas:** 324; **Patrick Coin:** Patrick Coin 261; **Niall Corbet:** 528; **Corbis:** 13, 22, Theo Allofs 19, 122, 404, Alloy 12, Steve Austin 122, Hinrich Baesemann 420, Barrett & MacKay / All Canada Photos 29, 31, E. & P. Bauer 467, Tom Bean 14, Annie Griffiths Belt 428, Biodisc 33, 236, Biodisc / Visuals Unlimited 282, Jonathan Blair 38, Tom Brakefield 21, 24, 29, Frank Burek 19, Janice Carr 90, W. Cody 19, 107, 118, Brandon D. Cole 317, Richard Cummins 20, Tim Davis 31, Renee DeMartin 24, Dennis Kunkel Microscopy, Inc / Visuals Unlimited 33, 100, Dennis Kunkel Microscopy, Inc. 33, 93, DLILLC 24, 31, 412, 438, Pat Doyle 26, Wim van Egmond 98, Ric Ergenbright 13, Ron Erwin 24, Eurasia Press / Steven Vidler 407, Neil Farrin / JAI 27, Andre Fatras 26, Natalie Fobes 209, Patricia Fogden 350, Christopher Talbot Frank 16, Stephen Frink 346, Jack Goldfarb / Design Pics 19, C. Goldsmith / BSIP 22, Mike Grandmaison 118, Franck Guiziou / Hemis 19, Don Hammond / Design Pics 19, Martin Harvey / Gallo Images 19, 31, Helmut Heintges 24, Pierre Jacques / Hemis 19, Peter Johnson 18, 452, Don Johnston / All Canada Photos 262, Mike Jones 404, Wolfgang Kaehler 18, 26, 236, Karen Kasmauski 27, Steven Kazlowski / Science Faction 16, Layne Kennedy 38, Antonio Lacerda / EPA 15, Frans Lanting 14, 18, 19, 23, 31, 247, 248, 372, 421, 456, 501, Frederic Larson / San Francisco Chronicle 20, Lester Lefkowitz 18, Charles & Josette Lenars 21, Library of Congress - digital ve / Science Faction 28, Wayne Lynch / All Canada Photos 520, Bob Marsh / Papilio 210, Chris Mattison 370, Joe McDonald 350, 523, Momatiuk / Eastcott 31, moodboard 16, 319, 371, Sally A. Morgan 25, Werner H. Mueller 19, David Muench 110, NASA 13, David A. Northcott 385, Owaki - Kulla 15, 19, William Perlman 32, Photolibrary 30, Patrick Pleau / EPA 19, Louie Psihoyos / Science Faction 16, Ivan Quintero / EPA 20, Radius Images 107, 112, Lew Robertson 19, Jeffrey Rotman 19, 328, Kevin Schafer 27, David Scharf / Science Faction 28, Dr. Peter Siver 89, 91, Paul Souders 13, 19, 24, Keren Su 18, Glyn Thomas / moodboard 19, Steve & Ann Toon / Robert Harding World Imagery 411, Craig Tuttle 319, 405, Jeff Vanuga 22, Visuals Unlimited 14, 33, 92, 98, 100, Kennan Ward 13, Michele Westmorland 18, Stuart Westmorland 501, Ralph White 90, Norbert Wu 321, 328, Norbert Wu / Science Faction 316, 319, Yu Xiangquan / Xinhua Press 21, Robert Yin 272, Robert Yinn 318, Frank Young 237, Frank Young / Papilio 209; **Alan Couch:** 505; **David Cowles:** David Cowles at http: / / rosario.wallawalla.edu / inverts 256; **Whitney Cranshaw:** 286cl; **Alan Cressler:** 260; **CSIRO:** 332cra; **Michael J Cuomo:** www.phsource.us 256; **Ignacio De la Riva:** 361c; **Frances Dipper:** 250, 251; **Jane K. Dolven:** 98bc; **Dorling Kindersley:** Demetrio Carrasco / Courtesy of Huascaran National Park 145, Natural History Museum, London 280; **Dreamstime.com:** 600, Amskad 299, John Anderson 344, Argestes 172, Michael Blajenov 597, Mikhail Blajenov 605, Steve Byland 524, Bonita Chessier 538, Musat Christian 544, Clickit 599, Colette6 597, Ambrogio Corralloni 522, Cosmln 298, Davthy 537, Dbmz 297, Destinyvispro 607, Docbombay 524, Edurivero 598, Stefan Ekernas 545, Stefan Ekernas 501, Michael Flippo 601, Joao Estevao Freitas 261, Geddy 270, Eric Geveart 548, Daniel Gilbey 604, Maksum Gorpenyuk 597, Jeff Grabert 583, Morten Hilmer 570, Iorboaz 596, Eric Isselee 35, 521, 523, 525, 532, 600, 601, 603, Isselee 526, Jontimmer 598, Jemini Joseph 597, Juliakedo 604, Valery Kraynov 33, 172, Adam Larsen 503, Sonya Lunsford 597, Stephen Meese 595, Milosluz 261, Jason Mintzer 522, Mlane 180, Nina Morozova 133, 148, Derrick Neill 522, Duncan Noakes 605, outdoorsman 577, Pancaketom 557, Natalia Pavlova 567, Susan Pettitt 589, Xiaobin Qiu 566, Rajahs 570, Laurent Renault 538, Derek Rogers 570, Dmitry Rukhlenko 600, Steven Russell Smith Photos 557, Ryszard 299, Benjamin Schalkwijk 544, Olga Sharan 595, Paul Shneider 597, Sloth92 543, 544, Smellme 537, 606, Nico Smit 582, 603, Nickolay Stanev 603, Vladimirdavydov 290, Oleg Vusovich 571, Leigh Warner 581, Worldfoto 551, Judy Worley 588, Zaznoba 543; **Shane Farrell:** 262cr, 280br; **Carol Fenwick (www.carolscornwall.com):** 105ca; **David Fenwick (www.aphotoflora.com):** 339tr; **Hernan Fernandez:** 504; **Flickr.com:** Ana Cotta 539, Pat Gaines 572, Sonnia Hill 152, Barry Hodges 131, Emilio Esteban Infantes 131, Marj Kibby 136, Kate Knight 180, Ron Kube, Calgary, Alberta, Canada 573, John Leverton 589, John Merriman 180, Moonmoths 293br, Marcio Motta MSc. Biologist of Maracaja Institute for Mammalian Conservation 583, Jerry R. Oldenettel 171, Jennifer Richmond 169; **Florida Museum of Natural History:** Dr Arthur Anker 512; **FLPA:** 30, Nicholas and Sherry Lu Aldridge 105, Ingo Arndt / Minden Pictures 209, 243, 316, Fred Bavendam 309, 324, Fred Bavendam / Minden Pictures 270, 273, 309, 314, 315, Stephen Belcher / Minden Pictures 273, Neil Bowman 551, Jim Brandenburg 563, Jonathan Carlile / Imagebroker 269, Christiana Carvalho 507, B. Borrell Casals 264, Nigel Cattlin 258, 263, Robin Chittenden 308, Arthur Christiansen 525, Hugh Clark 557, D.Jones 270, 308, Flip De Nooyer / FN / Minden 201, Tiu De Roy / Minden Pictures 570, Tui De Roy / Minden Pictures 400, 406, 598, Dembinsky Photo Ass 560, Reinhard Dirscher 309, Jasper Doest / Minden Pictures 374, Richard Du Toit / Minden Pictures 35, 501, 512, Michael Durham / Minden Pictures 517, 557, Gerry Ellis 507, 558, Gerry Ellis / Minden Pictures 555, Suzi Eszterhas / Minden Pictures 586, Tim Fitzharris / Minden Pictures 31, Michael & Patricia Fogden 117, Michael & Patricia Fogden / Minden Pictures 350, 513, 525, 555, Andrew Forsyth 500, Foto Natura Stock 35, 529, 529, 551, Tom and Pam Gardner 508, Bob Gibbons 137, 158, Michael Gore 536, 561, 601, Christian Handl / Imagebroker 598, Sumio Harada / Minden Pictures 521, Richard Herrmann / Minden Pictures 341, Paul Hobson 599, David Hosking 556, 557, Michio Hoshino / Minden Pictures 31, David Hosking 535, 554, 555, David Hosking 123, 260, 407, 514, 525, 527, 528, 543, 545, 560,